2026 2025~2018
전기공사기사
필기

공학박사 김상훈 편저
한빛전기수험연구회 감수

편저 **김상훈**

건국대학교 전기공학과 졸업(공학박사)

現 엔지니어랩 전기분야 대표강사

現 ㈜일렉킴에듀 대표

現 대한전기학회 이사(정회원)

前 인하공업전문대학 교수

前 NCS 전기분야 집필진

前 J, E사 전기기사 대표강사

前 김상훈전기기술학원 원장

前 EBS 전기(산업)기사/전기공사(산업)기사 교수

前 한국조명설비학회 이사(정회원)

저서 : 『2026 회로이론』 외 기본서 시리즈 7종

　　　『2026 전기기사 필기』 외 3종

　　　『2026 전기기사 실기』 외 3종

　　　『파이널 특강 – 전기기사 필기』 외 5종

　　　『2026 전기기사 필기 7개년 기출문제집』 외 1종

　　　『2026 9급 공무원 전기직 전기이론』 외 5종

　　　『2026 고등학교 교과서 전기설비』

　　　공기업 전기직 파이널 특강

감수 **한빛전기수험연구회**

동영상 강좌 수강

엔지니어랩 https://www.engineerlab.co.kr

2026 전기공사기사 필기(최신 8개년 기출문제)

초판 발행　　　　2024년 11월 01일
25년 개정판 발행　2025년 10월 01일

편저자 김상훈
펴낸이 배용석
펴낸곳 도서출판 윤조
전화 050-5369-8829 / **팩스** 02-6716-1989
등록 2019년 4월 17일
ISBN 979-11-94702-14-6 13560
정가 28,000원

이 책에 대한 의견이나 오탈자 및 잘못된 내용에 대한 수정 정보는 아래 홈페이지와 이메일로 알려주시기 바랍니다.
홈페이지 www.yoonjo.co.kr / **이메일** customer@yoonjo.co.kr

한 번에 큐넷 합격!

> " 원리를 이해하는 **진짜 학습서**
> 처음부터 제대로 준비해서 **한 번에 합격**하세요. "

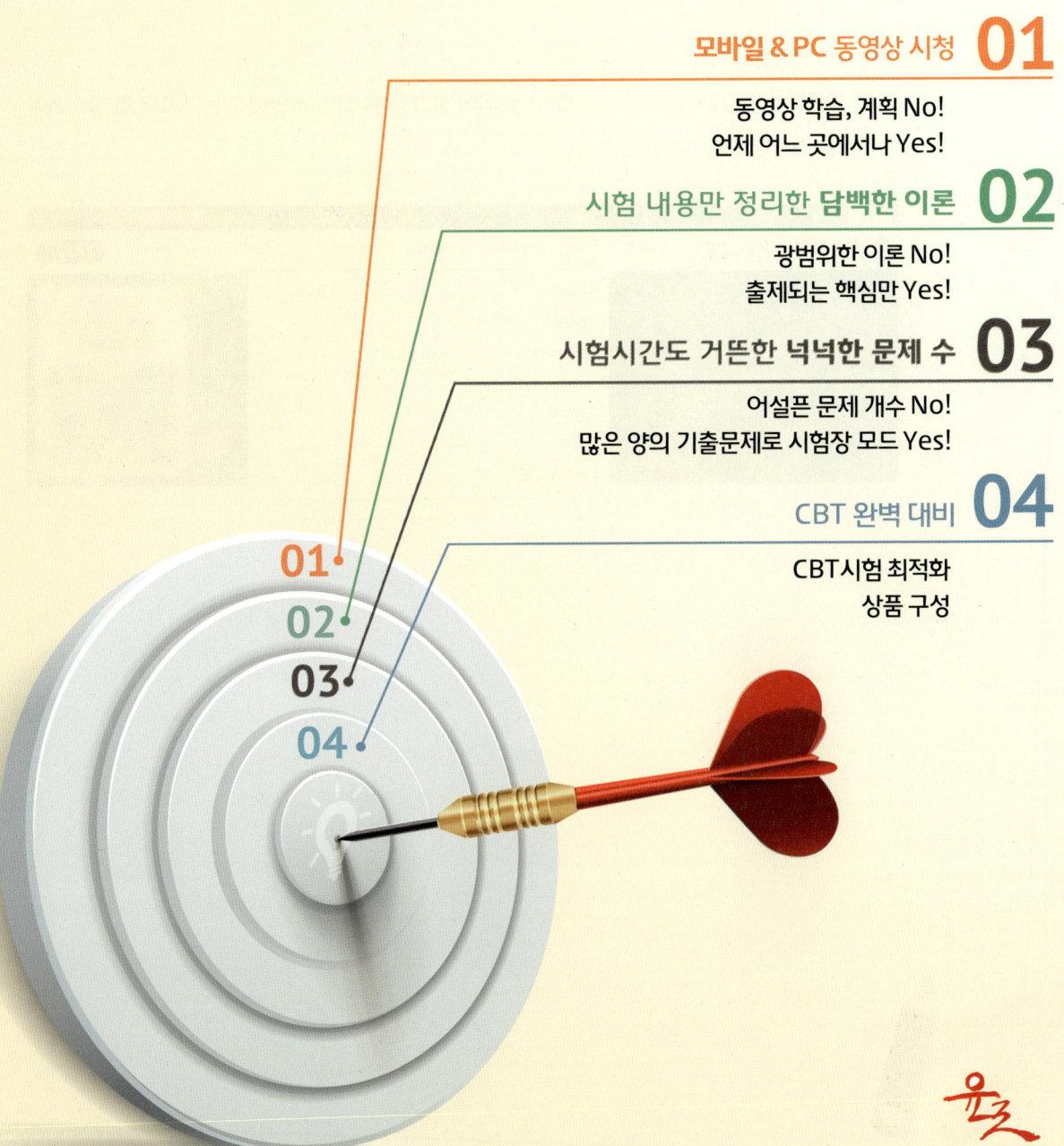

모바일 & PC 동영상 시청 01

동영상 학습, 계획 No!
언제 어느 곳에서나 Yes!

시험 내용만 정리한 담백한 이론 02

광범위한 이론 No!
출제되는 핵심만 Yes!

시험시간도 거뜬한 넉넉한 문제 수 03

어설픈 문제 개수 No!
많은 양의 기출문제로 시험장 모드 Yes!

CBT 완벽 대비 04

CBT시험 최적화
상품 구성

CBT 모의고사 안내

CBT 모의고사 혜택 받는 방법

❶ 교재 구매 인증하러 가기

엔지니어랩(https://www.engineerlab.co.kr)에 로그인 후 화면 상단에 있는 「교재」를 클릭하여 구매인증 게시판으로 이동합니다.

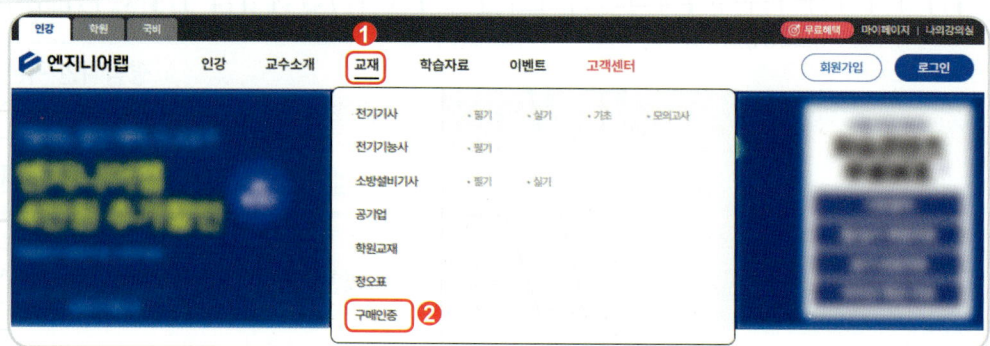

❷ 구매 인증 후 CBT 모의고사 받기

화면에 있는 「구매인증」을 클릭 후 증빙자료를 업로드합니다. 교재 구매 이력 인증 후 CBT 모의고사 2회분을 받으실 수 있습니다.

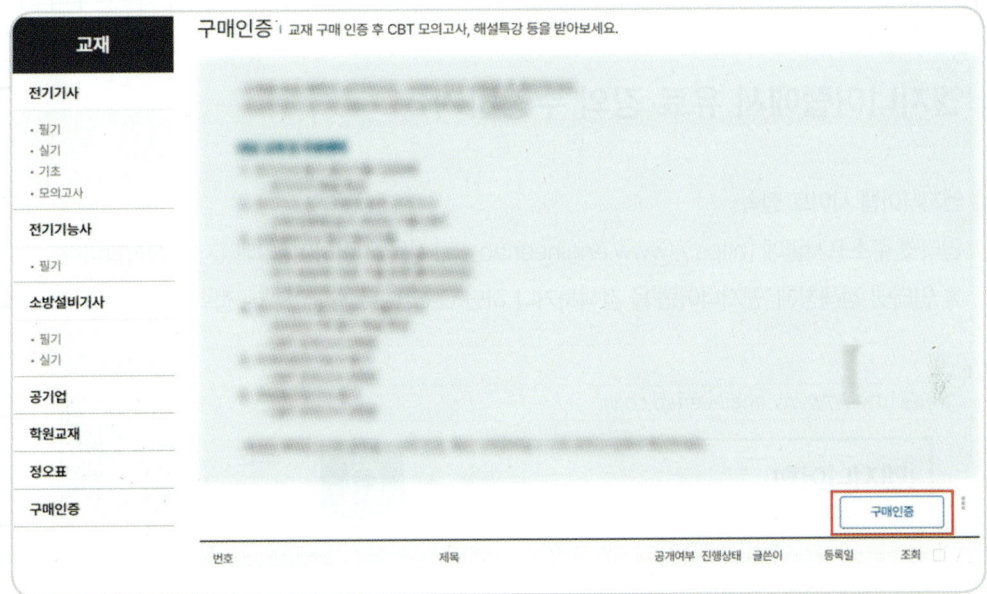

❸ 나의 강의실에서 CBT 모의고사 응시하기

CBT 모의고사는 「나의 모의고사」에서 확인 가능합니다. 화면 우측 상단에 있는 「나의 강의실」을 클릭하시면 화면 좌측에 「나의 모의고사」가 있습니다.

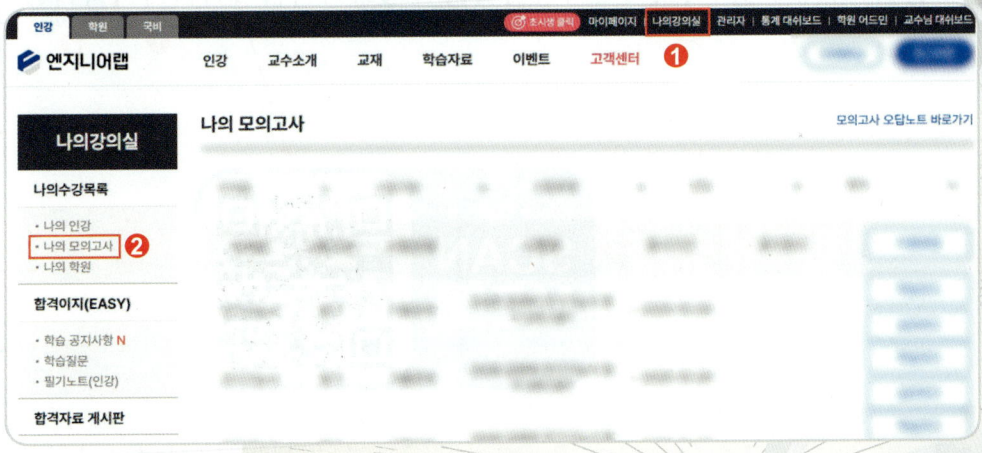

유료 강의 수강 안내

| 엔지니어랩에서 유료 강의 수강하기 |

1 엔지니어랩 사이트 접속

인터넷 주소표시줄에 [https://www.engineerlab.co.kr]을 입력하여 홈페이지에 접속합니다.

※ 인터넷 검색창에 '엔지니어랩'을 검색하거나 하단 QR코드로 홈페이지에 접속할 수 있습니다.

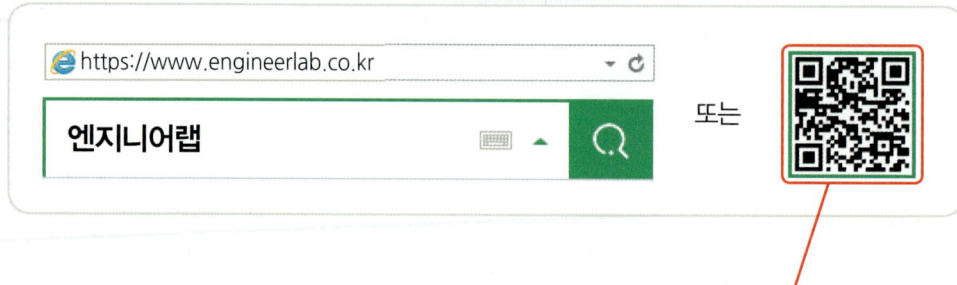

2 회원가입 (로그인)

화면 우측 상단에 있는 「회원가입」을 클릭하여 가입 후 「로그인」합니다.

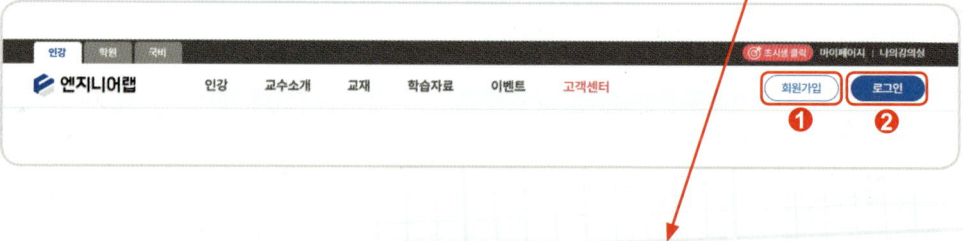

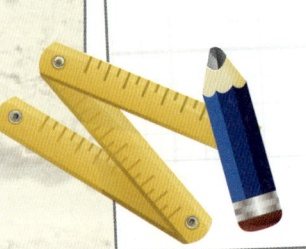

❸ 인강 수강하기

화면 좌측 상단에 있는 「인강」을 클릭 후 원하는 과정을 선택하고 나에게 맞는 상품을 선택하여 수강
신청합니다.

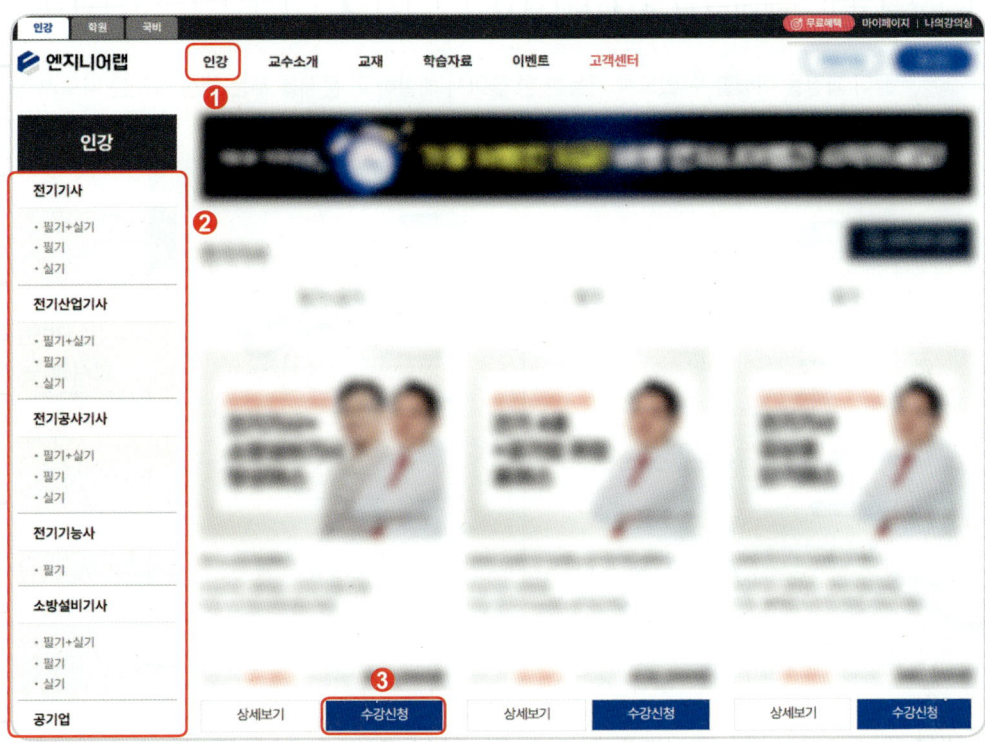

❹ 쿠폰 적용 및 결제

구매하시려는 상품과 금액을 확인하시고 최종 결제 전 잊으신 할인 혜택은 없는지 다시 한번 꼭 확인해주세요.

※ 엔지니어랩에서는 환승 할인, 대학생 할인, 내일배움카드 소지 할인 등 다양한 할인혜택을 제공하고 있으
며, 자세한 내용은 「맞춤할인 혜택 확인하기」 참고 부탁드립니다.

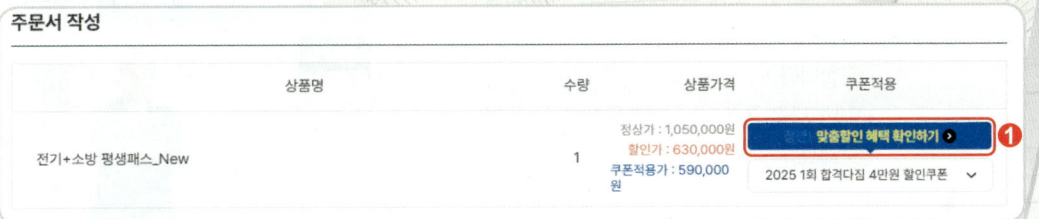

이 책의 학습 방법

1. 이해를 돕는 자세하고 친절한 해설

풀이 과정을 이해할 수 있도록 가능한 한 풀어서 해설하고, 문제를 푸는 핵심 부분은 따로 별색 처리해서 가독성을 높였습니다.

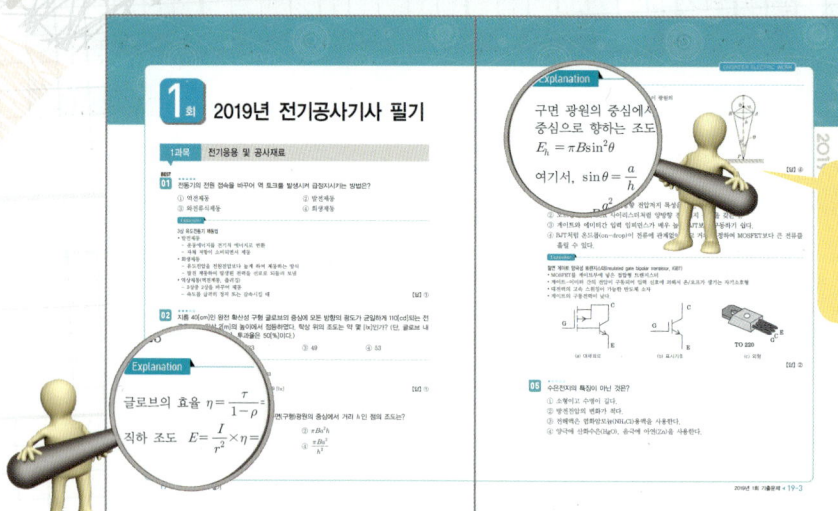

도서만으로
합격할 수 있는
자세한 해설과 부연 설명
수록

2. 새로운 CBT 시험 준비에 최적화된 최신 8개년 기출문제

- 최신 8개년 기출문제를 풀고 동영상 강좌로 복습하세요.
- 틀린 문제는 동영상 강좌를 통해 다시 한 번 정확히 이해하세요.
- 출제빈도가 높은 문제들은 다시 한 번 풀거나 출제빈도에 따라 정리하면, [파이널 특강-단기합격솔루션] 시리즈 도서를 참고합니다.
- 매번 새로 출제되는 CBT 문제를 꼭 풀어보세요.

3. 너무 어려운 문제 별도 표기

풀이에 시간이 지나치게 많이 걸리거나 난이도 극상의 문제는 학습계획을 고려해서 시간이 남을 때 학습하고 자주 나오는 문제에 집중할 수 있도록 해설을 QR코드로 표시해 두었습니다. 우선 답만 암기해 놓으세요.

12 구형 단면을 가진 토로이드 코일(toroid coil)에 전류 $I[A]$를 흘렸을 때 이 코일에 축적된 자기에너지[J]는? 단, 토로이드의 내경은 $a[m]$, 외경은 $b[m]$, 두께는 $h[m]$, 권수는 N으로서 내부는 투자율 $\mu[H/m]$인 자성체로 채워져 있다.

① $\dfrac{\mu N^2 I^2 h}{\pi} \ln \dfrac{b}{a}$ 　　② $\dfrac{\mu N^2 I^2 h}{2\pi} \ln \dfrac{b}{a}$

③ $\dfrac{\mu N^2 I^2 h}{8\pi} \ln \dfrac{b}{a}$ 　　④ $\dfrac{\mu N^2 I^2 h}{4\pi} \ln \dfrac{b}{a}$

Explanation

【답】 ④

4. 언제, 어디서나 동영상 수강

PC는 물론! 모바일에서도 안정적이고 끊김 없는 최고의 환경으로 동영상 강의를 언제 어디서나 수강하실 수 있습니다.

N-screen(단말기 간 이어보기)

▶ 단말기 구분 없이 시청자에게 동영상 이어보기 서비스 제공
▶ PC/모바일 플레이어 데이터 통합 관리

온라인 비디오 플랫폼
(Online Video Platform)

Mobile Player
(안드로이즈/ios)

Tablet Player
(안드로이즈/ios)

PC Player
(윈도우/Mac)

편저자의 말

1970년대 중반부터 시행된 전기 분야 국가기술자격시험은 일부 개정을 거쳐 현재에 이르고 있으며, 시험 합격을 위해서는 그에 맞는 전략과 노력이 필요합니다.

최근 5년 동안의 시험 경향을 보면 확실히 예전보다는 조금 어려워졌습니다. 예전처럼 그냥 외우는 방법으로는 어렵고, 이론을 이해해야 풀 수 있는 문제들이 많아지고 있기 때문입니다. 특히 필기시험은 출제 경향이 크게 다르지 않은데, 실기시험은 회차별로 난이도 차이가 크게 나고 예전보다 문제수도 늘어나 좀 더 세분화되었다고 볼 수 있습니다.

그러므로 합격의 전략은 새로운 경향을 찾는 것보다는 많이 출제되었던 기출문제를 공부하되 이론을 같이 공부하는 것이 빠른 합격에 유리할 수 있습니다.

또 전기기사 출제 경향을 합격자 수로 이야기하는 경우가 많지만, 작년에 합격자 수가 많았다고 해서 올해 꼭 적게 나오는 것은 아닙니다. 약간씩 출제 경향의 변화가 있지만 난이도는 거의 대동소이하며, 수급 조절은 3~5년으로 보기 때문에 수험생 스스로 섣부른 판단은 하지 않도록 해야 합니다.

필자는 10여 년 전부터 현재까지 오프라인 학원, 수많은 온라인 교육 및 EBS 강의를 진행하면서 많은 수험생을 접하며 그들이 가지고 있는 고충과 애로사항을 청취한 결과, 국가기술자격시험 합격을 위한 보다 쉽고 확실한 해법을 주기 위하여 이 교재를 집필하게 되었습니다.

본 수험서의 특징은 그간 어렵게 생각했던 문제를 쉽게 해설하여 수험생들이 혼자 공부할 수 있게 하고, 매년 출제 빈도를 반영하여 문제마다 별 표시를 해 중요 부분을 확인할 수 있게 함으로써 시험 대비 시 공부의 효율을 높이도록 한 점입니다.

아무쪼록 본 수험서로 공부하는 모든 분이 합격하시기를 기원하며, 마지막으로 본 수험서가 출간되기까지 큰 노력을 기울여주신 한빛전기수험연구회 여러분들과 도서출판 윤조 배용석 대표님께 감사의 말씀을 전합니다.

편저자 김상훈

감수자의 말

현대 사회에서 전기의 중요성은 날로 커지고 있으며, 일정한 자격을 갖춘 전문가들에 의해 여러 가지 기술의 개발과 발전이 이루어지고 있습니다. 이러한 전기 분야의 전문가를 국가기술자격시험을 통해 선발하기 때문에 이 시험의 비중이 날로 증가하고 있는 추세입니다.

우리 연구회 일동은 전기 분야 교육의 전문가이신 김상훈 박사가 책 출간 후 5년간의 노하우와 새로운 경향을 반영하는 개정 작업의 감수에 참여하게 되어 기쁜 마음으로 더욱더 좋은 책, 수험생들이 쉽게 이해할 수 있는 책이 되도록 노력하였습니다.

아무쪼록 본 수험서로 공부하는 수험생 모두가 합격하여 우리나라 전기 분야에 이바지하는 전문가들로 성장하기를 기원합니다.

한빛전기수험연구회 일동

전기공사기사 필기

2025

과년도
CBT 복원문제

- 2025년 제 01회
- 2025년 제 02회
- 2025년 제 03회

1과목   전기응용 및 공사재료

01 구리의 원자량은 63.54이고 원자가가 2일 때, 화학당량은?

① 31.77　　　　　　　　　　　　② 30.17
③ 32.77　　　　　　　　　　　　④ 29.17

Explanation

$$화학 당량 = \frac{원자량}{원자가} = \frac{63.54}{2} = 31.77$$

【답】 ①

02 전기의 전도와 열의 전도는 서로 근사하여 온도를 전압, 열류를 전류와 같이 생각하여 열전도의 계산에 사용될 때의 열류의 단위로 옳은 것은?

① J　　　　　　　　　　　　　　② deg
③ deg/W　　　　　　　　　　　　④ W

Explanation

전기회로와 전열회로 비교

전기			전열			열회로
명칭	기호	단위	명칭	기호	단위	단위(공업용)
전압	V	[V]	온도차	θ	[K°]	[℃]
전류	I	[A]	**열류**	I	**[W]**	[kcal/h]
저항	R	[Ω]	열저항	R	[℃/W]	[℃h/kcal]
전기량	Q	[C]	열량	Q	[J]	[kcal]
전도율	K	[℧/m]	열전도율	K	[W/m·deg]	[kcal/h·m·deg]
정전용량	C	[F]	열용량	C	[J/℃]	[kcal/℃]

【답】 ④

03 전동기 유형별 기동방법으로 잘못 짝지어진 것은?

① 농형유도전동기 : 직입기동, Y−△기동, 1차 직렬임피던스 기동
② 권선형 유도전동기 : 콘돌파 기동, 2차 저항기동
③ 단상유도전동기 : 분상기동, 반발기동
④ 동기전동기 : 전전압기동, 리액터 기동, 2차 저항기동

Explanation

(1) 3상 유도전동기의 기동법

농형 유도전동기	· 전전압 기동(직입기동) : 5[HP] 이하(3.7[kW]) · $Y-\triangle$ 기동(5~15[kW]) : 전류 1/3배, 전압 $1/\sqrt{3}$ 배 · 기동 보상기법 : 단권변압기 사용 감전압기동
권선형 유도전동기	· 2차 저항 기동법 ⇨ 비례 추이 이용

(2) 동기전동기 : 자기동법, 기동전동기법 【답】④

04 전자빔으로 용해하는 고융점 활성금속 재료는?

① 니크롬 제 2종   ② 철-크롬 제 1종

③ 탄화규소   ④ 탄탈, 니오브

Explanation

전자빔으로 용해하는 고융점 활성금속 재료 : 탄탈, 지르코늄, 니오브
여기서, 니크롬 제1, 2종
        철-크롬 제1, 2종
        탄화규소 등은 발열체임 【답】④

05 MOSFET, BJT, GTO의 이점을 조합한 전력용 반도체 소자로서 대전력 고속 스위칭이 가능한 소자는?

① 게이트 절연 양극성 트랜지스터   ② MOS제어 사이리스터

③ 금속 산화물 반도체 전계효과 트랜지스터   ④ 모놀리틱 달링톤

Explanation

절연 게이트 양극성 트랜지스터(Insulated gate bipolar transistor, IGBT)
· MOSFET를 게이트부에 넣은 접합형 트랜지스터
· 게이트-이미터간의 전압이 구동되어 입력 신호에 의해서 온/오프가 생기는 자기소호형
· 대전력의 고속 스위칭이 가능한 반도체 소자 【답】①

06 교류 200[V], 정류기 전압강하 10[V]인 단상 반파정류회로의 직류전압[V]은?

① 70   ② 80

③ 90   ④ 100

Explanation

단상반파정류
직류 측 전압 $E_d = 0.45E - e = 0.45 \times 200 - 10 = 80[\text{V}]$ 【답】②

07 전동기의 전원 접속을 바꾸어 역 토크를 발생시켜 급정지시키는 방법은?

① 역전제동   ② 발전제동

③ 와전류식제동   ④ 회생제동

Explanation

3상 유도전동기 제동법
· 발전제동
   - 운동에너지를 전기적 에너지로 변환
   - 자체 저항이 소비되면서 제동
· 회생제동
   - 유도전압을 전원전압보다 높게 하여 제동하는 방식
   - 발전 제동하여 발생된 전력을 선로로 되돌려 보냄
· 역상(역전)제동(플러깅)

－ 3상 중 2상을 바꾸어 제동
－ 속도를 급격히 정지 또는 감속시킬 때 　　　　　　　　　　　　　　　　　　　【답】①

08 8,600[kcal/kg]의 석탄 10[kg]에서 나오는 열량은 50[kW] 전열기를 몇 시간[h] 사용한 것과 같은가?
① 2　　　　　　　　　　　　　　　　　　　② 4
③ 5　　　　　　　　　　　　　　　　　　　④ 7

Explanation

열량 $Q = mH = 860Pt$ 에서
$$t = \frac{mH}{860 \times P} = \frac{10 \times 8,600}{860 \times 50} = 2[h]$$ 　　　　　　　　　　　　　　　　　【답】①

09 전차의 경제적인 운전방법이 아닌 것은?
① 가속도를 크게 한다.　　　　　　　　　　② 감속도를 크게 한다.
③ 표정속도를 작게 한다.　　　　　　　　　④ 가속도·감속도를 작게 한다.

Explanation

전차의 경제적인 운전방법
• 표정속도를 작게
• 가속도·감속도를 크게 한다.　　　　　　　　　　　　　　　　　　　　　　　【답】④

10 저항 20[Ω]의 전열기를 100[V]의 전원에 접속하였을 때 매초 발생하는 열량[cal]은?
① 110　　　　　　　　　　　　　　　　　② 120
③ 130　　　　　　　　　　　　　　　　　④ 135

Explanation

$$\text{열량 } H = 0.24 I^2 R = 0.24 \frac{V^2}{R} t = 0.24 \times \left(\frac{100}{20}\right)^2 \times 20 = 120[\text{cal}]$$ 　　　【답】②

11 크세논등에 대한 설명으로 옳지 않은 것은?
① 기동장치가 필요하다.
② 영사용 광원, 광학기용 광원, 투광용광원 등으로 사용된다.
③ 자연주광과 비슷하고 휘도는 낮다.
④ 크세논 가스 중의 방전을 이용한다.

Explanation

크세논등 : 크세논 가스 중의 방전을 이용, 기동장치가 필요(가격이 고가)
• **연색성 가장 우수, 휘도가 높다.**
• 영사용　　　　　　　　　　　　　　　　　　　　　　　　　　　　　　　　【답】③

12 물탱크의 물의 양에 따라 동작하는 스위치로서 학교, 공장, 빌딩 등의 옥상에 있는 물탱크의 급수펌프에 설치된 전동기 운전용 마그네트 스위치와 조합하여 사용하면 매우 편리한 스위치는?
① 압력 스위치　　　　　　　　　　　　　　② 리미트 스위치
③ 타임 스위치　　　　　　　　　　　　　　④ 부동스위치

Explanation

부동스위치(Floatless Switch) : 물탱크의 물의 양에 따라 동작하는 스위치　　　　　【답】④

13 광섬유케이블을 설명한 것으로 옳은 것은?

① 통상의 상태에서 전기가 통하는 연접인입선
② 약전류 전기의 전송에 사용되는 전기도체
③ 절연물로 피복한 전기도체를 다시 피복한 전기도체
④ 광신호 전송에 사용하는 보호피복으로 보호한 전송매체

Explanation

광섬유케이블 : 광신호 전송에 사용하는 보호피복으로 보호한 전송매체 【답】④

14 22.9[kV] 가공전선로에 사용되는 현수애자 일련의 개수는 약 몇 개인가?

① 10~11개 ② 2~3개
③ 6~7개 ④ 4~5개

Explanation

전압별 현수애자의 개수
- **22.9[kV] : 2~3 개**
- 66[kV] : 4~6 개
- 154[kV] : 10~11 개
- 345[kV] : 18~23 개
- 765[kV] : 38~43 개 【답】②

15 피뢰설비재료 중 인하도선은 최소단면적이 피복이 없는 동선을 기준으로 몇 [㎟]이상 인가?

① 50 ② 30 ③ 14 ④ 22

Explanation

(KEC 152.1조) 수뢰부 시스템 : 수뢰부, 인하도선, 접지극은 동선 기준 50[㎟] 이상 【답】①

16 금속재료 중 용융점이 제일 높은 것은?

① 백금(Pt) ② 이리듐(Ir)
③ 몰리브덴(Mo) ④ 텅스텐(W)

Explanation

금속재료의 용융점
- 백금(Pt) : 1,755 [℃]
- 이리듐(Ir) : 2,350 [℃]
- 몰리브덴(Mo) : 2,620 [℃]
- 텅스텐(W) : 3,370 [℃] 【답】④

17 형광판, 야광도료 및 형광방전등에 이용되는 루미네선스는?

① 열 루미네선스 ② 전기 루미네선스
③ 복사 루미네선스 ④ 파이로 루미네선스

Explanation

루미네선스 : 온도 복사를 제외한 모든 발광현상
- 전기 루미네선스 : 네온관등, 수은등
- **복사 루미네선스 : 형광등, 형광판**
- 파이로 루미네선스 : 발염 아크등
- 열 루미네선스 : 금강석, 대리석
- 생물 루미네선스 : 반딧불, 야광벌레 【답】③

18 보호계전기의 종류가 아닌 것은?

① ASS

② OCGR

③ DGR

④ RDR

Explanation

계전기(Relay)
- OCGR(Over Current Ground Relay) : 지락과전류계전기
- DGR(Directional Ground Relay) : 방향지락계전기
- RDR(Ratio Differential Relay) : 비율차동계전기

여기서, ASS(Automatic Section Switch)는 자동 고장 구분 개폐기이다.　　　　　　　　　　　　　　【답】①

19 애자의 형성에 의한 분류로서 내무애자를 옳게 설명한 것은?

① 노부애자의 일종으로서 저압옥내 애자이다.

② 분진 또는 염해에 의한 섬락사고를 방지하기 위한 송전용 애자이다.

③ 선로용으로서 점퍼선의 지지용으로 사용되는 애자이다.

④ 현수애자의 일종으로서 크레비스형의 애자이다.

Explanation

내무애자
- 분진 또는 염해에 의한 섬락사고를 방지하기 위한 송전용 애자
- 현수애자와 같은 모양이나 절연체 밑부분의 굴곡을 길게 하여 연면거리(누설거리)를 길게 한 애자　　　　【답】②

20 전력퓨즈의 특성으로 옳지 않은 것은?

① 고속도차단이 가능하다.

② 후비보호가 가능하다.

③ 한류형은 차단시 과전압을 유기한다.

④ 고임피던스 접지계통의 접지보호가 가능하다.

Explanation

전력 퓨즈(PF : Power Fuse) : 단락전류 차단

장 점 : ① 소형, 경량
　　　　② 차단 용량이 크다.
　　　　③ 보수가 간단
　　　　④ 가격이 저렴

단 점 : ① 재투입이 불가능
　　　　② 과도 전류에 용단되기 쉽다.
　　　　③ 한류 형은 차단 시 과전압 유기
　　　　④ **고임피던스 접지 계통은 보호할 수 없다.**
　　　　⑤ 계전기처럼 시한 특성을 자유롭게 할 수 없다.　　　　　　　　　　　　　　　　　　　【답】④

2과목	전력공학

21 154[kV] 송전계통의 뇌에 대한 보호에서 절연강도의 순서가 가장 경제적이고 합리적인 것은?

① 피뢰기 → 변압기 코일 → 기기 부싱 → 결합콘덴서 → 선로애자

② 변압기 코일 → 결합콘덴서 → 피뢰기 → 선로애자 → 기기 부싱

③ 결합콘덴서 → 기기 부싱 → 선로애자 → 변압기 코일 → 피뢰기

④ 기기 부싱 → 결합콘덴서 → 변압기 코일 → 피뢰기 → 선로애자

절연 협조

계통의 각 기기 및 기구, 선로, 애자 상호간의 균형 있는 적당한 절연 강도를 가지는 것

피뢰기의 제한전압은 절연협조의 기본이 되는 부분으로 가장 낮게 잡으며 피뢰기의 제1보호대상은 변압기이다.

피뢰기의 제한전압 〈 변압기의 기준충격절연강도(BIL) 〈 부싱, 차단기 〈 선로애자

【답】①

22 3상 3선식 배전선로의 수전단에 6,000[V], 뒤진 역률 0.8, 500[kW]의 부하가 있다. 이 부하가 같은 역률에서 600[kW]로 증가되었을 때 수전단 전압 및 선로전류를 불변으로 유지하기 위해서 수전단에 필요한 전력용 커패시터는 몇 [kVA]인가?

① 275

② 325

③ 375

④ 300

부하 증가 후의 역률 $\cos\theta_2$는

수전단 전압 및 선로 전류를 일정하게 불변으로 유지하여야 하므로

$\dfrac{P_1}{\sqrt{3}\,V\cos\theta_1} = \dfrac{P_2}{\sqrt{3}\,V\cos\theta_2}$ 에서 $\cos\theta_2 = \dfrac{P_2}{P_1}\cos\theta_1 = \dfrac{600}{500}\times 0.8 = 0.96$

∴ 콘덴서 용량 $Q_c = P(\tan\theta_1 - \tan\theta_2) = 600 \times \left(\dfrac{0.6}{0.8} - \dfrac{\sqrt{1-0.96^2}}{0.96}\right) = 275[\text{kVA}]$

【답】①

23 수력발전설비에서 흡출관을 사용하는 목적으로 옳은 것은?

① 압력을 줄이기 위하여

② 물의 유선을 일정하게 하기 위하여

③ 속도변동률을 적게 하기 위하여

④ 낙차를 늘리기 위하여

흡출관 : 반동수차(물의 압력 에너지를 이용)의 유효 낙차를 늘리기 위한 관

【답】④

24 송전계통의 한 부분이 그림과 같이 3상변압기로 1차측은 △ 로, 2차측은 Y로 중성점이 접지되어 있을 경우, 1차 측에 흐르는 영상전류는?

① 1차측 선로에서 ∞ 이다.

② 1차측 선로에서 반드시 0 이다.

③ 1차측 변압기 내부에서는 반드시 0이다.

④ 1차측 변압기 내부와 1차측 선로에서 반드시 0이다.

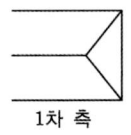
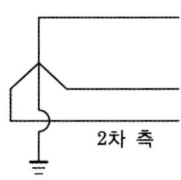

1차 측   2차 측

영상전류 : 접지식 회로(선로 및 접지도체) 및 △결선 내부

따라서 위의 회로에서는 1차측은 △결선 내부

2차측은 선로 및 접지도체

【답】②

25 전력용 콘덴서에 의하여 얻을 수 있는 전류는?

① 지상전류

② 진상전류

③ 동상전류

④ 영상전류

• **전력용 콘덴서 : 진상전류**

• 리액터 : 지상전류

【답】②

26 선간거리가 D[m]이고 전선의 반지름이 r[m]인 선로의 인덕턴스 L[mH/km]은?

① $L = 0.5 + 0.4605 \log_{10} \dfrac{r}{D}$ ② $L = 0.05 + 0.4605 \log_{10} \dfrac{r}{D}$

③ $L = 0.05 + 0.4605 \log_{10} \dfrac{D}{r}$ ④ $L = 0.5 + 0.4605 \log_{10} \dfrac{D}{r}$

Explanation

- 단도체 인덕턴스 $L = 0.05 + 0.4605 \log_{10} \dfrac{D}{r}$ [mH/km]

- 다도체 인덕턴스 $L = \dfrac{0.05}{n} + 0.4605 \log_{10} \dfrac{D}{\sqrt[n]{r\ell^{n-1}}}$ 【답】③

27 154[kV], 60[Hz], 선로의 길이 200[km]의 병행 2회선 송전선에 설치하는 소호리액터의 공진탭 용량[kVA]은 얼마인가? 단, 1선의 대지정전용량은 0.0043[μF/km]이다.

① 23,074   ② 7,696
③ 15,378   ④ 30,765

Explanation

소호리액터 용량(3선 일괄의 대지 충전 용량)

$Q_L = EI_L = E\dfrac{E}{\omega L} = 3\omega C E^2$ [kVA]

$\quad = 3 \times 2\pi f C \times 10^{-6} \times (E \times 10^3)^2 \times 10^{-3}$

$\quad = 3 \times 2\pi f C E^2 \times 10^{-3}$ [kVA]

2회선이므로 적용하면

$\quad = 2 \times 3 \times 2\pi \times 60 \times 0.0043 \times 10^{-6} \times 200 \times \left(\dfrac{154{,}000}{\sqrt{3}}\right)^2 \times 10^{-3}$

$\quad = 15{,}378$ [kVA]   【답】③

28 보일러에서 절탄기의 용도는?
① 증기로 과열한다.   ② 공기를 예열한다.
③ 보일러 급수를 데운다.   ④ 석탄을 건조한다.

Explanation

보일러의 부속 설비
- 과열기 : 건조포화증기를 과열증기로 가열하여 터빈에 공급
- 재열기 : 터빈 내에서의 증기를 다시 가열하는 장치
- **절탄기** : 배기가스의 예열을 이용해서 **보일러 급수 예열**, 연료 절약
- 공기예열기 : 배기가스의 여열을 이용해서 연소용 공기를 미리 예열, 연료 절약   【답】③

29 전선의 표피 효과에 대한 설명으로 알맞은 것은?
① 전선이 굵을수록, 주파수가 높을수록 커진다.
② 전선이 굵을수록, 주파수가 낮을수록 커진다.
③ 전선이 가늘수록, 주파수가 높을수록 커진다.
④ 전선이 가늘수록, 주파수가 낮을수록 커진다.

Explanation

- 표피효과 : 도선의 중심부로 갈수록 전류밀도가 적어지는 현상
- 전선이 굵을수록, 주파수가 높을수록, 도전율이 높을수록, 투자율이 클수록 표피 효과는 증대된다.   【답】①

30 부하전류의 차단에 사용되지 않는것은?
① ACB
② DS
③ OCB
④ VCB

전력용 개폐장치
- **단로기(DS) : 무부하 회로 개폐**
- 개폐기 : 부하전류 개폐
- 차단기 : 부하전류 개폐 및 고장전류 차단

【답】②

31 3상 전원에 접속된 △결선의 콘덴서를 Y결선으로 바꾸면 진상용량은 △결선 시의 몇 배로 되는가?
① $\dfrac{1}{3}$
② 3
③ $\sqrt{3}$
④ $\dfrac{1}{\sqrt{3}}$

Explanation

△결선의 콘덴서를 Y 결선으로 바꾸면
$C_\triangle = 3C_Y$ 이므로
$C_Y = \dfrac{1}{3}C_\triangle$ 가 된다.

【답】①

32 각 수용가의 수용설비용량이 50[kW], 100[kW], 80[kW], 60[kW], 150[kW]이며 각각의 수용률이 0.6, 0.6, 0.5, 0.5, 0.4일 때 부하의 부등률이 1.30이라면 변압기 용량은 약 몇 [kVA]가 필요한가? 단, 평균 부하역률은 80[%]라고 한다.
① 142
② 165
③ 183
④ 212

Explanation

$$변압기용량\ [\text{kVA}] = \frac{설비용량 \times 수용률}{부등률 \times 역률}$$

$$[\text{kVA}] = \frac{50 \times 0.6 + 100 \times 0.6 + 80 \times 0.5 + 60 \times 0.5 + 150 \times 0.4}{1.3 \times 0.8} = 212[\text{kVA}]$$

【답】④

33 다음 중 고압 배전계통의 구성 순서로 알맞은 것은?
① 배전변전소 → 간선 → 분기선 → 급전선
② 배전변전소 → 급전선 → 간선 → 분기선
③ 배전변전소 → 간선 → 급전선 → 분기선
④ 배전변전소 → 급전선 → 분기선 → 간선

Explanation

고압 배전계통의 구성순서 : 배전변전소 → 급전선 → 간선 → 분기선 순
- 급전선 : 배전 변전소 또는 발전소로부터 배전간선에 이르기까지 도중에 부하가 접속되어 있지 않은 선로
- 간선 : 급전선에 접속된 수용 지역에서의 배전선로 가운데에서 부하의 분포 상태에 따라서 배전하거나 분기선을 내어서 배전하는 부분
- 분기선 : 간선으로부터 분기한 배전 선로 부분

【답】②

34 알루미늄에 극소량의 지르코늄(Zr)을 첨가한 내열 알루미늄 합금선으로 가공 송전선로에 사용하는 전선은 ?
① CNCV 전선
② TACSR 전선
③ HIV 전선
④ ACSR 전선

- ACSR : 강심알루미늄 연선
- TACSR : 내열용 강심알루미늄 연선. 알루미늄에 극소량의 지르코늄을 추가

【답】②

35 장거리 송전로에서 4단자 정수가 같은 것은?

① A=B 　　　　　　　　　　　② B=C

③ C=D 　　　　　　　　　　　④ A=D

장거리 송전선로(분포정수회로)
- 100[km] 초과 선로
- 송전선로는 좌우대칭회로이므로 4단자 정수 A=D

【답】④

36 직류 2선식에서 전압변동률과 전력손실률의 관계로 옳은 것은?

① 전압변동률이 전력손실률보다 $\sqrt{3}$ 배 작다.　　② 전압변동률과 전력손실률이 같다.

③ 전압변동률이 전력손실률보다 $\sqrt{2}$ 배 크다.　　④ 전압변동률은 전력손실률의 $\frac{1}{2}$ 이다.

전압변동률 $\epsilon = \dfrac{V_{ro} - V_r}{V_r} \times 100 = \dfrac{V_s - V_r}{V_r} \times 100 = \dfrac{IR}{V_r} \times 100 [\%]$

전력손실률 $K = \dfrac{P_l}{P} \times 100 = \dfrac{I^2 R}{V_r I} \times 100 = \dfrac{IR}{V_r} \times 100 [\%]$

따라서 직류 2선식에서는 전압변동률과 전력손실률은 같다.

【답】②

37 한 대의 주상변압기에 역률(뒤짐) $\cos\theta_1$, 유효전력 P_1[kW]의 부하와 역률(뒤짐) $\cos\theta_2$, 유효전력 P_2[kW]의 부하가 병렬로 접속되어 있을 때 주상변압기 2차 측에서 본 부하의 종합역률은 어떻게 되는가?

① $\dfrac{P_1 + P_2}{\dfrac{P_1}{\cos\theta_1} + \dfrac{P_2}{\cos\theta_2}}$ 　　　　　② $\dfrac{P_1 + P_2}{\dfrac{P_1}{\sin\theta_1} + \dfrac{P_2}{\sin\theta_2}}$

③ $\dfrac{P_1 + P_2}{\sqrt{(P_1 + P_2)^2 + (P_1\tan\theta_1 + P_2\tan\theta_2)^2}}$ 　　④ $\dfrac{P_1 + P_2}{\sqrt{(P_1 + P_2)^2 + (P_1\sin\theta_1 + P_2\sin\theta_2)^2}}$

부하가 병렬로 있는 경우
- 유효전력 : $P = P_1 + P_2$
- 무효전력 : $Q = P_1\tan\theta_1 + P_2\tan\theta_2$
- 피상전력 : $P_a = \sqrt{P^2 + Q^2} = \sqrt{(P_1 + P_2)^2 + (P_1\tan\theta_1 + P_2\tan\theta_2)^2}$
- 역률 $\cos\theta = \dfrac{P}{P_a} = \dfrac{P_1 + P_2}{\sqrt{(P_1 + P_2)^2 + (P_1\tan\theta_1 + P_2\tan\theta_2)^2}}$

【답】③

38 가스절연 개폐장치(GIS)의 내장기기가 아닌 것은?

① 단로기
② 주변압기
③ 계기용 변압기
④ 차단기

GIS(가스절연 개폐장치)의 구성
① 차단기(CB)
② 단로기(DS)
③ 접지 개폐기(ES)
④ 피뢰기(LA)
⑤ 계기용변압기, 변류기 등

【답】②

39 총낙차 80.9[m], 사용수량 30[㎥/sec]인 발전소가 있다. 수로의 길이가 3,800[m], 수로의 구배가 $\frac{1}{2,000}$, 수압철관의 손실낙차를 1[m]라고 하면 이 발전소의 출력은 약 몇 [kW]인가? (단, 수차 및 발전기의 종합효율은 83[%]라고 한다)

① 15,520
② 19,033
③ 24,520
④ 28,520

수로의 손실 낙차 $h_1 = 3,800 \times \frac{1}{2,000} = 1.9$[m]

수압철관의 손실 낙차 $h_2 = 1$[m]

따라서 낙차 $H = $ 총낙차 $-$ 총손실낙차 $= 80.9 - (1.9 + 1) = 78$[m]

발전소 출력 $P = 9.8 H Q \eta = 9.8 \times 78 \times 30 \times 0.83 = 19,033.5$[kW]

【답】②

40 다음 중 가공 지선의 설치 목적으로 볼 수 없는 것은?

① 유도뢰에 대한 정전차폐
② 전압강하의 방지
③ 직격뢰에 대한 차폐
④ 통신선에 대한 전자유도 장해 경감

가공지선 설치 목적
• 직격뢰에 대한 차폐
• 유도뢰에 대한 정전차폐
• 통신선에 대한 전자유도 장해 경감

【답】②

3과목 **전기기기**

41 동기 전동기에 관한 설명 중 옳지 않은 것은?

① 기동 토크가 작다.
② 난조가 일어나기 쉽다.
③ 여자기가 필요하다.
④ 역률을 조정할 수 없다.

동기전동기의 특징

장 점	단 점
① 속도가 N_s로 일정	① 기동토크가 작다.
② **역률 1로 조정 가능**	② 속도 제어가 어렵다.
③ 효율이 좋다.	③ 직류 여자가 필요
④ 공극이 크고 기계적으로 튼튼하다	④ 난조가 일어나기 쉽다.

【답】④

42 직류기에서 양호한 정류를 얻는 조건은?
① 정류주기를 작게 할 것
② 평균리액턴스 전압과 반대방향으로 정류전압을 유기한다.
③ 브러시의 접촉저항을 작게 할 것
④ 전기자 코일의 인덕턴스를 크게 할 것

> Explanation

양호한 정류를 얻는 방법
- 보극 설치(평균리액턴스 전압과 반대방향으로 정류전압을 유기)
- 접촉저항이 큰 탄소브러시 사용
- 리액턴스 전압을 적게 한다.
- 정류주기를 길게 한다.

【답】②

43 장거리 고압송전선이나 케이블 송전선을 무부하에서 충전하는 동기발전기의 자기여자현상 방지법으로 틀린 것은?
① 발전기에 콘덴서를 병렬로 접속한다.　② 단락비가 큰 발전기를 사용한다.
③ 발전기 여러 대를 모선에 병렬로 접속한다.　④ 수전단에 리액턴스를 병렬로 접속한다.

> Explanation

동기발전기 자기여자 현상
발전기 단자에 장거리 선로가 연결되어 있을 때 무부하 시 선로의 충전전류에 의해 단자 전압이 상승하여 절연이 파괴되는 현상
- 동기발전기 자기여자 방지책
  - 수전단에 리액턴스가 큰 변압기 사용
  - 발전기를 2 대 이상 병렬 운전
  - 동기 조상기를 부족여자(분로리엑터 채용)
  - 단락비가 큰 기계 사용

【답】①

44 2대의 3상 동기 발전기가 무부하로 병렬운전하고 있을 때 두 발전기의 유기기전력 사이의 60°의 위상차가 생겼다면 두 발전기 사이에 주고받는 전력은 몇 [kW]인가?(단, 두 발전기 기전력은 2,000[V], 동기 임피던스 5[Ω]이고 전기자 저항은 무시한다)
① $\sqrt{3} \times 200$
② $\sqrt{3} \times 300$
③ 300
④ 200

> Explanation

수수전력
동기 발전기를 무부하로 병렬 운전시킬 때 대응하는 기전력 사이에 δ_s의 위상차가 있으면 한 쪽 발전기에서 다른 쪽 발전기에 공급되는 전력
$$P = \frac{E^2}{2Z_s} \sin\delta = \frac{2,000^2}{2 \times 5} \sin 60° = \frac{2,000^2}{10} \times \frac{\sqrt{3}}{2} \times 10^{-3} = 200\sqrt{3} \,[kW]$$

【답】①

45 직류전동기의 종류에 따른 특성을 옳게 설명한 것은?

① 타여자 방식의 경우 속도제어 범위가 좁으며 정밀제어가 곤란하다.

② 분권의 경우 부하변동에 따라 속도가 크게 변하므로 압연기, 권상기 등에 사용하는 것이 곤란하다.

③ 가동복권의 경우는 직권과 같이 무구속 속도가 발생할 수 있으며 항상 최소의 부하를 인가하여야 한다.

④ 직권의 경우 토크가 증가하면 속도가 저하되므로 부하변동이 심하거나 큰 기동토크가 필요한 기기에 주로 사용된다.

Explanation

직류전동기의 종류

종류	전동기의 특징
타여자	• +, − 극성을 반대로 하면 → 회전 방향이 반대 • 정속도 전동기
분권	• 정속도 특성의 전동기 • 위험 상태 → 정격 전압, 무여자 상태 • +, − 극성을 반대로 하면 → 회전 방향이 불변 • $T \propto I \propto \dfrac{1}{N}$
직권	• **변속도 전동기(전기철도, 압연기, 권상기)** • **부하에 따라 속도가 심하게 변한다.** • +, − 극성을 반대로 하면 → 회전 방향이 불변 • 위험 상태 → 정격 전압, 무부하 상태 • $T \propto I^2 \propto \dfrac{1}{N^2}$

【답】④

---

46 출력 10[kVA] 정격전압에서 철손이 120[W], 뒤진 역률 0.7, 3/4부하에서 효율이 가장 큰 단상변압기가 있다. 역률 1일 때의 최대효율[%]은?

① 96.9 ② 99.0

③ 98.5 ④ 97.8

Explanation

최대효율 $\eta = \dfrac{\frac{1}{m}P_n \cos\theta}{\frac{1}{m}P_n \cos\theta + 2P_i} \times 100 \, [\%]$

$= \dfrac{10 \times \frac{3}{4} \times 10^3 \times 1}{10 \times \frac{3}{4} \times 10^3 \times 1 + 120 \times 2} \times 100 = 96.9 \, [\%]$

【답】①

---

47 동기발전기의 전기자권선을 분포권으로 하면 어떻게 되는가?

① 난조를 방지한다. ② 기전력의 파형이 좋아진다.

③ 권선의 리액턴스가 커진다. ④ 집중권에 비하여 합성 유기기전력이 증가한다.

Explanation

분포권 : 매극 매상의 도체를 각각의 슬롯에 분포시켜 감아주는 권선법
• 고조파 제거에 의한 기전력의 파형을 개선
• 누설 리액턴스를 감소
• 집중권에 비해 유기기전력이 K_d배로 감소

【답】②

48 유도발전기에 관한 설명 중 틀린 것은?

① 회전자속을 만들기 위해 회전자에 DC여자전류를 공급한다.

② 유도발전기의 주파수는 전원의 주파수로 정하고 회전 속도에는 관계가 없다.

③ 출력은 회전자속도와 회전자속의 상대속도에 비례하기 때문에 출력을 증가하려면 속도를 증가 시킨다.

④ 동기발전기와 같이 동기화 할 필요가 없고 난조 등 이상 현상이 생기지 않는다.

Explanation

유도발전기

- 고정자 권선을 전원에 연결하고 회전자를 원동기로 회전시키면 회전자 속도가 회전자계 속도(N_s)보다 빠르게 회전하여 발전기로 동작

- 슬립 $s = \dfrac{n_s - n}{n_s}$ 에서 $n_s < n$인 경우 $s < 0$

  여기서, n : 회전자 속도, n_s : 회전자계 속도

【답】①

49 어떤 정류회로의 직류 출력전압이 60[V]이고 리플률이 3[%]이면 직류 출력전압에 포함된 리플 성분은 몇[V]인가?

① 1.2 ② 1.5

③ 1.8 ④ 2.1

Explanation

$$맥동률 = \frac{교류분}{직류분} \times 100 = \sqrt{\frac{실효값^2 - 평균값^2}{평균값^2}} \times 100[\%]$$

교류분 = 직류분(부하전압) × 맥동률 = 60 × 0.03 = 1.8[V]

【답】③

50 유도전동기의 특성에서 토크와 2차 입력, 동기속도의 관계로 옳은 것은?

① 토크는 2차 입력에 비례하고 동기속도에 비례한다.

② 토크는 2차 입력에 비례하고 동기속도에 반비례한다.

③ 토크는 2차 입력과 동기속도에 모두 반비례한다.

④ 토크는 2차 입력과 동기속도에 모두 비례한다.

Explanation

유도전동기 토크 $T = 0.975 \times \dfrac{P_2}{N_s}$ [kg · m]

토크는 2차 입력에 비례하고 동기속도에 반비례한다.

【답】②

51 승압용 단권변압기의 설명으로 틀린 것은?

① 분로권선은 누설리액턴스가 적어서 전압변동률이 좋다.

② 1차 전류가 2차 전류보다 적다.

③ 3상에는 사용할 수 없고 단상으로만 사용한다.

④ 저압측도 고압측과 같이 절연해야 할 필요가 있다.

Explanation

단권변압기의 특징

- 1, 2차 권선이 하나이므로 동량과 철량이 감소되어 손실이 적고 효율이 우수
- 누설 리액턴스가 적어 전압 변동이 적다.
- 단락 시 대전류가 흐를 수 있다.
- 자기 용량 보다 큰 부하 용량 사용 가능
- 단상 및 3상에서 사용이 가능

【답】③

52 직류분권전동기의 전압제어에 의해 속도를 제어하는 일그너방식에 대한 설명으로 틀린 것은?

① 전동기 부하가 급변해도 전원에서 공급되는 전력의 변동이 적다.
② 워드레오너드 방식과 일그너방식의 차이점은 플라이휠을 사용하는 점이다.
③ 일그너방식은 제철공장 대형 압연기용 전동기 등에 사용한다.
④ 일그너 방식은 보조 발전기가 직류전동기이다.

Explanation

직류 전동기 속도 제어 $n = K' \dfrac{V - I_a R_a}{\phi}$ (K' : 기계정수)

종류	특 징
전압 제어	• 광범위 속도 제어 가능 • 워드 레오너드 방식 : 소형부하(엘리베이터에 사용) • **일그너 방식(부하가 급변, 대용량 부하−제철,제강,압연)** **: 플라이 휠 효과(관성 모멘트 증가)** • 정토크 제어
계자 제어	• 정출력 제어
저항 제어	• 효율이 저하

【답】④

53 전기자 총 도체수 1,152 내부 회로대수 2, 권선계수가 2/π 인 교류 정류자 전동기의 1내부회로의 유효권수 ω_a는?(단 자속은 정현분포이다)

① 95   ② 92
③ 93   ④ 97

Explanation

1내부 회로의 권수는 $\dfrac{Z}{2a} \times \dfrac{1}{2} = \dfrac{Z}{4a}$

권선 계수(분포권 계수)가 $\dfrac{2}{\pi}$ 이므로

$\therefore \omega_a = \dfrac{2}{\pi} \times \dfrac{Z}{4a} = \dfrac{Z}{2a\pi} = \dfrac{1,152}{2 \times 2 \times \pi} = 91.67$

【답】②

54 유도전동기에서 인가전압이 일정하고 주파수가 정격치에서 수 [%] 감소할 때 다음 현상 중 해당되지 않는 것은?

① 누설리액턴스가 증가한다.   ② 동기속도가 감소한다.
③ 효율이 감소한다.   ④ 철손이 증가한다.

Explanation

주파수가 감소

• 철손 $P_i \propto \dfrac{E^2}{f}$ 이므로 철손이 증가 ⇒ 철손(손실)이 증가하면 효율은 저하

• 동기속도 $N_s = \dfrac{120 f}{p}$ 이므로 속도는 감소

• 누설리액턴스 $X_L = \omega L = 2\pi f L$이므로 누설리액턴스는 감소

【답】①

55 스텝각이 2°, 스테핑주파수(pulse rete)가 1,800[rps]인 스테핑모터의 축속도[rps]는?

① 8　　　　　　　　　　　　　　② 10
③ 12　　　　　　　　　　　　　　④ 14

> **Explanation**
>
> 스텝각 2°라면 1회전 시 180개의 펄스가 필요하므로 180[Hz]=180[rps]이며
> 따라서 1,800[rps]라면 초 당 10회전되므로 10[rps]가 된다.　　　　　　　【답】②

56 직류기에서 전기자 반작용을 방지하기 위한 보상 권선의 전류 방향은?

① 전기자 전류의 방향과 같다.　　　　② 전기자 전류의 방향과 반대이다.
③ 계자 전류의 방향과 같다.　　　　　④ 계자 전류의 방향과 반대이다.

> **Explanation**
>
> 보상권선 : 전기자 전류의 기전력을 상쇄하기 위하여 전기자 전류와 반대 방향으로 전류가 흐르게 한다.　　【답】②

57 변압기의 무부하시험, 단락시험에서 구할 수 없는 것은?

① 철손　　　　　　　　　　　　　② 전압변동률
③ 동손　　　　　　　　　　　　　④ 절연내력

> **Explanation**
>
> 변압기의 시험
> • 무부하시험 : 여자 어드미턴스, 철손
> • 단락시험 : 임피던스와트, 임피던스전압, 동손, 전압변동률　　　　　　　【답】④

58 권선형 유도전동기의 기동법에 대한 설명 중 틀린 것은?

① 기동 시 2차회로의 저항을 크게 하면 기동 시에 큰 토크를 얻을 수 있다.
② 기동 시 2차회로의 저항을 크게 하면 기동 시에 기동전류를 억제할 수 있다.
③ 2차 권선저항을 크게 하면 속도상승에 따라 외부저항이 증가한다.
④ 2차 권선저항을 크게 하면 운전상태의 특성이 나빠진다.

> **Explanation**
>
> 비례추이의 원리 : 권선형 유도전동기
> • 최대 토크는 불변, 최대 토크의 발생 슬립은 변화
> • 기동 전류는 감소하고, 기동 토크는 증가
> 2차 권선저항을 크게 하면 슬립이 커지므로 **속도는 감소**　　　　　　　【답】③

59 정격전압 420/105[V]인 단상 변압기의 U-u 단자를 접속하고 U-V단자에 400[V]를 인가하였다.
이 변압기가 감극성일 때 V-v 단자 간에 나타나는 전압은 ?

① 100　　　　　　　　　　　　　② 200
③ 300　　　　　　　　　　　　　④ 400

> **Explanation**
>
> 권수비 $a = \dfrac{420}{105} = 4$
>
> $E_1 = 400$ [V]일 때, $E_2 = \dfrac{E_1}{a} = \dfrac{400}{4} = 100[\text{V}]$
>
> 감극성인 경우 $E_1 - E_2 = 400 - 100 = 300$　　　　　　　　　　　　　【답】③

60 정현파형의 회전 자계 중에 정류자가 있는 회전자를 놓으면 각 정류자편 사이에 연결되어 있는 회전자 권선에는 크기가 같고 위상이 다른 전압이 유기된다. 정류자 편수를 K 라 하면 정류자편 사이의 위상차는?

① π/K
② $2\pi/K$
③ K/π
④ $K/2\pi$

Explanation

정류자편 사이의 위상차 $\theta = \dfrac{2\pi}{K}$

【답】②

4과목 회로이론 및 제어공학

61 다음의 회로 단자 a, b에 나타나는 전압은?

① 3.6[V]
② 8.4[V]
③ 10[V]
④ 16[V]

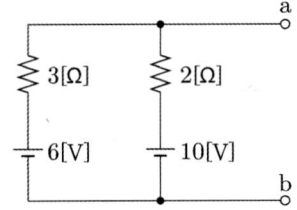

Explanation

밀만의 정리를 사용하여

$$V_{ab} = \frac{\dfrac{E_1}{Z_1} + \dfrac{E_2}{Z_2}}{\dfrac{1}{Z_1} + \dfrac{1}{Z_2}} = \frac{\dfrac{6}{3} + \dfrac{10}{2}}{\dfrac{1}{3} + \dfrac{1}{2}} = 8.4[V]$$

【답】②

62 3상 평형 회로에 전압계 V, 전류계 A, 전력계 W를 그림과 같이 접속하였을 때 전압계의 지시가 100[V], 전류계 지시가 30[A], 전력계 지시가 1.5[kW]였다. 이 회로에서 선간전압 V_{ab}과 선전류 I_a 간의 위상차는 몇 도[°]인가?(단, 3상 전압의 상순은 a-b-c이다)

① 15°
② 30°
③ 45°
④ 60°

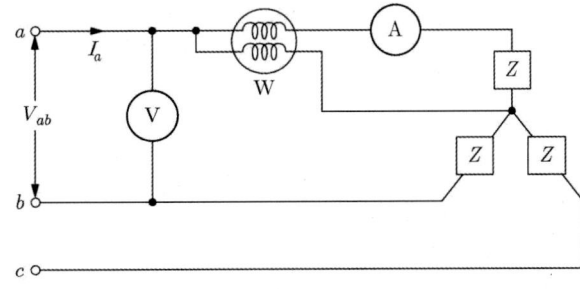

Explanation

Y결선에서는 선간전압과 선전류는 위상차 30°가 있으므로
$V = V\angle 0°$라면 선전류 $I = I\angle -30°$가 되며
3전력계법이므로 전체 3상 전력 $P = 3 \times W(전력계지시) = 3 \times 1.5 = 4.5[kW]$

63 상순이 $a - b - c$인 3상 회로에 있어서 대칭분 전압이 $V_0 = -8 + j3\,[\text{V}]$, $V_1 = 6 - j8\,[\text{V}]$, $V_2 = 8 + j12\,[\text{V}]$일 때 a상의 전압 V_a는 약 몇 [V]인가?

① $2.43 \angle -17°$ ② $9.22 \angle 49°$

③ $32.44 \angle 175°$ ④ $3.07 \angle 49°$

Explanation

대칭좌표법을 이용하면

$$\begin{bmatrix} V_a \\ V_b \\ V_c \end{bmatrix} = \begin{bmatrix} 1 & 1 & 1 \\ 1 & a^2 & a \\ 1 & a & a^2 \end{bmatrix} \begin{bmatrix} V_0 \\ V_1 \\ V_2 \end{bmatrix}$$ 에서

a상 전압 $V_a = V_0 + V_1 + V_2 = -8 + j3 + 6 - j8 + 8 + j12 = 6 + j7\,[\text{V}]$

$V_a = 6 + j7 = \sqrt{6^2 + 7^2} \angle \tan^{-1} \dfrac{7}{6} = 9.22 \angle 49°$

【답】②

64 그림에서 $a - b$단자의 전압이 20[V], $a - b$에서 본 능동 회로망 N의 임피던스가 4[Ω]일 때 단자 $a - b$ 간에 1[Ω]의 저항을 접속하면 $a - b$ 간에 흐르는 전류는 얼마인가?

① 1
② 2
③ 4
④ 8

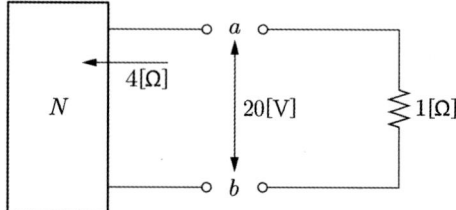

Explanation

회로로 표현하면 다음과 같다.

$I = \dfrac{V}{R} = \dfrac{20}{4 + 1} = 4\,[\text{A}]$

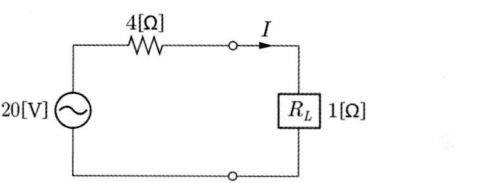

【답】③

65 $R = 10\,[\Omega]$, $L = 10\,[\text{mH}]$, $C = 1\,[\mu\text{F}]$인 직렬회로에 100[V]의 전압을 가했을 때 공진회로의 첨예도 Q는 얼마인가?

① 1,000   ② 100

③ 10   ④ 1

Explanation

양호도(선택도, 첨예도, 전압확대율) : 저항 대 리액턴스 비

$$Q_L = \dfrac{V_L}{V} = \dfrac{\omega L I}{R I} = \dfrac{\omega L}{R}, \qquad Q_c = \dfrac{V_c}{V} = \dfrac{\dfrac{1}{\omega C} I}{R I} = \dfrac{\dfrac{1}{\omega C}}{R}$$

여기서, $Q_L = Q_c$이므로 $Q^2 = \dfrac{1}{R^2}\dfrac{L}{C}$

양호도 $Q = \dfrac{1}{R}\sqrt{\dfrac{L}{C}} = \dfrac{1}{10}\sqrt{\dfrac{10 \times 10^{-3}}{1 \times 10^{-6}}} = 10$

【답】③

66 $F(s) = \dfrac{2s+3}{(s+1)(s+2)}$ 의 라플라스 역변환은?

① $e^{-t} + e^{-2t}$

② $e^{-t} - e^{-2t}$

③ $e^{-t} - 2e^{-2t}$

④ $e^{-t} + 2e^{-2t}$

Explanation

라플라스 역변환
분모가 인수분해가 가능하므로 부분분수 전개하면

$F(s) = \dfrac{2s+3}{(s+1)(s+2)} = \dfrac{K_1}{s+1} + \dfrac{K_2}{s+2}$

$K_1 = \lim_{s \to -1}(s+1)F(s) = \left[\dfrac{2s+3}{s+2}\right]_{s=-1} = 1$

$K_2 = \lim_{s \to -2}(s+2)F(s) = \left[\dfrac{2s+3}{s+1}\right]_{s=-2} = 1$

$F(s) = \dfrac{1}{s+1} + \dfrac{1}{s+2}$

$\therefore f(t) = \mathcal{L}^{-1}[F(s)] = \mathcal{L}^{-1}\left[\dfrac{1}{s+1} + \dfrac{1}{s+2}\right] = e^{-t} + e^{-2t}$

【답】①

67 그림과 같이 $R[\Omega]$의 저항을 Y결선으로 하여 단자 a, b 및 c에 비대칭 3상 전압을 가할 때, a단자의 중성점 N에 대한 전압은 약 몇 [V]인가? (단, $V_{ab} = 210[V]$, $V_{bc} = -90 - j180[V]$, $V_{ca} = -120 + j180[V]$)

① 100

② 116

③ 121

④ 125

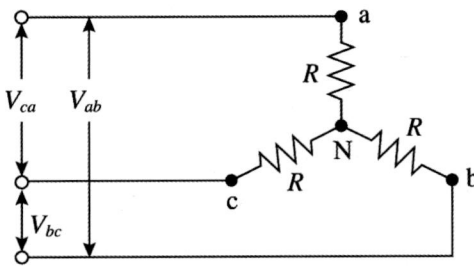

Explanation

중성점의 전위
$V_n = V_a + V_b + V_c = 0[V]$ ······①

Y결선이므로 선간전압
$V_{ab} = V_a - V_b$ ······②
$V_{bc} = V_b - V_c$ ······③
$V_{ca} = V_c - V_a$ ······④

a점의 전위를 구하기 위하여
①-④를 하면
$-V_{ca} = 2V_a + V_b$ ······⑤

②+⑤를 하면

$V_{ab} - V_{ca} = 3V_a$ 에서

a점의 전위 $V_a = \dfrac{V_{ab} - V_{ca}}{3} = \dfrac{210 - (-120 + j180)}{3} = 110 - j60$

$= \sqrt{110^2 + 60^2} = 125.3[\text{V}]$ 【답】④

68 특성임피던스 400 $[\Omega]$의 회로 말단에 1,200 $[\Omega]$의 부하가 연결되어 있다. 전원 측에 20[kV]의 전압을 인가할 때 반사파의 크기[kV]는?(단, 선로에서의 전압 감쇠는 없는 것으로 간주한다)

① 1   ② 5
③ 10   ④ 50

▶ Explanation

반사계수 $\rho = \dfrac{Z_2 - Z_1}{Z_2 + Z_1} = \dfrac{Z_L - Z_0}{Z_L + Z_0} = \dfrac{1,200 - 400}{1,200 + 400} = 0.5$

따라서 반사파는 입사전압과 반사계수의 곱이므로 $20 \times 0.5 = 10[\text{kV}]$ 【답】③

69 다음 비정현파 전류 $i(t)$의 왜형률을 구하면 얼마인가?

$$i = 30\sin\omega t + 10\cos 3\omega t + 5\sin 5\omega t[\text{A}]$$

① 0.46   ② 0.26
③ 0.53   ④ 0.37

▶ Explanation

왜형률 $= \dfrac{\text{전 고조파의 실효값}}{\text{기본파의 실효값}} = \dfrac{\sqrt{I_2^2 + I_3^2 + I_4^2 + \cdots}}{I_1}$

$= \dfrac{\sqrt{I_3^2 + I_5^2}}{I_1} = \dfrac{\sqrt{\left(\dfrac{10}{\sqrt{2}}\right)^2 + \left(\dfrac{5}{\sqrt{2}}\right)^2}}{\dfrac{30}{\sqrt{2}}} = \dfrac{\sqrt{10^2 + 5^2}}{30} = 0.37$ 【답】④

70 다음 회로에서 커패시터에 0.5[C]의 전하가 충전되어 있고 스위치 S를 $t = 0$에 닫을 때 이 회로에 흐르는 전류($i(0^+)$)는 몇 [A]인가?

① 1   ② 50
③ 5   ④ 10

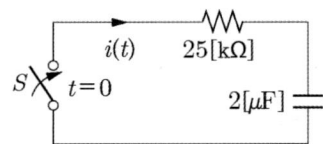

▶ Explanation

초기 콘덴서에 충전된 전압 $V = \dfrac{Q}{C} = \dfrac{0.5}{2 \times 10^{-6}} = 250,000[\text{V}]$

따라서 초기전류 $i = \dfrac{V}{R} = \dfrac{250,000}{25 \times 10^3} = 10[\text{A}]$ 【답】④

71 $G(s) = 20s$에서 $\omega = 5[\text{rad/sec}]$일 때 이득[dB]은?

① 20   ② 30
③ 40   ④ 60

▶ Explanation

주파수 전달함수 $G(j\omega) = j20\omega$에서 $\omega = 5$이므로
$G(j\omega) = j20 \times 5 = j100$
크기 $|G(j\omega)| = 100$
이득 $g = 20\log_{10}|G(j\omega)| = 20\log_{10}100 = 40[\text{dB}]$

【답】③

72 어떤 선형시불변계의 상태방정식이 다음과 같을 때 상태천이행렬 $\phi(t)$를 구하면?

(단, $A = \begin{bmatrix} 0 & 0 \\ -1 & -2 \end{bmatrix}$, $B = \begin{bmatrix} 1 \\ 1 \end{bmatrix}$이고 $\dot{x}(t) = Ax(t) + Bu(t)$이다)

① $\begin{bmatrix} 1 & 0 \\ 2(e^{-2t}-1) & e^{-2t} \end{bmatrix}$

② $\begin{bmatrix} 1 & 0 \\ (e^{-2t}-1)/2 & e^{-2t} \end{bmatrix}$

③ $\begin{bmatrix} 1 & 0 \\ 2(e^{-2t}-1) & 1 \end{bmatrix}$

④ $\begin{bmatrix} 1 & 0 \\ (e^{-2t}-1) & e^{-2t} \end{bmatrix}$

Explanation

상태천이행렬 $\Phi(t) = \mathcal{L}^{-1}[(sI-A)^{-1}]$

① $[sI-A] = \begin{bmatrix} s & 0 \\ 0 & s \end{bmatrix} - \begin{bmatrix} 0 & 0 \\ -1 & -2 \end{bmatrix} = \begin{bmatrix} s & 0 \\ 1 & s+2 \end{bmatrix}$

② $[sI-A]^{-1} = \dfrac{1}{\begin{bmatrix} s & 0 \\ 1 & s+2 \end{bmatrix}} \begin{bmatrix} s+2 & 0 \\ -1 & s \end{bmatrix}$

$= \dfrac{1}{s^2+2s} \begin{bmatrix} s+2 & 0 \\ -1 & s \end{bmatrix} = \begin{bmatrix} \dfrac{s+2}{s(s+2)} & \dfrac{0}{s(s+2)} \\ \dfrac{-1}{s(s+2)} & \dfrac{s}{s(s+2)} \end{bmatrix}$

③ $\mathcal{L}^{-1}\{[sI-A]^{-1}\} = \begin{bmatrix} 1 & 0 \\ (e^{-2t}-1)/2 & e^{-2t} \end{bmatrix}$

따라서 $\Phi(t) = \mathcal{L}^{-1}[(sI-A)^{-1}] = \begin{bmatrix} 1 & 0 \\ (e^{-2t}-1)/2 & e^{-2t} \end{bmatrix}$

【답】②

73 특성방정식이 $s^4 + 6s^3 + 11s^2 + 6s + K = 0$로 주어진 계통이 안정하기 위한 K의 범위는?

① $K < 0, K > 20$

② $0 < K < 20$

③ $0 < K < 10$

④ $K < 20$

Explanation

Routh-Hurwitz판별식을 이용하여 1열의 부호가 모두 양수이면 안정하며

s^4	1	11	K
s^3	6	6	0
s^2	10	K	
s^1	$\dfrac{60-6K}{10}$	0	
s^0	K		

제 1열의 요소가 모두 양수가 되기 위해서는
$\dfrac{60-6K}{10} > 0$에서 $K < 10$, $K > 0$

따라서 안정하기 위한 조건은 $\therefore \ 0 < K < 10$

【답】③

74 진상보상기의 특징 중 틀린 것은?

① 제어계의 속응성을 개선할 수 잇다.

② 제어계의 안정성을 향상 시킬 수 있다.

③ 입력위상이 출력위상보다 앞서게 하는 보상장치이다.

④ RC 회로 형태로 사용할 수 있다.

Explanation

• 진상보상기(미분기, PD제어) : 과도응답 개선, 출력위상이 앞선다

• 지상보상기(적분기, PI제어) : 정상특성 개선, 입력위상이 앞선다.

【답】 ③

75 시퀀스 제어의 기본회로 중 복수의 입력 신호가 주어지는 경우 우선적으로 동작 시킬 것을 선정하거나 현재 입력신호의 동작 중에 다른 입력 신호에 의한 동작을 저지하기 위한 회로는?

① 인터록 회로 ② 한시회로

③ 자기유지회로 ④ 단안정회로

Explanation

인터록회로(동시 투입 방지)

복수의 입력 신호가 주어지는 경우 우선적으로 동작 시킬 것을 선정하거나 현재 입력신호의 동작 중에 다른 입력 신호에 의한 동작을 저지

【답】 ①

76 다음 블록 선도 중 합성 전달 함수의 값이 다른 것은?

①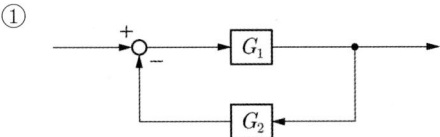

②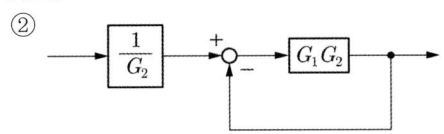

③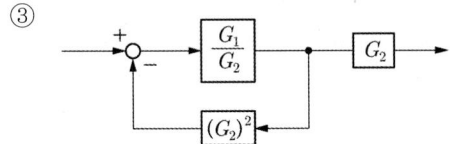

④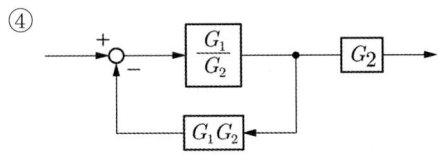

Explanation

블록 선도의 전달 함수 $G(s) = \dfrac{\varSigma G}{1 - \varSigma L_1 + \varSigma L_2 + \cdots}$

여기서, L_1 : 각각의 모든 폐루프 이득의 합

　　　　L_2 : 서로 접촉하지 않는 2개의 폐루프 이득의 곱의 합

　　　　$\varSigma G$: 각각의 전향 경로의 합

① $T = \dfrac{G_1}{1 - (-G_1 G_2)} = \dfrac{G_1}{1 + G_1 G_2}$

② $T = \dfrac{1}{G_2} \cdot \dfrac{G_1 G_2}{1 - (-G_1 G_2)} = \dfrac{G_1}{1 + G_1 G_2}$

③ $T = \dfrac{\dfrac{G_1}{G_2} \cdot G_2}{1 - \left(-\dfrac{G_1}{G_2} G_2^2\right)} = \dfrac{G_1}{1 + G_1 G_2}$

④ $T = \dfrac{\dfrac{G_1}{G_2} \cdot G_2}{1 - (-\dfrac{G_1}{G_2} G_1 G_2)} = \dfrac{G_1}{1 + G_1}$

【답】 ④

77 그림의 블록선도와 같이 표현되는 제어시스템에서 $A = 1$, $B = 1$일 때, 블록선도의 출력 C는 얼마인가?

① 0.22
② 0.33
③ 1.22
④ 3.1

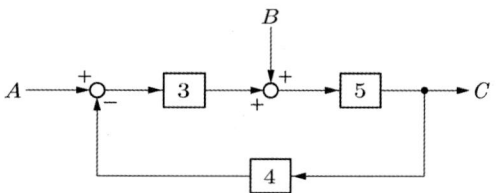

블록선도의 전달함수 $G(s) = \dfrac{\Sigma G}{1 - \Sigma L_1 + \Sigma L_2 + \cdots}$

여기서, L_1 : 각각의 모든 폐루프 이득의 합
L_2 : 서로 접촉하지 않는 2개의 폐루프 이득의 곱의 합
ΣG : 각각의 전향 경로의 합

입력(R)과 외란입력(D)을 이용한 출력을 구하면

$C = \dfrac{3 \times 5}{1 + 3 \times 4 \times 5} R + \dfrac{5}{1 + 3 \times 4 \times 5} D = \dfrac{15}{61} \times 1 + \dfrac{5}{61} \times 1$

$= \dfrac{15 + 5}{61} = 0.33$

【답】②

78 s 평면상에서 전달 함수의 극점이 그림과 같은 위치에 있으면 이 회로망의 상태는?

① 점점 더 작게 진동한다.
② 진동하지 않는다.
③ 완전 진동한다.
④ 점점 더 크게 진동한다.

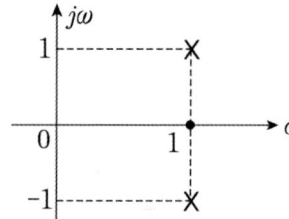

극점의 위치에 따른 시간응답

- 좌반면에 실근 : 0으로 수렴(안정)
- 우반면에 실근 : ∞로 발산(불안정)
- 허수축 : 임계진동(임계)
- 좌반면에 실·허근 : 감쇠진동 후 0으로 수렴(안정)
- 우반면에 실·허근 : 진폭이 커지는 진동 후 ∞로 발산(불안정)

【답】④

79 제어 오차가 검출될 때 오차가 변화하는 속도에 비례하여 조작량을 조절하는 동작으로 오차가 커지는 것을 미연에 방지하는 제어 동작은 무엇인가?

① 비례제어
② 미분제어
③ 적분제어
④ ON-OFF

- 비례제어(P제어) : 잔류 편차 (off set) 발생
- **미분제어(D제어)** : rate제어, **오차가 변화하는 속도에 비례하여 조작량을 조절**하는 동작
- 비례·적분제어(PI제어) : 잔류 편차 제거, 시간지연 (정상상태 개선)
- 비례·미분제어(PD제어) : 속응성 향상, 진동억제(과도상태 개선)
- 비례·미분·적분제어(PID제어) : 속응성 향상, 잔류편차 제거

【답】②

80 전달 함수 $G(s) = \dfrac{1}{s+1}$ 인 제어계의 단위계단 응답은?

① $1 - e^{-t}$　　　　　　　　　② $1 - e^{t}$

③ e^{-t}　　　　　　　　　　　④ e^{t}

인디셜 응답 : 단위계단 응답
입력이 단위계단함수인 경우 출력

전달 함수 $G(s) = \dfrac{C(s)}{R(s)} = \dfrac{1}{s+1}$

출력 $C(s) = \dfrac{1}{s+1} \cdot R(s)$에서 $R(s) = \dfrac{1}{s}$이며

$\qquad = \dfrac{1}{s+1} \cdot \dfrac{1}{s} = \dfrac{1}{s(s+1)} = \dfrac{1}{s} - \dfrac{1}{s+1}$

따라서 라플라스 역변환하면 인디셜 응답은

$\therefore\ c(t) = 1 - e^{-t}$

【답】 ①

전기설비기술기준

81 과전류 차단기로 저압전로에 사용하는 주택용 배선차단기의 순시트립범위 $10I_n$ 초과 ～ $20I_n$ 이하인 주택용 배선차단기는?(단, I_n은 차단기 정격전류이다)

① A형　　　　　　　　　　　② B형

③ C형　　　　　　　　　　　④ D형

(KEC 212.3.4조) 보호장치의 특성
주택용 배선차단기의 순시트립 범위

형	순시트립범위(I_n: 차단기 정격전류)
B	$3I_n$ 초과 $5I_n$ 이하
C	$5I_n$ 초과 $10I_n$ 이하
D	$10I_n$ 초과 $20I_n$ 이하

【답】 ④

82 배전선로에서의 전력보안통신설비의 시설 장소 중 잘못된 것은?

① 154[kV] 계통 배전선로(가공, 지중, 해저)
② 폐회로 배전 등 신 배전방식 도입 개소
③ 배전자동화, 원격검침, 부하감시 등 지능형전력망 구현을 위해 필요한 구간
④ 22.9[kV] 계통에 연결되는 분산전원형 발전소

(KEC 362.1조) 전력보안통신설비의 시설 요구사항 중 배전선로
① **22.9[kV] 계통 배전선로 구간(가공, 지중, 해저)**
② 22.9[kV] 계통에 연결되는 분산전원형 발전소
③ 폐회로 배전 등 신 배전방식 도입 개소
④ 배전자동화, 원격검침, 부하감시 등 지능형전력망 구현을 위해 필요한 구간

【답】 ①

83 전기욕기에 전기를 공급하는 전원장치는 전기욕기용으로 내장되어 있는 2차측 전로의 사용 전압을 몇 [V] 이하로 한정하고 있는가?

① 5   ② 10

③ 20   ④ 35

Explanation

(KEC 241.2조) 전기욕기
전기욕기에 전기를 공급하기 위한 전기욕기용 전원장치(내장되어 있는 전원 변압기의 **2차측 전로의 사용 전압**이 10[V] 이하인 것에 한한다)
【답】 ②

84 전기울타리의 접지전극과 다른 접지 계통의 접지전극의 거리는 몇 [m] 이상이어야 하는가? (단, 충분한 접지망을 가지지 못한 경우이다)

① 1   ② 2

③ 3   ④ 4

Explanation

(KEC 241.1조) 전기울타리
전기 울타리의 접지전극과 다른 접지 계통의 접지전극의 거리는 2[m] 이상일 것
【답】 ②

85 전용건물 이외의 장소에 시설하는 경우 이차전지랙과 랙 사이 및 랙과 벽면 사이 전면부는 몇 [m] 이상 이격하여야 하는가?(단, 예외사항은 고려하지 않는다)

① 1   ② 3

③ 5   ④ 10

Explanation

(KEC 515.2.2조) 전용건물 이외의 장소에 시설하는 경우
이차전지랙과 랙 사이 및 랙과 벽면 사이는 각각 1[m] 이상 이격하여야 한다.
【답】 ①

86 전력보안통신설비의 조가선 시설기준에 대한 설명으로 틀린 것은?

① 조가선은 2조까지만 시설할 것
② 말단 배전주와 말단 1경간 전에 있는 배전주에 시설하는 조가선은 장력에 견디는 형태로 시설할 것
③ 조가선은 설비 안전을 위하여 전주와 전주 경간 중에 접속할 것
④ 조가선은 부식되지 않는 별도의 금구를 사용하고 조가선 끝단은 날카롭지 않게 할 것

Explanation

(KEC 362.3조) 전력보안통신선의 조가선 시설기준
① 설비 안전을 위하여 **전주와 전주 경간 중에 접속하지 말 것**
② 부식되지 않는 별도의 금구를 사용하고 조가선 끝단은 날카롭지 않게 할 것
③ 말단 배전주와 말단 1경간 전에 있는 배전주에 시설하는 조가선은 장력에 견디는 형태로 시설할 것
④ 조가선은 2조까지만 시설할 것
【답】 ③

87 사용전압이 22.9[kV]인 특고압 가공전선(다중접지를 한 중성선을 제외)이 건조물의 위쪽에서 접근 상태로 시설하는 경우, 특고압 가공전선과 건조물의 조영재 사이의 최소 이격거리는 몇 [m] 이상인가?(단, 특고압 가공전선은 나전선이고, 중성선 다중접지 방식의 것으로서 전로에 지락이 생겼을 때에 2초 이내에 자동적으로 이를 전로로부터 차단하는 장치가 되어 있다)

① 3.0   ② 2.0

③ 2.5   ④ 1.2

(KEC 333.32조) 25[kV] 이하인 특고압 가공전선로의 시설
사용전압이 15[kV]를 초과하고 25[kV] 이하인 특고압 가공전선로(중성선 다중접지 방식의 것으로서 전로에 지락이 생겼을 때에 2초 이내에 자동적으로 이를 전로로부터 차단하는 장치가 되어 있는 것으로 건조물의 위쪽에서 접근)

전선의 종류	이격거리
나전선	3.0[m]
특고압 절연전선	2.5[m]
케이블	1.2[m]

【답】①

88 1차측 3,300[V], 2차측 220[V]인 변압기 전로의 절연내력 시험전압은 각각 몇 [V]에서 10분간 견디어야 하는가?
① 1차측 4,500[V], 2차측 400[V]
② 1차측 4,125[V], 2차측 500[V]
③ 1차측 4,950[V], 2차측 500[V]
④ 1차측 3,300[V], 2차측 400[V]

(KEC 135조) 변압기 전로의 절연내력

접지방식	최대 사용전압	시험전압(최대 사용 전압 배수)	최저 시험전압
비접지	7[kV] 이하	1.5배	500[V]
	7[kV] 초과	1.25배	10,500[V]

1차측 절연내력 시험전압 : $3,300 \times 1.5 = 4,950$[V]
2차측은 $220 \times 1.5 = 330$[V]이 되나 최저 시험전압인 500[V]를 적용해야 한다.
【답】③

89 저압 옥상전로를 전개된 장소에 시설하는 경우 전선은 인장강도 2.30[kN] 이상의 것 또는 지름이 몇 [mm] 이상의 경동선이어야 하는가?
① 2.0
② 2.6
③ 3.2
④ 1.6

(KEC 221.3조) 옥상 전선로
전선은 인장강도 2.30[kN] 이상의 것 또는 지름 2.6[mm] 이상의 경동선
【답】②

90 폭연성 먼지 또는 화약류의 분말에 전기설비가 발화원이 되어 폭발할 우려가 있는 곳의 저압 옥내 전기설비는 어느 공사에 의하는가?(단, 사용전압이 400[V] 초과인 방전등을 제외한 경우이다)
① 캡타이어 케이블 공사
② 합성수지관 공사
③ 애자공사
④ 금속관 공사

(KEC 242.2.1조) 폭연성 분진 위험장소
폭연성 분진이나 화약류의 분말이 존재하는 곳의 배선은 **금속관 공사나 케이블 공사(캡타이어 케이블은 제외)**에 의할 것
【답】④

91 전기철도차량의 회생제동에 대한 기준으로 틀린 것은?
① 전기철도 전력공급시스템은 회생제동이 비상용제동으로 사용이 가능하고 독립적으로 전력을 운영할 수 있도록 설계되어야 한다.
② 회생전력을 다른 전기장치에서 흡수할 수 없는 경우 전기철도차량은 다른 제동시스템으로 전환되어

야 한다.

③ 전차선로에서 전력을 받을 수 있는 경우 회생제동의 사용을 중단해야 한다.

④ 전차선로 지락이 발생한 경우 회생제동의 사용을 중단해야 한다.

Explanation

(KEC 441.5조) 회생제동
① 다음과 같은 경우 회생제동 사용 중단
- 전차선로 지락 발생
- **전차선로에서 전력을 받을 수 없는 경우**
② 다른 전기장치에서 흡수할 수 없는 경우 전기철도차량은 다른 제동시스템으로 전환
③ 회생제동이 비상용제동으로 사용이 가능하고 독립적으로 전력을 운영할 수 있도록 설계　　【답】③

92 고압 및 특고압 가공전선로로부터 공급을 받는 수용장소의 인입구에 반드시 시설하여야 하는 것은?

① 조상기　　　　　　　　　② 분로리액터

③ 방전코일　　　　　　　　④ 피뢰기

Explanation

(KEC 341.13조) 피뢰기의 시설
고압 및 특고압의 전로 중 다음에 열거하는 곳 또는 이에 근접한 곳에는 피뢰기를 시설하여야 한다.
① 발전소·변전소 또는 이에 준하는 장소의 가공전선 인입구 및 인출구
② 특고압 가공전선로에 접속하는 341.2의 배전용 변압기의 고압측 및 특고압측
③ **고압 및 특고압 가공전선로로부터 공급을 받는 수용장소의 인입구**
④ 가공전선로와 지중전선로가 접속되는 곳　　【답】④

93 특고압 가공전선로에 사용하는 철탑 중 전선로의 지지물 양쪽의 경간의 차가 큰 곳에 사용하는 철탑은?

① 보강형　　　　　　　　　② 각도형

③ 내장형　　　　　　　　　④ 잡아당김형

Explanation

(KEC 333.12조) 특고압 가공전선로의 철주·철근 콘크리트주 또는 철탑의 종류
특고압 가공전선로의 지지물로 사용하는 B종 철근·B종 콘크리트주 또는 철탑의 종류는 다음과 같다.
① 직선형 : 전선로의 직선 부분(3도 이하인 수평 각도를 이루는 곳을 포함한다.)에 사용하는 것
② 각도형 : 전선로 중 3도를 초과하는 수평 각도를 이루는 곳에 사용하는 것
③ 잡아당김형 : 전가섭선을 잡아당기는 곳에 사용하는 것
④ **내장형 : 전선로의 지지물 양쪽의 경간의 차가 큰 곳에 사용**하는 것
⑤ 보강형 : 전선로의 직선 부분에 그 보강을 위하여 사용하는 것　　【답】③

94 사용 중 예상치 못한 회로의 개방이 위험 또는 큰 손상을 초래할 수 있어 과부하 보호장치를 생략할 수 있는 부하에 전원을 공급하는 회로가 아닌 것은?

① 전자석 크레인의 전원회로　　　　② 전류변성기의 2차회로

③ 전압변성기의 2차회로　　　　　　④ 소방설비의 전원회로

Explanation

(KEC 212.4.3조) 과부하보호장치의 생략
① 회전기의 여자회로
② 전자석 크레인의 전원회로
③ **전류변성기의 2차회로**
④ 소방설비의 전원회로
⑤ 안전설비(주거침입경보, 가스누출경보 등)의 전원회로　　【답】③

95 케이블의 일부가 아닌 경우 또는 선로도체와 함께 수납되지 않는 보조 보호등전위본딩도체는 기계적 보호가 된 경우 구리도체는 몇 [㎟]이상이어야 하는가?

① 2.5   ② 4
③ 6   ④ 10

Explanation

(KEC 212.4.3조) 보조 보호등전위본딩 도체
① 두 개의 노출도전부를 접속하는 보호본딩도체의 도전성은 노출도전부에 접속된 더 작은 보호도체의 도전성보다 커야 한다.
② 노출도전부를 계통외도전부에 접속하는 보호본딩도체의 도전성은 같은 단면적을 갖는 보호도체의 1/2 이상이어야 한다.
③ 케이블의 일부가 아닌 경우 또는 선로도체와 함께 수납되지 않은 본딩도체는 다음 값 이상 이어야 한다.
　가. **기계적 보호가 된 것은 구리도체 2.5[㎟]**, 알루미늄 도체 16[㎟]
　나. 기계적 보호가 없는 것은 구리도체 4[㎟], 알루미늄 도체 16[㎟] 　　　　　　　　　　　　　　　【답】 ①

96 옥내배선의 사용전압이 400[V] 이하일 때 전광표시장치 기타 이와 유사한 장치 또는 제어회로 등의 배선에 다심케이블을 시설하는 경우 배선의 단면적은 몇 [㎟] 이상인가? (단, 과전류가 생겼을 때에 자동적으로 전로에서 차단하는 장치를 시설하는 경우이다)

① 0.75   ② 1
③ 2.5   ④ 1.5

Explanation

(KEC 231.3조) 저압 옥내배선의 사용전선
저압 옥내배선의 전선은 단면적 2.5[㎟] 이상의 연동선 사용해야 하나, 아래의 경우도 가능함.
옥내배선의 사용 전압이 400[V] 이하인 경우 전광표시 장치 기타 이와 유사한 장치 또는 제어회로 등의 배선
① 단면적 1.5[㎟] 이상의 연동선
② **단면적 0.75[㎟] 이상인 다심케이블 또는 다심 캡타이어 케이블 사용하고 과전류가 생겼을 때 자동적으로 전로에서 차단하는 장치 시설**
③ 단면적 0.75[㎟] 이상의 코드 또는 캡타이어케이블 사용 　　　　　　　　　　　　　　　　　　【답】 ①

97 두 개 이상의 전선을 병렬로 사용하는 경우에 틀린 것은?
① 같은 극의 각 전선은 동일한 터미널러그에 완전히 접속한다.
② 병렬로 사용하는 전선에는 각각에 퓨즈를 설치하지 않는다.
③ 교류회로에서 병렬로 사용하는 전선은 금속관 안에 전자적 불평형이 생기지 않도록 시설한다.
④ 병렬로 사용하는 각 전선의 굵기는 동선 70[㎟] 이상으로 한다.

Explanation

(KEC 123조) 전선의 접속 – 두 개 이상의 전선을 병렬로 사용하는 경우
• **동선 50[㎟] 이상 또는 알루미늄 70[㎟] 이상**, 전선은 같은 도체, 재료, 길이 및 굵기의 것 사용
• 같은 극의 각 전선은 동일한 터미널러그에 완전히 접속
• 같은 극인 각 전선의 터미널러그는 동일한 도체에 2개 이상의 리벳 또는 2개 이상의 나사로 접속
• 병렬로 사용하는 전선에는 각각에 퓨즈를 설치하지 말 것
• 교류회로에서 병렬로 사용하는 전선은 금속관 안에 전자적 불평형이 생기지 않도록 시설할 것 　　　　　　【답】 ④

98 가공전선로의 지지물에 지지선을 시설하려는 경우 이 지지선의 최저 기준으로 옳은 것은?(단, 고압 가공전선로 또는 특고압 전선로의 지지물로 사용하는 목주 A종 철주 또는 A종 철근 콘크리트주에 시설하는 지지선을 제외한다)
① 허용 인장하중 : 4.31[kN], 소선지름 : 2.6[mm], 안전율 2.5
② 허용 인장하중 : 4.31[kN], 소선지름 : 1.6[mm], 안전율 2.0
③ 허용 인장하중 : 2.11[kN], 소선지름 : 2.0[mm], 안전율 3.0
④ 허용 인장하중 : 3.21[kN], 소선지름 : 2.6[mm], 안전율 1.5

(KEC 331.11조) 지지선의 시설
① 지지선의 안전율은 2.5 이상, 허용 인장하중의 최저는 4.31[kN]
② 소선은 3가닥 이상의 연선
③ 소선은 지름 2.6[mm] 이상의 금속선 사용 【답】①

99 전기철도의 변전소 설비에 대한 시설기준으로 틀린 것은?
① 차단기는 계통의 장래계획을 감안하여 용량을 결정하고, 회로의 특성에 따라 기종과 동작
책무 및 차단시간을 선정하여야 한다.
② 개폐기는 선로 중 중요한 분기점, 고장발견이 필요한 장소, 빈번한 개폐를 필요로 하는 곳에 설치하
며, 개폐상태의 표시, 쇄정장치 등을 설치하여야 한다.
③ 제어용 교류전원은 상용과 예비의 2계통으로 구성하여야 한다.
④ 제어반의 경우 아날로그계전기방식을 원칙으로 하여야 한다.

(KEC 421.4조) 변전소의 설비
① 급전용변압기 : 직류 전기철도 3상 정류기용 변압기, 교류 전기철도 3상 스코트결선 변압기 원칙
② 차단기는 계통의 장래계획을 감안하여 용량을 결정, 회로의 특성에 따라 기종과 동작책무 및 차단시간 선정
③ 개폐기 : 선로 중 중요한 분기점, 고장발견이 필요한 장소, 빈번한 개폐 필요(개폐상태 표시, 쇄정장치 등 설치)
④ 제어용 교류전원은 상용과 예비의 2계통으로 구성
⑤ **제어반의 경우 디지털계전기방식을 원칙으로 함** 【답】④

100 특고압 가공전선로 중 지지물로서 직선형의 철탑을 연속하여 10기 이상 사용하는 부분에는 몇 기 이
하마다 장력에 견디는 애자장치가 되어 있는 철탑 또는 이와 동등 이상의 강도를 가지는 철탑 1기를
시설하여야 하는가?
① 15   ② 5
③ 20   ④ 10

(KEC 333.16조) 특고압 가공전선로의 내장형 등의 지지물 시설
특고압 가공 전선로 중 지지물로서 직선형의 철탑을 연속하여 10기 이상 사용하는 부분에는 10기 이하마다 내장 애자장치가
되어있는 철탑 1기를 시설하여야 한다. 【답】④

1과목 전기응용 및 공사재료

01 반지름 a, 휘도 B인 완전 확산형 구면 광원의 중심에서 h거리의 점에서 이 광원의 중심으로 향하는 조도는?

① πBa^2

② $\dfrac{\pi Ba^2}{h^2}$

③ $\pi Ba^2 h$

④ πB

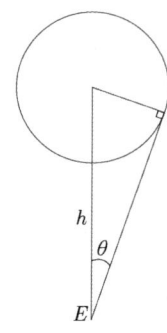

Explanation

구면 광원의 중심에서 h되는 거리의 점에서 이 광원의 중심으로 향하는 조도

$E_h = \pi B \sin^2\theta$

여기서, $\sin\theta = \dfrac{a}{h}$

$\therefore\ E_h = \pi B \dfrac{a^2}{h^2}$

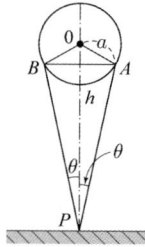

【답】②

02 휘발성 금속 원소 또는 그 염류를 가스의 불꽃 속에 넣을 때 금속증기가 발생하는 루미네선스(Luminescence)는?

① 화학 루미네선스

② 열 루미네선스

③ 결정 루미네선스

④ 파이로 루미네선스

Explanation

파이로(불꽃) 루미네선스 : 휘발성 금속 원소 또는 그 염류를 가스의 불꽃 속에 넣을 때 금속증기가 발생하는 루미네선스

【답】④

03 인가전압 100[V]인 회로에서 매초 0.12[kcal]이 발열하는 전열기가 있다. 이 전열기의 용량[W]은 약 얼마인가?

① 300

② 500

③ 600

④ 800

Explanation

전열기 열량 $H = 0.24Pt = 0.24I^2Rt$ [cal]

전열기 용량 $P = \dfrac{H}{0.24t} = \dfrac{120}{0.24} = 500$ [W]

【답】②

04 니크롬 전열선에서 제1종의 최고 사용온도[℃]는?

① 700
② 900
③ 1,100
④ 1,400

Explanation

발열체의 종류 및 온도
- 니크롬선 1종 : 1,100[℃]
- 니크롬선 2종 : 900[℃]
- 철크롬선 1종 : 1,200[℃]
- 철크롬선 2종 : 1,100[℃]
- 비금속 발열체(탄화규소 발열체) : 1,400[℃]

【답】③

05 초음파를 응용한 기기가 아닌 것은?

① 팩시밀리
② 어군 탐지기
③ 의료용 세척기
④ 금속 탐지기

Explanation

초음파 응용 기기
- 잠수함 탐지기
- 초음파 용접기
- 의료용 검사기기 및 세척기
- 어군 탐지기

【답】①

06 GD^2가 200[kg·m²]인 플라이휠이 1,800[rpm]으로 회전하고 있다. 이 플라이휠이 보유하고 있는 축적 에너지[J]는 약 얼마인가?

① 721,785
② 887,671
③ 812,321
④ 782,671

Explanation

축적 에너지 $W = \dfrac{1}{2}\left(\dfrac{GD^2}{4}\right)\left(\dfrac{2\pi N}{60}\right)^2 = \dfrac{GD^2 N^2}{730}$ [J]

$W = \dfrac{GD^2 N^2}{730} = \dfrac{200 \times 1,800^2}{730} = 887,671$ [J]

【답】②

07 3상 유도전동기를 급속히 정지 또는 감속시킬 경우나 과속을 급히 막을 수 있는 가장 쉽고 효과적인 제동방법은?

① 와전류 제동
② 역전제동
③ 발전제동
④ 회생제동

Explanation

3상 유도전동기 제동법
- 발전제동
  - 운동에너지를 전기적 에너지로 변환
  - 자체 저항이 소비되면서 제동
- 회생제동
  - 유도전압을 전원전압보다 높게 하여 제동하는 방식

– 발전 제동하여 발생된 전력을 선로로 되돌려 보냄
• 역상(역전)제동(플러깅)
  – 3상 중 2상을 바꾸어 제동
  – 속도를 급격히 정지 또는 감속시킬 때   【답】②

08 전기철도의 직류전압 제어 방식 중 GTO 사이리스터 스위칭 소자의 ON/OFF를 빠른 속도로 반복하여 전동기에 걸리는 평균전압을 조정하여 제어하는 방식은?
① 직병렬 제어   ② 초퍼 제어
③ 저항 제어   ④ 계자 제어

Explanation

초퍼제어 : 전류의 ON–OFF를 반복하는 것을 통해 직류 또는 교류의 전원으로부터 실효가로서 임의의 전압이나 전류를 만들어 내는 전원 회로의 제어 방식. 주로 전동차용 주전동기의 제어에 이용   【답】②

09 n형 반도체에 대한 설명으로 옳은 것은?
① 순수 실리콘 내에 전자의 수를 늘리기 위해 Al, B, Ga과 같은 불순물 원자를 첨가한 것
② 순수 실리콘 내에 전자의 수를 늘리기 위해 As, P, Sb과 같은 불순물 원자를 첨가한 것
③ 순수 실리콘 내에 정공의 수를 늘리기 위해 Al, B, Ga과 같은 불순물 원자를 첨가한 것
④ 순수 실리콘 내에 정공의 수를 늘리기 위해 As, P, Sb과 같은 불순물 원자를 첨가한 것

Explanation

• P형 반도체 : 순도가 높은 4가의 Ge(게르마늄)이나 Si(실리콘)의 결정에 정공의 수를 늘리기 위해 3가의 In(인듐)이나 Ga(갈륨)을 첨가
• N형 반도체 : 순도가 높은 4가의 Ge(게르마늄)이나 Si(실리콘)의 결정에 전자의 수를 늘리기 위해 5가의 P(인)이나 비소(As), 안티몬(Sb)을 첨가   【답】②

10 서미스터(Thermistor)의 주된 용도는?
① 전압 증폭용   ② 출력 전류 조절용
③ 온도 감지용   ④ 잡음 제거용

Explanation

• 서미스터 : 온도보상용   【답】③

11 발산광속 중 상향광속이 90~100[%], 하향광속은 10[%] 정도이므로 거의 발산광속을 윗방향으로 확산시키는 조명방식은?
① 반간접 조명방식   ② 간접 조명방식
③ 직접 조명방식   ④ 전반확산 조명방식

Explanation

조명방식에 의한 분류

조명방식	하향광속[%]	상향광속[%]
직접 조명	100~90	0~10
반직접 조명	90~60	10~40
전반 확산조명	60~40	40~60
반간접조명	40~10	60~90
간접조명	10~0	90~100

【답】②

12 기계기구의 단자와 전선의 접속에 사용하는 자재는?
① 터미널러그 ② 슬리브
③ 와이어커넥터 ④ T형커넥터

> Explanation

- **터미널러그 : 기계기구의 단자와 전선의 접속**
- 슬리브 : 연선 접속
- 와이어커넥터 : 전선과 전선을 연결

【답】①

13 케이블트레이공사의 종류가 아닌 것은?
① 바닥밀폐형 ② 익스팬션형
③ 펀칭형 ④ 사다리형

> Explanation

(KEC 232.41조) 케이블트레이공사
케이블트레이공사는 케이블을 지지하기 위하여 사용하는 금속재 또는 불연성 재료로 제작된 유닛 또는 유닛의 집합체 및 그에 부속하는 부속재 등으로 구성된 견고한 구조물을 말하며 사다리형, 펀칭형, 그물망형, 바닥밀폐형 기타 이와 유사한 구조물을 포함하여 적용한다.

【답】②

14 금속관 끝에 나사를 내는 데 사용하는 수동공구는?
① 오스터 ② 플라이어
③ 클리퍼 ④ 프세셔 툴

> Explanation

오스터 : 금속관 끝에 나사를 내는 데 사용

【답】①

15 저압인류애자에는 전압선용과 중성선용이 있다. 각 용도별 색상의 연결이 바르게 된 것은?
① 전압선용 : 백색, 중성선용 : 녹색 ② 전압선용 : 녹색, 중성선용 : 백색
③ 전압선용 : 적색, 중성선용 : 백색 ④ 전압선용 : 청색, 중성선용 : 백색

> Explanation

저압인류애자 : 저압가공배전선로 및 인입선에 사용
- 전압선용 : 백색
- 중성선용 : 녹색

【답】①

16 가공전선로의 뇌해를 방지하는 것은?
① 아킹 혼 ② 현수애자
③ 접지봉 ④ 가공지선

> Explanation

가공지선 : 직격뢰, 유도뢰 차폐

【답】④

17 피뢰설비의 재료는 최소 단면적이 피복이 없는 동선을 기준으로 할 경우 수뢰부, 인하도선 및 접지극은 몇 [㎟] 이상이어야 하는가?
① 14 ② 22
③ 30 ④ 50

> Explanation

18 KS C 8000에서 감전 보호와 관련 기구의 종류(등급)를 나누고 있다. 그에 따른 기구의 설명이 옳지 않은 것은?

① 등급 III 기구 : 정격전압이 교류 30[V] 이하인 전압의 전원에 접속하여 사용하는 기구
② 등급 I 기구 : 기초절연만으로 전체를 보호한 기구로서 보호 접지단자를 가지는 기구
③ 등급 0 기구 : 기초절연으로 일부분을 보호한 기구로서 접지단자를 가지고 있는 기구
④ 등급 II 기구 : 2중 절연을 한 기구

> **Explanation**
>
> KSC 8000 용어의 정의
> • 0급 기구 : 기본예방조치로 **기초절연과 고장예방용 조치가 없는 기구**
> • I급 기구 : 기초절연만으로 전체를 보호한 기구로서 보호 접지단자를 가지고 있는 기구
> • II급 기구 : 2중 절연을 한 기구
> • III급 기구 : 정격전압이 교류 30[V] 이하인 전압의 전원에 접속하여 사용하는 기구
>
> 【답】③

19 절연재료와 내열성에 의한 최고사용온도의 연결이 옳지 않은 것은?

① Y종 − 155   ② A종 − 105
③ B종 − 130   ④ E종 − 120

> **Explanation**
>
> 절연물의 최고 허용온도
>
> | 종류 | Y | A | E | B | F | H | C |
> |------|---|---|---|---|---|---|---|
> | 허용온도[℃] | 90 | 105 | 120 | 130 | 155 | 180 | 180 초과 |
>
> 【답】①

20 다음 재료 중 동일한 온도에서 저항이 가장 큰 것은?

① 아연   ② 납
③ 백금   ④ 텅스텐

> **Explanation**
>
> 저항률이 큰 순서
> • 납 : $21.9[\mu\Omega \cdot m]$
> • 백금 : $10.5[\mu\Omega \cdot m]$
> • 텅스텐 : $5.48[\mu\Omega \cdot m]$
> • 마그네슘 : $4.34[\mu\Omega \cdot m]$
>
> 【답】②

2과목   전력공학

21 전선의 표피 효과에 대한 설명으로 알맞은 것은?

① 전선이 굵을수록, 주파수가 높을수록 커진다.
② 전선이 굵을수록, 주파수가 낮을수록 커진다.
③ 전선이 가늘수록, 주파수가 높을수록 커진다.

④ 전선이 가늘수록, 주파수가 낮을수록 커진다.

Explanation

- 표피효과 : 도선의 중심부로 갈수록 전류밀도가 적어지는 현상
- 침투깊이 : $\delta = \sqrt{\dfrac{1}{\pi f \sigma \mu}}$ [m]

따라서 전선이 굵을수록 주파수가 높을수록, 도전율이 높을수록, 투자율이 클수록, 침투깊이 δ가 감소하므로 표피 효과는 증대된다.　　　　　　　　　　　　　　　　　　　　　　　　　　【답】①

22 아킹혼(Arcing Horn)의 설치 목적은?

① 이상전압 소멸　　　　　　　　　　② 전선의 진동방지
③ 코로나 손실방지　　　　　　　　　④ 섬락사고에 대한 애자보호

Explanation

아킹혼(초호각), 아킹링(초호환)
- 섬락 시 애자련 보호
- 애자련에 걸리는 전압분포 균일　　　　　　　　　　　　　　　　　【답】④

23 중거리 송전선로의 4단자 정수가 $A = 1.0$, $B = j190$, $D = 1.0$ 일 때 C의 값은 얼마인가?

① 0　　　　　　　　　　　　　　② $-j120$
③ j　　　　　　　　　　　　　　④ $j190$

Explanation

전송 파라미터($ABCD$파라미터) 선형조건 $AD - BC = 1$에서
$$C = \frac{AD - 1}{B} = \frac{1 \times 1 - 1}{j190} = 0$$　　　　　　　　　　　　　　　　【답】①

24 화력발전소의 기본 랭킨 사이클(Rankine cycle)을 바르게 나타낸 것은?

① 보일러 → 급수펌프 → 터빈 → 복수기 → 과열기→ 다시 보일러로
② 보일러 → 터빈 → 급수펌프 → 과열기 → 복수기 → 다시 보일러로
③ 급수펌프 → 보일러 → 과열기 → 터빈 → 복수기 → 다시 급수펌프로
④ 급수펌프 → 보일러 → 터빈 → 과열기 → 복수기→ 다시 급수펌프로

Explanation

기력발전소 열사이클 중 기본 싸이클은 랭킨싸이클이다.
급수펌프 → 보일러 → 과열기 → 터빈 → 복수기→ 다시 급수펌프로

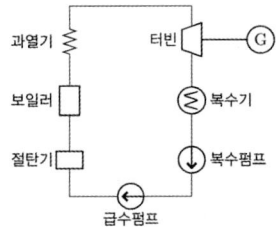

【답】③

25 전원이 양단에 있는 환상 선로의 단락 보호에 사용되는 계전기는?

① 방향 거리 계전기　　　　　　　　② 부족 전압 계전기
③ 선택 접지 계전기　　　　　　　　④ 부족 전류 계전기

26 전력용 콘덴서에 비해 동기조상기의 이점으로 옳은 것은?
① 소음이 적다.　　　　　　　　　　　② 진상전류 이외에 지상전류를 취할 수 있다.
③ 전력손실이 적다.　　　　　　　　　④ 유지보수가 쉽다.

Explanation

조상설비 비교

	진 상	지 상	시충전(시송전)	조 정	전력손실	증설
전력용 콘덴서	○	×	×	단계적	적다	가능
분로 리액터	×	○	×	단계적	적다	가능
동기 조상기	○	○	○	**연속적**	**크다**	**불가능**

【답】②

27 송전단 전압이 66[kV], 수전단 전압이 60[kV]인 송전선로에서 수전단의 부하를 끊을 경우에 수전단 전압이 63[kV]가 되었다면 전압변동률은 몇 [%]가 되는가?
① 4.5　　　　　　　　　　　　　　　② 4.8
③ 5.0　　　　　　　　　　　　　　　④ 10.0

Explanation

전압 변동률 $\epsilon = \dfrac{V_{r0} - V_r}{V_r} \times 100 = \dfrac{63 - 60}{60} \times 100 = 5[\%]$

여기서, V_{ro} : 무부하 시 수전단 전압, V_r : 수전단 전압

【답】③

28 화력발전소의 위치 선정 시에 고려하지 않아도 좋은 것은?
① 전력 수요지에 가까울 것
② 값싸고 풍부한 용수와 냉각수가 얻어질 것
③ 연료의 운반과 저장이 편리하며 지반이 견고할 것
④ 바람이 불지 않도록 산으로 둘러쌓일 것

Explanation

화력발전소 위치 선정
- 전력 수요지에 가까울 것
- 풍부한 용수와 냉각수가 얻어질 것
- 연료의 운반과 저장이 편리할 것
- 지반이 견고할 것

【답】④

29 22.9[kV], Y결선된 자가용 수전설비의 계기용 변압기의 2차측 정격전압은 몇 [V]인가?
① 110　　　　　　　　　　　　　　　② 220
③ $110\sqrt{3}$　　　　　　　　　　　④ $220\sqrt{3}$

Explanation

계기용변압기(PT) : 고전압을 저전압으로 변성하여 계측기나 계전기의 전원공급
　　　　　　　　2차 전압 : 110[V]

【답】①

30 발전기 또는 주변압기의 내부고장 보호용으로 가장 널리 쓰이는 것은?
① 거리 계전기
② 과전류 계전기
③ 비율차동 계전기
④ 방향단락 계전기

> **Explanation**

비율차동 계전기
- 보호구간에 유입하는 전류와 유출하는 전류의 벡터 차와 출입하는 전류의 관계비로 동작
- 발전기, 변압기 내부고장 보호

【답】③

31 전력계통의 안정도 향상대책으로 직렬 리액턴스를 적게 하기 위한 방법이 아닌 것은?
① 병행 회선수를 증가한다.
② 변압기의 리액턴스를 적게 한다.
③ 복도체를 사용한다.
④ 단락비가 작은 발전기를 사용한다.

> **Explanation**

직렬 리액턴스를 적게 하기 위해서는
- 발전기의 리액턴스를 작게 한다(단락비를 크게).
- 변압기의 리액턴스를 작게 한다(변압기를 단권변압기 사용).
- 병행 2회선을 사용하거나 복도체 또는 다도체 방식을 사용한다.
- 직렬 콘덴서를 삽입하여 선로의 리액턴스를 보상한다.

【답】④

32 직류송전방식에 비하여 교류 송전방식의 가장 큰 이점은?
① 선로의 리액턴스에 의한 전압강하가 없으므로 장거리 송전에 유리하다.
② 변압이 쉬워 고압송전에 유리하다.
③ 같은 절연에서 송전전력이 크게 된다.
④ 지중송전의 경우, 충전전류와 유전체손을 고려하지 않아도 된다.

> **Explanation**

교류 송전 방식의 특징
- 변압이 쉽다(고전압 송전에 유리).
- 회전자계를 얻기 쉽다.
- 계통을 일관되게 운용

【답】②

33 수용설비 개개의 최대 수용 전력의 합[kW]을 합성 최대 수용 전력[kW]으로 나눈 값을 무엇이라 하는가?
① 부하율
② 수용률
③ 부등률
④ 역률

> **Explanation**

$$부등률 = \frac{각 개별 수용가 최대 전력의 합계}{합성 최대 전력} \geq 1$$

【답】③

34 특유속도가 가장 낮은 수차는?
① 프로펠러수차
② 프란시스수차
③ 사류수차
④ 펠튼수차

> **Explanation**

특유 속도(비속도)
기하학적으로 같은 러너를 가정하여 이것을 단위낙차 1[m]에서 단위출력 1[kW]를 발생하였을 때의 회전수[m·kW].
수차의 낙차가 클수록 특유 속도가 낮으며, 낙차가 가장 큰 것은 펠튼 수차이다.

【답】④

35 송전 계통의 절연 협조에 있어 절연 레벨을 가장 낮게 잡고 있는 기기는?

① 피뢰기 ② 단로기
③ 변압기 ④ 차단기

절연 협조 : 전력계통 내의 발·변전소의 기기 및 선로애자의 상호 간에 균형 있는 절연강도를 가지게 하는 것
피뢰기 제한전압 〈 변압기 BIL 〈 차단기, 부싱 〈 선로애자 　　　　　　　　　　　　　　【답】 ①

36 그림과 같은 배전선이 있다. 급전점 O의 전압을 110[V]라 하면 C점의 전압은? (단, 선로 OA, AB, BC 간의 저항은 각각 0.2[Ω]이며, 부하역률은 100[%]이다)

① 92[V] ② 97[V]
③ 99[V] ④ 104[V]

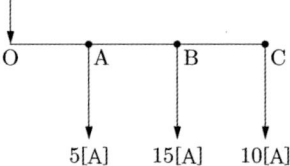

전압강하 $e = IR$

$V_A = V_o - e = 110 - 30 \times 0.2 = 104$[V]

$V_B = V_A - e = 104 - 25 \times 0.2 = 99$[V]

$V_c = V_B - e = 99 - 10 \times 0.2 = 97$[V] 　　　　　　　　　　　　　　　　　　　　　　　　　　【답】 ②

37 송전선로에서 이상전압이 가장 크게 발생하기 쉬운 경우는?

① 무부하 송전선로를 폐로하는 경우 ② 무부하 송전선로를 개로하는 경우
③ 부하 송전선로를 폐로하는 경우 ④ 부하 송전선로를 개로하는 경우

개폐이상전압은 송전선 Y전압의 4~6배이며 이상전압이 가장 큰 경우는 무부하 충전회로 개로 시 이다. 　　【답】 ②

38 부하의 역률을 개선할 경우 배전선로에 대한 설명으로 틀린 것은?(단, 다른 조건은 동일하다)

① 설비용량의 여유 증가 ② 전압강하의 감소
③ 선로전류의 증가 ④ 전력손실의 감소

역률개선의 효과
- 전력손실 감소(주요 목적)
- 전압강하 감소
- 설비용량의 여유분
- 전기요금 절감 　　【답】 ③

39 3상3선식에서 전선 한 가닥에 흐르는 전류는 단상2선식의 경우의 몇 배가 되는가?(단, 송전전력, 부하역률, 송전거리, 전력손실 및 선간전압이 같다)

① $\dfrac{1}{\sqrt{3}}$ ② $\dfrac{2}{3}$

③ $\dfrac{3}{4}$ ④ $\dfrac{4}{9}$

송전전력이 동일 $VI_1\cos\theta = \sqrt{3}\,VI_3\cos\theta$

선간전압과 역률이 동일 $\therefore I_3 = \dfrac{1}{\sqrt{3}}I_1$

【답】①

40 발전용량 9,800[kW]의 수력발전소 최대 사용 수량이 10[㎥/s]일 때, 유효낙차는 몇 [m]인가?
① 100
② 125
③ 150
④ 175

수력발전소 출력 $P = 9.8QH\eta_h\eta_g$[kW]에서

유효낙차 $H = \dfrac{P}{9.8Q\eta} = \dfrac{9,800}{9.8 \times 10} = 100$[m]

【답】①

3과목	전기기기

41 변압기의 보호에 사용되지 않는 것은?
① 온도 계전기
② 과전류 계전기
③ 임피던스 계전기
④ 비율 차동 계전기

변압기 보호 : 비율차동 계전기, 부흐홀츠 계전기, 충격압력 계전기, 온도 계전기
* 임피던스 계전기(거리 계전기) : 선로 보호

【답】③

42 3상 동기 발전기를 병렬 운전시키는 경우 고려하지 않아도 되는 조건은?
① 기전력의 파형이 같을 것
② 기전력의 주파수가 같을 것
③ 회전수가 같을 것
④ 기전력의 크기가 같을 것

동기발전기의 병렬운전 조건

기전력의 크기가 같을 것	무효 순환 전류(무효 횡류)
기전력의 위상이 같을 것	동기화 전류(유효 횡류)
기전력의 주파수가 같을 것	난조 발생
기전력의 파형이 같을 것	고조파 무효 순환 전류
상회전 방향이 같을 것(3상)	

【답】③

43 비례추이와 관계있는 전동기로 옳은 것은?
① 동기전동기
② 농형 유도전동기
③ 단상정류자전동기
④ 권선형 유도전동기

비례추이의 원리 : 권선형 유도전동기

- 최대 토크는 불변, 최대 토크의 발생 슬립은 변화
- 기동 전류는 감소하고, 기동 토크는 증가

【답】④

44 단권변압기의 설명으로 틀린 것은?

① 분로권선과 직렬권선으로 구분된다.
② 1차 권선과 2차 권선의 일부가 공통으로 사용된다.
③ 3상에는 사용할 수 없고 단상으로만 사용한다.
④ 분로권선에서 누설자속이 없기 때문에 전압변동률이 적다.

Explanation

단권변압기의 특징
- 1, 2차 권선이 하나이므로 동량과 철량이 감소되어 손실이 적고 효율이 우수
- 누설 리액턴스가 적어 전압 변동이 적다.
- 단락 시 대전류가 흐를 수 있다.
- 자기 용량 보다 큰 부하 용량 사용 가능
- **단상 및 3상에서 사용이 가능**

【답】③

45 3상 전원을 이용하여 2상 전압을 얻고자 할 때 사용하는 결선 방법은?

① Scott 결선
② Fork 결선
③ 환상 결선
④ 2중 3각 결선

Explanation

변압기 상수 변환법
- 3상에서 2상 변환 : **scott 결선**(=T결선), Meyer 결선, wood bridge 결선

【답】①

46 직류기의 손실 중에서 기계손으로 옳은 것은?

① 풍손
② 와류손
③ 표류 부하손
④ 브러시의 전기손

Explanation

직류기의 손실
- 고정손 (무부하손) : 철손(히스테리시스손, 와류손), 기계손(베어링 마찰손, 풍손)
- 부하손 (가변손) : 동손(전기자동손, 계자동손), 표유부하손

【답】①

47 제어 정류기 중 특정 고조파를 제거할 수 있는 방법은?

① 대칭각 제어기법
② 소호각 제어기법
③ 대칭 호소각 제어기법
④ 펄스폭 변조 제어기법

Explanation

PWM(Pulse Width Modulation) : 펄스 폭 변조방식. 특정 고조파 제거

【답】④

48 반도체 소자 중 3단자 사이리스터가 아닌 것은?

① SCS
② SCR
③ GTO
④ TRIAC

Explanation

반도체 소자(괄호 안은 극(단자) 수)
- 단방향성 : SCR(3), GTO(3), LASCR(3), SCS(4)

- 양방향성 : SSS(2), DIAC(2), TRIAC(3)

【답】①

49 직류기의 철손에 관한 설명으로 틀린 것은?
① 성층철심을 사용하면 와전류손이 감소한다.
② 철손에는 풍손과 와전류손 및 저항손이 있다.
③ 철에 규소를 넣게 되면 히스테리시스손이 감소한다.
④ 전기자 철심에는 철손을 작게하기 위해 규소강판을 사용한다.

Explanation

직류기의 손실
- 고정손 (무부하손) : 철손(히스테리시스손, 와류손), 기계손(베어링 마찰손, 풍손)
- 부하손 (가변손) : 동손(전기자동손, 계자동손), 표유부하손
여기서, 규소강판 : 히스테리시스손 감소, 성층철심 : 와류손 감소

【답】②

50 전압변동률이 작은 동기발전기의 특성으로 옳은 것은?
① 단락비가 크다.
② 속도변동률이 크다.
③ 동기 리액턴스가 크다.
④ 전기자 반작용이 크다.

Explanation

단락비가 큰 동기기
- 전기자 반작용이 작다(동기 임피던스가 작다).
- 과부하 내량이 크다.
- 기계의 중량이 무겁고 고가이다.
- 전압 변동률이 양호하다.
- 송전 선로의 충전 용량이 크다.
- 안정도가 우수하다.
- 극수가 적은 저속기(수차형)

【답】①

51 슬립 6[%]인 유도전동기의 2차측 효율[%]은?
① 94
② 84
③ 90
④ 88

Explanation

2차 효율 $\eta_2 = \dfrac{P_0}{P_2} \times 100$

$= (1-s) \times 100 = (1-0.06) \times 100 = 94[\%]$

【답】①

52 단상 전파 정류 회로에서 저항 부하일 때의 맥동률[%]은 약 얼마인가?
① 0.45
② 0.17
③ 17
④ 48

Explanation

정류회로 비교

구분	단상 반파	단상 전파	3상 반파	3상 전파
맥 동 률	121[%]	48[%]	17[%]	4[%]

【답】④

53 동기전동기에서 출력이 100[%]일 때 역률이 1이 되도록 계자전류를 조정한 다음에 공급전압 V 및 계자전류 I_1를 일정하게 하고, 전부하 이하에서 운전하면 동기전동기의 역률은?

① 뒤진 역률이 되고, 부하가 감소할수록 역률은 낮아진다.
② 뒤진 역률이 되고, 부하가 감소할수록 역률은 좋아진다.
③ 앞선 역률이 되고, 부하가 감소할수록 역률은 낮아진다.
④ 앞선 역률이 되고, 부하가 감소할수록 역률은 좋아진다.

Explanation

전부하 운전시 역률이 1이므로
전부하이하에서 운전하면 역률은 앞선 역률이 되어 부하가 감소할수록 역률은 더 낮아지게 된다.　　　　　【답】③

54 직류 직권전동기를 교류용으로 사용하기 위한 대책이 아닌 것은?

① 자계는 성층 철심, 원통형 고정자 적용
② 계자 권선수 감소, 전기자 권선수 증대
③ 보상 권선 설치, 브러시 접촉저항 증대
④ 정류자편 감소, 전기자 크기 감소

Explanation

단상 직권 정류자 전동기＝만능 전동기(직교류 양용)
• 종류 : 직권형, 보상형, 유도보상형
• 특징 : 성층 철심, 역률 및 정류 개선을 위해 약계자, 강전기자형으로 함.
　　　　역률 개선을 위해 보상권선 설치
　　　　회전속도를 증가시킬수록 역률이 개선됨　　　　【답】④

55 6극인 유도전동기의 토크가 τ이다. 극수를 12극으로 변환하였다면 변환한 후의 토크는?

① τ
② 2τ
③ $\dfrac{\tau}{2}$
④ $\dfrac{\tau}{4}$

Explanation

$$N_s = \frac{120f}{p}$$

$$\tau = 0.975 \times \frac{P_2}{N_s} = 0.975 \times \frac{P_2\,p}{120f}$$

$$\therefore \tau \propto p$$

토크는 극수에 비례하므로 극수가 2배가 되면 토크도 2배가 된다.　　　　　【답】②

56 다음 직류전동기 중에서 속도 변동률이 가장 큰 것은?

① 직권 전동기
② 분권 전동기
③ 차동 복권 전동기
④ 가동 복권 전동기

Explanation

전동기의 속도변동률이 큰 순서
직권 〉 가동복권 〉 분권 〉 차동복권　　　　　【답】①

57 변압기에 콘서베이터(conservator)를 설치하는 목적은?

① 열화방지
② 통풍장치
③ 코로나 방지
④ 강제순환

Explanation

절연열화 : 변압기의 호흡작용으로 절연유의 절연내력이 저하하고 냉각효과가 감소하며 침전물이 생기는 현상
절연열화방지대책
- 콘서베이터(보조탱크) 설치
- 질소 봉입 방식
- 흡착제 방식

【답】①

58
단상 변압기에 있어서 부하역률 80[%]의 지상 역률에서 전압변동률 4[%]이고, 부하역률 100[%]에서 전압변동률 3[%]라고 한다. 이 변압기의 퍼센트 리액턴스 약 몇 [%]인가?

① 2.7
② 3.0
③ 3.3
④ 3.6

Explanation

전압변동률 $\epsilon = p\cos\theta + q\sin\theta$ (+ : 지상, − : 진상)
부하역률 100(%)에서는 저항강하 $\epsilon = p = 3$
따라서 전압변동률 $\epsilon = p\cos\theta + q\sin\theta$ 에서
$4 = 3 \times 0.8 + q \times 0.6$ ∴ $q = 2.7$

【답】①

59
직류 복권발전기를 안정적으로 병렬 운전하기 위해 필요한 것은?

① 기동보상기
② 보상권선
③ 균압선
④ 제동권선

Explanation

균압선 : 병렬 운전을 안정하게 하기 위하여 설치하는 것
- 직권 및 복권 발전기

【답】③

60
정격출력 5,000[kVA], 정격전압 3.3[kV], 동기임피던스가 매상 1.8[Ω]인 3상 동기발전기의 단락비는 약 얼마인가?

① 1.1
② 1.2
③ 1.3
④ 1.4

Explanation

%동기임피던스
- $Z_s{}' = \dfrac{I_n Z_s}{E} \times 100 = \dfrac{P_n Z_s}{V^2} \times 100 = \dfrac{I_n}{I_s} \times 100 [\%]$

- %동기임피던스[PU] $Z_s{}' = \dfrac{1}{K_s} = \dfrac{P_n Z_s}{V^2}$

- 단락비 $K_s = \dfrac{1}{Z_s{}'[\text{PU}]} = \dfrac{V^2}{P_n Z_s} = \dfrac{3,300^2}{5,000 \times 10^3 \times 1.8} = 1.21$

【답】②

4과목　　회로이론 및 제어공학

61 상의 순서가 $a-b-c$인 불평형 3상 교류회로에서 각 상의 전류가 $I_a = 7.28 \angle 15.95°$[A], $I_b = 12.81 \angle -128.66°$[A], $I_c = 7.21 \angle 123.69°$[A]일 때 역상분 전류는 약 몇 [A]인가?

① $8.95 \angle -1.14°$

② $8.95 \angle 1.14°$

③ $2.51 \angle -96.55°$

④ $2.51 \angle 96.55°$

Explanation

역상분 $I_2 = \dfrac{1}{3}(I_a + a^2 I_b + a I_c)$

$= \dfrac{1}{3}\{(7.28 \angle 15.95°) + (1 \angle 240° \times 12.81 \angle -128.66) + (1 \angle 120° \times 7.21 \angle 123.69°)\}$

$= 2.51 \angle 96.55°$

【답】④

62 처음 10초간은 100[A]의 전류를 흘리고, 다음 20초간은 20[A]의 전류를 흘리면 전류의 실효값은 몇 [A]인가?

① 50

② 55

③ 60

④ 65

Explanation

$I = \sqrt{\dfrac{1}{T}\int i^2 dt} = \sqrt{i^2$의 1주기간의 평균값}

$= \sqrt{\dfrac{1}{30}\left\{\int_0^{10}(100)^2 dt + \int_{10}^{30}(40)^2 dt\right\}} = \sqrt{\dfrac{1}{30}\left\{[10,000t]_0^{10} + [400t]_{10}^{30}\right\}} = 60$ [A]

【답】③

63 회로에서 $I_1 = 2e^{-j\frac{\pi}{6}}$[A], $I_2 = 5e^{j\frac{\pi}{6}}$[A], $I_3 = 5.0$[A], $Z_3 = 1.0$[Ω]일 때 부하(Z_1, Z_2, Z_3) 전체에 대한 복소 전력은 약 몇 [VA]인가?

① $55.3 - j7.5$

② $55.3 + j7.5$

③ $45 - j26$

④ $45 + j26$

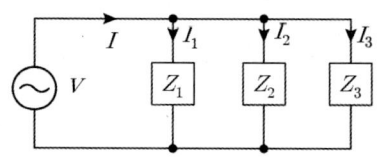

Explanation

전체 전류 $I = I_1 + I_2 + I_3 = 2e^{-j\frac{\pi}{6}} + 5e^{j\frac{\pi}{6}} + 5$

$= 2\left(\cos\dfrac{\pi}{6} - j\sin\dfrac{\pi}{6}\right) + 5\left(\cos\dfrac{\pi}{6} + j\sin\dfrac{\pi}{6}\right) + 5 = 11.06 + j1.5$ [A]

병렬회로이므로 전압은 같으므로 1[Ω]에 걸리는 전압은

$E = I_3 Z_3 = 5 \times 1 = 5$[V]에서

복소전력으로 구하면

$P_a = VI^* = 5(11.06 - j1.5) = 55.3 - j7.5$[VA]

【답】①

64 다음과 같은 4단자 회로에서 A의 값은?

① 0
② 1
③ 2
④ $\dfrac{8}{3}$

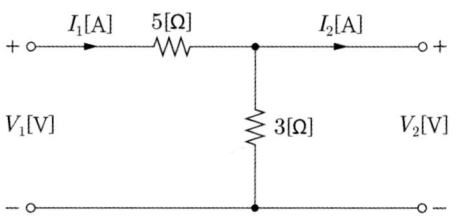

Explanation

T형 4단자 정수

$$\begin{bmatrix} A & B \\ C & D \end{bmatrix} = \begin{bmatrix} 1 & 5 \\ 0 & 1 \end{bmatrix} \begin{bmatrix} 1 & 0 \\ \dfrac{1}{3} & 1 \end{bmatrix} = \begin{bmatrix} \dfrac{8}{3} & 5 \\ \dfrac{1}{3} & 1 \end{bmatrix}$$

【답】 ④

65 회로에서 6[Ω]에 흐르는 전류[A]는?

① 2.5
② 5
③ 7.5
④ 10

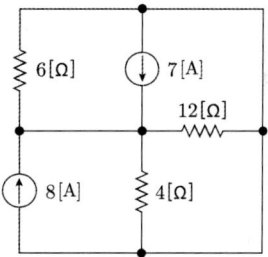

Explanation

【답】 ②

66 그림과 같은 3상 평형회로에서 전원 전압이 $V_{ab} = 220$[V]이고 부하 한 상의 임피던스가 $Z = 2.0 - j2.0$[Ω]인 경우 전원과 부하 사이 선전류 I_a는 약 몇 [A]인가? 단, 3상 전압의 상순은 $a - b - c$이다.

① $134.72 \angle -45°$
② $134.72 \angle -15°$
③ $134.72 \angle 15°$
④ $134.72 \angle 45°$

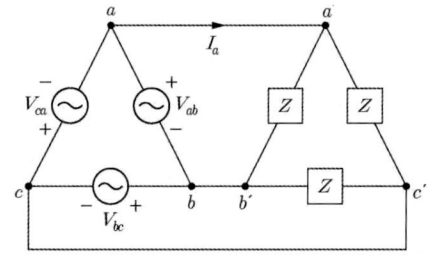

Explanation

△결선은 $V_l = V_p$이므로

부하의 상전류 $I_p = \dfrac{V_p}{Z} = \dfrac{220}{2 - j2} = \dfrac{220}{\sqrt{2^2 + 2^2}} = \dfrac{220}{2.82 \angle -\tan^{-1}\dfrac{2}{2}} = \dfrac{220}{2.82 \angle -45°} = 77.78 \angle 45°$

$\triangle$ 결선은 $I_l = \sqrt{3}\, I_p \angle -30°[A]$이므로

선전류 $I_l = 77.78\sqrt{3} \angle 45° - 30° = 134.72 \angle 15°$

【답】③

---

67 4단자 정수 A, B, C, D 중에서 어드미턴스 차원을 가진 정수는?

① A　　　　　　　　　　　　　　② B

③ C　　　　　　　　　　　　　　④ D

Explanation

전송파라미터(ABCD 파라미터)

$A = \dfrac{V_1}{V_2}\bigg|_{I_2=0}$ 전압비　　　　$B = \dfrac{V_1}{I_2}\bigg|_{V_2=0}$ 임피던스$[\Omega]$

$C = \dfrac{I_1}{V_2}\bigg|_{I_2=0}$ 어드미턴스$[\text{℧}]$　　$D = \dfrac{I_1}{I_2}\bigg|_{V_2=0}$ 전류비

【답】③

---

68 3상 유도전동기의 출력이 5[HP], 전압 200[V], 효율 90[%], 역률 85[%]일 때, 이 전동기에 유입되는 선전류는 약 몇 [A]인가?

① 4　　　　　　　　　　　　　　② 6

③ 8　　　　　　　　　　　　　　④ 14

Explanation

유도전동기의 효율 $\eta = \dfrac{P_0}{P_i} \times 100\,[\%]$

여기서, 입력은 $P_i = \dfrac{P_0}{\eta} = \sqrt{3}\, VI\cos\theta$

1[HP]=746[W]

따라서 선전류 $I = \dfrac{P_0}{\eta\sqrt{3}\,V\cos\theta} = \dfrac{5 \times 746}{0.9 \times \sqrt{3} \times 200 \times 0.85} = 14\,[A]$

【답】④

---

69 분포 정수회로에서 선로정수가 R, L, C, G이고 무왜형 조건이 $RC = GL$과 같은 관계가 성립될 때 선로의 특성 임피던스 Z_o는? (단, 선로의 단위길이당 저항을 R, 인덕턴스를 L, 정전용량을 C, 누설컨덕턴스를 G라 한다.)

① $Z_0 = \dfrac{1}{\sqrt{CL}}$　　　　　　② $Z_0 = \sqrt{\dfrac{L}{C}}$

③ $Z_0 = \sqrt{CL}$　　　　　　　④ $Z_0 = \sqrt{RG}$

Explanation

무왜형 조건($RC = GL$)

특성임피던스 $Z_0 = \sqrt{\dfrac{Z}{Y}} = \sqrt{\dfrac{L}{C}}$

【답】②

---

70 $R - C$ 직렬회로에 $t = 0[s]$일 때 직류전압 100[V]를 인가하면, 0.2초에 흐르는 전류[mA]는?(단, $R = 1,000[\Omega]$, $C = 50[\mu F]$이고, 커패시터의 초기충전 전하는 없다)

① 1.37　　　　　　　　　　　　② 1.83

③ 2.98　　　　　　　　　　　　④ 3.25

Explanation

R-C직렬회로 직류인가 시

$$i = \frac{E}{R} e^{-\frac{1}{RC}t} = \frac{100}{1,000} e^{-\frac{1}{1,000 \times 50 \times 10^{-6}} \times 0.2} \times 10^3 = 1.83[\text{mA}]$$

【답】②

71 △결선된 대칭 3상 부하가 0.5[Ω]인 저항만의 선로를 통해 평형 3상 전압원에 연결되어 있다. 이 부하의 소비전력이 1,800[W]이고 역률이 0.8(지상)일 때, 선로에서 발생하는 손실이 50[W]이면 부하의 단자전압[V]의 크기는?

① 627

② 525

③ 326

④ 225

Explanation

선로 손실 $P_l = 3I_l^2 R$ 여기서, I_l 은 선로전류(선전류)

$$I_l^2 = \frac{P_l}{3R} = \frac{50}{3 \times 0.5} = \frac{100}{3} \text{에서}$$

선전류 $I_l = \frac{10}{\sqrt{3}} = 5.77[\text{A}]$

소비전력 $P = \sqrt{3} \, V_l I_l \cos\theta$

부하의 단자전압(선간전압) $V_l = \frac{P}{\sqrt{3}\, I_l \cos\theta} = \frac{1,800}{\sqrt{3} \times 5.77 \times 0.8} = 225[\text{V}]$

【답】④

72 열차의 무인운전을 위한 제어는 어느 것에 속하는가?

① 정치 제어

② 추종 제어

③ 비율 제어

④ 프로그램 제어

Explanation

추치 제어 : 시간에 따라 값이 변화하는 제어
- 추종 제어 : 목표값이 임의의 시간적 변화(대공포, 레이더)
- 프로그램 제어 : 미리 정해진 신호에 따라 동작(**무인열차**, 무인엘리베이터, 무인자판기)
- 비율 제어 : 시간에 비례하여 변화(배터리, 공기량)

【답】④

73 제어시스템의 특성방정식이 $s^4 + s^3 - 3s^2 - s + 2 = 0$와 같을 때, 이 특성방정식에서 s 평면의 오른쪽에 위치하는 근은 몇 개인가?

① 0

② 1

③ 2

④ 3

Explanation

Routh-Hurwitz판별식을 이용하여 1열의 부호가 모두 양수이면 안정하며

s^4	1	-3	2
s^3	1	-1	0
s^2	$\frac{-3-(-1)}{1} = -2$	2	
s^1	$\frac{2-2}{-2} = 0$	0	
	-4를 대입		
s^0	2		

제 1열의 부호가 0이 되므로 보조방정식을 대입하면 $\frac{d}{ds}(-2s^2 + 2) = -4s$

부호가 2번 바뀌었으므로 불안정하며 s평면의 우반면에 근 2개를 갖는다.

【답】③

74 $F(s) = \dfrac{2s+4}{s^2+2s+5}$ 의 라플라스 역변환은?

① $2e^{-t}(\cos2t - \sin2t)$ 　　　　　② $2e^{-t}(\cos2t + \sin2t)$

③ $e^{-t}(\cos2t - \sin2t)$ 　　　　　④ $e^{-t}(2\cos2t + \sin2t)$

Explanation ▶

완전제곱의 형태로 역변환하면

$F(s) = \dfrac{2s+4}{s^2+2s+5} = \dfrac{2(s+1)}{(s+1)^2+2^2} + \dfrac{2}{(s+1)^2+2^2}$

$\quad = 2e^{-t}\cos2t + e^{-t}\sin2t = e^{-t}(2\cos2t + \sin2t)$

【답】④

---

75 어떤 제어시스템의 개루프 전달함수가 $G(s)H(s) = \dfrac{K(s+3)}{s^2(s+2)(s+4)(s+5)}$ 일 때, 근궤적의 수는?

① 1 　　　　　② 3

③ 5 　　　　　④ 7

Explanation ▶

근궤적의 개수

• $Z > P$: $N = Z$

• $Z < P$: $N = P$

영점 $Z = 1$, 극점 $P = 5$ 이므로

　$Z < P$: $N = P$

따라서 근궤적 수 $N = 5$

【답】③

---

76 그림과 같은 $R-L-C$ 회로에서 입력전압 $e_i(t)$, 출력전류가 $i(t)$인 경우 이 회로의 전달 함수 $\dfrac{I(s)}{E_i(s)}$ 는?(단, 모든 초기조건은 0)

① $\dfrac{C_s}{RCs^2 + LCs + 1}$ 　② $\dfrac{1}{RCs^2 + LCs + 1}$

③ $\dfrac{Cs}{LCs^2 + RCs + 1}$ 　④ $\dfrac{1}{LCs^2 + RCs + 1}$

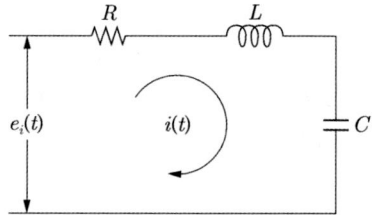

Explanation ▶

밀만의 정리를 이용하면

전달 함수 $G(s) = \dfrac{I(s)}{E_i(s)} = \dfrac{1}{Z(s)} = Y(s)$

$G(s) = \dfrac{I(s)}{E_i(s)} = \dfrac{1}{Z(s)} = \dfrac{1}{R + Ls + \dfrac{1}{Cs}}$

$\quad = \dfrac{Cs}{LCs^2 + RCs + 1}$

【답】③

77 제어시스템의 전달함수가 $G(s) = \dfrac{10}{s+10}$ 로 주어지는 시스템의 절점주파수는 몇 [rad/sec]인가?

① 0.1

② 0.5

③ 1

④ 10

Explanation

절점주파수 : 이득이 -3[dB] 되는 주파수
보드선도의 굴곡점
주파수전달함수의 실수부=허수부 되는 주파수

$G(s) = \dfrac{10}{s+10}$ 에서 주파수 전달함수 $G(j\omega) = \dfrac{10}{j\omega+10}$

$\therefore \ \omega = 10[\text{rad/sec}]$

【답】④

78 그림의 회로와 동일한 논리 소자는?

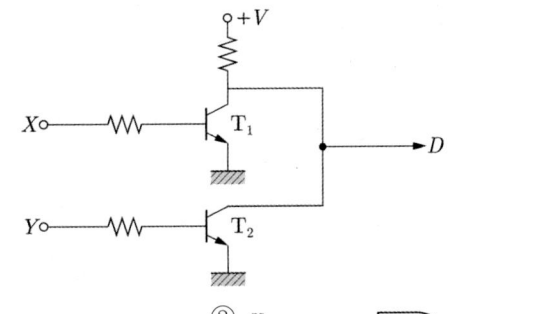

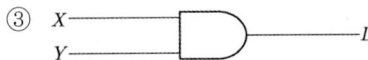

Explanation

NOR 회로
• 동작사항 : OR 회로의 반대 기능을 갖는 회로
• OR + NOT로 구성
논리 기호와 논리식
• 논리식 : $X = \overline{A+B}$
• 논리기호

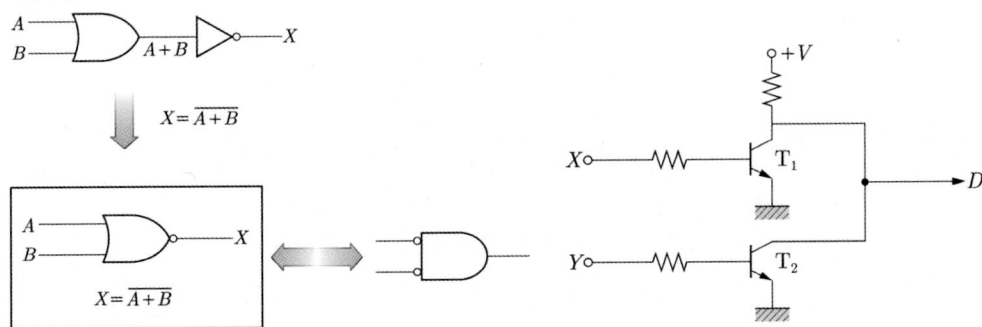

【답】①

79 다음과 같은 블록선도의 전달함수는?

① $\dfrac{G(s)}{1+H(s)}$

② $\dfrac{G(s)}{1+G(s)H(s)}$

③ $\dfrac{1}{1+H(s)}$

④ $\dfrac{1}{1+G(s)H(s)}$

Explanation

블록선도의 전달 함수 $G(s) = \dfrac{\Sigma G}{1-\Sigma L_1 + \Sigma L_2 + \cdots}$

여기서, L_1 : 각각의 모든 폐루프 이득의 합

L_2 : 서로 접촉하지 않는 2개의 폐루프 이득의 곱의 합

ΣG : 각각의 전향 경로의 합

따라서 전달 함수 $G(s) = \dfrac{C}{R} = \dfrac{G(s)}{1-(-H(s))} = \dfrac{G(s)}{1+H(s)}$

【답】①

80 특성방정식이 $2s^4 + 10s^3 + 11s^2 + 5s + K = 0$ 으로 주어진 제어시스템이 안정하기 위한 조건은?

① $0 < K < 2$

② $0 < K < 5$

③ $0 < K < 6$

④ $0 < K < 10$

Explanation

Routh-Hurwitz판별식을 이용하여 1열의 부호가 모두 양수이면 안정하며

s^4	2	11	K
s^3	10	5	0
s^2	$\dfrac{110-10}{10}=10$	$\dfrac{10K}{10}=K$	
s^1	$\dfrac{50-10K}{10}$	0	
s^0	K		

제 1열의 요소가 모두 양수가 되기 위해서는

$50-10K > 0$에서 $K < 5$

$K > 0$

$\therefore 0 < K < 5$

【답】②

5과목 전기설비기술기준

81 1차측 3,300[V], 2차측 220[V]인 변압기 전로의 절연내력 시험전압은 각각 몇 [V]에서 10분간 견디어야 하는가?

① 1차측 4,500[V], 2차측 400[V]

② 1차측 4,125[V], 2차측 500[V]

③ 1차측 4,950[V], 2차측 500[V]

④ 1차측 3,300[V], 2차측 400[V]

Explanation

(KEC 135조) 변압기 전로의 절연내력

접지방식	최대 사용전압	시험전압(최대 사용 전압 배수)	최저 시험전압
비접지	7[kV] 이하	1.5배	500[V]
	7[kV] 초과	1.25배	10,500[V]

1차측 절연내력 시험전압 : $3,300 \times 1.5 = 4,950[V]$
2차측은 $220 \times 1.5 = 330[V]$이 되나 최저 시험전압인 500[V]를 적용해야 한다.　　【답】③

82 옥내배선의 사용전압이 400[V] 이하일 때 전광표시장치 기타 이와 유사한 장치 또는 제어회로 등의 배선에 다심케이블을 시설하는 경우 배선의 단면적은 몇 [㎟] 이상인가? (단, 과전류가 생겼을 때에 자동적으로 전로에서 차단하는 장치를 시설하는 경우이다)

① 0.75　　　　　　　　　　　　② 1
③ 2.5　　　　　　　　　　　　④ 1.5

Explanation

(KEC 231.3조) 저압 옥내배선의 사용전선
저압 옥내배선의 전선은 단면적 2.5[㎟] 이상의 연동선 사용해야 하나, 아래의 경우도 가능함.
옥내배선의 사용 전압이 400[V] 이하인 경우 전광표시 장치 기타 이와 유사한 장치 또는 제어회로 등의 배선
① 단면적 1.5[㎟] 이상의 연동선
② 단면적 0.75[㎟] 이상인 다심케이블 또는 다심 캡타이어 케이블 사용하고 과전류가 생겼을 때 자동적으로 전로에서 차단하는 장치 시설
③ 단면적 0.75[㎟] 이상의 코드 또는 캡타이어케이블 사용　　【답】①

83 배전선로에서의 전력보안통신설비 시설장소로 틀린 것은?

① 154[kV] 계통 배전선로 구간(가공, 지중, 해저)
② 22.9[kV] 계통에 연결되는 분산전원형 발전소
③ 배전자동화, 원격검침, 부하감시 등 지능형전력망 구현을 위해 필요한 구간
④ 폐회로 배전 등 신 배전방식 도입 개소

Explanation

(KEC 362.1조) 전력보안통신설비의 시설 요구사항
배전선로는 아래의 경우에 시설한다.
① 22.9[kV] 계통 배전선로 구간(가공, 지중, 해저)
② 22.9[kV] 계통에 연결되는 분산전원형 발전소
③ 폐회로 배전 등 신 배전방식 도입 개소
④ 배전자동화, 원격검침, 부하감시 등 지능형전력망 구현을 위해 필요한 구간　　【답】①

84 기계적 손상에 대해 보호가 되지 않는 경우, 보호도체로 구리를 사용한다면 단면적은 몇 [㎟] 이상으로 하여야 하는가? (단, 보호도체가 케이블의 일부가 아니거나 선도체와 동일 외함에 설치되지 않은 경우이다)

① 6　　　　　　　　　　　　② 4
③ 2.5　　　　　　　　　　　④ 10

Explanation

(KEC 142.3.2조) 보호도체
보호도체가 케이블의 일부가 아니거나 선도체와 동일 외함에 설치되지 않는 경우
(1) 기계적 손상에 대해 보호가 되는 경우는 구리 2.5[㎟], 알루미늄 16[㎟] 이상
(2) 기계적 손상에 대해 보호가 되지 않는 경우는 구리 4[㎟], 알루미늄 16[㎟] 이상　　【답】②

85 특고압 가공전선로 중 지지물로서 직선형의 철탑을 연속하여 10기 이상 사용하는 부분에는 몇 기 이하마다 장력에 견디는 애자장치가 되어 있는 철탑 또는 이와 동등 이상의 강도를 가지는 철탑 1기를 시설하여야 하는가?

① 15　　　　　　　　　　　　　　② 5

③ 20　　　　　　　　　　　　　　④ 10

Explanation

(KEC 333.16조) 특고압 가공전선로의 내장형 등의 지지물 시설

직선형의 철탑 연속하여 10기 이상 사용 : **10기 이하**마다 내장 애자장치가 되어있는 철탑 1기를 시설　　　**【답】** ④

86 전용건물 이외의 장소에 시설하는 경우 이차전지랙과 랙 사이 및 랙과 벽면 사이 전면부는 몇 [m] 이상 이격하여야 하는가?(단, 예외사항은 고려하지 않는다)

① 1　　　　　　　　　　　　　　② 3

③ 5　　　　　　　　　　　　　　④ 10

Explanation

(KEC 515.2.2조) 전용건물 이외의 장소에 시설하는 경우

이차전지랙과 랙 사이 및 랙과 벽면 사이는 각각 1[m] 이상 이격하여야 한다.　　　**【답】** ①

87 저압 옥상전로를 전개된 장소에 시설하는 경우 전선은 인장강도 2.30[kN] 이상의 것 또는 지름이 몇 [mm] 이상의 경동선이어야 하는가?

① 2.0　　　　　　　　　　　　　② 2.6

③ 3.2　　　　　　　　　　　　　④ 1.6

Explanation

(KEC 221.3조) 옥상 전선로

전선은 인장강도 2.30[kN] 이상의 것 또는 지름 2.6[mm] 이상의 경동선　　　**【답】** ②

88 전기철도차량의 회생제동에 대한 기준으로 틀린 것은?

① 전기철도 전력공급시스템은 회생제동이 비상용제동으로 사용이 가능하고 독립적으로 전력을 운영할 수 있도록 설계되어야 한다.

② 회생전력을 다른 전기장치에서 흡수할 수 없는 경우 전기철도차량은 다른 제동시스템으로 전환되어야 한다.

③ 전차선로에서 전력을 받을 수 있는 경우 회생제동의 사용을 중단해야 한다.

④ 전차선로 지락이 발생한 경우 회생제동의 사용을 중단해야 한다.

Explanation

(KEC 441.5조) 회생제동

① **다음과 같은 경우 회생제동 사용 중단**
　- 전차선로 지락 발생
　- **전차선로에서 전력을 받을 수 없는 경우**
② 다른 전기장치에서 흡수할 수 없는 경우 전기철도차량은 다른 제동시스템으로 전환
③ 회생제동이 비상용제동으로 사용이 가능하고 독립적으로 전력을 운영할 수 있도록 설계　　　**【답】** ③

89 사용전압이 22.9[kV]인 특고압 가공전선(다중접지를 한 중성선을 제외)이 건조물의 위쪽에서 접근상태로 시설하는 경우, 특고압 가공전선과 건조물의 조영재 사이의 최소 이격거리는 몇 [m] 이상인가?(단, 특고압 가공전선은 나전선이고, 중성선 다중접지 방식의 것으로서 전로에 지락이 생겼을 때에 2초 이내에 자동적으로 이를 전로로부터 차단하는 장치가 되어 있다)

① 3.0 ② 2.0
③ 2.5 ④ 1.2

Explanation

(KEC 333.32조) 25[kV] 이하인 특고압 가공전선로의 시설
사용전압이 15[kV]를 초과하고 25[kV] 이하인 특고압 가공전선로(중성선 다중접지 방식의 것으로서 전로에 지락이 생겼을 때에 2초 이내에 자동적으로 이를 전로로부터 차단하는 장치가 되어 있는 것으로 건조물의 위쪽에서 접근)

전선의 종류	이격거리
나전선	**3.0[m]**
특고압 절연전선	2.5[m]
케이블	1.2[m]

【답】①

90 사용 중 예상치 못한 회로의 개방이 위험 또는 큰 손상을 초래할 수 있어 과부하 보호장치를 생략할 수 있는 부하에 전원을 공급하는 회로가 아닌 것은?
① 전자석 크레인의 전원회로 ② 전류변성기의 2차회로
③ 전압변성기의 2차회로 ④ 소방설비의 전원회로

Explanation

(KEC 212.4.3조) 과부하보호장치의 생략
① 회전기의 여자회로
② 전자석 크레인의 전원회로
③ **전류변성기의 2차회로**
④ 소방설비의 전원회로
⑤ 안전설비(주거침입경보, 가스누출경보 등)의 전원회로

【답】③

91 전기욕기에 전기를 공급하기 위한 전원장치에 내장되어 있는 전원변압기의 2차측 전로의 사용전압은 몇 [V] 이하인가?
① 5 ② 10
③ 25 ④ 35

Explanation

(KEC 241.2조) 전기욕기
전기욕기용 전원장치(내장되어 있는 전원 변압기의 **2차측 전로의 사용 전압이 10[V] 이하인 것에 한한다**)는 「전기용품안전 관리법」에 의한 안전기준에 적합한 것

【답】②

92 전력보안통신설비의 조가선 시설기준에 대한 설명으로 틀린 것은?
① 조가선은 2조까지만 시설할 것
② 말단 배전주와 말단 1경간 전에 있는 배전주에 시설하는 조가선은 장력에 견디는 형태로 시설할 것
③ 조가선은 설비 안전을 위하여 전주와 전주 경간 중에 접속할 것
④ 조가선은 부식되지 않는 별도의 금구를 사용하고 조가선 끝단은 날카롭지 않게 할 것

Explanation

(KEC 362.3조) 전력보안통신선의 조가선 시설기준
① 설비 안전을 위하여 **전주와 전주 경간 중에 접속하지 말 것**
② 부식되지 않는 별도의 금구를 사용하고 조가선 끝단은 날카롭지 않게 할 것
③ 말단 배전주와 말단 1경간 전에 있는 배전주에 시설하는 조가선은 장력에 견디는 형태로 시설할 것
④ 조가선은 2조까지만 시설할 것

【답】③

93 고압 및 특고압 가공전선로로부터 공급을 받는 수용장소의 인입구에 반드시 시설하여야 하는 것은?

① 조상기   ② 분로리액터
③ 방전코일   ④ 피뢰기

Explanation

(KEC 341.13조) 피뢰기의 시설
고압 및 특고압의 전로 중 다음에 열거하는 곳 또는 이에 근접한 곳에는 피뢰기를 시설하여야 한다.
① 발전소·변전소 또는 이에 준하는 장소의 가공전선 인입구 및 인출구
② 특고압 가공전선로에 접속하는 341.2의 배전용 변압기의 고압측 및 특고압측
③ **고압 및 특고압 가공전선로로부터 공급을 받는 수용장소의 인입구**
④ 가공전선로와 지중전선로가 접속되는 곳

【답】④

94 특고압 가공전선로에 사용하는 철탑 중 전선로의 지지물 양쪽의 경간의 차가 큰 곳에 사용하는 철탑은?

① 보강형   ② 각도형
③ 내장형   ④ 잡아당김형

Explanation

(KEC 333.12조) 특고압 가공전선로의 철주·철근 콘크리트주 또는 철탑의 종류
특고압 가공전선로의 지지물로 사용하는 B종 철근·B종 콘크리트주 또는 철탑의 종류는 다음과 같다.
① 직선형 : 전선로의 직선 부분(3도 이하인 수평 각도를 이루는 곳을 포함한다.)에 사용하는 것
② 각도형 : 전선로 중 3도를 초과하는 수평 각도를 이루는 곳에 사용하는 것
③ 잡아당김형 : 전가섭선을 잡아당기는 곳에 사용하는 것
④ **내장형 : 전선로의 지지물 양쪽의 경간의 차가 큰 곳에 사용하는 것**
⑤ 보강형 : 전선로의 직선 부분에 그 보강을 위하여 사용하는 것

【답】③

95 전시회, 쇼 및 공연장 기타 이들과 유사한 장소에 시설하는 배선용 케이블은 구리 도체로 최소 단면적은 몇 [㎟]인가?

① 0.75   ② 1.5
③ 2.5   ④ 4

Explanation

(KEC 242.6조) 전시회, 쇼 및 공연장의 전기설비
배선용 케이블은 구리 도체로 최소 단면적이 1.5[㎟]

【답】②

96 과전류 차단기로 저압전로에 사용하는 주택용 배선차단기의 순시트립범위 $10I_n$ 초과 ~ $20I_n$ 이하인 주택용 배선차단기는?(단, I_n 은 차단기 정격전류이다)

① A형   ② B형
③ C형   ④ D형

Explanation

(KEC 212.3.4조) 보호장치의 특성
주택용 배선차단기의 순시트립 범위

형	순시트립범위(I_n: 차단기 정격전류)
B	$3I_n$ 초과 $5I_n$ 이하
C	$5I_n$ 초과 $10I_n$ 이하
D	$10I_n$ 초과 $20I_n$ 이하

【답】④

97 가공전선로의 지지물에 지지선을 시설하려는 경우 이 지지선의 최저 기준으로 옳은 것은?(단, 고압 가공전선로 또는 특고압 전선로의 지지물로 사용하는 목주 A종 철주 또는 A종 철근 콘크리트주에 시설하는 지지선을 제외한다)

① 허용 인장하중 : 4.31[kN], 소선지름 : 2.6[mm], 안전율 2.5
② 허용 인장하중 : 4.31[kN], 소선지름 : 1.6[mm], 안전율 2.0
③ 허용 인장하중 : 2.11[kN], 소선지름 : 2.0[mm], 안전율 3.0
④ 허용 인장하중 : 3.21[kN], 소선지름 : 2.6[mm], 안전율 1.5

Explanation

(KEC 331.11조) 지지선의 시설
① 지지선의 안전율은 2.5 이상, 허용 인장하중의 최저는 4.31[kN]
② 소선은 3가닥 이상의 연선
③ 소선은 지름 2.6[mm] 이상의 금속선 사용　　　　　　　　　　　　　　　**【답】①**

98 전기울타리의 접지전극과 다른 접지 계통의 접지전극의 거리는 몇 [m] 이상이어야 하는가? (단, 충분한 접지망을 가지지 못한 경우이다)

① 1　　　　　　　　　　　　　　　　　② 2
③ 3　　　　　　　　　　　　　　　　　④ 4

Explanation

(KEC 241.1조) 전기울타리
전기 울타리의 접지전극과 다른 접지 계통의 접지전극의 거리는 2[m] 이상일 것　　　**【답】②**

99 전기철도의 변전소 설비에 대한 시설기준으로 틀린 것은?

① 차단기는 계통의 장래계획을 감안하여 용량을 결정하고, 회로의 특성에 따라 기종과 동작 책무 및 차단시간을 선정하여야 한다.
② 개폐기는 선로 중 중요한 분기점, 고장발견이 필요한 장소, 빈번한 개폐를 필요로 하는 곳에 설치하며, 개폐상태의 표시, 쇄정장치 등을 설치하여야 한다.
③ 제어용 교류전원은 상용과 예비의 2계통으로 구성하여야 한다.
④ 제어반의 경우 아날로그계전기방식을 원칙으로 하여야 한다.

Explanation

(KEC 421.4조) 변전소의 설비
① 급전용변압기 : 직류 전기철도 3상 정류기용 변압기, 교류 전기철도 3상 스코트결선 변압기 원칙
② 차단기는 계통의 장래계획을 감안하여 용량을 결정, 회로의 특성에 따라 기종과 동작책무 및 차단시간 선정
③ 개폐기 : 선로 중 중요한 분기점, 고장발견이 필요한 장소, 빈번한 개폐 필요(개폐상태 표시, 쇄정장치 등 설치)
④ 제어용 교류전원은 상용과 예비의 2계통으로 구성
⑤ **제어반의 경우 디지털계전기방식을 원칙으로 함**　　　　　　　　　　　　　**【답】④**

100 두 개 이상의 전선을 병렬로 사용하는 경우에 틀린 것은?

① 같은 극의 각 전선은 동일한 터미널러그에 완전히 접속한다.
② 병렬로 사용하는 전선에는 각각에 퓨즈를 설치하지 않는다.
③ 교류회로에서 병렬로 사용하는 전선은 금속관 안에 전자적 불평형이 생기지 않도록 시설한다.
④ 병렬로 사용하는 각 전선의 굵기는 동선 70[mm²] 이상으로 한다.

Explanation

(KEC 123조) 전선의 접속

두 개 이상의 전선을 병렬로 사용하는 경우

- **동선 50[㎟] 이상 또는 알루미늄 70[㎟] 이상**, 전선은 같은 도체, 재료, 길이 및 굵기의 것 사용
- 같은 극의 각 전선은 동일한 터미널러그에 완전히 접속
- 같은 극인 각 전선의 터미널러그는 동일한 도체에 2개 이상의 리벳 또는 2개 이상의 나사로 접속
- 병렬로 사용하는 전선에는 각각에 퓨즈를 설치하지 말 것
- 교류회로에서 병렬로 사용하는 전선은 금속관 안에 전자적 불평형이 생기지 않도록 시설할 것 【답】 ④

2025년 전기공사기사 필기

1과목 전기응용 및 공사재료

01 사이리스터의 게이트 트리거 회로로 적합하지 않은 것은?

① UJT 발진회로
② DIAC에 의한 트리거 회로
③ PUT 발진회로
④ SCR 발진회로

Explanation

트리거 회로
• DIAC에 의한 트리거 회로
• UJT 발진회로
• PUT 발진회로

【답】④

02 500[W]의 전열기를 정격 상태에서 60분간 사용 시의 발생 열량[kcal]은 약 얼마인가?

① 430
② 650
③ 510
④ 610

Explanation

열량 $Q = 0.24Pt \times 10^{-3}$[kcal]
$\quad = 0.24 \times 500 \times 60 \times 60 \times 10^{-3} = 432$[kcal]

【답】①

03 알칼리 축전지에 대한 설명으로 옳은 것은?

① 공칭전압은 1셀 당 1.2[V]이다.
② 진동에 약하고 급속 충방전이 어렵다.
③ 전해질은 묽은 황산용액을 사용한다.
④ 음극에 Ni 산화물, Ag 산화물을 사용한다.

Explanation

알칼리 축전지
• 양극 : $Ni(OH)_3$(산화니켈)
• 음극 : Fe(에디슨)
　　　　Cd(융그너)
• 전해액 : 수산화칼륨(KOH)
• 특징 : 수명이 길고 운반진동에 강하며 급격한 충·방전에 견딘다.

【답】①

04 전기용접부의 비파괴검사와 관계없는 것은?

① 자기 검사
② 고주파 검사
③ X선 검사
④ 초음파 검사

Explanation

용접부의 비파괴 검사

- 자기 검사
- 초음파 검사
- 방사선 검사(X선 또는 γ선 투과시험)
【답】②

05 1[kW]의 전열기를 사용해서 6[L]의 물을 20[℃]에서 85[℃]로 올리는 데 45분이 걸렸다. 이 전열기의 효율[%]은 약 얼마인가?

① 55　　　　　　　　　　　　　　② 65

③ 70　　　　　　　　　　　　　　④ 60

> **Explanation**
>
> 전열기 효율 $\eta = \dfrac{\text{열}}{\text{전기}} \times 100 = \dfrac{cm\theta}{860Pt} \times 100$ 에서
>
> $\eta = \dfrac{cm\theta}{860Pt} \times 100 = \dfrac{1 \times 6 \times (85-20)}{860 \times 1 \times \dfrac{45}{60}} \times 100 = 60.47[\%]$ 　　　【답】④

06 두 개의 SCR을 역병렬로 접속한 것과 같은 특성의 소자는?

① GTO　　　　　　　　　　　　② TRIAC

③ 광사이리스터　　　　　　　　④ 역전용 사이리스터

> **Explanation**
>
> 트라이액(TRIAC : Triode Switch for AC)
>
>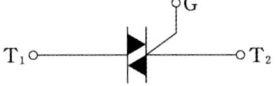
>
> - 쌍방향 3단자 소자
> - **SCR 역병렬 구조**
> - 교류 전력을 양극성 제어
> - 과전압에 의한 파괴 안 됨　　　　　　　　　　　　　　　　　　　　　　　　　　【답】②

07 전기철도의 변전소의 간격을 결정하는 요소에 속하지 않는 것은?

① 노면의 상태　　　　　　　　② 전압변동률

③ 수송량　　　　　　　　　　　④ 선로의 구배

> **Explanation**
>
> 전기철도에서 변전소의 간격은 전기 부식 방지 및 구배에 따른 소비전력 및 회생전력량의 결정, 수송량에 따라 전압 변동률 및 전압강하가 결정되기 때문에서 설계 시 간격을 결정하는 데 중요하다.　　　　　　　　　　【답】①

08 풍압 500[mmAq], 풍량 0.5[㎥/s]인 송풍기용 전동기의 용량[kW]은 약 얼마인가?(단, 여유계수는 1.23, 팬의 효율은 0.60이다)

① 5　　　　　　　　　　　　　　② 7

③ 9　　　　　　　　　　　　　　④ 11

> **Explanation**
>
> 송풍기 출력 $P = \dfrac{KQH}{6,120\eta}$[kW] (여기서, K : 여유계수, Q : 풍량[㎥/분], H : 풍압[mmAq], η : 효율)
>
> $= \dfrac{1.23 \times 0.5 \times 60 \times 500}{6,120 \times 0.6} = 5.02$[kW]　　　　　　　　　　　　　　　　　　　【답】①

09 부식성의 산, 알칼리 또는 유해가스가 있는 장소에서 실용상 지장 없이 사용할 수 있는 구조의 전동기는?

① 방적형　　　　　　　　　② 방진형
③ 방수형　　　　　　　　　④ 방식형

> **Explanation**

방식형(방부형) : 지정된 부식성의 산, 알칼리 또는 유해가스가 존재하는 장소에서 실용상 지장이 없도록 사용할 수 있는 구조

【답】④

10 금속 중 이온화 경향이 큰 물질은?

① Fe　　　　　　　　　　② Zn
③ Au　　　　　　　　　　④ K

> **Explanation**

이온화 경향이 가장 큰 물질은 칼륨(K)이다.

【답】④

11 변압기의 절연 종별에서 E종 절연의 최고 허용온도[℃]는?

① 130　　　　　　　　　　② 120
③ 105　　　　　　　　　　④ 90

> **Explanation**

절연물의 최고 허용온도

종류	Y	A	E	B	F	H	C
허용온도[℃]	90	105	**120**	130	155	180	180 초과

【답】②

12 경질 자기제 상하에 연결금구를 시멘트로 접착시켜 만든 것으로 전압에 따라 필요한 개수만큼 연결해서 사용하는 애자는?

① 핀애자　　　　　　　　　② 내무애자
③ 현수애자　　　　　　　　④ 장간애자

> **Explanation**

- 핀애자 : 2~4층의 갓모양의 자기편을 시멘트로 접착
- **현수애자** : 경질 자기제 상하에 연결금구를 시멘트로 접착시켜 만든 것으로 전압에 따라 연결개수 가감하며 큰 하중에는 2련이나 3련으로 시설 가능
- 내무애자 : 갓의 두께를 두껍게 하여 주름을 깊게 한 것으로 현수애자에 비해 표면 누설거리를 크게 한 것
- 장간애자 : 여러 개의 절연체의 양단에 캡을 씌운 구조로 열화현상이 거의 없으며 보수 점검이 용이

【답】③

13 저압 나트륨등의 특성에 관한 설명으로 틀린 것은 무엇인가?

① 증기압은 4×10^{-3}[mmHg]이다.
② 광원의 광색이 단일색광이다.
③ 요철 식별이 우수하고 연색성이 좋다.
④ 간선도로, 터널 등의 도로조명에 주로 사용된다.

> **Explanation**

나트륨등
- 투과력이 좋다(안개 낀 지역, 터널 등에서 사용).
- 단색 광원(순황색)

- 효율이 우수(80~150[lm/W])
- **연색성이 좋지 않다**(옥내 조명에 부적당).　　　　　　　　　　　　　　　　　　　　　　【답】③

14 LED에 대한 설명으로 잘못된 것은?
① 전구나 형광등에 비해 전력 소모가 적다.
② PN 접합이 순바이어스 되었을 때 전자와 정공의 재결합과정에서 빛이 발생된다.
③ 사용되는 반도체 물질을 다르게 하여 다양한 색상의 빛을 낼 수 있다.
④ 온도가 높아져도 효율이 떨어지지 않는다.

Explanation

발광 다이오드(LED)
- 낮은 전력으로도 밝은 빛을 낼 수 있다.
- 일반 전구에 비해 수명이 길다.
- 다양한 반도체 물질을 사용하여 원하는 색상의 빛을 구현할 수 있다.
- **온도에 민감하여 온도가 높을수록 효율이 떨어질 수 있다.**　　　　　　　　　　　　【답】④

15 강도 보강에 지지선을 사용할 수 없는 지지물은?
① 철탑　　　　　　　　　　　　　　　② B형 철주
③ A형 철근 콘크리트주　　　　　　　　④ 목주

Explanation

(KEC 331.11조) 지지선의 시설
가공전선로의 지지물로 사용하는 철탑은 지지선을 사용하여 그 강도를 분담시켜서는 아니 된다.　　【답】①

16 다음 중 피뢰기의 특성요소의 역할은?
① 방전 후 속류 차단　　　　　　　　　② 이상 전압 방전
③ 속류 차단　　　　　　　　　　　　　④ 계통 보호

Explanation

피뢰기의 구성 요소
- 직렬 갭 : 이상 전압 내습 시 대지로 방전하고 그 속류를 차단
- **특성 요소 : 방전 종료 후 속류를 제한**　　　　　　　　　　　　　　　　　　　　【답】①

17 저압 배전반의 주 차단기로 주로 사용되는 보호기기는?
① GCB　　　　　　　　　　　　　　　② VCB
③ ACB　　　　　　　　　　　　　　　④ OCB

Explanation

저압 배전반의 주 차단기
- ACB(기중차단기)
- MCCB, NFB(배선차단기)　　　　　　　　　　　　　　　　　　　　　　　　　　　【답】③

18 다음 중 주상변압기를 전주에 설치하기 위하여 사용되는 금구류는?
① 완금 밴드　　　　　　　　　　　　　② 암타이 밴드
③ 인류 스트랩　　　　　　　　　　　　④ 행거 밴드

Explanation

- **행거 밴드 : 주상변압기를 전주에 설치**

- 암타이 밴드 : 암타이를 전주에 설치
- 완금 밴드 : 완금을 설치하기 위한 밴드
- 인류 스트랩 : 가공 배전선로 및 인입선에서 인류애자를 설치하기 위해 사용하는 금구 **【답】④**

19 금속관공사에서 절연부싱을 사용하는 가장 주된 목적은?
① 관의 끝이 터지는 것을 방지
② 관내 해충 및 이물질 출입 방지
③ 관의 단구에서 조영재의 접촉 방지
④ 관의 단구에서 전선 피복의 손상 방지

Explanation

(KEC 232.12조) 금속관공사
관의 단구에는 전선의 피복이 손상하지 아니하도록 적당한 구조의 부싱을 사용할 것 **【답】④**

20 전기부식을 방지하기 위한 전철 측에서의 방지 대책 중 틀린 것은?
① 변전소의 간격을 축소한다.
② 레일본드를 설치한다.
③ 대지에 대한 레일의 절연 저항을 적게 한다.
④ 귀선의 극성을 전기적으로 바꾸어 준다.

Explanation

(KEC 461.4조) 전기 부식 방지
전기 부식이란 주행레일을 귀선으로 이용하는 경우 누설전류에 의하여 케이블, 금속제 지중관로 및 선로 구조물 등에 영향을 미치는 것
① **전기철도 측의 전기 부식 방지**
 가. 변전소 간 간격 축소
 나. 레일본드의 양호한 시공
 다. 장대레일채택
 라. 절연도상 및 레일과 침목사이에 절연층의 설치
 마. 기타
② **매설금속체 측의 전기 부식 방지**
 가. 배류장치 설치
 나. 절연코팅
 다. 매설금속체 접속부 절연
 라. 저준위 금속체를 접속
 마. 궤도와의 이격 거리 증대
 바. 금속판 등의 도체로 차폐 **【답】③**

2과목 | **전력공학**

21 지중케이블에 있어서 고장점을 찾는 방법이 아닌 것은?
① 메거에 의한 측정방법
② 머레이 루프에 의한 방법
③ 정전용량 측정에 의한 방법
④ 펄스에 의한 측정 방법

Explanation

지중케이블 고장점 측정법
- 머레이 루프법 : 휘스톤 브리지 원리 이용. 지락사고에 가장 많이 사용하나 단선 사고시 적용 불가
- 펄스 레이더법 : 사고 케이블에 펄스전압을 인가하여 사고점에서 반사되는 펄스파를 감지하여 사고점까지의 거리 계산. 모든 고장에 적용 가능
- 정전 용량법 : 정전용량이 길이에 비례하는 것을 이용
여기서, **메거는 절연저항을 측정**하기 위한 장비이다. **【답】①**

22 변압기의 호흡작용으로 인한 절연 열화를 방지하기 위하여 봉입하는 기체는?

① 수소　　　　　　　　　　　　　② 질소
③ 오존　　　　　　　　　　　　　④ 육불화황

Explanation

절연 열화 : 변압기의 호흡 작용으로 절연유의 절연 내력이 저하하고 냉각효과가 감소하며 침전물이 생기는 현상
절연 열화 방지 대책
• 콘서베이터(보조탱크) 설치
• **질소 봉입 방식**
• 흡착제방식　　　　　　　　　　　　　　　　　　　　　　　　　　　　　　　【답】②

23 송전 선로의 보호 계전 방식이 아닌 것은?

① 전압 균형 방식　　　　　　　　② 전류 위상 비교 방식
③ 방향 비교 방식　　　　　　　　④ 전류 차동 보호 계전 방식

Explanation

모선(Bus) 보호 계전 방식
• 전류 차동 보호 방식
• 전압 차동 보호 방식
• 방향 거리 계전 방식
• 위상 비교 방식　　　　　　　　　　　　　　　　　　　　　　　　　　　　【답】①

24 가스 절연 개폐 설비(Gas Insulated Switch Gear)의 특징으로 틀린 것은?

① 소음이 적고 환경 조화를 기할 수 있다.
② 대기 절연을 이용한 것에 비해 현저하게 소형화 할 수 있다.
③ 가스에 의한 화재의 위험이 있다.
④ 충전부가 완전히 밀폐되기 때문에 안전성이 높다.

Explanation

GIS(Gas Insulated Switchgear) : 가스절연개폐장치
• 밀폐구조로 신뢰성 우수
• 소음이 적고 안전성 우수
• SF_6를 이용하여 절연성능 우수하고 절연거리를 적게 할 수 있다(소형화).
• 공사기간을 단축할 수 있다(공사방법 간단).
• SF_6는 불연성 가스(화재우려가 적다)　　　　　　　　　　　　　　　　【답】③

25 수전단의 전력원의 방정식이 $P_r^2 + (Q_r + 400)^2 = 250,000$으로 표현되는 전력계통에서 무부하시 수전단전압을 일정하게 유지하는 데 필요한 조상기의 종류와 조상용량으로 알맞은 것은?

① 진상무효전력 100　　　　　　　② 지상무효전력 100
③ 진상무효전력 200　　　　　　　④ 지상무효전력 200

Explanation

무부하시 $P_r = 0$이므로
$(Q_r + 400)^2 = 500^2$에서 $Q_r = 100$의 지상 무효전력이 필요하다.　　　　　【답】②

26 유효접지방식에서 변압기에 단절연을 할 수 있는 이유는?

① 고장전류가 크므로　　　　　　　② 이상전압이 낮으므로
③ 중성점 전위가 낮으므로　　　　　④ 보호계전기의 동작이 확실하므로

직접 접지방식의 특징
• 1선 지락 시 건전상의 대지전압 상승이 낮다(절연레벨 경감).
• **중성점을 0전위로 유지 가능(단절연 가능)**
• 보호계전기 동작이 확실하다.
• 정격이 낮은 피뢰기 사용 가능
• 과도안정도가 낮다(최저).

【답】③

27 조압수조의 설치 목적은?
① 수격작용 완화하여 철관 보호
② 부유물 제거
③ 부하 변동에 대응
④ 침전물 제거

조압 수조(surge tank)
부하 변동 시 수압(수격작용)을 완화시켜 수압 철관을 보호하기 위한 장치

【답】①

28 화력발전소에서 재열기의 사용 목적은?
① 급수 예열
② 석탄 건조
③ 공기 예열
④ 증기 가열

• 재열기 : 터빈 내에서의 증기를 다시 가열하는 장치

【답】④

29 다음 중 재점호가 발생하기 쉬운 회로 차단은 어느 것인가?
① L 회로 차단
② C 회로 차단
③ $R-L$ 회로 차단
④ 단락전류 차단

재점호는 콘덴서에 의한 진상전류 차단 시 발생하기 쉽다.

【답】②

30 피뢰기에서 속류를 끊을 수 있는 최고의 교류 전압은?
① 제한전압
② 정격전압
③ 차단전압
④ 방전개시전압

피뢰기의 정격 전압 : 속류를 차단할 수 있는 최고의 교류 전압

【답】②

31 송전선의 송전단 전압을 E_S, 수전단 전압을 E_R, 송수전단 전압 사이의 위상차를 δ, 선로의 리액턴스를 X라 할 때 선로저항을 무시할 때 송전전력 P는 어떤 식으로 표시되는가?

① $P = \dfrac{E_S \, E_R}{X} \tan\delta$

② $P = \dfrac{E_S \, E_R}{X} \sin\delta$

③ $P = \dfrac{E_S - E_R}{X}$

④ $P = \dfrac{(E_S - E_R)^2}{X}$

송전전력 : $P_s = \dfrac{V_s V_r}{X} \sin\delta \,[\text{MW}]$

【답】②

32 1회선의 4단자 정수가 $\dot{A}, \dot{B}, \dot{C}, \dot{D}$인 3상 2회선 송전선의 합성 4단자 정수 $\dot{A}_0, \dot{B}_0, \dot{C}_0, \dot{D}_0$를 구하여라.

① $\dot{A}_0 = 2\dot{A},\ \dot{B}_0 = 2\dot{B},\ \dot{C}_0 = \dfrac{1}{2}\dot{C},\ \dot{D}_0 = \dot{D}$ 　　② $\dot{A}_0 = \dot{A},\ \dot{B}_0 = \dfrac{1}{2}\dot{B},\ \dot{C}_0 = 2\dot{C},\ \dot{D}_0 = \dot{D}$

③ $\dot{A}_0 = 2\dot{A},\ \dot{B}_0 = \dfrac{1}{2}\dot{B},\ \dot{C}_0 = 2\dot{C},\ \dot{D}_0 = 2\dot{D}$ 　　④ $\dot{A}_0 = \dot{A},\ \dot{B}_0 = 2\dot{B},\ \dot{C}_0 = \dot{C},\ \dot{D}_0 = \dot{D}$

> **Explanation**
>
> 병행 2회선 선로(임피던스 감소, 어드미턴스 증가)
> - $A \rightarrow A$
> - $B \rightarrow \dfrac{B}{2}$
> - $C \rightarrow 2C$
> - $D \rightarrow D$

【답】②

33 고압 배전선로의 중간에 승압기를 설치하는 주목적은?
① 부하의 불평형 방지 　　　　② 말단의 전압강하 방지
③ 역률 개선 　　　　　　　　　④ 전력손실의 감소

> **Explanation**
>
> 승압기 : 말단의 전압 강하 방지

【답】②

34 ACSR은 동일한 길이에서 동일한 전기저항을 갖는 경동연선에 비해 어떠한가?
① 바깥지름은 작고 중량은 크다. 　　② 바깥지름은 크고 중량은 작다.
③ 바깥지름과 중량이 모두 작다. 　　④ 바깥지름과 중량이 모두 크다.

> **Explanation**
>
> 저항 $R = \rho \dfrac{l}{A}$ 에서 $R = \rho \dfrac{l}{A} = \rho \dfrac{l}{\frac{\pi}{4}d^2} = \dfrac{4\rho l}{\pi d^2}$ 이므로
>
> 경동선의 저항률 : $\rho = \dfrac{1}{55}$
>
> 알루미늄선의 저항률 : $\rho = \dfrac{1}{35}$
>
> 따라서 알루미늄선은 경동선에 비하여 고유저항이 크므로 동일저항을 얻기 위해서는 지름이 큰 전선을 사용해야 하므로, **ACSR이 경동선에 비해 바깥지름은 크며 중량은 작다.**

【답】②

35 프란시스 수차에 대한 설명으로 적합하지 않은 것은?
① 적용할 수 있는 낙차범위가 가장 넓다.
② 구조가 간단하고 가격이 저렴하다.
③ 비속도가 높아 저낙차 지점에 적합하다.
④ 고낙차 영역에서 펠톤수차에 비해 고속 소형으로 되어 경제적이다.

> **Explanation**
>
> - 고낙차용 수차 - 펠톤수차 : 300[m] 이상

- 중낙차용 수차 - 프란시스수차 : 50~350[m] 정도
- 저낙차용 수차 - 프로펠러수차 : 80[m] 이하

【답】③

36 선로지지물의 꼭대기 부분에 선로와 평행하게 가설되는 가공지선의 효과가 아닌 것은?
① 유도뢰에 대한 차폐　　　　　　② 진행파의 감쇠 촉진
③ 직격뢰에 대한 차폐　　　　　　④ 코로나 저감

Explanation

가공 지선의 설치 목적
- 직격뢰 차폐
- 유도뢰에 대한 정전 차폐
- 통신선에 대한 전자유도장해 경감(지락전류의 일부가 가공지선에 흐르므로)

【답】④

37 배전계통에서 전력용 콘덴서를 설치하는 목적으로 옳은 것은?
① 전압강하 증대　　　　　　　② 변압기 여유율 감소
③ 배전선의 손실 저감　　　　　④ 고장 시 영상전류 감소

Explanation

역률개선의 효과
- **전력손실 감소(주요 목적)**
- 전압강하 감소
- 설비용량의 여유분
- 전기요금 절감

【답】③

38 다음 중 계전기가 동작하여야 할 경우에 동작하지 않는 상태는?
① 오동작　　　　　　　　② 정동작
③ 정부동작　　　　　　　④ 오부동작

Explanation

계전기의 동작상태 판정
- 정동작 : 계전기가 동작해야 할 경우 동작
- 오동작 : 계전기가 동작하지 않아야 할 경우 동작
- 정부동작 : 계전기가 동작하지 않아야 할 경우 동작하지 않는 것
- **오부동작 : 계전기가 동작해야 할 경우 동작하지 않는 것**

【답】④

39 어느 변전소의 공급구역 내 총 설비부하 용량은 전등 600[kW], 동력 800[kW]이다. 각 부하군의 수용률은 전등 60[%], 동력 80[%], 부등률은 전등 1.2, 동력 1.6이고 변전소에 있어서의 전등과 동력 부하간의 부등률은 1.4라고 하면 이 변전소에서 공급하는 최대전력은 몇 [kW]인가?
① 400　　　　　　　　② 500
③ 600　　　　　　　　④ 700

Explanation

$$최대전력 = \frac{설비용량 \times 수용률}{부등률} \ 에서$$

$$총 \ 합성 \ 최대 \ 전력 = \frac{최대 \ 전력의 \ 합}{변압기 \ 상호 \ 부등률}$$

$$= \frac{\frac{600 \times 0.6}{1.2} + \frac{800 \times 0.8}{1.6}}{1.4} = 500 \ [kW]$$

【답】②

40 우리 나라에서 사용하는 발전전압으로 옳은 것은?
① 220[V]
② 6.6[kV]
③ 66[kV]
④ 154[kV]

Explanation

우리 나라 발전 3상 교류 전압 : 6.6~24[kV]

【답】②

3과목 전기기기

41 3상 동기 발전기를 병렬 운전시키는 경우 고려하지 않아도 되는 조건은?
① 발생 전압이 같을 것
② 전압 파형이 같을 것
③ 회전수가 같을 것
④ 상회전이 같을 것

Explanation

동기발전기의 병렬운전 조건

기전력의 크기가 같을 것	무효 순환 전류(무효 횡류)
기전력의 위상이 같을 것	동기화 전류(유효 횡류)
기전력의 주파수가 같을 것	난조 발생
기전력의 파형이 같을 것	고조파 무효 순환 전류
상회전 방향이 같을 것(3상)	

【답】③

42 전기자 반작용을 방지하기 위한 보상권선의 전류방향은?
① 전기자권선의 전류방향과 같다.
② 전기자권선의 전류방향과 반대이다.
③ 계자권선의 전류방향과 같다.
④ 계자권선의 전류방향과 반대이다.

Explanation

보상권선 : 전기자 반작용 감소(전기자 권선과 반대)

【답】②

43 50[Hz]로 설계된 3상 유도전동기를 60[Hz]에 사용하는 경우 단자전압을 110[%]로 높일 때 일어나는 현상으로 틀린 것은?
① 철손 불변
② 여자전류 감소
③ 온도상승 증가
④ 출력이 일정하면 유효전류 감소

Explanation

① 철손 $P_i \propto \dfrac{E^2}{f}$, $P_i{'} = \dfrac{50}{60} \times 1.1^2$ $P_i \fallingdotseq 1.0083 P_i$ 이므로 철손은 거의 불변

② 여자 전류 $I_\phi = \dfrac{E}{wL} = \dfrac{E}{2\pi fL} \propto \dfrac{E}{f} = \dfrac{1.1}{\frac{60}{50}} = \dfrac{50}{60} \times 1.1 = 0.91$ 이므로 여자 전류 감소

③ $P = \sqrt{3} \, VI\cos\theta$ 에서 출력이 일정하고 단자 전압이 증가하면 유효전류는 감소한다.

④ 유효전류가 감소하면 동손($I^2 R$)에 의한 손실 감소 : 온도 상승 감소

【답】③

44 단상 변압기의 병렬운전 시 요구사항으로 틀린 것은?

① 극성이 같을 것

② 정격출력이 같을 것

③ 정격전압과 권수비가 같을 것

④ 저항과 리액턴스의 비가 같을 것

Explanation

변압기 병렬 운전 조건
- 극성, 권수비, 1, 2차 정격전압이 같을 것
- %임피던스 강하가 같을 것
- 내부저항과 리액턴스의 비가 같을 것

【답】②

45 전력용 변압기에서 1차에 정현파 전압을 인가하였을 때, 2차에 정현파 전압이 유기되기 위해서는 1차에 흘러들어가는 여자전류는 기본파 전류 외에 주로 몇 고조파 전류가 포함되는가?

① 제2고조파

② 제3고조파

③ 제4고조파

④ 제5고조파

Explanation

변압기 여자전류에는 제3고조파가 포함되어 있다.

【답】②

46 슬롯 수 32, 코일 변수 64, 극수 4극인 1구 단중 중권기를 같은 극수의 2구 2중 파권기로 변경하면 단자전압은 약 몇 배가 되는가?

① 0.5

② 1

③ 1.5

④ 2

Explanation

유기기전력 $E = \dfrac{p}{a} Z \phi \dfrac{N}{60}$ 에서

- 중권의 병렬회로 수는 극수와 같은 4이고
- 파권의 병렬회로 수는 극수와 관계없이 항상 2이므로 단자전압은 2배가 된다.

【답】④

47 4극, 중권, 총 도체 수 500, 극당 자속이 0.01[Wb]인 직류발전기가 100[V]의 기전력을 발생시키는 데 필요한 회전수는 몇 [rpm]인가?

① 800

② 1,000

③ 1,200

④ 1,600

Explanation

$E = \dfrac{PZ\phi N}{60a}$ [V]에서

$N = E \cdot \dfrac{600}{PZ\phi} = 100 \times \dfrac{60 \times 4}{4 \times 500 \times 0.01} = 1,200 [\text{rpm}]$

【답】③

48 공장 선로에서 부하의 역률이 0.85로 뒤진 역률일 때, 동기 전동기를 접속하여 부족 여자로 운전하면 선로의 위상과 역률은 어떻게 되는가?

① 뒤진 전류가 흐르고, 역률이 좋아진다.

② 뒤진 전류가 흐르고, 역률이 나빠진다.

③ 앞선 전류가 흐르고, 역률이 좋아진다.

④ 앞선 전류가 흐르고, 역률이 나빠진다.

Explanation

부족여자운전 : 역률 지상(리액터 작용)
따라서 뒤진 역률에서 부족여자로 운전하면 역률과 위상이 더 나빠지게 된다.

【답】②

49 변압기의 등가회로 구성에 필요한 시험이 아닌 것은?

① 단락시험　　　　　　　　　　　　② 부하시험
③ 무부하시험　　　　　　　　　　　④ 권선저항 측정

변압기의 시험
• 무부하시험 : 여자 어드미턴스, 철손
• 단락시험 : 임피던스와트, 임피던스전압, 동손, 전압변동률
• 권선 저항 측정　　　　　　　　　　　　　　　　　　　　　　　　　　　　　　【답】②

50 2방향성 3단자 사이리스터는 어느 것인가?

① SCR　　　　　　　　　　　　　② SSS
③ SCS　　　　　　　　　　　　　④ TRIAC

반도체 소자(괄호안은 극(단자) 수)
• 단방향성 : SCR(3), GTO(3), LASCR(3), SCS(4)
• **양방향성** : SSS(2), DIAC(2), TRIAC(3)　　　　　　　　　　　　　　　　　【답】④

51 임피던스 전압 강하가 5[%]인 변압기가 운전 중 단락되었을 때 단락 전류는 정격 전류의 몇 배가 되는가?

① 10　　　　　　　　　　　　　　② 2
③ 20　　　　　　　　　　　　　　④ 5

단락전류 $I_s = \dfrac{100}{\%Z} I_n = \dfrac{100}{5} \times I_n = 20 I_n$

따라서 단락전류는 정격전류의 20배가 된다.　　　　　　　　　　　　　　　　【답】③

52 단상 브리지 정류 회로로 직류 전압 100[V]를 얻으려면 변압기 2차 전압 E_s를 몇 [V]로 결정하면 되는가? 단, 부하는 무유도 저항이고 정류 회로 및 변압기 내의 전압 강하는 무시한다.

① 314　　　　　　　　　　　　　② 222
③ 111　　　　　　　　　　　　　④ 100

단상 전파정류 회로

$E_d = \dfrac{2\sqrt{2}}{\pi} E - e = 0.9E - e \,[\text{V}]$

전압강하를 무시하면 $E_d = \dfrac{2\sqrt{2}}{\pi} E = 0.9E$

교류 측 전압(변압기 2차측 전압) $E = \dfrac{E_d}{0.9} = \dfrac{100}{0.9} = 111 \,[\text{V}]$　　　【답】③

53 3상 유도전동기의 회전방향은 이 전동기에서 발생되는 회전자계의 회전 방향과 어떤 관계가 있는가?

① 아무 관계도 없다.　　　　　　　② 회전자계의 회전 방향으로 회전한다.
③ 회전자계의 반대 방향으로 회전한다.　　④ 부하 조건에 따라 정해진다.

3상 유도전동기는 대칭 3상 권선에 3상 교류 전압을 공급하며 3상 평형전류가 흐르면 회전자계가 발생하게 되고, 이 회전자계에 의해 회전자는 회전자계 방향으로 회전한다.

【답】②

54 3상 배전선에 접속된 V결선의 변압기에서 전부하 시의 출력을 100[kVA]라 하면 같은 용량의 변압기 한 대를 증설하여 △결선하였을 때의 정격 출력은 몇 [kVA]인가?

① 50
② $50\sqrt{3}$
③ 100
④ $100\sqrt{3}$

Explanation

V결선 $P_V = \sqrt{3}\,K$ 여기서, K는 변압기 1대 용량

△결선 $P_\triangle = 3K = \sqrt{3}\,P_V$

따라서 $P_\triangle = 3K = \sqrt{3}\,P_V = \sqrt{3} \times 100 = 100\sqrt{3}\,[\text{KVA}]$

【답】④

55 다음 중 단상 직권전동기의 종류가 아닌 것은 무엇인가?

① 직권형
② 아트킨손형
③ 보상직권형
④ 유도보상직권형

Explanation

단상 직권 정류자 전동기=만능 전동기(직교류 양용)
- **종류 : 직권형, 보상형, 유도보상형**
- 특징 : 성층 철심, 역률 및 정류 개선을 위해 약계자, 강전기자형으로 함.
      역률 개선을 위해 보상권선 설치
      회전속도를 증가시킬수록 역률이 개선됨

【답】②

56 어떤 변압기의 전압변동률은 부하역률 100[%]에서 2[%], 부하역률 80[%]에서 3[%]이다. 이 변압기의 최대 전압변동률은 약 몇 [%]인가?

① 3.1
② 4.2
③ 5.2
④ 6.0

Explanation

전압 변동률 $\epsilon = \dfrac{V_{20} - V_{2n}}{V_{2n}} \times 100 = p\cos\theta \pm q\sin\theta$(지상 : +, 진상 : −)

여기서,
부하역률 100[%]일 때 $\epsilon = p = 2[\%]$
부하역률 80[%]일 때 $3 = 2 \times 0.8 + q \times 0.6$에서 $q = 2.33[\%]$
따라서 최대 전압변동률 $\epsilon_m = \sqrt{p^2 + q^2} = \sqrt{2^2 + 2.33^2} = 3.1[\%]$

【답】①

57 스테핑 모터에 대한 설명으로 틀린 것은?

① 위치제어를 하는 분야에 주로 사용된다.
② 입력된 펄스 신호에 따라 특정 각도만큼 회전하도록 설계된 전동기이다.
③ 스텝각이 클수록 1회전당 스텝수가 많아지고 축 위치의 정밀도는 높아진다.
④ 양방향 회전이 가능하고 설정된 여러 위치에 정지하거나 해당 위치로부터 기동할 수 있다.

Explanation

스텝 모터
- 피드백 루프가 필요 없이 오픈 루프로 손쉽게 속도 및 위치제어
- 디지털 신호를 직접 제어할 수 있으므로 다른 디지털 기기와 인터페이스가 용이
- 가속, 감속이 용이하며 정·역전 및 변속이 쉽다.

- 위치제어를 할 때 각도오차가 적다.
- 회전각과 속도는 펄스 수에 비례(따라서 스텝각이 적을수록 스텝수가 많아지며 정확한 제어가 된다) 【답】③

58 동기전동기에 대한 설명으로 옳은 것은 무엇인가?
① 기동 토크가 크다.
② 역률조정을 할 수 있다.
③ 가변속 전동기로서 다양하게 응용된다.
④ 공극이 매우 작아 설치 및 보수가 어렵다.

Explanation

동기전동기의 특징

장점	단점
① 속도가 N_s로 일정(정속도)	① 기동토크가 작다.
② 역률 1로 조정 가능	② 속도 제어가 어렵다.
③ 효율이 좋다.	③ 직류 여자가 필요
④ 공극이 크고 기계적으로 튼튼하다	④ 난조가 일어나기 쉽다.

【답】②

59 7.5[kW], 6극, 200[V]용 3상 유도전동기가 있다. 정격 전압으로 기동하면 기동전류는 정격전류의 615[%]이고, 기동 토크는 전부하 토크의 225[%]이다. 지금 기동 토크를 전부하 토크의 150[%]로 하려면 기동전압을 약 몇 [V]로 하면 되는가?
① 133
② 143
③ 153
④ 163

Explanation

유도전동기의 토크는 전압의 제곱에 비례 : $T \propto V^2$

따라서 기동전압 $V' = \sqrt{\dfrac{T'}{T}}\, V = \sqrt{\dfrac{150}{225}} \times 200 = 163[V]$

【답】④

60 다음 중 난조를 일으키는 원인으로 잘못된 것은 무엇인가?
① 원동기 토크에 고조파가 포함된 경우
② 원동기의 조속기 감도가 너무 예민한 경우
③ 부하가 갑자기 크게 변할 때
④ 전기자 저항이 상당히 작은 값인 경우

Explanation

난조의 원인
- 원동기의 조속기 감도가 너무 예민할 때
- **전기자 저항이 너무 클 때**
- 부하의 급변
- 원동기 토크에 고조파가 포함될 때
- 관성모멘트가 작은 경우

【답】④

4과목 회로이론 및 제어공학

61 그림과 같은 H형의 4단자 회로망에서 4단자 정수(전송 파라미터) A는?(단, V_1은 입력전압이고, V_2는 출력전압이고, A는 출력 개방 시 회로망의 전압 이득 $\left(\dfrac{V_1}{V_2}\right)$이다)

① $\dfrac{Z_1 + Z_2 + Z_3}{Z_3}$ ② $\dfrac{Z_1 + Z_3 + Z_4}{Z_3}$

③ $\dfrac{Z_2 + Z_3 + Z_5}{Z_3}$ ④ $\dfrac{Z_3 + Z_4 + Z_5}{Z_3}$

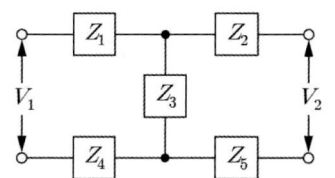

Explanation

전압이득 $A = \dfrac{V_1}{V_2}\bigg|_{I_2=0} = \dfrac{Z_1 + Z_3 + Z_4}{Z_3}$

【답】②

---

62 다음과 같은 비정현파 기전력 및 전류에 의한 평균전력을 구하면 몇 [W]인가?

$$e = 100\sin\omega t - 50\sin(3\omega t + 30°) + 20\sin(5\omega t + 45°)[\text{V}]$$
$$i = 20\sin\omega t + 10\sin(3\omega t - 30°) + 5\sin(5\omega t - 45°)[\text{A}]$$

① 825   ② 875

③ 925   ④ 1,175

Explanation

유효전력(평균전력)은 주파수가 같을 때만 발생되므로
$P = V_1 I_1 \cos\theta_1 + V_3 I_3 \cos\theta_3 + V_5 I_5 \cos\theta_5$
$\therefore P = \dfrac{100}{\sqrt{2}} \times \dfrac{20}{\sqrt{2}} \cos 0° - \dfrac{50}{\sqrt{2}} \times \dfrac{10}{\sqrt{2}} \cos 60° + \dfrac{20}{\sqrt{2}} \times \dfrac{5}{\sqrt{2}} \cos 90° = 875[\text{W}]$

【답】②

---

63 $F(t) = \sin t \cdot \cos t$를 라플라스 변환하면?

① $\dfrac{1}{s^2 + 1^2}$ ② $\dfrac{1}{s^2 + 2^2}$

③ $\dfrac{1}{(s+2)^2}$ ④ $\dfrac{1}{(s+4)^2}$

Explanation

삼각함수 2배각 공식
$\sin 2\alpha = 2\sin\alpha\cos\alpha$에서
$\sin t \cos t = \dfrac{1}{2}\sin 2t$ 이므로
$F(s) = \mathcal{L}[\sin t \cos t] = \mathcal{L}\left[\dfrac{1}{2}\sin 2t\right] = \dfrac{1}{2} \cdot \dfrac{2}{s^2 + 2^2} = \dfrac{1}{s^2 + 2^2}$

【답】②

---

64 $G(s)H(s) = \dfrac{K}{s(s+4)(s+5)}$ 에서 근궤적의 개수는?

① 1   ② 2

③ 3   ④ 4

Explanation

근궤적법
- 근궤적 수 N : 영점 수($Z > P$), 극점 수($Z < P$)
- 극점 : 3개, 영점 0개
따라서 근궤적 수는 3개

【답】③

65 그림과 같은 3상 평형회로에서 전원 전압이 $V_{ab} = 220[V]$이고 부하 한 상의 임피던스가 $Z = 2.0 - j2.0[\Omega]$인 경우 전원과 부하 사이 선전류 I_a는 약 몇 [A]인가?(단, 3상 전압의 상순은 $a - b - c$이다)

① $134.72 \angle -45°$
② $134.72 \angle 45°$
③ $134.72 \angle -15°$
④ $134.72 \angle 15°$

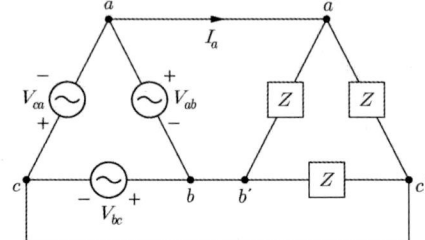

> **Explanation**

△결선에서 $V_l = V_p$이므로

부하의 상전류 $I_p = \dfrac{V_p}{Z} = \dfrac{220}{2 - j2} = \dfrac{220}{\sqrt{2^2 + 2^2}} = \dfrac{220}{2\sqrt{2} \angle \tan^{-1}\dfrac{-2}{2}} = \dfrac{220}{2.83 \angle -45°} = 77.74 \angle 45°$

△결선이므로 $I_l = \sqrt{3} I_p \angle -30°[A]$
따라서 선전류 $I_l = 77.74\sqrt{3} \angle 45° - 30° = 134.72 \angle 15°$

【답】④

66 그림과 같이 3상 평형의 순저항 부하에 단상 전력계를 연결하였을 때 전력계가 $W[W]$를 지시하였다. 이 3상 부하에서 소모하는 전체 전력[W]은?

① $2W$
② $3W$
③ $\sqrt{2} W$
④ $\sqrt{3} W$

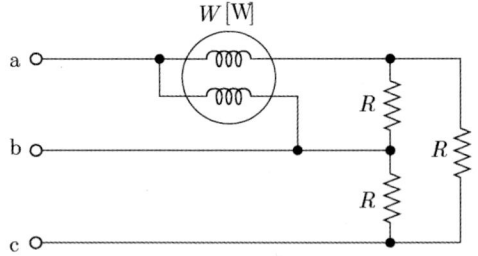

> **Explanation**

2전력계법
유효전력 $P = P_1 + P_2$이므로, $P = W + W = 2W$

【답】①

67 분포 정수회로에서 선로정수가 R, L, C, G이고 무왜형 조건이 $RC = GL$과 같은 관계가 성립할 때 선로의 특성 임피던스 Z_0는?(단, 선로의 단위길이당 저항을 R, 인덕턴스를 L, 정전용량을 C, 누설 컨덕턴스를 G라 한다)

① $Z_0 = \dfrac{1}{\sqrt{CL}}$

② $Z_0 = \sqrt{RG}$

③ $Z_0 = \sqrt{CL}$

④ $Z_0 = \sqrt{\dfrac{L}{C}}$

> **Explanation**

무왜형 선로 : 일그러짐이 없는 선로

조건	$\dfrac{R}{L}=\dfrac{G}{C}$	$RC=LG$
특성 임피던스	$Z_0=\sqrt{\dfrac{Z}{Y}}=\sqrt{\dfrac{L}{C}}$	특성 임피던스는 주파수와 무관

위 표의 제목 행: 무왜형 선로

【답】④

68 $f(t)=\mathcal{L}^{-1}\left[\dfrac{s^2+3s+2}{s^2+2s+5}\right]$ 는?

① $\delta(t)+e^{-t}(\cos 2t-\sin 2t)$ 　　② $\delta(t)+e^{-t}(\cos 2t+2\sin 2t)$

③ $\delta(t)+e^{-t}(\cos 2t-2\sin 2t)$ 　　④ $\delta(t)+e^{-t}(\cos 2t+\sin 2t)$

Explanation

$F(s)=\dfrac{s^2+3s+2}{s^2+2s+5}$ 에서 분모, 분자의 차수가 같으므로 나누어서 정리하면

$F(s)=\dfrac{s^2+3s+2}{s^2+2s+5}=1+\dfrac{s-3}{s^2+2s+5}=1+\dfrac{s-3}{(s+1)^2+2^2}$

$\quad\quad=1+\dfrac{s+1}{(s+1)^2+2^2}-2\dfrac{2}{(s+1)^2+2^2}$

따라서 라플라스 역변환하면

$\mathcal{L}^{-1}[F(s)]=\delta(t)+e^{-t}\cos 2t-2e^{-t}\sin 2t=\delta(t)+e^{-t}(\cos 2t-2\sin 2t)$

【답】③

69 그림과 같은 회로의 구동점 임피던스 Z_{ab}는?

① $\dfrac{2(2s+1)}{2s^2+s+2}$ 　　② $\dfrac{2s+1}{2s^2+s+2}$

③ $\dfrac{2(2s-1)}{2s^2+s+2}$ 　　④ $\dfrac{2s^2+s+2}{2(2s+1)}$

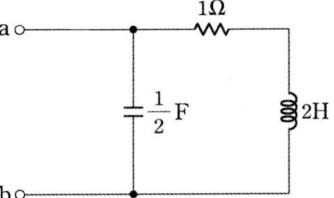

Explanation

구동점 임피던스

① $R\;\rightarrow\;Z_R(s)=R$

② $L\;\rightarrow\;Z_L(s)=j\omega L=sL$

③ $C\;\rightarrow\;Z_c(s)=\dfrac{1}{j\omega C}=\dfrac{1}{sC}$

$Z_{ab}(s)=\dfrac{(1+2s)\cdot\dfrac{2}{s}}{1+2s+\dfrac{2}{s}}=\dfrac{2(2s+1)}{2s^2+s+2}$

【답】①

70 반파 대칭의 왜형파에 포함되는 고조파는?

① 제2고조파 　　② 제4고조파

③ 제5고조파 　　④ 제6고조파

Explanation

반파대칭 : 홀수항(기수차항)

【답】③

71 2차 지연요소의 보드 선도에서 이득 곡선의 두 점근선이 만나는 점의 주파수는?

① 고유 주파수
② 차단 주파수
③ 영 주파수
④ 공진 주파수

고유주파수 : 보드 선도에서 이득 곡선의 두 점근선이 만나는 점의 주파수 　　　　　　　　　　　　　　　　　　　　　　【답】①

72 어떤 제어계의 전달함수가 $G(s) = \dfrac{2s+1}{s^2+s+1}$ 로 표시될 때, 이 계에 입력 $x(t)$를 가했을 경우 출력 $y(t)$를 구하는 미분방정식으로 알맞은 것은?

① $\dfrac{d^2y}{dt^2} + \dfrac{dy}{dt} + y = 2\dfrac{dy}{dx} + x$

② $\dfrac{d^2y}{dt^2} + \dfrac{dy}{dt} + y = 2\dfrac{dx}{dt} + x$

③ $\dfrac{d^2x}{dt} + \dfrac{dy}{dt} + y = 2\dfrac{dx}{dt} + x$

④ $\dfrac{d^2x}{dt} + \dfrac{dy}{dx} + y = 2\dfrac{dx}{dt} + x$

전달함수 　$G(s) = \dfrac{Y(s)}{X(s)} = \dfrac{2s+1}{s^2+s+1}$

　　　　　$(s^2+s+1)Y(s) = (2s+1)X(s)$

따라서 　$\dfrac{d^2y(t)}{dt^2} + \dfrac{dy(t)}{dt} + y(t) = 2\dfrac{dx(t)}{dt} + x(t)$ 　　　　　　　　　　　　　　　　　　【답】②

73 자동제어의 추치제어가 아닌 것은?

① 프로세스 제어
② 비율 제어
③ 추종 제어
④ 프로그램 제어

추치 제어 : 시간에 따라 값이 변화하는 제어
• 추종 제어 : 목표값이 임의의 시간적 변화 (대공포, 레이더)
• 프로그램 제어 : 미리 정해진 신호에 따라 동작(무인열차, 무인엘리베이터, 무인자판기)
• 비율 제어 : 시간에 비례하여 변화 (배터리, 공기량) 　　　　　　　　　　　　　　　　　　　　　　　　　　【답】①

74 전달함수 $\dfrac{C(s)}{R(s)} = \dfrac{1}{4s^2+3s+1}$ 인 제어계는 어느 경우인가?

① 무제동
② 부족제동
③ 임계제동
④ 과제동

$G(s) = \dfrac{\omega_n^2}{s^2+2\zeta\omega_n s+\omega_n^2} = \dfrac{1}{4s^2+3s+1} = \dfrac{\dfrac{1}{4}}{s^2+\dfrac{3}{4}s+\dfrac{1}{4}}$

$\omega_n^2 = \dfrac{1}{4}, \omega_n = \dfrac{1}{2}$

$2\zeta\omega_n = \dfrac{3}{4}, \quad \zeta = \dfrac{3}{4} = 0.75$

따라서 부족제동 　　【답】②

75 그림과 같은 RLC 회로에서 입력전압 $e_i(t)$, 출력 전류가 $i(t)$인 경우 이 회로의 전달함수 $\dfrac{I(s)}{E_i(s)}$ 는? (단, 모든 초기조건은 0이다)

① $\dfrac{Cs}{RCs^2 + LCs + 1}$
② $\dfrac{1}{RCs^2 + LCs + 1}$
③ $\dfrac{Cs}{LCs^2 + RCs + 1}$
④ $\dfrac{1}{LCs^2 + RCs + 1}$

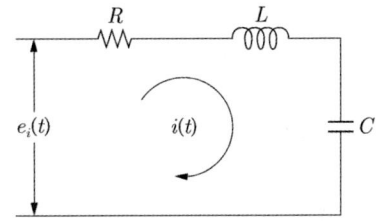

> **Explanation**
>
> 전달함수 $G(s) = \dfrac{I(s)}{E_i(s)} = \dfrac{1}{Z(s)} = Y(s)$
>
> $G(s) = \dfrac{I(s)}{E_i(s)} = \dfrac{1}{Z(s)} = \dfrac{1}{R + Ls + \dfrac{1}{Cs}} = \dfrac{Cs}{LCs^2 + RCs + 1}$

【답】③

76 그림의 게이트(gate) 명칭은 어떻게 되는가?

① AND gate
② OR gate
③ NAND gate
④ NOR gate

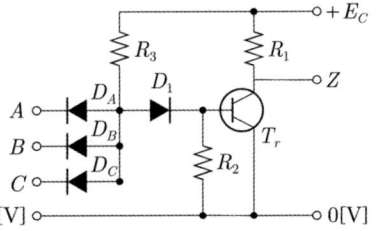

> **Explanation**
>
> AND와 NOT gate를 결합하면 NAND gate이며 $X = \overline{AB}$
> 진리표

A	B	X
0	0	1
0	1	1
1	0	1
1	1	0

【답】③

77 $G(s)H(s) = \dfrac{K}{s^2(s+1)^2}$ 에서 근궤적의 수는?

① 0
② 1
③ 2
④ 4

> **Explanation**
>
> 근궤적의 개수
> - $Z > P$: $N = Z$
> - $Z < P$: $N = P$
> 영점 $Z = 0$, 극점 $P = 4$이므로
> $Z < P$: $N = P$
> 따라서 근궤적 수 $N = 4$

【답】④

78 선형 자동제어계에서 특성 방정식이란?

① 폐루프 전달함수의 분자를 0으로 놓은 방정식
② 폐루프 전달함수의 절대치를 1로 놓은 방정식
③ 개루프 전달함수의 절대치를 1로 놓은 방정식
④ 폐루프 전달함수의 분모를 0으로 놓은 방정식

Explanation

특성방정식 : 폐루프 전달함수의 분모를 0으로 놓은 방정식 【답】 ④

79 아래 신호 흐름 선도에서 C/R는?

① $\dfrac{G_1 + G_2}{1 - G_1 H_1}$ ② $\dfrac{G_1 G_2}{1 - G_1 H_1}$

③ $\dfrac{G_1 + G_2}{1 + G_1 H_1}$ ④ $\dfrac{G_1 G_2}{1 + G_1 H_1}$

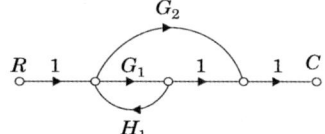

Explanation

메이슨의 이득공식을 적용하면

$G = \dfrac{\sum G_i \, \triangle_i}{\triangle}$ 에서

$G_i : G_1 \qquad \triangle_i : 1 - 0 = 1$
$\quad\;\; G_2 \qquad\qquad\; 1 - 0 = 1$

$\triangle = 1 - G_1 H_1$

전체이득 $G = \dfrac{C}{R} = \dfrac{G_1 + G_2}{1 - G_1 H_1}$ 【답】 ①

80 전달함수가 $G(s) = \dfrac{10}{s^2 + 3s + 2}$ 으로 표현되는 제어시스템에서 직류에 대한 이득은 얼마인가?

① 5   ② 2
③ 1   ④ 3

Explanation

직류는 주파수가 0이므로 $j\omega = 0$

따라서 $s = 0$이므로 $G(s) = \dfrac{10}{s^2 + 3s + 2}|s \rightarrow 0$대입 $= \dfrac{10}{2} = 5$

$G(s) = 5$ 【답】 ①

5과목 **전기설비기술기준**

81 사용전압이 22.9[kV]인 특고압 가공전선이 도로를 횡단하는 경우, 지표상 높이는 몇 [m] 이상인가?

① 5   ② 5.5
③ 6   ④ 4

Explanation

(KEC 333.7조) 특고압 가공전선의 높이

사용전압의 구분	지표상의 높이
35[kV] 이하	5[m] (철도 또는 궤도를 횡단하는 경우에는 6.5[m], **도로를 횡단하는 경우에는 6[m]**, 횡단보도교의 위에 시설하는 경우로서 전선이 특고압 절연전선 또는 케이블인 경우에는 4[m])

【답】③

82 관등회로에 대한 정의로 옳은 것은?

① 발전소·변전소·개폐소, 이에 준하는 곳, 전기사용장소 상호간의 전선(전차선을 제외한다) 및 이를 지지하거나 수용하는 시설물을 말한다.

② 방전등용 안정기 또는 방전등용 변압기로부터 방전관까지의 전로를 말한다.

③ 광섬유케이블 및 이를 지지하거나 수용하는 시설물(조영물의 옥내 또는 옥측에 시설하는 것을 제외한다)을 말한다.

④ 전차의 집전장치와 접촉하여 동력을 공급하기 위한 전선을 말한다.

Explanation

(KEC 112조) 용어 정의
"관등회로"란 방전등용 안정기 또는 방전등용 변압기로부터 방전관까지의 전로를 말한다.

【답】②

83 전선을 접속하는 경우 전선의 세기는 몇 [%] 이상 감소시키지 않아야 하는가?

① 20 ② 30
③ 40 ④ 50

Explanation

(KEC 123조) 전선의 접속
① 전선의 세기(인장하중)는 20[%] 이상 감소시키지 말 것
② 전선의 접속 부분은 접속관이나 기타 기구를 사용할 것
③ 전선의 전기적 저항을 증가시키지 말 것

【답】①

84 두 개 이상의 전선을 병렬로 사용하는 경우 동선의 굵기는 몇 [㎟] 이상이어야 하는가?(단, 전선은 같은 도체, 같은 재료, 같은 길이 및 같은 굵기의 것을 사용한다)

① 40 ② 50
③ 60 ④ 70

Explanation

(KEC 123조) 전선의 접속
두 개 이상의 전선을 병렬로 사용하는 경우, 각 전선의 굵기는 **동선 50[㎟]** 이상 또는 알루미늄 70[㎟] 이상

【답】②

85 옥내에 시설하는 관등회로의 사용전압이 1[kV] 이하인 방전등 공사에 대한 설명으로 틀린 것은?

① 방전등용 안정기를 물기 등이 유입될 수 있는 곳에 시설할 경우는 방수형이나 이와 동등한 성능이 있는 것을 사용하여야 한다.

② 관등회로의 사용전압이 대지전압 150[V] 이하의 것을 건조한 장소에 시공할 경우 접지공사를 생략할 수 있다.

③ 관등회로의 사용전압이 400[V] 초과인 경우에는 방전등용 변압기를 사용하여야 한다.

④ 관등회로의 사용전압이 400[V] 초과이고, 1[kV] 이하인 배선을 애자공사에 의하여 시설할 경우 전선 상호 간의 거리는 50[㎜] 이상이어야 한다.

Explanation

(KEC 234.11조) 1[kV] 이하 방전등 - 애자공사의 시설
① **전선 상호 간의 거리 : 60[㎜] 이상**
② 전선과 조영재 거리 : 25[㎜] 이상(습기가 많은 장소 45[㎜] 이상)
③ 전선 지지점 간의 거리
 - 관등회로 전압 400[V] 초과 600[V] 이하 : 2[m] 이하
 - 관등회로 전압 600[V] 초과 1[kV] 이하 : 1[m] 이하 【답】④

86 전기부식방지 시설에서 전기부식방지 회로의 사용전압은 직류 몇 [V] 이하이어야 하는가?(단, 전기부식방지 회로는 전기부식방지용 전원 장치로부터 양극 및 피방식체까지의 전로를 말한다)
① 20 ② 40
③ 60 ④ 80

Explanation

(KEC 241.16조) 전기부식방지 시설
전기부식방지 회로의 **사용전압 : 직류 60[V] 이하** 【답】③

87 주택의 전기저장장치 축전지에 접속하는 부하 측 옥내배선에서 전로에 지락이 생겼을 때 자동적으로 전로를 차단하는 장치를 시설한 경우에 주택의 옥내전로의 대지전압은 직류 몇 [V]까지 적용할 수 있는가?
① 300 ② 500
③ 600 ④ 1,000

Explanation

(KEC 511.3조) 전기저장장치 옥내전로의 대지전압 제한
주택의 전기저장장치의 축전지에 접속하는 부하 측 옥내배선 : 전로에 지락이 생겼을 때 자동적으로 전로를 차단하는 장치를 시설하는 경우 주택의 옥내전로의 대지전압은 **직류 600[V]까지** 적용할 수 있다. 【답】③

88 사용전압이 25,000[V]인 단상 교류시스템의 전차선과 차량 간의 동적 최소 절연이격거리는 몇 [㎜] 이상을 확보하여야 하는가?
① 150 ② 170
③ 100 ④ 270

Explanation

(KEC 431.3조) 전차선로의 충전부와 차량 간의 절연이격

시스템 종류	공칭전압[V]	동적[㎜]	정적[㎜]
단상교류	25,000	170	270

【답】②

89 수소냉각식 발전기 내부 또는 무효 전력 보상 장치 내부의 수소의 순도가 몇 [%] 이하로 저하한 경우에 이를 경보하는 장치를 시설하여야 하는가?
① 85 ② 95
③ 98 ④ 65

Explanation

(KEC 351.10조) 수소냉각식 발전기 등의 시설
수소의 순도가 **85[%]** 이하로 저하한 경우에 **경보** 【답】①

90 통신설비의 식별표시에 대한 설명으로 틀린 것은?

① 모든 통신기기에는 식별이 용이하도록 인식용 표찰을 부착하여야 한다.

② 통신사업자의 설비표시명판은 플라스틱 및 금속판 등 견고하고 가벼운 재질로 하고 글씨는 각인하거나 지워지지 않도록 제작된 것을 사용하여야 한다.

③ 배전주에 시설하는 통신설비의 설비표시명판은 분기주 또는 잡아당기는 용도의 전주는 매 전주에 시설하여야 한다.

④ 배전주에 시설하는 통신설비의 설비표시명판은 직선주인 경우 전주 10경간마다 시설하여야 한다.

Explanation

(KEC 365.1조) 통신설비의 식별표시

① 모든 통신기기에는 식별이 용이하도록 인식용 표찰을 부착하여야 한다.

② 통신사업자의 설비표시명판은 플라스틱 및 금속판 등 견고하고 가벼운 재질로 하고 글씨는 각인하거나 지워지지 않도록 제작된 것을 사용하여야 한다.

③ 배전주에 시설하는 통신설비의 설비표시명판
 – 분기주 또는 잡아당기는 용도의 전주는 매 전주에 시설
 – **직선주인 경우 전주 5경간마다 시설**   【답】④

---

91 고압 가공전선이 가공약전류전선 등과 접근하는 경우에 고압 가공전선과 가공약전류전선 사이의 이격거리는 몇 [m] 이상이어야 하는가?(단, 전선이 케이블이 아닌 경우임)

① 0.4   ② 0.6

③ 0.8   ④ 1.0

Explanation

(KEC 332.13조) 고압 가공전선과 가공약전류전선 등의 접근 또는 교차

고압 가공전선이 가공약전류전선 등과 접근하는 경우는 고압 가공전선과 가공약전류전선 등 사이의 이격거리는 0.8[m](전선이 케이블인 경우에는 0.4[m]) 이상일 것   【답】③

---

92 아파트 세대 욕실에 "비데용 콘센트"를 시설하려 한다. 다음의 시설방법 중 틀린 것은?

① 콘센트는 방적형 콘센트를 사용한다.

② 인체감전보호용 누전차단기(정격감도전류 15[mA] 이하, 동작시간 0.03초 이하의 전류동작형의 것에 한한다)를 보호된 전로에 접속한다.

③ 절연변압기(정격용량 3[kVA] 이하인 것에 한한다)로 보호된 전로에 접속한다.

④ 콘센트는 접지극이 없는 것을 사용한다.

Explanation

(KEC 234.5조) 콘센트의 시설

• 「전기용품 및 생활용품 안전관리법」의 적용을 받는 인체감전보호용 누전차단기(정격감도전류 15[mA] 이하, 동작시간 0.03초 이하의 전류동작형의 것에 한한다) 또는 절연변압기(정격용량 3[kVA] 이하인 것에 한한다)로 보호된 전로에 접속하거나, 인체감전보호용 누전차단기가 부착된 콘센트를 시설하여야 한다.

• **콘센트는 접지극이 있는 방적형 콘센트를 사용하여 규정에 준하여 접지하여야 한다.**   【답】④

---

93 저압 가공전선으로 사용할 수 없는 것은?

① 케이블   ② 절연전선

③ 다심형 전선   ④ 나동복 전선

Explanation

(KEC 222.5조) 저압 가공전선의 굵기 및 종류

저압 가공전선은 나전선(중성선 또는 다중접지된 접지측 전선으로 사용하는 전선에 한한다), 절연전선, 다심형 전선 또는 케이블을, 고압 가공전선은 고압 절연전선, 특고압 절연전선, 또는 케이블을 사용하여야 한다.   【답】④

94 지중 전선로를 직접 매설식에 의하여 시설하는 경우에는 매설 깊이를 차량 기타 중량물의 압력을 받을 우려가 있는 장소에서는 몇 [m] 이상으로 하여야 하는가?

① 0.6   ② 1.0
③ 1.2   ④ 1.5

Explanation

(KEC 334.1조) 지중전선로의 시설 - 직접 매설식
매설 깊이 : 차량 기타 중량물의 압력을 받을 우려가 있는 장소 1.0[m] 이상, 기타 장소 0.6[m] 이상 【답】②

95 백열전등 또는 방전등 및 이에 부속하는 전선을 사람이 접촉할 우려가 없도록 시설한 경우 백열전등 또는 방전등에 전기를 공급하는 옥내전로의 대지전압은 몇 [V] 이하이어야 하는가?(단, 주택의 옥내 전로 제외)

① 750   ② 300
③ 400   ④ 600

Explanation

(KEC 234.11조) 1[kV] 이하 방전등
방전등에 전기를 공급하는 전로의 대지전압은 300[V] 이하로 하여야 한다. 【답】②

96 사용전압 35[kV] 변전소의 울타리를 높이 2.5[m]인 것으로 설치할 때 울타리 높이와 충전부까지의 거리의 합계는 최소 몇 [m] 이상으로 하여야 하는가?

① 5.78   ② 5
③ 5.66   ④ 6

Explanation

(KEC 351.1조) 발전소 등의 울타리·담 등의 시설

사용 전압의 구분	울타리·담등의 높이와 울타리·담등으로부터 충전 부분까지의 거리 합계
35[kV] 이하	5[m]
35[kV] 초과 160[kV] 이하	6[m]
160[kV] 초과	• 거리의 합계=6+단수×0.12[m] • 단수= $\dfrac{\text{사용·전압[kV]} - 160}{10}$ (단수 계산에서 소수점 이하는 절상)

【답】②

97 철도, 궤도 또는 자동차로 전용터널 안의 전선로에 사용되는 저압 전선으로 경동선을 사용하는 경우 지름 몇 [mm] 이상을 사용하여야 하는가?

① 4.5   ② 4
③ 2.6   ④ 6

Explanation

(KEC 335.1조) 터널 안 전선로의 시설
① **저압전선 - 지름 2.6[mm] 경동선 이상**, 애자사용공사에 의해 시설할 때 레일면상 또는 노면상 2.5[m] 이상의 높이, 합성수지관 공사, 금속관 공사, 가요전선관 공사, 케이블 공사에 의해 시설
② 고압전선 - 지름 4[mm] 경동선 이상, 애자사용공사 시 레일면상 또는 노면상 3[m] 이상의 높이, 케이블 공사에 의한 시설
【답】③

98 사용전압이 170[kV]를 초과하는 특고압 가공전선로를 시가지에 시설하는 경우, 전선의 단면적은 몇 [㎟] 이상의 강심알루미늄선을 사용하여야 하는가?

① 22
② 55
③ 150
④ 240

Explanation

(KEC 333.1조) 시가지 등에서 특고압 가공전선로의 시설
사용전압이 170[kV] 초과하는 경우 : 전선은 단면적 240[㎟] 이상의 강심알루미늄선 　　　　【답】④

99 저압 옥측전선로를 목조의 조영물에 시설할 때 가능한 공사방법은?

① 케이블공사(연피 케이블을 사용하는 경우)
② 버스덕트공사
③ 금속관공사
④ 합성수지관공사

Explanation

(KEC 221.2조) 옥측전선로
• 애자공사(전개된 장소만)
• 합성수지관공사
• 금속관공사(**목조 제외**)
• 버스덕트공사(**목조 제외**)
• 케이블공사(연피 케이블, 알루미늄피 케이블, MI케이블 사용하면 **목조 제외**) 　　　　【답】④

100 저압 보안공사 시 사용전압이 400[V] 이하인 경우에는 지름 몇 [㎜] 이상의 경동선을 사용하여야 하는가?

① 2.6
② 4
③ 6
④ 5

Explanation

(KEC 222.10조) 저압 보안공사
케이블이 아닌 경우 인장강도 8.01[kN] 이상의 것 또는 지름 5[㎜](**사용전압이 400[V] 이하인 경우에는 인장강도 5.26[kN] 이상의 것 또는 지름 4[㎜] 이상의 경동선**) 이상의 경동선일 것 　　　　【답】②

MEMO

전기공사기사 필기

2024

과년도
CBT 복원문제

- 2024년 제 01회
- 2024년 제 02회
- 2024년 제 03회

1회 2024년 전기공사기사 필기

1과목 전기응용 및 공사재료

01 인가전압 100[V]인 회로에서 매초 0.12[kcal]이 발열하는 전열기가 있다. 이 전열기의 용량[W]은 약 얼마인가?

① 300
② 500
③ 600
④ 800

Explanation

전열기 열량 $H = 0.24I^2R = 0.24\dfrac{V^2}{R} = 0.24 \times \dfrac{100^2}{R} = 120$ [cal]

$R = \dfrac{0.24 \times 100^2}{120} = 20$ [Ω]

전열기 용량 $P = \dfrac{V^2}{R} = \dfrac{100^2}{20} = 500$ [W]　　　　　　　　**【답】** ②

02 서미스터(Thermistor)의 주된 용도는?

① 전압 증폭용
② 출력 전류 조절용
③ 온도 감지용
④ 잡음 제거용

Explanation

• 서미스터 : 온도보상용　　　　　　　　**【답】** ③

03 전기철도의 직류전압 제어 방식 중 GTO 사이리스터 스위칭 소자의 ON/OFF를 빠른 속도로 반복하여 전동기에 걸리는 평균전압을 조정하여 제어하는 방식은?

① 직병렬 제어
② 초퍼 제어
③ 저항 제어
④ 계자 제어

Explanation

초퍼제어
전류의 ON-OFF를 반복하는 것을 통해 직류 또는 교류의 전원으로부터 실효가로서 임의의 전압이나 전류를 만들어 내는 전원 회로의 제어 방식. 주로 전동차용 주전동기의 제어에 이용　　**【답】** ②

04 GD^2가 200[kg·m²]인 플라이휠이 1,800[rpm]으로 회전하고 있다. 이 플라이휠이 보유하고 있는 축적 에너지[J]는 약 얼마인가?

① 721,785
② 887,671
③ 812,321
④ 782,671

Explanation

축적 에너지 $W = \dfrac{1}{2}\left(\dfrac{GD^2}{4}\right)\left(\dfrac{2\pi N}{60}\right)^2 = \dfrac{GD^2 N^2}{730}$ [J]

$$축적에너지 \ W = \frac{GD^2 N^2}{730} = \frac{200 \times 1,800^2}{730} = 887,671 [\text{J}]$$

05 반지름 a, 휘도 B인 완전 확산형 구면 광원의 중심에서 h 거리의 점에서 이 광원의 중심으로 향하는 조도는?

① πBa^2

② $\dfrac{\pi Ba^2}{h^2}$

③ $\pi Ba^2 h$

④ πB

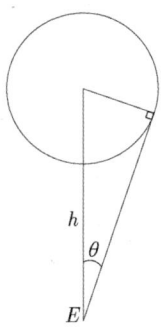

> **Explanation**

구면 광원의 중심에서 h 되는 거리의 점에서 이 광원의
중심으로 향하는 조도

$$E_h = \pi B \sin^2\theta$$

여기서, $\sin\theta = \dfrac{a}{h}$

$$\therefore \ E_h = \pi B \frac{a^2}{h^2}$$

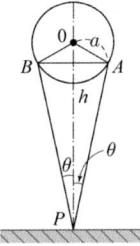

【답】②

06 니크롬 전열선에서 제1종의 최고 사용온도[℃]는?

① 700   ② 900

③ 1,100   ④ 1,400

> **Explanation**

발열체의 종류 및 온도
- 니크롬선 1종 : 1,100[℃]
- 니크롬선 2종 : 900[℃]
- 철크롬선 1종 : 1,200[℃]
- 철크롬선 2종 : 1,100[℃]
- 비금속 발열체(탄화규소 발열체) : 1,400[℃]

【답】③

07 3상 유도전동기를 급속히 정지 또는 감속시킬 경우나 과속을 급히 막을 수 있는 가장 쉽고 효과적인 제동방법은?

① 와전류 제동   ② 역전제동

③ 발전제동   ④ 회생제동

> **Explanation**

3상 유도전동기 제동법
- 발전제동
  - 운동에너지를 전기적 에너지로 변환
  - 자체 저항이 소비되면서 제동
- 회생제동
  - 유도전압을 전원전압보다 높게 하여 제동하는 방식
  - 발전 제동하여 발생된 전력을 선로로 되돌려 보냄

- 역상(역전)제동
  - 3상중 2상을 바꾸어 제동
  - 속도를 급격히 정지 또는 감속시킬 때

【답】②

08 n형 반도체에 대한 설명으로 옳은 것은?

① 순수 실리콘 내에 전자의 수를 늘리기 위해 Al, B, Ga과 같은 불순물 원자를 첨가한 것
② 순수 실리콘 내에 전자의 수를 늘리기 위해 As, P, Sb과 같은 불순물 원자를 첨가한 것
③ 순수 실리콘 내에 정공의 수를 늘리기 위해 Al, B, Ga과 같은 불순물 원자를 첨가한 것
④ 순수 실리콘 내에 정공의 수를 늘리기 위해 As, P, Sb과 같은 불순물 원자를 첨가한 것

Explanation

- P형 반도체 : 순도가 높은 4가의 Ge(게르마늄)이나 Si(실리콘)의 결정에 정공의 수를 늘리기 위해 3가의 In(인듐)이나 Ga(갈륨)을 첨가
- N형 반도체 : 순도가 높은 4가의 Ge(게르마늄)이나 Si(실리콘)의 결정에 전자의 수를 늘리기 위해 5가의 P(인)이나 비소(As), 안티몬(Sb)을 첨가

【답】②

09 초음파를 응용한 기기가 아닌 것은?

① 팩시밀리
② 어군 탐지기
③ 의료용 세척기
④ 금속 탐지기

Explanation

초음파 응용 기기
- 잠수함 탐지기
- 초음파 용접기
- 의료용 검사기기 및 세척기
- 어군 탐지기

【답】①

10 휘발성 금속 원소 또는 그 염류를 가스의 불꽃 속에 넣을 때 금속증기가 발생하는 루미네선스(Luminescence)는?

① 화학 루미네선스
② 열 루미네선스
③ 결정 루미네선스
④ 파이로 루미네선스

Explanation

파이로(불꽃) 루미네선스 : 휘발성 금속 원소 또는 그 염류를 가스의 불꽃 속에 넣을 때 금속증기가 발생하는 루미네선스

【답】④

11 알칼리 축전지에서 포켓식 형식이 아닌 것은?

① AL형
② AMH형
③ AM형
④ AHH형

Explanation

- 납 축전지
  - CS형 : 완 방전형(일반 설치용)
  - HS형 : 급 방전형(고율 방전용)
- 알칼리 축전지
  - 포켓식
    - AL형 : 완 방전형(일반 설치용)
    - AM형 : 표준형(표준 방전용)
    - AMH형 : 급 방전형(준고율 방전용)
    - AH−P형 : 초급 방전형(고율 방전용)
  - 소결식
    - AH−S형 : 초급 방전형(고율 방전용)
    - AHH형 : 초초급 방전형(초고율 방전용)

【답】④

12 전선의 손상을 방지하기 위하여 전선관 끝에 사용하는 것은?

① 와이어 커넥터
② 로크 너트
③ 커플링
④ 부싱

Explanation

금속관 공사 부품
• **부싱** : 전선 관단에 끼우고 전선을 넣거나 **빼는** 데 있어서 전선의 피복을 보호하여 전선이 손상되지 않게 하는 것
• 로크너트 : 관과 박스를 접속하는 경우 파이프 나사를 죄어 고정시키는 데 사용
• 커플링 : 금속관 상호 접속 또는 관과 노멀 밴드와의 접속에 사용
• 와이어 커넥터 : 박스 내에서 전선을 접속하는 데 사용 【답】 ④

13 전선은 색상으로 각 상(L1, L2, L3)을 구분하고 있다. 각 상 중에서 L2의 색상은?

① 검은색
② 적색
③ 파란색
④ 회색

Explanation

(KEC 121.2조) 전선의 식별

상(문자)	색상
L1	갈색
L2	검은색
L3	회색
N	파란색
보호도체	녹색-노란색

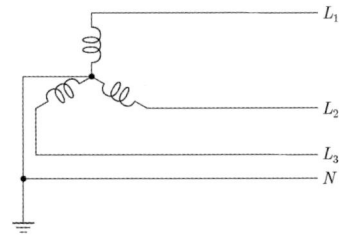

【답】 ①

14 할로겐 전구의 특징으로 옳지 않은 것은?

① 연색성이 우수하다.
② 휘도가 높다.
③ 단위 광속이 크다.
④ 배광제어가 어렵다.

Explanation

할로겐 전구의 특징
• 백열전구에 비해 소형이다.
• 발생광속이 많고, 고휘도 전구이다.
• 광색은 적색이다.
• **배광제어가 용이**하다.
• 연색성이 우수 【답】 ④

15 건축화 조명 중 코퍼 라이트에 대한 설명으로 옳은 것은?

① 천장면을 둥글게 또는 사각으로 파내어 내부에 조명기구를 배치하여 조명하는 방법
② Down Light의 일종으로 아래로 조사되는 구멍을 렌즈를 달아 복도에 집중 조명되도록 하는 방법
③ 천장과 벽면 사이에 조명기구를 배치하여 천장과 벽면을 동시에 조명하는 방법
④ 광원으로 천장이나 벽면 상부를 조명하는 간접 조명방식

Explanation

coffer light(코퍼라이트)
• 천정면을 둥글게 또는 사각으로 파내어 내부에 조명 기구를 배치하여 조명
• 높은 천정의 은행 영업실, 대형 홀, 백화점 1층 등에 쓰이는 조명 【답】 ①

16 회로 및 부하를 보호할 목적으로 사용하는 퓨즈용 재료가 아닌 것은?

① 아르곤(Ar)　　　　　　　　　　② 안티몬(Sb)

③ 납(Pb)　　　　　　　　　　　　④ 주석(Sn)

Explanation

퓨즈용 재료 : 주석, 구리, 은, 알루미늄, 아연, 납−안티몬 합금　　　　　　　　　　【답】①

17 KS C IEC 62305-3에 따라 수뢰부시스템에서 수뢰도체의 재료를 알루미늄합금, 형상을 연선으로 하였을 때 최소 단면적[㎟]은?

① 176　　　　　　　　　　　　　② 30

③ 50　　　　　　　　　　　　　　④ 70

Explanation

(KEC 152조) 외부피뢰시스템
수뢰침, 피뢰침, 인하도선의 재료, 형상과 최소 단면적

재료	형상	최소단면적[㎟]
알루미늄합금	테이프형 단선	50
	원형 단선	50
	연선	**50**
	원형 단선(c)	176

【답】③

18 다음 개폐기 중에서 옥내 배선의 분기회로 보호용으로 사용되는 배선용 차단기의 약호는?

① MCCB　　　　　　　　　　　② ACB

③ OCB　　　　　　　　　　　　④ DS

Explanation

• MCCB, NFB : 배선용 차단기
• ACB : 기중차단기
• OCB : 유입차단기
• DS : 단로기　　　　　　　　　　【답】①

19 실내의 변압기의 배전반 사이나 분전반 사이의 간선에서 분기점이 없는 전선로에 사용하는 덕트는?

① 플러그인 버스덕트　　　　　　② 와이어 덕트

③ 트롤리 버스덕트　　　　　　　④ 피더 버스덕트

Explanation

버스덕트의 종류
• **피더 버스덕트** : 도중에 부하를 접속할 수 없도록 된 것
• 플러그 인 버스덕트 : 도중에 부하 접속용의 플러그를 시설한 것
• 트롤리 버스덕트 : 도중에 이동식 부하를 접속 할 수 있도록 트롤리 접촉식 구조로 된 것　　　　【답】④

20 변압기 철심용 강판의 두께는 대략 몇 [mm]인가?

① 0.35　　　　　　　　　　　　② 0.1

③ 2　　　　　　　　　　　　　　④ 3

Explanation

규소강판 : 0.35~0.5[mm]　　　　　　　　　　【답】①

21 가공지선의 설치 목적이 아닌 것은?

① 전압강하의 방지
② 유도뢰에 대한 정전차폐
③ 직격뢰에 대한 차폐
④ 통신선에 대한 전자유도 장해 경감

Explanation

가공 지선의 설치 목적
- 직격뇌 차폐
- 유도뢰에 대한 정전 차폐
- 통신선에 대한 전자유도장해 경감(지락전류의 일부가 가공지선에 흐르므로)

【답】 ①

22 보일러에서 절탄기의 용도는?

① 공기를 예열한다.
② 보일러 급수를 데운다.
③ 석탄을 건조한다.
④ 증기를 가열한다.

Explanation

절탄기
배기가스의 예열을 이용해서 **보일러 급수 예열**. 연료 절약

【답】 ②

23 154[kV], 60[Hz] 선로의 길이 200[km]의 병행 2회선 송전선에 설치하는 소호리액터의 공진탭 용량 [kVA]은 약 얼마인가?(단, 1선의 대지정전용량을 0.0043[μF/km]라 한다)

① 15,378
② 7,696
③ 23,074
④ 30,765

Explanation

소호리액터 용량(3선 일괄의 대지 충전 용량)

$$Q_L = EI_L = E\frac{E}{\omega L} = 3\omega CE^2 \,[\text{kVA}]$$
$$= 3 \times 2\pi f C \times 10^{-6} \times (E \times 10^3)^2 \times 10^{-3}$$
$$= 3 \times 2\pi f CE^2 \times 10^{-3}\,[\text{kVA}]$$
$$= 2 \times 3 \times 2\pi \times 60 \times 0.0043 \times 10^{-6} \times 200 \times \left(\frac{154,000}{\sqrt{3}}\right)^2 \times 10^{-3}$$
$$= 15,378\,[\text{kVA}]$$

【답】 ①

24 총낙차 80.9[m], 사용수량 30[m³/s]인 발전소가 있다. 수로의 길이가 3,800[m] 수로의 경사가 1/2,000, 수압철관의 손실낙차를 1[m]라고 하면 이 발전소의 출력[kW]은 약 얼마인가?(단, 수차 및 발전기의 종합효율은 83[%]라 한다)

① 24,520
② 19,033
③ 28,520
④ 15,520

Explanation

수로의 손실 낙차 $h_1 = 3,800 \times \dfrac{1}{2,000} = 1.9\,[\text{m}]$

수압철관의 손실 낙차 $h_2 = 1\,[\text{m}]$

따라서 낙차 H = 총낙차－총손실낙차 $= 80.9 - (1.9+1) = 78\,[\text{m}]$

발전소 출력 $P = 9.8HQ\eta = 9.8 \times 78 \times 30 \times 0.83 = 19,033\,[\text{kW}]$

【답】 ②

25 전선의 표피효과에 대한 설명으로 알맞은 것은?
① 전선이 가늘수록, 주파수가 높을수록 커진다.　② 전선이 가늘수록, 주파수가 낮을수록 커진다.
③ 전선이 굵을수록, 주파수가 높을수록 커진다.　④ 전선이 굵을수록, 주파수가 낮을수록 커진다.

Explanation

표피효과 : 도선의 중심부로 갈수록 전류밀도가 적어지는 현상. **전선이 굵을수록, 주파수가 높을수록**, 도전율이 높을수록,
투자율이 클수록 커진다.　【답】③

26 장거리 송전선로의 4단자 정수에서 다음 중 옳은 것은?
① C=D　　　　　　　　　　　　　　② B=C
③ A=B　　　　　　　　　　　　　　④ A=D

Explanation

장거리 송전선로(분포정수회로)
• 100[km] 초과 선로
• 송전선로는 좌우대칭회로이므로 4단자 정수 A=D　【답】④

27 다음 중 고압 배전계통의 구성 순서로 알맞은 것은?
① 배전변전소 → 급전선 → 분기선 → 간선　　② 배전변전소 → 급전선 → 간선 → 분기선
③ 배전변전소 → 간선 → 분기선 → 급전선　　④ 배전변전소 → 간선 → 급전선 → 분기선

Explanation

고압 배전계통의 구성순서 : 배전변전소 –> 급전선 –> 간선 –> 분기선 순
• 급전선 : 배전 변전소 또는 발전소로부터 배전선간에 이르기까지 도중에 부하가 접속되어 있지 않은 선로
• 간선 : 급전선에 접속된 수용 지역에서의 배전선로 가운데에서 부하의 분포 상태에 따라서 배전하거나 분기선을 내어서 배전
하는 부분
• 분기선 : 간선으로부터 분기한 배전 선로 부분　【답】②

28 각 수용가의 수용설비용량이 50[kW], 100[kW], 80[kW], 60[kW], 150[kW]이며, 각각의 수용률이
0.6, 0.6, 0.5, 0.5, 0.4이다. 이때 부하의 부등률이 1.30이라면 변압기 용량은 약 몇 [kVA]가 필요한
가?(단, 부하역률은 80[%]라고 한다)
① 165　　　　　　　　　　　　　　② 142
③ 183　　　　　　　　　　　　　　④ 212

Explanation

$$변압기 용량[kVA] = \frac{설비용량 \times 수용률}{부등률 \times 역률}$$

$$= \frac{50 \times 0.6 + 100 \times 0.6 + 80 \times 0.5 + 60 \times 0.5 + 150 \times 0.4}{1.3 \times 0.8} = 212[kVA]$$ 　【답】④

29 3상 3선식 배전선로의 수전단에 6,000[V], 뒤진 역률 0.8, 500[kW]의 부하가 있다. 이 부하가 같은
역률에서 600[kW]로 증가되었을 때 수전단 전압 및 선로 전류를 불변으로 유지하기 위해서 수전단
에 필요한 전력용 커패시터는 몇 [kVA]인가?
① 300　　　　　　　　　　　　　　② 350
③ 275　　　　　　　　　　　　　　④ 325

Explanation

부하 증가 후의 역률 $\cos\theta_2$는 수전단 전압 및 선로 전류를 일정하게 불변으로 유지하여야 하므로

$$\frac{P_1}{\sqrt{3}\,V\cos\theta_1} = \frac{P_2}{\sqrt{3}\,V\cos\theta_2} \text{에서 } \cos\theta_2 = \frac{P_2}{P_1}\cos\theta_1 = \frac{600}{500}\times 0.8 = 0.96$$

$$\therefore \text{콘덴서 용량 } Q_c = P(\tan\theta_1 - \tan\theta_2) = 600\times\left(\frac{0.6}{0.8} - \frac{\sqrt{1-0.96^2}}{0.96}\right) = 275\,[\text{kVA}]$$

【답】 ③

30 154[kV]의 송전계통의 뇌에 대한 보호에서 절연강도가 낮은 순서로 나열된 것은?
① 변압기 코일 → 결합콘덴서 → 피뢰기 → 선로애자 → 기기 부싱
② 피뢰기 → 변압기 코일 → 기기 부싱 → 결합콘덴서 → 선로애자
③ 결합콘덴서 → 기기 부싱 → 선로애자 → 변압기 코일 → 피뢰기
④ 기기 부싱 → 결합콘덴서 → 변압기 코일 → 피뢰기 → 선로애자

Explanation

절연 협조
계통의 각 기기 및 기구, 선로, 애자 상호간의 균형 있는 적당한 절연 강도를 가지는 것
피뢰기의 제한전압 〈 변압기의 기준충격절연강도(BIL) 〈 부싱, 차단기 〈 선로애자

【답】 ②

31 알루미늄에 극소량의 지르코늄(Z_r)을 첨가한 내열알루미늄 합금선으로 송전 가공선로에 사용하는 전선은?
① ACSR 전선
② CNCV전선
③ TACSR 전선
④ HIV 전선

Explanation

TACSR : 알루미늄에 극소량의 지르코늄(Z_r)을 첨가한 내열 알루미늄 합금선
기존의 ACSR에 내열성 추가

【답】 ③

32 송전거리, 전력, 손실률 및 역률이 일정하다면 전선의 굵기는?
① 전류에 비례한다.
② 전류에 반비례한다.
③ 전압의 제곱에 비례한다.
④ 전압의 제곱에 반비례한다.

Explanation

$$\text{전력손실 } P_l = 3I^2R = 3\left(\frac{P}{\sqrt{3}\,V\cos\theta}\right)^2 R = \frac{P^2 R}{V^2\cos^2\theta} = \frac{\rho P^2 l}{A\,V^2\cos^2\theta}$$

$$\text{전선의 굵기 } A = \frac{\rho P^2 l}{P_l\,V^2\cos^2\theta} \propto \frac{1}{V^2}$$

【답】 ④

33 한 대의 주상변압기에 역률(뒤짐) $\cos\theta_1$, 유효전력 P_1[kW]의 부하와 역률(뒤짐) $\cos\theta_2$ 유효전력 P_2[kW]의 부하가 병렬로 접속되어 있을 때 주상변압기 2차 측에서 본 부하의 종합역률은 어떻게 되는가?

① $\dfrac{P_1 + P_2}{\dfrac{P_1}{\cos\theta_1} + \dfrac{P_2}{\cos\theta_2}}$

② $\dfrac{P_1 + P_2}{\dfrac{P_1}{\sin\theta_1} + \dfrac{P_2}{\sin\theta_2}}$

③ $\dfrac{P_1 + P_2}{\sqrt{(P_1 + P_2)^2 + (P_1\tan\theta_1 + P_2\tan\theta_2)^2}}$

④ $\dfrac{P_1 + P_2}{\sqrt{(P_1 + P_2)^2 + (P_1\sin\theta_1 + P_2\sin\theta_2)^2}}$

Explanation

부하가 병렬로 있는 경우
- 유효전력 : $P = P_1 + P_2$
- 무효전력 : $Q = P_1 \tan\theta_1 + P_2 \tan\theta_2$
- 피상전력 : $P_a = \sqrt{P^2 + Q^2} = \sqrt{(P_1 + P_2)^2 + (P_1 \tan\theta_1 + P_2 \tan\theta_2)^2}$
- 역률 $\cos\theta = \dfrac{P}{P_a} = \dfrac{P_1 + P_2}{\sqrt{(P_1 + P_2)^2 + (P_1 \tan\theta_1 + P_2 \tan\theta_2)^2}}$ 【답】③

34 3상 전원에 접속된 △결선의 콘덴서를 Y결선으로 바꾸면 진상용량은 △결선 시의 몇 배로 되는가?

① 3   ② $\sqrt{3}$

③ $\dfrac{1}{3}$ ④ $\dfrac{1}{\sqrt{3}}$

Explanation

△결선 시 콘덴서 용량 $Q = 3\omega CE^2 = 3\omega CV^2$

Y결선 시 콘덴서 용량 $Q = 3\omega CE^2 = 3\omega C\left(\dfrac{V}{\sqrt{3}}\right)^2 = \omega CV^2$

따라서 △결선의 콘덴서를 Y결선으로 바꾸면 콘덴서용량이 $\dfrac{1}{3}$ 로 된다. 【답】③

35 송전계통의 한 부분이 그림과 같이 3상 변압기로 1차측은 △로, 2차측은 Y로 중성점이 접지되어 있을 경우, 1차측에 흐르는 영상전류는?

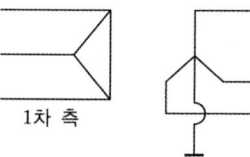

1차 측   2치 측

① 1차 측 선로에서 ∞이다.
② 1차 측 선로에서 반드시 0이다.
③ 1차 측 변압기 내부에서는 반드시 0이다.
④ 1차 측 변압기 내부와 1차 측 선로에서 반드시 0이다.

Explanation

영상전류 : 접지식 회로 및 △결선 내부
따라서 위의 회로에서는 1차 측은 △결선 내부선로, 2차 측은 내부선로 및 접지도체 【답】②

36 수력 발전설비에서 흡출관을 사용하는 목적으로 옳은 것은?

① 유효낙차를 늘리기 위하여   ② 압력을 줄이기 위하여
③ 물의 유속을 일정하게 하기 위하여   ④ 속도변동률을 적게 하기 위하여

Explanation

흡출관 : 반동수차(물의 압력 에너지를 이용)의 유효 낙차를 늘리기 위한 관 【답】①

37 부하전류의 차단에 사용되지 않는 것은?

① DS   ② VCB
③ OCB   ④ ACB

단로기(Disconnecting Switch)
• 무부하 회로 개폐
• 무부하 충전전류, 변압기 여자전류 개폐 가능

【답】 ①

38 선간거리가 D[m]이고 전선의 반지름이 r[m]인 선로의 인덕턴스 L[mH/km]은?

① $L = 0.5 + 0.4605 \log_{10} \dfrac{r}{D}$ ② $L = 0.05 + 0.4605 \log_{10} \dfrac{D}{r}$

③ $L = 0.5 + 0.4605 \log_{10} \dfrac{D}{r}$ ④ $L = 0.05 + 0.4605 \log_{10} \dfrac{r}{D}$

Explanation

작용 인덕턴스 $L = 0.05 + 0.4605 \log_{10} \dfrac{D}{r}$ [mH/km]

【답】 ②

39 전력용 콘덴서에 의하여 얻을 수 있는 전류는?
① 진상전류   ② 지상전류
③ 영상전류   ④ 동상전류

Explanation

• 진상전류 : 앞선 전류, 콘덴서(C)
• 지상전류 : 늦은 전류, 리액터(L)

【답】 ①

40 가스절연개폐장치(GIS)의 내장기기가 아닌 것은?
① 차단기   ② 계기용변압기
③ 주변압기   ④ 단로기

Explanation

가스절연개폐장치(GIS) : 철제용기에 모선, 차단기, 단로기 등을 넣고 SF_6 가스로 충진·밀폐한 장치

【답】 ③

3과목　전기기기

41 분권전동기의 회전수가 1,500[rpm], 속도 변동률이 5[%]일 때, 공급전압과 계자저항의 값을 변화시키지 않고 이 전동기를 무부하로 하였을 때 회전수는 몇 [rpm]인가?
① 1,625   ② 1,575
③ 1,675   ④ 1,525

Explanation

속도변동률 : 무부하 속도와 정격속도와의 관계
$\delta = \dfrac{N_0 - N_n}{N_n}$, $\delta N_n = N_0 - N_n$,
무부하 속도 $N_0 = \delta N_n + N_n = (1+\delta)N_n$
$\qquad = (1+0.05) \times 1,500 = 1,575$[rpm]

【답】 ②

42 유도기전력 210[V], 단자전압 200[V]인 5[kW] 분권 발전기가 있다. 계자 저항이 50[Ω]이면 전기자 저항은 약 몇 [Ω]인가?

① 0.35

② 0.65

③ 0.55

④ 0.45

Explanation

분권발전기 $I_a = I + I_f = \dfrac{P}{V} + \dfrac{V}{R_f} = \dfrac{5 \times 10^3}{200} + \dfrac{200}{50} = 29[A]$

유도기전력 $E = V + I_a R_a$

$R_a I_a = E - V$에서

전기자 저항 $R_a = \dfrac{E - V}{I_a} = \dfrac{210 - 200}{29} = 0.35[\Omega]$

【답】①

43 동기전동기에 설치된 제동권선의 효과는?

① 출력전압의 증가

② 과부하 내량의 증가

③ 기동토크의 발생

④ 정지시간의 단축

Explanation

제동 권선의 역할
• 난조 방지
• 기동 토크 발생(동기전동기)

【답】③

44 직류기에 보극을 설치하는 목적이 아닌 것은?

① 정류자의 불꽃 방지

② 정류 기전력의 발생

③ 중성축의 이동 방지

④ 난조의 방지

Explanation

보극설치 : 양호한 정류를 얻기 위함
• 접촉저항이 큰 탄소브러시 사용
• 리액턴스 전압을 적게 한다.
• 정류주기를 길게 한다.
※ **난조는 동기기에서 발생**하며, 이를 방지하기 위하여 제동권선을 설치한다.

【답】④

45 변압기의 임피던스 전압이란?

① 변압기 2차측을 단락하고 1차측에 낮은 전압을 가하여 2차 단락전류가 2차 정격전류와 같게 될 때의 1차측 전압

② 변압기 2차측을 단락하고 1차측에 낮은 전압을 가하여 1차 단락전류가 1차 정격전류와 같게 될 때의 1차측 전압

③ 변압기 2차측을 단락하고 1차측에 낮은 전압을 가하여 2차 단락전류가 1차 정격전류와 같게 될 때의 1차측 전압

④ 변압기 2차측을 단락하고 1차측에 낮은 전압을 가하여 1차 단락전류가 2차 정격전류와 같게 될 때의 1차측 전압

Explanation

임피던스전압
• 변압기 2차 측을 단락한 상태에서 1차 측에 정격전류(I_{1n})가 흐르도록 1차 측에 인가하는 전압
• 정격전류가 흐를 때 변압기내의 전압강하

【답】②

46 동기발전기에서 무부하유도기전력과 전기자전류가 동상인 경우의 전기자 반작용은?

① 교차자화작용

② 직축반작용

③ 증가작용

④ 감자작용

Explanation

동기발전기의 전기자 반작용
- **횡축 반작용(교차자화작용)** : 전기자 전류가 유기기전력과 동위상
  크기 : $I\cos\theta$
- 직축 반작용(발전기 : 전동기는 반대)
  - 감자작용 : 전기자 전류가 유기 기전력보다 위상이 $\pi/2$ 뒤질 때
  - 증자작용 : 전기자 전류가 유기기전력보다 위상이 $\pi/2$ 앞설 때

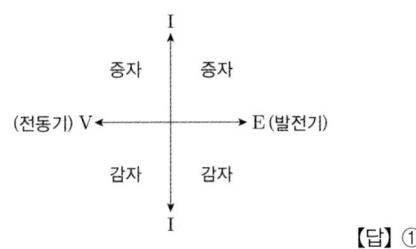

【답】①

47 변압기 내부고장 보호에 쓰이는 계전기는?

① 역상 계전기

② 과전압 계전기

③ 부흐홀츠 계전기

④ 접지 계전기

Explanation

변압기 내부 고장 보호용
- 전기적인 보호 : 차동 계전기(단상), 비율 차동 계전기(3상)
- 기계적인 보호 : 부흐홀츠계전기, 유온계(온도계전기), 유위계, 충격압력계전기

【답】③

48 3상 유도전동기의 2차 저항을 2배로 했을 때, 2배가 되는 것은?

① 토크

② 전류

③ 슬립

④ 역률

Explanation

비례추이의 원리 : 권선형 유도전동기
- 최대 토크는 불변, 최대 토크의 발생 **슬립은 변화**
- 기동 전류는 감소하고, 기동 토크는 증가

【답】③

49 전기자전류 I_a, 부하전류 I, 계자전류가 I_f인 직류 직권전동기의 특성으로 옳은 것은?

① $I_a = I_f > I$

② $I = I_f > I_a$

③ $I_a = I > I_f$

④ $I_a = I = I_f$

Explanation

- 직권전동기 : $I_a = I = I_f$
- 분권전동기 : $I_a = I + I_f$

【답】④

50 크로우링 현상은 어느 것에서 일어나는가?

① 유도전동기

② 직류직권전동기

③ 3상변압기

④ 수은정류기

Explanation

크로우링 현상
- **농형 유도 전동기에서 발생**

- 원인 : 계자에 고조파가 유기. 공극 불균형
- 전동기의 회전자가 정격속도에 가속이 되지 않는 상태
- 대책 : 사구(Skew Slot) 채용   【답】 ①

51 그림과 같은 회로에서 V(전원전압의 실효치)=100[V], 점호각 $a = 30°$인 때의 부하 시의 직류전압 E_{da}[V]는 약 얼마인가? (단, 전류가 연속하는 경우이다)

① 90
② 86
③ 77.9
④ 100

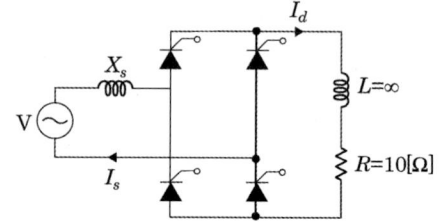

Explanation

SCR의 위상 제어
- 단상 전파 정류 회로
부하 전류가 연속하는 경우 직류 전압의 평균값(직류값)

$$E_d = \frac{1}{\pi}\int_{\alpha}^{\pi+\alpha}\sqrt{2}\,\dot{E}\sin\theta d\theta = \frac{2\sqrt{2}}{\pi}\dot{E}\cos\alpha \text{ [V]}$$
$$= 0.9\times100\times\cos30° = 77.9[V]$$

【답】 ③

52 어느 변압기의 백분율 저항 강하가 2[%], 백분율 리액턴스 강하가 3[%]일 때, 역률(지상)이 80[%]인 경우의 전압변동률은 몇 [%]인가?

① −0.2   ② 0.2
③ −3.4   ④ 3.4

Explanation

전압 변동률
$$\epsilon = \frac{V_{20} - V_{2n}}{V_{2n}}\times100 = p\cos\theta \pm q\sin\theta\,(지상 : +, \ 진상 : -)$$
$$= 2\times0.8 + 3\times0.6 = 3.4[\%]$$

【답】 ④

53 동기속도의 70~80[%] 정도가 되면 원심력에 의해 단락편이 이동하여 정류자편을 측면에서 단락해서 운전하는 단상유도전동기의 기동방법은?

① 분상기동형   ② 셰이딩 코일형
③ 콘덴서 운전형   ④ 반발 기동형

Explanation

분상기동형 : 주권선과 보조권선의 위상차에 의해 기동
동기속도의 70~80[%] 정도가 되면 원심력에 의해 단락편이 이동하여 정류자편을 측면에서 단락해서 운전   【답】 ①

54 유도전동기의 슬립 s에 대한 설명으로 옳은 것은?

① 회전 시 2차 유도기전력 주파수는 정지 시 2차 유도기전력 주파수의 $\frac{1}{s}$배이다.

② 2차효율 η_2는 슬립이 클수록 커진다.

③ 정지 상태에서 $s = 0$이다.

④ 슬립이 적을수록 동기속도에 가깝게 회전한다.

슬립 $s = \dfrac{N_s - N}{N_s}$

- 정지 상태 시 회전자 속도 $N=0$이므로 슬립 s=1이다.
  무부하 상태에서는 $N_s = N$이므로 슬립 s=0이다.
  슬립이 적을수록 동기속도에 가깝게 회전한다.
- 2차 유도기전력 $E_{2s} = sE_2$이므로 정지 시의 s배가 된다.
2차 효율 $\eta_2 = 1 - s$이므로 슬립이 커지면 감소한다.

【답】 ④

---

55 자동제어장치에 사용되는 서보 모터의 특징 중 옳지 않은 것은?
① 토크 속도곡선이 수하특성이어야 한다.
② 토크가 크고, 회전자의 관성모멘트가 작아야 한다.
③ 속응성이 좋고, 시정수가 짧다.
④ 직류 서보 모터에 비하여 교류 서보 모터의 시동 토크가 매우 크다.

서보 모터 : 직류용, 교류용
- 기동토크가 클 것(직류가 교류보다 기동토크가 크다.)
- 급가감속, 정역 운전이 가능할 것
- 관성모멘트가 적을 것 : 회전자를 가늘고 길게 할 것
- 토크 – 속도곡선이 수하특성을 가질 것

【답】 ④

---

56 유도전동기의 작동원리로 옳은 것은?
① 정전유도와 플레밍의 왼손 법칙
② 전자유도와 플레밍의 왼손 법칙
③ 전자유도와 플레밍의 오른손 법칙
④ 정전유도와 플레밍의 오른손 법칙

3상 유도전동기 : 회전자계의 원리
- 전자유도작용
- 플레밍의 왼손법칙

【답】 ②

---

57 3상 전원을 이용하여 2상 전압을 얻고자 할 때 사용하는 변압기의 결선 방법은?
① 환상결선
② 2중 3각 결선
③ Fork 결선
④ Scott 결선

3상에서 2상 변환 : Scott 결선(=T결선), Meyer 결선, Wood Bridge 결선

【답】 ④

---

58 동기발전기의 %동기 임피던스가 83[%]일 때 단락비는 약 얼마인가?
① 1.1
② 1.2
③ 1.3
④ 1.4

$Z_s'[PU] = \dfrac{1}{K_s} = 0.83$

단락비 $K_s = \dfrac{1}{Z_s'[PU]} = \dfrac{1}{0.83} = 1.2$

【답】 ②

59 동기발전기의 병렬운전 조건으로 틀린 것은?

① 기전력의 크기가 같을 것　　　　　　　② 기전력의 위상이 같을 것
③ 기전력의 용량이 같을 것　　　　　　　④ 기전력의 주파수가 같을 것

Explanation

동기발전기의 병렬운전 조건

기전력의 크기가 같을 것	무효 순환 전류(무효 횡류)
기전력의 위상이 같을 것	동기화 전류(유효 횡류)
기전력의 주파수가 같을 것	난조 발생
기전력의 파형이 같을 것	고조파 무효 순환 전류
상회전 방향이 같을 것(3상)	

【답】③

60 단상 직권 정류자전동기에서 주자속의 최대값을 Φ_m, 자극수를 P, 전기자의 병렬회로수를 a, 전기자의 전도체수를 Z, 전기자의 속도를 N[rpm]이라 하면 속도기전력의 실효값은 몇 [V]인가?

① $E_r = \sqrt{2}\,\dfrac{P}{a}Z\dfrac{N}{60}\Phi_m$　　　　　　② $E_r = \dfrac{1}{\sqrt{2}}\dfrac{P}{a}Z\dfrac{N}{60}\Phi_m$

③ $E_r = \dfrac{P}{a}ZN\Phi_m$　　　　　　　　　④ $E_r = \dfrac{1}{\sqrt{2}}\dfrac{P}{a}ZN\Phi_m$

Explanation

• 속도 기전력 최대값 $E_m = \dfrac{z}{a}p\phi_m\dfrac{N}{60}$

• 속도 기전력 실효값 $E = \dfrac{1}{\sqrt{2}}\dfrac{p}{a}z\phi_m\dfrac{N}{60}$

【답】②

4과목　회로이론 및 제어공학

61 어떤 회로에 전압 $v(t)$를 가했을 때 전류 $i(t)$가 흘렀다. 이 회로에서 소비되는 평균전력[W]은?

$$v(t) = 100 + 50\sin 377t\,[\text{V}]$$
$$i(t) = 10 + 3.54\sin(377t - 45°)\,[\text{A}]$$

① 1,062.6　　　　　　　　　　② 1,250.5
③ 562.5　　　　　　　　　　　④ 1,385.5

Explanation

유효전력(평균전력)은 주파수가 같을 때만 발생되므로
$P = V_0 I_0 + V_1 I_1 \cos\theta_1$

$\therefore P = 100 \times 10 + \dfrac{50}{\sqrt{2}} \times \dfrac{3.54}{\sqrt{2}}\cos 45°$

$= 1,062.6\,[\text{W}]$

【답】①

62 $F(s) = \dfrac{2s+4}{s^2+2s+5}$ 의 라플라스 역변환은?

① $e^{-t}(2\cos2t + \sin2t)$
② $2e^{-t}(\cos2t - \sin2t)$

③ $e^{-t}(2\cos2t - \sin2t)$
④ $2e^{-t}(\cos2t + \sin2t)$

Explanation

라플라스 역변환에서
– 분모가 인수분해 가능 : 부분분수 전개
– 분모가 인수분해 불가능 : 완전제곱의 형태

$$F(s) = \frac{2s+4}{s^2+2s+5} = \frac{2s+4}{s^2+2s+1+4}$$

$$= \frac{2s+2}{(s+1)^2+2^2} + \frac{2}{(s+1)^2+2^2} = \frac{2(s+1)}{(s+1)^2+2^2} + \frac{2}{(s+1)^2+2^2}$$

복소추이를 이용하면 $f(t) = 2e^{-t}\cos2t + e^{-t}\sin2t = e^{-t}(2\cos2t + \sin2t)$ 【답】①

63 다음 회로의 4단자 정수 중 A의 값은?

① 1
② R

③ $\dfrac{1}{j\omega L}$
④ $1 + \dfrac{R}{j\omega L}$

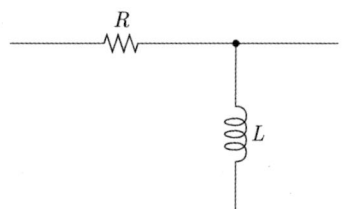

Explanation

$$\begin{bmatrix} A\ B \\ C\ D \end{bmatrix} = \begin{bmatrix} 1\ R \\ 0\ 1 \end{bmatrix} \begin{bmatrix} 1 & 0 \\ \dfrac{1}{j\omega L} & 1 \end{bmatrix} = \begin{bmatrix} 1 + \dfrac{R}{j\omega L} & R \\ \dfrac{1}{j\omega L} & 1 \end{bmatrix} 이므로$$

$$\therefore\ A = 1 + \frac{R}{j\omega L}$$ 【답】④

64 회로에서 $I_1 = 2e^{j\frac{\pi}{3}}$ [A], $I_2 = 5e^{-j\frac{\pi}{3}}$ [A], $I_3 = 1.0$, $Z = 10.0[\Omega]$일 때 부하(Z_1, Z_2, Z_3) 전체에 대한 복소 전력은 약 몇 [VA]인가?

① $55.3 + j7.5$

② $45 + j26$

③ $45 - j26$

④ $55.3 - j7.5$

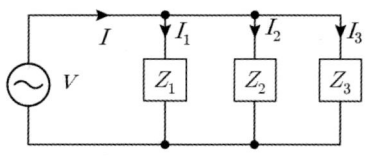

Explanation

전체 전류 $I = I_1 + I_2 + I_3 = 2e^{j\frac{\pi}{3}} + 5e^{-j\frac{\pi}{3}} + 1$

$$= 2\left(\cos\frac{\pi}{3} + j\sin\frac{\pi}{3}\right) + 5\left(\cos\frac{\pi}{3} - j\sin\frac{\pi}{3}\right) + 1 = 4.5 - j2.6 \text{ [A]}$$

병렬회로이므로 전압은 같으므로
임피던스 $10[\Omega]$에 걸리는 전압 $V = I_3 R = 1 \times 10 = 10[V]$에서
복소전력으로 구하면
$$P_a = VI^* = 10 \times (4.5 + j2.6) = 45 + j26[VA]$$ 【답】②

65 $R-C$ 직렬회로에 $t=0$[s]일 때 직류전압 100[V]를 인가하면, 0.2초에 흐르는 전류[mA]는?
(단, $R=1{,}000[\Omega]$, $C=50[\mu\mathrm{F}]$이고, 커패시터의 초기 충전전하는 없다)

① 1.37   ② 1.83

③ 2.98   ④ 3.25

Explanation

$R-C$ 직렬회로

전류 $i(t)=\dfrac{E}{R}e^{-\frac{1}{RC}t}=\dfrac{100}{1{,}000}e^{-\frac{1}{1{,}000\times50\times10^{-6}}\times0.2}\times10^{3}=1.83[\mathrm{mA}]$ 　　【답】②

66 상의 순서가 $a-b-c$인 불평형 3상 교류회로에서 각 상의전류가 $I_a=7.28\angle15.95^\circ$ [A], $I_b=12.81\angle-128.66^\circ$ [A], $I_c=7.21\angle123.69^\circ$ [A]일 때 역상분 전류는 약 몇 [A]인가?

① $2.51\angle96.55^\circ$ ② $8.95\angle1.14^\circ$

③ $8.95\angle-1.14^\circ$ ④ $2.51\angle-96.55^\circ$

Explanation

역상분 전류는

$I_2=\dfrac{1}{3}(I_a+a^2 I_b+aI_c)=\dfrac{1}{3}[7.28\angle15.95^\circ+(12.81\angle-128.66^\circ\times1\angle240^\circ)+(7.21\angle123.69^\circ\times1\angle120^\circ)]$

$=\dfrac{1}{3}[7.28\angle15.95^\circ+12.81\angle111.34^\circ+7.21\angle243.69^\circ]$

$=\dfrac{1}{3}(7.52\angle96.55^\circ)=2.51\angle96.55^\circ$ 　　【답】①

67 그림과 같은 3상 평형회로에서 전원 전압이 $V_{ab}=220$[V]이고 부하 한 상의 임피던스가 $Z=2.0-j2.0[\Omega]$인 경우 전원과 부하 사이 선전류 I_a는 약 몇 [A]인가?(단, 3상 전압의 상순은 $a-b-c$이다)

① $134.72\angle-45^\circ$

② $134.72\angle45^\circ$

③ $134.72\angle-15^\circ$

④ $134.72\angle15^\circ$

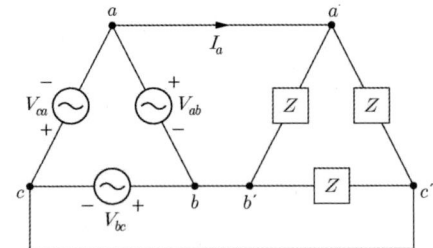

Explanation

△결선에서 $V_l=V_p$이므로

부하의 상전류 $I_p=\dfrac{V_p}{Z}=\dfrac{220}{2-j2}=\dfrac{220}{\sqrt{2^2+2^2}}=\dfrac{220}{2\sqrt{2}\angle\tan^{-1}\frac{-2}{2}}=\dfrac{220}{2.83\angle-45^\circ}=77.74\angle45^\circ$

△결선이므로 $I_l=\sqrt{3}\,I_p\angle-30^\circ[\mathrm{A}]$

따라서 선전류 $I_l=77.74\sqrt{3}\angle45^\circ-30^\circ=134.72\angle15^\circ$ 　　【답】④

68 회로에서 6[Ω]에 흐르는 전류[A]는?

① 2.5
② 5
③ 7.5
④ 10

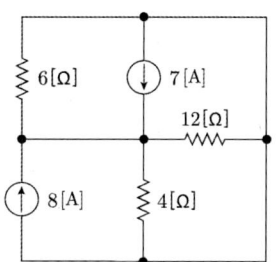

Explanation

【답】②

69 분포 정수회로에서 선로정수가 R, L, C, G이고 무왜형 조건이 $RC = GL$과 같은 관계가 성립할 때 선로의 특성 임피던스 Z_0는?(단, 선로의 단위길이당 저항을 R, 인덕턴스를 L, 정전용량을 C, 누설 컨덕턴스를 G라 한다)

① $Z_0 = \dfrac{1}{\sqrt{CL}}$

② $Z_0 = \sqrt{RG}$

③ $Z_0 = \sqrt{CL}$

④ $Z_0 = \sqrt{\dfrac{L}{C}}$

Explanation

무왜형 선로 : 일그러짐이 없는 선로

	무왜형 선로
조건	$\dfrac{R}{L} = \dfrac{G}{C}$
특성 임피던스	$Z_0 = \sqrt{\dfrac{Z}{Y}} = \sqrt{\dfrac{L}{C}}$
전파정수	$\gamma = \sqrt{Z\,Y}$ $\alpha = \sqrt{RG}$, $\beta = \omega\sqrt{LC}$
위상속도	$v = \dfrac{\omega}{\beta} = \dfrac{\omega}{\omega\sqrt{LC}} = \dfrac{1}{\sqrt{LC}}$

【답】④

70 △결선된 대칭 3상 부하가 0.5[Ω]인 저항만의 선로를 통해 평형 3상 전압원에 연결되어 있다. 이 부하의 소비전력이 1,800[W]이고 역률이 0.8(지상)일 때 선로에서 발생하는 손실이 50[W]이면 부하의 단자전압[V]의 크기는?

① 225
② 326
③ 525
④ 627

Explanation

전선로의 선로손실 $P_l = 3I^2R$ 여기서, I 는 선로전류(선전류)

$I^2 = \dfrac{P_l}{3R} = \dfrac{50}{3 \times 0.5} = \dfrac{100}{3}$ 에서 선전류 $I = \dfrac{10}{\sqrt{3}}$[A]

소비전력 $P = \sqrt{3}\,VI\cos\theta$ 에서

부하의 단자전압(선간전압) $V = \dfrac{P}{\sqrt{3}\,I\cos\theta} = \dfrac{1800}{\sqrt{3} \times \dfrac{10}{\sqrt{3}} \times 0.8} = 225[\text{V}]$ 【답】①

71 상태 천이행렬 $\phi(t)$의 특징 중 틀린 것은?

① $\Phi(0) = I$

② $\Phi^{-1}(t) = -\Phi(-t)$

③ $\Phi(t_2 - t_1)\Phi(t_1 - t_0) = \Phi(t_2 - t_0)$

④ $[\Phi(t)]^k = \Phi(kt)$

Explanation

천이행렬의 성질
- $\phi(0) = I$
- $\phi(t_2 - t_0) = \phi(t_2 - t_1)\phi(t_1 - t_0)$
- $[\phi(t)]^k = \phi(kt)$
- $\phi^{-1}(t) = \phi(-t)$

【답】②

72 어느 시퀀스 제어시스템의 내부 상태가 9가지로 바뀐다면 이를 설계할 때 필요한 플립플롭의 최소 개수는?

① 3

② 4

③ 5

④ 9

Explanation

2진 계수기(binary counter) : 2^n까지 계수가 가능

따라서 0 ~ 9까지 계수하려면 $2^4 = 16$이므로 4개의 플립플롭이 필요하다. 【답】②

73 다음 함수들 중 z변환하였을 때 틀린 것은?

① $t = \dfrac{Tz}{(z-1)^2}$

② $\delta(t) = 1$

③ $u(t) = \dfrac{z}{z-1}$

④ $e^{-at} = \dfrac{z}{z - e^{aT}}$

Explanation

라플라스변환과 z변환

$f(t)$	$F(z)$
$\delta(t)$	1
$u(t)$	$\dfrac{z}{z-1}$
t	$\dfrac{Tz}{(z-1)^2}$
e^{-at}	$\dfrac{z}{z - e^{-at}}$

【답】④

74 1차 요소 $G(s) = \dfrac{1}{1 + Ts}$ 인 제어계의 절점 주파수에서 이득은 약 몇 [dB]인가?

① -2

② -3

③ -4

④ -5

절점주파수 : 이득이 -3[dB] 되는 주파수
보드선도의 굴곡점
주파수전달함수의 실수부=허수부 되는 주파수

【답】②

75 $G(s)H(s) = \dfrac{K(s+1)}{s^2(s+2)(s+3)}$ 에서 근궤적의 수는?

① 1
② 2
③ 3
④ 4

근궤적의 개수
- $Z > P$: $N = Z$
- $Z < P$: $N = P$
영점 $Z = 1$, 극점 $P = 4$이므로
$Z < P$: $N = P$
따라서 근궤적 수 $N = 4$

【답】④

76 상태방정식 $x = Ax(t) + Bu(t)$에서 $A = \begin{vmatrix} 0 & 1 \\ -2 & -3 \end{vmatrix}$일 때 특성방정식은?

① $s^2 + 3s + 3 = 0$
② $s^2 + 5s + 3 = 0$
③ $s^2 + 3s + 2 = 0$
④ $s^2 + 4s + 3 = 0$

특성방정식 $|sI - A| = 0$

$|sI - A| = \begin{bmatrix} s & 0 \\ 0 & s \end{bmatrix} - \begin{bmatrix} 0 & 1 \\ -2 & -3 \end{bmatrix} = \begin{vmatrix} s & -1 \\ s & s+3 \end{vmatrix} = s^2 + 3s + 2$

【답】③

77 주파수 전달함수가 $G(j\omega) = \dfrac{1}{j100\omega}$ 인 제어시스템에서 $\omega = 1.0$[rad/s]일 때의 이득[dB]과 위상 각[°]은 각각 얼마인가?

① 이득 : -20[dB], 위상각 : $-90°$
② 이득 : -40[dB], 위상각 : $-90°$
③ 이득 : 40[dB], 위상각 : $90°$
④ 이득 : 20[dB], 위상각 : $90°$

이득 $g = 20 \log |G(j\omega)| = 20 \log \left| \dfrac{1}{j100\omega} \right|$ 에서 $\omega = 1$을 적용하면

$= 20 \log \left| \dfrac{1}{j100} \right| = 20 \log \dfrac{1}{100} = -40$ [dB]

$\theta = \angle G(j\omega) = \angle \dfrac{1}{j100\omega} = \angle \dfrac{1}{j100} = -90°$

【답】②

78 시퀀스 제어에 대한 설명으로 틀린 것은?

① 기계적 계산기도 사용된다.
② 시간지연요소도 사용될 수 있다.
③ 조합논리회로도 사용된다.
④ 전체 계통에 연결된 스위치가 동시에 동작한다.

시퀀스(sequence) 제어
• 미리 정해 놓은 순서에 따라 순차적으로 진행되는 제어

• 기계적 계전기 및 게이트(gate) 회로로 구성
• 타이머를 이용하여 시간지연 회로로 사용 가능
순차적으로 동작하므로 전체 계통에 연결된 스위치가 일시에 동작할 수도 없다.　　　　　　【답】④

79 $G(s)H(s) = \dfrac{3}{(s+1)(s+3)}$ 인 계에서 이득여유[dB]는?

① −1 　　　　　　　　　　　　　② −3
③ 20 　　　　　　　　　　　　　④ 0

Explanation

이득 여유 $g \cdot m = 20\log_{10} \left| \dfrac{1}{GH} \right|$ [dB]이므로 　 $|GH| = \left| \dfrac{3}{3 - \omega^2 + j6\omega} \right|_{\omega = 0}$

여기서, 허수부가 0이되는 주파수는 $\omega = 0$이므로 대입하면 $|GH| = 1$
이득 여유는 $g \cdot m = 20\log_{10}|1| = 0$[dB]　　　　　　　　　　　【답】④

80 $G(j\omega) = K(j\omega)^2$인 보드 선도의 기울기는 몇 [dB/dec]인가?

① −20 　　　　　　　　　　　　② −40
③ 20 　　　　　　　　　　　　　④ 40

Explanation

$G(j\omega) = (j\omega)^2$ 에서
이득 $g = 40\log_{10}\omega$[dB]
위상 $\theta = 180°$
기울기 : $+40$[dB/decade]

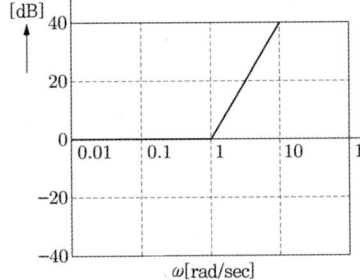

【답】④

5과목 **전기설비기술기준**

81 전선의 식별 시 상(문자)이 N인 경우 색상은?

① 파란색 　　　　　　　　　　　② 갈색
③ 녹색−노란색 　　　　　　　　　④ 검은색

Explanation

(KEC 121.2조) 전선의 식별

상(문자)	색상
L1	갈색
L2	검은색
L3	회색

N	파란색
보호도체	녹색-노란색

【답】 ①

82 전기울타리에 대한 시설기준으로 틀린 것은?

① 전기울타리용 전원장치에 전원을 공급하는 전로의 사용전압은 250[V] 이하이어야 한다.

② 전선은 인장강도 1.38[kN] 이상의 것 또는 지름 2[mm] 이상의 경동선이어야 한다.

③ 전선과 수목 사이의 이격거리는 50[cm] 이상이어야 한다.

④ 전기울타리는 사람이 쉽게 출입하지 아니하는 곳에 시설하여야 한다.

Explanation

(KEC 241.1.3조) 전기울타리의 시설

① 전기울타리는 사람이 쉽게 출입하지 아니하는 곳에 시설할 것

② 전기울타리를 시설한 곳에는 사람이 보기 쉽도록 적당한 간격으로 위험표시를 할 것

③ 전선은 인장강도 1.38[kN] 이상의 것 또는 지름 2[mm] 이상의 경동선일 것

④ 전선과 이를 지지하는 기둥 사이의 이격 거리는 25[mm] 이상일 것

⑤ **전선과 다른 시설물(가공전선을 제외한다) 또는 수목 사이의 이격 거리는 0.3[m] 이상일 것**

⑥ 전기울타리용 전원 장치에 전기를 공급하는 전로의 사용 전압은 250[V] 이하이어야 한다.

【답】 ③

83 저압 옥내전로의 인입구에 가까운 곳으로서 쉽게 개폐할 수 있는 곳에 개폐기를 시설하여야 한다. 그러나 사용전압이 400[v] 이하인 옥내전로로서 다른 옥내전로에 접속하는 길이가 몇 [m] 이하인 경우는 개폐기를 생략할 수 있는가?(단, 정격전류가 16[A] 이하인 과전류 차단기 또는 정격전류가 16[A]를 초과하고 20[A] 이하인 배선용 차단기로 보호되고 있는 것에 한한다)

① 15

② 20

③ 25

④ 30

Explanation

(KEC 212.6.2조) 저압 옥내전로 인입구에서의 개폐기의 시설

① 저압 옥내전로(242.5.1의 1에 규정하는 화약류 저장소에 시설하는 것을 제외)에는 인입구에 가까운 곳으로서 쉽게 개폐할 수 있는 곳에 개폐기(개폐기의 용량이 큰 경우에는 적정 회로로 분할하여 각 회로별로 개폐기를 시설할 수 있다. 이 경우에 각 회로별 개폐기는 집합하여 시설하여야 한다)를 각 극에 시설하여야 한다.

② 사용전압이 400[V] 이하인 옥내 전로로서 다른 옥내전로(정격전류가 16[A] 이하인 과전류 차단기 또는 정격전류가 16[A]를 초과하고 20[A] 이하인 배선차단기로 보호되고 있는 것에 한한다)에 접속하는 길이 15[m] 이하의 전로에서 전기의 공급을 받는 것은 ①의 규정에 의하지 아니할 수 있다.

【답】 ①

84 수력발전소, 풍력발전소, 내연력발전소, 연료전지발전소 및 태양전지발전소로서 그 발전소를 원격감시 제어하는 제어소에 기술원이 상주하여 감시하는 경우, 그 발전소를 원격감시 제어하는 제어소에 시설하지 않아도 되는 장치는?

① 자동재폐로 장치를 한 고압의 배전선로용 차단기를 조작하는 장치

② 운전 및 정지를 조작하는 장치 및 감시하는 장치

③ 운전 조작에 상시 필요한 차단기를 조작하는 장치 및 개폐상태를 감시하는 장치

④ 원동기 및 발전기, 연료전지의 부하를 조정하는 장치

Explanation

(KEC 351.8조) 상주 감시를 하지 아니하는 발전소의 시설

수력발전소, 풍력발전소, 내연력발전소, 연료전지발전소 및 태양전지발전소로서 그 발전소를 원격감시 제어하는 제어소(이하 "발전제어소"라 한다)에 기술원이 상주하여 감시하는 경우에 대하여는 발전 제어소에 다음의 장치를 시설할 것. 다만, ④의 **차단기 중 자동재연결 장치를 갖춘 고압 또는 25[kV] 이하인 특고압의 배전선로용**의 것은 이를 조작하는 장치의 시설을 하지 아니하여도 된다.

① 원동기 및 발전기, 연료전지의 부하를 조정하는 장치
② 운전 및 정지를 조작하는 장치 및 감시하는 장치
③ 운전 조작에 상시 필요한 차단기를 조작하는 장치 및 개폐상태를 감시하는 장치
④ 고압 또는 특고압의 배전선로용 차단기를 조작하는 장치 및 개폐를 감시하는 장치 **【답】①**

85 사용전압이 22.9[kV]인 특고압 가공전선이 도로를 횡단하는 경우, 지표상 높이는 몇 [m] 이상인가?
① 5
② 5.5
③ 6
④ 4

Explanation

(KEC 333.7조) 특고압 가공전선의 높이

사용전압의 구분	지표상의 높이
35[kV] 이하	5[m] (철도 또는 궤도를 횡단하는 경우에는 6.5[m], **도로를 횡단하는 경우에는 6[m]**, 횡단보도교의 위에 시설하는 경우로서 전선이 특고압 절연전선 또는 케이블인 경우에는 4[m])

【답】③

86 풍력터빈의 피뢰설비 시설기준에 대한 설명으로 틀린 것은?
① 수뢰부를 풍력터빈 중앙부분에 배치하되 뇌격전류에 의한 발열에 의해 녹아서 손상되지 않도록 재질, 크기, 두께 및 형상 등을 고려할 것
② 풍력터빈에 설치하는 인하도선은 쉽게 부식되지 않는 금속선으로서 뇌격전류를 안전하게 흘릴 수 잇는 충분한 굵기여야 하며, 가능한 직선으로 시설할 것
③ 풍력터빈에 설치한 피뢰설비(리셉터, 인하도선 등)의 기능저하로 인해 다른 기능에 영향을 미치지 않을 것
④ 풍력터빈 내부의 계측 센서용 케이블은 금속관 또는 차폐케이블 등을 사용하여 뇌유도과전압으로부터 보호할 것

Explanation

(KEC 532.3.5조) 풍력터빈의 피뢰설비
풍력터빈의 피뢰설비는 다음에 따라 시설하여야 한다.
① **수뢰부를 풍력터빈 선단부분 및 가장자리 부분에 배치**하되 뇌격전류에 의한 발열에 용손(溶損)되지 않도록 재질, 크기, 두께 및 형상 등을 고려할 것
② 풍력터빈에 설치하는 인하도선은 쉽게 부식되지 않는 금속선으로서 뇌격전류를 안전하게 흘릴 수 있는 충분한 굵기여야 하며, 가능한 직선으로 시설할 것
③ 풍력터빈 내부의 계측 센서용 케이블은 금속관 또는 차폐케이블 등을 사용하여 뇌유도과전압으로부터 보호할 것
④ 풍력터빈에 설치한 피뢰설비(리셉터, 인하도선 등)의 기능저하로 인해 다른 기능에 영향을 미치지 않을 것 **【답】①**

87 사용전압이 22.9[kV]인 특고압 가공전선이 건조물 등과 접근상태로 시설되는 경우 지지물로 A종 철근 콘크리트주를 사용하면 그 경간은 몇 [m] 이하이어야 하는가?(단, 중성선 다중접지 방식의 것으로서 전로에 지락이 생겼을 때에 2초 이내에 자동적으로 이를 전로로부터 차단하는 장치가 되어 있는 것에 한한다)
① 100
② 150
③ 250
④ 400

Explanation

(KEC 333.32조) 25[kV] 이하인 특고압 가공전선로의 시설
사용전압이 15[kV]를 초과하고 25[kV] 이하인 특고압 가공전선로(중성선 다중접지 방식의 것으로서 전로에 지락이 생겼을 때에 2초 이내에 자동적으로 이를 전로로부터 차단하는 장치가 되어 있는 것에 한한다)에서 특고압 가공전선이 건조물·도로·횡단보도교·철도·궤도·삭도·가공약전류전선 등·안테나·저압이나 고압의 가공전선 또는 저압이나 고압의 전차선과 접근

또는 교차상태로 시설되는 경우의 지지물 간 거리는 아래 표에서 정한 값 이하일 것

지지물의 종류	지지물 간의 거리[m]
목주·A종 철주 또는 A종 철근 콘크리트주	100
B종 철주 또는 B종 철근 콘크리트주	150
철탑	400

【답】 ①

88 조상설비 내부에 고장이 생긴 경우, 무효전력 보상장치의 뱅크용량이 몇 [kVA] 이상일 때 전로로부터 자동 차단하는 장치를 시설하여야 하는가?

① 500
② 1,000
③ 15,000
④ 10,000

Explanation

(KEC 351.5조) 조상설비의 보호장치
조상설비에는 그 내부에 고장이 생긴 경우에는 보호하는 장치를 표와 같이 시설하여야 한다.

설비 종별	뱅크 용량의 구분	자동적으로 전로로부터 차단하는 장치
전력용 커패스터 및 분로 리액터	500[kVA] 초과 15,000[kVA] 미만	• 내부에 고장이 생긴 경우 • 과전류가 생긴 경우
	15,000[kVA] 이상	• 내부에 고장이 생긴 경우 • 과전류가 생긴 경우 • 과전압이 생긴 경우
무효전력 보상장치	15,000[kVA] 이상	• 내부에 고장이 생긴 경우

【답】 ③

89 급전용변압기는 교류 전기철도의 경우 어떤 변압기의 적용을 원칙으로 하고, 급전계통에 적합하게 선정하여야 하는가?

① 단상 정류기용 변압기
② 3상 스코트결선 변압기
③ 단상 스코트결선 변압기
④ 3상 정류기용 변압기

Explanation

(KEC 421.4조) 전기철도 변전소의 설비
급전용변압기는 직류 전기철도의 경우 3상 정류기용 변압기, 교류 전기철도의 경우 3상 스코트결선 변압기의 적용을 원칙으로 하고, 급전계통에 적합하게 선정하여야 한다.

【답】 ②

90 저압 가공전선이 건조물의 상부 조영재 위쪽에서 접근하는 경우 전선과 상부 조영재 간의 이격거리는 몇 [m] 이상이어야 하는가?(단, 케이블인 경우이다)

① 1.0
② 1.2
③ 2.0
④ 0.8

Explanation

(KEC 332.11조) 저·고압 가공 전선과 건조물의 접근

건조물 조영재의 구분	접근 형태	이격 거리
상부 조영재	위쪽	2[m] (전선이 고압 절연전선, 특고압 절연전선 또는 케이블인 경우는 1[m])
	옆쪽 또는 아래쪽	1.2[m] (전선에 사람이 쉽게 접촉할 우려가 없도록 시설한 경우에는 0.8[m], 고압절연전선, 특고압 절연전선 또는 케이블인 경우에는 0.4[m])

【답】 ①

91 저압 옥내배선(전선이 나전선인 경우 제외)이 가스관과 교차하는 경우 가스관과의 이격거리는 몇 [m] 이상이어야 하는가?(단, 애자공사에 의하여 시설하였으며 저압 옥내배선의 사용전압이 400[V] 이하가 아닌 경우이다)

① 0.1   ② 0.2
③ 0.4   ④ 0.5

Explanation

(KEC 232.3조) 저압 옥내배선이 약전류전선 등 또는 수관가스관이나 이와 유사한 것과 접근하거나 교차
저압 옥내배선을 애자공사에 의하여 시설하는 때에는 저압 옥내배선과 약전류전선 등 또는 수관·가스관이나 이와 유사한 것과의 **이격거리는 0.1[m]**(전선이 나전선인 경우에 0.3[m]) 이상 　　　　　　　　　　　　　　【답】①

92 저압 옥측전선로에서 목조의 조영물에 시설할 수 있는 공사방법은?
① 금속관공사   ② 버스덕트공사
③ 합성수지관공사   ④ 케이블공사(연피 케이블을 사용하는 경우)

Explanation

(KEC 221.2조) 옥측전선로
① 저압 옥측전선로는 다음 각 호에 따라 시설하여야 한다.
　가. 애자공사(전개된 장소에 한한다)
　나. 합성수지관 공사
　다. 금속관 공사(목조 이외의 조영물에 시설하는 경우에 한한다.)
　라. 버스덕트 공사[목조 이외의 조영물(점검할 수 없는 은폐된 장소를 제외한다)에 시설하는 경우에 한한다.]
　마. 케이블 공사(연피 케이블·알루미늄 피 케이블 또는 미네럴인슈레이션 케이블을 사용하는 경우에는 목조 이외의 조영물에 시설하는 경우에 한한다) 　　　　　　　　　　　　　　【답】③

93 직류 전기철도 시스템이 매설 배관 또는 케이블과 인접할 경우 누설전류를 피하기 위해 최대한 이격시켜야 하며, 주행레일과 최소 몇 [m] 이상의 거리를 유지하여야 하는가?
① 1   ② 1.5
③ 2   ④ 0.5

Explanation

(KEC 461.5조) 누설전류 간섭에 대한 방지
직류 전기철도 시스템이 매설 배관 또는 케이블과 인접할 경우 누설전류를 피하기 위해 최대한 이격시켜야 하며, **주행레일과 최소 1[m] 이상의 거리를 유지하여야** 한다. 　　　　　　　　　　　　【답】①

94 중성점 직접접지식 전로에 연결되는 최대사용전압이 65[kV]인 전로의 절연내력 시험전압은 최대 사용전압의 몇 배인가?
① 0.51   ② 1.17
③ 1.5   ④ 0.72

Explanation

(KEC 132조) 전로의 절연저항 및 절연내력

구분		배율	최저 전압
중성점 직접 접지식	7[kV] 초과 ~ 25[kV] 이하 (중성점 다중 접지식)	0.92	
	60[kV] 초과 ~ 170[kV]까지	0.72	
	170[kV] 초과	0.64	

【답】④

95 금속덕트 공사에 대한 시설기준으로 틀린 것은?

① 금속덕트 안에는 전선의 피복을 손상할 우려가 있는 것을 넣지 않아야 한다.

② 전선을 분기하는 경우 그 접속점을 쉽게 점검할 수 있는 때에는 금속덕트 안의 전선에 접속점을 만들 수 있다.

③ 금속덕트에 의하여 저압 옥내배선이 건축물의 방화구획을 관통하거나 인접 조영물로 연장되는 경우에는 그 방화벽 또는 조영물 벽면의 덕트 내부는 불연성의 물질로 차폐하여야 한다.

④ 금속덕트에 넣은 전선의 단면적(절연피복의단면적을 포함한다)의 합계는 덕트의 내부 단면적의 5[%](전광표시장치 기타 이와 유사한 장치 또는 제어회로 등의 배선만을 넣는 경우에는 15[%]) 이하로 하여야 한다.

Explanation

(KEC 232.31조) 금속덕트공사
① 전선은 절연전선(옥외용 비닐 절연전선 제외)일 것
② **금속 덕트에 넣은 전선의 단면적(절연피복의 단면적을 포함)의 합계는 덕트 내부 단면적의 20[%](전광표시 장치 기타 이와 유사한 장치 또는 제어회로 등의 배선만을 넣는 경우는 50[%])이하일 것**
③ 금속 덕트 안에는 전선에 접속점이 없도록 할 것. 다만, 전선을 분기하는 경우에는 그 접속점을 쉽게 점검할 수 있을 때에는 그러하지 아니하다. 【답】④

96 배전선로에서의 전력보안통신설비 시설 장소로 틀린 것은?

① 폐회로 배전 등 신 배전방식 도입 개소
② 22.9[kV] 계통에 연결되는 분산전원형 발전소
③ 154[kV] 계통 배전선로 구간(가공, 지중, 해저)
④ 배전자동화, 원격검침, 부하감시 등 지능형전력망 구현을 위해 필요한 구간

Explanation

(KEC 362.1조) 전력보안통신설비의 시설 – 배전선로
• **22.9[kV] 계통 배전선로 구간(가공, 지중, 해저)**
• 22.9[kV] 계통에 연결되는 분산전원형 발전소
• 폐회로 배전 등 신 배전방식 도입 개소
• 배전자동화, 원격검침, 부하감시 등 지능형전력망 구현을 위해 필요한 구간 【답】③

97 일반주택 및 아파트 각 호실의 현관등으로 센서등(타임스위치 포함)을 설치할 때에는 몇 분 이내에 소등되는 것이어야 하는가?

① 1   ② 3
③ 5   ④ 10

Explanation

(KEC 234.6조) 점멸기의 시설
관광숙박업 또는 숙박업인 호텔이나 여관 객실 입구등은 1분, **일반 주택 및 아파트 현관등은 3분** 이내에 소등 【답】②

98 이동하여 사용하는 전기기계기구의 금속제외함등의 저압 전기설비용 접지도체는 다심 코드 또는 다심 캡타이어케이블의 1개 도체의 단면적이 몇 [㎟] 이상인 것을 사용하여야 하는가?

① 0.75   ② 1.5
③ 6   ④ 16

Explanation

(KEC 142.3.1조) 접지도체
저압 전기설비용 접지도체 : 다심 코드 또는 다심 캡타이어케이블의 1개 도체의 단면적이 0.75[㎟] 이상 【답】①

99 가공전선로의 지지물에 하중이 가해지는 경우 그 하중을 받는 지지물의 기초 안전율은 얼마 이상이어야 하는가?

① 1.5

② 2.0

③ 2.5

④ 3.0

Explanation

(KEC 331.7조) 가공 전선로 지지물의 기초의 안전율

가공전선로의 지지물에 하중이 가하여지는 경우에 그 하중을 받는 지지물의 기초의 안전율은 2 이상 【답】②

100 고압 가공전선이 철도 또는 궤도를 횡단하는 경우 레일면상에서 몇 [m] 이상으로 유지되어야 하는가?

① 6

② 6.5

③ 7.0

④ 5.5

Explanation

(KEC 332.5조) 고압 가공전선의 높이

① 도로 횡단 : 6[m] 이상

② **철도 횡단 : 레일면 상 6.5[m] 이상**

③ 횡단보도교 위 : 3.5[m] 이상

④ 기타 : 5[m] 이상 【답】②

01 터널 내의 배기가스 및 안개 등에 대한 투과력이 우수하여 터널조명, 교량조명, 고속도로 인터체인지 등에 많이 사용되는 방전등은?

① 수은등   ② 나트륨등

③ 크세논등   ④ 메탈할라이드등

Explanation

나트륨등의 특징
- **투과력이 좋다**(안개 낀 지역, 터널 등에서 사용)
- 단색 광원(순황색)으로 옥내 조명에 부적당
- 효율이 가장 우수   【답】②

02 축전지의 충전방식 중 전지의 자기방전을 보충함과 동시에 상용부하에 대한 전력공급은 충전기가 부담하도록 하되, 충전기가 부담하기 어려운 일시적인 대전류 부하는 축전지로 하여금 부담하게 하는 충전방식은?

① 보통충전   ② 과부하충전

③ 세류충전   ④ 부동충전

Explanation

충전방식
- 보통충전 : 필요한 경우 표준시간율로 소정의 충전을 시행
- 급속충전 : 비교적 단시간에 보통충전 전류의 2~3배의 전류로 충전
- **부동충전** : 축전지의 자기 방전을 보충하는 동시에 상용 부하에 대한 전력공급은 충전기가 부담하고 충전기가 부담하기 어려운 일시적인 대부하 전류는 축전지가 부담하도록 하는 방식
- 세류충전 : 자기 방전 량만 항상 충전하는 방식
- 균등충전 : 각 전해조에 일어나는 전위차를 보정하기 위해 1~3개월 마다 1회 정전압으로 10~12시간 충전하는 방식   【답】④

03 저압 가공인입선에서 금속관 공사로 옮겨지는 곳 또는 금속관으로부터 전선을 뽑아 전동기 단자 부분에 접속할 때 사용하는 부품은?

① 터미널 캡   ② 유니버설 엘보

③ 픽스처스터드   ④ 유니온 커플링

Explanation

- **터미널캡** : 저압 가공 인입선에서 금속관 공사로 옮겨지는 곳 또는 금속관으로부터 전선을 뽑아 **전동기 단자 부분에 접속할 때 사용**   【답】①

04 전기 화학 반응을 실제로 일으키기 위해 필요한 전극 전위에서 그 반응의 평형 전위를 뺀 값을 과전 압이라고 한다. 과전압의 원인으로 틀린 것은?

① 농도 분극
② 화학 분극
③ 전류 분극
④ 활성화 분극

Explanation

• 농도 과전압 : 전류가 통과할 때 전극 표면 부근에 있는 반응 생성물의 활동도(또는 농도)가 변화해서 이것을 보충하는 데에 과잉 전압이 요구되는 것
• 저항 과전압 : 전극에 저항물질이 생성되었을 때 이것을 극복해서 반응이 일어나기 위해 필요한 과전압
문제에서 과전압의 원인은 농도, 화학, 활성화에 따른 분극이 된다. 【답】③

05 다음 중 양방향 2단자 사이리스터는 어느 것인가?

① SCS
② SSS
③ TRIAC
④ SCR

Explanation

사이리스터(가로안은 극(단자) 수)
• 단방향성 : SCR(3), GTO(3), LASCR(3), SCS(4)
• **양방향성** : SSS(2), DIAC(2), TRIAC(3) 【답】②

06 다음 중 전기로의 가열 방식이 아닌 것은?

① 저항가열
② 유전가열
③ 유도가열
④ 아크가열

Explanation

전기로가 필요한 가열 방식은 저항가열, 아크가열, 유도가열이며, 유전가열은 유전체에서 발생되는 유전체손을 이용하여 가열하는 방식으로 전기로에 사용하지 않는다. 【답】②

07 열차가 곡선 궤도를 운행할 때 차륜의 플랜지와 레일 사이의 측면 마찰을 피하기 위하여 내측 레일의 궤간을 넓히는 것은?

① 고도
② 유간
③ 확도
④ 철차각

Explanation

확도(slack) : 곡선 궤도에서 열차의 원활한 통과를 위해 궤간을 넓혀준 정도
$S = \dfrac{l^2}{8R}$ [mm] (여기서, l : 고정 차축간 거리[m], R : 곡선 반지름[m]) 【답】③

08 부식성의 산, 알칼리 또는 유해가스가 있는 장소에서 실용상 지장 없이 사용할 수 있는 구조의 전동 기는?

① 방적형
② 방진형
③ 방수형
④ 방식형

Explanation

• **방식형(방부형)** : 지정된 부식성의 산, 알칼리 또는 유해가스가 존재하는 장소에서 실용상 지장이 없도록 사용할 수 있는 구조 【답】④

09 백열전구에 사용되는 필라멘트 재료의 구비조건으로 틀린 것은?

① 용융점이 높을 것
② 고유저항이 클 것
③ 선팽창 계수가 높을 것
④ 높은 온도에서 증발이 적을 것

> **Explanation**

필라멘트의 구비조건
- 융해점이 높을 것
- 고유저항이 클 것
- 높은 온도에서 증발이 적을 것
- 선팽창계수가 적을 것
- 전기저항의 온도계수가 플러스 일 것

【답】③

10 전원전압이 100[V]인 단상 전파정류제어에서 점호각이 30°일 때 직류 평균전압은 약 몇 [V]인가?

① 54
② 64
③ 84
④ 94

> **Explanation**

SCR의 위상 제어 – 단상 전파 정류 회로

$$E_d = \frac{2\sqrt{2}E}{\pi}\frac{(1+\cos\alpha)}{2} = \frac{\sqrt{2}E}{\pi}(1+\cos\alpha) = 0.45E(1+\cos\alpha) \quad 여기서, \ 1+\cos\alpha : 제어율$$
$$= 0.45 \times 100 \times (1+\cos 30°) = 83.97[\text{V}]$$

【답】③

11 전기철도의 매설관측에서 시설하는 전기 부식 방지 방법은?

① 임피던스 본드 설치
② 보조귀선 설치
③ 이선율 유지
④ 강제배류법 사용

> **Explanation**

(KEC 461.4조) 전기 부식 방지 – 매설관측
① **배류장치 설치**
② 절연코팅
③ 매설금속체 접속부 절연
④ 저준위 금속체를 접속
⑤ 궤도와의 이격거리 증대
⑥ 금속판 등의 도체로 차폐

【답】④

12 SCR 사이리스터에 대한 설명으로 틀린 것은?

① 게이트 전류에 의하여 턴온 시킬 수 있다.
② 게이트 전류에 의하여 턴오프 시킬 수 없다.
③ 오프 상태에서는 순방향전압과 역방향전압 중 역방향 전압에 대해서만 차단 능력을 가진다.
④ 턴오프 된 후 다시 게이트 전류에 의하여 턴온시킬 수 있는 상태로 회복할 때까지 일정한 시간이 필요하다.

> **Explanation**

SCR (Silicon Controlled Rectifier)
- 게이트 작용 : 통과 전류 제어 작용
- 게이트 전류에 의해서 방전개시 전압을 제어할 수 있다.
- 다이라트론과 기능 비슷
- 소형이면서 대전력용
  - ON → OFF : 전원전압(애노드)을 음(−)으로 한다.
  - turn on 상태 : 게이트 전류에 의해서

13 n형 반도체에 대한 설명으로 옳은 것은?
① 순수 실리콘 내에 정공의 수를 늘리기 위해 As, P, Sb과 같은 불순물 원자를 첨가한 것
② 순수 실리콘 내에 정공의 수를 늘리기 위해 Al, B, Ga과 같은 불순물 원자를 첨가한 것
③ 순수 실리콘 내에 전자의 수를 늘리기 위해 As, P, Sb과 같은 불순물 원자를 첨가한 것
④ 순수 실리콘 내에 전자의 수를 늘리기 위해 Al, B, Ga과 같은 불순물 원자를 첨가한 것

Explanation

• P형 반도체 : 순도가 높은 4가의 Ge(게르마늄)이나 Si(실리콘)의 결정에 3가의 In(인듐)이나 Ga(갈륨)을 첨가
• N형 반도체 : 순도가 높은 4가의 Ge(게르마늄)이나 Si(실리콘)의 결정에 5가의 P(인)이나 As(비소)를 첨가　　　【답】③

14 변압기의 절연 종별에서 E종 절연의 최고 허용온도[°C]는?
① 155　　　　　　　　　　　　　② 120
③ 105　　　　　　　　　　　　　④ 90

Explanation

절연물의 최고 허용온도

종류	Y	A	E	B	F	H	C
허용온도[°C]	90	105	**120**	130	155	180	180 초과

【답】②

15 플로어덕트 공사에 사용하는 절연전선이 연선일 때 단면적은 최소 몇 [㎟]를 초과하여야 하는가?
① 6　　　　　　　　　　　　　　② 10
③ 16　　　　　　　　　　　　　④ 25

Explanation

(KEC 232.32조) 플로어덕트공사
① 전선은 절연전선(옥외용 비닐 절연전선을 제외)일 것
② 전선은 연선일 것. 다만, 10[㎟](알루미늄선은 16[㎟]) 이하인 것은 그러하지 아니하다.　　　【답】②

16 피뢰침에서 돌침부의 돌침은 지름 몇 [㎜] 이상의 봉 또는 동등 이상의 강도 및 성능이 있는 것을 사용하는가?
① 10　　　　　　　　　　　　　② 12
③ 15　　　　　　　　　　　　　④ 20

Explanation

피뢰방식 중 돌침방식
돌침부의 돌침은 공중에 돌출시킨 수뢰부이며, 동, 내식 알루미늄 또는 용융아연도금을 실시한 철강을 사용하며, 지름 12[㎜] 이상의 봉 또는 동등 이상의 강도 및 성능이 있는 것을 사용한다.　　　【답】②

17 금속관공사에서 절연부싱을 사용하는 가장 주된 목적은?
① 관의 끝이 터지는 것을 방지　　　　② 관내 해충 및 이물질 출입 방지
③ 관의 단구에서 조영재의 접촉 방지　④ 관의 단구에서 전선 피복의 손상 방지

Explanation

(KEC 232.12조) 금속관공사
관의 단구에는 전선의 피복이 손상하지 아니하도록 적당한 구조의 부싱을 사용할 것　　　【답】④

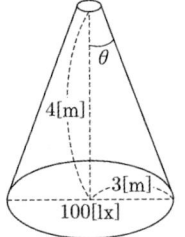

18 FET에서 핀치 오프(pinch off)전압이란?
① 채널 폭이 막힌 때의 게이트 역방향 전압
② FET에서 애벌런치 전압
③ 드레인과 소스 사이의 최대 전압
④ 채널 폭이 최대로 되는 게이트의 역방향 전압

Explanation

핀치오프(pinch off)전압
FET에서 게이트 역바이어스 전압을 증가시키면 PN접합을 이루고 있는 게이트와 소스 사이에 공핍층이 넓어져서 결국에는 채널이 막히게 되는 현상을 일으키는 전압(드레인 전류가 0[A]일때의 게이트와 소스사이의 전압, 채널 폭이 막힌 때의 게이트 역방향 전압) 　【답】 ①

19 점광원으로부터 원뿔의 밑면까지의 거리가 4[m]이고, 밑면의 반경이 3[m]인 원형면의 평균 조도가 100[lx]라면, 이 점광원의 평균 광도[cd]는?
① 225
② 250
③ 2,250
④ 2,500

Explanation

광도 : 발산 광속의 입체각 밀도[lm/sr][cd]

$$I = \frac{F}{\omega} = \frac{E \cdot S}{2\pi(1-\cos\theta)}[cd] = \frac{100 \times \pi \times 3^2}{2\pi(1-\frac{4}{5})} = 2,250[cd]$$ 　【답】 ③

20 다음 중 UPS(Uninterruptible Power Supply)의 특징으로 가장 옳지 않은 것은?
① 정류기, 인버터, 축전지 등으로 구성된다.
② 무정전 전원 공급장치이다.
③ 평상시에는 배터리에 상용전원을 공급하지 않는다.
④ 비교적 효율이 낮다.

Explanation

UPS(무정전 전원 공급장치)
• 정류기, 인버터, 축전지 등으로 구성
• 평상시에도 자연적으로 방전된 부분을 충전해주기 위해 상용전원이 공급된다. 　【답】 ③

2과목　전력공학

21 흡출관이 필요 없는 수차는?
① 프로펠러 수차
② 카플란 수차
③ 프란시스 수차
④ 펠턴 수차

Explanation

흡출관 : 반동수차(물의 압력 에너지를 이용)의 유효 낙차를 늘리기 위한 관

따라서 고낙차에 사용되는 수차인 펠톤 수차에서는 흡출관이 필요 없다.　　　　　　　　　　　　　　**【답】** ④

22 송전계통의 한 부분이 그림에서와 같이 3상 변압기가 결선이 되고 1차 측은 비접지로 그리고 2차 측은 접지로 되어 있을 경우 영상전류(zero sequence current)는?

① 1차 측 선로에만 흐를 수 있다.
② 2차 측 선로에만 흐를 수 있다.
③ 1차 및 2차 측 선로에 모두 다 흐를 수 있다.
④ 1차 및 2차 측 선로에 모두 다 흐를 수 없다.

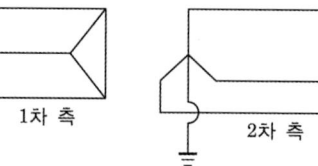

Explanation

영상전류가 흐르는 곳
• Y결선의 선로 및 접지도체
• △회로 내부　　　　　　　　　　　　　　　　　　　　　　　　　　　　**【답】** ②

23 3상 3선식 3각형 배치의 송전선로가 있다. 선로가 연가되어 각 선간의 정전용량은 0.008[μF/km], 각 선의 대지정전용량은 0.003[μF/km]라고 하면 1선의 작용정전용량은 몇 [μF/km]인가?

① 0.003　　　　　　　　　　　　　　　② 0.008
③ 0.027　　　　　　　　　　　　　　　④ 0.054

Explanation

3상 3선식의 1선당 작용정전용량 $C = C_s + 3C_m = 0.003 + 3 \times 0.008 = 0.027[\mu F]$　　　　**【답】** ③

24 우리 나라에서 사용하는 발전전압으로 옳은 것은?

① 220[V]　　　　　　　　　　　　　　② 6.6[kV]
③ 66[kV]　　　　　　　　　　　　　　④ 154[kV]

Explanation

우리 나라 발전 3상 교류 전압 : 6.6~24[kV]　　　　　　　　　　　　　　　　　**【답】** ②

25 전력계통에서 사용되고 있는 GCB(Gas Circuit Breaker)용 가스는?

① N_2 가스　　　　　　　　　　　　　② SF_6 가스
③ 알곤 가스　　　　　　　　　　　　　④ 네온 가스

Explanation

SF_6(육불화황)가스
• 무색, 무취, 무독성 기체
• 불연성, 불활성 기체
• 아크 소호능력은 공기의 100~200배
• 절연내력은 공기의 2~3배 이상　　　　　　　　　　　　　　　　　　　**【답】** ②

26 %임피던스에 대한 설명으로 틀린 것은?

① 단위를 갖지 않는다.
② 절대량이 아닌 기준량에 대한 비를 나타낸 것이다.
③ 기기 용량의 크기와 관계없이 일정한 범위의 값을 갖는다.
④ 변압기나 동기기의 내부 임피던스에만 사용 할 수 있다.

%임피던스의 특징
• 단위를 갖지 않는다(무명수).
• 절대량이 아닌 기준량에 대한 비
• 기기 용량의 크기와 관계없이 일정한 범위의 값
• 선로뿐만 아니라 변압기나 동기기의 내부 임피던스에도 사용 가능   【답】④

27 송전 선로에서 이상 전압이 가장 크게 발생하기 쉬운 경우는?
① 무부하 송전 선로를 폐로하는 경우   ② 무부하 송전 선로를 개로하는 경우
③ 부하 송전 선로를 폐로하는 경우   ④ 부하 송전 선로를 개로하는 경우

개폐 이상 전압은 송전선 Y전압의 4~6배이며, 이상 전압이 가장 큰 경우는 무부하 충전회로 개로 시이다.   【답】②

28 인터록(inter lock)의 기능에 대한 설명으로 맞는 것은?
① 조작자의 의중에 따라 개폐되어야 한다.
② 차단기가 열려 있어야만 단로기를 닫을 수 있다.
③ 차단기가 닫혀 있어야만 단로기를 닫을 수 있다.
④ 차단기와 단로기를 별도로 닫고, 열 수 있어야 한다.

인터록(Interlock) : 차단기가 열려 있어야 단로기 조작 가능
• 투입 시 : DS – CB 순
• 차단 시 : CB – DS 순   【답】②

29 그림은 송배전선로 건설비와 송전전압의 관계를 나타낸 것이다. 전선비를 의미하는 것은?
① A
② B
③ C
④ D

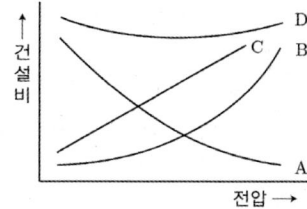

일반적으로 전압이 높아지면 절연 레벨이 올라가므로 애자 및 지지물비는 상승하고 전류밀도의 크기는 감소하므로 전선비는 낮아진다.

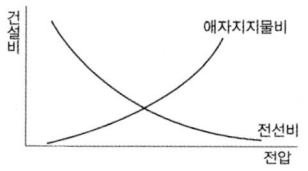

【답】①

30 코로나의 방지대책으로 적당하지 않은 것은?
① 복도체를 사용한다.   ② 가선금구를 개량한다.
③ 전선의 바깥지름을 크게 한다.   ④ 선간거리를 감소시킨다.

코로나 방지대책
- 코로나 임계 전압을 크게, 전위경도를 작게
- 전선의 지름을 크게
- 복도체(다도체) 방식(가장 효과적인 방법)
- 가선금구를 개량

【답】④

31 전압과 역률이 일정할 때 전력을 몇 [%] 증가시키면 전력 손실이 2배로 되는가?

① 31 ② 41

③ 51 ④ 61

> **Explanation**

전력 손실 $P_\ell = 3I^2R = 3\left(\dfrac{P}{\sqrt{3}\,V\cos\theta}\right)^2 R = 3\dfrac{P^2R}{3V^2\cos^2\theta} = \dfrac{P^2R}{V^2\cos^2\theta}$ 에서

전력 손실 $P_l \propto P^2$이므로 전력 손실을 두 배로 한 후의 전력 $P' = \sqrt{2}\,P$

증가시킬 수 있는 전력 증가율 $= \dfrac{\sqrt{2}\,P - P}{P} \times 100 = \dfrac{\sqrt{2}-1}{1} \times 100 = 41[\%]$

【답】②

32 역률 개선용 콘덴서를 부하와 병렬로 연결할 때 △ 결선방법을 채택하는 이유로 가장 타당한 것은?

① 부하 저항을 일정하게 유지할 수 있기 때문이다.
② 콘덴서의 정전용량[μF]의 소요가 적기 때문이다.
③ 콘덴서의 관리가 용이하기 때문이다.
④ 부하의 안정도가 높기 때문이다.

> **Explanation**

진상용량(콘덴서 용량)

△결선 $C_\triangle = \dfrac{Q}{3 \times 2\pi f V^2} \times 10^3$

Y결선 $C_Y = \dfrac{Q}{2\pi f V^2} \times 10^3$

$C_\triangle : C_Y = \dfrac{1}{3} : 1 \qquad \therefore C_\triangle = \dfrac{C_Y}{3}$

따라서 Y결선에 비해 콘덴서의 정전용량[μF]의 소모가 적기 때문이다.

【답】②

33 한류리액터의 사용 목적은?

① 누설전류의 제한 ② 단락전류의 제한
③ 접지전류의 제한 ④ 이상전압 발생의 방지

> **Explanation**

- **한류리액터 : 단락사고 시 단락전류 제한**
- 소호리액터 : 지락 시 지락전류 제한
- 분로리액터 : 페란티현상 방지
- 직렬리액터 : 제5고조파 제거

【답】②

34 송전선로의 고장전류 계산에 영상 임피던스가 필요한 경우는?

① 1선 지락 ② 3상 단락
③ 3선 단선 ④ 선간 단락

> **Explanation**

대칭 좌표법으로 해석할 경우 필요한 임피던스

	정상분	역상분	영상분
1선 지락	○	○	○
2선 단락(선간 단락)	○	○	
3상 단락	○		

【답】①

35 다음 중 모선보호용 계전기로 사용하면 가장 유리한 것은?

① 재폐로 계전기

② 과전류 계전기

③ 역상 계전기

④ 거리 계전기

Explanation

모선(Bus)보호 방식

• 전압 차동 방식

• 전류 차동 방식

• 위상 비교 방식

• 거리 계전 방식

【답】④

36 출력 185,000[kW]의 화력발전소에서 매시간 140[t]의 석탄을 사용한다고 한다. 이 발전소의 열효율은 약 몇 [%]인가? (단, 사용하는 석탄의 발열량은 4,000[kcal/kg]이다)

① 34.5

② 28.4

③ 32.6

④ 30.7

Explanation

화력발전소 열효율 $\eta = \dfrac{전기}{열} \times 100[\%]$

$\eta = \dfrac{860P\,t}{mH} \times 100[\%]$

따라서 $\eta = \dfrac{860\,W}{mH} \times 100 = \dfrac{860 \times 185,000}{140 \times 10^3 \times 4,000} \times 100 = 28.4[\%]$

【답】②

37 아킹혼(Arcing Horn)의 설치 목적은?

① 이상전압 소멸

② 전선의 진동방지

③ 코로나 손실방지

④ 섬락사고에 대한 애자보호

Explanation

아킹혼(초호각), 아킹링(초호환)

• 섬락 시 애자련 보호

• 애자련에 걸리는 전압분포 균일

【답】④

38 전등설비 250[kW], 전열설비 600[kW], 전동기 설비 350[kW], 기타 150[kW]인 수용가가 있다. 이 수용가의 최대 수용전력이 910[kW]이면 수용률 약 몇[%]인가?

① 67.4

② 77.2

③ 87.6

④ 97.2

Explanation

$수용률 = \dfrac{최대수용전력[kW]}{부하설비합계[kW]} \times 100[\%]$

$수용률 = \dfrac{910}{250+600+350+150} \times 100 = 67.4[\%]$

【답】①

39 3상 3선식 변압기 2차측 결선방식이 아닌 것은?

① V결선

② △결선

③ T결선

④ Y결선

Explanation ▶

3상 결선 : V결선, △결선, Y결선

여기서, T(스코트)결선은 3상을 2상으로 변환하는 방식을 말한다.　　　　　【답】③

40 송전단 전압 161[kV], 수전단 전압 154[kV], 상차각 35°, 리액턴스 60[Ω]일 때 선로 손실을 무시하면 전송전력[MW]은 약 얼마인가?

① 356

② 307

③ 237

④ 161

Explanation ▶

송전전력 $P_s = \dfrac{V_s V_r}{X} \sin\delta [\text{MW}] = \dfrac{161 \times 154}{60} \times \sin 35° = 237.02 [\text{MW}]$　　　　　【답】③

3과목　전기기기

41 3상 동기 발전기의 매극 매상의 슬롯수를 3이라 하면 분포 계수는?

① $\sin\dfrac{2}{3}\pi$

② $\sin\dfrac{3}{2}\pi$

③ $\dfrac{1}{6\sin\dfrac{\pi}{18}}$

④ $6\sin\dfrac{\pi}{18}$

Explanation ▶

분포권 계수

$K_d = \dfrac{\sin\dfrac{\pi}{2m}}{q\sin\dfrac{\pi}{2mq}} = \dfrac{\sin\dfrac{\pi}{2\times3}}{3\sin\dfrac{\pi}{2\times3\times3}} = \dfrac{1}{6\sin\dfrac{\pi}{18}}$　　　　　【답】③

42 3상 동기 발전기를 병렬 운전시키는 경우 고려하지 않아도 되는 조건은?

① 발생 전압이 같을 것

② 전압 파형이 같을 것

③ 회전수가 같을 것

④ 상회전이 같을 것

Explanation ▶

동기발전기의 병렬운전 조건

기전력의 크기가 같을 것	무효 순환 전류(무효 횡류)
기전력의 위상이 같을 것	동기화 전류(유효 횡류)
기전력의 주파수가 같을 것	난조 발생
기전력의 파형이 같을 것	고조파 무효 순환 전류
상회전 방향이 같을 것(3상)	

【답】③

43 동기기의 과도 안정도를 증가시키는 방법이 아닌 것은?
① 속응 여자방식을 채용한다.　　　　② 동기 탈조계전기를 사용한다.
③ 동기화 리액턴스를 작게 한다.　　　④ 회전자의 플라이휠 효과를 작게 한다.

Explanation

동기기의 안정도 증진법
• 동기 리액턴스를 작게 할 것
• **회전자의 플라이휠 효과를 크게 할 것(관성 모멘트를 크게)**
• 속응 여자방식을 채용
• 발전기의 조속기 동작을 신속히 할 것
• 동기 탈조 계전기를 사용
• 역상, 영상 임피던스를 크게 할 것　　　　　　　　　　　　　　　【답】④

44 25[kW], 124[V], 1,200[rpm]의 직류 타여자 발전기의 전기자 저항(브러시 저항 포함)은 0.4[Ω]이다. 이 발전기를 정격상태에서 운전하고 있을 때 속도를 200[rpm]으로 저하시켰다면 발전기의 유기기전력[V]은?(단, 정상 상태에서의 유기기전력은 E라 한다)

① $\dfrac{1}{2}E$　　　　　　　　　　　② $\dfrac{1}{4}E$

③ $\dfrac{1}{6}E$　　　　　　　　　　　④ $\dfrac{1}{8}E$

Explanation

유기기전력 $E = K\phi N$,　$E \propto N$

여기서, 200[rpm]일 때의 유기기전력 $E' = E \times \dfrac{N'}{N} = E \times \dfrac{200}{1,200} = \dfrac{1}{6}E$　　　【답】③

45 다음 중 단상 직권전동기의 종류가 아닌 것은 무엇인가?
① 직권형　　　　　　　　　　　　② 아트킨손형
③ 보상직권형　　　　　　　　　　④ 유도보상직권형

Explanation

단상 직권 정류자 전동기=만능 전동기(직교류 양용)
• **종류 : 직권형, 보상형, 유도보상형**
• 특징 : 성층 철심, 역률 및 정류 개선을 위해 약계자, 강전기자형으로 함.
　　　　역률 개선을 위해 보상권선 설치
　　　　회전속도를 증가시킬수록 역률이 개선됨　　　　　　　　　【답】②

46 3상 유도전동기의 슬립과 토크의 관계에서 최대 토크를 T_m, 최대 토크를 발생하는 슬립을 s_t, 2차 저항이 R_2일 때의 관계는?

① $T_m \propto R_2$, $s_t = $일정　　　　　② $T_m \propto R_2$, $s_t \propto R_2$

③ $T_m = $일정, $s_t \propto R_2$　　　　　④ $T_m \propto \dfrac{1}{R_2}$, $s_t \propto R_2$

Explanation

비례추이의 원리 : 권선형 유도전동기
• **최대 토크는 불변, 최대 토크의 발생 슬립은 변화($T_m = $일정, $s_t \propto R_2$)**
• 기동전류는 감소하고, 기동토크는 증가　　　　　　　　　　　　【답】③

47 직류전동기 속도제어에서 일그너 방식이 채용되는 것은?

① 제지용 전동기
② 특수한 공작기계용
③ 제철용 대형압연기용
④ 인쇄기

Explanation

직류전동기 속도제어 중 전압제어 방식
• 워드 레오너드 방식 : 관성모멘트가 적은 부하에 사용(엘리베이터 등)
• 일그너 방식 : 플라이 휠을 사용하여 관성모멘트를 크게 한 것으로 대형부하나 부하가 급변하는 장소에 사용(제철, 제관공장 등에 사용)　　　　　　　　　　　　　　　　　　　　　　　【답】③

48 동기 발전기의 제동권선의 주요 작용은?

① 제동작용
② 난조방지작용
③ 시동권선작용
④ 자려작용(自勵作用)

Explanation

제동 권선의 역할 : 난조 방지　　　　　　　　　　　　　　　　　　　　　　　　　　　【답】②

49 직류전동기의 회전수를 $\frac{1}{2}$로 하자면 계자자속을 어떻게 해야 하는가?

① $\frac{1}{4}$로 감속시킨다.
② $\frac{1}{2}$로 감속시킨다.
③ 2배로 증가시킨다.
④ 4배로 증가시킨다.

Explanation

직류전동기 속도 제어 $n = K' \dfrac{V - I_a R_a}{\phi}$ (K' : 기계정수)에서

회전수 $n \propto \dfrac{1}{\phi}$ 이므로 회전수를 $\frac{1}{2}$로 하자면 계자자속은 2배가 되어야 한다.　　【답】③

50 동기 각속도 ω_0, 회전자 각속도 ω인 유도 전동기의 2차 효율은?

① $\dfrac{\omega_0 - \omega}{\omega}$
② $\dfrac{\omega_0 - \omega}{\omega_0}$
③ $\dfrac{\omega_0}{\omega}$
④ $\dfrac{\omega}{\omega_0}$

Explanation

2차 효율 $\eta_2 = \dfrac{P_0}{P_2} = \dfrac{(1-s)P_2}{P_2} = 1 - s = \dfrac{N}{N_s} = \dfrac{\omega}{\omega_0}$　　　　　　　　　【답】④

51 극수 20, 주파수 60[Hz]인 3상 동기발전기의 전기자권선이 2층 중권, 전기자 전 슬롯 수 180, 각 슬롯 내의 도체 수 10, 코일피치 7 슬롯인 2중 성형결선으로 되어 있다. 선간전압 3,300[V]를 유도하는 데 필요한 기본파 유효자속은 약 몇 [Wb]인가? (단, 코일피치와 자극피치의 비 $\beta = \dfrac{7}{9}$ 이다)

① 0.004
② 0.062
③ 0.053
④ 0.07

Explanation

【답】③

52 3상 직권 정류자 전동기에 중간(직렬) 변압기가 쓰이고 있는 이유가 아닌 것은?
① 정류자 전압의 조정
② 회전자 상수의 감소
③ 실효 권수비 선정 조정
④ 경부하 때 속도의 이상 상승 방지

Explanation

3상 직권 정류자 전동기에서 중간 변압기를 사용하는 목적
• 전원 전압의 크기에 관계없이 정류자 전압 조정
• 중간 변압기의 권수비를 조정하여 전동기 특성을 조정
• 경부하시 직권 특성 $\left(T \propto I^2 \propto \dfrac{1}{N^2}\right)$ 이므로 속도가 크게 상승할 수 있어 중간 변압기를 사용하여 속도 상승을 억제
• 실효 권수비 조정

【답】②

53 3,300[V], 60[Hz]용 변압기의 와류손이 720[W]이다. 이 변압기를 2,750[V], 50[Hz]의 주파수에 사용할 때 와류손[W]은?
① 250
② 350
③ 425
④ 500

Explanation

유기기전력 $E = 4.44 f N \phi_m = 4.44 f B_m A N \rightarrow B_m \propto \dfrac{E}{f}$

와류손 $P_e = \sigma_e (t f k_f B_m)^2$ 에서 $\quad P_e = k f^2 \left(\dfrac{E}{f}\right)^2 = k E^2$

$\therefore P_e{}' = P_e \times \left(\dfrac{E'}{E}\right)^2 = 720 \times \left(\dfrac{2,750}{3,300}\right)^2 = 500[\text{W}]$

【답】④

54 철손 1.6[kW], 전부하 동손 2.4[kW]인 변압기에는 약 몇 [%] 부하에서 효율이 최대로 되는가?
① 82
② 95
③ 97
④ 100

Explanation

변압기 최대효율 조건 : $P_i = \left(\dfrac{1}{m}\right)^2 P_c$

따라서 $\left(\dfrac{1}{m}\right)^2 = \dfrac{P_i}{P_c} \quad \dfrac{1}{m} = \sqrt{\dfrac{1.6}{2.4}} = 0.82$

약 82[%] 부하에서 최대 효율이 된다.

【답】①

55 3상 전원의 수전단에서 전압 3,300[V], 800[A] 뒤진 역률 0.8의 전력을 공급받고 있을 때, 동기 조상기 역률을 1로 개선하고자 한다. 필요한 동기 조상기의 용량은 약 몇 [kVA]인가?
① 785
② 1,525
③ 2,744
④ 3,430

Explanation

동기조상기를 진상으로 조정하면 콘덴서로 작용하며
$Q = P(\tan\theta_1 - \tan\theta_2)[\text{kVA}]$

$$= \sqrt{3} \times 3,300 \times 800 \times 0.8 \times \left(\frac{0.6}{0.8} - \frac{0}{1} \right) \times 10^{-3}$$
$$= 2,743.56 \, [\text{kVA}]$$

【답】③

56 SCR을 이용한 단상 전파 위상제어 정류회로에서 전원전압은 실효값이 220[V], 60[Hz]인 정현파이며, 부하는 순저항으로 10[Ω]이다. SCR의 점호각 α를 60°라 할 때 출력전류의 평균값[A]은?

① 7.54　　　　　　　　　　　　　② 9.73
③ 11.43　　　　　　　　　　　　　④ 14.86

Explanation

SCR의 위상 제어
단상 전파 정류 회로
$$E_d = \frac{2\sqrt{2}\,E}{\pi} \times \frac{(1+\cos\alpha)}{2} = \frac{\sqrt{2}\,E}{\pi}(1+\cos\alpha) = 0.45\,E\,(1+\cos\alpha) \quad \text{여기서, } 1+\cos\alpha : \text{제어율}$$
$$= 0.45 \times 220 \times (1+\cos 60°) = 148.5[\text{V}]$$

따라서 출력전류 $I_d = \dfrac{E_d}{R} = \dfrac{148.5}{10} = 14.86[\text{A}]$

【답】④

57 반도체 정류기에 적용된 소자 중 첨두 역방향 내전압이 가장 큰 것은?

① 셀렌 정류기　　　　　　　　　　② 실리콘 정류기
③ 게르마늄 정류기　　　　　　　　④ 아산화동 정류기

Explanation

SCR(Silicon Controlled Rectifier) : 실리콘 제어 정류기
• 실리콘 정류 소자, 역저지 3단자
• 동작 최고 온도가 가장 높다(200[℃]).
• 정류기능의 단일 방향성 3단자 소자
• 게이트의 작용 : 통과 전류 제어 작용
• 위상 제어, 인버터, 초퍼 등에 사용
• 역방향 내전압 : 약 500~1,000[V](**역방향 내전압이 가장 큼**)

【답】②

58 3상 유도 전동기의 기동법으로 사용되지 않는 것은?

① 단권 변압기형 기동 보상기법　　② 2차 저항 조정에 의한 기동법
③ △-Y 기동법　　　　　　　　　④ 1차 저항 조정에 의한 기동법

Explanation

• 농형 유도전동기의 기동법
 – 전전압 기동(직입기동) : 5[kW] 이하의 소형
 – Y-△기동 : 기동전류 제한을 위해 (5~15[kW]) 정도
　　　　　　　기동전류 : 1/3, 기동전압 : $1/\sqrt{3}$
 – 기동 보상기법 : 단권변압기를 이용한 감전압 기동, 15[kW] 이상
• 3상 권선형 전동기의 기동법
 – 2차 저항기동법 : 비례추이 이용
 – 게르게스(Gerges)법

【답】④

59 발전기 또는 주변압기의 내부고장 보호용으로 가장 널리 쓰이는 것은?

① 거리 계전기　　　　　　　　　　② 과전류 계전기
③ 비율차동 계전기　　　　　　　　④ 방향단락 계전기

Explanation

비율차동 계전기
• 보호구간에 유입하는 전류와 유출하는 전류의 벡터 차와 출입하는 전류의 관계비로 동작
• 발전기, 변압기 내부 고장 보호

【답】③

60 변압기에 대한 설명으로 틀린 것은? (단, N_1, N_2은 1, 2차 권수 E_1, E_2는 1, 2차 유도기전력, I_1, I_2는 1, 2차 부하전류, f는 주파수, Φ_m는 자속이다)

① 3상 변압기의 권수비 $\dfrac{N_1}{N_2} = \dfrac{E_1}{E_2}$로 나타낸다.

② 전자유도작용에 의해 그 권선에 비례하여 유도기전력이 발생한다.

③ 1차 부하전류 $I_1 = \dfrac{N_1}{N_2} I_2$로 나타낸다.

④ 2차 유도기전력 $E_2 = 4.44 f N_2 \Phi_m$[V]으로 나타낸다.

> **Explanation**
>
> 1) 변압기의 권수비 $a = \dfrac{N_1}{N_2} = \dfrac{E_1}{E_2} = \dfrac{V_1}{V_2} = \dfrac{I_2}{I_1} = \sqrt{\dfrac{Z_1}{Z_2}}$
>
> 2) 1차 유기기전력 $E_1 = 4.44 f N_1 \Phi_m$[V]
>   2차 유기기전력 $E_2 = 4.44 f N_2 \Phi_m$[V]

【답】③

4과목 회로이론 및 제어공학

61 저항 R인 검류계 G에 그림과 같이 r_1인 저항을 병렬로, 또 r_2인 저항을 직렬로 접속하였을 때 A, B 단자 사이의 저항을 R과 같게 하고 또한 G에 흐르는 전류를 전 전류의 $1/n$로 하기 위한 $r_1[\Omega]$의 값은?

① $\dfrac{n-1}{R}$

② $R(1 - \dfrac{1}{n})$

③ $\dfrac{R}{n-1}$

④ $R(1 + \dfrac{1}{n})$

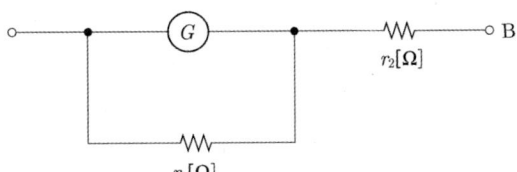

> **Explanation**
>
> $I_G = \dfrac{1}{n} I = \dfrac{r_1}{R + r_1} I$
>
> $R + r_1 = n r_1$
>
> $(n-1) r_1 = R$
>
> $r_1 = \dfrac{R}{n-1}$

【답】③

62 $R - L$ 직렬회로에서 다음과 같은 전압을 인가할 때 제3고조파 전류의 실효값은 약 몇 [A]인가? 단, $R = 3[\Omega]$, $\omega L = 4[\Omega]$이다.

$$v = 50 + 40\sqrt{2}\sin \omega t + 100\sqrt{2}\sin(3\omega t + 30°)[\text{V}]$$

① 2   ② 4

③ 8   ④ 10

> **Explanation** ▶

$Z_3 = R + j3\omega L = 3 + j3 \times 4 = 3 + j12$

$I_3 = \dfrac{V_3}{Z_3} = \dfrac{100}{\sqrt{3^2 + 12^2}} = 8.08[\text{A}]$ 　　　　　　　　　　　　　　　**【답】** ③

63 회로에서 단자 $a-b$ 사이의 전압 $V_{ab}[\text{V}]$는?

① 2.4

② 6

③ 8

④ 10

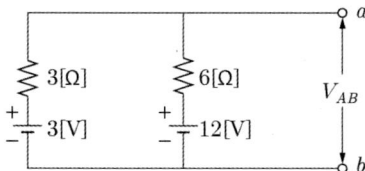

> **Explanation** ▶

밀만의 정리를 사용하여

$V_{ab} = \dfrac{\dfrac{V_1}{R_1} + \dfrac{V_2}{R_2}}{\dfrac{1}{R_1} + \dfrac{1}{R_2}} = \dfrac{\dfrac{3}{3} + \dfrac{12}{6}}{\dfrac{1}{3} + \dfrac{1}{6}} = 6[\text{V}]$ 　　　　　　　　　**【답】** ②

64 어떤 회로에서 전압과 전류가 각각 $e = 50\sin(\omega t + \theta)[\text{V}]$, $i = 4\sin(\omega t + \theta - 30°)[\text{A}]$일 때 무효전력[Var]은 얼마인가?

① 100   ② 86.6

③ 70.7   ④ 50

> **Explanation** ▶

무효 전력 $P_r = VI\sin\theta = I^2 X[\text{Var}]$

$\qquad = \dfrac{V_m}{\sqrt{2}} \times \dfrac{I_m}{\sqrt{2}} \sin\theta = \dfrac{50 \times 4}{2} \sin 30° = 50[\text{Var}]$ 　　　　　　　**【답】** ④

65 정현파 교류 $v = V_m \sin\omega t$의 전압을 반파정류 하였을 때의 실효값은 몇 [V]인가?

① $\dfrac{V_m}{\sqrt{2}}$ ② $\dfrac{V_m}{2}$

③ $\dfrac{V_m}{2\sqrt{2}}$ ④ $\sqrt{2}\,V_m$

> **Explanation** ▶

각 파형의 평균값 및 실효값은 다음과 같이 정리된다.

파형		실효값	평균값
정현반파	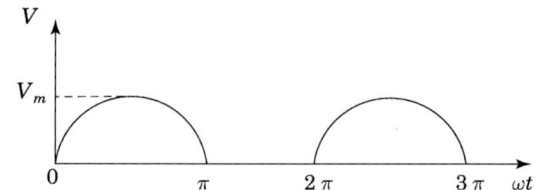	$\dfrac{I_m}{2}$	$\dfrac{1}{\pi} I_m$

【답】 ②

66 회로의 4단자 정수로 틀린 것은?

① $A = 2$ ② $B = 12$

③ $C = \dfrac{1}{4}$ ④ $D = 6$

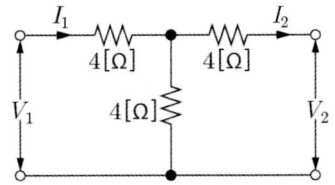

Explanation

T형 4단자 정수에서 좌우대칭인 경우 $A = D$ 이며

$$\begin{bmatrix} A & B \\ C & D \end{bmatrix} = \begin{bmatrix} 1 & 4 \\ 0 & 1 \end{bmatrix} \begin{bmatrix} 1 & 0 \\ \frac{1}{4} & 1 \end{bmatrix} \begin{bmatrix} 1 & 4 \\ 0 & 1 \end{bmatrix} = \begin{bmatrix} 2 & 12 \\ \frac{1}{4} & 2 \end{bmatrix}$$

【답】④

67 임피던스 함수가 $Z(s) = \dfrac{3s + 3}{s}$ 로 표시되는 2단자 회로망은? 단, $s = j\omega$ 이다.

①
②
③
④

Explanation

구동점 임피던스

① $R \rightarrow Z_R(s) = R$
② $L \rightarrow Z(s) = j\omega L = sL$
③ $C \rightarrow Z(s) = \dfrac{1}{j\omega C} = \dfrac{1}{sC}$

$$Z(s) = \frac{3s + 3}{s} = 3 + \frac{3}{s} = 3 + \frac{1}{\frac{1}{3}s}$$

따라서 저항 3[Ω]과 정전용량 $\dfrac{1}{3}$[F]의 직렬 회로가 된다.

【답】①

68 $f(t) = \mathcal{L}^{-1}\left[\dfrac{s^2 + 3s + 2}{s^2 + 2s + 5}\right]$ 는?

① $\delta(t) + e^{-t}(\cos 2t - \sin 2t)$ ② $\delta(t) + e^{-t}(\cos 2t + 2\sin 2t)$

③ $\delta(t) + e^{-t}(\cos 2t - 2\sin 2t)$ ④ $\delta(t) + e^{-t}(\cos 2t + \sin 2t)$

Explanation

$F(s) = \dfrac{s^2 + 3s + 2}{s^2 + 2s + 5}$ 에서 분모, 분자의 차수가 같으므로 나누어서 정리하면

$$F(s) = \frac{s^2 + 3s + 2}{s^2 + 2s + 5} = 1 + \frac{s - 3}{s^2 + 2s + 5} = 1 + \frac{s - 3}{(s + 1)^2 + 2^2}$$
$$= 1 + \frac{s + 1}{(s + 1)^2 + 2^2} - 2\frac{2}{(s + 1)^2 + 2^2}$$

따라서 라플라스 역변환하면

$\therefore \mathcal{L}^{-1}[F(s)] = \delta(t) + e^{-t}\cos 2t - 2e^{-t}\sin 2t = \delta(t) + e^{-t}(\cos 2t - 2\sin 2t)$

【답】③

69 그림과 같은 회로의 구동점 임피던스 Z_{ab}는?

① $\dfrac{2(2s+1)}{2s^2+s+2}$ ② $\dfrac{2s+1}{2s^2+s+2}$

③ $\dfrac{2(2s-1)}{2s^2+s+2}$ ④ $\dfrac{2s^2+s+2}{2(2s+1)}$

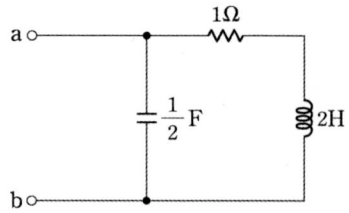

Explanation

$$Z_{ab}(s) = \dfrac{(1+2s)\cdot\dfrac{2}{s}}{1+2s+\dfrac{2}{s}} = \dfrac{2(2s+1)}{2s^2+s+2}$$

【답】①

70 그림에서 $t=0$일 때 S를 닫았다. 전류 $i(t)$[A]를 구하면?

① $2(1+e^{-5t})$

② $2(1-e^{5t})$

③ $2(1-e^{-5t})$

④ $2(1+e^{5t})$

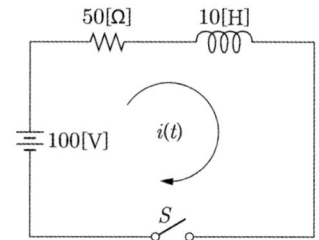

Explanation

$R-L$ 직렬회로 스위치 ON 시 전류 $i(t) = \dfrac{E}{R}\left(1-e^{-\frac{R}{L}t}\right)$이므로

$$i(t) = \dfrac{E}{R}\left(1-e^{-\frac{R}{L}t}\right) = \dfrac{100}{50}\left(1-e^{-\frac{50}{10}t}\right) = 2(1-e^{-5t}) \text{ [A]}$$

【답】③

71 $R-C$ 직렬회로의 과도현상에 대한 설명으로 옳은 것은?

① $(R\times C)$의 값이 클수록 과도 전류는 빨리 사라진다.

② $(R\times C)$의 값이 클수록 과도 전류는 천천히 사라진다.

③ 과도 전류는 $(R\times C)$의 값에 관계가 없다.

④ $\dfrac{1}{R\times C}$의 값이 클수록 과도 전류는 천천히 사라진다.

Explanation

시정수(Time constant) : 목표 값에 63.2[%]에 도달하는 시간으로 정의
$R-C$ 직렬회로의 시정수 $\tau = RC$
시정수가 클수록 과도현상은 오래 지속된다.

【답】②

72 다음과 같은 파형을 푸리에 급수로 전개하면?

① $y = \dfrac{A}{\pi} + \dfrac{\sin 2x}{2} + \dfrac{\sin 4x}{4} + \cdots\cdots$

② $y = \dfrac{4A}{\pi}\left(\sin\alpha\sin x + \dfrac{1}{9}\sin 3\alpha\sin 3x + \cdots\cdots\right)$

③ $y = \dfrac{4A}{\pi}\left(\sin x + \dfrac{1}{3}\sin 3x + \dfrac{1}{5}\sin 5x + \cdots\cdots\right)$

④ $y = \dfrac{4}{\pi}\left(\dfrac{\cos 2x}{1.3} + \dfrac{\cos 4x}{3.5} + \dfrac{\cos 6x}{5.7} + \cdots\cdots\right)$

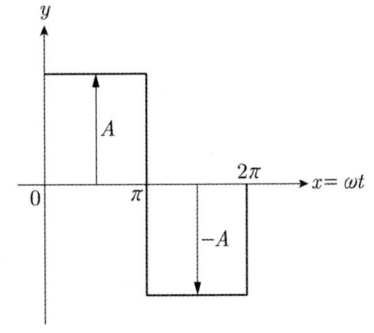

Explanation

비정현파를 푸리에 변환하면
비정현파 교류 = 직류분 + 기본파 + 고조파로 표시되며
- **정현대칭** : sin성분
- **여현대칭** : 직류분, cos성분
- **반파대칭** : 홀수항

여기서, 구형파는 정현반파 대칭이므로 홀수항의 sin항만 존재하며
$f(t) = b_1\sin t + b_3\sin 3t + b_5\sin 5t + \cdots$의 형태이므로 무수히 많은 주파수 성분을 가지게 된다.

따라서 $y = \dfrac{4A}{\pi}\left(\sin x + \dfrac{1}{3}\sin 3x + \dfrac{1}{5}\sin 5x + \cdots\cdots\right)$ 【답】③

73 그림과 같이 3상 평형의 순저항 부하에 단상 전력계를 연결하였을 때 전력계가 $W[\mathrm{W}]$를 지시하였다. 이 3상 부하에서 소모하는 전체 전력[W]은?

① $2W$
② $3W$
③ $\sqrt{2}\,W$
④ $\sqrt{3}\,W$

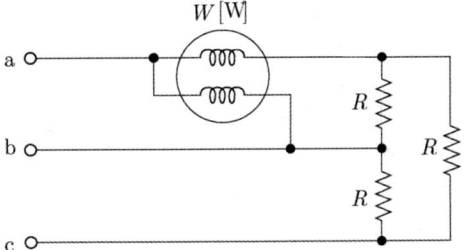

Explanation

2전력계법
유효전력 $P = P_1 + P_2$
$P = W + W = 2W$ 【답】①

74 $G(j\omega) = j0.1\omega$에서 $\omega = 0.01[\mathrm{rad/s}]$일 때, 계의 이득 [dB]은 얼마인가?

① -100 ② -80
③ -60 ④ -40

Explanation

이득 $g = 20\log_{10}|G(j\omega)| = 20\log_{10}|j0.01\omega| = 20\log_{10}|j0.001| = 20\log_{10}|10^{-3}| = -60[\mathrm{dB}]$ 【답】③

75 그림과 같이 결선된 회로의 단자(a, b, c)에 선간전압이 V[V]인 평형 3상 전압을 인가할 때 상전류 I[A]의 크기는?

① $\dfrac{V}{4R}$

② $\dfrac{3V}{4R}$

③ $\dfrac{\sqrt{3}\,V}{4R}$

④ $\dfrac{V}{4\sqrt{3}\,R}$

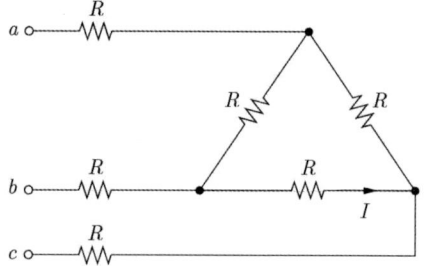

Explanation

I : △결선의 상전류

따라서 우선 회로를 Y결선으로 전환하면

△→Y로 변환 : 저항은 $\dfrac{1}{3}$이 되므로 $\dfrac{R}{3}$

따라서 전체 1상의 전압은 $R_T = R + \dfrac{R}{3} = \dfrac{4}{3}R$

$I_p = \dfrac{V_p}{R_T} = \dfrac{\dfrac{V}{\sqrt{3}}}{\dfrac{4}{3}R} = \dfrac{3V}{4\sqrt{3}R} = \dfrac{\sqrt{3}\,V}{4R}$ 이므로

선전류도 $I_l = \dfrac{\sqrt{3}\,V}{4R}$

문제에서 I는 △결선의 상전류이므로 선전류를 $\sqrt{3}$으로 나누어야 하며

$I = \dfrac{\sqrt{3}\,V}{4R} \times \dfrac{1}{\sqrt{3}} = \dfrac{V}{4R}$

【답】①

76 그림과 같은 불평형 Y형 회로에 평형 3상 전압을 가할 경우 중성점의 전위 $V_{n'n}$[V]는?(단, Y_1, Y_2, Y_3는 각 상의 어드미턴스[℧]이고, Z_1, Z_2, Z_3는 각 어드미턴스에 대한 임피던스[Ω])

① $\dfrac{E_1 + E_2 + E_3}{Z_1 + Z_2 + Z_3}$

② $\dfrac{Z_1 E_1 + Z_2 E_2 + Z_3 E_3}{Z_1 + Z_2 + Z_3}$

③ $\dfrac{E_1 + E_2 + E_3}{Y_1 + Y_2 + Y_3}$

④ $\dfrac{Y_1 E_1 + Y_2 E_2 + Y_3 E_3}{Y_1 + Y_2 + Y_3}$

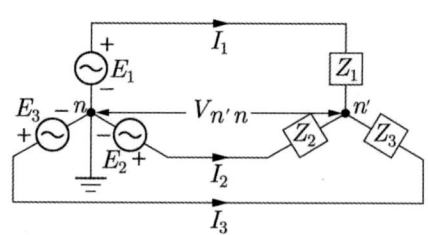

Explanation

밀만의 정리를 이용하면

$V_o = \dfrac{\dfrac{E_1 + E_2 + E_3}{Z_1 + Z_2 + Z_3}}{\dfrac{1}{Z_1} + \dfrac{1}{Z_2} + \dfrac{1}{Z_3}} = \dfrac{Y_1 E_1 + Y_2 E_2 + Y_3 E_3}{Y_1 + Y_2 + Y_3}$

【답】④

77 그림의 신호흐름선도에서 전달함수 $\dfrac{C(s)}{R(s)}$ 는?

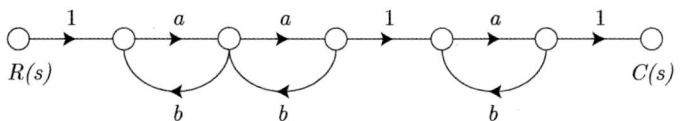

① $\dfrac{a^3}{(1-ab)^3}$

② $\dfrac{a^3}{1-3ab+a^2b^2}$

③ $\dfrac{a^3}{1-3ab}$

④ $\dfrac{a^3}{1-3ab+2a^2b^2}$

Explanation

메이슨의 이득공식

$G = \dfrac{\sum G_i \, \triangle_i}{\triangle}$ 에서

$G_i : a \times a \times a = a^3$ 　　　$\triangle_i : 1 - 0 = 1$

$\triangle = 1 - (3ab - (a^2b^2 + a^2b^2)) = 1 - 3ab + 2a^2b^2$

전체이득 $G = \dfrac{a^3}{1 - 3ab + 2a^2b^2}$

【답】 ④

78 다음의 논리 회로를 간단히 하면?

① $X = \overline{A}B$

② $X = A\overline{B}$

③ $X = \overline{A}B$

④ $X = \overline{AB}$

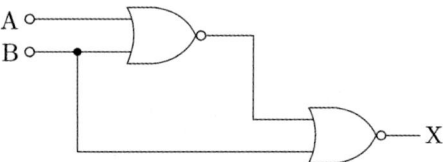

Explanation

부울대수에 의하면

$$\overline{\overline{A+B}+B} = \overline{\overline{A+B}} \cdot \overline{B}$$
$$= (A+B) \cdot \overline{B}$$
$$= A\overline{B} + B\overline{B}$$
$$= A\overline{B}$$

【답】 ②

79 t^n 의 라플라스 변환으로 맞는 것은?

① $\dfrac{n\,!}{s^{n+1}}$

② $\dfrac{1}{s}$

③ $\dfrac{n!}{s^2}$

④ $\dfrac{n\,!}{s^{n+2}}$

Explanation

라플라스변환 $\pounds\,[t^n] = \dfrac{n!}{s^{n+1}}$

【답】 ①

80 z변환법을 사용한 샘플치 제어계의 안정을 옳게 설명한 것은?

① 폐루프 전달함수의 모든 극이 z평면상의 원점에 중심을 둔 단위 원 안쪽에 위치하여야 한다.

② 폐루프 전달함수의 모든 극이 z평면상의 원점에 중심을 둔 단위 원 외부에 존재하고 특성근의 절대값은 1보다 적어야 한다.

③ 특성방정식의 모든 특성근의 절대값이 1보다 커야 한다.

④ 폐루프 전달함수의 모든 극이 z평면상의 원점에 중심을 둔 단위 원 외부에 위치하고 특성근의 절대값이 1보다 커야 한다.

Explanation

- **s평면의 좌반면 : z평면상에서는 단위원의 내부에 사상(안정)**
- **s평면의 우반면 : z평면상에서는 단위원의 외부에 사상(불안정)**
- **s평면의 허수축 : z평면상에서는 단위원의 원주 상에 사상(임계)** 【답】①

5과목 전기설비기술기준

81 최대사용전압이 22,900[V]인 3상 4선식 중성선 다중접지식 전로와 대지 사이의 절연내력 시험전압은 몇 [V] 인가?

① 32,510 ② 28,752

③ 25,229 ④ 21,068

Explanation

(KEC 132조) 고압·특고압의 전로의 절연내력

접지방식	최대사용전압	시험전압 (최대사용 전압 배수)	최저 시험 전압
중성점 직접 접지	60[kV]초과 170[kV]이하	0.72배	
	170[kV]초과	0.64배	
중성점 다중접지	**25[kV]이하**	**0.92배**	

※ 전로에 케이블을 사용하는 경우에는 직류로 시험할 수 있으며, 시험전압은 교류의 경우의 2배가 된다.
절연내력시험 전압 : 22,900×0.92=21,068[V] 【답】④

82 발전소 변전소 개폐소의 부지조성을 위해 산지를 전용할 경우에는 산지의 평균 경사도가 몇 [°] 이하여야 하는가?

① 15 ② 20

③ 25 ④ 30

Explanation

(기술기준 제21조의2) 발전소 등의 부지 시설조건)
부지조성을 위해 산지를 전용할 경우에는 전용하고자 하는 산지의 평균 경사도가 25° 이하여야 한다. 【답】③

83 도로를 횡단하여 시설하는 지지선의 높이는 지표상 몇 [m] 이상으로 하여야 하는가?(단, 기술상 부득이한 경우로서 교통에 지장을 초래할 우려가 없는 경우이다)

① 3 ② 4.5

③ 5.5 ④ 6

(KEC 331.11조) 지지선의 시설

도로를 횡단하여 시설하는 지지선의 높이는 지표상 5[m] 이상으로 하여야 한다. 다만, **기술상 부득이한 경우로서 교통에 지장을 초래할 우려가 없는 경우에는 지표상 4.5[m] 이상**, 보도의 경우에는 2.5[m] 이상으로 할 수 있다. 【답】②

84 교류 전차선 등 충전부와 식물 사이의 이격거리는 몇 [m] 이상이어야 하는가? (단, 현장여건을 고려한 방호벽 등의 안전조치를 하지 않은 경우이다)

① 1 ② 3
③ 5 ④ 10

(KEC 431.11조) 전차선 등과 식물사이의 이격거리

교류 전차선 등 **충전부와 식물사이의 이격거리는 5[m] 이상**이어야 한다. 다만, 5[m] 이상 확보하기 곤란한 경우에는 현장여건을 고려하여 방호벽 등 안전조치를 하여야한다. 【답】③

85 소세력 회로의 최대 사용전압이 15[V]라면, 절연변압기의 2차 단락전류는 몇 [A] 이하이어야 하는가?

① 1 ② 3
③ 5 ④ 8

(KEC 241.14조) 소세력 회로

2차 단락전류는 소세력 회로의 최대사용전압에 따라 다음 표에서 정한 값 이하일 것

소세력 회로의 최대 사용 전압의 구분	2차 단락 전류	과전류 차단기의 정격 전류
15[V] 이하	**8[A]**	5[A]
15[V] 초과 30[V] 이하	5[A]	3[A]
30[V] 초과 60[V] 이하	3[A]	1.5[A]

【답】④

86 주택용 배선차단기의 B형은 순시트립범위가 차단기 정격전류(I_n)의 몇 배인가?

① 3 초과 5이하 ② 1 초과 3이하
③ 5 초과 10 이하 ④ 10 초과 20 이하

(KEC 212.3.4조) 보호장치의 특성

과전류차단기로 저압전로에 사용하는 주택용 배선차단기는 아래 표에 적합한 것이어야 한다.

형	순시트립범위(I_n: 차단기 정격전류)
B	**$3I_n$ 초과 $5I_n$ 이하**
C	$5I_n$ 초과 $10I_n$ 이하
D	$10I_n$ 초과 $20I_n$ 이하

【답】①

87 두 개 이상의 전선을 병렬로 사용하는 경우에서 틀린 것은?

① 동선 50[㎟] 이상 또는 알루미늄 70[㎟] 이상으로 하고, 전선은 같은 도체, 같은 재료, 같은 길이 및 같은 굵기의 것을 사용할 것
② 같은 극의 각 전선은 동일한 터미널러그에 완전히 접속할 것
③ 병렬로 사용하는 전선에는 반드시 각각에 퓨즈를 설치할 것
④ 교류회로에서 병렬로 사용하는 전선은 금속관 안에 전자적 불평형이 생기지 않도록 시설할 것

(KEC 123조) 전선의 접속
두 개 이상의 전선을 병렬로 사용하는 경우에는 다음 각 목에 의하여 시설할 것
• 병렬로 사용하는 각 전선의 굵기는 동선 50[㎟] 이상 또는 알루미늄 70[㎟] 이상으로 하고, 전선은 같은 도체, 같은 재료, 같은 길이 및 같은 굵기의 것을 사용할 것
• 같은 극의 각 전선은 동일한 터미널러그에 완전히 접속할 것
• 같은 극인 각 전선의 터미널러그는 동일한 도체에 2개 이상의 리벳 또는 2개 이상의 나사로 접속할 것
• **병렬로 사용하는 전선에는 각각에 퓨즈를 설치하지 말 것**
• 교류회로에서 병렬로 사용하는 전선은 금속관 안에 전자적 불평형이 생기지 않도록 시설할 것　　　　【답】③

88 사용전압이 300[V]인 지중전선이 지중약전류 전선과 접근 또는 교차할 때 상호간에 내화성 격벽을 설치한다면 그 간격은 몇 [m] 이하인 경우인가?
① 0.3　　　　　　　　　　　　　　② 0.5
③ 0.6　　　　　　　　　　　　　　④ 1.0

(KEC 232.3.7조) 배선설비와 다른 공급설비와의 접근
지중 전선이 지중 약전류전선 등과 접근하거나 교차하는 경우에 **상호 간의 간격이 저압 지중 전선은 0.3[m] 이하인 때**에는 지중 전선과 지중 약전류전선 등 사이에 견고한 내화성의 격벽을 설치하거나지중 전선을 견고한 불연성 또는 난연성의 관에 넣어 그 관이 지중 약전류전선 등과 직접 접촉하지 아니하도록 하여야 한다.　　　　【답】①

89 관등회로의 사용전압이 400[V] 초과이고 1[kV] 이하인 배선을 전개된 건조한 장소에 시설하는 경우 공사방법으로 틀린 것은?
① 애자공사　　　　　　　　　　　② 금속몰드공사
③ 버스덕트공사　　　　　　　　　④ 합성수지몰드공사

(KEC 234.11조) 1[kV] 이하 방전등
옥내에 시설하는 사용전압이 400[V] 초과, 1[kV] 이하인 관등회로의 배선은 합성수지관공사 · 금속관공사 · 가요전선관공사나 케이블공사 또는 아래 표의 규정에 준하여 시설하여야 한다.

시설장소의 구분		공사의 종류
전개된 장소	건조한 장소	애자 공사 · 합성수지몰드 공사 또는 금속 몰드 공사
	기타의 장소	애자 공사
점검할 수 없는 은폐된 장소	건조한 장소	금속 몰드 공사

【답】③

90 주택 등 저압 수용 장소에서 고정 전기설비에 TN-C-S 방식으로 접지공사 시 중성선 겸용 보호도체 (PEN)를 알루미늄으로 사용할 경우 단면적은 몇 [㎟] 이상인가?
① 2.5　　　　　　　　　　　　　　② 6
③ 10　　　　　　　　　　　　　　④ 16

(KEC 142.4.2조) 주택 등 저압수용장소 접지
저압수용장소에서 계통접지가 TN-C-S 방식인 경우에 중성선 겸용 보호도체(PEN)는 고정 전기설비에만 사용할 수 있고, 그 도체의 단면적이 구리는 10[㎟] 이상, **알루미늄은 16[㎟] 이상**이어야 한다.　　　　【답】④

91 플로어덕트공사에 의한 저압 옥내배선을 절연전선으로 하는 경우 연선을 사용하지 않아도 되는 전선의 단면적은 몇 [㎟] 이하인 경우인가?

① 2
② 4
③ 8
④ 10

(KEC 232.32조) 플로어덕트공사
① 전선은 절연전선(옥외용 비닐 절연전선을 제외한다)일 것
② 전선은 연선일 것. 다만, 단면적 10[㎟](알루미늄선은 단면적 16[㎟]) 이하인 것은 그러하지 아니하다.
③ 플로어 덕트 안에는 전선에 접속점이 없도록 할 것. 다만, 전선을 분기하는 경우에 접속점을 쉽게 점검할 수 있을 때에는 그러하지 아니하다.　　【답】④

92 고압 옥내배선의 시설 방법으로 할 수 없는 것은?(단, 전개된 건조한 장소이다)

① 케이블공사
② 케이블트레이공사
③ 애자사용공사
④ 가요전선관공사

(KEC 342.1조) 고압 옥내배선 등의 시설
① 애자사용공사(건조한 장소로서 전개된 장소에 한한다)
② 케이블 공사
③ 케이블 트레이 공사　　【답】④

93 저압 옥상전선로의 시설에 대한 설명으로 틀린 것은?

① 전선은 절연 전선을 사용하였다.
② 전선은 지름 2.6[mm] 이상의 경동선을 사용하였다.
③ 전선과 옥상전선로를 시설하는 조영재와의 이격거리를 0.5[m]로 한다.
④ 전선은 상시 부는 바람 등에 의하여 식물에 접촉하지 않도록 시설한다.

(KEC 221.3조) 옥상 전선로
① 전선은 인장강도 2.30[kN] 이상의 것 또는 지름 2.6[mm] 이상의 경동선의 것
② 전선은 절연전선일 것
③ 전선은 조영재에 견고하게 붙인 지지기둥 또는 지지대에 절연성·난연성 및 내수성이 있는 애자를 사용하여 지지하고 또한 그 지지점 간의 거리는 15[m] 이하일 것
④ 전선과 그 저압 옥상 전선로를 시설하는 조영재와의 이격거리는 2[m](전선이 고압절연전선, 특고압 절연전선 또는 케이블인 경우에는 1[m]) 이상일 것
⑤ 저압 옥상전선로의 전선은 상시 부는 바람 등에 의하여 식물에 접촉하지 아니하도록 시설하여야 한다.　　【답】③

94 수도관 등을 접지극으로 사용하는 경우에 대한 내용들이다. (ⓐ), (ⓑ), (ⓒ) 안에 들어갈 숫자로 옳은 것은?

> 접지도체와 금속제 수도관로의 접속은 안지름 (ⓐ)[mm] 이상인 부분 또는 여기에서 분기한 안지름 (ⓑ)[mm] 미만인 분기점으로부터 5[m] 이내의 부분에서 하여야 한다. 다만, 금속제 수도관로와 대지 사이의 전기저항 값이 (ⓒ)[Ω] 이하인 경우에는 분기점으로부터의 거리는 5[m]을 넘을 수 있다.

① ⓐ 50, ⓑ 75, ⓒ 3
② ⓐ 75, ⓑ 50, ⓒ 2
③ ⓐ 75, ⓑ 75, ⓒ 2
④ ⓐ 50, ⓑ 50, ⓒ 3

(KEC 142.2조) 접지극의 시설 및 접지저항
접지도체와 금속제 수도관로의 접속은 안지름 75[mm] 이상인 부분 또는 여기에서 분기한 안지름 75[mm] 미만인 분기점으로부터 5[m] 이내의 부분에서 하여야 한다. 다만, 금속제 수도관로와 대지 사이의 전기저항 값이 2[Ω] 이하인 경우에는 분기점으로부터의 거리는 5[m]을 넘을 수 있다. 【답】③

95 100[kV] 특고압 가공전선로를 경동연선으로 시가지에 시설하는 경우, 애자장치는 50[%]의 충격 불꽃 방전 전압 값이 그 전선의 다른 부분을 지지하는 애자장치 값의 몇 [%] 이상이어야 하는가?

① 90 ② 100
③ 110 ④ 120

Explanation

(KEC 333.1조) 시가지 등에서 특고압 가공전선로의 시설
사용전압이 170[kV] 이하인 경우 애자장치는 50[%]의 충격 불꽃 방전 전압 값이 그 전선의 다른 부분을 지지하는 애자장치 값의 110[%] 이상이어야 한다. 【답】③

96 터널 안 전선로의 시설방법으로 옳은 것은?

① 저압전선은 지름 2.6[mm]의 경동선의 절연전선을 사용하였다.
② 고압전선은 절연전선을 사용하여 합성수지관공사로 하였다.
③ 저압전선을 애자공사에 의하여 시설하고 이를 레일면상 또는 노면상 2.2[m]의 높이로 시설하였다.
④ 고압전선을 금속관공사에 의하여 시설하고 이를 레일면상 또는 노면상 2.4[m]의 높이로 시설하였다.

Explanation

(KEC 335.1조) 터널 안 전선로의 시설
① **저압전선** – 지름 **2.6[mm] 경동선 이상**, 애자사용공사에 의해 시설할 때 레일면상 또는 **노면상 2.5[m] 이상의 높이**, 합성수지관공사, 금속관공사, 가요전선관공사, 케이블공사에 의해 시설
② **고압전선** – 지름 **4[mm] 경동선 이상**, 애자사용공사 시 레일면상 또는 **노면상 3[m] 이상의 높이**, 케이블공사에 의한 시설
【답】①

97 무선용 안테나 등을 지지하는 철탑의 기초 안전율은 얼마 이상이어야 하는가?

① 1.0 ② 1.5
③ 2.0 ④ 2.5

Explanation

(KEC 364.1조) 무선용 안테나 등을 지지하는 철탑 등의 시설
철주·철근 콘크리트주 또는 철탑의 기초의 안전율은 1.5 이상이어야 한다 【답】②

98 중앙급전 전원과 구분되는 것으로서 전력소비지역 부근에 분산하여 배치 가능한 신·재생에너지 발전설비 등의 전원으로 정의되는 용어는?

① 임시전력원 ② 분전반전원
③ 분산형전원 ④ 계통연계전원

Explanation

(KEC 112조) 용어 정의
분산형 전원 : 중앙급전 전원과 구분되는 것으로서 전력소비지역 부근에 분산하여 배치 가능한 전원 【답】③

99 사용전압이 35[kV] 초과인 특고압용 차단기가 동작 시에 아크가 생기는 경우 목재의 벽 또는 천장 기타의 가연성 물체로부터 몇 [m] 이상 이격하여 시설해야 하는가?

① 1

② 1.5

③ 2

④ 0.5

Explanation

(KEC 341.7조) 아크를 발생하는 기구의 시설

고압용 또는 특고압용의 개폐기·차단기·피뢰기 기타 이와 유사한 기구로서 동작 시에 아크가 생기는 것은 목재의 벽 또는 천장 기타의 가연성 물체로부터 고압용 1[m], **특고압용 2[m] 이상**(사용·전압이 35[kV] 이하의 특고압용의 기구 등으로서 동작할 때에 생기는 아크의 방향과 길이를 화재가 발생할 우려가 없도록 제한하는 경우에는 1[m] 이상) 이격하여 시설한다.

【답】③

100 지중 전선로를 직접 매설식에 의하여 시설하는 경우에 차량 기타 중량물의 압력을 받을 우려가 있는 장소의 매설 깊이는 몇 [m] 이상이어야 하는가?

① 0.6

② 1

③ 1.2

④ 1.5

Explanation

(KEC 334.1조) 지중 전선로의 시설

지중 전선로를 직접 매설식에 의하여 시설하는 경우에는 매설 깊이를 **차량 기타 중량물의 압력을 받을 우려가 있는 장소에는 1[m] 이상**, 기타 장소에는 0.6[m] 이상으로 하고 또한 지중전선을 견고한 트라프 기타 방호물에 넣어 시설하여야 한다. (저압 또는 고압의 지중전선에 콤바인덕트 케이블을 사용하여 시설하는 경우)

【답】②

1과목　전기응용 및 공사재료

01 플라이휠을 이용하여 변동이 심한 부하에 사용되고 가역 운전에 알맞은 속도제어 방식은?

① 워드 레오너드 방식
② 일그너 방식
③ 극수를 바꾸는 방식
④ 전원주파수를 바꾸는 방식

Explanation

직류 전동기 속도 제어 $n = K' \dfrac{V - I_a R_a}{\phi}$ (K' : 기계정수)

종류	특징
전압 제어	• 광범위 속도제어 가능 • 워드 레오너드 방식 : 소형부하(엘리베이터에 사용) • **일그너 방식(부하가 급변, 대용량 부하—제철, 제강, 압연) : 플라이 휠 효과(관성 모멘트 증가)** • 정토크 제어
계자 제어	• 세밀하고 안정된 속도 제어 • 정출력 제어
저항 제어	• 속도 조정 범위 좁다. • 효율이 저하

【답】②

02 MOSFET, BJT, GTO의 이점을 조합한 전력용 반도체 소자로서 대전력의 고속 스위칭이 가능한 소자는?

① 게이트 절연 양극성 트랜지스터
② 금속 산화물 반도체 전계효과 트랜지스터
③ 모놀리식 달링톤
④ MOS제어 사이리스터

Explanation

절연 게이트 양극성 트랜지스터(Insulated gate bipolar transistor, IGBT)
• MOSFET를 게이트부에 넣은 접합형 트랜지스터
• 게이트-이미터간의 전압이 구동되어 입력 신호에 의해서 온/오프가 생기는 자기소호형
• 대전력의 고속 스위칭이 가능한 반도체 소자
• 게이트의 구동전력이 낮다.

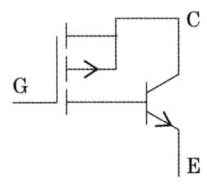

(a) 대체회로

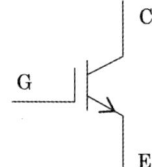

(b) 표시기호

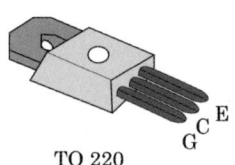

TO 220

(c) 외형

【답】①

03 전동기의 정격에 해당되지 않는 것은?

① 연속 정격
② 반복 정격
③ 중시간 정격
④ 단시간 정격

Explanation

전동기 정격의 종류
- 연속 정격 : 지정된 조건 아래에서 연속 사용할 때 그 기기에 관한 표준 규격에 정해져 있는 온도 상승이나 그 밖의 제한을 초과하는 일이 없는 정격
- 단시간 정격 : 기기를 냉각된 상태에서 사용하기 시작하여 지정된 일정한 단시간 지정 조건 하에서 사용할 때, 그 기기에 대한 표준 규격으로 정하여지는 온도상승 등의 제한을 넘지 않는 정격
- 반복 정격 : 지정된 조건 아래에서 일정한 부하로 운전과 정지를 주기적으로 반복 사용할 때에 규정된 온도상승 등 기타의 제반조건을 초과하지 않는 정격 【답】③

04 전기철도의 직류전압 제어 방식 중 GTO 사이리스터 스위칭 소자의 ON/OFF를 빠른 속도로 반복하여 전동기에 걸리는 평균 전압을 조정하여 제어하는 방법은?

① 저항 제어
② 초퍼 제어
③ 계자 제어
④ 직병렬 제어

Explanation

초퍼제어 : 전류의 ON-OFF를 반복하는 것을 통해 직류 또는 교류의 전원으로부터 실효가로서 임의의 전압이나 전류를 만들어 내는 전원 회로의 제어 방식. 주로 전동차용 주전동기의 제어에 이용 【답】②

05 스테판 볼츠만(Stefan-Boltzmann) 법칙을 이용한 온도계는?

① 복사 고온계
② 광 고온계
③ 저항 온도계
④ 열전 온도계

Explanation

방사(복사) 고온계
- 스테판 볼쯔만 법칙 이용-($W = kT^4$) 【답】①

06 전력용 반도체 소자 중 IGBT의 특성으로 틀린 것은?

① 게이트와 에미터 간 입력 임피던스가 매우 높아 BJT보다 구동하기 쉽다.
② 스위칭 속도는 FET와 트랜지스터의 중간 정도로 빠른 편에 속한다.
③ 소스에 대한 게이트의 전압으로 도통과 차단을 제어한다.
④ 게이트 구동전력이 매우 높다.

Explanation

절연 게이트 양극성 트랜지스터(Insulated gate bipolar transistor, IGBT)
- MOSFET를 게이트부에 넣은 접합형 트랜지스터
- 게이트-이미터 간의 전압이 구동되어 입력 신호에 의해서 온/오프가 생기는 자기소호형
- 대전력의 고속 스위칭이 가능한 반도체 소자
- **게이트의 구동전력이 낮다.** 【답】④

07 물 7[l]를 1시간 동안 14[℃]에서 100[℃]로 가열하고자 할 때, 전열기의 용량[kW]은 얼마이어야 하는가?(단, 전열기의 효율은 70[%]이다)

① 0.5
② 1
③ 1.5
④ 2.0

Explanation

전열기 효율 $\eta = \dfrac{열}{전기} \times 100 = \dfrac{c\,m\theta}{860Pt} \times 100$ 에서

$P = \dfrac{c\,m\theta}{860\,\eta\,t} \times 100 = \dfrac{1 \times 7 \times (100 - 14)}{860 \times 0.7 \times 1} = 1[\text{kW}]$

【답】②

08 다음 중 직접식 저항로가 아닌 것은?

① 염욕로　　　　　　　　　　　　② 흑연화로
③ 카로런덤로　　　　　　　　　　④ 지로식 전기로

Explanation

저항로 : 도체에 생기는 주울열(옴손)을 이용

직접저항가열		간접저항가열	
종류	특징	종류	특징
• **흑연화로** • 카아보런덤로 • 카바이드로 • 알루미늄용해로 • 지로식 전기로	**열효율이 가장 우수** $CaO + 3C = CaC_2(\text{제품}) + CO$	• 염욕로 • 크립톨로 • 발열체로 • 탄화규소로	복잡한 형태의 물질을 균일하게 가열

【답】①

09 평균 구면광도 200[cd]의 전구 5개를 지름 10[m]인 원형의 방에 설치하였다. 조명율이 0.5라고 하면 이 방의 평균조도[lx]는 얼마인가?(단, 유지율은 1이다)

① 40　　　　　　　　　　　　　　② 60
③ 80　　　　　　　　　　　　　　④ 100

Explanation

$FUN = ESD$에서
구광원 $F = 4\pi I = 4\pi \times 200[\text{lm}]$
방면적 $s = \pi r^2 = \pi \times 5^2 = 25\pi[\text{m}^2]$
조도 $E = \dfrac{FUN}{SD} = \dfrac{800\pi \times 0.5 \times 5}{25\pi \times 1} = 80[\text{lx}]$

【답】③

10 전등효율이 16.3[lm/W]인 100[W] 가스입 전구의 전광속이 1,630[lm]일 때, 이 균등 점광원의 구면 광도 I는 약 몇 [cd]인가?(단, 모든 방향의 광도가 일정한 점광원을 균등 점광원이라 한다)

① 99.71　　　　　　　　　　　　② 109.71
③ 119.71　　　　　　　　　　　　④ 129.71

Explanation

구광원(점광원) $F = 4\pi I[\text{lm}]$에서
광도 $I = \dfrac{F}{4\pi} = \dfrac{1,630}{4\pi} = 129.71[\text{cd}]$

【답】④

11 다음 재료 중 동일한 온도에서 저항이 가장 큰 것은?

① 아연　　　　　　　　　　　　　② 납
③ 백금　　　　　　　　　　　　　④ 텅스텐

Explanation

저항률이 큰 순서
• 납 : $21.9[\mu\Omega \cdot \text{m}]$

- 백금 : $10.5[\mu\Omega \cdot \text{m}]$
- 텅스텐 : $5.48[\mu\Omega \cdot \text{m}]$
- 마그네슘 : $4.34[\mu\Omega \cdot \text{m}]$

【답】②

12 저압인류애자에는 전압선용과 중성선용이 있다. 각 용도별 색상의 연결이 바르게 된 것은?

① 전압선용 : 백색, 중성선용 : 녹색
② 전압선용 : 녹색, 중성선용 : 백색
③ 전압선용 : 적색, 중성선용 : 백색
④ 전압선용 : 청색, 중성선용 : 백색

Explanation

저압인류애자 : 저압가공배전선로 및 인입선에 사용
- 전압선용 : 백색
- 중성선용 : 녹색

【답】①

13 발산광속 중 상향광속이 90~100[%], 하향광속은 10[%] 정도이므로 거의 발산광속을 윗방향으로 확산시키는 조명방식은?

① 반간접 조명방식
② 간접 조명방식
③ 직접 조명방식
④ 전반확산 조명방식

Explanation

조명방식에 의한 분류

조명방식	하향광속[%]	상향광속[%]
직접 조명	100~90	0~10
반직접 조명	90~60	10~40
전반 확산조명	60~40	40~60
반간접조명	40~10	60~90
간접조명	10~0	90~100

【답】②

14 피뢰설비의 재료는 최소 단면적이 피복이 없는 동선을 기준으로 할 경우 수뢰부, 인하도선 및 접지극은 몇 [㎟] 이상이어야 하는가?

① 14
② 22
③ 30
④ 50

Explanation

인하도선 설비기준 등에 관한 규칙
피뢰설비의 재료는 최소 단면적이 피복이 없는 동선을 기준으로 수뢰부, 인하도선 및 접지극은 50[㎟] 이상이거나 이와 동등 이상의 성능을 갖출 것

【답】④

15 KS C 8000에서 감전 보호와 관련 기구의 종류(등급)를 나누고 있다. 그에 따른 기구의 설명이 옳지 않은 것은?

① 등급 III 기구 : 정격전압이 교류 30[V] 이하인 전압의 전원에 접속하여 사용하는 기구
② 등급 I 기구 : 기초절연만으로 전체를 보호한 기구로서 보호 접지단자를 가지는 기구
③ 등급 0 기구 : 기초절연으로 일부분을 보호한 기구로서 접지단자를 가지고 있는 기구
④ 등급 II 기구 : 2중 절연을 한 기구

Explanation

KSC 8000 용어의 정의
- 0급 기구 : 기본예방조치로 **기초절연과 고장예방용 조치가 없는** 기구

- Ⅰ급 기구 : 기초절연만으로 전체를 보호한 기구로서 보호 접지단자를 가지고 있는 기구
- Ⅱ급 기구 : 2중 절연을 한 기구
- Ⅲ급 기구 : 정격전압이 교류 30[V] 이하인 전압의 전원에 접속하여 사용하는 기구　　【답】③

16 가공전선로의 뇌해를 방지하는 것은?

① 아킹 혼
② 현수애자
③ 접지봉
④ 가공지선

Explanation

가공지선 : 직격뢰, 유도뢰 차폐　　【답】④

17 기계기구의 단자와 전선의 접속에 사용하는 자재는?

① 터미널러그
② 슬리브
③ 와이어커넥터
④ T형커넥터

Explanation

- 터미널러그 : 기계기구의 단자와 전선의 접속
- 슬리브 : 연선 접속
- 와이어커넥터 : 전선과 전선을 연결　　【답】①

18 절연재료와 내열성에 의한 최고사용온도의 연결이 옳지 않은 것은?

① Y종 − 155
② A종 − 105
③ B종 − 130
④ E종 − 120

Explanation

절연물의 최고 허용온도

종류	Y	A	E	B	F	H	C
허용온도[℃]	90	105	120	130	155	180	180 초과

【답】①

19 케이블트레이공사의 종류가 아닌 것은?

① 바닥밀폐형
② 익스팬션형
③ 펀칭형
④ 사다리형

Explanation

(KEC 232.41조) 케이블트레이공사
케이블트레이공사는 케이블을 지지하기 위하여 사용하는 금속재 또는 불연성 재료로 제작된 유닛 또는 유닛의 집합체 및 그에 부속하는 부속재 등으로 구성된 견고한 구조물을 말하며 사다리형, 펀칭형, 그물망형, 바닥밀폐형 기타 이와 유사한 구조물을 포함하여 적용한다.　　【답】②

20 금속관 끝에 나사를 내는 데 사용하는 수동공구는?

① 오스터
② 플라이어
③ 클리퍼
④ 프세셔 툴

Explanation

오스터 : 금속관 끝에 나사를 내는 데 사용　　【답】①

2과목 전력공학

21 송전선로에서 뇌섬락으로부터 애자파손을 방지하기 위한 장치는?
① 가공지선
② 매설지선
③ 아모로드
④ 소호각

Explanation

애자 보호 대책 : 소호환(아킹링), 소호각(아킹혼)
• 섬락 시 애자련 보호
• 애자련의 전압 분포 개선

【답】④

22 다음 중 구내 배전방식을 정하는 데 중요한 요소가 아닌 것은?
① 비상발전기 정격전압
② 간선 1회로 용량
③ 최대 사용부하용량
④ 사용부하의 정격전압

Explanation

구내 배전방식 결정 요소
• 가장 많이 사용할 부하의 정격전압
• 비상발전기의 정격전압
• 간선 1회로의 용량

【답】③

23 그림과 같은 배전선이 있다. 급전점 O의 전압을 110[V]라 하면 C점의 전압은? 단, 선로 OA, AB, BC 간의 저항은 각각 0.2[Ω]이며, 부하 역률은 100[%]이다.
① 92[V]
② 97[V]
③ 99[V]
④ 104[V]

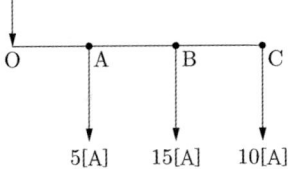

Explanation

전압 강하 $e = IR$
$V_A = V_o - e = 110 - 30 \times 0.2 = 104[V]$
$V_B = V_A - e = 104 - 25 \times 0.2 = 99[V]$
$V_c = V_B - e = 99 - 10 \times 0.2 = 97[V]$

【답】②

24 전력선과 통신선 사이에 그림과 같이 차폐선을 설치하며, 각 선 사이의 상호 임피던스를 Z_{12}, Z_{1s}, Z_{2s}라 하고 차폐선 자기 임피던스를 Z_s라 할 때 차폐계수를 나타낸 식은?

① $\left| 1 - \dfrac{Z_{1s}Z_{2s}}{Z_s Z_{12}} \right|$
② $\left| 1 - \dfrac{Z_{12}Z_{1s}}{Z_s Z_{1s}} \right|$
③ $\left| 1 - \dfrac{Z_s Z_{2s}}{Z_{12}Z_{1s}} \right|$
④ $\left| 1 - \dfrac{Z_s Z_{12}}{Z_{1s}Z_{2s}} \right|$

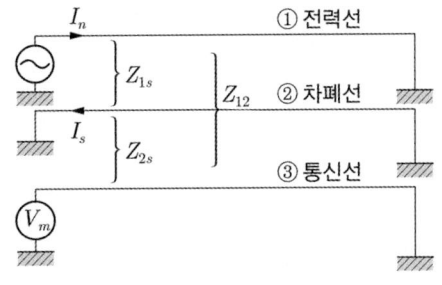

Explanation

$$V_2 = -Z_{12}I_o + Z_{2s}I_s = -Z_{12}I_o + Z_{2s}\frac{Z_{1s}I_o}{Z_s}$$

$$= -Z_{12}I_o\left(1 - \frac{Z_{1s}Z_{2s}}{Z_sZ_{12}}\right)$$

$$\therefore \text{차폐계수 } \lambda = 1 - \frac{Z_{1s}Z_{2s}}{Z_sZ_{12}}$$

【답】①

---

25 모선보호에 사용되는 계전방식이 아닌 것은?

① 방향비교 계전방식　　　　　　　　② 전류차동 계전방식
③ 선택접지 계전방식　　　　　　　　④ 위상비교 계전방식

Explanation

모선(Bus)보호 방식
• 전압차동방식
• 전류차동방식
• 위상비교방식
• 방향비교방식

【답】③

---

26 중거리 송전선로의 4단자 정수가 $A=1.0$, $B=j190$, $D=1.0$ 일 때 C의 값은 얼마인가?

① 0　　　　　　　　　　　　　　② $-j120$
③ j　　　　　　　　　　　　　　④ $j190$

Explanation

전송 파라미터($ABCD$파라미터) 선형조건 $AD-BC=1$에서

$$C = \frac{AD-1}{B} = \frac{1\times1-1}{j190} = 0$$

【답】①

---

27 유효낙차 100[m], 최대출력 200,000[kW]인 수력발전소의 최대 사용 수량은 얼마인가?(단, 수차 효율은 89[%], 발전기 효율은 97[%]이다)

① 206　　　　② 216　　　　③ 226　　　　④ 236

Explanation

수력발전소 출력 $P=9.8QH\eta_t\eta_g$[kW]

유량 $Q=\dfrac{P}{9.8H\eta_t\eta_G}=\dfrac{200,000}{9.8\times100\times0.89\times0.97}=236\,[\text{m}^3/\text{s}]$

【답】④

---

28 보호계전기 중 발전기, 변압기 내부고장 보호에 주로 사용되는 것은?

① 과전압 계전기　　　　　　　　② 지락 계전기
③ 비율차동 계전기　　　　　　　④ 유도형 계전기

Explanation

비율차동 계전기
• 보호구간에 유입하는 전류와 유출하는 전류의 벡터 차와 출입하는 전류의 관계비로 동작
• 발전기, 변압기 내부 고장 보호

【답】③

---

29 공기차단기(ABB)의 공기 압력은 몇 [kg/cm²] 정도 되는가?

① 5~10　　　　② 15~30　　　　③ 30~45　　　　④ 45~55

30 전력계통 설비인 차단기와 단로기는 전기적 및 기계적으로 인터록을 설치 및 연계하여 운전하고 있다. 인터록에 대한 설명으로 옳은 것은?
① 차단기가 닫혀 있어야 단로기를 열 수 있다.
② 부하 투입 시에는 차단기를 우선 투입한 후 단로기를 투입한다.
③ 차단기가 열려 있어야 단로기를 닫을 수 있다.
④ 부하 통전 시 단로기를 열 수 있다.

Explanation

인터록(Inter Lock)
- 인터록(Interlock) : 차단기가 열려 있어야만 단로기 조작 가능
- 급전 시 : DS → CB
  정전 시 : CB → DS

【답】 ③

31 송전계통에서 절연 협조의 기본이 되는 것은?
① 피뢰기의 제한전압
② 애자의 섬락전압
③ 권선의 절연내력
④ 변압기 부싱의 섬락전압

Explanation

피뢰기의 제한전압 : 절연협조의 기본이 되는 부분
피뢰기의 제한전압 〈 변압기의 기준충격절연강도(BIL) 〈 부싱, 차단기 〈 선로애자

【답】 ①

32 전선의 표피효과에 대한 설명으로 옳은 것은?
① 전선이 굵을수록, 주파수가 높을수록 커진다.
② 전선이 굵을수록, 주파수가 낮을수록 커진다.
③ 전선이 가늘수록, 주파수가 높을수록 커진다.
④ 전선이 가늘수록, 주파수가 낮을수록 커진다.

Explanation

표피효과 : 도선의 중심부로 갈수록 전류밀도가 적어지는 현상
전선이 굵을수록 주파수가 높을수록, 도전율이 높을수록, 투자율이 클수록 표피 효과는 증대된다.

【답】 ①

33 전력용 콘덴서에 비해 동기조상기의 장점으로 옳은 것은?
① 전력손실이 적다.
② 유지보수가 쉽다.
③ 진상전류 이외에 지상전류를 취할 수 있다.
④ 소음이 적다.

Explanation

조상설비 비교

	진 상	지 상	시충전(시송전)	조 정	전력손실	증설
전력용 콘덴서	○	×	×	단계적	적다	가능
분로 리액터	×	○	×	단계적	적다	가능
동기 조상기	○	○	○	**연속적**	**크다**	**불가능**

【답】 ③

34 송전전력, 부하 역률, 송전 거리 및 선간 전압이 같을 경우 3상 3선식 전선 한 가닥에 흐르는 전류는 단상2선식인 경우의 몇 배가 되는가?

① $\dfrac{1}{2}$

② $\dfrac{1}{3}$

③ $\dfrac{3}{4}$

④ $\dfrac{1}{\sqrt{3}}$

Explanation

송전전력이 동일 $VI_1\cos\theta = \sqrt{3}\,VI_3\cos\theta$

선간전압과 역률이 동일 $\therefore I_3 = \dfrac{1}{\sqrt{3}}I_1$

【답】④

35 피뢰기의 구조는 어떻게 구성되는가?

① 특성요소와 소호리액터

② 특성요소와 콘덴서

③ 특성요소와 직렬갭

④ 소호리액터와 콘덴서

Explanation

피뢰기의 구성
• 직렬갭 : 이상전압 시 대지로 방전, 속류차단
• 특성요소 : 임피던스 성분이용, 방전전류 크기제한

【답】③

36 그림과 같이 V결선 배전용 변압기의 2차측에서 선간 단락이 발생했을 때 단락전류[A]는 약 얼마인가?(단, 각 변압기의 내부 임피던스는 0.08[Ω], 선간전압은 200[V]이다)

① 1,250

② 1,600

③ 2,500

④ 3,200

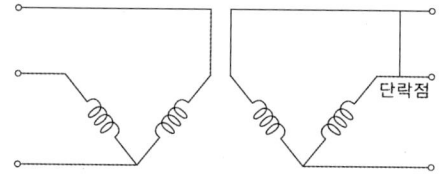

Explanation

단락전류 $I_s = \dfrac{E}{Z} = \dfrac{200}{2 \times 0.08} = 1,250[\text{A}]$

【답】①

37 교류송전방식과 비교하여 직류송전방식의 설명이 아닌 것은?

① 전력변환기에서 고조파가 발생한다.

② 전압변동률이 양호하고 무효전력에서 기인하는 전력손실이 생기지 않는다.

③ 안정도의 한계가 없으므로 송전용량을 늘릴 수 있다.

④ 고압, 대전류의 차단이 용이하다.

Explanation

직류송전의 특징
• 선로의 리액턴스가 없으므로 안정도가 높다.
• 비동기연계가 가능하다.(주파수가 다른 선로의 연계 가능)
• 도체의 표피효과가 없다.
• 충전전류와 유전체손을 고려하지 않아도 된다.
• 변압이 어렵다.
• 차단이 어렵다.
• 고조파 억제 대책이 필요하다.

【답】④

38 화력발전소의 랭킨 사이클을 옳게 설명한 것은?

① 급수펌프 → 보일러 → 터빈 → 과열기 → 복수기 → 다시 급수펌프로
② 급수펌프 → 보일러 → 과열기 → 터빈 → 복수기 → 다시 급수펌프로
③ 보일러 → 터빈 → 급수펌프 → 과열기 → 복수기 → 다시 보일러로
④ 보일러 → 급수펌프 → 터빈 → 복수기 → 과열기 → 다시 보일러로

Explanation

기력발전소 열사이클 중 기본 싸이클은 랭킨사이클이다.
급수 펌프 → 보일러 → 과열기 → 터빈 → 복수기 → 급수펌프

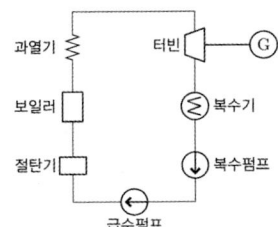

【답】②

39 중거리 송전선로의 T형 회로에서 C는 무엇을 나타내는가?

① 리액턴스
② 저항
③ 어드미턴스
④ 임피던스

Explanation

중거리 송전 선로
A : 전압비, B : 임피던스, C : 어드미턴스, D : 전류비

【답】③

40 송전단 전압 161[kV], 수전단 전압 154[kV], 상차각 35°, 리액턴스 60[Ω]일 때 선로 손실을 무시하면 전송전력[MW]은 약 얼마인가?

① 356
② 307
③ 237
④ 161

Explanation

송전전력 : $P_s = \dfrac{V_s V_r}{X} \sin\delta [\mathrm{MW}]$

$\qquad = \dfrac{161 \times 154}{60} \times \sin 35° = 237.02[\mathrm{MW}]$

【답】③

3과목　전기기기

41 다음 권선법 중 직류기에서 주로 사용되는 것은?

① 환상권, 폐로권, 단층권
② 환상권, 개로권, 단층권
③ 고상권, 폐로권, 이층권
④ 고상권, 개로권, 이층권

Explanation

직류기 전기자 권선법

- 고상권, 폐로권, 이층권
- 중권(병렬권), 파권(직렬권)

【답】 ③

42 3상 변압기 병렬운전 조건으로 틀린 것은?
① 각 변압기의 권수비가 같을 것
② 각 변압기의 절연저항이 같을 것
③ 각 변압기의 %임피던스 강하가 같을 것
④ 각 변압기의 극성이 같을 것

> **Explanation**

변압기 병렬 운전 조건
- 극성, 권수비, 1,2차 정격전압이 같을 것
- [%]임피던스 강하가 같을 것
- 내부저항과 리액턴스의 비가 같을 것
- 상회전 방향과 각 변위가 같을 것 (3상 변압기)

【답】 ②

43 동기발전기의 단락시험, 무부하시험의 결과로부터 구할 수 없는 것은?
① 전기자 반작용
② 기계손
③ 철손
④ 동기리액턴스

> **Explanation**

동기발전기의 시험
- 무부하시험 : 철손, 기계손
- 단락시험 : 동기임피던스

【답】 ①

44 3상 유도전동기의 기계적 출력 P[W], 회전수 N[rpm]인 전동기의 토크는 약 몇 [kg·m]인가?
① $0.46\dfrac{P}{N}$
② $0.55\dfrac{P}{N}$
③ $0.855\dfrac{P}{N}$
④ $0.975\dfrac{P}{N}$

> **Explanation**

전동기 토크 $\tau = \dfrac{P}{\omega} = \dfrac{P}{2\pi\dfrac{N}{60}}$ [N·m] $= 0.975 \times \dfrac{P}{N}$ [kg·m] 여기서, P[W]

【답】 ④

45 극수가 4극이고 전기자권선이 단중 중권인 직류발전기의 전기자전류가 40[A]이면 전기자권선의 각 병렬회로에 흐르는 전류[A]는?
① 4
② 6
③ 8
④ 10

> **Explanation**

중권이므로 전기자 병렬회로수가 극수와 같으므로 $a = p = 4$이므로

각 병렬회로에 흐르는 전류는 $i_a = \dfrac{I_a}{a} = \dfrac{40}{4} = 10$[A]

【답】 ④

46 IGBT(Insulated Gate Bipolar Transister)에 대한 설명으로 틀린 것은?
① BJT처럼 on-drop이 전류에 관계없이 낮고, MOSFET보다 훨씬 큰 전류를 흘릴 수 있다.
② MOSFET와 같이 전압제어 소자이다.
③ 게이트와 에미터 간의 입력 임피던스가 매우 낮아 BJT보다 구동하기 쉽다.

④ GTO사이리스터와 같이 역방향 전압저지 특성을 갖는다.

Explanation

IGBT(insulated gate bipolar transistor)
• 트랜지스터와 MOSFET를 조합한 것
• 고속 스위칭 소자
• 전력용 반도체 소자

【답】③

47 스태핑모터에 대한 설명으로 틀린 것은?
① 총 회전각도는 스텝각과 스텝수의 곱이다. ② 회전속도는 스테핑 주파수에 반비례한다.
③ 가속, 감속이 용이하다. ④ 펄스구동방식의 전동기이다.

Explanation

스텝 모터(Stepping Motor)
• 피드백 루프가 필요 없이 오픈 루프로 손쉽게 속도 및 위치제어
• 디지털 신호를 직접 제어 할 수 있으므로 컴퓨터 등 다른 디지털 기기와 인터페이스가 용이
• 가속, 감속이 용이하며 정·역전 및 변속이 쉽다.
• 위치제어를 할 때 각도오차가 적다.
• 회전각과 속도는 펄스 수에 비례

【답】②

48 변압기의 %저항강하는 1.75, %리액턴스는 2라고 할 때 최대 전압변동률을 발생하는 역률각은 얼마인가?
① 30.24 ② 36.34
③ 42.31 ④ 48.81

Explanation

최대 전압변동률 $\epsilon_m = \sqrt{p^2 + q^2} = \sqrt{1.75^2 + 2^2} = 2.66[\%]$

$\cos\theta_{\max} = \dfrac{p}{\%Z} = \dfrac{p}{\sqrt{p^2 + q^2}} = \dfrac{1.75}{2.66} = 0.66$

역률각 $\theta = \cos^{-1}0.66 = 48.7°$

【답】④

49 권선형 유도전동기 저항제어법의 단점 중 틀린 것은?
① 제어용 저항기는 가격이 고가이다.
② 부하가 적을 때는 광범위한 속도 조정이 곤란하다.
③ 운전효율이 낮다
④ 부하에 대한 속도 변동이 작다.

Explanation

권선형 유도 전동기의 2차 저항 제어법
• 토크의 비례추이를 이용한 것
• 2차 회로에 저항을 삽입 토크에 대한 슬립 s를 바꾸어 속도 제어
• 구조가 간단하고 제어가 용이
• 효율이 낮다.
• 제어용저항기는 고가
• 부하에 대한 속도 변동이 크다.

【답】④

50 유도전동기의 슬립 S의 범위는?
① $0 < S < 1$ ② $-1 < S < 1$
③ $-1 < S < 0$ ④ $1 < S < 2$

슬립 $s = \dfrac{N_s - N}{N_s}$

- $0 < s < 1$: 유도 전동기
- $1 < s < 2$: 유도 제동기
- $s < 0$: 유도 발전기(비동기 발전기)　　　　　　　　　　　　　　　　　　　　　　　　　【답】①

51 유도전동기에서 역률이 나빠진 경우는?

① 같은 극수라도 권선형보다 농형인 경우
② 2차 여자기의 전압을 회전자의 전압보다 위상을 90° 앞서게 공급한 경우
③ 동일한 용량의 기계라도 극수가 증가한 경우
④ 무부하일 때보다 정격부하일 경우

Explanation

유도전동기는 극수가 많을수록 I_o(여자전류)는 커지며 여자전류가 커지면 역률이 감소하게 된다. 따라서 경부하시에 유도전동기는 역률이 떨어지게 된다.　　　　　　　　　　　　　　　　　　　　　　　　【답】③

52 동기전동기의 용도가 아닌 것은?

① 크레인　　　　　　　　　　　　　　　② 압축기
③ 송풍기　　　　　　　　　　　　　　　④ 분쇄기

Explanation

동기전동기 특징
- 정속도 전동기
- 기동이 어렵다. (설비비가 고가)
- 역률 1.0로 조정 가능, 진상과 지상전류를 연속 공급 가능(동기조상기)
- 저속도 대용량의 전동기 : 대형 송풍기, 압축기, 압연기, 분쇄기　　　　　　　　　　　　　【답】①

53 직류 분권전동기의 전체 도체수는 100, 단중 중권이며 자극수는 4, 자속수는 극당 0.628[Wb]이다. 부하를 걸어 전기자에 5[A]가 흐르고 있을 때의 토크는 약 몇 [N · m]인가?

① 25　　　　　　　　　　　　　　　　② 50
③ 100　　　　　　　　　　　　　　　　④ 12.5

Explanation

토크 $\tau = \dfrac{P}{\omega} = \dfrac{pz}{2\pi a}\phi I_a [\mathrm{N \cdot m}] = \dfrac{4 \times 100}{2\pi \times 4} \times 0.628 \times 5 = 50[\mathrm{N \cdot m}]$　　　　　　【답】②

54 3상 동기발전기에서 권선 피치와 자극 피치의 비를 $\beta = \dfrac{12}{15}$ 인 단절권으로 했을 때 단절권 계수는 얼마인가?

① 0.081　　　　　　　　　　　　　　② 0.588
③ 0.872　　　　　　　　　　　　　　④ 0.951

Explanation

단절권 계수 $K_p = \sin\dfrac{\beta\pi}{2} = \sin\dfrac{\left(\dfrac{12}{15}\right) \times \pi}{2} = \sin\dfrac{12}{30}\pi = \sin 72° = 0.951$　　　　　　【답】④

55 일정전압 및 일정파형에서 주파수가 상승할 때 변압기 철손은 어떻게 변하는가?
① 불변이다.
② 감소한다.
③ 증가한다.
④ 어떤 기간동안 증가한다.

Explanation

철손=히스테리시스손(P_h)+와류손(P_e)이므로

$P_i = k\dfrac{E^2}{f}$ ∴ 전압이 일정하고 주파수가 상승하면 철손은 감소한다.   【답】②

56 보통 회전 계자형으로 하는 전기기기는?
① 동기발전기
② 직류발전기
③ 회전변류기
④ 유도발전기

Explanation

• 회전 전기자형 : 직류발전기(전기자가 회전자이며 계자가 고정자)
• **회전 계자형 : 동기발전기(전기자가 고정자이며 계자가 회전자)**
• 유도자형 : 계자극과 전기자를 함께 고정시키고 그 중앙에 유도자라고 하는 권선이 없는 회전자를 갖춘 것으로 수백~수만
    [Hz] 정도의 고주파 발전기로 사용   【답】①

57 직류 발전기의 전기자 반작용을 줄이고 정류를 좋게 하는 방법은?
① 리액턴스 전압을 크게 할 것
② 자속 분포를 크게 할 것
③ 보상 권선을 설치할 것
④ 브러시 접촉 저항을 작게 할 것

Explanation

전기자 반작용 방지 : 보상권선   【답】③

58 직류 발전기에서 양호한 정류를 얻기 위한 조건으로 틀린 것은?
① 정류주기를 길게 할 것
② 리액턴스 전압을 크게 할 것
③ 브러시의 접촉저항을 크게 할 것
④ 전기자 코일의 인덕턴스를 작게 할 것

Explanation

양호한 정류를 얻는 방법
• 보극 설치
• 인덕턴스를 적게
• 접촉저항이 큰 탄소브러시 사용
• 리액턴스 전압을 적게 한다.
• 정류주기를 길게 한다.   【답】②

59 3상 100[kVA] 3,000/200[V]의 변압기를 역률80[%](지상)로 전부하를 걸었을 때 변압기 저압측 선전류의 무효분은 대략 몇 [A]인가?
① 약 105
② 약 141
③ 약 173
④ 약 210

Explanation

변압기용량 $P = \sqrt{3}\, V_2 I_2 \,[\text{kVA}]$

저압측(2차측) 선전류 $I_2 = \dfrac{P}{\sqrt{3}\, V_2} = \dfrac{100 \times 10^3}{\sqrt{3} \times 200} = 288.68\,[\text{A}]$

전류의 무효분 전류 $I = I_2 \sin\theta = 288.68 \times 0.6 = 173.2\,[\text{A}]$ 【답】③

60 유도전동기의 동작원리로 옳은 것은?

① 정전유도와 플레밍의 오른손 법칙
② 정전유도와 플레밍의 왼손 법칙
③ 전자유도와 플레밍의 오른손 법칙
④ 전자유도와 플레밍의 왼손 법칙

Explanation

영구자석을 회전시키면 구리판이 영구자석의 자속을 끊으며 플레밍의 오른손 법칙(전자유도 현상)에 의해 기전력이 만들어진다. 이 기전력에 의해 구리판 표면에는 맴돌이 전류가 흐르게 된다. 이 전류는 자속을 만들게 되는데 이 자속은 플레밍의 왼손 법칙에 의해 힘이 발생하여 회전하게 된다. 이 방향은 영구 자석을 회전시키는 방향으로 회전하게 된다. **【답】** ④

4과목 회로이론 및 제어공학

61 2개의 전력계를 사용하여 평형부하의 3상 회로의 역률을 측정하고자 한다. 전력계의 지시값이 각각 P_1[W], P_2[W]일 때 이 회로의 역률은 얼마인가?

① $P_1 + P_2$

② $\dfrac{P_1 + P_2}{2\sqrt{P_1^2 + P_2^2 - P_1 P_2}}$

③ $\sqrt{3}\,(P_1 - P_2)$

④ $\dfrac{2\sqrt{P_1^2 + P_2^2 - P_1 P_2}}{P_1 + P_2}$

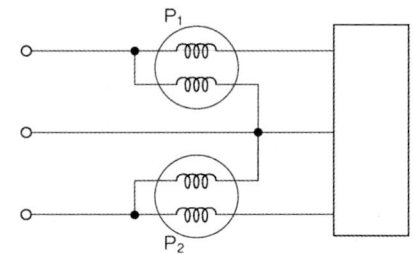

Explanation

2전력계법
유효전력 $P = P_1 + P_2$
무효전력 $P_r = \sqrt{3}\,(P_1 - P_2)$
피상전력 $P_a = 2\sqrt{P_1^2 + P_2^2 - P_1 P_2}$
$\cos\theta = \dfrac{P}{P_a} = \dfrac{P_1 + P_2}{2\sqrt{P_1^2 + P_2^2 - P_1 P_2}}$

【답】 ②

62 그림의 회로에서 합성 인덕턴스는?

① $\dfrac{L_1 L_2 - M^2}{L_1 + L_2 - 2M}$

② $\dfrac{L_1 L_2 + M^2}{L_1 + L_2 - 2M}$

③ $\dfrac{L_1 L_2 - M^2}{L_1 + L_2 + 2M}$

④ $\dfrac{L_1 L_2 + M^2}{L_1 + L_2 + 2M}$

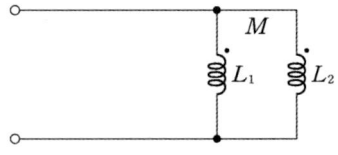

Explanation

병렬 접속형의 등가회로

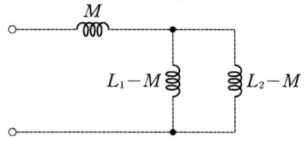

따라서 합성인덕턴스 $L = M + \dfrac{(L_1 - M)(L_2 - M)}{(L_1 - M) + (L_2 - M)} = \dfrac{L_1 L_2 - M^2}{L_1 + L_2 - 2M}$

【답】 ①

63 어떤 회로의 전류가 $i(t) = 20 - 20e^{-200t}$[A]로 주어졌다. 정상값은 몇 [A]인가?

① 5
② 12.6
③ 15.6
④ 20

Explanation

정상값($t \to \infty$)이므로

$i(t) = 20 - 20e^{-\infty} = 20$[A]

【답】 ④

64 정현파 교류의 최대값이 I_m인 반파 정류 정현파의 실효값은?

① $\dfrac{\pi I_m}{2}$
② $\dfrac{I_m}{2}$
③ $\dfrac{I_m}{\sqrt{2}}$
④ $\dfrac{2I_m}{\pi}$

Explanation

구분	파형	실효값	평균값
정현반파	$i(t)$ 파형, ωt	$\dfrac{I_m}{2}$	$\dfrac{1}{\pi}I_m$

【답】 ②

65 선간전압 100[V], 역률 60[%]인 평형 3상 부하에서 소비전력 P_a가 10[kW]일 때 선전류는 약 몇 [A]인가?

① 85.2
② 86.9
③ 96.2
④ 99.3

Explanation

3상 전력 $P = \sqrt{3} V_l I_l \cos\theta$

$I_l = \dfrac{P}{\sqrt{3} V_l \cos\theta} = \dfrac{10 \times 10^3}{\sqrt{3} \times 100 \times 0.6} = 96.2$[A]

【답】 ③

66 다음 회로 중 저항 1[MΩ]에서 $t = 0.5$[sec] 동안 소비되는 에너지[J]는 얼마인가?

① 2.5
② 2.5×10^{-2}
③ 2.5×10^{-3}
④ 2.5×10^{-4}

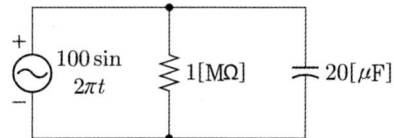

Explanation

$W = P t = I^2 Rt = \dfrac{V^2}{R} t$ [W · sec][J]에서

병렬 회로이므로 에너지는 $W = \dfrac{V^2}{R} t = \dfrac{\left(\dfrac{100}{\sqrt{2}}\right)^2}{1 \times 10^6} \times 0.5 = 2.5 \times 10^{-3}$[J]

【답】 ③

67 분포정수 회로에서 무왜형 선로의 조건은?(단, 선로의 단위 길이 당 저항은 R, 인덕턴스는 L, 정전용량은 C, 누설 컨덕턴스는 G이다)

① $RC = LG$ ② $RL = CG$

③ $R = \sqrt{L/C}$ ④ $R = \sqrt{LC}$

Explanation

	무왜형 선로
조 건	$RC = LG$
특성임피던스	$Z_0 = \sqrt{\dfrac{Z}{Y}} = \sqrt{\dfrac{L}{C}}$
전파정수	$\gamma = \sqrt{Z\,Y}$ $\alpha = \sqrt{RG},\quad \beta = \omega\sqrt{LC}$
위상속도	$v = \dfrac{\omega}{\beta} = \dfrac{\omega}{\omega\sqrt{LC}} = \dfrac{1}{\sqrt{LC}}$

【답】①

68 대칭좌표법에서 대칭분을 각 상전압으로 표시한 것 중 틀린 것은?

① $E_0 = \dfrac{1}{3}(E_a + E_b + E_c)$ ② $E_1 = \dfrac{1}{3}(E_a + aE_b + a^2 E_c)$

③ $E_2 = \dfrac{1}{3}(E_a + a^2 E_b + aE_c)$ ④ $E_3 = \dfrac{1}{3}(E_a^2 + E_b^2 + E_c^2)$

Explanation

- 영상분 : $E_0 = \dfrac{1}{3}(E_a + E_b + E_c)$
- 정상분 : $E_1 = \dfrac{1}{3}(E_a + aE_b + a^2 E_c)$
- 역상분 : $E_2 = \dfrac{1}{3}(E_a + a^2 E_b + aE_c)$

【답】④

69 다음과 같은 4단자 회로에서 임피던스 파라미터 Z_{11}의 값은?

① $8[\Omega]$
② $5[\Omega]$
③ $3[\Omega]$
④ $2[\Omega]$

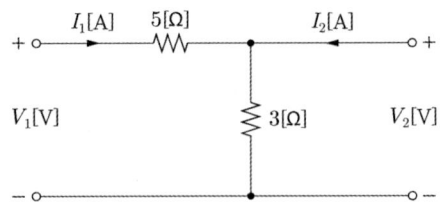

Explanation

임피던스 파라미터(T형 회로망)
$Z_{11} = Z_1 + Z_3,\quad Z_{12} = Z_{21} = Z_3,\quad Z_{22} = Z_2 + Z_3$
따라서 $Z_{11} = Z_1 + Z_3 = 5 + 3 = 8[\Omega]$

■기본 풀이
임피던스 파라미터 $Z_{11} = \left.\dfrac{V_1}{I_1}\right|_{I_2 = 0} = Z_1 + Z_3 = 5 + 3 = 8$

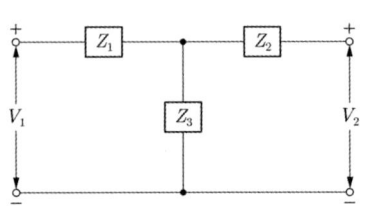

【답】①

70 그림의 회로에서 전달함수 $\dfrac{E_2(s)}{E_1(s)}$ 는?

① $\dfrac{RCs}{LCs^2 + RCs + 1}$ ② $\dfrac{RCs}{LCs^2 - RCs - 1}$

③ $\dfrac{Cs}{LCs^2 + RCs + 1}$ ④ $\dfrac{Cs}{LCs^2 - RCs - 1}$

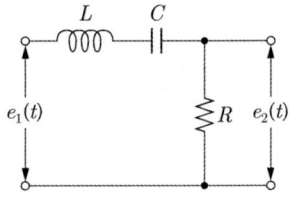

Explanation

전압비 전달 함수는 임피던스비로 구하며

$G(s) = \dfrac{V_2(s)}{V_1(s)} = \dfrac{R}{Ls + R + \dfrac{1}{Cs}} = \dfrac{RCs}{LCs^2 + RCs + 1}$

【답】 ①

71 상태 방정식 $x(t) = Ax(t) + Bu(t)$ 이고 $A = \begin{bmatrix} -3 & 1 \\ 1 & -3 \end{bmatrix}$, $B = \begin{bmatrix} 2 \\ 4 \end{bmatrix}$ 일 때 특성방정식의 근은?

① $-2,\ -1$ ② $1,\ 3$

③ $-1,\ -3$ ④ $-2,\ -4$

Explanation

특성방정식 $|sI - A| = 0$

$|sI - A| = \begin{bmatrix} s & 0 \\ 0 & s \end{bmatrix} - \begin{bmatrix} -3 & 1 \\ 1 & -3 \end{bmatrix} = \begin{bmatrix} s+3 & -1 \\ -1 & s+3 \end{bmatrix} = (s+3)^2 - 1$

$= s^2 + 6s + 9 - 1 = (s+2)(s+4) = 0$

따라서 고유값 $s = -4,\ -2$

【답】 ④

72 다음과 같은 시스템에 단위계단입력이 가해졌을 때 지연시간에 가장 가까운 값[sec]은?

$$\dfrac{C(s)}{R(s)} = \dfrac{1}{s+1}$$

① 0.9 ② 0.5

③ 0.7 ④ 1.2

Explanation

단위계단 응답 $C(s) = G(s)R(s) = \dfrac{1}{s(s+1)} = \dfrac{1}{s} - \dfrac{1}{s+1}$ 에서

$c(t) = 1 - e^{-t}$

응답의 최종 값 $\lim\limits_{t \to \infty} c(t) = \lim\limits_{t \to \infty} (1 - e^{-t}) = 1$

지연시간(T_d)는 응답의 최종값의 50[%]에 도달하는 시간이므로

$0.5 = 1 - e^{-T_d}$ 에서 $\dfrac{1}{e^{T_d}} = 1 - 0.5$

$T_d = \ln 2 = 0.693$

【답】 ③

73 어느 시퀀스 제어시스템의 내부 상태가 9가지로 바뀐다면 이를 설계할 때 필요한 플립플롭의 최소 개수는?

① 3   ② 4

③ 5   ④ 9

Explanation

시퀀스 제어시스템의 내부 상태 구현을 위한 플립-플롭의 최소 개수 : 2^n

따라서 $2^4 = 16$이므로 플립플롭이 4개 필요하다. 　　　　　　　　　　　　　【답】②

74 다음 중 라플라스 변환값과 Z변환 값이 같은 함수는?

① t ② t^2

③ $\delta(t)$ ④ $u(t)$

Explanation

라플라스 변환과 z변환과의 관계

$f(t)$		$F(s)$	$F(z)$
임펄스함수	$\delta(t)$	1	1
단위계단함수	$u(t)$	$\dfrac{1}{s}$	$\dfrac{z}{z-1}$
램프함수	t	$\dfrac{1}{s^2}$	$\dfrac{Tz}{(z-1)^2}$
지수함수	e^{-at}	$\dfrac{1}{s+a}$	$\dfrac{z}{z-e^{-at}}$

따라서 임펄스 함수는 라플라스 변환과 z변환이 모두 1인 함수이다. 　　　　　　　【답】③

75 논리식 $L = X + \overline{X}Y$를 간단히 한 식은?

① X ② $\overline{X}$

③ $X + Y$ ④ $\overline{X} + Y$

Explanation

부울대수 $A + BC = (A+B)(A+C)$를 이용하면

$X + \overline{X}Y = (X+\overline{X})(X+Y) = X+Y$ 　　　　　　　　　　　　　　　　【답】③

76 다음과 같은 상태방정식으로 표현되는 제어계에 대한 내용으로 틀린 것은?

$$\dot{x} = \begin{bmatrix} 0 & 1 \\ -2 & -3 \end{bmatrix} x + \begin{bmatrix} 1 & 1 \\ 0 & -2 \end{bmatrix} u$$

① 이 제어계는 부족 제동된 상태이다.   ② 이 제어계는 2차 제어계이다.

③ x는 (2×1)의 계위를 갖는다.   ④ $(s+1)(s+2) = 0$이 특성 방정식이다.

Explanation

- 시스템 행렬 A가 2×2이므로 2차 시스템

- $\begin{bmatrix} \dot{x}_1(t) \\ \dot{x}_2(t) \end{bmatrix} = \begin{bmatrix} 0 & 1 \\ -2 & -3 \end{bmatrix} \begin{bmatrix} x_1(t) \\ x_2(t) \end{bmatrix} + \begin{bmatrix} 1 & 1 \\ 0 & -2 \end{bmatrix} u(t)$이므로 x는 (2×1)의 계위(2행 1열의 행렬)

- 특성방정식 $|sI - A| = 0$

$$|sI-A| = \begin{bmatrix} s & 0 \\ 0 & s \end{bmatrix} - \begin{bmatrix} 0 & 1 \\ -2 & -3 \end{bmatrix} = \begin{vmatrix} s & -1 \\ 2 & s+3 \end{vmatrix} = s^2 + 3s + 2$$

$s^2 + 3s + 2 = (s+1)(s+2) = 0$ 고유값 $s = -1, -2$

$s^2 + 3s + 2 = 0$에서 $\omega_n^2 = 2$, $\omega_n = \sqrt{2}$ 이며

$2\zeta\omega_n = 3$, $\zeta = \dfrac{3}{2\sqrt{2}} > 1$이며 과제동 상태   【답】 ①

77 개루프 전달함수가 $G(s) = \dfrac{s+2}{(s+1)(s+3)}$ 인 제어시스템의 단위궤환계(unit feedback system)
이 가지는 특성방정식은?

① $s^2 + 4s + 5 = 0$ ② $s^2 + 5s + 5 = 0$
③ $s^2 + 3s + 2 = 0$ ④ $s^2 + 4s + 3 = 0$

> **Explanation**
>
> 단위 피드백시스템의 폐루프 특성방정식을 구하면
> 폐루프의 특성 방정식은 개루프 전달함수의 (분모+분자)
> $(s+1)(s+3) + (s+2) = s^2 + 5s + 5 = 0$ 【답】 ②

78 전달함수가 $G_C(s) = \dfrac{s^2 + 3s + 5}{2s}$ 인 제어기가 있다. 이 제어기는 어떤 제어기인가?

① 비례 미분 제어기 ② 적분 제어기
③ 비례 적분 제어기 ④ 비례 미분 적분 제어기

> **Explanation**
>
> PID 제어기 $y(t) = K\left[z(t) + \dfrac{1}{T_i}\int z(t)dt + T_d \dfrac{d}{dt} z(t) \right]$
>
> 여기서, K는 비례감도, T_i는 적분시간, T_d는 미분시간
>
> 제어기의 전달함수 $G_c(s) = \dfrac{s^2 + 3s + 5}{2s} = \dfrac{1}{2}s + \dfrac{3}{2} + \dfrac{5}{2s} = \dfrac{3}{2}\left[1 + \dfrac{1}{3}s + \dfrac{5}{3s} \right]$
>
> 따라서 비례감도 $\dfrac{3}{2}$, 적분시간 $\dfrac{3}{5}$, 미분시간 $\dfrac{1}{3}$ 인 비례 미분 적분 제어기이다.   【답】 ④

79 개루프 전달함수가 다음과 같은 제어계의 근궤적이 $j\omega$ (허수)축과 교차할 때 K의 값은?

$$G(s)H(s) = \dfrac{K}{s(s+3)(s+4)}$$

① 84 ② 48 ③ 30 ④ 180

> **Explanation**
>
> 근궤적의 허수축과 교차하는 점은 Routh의 판별식에서 한 행이 모두 0인 경우이므로
> Routh의 판별식을 수행하기 위한 특성 방정식은 $s(s+3)(s+4) + K = s^3 + 7s^2 + 12s + K = 0$
> Routh의 판별식
>
> | | | |
> |---|---|---|
> | s^3 | 1 | 12 |
> | s^2 | 7 | K |
> | s^1 | $\dfrac{84-K}{7}$ | 0 |
> | s^0 | K | 0 |
>
> 한 행이 모두 0이려면 $\dfrac{84-K}{7} = 0$ $\therefore K = 84$ 【답】 ①

80 오버슈트에 대한 설명 중 옳지 않은 것은?

① 자동제어계의 정상오차이다.

② 상대오버슈트 $= \dfrac{\text{최대오버슈트}}{\text{최종 희망값}}$

③ 계단응답 중에 생기는 입력과 출력의 최대편차량이 최대 오버슈트이다.

④ 자동제어계의 안정도의 척도가 된다.

Explanation

오버슈트 : 과도 상태 중 계단 입력을 초과하여 나타나는 출력의 최대 편차량
안정성의 기준, 과도응답명세 중 하나

【답】 ①

5과목　전기설비기술기준

81 가공전선로의 지지물에 하중이 가해지는 경우 그 하중을 받는 지지물의 기초 안전율은 얼마 이상이어야 하는가?

① 1.5　　　　　　　　　② 2.0

③ 2.5　　　　　　　　　④ 3.0

Explanation

(KEC 331.7조) 가공 전선로 지지물의 기초의 안전율
가공전선로의 지지물에 하중이 가하여지는 경우에 그 하중을 받는 지지물의 기초의 안전율은 2 이상이어야 한다.　【답】 ②

82 이동하여 사용하는 전기기계기구의 금속제 외함 등의 저압 전기설비용 접지도체는 다심 코드 또는 다심 캡타이어케이블의 단면적이 몇 [㎟] 이상인 것을 사용해야 하는가?

① 0.75　　　　　　　　② 1.5

③ 6　　　　　　　　　　④ 16

Explanation

(KEC 331.7조) 접지도체
이동하여 사용하는 전기기계기구의 금속제 외함 등의 접지시스템의 경우 중 저압 전기설비용 접지도체는 다심 코드 또는 다심 캡타이어케이블의 1개 도체의 단면적이 0.75[㎟] 이상인 것을 사용한다. 다만, 기타 유연성이 있는 연동연선은 1개 도체의 단면적이 1.5[㎟] 이상인 것을 사용한다.　【답】 ①

83 중성점 직접접지식 전로에 연결되는 최대사용전압이 65[kV]인 전로의 절연내력 시험전압은 최대사용전압의 몇 배인가?

① 0.51　　　　　　　　② 0.72

③ 1.17　　　　　　　　④ 1.50

Explanation

(KEC 132조) 고압·특고압의 전로의 절연내력

접지 방식	최대 사용전압	시험전압(최대 사용전압의 배수)	최저 시험 전압
중성점 직접 접지	60[kV] 초과 170[kV] 이하	0.72배	
	170[kV] 초과	0.64배	

【답】 ②

84 일반주택 및 아파트 각 호실의 현관에 센서등(타임스위치 포함)을 설치할 때 몇 분 이내에 소등되는 것이어야 하는가?
① 1
② 3
③ 5
④ 10

Explanation

(KEC 234.6조) 점멸기의 시설
관광숙박업 또는 숙박업인 호텔이나 여관 객실 입구등은 1분, 일반 주택 및 아파트 현관등은 3분 이내에 소등 　　【답】②

85 풍력터빈의 피뢰설비 시설에 대한 설명으로 틀린 것은?
① 풍력터빈에 설치하는 인하도선은 부식되지 않는 금속선으로서 뇌격전류를 안전하게 흘릴 수 있는 충분한 굵기이어야 하며, 가능한 직선으로 시설할 것
② 수뢰부를 풍력터빈 중앙부분에 배치하되, 뇌격전류에 의한 발열에 의해 녹아서 손상되지 않도록 재질, 크기, 두께 및 형상 등을 고려할 것
③ 풍력터빈에 설치한 피뢰설비(리셉터, 인하도선 등)의 기능저하로 인해 다른 기능에 영향을 미치지 않을 것
④ 풍력터빈 내부의 계측 센서용 케이블은 금속관 또는 차폐케이블 등을 사용하여 뇌유도과전압으로부터 보호할 것

Explanation

(KEC 532.3.5조) 풍력발전설비 피뢰설비
① **수뢰부를 풍력터빈 선단부분 및 가장자리 부분에 배치**하되 뇌격전류에 의한 발열에 용손(溶損)되지 않도록 재질, 크기, 두께 및 형상 등을 고려할 것
② 풍력터빈에 설치하는 인하도선은 쉽게 부식되지 않는 금속선으로서 뇌격전류를 안전하게 흘릴 수 있는 충분한 굵기여야 하며, 가능한 직선으로 시설할 것
③ 풍력터빈 내부의 계측 센서용 케이블은 금속관 또는 차폐케이블 등을 사용하여 뇌유도과전압으로부터 보호할 것
④ 풍력터빈에 설치한 피뢰설비(리셉터, 인하도선 등)의 기능저하로 인해 다른 기능에 영향을 미치지 않을 것　　【답】②

86 전기울타리에 대한 시설기준으로 틀린 것은?
① 전선과 수목 사이의 이격거리는 50[cm] 이상이어야 한다.
② 전기울타리용 전원장치에 전원을 공급하는 전로의 사용전압은 250[V] 이하이다.
③ 전선은 인장강도 1,638[kN] 이상의 지름 2[mm] 이상의 경동선이어야 한다.
④ 전기울타리는 사람이 쉽게 출입하지 아니하는 곳에 시설하여야 한다.

Explanation

(KEC 241.1.3조) 전기울타리의 시설
① 전기울타리는 사람이 쉽게 출입하지 아니하는 곳에 시설할 것
② 전기울타리를 시설한 곳에는 사람이 보기 쉽도록 적당한 간격으로 위험표시를 할 것
③ 전선은 인장강도 1.38[kN] 이상의 것 또는 지름 2[mm] 이상의 경동선일 것
④ 전선과 이를 지지하는 기둥 사이의 이격 거리는 25[mm] 이상일 것
⑤ **전선과 다른 시설물(가공전선을 제외한다) 또는 수목 사이의 이격 거리는 0.3[m] 이상일 것**
⑥ 전기울타리용 전원 장치에 전기를 공급하는 전로의 사용 전압은 250[V] 이하이어야 한다.　　【답】①

87 저압 옥측전선로에서 목조의 조영물에 시설할 수 있는 공사방법은?
① 버스덕트공사
② 합성수지관공사
③ 케이블공사(연피 케이블을 사용하는 경우)
④ 금속관공사

Explanation

(KEC 221.2조) 옥측전선로

- 애자공사(전개된 장소에 한한다)
- **합성수지관 공사**
- 금속관공사(목조 이외의 조영물에 시설하는 경우에 한한다)
- 버스덕트공사[목조 이외의 조영물(점검할 수 없는 은폐된 장소를 제외한다)에 시설하는 경우에 한한다]
- 케이블공사(연피 케이블·알루미늄 피 케이블 또는 미네럴인슈레이션 케이블을 사용하는 경우에는 목조 이외의 조영 물에 시설하는 경우에 한한다) **【답】②**

88 저압 옥내전로의 인입구에 가까운 곳으로 쉽게 개폐할 수 있는 곳에 개폐기를 시설하여야 한다. 그러나 사용전압이 400[V] 이하인 옥내전로로서 다른 옥내전로에 접속하는 길이가 몇 [m] 이하인 경우는 개폐기를 생략할 수 있는가?(단, 정격전류가 16[A] 이하인 과전류차단기 또는 정격전류가 16[A]를 초과하고 20[A] 이하인 배선용 차단기로 보호되고 있는 것에 한한다)

① 15   ② 20
③ 25   ④ 30

Explanation

(KEC 212.6.2조) 저압 옥내전로 인입구에서의 개폐기의 시설
① 저압 옥내전로에는 인입구에 가까운 곳으로서 쉽게 개폐할 수 있는 곳에 개폐기(개폐기의 용량이 큰 경우에는 적정 회로로 분할하여 각 회로별로 개폐기를 시설할 수 있다. 이 경우에 각 회로별 개폐기는 집합하여 시설하여야 한다)를 각 극에 시설하여야 한다.
② 사용전압이 400[V] 이하인 옥내 전로로서 다른 옥내전로(**정격전류가 16[A] 이하인 과전류 차단기 또는 정격전류가 16[A]를 초과하고 20[A] 이하인 배선차단기로 보호되고 있는 것에 한한다**)에 접속하는 길이 15[m] 이하의 전로에서 전기의 공급을 받는 것은 ①의 규정에 의하지 아니할 수 있다. **【답】①**

89 직류 전기철도 시스템이 매설 배관 또는 케이블과 인접할 경우 누설전류를 피하기 위해 최대한 이격시켜야 하며, 주행레일과 최소 몇 [m] 이상의 거리를 유지하여야 하는가?

① 0.5   ② 1
③ 1.5   ④ 2

Explanation

(KEC 461.4조) 전기 부식 방지 (누설전류 간섭에 대한 방지)
직류 전기철도 시스템이 매설 배관 또는 케이블과 인접할 경우 누설전류를 피하기 위해 최대한 이격시켜야 하며, 주행레일과 최소 1[m]이상의 거리를 유지하여야 한다. **【답】②**

90 저압 가공전선이 건조물의 상부 조영재 위쪽에서 접근하는 경우 전선과 상부 조영재 간의 이격거리는 몇 [m] 이상이어야 하는가?(단, 케이블인 경우이다)

① 0.8   ② 1.0
③ 1.2   ④ 2.0

Explanation

(KEC 222.11조) 저압 가공 전선과 건조물의 접근

건조물 조영재의 구분	접근 형태	이격 거리
상부 조영재	**위쪽**	2[m](전선이 고압 절연전선, 특고압 절연전선 또는 **케이블인 경우는 1[m]**)
	옆쪽 또는 아래쪽	1.2[m](전선에 사람이 쉽게 접촉할 우려가 없도록 시설한 경우에는 0.8[m], 고압절연전선, 특고압 절연전선 또는 케이블인 경우에는 0.4[m])

【답】②

91 배전선로에서의 전력보안통신설비 시설 장소로 틀린 것은?

① 22.9[kV] 계통에 연결되는 분산전원형 발전소
② 배전자동화, 원격검침, 부하감시 등 지능형전력망 구현을 위해 필요한 구간
③ 폐회로 배전 등 신 배전방식 도입 개소
④ 154[kV] 계통 배전선로 구간(가공, 지중, 해저)

Explanation

(KEC 362.1조) 전력보안통신설비의 시설 요구사항 – 전력보안통신설비의 시설 장소
• 배전선로
① 22.9[kV] 계통 배전선로 구간(가공, 지중, 해저)
② 22.9[kV] 계통에 연결되는 분산전원형 발전소
③ 폐회로 배전 등 신 배전방식 도입 개소
④ 배전자동화, 원격검침, 부하감시 등 지능형전력망 구현을 위해 필요한 구간 　　　　　　　　【답】④

92 저압 옥내배선(전선이 나전선인 경우 제외) 가스관과 교차하는 경우 가스관과의 이격거리는 몇 [m] 이상이어야 하는가?(단, 애자사용 공사에 의하여 시설하였으며 저압 옥내배선의 사용전압이 400[V] 이하가 아닌 경우이다)

① 0.1 　　　　　　　　　　　　　② 0.2
③ 0.4 　　　　　　　　　　　　　④ 0.5

Explanation

(KEC 232.3.7조)배선설비와 다른 공급설비와의 접근
저압 옥내배선이 약전류전선 등 또는 수관·가스관이나 이와 유사한 것과 접근하거나 교차하는 경우에 저압 옥내배선을 애자공사에 의하여 시설하는 때에는 저압 옥내배선과 약전류전선 등 또는 수관·가스관이나 이와 유사한 것과의 이격거리는 0.1[m](전선이 나전선인 경우에 0.3 m) 이상이어야 한다. 　　　　　　　　【답】①

93 조상설비 내부 고장이 생긴 경우, 무효전력 보상장치의 뱅크용량이 몇 [kVA] 이상일 때 전로로부터 자동 차단하는 장치를 시설하여야 하는가?

① 500 　　　　　　　　　　　　　② 1,000
③ 10,000 　　　　　　　　　　　　④ 15,000

Explanation

(KEC 351.5조) 조상설비의 보호장치
조상설비에는 그 내부에 고장이 생긴 경우에는 보호하는 장치를 표와 같이 시설하여야 한다.

설비 종별	뱅크 용량의 구분	자동적으로 전로로부터 차단하는 장치
전력용 커패스터 및 분로리액터	500[kVA] 초과 15,000[kVA] 미만	• 내부에 고장이 생긴 경우 • 과전류가 생긴 경우
	15,000[kVA] 이상	• 내부에 고장이 생긴 경우 • 과전류가 생긴 경우 • 과전압이 생긴 경우
무효전력 보상장치	15,000[kVA] 이상	• 내부에 고장이 생긴 경우

【답】④

94 사용전압이 22.9[kV]인 특고압 가공전선이 건조물 등과 접근상태로 시설되는 경우 지지물로 A종 철근 콘크리트주를 사용하면 경간은 몇 [m] 이하이어야 하는가?(단, 중성선 다중접지 방식의 것이며, 전로에 지락이 생겼을 때 2초 이내에 자동적으로 이를 전로로부터 차단하는 장치가 되어 있는 것에 한한다)

① 250 　　　　② 400 　　　　③ 150 　　　　④ 100

(KEC 333.32조) 25 kV 이하인 특고압 가공전선로의 시설

사용전압이 15[kV]를 초과하고 25[kV] 이하인 특고압 가공전선로(중성선 다중접지 방식의 것으로서 전로에 지락이 생겼을 때에 2초 이내에 자동적으로 이를 전로로부터 차단하는 장치가 되어 있는 것에 한함) 특고압 가공전선이 건조물·도로·횡단보도교·철도·궤도·삭도·가공약전류전선 등·안테나·저압이나 고압의 가공전선 또는 저압이나 고압의 전차선과 접근 또는 교차상태로 시설되는 경우의 경간은 표에서 정한 값 이하일 것.

지지물의 종류	경간[m]
목주·A종 철주 또는 A종 철근콘크리트주	100
B종 철주 또는 B종 철근콘크리트주	150
철탑	400

【답】④

95 전선의 식별 시 상(문자)이 N인 경우 색상은?

① 검은색 ② 녹색-노란색
③ 파란색 ④ 갈색

(KEC 121.2조) 전선의 식별

상(문자)	색상
L1	갈색
L2	검은색
L3	회색
N	**파란색**
보호도체	녹색-노란색

【답】③

96 급전용 변압기는 교류 전기철도의 경우 어떤 변압기의 적용을 원칙으로 하고, 급전계통에 적합하게 선정되어야 하는가?

① 단상 스코트결선 변압기 ② 단상 정류기용 변압기
③ 3상 스코트결선 변압기 ④ 3상 정류기용 변압기

급전용변압기
① 직류 전기철도 : 3상 정류기용 변압기
② 교류 전기철도 : 3상 스코트결선 변압기

【답】③

97 금속덕트 공사에 대한 시설기준으로 틀린 것은?

① 전선을 분기하는 경우 그 접속점을 쉽게 점검할 수 있는 때에는 금속덕트 안의 전선에 접속점을 만들 수 있다.
② 덕트를 조영재에 붙이는 경우에는 덕트의 지지점 간의 거리는 2[m] 이하로 할 것
③ 금속덕트에 의하여 저압 옥내배선이 건축물의 방화구획을 관통하거나 인접 조영물로 연장되는 경우에는 그 방화벽 또는 조영물 벽면의 덕트 내부는 불연성 물질로 차폐하여야 한다.
④ 금속덕트에 넣은 전선의 단면적(절연피복의 단면적을 제외)의 합계는 덕트의 내부 단면적의 20[%](전광표시장치 기타 이와 전광표시장치 기타 이와 유사한 장치 또는 제어회로 등의 배선만을 넣는 경우에는 50[%]) 이하로 해야 한다.

(KEC 232.31조) 금속덕트공사
① 전선은 절연전선(옥외용 비닐 절연전선 제외)일 것
② 금속 덕트에 넣은 전선의 단면적(절연피복의 단면적을 포함)의 합계는 덕트 내부 단면적의 20[%](전광표시 장치 기타 이와 유사한 장치 또는 제어회로 등의 배선만을 넣는 경우는 50[%])이하일 것
③ 금속 덕트 안에는 전선에 접속점이 없도록 할 것. 다만, 전선을 분기하는 경우에는 그 접속점을 쉽게 점검할 수 있을 때에는 그러하지 아니하다.
④ 금속 덕트는 폭이 40[mm]를 초과하고 두께가 1.2[mm] 이상인 철판 또는 동등 이상의 세기를 가지는 금속제의 것
⑤ **덕트를 조영재에 붙이는 경우에는 덕트의 지지점 간의 거리는 3[m] 이하로 할 것**　　　　　　　　　　　【답】 ②

98 고압가공전선이 철도 또는 궤도를 횡단하는 경우 레일면상에서 몇 [m] 이상으로 유지되어야 하는가?
① 5.5　　　　　　　　　　　　　　　　　② 6
③ 6.5　　　　　　　　　　　　　　　　　④ 7.0

Explanation

(KEC 332.5조) 고압 가공전선의 높이
① 도로 횡단 : 6[m] 이상
② **철도 횡단 : 레일면 상 6.5[m] 이상**
③ 횡단보도교 위 : 3.5[m] 이상
④ 기타 : 5[m] 이상　　　　　　　　　　　　　　　　　　　　　　　　　　　　【답】 ③

99 수력발전소, 풍력발전소, 내연력발전소, 연료전지발전소 및 태양전지발전소로서 그 발전소를 원격 감시제어하는 제어소에 기술원이 상주하여 감시하는 경우, 그 발전소를 원격감시 제어하는 제어소에 시설하지 않아도 되는 장치는?
① 운전조작에 상시 필요한 차단기를 조작하는 장치 및 개폐상태를 감시하는 장치
② 자동재연결 장치를 한 고압의 배전선로용 차단기를 조작하는 장치
③ 원동기 및 발전기 연료전지의 부하를 조정하는 장치
④ 운전 및 장치를 조작하는 장치 및 감시하는 장치

Explanation

(KEC 358조) 상주 감시를 하지 아니하는 발전소의 시설
수력발전소, 풍력발전소, 내연력발전소, 연료전지발전소 및 태양전지발전소로서 그 발전소를 원격감시 제어하는 제어소(이하 "발전제어소"라 한다)에 기술원이 상주하여 감시하는 경우 발전 제어소에 다음의 장치를 시설할 것. 다만, ④의 차단기 중 **자동 재폐로 장치를 한 고압 또는 25[kV] 이하인 특고압의 배전선로용의 것은 이를 조작하는 장치의 시설을 하지 아니하여도 된다.**
① 원동기 및 발전기, 연료전지의 부하를 조정하는 장치
② 운전 및 정지를 조작하는 장치 및 감시하는 장치
③ 운전 조작에 상시 필요한 차단기를 조작하는 장치 및 개폐상태를 감시하는 장치
④ 고압 또는 특고압의 배전선로용 차단기를 조작하는 장치 및 개폐를 감시하는 장치　　　【답】 ②

100 사용전압이 22.9[kV]인 특고압 가공전선이 도로를 횡단하는 경우, 지표상 높이는 몇 [m] 이상인가?
① 4　　　　　　　　　　　　　　　　　② 5
③ 5.5　　　　　　　　　　　　　　　　④ 6

Explanation

(KEC 333.7조) 특고압 가공전선의 높이

사용전압의 구분	지표상의 높이
35[kV] 이하	5[m] (철도 또는 궤도를 횡단하는 경우에는 6.5[m], **도로를 횡단하는 경우에는 6[m]**, 횡단보도교의 위에 시설하는 경우로서 전선이 특고압절연전선 또는 케이블인 경우에는 4[m])

【답】 ④

MEMO

전기공사기사 필기

2023

과년도
CBT 복원문제

- 2023년 제 01회
- 2023년 제 02회
- 2023년 제 04회

1과목 전기응용 및 공사재료

01 100[V], 500[W]의 전열기를 220[V]에서 사용했을 때의 전력은? 단, 전열기 저항값은 일정하다.
① 1,000[W]
② 1,600[W]
③ 2,000[W]
④ 2,420[W]

Explanation

정격이 주어지는 경우는 $P = \dfrac{V^2}{R}$ 이므로 $P \propto V^2$ 이므로

$P' = 500 \times (\dfrac{220}{100})^2 = 2,420[W]$ 【답】④

02 직류전동기 속도제어에서 일그너 방식이 채용되는 것은?
① 제지용 전동기
② 특수한 공작기계용
③ 제철용 대형압연기용
④ 인쇄기

Explanation

직류전동기 속도제어 중 전압제어 방식
• 워드 레오너드 방식 : 관성모멘트가 적은 부하에 사용(엘리베이터 등)
• 일그너 방식 : 플라이 휠을 사용하여 관성모멘트를 크게 한 것으로 대형부하나 부하가 급변하는 장소에 사용
　　　　　　　(제철, 제관공장 등에 사용) 【답】③

03 전지의 자기방전이 일어나는 국부작용의 방지대책으로 틀린 것은?
① 순환전류를 발생시킨다.
② 고순도의 전극재료를 사용한다.
③ 전극에 수은도금(아말감)을 한다.
④ 전해액에 불순물 혼입을 억제시킨다.

Explanation

국부 작용
아연 음극 또는 전해액 중에 불순물이 섞이면 아연이 부분적으로 용해되어 국부 방전이 생기며 수명이 짧아진다. 국부작용을 막기 위하여 고순도 전극을 사용하거나 수은도금을 한다. 【답】①

04 케이블트렌치 공사에 대한 설명이다. 잘못된 것은?
① 케이블트렌치의 뚜껑은 바닥 마감면과 구별되도록 돌출하여 설치하고 장비의 하중 또는 통행 하중 등 충격에 의하여 변형되거나 파손되지 않도록 할 것
② 케이블트렌치의 뚜껑, 받침대 등 금속재는 내식성의 재료이거나 방식처리를 할 것
③ 케이블트렌치의 바닥 및 측면에는 방수처리하고 물이 고이지 않도록 할 것
④ 케이블트렌치는 외부에서 고형물이 들어가지 않도록 IP2X 이상으로 시설할 것

Explanation

(KEC 232.24조) 케이블트렌치공사

① 바닥 또는 측면에는 전선의 하중에 충분히 견디고 전선에 손상을 주지 않는 받침대 설치
② 뚜껑, 받침대 등 금속재는 내식성의 재료이거나 방식처리를 할 것
③ 굴곡부 안쪽의 반경은 통과하는 전선의 허용곡률반경 이상+배선의 절연피복을 손상시킬 수 있는 돌기 없는 구조
④ **뚜껑은 바닥 마감면과 평평하게 설치**+장비의 하중 또는 통행 하중 등 충격에 의하여 변형되거나 파손되지 않도록
⑤ 바닥 및 측면에는 방수처리하고 물이 고이지 않도록 할 것
⑥ 외부에서 고형물이 들어가지 않도록 IP2X 이상으로 시설할 것   【답】 ①

05 천정면을 여러 형태로 오려내고 다양한 형태의 매입기구를 취부하며, 높은 천정의 은행, 영업실, 대형홀, 백화점 1층 등에 쓰이는 조명은?

① 밸런스 조명   ② 코브 조명
③ 루버 조명   ④ 코퍼 조명

Explanation

코퍼라이트 (coffer light) : 천정면을 여러 형태로 오려내고 다양한 형태의 매입기구를 취부하며, 높은 천정의 은행, 영업실, 대형홀, 백화점 1층 등에 쓰이는 조명   【답】 ④

06 퓨즈로 쓸 수 없는 금속 재료는?

① 철   ② 납과 주석
③ 알루미늄   ④ 아연

Explanation

전선에 과전류가 흐르면 퓨즈는 온도가 상승하여 녹아서 전로를 차단하게 되나 철은 녹아서 끊어지지 않으므로 퓨즈의 재료로 사용할 수 없다.   【답】 ①

07 금속 중 이온화 경향이 가장 큰 물질은?

① Au   ② Fe
③ K   ④ Zn

Explanation

이온화 : 수소보다 반응성이 큰 원소들은 산성과 반응해 수소 기체를 발생시키는 경향
이온화 경향이 가장 큰 물질
칼륨 > 칼슘 > 나트륨 > 마그네슘 > 알루미늄 > 아연 > 철 > 니켈 > 주석 > 납   【답】 ③

08 형광 방전등의 형광 물질의 자극 파장 [Å]은?

① 2,537   ② 2,735
③ 3,537   ④ 3,635

Explanation

형광 방전등의 형광 물질의 자극 파장 : 2,537[Å]   【답】 ①

09 일정 전류를 통하는 도체의 온도상승 θ와 반지름 r의 관계는?

① $\theta = kr^{-2}$ ② $\theta = kr^{-3}$
③ $\theta = kr^{-\frac{2}{3}}$ ④ $\theta = kr^{-\frac{3}{2}}$

Explanation

도체의 온도상승 식 $\theta = \dfrac{P}{hS}\left(1 - e^{-\frac{hS}{mC}t}\right)$

여기서, S : 열방산 면적, C : 열용량, h : 물체 표면에서 열방산 계수, P : 가열한 입력
일정전류가 흐르면 회로가 정상상태이므로 $t \to \infty$

$$\theta = \lim_{t \to \infty}\theta = \lim_{t \to \infty}\frac{I^2\rho\dfrac{l}{S}}{h\,2\pi r \cdot l} = \frac{I^2\rho}{h\,2\pi r \cdot lS} = \frac{\rho l^2}{2h\pi^2 r^3 l}$$

$$\therefore \ \theta \propto \frac{1}{r^3} \propto r^{-3}$$

【답】②

10 백열전구와 비교한 할로겐 전구의 특징이 아닌 것은?

① 휘도가 낮다.　　　　　　　　　② 열충격에 강하다.
③ 단위광속이 크다.　　　　　　　　④ 연색성이 좋다.

Explanation ▶

할로겐 전구의 특징
• 백열전구에 비해 소형이다.
• **발생광속이 많고, 고휘도 전구이다.**
• 광색은 적색이다.
• 배광제어가 용이하다.
• 흑화가 거의 발생하지 않는다.

【답】①

11 니크롬 제2종의 최고 사용 온도[℃]는?

① 700　　　　　　　　　　　　　② 900
③ 1,100　　　　　　　　　　　　④ 1,400

Explanation ▶

발열체의 종류 및 온도
• 니크롬선 1종 : 1,100[℃] : 고온 강도가 크고 냉간 가공이 용이
• **니크롬선 2종 : 900[℃]**
• 철크롬선 1종 : 1,200[℃]
• 철크롬선 2종 : 1,100[℃]
• 비금속 발열체(탄화규소 발열체) : 1,400[℃]

【답】②

12 동일한 교류전압 E를 다이오드 3상 정류회로로 3상 전파 정류할 경우 직류전압 E_d는? (단, 필터는 없는 것으로 하고 순저항 부하이다)

① $E_d = 0.45E$　　　　　　　　　② $E_d = 0.9E$
③ $E_d = 1.17E$　　　　　　　　　④ $E_d = 1.35E$

Explanation ▶

반도체 정류기

구분	단상 반파	단상 전파	3상 반파	3상 전파
직류전압	$E_d = 0.45E$	$E_d = 0.9E$	$E_d = 1.17E$	$\boldsymbol{E_d = 1.35E}$

【답】④

13 전기철도의 매설관측에서 시설하는 전기 부식 방지 방법은?

① 임피던스 본드 설치　　　　　　　② 보조귀선 설치
③ 이선율 유지　　　　　　　　　　④ 강제배류법 사용

Explanation ▶

(KEC 461.4조) 전기 부식 방지 - 매설관측

① 배류장치 설치
② 절연코팅
③ 매설금속체 접속부 절연
④ 저준위 금속체를 접속
⑤ 궤도와의 이격거리 증대
⑥ 금속판 등의 도체로 차폐 【답】 ④

14 반도체 사이리스터에 의한 속도 제어 중 주파수 제어는?
① 계자 제어　　　　　　　　　　② 인버터 제어
③ 컨버터 제어　　　　　　　　　　④ 초퍼(chopper) 제어

Explanation

VVVF(Variable Voltage Variable Frequency) : 가변전압 가변주파수 제어
유도전동기 속도 제어법으로 **인버터를 이용**하여 주파수 제어 【답】 ②

15 KSC 표준에 의한 퓨즈의 종류 중 아래 설명에 해당되는 것은?

> 불용단전류 : $1.3I_n$에서 2시간 불용단(I_n : 정격전류)
>
> 10s 용단전류 : $6I_n \le I_{10} \le 10I_n$($I_{10}$: 10[s] 용단전류)
>
> 0.1s 용단전류 : $15I_n \le I_{0.1} \le 35I_n$($I_{0.1}$: 0.1[s] 용단전류)

① T(변압기용)　　　　　　　　　② M(전동기용)
③ G(일반부하용)　　　　　　　　　④ C(콘덴서용)

Explanation

용단특성에 따른 선정(KS C 4612)

퓨즈의 종류	불용단전류	용단특성		저항
		10[s] 용단특성	0.1[s] 용단특성	
T (변압기용)	1.3I_n에서 2시간 불용단	$2.5I_n \le I_{10} \le 10I_n$	$12I_n \le I_{0.1} \le 25I_n$	$10I_n \le 0.1$[s]에서 100회 불용단
M (전동기용)		$6I_n \le I_{10} \le 10I_n$	$15I_n \le I_{0.1} \le 35I_n$	$5I_n \le 10$[s]에서 1,000회 불용단
G (일반부하용)		$2I_n \le I_{10} \le 5I_n$	$7I_n \times (I_n/100)^{0.25} \le I_{0.1}$ $\le 20I_N \times (I_n/100)^{0.25}$	
C (콘덴서용)		60[s] 용단전류$\le 10I_n$		$70I_n \le 0.02$[s]에서 100회 불용단

I_n : 정격전류, I_{10} : 10[s] 용단전류, $I_{0.1}$: 0.1[s] 용단전류 【답】 ②

16 알칼리 축전지에서 포켓식 형식이 아닌 것은?
① AL형　　　　　　　　　　　　② AM형
③ AMH형　　　　　　　　　　　④ AHH형

Explanation

• 납 축전지
　$\begin{cases} \text{CS형 : 완 방전형(일반 설치용)} \\ \text{HS형 : 급 방전형(고율 방전용)} \end{cases}$
• 알칼리 축전지

$$\begin{cases} \text{포켓식} \begin{cases} \text{AL형} & : \text{완 방전형(일반 설치용)} \\ \text{AM형} & : \text{표준형(표준 방전용)} \\ \text{AMH형} & : \text{급 방전형(준고율 방전용)} \\ \text{AH} - \text{P형} : \text{초급 방전형(고율 방전용)} \end{cases} \\ \text{소결식} \begin{cases} \text{AH} - \text{S형} : \text{초급 방전형(고율 방전용)} \\ \text{AHH형} & : \text{초초급 방전형(초고율 방전용)} \end{cases} \end{cases}$$

【답】 ④

17 배선 기구라 함은 다음 중 어느 것인가?
① 전선을 접속하는 데 필요한 와이어 커넥터
② 스위치(텀블러) 및 콘센트류
③ 전선 및 케이블을 단말 처리할 때 필요한 압착 터미널류
④ 전선 및 케이블을 전선관에 입선할 때 필요한 공구

> Explanation

배선 기구 : 개폐기류(스위치류)와 접속기류(콘센트류)

【답】 ②

18 버스덕트의 종류 중 도중에 이음부가 없는 것은 무엇인가?
① 피더 버스덕트
② 플러그 인 버스덕트
③ 트롤리 버스덕트
④ 익스펜션 버스덕트

> Explanation

버스덕트의 종류
• **피더 버스덕트 : 도중에 부하를 접속할 수 없도록 된 것**
• 플러그 인 버스덕트 : 도중에 부하 접속용의 플러그를 시설한 것
• 트롤리 버스덕트 : 도중에 이동식 부하를 접속 할 수 있도록 트롤리 접촉식 구조로 된 것

【답】 ①

19 피뢰시스템의 인하도선 재료로 원형 단선으로 된 알루미늄을 쓰고자 한다. 해당 재료의 단면적 [mm²]은 얼마 이상이어야 하는가? (단, KS C IEC 62305-3 기준이다)
① 20
② 30
③ 40
④ 50

> Explanation

(KEC 152.2 인하도선 시스템) : 수뢰도체, 피뢰침, 인하도선의 알루미늄 원형단선은 50[mm²] 이상으로 한다.

【답】 ④

20 배선작업 중 벽을 뚫고 그 사이로 전선이 지나가게 할 때에 절연하기 위해 끼우는 것으로 사기 등으로 만든 관을 무엇이라 하는가?
① 부싱
② 애관
③ 엔트런스 캡
④ 픽스쳐 스터드

> Explanation

애관 : 벽을 뚫고 그 사이로 전선이 지나가게 할 때에 절연하기 위하여 끼우는 관. 사기 등의 재질로 만든다.

【답】 ②

2과목　　전력공학

21 화력발전소에서 절탄기의 용도는?

① 보일러에 공급되는 급수를 예열한다.　② 포화증기를 가열한다.

③ 연소용 공기를 예열한다.　④ 석탄을 건조한다.

Explanation

절탄기 : 배기가스의 여열을 이용하여 급수가열에 사용　【답】 ①

22 증기의 엔탈피란?

① 증기 1[kg]의 잠열　② 증기 1[kg]의 현열

③ 증기 1[kg]의 보유열량　④ 증기 1[kg]의 증발열을 그 온도로 나눈 것

Explanation

엔탈피 : 증기 1[kg]이 보유한 열량[kcal/kg](액체열과 증발열의 합)　【답】 ③

23 모선 보호에 사용되는 계전방식이 아닌 것은?

① 위상비교 계전방식　② 선택접지 계전방식

③ 방향비교 계전방식　④ 전류차동 계전방식

Explanation

모선(Bus) 보호 계전방식
• 전류차동 보호방식
• 전압차동 보호방식
• 방향거리 계전방식
• 위상 비교방식　【답】 ②

24 송전계통의 안정도를 향상시키는 방법이 아닌 것은?

① 직렬리액턴스를 증가시킨다.

② 전압변동을 적게 한다.

③ 중간 조상방식을 채용한다.

④ 고장전류를 줄이고, 고장구간을 신속히 차단한다.

Explanation

안정도 향상 대책
① **직렬 리액턴스(X)를 작게 한다.**
② 전압 변동을 작게 한다.
③ 중간 조상 방식을 채용한다.
④ 고장 전류를 줄이고 고장 구간을 신속하게 차단한다.　【답】 ①

25 수력발전소에서 사용되고, 횡축에 1년 365일을 종축에 유량을 표시하는 유황곡선이란?

① 유량이 적은 것부터 순차적으로 배열하여 이들 점을 연결한 것이다.

② 유량이 큰 것부터 순차적으로 배열하여 이들 점을 연결한 것이다.

③ 유량의 월별 평균값을 구하여 선으로 연결한 것이다.

④ 각 월에 가장 큰 유량만을 선으로 연결한 것이다.

Explanation

유황곡선 : 하천의 유량상태를 파악하기 위한 곡선으로, 가로축에 365일수를 세로축에는 유량을 취하여 배열
(유량이 큰 것부터 순차적으로 배열하여 이들 점을 연결)　【답】 ②

26 (㉠), (㉡)에 들어갈 내용으로 알맞은 것은?

> "송전 선로의 전압을 2배로 승압할 경우 동일조건에서 공급 전력을 동일하게 취하면 선로 손실은 승압 전의 (㉠)로 되고, 선로 손실률을 동일하게 취하면 공급 전력은 승압 전의 (㉡)로 된다."

① ㉠ $\frac{1}{4}$, ㉡ 4배

② ㉠ $\frac{1}{2}$, ㉡ 4배

③ ㉠ $\frac{1}{4}$, ㉡ 2배

④ ㉠ $\frac{1}{2}$, ㉡ 2배

Explanation

전압과의 관계

전력 손실	$P_l = \dfrac{P^2 R}{V^2 \cos^2\theta}$	$P_l \propto \dfrac{1}{V^2}$
공급 전력		$P \propto V^2$

• 선로 손실 : $P_l \propto \dfrac{1}{V^2} \propto \dfrac{1}{2^2} = \dfrac{1}{4}$

• 공급 전력 : $P \propto V^2 \propto 2^2 = 4$

【답】①

27 3상 1회선 송전선을 정삼각형으로 배치한 3상 선로의 자기인덕턴스를 구하는 식은? (단, D는 전선의 선간 거리[m], r은 전선의 반지름[m]이다)

① $L = 0.5 + 0.4605\log_{10}\dfrac{D}{r}$

② $L = 0.5 + 0.4605\log_{10}\dfrac{D}{r^2}$

③ $L = 0.05 + 0.4605\log_{10}\dfrac{D}{r}$

④ $L = 0.05 + 0.4605\log_{10}\dfrac{D}{r^2}$

Explanation

작용 인덕턴스 $L = 0.05 + 0.4605\log_{10}\dfrac{D}{r}$ [mH/km]

【답】③

28 송전단 전압 161[kV], 수전단 전압 154[kV], 상차각 35°, 리액턴스 60[Ω]일 때 선로 손실을 무시하면 전송전력[MW]은 약 얼마인가?

① 356

② 307

③ 237

④ 161

Explanation

송전전력 : $P_s = \dfrac{V_s V_r}{X} \sin\delta$ [MW]

$\qquad = \dfrac{161 \times 154}{60} \times \sin 35° = 237.02$ [MW]

【답】③

29 송전전력, 선간전압, 부하역률, 전력손실 및 송전거리를 동일하게 하였을 경우 단상 3선식에 대한 3상 4선식의 총 전선량(중량)비는 얼마인가?(단, 전선은 동일한 전선이다)

① $\dfrac{1}{3}$

② $\dfrac{3}{4}$

③ $\dfrac{4}{9}$

④ $\dfrac{8}{9}$

Explanation

전기 방식별 비교

	1선당 공급전력 비교
단상2선식	1
단상3선식	3/8=0.375
3상3선식*	3/4=0.75
3상4선식	1/3=0.33

소요전선량 비교 : $\dfrac{3상4선식}{단상3선식} = \dfrac{\frac{1}{3}}{\frac{3}{8}} = \dfrac{8}{9}$ 【답】④

30 어떤 공장의 3상 부하는 500[kW]이고 역률은 80[%]이다. 역률을 90[%]로 개선하기 위한 전력용 콘덴서의 정전용량[μF]은 약 얼마인가?(단, 콘덴서에 걸리는 전압은 6,600[V], 주파수는 60[Hz]이다)

① 2.32 ② 4.04
③ 8.09 ④ 26.9

Explanation

전력용 콘덴서 용량
$Q_c = P(\tan\theta_1 - \tan\theta_2)$
$\quad = P\left(\dfrac{\sin\theta_1}{\cos\theta_1} - \dfrac{\sin\theta_2}{\cos\theta_2}\right)$
$\quad = 500 \times \left(\dfrac{0.6}{0.8} - \dfrac{\sqrt{1-0.9^2}}{0.9}\right) = 132.8[\text{kVA}]$
여기서, 일반적인 전력용 콘덴서는 △결선이므로
전력용 콘덴서 용량은 $Q_\triangle = 3\omega CE^2 = 3\omega CV^2$
따라서 콘덴서의 정전용량은 $3C_1 = \dfrac{Q_c}{2\pi f V^2} = \dfrac{132.8 \times 10^3}{2\pi \times 60 \times 6,600^2} \times 10^6 = 8.09[\mu\text{F}]$ 【답】③

31 그림과 같은 66[kV] 선로의 송전전력이 20,000[kW], 역률이 0.8(lag)일 때 a상에 완전 지락사고가 발생하였다. 지락 계전기 DG에 흐르는 전류는 약 몇 [A]인가? 단, 부하의 정상, 역상 임피던스 및 기타 정수는 무시한다.

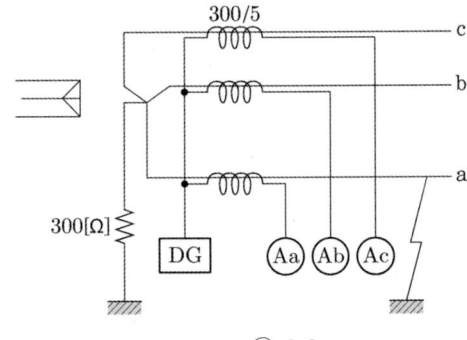

① 2.1 ② 2.9
③ 3.7 ④ 5.5

Explanation

지락전류 $I_g = \dfrac{E}{R} = \dfrac{\frac{V}{\sqrt{3}}}{R} = \dfrac{66,000}{\sqrt{3} \times 300} = 127[\text{A}]$
지락 계전기에 흐르는 전류는 CT 2차 전류이므로
$I_{DG} = I_g \times \dfrac{5}{300} = 127 \times \dfrac{5}{300} = 2.12[\text{A}]$ 【답】①

32 송전선로에서 코로나 임계전압이 높아지는 경우는 다음 중 어느 것인가?

① 상대 공기밀도가 낮은 경우
② 기압이 낮은 경우
③ 온도가 높아지는 경우
④ 전선의 지름이 큰 경우

Explanation

코로나 임계 전압 $E = 24.3 m_0 m_1 \delta d \log_{10} \dfrac{D}{r}$ [kV]

δ : 상대 공기 밀도 $= \dfrac{0.386b}{273+t}$ (b : 기압, t : 온도)

d : 전선의 지름

따라서 **코로나 임계전압이 높아지려면 상대 공기밀도가 높고, 전선의 직경이 커야한다.**
또한, 맑은 날, 기압이 높고, 온도가 낮은 경우에 임계전압이 높다.　　　　　　　　**【답】** ④

---

33 100[kVA] 단상변압기 3대를 △ − △ 결선으로 사용하다가 1대의 고장으로 V−V결선으로 사용하면 약 몇 [kVA] 부하까지 사용할 수 있는가?

① 150
② 173
③ 225
④ 300

Explanation

V결선 출력
$P_V = \sqrt{3}\, K = \sqrt{3} \times 100 = 173$[kVA]　　　　여기서, K는 변압기 1대 용량　　　**【답】** ②

---

34 전력용 퓨즈는 주로 어떤 전류의 차단을 목적으로 사용하는가?

① 충전전류
② 단락전류
③ 과도전류
④ 부하전류

Explanation

전력 퓨즈(PF : Power Fuse) : 단락전류 차단　　　　　　　　　　　　　　　　　　　　**【답】** ②

---

35 직류 송전방식이 교류 송전방식에 비하여 유리한 점이 아닌 것은?

① 선로의 절연이 용이하다.
② 통신선에 대한 유도잡음이 적다.
③ 표피효과에 의한 송전손실이 적다.
④ 정류가 필요 없고 승압 및 강압이 쉽다.

Explanation

직류송전의 특징
• 선로의 리액턴스가 없으므로 안정도가 높다.
• 비동기연계가 가능하다.(주파수가 다른 선로의 연계 가능)
• 도체의 표피효과가 없다.
• 충전전류와 유전체손을 고려하지 않아도 된다.
• **변압이 어렵다.**
• 직류용 차단기가 개발되어 있지 않다.
• 고조파 억제 대책이 필요하다.　　　　　　　　　　　　　　　　　　　　　　　　　　**【답】** ④

---

36 154[kV], 300[km]의 3상 송전선에서 일반 회로정수는 $A = 0.900$, $B = 150$, $C = j0.901 \times 10^{-3}$, $D = 0.930$ 이다. 이 송전선에서 무부하시 송전단에 154[kV]를 가했을 때 수전단 전압은 몇 [kV]인가?

① 143
② 154
③ 166
④ 171

Explanation

무부하(개방) 시험($I_r = 0$)

$E_s = AE_r + BI_r$에서 $I_r = 0$을 적용하면 $E_s = AE_r$ $E_r = \dfrac{1}{A}E_s$

$\therefore E_r = \dfrac{1}{A}E_s = \dfrac{1}{0.9} \times 154[\text{kV}] = 171[\text{kV}]$　　　　　【답】④

---

37 선로정수를 평형되게 하고, 근접 통신선에 대한 유도장해를 줄일 수 있는 방법은?
① 연가를 시행한다.
② 전선으로 복도체를 사용한다.
③ 전선로의 이도를 충분하게 한다.
④ 소호리액터 접지를 하여 중성점 전위를 줄여준다.

> **Explanation**
>
> **연가 : 선로정수를 평형시키기 위하여 3상 3선식 선로를 3배수 등분하여 실시**
> • 선로정수 평형(각 상의 전압, 전류 평형)
> • 정전유도장해 감소
> • 소호리액터 접지 시의 직렬공진 방지　　　　　【답】①

---

38 피뢰기에서 속류를 끊을 수 있는 최고의 교류 전압은?
① 제한전압　　　　　　　　② 정격전압
③ 차단전압　　　　　　　　④ 방전개시전압

> **Explanation**
>
> 피뢰기의 정격 전압 : 속류를 차단할 수 있는 최고의 교류 전압　　　　　【답】②

---

39 배전계통에서 사용하는 고압용 차단기의 종류가 아닌 것은?
① 기중차단기(ACB)　　　　② 공기차단기(ABB)
③ 진공차단기(VCB)　　　　④ 유입차단기(OCB)

> **Explanation**
>
> ACB(기중차단기) : 저압용 차단기　　　　　【답】①

---

40 부하 전류의 차단에 사용되지 않는 것은?
① DS　　　　　　　　　　② ACB
③ OCB　　　　　　　　　④ VCB

> **Explanation**
>
> **전력용 개폐장치**
> • 단로기(DS) : 무부하 회로 개폐
> • 개폐기 : 부하 전류 개폐
> • 차단기 : 부하 전류 개폐 및 고장 전류 차단　　　　　【답】①

3과목　전기기기

41 7.5[kW], 6극, 200[V]용 3상 유도전동기가 있다. 정격전압으로 기동하면 기동전류는 정격전류의 615[%]이고, 기동 토크는 전부하 토크의 225[%]이다. 지금 기동토크를 전부하 토크의 1.5배로 하기 위하여 기동전압을 약 얼마로 하면 되는가?

① 133[V]　　　　　　　　　　　　② 143[V]

③ 153[V]　　　　　　　　　　　　④ 163[V]

Explanation

유도전동기의 토크는 전압의 제곱에 비례 : $T \propto V^2$

따라서 기동전압 $V' = \sqrt{\dfrac{T'}{T}}\, V = \sqrt{\dfrac{150}{225}} \times 200 = 163[\text{V}]$　　　　　　　　【답】 ④

42 2방향성 3단자 사이리스터는 어느 것인가?

① SCR　　　　　　　　　　　　② SSS

③ SCS　　　　　　　　　　　　④ TRIAC

Explanation

반도체 소자(괄호안은 극(단자) 수)
- 단방향성 : SCR(3), GTO(3), LASCR(3), SCS(4)
- **양방향성 : SSS(2), DIAC(2), TRIAC(3)**　　　　　　　　　　　　　　　【답】 ④

43 직류발전기의 전기자 반작용에 대한 설명으로 틀린 것은?

① 전기자 반작용으로 인하여 전기적 중성축을 이동시킨다.

② 정류자 편간의 전압이 불균일하게 되어 섬락의 원인이 된다.

③ 전기자 반작용이 생기면 주자속이 왜곡되고 증가하게 된다.

④ 전기자 반작용이란, 전기자 전류에 의해서 생긴 자속이 계자에 의해 발생되는 주자속에 영향을 주는 현상을 말한다.

Explanation

전기자 반작용 : 전기자 전류에 의한 전기자 기자력이 계자 기자력에 영향을 미치는 현상(**주자속이 감소**하는 현상)
- 편자 작용
  - 감자 작용 : 전기자 기자력이 계자기자력에 반대 방향으로 작용하여 자속이 감소
  - 교차자화 작용 : 전기자 기자력이 계자 기자력에 수직 방향으로 작용하여 자속분포가 일그러짐
- 중성축 이동 : 보극이 없는 직류기는 brush를 이동
- 국부적으로 섬락 발생 : 공극의 자속분포 불균형으로 섬락(불꽃) 발생　　　　【답】 ③

44 8극 900[rpm] 동기 발전기로 병렬 운전하는 극수 6의 교류 발전기의 회전수는 몇 [rpm]인가?

① 900　　　　　　　　　　　　② 1,000

③ 1,200　　　　　　　　　　　　④ 1,400

Explanation

병렬운전 시에 두 발전기는 주파수가 일치하므로

$N_s = \dfrac{120f}{p}$ 에서 주파수 $f = \dfrac{pN_s}{120}$ $f = \dfrac{900 \times 8}{120} = 60[\text{Hz}]$

따라서 병렬 운전 발전기의 회전수 $N = \dfrac{120 \times 60}{6} = 1,200[\text{rpm}]$　　　　　　【답】 ③

45 농형 유도전동기에 대해서 기동전류가 큰 순서로 나열할 경우 옳은 것은?
① 보통농형 → 디프슬롯농형 → 2중 농형
② 보통농형 → 2중 농형 → 디프슬롯농형
③ 디프슬롯농형 → 2중 농형 → 보통농형
④ 2중 농형 → 디프슬롯농형 → 보통농형

Explanation

농형 유도전동기에 대해서 기동전류가 큰 순서
2중 농형 〉 디프슬롯농형 〉 보통농형 **【답】** ④

46 2개의 사이리스터로 단상 전파정류를 하여 90[V]의 직류전압을 얻는 데 필요한 최대 첨두역전압은 약 얼마인가?
① 141[V] ② 283[V]
③ 365[V] ④ 400[V]

Explanation

단상 전파정류 회로

$E_d = \dfrac{2\sqrt{2}}{\pi}E$에서 $E = \dfrac{\pi}{2\sqrt{2}}E_d$

$\text{PIV} = 2\sqrt{2}E = 2\sqrt{2} \times \dfrac{\pi}{2\sqrt{2}}E_d = \pi E_d = \pi \times 90 = 282.74[V]$ **【답】** ②

47 150[kVA]의 변압기의 철손이 1[kW], 전부하동손이 2.5[kW]이다. 역률 80[%]에 있어서의 최대 효율은 약 몇 [%]인가?
① 95 ② 96
③ 97.4 ④ 98.5

Explanation

【답】 ③

48 이상적인 변압기의 무부하에서 위상관계로 옳은 것은?
① 자속과 여자전류는 동위상이다.
② 자속은 인가전압보다 90° 앞선다.
③ 인가전압은 1차 유기기전력보다 90° 앞선다.
④ 1차 유기기전력과 2차 유기기전력의 위상은 반대이다.

Explanation

• 자속과 여자전류는 동위상
• 여자전류 $I_\phi = \dfrac{V_1}{j\omega L}$ **【답】** ①

49 단상 전파 정류 회로에서 교류 전압 $v = \sqrt{2}\,V\sin\theta$[V]인 정현파 전압에 대하여 직류 전압 e_d의 평균값 E_{d0}[V]는 얼마인가?

① $E_{d0} = 0.45\,V$

② $E_{d0} = 0.90\,V$

③ $E_{d0} = 1.17\,V$

④ $E_{d0} = 1.35\,V$

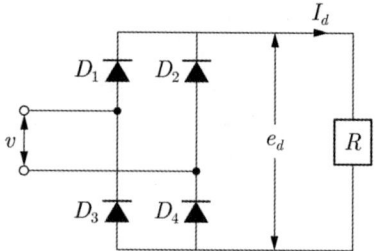

단상 전파정류 회로

$$E_d = \frac{2\sqrt{2}}{\pi}E - e = 0.9E - e\,[\text{V}]$$

전압강하를 무시하면 $E_d = \dfrac{2\sqrt{2}}{\pi}E = 0.9E$

【답】②

50 10[kVA], 2,000/100[V] 변압기에서 1차에 환산한 등가 임피던스는 $6.2 + j7\,[\Omega]$이다. 이 변압기의 퍼센트 리액턴스 강하는?

① 3.5

② 0.175

③ 0.35

④ 1.75

변압기 1차 정격전류 $I_{1n} = \dfrac{P}{V_{1n}} = \dfrac{10 \times 10^3}{2,000} = 5[\text{A}]$

%리액턴스 강하 $q = \dfrac{I_{1n}x_{21}}{V_{1n}} \times 100 = \dfrac{5 \times 7}{2,000} \times 100 = 1.75[\%]$

【답】④

51 직류기의 권선을 단중 파권으로 감으면 어떻게 되는가?

① 저압 대전류용 권선이다.

② 균압환을 연결해야 한다.

③ 내부 병렬 회로수가 극수만큼 생긴다.

④ 전기자 병렬 회로수가 극수에 관계없이 언제나 2이다.

중권과 파권 비교

비교항목	단중 중권	단중 파권
전기자의 병렬 회로수	a=P(mP)	a=2(2m)
브러시 수	a=P=b	b=2
용도	저전압, 대전류	고전압, 소전류
균압접속	균압환 필요	불필요

【답】④

52 온도 측정 장치 중 변압기의 권선온도 측정에 가장 적당한 것은?

① 탐지코일

② dial 온도계

③ 권선 온도계

④ 봉상 온도계

Explanation

온도 측정 장치 중 변압기의 권선온도 측정 : 권선 온도계 　　　　【답】③

53 단상 변압기를 병렬 운전할 경우 부하전류의 분담은?
① 용량에 비례하고 누설 임피던스에 비례
② 용량에 비례하고 누설 임피던스에 반비례
③ 용량에 반비례하고 누설 임피던스에 비례
④ 용량에 반비례하고 누설 리액턴스의 제곱에 비례

Explanation

변압기의 병렬 운전 시 부하분담
- $\dfrac{I_a}{I_b} = \dfrac{I_A}{I_B} \times \dfrac{\%Z_b}{\%Z_a}$: 분담전류는 정격전류에 비례하고 누설 임피던스에 반비례
- $\dfrac{P_a}{P_b} = \dfrac{P_A}{P_B} \times \dfrac{\%Z_b}{\%Z_a}$: **분담용량은 정격용량에 비례하고 누설 임피던스에 반비례**

여기서, I_a : A기 분담전류 , I_A : A기 정격전류, P_a : A기 분담용량, P_A : A기 정격용량, I_b : B기 분담전류,
I_B : B기 정격전류, P_b : B기 분담용량, P_B : B기 정격용량 　　　　【답】②

54 운전 중 계기용 변류기의 고장발생으로 변류기를 개방 시 2차측을 단락하는 이유는?
① 계기의 측정 오차 방지　　　　② 2차측 절연보호
③ 1차측 과전류 방지　　　　④ 2차측 과전류 보호

Explanation

계기용 변성기 점검
- PT(계기용 변압기) : 2차측 개방(2차측 과전류 보호)
- **CT(변류기) : 2차측 단락(2차측 과전압보호, 2차측 절연보호)** 　　　　【답】②

55 3상 유도전동기의 슬립이 s일 때 2차 효율[%]은?
① $(2-s) \times 100$　　　　② $(s-1) \times 100$
③ $(s-2) \times 100$　　　　④ $(1-s) \times 100$

Explanation

2차 효율 $\eta_2 = \dfrac{P_0}{P_2} = 1-s = \dfrac{N}{N_s} = \dfrac{\omega}{\omega_0}$ 　　　　【답】④

56 반도체 사이리스터로 속도제어를 할 수 없는 것은?
① 초퍼　　　　② 인버터
③ 일그너　　　　④ 정지형 레오나드

Explanation

- 사이리스터에 의한 제어 : 위상제어, 인버터 제어, 정지형 레오너드 제어
- 일그너 제어 : 플라이 휠을 이용하여 관성모멘트를 크게 하여 부하가 급변되어도 일정한 속도로 제어가 가능 　　　　【답】③

57 일반적인 전동기에 비하여 리니어 전동기(linear motor)의 장점이 아닌 것은?
① 구조가 간단하여 신뢰성이 높다.
② 마찰을 거치지 않고 추진력이 얻어진다.

③ 원심력에 의한 가속 제한이 없고 고속을 쉽게 얻을 수 있다.
④ 기어, 벨트 등 동력 변환기구가 필요 없고 직접 원운동이 얻어진다.

Explanation

리니어 모터(linear motor)
• 고정자와 리액션 레일로 구성
• 레일방향의 직선적인 구동력을 발생
• 회전형 전동기를 축을 따라 절개한 평면상에 전개한 것 같은 구조
• 모터 자체의 구조가 간단하여 신뢰성이 우수   【답】④

58 3상 유도전동기에서 회전자가 슬립 s로 회전하고 있을 때 2차 유기전압 E_{2s} 및 2차 주파수 f_{2s}와 s와의 관계는? (단, E_2는 회전자가 정지하고 있을 때 2차 유기기전력이며, f_1은 1차 주파수이다)

① $E_{2s} = sE_2,\ f_{2s} = sf_1$ 　　　　　　② $E_{2s} = sE_2,\ f_{2s} = \dfrac{f_1}{s}$

③ $E_{2s} = \dfrac{E_2}{s},\ f_{2s} = \dfrac{f_1}{s}$ 　　　　④ $E_{2s} = (1-s)E_2,\ f_{2s} = (1-s)f_1$

Explanation

• 회전 시 2차 유도기전력 $E_{2s} = sE_2$
• 회전 시 2차 주파수 $f_2 = sf_1$ 【답】①

59 어떤 정류기의 부하 전압이 2,000[V]이고 맥동률이 3[%]이면 교류분의 진폭[V]은?
① 20 　　　　　　　　　　　　② 30
③ 50 　　　　　　　　　　　　④ 60

Explanation

$$맥동률 = \frac{교류분}{직류분} \times 100 = \sqrt{\frac{실효값^2 - 평균값^2}{평균값^2}} \times 100[\%]$$
$$교류분 = 직류분(부하전압) \times 맥동률 = 2,000 \times 0.03 = 60[V]$$ 【답】④

60 3상 권선형 유도전동기의 토크 속도 곡선이 비례추이 한다는 것은 그 곡선이 무엇에 비례해서 이동하는 것을 말하는가?
① 슬립 　　　　　　　　　　　② 회전수
③ 2차 저항 　　　　　　　　　④ 공급 전압의 크기

Explanation

비례추이의 원리 : 권선형 유도전동기
• **속도토크 곡선이 2차 합성저항에 비례**
• 최대 토크는 불변, 최대 토크의 발생 슬립은 변화
• 기동 전류는 감소하고, 기동 토크는 증가   【답】③

4과목　회로이론 및 제어공학

61 대칭좌표법에서 불평형률을 나타내는 것은?

① $\dfrac{\text{영상분}}{\text{정상분}} \times 100$

② $\dfrac{\text{정상분}}{\text{역상분}} \times 100$

③ $\dfrac{\text{정상분}}{\text{영상분}} \times 100$

④ $\dfrac{\text{역상분}}{\text{정상분}} \times 100$

불평형률 $= \dfrac{\text{역상분}}{\text{정상분}} \times 100 [\%]$　　　　　　　　　　　　　　　　　**【답】** ④

---

62 $F(t) = \sin t \cdot \cos t$를 라플라스 변환하면?

① $\dfrac{1}{s^2 + 1^2}$

② $\dfrac{1}{s^2 + 2^2}$

③ $\dfrac{1}{(s+2)^2}$

④ $\dfrac{1}{(s+4)^2}$

삼각함수 2배각 공식

$\sin 2\alpha = 2\sin\alpha\cos\alpha$에서

$\sin t \cos t = \dfrac{1}{2}\sin 2t$이므로

$F(s) = \mathcal{L}[\sin t \cos t] = \mathcal{L}\left[\dfrac{1}{2}\sin 2t\right] = \dfrac{1}{2}\cdot\dfrac{2}{s^2+2^2} = \dfrac{1}{s^2+2^2}$　　**【답】** ②

---

63 $G(s)H(s) = \dfrac{K}{s(s+4)(s+5)}$ 에서 근궤적의 개수는?

① 1

② 2

③ 3

④ 4

근궤적법
- 근궤적 수 N : 영점 수($Z > P$), 극점 수($Z < P$)
- 극점 : 3개, 영점 0개

따라서 근궤적 수는 3개　　　　　　　　　　　　　　　　　　　　　**【답】** ③

---

64 어떤 선형 회로망의 4단자 정수가 $A = 8$, $B = j2$, $D = 1.625 + j$일 때, 이 회로망의 4단자 정수 C는?

① $24 - j14$

② $8 - j11.5$

③ $4 - j6$

④ $8 - j11.5$

4단자망 선형조건 $AD - BC = 1$

$C = \dfrac{AD-1}{B} = \dfrac{8(1.625+j)-1}{j2} = \dfrac{12+j8}{j2} = 4 - j6$　　　　**【답】** ③

65 그림에서 저항 20 [Ω]에 흐르는 전류는 몇 [A]인가?

① 0.4
② 1
③ 3
④ 3.4

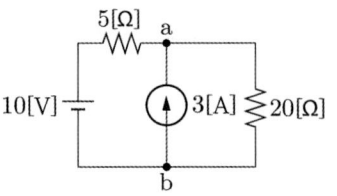

Explanation

중첩의 원리에 의하여

전압원 10[V]에 의한 전류 : $I_1 = \dfrac{V}{R} = \dfrac{10}{5+20} = 0.4[A]$

전류원 3[A]에 의한 전류 : $I_2 = \dfrac{5}{5+20} \times 3 = 0.6[A]$

$\therefore \; I = I_1 + I_2 = 0.4 + 0.6 = 1.0\,[A]$

【답】②

66 어떤 소자에 걸리는 전압이 $100\sqrt{2}\cos\left(314t - \dfrac{\pi}{6}\right)$[V]이고, 흐르는 전류가

$3\sqrt{2}\cos\left(314t + \dfrac{\pi}{6}\right)$[A]일 때 소비되는 전력[W]은?

① 100
② 150
③ 250
④ 300

Explanation

소비전력 $P = VI\cos\theta = 100 \times 3 \times \cos 60 = 150[W]$

【답】②

67 최대치가 100[V]이고 주파수가 60[Hz]인 정현파 전압이 $t=0$일 때 전압의 크기가 50[V]이고 이 순간에 정현파 전압의 크기가 감소하고 있었다. 이 정현파 전압의 순시치 $v(t)$는 몇 [V]인가?

① $v(t) = 100\sin(120\pi t + 135°)$
② $v(t) = 100\sin(120\pi t + 150°)$
③ $v(t) = 100\sin(120\pi t + 45°)$
④ $v(t) = 100\sin(120\pi t + 30°)$

Explanation

① $t=0$일 때 전압의 크기가 50[V]이므로, 최대치 100[V]의 1/2이어야 하므로 sin 30° 또는 sin 150°가 되어야 한다.
② 최대값이 100이며 $t=0$에서 순시값이 감소하므로 정현파의 감소 구간 즉 90°~180° 사이만큼 파형이 앞서고 있는 것이므로 그림과 같다.

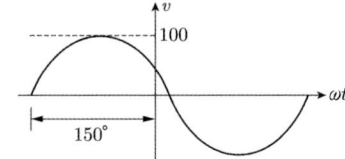

③ $\omega = 2\pi f = 2\pi \times 60 = 120\pi$

따라서 $v = 100\sin(120\pi t + 150°)$

【답】②

68 특성방정식이 다음과 같다. 이를 z변환하여 z평면에 도시할 때 단위원 밖에 놓일 근은 몇 개인가?

$$(s+1)(s+2)(s-3) = 0$$

① 0
② 1
③ 2
④ 3

Explanation

z 평면

- s 평면의 좌반면 : z 평면의 단위원 내부에 사상(안정)
- s 평면의 우반면 : z 평면의 단위원 외부에 사상(불안정)
- s 평면의 허수축 : z 평면의 단위원 원주상에 사상(임계)

$(s+1)(s+2)(s-3)=0$

특성방정식의 해(극점) $s=-1,-2,3$

∴ z 평면의 단위원 밖에 놓일 근은 2개이다.$(s=-2,3)$

【답】③

69 $G(s)H(s) = \dfrac{k(s+1)}{s(s+5)(s+8)}$ 일 때 근궤적에서 점근선의 실수축과의 교차점은?

① -6 ② -5

③ -4 ④ -1

Explanation

근궤적의 점근선의 교차점

$$\sigma = \frac{\Sigma G(s)H(s)\text{의 극점} - \Sigma G(s)H(s)\text{의 영점}}{P-z}$$

$$= \frac{\Sigma P - \Sigma Z}{p-z} = \frac{(0-5-8)-(-1)}{3-1} = \frac{-12}{2} = -6$$

【답】①

70 $G(s) = \dfrac{1}{0.005s(0.1s+1)^2}$ 에서 $\omega = 10[\text{rad/sec}]$일 때의 이득 및 위상각은?

① $20[\text{dB}],\ -90°$ ② $20[\text{dB}],\ -180°$

③ $40[\text{dB}],\ -90°$ ④ $40[\text{dB}],\ -180°$

Explanation

【답】②

71 그림과 같이 결선된 회로의 단자(a, b, c)에 선간전압이 $V[\text{V}]$인 평형 3상 전압을 인가할 때 상전류 $I[\text{A}]$의 크기는?

① $\dfrac{V}{4R}$ ② $\dfrac{3V}{4R}$

③ $\dfrac{\sqrt{3}\,V}{4R}$ ④ $\dfrac{V}{4\sqrt{3}\,R}$

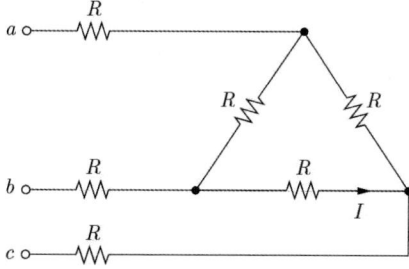

Explanation

I : △결선의 상전류

따라서 우선 회로를 Y결선으로 전환하면

△→Y로 변환 : 저항은 $\dfrac{1}{3}$ 이 되므로 $\dfrac{R}{3}$

따라서 전체 1상의 전압은 $R_T = R + \dfrac{R}{3} = \dfrac{4}{3}R$

$$I_p = \frac{V_p}{R_T} = \frac{\frac{V}{\sqrt{3}}}{\frac{4}{3}R} = \frac{3V}{4\sqrt{3}R} = \frac{\sqrt{3}V}{4R}\text{이므로 선전류도 } I_l = \frac{\sqrt{3}V}{4R}$$

문제에서 I는 △결선의 상전류이므로 선전류를 $\sqrt{3}$으로 나누어야 하며

$$I = \frac{\sqrt{3}V}{4R} \times \frac{1}{\sqrt{3}} = \frac{V}{4R}$$

【답】①

72 비정현파의 전압과 전류가 다음과 같을 때, 이 비정현파의 전력은 몇 [W]인가?

$$e = 10\sin 100\pi t + 4\sin\left(300\pi t - \frac{\pi}{2}\right)[\text{V}]$$

$$i = 2\sin\left(100\pi t - \frac{\pi}{3}\right) + \sin\left(300\pi t - \frac{\pi}{4}\right)[\text{A}]$$

① 24.212
② 12.828
③ 8.586
④ 6.414

Explanation

유효전력(평균전력)은 주파수가 같을 때만 발생되므로
$P = V_1 I_1 \cos\theta_1 + V_3 I_3 \cos\theta_3$ 에서

$$P = \frac{10}{\sqrt{2}} \times \frac{2}{\sqrt{2}} \cos\frac{\pi}{3} + \frac{4}{\sqrt{2}} \times \frac{1}{\sqrt{2}} \cos\left(\frac{\pi}{2} - \frac{\pi}{4}\right) = 6.414[\text{W}]$$

【답】④

73 그림의 교류 브리지 회로가 평형이 되는 조건은?

① $L = \dfrac{R_1 R_2}{C}$
② $L = \dfrac{C}{R_1 R_2}$
③ $L = R_1 R_2 C$
④ $L = \dfrac{R_2}{R_1} C$

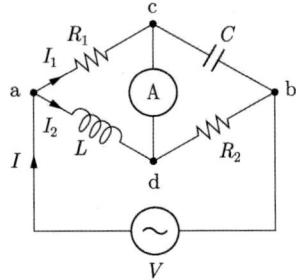

Explanation

브리지평형 조건 : $R_1 R_2 = j\omega L \cdot \dfrac{1}{j\omega C}$ $\therefore R_1 R_2 = \dfrac{L}{C}$에서 $L = R_1 R_2 C$

【답】③

74 회로에서 스위치 S를 닫은 후 회로에 흐르는 전류 $i(t)$의 시정수는? 단 C에 초기 전하는 없다.

① $\dfrac{RR_1 C}{R + R_1}$
② $\dfrac{R + R_1}{RR_1 C}$
③ $(RR_1 + R_1)C$
④ $\dfrac{C}{RR_1 + R_1}$

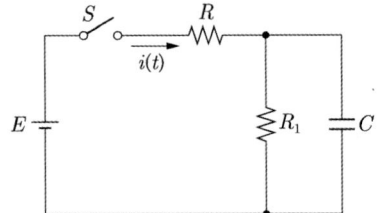

Explanation

75 블록선도 변환이 틀린 것은?

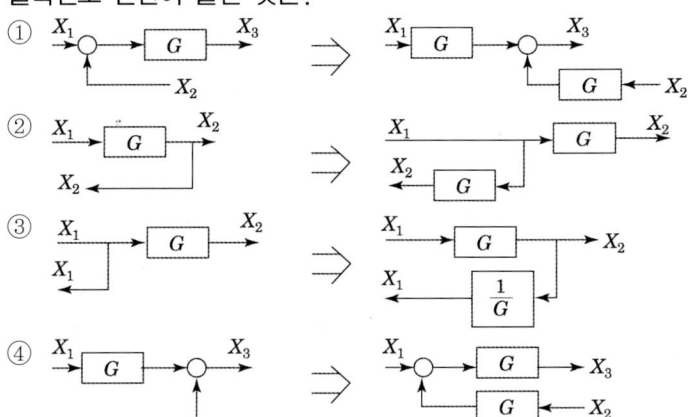

Explanation

【답】④

76 일정 입력에 대해 잔류 편차가 있는 제어계는?
① 비례 제어계
② 적분 제어계
③ 비례 적분 제어계
④ 비례 적분 미분 제어계

Explanation

연속 제어
• 비례 제어(P 제어) : 잔류 편차(off-set) 발생
• 비례·적분 제어(PI 제어) : 잔류 편차 제거, 시간지연(정상 상태 개선)
• 비례·미분 제어(PD 제어) : 속응성 향상, 진동억제(과도상태 개선)
• 비례·미분·적분 제어(PID 제어) : 속응성 향상, 잔류 편차 제거

【답】①

77 평형 3상 △ 결선 회로에서 선간전압(E_ℓ)과 상전압(E_p)의 관계로 옳은 것은?

① $E_\ell = \sqrt{3}\,E_p$

② $E_\ell = 3E_p$

③ $E_\ell = E_p$

④ $E_\ell = \dfrac{1}{\sqrt{3}}\,E_p$

Explanation

△결선
• $V_l = V_p$
• $I_l = \sqrt{3}\,I_p$

【답】③

78 다음의 논리 회로를 간단히 하면?

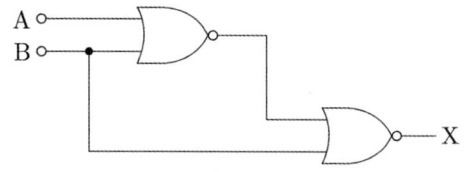

① $X = AB$

② $X = A\overline{B}$

③ $X = \overline{A}B$

④ $X = \overline{AB}$

Explanation ▶

부울대수에 의하면

$\overline{\overline{A+B}+B} = \overline{\overline{A+B}} \cdot \overline{B}$

$= (A+B) \cdot \overline{B}$

$= A\overline{B} + B\overline{B}$

$= A\overline{B}$

【답】②

79 다음과 같은 왜형파의 실효값[V]은?

① $5\sqrt{2}$

② $\dfrac{10}{\sqrt{6}}$

③ 15

④ 35

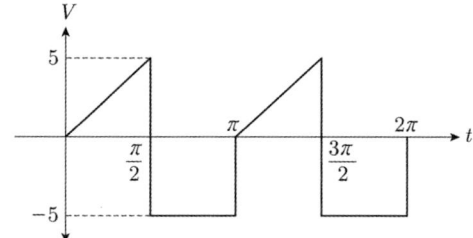

Explanation ▶

【답】②

80 반파대칭의 왜형파에 포함되는 고조파는?

① 제2고조파

② 제4고조파

③ 제5고조파

④ 제6고조파

Explanation ▶

반파대칭 : 홀수항(기수차항)

【답】③

5과목　**전기설비기술기준**

81 일반주택 아파트 각 호실의 현관등은 몇 분 이내에 소등되도록 타임스위치를 시설해야 하는가?

① 6

② 4

③ 3

④ 5

(KEC 234.6조) 점멸기의 시설
관광숙박업 또는 숙박업의 호텔이나 여관 각 객실 입구등은 1분, 일반 주택 및 아파트 현관등은 3분 이내에 소등 【답】③

82 저압 옥상전로를 전개된 장소에 시설하는 경우 전선은 인장강도 2.30[kN] 이상의 것 또는 지름이 몇 [mm] 이상의 경동선이어야 하는가?

① 2.0
② 2.6
③ 3.2
④ 1.6

(KEC 221.3조) 옥상 전선로
전선은 인장강도 2.30[kN] 이상의 것 또는 지름 2.6[mm] 이상의 경동선 사용할 것 【답】②

83 접지시스템의 시설 시 선도체(구리)의 단면적이 16[mm²]인 경우 보호도체의 최소 단면적은 몇 [mm²]인가?(단, 보호도체의 재질이 선도체와 같은 경우이다)

① 16
② 6
③ 10
④ 4

(KEC 142.3.2조) 보호도체의 굵기

선도체의 단면적 S (mm², 구리)	보호도체의 최소 단면적(mm², 구리)
	보호도체의 재질이 선도체와 같은 경우
16[mm²] 이하	S
16[mm²] 초과 35[mm²] 이하	16
35[mm²] 초과	S/2

【답】①

84 관등회로에 대한 정의로 옳은 것은?

① 발전소·변전소·개폐소, 이에 준하는 곳, 전기사용장소 상호간의 전선(전차선을 제외한다) 및 이를 지지하거나 수용하는 시설물을 말한다.
② 방전등용 안정기 또는 방전등용 변압기로부터 방전관까지의 전로를 말한다.
③ 광섬유케이블 및 이를 지지하거나 수용하는 시설물(조영물의 옥내 또는 옥측에 시설하는 것을 제외한다)을 말한다.
④ 전차의 집전장치와 접촉하여 동력을 공급하기 위한 전선을 말한다.

(KEC 112조) 용어 정의
"관등회로"란 방전등용 안정기 또는 방전등용 변압기로부터 방전관까지의 전로를 말한다. 【답】②

85 고압 가공전선로의 가공지선에 나경동선을 사용하려면 지름 몇 [mm] 이상의 것을 사용하여야 하는가?

① 2.0
② 3.0
③ 4.0
④ 5.0

(KEC 332.6조) 고압 가공전선로의 가공지선
고압 가공전선로에 사용하는 가공지선 : 인장강도 5.26[kN] 이상의 것 또는 지름 4[mm] 이상의 나경동선 【답】③

86 전격살충기의 전격격자는 지표 또는 바닥에서 몇 [m] 이상의 높은 곳에 시설하여야 하는가? (단, 2차측 개방 전압이 7[kV] 이하의 절연변압기를 사용하고 또한 보호격자의 내부에 사람의 손이 들어갔을 경우 또는 보호격자에 사람이 접촉될 경우 절연변압기의 1차측 전로를 자동적으로 차단하는 보호장치를 시설하였다)

① 1.5
② 1.8
③ 2.8
④ 3.5

Explanation

(KEC 241.7.1조) 전격살충기의 시설
전격살충기는 다음에 의하여 시설하여야 한다.
① 전격살충기는 「전기용품 및 생활용품 안전관리법」의 적용을 받는 것일 것.
② 전격살충기의 전격격자(電擊格子)는 지표 또는 바닥에서 3.5[m] 이상의 높은 곳에 시설할 것. 다만, 2차측 개방 전압이 7[kV] 이하의 절연변압기를 사용하고 또한 보호격자의 내부에 사람의 손이 들어갔을 경우 또는 보호격자에 사람이 접촉될 경우 절연변압기의 1차측 전로를 자동적으로 차단하는 보호장치를 시설한 것은 지표 또는 바닥에서 1.8[m]까지 감할 수 있다.
【답】②

87 철도 궤도 또는 자동차도 전용터널 안의 전선로에 사용되는 저압 전선으로 경동선을 사용하는 경우 지름 몇 [mm] 이상을 사용하여야 하는가?

① 4
② 6
③ 2.6
④ 4.5

Explanation

(KEC 335.1조) 터널 안 전선로의 시설
① **저압전선 – 지름 2.6[mm] 이상 경동선**, 애자사용공사에 의해 시설할 때 레일면상 또는 노면상 2.5[m] 이상의 높이, 합성수지관 공사, 금속관 공사, 가요전선관 공사, 케이블 공사
② 고압전선 – 지름 4[mm] 이상 경동선, 애자사용공사 시 레일면상 또는 노면상 3[m] 이상의 높이, 케이블 공사
【답】③

88 저압의 전선로 중 절연부분의 전선과 대지간의 절연저항은 사용전압에 대한 누설전류가 최대 공급전류의 얼마를 넘지 않도록 유지하여야 하는가?

① $\dfrac{1}{1,000}$
② $\dfrac{1}{2,000}$
③ $\dfrac{1}{3,000}$
④ $\dfrac{1}{4,000}$

Explanation

(기술기준 제27조) 전선로의 전선 및 절연성능
저압전선로 중 절연 부분의 전선과 대지 사이 및 전선의 심선 상호 간의 절연저항은 사용전압에 대한 누설전류가 최대 공급전류의 1/2,000을 넘지 않도록 하여야한다.
【답】②

89 전력보안통신설비의 조가선 시설기준에 대한 설명으로 틀린 것은?

① 조가선은 2조까지만 시설할 것
② 말단 배전주와 말단 1경간 전에 있는 배전주에 시설하는 조가선은 장력에 견디는 형태로 시설할 것
③ 조가선은 설비 안전을 위하여 전주와 전주 경간 중에 접속할 것
④ 조가선은 부식되지 않는 별도의 금구를 사용하고 조가선 끝단은 날카롭지 않게 할 것

Explanation

(KEC 362.3조) 전력보안통신선의 조가선 시설기준
① 설비 안전을 위하여 **전주와 전주 경간중에 접속하지 말 것**

② 부식되지 않는 별도의 금구를 사용하고 조가선 끝단은 날카롭지 않게 할 것
③ 말단 배전주와 말단 1경간 전에 있는 배전주에 시설하는 조가선은 장력에 견디는 형태로 시설할 것
④ 조가선은 2조까지만 시설할 것.
【답】③

90 과전류 차단기로 저압전로에 사용하는 주택용 배선차단기의 순시트립범위 $10I_n$ 초과 ~ $20I_n$ 이하인 주택용 배선차단기는?(단, I_n은 차단기 정격전류이다)

① A형   ② B형
③ C형   ④ D형

Explanation

(KEC 212.3.4조) 보호장치의 특성
주택용 배선차단기의 순시트립 범위

형	순시트립 범위
B	$3I_n$ 초과 ~ $5I_n$ 이하
C	$5I_n$ 초과 ~ $10I_n$ 이하
D	$10I_n$ 초과 ~ $20I_n$ 이하

I_n : 차단기 정격전류
【답】④

91 전기욕기에 전기를 공급하는 전원장치는 전기욕기용으로 내장되어 있는 2차측 전로의 사용 전압을 몇 [V] 이하로 한정하고 있는가?

① 6   ② 10
③ 12   ④ 15

Explanation

(KEC 241.2조) 전기욕기
전기욕기에 전기를 공급하기 위한 전기욕기용 전원장치(내장되어 있는 전원 변압기의 2차측 전로의 사용 전압이 10[V] 이하인 것에 한한다)는 「전기용품 및 생활용품 안전관리법」에 의한 안전기준에 적합할 것
【답】②

92 시가지에 시설하는 통신선은 단선의 절연전선인 경우 지름 몇 [mm] 이상이어야 특고압 가공전선로의 지지물에 시설할 수 있는가?

① 4   ② 5
③ 2.6   ④ 16

Explanation

(KEC 362.5조) 특고압 가공전선로 첨가설치 통신선의 시가지 인입 제한
시가지에 시설하는 통신선은 특고압 가공전선로의 지지물에 시설하여서는 아니 된다. 다만, 통신선이 절연전선과 동등 이상의 절연성능이 있고 인장강도 5.26[kN] 이상의 것. 또는 연선의 경우 단면적 16[㎟](**단선의 경우 지름 4[mm]**) 이상의 절연전선 또는 광섬유 케이블인 경우에는 그러하지 아니하다.
【답】①

93 사용전압이 22.9[kV]인 특고압 가공전선로를 시가지에 경동연선으로 시설할 경우 전선의 단면적은 몇 [㎟] 이상인가?

① 55   ② 100
③ 150   ④ 200

Explanation

(KEC 333.1조) 시가지 등에서 특고압 가공 전선로의 시설

사용전압의 구분	전선의 단면적
100[kV] 미만	인장강도 21.67[kN] 이상의 연선 또는 단면적 55[㎟] 이상의 경동연선
100[kV] 이상	인장강도 58.84[kN] 이상의 연선 또는 단면적 150[㎟] 이상의 경동연선

【답】①

94 변전소에서 사용전압 154[kV] 변압기를 옥외에 시설할 때 취급자 이외의 사람이 들어가지 않도록 시설하는 울타리는 울타리의 높이와 울타리에서 충전부분까지의 거리의 합계를 몇 [m] 이상으로 하여야 하는가?

① 5　　　　　　　　　　　　　② 5.5
③ 6　　　　　　　　　　　　　④ 6.5

Explanation ▶

(KEC 351.1조) 발전소 등의 울타리·담 등의 시설
울타리·담 등의 높이는 2[m] 이상으로 하고 지표면과 울타리·담 등의 하단사이의 간격은 0.15[m] 이하로 할 것

사용 전압의 구분	울타리·담 등의 높이와 울타리·담 등으로부터 충전부 분까지의 거리의 합계
35[kV] 이하	5[m]
35[kV] 초과 160[kV] 이하	6[m]
160[kV] 초과	6[m]에 160[kV]를 초과하는 10[kV] 또는 그 단수마다 0.12[m]를 더한 값

【답】③

95 태양광설비의 시설기준 중 전력변환장치의 시설 규정으로 틀린 것은?
① 옥내에 시설하는 경우 방수등급은 IPX3 이상일 것
② 인버터는 실내, 실외용을 구분할 것
③ 옥외에 시설하는 경우 방수등급은 IPX4 이상일 것
④ 각 직렬군의 태양전지 개방전압은 인버터 입력전압 범위 이내일 것

Explanation ▶

(KEC 522.2.2조) 태양광 설비의 전력변환장치 시설
인버터, 절연변압기 및 계통 연계 보호장치 등 전력변환장치의 시설은 다음에 따라 시설하여야 한다.
① 인버터는 실내·외용을 구분할 것
② 각 직렬군의 태양전지 개방전압은 인버터 입력전압 범위 이내일 것
③ 옥외에 시설하는 경우 방수등급은 IPX4 이상일 것

【답】①

96 전로의 최대 사용전압이 7[kV] 초과 25[kV] 이하인 중성점 접지식 전로의 절연내력 시험전압은 최대사용전압의 몇 배인가?

① 1.5　　　　　　　　　　　　② 1.25
③ 0.92　　　　　　　　　　　④ 0.64

Explanation ▶

(KEC 132조) 전로의 절연저항 및 절연내력

구분		배율	최저 전압
중성점 직접 접지식	7[kV] 초과 ~ 25[kV] 이하(중성점 다중 접지식)	0.92	
	60[kV] 초과 ~ 170[kV]까지	0.72	
	170[kV] 초과	0.64	

【답】③

97 통신설비의 식별을 위해 표찰을 부착하는 경우에 대한 설명으로 틀린 것은?

① 통신사업자의 설비표시명판은 플라스틱 및 금속판 등 견고하고 가벼운 재질로 하고 글씨는 각인하거나 지워지지 않도록 제작된 것을 사용한다.

② 배전주에 시설하는 통신설비의 설비표시명판은 직선주는 전주 10경간마다 시설한다.

③ 배전주에 시설하는 통신설비의 설비표시명판은 분기주, 잡아당기는 용도의 전주는 매 전주에 시설한다.

④ 모든 통신기기에는 식별이 용이하도록 인식용 표찰을 부착하여야 한다.

Explanation

(KEC 365.1조) 통신설비의 식별표시
통신설비의 식별은 다음에 따라 표시하여야 한다.
① 모든 통신기기에는 식별이 용이하도록 인식용 표찰을 부착하여야 한다.
② 통신사업자의 설비표시명판은 플라스틱 및 금속판 등 견고하고 가벼운 재질로 하고 글씨는 각인하거나 지워지지 않도록 제작된 것을 사용하여야 한다.
③ 배전주에 시설하는 통신설비의 설비표시명판은 다음에 따른다.
　- **직선주는 전주 5경간마다 시설할 것**
　- 분기주, 잡아당기는 용도의 전주는 매 전주에 시설할 것　　　　　　　　　　　　　　【답】②

98 교통신호등 제어장치의 2차측 배선의 최대사용전압은 몇 [V] 이하이어야 하는가?

① 150　　　　　　　　　　　　　　　② 250
③ 300　　　　　　　　　　　　　　　④ 400

Explanation

(KEC 234.15조) 교통신호등
① **교통신호등 회로의 사용전압은 300[V] 이하이어야 한다.**
② 교통신호등 회로의 배선(인하선을 제외한다)은 케이블인 경우 이외는 공칭단면적 2.5[㎟] 연동선과 동등 이상의 세기 및 굵기의 450/750[V] 일반용 단심 비닐 절연전선 또는 450/750[V] 내열성 에틸렌아세테이트 고무 절연전선일 것
③ 전선의 지표상의 높이는 2.5[m] 이상일 것
④ 교통신호등 제어장치의 금속제 외함에는 접지공사를 하여야 한다.　　　　　　　　　【답】③

99 저압 옥측전선로를 목조의 조영물에 시설할 때 가능한 공사방법은?

① 케이블공사(연피 케이블을 사용하는 경우)　② 버스덕트공사
③ 금속관공사　　　　　　　　　　　　　　④ 합성수지관공사

Explanation

(KEC 221.2조) 옥측전선로
아래의 공사방법에 의할 것
　- 애자공사(전개된 장소만)
　- 합성수지관공사
　- 금속관공사(**목조 제외**)
　- 버스덕트공사(**목조 제외**)
　- 케이블공사(연피 케이블, 알루미늄피 케이블, MI케이블 사용하면 **목조 제외**)　　　　【답】④

100 제1종 특고압 보안공사로 시설하는 전선로의 지지물로 사용할 수 있는 것은?

① 목주　　　　　　　　　　　　　　　② A종 철근 콘크리트주
③ 철탑　　　　　　　　　　　　　　　④ A종 철주

Explanation

(KEC 333.22조) 특고압 보안공사
전선로의 지지물에는 B종 철주B종 철근 콘크리트주 또는 철탑을 사용할 것(목주·A종 사용금지)　【답】③

01 사이리스터의 게이트 트리거 회로로 적합하지 않은 것은?

① UJT 발진회로
② DIAC에 의한 트리거 회로
③ PUT 발진회로
④ SCR 발진회로

Explanation

트리거 회로
• DIAC에 의한 트리거 회로
• UJT 발진회로
• PUT 발진회로

【답】④

02 500[W]의 전열기를 정격 상태에서 60분간 사용 시의 발생 열량[kcal]은 약 얼마인가?

① 430
② 650
③ 510
④ 610

Explanation

열량 $Q = 0.24\,Pt \times 10^{-3}$[kcal]
$$= 0.24 \times 500 \times 60 \times 60 \times 10^{-3} = 432[\text{kcal}]$$

【답】①

03 알칼리 축전지에 대한 설명으로 옳은 것은?

① 공칭전압은 1셀 당 1.2[V]이다.
② 진동에 약하고 급속 충방전이 어렵다.
③ 전해질은 묽은 황산용액을 사용한다.
④ 음극에 Ni 산화물, Ag 산화물을 사용한다.

Explanation

알칼리 축전지
• 양극 : $Ni(OH)_3$(산화니켈)
• 음극 : 에디슨 : Fe
  융그너 : Cd
• 전해액 : 수산화칼륨(KOH)
• 특징 : 수명이 길고 운반진동에 강하며 급격한 충 · 방전에 견디고 다소 용량이 감소하여도 못쓰게 되지 않음
• 포켓식, 소결식(소형이고 고율방전 특성이 좋다.)

【답】①

04 전기용접부의 비파괴검사와 관계없는 것은?

① 자기 검사
② 고주파 검사
③ X선 검사
④ 초음파 검사

Explanation

용접부의 비파괴 검사
• 자기 검사
• 초음파 검사
• 방사선 검사(X선 또는 γ선 투과시험)   【답】②

05 1[kW]의 전열기를 사용해서 6[ℓ]의 물을 20℃에서 85℃로 올리는 데 45분이 걸렸다. 이 전열기의 효율[%]은 약 얼마인가?
① 55   ② 65
③ 70   ④ 60

전열기 효율 $\eta = \dfrac{\text{열}}{\text{전기}} \times 100 = \dfrac{c\,m\theta}{860Pt} \times 100$ 에서

$\eta = \dfrac{c\,m\theta}{860Pt} \times 100 = \dfrac{1 \times 6 \times (85-20)}{860 \times 1 \times \dfrac{45}{60}} \times 100 = 60.47[\%]$ 【답】④

06 두 개의 SCR을 역병렬로 접속한 것과 같은 특성의 소자는?
① GTO   ② TRIAC
③ 광사이리스터   ④ 역전용 사이리스터

트라이액(TRIAC : Triode Switch for AC)

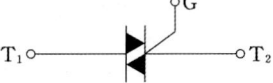

• 쌍방향 3단자 소자
• **SCR 역병렬 구조**
• 교류 전력을 양극성 제어
• 과전압에 의한 파괴 안 됨   【답】②

07 전기철도의 변전소의 간격을 결정하는 요소에 속하지 않는 것은?
① 노면의 상태   ② 전압변동률
③ 수송량   ④ 선로의 구배

전기철도에서 변전소의 간격은 전기 부식 방지 및 구배에 따른 소비전력 및 회생전력량의 결정, 수송량에 따라 전압 변동률 및 전압강하가 결정되기 때문에서 설계 시 간격을 결정하는 데 중요하다.   【답】①

08 풍압 500[mmAq], 풍량 0.5[m³/s]인 송풍기용 전동기의 용량[kW]은 약 얼마인가?(단, 여유계수는 1.23, 팬의 효율은 0.60이다.)
① 5   ② 7
③ 9   ④ 11

송풍기 출력 $P = \dfrac{KQH}{6,120\eta}$[kW] (여기서, K : 여유계수, Q : 풍량[m³/분], H : 풍압[mmAq], η : 효율)

$= \dfrac{1.23 \times 0.5 \times 60 \times 500}{6,120 \times 0.6} = 5.02[\text{kW}]$ 【답】①

09 부식성의 산, 알칼리 또는 유해가스가 있는 장소에서 실용상 지장 없이 사용할 수 있는 구조의 전동기는?

① 방적형   ② 방진형
③ 방수형   ④ 방식형

> **Explanation** ▶
>
> • **방식형(방부형)** : 지정된 부식성의 산, 알칼리 또는 유해가스가 존재하는 장소에서 실용상 지장이 없도록 사용할
>   수 있는 구조 【답】④

10 금속 중 이온화 경향이 큰 물질은?

① Fe   ② Zn
③ Au   ④ K

> **Explanation** ▶
>
> 이온화 경향이 가장 큰 물질은 칼륨(K)이다. 【답】④

11 금속관 1본의 표준 길이[m]는?

① 3.6   ② 4
③ 5.5   ④ 6

> **Explanation** ▶
>
> 금속관 1본의 길이 : 3.66[m] 【답】①

12 배전반 및 분전반에 대한 설명 중 잘못된 것은?

① 노출된 충전부가 있는 배전반 또는 분전반은 취급자 이외의 사람이 쉽게 출입할 수 없도록 설치하여야 한다.
② 옥내에 시설하는 저압용 배전반 및 분전반의 기구 및 전선은 쉽게 점검할 수 있도록 시설하여야 한다.
③ 옥내에 설치하는 배전반 및 분전반은 불연성 또는 난연성이 있도록 시설하여야 한다.
④ 한 개의 분전반에는 두 가지 이하의 전원만 공급하여야 한다.

> **Explanation** ▶
>
> • 배전반, 분전반 설치 시
>   – 반의 옆쪽 또는 뒤쪽에 설치하는 분·배전반의 소형 덕트는 강판제이어야 한다.
>   – 난연성 합성수지로 된 것을 두께가 최소 1.5[mm] 이상으로 내(耐)아크성의 것이어야 한다.
>   – 강판제의 것은 두께 1.2[mm] 이상이어야 한다. 다만, 가로 또는 세로의 길이가 30[cm] 이하인 것은 두께 1.0[mm] 이상으로
>   할 수 있다.
>   – 절연저항 측정 및 전선 접속단자의 점검이 용이한 구조이어야 한다.
> • 배전반이나 분전반을 넣는 금속제의 함 및 이를 지지하는 금속 프레임 또는 구조물은 접지한다.
> • **한 개의 분전반에는 한 가지의 전원(1회선의 간선)만 공급하여야 한다.** 【답】④

13 가공전선로의 지지물에 오르고 내리는 데 사용하는 발판 볼트는 지표상 몇 [m] 미만에 설치하지 아니하는가?(단, 예외 사항은 고려하지 않음)

① 1.8   ② 2.5
③ 2.0   ④ 3.0

> **Explanation** ▶
>
> (KEC 331.4조) 가공전선로 지지물의 철탑오름 및 전주오름 방지

가공전선로의 지지물에 취급자가 오르고 내리는 데 사용하는 발판 볼트 등을 지표상 1.8[m] 미만에 시설하여서는 안 된다.

【답】①

14 무대 조명의 배치별 구분 중 무대 상부 배치 조명에 해당되는 것은?

① Foot light
② Tower light
③ Ceiling Spot light
④ Suspension Spot light

Explanation

서스펜션 라이트(suspension light)
무대 상부조명에 많이 사용되며, 천정으로부터 늘어뜨려 부분적으로 조명하는 방법

【답】④

15 다음 중 부하전류를 안전하게 차단하는 능력이 없는 것은?

① VCB
② OCB
③ ABB
④ DS

Explanation

• 차단기 : 정상전류 통전 및 이상전류 시 차단하여 전로와 기기 보호
• **단로기(DS) : 무부하 회로개폐. 사고전류 차단 불능**

【답】④

16 갭리스형 피뢰기의 특징이 아닌 것은?

① 직렬갭의 특성요소로 되어 있다.
② 특성요소 사고 시 단락사고와 같은 경우가 된다.
③ 빈번한 동작에 잘 견딘다.
④ 산화아연(ZnO)의 특성요소를 사용한다.

Explanation

갭리스형 피뢰기
• 직렬갭이 없어 특성요소만으로 절연되어 있어, 특성요소 사고 시 단락사고와 같은 경우가 될 수 있다.
• 특성 요소의 우수한 특성으로 속류가 거의 흐르지 않으므로 동작책무에 유리하고 다중뢰의 동작에도 견딘다.
• 구조가 간단하여 구조면의 신뢰성이 향상된다.
• 산화아연(ZnO)의 특성요소를 사용한다.

【답】①

17 공기전지의 특징이 아닌 것은?

① 온도차에 의한 전압변동이 적다.
② 방전 시에 전압변동이 적다.
③ 사용 중의 자기방전이 크고 오랫동안 보존할 수 없다.
④ 내열, 내한, 내습성을 가지고 있다.

Explanation

공기건전지
• 전해액 : NH_4Cl
• 감극제 : O_2
• 특성
  – **전압변동률과 자체 방전이 작고 오래 저장할 수 있으며 가볍다.**
  – 방전용량이 크고 처음 전압은 망간전지에 비하여 약간 낮다.

【답】③

18 케이블 접속장치의 중간 등에 이용되는 컴파운드의 재료로 사용되지 않는 것은?

① 변성유   ② 에폭시수지

③ 아스팔트   ④ 휘발유

> **Explanation**
>
> 케이블 등의 접속부에 사용하는 컴파운드
> • 접속면의 산회피막 생성 방지
> • 수분침입 방지로 부식 예방
> • 접속부의 접촉저항을 감소시켜 도전성을 향상
> 와 같은 목적으로 사용하며, 위의 목적에 부합하기 위한 재료로 에폭시 수지, 변성유, 아스팔트 등이 사용된다.
> ※ 휘발유는 가연성이므로 사용할 수 없다. 【답】④

19 완금 또는 앵글류의 지지물에 COS 또는 핀애자를 고정시키는 부속자재의 명칭은?

① 앵글 베이스   ② 폴 스텝

③ U볼트   ④ 턴버클

> **Explanation**
>
> 앵글 베이스(또는 U좌급)
> 완금 또는 앵글류의 지지물에 COS 또는 핀 애자를 고정시키는 부속자재 【답】①

20 네온방전등에 대한 설명으로 틀린 것은?

① 관등회로의 배선은 애자공사로 시설하여야 한다.

② 네온변압기 2차측은 병렬로 접속하여 사용하여야 한다.

③ 네온방전등에 공급하는 전로의 대지전압은 300[V] 이하로 하여야 한다.

④ 관등회로의 배선에서 전선 상호간의 이격거리는 60[mm] 이상으로 하여야 한다.

> **Explanation**
>
> (KEC 234.12조) 네온방전등
> 1. 전로의 대지전압은 300[V] 이하
> 2. 네온변압기는 사람이 쉽게 접촉될 우려가 없는 장소에 위험하지 않도록 시설
>   ① 「전기용품 및 생활용품 안전관리법」의 적용을 받은 것.
>   **② 2차측을 직렬 또는 병렬로 접속하여 사용하지 말 것**
> 3. 관등회로의 배선은 애자공사 시설
>   ① 전선은 네온관용 전선 사용
>   ② 전선 상호간의 이격거리는 60[mm] 이상
>   ③ 전선지지점간의 거리는 1[m] 이하
>   ④ 애자는 절연성·난연성 및 내수성이 있는 것 【답】②

2과목   **전력공학**

21 한류리액터를 사용하는 주된 목적은?

① 코로나 방지   ② 단락전류 제한

③ 피뢰기 대용   ④ 역률 개선

> **Explanation**
>
> • 한류리액터 : 단락 사고 시 단락전류 제한 【답】②

22 전력선 a의 충전전압을 E, 통신선 b의 대지 정전 용량을 C_o, $a-b$ 사이의 상호 정전 용량을 C_{ab}라고 하면 통신선 b의 정전 유도 전압 E_s는?

① $\dfrac{C_{ab}+C_b}{C_b}\times E$　　② $\dfrac{C_{ab}+C_b}{C_{ab}}\times E$

③ $\dfrac{C_b}{C_{ab}+C_b}\times E$　　④ $\dfrac{C_{ab}}{C_{ab}+C_b}\times E$

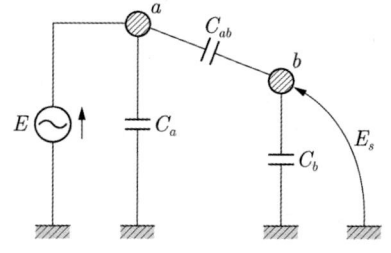

Explanation

정전 유도 전압 $E_s = \dfrac{C_{ab}}{C_{ab}+C_b}\times E$

【답】④

23 개폐서지의 이상전압을 감쇄할 목적으로 설치하는 것은?
① 차단기　　　　　　　　　　② 개폐저항기
③ 리액터　　　　　　　　　　④ 단로기

Explanation

• 단로기 : 무부하시 전로개폐
• 차단기 : 사고전류차단
• 리액터 : 한류리액터 : 단락전류제한
　　　　　분로리액터 : 페란티현상 방지
• **개폐저항기(SOV) : 개폐서지 방지**

【답】②

24 수용률을 표현하는 식은?
① 수용률 $=\dfrac{\text{평균전력}}{\text{최대수용전력}}\times 100$

② 수용률 $=\dfrac{\text{최대수용전력}}{\text{수용설비용량}}\times 100$

③ 수용률 $=\dfrac{\text{개개의 최대수용전력의 합}}{\text{합성최대수용전력}}\times 100$

④ 수용률 $=\dfrac{\text{설비전력}}{\text{합성최대수용전력}}\times 100$

Explanation

전력수용의 수용률
수용률 $=\dfrac{\text{최대수용전력}}{\text{수용설비용량}}\times 100[\%]$

【답】②

25 출력 185,000[kW]의 화력발전소에서 매시간 140[t]의 석탄을 사용한다고 한다. 이 발전소의 열효율은 약 몇 [%]인가? (단, 사용하는 석탄의 발열량은 4,000[kcal/kg]이다)
① 34.5　　　　　　　　　　② 28.4
③ 32.6　　　　　　　　　　④ 30.7

Explanation

화력발전소 열효율 $\eta = \dfrac{\text{전기}}{\text{열}}\times 100[\%]$

$$\eta = \frac{860P \cdot t}{mH} \times 100[\%]$$

따라서 $\eta = \frac{860W}{mH} \times 100 = \frac{860 \times 185,000}{140 \times 10^3 \times 4,000} \times 100 = 28.4[\%]$

【답】②

26 장거리 송선전로의 수전단을 개방할 경우, 송전단 전류 I_s를 나타내는 식은? (단, 송전단 전압을 V_s, 선로의 임피던스를 Z, 선로의 어드미턴스를 Y라 한다)

① $I_s = \sqrt{\dfrac{Y}{Z}} \tanh \sqrt{ZY} \, V_s$

② $I_s = \sqrt{\dfrac{Y}{Z}} \coth \sqrt{ZY} \, V_s$

③ $I_s = \sqrt{\dfrac{Z}{Y}} \tanh \sqrt{ZY} \, V_s$

④ $I_s = \sqrt{\dfrac{Z}{Y}} \coth \sqrt{ZY} \, V_s$

> **Explanation**

【답】①

27 송전 선로의 보호 계전 방식이 아닌 것은?

① 전압 균형 방식

② 전류 위상 비교 방식

③ 방향 비교 방식

④ 전류 차동 보호 계전 방식

> **Explanation**

모선(Bus)보호 계전 방식
• 전류 차동 보호 방식
• 전압 차동 보호 방식
• 방향 거리 계전 방식
• 위상 비교 방식

【답】①

28 직접 접지 방식에 대한 설명으로 틀린 것은?

① 지락고장 시의 중성점 전위가 높다.

② 변압기 절연이 낮아진다.

③ 통신선의 유도장해가 크다.

④ 지락전류가 커진다.

> **Explanation**

직접 접지방식의 장점
• 1선 지락 시 건전상의 대지전압 상승이 낮다(절연레벨 경감).
• 중성점을 0전위로 유지 가능(단절연 가능)
• 보호계전기 동작이 확실하다.
• 정격이 낮은 피뢰기 사용 가능

【답】①

29 154[kV] 3상 3선식 전선로에서 각 선의 정전용량이 각각 $C_a = 0.031[\mu F]$, $C_b = 0.030[\mu F]$, $C_c = 0.032[\mu F]$일 때 변압기의 중성점 잔류전압은 계통 상전압의 약 몇 [%] 정도 되는가?

① 1.9

② 2.8

③ 3.7

④ 5.5

> **Explanation**

【답】①

30 피뢰기에서 속류를 끊을 수 있는 최고의 교류전압은?

① 피뢰기의 차단전압
② 피뢰기의 정격전압
③ 피뢰기의 제한전압
④ 피뢰기의 방전개시전압

Explanation

피뢰기의 정격 전압 : 속류를 차단할 수 있는 최고의 교류 전압 【답】②

31 과도안정도 향상 대책이 아닌 것은?

① 큰 임피던스의 변압기 사용
② 속응 여자시스템 사용
③ 빠른 고장 제거
④ 송전선로에 직렬 커패시터 사용

Explanation

안정도 향상 대책
① 직렬 리액턴스(X)를 작게 한다.
 • **발전기나 변압기의 리액턴스를 작게 한다.**
 • 선로의 병행 회선수를 늘리거나 복도체 또는 다도체 방식을 사용한다.
 • 직렬 콘덴서를 삽입하여 선로의 리액턴스를 보상한다.
② 전압변동을 작게 한다.
 • 속응 여자 방식의 채용
 • 계통 연계를 한다.
③ 중간 조상 방식을 채용한다.
④ 고장전류를 줄이고 고장 구간을 신속하게 차단한다.
 • 적당한 중성점 접지 방식을 채용하여 지락전류를 줄인다.
 • 고속도 계전기, 고속도 차단기를 채용한다.
 • 고속도 재폐로 방식을 채용한다. 【답】①

32 전력 퓨즈는 고압, 특고압기기 주로 어떤 전류의 차단을 목적으로 설치하는가?

① 영상전류
② 충전전류
③ 단락전류
④ 부하전류

Explanation

전력 퓨즈(PF : Power Fuse) : 단락전류 차단 【답】③

33 화력발전에서 재열기의 사용 목적은?

① 급수를 가열한다.
② 공기를 가열한다.
③ 석탄을 건조한다.
④ 증기를 가열한다.

Explanation

• 재열기 : 터빈 내에서의 증기를 다시 가열하는 장치 【답】④

34 송전선로의 고장전류 계산에 영상 임피던스가 필요한 경우는?

① 1선 지락
② 3상 단락
③ 3선 단선
④ 선간 단락

Explanation

대칭 좌표법으로 해석할 경우 필요한 임피던스

	정상분	역상분	영상분
1선 지락	○	○	○
2선 단락(선간 단락)	○	○	
3상 단락	○		

【답】①

35 전력선측의 유도장해 방지대책이 아닌 것은?
① 전력선과 통신선의 이격거리를 크게 한다.　② 차폐선을 설치한다.
③ 배류코일을 사용한다.　④ 전력선의 연가를 충분히 한다.

유도 장해 방지 대책

전력선측	통신선측
• 이격거리 크게 • 소호 리액터 접지방식 → 지락전류 소멸 • 고속도 차단기 설치 • 연가 • 차폐선을 설치(30~50[%]경감) • 지중전선로 설치	• 전력선과 교차 시 수직 교차 • 연피케이블 • 절연 강화 • 절연변압기 • **배류 코일 설치** • 특성이 양호한 피뢰기 시설

【답】③

36 부하전력 및 역률이 같을 때 전압을 2배 승압하면 승압 전에 비해 전압강하(㉮)와 전력손실(㉯)은 각각 몇 배가 되는가?

① ㉮ 1,　㉯ 2

② ㉮ $\frac{1}{4}$, ㉯ $\frac{1}{2}$

③ ㉮ $\frac{1}{2}$, ㉯ $\frac{1}{4}$

④ ㉮ $\frac{1}{2}$, ㉯ 1

전압과의 관계
• 전압 강하 $e \propto \dfrac{1}{V} = \dfrac{1}{2}$
• 전력 손실 $P_l \propto \dfrac{1}{V^2} = \dfrac{1}{4}$

【답】③

37 유효낙차가 30[%] 저하하고 수차효율이 10[%] 저하되었을 때 출력은 약 몇 [%]가 되는가?
(단, 개도 및 이외의 조건은 불변이다)

① 44

② 53

③ 47

④ 50

속도 $v = \sqrt{2gH}$
유량 $Q[\text{m}^3/\text{sec}] = A[m^2] \times v[m/\text{sec}] \propto \sqrt{H}$
출력 $P = 9.8\,QH\eta$에서
$P \propto H^{\frac{3}{2}} \eta \propto (0.7)^{\frac{3}{2}} \times 0.9 \times 100 = 53[\%]$

【답】②

38 송전단 전압 154[kV], 수전단 전압 138[kV], 전력상차각 60°, 리액턴스 36[Ω]일 때 선로손실을 무시하면 전송전력은 약 몇 [MW]가 되겠는가?

① 538

② 462

③ 552

④ 511

Explanation

송전전력 : $P_s = \dfrac{V_s V_r}{X} \sin\delta[\text{MW}] = \dfrac{154 \times 138}{36} \times \sin 60° = 511.24[\text{MW}]$　　　　【답】④

39 초고압 송전계통에 단권변압기가 사용되는 이유로 볼 수 없는 것은?

① 자로가 단축되어 재료를 절약할 수 있다.

② 효율이 높다.

③ 단락전류가 적다.

④ 전압변동률이 적다.

Explanation

단권변압기 특징
• 1, 2차 권선을 하나로 사용하여 절연이 용이하지 않다.
• 1, 2차 권선을 하나로 사용하여 동량이 감소되어 동손이 적고 효율이 우수하다.
• **누설리액턴스가 적어 전압변동이 적고 안정도가 우수하다.**
• 부하용량은 변압기 고유용량보다 크다.　　　　【답】③

40 그림과 같은 전력계통의 154[kV] 송전선로에서 고장 지락 저항 Z_{gf}를 통해서 1선 지락고장이 발생되었을 때 고장 점에서 본 영상 임피던스[%]는? (단, 그림에 표시한 임피던스는 모두 동일 용량 즉, 100[MVA] 기준으로 환산한 %임피던스임)

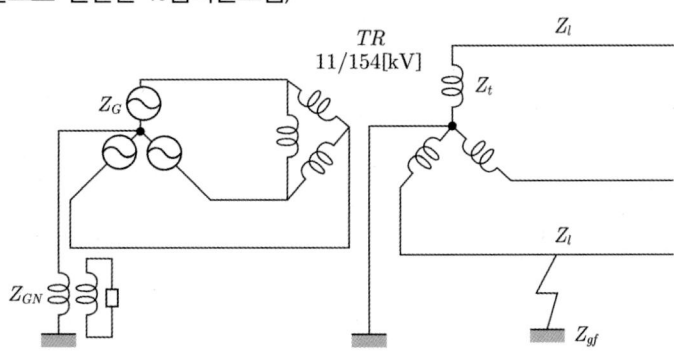

① $Z_0 = Z_l + Z_t + Z_G$

② $Z_0 = Z_l + Z_t + Z_{gf}$

③ $Z_0 = Z_l + Z_t + 3Z_{gf}$

④ $Z_0 = Z_l + Z_t + Z_{gf} + Z_G + Z_{GN}$

Explanation

영상회로로 전환하면

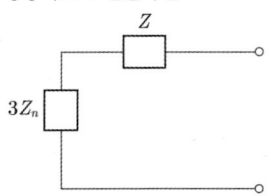

따라서 $Z_0 = Z_l + Z_t + 3Z_{gf}$　　　　【답】③

41 단상 반파 정류로 직류전압 100[V]을 얻으려고 할 때, 최대 역전압은 몇 [V] 이상의 다이오드를 사용하여야 하는가?

① 223　　　　　　　　　　　　② 156

③ 100　　　　　　　　　　　　④ 314

Explanation

단상 반파 직류 전압 $E_d = 0.45E$에서

최대 역전압 $PIV = \sqrt{2}E = \pi E_d = \pi \times 100 = 314$[V]　　　　　　【답】④

42 반도체 사이리스터로 속도제어를 할 수 없는 것은?

① 초퍼 제어　　　　　　　　　② 일그너 제어

③ 인버터 제어　　　　　　　　④ 정지형 레오너드 제어

Explanation

• 사이리스터에 의한 제어 : 위상제어, 인버터제어, 정지형 레오너드 제어

• 일그너 제어 : 플라이휠을 이용하여 관성모멘트를 크게 하여 부하가 급변해도 일정한 속도로 제어가 가능　　【답】②

43 동기발전기 제동권선의 역할은?

① 자려 작용　　　　　　　　　② 제동 작용

③ 난조 방지　　　　　　　　　④ 시동권선

Explanation

제동 권선의 역할 : 난조 방지　　　　　　　　　　　　　　　　　　【답】③

44 단상 변압기에 있어서 부하역률 80[%]의 지상 역률에서 전압변동률 4[%]이고, 부하역률 100[%]에서 전압변동률 3[%]라고 한다. 이 변압기의 %리액턴스는 약 몇 [%]인가?

① 2.7　　　　　　　　　　　　② 3.0

③ 3.3　　　　　　　　　　　　④ 3.6

Explanation

전압변동률 $\epsilon = p\cos\theta + q\sin\theta$(+ : 지상, − : 진상)

부하역률 100(%)에서는 저항강하 $\epsilon = p = 3$

따라서 전압변동률 $\epsilon = p\cos\theta + q\sin\theta$에서

$4 = 3 \times 0.8 + q \times 0.6$

$\therefore q = 2.7$　　　　　　　　　　　　　　　　　　　　　　【답】①

45 정격출력 10[MVA], 정격전압 6,600[V], 동기 임피던스가 매상 3.6[Ω]인 3상 동기 발전기의 단락비는 약 얼마인가?

① 0.7　　　　　　　　　　　　② 0.83

③ 2.1　　　　　　　　　　　　④ 1.21

Explanation

%동기임피던스

- $Z_s{}' = \dfrac{I_n Z_s}{E} \times 100 = \dfrac{P_n Z_s}{V^2} \times 100 = \dfrac{I_n}{I_s} \times 100$

- % 동기 임피던스[PU] $Z_s{}' = \dfrac{1}{K_s} = \dfrac{P_n Z_s}{V^2}$

- 단락비 $K_s = \dfrac{1}{Z_s{}'[PU]} = \dfrac{V^2}{P_n Z_s} = \dfrac{6,600^2}{10 \times 10^6 \times 3.6} = 1.21$

【답】④

---

46 3상 유도전동기의 슬립이 s일 때 2차 효율[%]은?

① $(2-s) \times 100$ ② $(s-1) \times 100$

③ $(s-2) \times 100$ ④ $(1-s) \times 100$

Explanation

2차 효율 $\eta_2 = \dfrac{P_0}{P_2} = 1-s = \dfrac{N}{N_s} = \dfrac{\omega}{\omega_0}$

【답】④

---

47 농형 유도전동기의 기동 특성상의 결함은?

① 기동 [kVA]가 작고 기동토크가 적다.   ② 기동 [kVA]가 작고 기동토크가 크다.

③ 기동 [kVA]가 크고 기동토크가 크다.   ④ 기동 [kVA]가 크고 기동토크가 적다.

Explanation

농형 유도전동기 : 기동용량이 크고 기동토크가 적고 기동전류가 크므로 대용량에는 사용하기 어렵다.

【답】④

---

48 전기자 도체수 360, 극당 자속수 0.05[Wb]인 6극 중권 직류 전동기의 전기자전류가 50[A]일 때의 발생 토크는 약 몇 [N·m]인가?

① 43.8   ② 429.6

③ 14.6   ④ 143.2

Explanation

토크 $\tau = \dfrac{P}{\omega} = \dfrac{pz}{2\pi a}\phi I_a = \dfrac{6 \times 360}{2\pi \times 6} \times 0.05 \times 50 = 143.2[\text{N·m}]$

【답】④

---

49 철심의 단면적이 100[cm²]이고, 최대 자속밀도가 1.4[wb/m²]인 변압기가 있다. 60[Hz]의 정현파로서 1차에 6,300[V] 2차에 210[V]를 유도시키려면 각 권선의 권수는 약 얼마인가?(단, 철심의 점적률은 90[%]이다)

① 1차 : 1,877   2차 : 63   ② 1차 : 1,523   2차 : 54

③ 1차 : 1,954   2차 : 67   ④ 1차 : 1,780   2차 : 58

Explanation

점적률이란, 철심을 자기회로로 사용하기 때문에 철심 내를 흐르는 자속의 양이 철심 단면에 대해서 어느 정도 유효하게 사용되는가의 정도를 의미한다.
문제에서 주어진 철심의 점적률이 90[%]이므로 실제 단면적을 100[cm²]에 점적률을 곱하여 90[cm²]로 보고 계산한다.

기전력 $E = 4.44 f B_m S N$에서 $N = \dfrac{E}{4.44 f B_m S}$ 이므로,

1차 권수 $N_1 = \dfrac{6,300}{4.44 \times 60 \times 1.4 \times 90 \times 10^{-4}} = 1,876.88$

2차 권수 $N_2 = \dfrac{210}{4.44 \times 60 \times 1.4 \times 90 \times 10^{-4}} = 62.56$

【답】①

50 직류 직권 전동기를 교류 단상 정류자 전동기로 사용하기 위하여 교류를 가했을 때 발생하는 문제점이 아닌 것은?

① 계자 권선이 필요 없다.　　　　　　② 정류가 불량하다

③ 역률이 떨어진다.　　　　　　　　　④ 효율이 나빠진다.

Explanation

직류 직권 전동기는 교류 전원 사용이 가능하나 교류의 경우에는 주파수가 있기 때문에 철손을 비롯한 손실이 증가하고 효율이 저하되며, 역률이 저하되어 정류 불량으로 이어진다.　　　　　　【답】①

51 동기전동기의 전기자 전류가 최소일 때 역률은?

① 0.866　　　　　　　　　　　　　　② 0

③ 0.707　　　　　　　　　　　　　　④ 1

Explanation

동기 전동기의 위상 특성 곡선(V곡선)
• I_a 와 I_f 관계곡선 (P는 일정)
• 계자전류의 변화에 대한 전기자 전류의 변화를 나타낸 곡선
• 과여자 : 앞선 역률(진상)
• 부족여자 : 늦은 역률(지상)
역률 $\cos\theta = 1$ 일 때, 전기자 전류 최소　　　　　　【답】④

52 1차 전압 V_1, 2차 전압 V_2인 단권변압기를 Y결선했을 때, 부하용량에 대한 자기용량의 비는? (단, $V_1 > V_2$이다)

① $\dfrac{V_1 - V_2}{\sqrt{3}\,V_1}$

② $\dfrac{\sqrt{3}\,(V_1 - V_2)}{2\,V_1}$

③ $\dfrac{V_1 - V_2}{V_1}$

④ $\dfrac{V_1^2 - V_2^2}{\sqrt{3}\,V_1\,V_2}$

Explanation

단권변압기 Y결선
$$\frac{\text{자기 용량}}{\text{부하 용량}} = \frac{V_h - V_l}{V_h} = \frac{V_1 - V_2}{V_1}\ (\text{승압용})$$
【답】③

53 전기자저항 0.1[Ω], 직권계자 저항 0.2[Ω]의 직권 직류전동기에 200[V]를 가했더니 부하전류가 20[A]일 때 전동기의 속도는 약 몇 [rpm]인가?(단, 기계정수는 2.61이다)

① 1,519　　　　　　　　　　　　　　② 1,613

③ 1,550　　　　　　　　　　　　　　④ 1,488

Explanation

직류 직권전동기 : $I = I_a = I_f$

속도 $n = k\dfrac{V - I(R_a + R_s)}{I}$ [rps]　(여기서, k는 기계정수)

$\qquad = 2.61 \times \dfrac{200 - 20(0.1 + 0.2)}{20} = 25.32$ [rps]

따라서 $N = 25.32 \times 60 = 1,519$ [rpm]　　　　　　【답】①

54 직류 분권전동기의 속도를 제어하는 방식 중 정지 레오나드 방식이 속하는 속도 제어법은?

① 전압 제어법
② 병렬 저항 제어법
③ 직렬 저항 제어법
④ 계자 제어법

직류전동기 속도제어 $n = K' \dfrac{V - I_a R_a}{\phi}$ (K' : 기계정수)

종류	특징
전압 제어	• 광범위 속도제어 가능 • 워드 레오너드 방식 : 소형부하(엘리베이터에 사용) • 일그너 방식(부하가 급변, 대용량 부하-제철, 제강, 압연) : 플라이 휠 효과(관성 모멘트 증가) • 정토크 제어
계자 제어	• 정출력 제어
저항 제어	• 효율이 저하

【답】 ①

55 변압기 2차를 단락할 경우 1차 단락전류는? (단, 여자전류에 의한 전압 강하는 무시하고, a는 권수비, 각각의 1차, 2차 전압, 전류 및 임피던스는 $V_1, I_1, Z_1, V_2, I_2, Z_2$이다)

① $(Y_1 + a^2 Y_2) V_2$

② $\dfrac{V_1}{Z_1 + a^2 Z_2}$

③ $\dfrac{V_1}{a^2 Z_1 + Z_2}$

④ $\dfrac{V_2}{Z_1 + a^2 Z_2}$

변압기 1차 단락전류

$$I_{s1} = \frac{E_1}{Z_{21}} = \frac{E_1}{Z_1 + Z_2{}'} = \frac{E_1}{Z_1 + a^2 Z_2} = \frac{E_1}{\sqrt{(r_1 + a^2 r_2)^2 + (x_1 + a^2 x_2)^2}}$$

【답】 ②

56 단상 변압기를 병렬 운전하는 경우 부하 전류의 분담은 어떻게 되는가?

① 용량에 비례하고 누설 임피던스에 비례한다.
② 용량에 비례하고 %임피던스 강하에 역비례한다.
③ 용량에 역비례하고 %임피던스 강하에 비례한다.
④ 용량에 역비례하고 누설 임피던스에 역비례한다.

변압기의 병렬 운전 시 부하분담

$\dfrac{P_a}{P_b} = \dfrac{P_A}{P_B} \times \dfrac{\%Z_b}{\%Z_a}$: 분담용량은 정격용량에 비례하고 누설임피던스에 반비례

여기서, P_a : A기 분담용량, P_A : A기 정격용량, P_b : B기 분담용량, P_B : B기 정격용량

【답】 ②

57 직류 복권발전기를 안정적으로 병렬 운전하기 위해 필요한 것은?

① 기동보상기
② 보상권선
③ 균압선
④ 제동권선

균압선

- 병렬 운전을 안정하게하기 위하여 설치하는 것
- 직렬 계자 권선을 가지는 발전기에 필요
- **직권 및 복권 발전기** 　　　　　　　　　　　　　　　　　　　　　　　　**【답】③**

58 3상 권선형 유도전동기의 토크 비례추이곡선에서 비례추이 제량은?
① 회전수　　　　　　　　　　　　　　　② 2차 저항
③ 슬립　　　　　　　　　　　　　　　　④ 공급 전압의 크기

> **Explanation**

비례추이
권선형 유도전동기에서 사용하며, **기동토크 특성에서 토크는 2차 저항값에 비례한다.**

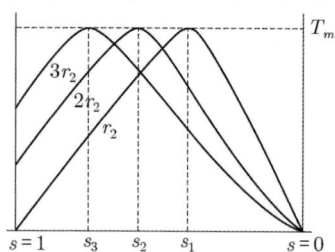

　　　　　　　　　　　　　　　　　　　　　　　　　　　　　　　　【답】②

59 중부하에서도 기동할 수 있도록 제작된 동기전동기 중 고정자인 전기자 부분이 회전자의 주위를 회전할 수 있도록 베어링부를 2중으로 하고 있는 것은?
① 유도자형 전동기　　　　　　　　　　② 유도 동기 전동기
③ 초동기 전동기　　　　　　　　　　　④ 반작용 전동기

> **Explanation**

초동기 전동기(자기기동 동기전동기)
기동 토크가 크고 기동 전류가 적은 것이 특징이며, 단점으로는 2중 베어링 장치와 브레이크 밴드 등의 특수 구조가 있어 고속
운전에는 부적당하다. 　　　　　　　　　　　　　　　　　　　　　**【답】③**

60 유도전동기의 슬립에 대한 설명으로 옳은 것은?
① 2차 효율 η_2는 슬립이 클수록 커진다.

② 회전 시 2차 유도기전력 주파수는 정지 시 2차 유도기전력 주파수의 $\dfrac{1}{s}$ 배이다.

③ 정지 상태에서 $s = 0$이다.

④ 슬립이 작을수록 동기속도에 가깝게 회전한다.

> **Explanation**

① 슬립

$$s = \frac{N_s - N}{N_s} \quad \text{(여기서, 고정자속도 } N_s = \frac{120f}{p} \, [\text{rpm}]\text{)}$$

유도전동기 : $0 < s < 1$ 여기서, $N = 0$ 즉, 정지 시 슬립은 1
　　　　　　　　　　$N = N_s$ 슬립이 0이면 동기속도와 같은 속도로 회전
② 운전 시 2차 유도기전력 $E_{2s} = sE_2$
③ 2차 효율

$$\eta_2 = \frac{P_0}{P_2} = \frac{(1-s)P_2}{P_2} = 1 - s \quad \text{즉, 슬립이 커지면 2차 효율은 감소}$$

　　　　　　　　　　　　　　　　　　　　　　　　　　　　　　　　【답】④

61 그림에서 단자 ab에 나타나는 전압 V_{ab}는 몇 [V]인가?

① 약 2[V]

② 약 4.3[V]

③ 약 5.6[V]

④ 약 8[V]

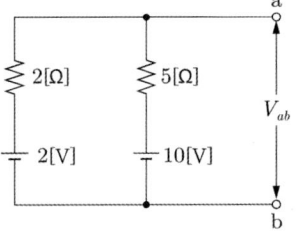

Explanation

밀만의 정리를 적용하면 $V_{ab} = \dfrac{\dfrac{V_1}{R_1}+\dfrac{V_2}{R_2}}{\dfrac{1}{R_1}+\dfrac{1}{R_2}} = \dfrac{\dfrac{2}{2}+\dfrac{10}{5}}{\dfrac{1}{2}+\dfrac{1}{5}} = \dfrac{30}{7} = 4.3[V]$

【답】②

62 그림과 같은 $R-C$ 저역통과 필터회로에 단위 임펄스를 입력으로 가했을 때 응답 $h(t)$는?

① $h(t) = RCe^{-\frac{t}{RC}}$

② $h(t) = \dfrac{1}{RC}e^{-\frac{t}{RC}}$

③ $h(t) = \dfrac{R}{1+j\omega RC}$

④ $h(t) = \dfrac{1}{RC}e^{-\frac{C}{R}t}$

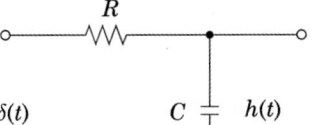

Explanation

임펄스 응답(Impulse Response) : $r(t) = \delta(t)$

출력 $C(s) = G(s)R(s)$에서 $R(s) = 1$, $C(s) = G(s)$

$\therefore\ C(t) = \mathcal{L}^{-1}[C(s)] = \mathcal{L}^{-1}[G(s)]$

전달함수 $G(s) = \dfrac{\dfrac{1}{Cs}}{R+\dfrac{1}{Cs}} = \dfrac{1}{RCs+1} = \dfrac{\dfrac{1}{RC}}{s+\dfrac{1}{RC}}$ 이므로 라플라스역변환하면

응답은 $h(t) = \dfrac{1}{RC}e^{-\frac{1}{RC}t}$

【답】②

63 3상 불평형 전압에서 역상전압 50[V], 정상전압 250[V] 및 영상전압 20[V]이면, 전압 불평형률은 몇 [%]인가?

① 10

② 15

③ 20

④ 25

Explanation

불평형률 $= \dfrac{역상분(V_2)}{정상분(V_1)} \times 100 = \dfrac{50}{250} \times 100 = 20[\%]$

【답】③

64 T형 4단자 회로에서 각 소자의 저항이 4[Ω]일 때 4단자 정수 $A=2$, $B=12$, $C=1/4$, $D=2$ 이다. 영상 전달정수는?

① 0.96　　　　　　　　　　　　　② 1.04

③ 1.32　　　　　　　　　　　　　④ 1.72

> **Explanation**

영상 전달정수

$$\theta = \ln\left(\sqrt{AD} + \sqrt{BC}\right) = \ln\left(\sqrt{4} + \sqrt{3}\right) = 1.32$$ 　【답】③

65 평형 3상 3선식 회로에서 부하는 Y결선이고, 선간전압이 $173.2\angle0°$[V]일 때 선전류는 $20\angle-120°$[A]이었다면, Y결선된 부하 한 상의 임피던스는 약 몇 [Ω]인가?

① $5\angle60°$　　　　　　　　　　② $5\angle90°$

③ $5\sqrt{3}\angle60°$　　　　　　　　④ $5\sqrt{3}\angle90°$

> **Explanation**

상전류 $I_p = \dfrac{V_p}{Z}$ 에서

임피던스 $Z = \dfrac{V_p}{I_p} = \dfrac{\dfrac{173.2}{\sqrt{3}}\angle-30°}{20\angle-120°} = 5\angle90°[\Omega]$

여기서, Y결선의 경우 선간전압은 상전압 보다 위상이 30° 앞서므로 선간전압의 위상이 0°라면 상전압은 -30°가 된다.

　【답】②

66 $\dfrac{d^2x(t)}{dt^2} + 2\dfrac{dx(t)}{dt} + x(t) = 1$에서 $x(t)$는 얼마인가? 단, $x(t) = x'(0) = 0$이다.

① $te^{-t} - e^{t}$　　　　　　　　② $t^{-t} + e^{-t}$

③ $1 - te^{-t} - e^{-t}$　　　　　　④ $1 + te^{-t} + e^{-t}$

> **Explanation**

$\dfrac{d^2x(t)}{dt^2} + 2\dfrac{dx(t)}{dt} + x(t) = 1$를 라플라스 변환하면 $s^2X(s) + 2sX(s) + X(s) = \dfrac{1}{s}$

$(s^2 + 2s + 1)X(s) = \dfrac{1}{s}$

$X(s) = \dfrac{1}{s(s^2 + 2s + 1)} = \dfrac{1}{s(s+1)^2} = \dfrac{K_1}{s} + \dfrac{K_2}{(s+1)^2} + \dfrac{K_3}{(s+1)}$

여기서, $K_1 = \lim\limits_{s\to0} s \cdot F(s) = \left[\dfrac{1}{s^2 + 2s + 1}\right]_{s=0} = 1$

$K_2 = \lim\limits_{s\to-1}(s+1)^2 \cdot F(s) = \left[\dfrac{1}{s}\right]_{s=-1} = -1$

$K_3 = \lim\limits_{s\to-1}\dfrac{d}{ds}\left(\dfrac{1}{s}\right) = \left[\dfrac{-1}{s^2}\right]_{s=-1} = -1$

$X(s) = \dfrac{1}{s} - \dfrac{1}{(s+1)^2} - \dfrac{1}{(s+1)}$ 따라서 라플라스 역변환하면 ∴ $x(t) = \mathcal{L}^{-1}[X(s)] = 1 - te^{-t} - e^{-t}$ 　【답】③

67 3상 부하가 △결선되었을 때 a상에는 콘덕턴스 0.3[℧], b상에는 콘덕턴스 0.3[℧], c상은 유도 서셉턴스 0.3[℧]가 연결되어 있다. 이 부하의 영상 어드미턴스[℧]는?

① $0.2 - j0.1$　　　　　　　　　② $0.3 + j0.3$

③ $0.6 - j0.3$　　　　　　　　　④ $0.6 + j0.3$

Explanation

영상 어드미턴스

$$Y_0 = \frac{1}{3}(Y_a + Y_b + Y_c) = \frac{1}{3}(0.3 + 0.3 - j0.3) = 0.2 - j0.1[\mho]$$

【답】①

68 내부 임피던스가 $0.3 + j2[\Omega]$인 발전기에 임피던스가 $1.1 + j3[\Omega]$인 선로를 연결하여 어떤 부하에 전력을 공급하고 있다. 이 부하의 임피던스가 몇 $[\Omega]$일 때 발전기로부터 부하로 전달되는 전력이 최대가 되는가?

① 1.4 ② $1.4 - j5$
③ $j5$ ④ $1.4 + j5$

Explanation

전체 내부 임피던스 $Z_g = 0.3 + j2 + 1.1 + j3 = 1.4 + j5[\Omega]$

최대 전력 전달 조건은 부하 임피던스 $Z_0 = \overline{Z_g}$이므로

$Z_0 = 1.4 - j5[\Omega]$

【답】②

69 무한장 무손실 전송선로의 임의의 위치에서 전압이 $10[V]$이었다. 이 선로의 인덕턴스가 $10[\mu H/m]$이고, 해당 위치에서 전류가 $1[A]$일 때 이 선로의 커패시턴스$[\mu F/m]$는?

① 0.001 ② 0.01
③ 0.1 ④ 1

Explanation

무손실 선로 조건 $R = G = 0$

특성임피던스 $Z_0 = \sqrt{\dfrac{Z}{Y}} = \sqrt{\dfrac{R + j\omega L}{G + j\omega C}} = \sqrt{\dfrac{L}{C}}$

선로의 특성임피던스 $Z_0 = \dfrac{V}{I} = \dfrac{10}{1} = 10[\Omega]$

선로의 커패시턴스 $C = \dfrac{L}{Z_0^2} = \dfrac{10}{10^2} = 0.1[\mu F/m]$

【답】③

70 반파 대칭의 왜형파에 포함되는 고조파는?

① 제2고조파   ② 제4고조파
③ 제5고조파   ④ 제6고조파

Explanation

반파대칭 : 홀수항(기수차항)

【답】③

71 2차 지연요소의 보드 선도에서 이득 곡선의 두 점근선이 만나는 점의 주파수는?

① 고유 주파수   ② 차단 주파수
③ 영 주파수   ④ 공진 주파수

Explanation

고유주파수 : 보드 선도에서 이득 곡선의 두 점근선이 만나는 점의 주파수

【답】①

72 어떤 제어계의 전달함수가 $G(s) = \dfrac{2s+1}{s^2+s+1}$ 로 표시될 때, 이 계에 입력 $x(t)$를 가했을 경우 출력 $y(t)$를 구하는 미분방정식으로 알맞은 것은?

① $\dfrac{d^2y}{dt^2} + \dfrac{dy}{dt} + y = 2\dfrac{dy}{dx} + x$

② $\dfrac{d^2y}{dt^2} + \dfrac{dy}{dt} + y = 2\dfrac{dx}{dt} + x$

③ $\dfrac{d^2x}{dt} + \dfrac{dy}{dt} + y = 2\dfrac{dx}{dt} + x$

④ $\dfrac{d^2x}{dt} + \dfrac{dy}{dx} + y = 2\dfrac{dx}{dt} + x$

> **Explanation**
>
> 전달함수 $G(s) = \dfrac{Y(s)}{X(s)} = \dfrac{2s+1}{s^2+s+1}$ 에서
>
> $(s^2+s+1)Y(s) = (2s+1)X(s)$
>
> 따라서 $\dfrac{d^2y(t)}{dt^2} + \dfrac{dy(t)}{dt} + y(t) = 2\dfrac{dx(t)}{dt} + x(t)$
>
> 【답】②

73 자동제어의 추치제어가 아닌 것은?

① 프로세스 제어
② 비율 제어
③ 추종 제어
④ 프로그램 제어

> **Explanation**
>
> 추치 제어 : 시간에 따라 값이 변화하는 제어
> • 추종 제어 : 목표값이 임의의 시간적 변화 (대공포, 레이더)
> • 프로그램제어 : 미리 정해진 신호에 따라 동작(무인열차, 무인엘리베이터, 무인자판기)
> • 비율 제어 : 시간에 비례하여 변화 (배터리, 공기량)
> 【답】①

74 전달함수 $\dfrac{C(s)}{R(s)} = \dfrac{1}{4s^2+3s+1}$ 인 제어계는 어느 경우인가?

① 무제동
② 부족제동
③ 임계제동
④ 과제동

> **Explanation**
>
> $G(s) = \dfrac{\omega_n^2}{s^2+2\zeta\omega_n s+\omega_n^2} = \dfrac{1}{4s^2+3s+1} = \dfrac{\dfrac{1}{4}}{s^2+\dfrac{3}{4}s+\dfrac{1}{4}}$
>
> $\omega_n^2 = \dfrac{1}{4}$, $\omega_n = \dfrac{1}{2}$
>
> $2\zeta\omega_n = \dfrac{3}{4}$, $\zeta = \dfrac{3}{4} = 0.75$
>
> 따라서 부족제동
> 【답】②

75 그림과 같은 RLC 회로에서 입력전압 $e_i(t)$, 출력 전류가 $i(t)$인 경우 이 회로의 전달함수 $\dfrac{I(s)}{E_i(s)}$는? (단, 모든 초기조건은 0이다)

① $\dfrac{Cs}{RCs^2 + LCs + 1}$ ② $\dfrac{1}{RCs^2 + LCs + 1}$

③ $\dfrac{Cs}{LCs^2 + RCs + 1}$ ④ $\dfrac{1}{LCs^2 + RCs + 1}$

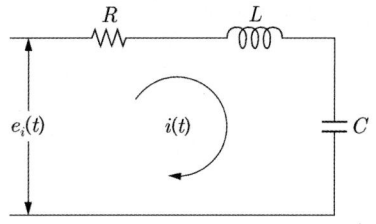

Explanation

전달함수 $G(s) = \dfrac{I(s)}{E_i(s)} = \dfrac{1}{Z(s)} = Y(s)$

$G(s) = \dfrac{I(s)}{E_i(s)} = \dfrac{1}{Z(s)} = \dfrac{1}{R + Ls + \dfrac{1}{Cs}} = \dfrac{Cs}{LCs^2 + RCs + 1}$

【답】③

76 그림의 게이트(gate) 명칭은 어떻게 되는가?

① AND gate
② OR gate
③ NAND gate
④ NOR gate

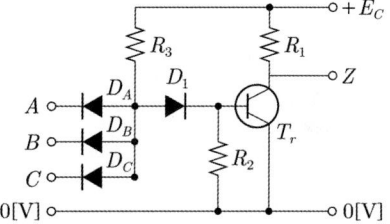

Explanation

AND와 NOT gate를 결합하면 NAND gate이며 $X = \overline{AB}$
진리표

A	B	X
0	0	1
0	1	1
1	0	1
1	1	0

【답】③

77 $G(s)H(s) = \dfrac{K}{s^2(s+1)^2}$ 에서 근궤적의 수는?

① 0 ② 1
③ 2 ④ 4

Explanation

근궤적의 개수
- $Z > P$: $N = Z$
- $Z < P$: $N = P$
영점 $Z = 0$, 극점 $P = 4$이므로
$Z < P$: $N = P$
따라서 근궤적 수 $N = 4$

【답】④

78 선형 자동제어계에서 특성 방정식이란?
① 폐루프 전달함수의 분자를 0으로 놓은 방정식
② 폐루프 전달함수의 절대치를 1로 놓은 방정식
③ 개루프 전달함수의 절대치를 1로 놓은 방정식
④ 폐루프 전달함수의 분모를 0으로 놓은 방정식

Explanation

특성방정식 : 폐루프 전달함수의 분모를 0으로 놓은 방정식 【답】④

79 아래 신호 흐름 선도에서 C/R는?

① $\dfrac{G_1 + G_2}{1 - G_1 H_1}$ ② $\dfrac{G_1 G_2}{1 - G_1 H_1}$

③ $\dfrac{G_1 + G_2}{1 + G_1 H_1}$ ④ $\dfrac{G_1 G_2}{1 + G_1 H_1}$

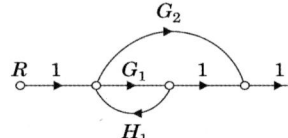

Explanation

메이슨의 이득공식을 적용하면

$G = \dfrac{\sum G_i \triangle_i}{\triangle}$ 에서

$G_i : G_1 \qquad \triangle_i : 1 - 0 = 1$
$\quad\ \ G_2 \qquad\qquad\ 1 - 0 = 1$

$\triangle = 1 - G_1 H_1$

전체이득 $G = \dfrac{C}{R} = \dfrac{G_1 + G_2}{1 - G_1 H_1}$ 【답】①

80 전달함수가 $G(s) = \dfrac{10}{s^2 + 3s + 2}$ 으로 표현되는 제어시스템에서 직류에 대한 이득은 얼마인가?

① 5 ② 2
③ 1 ④ 3

Explanation

직류는 주파수가 0이므로 $j\omega = 0$

따라서 $s = 0$이므로 $G(s) = \dfrac{10}{s^2 + 3s + 2}\big|_{s \to 0}$대입 $= \dfrac{10}{2} = 5$

$G(s) = 5$ 【답】①

5과목	**전기설비기술기준**

81 가공전선로가 사용전압 60[kV] 이하인 경우에는 전화선로의 길이 12[km] 마다 유도전류가 몇 [μA]를 넘지 않도록 하여야 하는가?
① 1 ② 2
③ 3 ④ 4

Explanation

(KEC 333.2조) 유도장해의 방지
① 사용전압이 60[kV] 이하인 경우에는 전화 선로의 길이 12[km]마다 유도전류가 2[μA]를 넘지 아니할 것
② 사용전압이 60[kV]를 넘는 경우에는 전화 선로의 길이 40[km]마다 유도전류가 3[μA]를 넘지 아니할 것   【답】②

82 사용전압 400[V] 이하 건조한 장소의 진열장 내부에 배선을 직접 조영재에 밀착할 때 캡타이어케이블 단면적은 몇 [㎟] 이상인가?

① 0.5   ② 1
③ 0.75   ④ 1.25

Explanation

(KEC 234.8조) 진열장 또는 이와 유사한 것의 내부 배선
건조한 곳에 시설하고 내부를 건조한 상채로 사용하는 진열장 또는 진열장 안의 사용 전압이 400[V] 이하인 저압 옥내 배선은 외부에서 보기 쉬운 곳에 한하여 **단면적 0.75[㎟] 이상의 코드 또는 캡타이어 케이블** 1[m] 이하마다 지지하여 시설 할 수 있다.   【답】③

83 고압 및 특고압 가공전선로와 지중전선로가 접속되는 곳에 반드시 시설하여야 하는 것은?

① 피뢰기   ② 무효전력 보상장치
③ 직렬리액터   ④ 방전코일

Explanation

(KEC 341.13조) 피뢰기의 시설
고압 및 특고압의 전로 중 다음에 열거하는 곳 또는 이에 근접한 곳에는 피뢰기를 시설하여야 한다.
① 발전소·변전소 또는 이에 준하는 장소의 가공전선 인입구 및 인출구
② 특고압 가공전선로에 접속하는 배전용 변압기의 고압측 및 특고압측
③ 고압 및 특고압 가공전선로부터 공급을 받는 수용장소의 인입구
④ **가공전선로와 지중전선로가 접속되는 곳**   【답】①

84 조상설비에 내부고장, 과전류 또는 과전압이 생긴 경우 자동적으로 전로로부터 차단되는 장치를 시설해야 하는 분로리액터의 최소 뱅크용량은 몇 [kVA]이상인가?

① 500   ② 1,000
③ 10,000   ④ 15,000

Explanation

(KEC 351.5조) 조상설비의 보호장치
조상설비에는 그 내부에 고장이 생긴 경우에 보호하는 장치를 표와 같이 시설하여야 한다.

설비종별	뱅크용량의 구분	자동적으로 전로로부터 차단하는 장치
전력용 커패시터 및 분로 리액터	500[kVA] 초과 15,000[kVA] 미만	내부에 고장이 생긴 경우에 동작하는 장치 또는 과전류가 생긴 경우에 동작하는 장치
	15,000[kVA] 이상	**내부에 고장**이 생긴 경우에 동작하는 장치 및 **과전류**가 생긴 경우에 동작하는 장치 **과전압**이 생긴 경우에 동작하는 장치
무효전력 보상장치	15,000[kVA] 이상	내부에 고장이 생긴 경우에 동작하는 장치

【답】④

85 특고압의 기계기구 모선 등을 옥외에 시설하는 변전소의 구내에 취급자 이외의 자가 들어가지 못하도록 시설하는 울타리 담 등의 높이는 몇 [m] 이상으로 하여야 하는가?

① 2   ② 2.2
③ 2.5   ④ 3

Explanation

86 발전소 변전소 개폐소, 이에 준하는 곳, 전기수용장소 상호 간의 전선 및 이를 지지하거나 수용하는 시설물을 무엇이라 하는가?

① 전선로   ② 급전소

③ 송전선로   ④ 개폐소

> **Explanation** ▶

(기술기준 3조) 정의

"전선로"란 발전소·변전소·개폐소, 이에 준하는 곳, 전기사용장소 상호 간의 전선(전차선을 제외한다) 및 이를 지지하거나 수용하는 시설물을 말한다.   【답】 ①

87 화약류 저장소의 전기설비 시설에 있어서 틀린 것은?

① 전로의 대지 전압은 300[V] 이하로 한다.

② 전기기계기구는 전폐형으로 시설한다.

③ 케이블을 전기기계기구에 인입할 때에는 인입구에서 케이블이 손상될 우려가 없도록 시설한다.

④ 전용개폐기 및 과전류 차단기는 화약류 저장소 안에 둔다.

> **Explanation** ▶

(KEC 242.5조) 화약류 저장소 등의 위험장소
① 대지전압은 300[V] 이하
② 전기기계기구는 전폐형
③ 인입구에서 케이블이 손상될 우려가 없도록 시설할 것
④ **화약류 저장소 이외의 곳에 전용 개폐기 및 과전류 차단기를 시설**   【답】 ④

88 전차선로의 직류방식의 급전전압에 대한 종류를 각 전압별 최고, 최저전압 직류(DC) 평균값의 기준을 나타낸 것으로 틀린 것은?

① 지속성 최저전압[V] : 500, 900   ② 지속성 최고전압[V] : 900, 1,800

③ 공칭전압[V] : 750, 1,500   ④ 장기 과전압[V] : 950, 1,950

> **Explanation** ▶

(KEC 411.2조) 전차선로의 전압

전차선로의 전압은 전원측 도체와 전류귀환도체 사이에서 측정된 집전장치의 전위로서 전원공급시스템이 정상 동작상태에서의 값이며 직류방식은 사용전압과 각 전압별 최고, 최저전압은 표의 규정에 따라 선정하여야 한다.

구분	최저 영구 전압[V]	공칭전압[V]	최고 영구 전압[V]	최고 비영구 전압[V]	장기 과전압[V]
DC (평균값)	500	750	900	950	1,269
	900	1,500	1,800	1,950	2,538

【답】 ④

89 특고압 가공전선과 지지물, 완금류, 지지기둥 또는 지지선사이의 이격거리는 사용전압 15[kV] 미만인 경우 일반적으로 몇 [m] 이상이어야 하는가?(단, 주어지지 않은 조건은 고려하지 않는다)

① 0.2   ② 0.3

③ 0.35   ④ 0.15

> **Explanation** ▶

(KEC 333.5조) 특고압 가공전선과 지지물 등의 이격거리

특고압 가공전선과 그 지지물·완금류·지지기둥 또는 지지선 사이의 이격거리는 표에서 정한 값 이상이어야 한다. 다만, 기술상 부득이한 경우에 위험의 우려가 없도록 시설한 때에는 표에서 정한 값의 0.8배까지 감할 수 있다.

사용전압	이격거리[m]
15[kV] 미만	0.15
15[kV] 이상 25[kV] 미만	0.2
…	…
230[kV] 이상	1.6

【답】 ④

90 발전소에서 계측하는 장치를 시설하여야 하는 사항에 해당되지 않는 것은?
① 특고압용 변압기의 온도
② 주요 변압기의 전압 및 전류 또는 전력
③ 발전기의 베어링(수중 메탈을 제외한다) 및 고정자의 온도
④ 발전기의 회전수 및 주파수

Explanation

(KEC 351.6조) 계측 장치
발전소 또는 이에 준하는 장소에는 다음 각 호에 해당하는 계측장치를 시설하여야 한다.
① 발전기의 전압 및 전류 또는 전력
② 발전기의 베어링 및 고정자의 온도
③ 주요 변압기의 전압 및 전류 또는 전력
④ 특고압용 변압기의 온도 【답】 ④

91 전기철도차량이 전차선로와 접촉한 상태에서 견인력을 끄고 보조전력을 가동한 상태로 정지해 있다면 가공 전차선로의 유효전력이 200[kW] 이상일 경우 총 역률은 얼마보다 커야 하는가?
① 0.6 ② 0.7
③ 0.8 ④ 0.9

Explanation

(KEC 441.4조) 전기철도차량의 역률
전기철도차량이 전차선로와 접촉한 상태에서 견인력을 끄고 보조전력을 가동한 상태로 정지해 있는 경우 : 가공 전차선로의 유효전력이 200[kW] 이상일 경우 총 역률은 0.8보다 클 것 【답】 ③

92 "제2차 접근상태"라 함은 가공 전선이 다른 시설물과 접근하는 경우에 그 가공전선이 다른 시설물의 위쪽 또는 옆쪽에서 수평 거리로 몇 [m] 미만인가?
① 1.2 ② 2
③ 2.5 ④ 3

Explanation

(KEC 112조) 용어 정의
"제2차 접근상태"란 가공 전선이 다른 시설물과 접근하는 경우에 그 가공 전선이 다른 시설물의 위쪽 또는 옆쪽에서 수평 거리로 3[m] 미만인 곳에 시설되는 상태를 말한다. 【답】 ④

93 사용전압이 22.9[kV]인 특고압 가공전선로를 시가지에 경동연선으로 시설할 경우 전선의 단면적은 몇 [㎟] 이상인가?
① 55 ② 100
③ 150 ④ 200

Explanation

(KEC 333.1조) 시가지 등에서 특고압 가공 전선로의 시설

사용전압의 구분	전선의 단면적
100[kV] 미만	인장강도 21.67[kN] 이상의 연선 또는 단면적 55[㎟] 이상의 경동연선
100[kV] 이상	인장강도 58.84[kN] 이상의 연선 또는 단면적 150[㎟] 이상의 경동연선

【답】①

94 제2종 특고압 보안공사의 기준으로 틀린 것은?
① 지지물이 A종 철주일 경우 그 경간은 150[m] 이하일 것
② 지지물이 목주일 경우 그 경간은 100[m] 이하일 것
③ 지지물로 사용하는 목주의 풍압하중에 대한 안전율은 2 이상일 것
④ 특고압 가공전선은 연선일 것

Explanation

(KEC 333.22조) 특고압 보안공사
제2종 특고압 보안공사는 다음 각 호에 따라야 한다.
1. 특고압 가공전선은 연선일 것.
2. 지지물로 사용하는 목주의 풍압하중에 대한 안전율은 2 이상일 것.
3. 경간은 표에서 정한 값 이하일 것. 다만, 전선에 안장강도 38.05[kN] 이상의 연선 또는 단면적이 95[㎟] 이상인 경동연선을 사용하고 지지물에 B종 철주·B종 철근 콘크리트주 또는 철탑을 사용하는 경우에는 그러하지 아니하다.

지지물의 종류	경 간
목주A종 철주 또는 A종 철근 콘크리트주	100[m]
B종 철주 또는 B종 철근 콘크리트주	200[m]
철탑	400[m](단주인 경우 300[m])

【답】①

95 저압 옥상전선로를 전개된 장소에 시설하는 내용으로 틀린 것은?
① 전선은 절연전선일 것
② 전선과 그 저압 옥상전선로를 시설하는 조영재와의 이격거리는 2[m] 이상일 것
③ 전선은 조영재에 내수성이 있는 애자를 사용하여 지지하고 그 지지점 간의 거리는 15[m] 이하일 것
④ 전선은 지름 2[㎜] 이상의 경동선을 사용할 것

Explanation

(KEC 221.3조) 옥상 전선로
저압 옥상 전선로는 다음의 어느 하나에 해당하는 경우에 한하여 시설할 수 있다.
① 전선은 인장강도 2.30[kN] 이상의 것 또는 **지름 2.6[㎜] 이상의 경동선**의 것
② 전선은 절연전선일 것
③ 전선은 조영재에 견고하게 붙인 지지기둥 또는 지지대에 절연성·난연성 및 내수성이 있는 애자를 사용하여 지지하고 또한 그 지지점 간의 거리는 15[m] 이하일 것
④ 전선과 그 저압 옥상 전선로를 시설하는 조영재와의 이격거리는 2[m](전선이 고압 절연전선, 특고압 절연전선 또는 케이블인 경우에는 1[m]) 이상일 것

【답】④

96 저압 옥내간선 분기회로의 분기점에서 몇 [m] 이하인 곳에 과부하 보호장치를 시설하여야 하는가?
(단, 보호장치 전원측에서 분기점 사이에 다른 분기회로 또는 콘센트 접속이 없고, 단락의 위험과 화재 및 인체에 대한 위험성이 최소화 되도록 시설되었다)
① 3 ② 4
③ 5 ④ 8

Explanation

(KEC 212.4.2조) 과부하 보호장치의 설치 위치

분기회로(S_2)의 분기점(O)에서 3[m] 이내에 설치된 과부하 보호장치 (P_2)

분기회로(S_2)의 보호장치(P_2)는 (P_2)의 전원 측에서 분기점(O) 사이에 다른 분기회로 또는 콘센트의 접속이 없고, 단락의 위험과 화재 및 인체에 대한 위험성이 최소화 되도록 시설된 경우, 분기회로의 보호장치(P_2)는 분기회로의 분기점(O)으로부터 3[m]까지 이동하여 설치할 수 있다.

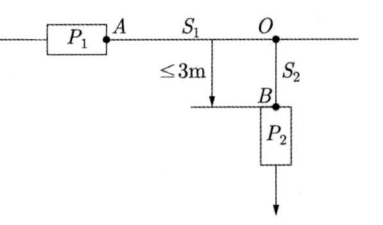

【답】①

97 금속덕트에 넣은 전선의 단면적(절연피복의 단면적을 포함)의 합계는 덕트의 내부 단면적의 몇 [%] 이하이어야 하는가?(단, 전광표시장치 기타 이와 유사한 장치 또는 제어회로 등의 배선만 넣은 경우가 아니다)

① 10
② 20
③ 32
④ 48

Explanation

(KEC 232.31조) 금속덕트공사
① 전선은 절연전선(옥외용 비닐절연전선은 제외)일 것
② 금속덕트에 넣은 전선의 단면적(절연피복의 단면적을 포함)의 합계는 덕트의 내부 단면적의 20[%](전광표시장치 기타 이와 유사한 장치 또는 제어회로 등의 배선만을 넣는 경우에는 50[%]) 이하일 것 【답】②

98 태양광발전설비를 옥외에 시설할 경우 배선설비 공사에 해당되지 않는 것은?

① 애자공사
② 금속제 가요전선관공사
③ 합성수지관공사
④ 금속관공사

Explanation

(KEC 522.1.1조) 태양광발전설비 전기배선
옥내에 시설 : 합성수지관공사, 금속관공사, 금속제 가요전선관공사, 케이블공사
옥측 또는 옥외에 시설 : 합성수지관공사, 금속관공사, 금속제 가요전선관공사, 케이블공사(수직 케이블 포설 제외) 【답】①

99 가공전선로의 지지물에 하중이 가해지는 경우 그 하중을 받는 지지물의 기초 안전율은 얼마 이상이어야 하는가?(단, 이상 시 상정하중은 무관하다)

① 1.5
② 2.0
③ 2.5
④ 3.0

Explanation

(KEC 331.7조) 가공 전선로 지지물의 기초의 안전율
가공전선로의 지지물에 하중이 가하여지는 경우에 그 하중을 받는 지지물의 기초의 안전율은 2 이상(단, 이상 시 상정하중이 가하여지는 경우의 그 이상 시 상정하중에 대한 철탑의 기초에 대하여는 1.33) 이상이어야 한다. 【답】②

100 고압 가공전선의 높이에 대한 설명으로 틀린 것은?

① 고압가공전선로를 빙설이 많은 지방에 시설하는 경우에는 전선의 적설상의 높이를 사람 또는 차량의 통행 등에 위험을 주지 않도록 유지해야 한다.
② 횡단보도교의 위에 시설하는 경우에는 그 노면상 5[m] 이상이다.
③ 철도 또는 궤도를 횡단하는 경우에는 레일면상 6.5[m] 이상이다.
④ 고압 가공전선을 수면 상에 시설하는 경우에는 전선의 수면 상의 높이를 선박의 항해 등에 위험을 주지 않도록 유지해야 한다.

(KEC 332.5조) 고압 가공전선의 높이

① 도로를 횡단하는 경우에는 지표상 6[m] 이상

② 철도 또는 궤도를 횡단하는 경우에는 레일면상 6.5[m] 이상

③ **횡단보도교의 위에 시설하는 경우에는 저압 가공전선은 그 노면상 3.5[m] 이상**

④ ①부터 ③까지 이외의 경우에는 지표상 5[m] 이상

⑤ 수면 상에 시설하는 경우에는 전선의 수면 상의 높이를 선박의 항해 등에 위험을 주지 않도록 유지 　　　　　　　　【답】②

2023년 전기공사기사 필기

1과목 전기응용 및 공사재료

01 반도체 소자 SSS의 설명으로 틀린 것은?
① 양방향성 소자이다.
② 4층 구조이다.
③ 2극 소자이다.
④ 1개의 소자로 교류를 제어할 수 있다.

Explanation

• DIAC : 양방향 2단자 소자, NPN 3층 구조
• SCR : 단방향 3단자 소자, **PNPN의 4층 구조**
• TRIAC : 양방향 3단자 소자, 3극 소자
• SSS : 2극 양방향 소자

【답】②

02 수은전지에서 음극의 반응식으로 옳은 것은?
① $Pb + SO_4^{2-} \rightarrow Pb\,SO_4 + 2e^-$
② $2MnO_2 + H_2O + 2e^- \rightarrow MnO_3 + 2OH^-$
③ $O + H_2O + 2e^- \rightarrow 2OH^-$
④ $Zn + 2OH^- \rightarrow ZnO + H_2O + 2e^-$

Explanation

수은전지
음극에서의 반응식 : $Zn + 2OH^- \rightarrow ZnO + H_2O + 2e^-$

【답】④

03 1.2[ℓ]의 물을 15[℃]로부터 75[℃]까지 10분간에 가열시키고자 하려면 전열기의 용량[W]은 약 얼마인가?(단, 효율은 70[%])
① 520
② 620
③ 720
④ 1,028

Explanation

전열기 효율 $\eta = \dfrac{\text{열}}{\text{전기}} \times 100 = \dfrac{c\,m\theta}{860Pt} \times 100$ 에서

$P = \dfrac{c\,m\theta}{860\eta\,t} = \dfrac{1 \times 1.2 \times (75-15)}{860 \times 0.7 \times \dfrac{10}{60}} \times 10^3 = 717.61[\text{W}]$

【답】③

04 SCR의 턴온(turn on) 시 20[A]의 전류가 흐른다. 게이트 전류를 반으로 줄이면 SCR의 전류[A]는?
① 5
② 10
③ 20
④ 40

Explanation

SCR이 도통 상태일 때 게이트 전류가 변하여도 부하전류는 변하지 않는다. 【답】③

05 풍압 500[mmAq], 풍량 0.5[m³/s]인 송풍기용 전동기의 용량[kW]은 약 얼마인가?(단, 여유계수는 1.23, 팬의 효율은 0.6)

① 5   ② 7

③ 9   ④ 11

Explanation

송풍기 출력 $P = \dfrac{KQH}{6120\eta}$[kW]

여기서, K : 여유계수, Q : 풍량 [m³/분], H : 풍압 [mmAq], η : 효율

따라서 $P = \dfrac{KQH}{6,120\eta} = \dfrac{1.23 \times 0.5 \times 60 \times 500}{6,120 \times 0.6} = 5.02$[kW]   【답】①

06 온도가 2,000[°K]인 흑체의 복사에너지는 온도가 1,000[°K]일 때 값의 몇 배가 되는가?

① 16배   ② 8배

③ 4배   ④ 2배

Explanation

스테판 볼츠만의 법칙 : 복사에너지는 절대 온도 4승에 비례

$W = KT^4 \propto (\dfrac{2,000}{1,000})^4 \propto 16$배   【답】①

07 전기가열방식 중 수하특성을 이용한 가열방식은?

① 아크 가열   ② 저항 가열

③ 고주파 가열   ④ 적외선 가열

Explanation

아크 가열 : 전극 간의 방전에 의해 아크에서 발생하는 고열을 이용
• 흑연 전극(인조흑연 전극)사용
• 역률 70~80[%]
• 수하특성   【답】①

08 반사율 60[%], 흡수율 20[%]를 가지고 있는 완전 확산성 구형글로브의 중심에 있는 광원에서 2,000[lm]의 빛을 비추었을 때, 글로브를 투과하는 광속[lm]은?

① 400   ② 800

③ 1,000   ④ 1,200

Explanation

$\rho + \tau + \delta = 1$ 여기서, 반사율 ρ, 투과율 τ, 흡수율 δ
투과율 $\tau = 1 - \rho - \delta = 1 - 0.6 - 0.2 = 0.2$
투과광속 $\tau F = 0.2 \times 2,000 = 400$[lm]   【답】①

09 철도차량이 운행하는 곡선부의 종류가 아닌 것은?

① 단곡선   ② 복곡선

③ 반향곡선   ④ 완화곡선

Explanation

곡선부의 종류
• 단곡선 : 곡률이 일정한 곡선
• 반향곡선 : 방향이 서로 반대되는 곡선
• 완화곡선 : 곡률을 순차적으로 변화시켜 직선부와 곡선부를 완화시키는 곡선

【답】②

10 직류 전동기 중 공급전원의 극성이 바뀌면 회전방향이 바뀌는 것은?
① 분권기
② 평복권기
③ 직권기
④ 타여자기

타여자기 : 공급전원의 극성이 바뀌면 전기자 전류의 방향이 반대로 되어 회전자의 방향이 반대로 된다.

【답】④

11 나트륨 램프에 대한 설명 중 틀린 것은?
① 등황색의 단일 광색으로 연색성이 나쁘다.
② 색온도는 5,000~6,000[°K] 정도이다.
③ 도로, 터널, 항만표지 등에 이용한다.
④ KS C 7610에 따른 기호 NX는 저압 나트륨 램프를 표시하는 기호이다.

① 나트륨등 기호 : 저압나트륨등(NX), 고압나트륨등(NH)
② **나트륨등 색온도 : 저압나트륨등(1,750[°K]), 고압나트륨등(2,500[°K])**

【답】②

12 고장전류 차단능력이 없는 것은?
① 라인 스위치
② 배선용 차단기
③ 진공 차단기
④ 기중 차단기

차단기 : 정상전류 통전 및 이상전류 시 차단하여 전로와 기기 보호
• ACB(기중 차단기)
• VCB(진공 차단기)
• MCCB(배선용 차단기)
LS는 선로개폐기(라인 스위치)이며 단로기와 특성이 거의 같아서 고장전류 차단 불능

【답】①

13 가공송전선의 뇌해를 방지하는 것은?
① 가공지선
② 아킹혼
③ 접지봉
④ 현수애자

이상전압 방호설비
• 피뢰기 : 이상전압에 대한 기계기구 보호(변압기 보호)
• 서지흡수기(SA) : 이상전압에 대한 발전기 보호
• **가공지선 : 직격뢰, 유도뢰 차폐 효과**

【답】①

14 피뢰침을 접지하기 위한 피뢰도선을 동선으로 할 경우의 단면적은 최소 몇 [㎟] 이상으로 해야 하는가?
① 14
② 22
③ 30
④ 50

피뢰침 설비 : 수뢰부, 인하도선, 접지극은 동선 50[㎟] 이상으로 한다. 【답】④

15 154[kV] 송전선로에 사용하는 현수 애자련의 애자의 개수는?

① 6~7
② 8~9
③ 10~11
④ 12~13

Explanation

전압별 애자수

전압[kV]	22.9	66	154	345	765
애자개수	2~3	4~6	**10~11**	18~23	38~43

【답】③

16 다음 재료 중 저항률이 가장 큰 것은?

① 마그네슘
② 백금
③ 텅스텐
④ 납

Explanation

저항률이 큰 순서
- **납 : 21.9[$\mu\Omega \cdot$ m]**
- 백금 : 10.5[$\mu\Omega \cdot$ m]
- 텅스텐 : 5.48[$\mu\Omega \cdot$ m]
- 마그네슘 : 4.34[$\mu\Omega \cdot$ m]

【답】④

17 다음 중 지락고장 검출용으로 적당하지 않은 것은?

① OCR
② CT
③ ZCT
④ GPT

Explanation

- ZCT : 영상 변류기(지락전류 검출)
- GPT : 접지형 계시용 변압기(영상 전압 검출)
- OCR(과전류 계전기) : 과전류에 동작하여 차단기 트립코일 여자

【답】②

18 다음 중 사무소, 공장에 적당한 조명 방식은?

① 국부 조명
② 전반 조명
③ 전반 국부 병용 조명
④ 중점 배열 조명

Explanation

일반 장소
- 전반 국부 병용 조명이 이용
- 사무소, 공장 등에 사용

【답】③

19 절연전선을 접속하는 경우 규정에 적합하지 않은 것은?

① 전선의 전기저항을 증가시키지 않을 것
② 절연전선의 절연물과 동등 이상의 절연성능이 있는 접속기를 사용할 것
③ 전선의 세기를 30[%] 이상 감소시키지 아니할 것
④ 접속부분에 전기적 부식이 생기지 않도록 할 것

Explanation

(KEC 123조) 전선의 접속

① 전선의 세기를 20[%] 이상 감소시키지 말아야 한다.
② 절연전선의 절연물과 동등 이상의 절연성능이 있는 접속기를 사용할 것
③ 전선의 전기저항을 증가시키지 아니할 것
④ 전기화학적 성질이 다른 도체를 접속할 경우 전기적 부식이 생기지 않도록 할 것

【답】③

20 다음의 조명용 광원 중에서 연색성이 가장 우수한 것은?

① 백열전구
② 고압나트륨등
③ 고압수은등
④ 메탈할라이드등

Explanation

연색성(color rendering) : 조명이 물체의 색감에 영향을 미치는 현상

【답】①

2과목 　전력공학

21 지중케이블에 있어서 고장점을 찾는 방법이 아닌 것은?

① 메거에 의한 측정방법
② 머레이 루프에 의한 방법
③ 정전용량 측정에 의한 방법
④ 펄스에 의한 측정 방법

Explanation

지중케이블 고장점 측정법
• 머레이 루프법 : 휘스톤 브리지 원리 이용. 지락사고에 가장 많이 사용하나 단선 사고시 적용 불가
• 펄스 레이더법 : 사고 케이블에 펄스전압을 인가하여 사고점에서 반사되는 펄스파를 감지하여 사고점까지의
　　　　　　　　거리 계산. 모든 고장에 적용 가능
• 정전 용량법 : 정전용량이 길이에 비례하는 것을 이용
여기서, 메거는 절연저항을 측정하기 위한 장비이다.

【답】①

22 피뢰기의 충격방전 개시전압은 무엇으로 표시하는가?

① 직류전압의 크기
② 충격파의 평균치
③ 충격파의 최대치
④ 충격파의 실효치

Explanation

피뢰기 단자에 충격전압을 인가하였을 경우 방전을 개시하는 전압을 충격방전 개시전압이라 하며,
충격파의 최대치로 나타낸다.

【답】③

23 배전전압을 3,000[V]에서 6,000[V]로 올렸을 때 이점으로 틀린 것은?

① 주파수를 감소시킨다.
② 전압강하를 줄일 수 있다.
③ 수송전력이 같다면 전력손실을 줄일 수 있다.
④ 배전손실이 같다고 하면 수송전력을 증가시킬 수 있다.

Explanation

전압과의 관계

전압강하	$e = \dfrac{P}{V_r}(R + X\tan\theta)$	$e \propto \dfrac{1}{V}$
전압강하율	$\delta = \dfrac{P}{V_r^2}(R + X\tan\theta)$	$\delta \propto \dfrac{1}{V^2}$
전력 손실	$P_l = \dfrac{P^2 R}{V^2 \cos^2\theta}$	$P_l \propto \dfrac{1}{V^2}$

승압과 주파수는 관계가 없다. 【답】①

24 가스 절연 개폐 설비(Gas Insulated Switch Gear)의 특징으로 틀린 것은?
① 소음이 적고 환경 조화를 기할 수 있다.
② 대기 절연을 이용한 것에 비해 현저하게 소형화 할 수 있다.
③ 장비는 저렴하지만 시설공사 방법은 복잡하다.
④ 충전부가 완전히 밀폐되기 때문에 안전성이 높다.

Explanation

GIS(Gas Insulated Switchgear) : 가스절연개폐장치
• 밀폐구조로 신뢰성 우수
• 소음이 적고 안전성 우수
• SF_6를 이용하여 절연성능 우수하고 절연거리를 적게 할 수 있다(소형화).
• 공사기간을 단축할 수 있다(공사방법 간단). 【답】③

25 수전단의 전력원의 방정식이 $P_r^2 + (Q_r + 400)^2 = 250,000$으로 표현되는 전력계통에서 무부하시 수전단전압을 일정하게 유지하는데 필요한 조상기의 종류와 조상용량으로 알맞은 것은?
① 진상무효전력 100
② 지상무효전력 100
③ 진상무효전력 200
④ 지상무효전력 200

Explanation

무부하시 $P_r = 0$이므로
$(Q_r + 400)^2 = 500^2$에서 $Q_r = 100$의 지상 무효전력이 필요하다. 【답】②

26 유효접지방식에서 변압기에 단절연을 할 수 있는 이유는?
① 고장전류가 크므로
② 이상전압이 낮으므로
③ 중성점 전위가 낮으므로
④ 보호계전기의 동작이 확실하므로

Explanation

직접 접지방식의 특징
• 1선 지락 시 건전상의 대지전압 상승이 낮다(절연레벨 경감).
• **중성점을 0전위로 유지 가능(단절연 가능)**
• 보호계전기 동작이 확실하다.
• 정격이 낮은 피뢰기 사용 가능
• 과도안정도가 낮다(최저). 【답】③

27 3상 4선식 단거리 배전선로의 송전단 전압 및 역률이 각각 6,600[V], 0.90이고, 수전단 전압 및 역률이 각각 6,100[V], 0.8일 때 전체의 3상 전력손실은 몇 [kW]인가?(단, 3상 평형 부하이고 부하전류는 17.32[A]이다)
① 28.4
② 31.8
③ 24.6
④ 26.8

【답】②

28 화력발전소에서 재열기의 사용 목적은?
① 급수 예열
② 서탄 건조
③ 공기 예열
④ 증기 가열

Explanation

• 재열기 : 터빈 내에서의 증기를 다시 가열하는 장치

【답】④

29 다음 중 재점호가 발생하기 쉬운 회로 차단은 어느 것인가?
① L 회로 차단
② C 회로 차단
③ $R-L$ 회로 차단
④ 단락전류 차단

Explanation

재점호는 콘덴서에 의한 진상전류 차단 시 발생하기 쉽다.

【답】②

30 유효접지 계통에서 피뢰기의 정격 전압을 결정하는 데 가장 중료한 요소는 무엇인가?
① 내부 이상 전압 중 과도 이상 전압의 크기
② 유도뢰의 전압의 크기
③ 선로 애자련의 충격 섬락 전압
④ 1선 지락 고장 시 건전상의 대지전위, 즉 지속성 이상 전압

Explanation

피뢰기 정격 전압 $V = \alpha\beta V_m$
α : 접지계수(1선 지락 시 건전상의 대지전위 상승)
β : 여유도(1.15)
V_m : 기준전압(선간최고 허용 전압)

【답】④

31 송전선의 송전단 전압을 E_S, 수전단 전압을 E_R, 송수전단 전압 사이의 위상차를 δ, 선로의 리액턴스를 X라 할 때 선로저항을 무시할 때 송전전력 P는 어떤 식으로 표시되는가?
① $P = \dfrac{E_S\,E_R}{X}\,\tan\delta$
② $P = \dfrac{E_S\,E_R}{X}\,\sin\delta$
③ $P = \dfrac{E_S - E_R}{X}$
④ $P = \dfrac{(E_S - E_R)^2}{X}$

Explanation

송전전력 : $P_s = \dfrac{V_s V_r}{X}\sin\delta[\text{MW}]$

【답】②

32 1회선의 4단자 정수가 $\dot{A}, \dot{B}, \dot{C}, \dot{D}$인 3상 2회선 송전선의 합성 4단자 정수 $\dot{A}_0, \dot{B}_0, \dot{C}_0, \dot{D}_0$를 구하여라.

① $\dot{A}_0 = 2\dot{A}, \dot{B}_0 = 2\dot{B}, \dot{C}_0 = \dfrac{1}{2}\dot{C}, \dot{D}_0 = \dot{D}$

② $\dot{A}_0 = \dot{A}, \dot{B}_0 = \dfrac{1}{2}\dot{B}, \dot{C}_0 = 2\dot{C}, \dot{D}_0 = \dot{D}$

③ $\dot{A}_0 = 2\dot{A}, \dot{B}_0 = \dfrac{1}{2}\dot{B}, \dot{C}_0 = 2\dot{C}, \dot{D}_0 = 2\dot{D}$

④ $\dot{A}_0 = \dot{A}, \dot{B}_0 = 2\dot{B}, \dot{C}_0 = \dot{C}, \dot{D}_0 = \dot{D}$

> **Explanation**
>
> 병행 2회선 선로(임피던스 감소, 어드미턴스 증가)
> - $A \rightarrow A$
> - $B \rightarrow \dfrac{B}{2}$
> - $C \rightarrow 2C$
> - $D \rightarrow D$
>
> 【답】②

33 고압 배전선로의 중간에 승압기를 설치하는 주목적은?
① 부하의 불평형 방지
② 말단의 전압강하 방지
③ 역률 개선
④ 전력손실의 감소

> **Explanation**
>
> 승압기 : 말단의 전압 강하 방지
>
> 【답】②

34 ACSR은 동일한 길이에서 동일한 전기저항을 갖는 경동연선에 비해 어떠한가?
① 바깥지름은 작고 중량은 크다.
② 바깥지름은 크고 중량은 작다.
③ 바깥지름과 중량이 모두 작다.
④ 바깥지름과 중량이 모두 크다.

> **Explanation**
>
> 저항 $R = \rho \dfrac{l}{A}$ 에서 $R = \rho \dfrac{l}{A} = \rho \dfrac{l}{\frac{\pi}{4}d^2} = \dfrac{4\rho l}{\pi d^2}$ 이므로
>
> 경동선의 저항률 : $\rho = \dfrac{1}{55}$
>
> 알루미늄선의 저항률 : $\rho = \dfrac{1}{35}$
>
> 따라서 알루미늄선은 경동선에 비하여 고유저항이 크므로 동일저항을 얻기 위해서는 지름이 큰 전선을 사용해야 하므로, **ACSR이 경동선에 비해 바깥지름은 크며 중량은 작다.**
>
> 【답】②

35 프란시스 수차에 대한 설명으로 적합하지 않은 것은?
① 적용할 수 있는 낙차범위가 가장 넓다.
② 구조가 간단하고 가격이 저렴하다.
③ 비속도가 높아 저낙차 지점에 적합하다.
④ 고낙차 영역에서 펠톤수차에 비해 고속 소형으로 되어 경제적이다.

> **Explanation**
>
> - 고낙차용 수차 – 펠톤수차 : 300[m] 이상
> - 중낙차용 수차 – 프란시스수차 : 50~350[m] 정도
> - 저낙차용 수차 – 프로펠러수차 : 80[m] 정도
>
> 【답】③

36 선로지지물의 꼭대기 부분에 선로와 평행하게 가설되는 가공지선의 효과가 아닌 것은?

① 유도뢰에 대한 차폐
② 진행파의 감쇠 촉진
③ 직격뢰에 대한 차폐
④ 코로나 저감

Explanation

가공 지선의 설치 목적
• 직격뢰 차폐
• 유도뢰에 대한 정전 차폐
• 통신선에 대한 전자유도장해 경감(지락전류의 일부가 가공지선에 흐르므로)

【답】④

37 배전계통에서 전력용 콘덴서를 설치하는 목적으로 옳은 것은?

① 전압강하 증대
② 변압기 여유율 감소
③ 배전선의 손실 저감
④ 고장 시 영상전류 감소

Explanation

역률개선의 효과
• **전력손실 감소(주요 목적)**
• 전압강하 감소
• 설비용량의 여유분
• 전기요금 절감

【답】③

38 다음 중 계전기가 동작하여야 할 경우에 동작하지 않는 상태는?

① 오동작
② 정동작
③ 정부동작
④ 오부동작

Explanation

계전기의 동작상태 판정
• 정동작 : 계전기가 동작해야 할 경우 동작
• 오동작 : 계전기가 동작하지 않아야 할 경우 동작
• 정부동작 : 계전기가 동작하지 않아야 할 경우 동작하지 않는 것
• 오부동작 : 계전기가 동작해야 할 경우 동작하지 않는 것

【답】④

39 어느 변전소의 공급구역 내 총 설비부하 용량은 전등 600[kW], 동력 800[kW]이다. 각 부하군의 수용률은 전등 60[%], 동력 80[%], 부등률은 전등 1.2, 동력 1.6이고 변전소에 있어서의 전등과 동력 부하간의 부등률은 1.4라고 하면 이 변전소에서 공급하는 최대전력은 몇 [kW]인가?

① 400
② 500
③ 600
④ 700

Explanation

최대전력 $= \dfrac{\text{설비용량} \times \text{수용률}}{\text{부등률}}$ 에서

총 합성 최대 전력 $= \dfrac{\text{최대 전력의 합}}{\text{변압기 상호 부등률}}$

$$= \dfrac{\dfrac{600 \times 0.6}{1.2} + \dfrac{800 \times 0.8}{1.6}}{1.4} = 500 \, [\text{kW}]$$

【답】②

40 고장전류와 같은 대전류를 차단할 수 있는 것은?

① 유입개폐기   ② 선로개폐기
③ 차단기   ④ 단로기

Explanation

전력용 개폐장치
- 단로기 : 무부하 회로 개폐
- 개폐기 : 부하 전류 개폐
- **차단기 : 부하 전류 개폐 및 고장 전류 차단**　　　　　　　　　　　　　【답】③

3과목　전기기기

41 정현파형의 회전자계 중에 정류자가 있는 회전자를 놓으면 각 정류자편 사이에 연결되어 있는 회전자 권선에는 크기가 같고 위상이 다른 전압이 유기된다. 정류자 편수를 k라 하면 정류자편 사이의 위상차는?

① π/k ② $2\pi/k$ ③ k/π ④ $k/2\pi$

Explanation

정류자(commutator) : 교류를 직류로 변환
- 정류자 편수　$K = \dfrac{u}{2}S$
- **정류자 편간 위상차** $\theta = \dfrac{2\pi}{K}$　　　　　　　　　　　　　　　　　　　【답】②

---

42 전기자 반작용을 방지하기 위한 보상권선의 전류방향은?

① 전기자권선의 전류방향과 같다.   ② 전기자권선의 전류방향과 반대이다.
③ 계자권선의 전류방향과 같다.   ④ 계자권선의 전류방향과 반대이다.

Explanation

보상권선 : 전기자 반작용 감소(전기자 권선과 반대)　　　　　　　　　　　【답】②

---

43 정격출력 50[kW], 4극 220[V], 60[Hz]인 3상 유도전동기가 전부하 슬립 0.04, 효율 90[%]로 운전되고 있을 때 틀린 것은?

① 2차 효율 = 96[%]   ② 1차 입력 = 55.56[kW]
③ 회전자 입력 = 47.9[kW]   ④ 회전자 동손 = 2.08[kW]

Explanation

- 효율 $\eta = \dfrac{출력}{입력}$ 에서 1차 입력 $P_1 = \dfrac{P_o}{\eta} = \dfrac{50}{0.9} = 55.56[\text{kW}]$
- 2차 효율 $\eta_2 = (1-s) = 1 - 0.04 = 0.96 = 96[\%]$
- 회전자 입력
　$P_o = P_2 - P_{c2} = P_2 - sP_2 = (1-s)P_2$ 에서
　2차 입력(회전자입력) $P_2 = \dfrac{1}{1-s}P_o = \dfrac{1}{1-0.04} \times 50 = 52.08[\text{kW}]$
- 회전자 동손(2차 동손) $P_{c2} = sP_2 = 0.04 \times 52.08 = 2.08[\text{kW}]$　　　　【답】③

44 동기 각속도 ω_o, 회전자 각속도 ω인 유도 전동기의 2차 효율은?

① $\dfrac{\omega_o}{\omega}$ 　　　② $\dfrac{\omega}{\omega_o}$ 　　　③ $\dfrac{\omega_o-\omega}{\omega_o}$ 　　　④ $\dfrac{\omega_o-\omega}{\omega}$

Explanation

2차 효율 $\eta_2 = \dfrac{P_0}{P_2} = \dfrac{(1-s)P_2}{P_2} = 1-s = \dfrac{N}{N_s} = \dfrac{\omega}{\omega_0}$ 　　　【답】②

45 변압기의 여자 어드미턴스 $Y_0[\mho]$를 표현하는 식은?(단, I_0는 여자전류, I_i는 철손전류, I_ϕ는 자화전류, g_0는 여자 컨덕턴스, V_1은 인가전압이다)

① $Y_0 = \dfrac{g_0}{V_1}$ 　　　　　　　　② $Y_0 = \dfrac{I_0}{V_1}$

③ $Y_0 = \dfrac{I_\phi}{V_1}$ 　　　　　　　　④ $Y_0 = \dfrac{I_i}{V_1}$

Explanation

무부하 전류(여자전류)

① $I_o = Y_0 V_1$ [A] 　　여기서, Y_o는 여자어드미턴스　여자어드미턴스 $Y_o = \dfrac{I_o}{V_1}$[$\mho$]

② $I_o = Y_0 V_1 = (G_0 + jB_0)V_1 = I_i + jI_\phi$[A] 　　여기서, I_i : 철손전류[A], I_ϕ : 자화전류[A] 　　【답】②

46 반작용 전동기(reaction motor)에 관한 설명 중 틀린 것은?
① 여자를 약하게 하면 뒤진 전류가 흐르고 전기자 반작용은 계자를 강화시키는 작용을 한다.
② 뒤진 전류가 흐를 때는 직류여자가 없어도 계자가 여자되므로 계자권선이 없다
③ 3상 교류를 가하면 전기자 전류의 무효분은 계자속을 만들며 전류의 유효분 사이의 토크가 발생한다.
④ 직류여자를 필요로 하고, 철극성 때문에 동기속도 이하로 회전한다.

Explanation

반작용 전동기(reaction motor), 릴럭턴스모터(reluctance motor)
• 원리 : 고정자 회전자계의 자기유도에 의해 돌극 부분에서 발생하는 회전자계를 이용하는 동기전동기
• 회전자 : 알루미늄 또는 구리의 농형권선을 감아 유도전동기로서 기동
• 고정자 : 3상권선, 또는 콘덴서부착의 단상권선을 설치하여 회전자계 발생
• 무여자(無勵磁)의 경우 돌극기의 직축릴럭턴스와 횡측릴럭턴스가 다르기 때문에 발생하는 토크(일명 반작용 토크) 성분에 의해 동기속도로 회전
• 특징 : 토크가 작고 역률이나 효율이 나쁘지만 구조가 간단하고 직류여자가 필요하지 않다. 　　【답】④

47 다음 회로기호의 명칭은?
① MCT
② IGBT
③ MOSFETT
④ BJT

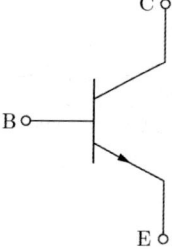

BJT(Bipolar junction Transistor)
① 트랜지스터는 그 구성에 따라 npn과 pnp형의 두 가지가 있다.
② 전압-전류 특성은 베이스 전류의 크기에 따라 달라진다.
③ 도통 상태를 유지하기 위해서는 계속 베이스 전류를 흐르게 하고 있어야 한다.
(2) NPN 트랜지스터
  베이스를 기준으로
  • 컬렉터 전위 : 정전위
  • 이미터 전위 : 부전위

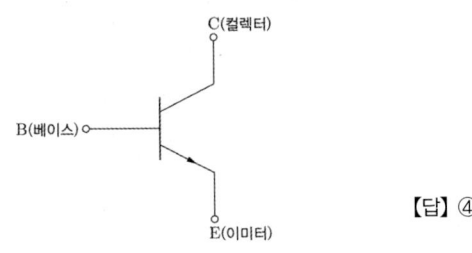

【답】④

48 60[kW], 4극 직류발전기가 중권으로 권선되고 48개의 전기자 슬롯을 가지고 있다. 그리고 각 슬롯에 6개의 코일 변(도체)이 있다. 한 자극의 자속이 0.08[Wb]이고, 전기자 회전수가 1,040[rpm]일 때 유도기전력은 약 몇 [V]인가?

① 110
② 150
③ 288
④ 400

도체수=슬롯수×슬롯내부도체수=48×6=288

유기기전력 $E = \dfrac{p}{a}Z\phi\dfrac{N}{60} = \dfrac{4}{4}\times 288\times 0.08\times\dfrac{1,040}{60} = 400\,[\text{V}]$

【답】④

49 변압기에 대한 설명으로 틀린 것은?(단, N_1, N_2는 1, 2차 권수 E_1, E_2는 1, 2차 유도기전력, I_1, I_2는 1, 2차 부하전류, f는 주파수, ϕ_m은 자속이다)

① 2차 유도기전력 $E_2 = 4.44fN_2\phi_m$[V]로 나타낸다.

② 전자유도작용에 의해 그 권선에 비례하여 유도기전력이 발생한다.

③ 1차 부하전류 $I_1 = \dfrac{N_1}{N_2}I_2$로 나타낸다.

④ 단상변압기의 권수비 $\dfrac{N_1}{N_2} = \dfrac{E_1}{E_2}$로 나타낸다.

1) 변압기의 권수비 $a = \dfrac{N_1}{N_2} = \dfrac{E_1}{E_2} = \dfrac{V_1}{V_2} = \dfrac{I_2}{I_1} = \sqrt{\dfrac{Z_1}{Z_2}}$

2) 1차 유기기전력 $E_1 = 4.44fN_1\Phi_m$[V]
   2차 유기기전력 $E_2 = 4.44fN_2\Phi_m$[V]

【답】③

50 다음 중 난조를 일으키는 원인으로 잘못된 것은 무엇인가?
① 원동기 토크에 고조파가 포함된 경우
② 원동기의 조속기 감도가 너무 예민한 경우
③ 부하가 갑자기 크게 변할 때
④ 전기자 저항이 상당히 작은 값인 경우

난조(hunting) : 발전기의 부하가 급변하는 경우 회전자 속도가 동기속도를 중심으로 진동하는 현상

난조의 원인
- 원동기의 조속기 감도가 너무 예민할 때
- **전기자 저항이 너무 클 때**
- 부하의 급변
- 원동기 토크에 고조파가 포함될 때
- 관성모멘트가 작은 경우

난조 방지책
- 계자의 자극면에 제동권선 설치

【답】④

51 유도전동기의 원선도에 대한 설명으로 옳은 것은?

① 원선도의 지름은 전압에 비례하고 리액턴스에 반비례한다.
② 원선도상에서 직접 기계적 출력을 얻을 수 있다.
③ 원선도를 작성하기 위해서는 슬립을 측정해야 한다.
④ 원선도를 작성하기 위해서는 부하시험을 하여야 한다.

Explanation

유도 전동기 원선도
- 저항 측정
- 무부하(개방) 시험
- 구속(단락) 시험
- 원선도에서 구할 수 있는 것 : 1차 입력, 1차 동손, 동기 와트
- 원선도에서 구할 수 없는 것 : 기계적 출력, 기계손
- 원선도 지름 : $\dfrac{E}{X}$

【답】④

52 3상 전압에서 6상 전압을 얻을 수 있는 변압기의 결선으로 옳지 않은 것은?

① 포크결선
② 스코트결선
③ 2중3각결선
④ 2중성형결선

Explanation

변압기 상수 변환법
- 3상에서 2상변환 : scott 결선(=T결선), Meyer 결선, wood bridge 결선
- **3상에서 6상변환 : Fork 결선, 2중 성형 결선, 환상 결선, 대각 결선, 2중△결선**

【답】②

53 7.5[kW], 6극, 200[V]용 3상 유도전동기가 있다. 정격 전압으로 기동하면 기동전류는 정격전류의 615[%]이고, 기동토크는 전부하 토크의 225[%]이다. 지금 기동토크를 전부하 토크의 1.5배로 하기 위하여 기동전압을 약 얼마로 하면 되는가?

① 133[V]
② 143[V]
③ 153[V]
④ 163[V]

Explanation

유도전동기의 토크는 전압의 제곱에 비례 : $T \propto V^2$

따라서 기동전압 $V' = \sqrt{\dfrac{T'}{T}}\ V = \sqrt{\dfrac{150}{225}} \times 200 = 163[V]$

【답】④

54 5[kVA], 3,300/210[V]인 단상변압기의 단락시험에서 임피던스 전압 120[V], 동손 150[W]라 하면 %저항강하는 몇 [%]인가?

① 2
② 3
③ 4
④ 5

Explanation

%저항 강하 $p = \dfrac{I_{1n} r_{21}}{V_{1n}} \times 100 = \dfrac{I_{1n}^2 r_{21}}{V_{1n} I_{1n}} \times 100$

$= \dfrac{P_c}{P_n} \times 100 = \dfrac{150}{5,000} \times 100 = 3[\%]$ (여기서, P_n 은 정격용량, P_c는 동손)

【답】②

55 대용량 동기발전기에 회전계자형을 사용하는 이유가 아닌 것은?
① 계자는 저전압 소용량에 적합하다.
② 고속화가 가능하고 효율이 좋다.
③ 회전 전기자형에 비해 슬립링과 브러시가 적다.
④ 회전자의 관성을 작게 하여 고장 시 정태 안정도를 조정할 수 있다.

Explanation

동기 발전기 : 회전 계자형
• 계자는 기계적으로 튼튼하고 구조가 간단하여 회전 유리
• 계자회로는 직류로 소요 전력이 적다.
• 절연이 용이
• 전기자는 Y결선으로 복잡하다.

【답】④

56 서보모터가 갖추어야 할 조건으로 틀린 것은?
① 기동토크가 클 것
② 토크 속도곡선이 수하특성을 가질 것
③ 전압이 0이 되었을 때 신속하게 정지할 것
④ 회전자를 직경이 크며 길이가 짧게 할 것

Explanation

서보 모터가 갖추어야 할 조건
• 기동토크가 클 것 • 급가감속, 정역 운전이 가능할 것
• 관성모멘트가 적을 것 : 회전자를 가늘고 길게 할 것
• 토크 – 속도곡선이 수하특성을 가질 것
• 제어 권선 전압이 0일 때 정지

【답】④

57 직류 분권정동기에서 전기자 저항이 $R_a[\Omega]$이고, 단자전압 $V[V]$에서 부하전류 $I_a[A]$가 흐르고 있을 때 회전수는 $N[rpm]$이었다. 무부하 속도는 몇 [rpm]인가?(단, 포화현상은 무시한다)

① $\dfrac{NV}{V - R_a I_a}$
② $N(V - R_a I_a)$
③ $\dfrac{N(V - R_a I_a)}{V}$
④ $\dfrac{N}{V - R_a I_a}$

Explanation

부하전류가 흐를 때 역기전력 $E = V - I_a R_a$ [V]
무부하 일때의 역기전력 $E_o = V[V]$
전동기의 역기전력 $E = k\Phi N$에서 $E \propto N$
전동기의 속도는 역기전력에 비례
$\dfrac{N}{N_0} = \dfrac{E}{E_0}$

따라서 무부하속도 $N_0 = \dfrac{E_o}{E} \times N = \dfrac{V}{V - I_a R_a} \times N$

【답】①

58 동기전동기에 대한 설명으로 틀린 것은?

① 기동 토크가 작다.

② 역률을 조정할 수 없다.

③ 부하율이 높을수록 유도전동기에 비해 효율이 높아진다.

④ 여자용 직류전원이 필요하다.

동기전동기의 특징

장점	단점
① 속도가 N_s로 일정(정속도)	① 기동토크가 작다.
② **역률 1로 조정 가능**	② 속도 제어가 어렵다.
③ 효율이 좋다.	③ 직류 여자가 필요
④ 공극이 크고 기계적으로 튼튼하다	④ 난조가 일어나기 쉽다.

【답】②

59 직류기의 온도상승 시험 방법 중 반환부하법의 종류가 아닌 것은?

① 블론델법

② 스코트법

③ 홉킨스법

④ 카프법

변압기 온도시험

• 반환부하법 : 일반적인 방법(효율 우수). 홉킨스법, 블론델법, 카프법

【답】②

60 정류자형 주파수변환기의 슬립링에 f_1의 주파수를 공급하면 n_s의 회전자계가 생긴다. 회전자에 있는 정류자에 접속된 브러시에서 나오는 주파수를 f_c라 하면 f_c와 f_1의 관계로 옳지 않은 것은?

① n를 정지할 때 $f_c = f_1$

② n이 n_s와 같은 방향이면 $f_c > f_1$

③ n이 n_s와 반대 방향으로 $n < n_s$일 때 $f_c < f_1$

④ n이 n_s와 반대 방향으로 $n = n_s$일 때 $f_c \le f_1$

정류자형 주파수변환기

교류 정류자기의 일종으로 회전자에 정류자와 슬립링이 있으며, 이 회전자를 전동기로 운전하여 주파수 변환

• $f_c = f_1$: 회전자 정지 시

• $f_c = 0$: 회전자를 반시계방향으로 $n = n_s$의 속도로 회전

• $f_c = sf_1$: 회전자를 반시계방향으로 $n < n_s$의 속도로 회전

• $f_c > f_1$: 회전자를 시계방향으로 $n < n_s$의 속도로 회전

【답】④

4과목 회로이론 및 제어공학

61 $f = 60[\text{Hz}]$, $I = 10 \angle 45°[\text{A}]$인 교류전류의 순시값을 나타내는 식은?

① $i(t) = 20\sin\left(120\pi t + \dfrac{\pi}{4}\right)$

② $i(t) = 20\sqrt{2}\sin\left(120\pi t + \dfrac{\pi}{4}\right)$

③ $i(t) = 10\sin\left(120\pi t + \dfrac{\pi}{4}\right)$

④ $i(t) = 10\sqrt{2}\sin\left(120\pi t + \dfrac{\pi}{4}\right)$

순시값 전류 $i = I_m \sin(\omega t \pm \theta) = \sqrt{2}\, I \sin(\omega t \pm \theta)$

여기서, 전류의 실효값 : 10[A]

각주파수 $\omega = 2\pi f = 2\pi \times 60 = 120\pi$

위상 $\theta = 45° = \dfrac{\pi}{4}$

따라서 순시값은 $i(t) = I_m \sin(\omega t \pm \theta) = \sqrt{2}\, I \sin(\omega t \pm \theta)$

$$= 10\sqrt{2} \sin\left(120\pi t + \frac{\pi}{4}\right)$$

【답】④

62 어떤 회로에 전압을 가하니 90[°] 위상이 뒤진 전류가 흘렀다. 이 회로는 무슨 회로인가?

① 유도성   ② 무유도성

③ 용량성   ④ 저항성분

전압과 전류가 동위상 : 저항
- 전류가 전압보다 90° 앞서는 경우 : 콘덴서(용량성)
- 전류가 전압보다 90° 뒤지는 경우 : 인덕턴스(유도성)

【답】①

63 4단자 회로망에서 4단자 정수가 A, B, C, D일 때 영상 임피던스 $\dfrac{Z_{01}}{Z_{02}}$은?

① $\dfrac{A}{D}$ ② $\dfrac{D}{A}$

③ $\dfrac{B}{C}$ ④ $\dfrac{C}{B}$

영상임피던스와 4단자 정수와의 관계

$Z_{01} Z_{02} = \dfrac{B}{C}$, $\dfrac{Z_{01}}{Z_{02}} = \dfrac{A}{D}$

$Z_{01} = \sqrt{\dfrac{AB}{CD}}$, $Z_{02} = \sqrt{\dfrac{DB}{CA}}$

【답】①

64 분포 정수회로에서 선로정수가 R, L, C, G이고 무왜형 조건이 $RC = GL$과 같은 관계가 성립될 때 선로의 특성 임피던스 Z_o는? 단, 선로의 단위 길이당 저항을 R, 인덕턴스를 L, 정전용량을 C, 누설컨덕턴스를 G라 한다.

① $Z_0 = \dfrac{1}{\sqrt{CL}}$ ② $Z_0 = \sqrt{\dfrac{L}{C}}$

③ $Z_0 = \sqrt{CL}$ ④ $Z_0 = \sqrt{RG}$

무왜형 조건($RC = GL$)

특성 임피던스 $Z_0 = \sqrt{\dfrac{Z}{Y}} = \sqrt{\dfrac{L}{C}}$

【답】②

65 $R-L$ 직렬 회로에서 시간 $t=0$에서 스위치를 닫아 직류전압을 인가했을 때 전류 i가 0에서 정상 전류의 63.2[%]에 달하는 시간[sec]은?

① LR

② $\dfrac{1}{LR}$

③ $\dfrac{L}{R}$

④ $\dfrac{R}{L}$

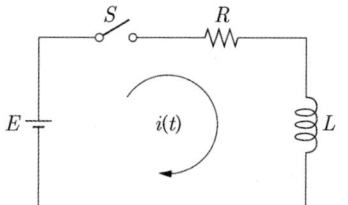

Explanation

시정수(Time constant) : 목표 값에 63.2[%]에 도달하는 시간으로 정의

• $R-L$ 직렬 회로에서 시정수는 $\tau = \dfrac{L}{R}$ [sec]

【답】③

66 다음 $F(s)$를 라플라스 역변환한 함수 $f(t)$로 옳은 것은?

$$F(s) = \frac{(s+5)(s+12)}{s(s+8)(s+6)}$$

① $f(t) = (1.25 + 0.75e^{-6t} - 0.5e^{-8t})u(t)$

② $f(t) = (0.8 + 0.75e^{-6t} - 0.5e^{-8t})u(t)$

③ $f(t) = (2 + 0.75e^{-6t} - 0.5e^{-8t})u(t)$

④ $f(t) = (1.25 + 0.5e^{-6t} - 0.75e^{-8t})u(t)$

Explanation

【답】④

67 전압 및 전류가 다음과 같을 때 유효전력[W]은 약 얼마인가?

$$v(t) = 100\sin\omega t - 50\sin(3\omega t + 30°) + 20\sin(5\omega t + 45°)[V]$$
$$i(t) = 20\sin(\omega t + 30°) + 10\sin(3\omega t - 30°) + 5\cos 5\omega t[A]$$

① 825[W]

② 776.4[W]

③ 1,120[W]

④ 1,850[W]

Explanation

유효전력(평균전력)은 주파수가 같을 때만 발생되므로
$P = V_1 I_1\cos\theta_1 + V_3 I_3\cos\theta_3 + V_5 I_5\cos\theta_5$

$\therefore P = \dfrac{100}{\sqrt{2}} \times \dfrac{20}{\sqrt{2}}\cos 30° - \dfrac{50}{\sqrt{2}} \times \dfrac{10}{\sqrt{2}}\cos 60° + \dfrac{20}{\sqrt{2}} \times \dfrac{5}{\sqrt{2}}\cos 45°$

$\quad = 776.4[W]$

【답】②

68 20[mH]의 두 자기인덕턴스가 있다. 결합계수를 0.1부터 0.9까지 변화시킬 수 있다면 이것을 접속시켜 얻을 수 있는 합성 인덕턴스의 최대값과 최소값의 비는?

① 9:1

② 16:1

③ 19:1

④ 13:1

Explanation

합성 인덕턴스의 최대와 최소는 결합 계수를 최대로 놓고 결합 방법에 따라 달라지므로
결합 계수 $k = 0.9$로 고정하고
$L = L_1 + L_2 \pm 2k\sqrt{L_1 L_2}$ 에서
• 최대값 : $L = 20 + 20 + 2 \times 0.9\sqrt{20 \times 20} = 76$
• 최소값 : $L = 20 + 20 - 2 \times 0.9\sqrt{20 \times 20} = 4$
따라서 19:1

【답】 ③

69 불평형 3상 전류 $I_a = 25 + j4$[A], $I_b = -18 - j16$[A], $I_c = 7 + j15$[A]일 때 영상전류 I_0[A]는?

① $2.67 + j$ ② $2.67 + j2$
③ $4.67 + j$ ④ $4.67 + j2$

Explanation

영상분 전류 $I_0 = \dfrac{1}{3}(I_a + I_b + I_c) = \dfrac{1}{3}(25 + j4 - 18 - j16 + 7 + j15) = 4.67 + j$

【답】 ③

70 △결선된 대칭 3상부하가 있다. 역률이 0.8(지상)이고 소비전력이 1,800[W]이다. 선로의 저항 0.5 [Ω]에서 발생하는 선로손실이 50[W]이면 부하단자 전압[V]은?

① 627 ② 525
③ 326 ④ 225

Explanation

전선로의 선로손실 $P_l = 3I^2 R$　　여기서, I는 선로전류(선전류)

$I^2 = \dfrac{P_l}{3R} = \dfrac{50}{3 \times 0.5} = \dfrac{100}{3}$ 에서

선전류　$I = \dfrac{10}{\sqrt{3}}$[A], 소비전력 $P = \sqrt{3}\,VI\cos\theta$

부하의 단자전압(선간전압) $V = \dfrac{P}{\sqrt{3}\,I\cos\theta} = \dfrac{1,800}{\sqrt{3} \times \dfrac{10}{\sqrt{3}} \times 0.8} = 225$[V]

【답】 ④

71 다음 방정식으로 표시되는 이산치 시스템이 있다. 이 시스템을 상태방정식
$X(k+1) = AX(k) + Bu(k)$로 표현할 때 계수행렬 A는 어떻게 되는가?

$$C(k+2) + 3C(k+1) + 5(k) = u(k)$$

① $\begin{bmatrix} 1 & 0 \\ -5 & -3 \end{bmatrix}$ ② $\begin{bmatrix} 1 & 0 \\ -3 & -5 \end{bmatrix}$

③ $\begin{bmatrix} 0 & 1 \\ -5 & -3 \end{bmatrix}$ ④ $\begin{bmatrix} 0 & 1 \\ -3 & -5 \end{bmatrix}$

Explanation

차분방정식을 z변환하면
$C(K+2) \rightarrow z^2 C(z)$
$C(K+1) \rightarrow zC(z)$
$C(K) \rightarrow C(z)$
$z^2 C(z) + 3zC(z) + 5C(z) = U(z)$
따라서 전달 함수는 $G(z) = \dfrac{U(z)}{R(z)} = \dfrac{1}{z^2 + 3z + 5}$

따라서 계수행렬 $A = \begin{bmatrix} 0 & 1 \\ -5 & -3 \end{bmatrix}$

【답】 ③

72 다음 블록선도의 전달함수 $\left(\dfrac{C}{A}\right)$는?

① $\dfrac{G_2(G_1+G_3)}{1+G_2}$ ② $\dfrac{G_2(G_1+G_3)}{1-G_2}$

③ $\dfrac{G_2(G_1-G_3)}{1+G_2}$ ④ $\dfrac{G_2(G_1+G_3)}{1+G_3}$

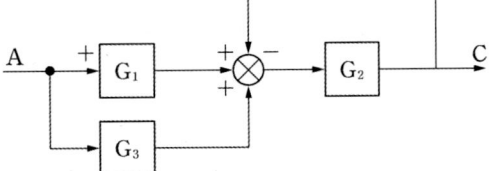

▶ Explanation

블록선도의 전달함수 $G(s) = \dfrac{\Sigma G}{1 - \Sigma L_1 + \Sigma L_2 + \cdots}$

여기서, L_1 : 각각의 모든 폐루프 이득의 합

$\quad\quad L_2$: 서로 접촉하지 않는 2개의 폐루프 이득의 곱의 합

$\quad\quad \Sigma G$: 각각의 전향 경로의 합

$T(s) = \dfrac{C}{A} = \dfrac{G_2(G_1+G_3)}{1+G_2}$

【답】 ①

73 그림과 같은 블록선도에서 $C(s)/R(s)$의 값은?

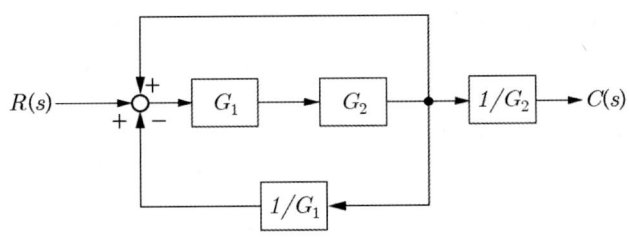

① $\dfrac{G_1}{1+G_2+G_1G_2}$ ② $\dfrac{G_1}{1+G_2-G_1G_2}$

③ $\dfrac{G_1}{1+G_1-G_1G_2}$ ④ $\dfrac{G_1G_2}{1+G_2-G_1G_2}$

▶ Explanation

블록선도의 전달함수 $G(s) = \dfrac{\Sigma G}{1 - \Sigma L_1 + \Sigma L_2 + \cdots}$

여기서, L_1 : 각각의 모든 폐루프 이득의 합

$\quad\quad L_2$: 서로 접촉하지 않는 2개의 폐루프 이득의 곱의 합

$\quad\quad \Sigma G$: 각각의 전향 경로의 합

$T(s) = \dfrac{C(s)}{R(s)} = \dfrac{G_1 G_2 \dfrac{1}{G_2}}{1 + G_1 G_2 \dfrac{1}{G_1} - G_1 G_2} = \dfrac{G_1}{1+G_2-G_1G_2}$

【답】 ③

74 계단입력 신호를 인가한 직후, 제어량이 목표값에 가까운 일정한 값으로 안정될 때까지의 특성은?

① 정상특성   ② 과도특성

③ 지연요소   ④ 낭비시간요소

▶ Explanation

과도응답(transient response) : 제어 시스템에 입력이 가해졌을 때, 출력이 안정한 값으로 될 때까지의 응답   **【답】** ②

75 안정된 제어계의 특성근이 2개의 공액 복소근을 가질 때, 이 근들이 허수축 가까이에 있는 경우 허수축에서 멀리 떨어져 있는 안정된 근에 비해 과도응답 영향은 어떻게 되는가?
① 과도응답은 천천히 사라진다.   ② 과도응답이 길다.
③ 과도응답이 빨리 사라진다.   ④ 과도응답에는 영향을 미치지 않는다.

Explanation

극점이 허수축에 가까워지면 점점 임계상태로 가는 것이며,
따라서 과도응답은 천천히 사라지게 된다(안정영역 → 임계영역).   **【답】** ②

76 다음의 개루프 전달함수에 대한 근궤적이 실수축에서 이탈하게 되는 분리점은 약 얼마인가?

$$G(s)H(s) = \frac{K}{s(s+3)(s+8)}, \ K \geq 0$$

① −0.93   ② −5.74
③ −6.0   ④ −1.33

Explanation

근궤적의 실축상에서의 이탈점 : $\dfrac{dK(s)}{ds} = 0$

이 계의 특성 방정식은 $G(s)H(s) = \dfrac{K}{s(s+3)(s+8)}$ 이므로

$1 + G(s)H(s) = 1 + \dfrac{K}{s(s+3)(s+8)} = 0$

$K(s) = -s(s+3)(s+8) = -s^3 - 11s^2 - 24s$

$\dfrac{dK(s)}{ds} = -3s^2 - 22s - 24 = 0$이므로

$s_1 = -1.33, \ s_2 = -6$

그러나, 근궤적의 범위가 0~−3, −8~−∞이므로
실수축 이탈점(분지점)은 $s_1 = -1.33$ **【답】** ④

77 2차 지연요소의 특성방정식이 $s^2 + 3s + 4 = 0$와 같을 때 2차 지연요소의 감쇠율은?
① 0.35   ② 0.55
③ 0.75   ④ 0.95

Explanation

2차 지연요소 전달 함수 $G(s) = \dfrac{Y(s)}{X(s)} = \dfrac{\omega_n^2}{s^2 + 2\zeta\omega_n s + \omega_n^2}$

특성방정식이 $s^2 + 3s + 4 = 0$이므로
$\omega_n^2 = 4$에서 $\omega_n = 2$이며
$2\zeta\omega_n = 3$ 에서

감쇠비(제동비) $\zeta = \dfrac{3}{2\omega_n} = \dfrac{3}{2 \times 2} = 0.75$ **【답】** ③

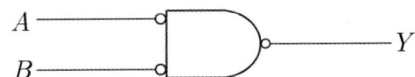

78 다음 논리회로의 기능은?

① OR ② NOT
③ NOR ④ NAND

Explanation

드 모르간의 정리

$\overline{A \cdot B} = \overline{A} + \overline{B}$

$\overline{A + B} = \overline{A} \cdot \overline{B}$

따라서 $Y = \overline{\overline{A \cdot B}} = \overline{\overline{A}} + \overline{\overline{B}} = A + B$

【답】①

79 시스템 행렬 A가 다음과 같을 때 상태천이행렬을 구하면?

$$A = \begin{bmatrix} 0 & 1 \\ -2 & -3 \end{bmatrix}$$

① $\begin{bmatrix} 2e^t - e^{2t} & -e^t + e^{2t} \\ 2e^t - 2e^{2t} & -e^t - 2e^{2t} \end{bmatrix}$

② $\begin{bmatrix} 2e^{-t} - e^{2t} & e^{-t} - e^{-2t} \\ -2e^{-t} + 2e^{-2t} & -e^{-t} - 2e^{2t} \end{bmatrix}$

③ $\begin{bmatrix} 2e^{-t} - e^{-2t} & -e^{-t} + e^{-2t} \\ 2e^{-t} - 2e^{-2t} & -e^{-t} - 2e^{-2t} \end{bmatrix}$

④ $\begin{bmatrix} 2e^{-t} - e^{-2t} & e^{-t} - e^{-2t} \\ -2e^{-t} + 2e^{-2t} & -e^{-t} + 2e^{-2t} \end{bmatrix}$

Explanation

【답】④

80 전달함수가 $\dfrac{C(s)}{R(s)} = \dfrac{25}{s^2 + 6s + 25}$ 인 2차 제어시스템의 감쇠 진동 주파수(ω_d)는 몇 [rad/sec]인가?

① 3 ② 4
③ 5 ④ 6

Explanation

2차계의 전달 함수 $G(s) = \dfrac{\omega_n^2}{s^2 + 2\zeta\omega_n s + \omega_n^2}$ 과 비교하면

$\omega_n^2 = 25$에서 $\omega_n = 5$이며

여기서, $2\zeta\omega_n = 6$이므로 감쇠비(제동비) $\zeta = \dfrac{1}{2\omega_n} = \dfrac{6}{2 \times 5} = \dfrac{3}{5}$

과도 진동주파수 $\omega_d = \omega_n \sqrt{1 - \zeta^2} = 5\sqrt{1 - \left(\dfrac{3}{5}\right)^2} = 4$[rad/sec]

【답】②

5과목 전기설비기술기준

81 고압 가공전선의 높이에 대한 내용 중 틀린 것은?

① 고압 가공전선로를 빙설이 많은 지방에 시설하는 경우에는 전선의 적설상의 높이를 사람 또는 차량의 통행 등에 위험을 주지 않도록 유지해야 한다.

② 철도 또는 궤도를 횡단하는 경우에는 레일면상 6.5[m] 이상이다.

③ 횡단보도교의 위에 시설하는 경우에는 노면상 5[m] 이상이다.

④ 고압 가공전선을 수면 상에 시설하는 경우에는 전선의 수면 상의 높이를 선박의 항해 등에 위험을 주지 않도록 유지해야 한다.

> **Explanation**
>
> (KEC 332.5조) 고압 가공전선의 높이
> ① 도로를 횡단하는 경우에는 지표상 6[m] 이상
> ② 철도 또는 궤도를 횡단하는 경우에는 레일면상 6.5[m] 이상
> ③ **횡단보도교의 위에 시설하는 경우에는 저압 가공전선은 그 노면상 3.5[m] 이상**
> ④ ①부터 ③까지 이외의 경우에는 지표상 5[m] 이상
> ⑤ 수면 상에 시설하는 경우에는 전선의 수면 상의 높이를 선박의 항해 등에 위험을 주지 않도록 유지   【답】③

82 화약류 저장소의 전기설비 시설에 있어서 틀린 것은?

① 전로의 대지 전압은 300[V] 이하로 한다.

② 전기기계기구는 전폐형으로 시설한다.

③ 케이블을 전기기계기구에 인입할 때에는 인입구에서 케이블이 손상될 우려가 없도록 시설한다.

④ 전용개폐기 및 과전류 차단기는 화약류 저장소 안에 둔다.

> **Explanation**
>
> (KEC 242.5조) 화약류 저장소 등의 위험장소
> ① 대지전압은 300[V] 이하
> ② 전기기계기구는 전폐형
> ③ 인입구에서 케이블이 손상될 우려가 없도록 시설할 것
> ④ **화약류 저장소 이외의 곳에 전용 개폐기 및 과전류 차단기를 시설**   【답】④

83 가공전선로의 지지물에 하중이 가해지는 경우 그 하중을 받는 지지물의 기초 안전율은 얼마 이상이어야 하는가?

① 1.5   ② 2.0
③ 2.5   ④ 3.0

> **Explanation**
>
> (KEC 331.7조) 가공 전선로 지지물의 기초의 안전율
> **가공전선로의 지지물에 하중이 가하여지는 경우에 그 하중을 받는 지지물의 기초의 안전율은 2 이상**(단, 이상 시 상정하중이 가하여지는 경우의 그 이상 시 상정하중에 대한 철탑의 기초에 대하여는 1.33) 이상이어야 한다.   【답】②

84 특고압 가공전선과 지지물, 완금류, 지지기둥 또는 지지선 사이의 이격거리는 사용전압 15[kV] 미만인 경우 일반적으로 몇 [m] 이상이어야 하는가?(단, 주어지지 않은 조건은 무시한다)

① 0.2   ② 0.3
③ 0.35   ④ 0.15

> **Explanation**
>
> (KEC 333.5조) 특고압 가공전선과 지지물 등의 이격거리
> 특고압 가공전선과 그 지지물·완금류·지지기둥 또는 지지선 사이의 이격거리는 표에서 정한 값 이상이어야 한다. 다만, 기술상 부득이한 경우에 위험의 우려가 없도록 시설한 때에는 표에서 정한 값의 0.8배까지 감할 수 있다.

사용전압	이격거리[m]
15[kV] 미만	0.15
15[kV] 이상 25[kV] 미만	0.2
25[kV] 이상 35[kV] 미만	0.25
35[kV] 이상 50[kV] 미만	0.3
...	...

【답】④

85 금속덕트에 넣은 전선의 단면적(절연피복의 단면적을 포함)의 합계는 덕트의 내부 단면적의 몇 [mm²] 이하이어야 하는가?(단, 전광표시장치 기타 이와 유사한 장치 또는 제어회로 등의 배선만 넣은 경우는 제외한다)

① 10   ② 20

③ 32   ④ 48

Explanation

(KEC 232.31조) 금속덕트공사
① 전선은 절연전선(옥외용 비닐절연전선은 제외)일 것
② 금속덕트에 넣은 전선의 단면적(절연피복의 단면적을 포함)의 합계는 덕트의 내부 단면적의 20[%](전광표시장치 기타 이와 유사한 장치 또는 제어회로 등의 배선만을 넣는 경우에는 50[%]) 이하일 것 【답】②

86 전기저장장치를 옥외에 시설할 경우 배선설비 공사에 해당되지 않는 것은?

① 금속관공사   ② 합성수지관공사

③ 애자공사   ④ 금속제 가요전선관공사

Explanation

(KEC 512.1조) 전기저장장치의 시설기준
(1) 전기배선
① 전선은 공칭단면적 2.5[mm²] 이상의 연동선 또는 이와 동등 이상의 세기 및 굵기의 것일 것
② 옥내 : 합성수지관공사, 금속관공사, 금속제 가요전선관공사, 케이블공사
③ 옥측 또는 옥외 : 합성수지관공사, 금속관공사, 금속제 가요전선관공사, 케이블공사 【답】③

87 저압 옥상전선로를 전개된 장소에 시설하는 내용으로 틀린 것은?
① 전선은 지름 2[mm] 이상의 경동선을 사용할 것
② 전선과 그 저압 옥상전선로를 시설하는 조영재와의 이격거리는 2[m] 이상일 것
③ 전선은 조영재에 내수성이 있는 애자를 사용하여 지지하고 그 지지점 간의 거리는 15[m] 이하일 것
④ 전선은 절연전선일 것

Explanation

(KEC 221.3조) 옥상 전선로
저압 옥상 전선로는 전개된 장소에 다음 각 호에 따르고 또한 위험의 우려가 없도록 시설하여야 한다.
① 전선은 절연전선(OW전선 포함)일 것
② 전선은 인장강도 2.30[kN] 이상의 것 또는 **지름 2.6[mm] 이상의 경동선**의 것
③ 전선은 조영재에 견고하게 붙인 지지기둥 또는 지지대에 절연성·난연성 및 내수성이 있는 애자를 사용하여 지지하고 또한 그 지지점간의 거리는 15[m] 이하일 것
④ 전선과 그 저압 옥상 전선로를 시설하는 조영재와의 이격거리는 2[m] (전선이 고압절연전선, 특고압 절연전선 또는 케이블인 경우에는 1[m]) 이상일 것 【답】①

88 저압 옥내간선 분기회로의 분기점에서 몇 [m] 이하인 곳에 과부하 보호장치를 시설해야 하는가?(단, 보호장치 전원측에서 분기점 사이에 다른 분기회로 또는 콘센트 접속이 없고, 단락의 위험과 화재 및 인체에 대한 위험성이 최소화 되도록 시설되었다)

① 3
② 4
③ 5
④ 8

Explanation

(KEC 212.4.2조) 과부하 보호장치의 설치 위치

분기회로(S_2)의 보호장치(P_2)는 (P_2)의 전원 측에서 분기점(O) 사이에 다른 분기회로 또는 콘센트의 접속이 없고, 단락의 위험과 화재 및 인체에 대한 위험성이 최소화 되도록 시설된 경우, 분기회로의 보호장치(P_2)는 분기회로의 분기점(O)으로부터 3[m]까지 이동하여 설치할 수 있다.

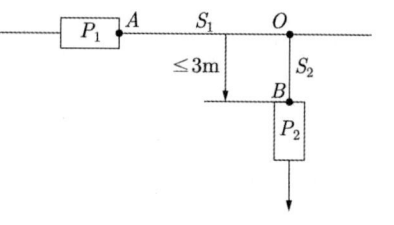

【답】 ①

89 발전소에서 계측하는 장치를 시설하여야 하는 사항에 해당하지 않는 것은?

① 특고압용 변압기의 온도
② 주요 변압기의 전압 및 전류 또는 전력
③ 발전기의 베어링(수중 메탈을 제외한다) 및 고정자의 온도
④ 발전기의 회전수 및 주파수

Explanation

(KEC 351.6조) 계측 장치
발전소 또는 이에 준하는 장소에는 다음 각 호에 해당하는 계측장치를 시설하여야 한다.
① 발전기의 전압 및 전류 또는 전력
② 발전기의 베어링 및 고정자의 온도
③ 주요 변압기의 전압 및 전류 또는 전력
④ 특고압용 변압기의 온도

【답】 ④

90 조상설비에 내부고장, 과전류 또는 과전압이 생긴 경우 자동적으로 전로로부터 차단되는 장치를 시설해야하는 분로리액터의 최소 뱅크용량은 몇 [kVA] 이상인가?

① 500
② 1,000
③ 10,000
④ 15,000

Explanation

(KEC 351.5조) 조상설비의 보호장치
조상설비에는 그 내부에 고장이 생긴 경우에 보호하는 장치를 표와 같이 시설하여야 한다.

설비종별	뱅크용량의 구분	자동적으로 전로로부터 차단하는 장치
전력용 커패시터 및 분로 리액터	500[kVA] 초과 15,000[kVA] 미만	내부에 고장이 생긴 경우에 동작하는 장치 또는 과전류가 생긴 경우에 동작하는 장치
	15,000[kVA] 이상	**내부에 고장**이 생긴 경우에 동작하는 장치 및 **과전류**가 생긴 경우에 동작하는 장치 **과전압**이 생긴 경우에 동작하는 장치

【답】 ④

91 고압 및 특고압 가공전선로와 지중전선로가 접속되는 곳에 반드시 시설해야 하는 것은?
① 피뢰기
② 동기조상기
③ 직렬리액터
④ 방전코일

Explanation

(KEC 341.13조) 피뢰기의 시설
고압 및 특고압의 전로 중 다음에 열거하는 곳 또는 이에 근접한 곳에는 피뢰기를 시설하여야 한다.
① 발전소·변전소 또는 이에 준하는 장소의 가공전선 인입구 및 인출구
② 특고압 가공전선로에 접속하는 341.2의 배전용 변압기의 고압측 및 특고압측
③ 고압 및 특고압 가공전선로로부터 공급을 받는 수용장소의 인입구
④ **가공전선로와 지중전선로가 접속되는 곳**
【답】①

92 전기철도차량이 전차선로와 접촉한 상태에서 견인력을 끄고 보조전력을 가동한 상태로 정지해 있는 경우, 가공 전차선로의 유효전력이 200[kW] 이상일 경우 총 역률은 얼마보다 작으면 안 되는가?
① 0.6
② 0.7
③ 0.8
④ 0.9

Explanation

(KEC 441.4조) 전기철도차량의 역률
전기철도차량이 전차선로와 접촉한 상태에서 견인력을 끄고 보조전력을 가동한 상태로 정지해 있는 경우 : 가공 전차선로의 유효전력이 200[kW] 이상일 경우 총 역률은 0.8보다 클 것
【답】③

93 제2종 특고압 보안공사의 기준으로 틀린 것은?
① 지지물이 A종 철주일 경우 그 경간은 150[m] 이하일 것
② 지지물이 목주일 경우 그 경간은 100[m] 이하일 것
③ 지지물로 사용하는 목주의 풍압하중에 대한 안전율은 2 이상일 것
④ 특고압 가공전선은 연선일 것

Explanation

(KEC 333.22조) 특고압 보안공사 – 제2종 특고압 보안공사
① 특고압 가공전선은 연선일 것.
② 지지물로 사용하는 목주의 풍압하중에 대한 안전율은 2 이상일 것.
③ 경간은 표에서 정한 값 이하일 것. 다만, 전선에 인장강도 38.05[kN] 이상의 연선 또는 단면적이 95[㎟] 이상인 경동연선을 사용하고 지지물에 B종 철주·B종 철근 콘크리트주 또는 철탑을 사용하는 경우에는 그러하지 아니하다.

지지물의 종류	경 간
목주·A종 철주 또는 A종 철근·콘크리트주	100[m]
B종 철주 또는 B종 철근 콘크리트주	200[m]
철탑	400[m](단주인 경우 300[m])

【답】①

94 전차선로의 직류방식의 급전전압에 대한 종류와 각 전압별 최고, 최저 전압 직류 평균값의 기준을 나타낸 것으로 틀린 것은?
① 지속성 최저전압[V] : 500, 900
② 지속성 최고전압[V] : 900, 1800
③ 공칭전압[V] : 750, 1,500
④ 장기 과전압[V] : 950, 1,950

Explanation

(KEC 411.2조) 전차선로의 전압
전차선로의 전압은 전원측 도체와 전류귀환도체 사이에서 측정된 집전장치의 전위로서 전원공급시스템이 정상 동작상태에서의 값이며 직류방식은 사용전압과 각 전압별 최고, 최저전압은 표의 규정에 따라 선정하여야 한다.

구분	최저 영구 전압[V]	공칭전압[V]	최고 영구 전압[V]	최고 비영구 전압[V]	장기 과전압[V]
DC (평균값)	500	750	900	950	1,269
	900	1,500	1,800	1,950	2,538

【답】④

95 "제2차 접근상태"라 함은 가공 전선이 다른 시설물과 접근하는 경우에 그 가공전선이 다른 시설물의 위쪽 또는 옆쪽에서 수평 거리로 몇 [m] 미만인가?

① 1.2 ② 2

③ 2.5 ④ 3

Explanation

(KEC 112조) 용어 정의

"제2차 접근상태"란 가공 전선이 다른 시설물과 접근하는 경우에 그 가공 전선이 다른 시설물의 위쪽 또는 옆쪽에서 **수평 거리로 3[m] 미만**인 곳에 시설되는 상태를 말한다. 【답】④

96 특고압의 기계기구 모선 등을 옥외에 시설하는 변전소의 구내에 취급자 이외의 자가 들어가지 못하도록 시설하는 울타리 담 높이는 몇 [m] 이상으로 하여야 하는가?

① 2 ② 2.2

③ 2.5 ④ 3

Explanation

(KEC 351.1조) 발전소 등의 울타리·담 등의 시설

고압 또는 특고압의 기계기구·모선 등을 옥외에 시설하는 발전소·변전소·개폐소 또는 이에 준하는 곳에는 **울타리·담 등의 높이는 2[m] 이상**으로 하고 지표면과 울타리·담 등의 하단 사이의 간격은 0.15[m] 이하로 할 것 【답】①

97 발전소 변전소 개폐소, 이에 준하는 곳, 전기사용장소 상호 간의 전선 및 이를 지지하거나 수용하는 시설물을 무엇이라 하는가?

① 급전소 ② 전선로

③ 개폐소 ④ 송전선로

Explanation

(기술기준 3조) 정의

"전선로"란 발전소·변전소·개폐소, 이에 준하는 곳, 전기사용장소 상호간의 전선(전차선을 제외한다) 및 이를 지지하거나 수용하는 시설물을 말한다. 【답】②

98 사용전압 400[V] 이하 건조한 장소의 진열장 내부에 배선을 직접 조영재에 밀착할 때 캡타이어 케이블 단면적은 몇 [㎟] 이상인가?

① 0.5 ② 1

③ 0.75 ④ 1.25

Explanation

(KEC 234.8조) 진열장 또는 이와 유사한 것의 내부 배선

건조한 곳에 시설하고 내부를 건조한 상채로 사용하는 진열장 또는 진열장 안의 사용 전압이 400[V] 이하인 저압 옥내 배선은 외부에서 보기 쉬운 곳에 한하여 **단면적 0.75[㎟] 이상의 코드 또는 캡타이어 케이블** 1[m] 이하마다 지지하여 시설 할 수 있다. 【답】③

99 사용전압이 22.9[kV]인 특고압 가공전선로를 시가지에 경동연선으로 시설할 경우 전선의 단면적은 몇 [㎟] 이상인가?

① 55　　　　　　　　　　　　　② 100

③ 150　　　　　　　　　　　　④ 200

Explanation

(KEC 333.1조) 시가지 등에서 특고압 가공 전선로의 시설

사용전압의 구분	전선의 단면적
100[kV] 미만	인장강도 21.67[kN] 이상의 연선 또는 단면적 55[㎟] 이상의 경동연선
100[kV] 이상	인장강도 58.84[kN] 이상의 연선 또는 단면적 150[㎟] 이상의 경동연선

【답】①

100 가공전선로가 사용전압 60[kV] 이하인 경우에는 전화선로의 길이 12[km]마다 유도전류가 몇 [μA]를 넘지 않도록 하여야 하는가?

① 1　　　　　　　　　　　　　② 2

③ 3　　　　　　　　　　　　④ 4

Explanation

(KEC 333.2조) 유도장해의 방지

① 사용전압 60[kV] 이하 : 전화 선로의 길이 12[km]마다 유도전류가 2[μA] 이하

② 사용전압 60[kV] 초과 : 전화 선로의 길이 40[km]마다 유도전류가 3[μA] 이하

【답】②

MEMO

전기공사기사 필기

2022

과년도 기출문제

- 2022년 제 01회
- 2022년 제 02회
- 2022년 제 04회(CBT)

2022년 과년도 기출문제에 대한 출제 빈도 분석 차트입니다.
각 회차별로 별의 개수를 확인하고 학습에 참고하기 바랍니다.

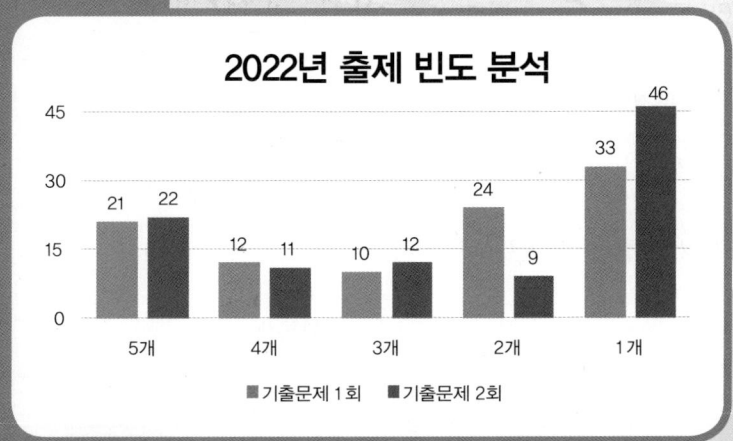

2022년 출제 빈도 분석

	5개	4개	3개	2개	1개
기출문제 1회	21	12	10	24	33
기출문제 2회	22	11	12	9	46

■ 기출문제 1회 ■ 기출문제 2회

1과목	전기응용 및 공사재료

01 ★★☆☆☆
레이저 가열의 특징으로 틀린 것은?

① 파장이 짧은 레이저는 미세가공에 적합하다.
② 에너지 변환 효율이 높아 원격가공이 가능하다.
③ 필요한 부분에 집중하여 고속으로 가열할 수 있다.
④ 레이저의 조사면적을 광범위하게 제어할 수 있다.

Explanation

레이저 가열
• 필요한 부분에 고속으로 가열 가능
• 레이저의 파워나 조사 면적을 광범위하게 제어 가능
• 에너지 밀도를 높게 할 수 있다.
• **에너지 변환 효율이 낮은 결점**   【답】②

02 ★☆☆☆☆
스테판 볼츠만(Stefan-Boltzmann) 법칙을 이용하여 온도를 측정하는 것은?

① 광 고온계   ② 저항 온도계
③ 열전 온도계   ④ 복사 고온계

Explanation

방사(복사) 고온계 : 스테판 볼쯔만 법칙 이용($W = kT^4$)   【답】④

03 ★★☆☆☆
흑체의 온도복사 법칙 중 절대 온도가 높아질수록 파장이 짧아지는 법칙은?

① 스테판 볼츠만(Stefan-Boltzmann)의 법칙
② 빈(Wien)의 변위법칙
③ 플랑크(Planck)의 복사법칙
④ 베버 페히너(Weber-Fechner)의 법칙

Explanation

비인의 변위법칙 : 파장은 절대온도에 반비례 한다.

$$\lambda_m \propto \frac{1}{T} \qquad 여기서, \ \lambda : 파장, \ T : 절대온도$$

【답】②

04 ★☆☆☆☆
다음 중 시감도가 가장 좋은 광색은?

① 적색   ② 등색
③ 청색   ④ 황록색

Explanation

시감도(Visibility)
• 어떤 파장의 에너지가 빛으로써 느껴지는 정도
• **최대 시감도 : 황록색 680[lm/W], 파장이 555[nm]**
• 비시감도 : 시감도를 곡선으로 나타낸 것

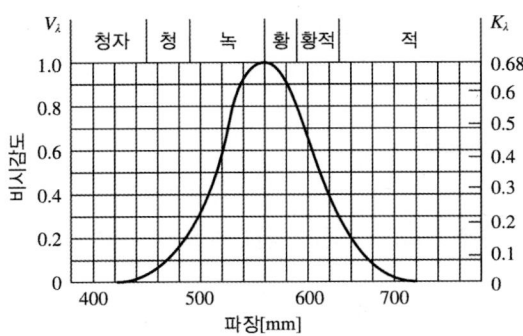

빛의 파장에 따른 비시감도 곡선

【답】④

05

★☆☆☆☆

양수량 30[m³/min], 총 양정 10[m]를 양수하는 데 필요한 펌프용 3상 전동기에 전력을 공급하고자 한다. 단상 변압기를 V결선하여 전력을 공급하고자 할 때 단상 변압기 한 대의 용량[kVA]은 약 얼마인가? (단, 펌프의 효율은 70[%]이다)

① 31   ② 36
③ 41   ④ 46

Explanation

양수펌프용 전동기 출력 식

$$P = \frac{KQH}{6.12\eta}[\text{kW}] \quad \text{여기서, } Q[\text{m}^3/\text{min}]$$

$$= \frac{KQH}{6.12\eta} = \frac{30 \times 10}{6.12 \times 0.7} = 70.03[\text{kW}]$$

V결선 공급량 $P_V = \sqrt{3}K$에서

단상변압기 1대 $K = \frac{70.03}{\sqrt{3}} = 41[\text{kVA}]$

【답】③

06

★☆☆☆☆

권수비가 1:3인 변압기를 사용하여 교류 100[V]의 입력을 가한 후 출력 전압을 전파정류하면 출력 직류전압[V]의 크기는?

① $300\sqrt{2}$ ② 300

③ $\dfrac{300\sqrt{2}}{\pi}$ ④ $\dfrac{600\sqrt{2}}{\pi}$

Explanation

단상 전파정류회로 직류측 전압 $E_d = \dfrac{2\sqrt{2}}{\pi}E = 0.9E$에서

권수비가 1:3 이므로 2차 전압 $V_2 = \dfrac{V_1}{a} = \dfrac{100}{\frac{1}{3}} = 300[\text{V}]$

$$E_d = \frac{2\sqrt{2} \times 300}{\pi} = \frac{600\sqrt{2}}{\pi}[\text{V}]$$

【답】④

07 ★★★★★
단상 교류식 전기철도에서 통신선에 발생하는 유도장해를 경감하기 위하여 사용되는 것은?

① 흡상 변압기
② 3권선 변압기
③ 스코트 결선
④ 크로스본드

Explanation

전기철도에 사용
• 전압 불평형 방지 : 스코트 결선(T결선)
• **통신 유도장해 방지 : 흡상변압기(BT : Booster Transformer)**　　　　　　　　**【답】①**

08 ★★★★★
3상 유도전동기를 급속히 정지 또는 감속시킬 경우나 과속을 급히 막을 수 있는 가장 쉽고 효과적인
제동법은?

① 발전제동
② 회생제동
③ 역전제동
④ 와전류 제동

Explanation

3상 유도전동기 제동법
• 발전제동
 - 운동에너지를 전기적 에너지로 변환
 - 자체 저항에서 열로 소비되면서 제동
• 회생제동
 - 유도전압을 전원전압보다 높게 하여 제동하는 방식
 - 발전 제동하여 발생된 전력을 선로로 되돌려 보냄
• **역상제동(플러깅, 역전제동)**
 - **3상중 2상을 바꾸어 제동**
 - **속도를 급격히 정지 또는 감속시킬 때**　　　　　　　　　　　　　　　　**【답】③**

09 ★★★★☆
금속의 표면 열처리에 이용하며 도체에 고주파 전류를 흘릴 때 전류가 표면에 집중하는 효과는?

① 표피 효과
② 톰슨 효과
③ 핀치 효과
④ 제백 효과

Explanation

표피효과(Skin effect)
• 도선의 중심부로 갈수록 전류밀도가 적어지는 현상
• 주파수, 도전율, 투자율이 클수록 크다.　　　　　　　　　　　　　　　　**【답】①**

10 ★★☆☆☆
전력용 반도체 소자 중 IGBT의 특성이 아닌 것은?

① 게이트 구동전력이 매우 높다.
② 게이트와 에미터간 입력 임피던스가 매우 높아 BJT보다 구동하기 쉽다.
③ 소스에 대한 게이트의 전압으로 도통과 차단을 제어한다.
④ 스위칭 속도는 FET와 트랜지스터의 중간 정도로 빠른 편에 속한다.

Explanation

절연 게이트 양극성 트랜지스터(Insulated gate bipolar transistor, IGBT)
• MOSFET를 게이트부에 넣은 접합형 트랜지스터
• 게이트-이미터 간의 전압이 구동되어 입력 신호에 의해서 온/오프가 생기는 자기소호형
• 대전력의 고속 스위칭이 가능한 반도체 소자
• **게이트의 구동전력이 낮다.**　　　　　　　　　　　　　　　　　　　　**【답】①**

11 ★★☆☆☆
금속관 공사에서 부싱을 쓰는 목적은?

① 관의 끝이 터지는 것을 방지
② 관의 끝 부분에서 전선 피복의 손상을 방지
③ 박스 내에서 전선의 접속을 방지
④ 관의 끝 부분에서 조영재의 접속을 방지

Explanation

금속관 배선 부품

명칭	그림	사용 용도
부싱 (bushing)		전선 관단에 끼우고 전선을 넣거나 빼는 데 있어서 전선의 피복을 보호하여 전선이 손상되지 않게 하는 것

【답】②

12 ★★★★☆
경완철에 폴리머 현수애자를 설치할 경우 사용되는 재료가 아닌 것은?

① 볼쇄클
② 소켓아이
③ 인장클램프
④ 볼크레비스

Explanation

경완철에 폴리머 현수애자를 설치할 경우의 연결순서
경완철 – 볼쇄클 – 폴리머현수애자 – 소켓아이 – 데드앤드 클램프(인장클램프)

【답】④

13 ★☆☆☆☆
형광등의 점등회로 중 필라멘트를 예열하지 않고 직접 형광등에 고전압을 가하여 순간적으로 기동하는 점등회로로써, 전극이 기동 시에는 냉음극, 동작 시에는 방전전류에 의한 열음극으로 작용하는 회로는?

① 전자 스타터 점등 회로
② 글로우 스타터 점등 회로
③ 속시 기동(래피드 스타터) 점등회로
④ 순시 기동(슬림 라인) 점등회로

Explanation

형광등 점등 방식
• 글로우 스타트 방식
• 래피드 스타트 방식 : 전원을 넣자마자 곧바로 점등
• 전자식 스타트 방식
• 순시기동(슬림라인) 방식 : 직접 형광등에 고전압을 가하여 순간적으로 기동하는 점등회로로써, 전극이 기동 시에는 냉음극, 동작 시에는 방전전류에 의한 열음극으로 작용하는 회로

【답】④

14 ★★☆☆☆
특고압, 고압, 저압에 사용되는 완금(완철)의 표준길이에 해당되지 않는 것은?

① 900[mm]
② 1,800[mm]
③ 2,400[mm]
④ 3,000[mm]

Explanation

가공배전선로 완금의 길이

전선의 조수	특고압	고압	저압
2	1,800	1,400	900
3	2,400	1,800	1,400

【답】④

15 ★☆☆☆☆

다음 중 0.6/1[kV] 가교폴리에틸렌절연 비닐시스 전력케이블의 기호는?

① 0.6/1[kV] CCV
② 0.6/1[kV] CVV
③ 0.6/1[kV] CV
④ 0.6/1[kV] CE

Explanation

CV1 케이블 : 0.6/1[kV] 가교 폴리에틸렌 절연 비닐시스 전력케이블 【답】③

16 ★★★★☆

고압회로 및 기기의 단락보호용으로 사용되고 있는 기기는?

① 단로기
② 전력퓨즈
③ 부하개폐기
④ 선로개폐기

Explanation

전력 퓨즈(PF : Power Fuse) : 단락전류 차단 【답】②

17 ★☆☆☆☆

KS C 7617에 따른 네온관의 공칭 관전류는 몇 [mA]인가?

① 10
② 20
③ 30
④ 40

Explanation

KSC 7617 네온관
① 광색(16종) : 홍적색, 적색, 황적색, 도색(桃色, 분홍색), 엷은 도색, 황색, 크림색, 녹색, 엷은 녹색, 연두색, 청백색, 청색, 자색, 엷은 자색, 백색, 주광 백색
② 공칭관전류 : 20[mA] 【답】②

18 ★☆☆☆☆

다음 1차 전지 중 음극(부극)물질이 다른 것은?

① 공기 전지
② 망간 건전지
③ 수은 전지
④ 리튬 전지

Explanation

	양극	음극
공기 전지	공기	아연
망간 건전지	탄소	아연
수은 전지	산화수은	수은과 아연(아말감)
리튬 전지	**리튬코발트 화합물**	**흑연**

【답】④

19 ★☆☆☆☆

KSC 4610에 따른 고압 피뢰기의 정격 전압[kV]이 아닌 것은? (단, 전압은 RMS 값이다)

① 7.5
② 24
③ 74
④ 174

Explanation

KSC IEC 60099-1의 4.1 표준 전압 등급

0.175	6	18	36	75	126
0.280	7.5	21	39	84	138
0.500	9	24	42	96	150
0.660	10.5	27	51	102	174
3	12	30	54	108	186
4.5	15	33	60	120	198

【답】③

20 ★☆☆☆☆
2개소에서 한 개의 전등을 자유롭게 점멸할 수 있는 스위치 방식은?

① 로터리 스위치　　　　　　　　　② 마그넷 스위치
③ 3로 스위치　　　　　　　　　　　④ 푸시 버튼 스위치

Explanation

2개소 점멸용 : 3로 스위치

【답】③

2과목　전력공학

21 ★★☆☆☆
소호리액터를 송전계통에 사용하면 리액터의 인덕턴스와 선로의 정전용량이 어떤 상태로 되어 지락전류를 소멸시키는가?

① 병렬공진　　　　　　　　　　　② 직렬공진
③ 고임피던스　　　　　　　　　　④ 저임피던스

Explanation

소호리액터 접지 : L-C병렬공진(지락전류가 최소)

【답】①

22 ★★★★★
어느 발전소에서 40,000[kWh]를 발전하는데 발열량 5,000[kcal/kg]의 석탄을 20톤 사용하였다. 이 화력발전소의 열효율[%]은 약 얼마인가?

① 27.5　　　　　　　　　　　　② 30.4
③ 34.4　　　　　　　　　　　　④ 38.5

Explanation

화력발전소 열효율

$\eta = \dfrac{전기}{열} \times 100[\%]$이므로 $\eta = \dfrac{860Pt}{mH} \times 100[\%]$

따라서 $\eta = \dfrac{860\,W}{mH} \times 100 = \dfrac{860 \times 40,000}{20 \times 10^3 \times 5,000} \times 100 = 34.4[\%]$

【답】③

23 ★★★★★
송전전력, 선간전압, 부하역률, 전력손실 및 송전거리를 동일하게 하였을 경우 단상 2선식에 대한 3상 3선식의 총 전선량(중량)비는 얼마인가? (단, 전선은 동일한 전선이다)

① 0.75　　　　　　　　　　　　② 0.94
③ 1.15　　　　　　　　　　　　④ 1.33

전기 방식별 비교

	소요전선량(중량비)
단상2선식	1
단상3선식	3/8=0.375
3상3선식	**3/4=0.75**
3상4선식	1/3=0.33

【답】①

24

★★★★★

3상 송전선로가 선간단락(2선 단락)이 되었을 때 나타나는 현상으로 옳은 것은?

① 역상전류만 흐른다.　　　　　　　　② 정상전류와 역상전류가 흐른다.

③ 역상전류와 영상전류가 흐른다.　　　④ 정상전류와 영상전류가 흐른다.

- 1선 지락 : $I_0 = I_1 = I_2$ 　 $\therefore I_g = 3I_0 = \dfrac{3E_a}{Z_0 + Z_1 + Z_2}$

- 선간 단락 : $I_0 = 0$, $V_0 = 0$ 　 $I_1 = -I_2$, $V_1 = V_2$

【답】②

25

★☆☆☆☆

중거리 송전선로의 4단자 정수가 $A = 1.0$, $B = j190$, $D = 1.0$ 일 때 C의 값은 얼마인가?

① 0　　　　　　　　　　　　　　　② $-j120$

③ j　　　　　　　　　　　　　　　④ $j190$

전송 파라미터($ABCD$ 파라미터) 선형조건 $AD - BC = 1$ 에서

$$C = \frac{AD-1}{B} = \frac{1 \times 1 - 1}{j190} = 0$$

【답】①

26

★★★☆☆

배전전압을 $\sqrt{2}$ 배로 하였을 때 같은 손실률로 보낼 수 있는 전력은 몇 배가 되는가?

① $\sqrt{2}$　　　　　　　　　　　　　② $\sqrt{3}$

③ 2　　　　　　　　　　　　　　　④ 3

전력 손실률이 일정하면 공급전력 $P \propto V^2$ 이므로
$\left(\sqrt{2}\right)^2 = 2$ 배가 된다.

【답】③

27

★★★★☆

다음 중 재점호가 가장 일어나기 쉬운 차단전류는?

① 동상전류　　　　　　　　　　　　② 지상전류

③ 진상전류　　　　　　　　　　　　④ 단락전류

재점호는 충전 전류(진상 전류)를 차단할 때 전류파의 제로 위치에서 일단 소멸된 아크가 재기 전압 때문에 극간에 다시 발생하는 것이다. 이것은 아크전류와 전압이 90°에 가까울수록 커지게 된다.

【답】③

28 ★★★☆☆
현수애자에 대한 설명이 아닌 것은?

① 애자를 연결하는 방법에 따라 클레비스(Clevis)형과 볼 소켓형이 있다.
② 애자를 표시하는 기호는 P이며 구조는 2~5층의 갓 모양의 자기편을 시멘트로 접착하고 그 자기를 주철재 base로 지지한다.
③ 애자의 연결개수를 가감함으로써 임의의 송전전압에 사용할 수 있다.
④ 큰 하중에 대하여는 2련 또는 3련으로 하여 사용할 수 있다.

Explanation

애자의 종류
• 핀애자 : 2~4의 갓 모양의 자기편을 시멘트로 접착하고 그 자기를 주철재 base로 지지
• 현수애자
  – 애자를 연결하는 방법에 따라 클레비스형과 볼 소켓형(활선작업의 편의)
  – 애자의 연결개수를 가감함으로써 임의의 송전 전압에 사용 가능
  – 큰 하중에 대하여는 2련 또는 3련으로 하여 사용할 수 있다. 【답】②

29 ★☆☆☆☆
교류발전기의 전압조정 장치로 속응 여자방식을 채택하는 이유로 틀린 것은?

① 전력계통에 고장이 발생할 때 발전기의 동기화력을 증가시킨다.
② 송전계통의 안정도를 높인다.
③ 여자기의 전압 상승률을 크게 한다.
④ 전압조정용 탭의 수동변환을 원활히 하기 위함이다.

Explanation

안정도 향상 대책
• 직렬 리액턴스(X)를 작게 한다.
  ① 발전기나 변압기의 리액턴스를 작게 한다.
  ② 선로의 병행 회선수를 늘리거나 복도체 또는 다도체 방식을 사용한다.
  ③ 직렬 콘덴서를 삽입하여 선로의 리액턴스를 보상한다.
• 전압 변동을 작게 한다.
  ① 속응 여자 방식을 채용한다(AVR 채용).
  ② 계통 연계를 한다. 【답】④

30 ★★★★★
차단기의 정격차단시간에 대한 설명으로 옳은 것은?

① 고장 발생부터 소호까지의 시간
② 트립코일 여자로부터 소호까지의 시간
③ 가동 접촉자의 개극부터 소호까지의 시간
④ 가동 접촉자의 동작 시간부터 소호까지의 시간

Explanation

차단기의 정격 차단 시간
• **트립코일 여자로부터 소호까지의 시간**
• 개극 시간과 아크 시간의 합 【답】②

31 ★★☆☆☆
3상 1회선 송전선을 정삼각형으로 배치한 3상 선로의 자기인덕턴스를 구하는 식은? (단, D는 전선의 선간 거리[m], r은 전선의 반지름[m]이다)

① $L = 0.5 + 0.4605\log_{10}\dfrac{D}{r}$

② $L = 0.5 + 0.4605\log_{10}\dfrac{D}{r^2}$

③ $L = 0.05 + 0.4605\log_{10}\dfrac{D}{r}$

④ $L = 0.05 + 0.4605\log_{10}\dfrac{D}{r^2}$

작용 인덕턴스 $L = 0.05 + 0.4605 \log_{10} \dfrac{D}{r}$ [mH/km]

【답】 ③

32 ★★☆☆☆ 불평형 부하에서 역률[%]은?

① $\dfrac{\text{유효전력}}{\text{각 상의 피상전력의 산술합}} \times 100$

② $\dfrac{\text{무효전력}}{\text{각 상의 피상전력의 산술합}} \times 100$

③ $\dfrac{\text{무효전력}}{\text{각 상의 피상전력의 벡터합}} \times 100$

④ $\dfrac{\text{유효전력}}{\text{각 상의 피상전력의 벡터합}} \times 100$

불평형 부하에서 역률 $= \dfrac{\text{유효전력}}{\text{각 상의 피상전력의 벡터합}}$

【답】 ④

33 ★☆☆☆☆ 다음 중 동작속도가 가장 느린 계전 방식은?

① 전류 차동 보호 계전 방식

② 거리 보호 계전 방식

③ 전류 위상 비교 보호 계전 방식

④ 방향 비교 보호 계전 방식

거리계전기
전압과 전류를 입력량으로 하여 전압과 전류의 비가 일정값 이하로 될 경우 동작하는 계전기이다. 계전기의 설치점으로부터 단락 또는 지락점의 방향과 고장발생점까지의 전기적 거리(임피던스)를 판별하여 동작하는 것으로, 거리가 가까울 경우에는 고장전류가 커서 빨리 동작하게 되며 거리가 멀어지면 고장전류가 작아서 느리게 동작하게 된다.

【답】 ②

34 ★★☆☆☆ 부하회로에서 공진 현상으로 발생하는 고조파 장해가 있을 경우 공진 현상을 회피하기 위하여 설치하는 것은?

① 진상용 콘덴서

② 직렬 리액터

③ 방전코일

④ 진공 차단기

직렬리액터 : 제5고조파를 제거하기 위하여 전력용 콘덴서 전단에 시설

직렬 리액터의 용량은 $5\omega L = \dfrac{1}{5\omega C}$

이론적 : 4[%], 실제적 : 6[%]

【답】 ②

35 ★★★★★ 송경간이 200[m]인 가공 전선로가 있다. 사용전선의 길이는 경간보다 몇 [m] 더 길게 하면 되는가? (단, 사용전선의 1[m] 당 무게는 2[kg], 인장하중은 4,000[kg], 전선의 안전율은 2로 하고 풍압하중은 무시한다)

① $\dfrac{1}{2}$

② $\sqrt{2}$

③ $\dfrac{1}{3}$

④ $\sqrt{3}$

이도 $D = \dfrac{WS^2}{8T} = \dfrac{2 \times 200^2}{8 \times \dfrac{4,000}{2}} = 5$ 　여기서, 수평장력 $T = \dfrac{\text{인장하중}}{\text{안전율}} = \dfrac{4,000}{2} = 2,000$

실제 길이 $L = S + \dfrac{8D^2}{3S} = 200 + \dfrac{8 \times 5^2}{3 \times 200} = 200.33 [\text{m}]$

$\therefore 200.33 - 200 = 0.33 [\text{m}]$　　　　　　　　　　　　　　　　　　　　　　　　　【답】③

---

36 ★★★☆☆
송전단 전압이 100[V], 수전단 전압이 90[V]인 단거리 배전선로의 전압강하율[%]은 약 얼마인가?

① 5　　　　　　　　　　　　　　　　② 11
③ 15　　　　　　　　　　　　　　　④ 20

> **Explanation**

전압 강하율 $\delta = \dfrac{V_s - V_r}{V_r} \times 100 = \dfrac{100 - 90}{90} \times 100 = 11.11 [\%]$　　　　　【답】②

---

37 ★☆☆☆☆
다음 중 환상(루프) 방식과 비교할 때 방사상 배전선로 구성 방식에 해당되는 사항은?

① 전력 수요 증가 시 간선이나 분기선을 연장하여 쉽게 공급이 가능하다.
② 전압 변동 및 전력손실이 작다.
③ 사고 발생 시 다른 간선으로의 전환이 쉽다.
④ 환상방식 보다 신뢰도가 높은 방식이다.

> **Explanation**

가지식(수지상식) 배전은 인출된 배전선로가 부하의 분포에 따라 나뭇가지 형태로 수용가에 공급되는 방식으로 농·어촌 지역 등의 부하가 적은 지역에 주로 사용된다.
① 장점
　• **설비가 간단하다.**
　• **부하 증설이 용이하다.**
　• 경제적이다.
② 단점
　• 전압 강하가 크다.
　• 플리커 현상이 심하다.
　• 전력 손실이 크다.
　• 고장 파급이 크다.　　　　　　　　　　　　　　　　　　　　　　　　　　【답】①

---

38 ★★★☆☆
초호각(Arcing horn)의 역할은?

① 풍압을 조절한다.　　　　　　　　② 송전 효율을 높인다.
③ 선로의 섬락 시 애자의 파손을 방지한다.　　④ 고주파수의 섬락전압을 높인다.

> **Explanation**

아킹혼(초호각), 아킹링(초호환)
• **섬락 시 애자련 보호**
• 애자련에 걸리는 전압분포 균일　　　　　　　　　　　　　　　　　　　　【답】③

---

39 ★★☆☆☆
유효낙차 90[m], 출력 104,500[kW], 비속도(특유속도) 210[m·kW]인 수차의 회전속도는 약 몇 [rpm]인가?

① 150　　　　　　　　　　　　　　② 180
③ 210　　　　　　　　　　　　　　④ 240

특유속도(비속도)

기하학적으로 같은 러너를 가정하여 이것을 단위낙차 1[m]에서 단위출력 1[kW]를 발생하였을 때의 회전수[m·kW]

특유속도 $N_s = N \dfrac{P^{\frac{1}{2}}}{H^{\frac{5}{4}}}$ 에서 수차 회전 속도 $N = N_s \dfrac{H^{\frac{5}{4}}}{P^{\frac{1}{2}}} = 210 \times \dfrac{90^{\frac{5}{4}}}{\sqrt{104,500}} = 180[\text{rpm}]$ 【답】②

40 ★★★★★
발전기 또는 주변압기의 내부고장 보호용으로 가장 널리 쓰이는 것은?

① 거리 계전기
② 과전류 계전기
③ 비율차동 계전기
④ 방향단락 계전기

비율차동 계전기
• 보호구간에 유입하는 전류와 유출하는 전류의 벡터 차와 출입하는 전류의 관계비로 동작
• 발전기, 변압기 내부 고장 보호 【답】③

3과목 　 전기기기

41 ★★★☆☆
SCR을 이용한 단상 전파 위상제어 정류회로에서 전원전압은 실효값이 220[V], 60[Hz]인 정현파이며, 부하는 순저항으로 10[Ω]이다. SCR의 점호각 α를 60°라 할 때 출력전류의 평균값[A]은?

① 7.54
② 9.73
③ 11.43
④ 14.86

SCR의 위상 제어
• 단상 전파 정류 회로

$E_d = \dfrac{2\sqrt{2}\,E}{\pi} \times \dfrac{(1+\cos\alpha)}{2} = \dfrac{\sqrt{2}\,E}{\pi}(1+\cos\alpha) = 0.45E(1+\cos\alpha)$　여기서, $1+\cos\alpha$: 제어율

$= 0.45 \times 220 \times (1+\cos 60°) = 148.5[\text{V}]$

따라서 출력전류 $I_d = \dfrac{E_d}{R} = \dfrac{148.5}{10} = 14.86[\text{A}]$ 【답】④

42 ★★☆☆☆
직류발전기가 90[%] 부하에서 최대효율이 된다면 이 발전기의 전부하에 있어서 고정손과 부하손의 비는?

① 0.81
② 0.9
③ 1.0
④ 1.1

최대효율조건 : 고정손 $= \left(\dfrac{1}{m}\right)^2$ 부하손

따라서 고정손 $= (0.9)^2 \times$ 부하손 $= 0.81 \times$ 부하손이므로

$\dfrac{\text{고정손}}{\text{부하손}} = \dfrac{\text{부하손} \times 0.81}{\text{부하손}} = 0.81$ 【답】①

43 ★★★★★
정류기의 직류측 평균전압이 2,000[V]이고 리플률이 3[%]일 경우, 리플전압의 실효값[V]은?

① 20
② 30
③ 50
④ 60

Explanation

$$맥동률 = \frac{교류분}{직류분} \times 100 = \sqrt{\frac{실효값^2 - 평균값^2}{평균값^2}} \times 100[\%]$$

교류분 = 직류분(부하전압) × 맥동률 = $2,000 \times 0.03 = 60[V]$　　　　　　　【답】④

44 ★★★★☆
단상 직권 정류자전동기에서 보상권선과 저항도선의 작용에 대한 설명으로 틀린 것은?

① 보상권선은 역률을 좋게 한다.
② 보상권선은 변압기의 기전력을 크게 한다.
③ 보상권선은 전기자 반작용을 제거해 준다.
④ 저항도선은 변압기 기전력에 의한 단락 전류를 작게 한다.

Explanation

단상 직권 정류자 전동기 = 만능 전동기(직교류 양용)
• 종류 : 직권형, 보상형, 유도보상형
• 특징 : 성층 철심, 역률 및 정류 개선을 위해 약계자, 강전기자형으로 함.
　　　역률 개선을 위해 보상권선 설치(전기자반작용 제거)
　　　저항 도선 : 단락 전류를 적게
　　　회전속도를 증가시킬수록 역률이 개선됨　　　　　　　　　　　　【답】②

45 ★★☆☆☆
3상 동기발전기에서 그림과 같이 1상의 권선을 서로 똑같은 2조로 나누어 그 1조의 권선전압을 E[V], 각 권선의 전류를 I[A]라 하고 지그재그 Y형(Zigzag Star)으로 결선하는 경우 선간전압[V], 선전류[A] 및 피상전력[VA]은?

① $3E$, I, $\sqrt{3} \times 3E \times I = 5.2EI$
② $\sqrt{3}\,E$, $2I$, $\sqrt{3} \times \sqrt{3}\,E \times 2I = 6EI$
③ E, $2\sqrt{3}\,I$, $\sqrt{3} \times E \times 2\sqrt{3}\,I = 6EI$
④ $\sqrt{3}\,E$, $\sqrt{3}\,I$, $\sqrt{3} \times \sqrt{3}\,E \times \sqrt{3}\,I = 5.2EI$

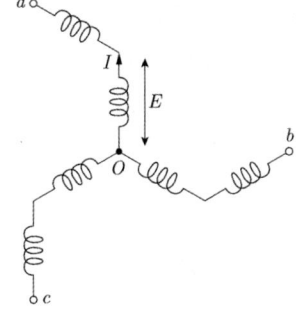

Explanation

• Y결선의 선간전압 = $\sqrt{3} \times$ 상전압이므로 선간전압 : $\sqrt{3}\,E$
　여기서, 지그재그 결선이므로 $\sqrt{3}\,E \times \sqrt{3}$ 배 = $3E$

• Y결선의 상전류 = 선전류 이므로 선전류 : I

• 피상전력 : $P_a = \sqrt{3}\,VI$　여기서, V : 선간전압, I 는 선전류
　　　　　$= \sqrt{3} \times 3E \times I = 5.2EI$　　　　　　　　　　　　【답】①

46 ★★☆☆☆

비돌극형 동기발전기 한 상의 단자전압을 V, 유도기전력을 E, 동기리액턴스를 X_s, 부하각이 δ이고, 전기자저항을 무시할 때 한 상의 최대출력[W]은?

① $\dfrac{EV}{X_s}$

② $\dfrac{3EV}{X_s}$

③ $\dfrac{E^2 V}{X_s}$

④ $\dfrac{EV^2}{X_s}$

Explanation

비돌극형 발전기 1상 출력식 $P = \dfrac{EV}{x_s}\sin\delta$ (최대출력 $\delta = 90°$ 에서 $P = \dfrac{EV}{X_s}$)

【답】①

47 ★★★★★

다음 중 비례추이를 하는 전동기는?

① 동기 전동기

② 정류자 전동기

③ 단상 유도전동기

④ 권선형 유도전동기

Explanation

비례추이의 원리 : 권선형 유도전동기
• 최대 토크는 불변, 최대 토크의 발생 슬립은 변화
• 기동 전류는 감소하고, 기동 토크는 증가

【답】④

48 ★★★★☆

단자전압 200[V], 계자저항 50[Ω], 부하전류 50[A], 전기자저항 0.15[Ω], 전기자 반작용에 의한 전압강하 3[V]인 직류 분권발전기가 정격속도로 회전하고 있다. 이때 발전기의 유도기전력은 약 몇 [V]인가?

① 211.1

② 215.1

③ 225.1

④ 230.1

Explanation

분권 직류 발전기 : $I_a = I + I_f = \dfrac{P}{V} + \dfrac{V}{R_f} = 50 + \dfrac{200}{50} = 54[A]$

유기기전력 $E = V + I_a R_a + e_a = 200 + 54 \times 0.15 + 3 = 211.1[V]$

【답】①

49 ★★☆☆☆

동기기의 권선법 중 기전력의 파형을 좋게하는 권선법은?

① 전절권, 2층권

② 단절권, 집중권

③ 단절권, 분포권

④ 전절권, 집중권

Explanation

동기기 전기자 권선법
• 분포권
  – 고조파를 제거하여 기전력의 파형을 개선
  – 누설 리액턴스 감소
• 단절권
  – 고조파를 제거하여 기전력의 파형을 개선
  – 코일의 길이, 동량이 절약됨

【답】③

50 ★☆☆☆☆
변압기에 임피던스전압을 인가할 때의 입력은?
① 철손 ② 와류손
③ 정격용량 ④ 임피던스와트

> Explanation

임피던스 전압
- 변압기 2차 측을 단락한 상태에서 1차 측에 정격전류(I_{1n})가 흐르도록 1차 측에 인가하는 전압
- 정격전류가 흐를 때 변압기 내의 전압강하(이 때의 입력이 임피던스 와트) 【답】④

51 ★☆☆☆☆
불꽃 없는 정류를 하기 위해 평균 리액턴스 전압(A)과 브러시 접촉면 전압강하(B) 사이에 필요한 조건은?
① A ＞ B ② A ＜ B
③ A = B ④ A, B에 관계없다.

> Explanation

양호한 정류
① 저항정류 : 접촉 저항이 큰 탄소 브러시를 사용
　브러시 접촉 전압 강하 ＞ 평균 리액턴스 전압
② 전압정류 : 보극을 설치하여 평균 리액턴스 전압을 상쇄시킨다.
③ 평균 리액턴스 전압을 작게 한다. 【답】②

52 ★☆☆☆☆
유도전동기 1극의 자속 Φ, 2차 유효전류 $I_2\cos\theta_2$, 토크 τ의 관계로 옳은 것은?
① $\tau \propto \Phi \times I_2\cos\theta_2$ ② $\tau \propto \Phi \times (I_2\cos\theta_2)^2$
③ $\tau \propto \dfrac{1}{\Phi \times I_2\cos\theta_2}$ ④ $\tau \propto \dfrac{1}{\Phi \times (I_2\cos\theta_2)^2}$

> Explanation

　【답】①

53 ★★★☆☆
회전자가 슬립 s로 회전하고 있을 때 고정자와 회전자의 실효 권수비를 α라 하면 고정자 기전력 E_1과 회전자 기전력 E_{2s}의 비는?
① $s\,\alpha$ ② $(1-s)\,\alpha$
③ $\dfrac{\alpha}{s}$ ④ $\dfrac{\alpha}{1-s}$

> Explanation

정지시: $\alpha = \dfrac{E_1}{E_2}$에서 $E_2 = \dfrac{E_1}{\alpha}$

운전시: $E_{2s} = sE_2 = \dfrac{sE_1}{\alpha}$

따라서 $\dfrac{E_1}{E_{2s}} = \dfrac{E_1}{sE_2} = \dfrac{E_1}{s\dfrac{E_1}{\alpha}} = \dfrac{\alpha}{s}$ 【답】③

54 ★★★★☆

직류 직권전동기의 발생 토크는 전기자 전류를 변화시킬 때 어떻게 변하는가? (단, 자기포화는 무시한다)

① 전류에 비례한다.
② 전류에 반비례한다.
③ 전류의 제곱에 비례한다.
④ 전류의 제곱에 반비례한다.

Explanation

직류 직권전동기의 특성

$$I = I_a = I_f, \quad T \propto I^2 \propto \frac{1}{N^2}$$

따라서 토크는 전기자 전류의 제곱에 비례

【답】③

55 ★★★★★

동기발전기의 병렬운전 중 유도기전력의 위상차로 인하여 발생하는 현상으로 옳은 것은?

① 무효전력이 생긴다.
② 동기화전류가 흐른다.
③ 고조파 무효순환전류가 흐른다.
④ 출력이 요동하고 권선이 가열된다.

Explanation

동기 발전기의 병렬 운전 조건

기전력의 크기가 같을 것	무효순환전류(무효횡류)
기전력의 위상이 같을 것	**동기화 전류(유효횡류)**
기전력의 주파수가 같을 것	난조발생
기전력의 파형이 같을 것	고조파 무효순환전류
상회전 방향이 같을 것(3상)	

【답】②

56 ★★★★☆

3상 유도기의 기계적 출력(P_o)에 대한 변환식으로 옳은 것은? (단, 2차 입력은 P_2, 2차 동손은 P_{2c}, 동기속도는 N_s, 회전자속도는 N, 슬립은 s이다)

① $P_o = P_2 + P_{2c} = \dfrac{N}{N_s} P_2 = (2-s)P_2$

② $(1-s)P_2 = \dfrac{N}{N_s} P_2 = P_o - P_{2c} = P_0 - sP_2$

③ $P_o = P_2 - P_{2c} = P_2 - sP_2 = \dfrac{N}{N_s} P_2 = (1-s)P_2$

④ $P_o = P_2 + P_{2c} = P_2 + sP_2 = \dfrac{N}{N_s} P_2 = (1+s)P_2$

Explanation

출력 $P_o = P_2 - P_{2c} = P_2 - sP_2 = \dfrac{N}{N_s} P_2 = (1-s)P_2$ (여기서, 2차 동손 $P_{c2} = sP_2$)

【답】③

57 ★★☆☆☆

변압기의 등가회로 구성에 필요한 시험이 아닌 것은?

① 단락시험
② 부하시험
③ 무부하시험
④ 권선저항 측정

Explanation

변압기의 시험

- 무부하시험 : 여자 어드미턴스, 철손
- 단락시험 : 임피던스와트, 임피던스전압, 동손, 전압변동률
- 권선 저항 측정 【답】②

58 ★★★☆☆
단권변압기 두 대를 V결선하여 전압을 2,000[V]에서 2,200[V]로 승압한 후 200[kVA]의 3상 부하에 전력을 공급하려고 한다. 이 때 단권변압기 1대의 용량은 약 몇 [kVA]인가?

① 4.2 ② 10.5
③ 18.2 ④ 21

Explanation

단상 단권변압기 2대를 V결선

$$\frac{\text{자기용량}}{\text{부하용량}} = \frac{2}{\sqrt{3}} \times \frac{V_h - V_l}{V_h}$$

$$\text{자기용량} = \frac{2}{\sqrt{3}} \times \frac{V_h - V_l}{V_h} \times \text{부하용량} = \frac{2}{\sqrt{3}} \times \frac{2,200 - 2,000}{2,200} \times 200 = 20.99[\text{kVA}]$$

따라서 1대의 용량은 $\frac{20.99}{2} = 10.5[\text{kVA}]$ 【답】②

59 ★★★★☆
권수비 $a = \frac{6,600}{220}$, 주파수 60[Hz], 변압기의 철심 단면적 0.02[m²], 최대자속밀도 1.2[Wb/m²]일 때 변압기의 1차측 유도기전력은 약 몇 [V]인가?

① 1,407 ② 3,521
③ 42,198 ④ 49,814

Explanation

1차 유기기전력 $E_1 = 4.44 f \phi_m N_1 = 4.44 f B_m S N_1$ (자속밀도 $B_m = \Phi_m S$)
$= 4.44 \times 60 \times 1.2 \times 0.02 \times 6,600 ≒ 42,198$ 【답】③

60 ★★☆☆☆
회전형전동기와 선형전동기(Linear Motor)를 비교한 설명으로 틀린 것은?

① 선형의 경우 회전형에 비해 공극의 크기가 작다.
② 선형의 경우 직접적으로 직선운동을 얻을 수 있다.
③ 선형의 경우 회전형에 비해 부하관성의 영향이 크다.
④ 선형의 경우 전원의 상 순서를 바꾸어 이동 방향을 변경한다.

Explanation

선형전동기(Linear Motor)
일반적인 회전형 전동기를 축방향으로 잘라서 수평으로 펼쳐 놓은 구조로, 회전하는 대신 직선운동을 하는 전동기
① **구조적으로 회전형에 비해 공극이 크다.**
② 직접적으로 직선운동을 얻을 수 있다.
③ 부하관성의 영향이 크다.
④ 전원의 상 순서를 바꾸어 이동 방향을 변경할 수 있다.
⑤ 접촉되는 부분이 거의 없어 마모되지 않고(부품 교체 거의 없음), 에너지 손실도 없다. 【답】①

4과목 회로이론 및 제어공학

61 ★★★★★
$F(z) = \dfrac{(1-e^{-aT})z}{(z-1)(z-e^{-aT})}$ 의 역 z변환은?

① $1-e^{-at}$ ② $1+e^{-at}$

③ $t \cdot e^{-at}$ ④ $t \cdot e^{at}$

Explanation

역z변환은 $\dfrac{R(z)}{z}$ 의 형태를 이용하여 부분분수 전개하면

$R(z) = \dfrac{(1-e^{-aT})z}{(z-1)(z-e^{-aT})}$ 에서

$\dfrac{R(z)}{z} = \dfrac{(1-e^{-aT})}{(z-1)(z-e^{-aT})} = \dfrac{k_1}{z-1} + \dfrac{k_2}{z-e^{-aT}}$ (여기서, $k_1 = \lim\limits_{z \to 1} \dfrac{1-e^{-aT}}{z-e^{-aT}} = 1$)

$k_2 = \lim\limits_{z \to e^{-aT}} \dfrac{1-e^{-aT}}{z-1} = -1$ 에서

$\dfrac{R(z)}{z} = \dfrac{1}{z-1} - \dfrac{1}{z-e^{-aT}}$ 이므로

$R(z) = \dfrac{z}{z-1} - \dfrac{z}{z-e^{-aT}}$ $\therefore\ r(t) = 1-e^{-aT}$

【답】①

62 ★★★★☆
다음의 특성 방정식 중 안정한 제어시스템은?

① $s^3 + 3s^2 + 4s + 5 = 0$ ② $s^4 + 3s^3 - s^2 + s + 10 = 0$

③ $s^5 + s^3 + 2s^2 + 4s + 3 = 0$ ④ $s^4 - 2s^3 - 3s^2 + 4s + 5 = 0$

Explanation

Routh–Hurwitz 판별법의 전제조건(전제조건이 성립하지 않으면 무조건 불안정)
• 특성방정식의 모든 계수의 부호가 같을 것
• 특성방정식의 모든 차수가 존재할 것

【답】①

63 ★☆☆☆☆
그림의 신호흐름선도에서 전달함수 $\dfrac{C(s)}{R(s)}$ 는?

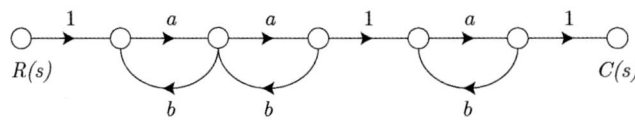

① $\dfrac{a^3}{(1-ab)^3}$ ② $\dfrac{a^3}{1-3ab+a^2b^2}$

③ $\dfrac{a^3}{1-3ab}$ ④ $\dfrac{a^3}{1-3ab+2a^2b^2}$

Explanation

메이슨의 이득공식

$G = \dfrac{\sum G_i\, \triangle_i}{\triangle}$ 에서

$G_i : a \times a \times a = a^3$ $\triangle_i : 1 - 0 = 1$

$\triangle = 1 - (3ab - (a^2b^2 + a^2b^2)) = 1 - 3ab + 2a^2b^2$

전체이득 $G = \dfrac{a^3}{1-3ab+2a^2b^2}$

【답】④

64 ★☆☆☆☆ 그림과 같은 블록선도의 제어시스템에 단위계단 함수가 입력되었을 때 정상상태 오차가 0.01이 되는 a의 값은?

① 0.2　　　② 0.6

③ 0.8　　　④ 1.0

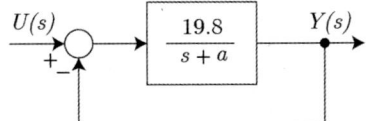

단위계단입력 시 정상상태오차 : $e_{ss} = \dfrac{1}{1+K_p}$

(여기서, 정상위치편차상수 : $K_p = \lim_{s \to 0} G(s) = \lim_{s \to 0} \dfrac{19.8}{(s+a)} = \dfrac{19.8}{a}$)

따라서 정상상태오차 $e_{ss} = \dfrac{1}{1+K_p} = \dfrac{1}{1+\dfrac{19.8}{a}} = 0.01$

$\dfrac{19.8}{a} = 99$ 에서 $a = \dfrac{19.8}{99} = 0.2$

【답】①

65 ★★☆☆☆ 그림과 같은 보드선도의 이득선도를 갖는 제어시스템의 전달함수는?

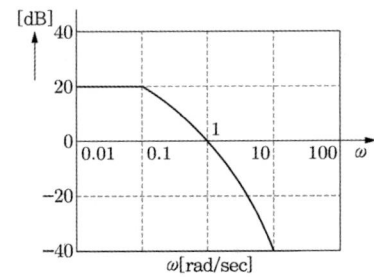

① $G(s) = \dfrac{10}{(s+1)(s+10)}$　　　② $G(s) = \dfrac{10}{(s+1)(10s+1)}$

③ $G(s) = \dfrac{20}{(s+1)(s+10)}$　　　④ $G(s) = \dfrac{20}{(s+1)(10s+1)}$

【답】②

66 ★★☆☆☆ 그림과 같은 블록선도의 전달함수 $\dfrac{C(s)}{R(s)}$ 는?

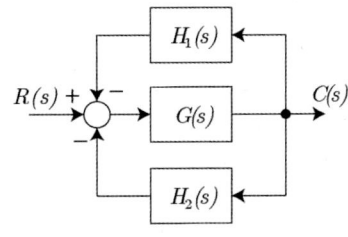

① $\dfrac{G(s)H_1(s)H_2(s)}{1+G(s)H_1(s)H_2(s)}$ ② $\dfrac{G(s)}{1+G(s)H_1(s)H_2(s)}$

③ $\dfrac{G(s)}{1-G(s)(H_1(s)+H_2(s))}$ ④ $\dfrac{G(s)}{1+G(s)(H_1(s)+H_2(s))}$

Explanation

블록선도의 전달 함수 $G(s)=\dfrac{\Sigma G}{1-\Sigma L_1+\Sigma L_2+\cdots}$

여기서, L_1 : 각각의 모든 폐루프 이득의 합

      L_2 : 서로 접촉하지 않는 2개의 폐루프 이득의 곱의 합

      ΣG : 각각의 전향 경로의 합

따라서 전달 함수 $G(s)=\dfrac{C}{R}=\dfrac{G}{1-(-H_1G-H_2G)}=\dfrac{G}{1+H_1G+H_2G}=\dfrac{G}{1+G(H_1+H_2)}$ 【답】 ④

67 ★☆☆☆☆
그림과 같은 논리회로와 등가인 것은?

① 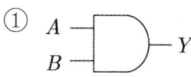   ②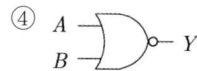

③   ④

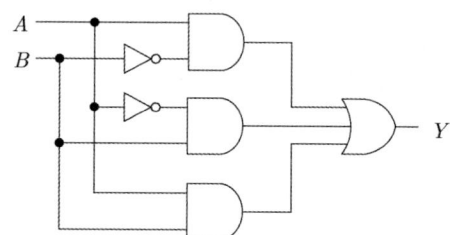

Explanation

부울대수를 이용하면

$Y=A\overline{B}+\overline{A}B+AB=A\overline{B}+B(\overline{A}+A)$

$\quad=A\overline{B}+B=(A+B)(B+\overline{B})=A+B$ 【답】 ②

68 ★★★★★
다음의 개루프 전달함수에 대한 근궤적의 점근선이 실수축과 만나는 교차점은?

$$G(s)H(s)=\dfrac{K(s+3)}{s^2(s+1)(s+3)(s+4)}$$

① $\dfrac{5}{3}$ ② $-\dfrac{5}{3}$

③ $\dfrac{5}{4}$ ④ $-\dfrac{5}{4}$

Explanation

근궤적의 점근선의 교차점

$\sigma=\dfrac{\Sigma G(s)H(s)\text{의 극점}-\Sigma G(s)H(s)\text{의 영점}}{P-Z}$

$\quad=\dfrac{(0+0-1-3-4)-(-3)}{5-1}=-\dfrac{5}{4}$ 【답】 ④

69 ★☆☆☆☆ 블록선도에서 ⓐ에 해당하는 신호는?

① 조작량
② 제어량
③ 기준입력
④ 동작신호

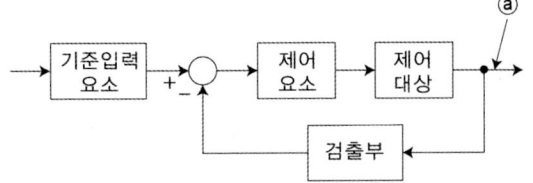

피드백 제어 시스템의 기본구성
• 구성요소 용어 정리

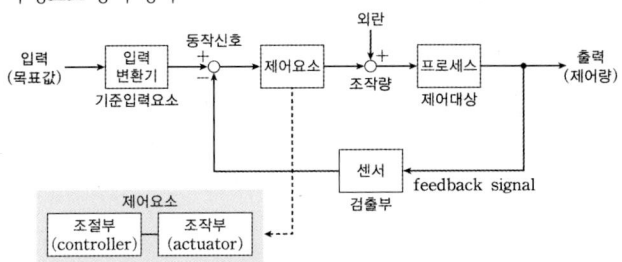

【답】②

70 ★★★★★ 다음의 미분방정식과 같이 표현되는 제어시스템이 있다. 이 제어시스템을 상태 방정식 $\dot{x} = Ax + Bu$로 나타내었을 때 시스템 행렬 A는?

$$\frac{d^3 c(t)}{dt^3} + 5\frac{d^2 c(t)}{dt^2} + \frac{dc(t)}{dt} + 2c(t) = r(t)$$

① $\begin{bmatrix} 0 & 1 & 0 \\ 0 & 0 & 1 \\ -2 & -1 & -5 \end{bmatrix}$

② $\begin{bmatrix} 1 & 0 & 0 \\ 0 & 1 & 0 \\ -2 & -1 & -5 \end{bmatrix}$

③ $\begin{bmatrix} 0 & 1 & 0 \\ 0 & 0 & 1 \\ 2 & 1 & 5 \end{bmatrix}$

④ $\begin{bmatrix} 1 & 0 & 0 \\ 0 & 1 & 0 \\ 2 & 1 & 5 \end{bmatrix}$

$x_1(t) = c(t)$
$x_2(t) = \dot{c}(t) = \dot{x}_1(t)$
$x_3(t) = \ddot{c}(t) = \dot{x}_2(t)$라 놓으면
$\dot{x}_3(t) = -2x_1(t) - x_2(t) - 5x_3(t) + r(t)$
$\begin{bmatrix} \dot{x}_1(t) \\ \dot{x}_2(t) \\ \dot{x}_3(t) \end{bmatrix} = \begin{bmatrix} 0 & 1 & 0 \\ 0 & 0 & 1 \\ -2 & -1 & -5 \end{bmatrix}\begin{bmatrix} x_1(t) \\ x_2(t) \\ x_3(t) \end{bmatrix} + \begin{bmatrix} 0 \\ 0 \\ 1 \end{bmatrix} r(t)$

【답】①

71 ★★★☆☆

$f_e(t)$가 우함수이고 $f_o(t)$가 기함수일 때 주기함수 $f(t) = f_e(t) + f_o(t)$에 대한 다음 식 중 틀린 것은?

① $f_e(t) = f_e(-t)$　　　　　　② $f_o(t) = -f_o(-t)$

③ $f_o(t) = \dfrac{1}{2}[f(t) - f(-t)]$　　④ $f_e(t) = \dfrac{1}{2}[f(t) - f(-t)]$

Explanation

• 우함수 : $f_o(t) = -f_o(-t)$
• 기함수 : $f_e(t) = f_e(-t)$

여기서, $f(t) = f_e(t) + f_o(t)$ 이므로

$$\frac{1}{2}[f(t) + f(-t)] = \frac{1}{2}[f_e(t) + f_o(t) + f_e(-t) + f_o(-t)]$$
$$= \frac{1}{2}[f_e(t) + f_o(t) + f_e(t) - f_o(t)] = f_e(t)$$
$$\frac{1}{2}[f(t) - f(-t)] = \frac{1}{2}[f_e(t) + f_o(t) + f_e(-t) - f_o(-t)]$$
$$= \frac{1}{2}[f_e(t) + f_o(t) - f_e(t) + f_o(t)] = f_o(t)$$

【답】④

72 ★★☆☆☆

3상 평형회로에 Y결선의 부하가 연결되어 있고, 부하에서의 선간전압이 $V_{ab} = 100\sqrt{3} \angle 0°$ [V]일 때 선전류가 $I_a = 20 \angle -60°$ [A]이었다. 이 부하의 한 상의 임피던스[Ω]는? (단, 3상 전압의 상순은 $a-b-c$이다)

① $5 \angle 30°$　　　　　　② $5\sqrt{3} \angle 30°$
③ $5 \angle 60°$　　　　　　④ $5\sqrt{3} \angle 60°$

Explanation

Y결선 시 : $I_l = I_p$, $V_l = \sqrt{3} V_p \angle 30°$

상전류 $I_p = \dfrac{V_p}{Z}$ 에서

임피던스 $Z = \dfrac{V_p}{I_p} = \dfrac{\dfrac{100\sqrt{3} \angle -30°}{\sqrt{3}}}{20 \angle -60°} = 5 \angle 30°$

【답】①

73 ★☆☆☆☆

그림의 회로에서 120[V]와 30[V]의 전압원(능동소자)에서의 전력은 각각 몇 [W]인가? 단, 전압원(능동소자)에서 공급 또는 발생하는 전력은 양수(+)이고, 소비 또는 흡수하는 전력은 음수(−)이다.

① 240[W], 60[W]
② 240[W], −60[W]
③ −240[W], 60[W]
④ −240[W], −60[W]

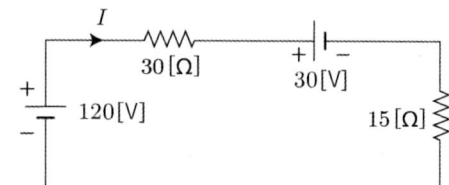

Explanation

회로의 전류 $I = \dfrac{V}{R} = \dfrac{120 - 30}{30 + 15} = \dfrac{90}{45} = 2$[A]

따라서 120[V]전압원의 공급전력 $P = VI = 120 \times 2 = 240$[W]
　　　30[V]전압원의 공급전력 $P = VI = 30 \times 2 = 60$[W]
여기서, 큰 전력이 공급원이고 적은 전력이 소비원임

【답】②

74 ★★★☆☆ 각 상의 전압이 다음과 같을 때 영상분 전압[V]의 순시치는? (단, 3상 전압의 상순은 $a-b-c$이다)

$$v_a(t) = 40\sin \omega t\,[V]$$

$$v_b(t) = 40\sin\left(\omega t - \frac{\pi}{2}\right)[V]$$

$$v_c(t) = 40\sin\left(\omega t + \frac{\pi}{2}\right)[V]$$

① $40\sin \omega t$

② $\dfrac{40}{3}\sin \omega t$

③ $\dfrac{40}{3}\sin\left(\omega t - \dfrac{\pi}{2}\right)$

④ $\dfrac{40}{3}\sin\left(\omega t + \dfrac{\pi}{2}\right)$

> **Explanation**
>
> 각 상의 전류를 페이저로 표현하면
> $I_a = 40\angle 0° = 40$
> $I_b = 40\angle -90° = 40(\cos 90° - j\sin 90°) = -j40$
> $I_c = 40\angle 90° = 40(\cos 90° + j\sin 90°) = j40$
> 영상전류는 $I_0 = \dfrac{1}{3}(I_a + I_b + I_c) = \dfrac{1}{3}(40 - j40 + j40) = \dfrac{40}{3}\angle 0°$
>
> 영상전류를 순시값으로 나타내면 $I_0 = \dfrac{40}{3}\sin\omega t$　　　　【답】②

75 ★☆☆☆☆ 그림과 같이 3상 평형의 순저항 부하에 단상 전력계를 연결하였을 때 전력계가 $W[W]$를 지시하였다. 이 3상 부하에서 소모하는 전체 전력[W]은?

① $2\,W$
② $3\,W$
③ $\sqrt{2}\,W$
④ $\sqrt{3}\,W$

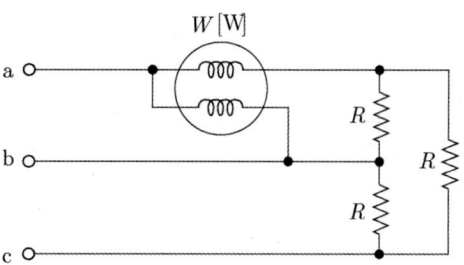

> **Explanation**
>
> 2전력계법
> 유효전력 $P = P_1 + P_2 = W + W = 2\,W$　　　　【답】①

76 ★★☆☆☆ 정전용량이 $C[F]$인 커패시터에 단위 임펄스의 전류원이 연결되어 있다. 이 커패시터의 전압 $v_C(t)$는? (단, $u(t)$는 단위 계단함수이다)

① $v_C(t) = C$

② $v_C(t) = Cu(t)$

③ $v_C(t) = \dfrac{1}{C}$

④ $v_C(t) = \dfrac{1}{C}u(t)$

> **Explanation**

콘덴서에서의 전압 $v_c(t) = \dfrac{1}{C}\displaystyle\int i(t)\,dt$ 이므로

라플라스변환하면 $V_c(s) = \dfrac{1}{Cs}I(s)$ 이며

여기서 임펄스의 전류를 인가하면 $I(s) = 1$ 이므로 $V_c(s) = \dfrac{1}{Cs}$

라플라스 역변환하면 $V_c(t) = \dfrac{1}{C}u(t)$ 【답】 ④

---

77 ★★☆☆☆

그림의 회로에서 $t = 0[\text{s}]$에 스위치(S)를 닫은 후 $t = 1[\text{s}]$일 때 이 회로에 흐르는 전류는 약 몇 [A]인가?

① 2.52
② 3.16
③ 4.21
④ 6.32

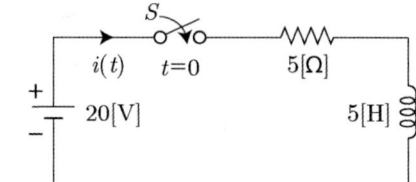

Explanation

$R-L$ 직렬 회로

전류 $i = \dfrac{E}{R}\left(1 - e^{-\frac{R}{L}t}\right) = \dfrac{20}{5}\left(1 - e^{-\frac{5}{5}t}\right) = 4(1 - e^{-1}) \fallingdotseq 2.52[\text{A}]$ 【답】 ①

---

78 ★☆☆☆☆

순시치 전류 $i(t) = I_m \sin(\omega t + \theta_I)[\text{A}]$의 파고율은 약 얼마인가?

① 0.577
② 0.707
③ 1.414
④ 1.732

Explanation

	파형	실효값	평균값
정현파	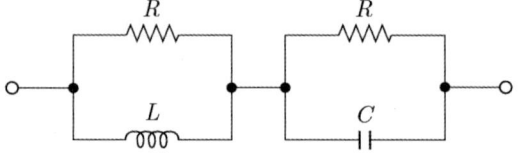	$\dfrac{I_m}{\sqrt{2}}$	$\dfrac{2}{\pi}I_m$

파고율 $= \dfrac{\text{최대값}}{\text{실효값}} = \dfrac{I_m}{\dfrac{I_m}{\sqrt{2}}} = \sqrt{2} = 1.414$ 【답】 ③

---

79 ★☆☆☆☆

그림의 회로가 정저항 회로로 되기 위한 $L[\text{mH}]$은? (단, $R = 10[\Omega]$, $C = 1,000[\mu\text{F}]$이다)

① 1
② 10
③ 100
④ 1,000

Explanation

정저항 회로
• $Z = R$이 되는 회로

- 주파수에 무관한 회로

위의 회로의 정저항 회로의 조건은 $R^2 = \dfrac{L}{C}$ 이다.

인덕턴스 $L = R^2 C = 10^2 \times 1,000 \times 10^{-6} \times 10^3 = 100 [\text{mH}]$　　　　【답】③

80 ★★★★☆
분포정수 회로에 있어서 선로의 단위 길이당 저항이 100[Ω/m], 인덕턴스가 200[mH/m], 누설 컨덕턴스가 0.5[℧/m]일 때 일그러짐이 없는 조건(무왜형 조건)을 만족하기 위한 단위 길이당 커패시턴스는 몇 [μF/m]인가?

① 0.001　　　　　　　　　　　　② 0.1
③ 10　　　　　　　　　　　　　　④ 1,000

Explanation

무왜형선로(일그러짐이 없는 선로) : $RC = LG$

$C = \dfrac{LG}{R} = \dfrac{200 \times 10^{-3} \times 0.5}{100}$
$\quad = 1 \times 10^{-3} = 1,000 [\mu \text{F/m}]$　　　　【답】④

5과목　　전기설비기술기준

81 ★★☆☆☆
저압 가공전선이 안테나와 접근상태로 시설될 때 상호 간의 이격거리는 몇 [cm] 이상이어야 하는가?(단, 전선이 고압 절연전선, 특고압 절연전선 또는 케이블이 아닌 경우이다)

① 60　　　　　　　　　　　　　　② 80
③ 100　　　　　　　　　　　　　④ 120

Explanation

(KEC 332.14조) 저·고압 가공전선과 안테나의 접근 또는 교차
가공전선과 안테나 사이의 이격거리는 저압은 0.6[m](전선이 고압 절연전선, 특고압 절연전선 또는 케이블인 경우에는 0.3[m]) 이상, 고압은 0.8[m](전선이 케이블인 경우에는 0.4[m]) 이상일 것　　　　【답】①

82 ★★★★★
고압 가공전선으로 사용한 경동선은 안전율이 얼마 이상인 처짐 정도(이도)로 시설하여야 하는가?

① 2.0　　　　　　　　　　　　　② 2.2
③ 2.5　　　　　　　　　　　　　④ 3.0

Explanation

(KEC 332.4조) 고압 가공전선의 안전율
고압 가공전선은 케이블인 경우 이외에는 그 안전율이 경동선 또는 내열 동합금선은 2.2 이상, 그 밖의 전선은 2.5 이상이 되는 처짐 정도(이도)로 시설하여야 한다.　　　　【답】②

83 ★★★★★
사용전압이 22.9[kV]인 특고압 가공전선과 그 지지물·완금류·지지기둥 또는 지지선 사이의 이격거리는 몇 [cm] 이상이어야 하는가?

① 15　　　　　　　　　　　　　　② 20
③ 25　　　　　　　　　　　　　　④ 30

(KEC 333.5조) 특고압 가공전선과 지지물 등의 이격거리

특고압 가공전선과 그 지지물·완금류·지지기둥 또는 지지선 사이의 이격거리는 표에서 정한 값 이상이어야 한다. 다만, 기술상 부득이한 경우에 위험의 우려가 없도록 시설한 때에는 표에서 정한 값의 0.8배까지 감할 수 있다.

사용전압	이격거리[m]
15[kV] 미만	0.15
15[kV] 이상　25[kV] 미만	**0.2**
25[kV] 이상　35[kV] 미만	0.25
35[kV] 이상　50[kV] 미만	0.3
…	…

【답】②

84 ★☆☆☆☆

급전선에 대한 설명으로 틀린 것은?

① 급전선은 비절연보호도체, 매설접지도체, 레일 등으로 구성하여 단권변압기 중성점과 공통접지에 접속한다.

② 가공식은 전차선의 높이 이상으로 전차선로 지지물에 병가하며, 나전선의 접속은 직선접속을 원칙으로 한다.

③ 선상승강장, 인도교, 과선교 또는 교량 하부 등에 설치할 때에는 최소 절연이격거리 이상을 확보하여야 한다.

④ 신설 터널 내 급전선을 가공으로 설계할 경우 지지물의 취부는 C찬넬 또는 매입전을 이용하여 고정하여야 한다.

(KEC 431.4조) 급전선로

① 급전선은 나전선을 적용하여 가공식으로 가설을 원칙으로 한다. 다만, 전기적 이격거리가 충분하지 않거나 지락, 섬락 등의 우려가 있을 경우에는 급전선을 케이블로하여 안전하게 시공하여야 한다.

② 가공식은 전차선의 높이 이상으로 전차선로 지지물에 병가하며, 나전선의 접속은 직선접속을 원칙으로 한다.

③ 신설 터널 내 급전선을 가공으로 설계할 경우 지지물의 취부는 C찬넬 또는 매입전을 이용하여 고정하여야한다.

④ 선상승강장, 인도교, 과선교 또는 교량 하부 등에 설치할 때에는 최소 절연이격거리이상을 확보하여야 한다.

※ 1번 문항은 급전선로가 아니라 KEC 431.5조 귀선로에 대한 설명이다.　　【답】①

85 ★★☆☆☆

진열장 내의 배선으로 사용전압 400[V] 이하에 사용하는 코드 또는 캡타이어 케이블의 최소 단면적은 몇 [㎟]인가?

① 1.25　　　　　　　　　　② 1.0

③ 0.75　　　　　　　　　　④ 0.5

(KEC 234.8조) 진열장 또는 이와 유사한 것의 내부 배선

사용 전압 400[V] 이하인 저압 옥내 배선 **단면적 0.75[㎟] 이상의 코드 또는 캡타이어 케이블**　　【답】③

86 ★★★★☆

최대사용전압이 23,000[V]인 중성점 비접지식 전로의 절연내력 시험전압은 몇 [V]인가?

① 16,560　　　　　　　　　② 21,160

③ 25,300　　　　　　　　　④ 28,750

(KEC 135조) 변압기 전로의 절연내력

구분		배율	최저 전압
중성점 직접 접지식이 아닌 경우	7[kV] 이하	1.5	500[V]
	7[kV] 초과 ~ 60[kV] 이하	1.25	10.5[kV]
	60[kV] 초과(비접지식)	1.25	
	60[kV] 초과(중성점 접지식) (성형결선, 또는 스콧결선의 것에 한한다)	1.1	75[kV]

절연내력 시험전압 : 23,000 × 1.25 = 28,750[V]　　　　　　　　　　　　　　【답】④

87 ★★★★★

지중 전선로를 직접 매설식에 의하여 시설할 때, 차량 기타 중량물의 압력을 받을 우려가 있는 장소인 경우 매설깊이는 몇 [m] 이상으로 시설하여야 하는가?

① 0.6　　　　　　　　　　　　　　② 1.0

③ 1.2　　　　　　　　　　　　　　④ 1.5

Explanation

(KEC 334.1조) 지중전선로의 시설

지중전선로를 **직접 매설식**에 의하여 시설하는 경우에는 매설 깊이를 **차량 기타 중량물의 압력을 받을 우려가 있는 장소**에는 **1[m] 이상**, 기타 장소에는 0.6[m] 이상으로 하고 또한 지중전선을 견고한 트라프 기타 방호물에 넣지 아니하여도 된다.

【답】②

88 ★★☆☆☆

플로어덕트 공사에 의한 저압 옥내배선 공사 시 시설기준으로 틀린 것은?

① 덕트의 끝부분은 막을 것

② 옥외용 비닐절연전선을 사용할 것

③ 덕트 안에는 전선에 접속점이 없도록 할 것

④ 덕트 및 박스 기타의 부속품은 물이 고이는 부분이 없도록 시설하여야 한다.

Explanation

(KEC 232.32조) 플로어덕트공사

① 전선은 절연전선(옥외용 비닐 절연전선을 제외한다)일 것

② 전선은 연선일 것 다만, 단면적 10[㎟](알루미늄선은 단면적 16[㎟]) 이하인 것은 그러하지 아니하다.

③ 플로어 덕트 안에는 전선에 접속점이 없도록 할 것 다만, 전선을 분기하는 경우에 접속점을 쉽게 점검할 수 있을 때에는 그러하지 아니하다.

④ 덕트 및 박스 기타의 부속품은 물이 고이는 부분이 없도록 시설하여야 한다.

【답】②

89 ★★☆☆☆

중앙급전 전원과 구분되는 것으로서 전력소비지역 부근에 분산하여 배치 가능한 신·재생에너지 발전설비 등의 전원으로 정의되는 용어는?

① 임시전력원　　　　　　　　　　② 분전반전원

③ 분산형전원　　　　　　　　　　④ 계통연계전원

Explanation

(KEC 112조) 용어 정의

분산형 전원 : 중앙급전 전원과 구분되는 것으로서 전력소비지역 부근에 분산하여 배치 가능한 전원

【답】③

90 ★☆☆☆☆

애자공사에 의한 저압 옥측전선로는 사람이 쉽게 접촉될 우려가 없도록 시설하고, 전선의 지지점 간의 거리는 몇 [m] 이하이어야 하는가?

① 1　　　　　　　　　　　　　　② 1.5

③ 2　　　　　　　　　　　　　　④ 3

> **Explanation**

(KEC 221.2조) 옥측전선로
애자공사에 의한 저압 옥측전선로는 다음에 의하고 또한 사람이 쉽게 접촉될 우려가 없도록 시설할 것.
① 전선 : 공칭단면적 4[㎟] 이상의 연동 절연전선(옥외용 비닐절연전선 및 인입용절연전선은 제외)
② 전선의 지지점 간의 거리 : 2[m] 이하   **【답】** ③

91 ★☆☆☆☆
저압 가공전선로의 지지물이 목주인 경우 풍압하중의 몇 배의 하중에 견디는 강도를 가지는 것이어야 하는가?
① 1.2   ② 1.5
③ 2   ④ 3

> **Explanation**

(KEC 222.8조) 저압 가공전선로의 지지물의 강도
저압 가공전선로의 지지물 : **목주는 풍압하중의 1.2배의 하중**, 기타의 경우 풍압하중에 견디는 강도   **【답】** ①

92 ★★★☆☆
교류 전차선 등 충전부와 식물 사이의 이격거리는 몇 [m] 이상이어야 하는가? (단, 현장여건을 고려한 방호벽 등의 안전조치를 하지 않은 경우이다)
① 1   ② 3
③ 5   ④ 10

> **Explanation**

(KEC 431.11조) 전차선 등과 식물사이의 이격거리
교류 전차선 등과 **충전부와 식물사이의 이격거리는 5[m] 이상**   **【답】** ③

93 ★★★★★
조상설비 내부 고장이 생긴 경우, 무효전력 보상장치의 뱅크용량이 몇 [kVA] 이상일 때 전로로부터 자동 차단하는 장치를 시설하여야 하는가?
① 5,000   ② 10,000
③ 15,000   ④ 20,000

> **Explanation**

(KEC 351.5조) 조상설비의 보호장치

설비종별	뱅크용량의 구분	자동적으로 전로로부터 차단하는 장치
전력용 커패시터 및 분로 리액터	500[kVA] 초과 15,000[kVA] 미만	내부에 고장이 생긴 경우에 동작하는 장치 또는 과전류가 생긴 경우에 동작하는 장치
	15,000[kVA] 이상	내부에 고장이 생긴 경우에 동작하는 장치 및 과전류가 생긴 경우에 동작하는 장치 과전압이 생긴 경우에 동작하는 장치
무효전력 보상장치	15,000[kVA] 이상	**내부에 고장이 생긴 경우에 동작하는 장치**

【답】 ③

94 ★☆☆☆☆
고장보호에 대한 설명으로 틀린 것은?
① 고장보호는 일반적으로 직접접촉을 방지하는 것이다.
② 고장보호는 인축의 몸을 통해 고장전류가 흐르는 것을 방지하여야 한다.
③ 고장보호는 인축의 몸에 흐르는 고장전류를 위험하지 않은 값 이하로 제한하여야 한다.
④ 고장보호는 인축의 몸에 흐르는 고장전류의 지속시간을 위험하지 않은 시간까지로 제한하여

야 한다.

(KEC 113.2조) 감전에 대한 보호
고장 보호는 일반적으로 기본절연의 고장에 의한 간접접촉을 방지하는 것이다.
① 인축의 몸을 통해 고장전류가 흐르는 것을 방지
② 인축의 몸에 흐르는 고장전류를 위험하지 않은 값 이하로 제한
③ 인축의 몸에 흐르는 고장전류의 지속시간을 위험하지 않은 시간까지로 제한 【답】①

95 ★☆☆☆☆
네온방전등의 관등회로의 전선을 애자공사에 의해 자기 또는 유리제 등의 애자로 견고하게 지지하여 조영재의 아랫면 또는 옆면에 부착한 경우 전선 상호 간의 이격거리는 몇 [mm] 이상이어야 하는가?

① 30 ② 60
③ 80 ④ 100

(KEC 234.12조) 네온방전등
전선 상호간의 간격은 60[mm] 이상 【답】②

96 ★☆☆☆☆
수소냉각식 발전기에서 사용하는 수소 냉각 장치에 대한 시설기준으로 틀린 것은?

① 수소를 통하는 관으로 동관을 사용할 수 있다.
② 수소를 통하는 관은 이음매가 있는 강판이어야 한다.
③ 발전기 내부의 수소의 온도를 계측하는 장치를 시설하여야 한다.
④ 발전기 내부의 수소의 순도가 85[%] 이하로 저하한 경우에 이를 경보하는 장치를 시설하여야 한다.

(KEC 351.10조) 수소냉각식 발전기 등의 시설
① 발전기 내부 또는 무효전력 보상장치 내부의 수소의 순도가 85[%] 이하로 저하한 경우에 이를경보하는 장치를 시설할 것
② 발전기 내부 또는 무효전력 보상장치 내부의 수소의 압력을 계측하는 장치 및 그 압력이 현저히 변동한 경우에 이를 경보하는 장치를 시설할 것
③ 발전기 내부 또는 무효전력 보상장치 내부의 수소의 온도를 계측하는 장치를 시설할 것
④ **수소를 통하는 관은 동관 또는 이음매 없는 강판**이어야 하며 또한 수소가 대기압에서 폭발하는 경우에 생기는 압력에 견디는 강도의 것일 것 【답】②

97 ★★★★★
전력보안통신설비인 무선통신용 안테나 등을 지지하는 철주의 기초 안전율은 얼마 이상이어야 하는가? (단, 무선용 안테나 등이 전선로의 주위상태를 감시할 목적으로 시설되는 것이 아닌 경우이다)

① 1.3 ② 1.5
③ 1.8 ④ 2.0

(KEC 364.1조) 무선용 안테나 등을 지지하는 철탑 등의 시설
① 목주 : 풍압 하중에 대한 안전율 1.5 이상
② **철주·철근 콘크리트주 또는 철탑의 기초 안전율 : 1.5 이상** 【답】②

98 ★★★★★
특고압 가공전선로의 지지물 양측의 경간의 차가 큰 곳에 사용하는 철탑의 종류는?

① 내장형 ② 보강형
③ 직선형 ④ 잡아당김형

(KEC 333.12조) 특고압 가공전선로의 철주·철근 콘크리트주 또는 철탑의 종류
특고압 가공전선로의 지지물로 사용하는 B종 철주·B종 콘크리트주 또는 철탑의 종류는 다음과 같다.
① 직선형 : 전선로의 직선 부분(3도 이하인 수평 각도를 이루는 곳을 포함한다.)에 사용하는 것
② 각도형 : 전선로 중 3도를 초과하는 수평 각도를 이루는 곳에 사용하는 것
③ 잡아당김형 : 전가섭선을 잡아당기는 곳에 사용하는 것
④ **내장형 : 전선로의 지지물 양쪽의 경간의 차가 큰 곳에 사용**하는 것
⑤ 보강형 : 전선로의 직선 부분에 그 보강을 위하여 사용하는 것　　　　　　　　　　　　　【답】①

99 ★★★★★
사무실 건물의 조명설비에 사용되는 백열전등 또는 방전등에 공기를 공급하는 옥내전로의 대지전압은 몇 [V] 이하인가?
① 250　　　　　　　　　　　　　　　　② 300
③ 350　　　　　　　　　　　　　　　　④ 400

Explanation

(KEC 231.6조) 옥내전로의 대지전압의 제한
백열전등 또는 방전등 옥내 전로 대지전압 : 300[V] 이하　　　　　　　　　　　　　　　【답】②

100 ★☆☆☆☆
전기저장장치를 전용건물에 시설하는 경우에 대한 설명이다. 다음 (　)에 들어갈 내용으로 옳은 것은?

> 전기저장장치 시설장소는 주변 시설(도로, 건물, 가연물질 등)로부터 (㉠)[m] 이상 이격하고 다른 건물의 출입구나 피난계단 등 이와 유사한 장소로부터는 (㉡)[m] 이상 이격하여야 한다.

① ㉠ 3,　　㉡ 1　　　　　　　　　　　② ㉠ 2,　　㉡ 1.5
③ ㉠ 1,　　㉡ 2　　　　　　　　　　　④ ㉠ 1.5,　㉡ 3

Explanation

(KEC 515.2.1조) 옥내전로의 대지전압의 제한
전기저장장치 시설장소는 주변 시설(도로, 건물, 가연물질 등)로부터 1.5[m] 이상 이격하고 다른 건물의 출입구나 피난계단 등 이와 유사한 장소로부터는 3[m] 이상 이격하여야 한다.　　　　　　　　【답】④

2022년 전기공사기사 필기

| 1과목 | 전기응용 및 공사재료 |

01 ★★★★☆ FET에 핀치 오프(pinch off)전압이란?

① 채널 폭이 막힌 때의 게이트 역방향 전압
② FET에서 애벌런치 전압
③ 드레인과 소스 사이의 최대 전압
④ 채널 폭이 최대로 되는 게이트의 역방향 전압

Explanation

핀치오프(pinch off)전압
FET에서 게이트 역바이어스 전압을 증가시키면 PN접합을 이루고 있는 게이트와 소스 사이에 공핍층이 넓어져서 결국에는 채널이 막히게 되는 현상을 일으키는 전압(**드레인 전류가 0[A]일때의 게이트와 소스사이의 전압, 채널 폭이 막힌 때의 게이트 역방향 전압**)　　　　　　　　　　　　　【답】①

02 ★☆☆☆☆ 비금속 발열체에 대한 설명으로 틀린 것은?

① 탄화규소 발열체는 카보런덤을 주성분으로 한 발열체이다.
② 탄소질 발열체에는 인조 흑연을 가공하여 사용하는 것이 있다.
③ 규화 몰리브덴 발열체는 고온용의 발열체로써 칸탈선이라고도 한다.
④ 염욕 발열체는 높은 도전성을 가지는 고체 발열체이다.

Explanation

비금속 발열체
① 탄화규소 발열체 : 탄화규소(SiC, 카아보런덤) 사용
② 탄화질 발열체 : 탄소입자(Kryptol)나 인조흑연 사용
③ 규화 몰리브덴 발열체 : 규화 몰리브덴 사용, 1,700[℃]의 고온용. 칸탈선이라고 함.
④ **염욕 발열체 : 염류를 사용, 낮은 온도 및 높은 도전율을 가지는 액체발열체**　　　【답】④

03 ★★☆☆☆ 직류 전동기의 속도 제어법이 아닌 것은?

① 극수변환　　　② 전압제어　　　③ 저항제어　　　④ 계자제어

Explanation

직류 전동기 속도제어

종류	특징
저항 제어	• 효율이 저하
계자 제어	• 정출력 제어
전압 제어	• 광범위 속도제어 가능, 운전효율 우수 • 워드 레너드 방식 : 소형부하(엘리베이터에 사용) • 일그너 방식(부하가 급변, 대용량 부하-제철, 제강, 압연) : 플라이 휠 효과(관성 모멘트 증가) • 정토크 제어

【답】①

04 ★★★☆☆

천장면을 여러 형태의 사각, 삼각 등으로 구멍을 내어 다양한 형태의 매입기구를 취부하여 실내의 단조로움을 피하는 조명 방식은?

① pin hole light

② coffer light

③ line light

④ cornis light

Explanation

코퍼라이트(coffer light) : 대형의 다운 라이트
천정면을 둥글게 또는 사각으로 파내어 내부에 조명 기구를 배치하여 조명

【답】②

05 ★★★★☆

형태가 복잡하게 생긴 금속 제품을 균일하게 가열하는 데 가장 적합한 전기로는?

① 염욕로

② 흑연화로

③ 카보런덤로

④ 페로알로이로

Explanation

직접저항가열		간접저항가열	
종류	특징	종류	특징
• 흑연화로 • 카보런덤로 • 카바이드로 • 알루미늄용해로	열효율이 가장 우수	• **염욕로** • 크립톨로 • 발열체로 • 탄화규소로	**복잡한 형태의 물질을 균일하게 가열**

【답】①

06 ★☆☆☆☆

온도 20℃에서 저항 20[Ω]인 구리선이 온도 80[℃]로 변화하였을 때, 구리선의 저항[Ω]은 약 얼마인가? (단, 온도 t[℃]에서 구리 저항의 온도 계수는 $\alpha_t = \dfrac{1}{234.5 + t}$ 이다)

① 15.36

② 24.72

③ 35.62

④ 43.85

Explanation

【답】②

07 ★★★★★

전기부식을 방지하기 위한 전철 측에서의 방지 대책 중 틀린 것은?

① 변전소의 간격을 축소한다.

② 레일본드를 설치한다.

③ 대지에 대한 레일의 절연 저항을 적게 한다.

④ 귀선의 극성을 전기적으로 바꾸어 준다.

Explanation

(KEC 461.4조) 전기 부식 방지
전기 부식이란 주행레일을 귀선으로 이용하는 경우 누설전류에 의하여 케이블, 금속제 지중관로 및 선로 구조물 등에 영향을 미치는 것
① 전기철도 측의 전기 부식 방지
　가. 변전소 간 간격 축소
　나. 레일본드의 양호한 시공
　다. 장대레일채택
　라. 절연도상 및 레일과 침목사이에 절연층의 설치
　마. 기타
② 매설금속체 측의 전기 부식 방지

가. 배류장치 설치
나. 절연코팅
다. 매설금속체 접속부 절연
라. 저준위 금속체를 접속
마. 궤도와의 이격 거리 증대
바. 금속판 등의 도체로 차폐

【답】③

08 ★★★★☆
엘리베이터에 사용되는 전동기의 특성이 아닌 것은?

① 소음이 적어야 한다.
② 기동 토크가 적어야 한다.
③ 회전부분의 관성 모멘트는 적어야 한다.
④ 가속도의 변화비율이 일정값이 되도록 선택한다.

Explanation

엘리베이터용 전동기의 특성
- **기동토크가 클 것**
- 관성모멘트가 적을 것(회전자가 가늘고 길 것)
- 소음이 적을 것
- 시정수가 적고 응답속도가 빠를 것

【답】②

09 ★☆☆☆☆
식염전해에 대한 설명으로 틀린 것은?

① 제조법에는 격막법과 수은법이 있다.
② 염소, 수소와 수산화나트륨의 제조 방법에 사용된다.
③ 수은법에서 전해조의 애노드는 흑연, 캐소드는 수은을 사용한다.
④ 격막법은 수은법보다 전류 밀도가 크고 생산성이 높다.

Explanation

식염 전해
- 식염(NaCl)의 수용액을 전기 분해하여 염소(Cl), 수산화나트륨(NaOH) 및 수소(H)를 제조
- 제조법 : 격막법과 수은법
- 수은법이 격막법보다 생산성이 좋지만, 환경문제로 최근에는 거의 사용하지 않는다.

【답】④

10 ★★★☆☆
휘도가 균일한 원통광원의 축 중앙 수직방향의 광도가 250[cd]이다. 전광속[lm]은 약 얼마인가?

① 80
② 785
③ 2,467
④ 3,142

Explanation

원통 광원의 전광속 $F = \pi^2 I = \pi^2 \times 250 = 2,467.4$[lm]

【답】③

11 ★★★★★
방전등에 속하지 않는 것은?

① 할로겐등
② 형광수은등
③ 고압나트륨등
④ 메탈할라이드등

Explanation

발광의 원리
- **온도복사(백열전구, 할로겐램프** 등)
- 방전등(형광등, 수은등, 나트륨등, EL램프 등)

【답】①

12 ★☆☆☆☆

과전류차단기로 시설하는 퓨즈 중 고압전로에 사용하는 포장 퓨즈는 정격전류의 몇 배의 전류에서 2시간 이내에 용단 되지 않아야 하는가? (단, 퓨즈 이외의 과전류차단기와 조합하여 하나의 과전류차단기로 사용하는 것은 제외한다)

① 1.1
② 1.3
③ 1.5
④ 1.7

Explanation

(KEC 341.10조) 고압 및 특고압 전로 중의 과전류차단기의 시설
과전류차단기로 시설하는 퓨즈 중 고압전로에 사용
① **포장 퓨즈 : 정격전류의 1.3배 견디고 2배의 전류 120분 안에 용단**
② **비포장 퓨즈 : 정격전류의 1.25배 견디고 2배의 전류 2분 안에 용단**

【답】 ②

13 ★☆☆☆☆

나트륨램프에 대한 설명 중 틀린 것은?

① KS C 7610에 따른 기호 NX는 저압 나트륨램프를 표시하는 기호이다.
② 등황색의 단일 광색으로 색수치가 적다.
③ 색온도는 5,000~6,000[°K] 정도이다.
④ 도로, 터널, 항만표지 등에 이용한다.

Explanation

① 나트륨등 기호 : 저압나트륨등(NX), 고압나트륨등(NH)
② **나트륨등 색온도 : 저압나트륨등(1,750[°K]), 고압나트륨등(2,500[°K])**

【답】 ③

14 ★☆☆☆☆

콘크리트 전주의 접지도체 인출구는 지지점 표시선으로부터 몇 [mm] 지점에 있는가?

① 600
② 800
③ 1,000
④ 1,200

Explanation

한국전력공사 시공 기준(콘크리트 전주)
① 접지도체 인입구 위치(지지점 표시 기준) : 10[m](6.8[m]), 12[m](5[m]), 13[m] 이후(6.5[m])
② **접지도체 인출구는 지지점 표시선에서 하방 1,000[mm]지점**
③ 접지도체 인입구 및 인출구는 최하단 발판볼트와 같은 방향에 있다.

【답】 ③

15 ★★☆☆☆

다음 중 경완철의 표준규격(길이)이 아닌 것은?

① 1,000[mm]
② 1,400[mm]
③ 1,800[mm]
④ 2,400[mm]

Explanation

가공 전선로의 장주에 사용되는 완금의 표준길이[mm]

전선의 조수	특고압	고압	저압
2	1,800	1,400	900
3	2,400	1,800	1,400

【답】 ①

16 ★☆☆☆☆

KSC 3824에 따른 전차선로용 180[mm] 현수애자 하부의 핀 모양이 아닌 것은?

① 훅(소)
② 아이(평행)
③ 크레비스
④ ㄷ형

KSC 3824 직류철도용 현수애자(자기제)

종 별	규격	비고
현수애자	직경 254[mm]	평행형, 클래비스형
	직경 180[mm]	**평행형, 클래비스형**
	직경 102[mm]	클래비스형

【답】④

17 ★☆☆☆☆
암거에 시설하는 지중전선에 대한 설명으로 틀린 것은? (단, 암거 내에 자동소화설비가 시설되지 않은 경우이다)
① 불연성이 있는 연소방지도료로 지중전선을 피복한 전선은 사용이 가능하다.
② 자소성이 있는 난연성 피복이 된 지중전선은 사용이 가능하다.
③ 자소성이 있는 난연성의 관에 지중전선을 넣어 시설하는 것은 불가능하다.
④ 자소성이 있는 난연성의 연소방지테이프로 지중전선을 피복한 전선은 사용이 가능하다.

(KEC 334.1.5조) 지중전선로의 시설
암거에 시설하는 지중전선은 다음의 어느 하나에 해당하는 난연조치를 하거나 암거 내에 자동소화설비를 시설하여야 한다.
① 불연성 또는 자소성이 있는 난연성 피복이 된 지중전선을 사용할 것
② 불연성 또는 자소성이 있는 난연성의 연소방지(延燒防止)테이프, 연소방지(延燒防止)시트, 연소방지(延燒防止)도료 기타 이와 유사한 것으로 지중전선을 피복 할 것
③ 불연성 또는 자소성이 있는 난연성의 관 또는 트라프에 넣어 지중전선을 시설할 것

【답】③

18 ★☆☆☆☆
KS C 4506에 따른 COS(컷아웃스위치)의 정격전류[A]가 아닌 것은?
① 15　　　　　　　　　　② 30
③ 45　　　　　　　　　　④ 60

KSC 4506 컷 아웃 스위치(Cut Out Switch)

극수	정격전압[V]	**정격전류[A]**	정격차단용량[A]
2	250	15, 30	1,500, 2,500
		60, 100	2,500, 5,000
3	250	30	1,500, 2,500
		60,100	2,500, 5,000

【답】③

19 ★☆☆☆☆
연축전지의 음극에 쓰이는 재료는?
① 납　　　　　　　　　　② 카드뮴
③ 철　　　　　　　　　　④ 산화니켈

납(연)축전지
• 양극 : PbO_2
• 음극 : Pb(납)
• 전해액 : H_2SO_4(묽은 황산)

【답】①

20 ★☆☆☆☆
문자 기호 중 계기류에 속하지 않는 것은?

① ZCT
② A
③ W
④ WHM

Explanation

계기류 : 측정기
• A : 전류계
• W : 전력계
• WHM : 전력량계
여기서, ZCT는 영상변류기로 지락(영상)전류 검출용   【답】①

2과목 　전력공학

21 ★★★★★
피뢰기의 충격방전 개시전압은 무엇으로 표시하는가?

① 직류전압의 크기
② 충격파의 평균치
③ 충격파의 최대치
④ 충격파의 실효치

Explanation

피뢰기 단자에 충격전압을 인가하였을 경우 방전을 개시하는 전압을 충격방전 개시전압이라 하며, **충격파의 최대치**로 나타낸다.   【답】③

22 ★★★☆☆
전력용 콘덴서에 비해 동기조상기의 이점으로 옳은 것은?

① 소음이 적다.
② 진상전류 이외에 지상전류를 취할 수 있다.
③ 전력손실이 적다.
④ 유지보수가 쉽다.

Explanation

조상설비 비교

	진 상	지 상	시충전(시송전)	조 정	전력손실	증설
전력용 콘덴서	○	×	×	단계적	적다	가능
분로 리액터	×	○	×	단계적	적다	가능
동기 조상기	○	○	○	**연속적**	**크다**	**불가능**

【답】②

23 ★☆☆☆☆
단락보호방식에 관한 설명으로 틀린 것은?

① 방사상 선로의 단락 보호방식에서 전원이 양단에 있을 경우 방향 단락 계전기와 과전류 계전기를 조합시켜서 사용한다.
② 전원이 1단에만 있는 방사상 송전 선로에서의 고장 전류는 모두 발전소로부터 방사상으로 흘러 나간다.
③ 환상 선로의 단락 보호방식에서 전원이 두 군데 이상 있는 경우에는 방향 거리 계전기를 사용한다.
④ 환상 선로의 단락 보호방식에서 전원이 1단에만 있을 경우 선택 단락 계전기를 사용한다.

Explanation

환상 선로의 단락 보호
• 전원이 1군데 존재 : 방향 단락 계전기
• 전원이 양단에 존재 : 방향 거리 계전기   【답】④

24 ★★★☆☆
밸런서의 설치가 가장 필요한 배전방식은?
① 단상 2선식   ② 단상 3선식
③ 3상 3선식   ④ 3상 4선식

Explanation

저압밸런서
단상 3선식에서 중성선 단선 시 전압 불평형이 발생하므로 저압밸런서를 설치   【답】②

25 ★★★★★
부하전류가 흐르는 전로는 개폐할 수 없으나 기기의 점검이나 수리를 위하여 회로를 분리하거나,
계통의 접속을 바꾸는 데 사용하는 것은?
① 차단기   ② 단로기
③ 전력용 퓨즈   ④ 부하 개폐기

Explanation

단로기(Disconnecting Switch)
• **무부하 회로 개폐**
• 무부하 충전전류, 변압기 여자전류 개폐 가능   【답】②

26 ★★★★★
정전용량 0.01[μF/km], 길이 173.2[km], 선간전압 60[kV], 주파수 60[Hz]인 3상 송전선로의
충전전류는 약 몇 [A]인가?
① 6.3   ② 12.5
③ 22.6   ④ 37.2

Explanation

충전전류 $I_c = \dfrac{E}{X_c} = \omega CE = 2\pi f C \dfrac{V}{\sqrt{3}}$

$\quad = 2\pi \times 60 \times 0.01 \times 10^{-6} \times 173.2 \times \dfrac{60,000}{\sqrt{3}} = 22.62[A]$ 【답】③

27 ★★★☆☆
보호계전기의 반한시 · 정한시 특성은?
① 동작전류가 커질수록 동작시간이 짧게 되는 특성
② 최소 동작전류 이상의 전류가 흐르면 즉시 동작하는 특성
③ 동작전류의 크기에 관계없이 일정한 시간에 동작하는 특성
④ 동작전류가 커질수록 동작시간이 짧아지며, 어떤 전류 이상이 되면 동작전류의 크기에 관계없이
   일정한 시간에서 동작하는 특성

Explanation

계전기 시한 특성
① 순한시 특성 : 최소 동작 전류 이상의 전류가 흐르면 즉시 동작. 고속도 계전기
② 반한시 특성 : 동작 전류가 커질수록 동작 시간이 짧게 되는 특성
③ 정한시 특성 : 동작 전류의 크기에 관계없이 일정한 시간에 동작하는 특성
④ 반한시 정한시 특성 : 동작 전류가 적은 동안에는 동작 전류가 커질수록 동작 시간이 짧게 되고, 어떤 전류 이상이면
   동작 전류의 크기에 관계없이 일정한 시간에 동작하는 특성   【답】④

28 ★☆☆☆☆ 전력계통의 안정도에서 안정도의 종류에 해당하지 않는 것은?

① 정태 안정도 ② 상태 안정도
③ 과도 안정도 ④ 동태 안정도

Explanation

안정도의 종류
• 정태 안정도 : 송전 계통이 불변 부하 또는 극히 서서히 증가하는 부하에 대하여 계속적으로 송전할 수 있는 능력
• 과도 안정도 : 부하의 급변 또는 사고가 발생해서 계통에 큰 충격을 주었을 경우에도 탈조하지 않고 새로운 평형 상태를 회복하여 송전을 계속할 수 있는 능력
• 동태 안정도 : AVR이나 조속기 등이 갖는 제어효과까지도 고려한 안정도   【답】②

29 ★★★☆☆ 배전선로의 역률 개선에 따른 효과로 적합하지 않은 것은?

① 선로의 전력손실 경감 ② 선로의 전압강하의 감소
③ 전원측 설비의 이용률 향상 ④ 선로 절연의 비용 절감

Explanation

전력용 콘덴서 설치 → 역률 개선
※ 역률 개선의 장점
• 전력 손실 경감($P_l \propto \dfrac{1}{\cos^2\theta}$)
• 전기 요금 절감
• 설비 용량 여유분
• 전압 강하 경감   【답】④

30 ★★☆☆☆ 저압뱅킹 배전방식에서 캐스케이딩현상을 방지하기 위하여 인접 변압기를 연락하는 저압선의 중간에 설치하는 것으로 알맞은 것은?

① 구분퓨즈 ② 리클로저
③ 섹셔널라이저 ④ 구분개폐기

Explanation

저압 뱅킹 방식 : 부하가 밀집된 시가지
장점 : 전압 강하와 전력 손실이 적다.
　　　변압기의 동량 및 저압선 동량 감소
　　　플리커 현상 감소
단점 : 캐스케이딩 현상 발생(저압선의 일부 고장으로 건전한 변압기의 일부 또는 전부가 차단되는 현상)
　　　→ 대책 : 뱅킹퓨즈(구분퓨즈) 사용   【답】①

31 ★★★★☆ 승압기에 의하여 전압 V_e에서 V_h로 승압할 때, 2차 정격전압 e, 자기용량 W인 단상 승압기가 공급할 수 있는 부하용량은?

① $\dfrac{V_h}{e} \times W$ ② $\dfrac{V_e}{e} \times W$

③ $\dfrac{V_e}{V_h - V_e} \times W$ ④ $\dfrac{V_h - V_e}{V_e} \times W$

Explanation

$\dfrac{\text{자기용량}}{\text{부하용량}} = \dfrac{e}{V_h} = \dfrac{V_h - V_e}{V_h}$

$$\therefore 부하용량 = \frac{V_h}{e} \times 자기용량 = \frac{V_h}{e} \times W$$

32 ★★★★☆ 배기가스의 여열을 이용해서 보일러에 공급되는 급수를 예열함으로써 연료 소비량을 줄이거나 증발량을 증가시키기 위해서 설치하는 여열회수 장치는?

① 과열기   ② 공기 예열기
③ 절탄기   ④ 재열기

Explanation

절탄기 : 보일러 배기가스의 여열을 이용하여 급수가열에 사용   【답】③

33 ★★★★★ 직렬콘덴서를 선로에 삽입할 때의 이점이 아닌 것은?

① 선로의 인덕턴스를 보상한다.   ② 수전단의 전압강하를 줄인다.
③ 정태안정도를 증가한다.   ④ 송전단의 역률을 개선한다.

Explanation

직렬콘덴서(직렬축전지)
유도 리액턴스에 의한 선로의 전압 강하 보상용으로 전압변동을 줄이고 정태안정도 개선하기 위해 사용한다. 따라서 역률개선에는 큰 영향을 주지 않는다.   【답】④

34 ★★★☆☆ 전선의 굵기가 균일하고 부하가 균등하게 분산되어 있는 배전선로의 전력손실은 전체 부하가 선로 말단에 집중되어 있는 경우에 비하여 어느 정도가 되는가?

① $\frac{1}{2}$ ② $\frac{1}{3}$

③ $\frac{2}{3}$ ④ $\frac{3}{4}$

Explanation

	전압 강하($e = IR$)	전력 손실($P_l = I^2R$)
말단 집중 부하	e	P_l
균등 분산 부하	$\frac{1}{2}e$	$\frac{1}{3}P_l$

【답】②

35 ★★☆☆☆ 송전단 전압 161[kV], 수전단 전압 154[kV], 상차각 35°, 리액턴스 60[Ω]일 때 선로 손실을 무시하면 전송전력[MW]은 약 얼마인가?

① 356   ② 307
③ 237   ④ 161

Explanation

송전전력 : $P_s = \dfrac{V_s V_r}{X} \sin\delta$[MW]

$\qquad\quad = \dfrac{161 \times 154}{60} \times \sin 35° = 237.02$[MW]   【답】③

36 ★★★★★

직접접지방식에 대한 설명으로 틀린 것은?

① 1선 지락 사고시 건전상의 대지 전압이 거의 상승하지 않는다.

② 계통의 절연수준이 낮아지므로 경제적이다.

③ 변압기의 단절연이 가능하다.

④ 보호계전기가 신속히 동작하므로 과도안정도가 좋다.

직접 접지방식의 특징
• 1선 지락 시 건전상의 대지전압 상승이 낮다(절연레벨 경감).
• 중성점을 0전위로 유지 가능(단절연 가능)
• 보호계전기 동작이 확실하다.
• 정격이 낮은 피뢰기 사용 가능
• **과도안정도가 낮다(최저).**

【답】 ④

37 ★☆☆☆☆

그림과 같이 지지점 A, B, C에는 고저차가 없으며, 경간 AB와 BC사이에 전선이 가설되어 그 이도 가 각각 12[cm]이다. 지지점 B에서 전선이 떨어져 전선의 이도가 D로 되었다면 D의 길이[cm]는? (단, 지지점 B는 A와 C의 중점이며, 지지점 B에서 전선이 떨어지기 전, 후의 길이는 같다)

① 17

② 24

③ 30

④ 36

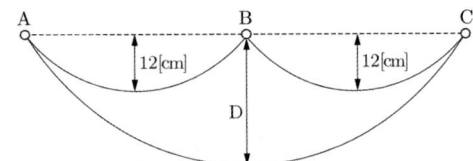

전선이 지지점에서 떨어졌다고 하여도 전선의 실제 길이는 바뀌지 않으므로
이도가 D_1인 경우의 실제 길이를 L_1이라하고 이도가 D_2인 경우의 실제 길이를 L_2이라 하면
$2L_1 = L_2$가 되며

$$2\left(S + \frac{8D_1^2}{3S}\right) = 2S + \frac{8D_2^2}{3 \times 2S}$$

$$2s + 2 \times \frac{8D_1^2}{3S} = \left(2S + \frac{8D_2^2}{3 \times 2S}\right)$$

따라서 $D_2^2 = 4D_1^2$이므로 $D_2 = 2D_1$이므로
$D_2 = 2 \times 12 = 24[cm]$

【답】 ②

38 ★★★☆☆

수차의 캐비테이션 방지책으로 틀린 것은?

① 흡출수두를 증대시킨다.　　② 과부하 운전을 가능한 한 피한다.

③ 수차의 비속도를 너무 크게 잡지 않는다.　　④ 침식에 강한 금속재료로 러너를 제작한다.

공동현상 (캐비테이션)
유체가 빠른 속도로 흐를 때 러너 날개 등의 면에 저압력이나 진공부분이 발생하는 현상
• 영향
 – 수차의 금속부분이 부식
 – 진동과 소음 발생
 – 출력과 효율의 저하
• **방지대책**
 – **수차의 특유속도를 너무 높게 취하지 말 것**
 – **흡출관을 사용하지 말 것**
 – 침식에 강한 재료를 사용할 것

– 수차를 과도한 부분부하에서 운전하지 말 것

【답】①

39 ★★★★★
송전선로에 매설지선을 설치하는 목적은?

① 철탑 기초의 강도를 보강하기 위하여
② 직격뇌로부터 송전선을 차폐보호하기 위하여
③ 현수애자 1연의 전압 분담을 균일화하기 위하여
④ 철탑으로부터 송전선로로의 역섬락을 방지하기 위하여

Explanation

역섬락 방지법
• 탑각 접지저항을 줄인다.
• 매설지선을 설치한다.

【답】④

40 ★☆☆☆☆
1회선 송전선과 변압기의 조합에서 변압기의 여자 어드미턴스를 무시하였을 경우 송수전단의 관계를 나타내는 4단자 정수 C_0는? (단, $A_0 = A + CZ_{ts}$, $B_0 = B + AZ_{tr} + DZ_{ts} + CZ_{tr}Z_{ts}$, $D_0 = D + CZ_{tr}$ 여기서 Z_{ts}는 송전단변압기의 임피던스이며, Z_{tr}은 수전단변압기의 임피던스이다)

① C
② $C + DZ_{ts}$
③ $C + AZ_{ts}$
④ $CD + CA$

Explanation

문제의 내용을 그려보면 다음과 같다.

$$\begin{bmatrix} A & B \\ C & D \end{bmatrix} = \begin{bmatrix} 1 & Z_{ts} \\ 0 & 1 \end{bmatrix} \begin{bmatrix} A_1 & B_1 \\ C_1 & D_1 \end{bmatrix} \begin{bmatrix} 1 & Z_{tr} \\ 0 & 1 \end{bmatrix}$$

$$= \begin{bmatrix} A_1 + C_1 Z_{ts} & B_1 + D_1 Z_{ts} \\ C_1 & D_1 \end{bmatrix} \begin{bmatrix} 1 & Z_{tr} \\ 0 & 1 \end{bmatrix}$$

$$= \begin{bmatrix} A_1 + C_1 Z_{ts} & (A_1 + C_1 Z_{ts})Z_{tr} + (B_1 + D_1 Z_{ts}) \\ C_1 & C_1 Z_{tr} + D_1 \end{bmatrix}$$

따라서 $C_o = C_1$

【답】①

3과목   **전기기기**

41 ★☆☆☆☆
단상 변압기의 무부하 상태에서 $V_1 = 200\sin(\omega t + 30°)$[V]의 전압이 인가되었을 때 $I_o = 3\sin(\omega t + 60°) + 0.7\sin(3\omega t + 180°)$[A]의 전류가 흘렀다. 이때 무부하손은 약 몇 [W]인가?

① 150
② 259.8
③ 415.2
④ 512

무부하손 $P_o = V_1 I_o \cos\theta = \dfrac{200}{\sqrt{2}} \times \dfrac{3}{\sqrt{2}} \cos 30° = 259.8[\text{W}]$ (여기서 유효전력은 주파수가 같을 때만 발생) 【답】②

42 ★★☆☆☆ 단상 직권 정류자 전동기의 전기자 권선과 계자 권선에 대한 설명으로 틀린 것은?

① 계자권선의 권수를 적게 한다.
② 전기자 권선의 권수를 크게 한다.
③ 변압기 기전력을 적게 하여 역률 저하를 방지한다.
④ 브러시로 단락되는 코일 중의 단락전류를 크게 한다.

단상 직권 정류자 전동기=만능 전동기(직·교류 양용)
• 종류 : 직권형, 보상형, 유도보상형
• 특징 : 성층 철심, 역률 및 정류 개선을 위해 **약계자, 강전기자형** 【답】④

43 ★☆☆☆☆ 전부하시의 단자전압이 무부하시의 단자전압보다 높은 직류발전기는?

① 분권발전기 ② 평복권발전기
③ 과복권발전기 ④ 차동복권발전기

전압변동률 $\epsilon = \dfrac{V_0 - V}{V} \times 100 = \dfrac{E - V}{V} \times 100 = \dfrac{I_a R_a}{V} \times 100[\%]$에서

• $\epsilon(+)$: 분권, 타여자 발전기$(V_0 > V)$
• $\epsilon(0)$: 평복권 $(V_0 = V$: 무부하 전압=정격전압$)$
• $\epsilon(-)$: 과복권 발전기$(V_0 < V)$ 【답】③

44 ★☆☆☆☆ 직류기의 다중 중권 권선법에서 전기자 병렬 회로 수 a와 극수 P 사이의 관계로 옳은 것은? (단, m은 다중도이다)

① a=2 ② a=2m
③ a=P ④ a=mP

중권과 파권 비교

비교항목	단중 중권	단중 파권
전기자의 병렬 회로수 (다중도 m)	a=P(mP)	a=2(2m)
브러시 수	a=P=b	b=2
용도	저전압, 대전류	고전압, 소전류
균압접속	균압환 필요	불필요

【답】④

45 ★★☆☆☆ 슬립 s_t에서 최대 토크를 발생하는 3상 유도전동기에 2차측 한 상의 저항을 r_2라 하면 최대 토크로 기동하기 위한 2차측 한 상에 외부로부터 가해 주어야 할 저항[Ω]은?

① $\dfrac{1 - s_t}{s_t} r_2$ ② $\dfrac{1 + s_t}{s_t} r_2$

③ $\dfrac{r_2}{1-s_t}$　　　　　　　　④ $\dfrac{r_2}{s_t}$

Explanation

기동 시 최대토크와 같은 토크로 기동하기 위한 외부저항

$$R=\frac{1-s_t}{s_t}r_2=\sqrt{{r_1}^2+(x_1+{x_2}')^2}-{r_2}' \fallingdotseq (x_1+{x_2}')-{r_2}'$$

【답】①

---

46 ★☆☆☆☆
단상 변압기를 병렬 운전할 경우 부하전류의 분담은?

① 용량에 비례하고 누설 임피던스에 비례
② 용량에 비례하고 누설 임피던스에 반비례
③ 용량에 반비례하고 누설 임피던스에 비례
④ 용량에 반비례하고 누설 리액턴스의 제곱에 비례

Explanation

변압기의 병렬 운전 시 부하분담

• $\dfrac{I_a}{I_b}=\dfrac{I_A}{I_B}\times\dfrac{\%Z_b}{\%Z_a}$　: 분담전류는 정격전류에 비례하고 누설 임피던스에 반비례

• $\dfrac{P_a}{P_b}=\dfrac{P_A}{P_B}\times\dfrac{\%Z_b}{\%Z_a}$　: **분담용량은 정격용량에 비례하고 누설 임피던스에 반비례**

여기서, I_a : A기 분담전류 , I_A : A기 정격전류, P_a : A기 분담용량, P_A : A기 정격용량,
　　　　I_b : B기 분담전류, I_B : B기 정격전류, P_b : B기 분담용량, P_B : B기 정격용량

【답】②

---

47 ★★★★★
스텝 모터(step motor)의 장점으로 틀린 것은?

① 회전각과 속도는 펄스 수에 비례한다.
② 위치제어를 할 때 각도 오차가 적고 누적된다.
③ 가속, 감속이 용이하며 정·역전 및 변속이 쉽다.
④ 피드백 없이 오픈 루프로 손쉽게 속도 및 위치제어를 할 수 있다.

Explanation

스텝 모터
• 피드백 루프가 필요 없이 오픈 루프로 손쉽게 속도 및 위치제어를 할 수 있다.
• 디지털 신호를 직접 제어할 수 있으므로 컴퓨터 등 다른 디지털 기기와 인터페이스가 쉽다.
• 가속, 감속이 용이하며 정·역전 및 변속이 쉽다.
• **위치제어를 할 때 각도오차가 적다.**

【답】②

---

48 ★☆☆☆☆
380[V], 60[Hz], 4극, 10[kW]인 3상 유도전동기의 전부하 슬립이 4[%]이다. 전원 전압을 10[%] 낮추는 경우 전부하 슬립은 약 몇 [%]인가?

① 3.3　　　　　　　　　　② 3.6
③ 4.4　　　　　　　　　　④ 4.9

Explanation

최대 토크 발생 슬립 $s \propto \dfrac{1}{V^2}$

$$s'=s\times\left(\frac{V}{V'}\right)^2=0.04\times\left(\frac{380}{380\times0.9}\right)^2=0.049 \text{이므로 슬립은 } 0.049\times100=4.9[\%]$$

【답】④

49 ★★★★★
3상 권선형 유도전동기의 기동 시 2차측 저항을 2배로 하면 최대토크 값은 어떻게 되는가?

① 3배로 된다.
② 2배로 된다.
③ 1/2로 된다.
④ 변하지 않는다.

Explanation

비례추이의 원리 : 권선형 유도전동기
• **최대 토크는 불변, 최대 토크의 발생 슬립은 변화**
• 기동 전류는 감소하고, 기동 토크는 증가

【답】④

50 ★★★★★
직류 분권전동기에서 정출력 가변속도의 용도에 적합한 속도제어법은?

① 계자제어
② 저항제어
③ 전압제어
④ 극수제어

Explanation

직류전동기 속도제어 $n = K' \dfrac{V - I_a R_a}{\phi}$ (K' : 기계정수)

종류	특징
전압 제어	• 광범위 속도제어 가능 • 워드 레오너드 방식 : 소형부하(엘리베이터에 사용) • 일그너 방식(부하가 급변, 대용량 부하−제철, 제강, 압연) : 플라이 휠 효과(관성 모멘트 증가) • 정토크 제어
계자 제어	• **정출력 제어**
저항 제어	• 속도 조정 범위 좁다. • 효율이 저하

【답】①

51 ★☆☆☆☆
직류 분권전동기의 전기자전류가 10[A]일 때 5[N·m]의 토크가 발생하였다. 이 전동기의 계자의 자속이 80[%]로 감소되고, 전기자전류가 12[A]로 되면 토크는 약 몇 [N·m]인가?

① 3.9
② 4.3
③ 4.8
④ 5.2

Explanation

직류 분권전동기 토크 $T = k\phi I_a [\text{N·m}]$

전기자전류가 10[A]라면 $5 = k\phi \times 10$에서 $k\phi = \dfrac{5}{10} = 0.5$

따라서 $T = k\phi I_a = 0.5 \times 0.8 \times 12 = 4.8[\text{N·m}]$

【답】③

52 ★☆☆☆☆
권수비가 a인 단상변압기 3대가 있다. 이것을 1차에 △, 2차에 Y로 결선하여 3상 교류평형회로에 접속할 때 2차측의 단자전압을 V[V], 전류를 I[A]라고 하면 1차측의 단자전압 및 선전류는 얼마인가? (단, 변압기의 저항, 누설리액턴스, 여자전류는 무시한다)

① $\dfrac{aV}{\sqrt{3}}$[V], $\dfrac{\sqrt{3}\,I}{a}$[A]
② $\sqrt{3}\,aV$[V], $\dfrac{I}{\sqrt{3}\,a}$[A]
③ $\dfrac{\sqrt{3}\,V}{a}$[V], $\dfrac{aI}{\sqrt{3}}$[A]
④ $\dfrac{V}{\sqrt{3}\,a}$[V], $\sqrt{3}\,aI$[A]

Explanation

에너지 변환은 상:상으로 하며

- 1차 → 2차 : 전압은 권수비로 나누고
  전류는 권수비로 곱한다.
- 2차 → 1차 : 전압은 권수비로 곱하고
  전류는 권수비로 나눈다.

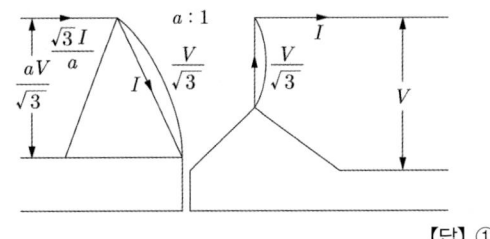

【답】①

---

53 ★★★★☆ 3상 전원전압 220[V]를 3상 반파정류회로의 각 상에 SCR을 사용하여 정류제어 할 때 위상각을 60°로 하면 순 저항부하에서 얻을 수 있는 출력전압 평균값은 약 몇 [V]인가?

① 128.65
② 148.55
③ 257.3
④ 297.1

Explanation

SCR의 위상 제어

- 3상 반파 정류 회로 $E_d = \dfrac{3\sqrt{6}}{2\pi} E\cos\alpha = 1.17E\cos\alpha$

$$E_d = \frac{3\sqrt{6}}{2\pi} V\cos\theta = \frac{3\sqrt{6}}{2\pi} \times 220 \times \cos 60° = 128.65[V]$$

문제에서는 전원전압이라 하였고 실제는 상전압으로 되어야 하므로 오류이며, 상전압 220[V]으로 문제를 수정하면 답은 1번이 된다. 　　　　　　　　　　　　　　　　　　　　　　　　　　　　　　　　　　　　【답】전항정답

---

54 ★★★★★ 유도자형 동기발전기의 설명으로 옳은 것은?

① 전기자만 고정되어 있다.
② 계자극만 고정되어 있다.
③ 회전자가 없는 특수 발전기이다.
④ 계자극과 전기자가 고정되어 있다.

Explanation

- 회전 전기자형 : 직류발전기(전기자가 회전자이며 계자가 고정자)
- 회전 계자형 : 동기발전기(전기자가 고정자이며 계자가 회전자)
- 유도자형 : 계자극과 전기자를 함께 고정시키고 그 중앙에 유도자라고 하는 권선이 없는 회전자를 갖춘 것으로 수백~
  수만[Hz] 정도의 고주파 발전기로 사용 　　　　　　　　　　　　　　　　　　　　　　　【답】④

---

55 ★★★☆☆ 3상 동기발전기의 여자전류 10[A]에 대한 단자전압이 $1,000\sqrt{3}$[V], 3상 단락전류가 50[A]인 경우 동기임피던스는 몇 [Ω]인가?

① 5
② 11
③ 20
④ 34

Explanation

단락 전류 $I_s = \dfrac{E}{Z_s}$ 이므로

$$동기 임피던스 Z_s = \frac{E}{I_s} = \frac{\dfrac{V}{\sqrt{3}}}{Z_s} = \frac{\dfrac{1,000\sqrt{3}}{\sqrt{3}}}{50} = 20[\Omega]$$

【답】③

56 ★★★★☆

동기발전기에서 무부하 정격전압일 때의 여자전류를 I_{fo}, 정격부하 정격전압일 때의 여자전류를 I_{f1}, 3상 단락 정격전류에 대한 여자전류를 I_{fs}라 하면 정격속도에서의 단락비 K는?

① $K = \dfrac{I_{fs}}{I_{fo}}$ ② $K = \dfrac{I_{fo}}{I_{fs}}$

③ $K = \dfrac{I_{fs}}{I_{f1}}$ ④ $K = \dfrac{I_{f1}}{I_{fs}}$

Explanation

단락비 $K_s = \dfrac{I_s}{I_n} = \dfrac{I_{fo}}{I_{fs}} = \dfrac{\text{무부하에서 정격 전압을 유지하는데 필요한 계자 전류}}{\text{정격전류와 같은 3상 단락 전류를 흘리는데 필요한 계자 전류}}$

【답】②

57 ★★☆☆☆

변압기의 습기를 제거하여 절연을 향상시키는 건조법이 아닌 것은?

① 열풍법   ② 단락법
③ 진공법   ④ 건식법

Explanation

변압기권선 건조법
진공법, 단락법, 열풍법 등이 있다.

【답】④

58 ★☆☆☆☆

극수 20, 주파수 60[Hz]인 3상 동기발전기의 전기자권선이 2층 중권, 전기자 전 슬롯 수 180, 각 슬롯 내의 도체 수 10, 코일피치 7 슬롯인 2중 성형결선으로 되어 있다. 선간전압 3,300[V]를 유도하는 데 필요한 기본파 유효자속은 약 몇 [Wb]인가? (단, 코일피치와 자극피치의 비 $\beta = \dfrac{7}{9}$ 이다)

① 0.004   ② 0.062
③ 0.053   ④ 0.07

Explanation

【답】③

59 ★★★★★

2방향성 3단자 사이리스터는 어느 것인가?

① SCR   ② SSS
③ SCS   ④ TRIAC

Explanation

반도체 소자(괄호안은 극(단자) 수)
• 단방향성 : SCR(3), GTO(3), SCS(4), LASCR(3)
• 양방향성 : SSS(2), TRIAC(3), DIAC(2)

【답】④

60 ★★☆☆☆

일반적인 3상 유도전동기에 대한 설명으로 틀린 것은?

① 불평형 전압으로 운전하는 경우 전류는 증가하나 토크는 감소한다.
② 원선도 작성을 위해서는 무부하시험, 구속시험, 1차 권선저항 측정을 하여야 한다.

③ 농형은 권선형에 비해 구조가 견고하며 권선형에 비해 대형전동기로 널리 사용된다.

④ 권선형 회전자의 3선 중 1선이 단선되면 동기속도의 50[%]에서 더 이상 가속되지 못하는 현상을 게르게스현상이라 한다.

Explanation

3상 유도전동기
• 불평형 전압으로 운전 : 전류는 증가하나 토크는 감소
• 원선도 작성 : 무부하시험, 구속시험, 1차 권선저항 측정
• 게르게스 현상 : 권선형 회전자의 3선중 1선이 단선되면 동기속도의 50[%]에서 더 이상 가속되지 못하는 현상
• **농형 : 기동조건이 나빠 중소형 전동기로 사용**　　　　　　　　　　　　　　　　　　　【답】 ③

4과목　회로이론 및 제어공학

61 ★☆☆☆☆ 다음 블록선도의 전달함수 $\left(\dfrac{C(s)}{R(s)}\right)$는?

① $\dfrac{10}{9}$　　　② $\dfrac{10}{13}$

③ $\dfrac{12}{9}$　　　④ $\dfrac{12}{13}$

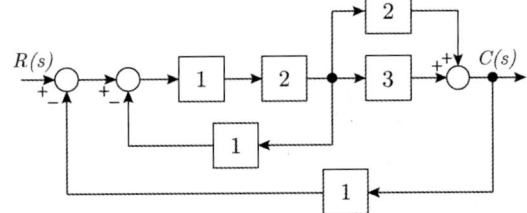

Explanation

블록선도의 전달 함수 $G(s) = \dfrac{\Sigma G}{1 - \Sigma L_1 + \Sigma L_2 + \cdots}$

여기서, L_1 : 각각의 모든 폐루프 이득의 합

　　　　L_2 : 서로 접촉하지 않는 2개의 폐루프 이득의 곱의 합

　　　　ΣG : 각각의 전향 경로의 합

따라서 전달함수 $G(s) = \dfrac{C(s)}{R(s)} = \dfrac{(1\times 2\times 3) + (1\times 2\times 2)}{1 - [(-1\times 2\times 1) + (-1\times 2\times 3\times 1) + (-1\times 2\times 2\times 1)]} = \dfrac{10}{13}$　　【답】 ②

---

62 ★☆☆☆☆ 전달함수가 $G(s) = \dfrac{1}{0.1s(0.01s+1)}$ 과 같은 제어시스템에서 $\omega = 0.1$[rad/s]일 때의 이득[dB]과 위상각[°]은 약 얼마인가?

① 40[dB], -90[°]　　　　　　　② -40[dB], 90[°]

③ 40[dB], -180[°]　　　　　　④ -40[dB], -180[°]

Explanation

【답】 ①

63 ★☆☆☆☆ 다음의 논리식과 등가인 것은?

$$Y = (A + B)(\overline{A} + B)$$

① $Y = A$ ② $Y = B$

③ $Y = \overline{A}$ ④ $Y = \overline{B}$

Explanation

부울대수를 이용하여
$$Y = (A + B)(\overline{A} + B)$$
$$= A\overline{A} + AB + \overline{A}B + BB$$
$$= 0 + AB + \overline{A}B + B$$
$$= B(A + \overline{A} + 1)$$
$$= B$$

【답】②

64 ★★★★★ 다음의 개루프 전달함수에 대한 근궤적이 실수축에서 이탈하게 되는 분리점은 약 얼마인가?

$$G(s)H(s) = \frac{K}{s(s+3)(s+8)}, \quad K \geq 0$$

① -0.93 ② -5.74

③ -6.0 ④ -1.33

Explanation

근궤적의 실축상에서의 이탈점 : $\dfrac{dK(s)}{ds} = 0$

이 계의 특성 방정식은 $G(s)H(s) = \dfrac{K}{s(s+3)(s+8)}$ 이므로

$$1 + G(s)H(s) = 1 + \frac{K}{s(s+3)(s+8)} = 0$$
$$K(s) = -s(s+3)(s+8) = -s^3 - 11s^2 - 24s$$
$$\frac{dK(s)}{ds} = -3s^2 - 22s - 24 = 0 \text{이므로} \quad s_1 = -1.33, \ s_2 = -6$$

그러나, 근궤적의 범위가 0~-3, -8~$-\infty$이므로
따라서 실수축 이탈점(분지점)은 $s_1 = -1.33$

【답】④

65 ★★★★★ $F(z) = \dfrac{(1 - e^{-aT})z}{(z-1)(z - e^{-aT})}$ 의 역z변환은?

① $t \cdot e^{-at}$ ② $a^t \cdot e^{-at}$

③ $1 + e^{-at}$ ④ $1 - e^{-at}$

Explanation

역z변환은 $\dfrac{R(z)}{z}$ 의 형태를 이용하여 부분분수 전개하면

$$R(z) = \frac{(1 - e^{-aT})z}{(z-1)(z - e^{-aT})} \text{에서}$$
$$\frac{R(z)}{z} = \frac{(1 - e^{-aT})}{(z-1)(z - e^{-aT})} = \frac{k_1}{z-1} + \frac{k_2}{z - e^{-aT}}$$

여기서, $k_1 = \lim_{z \to 1} \dfrac{1 - e^{-aT}}{z - e^{-aT}} = 1$

$\qquad k_2 = \lim_{z \to e^{-aT}} \dfrac{1 - e^{-aT}}{z - 1} = -1$ 에서

$\dfrac{R(z)}{z} = \dfrac{1}{z-1} - \dfrac{1}{z - e^{-aT}}$ 이므로 $R(z) = \dfrac{z}{z-1} - \dfrac{z}{z - e^{-aT}}$

따라서 $r(t) = 1 - e^{-aT}$ 가 된다.

【답】 ④

66 ★★☆☆☆
기본 제어요소인 비례요소의 전달함수는?(단, K는 상수이다)

① $G(s) = K$ 　　　　　　② $G(s) = Ks$

③ $G(s) = \dfrac{K}{s}$ 　　　　　④ $G(s) = \dfrac{K}{s+K}$

Explanation

비례 요소	$G(s) = K$
적분 요소	$G(s) = \dfrac{K}{s}$
미분 요소	$G(s) = Ks$

【답】 ①

67 ★★★★☆
다음의 상태방정식으로 표현되는 시스템의 상태천이행렬은?

$$\begin{bmatrix} \dfrac{d}{dt}x_1 \\ \dfrac{d}{dt}x_2 \end{bmatrix} = \begin{bmatrix} 0 & 1 \\ -3 & -4 \end{bmatrix} \begin{bmatrix} x_1 \\ x_2 \end{bmatrix}$$

① $\begin{bmatrix} 1.5e^{-t} - 0.5e^{-3t} & -1.5e^{-t} + 1.5e^{-3t} \\ 0.5e^{-t} - 0.5e^{-3t} & -0.5e^{-t} + 1.5e^{-3t} \end{bmatrix}$

② $\begin{bmatrix} 1.5e^{-t} - 0.5e^{-3t} & 0.5e^{-t} - 0.5e^{-3t} \\ -1.5e^{-t} + 1.5e^{-3t} & -0.5e^{-t} + 1.5e^{-3t} \end{bmatrix}$

③ $\begin{bmatrix} 1.5e^{-t} - 0.5e^{-4t} & 0.5e^{-t} - 0.5e^{-4t} \\ -1.5e^{-t} + 1.5e^{-4t} & -0.5e^{-t} + 1.5e^{-4t} \end{bmatrix}$

④ $\begin{bmatrix} 1.5e^{-t} - 0.5e^{-4t} & -1.5e^{-t} + 1.5e^{-4t} \\ 0.5e^{-t} - 0.5e^{-4t} & -0.5e^{-t} + 1.5e^{-4t} \end{bmatrix}$

Explanation

【답】 ②

68 ★☆☆☆☆

제어시스템의 전달함수가 $T(s) = \dfrac{1}{4s^2 + s + 1}$ 과 같이 표현될 때 이 시스템의 고유주파수

(ω_n[rad/s])와 감쇠율(ζ)은?

① $\omega_n = 0.25$, $\zeta = 1.0$ ② $\omega_n = 0.5$, $\zeta = 0.25$

③ $\omega_n = 0.5$, $\zeta = 0.5$ ④ $\omega_n = 1.0$, $\zeta = 0.5$

Explanation

전달 함수 $G(s) = \dfrac{1}{4s^2 + s + 1} = \dfrac{\dfrac{1}{4}}{s^2 + \dfrac{1}{4}s + \dfrac{1}{4}}$

2차 방정식 $G(s) = \dfrac{{\omega_n}^2}{s^2 + 2\zeta\omega_n s + {\omega_n}^2}$ 과 비교하면

$\omega_n^2 = \dfrac{1}{4}$ 에서 $\omega_n = \dfrac{1}{2} = 0.5$ 이며

$2\zeta\omega_n = \dfrac{1}{4}$ 에서 감쇠비(제동비) $\zeta = \dfrac{\dfrac{1}{4}}{2\omega_n} = \dfrac{\dfrac{1}{4}}{2 \times \dfrac{1}{2}} = \dfrac{1}{4} = 0.25$ 【답】 ②

69 ★☆☆☆☆

그림의 신호흐름선도를 미분방정식으로 표현한 것으로 옳은 것은? (단, 모든 초기 값은 0이다)

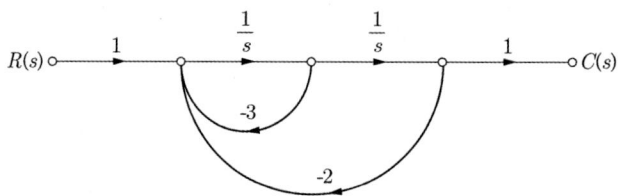

① $\dfrac{d^2 c(t)}{dt^2} + 3\dfrac{dc(t)}{dt} + 2c(t) = r(t)$ ② $\dfrac{d^2 c(t)}{dt^2} + 2\dfrac{dc(t)}{dt} + 3c(t) = r(t)$

③ $\dfrac{d^2 c(t)}{dt^2} - 3\dfrac{dc(t)}{dt} - 2c(t) = r(t)$ ④ $\dfrac{d^2 c(t)}{dt^2} - 2\dfrac{dc(t)}{dt} - 3c(t) = r(t)$

Explanation

메이슨의 이득공식을 적용하면

$G = \dfrac{\sum G_i \triangle_i}{\triangle}$ 에서

$G_i : \dfrac{1}{s} \times \dfrac{1}{s} = \dfrac{1}{s^2}$ $\triangle_i : 1 - 0 = 1$

$\triangle = 1 - \left(-\dfrac{3}{s} - \dfrac{2}{s^2}\right) = 1 + \dfrac{3}{s} + \dfrac{2}{s^2}$

전체이득 $G(s) = \dfrac{C(s)}{R(s)} = \dfrac{\dfrac{1}{s^2}}{1 + \dfrac{3}{s} + \dfrac{2}{s^2}} = \dfrac{1}{s^2 + 3s + 2}$

$(s^2 + 3s + 2)C(s) = R(s)$

$s^2 C(s) + 3s C(s) + 2C(s) = R(s)$

$\dfrac{d^2 c(t)}{dt^2} + 3\dfrac{dc(t)}{dt} + 2c(t) = r(t)$ 【답】 ①

70 ★☆☆☆☆

제어시스템의 특성방정식이 $s^4 + s^3 - 3s^2 - s + 2 = 0$와 같을 때, 이 특성방정식에서 s 평면의 오른쪽에 위치하는 근은 몇 개인가?

① 0   ② 1

③ 2   ④ 3

Explanation

Routh-Hurwitz판별식을 이용하여 1열의 부호가 모두 양수이면 안정하며

s^4	1	-3	2
s^3	1	-1	0
s^2	$\dfrac{-3-(-1)}{1}=-2$	2	
s^1	$\dfrac{2-2}{-2}=0$	0	
	-4를 대입		
s^0	2		

제 1열의 부호가 0이 되므로 보조방정식을 대입하면 $\dfrac{d}{ds}(-2s^2+2)=-4s$

따라서 부호 변화가 2번 있으므로 우반면의 극점은 2개가 된다.   【답】③

71 ★☆☆☆☆

회로에서 6[Ω]에 흐르는 전류[A]는?

① 2.5

② 5

③ 7.5

④ 10

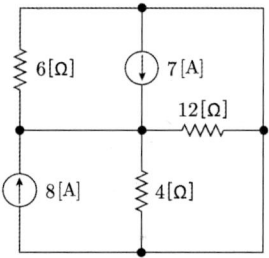

Explanation

    【답】②

72 ★★★☆☆

$R-L$ 직렬회로에서 시정수가 0.03[s], 저항이 14.7[Ω]일 때 이 회로의 인덕턴스[mH]는?

① 441   ② 362

③ 17.6   ④ 2.53

Explanation

$R-L$ 직렬회로의 시정수 $\tau = \dfrac{L}{R}$ [sec]

코일의 인덕턴스 L은

$L = \tau \cdot R = 0.03 \times 14.7 \times 10^3 = 441$ [mH]   【답】①

73 ★☆☆☆☆ 상의 순서가 $a-b-c$인 불평형 3상 교류회로에서 각 상의 전류가 $I_a = 7.28 \angle 15.95°$[A], $I_b = 12.81 \angle -128.66°$[A], $I_c = 7.21 \angle 123.69°$[A]일 때 역상분 전류는 약 몇 [A]인가?

① $8.95 \angle -1.14°$ ② $8.95 \angle 1.14°$
③ $2.51 \angle -96.55°$ ④ $2.51 \angle 96.55°$

Explanation

$$I_2 = \frac{1}{3}(I_a + a^2 I_b + a I_c)$$
$$= \frac{1}{3}\{(7.28 \angle 15.95°) + (1 \angle 240° \times 12.81 \angle -128.66) + (1 \angle 120° \times 7.21 \angle 123.69°)\}$$
$$= 2.51 \angle 96.55°$$

【답】 ④

74 ★★★★★ 그림과 같은 T형 4단자 회로의 임피던스 파라미터 Z_{22}는?

① Z_3
② $Z_1 + Z_2$
③ $Z_1 + Z_3$
④ $Z_2 + Z_3$

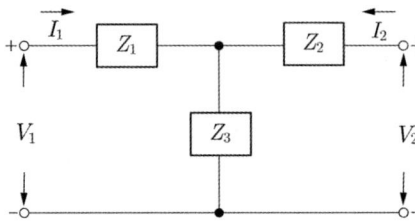

Explanation

$Z_{11} = Z_1 + Z_3$, $Z_{12} = Z_{21} = Z_3$, $Z_{22} = Z_2 + Z_3$

〈기본풀이〉

임피던스 파라미터 $Z_{22} = \dfrac{V_2}{I_2}\bigg|_{I_1 = 0} = Z_2 + Z_3$

【답】 ④

75 ★☆☆☆☆ 그림과 같은 부하에 선간전압이 $V_{ab} = 100 \angle 30°$[V]인 평형 3상 전압을 가했을 때 선전류 I_a[A] 는?

① $\dfrac{100}{\sqrt{3}}\left(\dfrac{1}{R} + j3\omega C\right)$

② $100\left(\dfrac{1}{R} + j\sqrt{3}\,\omega C\right)$

③ $\dfrac{100}{\sqrt{3}}\left(\dfrac{1}{R} + j\omega C\right)$

④ $100\left(\dfrac{1}{R} + j\omega C\right)$

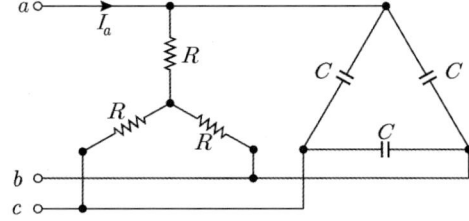

Explanation

△결선 된 콘덴서를 Y결선으로 바꾸면 $C \rightarrow 3C$가 되며

각 상의 어드미턴스 $Y = \dfrac{1}{R} + j3\omega C$

상전류 $I_p = \dfrac{V_p}{Z} = YV_p = \left(\dfrac{1}{R} + j3\omega C\right) \times \dfrac{V}{\sqrt{3}} = \dfrac{100}{\sqrt{3}}\left(\dfrac{1}{R} + j3\omega C\right)$

따라서 Y결선은 $I_l = I_p = \dfrac{100}{\sqrt{3}}\left(\dfrac{1}{R} + j3\omega C\right)$

【답】 ①

76 ★★★★☆
분포정수로 표현된 선로의 단위 길이당 저항이 0.5[Ω/km], 인덕턴스가 1[μH/km], 커패시턴스가 6 [μF/km]일 때 일그러짐이 없는 조건(무왜형 조건)을 만족하기 위한 단위 길이당 컨덕턴스[℧/km]는?

① 1   ② 2
③ 3   ④ 4

Explanation

무왜형 선로의 조건 $RC = LG$

컨덕턴스 $G = \dfrac{RC}{L} = \dfrac{0.5 \times 6 \times 10^{-6}}{1 \times 10^{-6}} = 3$ 【답】③

77 ★☆☆☆☆
그림 (a)의 Y결선 회로를 그림 (b)의 △ 결선회로로 등가 변환했을 때 R_{ab}, R_{bc}, R_{ca}는 각각 몇 [Ω]인가? (단, $R_a = 2[\Omega]$, $R_b = 3[\Omega]$, $R_c = 4[\Omega]$)

① $R_{ab} = \dfrac{6}{9}$, $R_{bc} = \dfrac{12}{9}$, $R_{ca} = \dfrac{8}{9}$

② $R_{ab} = \dfrac{1}{3}$, $R_{bc} = 1$, $R_{ca} = \dfrac{1}{2}$

③ $R_{ab} = \dfrac{13}{2}$, $R_{bc} = 13$, $R_{ca} = \dfrac{26}{3}$

④ $R_{ab} = \dfrac{11}{3}$, $R_{bc} = 11$, $R_{ca} = \dfrac{11}{2}$

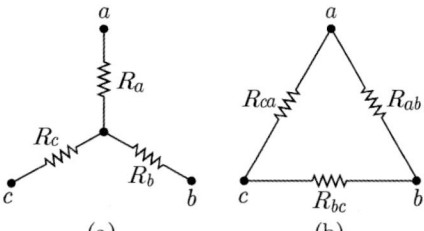

(a)   (b)

Explanation

Y ↔ △ 회로의 상호 변환

Y → △ 변환	
$Z_{ab} = \dfrac{Z_a Z_b + Z_b Z_c + Z_c Z_a}{Z_c}[\Omega]$	$Z_{ab} = \dfrac{Z_a Z_b + Z_b Z_c + Z_c Z_a}{Z_c} = \dfrac{2 \times 3 + 3 \times 4 + 4 \times 2}{4} = \dfrac{26}{4} = \dfrac{13}{2}[\Omega]$
$Z_{bc} = \dfrac{Z_a Z_b + Z_b Z_c + Z_c Z_a}{Z_a}[\Omega]$	$Z_{bc} = \dfrac{Z_a Z_b + Z_b Z_c + Z_c Z_a}{Z_a} = \dfrac{2 \times 3 + 3 \times 4 + 4 \times 2}{2} = \dfrac{26}{2} = 13[\Omega]$
$Z_{ca} = \dfrac{Z_a Z_b + Z_b Z_c + Z_c Z_a}{Z_b}[\Omega]$	$Z_{ca} = \dfrac{Z_a Z_b + Z_b Z_c + Z_c Z_a}{Z_b} = \dfrac{2 \times 3 + 3 \times 4 + 4 \times 2}{3} = \dfrac{26}{3}[\Omega]$
※ 3상평형시 임피던스 3배 어드미턴스 1/3배	

【답】③

78 ★★★★★
다음과 같은 비정현파 교류 전압 $v(t)$와 전류 $i(t)$에 의한 평균전력은 약 몇 [W]인가?

$$v(t) = 200\sin 100\pi t + 80\sin\left(300\pi t - \frac{\pi}{2}\right)[V]$$

$$i(t) = \frac{1}{5}\sin\left(100\pi t - \frac{\pi}{3}\right) + \frac{1}{10}\sin\left(300\pi t - \frac{\pi}{4}\right)[A]$$

① 6.414   ② 8.586
③ 12.828   ④ 24.212

Explanation

유효전력(평균전력)은 주파수가 같을 때만 발생되므로
$P = V_1 I_1 \cos\theta_1 + V_3 I_3 \cos\theta_3$ 에서

$$P = \frac{200}{\sqrt{2}} \times \frac{\frac{1}{5}}{\sqrt{2}} \cos \frac{\pi}{3} + \frac{80}{\sqrt{2}} \times \frac{\frac{1}{10}}{\sqrt{2}} \cos \frac{\pi}{4} = 12.828 \,[\text{W}]$$

【답】③

79 ★☆☆☆☆

회로에서 $I_1 = 2e^{-j\frac{\pi}{6}}$ [A], $I_2 = 5e^{j\frac{\pi}{6}}$ [A], $I_3 = 5.0$ [A], $Z_3 = 1.0\,[\Omega]$일 때 부하(Z_1, Z_2, Z_3) 전체에 대한 복소 전력은 약 몇 [VA]인가?

① $55.3 - j7.5$
② $55.3 + j7.5$
③ $45 - j26$
④ $45 + j26$

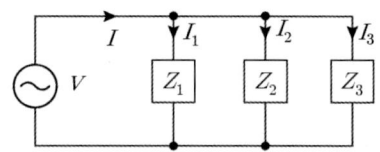

Explanation

전체 전류 $I = I_1 + I_2 + I_3 = 2e^{-j\frac{\pi}{6}} + 5e^{j\frac{\pi}{6}} + 5$

$$= 2\left(\cos\frac{\pi}{6} - j\sin\frac{\pi}{6}\right) + 5\left(\cos\frac{\pi}{6} + j\sin\frac{\pi}{6}\right) + 5 = 11.06 + j1.5 \,[\text{A}]$$

병렬회로이므로 전압은 같으므로 $1[\Omega]$에 걸리는 전압은
$E = I_3 Z_3 = 5 \times 1 = 5[\text{V}]$에서
복소전력으로 구하면
$P_a = VI^* = 5(11.06 - j1.5) = 55.3 - j7.5\,[\text{VA}]$

【답】①

80 ★☆☆☆☆

$f(t) = \mathcal{L}^{-1}\left[\dfrac{s^2 + 3s + 2}{s^2 + 2s + 5}\right]$ 는?

① $\delta(t) + e^{-t}(\cos 2t - \sin 2t)$
② $\delta(t) + e^{-t}(\cos 2t + 2\sin 2t)$
③ $\delta(t) + e^{-t}(\cos 2t - 2\sin 2t)$
④ $\delta(t) + e^{-t}(\cos 2t + \sin 2t)$

Explanation

$F(s) = \dfrac{s^2 + 3s + 2}{s^2 + 2s + 5}$ 에서 분모, 분자의 차수가 같으므로 나누어서 정리하면

$$F(s) = \frac{s^2 + 3s + 2}{s^2 + 2s + 5} = 1 + \frac{s - 3}{s^2 + 2s + 5} = 1 + \frac{s - 3}{(s+1)^2 + 2^2}$$

$$= 1 + \frac{s + 1}{(s+1)^2 + 2^2} - 2\frac{2}{(s+1)^2 + 2^2}$$

따라서 라플라스 역변환하면
$\therefore \mathcal{L}^{-1}[F(s)] = \delta(t) + e^{-t}\cos 2t - 2e^{-t}\sin 2t = \delta(t) + e^{-t}(\cos 2t - 2\sin 2t)$

【답】③

5과목 **전기설비기술기준**

81 ★☆☆☆☆

풍력터빈의 피뢰설비 시설기준에 대한 설명으로 틀린 것은?

① 풍력터빈에 설치한 피뢰설비(리셉터, 인하도선 등)의 기능저하로 인해 다른 기능에 영향을 미치지 않을 것
② 풍력터빈 내부의 계측 센서용 케이블은 금속관 또는 차폐케이블 등을 사용하여 뇌유도과전압으로부

터 보호할 것

③ 풍력터빈에 설치하는 인하도선은 쉽게 부식되지 않는 금속선으로서 뇌격전류를 안전하게 흘릴 수 있는 충분한 굵기여야 하며, 가능한 직선으로 시설할 것

④ 수뢰부를 풍력터빈 중앙부분에 배치하되 뇌격전류에 의한 발열에 용손(溶損)되지 않도록 재질, 크기, 두께 및 형상 등을 고려할 것

Explanation

(KEC 532.3.5조) 풍력발전설비 피뢰설비
① **수뢰부를 풍력터빈 선단부분 및 가장자리 부분에 배치**하되 뇌격전류에 의한 발열에 용손(溶損)되지 않도록 재질, 크기, 두께 및 형상 등을 고려할 것
② 풍력터빈에 설치하는 인하도선은 쉽게 부식되지 않는 금속선으로서 뇌격전류를 안전하게 흘릴 수 있는 충분한 굵기여야 하며, 가능한 직선으로 시설할 것
③ 풍력터빈 내부의 계측 센서용 케이블은 금속관 또는 차폐케이블 등을 사용하여 뇌유도과전압으로부터 보호할 것 【답】④

82 ★★★★☆
샤워시설이 있는 욕실 등 인체가 물에 젖어있는 상태에서 전기를 사용하는 장소에 콘센트를 시설할 경우 인체감전보호용 누전차단기의 정격감도전류는 몇 [mA]이하인가?

① 5
② 10
③ 15
④ 30

Explanation

(KEC 234.5조) 콘센트의 시설
욕조나 샤워시설이 있는 욕실 또는 화장실 등 인체가 물에 젖어있는 상태에서 전기를 사용하는 장소의 콘센트
① 「전기용품 및 생활용품 안전관리법」의 적용을 받는 인체감전보호용 누전차단기(**정격감도전류 15[mA] 이하**, 동작시간 0.03초 이하의 전류동작형의 것에 한한다) 또는 절연변압기(정격용량 3[kVA] 이하인 것에 한한다)로 보호된 전로에 접속하거나, 인체감전보호용 누전차단기가 부착된 콘센트를 시설
② 접지극이 있는 방적형 콘센트 사용하여 접지 【답】③

83 ★★★★☆
강관으로 구성된 철탑의 갑종 풍압하중은 수직 투영면적 1[m²]에 대한 풍압을 기초로하여 계산한 값이 몇 [Pa]인가? (단, 단주는 제외한다)

① 1,255
② 1,412
③ 1,627
④ 2,157

Explanation

(KEC 331.6조) 풍압 하중의 종별과 적용
갑종 풍압 하중은 구성재의 수직 투영면적 1[m²]에 대한 풍압을 기초로 하여 계산한 것

풍압을 받는 구분			구성재의 수직 투영면적 1[m²]에 대한 풍압
지지물	**철탑**	단주 (완철류는 제외함) 원형의 것	588[Pa]
		기타의 것	1,117[Pa]
		강관으로 구성되는 것(단주는 제외함)	**1,255[Pa]**

【답】①

84 ★☆☆☆☆
한국전기설비규정에 따른 용어의 정의에서 감전에 대한 보호 등 안전을 위해 제공되는 도체를 말하는 것은?

① 접지도체
② 보호도체
③ 수평도체
④ 접지극도체

Explanation

85 ★☆☆☆☆ 통신상의 유도 장해방지 시설에 대한 설명이다. 다음 (　)에 들어갈 내용으로 옳은 것은?

> 교류식 전기철도용 전차선로는 기설 가공약전류 전선로에 대하여 (　)에 의한 통신상의 장해가 생기지 않도록 시설하여야 한다.

① 정전작용 　　　　　　　　　　② 유도작용
③ 가열작용 　　　　　　　　　　④ 산화작용

Explanation

(KEC 461.7조) 전기철도의 통신상의 유도 장해방지 시설
교류식 전기철도용 전차선로는 기설 가공약전류 전선로에 대하여 유도작용에 의한 통신상의 장해가 생기지 않도록 시설하여야 한다.　　【답】②

86 ★☆☆☆☆ 주택의 전기저장장치의 축전지에 접속하는 부하 측 옥내배선을 사람이 접촉할 우려가 없도록 케이블배선에 의하여 시설하고 전선에 적당한 방호장치를 시설한 경우 주택의 옥내전로의 대지전압은 직류 몇 [V]까지 적용할 수 있는가? (단, 전로에 지락이 생겼을 때 자동적으로 전로를 차단하는 장치를 시설한 경우이다)

① 150 　　　　　　　　　　② 300
③ 400 　　　　　　　　　　④ 600

Explanation

(KEC 511.3조) 전기저장장치 옥내전로의 대지전압 제한
주택의 전기저장장치의 축전지에 접속하는 부하 측 옥내배선을 다음에 따라 시설하는 경우에 주택의 옥내전로의 대지전압은 직류 600[V]까지 적용할 수 있다.
① 전로에 지락이 생겼을 때 자동적으로 전로를 차단하는 장치를 시설할 것
② 사람이 접촉할 우려가 없는 은폐된 장소에 합성수지관배선, 금속관배선 및 케이블 배선에 의하여 시설하거나, 사람이 접촉할 우려가 없도록 케이블배선에 의하여 시설하고 전선에 적당한 방호장치를 시설할 것　　【답】④

87 ★☆☆☆☆ 전압의 구분에 대한 설명으로 옳은 것은?

① 직류에서의 저압은 1,000[V] 이하의 전압을 말한다.
② 교류에서의 저압은 1,500[V] 이하의 전압을 말한다.
③ 직류에서의 고압은 3,500[V]를 초과하고 7,000[V] 이하인 전압을 말한다.
④ 특고압은 7,000[V]를 초과하는 전압을 말한다.

Explanation

(KEC 111.1조) 적용범위
가. 저압 : 교류는 1[kV] 이하, 직류는 1.5[kV] 이하인 것
나. 고압 : 교류는 1[kV]를, 직류는 1.5[kV]를 초과하고, 7[kV] 이하인 것
다. 특고압 : 7[kV]를 초과하는 것　　【답】④

88 ★★★★★ 고압 가공전선로의 가공지선으로 나경동선을 사용할 때의 최소 굵기는 지름 몇 [mm] 이상인가?

① 3.2 　　　　　　　　　　② 3.5
③ 4.0 　　　　　　　　　　④ 5.0

Explanation

(KEC 332.6조) 고압 가공전선로의 가공지선
고압 가공전선로에 사용하는 가공지선은 인장강도 5.26[kN] 이상의 것 또는 지름 4[mm] 이상의 나경동선을 사용하여야 한다.

【답】 ③

89 ★★★★★
특고압용 변압기의 내부에 고장이 생겼을 경우에 자동차단장치 또는 경보장치를 하여야 하는 최소 뱅크용량은 몇 [kVA]인가?
① 1,000
② 3,000
③ 5,000
④ 10,000

Explanation

(KEC 351.4조) 특고압용 변압기의 보호 장치

뱅크용량의 구분	동작 조건	장치의 종류
5,000[kVA] 이상 10,000[kVA] 미만	변압기 내부 고장	자동 차단 장치 또는 경보 장치
10,000[kVA] 이상	변압기 내부 고장	자동 차단 장치
타냉식 변압기(변압기의 권선 및 철심을 직접 냉각시키기 위하여 봉입한 냉매를 강제 순환시키는 냉각 방식을 말한다)	냉각 장치에 고장이 생긴 경우 또는 변압기의 온도가 현저히 상승한 경우	경보 장치

【답】 ③

90 ★☆☆☆☆
합성수지관 및 부속품의 시설에 대한 설명으로 틀린 것은?
① 관의 지지점 간의 거리는 1.5[m] 이하로 할 것
② 합성수지제 가요전선관 상호 간은 직접 접속할 것
③ 접착제를 사용하여 관 상호 간을 삽입하는 깊이는 관의 바깥지름의 0.8배 이상으로 할 것
④ 접착제를 사용하지 않고 관 상호 간을 삽입하는 깊이는 관의 바깥지름 1.2배 이상으로 할 것

Explanation

(KEC 232.11조) 합성수지관공사
① 전선은 절연전선(옥외용 비닐 절연전선을 제외)일 것
② 전선은 연선일 것 다만, 다음의 것은 적용하지 않는다.
 – 짧고 가는 합성수지관에 넣은 것
 – 단면적 10[mm²](알루미늄선은 단면적 16[mm²]) 이하의 것
③ 전선은 합성수지관 안에서 접속점이 없도록 할 것
④ 합성수지관 및 박스 기타의 부속품은 다음 각 호에 따라 시설하여야 한다.
 – 관 상호 간 및 박스와는 관을 삽입하는 깊이를 관의 바깥지름의 1.2배(접착제를 사용하는 경우에는 0.8배) 이상으로 하고 또한 꽂음 접속에 의하여 견고하게 접속할 것
 – 관의 지지점 간의 거리는 1.5[m] 이하로 하고, 또한 그 지지점은 관의 끝·관과 박스의 접속점 및 관 상호 간의 접속점 등에 가까운 곳에 시설할 것

【답】 ②

91 ★★★☆☆
사용전압이 22.9[kV]인 가공전선이 철도를 횡단하는 경우, 전선의 레일면상의 높이는 몇 [m] 이상인가?
① 5
② 5.5
③ 6
④ 6.5

Explanation

(KEC 333.7조) 특고압 가공전선의 높이

사용전압의 구분	지표상의 높이
35[kV] 이하	5[m] (철도 또는 궤도를 횡단하는 경우에는 6.5[m], 도로를 횡단하는 경우에는 6[m], 횡단보도교의 위에 시설하는 경우로서 전선이 특고압 절연전선 또는 케이블인 경우에는 4[m])

【답】④

92
★★★☆☆

가공전선로의 지지물에 시설하는 통신선 또는 이에 직접 접속하는 가공 통신선이 철도 또는 궤도를 횡단하는 경우 그 높이는 레일면상 몇 [m] 이상으로 하여야 하는가?

① 3
② 3.5
③ 5
④ 6.5

Explanation

(KEC 362.2조) 전력보안통신선의 시설 높이와 이격거리
① 도로 횡단 : 지표상 6[m] 이상. 저압이나 고압의 가공선로의 지지물에 시설하는 통신선 또는 이에 직접 접속하는 가공통신선을 시설하는 경우 교통에 지장을 줄 우려가 없을 때 : 지표상 5[m]까지로 감할 수 있다.
② **철도의 궤도를 횡단 : 레일면상 6.5[m] 이상**
③ 횡단보도교 위에 시설 : 그 노면상 5[m] 이상
④ 이외의 경우 : 지표상 5[m] 이상

【답】④

93
★☆☆☆☆

전력보안통신설비의 조가선은 단면적 몇 [㎟] 이상의 아연도강연선을 사용하여야 하는가?

① 16
② 38
③ 50
④ 55

Explanation

(KEC 362.3조) 조가선 시설
단면적 38[㎟] 이상의 아연도강연선일 것

【답】②

94
★☆☆☆☆

가요전선관 및 부속품의 시설에 대한 내용이다. 다음 ( )에 들어갈 내용으로 옳은 것은?

> 1종 금속제 가요전선관에는 단면적 (   )[㎟] 이상의 나연동선을 전체 길이에 걸쳐 삽입 또는 첨가하여 그 나연동선과 1종 금속제가요전선관을 양쪽 끝에서 전기적으로 완전하게 접속할 것. 다만, 관의 길이가 4[m] 이하인 것을 시설하는 경우에는 그러하지 아니하다.

① 0.75
② 1.5
③ 2.5
④ 4

Explanation

(KEC 232.13조) 금속제 가요전선관공사
1종 금속제 가요 전선관은 단면적 2.5[㎟] 이상의 나연동선을 전체 길이에 걸쳐 삽입 또는 첨가하여 그 나연동선과 1종 금속제 가요 전선관을 양쪽 끝에서 전기적으로 완전하게 접속할 것. 다만, 관의 길이가 4[m] 이하인 것을 시설하는 경우에는 그러하지 아니하다.

【답】③

95
★★★★★

사용전압이 154[kV]인 전선로를 제1종 특고압 보안공사로 시설할 경우, 여기에 사용되는 경동연선의 단면적은 몇 [㎟] 이상이어야 하는가?

① 100
② 125
③ 150
④ 200

Explanation

(KEC 333.22조) 특고압 보안공사 – 제1종 특고압 보안공사
전선은 케이블인 경우 이외에는 단면적이 표에서 정한 값 이상

사용전압	전선
100[kV] 미만	인장강도 21.67[kN] 이상의 연선 또는 단면적 55[㎟] 이상의 경동연선
100[kV] 이상 300[kV] 미만	**인장강도 58.84[kN] 이상의 연선 또는 단면적 150[㎟] 이상의 경동연선**
300[kV] 이상	인장강도 77.47[kN] 이상의 연선 또는 단면적 200[㎟] 이상의 경동연선

【답】③

96

★☆☆☆☆

사용전압이 400[V] 이하인 저압 옥측전선로를 애자공사에 의해 시설하는 경우 전선 상호 간의 간격은 몇 [m] 이상이어야 하는가? (단, 비나 이슬에 젖지 않는 장소에 사람이 쉽게 접촉될 우려가 없도록 시설한 경우이다)

① 0.025
② 0.045
③ 0.06
④ 0.12

Explanation

(KEC 221.2조) 옥측전선로
애자공사에 의한 저압 옥측전선로는 다음에 의하고 또한 사람이 쉽게 접촉될 우려가 없도록 시설할 것
① 전선은 공칭단면적 4[㎟] 이상의 연동 절연전선(옥외용 비닐절연전선 및 인입용절연전선은 제외)일 것
② 전선 상호 간의 간격 및 조영재 사이의 이격거리는 아래 표에서 정한 값 이상일 것

시설장소	전선 상호 간의 간격		전선과 조영재 사이의 이격거리	
	사용전압이 400[V] 이하인 경우	사용전압이 400[V] 초과인 경우	사용전압이 400[V] 이하인 경우	사용전압이 400[V] 초과인 경우
비나 이슬에 젖지 않는 장소	**0.06[m]**	0.06[m]	0.025[m]	0.025[m]
비나 이슬에 젖는장소	0.06[m]	0.12[m]	0.025[m]	0.045[m]

【답】③

97

★★★★★

지중전선로는 기설 지중약전류전선로에 대하여 통신상의 장해를 주지 않도록 기설 약전류전선로로부터 충분히 이격시키거나 기타 적당한 방법으로 시설하여야 한다. 이때 통신상의 장해가 발생하는 원인으로 옳은 것은?

① 충전전류 또는 표피작용
② 충전전류 또는 유도작용
③ 누설전류 또는 표피작용
④ 누설전류 또는 유도작용

Explanation

(KEC 334.5조) 지중약전류전선의 유도장해 방지(誘導障害防止)
지중전선로는 기설 지중약전류전선로에 대하여 누설전류 또는 유도작용에 의하여 통신상의 장해를 주지 않도록 기설 약전류전선로로부터 충분히 이격시키거나 기타 적당한 방법으로 시설하여야 한다.

【답】④

98

★☆☆☆☆

최대사용전압이 10.5[kV]를 초과 하는 교류의 회전기 절연내력을 시험하고자 한다. 이때 시험전압은 최대사용전압의 몇 배의 전압으로 하여야 하는가? (단, 회전변류기는 제외한다)

① 1
② 1.1
③ 1.25
④ 1.5

Explanation

종류			시험 전압	시험 방법
회전기	발전기·전동기·무효 전력 보상 장치·기타회전기(회전변류기 제외)	최대사용전압 7[kV] 이하	최대사용전압의 1.5배의 전압(500[V] 미만으로 되는 경우에는 500[V])	권선과 대지 사이에 연속하여 10분간 가한다.
		최대사용전압 7[kV] 초과	최대사용전압의 1.25배의 전압 (10.5[kV] 미만으로 되는 경우에는 10.5[kV])	
	회전변류기		직류측의 최대사용전압의 1배의 교류전압(500[V] 미만으로 되는 경우에는 500[V])	

【답】 ③

99 ★★★★★
폭연성 분진 또는 화약류의 분말에 전기설비가 발화원이 되어 폭발할 우려가 있는 곳에 시설하는 저압 옥내배선의 공사방법으로 옳은 것은? (단, 사용전압이 400[V] 초과인 방전등을 제외한 경우이다)
① 금속관공사
② 애자사용공사
③ 합성수지관공사
④ 캡타이어 케이블공사

Explanation

(KEC 242.2.1조) 폭연성 분진 위험장소
폭연성 분진 또는 화약류의 분말이 전기설비가 발화원이 되어 폭발할 우려가 있는 곳에 시설하는 저압 옥내 전기설비(사용전압이 400[V] 초과인 방전등을 제외)의 **저압 옥내배선, 저압 관등 회로 배선, 소세력 회로의 전선은 금속관공사 또는 케이블공사(캡타이어 케이블을 사용하는 것을 제외)에 의할 것**
【답】 ①

100 ★☆☆☆☆
과전류차단기로 저압전로에 사용하는 범용의 퓨즈(「전기용품 및 생활용품 안전관리법」에서 규정하는 것을 제외한다)의 정격전류가 16[A]인 경우 용단전류는 정격전류의 몇 배인가? (단, 퓨즈(gG)인 경우이다)
① 1.25
② 1.5
③ 1.6
④ 1.9

Explanation

(KEC 212.3.4조) 보호장치의 특성
과전류 차단기로 저압 전로에 사용하는 퓨즈(「전기용품 및 생활용품 안전관리법」에서 규정하는 것을 제외)

정격 전류의 구분	시간	정격전류의 배수	
		부동작 전류	동작 전류
4[A] 이하	60분	1.5배	2.1배
4[A] 초과 16[A] 미만	60분	1.5배	1.9배
16[A] 이상 63[A] 이하	**60분**	1.25배	**1.6배**
...	...	...	...

【답】 ③

2022년 전기공사기사 필기

1과목 전기응용 및 공사재료

01 매설금속체측에서의 누설전류에 의한 전기 부식 피해 방지 대책으로 맞는 것은?

① 이선율 유지
② 임피던스 본드 설치
③ 강제배류법 사용
④ 보조귀선 설치

Explanation

(KEC 461.4조) 전기 부식 방지
매설금속체 측의 전기 부식 방지 방지
가. **배류장치 설치**
나. 절연코팅
다. 매설금속체 접속부 절연
라. 저준위 금속체를 접속
마. 궤도와의 이격 거리 증대
바. 금속판 등의 도체로 차폐

【답】③

02 다음 중 공업용 온도계로서 가장 높은 온도를 측정할 수 있는 구성은 무엇인가?

① 백금-백금 로듐
② 구리-콘스탄탄
③ 철-콘스탄탄
④ 크로멜-알루멜

Explanation

열전온도계 : 제벡효과 이용

열전대	사용 범위[°C]
백금-백금 로듐	0 ~ 1,400 (가장 높은 온도에 사용)
크로멜-알루멜	−200 ~ 1,000
철-콘스탄탄	−200 ~ 700
구리-콘스탄탄	−200 ~ 400

【답】①

03 납축전지 방전 및 충전 시 화학반응식에서 아래 빈 칸에 들어갈 알맞은 것을 고르시오.

$$PbO_2 + 2H_2SO_4 + Pb \underset{충전}{\overset{방전}{\rightleftarrows}} PbSO_4 + (\quad) + PbSO_4$$

① HO
② 2HO2
③ 2H2O
④ 2H2O4

Explanation

납(연) 축전지 화학 반응식

$$PbO_2 + 2H_2SO_4 + Pb \underset{\text{충전}}{\overset{\text{방전}}{\rightleftharpoons}} PbSO_4 + 2H_2O + PbSO_4$$

【답】③

04 플라이휠을 사용하여 관성모멘트를 크게 한 것으로 대형부하나 부하가 급변하는 장소에 사용하는 방식은 무엇인가?

① 전원주파수를 바꾸는 방식
② 극수를 바꾸는 방식
③ 워드-레너드 방식
④ 일그너 방식

Explanation

직류전동기 속도제어 중 전압제어 방식
• 워드 레오너드 방식 : 관성모멘트가 적은 부하에 사용(엘리베이터 등)
• 일그너 방식 : 플라이 휠을 사용하여 관성모멘트를 크게 한 것으로 대형부하나 부하가 급변하는 장소에 사용(제철, 제 관공장 등에 사용)

【답】④

05 다음 중 양방향 2단자 사이리스터는 어느 것인가?

① SCS
② SSS
③ TRIAC
④ SCR

Explanation

사이리스터(가로안은 극(단자) 수)
• 단방향성 : SCR(3), GTO(3), LASCR(3), SCS(4)
• **양방향성 : SSS(2)**, DIAC(2), TRIAC(3)

【답】②

06 온도가 2,000[°K]인 흑체의 복사에너지는 온도가 1,000[°K]일 때 값의 몇 배가 되는가?

① 16배
② 8배
③ 4배
④ 2배

Explanation

스테판 볼츠만의 법칙 : 복사에너지는 절대 온도 4승에 비례
$$W = KT^4 \propto (\frac{2,000}{1,000})^4 \propto 16배$$

【답】①

07 100[W] 전구를 유백색 구형 글로브에 넣었을 경우 유백색 유리의 반사율 30[%], 투과율40[%]라 할 때 글로브의 효율은?

① 약 25[%]
② 약 43[%]
③ 약 57[%]
④ 약 81[%]

Explanation

글로브의 효율 $\eta = \dfrac{\tau}{1-\rho} = \dfrac{0.4}{1-0.3} \times 100 = 57.14[\%]$

【답】③

08 철 20[kg]을 60분간에 800[℃]로 가열하는 전기로를 설계하고자 한다. 전원을 3상 220[V], 전열선의 접속을 △접속, 노의 효율을 75[%]로 하는 경우 전열선을 흐르는 전류를 몇 [A]로 하면 되겠는가? 단, 철 1[kg]을 800[℃]로 가열하는 데 요하는 열량은 135[kcal]이다.

① 3.66
② 6.3
③ 9.52
④ 10.98

【답】②

09 단상 반파정류회로에서 직류전압의 평균값 150[V]를 얻으려면 정류소자의 피크역전압(PIV)은 약 몇 [V]인가? (단, 부하는 순저항 부하이고 정류소자의 전압강하(평균값)은 7[V]이다)

① 247
② 349
③ 493
④ 698

Explanation

단상 반파정류

직류측 전압 $E_d = \dfrac{\sqrt{2}}{\pi}E - e = 0.45E - e = 150[V]$

교류측 전압 $E = \dfrac{E_d + e}{0.45} = \dfrac{150 + 7}{0.45} = 348.89$

최대역전압 $\text{PIV} = \sqrt{2}\,E = \sqrt{2} \times 348.89 = 493.4[V]$

【답】③

10 다음 중 정속도 특성을 이용한 것은 무엇인가?

① 송풍기
② 전차, 크레인 등의 하역기계
③ 공조용 환풍기
④ 제철, 제지 등의 생산기계

Explanation

속도 변동에 따른 전동기의 분류
• **정속도 전동기**
  – 부하에 관계없이 회전속도가 일정하거나 변동이 거의 없음
  – 용도 : 팬, 선풍기, 펌프, 송풍기, 콤프레서 등
• 변속도 전동기
  – 공급전압을 일정하게 유지하면 속도가 부하에 의해서 광범위하게 변화
  – 용도 : 전차, 하역용 크레인 등

【답】①

11 다음 중 등기구 종류별 기호가 옳게 짝지어진 것은 무엇인가?

① 형광등 : F
② 수은등 : N
③ 나트륨등 : T
④ 메탈 헬라이드등 : H

Explanation

• **형광등 : F**
• 수은등 : H
• 나트륨등 : N
• 메탈 헬라이드등 : M

【답】①

12 강도 보강에 지지선을 사용할 수 없는 지지물은?

① 철탑
② B형 철주
③ A형 철근 콘크리트주
④ 목주

Explanation

13 BUS DUCT의 종류 중에서 플러그인 버스덕트를 옳게 설명한 것은?

① 도중에 부하 접속용의 플러그를 시설한 것
② 도중에 이동식 부하를 접속할 수 있도록 트롤리 접촉식 구조로 된 것
③ 도중에 부하를 접속할 수 없도록 된 것
④ 도중에 이동부하를 접속할 수 없도록 시설한 것

> **Explanation**

버스덕트의 종류
• 피더 버스덕트 : 도중에 부하를 접속할 수 없도록 된 것
• **플러그 인 버스덕트 : 도중에 부하 접속용의 플러그를 시설한 것**
• 트롤리 버스덕트 : 도중에 이동식 부하를 접속 할 수 있도록 트롤리 접촉식 구조로 된 것 【답】 ①

14 KS C 3809에 따른 고압 핀애자의 자기부의 색상은 일반적으로 흰색이고 특정 색상이 띠모양으로 표시되어 있다. 띠모양으로 표시되는 색상은 무엇인가?

① 빨간색   ② 파란색
③ 검은색   ④ 노란색

> **Explanation**

KS C 3809 고압 핀애자의 자기부
• 색의 지정이 없는 경우 흰색
• 사선을 표시하는 곳에는 빨간색 【답】 ①

15 알루미늄전선 접속 시 가는 전선을 박스 안에서 접속하는 데 사용하는 슬리브는 무엇인가?

① 매킹타이어 슬리브   ② 직선결합용 슬리브
③ 종단겹침용 슬리브   ④ S형 슬리브

> **Explanation**

종단겹침용 슬리브 : 가는 전선을 박스 안에서 접속하는 데 사용 【답】 ③

16 전선의 색상을 통해 각 상(L1, L2, L3)을 구별하고 있다. 각 상 중에서 L3의 색상은 무엇인가?

① 갈색   ② 검은색
③ 회색   ④ 파란색

> **Explanation**

(KEC 121.2조) 전선의 식별

상(문자)	색상
L1	갈색
L2	검은색
L3	**회색**
N	파란색
보호도체	녹색−노란색

【답】 ③

17 다음 중 변압기나 전동기 층간절연에 사용하기에 가장 좋은 절연 재료는 무엇인가?

① 운모
② 에나멜
③ 크래프트 종이
④ 면포

Explanation

크래프트 종이 : 변압기나 전동기 층간절연에 사용하는 절연물 【답】③

18 저압 전기설비 중 옥측 또는 옥외에 배·분전반 및 배선기구 등을 시설하는 경우 방진 보호 및 방수 보호 등급(IP등급)은 무엇인가?

① IP33
② IP43
③ IP34
④ IP44

Explanation

(KEC 235.1) 옥측 또는 옥외에 배·분전반 및 배선기구 등의 시설
1. 배분전반 안에 물이 스며들어 고이지 아니하도록 한 구조일 것.
2. 배분전반은 KS C 8324에 의해 정상사용상태에서 외부분진과 방수에 대해 IP44이상으로 한다. 【답】④

19 접지극의 재료로서 구리, 용융아연도강, 나강, 스테인레스강을 사용한다. 이 중 관 형태의 구리를 사용할 때 지름은 몇 [mm] 이상이어야 하는가? (단, 두께는 2[mm] 이상의 것이다)

① 15
② 25
③ 20
④ 10

Explanation

(KEC 152조) 외부피뢰시스템

재료	형상	치수		
		접지봉 지름[mm]	접지도체[mm²]	접지판[mm]
구리, 주석도금한 구리	연선		50	
	원형 단선	15	50	
	테이프형 단선		50	
	파이프	20		

【답】③

20 방전등의 일종으로 빛의 투과율이 좋고 등황색의 단색광이며 안개 속을 잘 투과하는 등은 무엇인가?

① 형광등
② 할로겐등
③ 수은등
④ 나트륨등

Explanation

나트륨등
• 투과력이 좋다(안개 낀 지역, 터널 등에서 사용).
• 단색 광원(순황색)으로 옥내 조명에 부적당
• 효율이 우수 【답】④

2과목	전력공학

21 배전선로에서 발생한 고장구간을 동작책무에 따라 차단시키는 기기 명칭은?

① 자동 재폐로 차단기 　　　　　　　② 자동 구간 개폐기
③ 퓨즈 　　　　　　　　　　　　　　④ 라인스위치

Explanation

리클로저(Recloser)
가공 배전선로의 대부분의 사고는 조류 및 수목에 의한 접촉과 강풍이나 낙뢰 등에 의한 사고이며, 이러한 사고 발생 시 고장구간을 차단하고 사고점의 아크를 소멸시킨 후 재투입할 수 있도록 하는 **자동 재폐로 차단기** 　　【답】①

22 4단자 정수가 A, B, C, D인 송전선로의 등가 π회로를 그림과 같이 표현하였을 때 Z_1에 해당하는 것은?

① $\dfrac{D}{B}$　　　　　　② $\dfrac{1}{B}$

③ $\dfrac{A}{B}$　　　　　　④ B

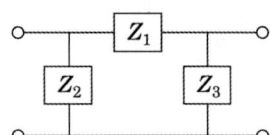

Explanation

$$\begin{bmatrix} A & B \\ C & D \end{bmatrix} = \begin{bmatrix} 1 & 0 \\ \frac{1}{Z_2} & 1 \end{bmatrix} \begin{bmatrix} 1 & Z_1 \\ 0 & 1 \end{bmatrix} \begin{bmatrix} 1 & 0 \\ \frac{1}{Z_3} & 1 \end{bmatrix} = \begin{bmatrix} 1+\frac{Z_1}{Z_3} & Z_1 \\ \frac{1}{Z_2}+\frac{1}{Z_3}+\frac{Z_1}{Z_2 Z_3} & 1+\frac{Z_2}{Z_3} \end{bmatrix}$$

$\therefore\ Z_1 = B$　　　　　　　　　　　　　　　　　　　　　　　　　　【답】④

23 전력선에 의한 통신선로의 전자유도장해의 주된 발생요인은 무엇인가?

① 영상전류가 흐르기 때문에
② 전력선의 연가가 충분하기 때문에
③ 전력선의 전압이 통신선로보다 높기 때문에
④ 전력선과 통신선로 사이의 차폐효과가 충분하기 때문에

Explanation

• **전자유도장해의 원인** : 상호 인덕턴스, 영상전류
• **정전유도장해의 원인** : 상호 정전용량, 영상전압　　　　　　　　　　【답】①

24 송전선로의 수전단을 단락한 경우 송전단에서 본 임피던스가 300[Ω]이고 수전단을 개방한 경우에는 900[Ω]일 때 이 선로의 특성 임피던스 Z_0[Ω]는 약 얼마인가?

① 490　　　　　　　　　　　　　　② 500
③ 510　　　　　　　　　　　　　　④ 520

Explanation

특성(파동) 임피던스 : 거리와 무관

$$Z_0 = \sqrt{\frac{Z}{Y}}\,[\Omega]$$

여기서, Z : 단락 임피던스
Y : 개방 어드미턴스

$$Z_0 = \sqrt{\frac{Z}{Y}} = \sqrt{Z_s Z_f} = \sqrt{300 \times 900} = 520\,[\Omega]$$　　　　　【답】④

25 하천 유량의 종류에서 1년 95일 중 이것보다 내려가지 않는 유량을 무엇이라 하는가?

① 풍수량   ② 평수량
③ 저수량   ④ 갈수량

Explanation

유황곡선 : 하천의 유량상태를 파악하기 위한 곡선
             가로축에 365일수를 세로축에는 유량을 취하여 배열
- **풍수량 : 1년 95일 중 이보다 내려가지 않는 유량**
- 평수량 : 1년 185일 중 이보다 내려가지 않는 유량
- 저수량 : 1년 275일 중 이보다 내려가지 않는 유량
- 갈수량 : 1년 355일 중 이보다 내려가지 않는 유량

【답】①

26 설비용량 600[kW], 부등률 1.2, 수용률 60[%]일 때의 합성 최대전력[kW]은 얼마인가?

① 300   ② 432
③ 240   ④ 833

Explanation

$$합성최대전력 = \frac{설비용량 \times 수용률}{부등률}$$
$$= \frac{600 \times 0.6}{1.2} = 300[\text{kW}]$$

【답】①

27 정격 전압 66[kV]인 3상 3선식 송전 선로에서 1선의 리액턴스가 15[Ω]일 때 이를 100[MVA] 기준으로 환산한 %리액턴스는 얼마인가?

① 17.2   ② 34.4
③ 51.6   ④ 68.8

Explanation

%리액턴스
$$\%X = \frac{PX}{10V^2}, \quad 여기서, \ P[\text{kVA}], \ V[\text{kV}]$$
$$\%X = \frac{PX}{10V^2} = \frac{100 \times 10^3 \times 15}{10 \times 66^2} = 34.4[\%]$$

【답】②

28 다음 보호계전기의 보호 방식 중 같은 용도로 사용되는 종류가 아닌 것은 무엇인가?

① 전류 순환 방식   ② 전압 반향 방식
③ 위상 비교 방식   ④ 방향 비교 방식

Explanation

송전선로 보호(표시선 계전방식)
- 전류 순환 방식
- 전압 반향 방식
- 방향 비교 방식

【답】③

29 배전계통에서 사용하는 고압용 차단기의 종류가 아닌 것은?

① 기중차단기(ACB)   ② 공기차단기(ABB)
③ 진공차단기(VCB)   ④ 유입차단기(OCB)

Explanation

ACB(기중차단기) : 저압용 차단기 【답】 ①

30 다음 중 송전계통의 안정도 증진 대책이 아닌 것은 무엇인가?

① 고속도 재폐로 방식을 채용한다.   ② 계통의 전달 리액턴스를 증가시킨다.
③ 전압 변동을 적게 한다.   ④ 고장시간, 고장전류를 적게 한다.

Explanation

안정도 향상 대책
• **계통의 직렬 리액턴스(X)를 작게 한다.**
 ① 발전기나 변압기의 리액턴스를 작게 한다.
 ② 선로의 병행 회선수를 늘리거나 복도체 또는 다도체 방식을 사용한다.
 ③ 직렬 콘덴서를 삽입하여 선로의 리액턴스를 보상한다.
• 전압 변동을 작게 한다.
 ① 속응 여자 방식의 채용
 ② 계통 연계를 한다.
• 중간 조상 방식을 채용한다.
• 고장 전류를 줄이고 고장 구간을 신속하게 차단한다.
 ① 적당한 중성점 접지 방식을 채용하여 지락 전류를 줄인다.
 ② 고속도 계전기, 고속도 차단기를 채용한다.
 ③ 고속도 재폐로 방식을 채용한다. 【답】 ②

31 단상 3선식 배전선로에서 부하의 불평형 시 발생하는 전압상승 문제를 해결하기 위하여 설치하는 밸런서에 대한 설명으로 틀린 것은 무엇인가?

① 여자 임피던스는 클수록 좋다.   ② 누설 임피던스는 클수록 좋다.
③ 단권 변압기의 일종이다.   ④ 권수비가 1인 변압기이다.

Explanation

저압밸런서 : 단상 3선식에서 중성선 단선 시 전압 불평형이 발생 방지
특징
• **여자 임피던스가 크고 누설 임피던스가 작다.**
• 권수비가 1:1인 단권변압기 【답】 ②

32 장거리 송전선로는 일반적으로 어떤 회로로 취급하여 회로를 해석하는가?

① 분산 부하 회로   ② 집중 정수 회로
③ 분포 정수 회로   ④ 특성 임피던스 회로

Explanation

송전선로 분류
• 단거리 송전선로(수십 [Km]정도) : 집중정수회로(Z만 존재)
• 중거리 송전선로(100[Km] 이하 선로): 집중정수회로(Z,Y 존재)
• **장거리 송전선로(100[Km] 초과 선로): 분포정수회로(Z, Y가 무한히 존재)** 【답】 ③

33 동기조상기에 대한 설명으로 틀린 것은 무엇인가?

① 시충전이 불가능하다.
② 전압 조정이 연속적이다.
③ 중부하시에는 과여자로 운전하여 앞선 전류를 취한다.
④ 경부하시에는 부족여자로 운전하여 뒤진 전류를 취한다.

34 기력발전소의 열 사이클 중 랭킨사이클의 과정 중 단열팽창을 시키는 장치(ⓐ)와 급수 또는 증기의 상태변화(ⓑ)로 각각 맞는 것은 무엇인가?

① ⓐ : 보일러　　　　ⓑ : 습증기 → 포화액
② ⓐ : 터빈　　　　　ⓑ : 과열증기 → 습증기
③ ⓐ : 급수펌프　　　ⓑ : 포화액 → 압축액
④ ⓐ : 복수기　　　　ⓑ : 포화액 → 포화증기

Explanation

• 보일러 : 등압 가열
• 급수펌프 : 단열 압축
• 복수기 : 등압 냉각
• **터빈 : 단열팽창(과열증기 → 습증기)**

【답】 ②

35 다음 중 배전선을 구성하는 방식 중 방사상식에 대한 설명으로 알맞은 것은 무엇인가?

① 부하의 분포에 따라 수지상으로 분기선을 내는 방식이다.
② 선로의 전류분포가 가장 좋고 전압강하가 적다.
③ 수용 증가에 따른 선로의 연장이 어렵다.
④ 사고 시 무정전 공급으로 도시 배전선에 적합하다.

Explanation

가지식(방사상식) : 부하의 분포에 따라 수지상으로 분기선을 내는 방식
① 용도 : 농·어촌 지역 등의 부하가 적은 지역
② 장점
• 설비가 간단하다.
• 부하 증설이 용이
• 경제적이다
③ 단점
• 전압 강하가 크다
• 플리커 현상이 발생
• 전력 손실이 크다.
• 고장 파급이 크다.

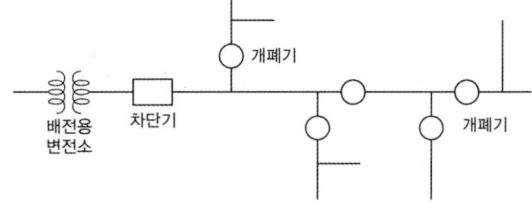

【답】 ①

36 비등수형 원자로에서 사용하는 각 요소를 짝지은 것으로 가장 적당한 것은 무엇인가?

① 연료 : 농축 우라늄, 감속재 : 경수, 냉각재 : 경수
② 연료 : 저농축 우라늄, 감속재 : 흑연, 냉각재 : 경수
③ 연료 : 저농축 우라늄, 감속재 : 경수, 냉각재 : 경수
④ 연료 : 농축 우라늄, 감속재 : 흑연, 냉각재 : 경수

Explanation

비등수형 원자로(BWR : Boiled Water Reactor) : 물을 원자로 내에서 직접 비등
- 연료 : 저농축 우라늄
- 감속재, 냉각재 : 경수
- 열교환기가 필요 없다. 　　　　　　　　　　　　　　　　　　　　　　　　　　　　　**【답】③**

37 초고압 장거리 송전선로에 접속되는 1차 변전소에 분로리액터를 설치하는 주된 목적은?

① 페란티 현상의 방지　　　　　　　　　② 과도 안정도의 증대
③ 전력손실의 경감　　　　　　　　　　　④ 송전용량의 증가

Explanation

페란티 현상
- 무부하시 송전단 전압보다 수전단 전압이 커지는 현상
- 발생원인 : 선로의 정전용량에 의해서
- **방지법 : 분로리액터(Sh.R)** 　　　　　　　　　　　　　　　　　　　　　　　**【답】①**

38 어떤 공장의 3상 부하는 500[kW]이고 역률은 80[%]이다. 역률을 90[%]로 개선하기 위한 전력용 콘덴서의 정전용량[μF]은 약 얼마인가? (단, 콘덴서에 걸리는 전압은 6,600[V], 주파수는 60[Hz]이다)

① 2.32　　　　　　　　　　　　　　　　② 4.04
③ 8.09　　　　　　　　　　　　　　　　④ 26.9

Explanation

전력용 콘덴서 용량
$$Q_c = P(\tan\theta_1 - \tan\theta_2)$$
$$= P\left(\frac{\sin\theta_1}{\cos\theta_1} - \frac{\sin\theta_2}{\cos\theta_2}\right)$$
$$= 500 \times \left(\frac{0.6}{0.8} - \frac{\sqrt{1-0.9^2}}{0.9}\right) = 132.8[\text{kVA}]$$

여기서, 일반적인 전력용 콘덴서는 △결선이므로
전력용 콘덴서 용량은 $Q_\triangle = 3\omega CE^2 = 3\omega CV^2$

따라서 콘덴서의 정전용량은 $3C_1 = \dfrac{Q_c}{2\pi f V^2} = \dfrac{132.8 \times 10^3}{2\pi \times 60 \times 6,600^2} \times 10^6 = 8.09[\mu\text{F}]$ 　　**【답】③**

39 3상 회로에 사용되는 변압기(3상 변압기 또는 단상 변압기 3대)의 정상, 역상, 영상 임피던스를 각각 Z_1, Z_2, Z_0라 할 때 대략 다음과 같은 관계가 성립한다. 옳은 것은?

① $Z_1 = Z_2 < Z_0$　　　　　　　　　　② $Z_1 < Z_2 < Z_0$
③ $Z_1 > Z_2 > Z_0$　　　　　　　　　　④ $Z_1 = Z_2 = Z_0$

Explanation

임피던스
- 선로 : $Z_0 > Z_1 = Z_2$
- **변압기 : $Z_0 = Z_1 = Z_2$** 　　　　　　　　　　　　　　　　　　　　　　　**【답】④**

40 그림과 같은 66[kV] 선로의 송전전력이 20,000[kW], 역률이 0.8(lag)일 때 a상에 완전 지락사고가 발생하였다. 지락 계전기 DG에 흐르는 전류는 약 몇 [A]인가? 단, 부하의 정상, 역상 임피던스 및 기타 정수는 무시한다.

① 2.1   ② 2.9

③ 3.7   ④ 5.5

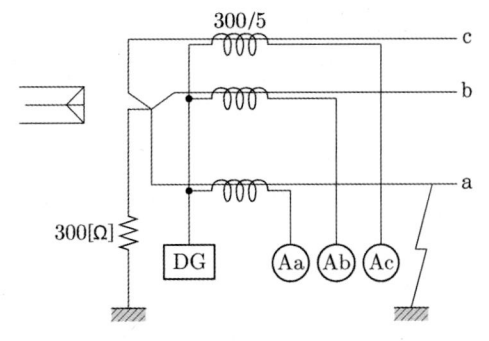

Explanation

지락전류 $I_g = \dfrac{E}{R} = \dfrac{\dfrac{V}{\sqrt{3}}}{R} = \dfrac{66,000}{\sqrt{3} \times 300} = 127[A]$

지락 계전기에 흐르는 전류는 CT 2차 전류이므로 $I_{DG} = I_g \times \dfrac{5}{300} = 127 \times \dfrac{5}{300} = 2.12[A]$ 【답】 ①

3과목   전기기기

41 임피던스 전압 강하가 5[%]인 변압기가 운전 중 단락되었을 때 단락 전류는 정격 전류의 몇 배가 되는가?

① 10   ② 2

③ 20   ④ 5

Explanation

단락전류 $I_s = \dfrac{100}{\%Z} I_n = \dfrac{100}{5} \times I_n = 20 I_n$

따라서 단락전류는 정격전류의 20배가 된다.   【답】 ③

42 단상 브리지 정류 회로로 직류 전압 100[V]를 얻으려면 변압기 2차 전압 E_s를 몇 [V]로 결정하면 되는가? 단, 부하는 무유도 저항이고 정류 회로 및 변압기 내의 전압 강하는 무시한다.

① 314   ② 222

③ 111   ④ 100

Explanation

단상 전파정류 회로

$E_d = \dfrac{2\sqrt{2}}{\pi} E - e = 0.9E - e[V]$

전압강하를 무시하면 $E_d = \dfrac{2\sqrt{2}}{\pi} E = 0.9E$

교류 측 전압(변압기 2차측 전압) $E = \dfrac{E_d}{0.9} = \dfrac{100}{0.9} = 111[V]$ 【답】 ③

43 3상 유도전동기의 회전방향은 이 전동기에서 발생되는 회전자계의 회전 방향과 어떤 관계가 있는가?

① 아무 관계도 없다.
② 회전자계의 회전 방향으로 회전한다.
③ 회전자계의 반대 방향으로 회전한다.
④ 부하 조건에 따라 정해진다.

Explanation

3상 유도전동기는 대칭 3상 권선에 3상 교류 전압을 공급하며 3상 평형전류가 흐르면 회전자계가 발생하게 되고, 이 회전자계에 의해 회전자는 회전자계 방향으로 회전한다. 【답】②

44 다음 중 직류발전기에서 양호한 정류(整流)를 얻는 조건으로 맞지 않는 것은?

① 리액턴스 전압을 크게 한다.
② 보극을 설치한다.
③ 보상 권선을 설치한다.
④ 브러시의 접촉저항을 크게 한다.

Explanation

양호한 정류를 얻는 방법
• 보극설치
• 접촉저항이 큰 탄소브러시 사용
• **리액턴스 전압을 적게 한다.**
• 정류주기를 길게 한다. 【답】①

45 단상 변압기에 정현파 유기기전력을 유기하기 위한 여자전류의 파형은 무엇인가?

① 구형파
② 삼각파
③ 왜형파
④ 정현파

Explanation

여자전류는 무부하 시의 자속 공급을 위한 전류로 대부분 철손전류와 자화전류로 구성되며, 이 때 여자전류에 가장 많이 포함되는 고조파는 제3고조파이므로 여자전류의 파형은 **왜형파(비정현파)가 된다.** 【답】③

46 다음 중 난조를 일으키는 원인으로 잘못된 것은 무엇인가?

① 원동기 토크에 고조파가 포함된 경우
② 원동기의 조속기 감도가 너무 예민한 경우
③ 부하가 갑자기 크게 변할 때
④ 전기자 저항이 상당히 작은 값인 경우

Explanation

난조의 원인
• 원동기의 조속기 감도가 너무 예민할 때
• **전기자 저항이 너무 클 때**
• 부하의 급변
• 원동기 토크에 고조파가 포함될 때
• 관성모멘트가 작은 경우 【답】④

47 직류발전기가 있다. 자극수 10, 전기자 도체수 600, 1극당의 자속수 0.01[Wb], 유기기전력이 120[V]일 때 이 발전기의 회전속도[rpm]는? 단, 권선은 단중 중권이다.

① 1,000
② 1,200
③ 1,250
④ 1,300

Explanation

유기기전력 $E = \dfrac{p}{a} Z\phi \dfrac{N}{60}$ [V]

중권이므로 $a = p = b = 10$

따라서 회전속도 $N = \dfrac{60aE}{pZ\phi} = \dfrac{60 \times 10 \times 120}{10 \times 600 \times 0.01} = 1,200$ [rpm]

【답】②

48 7.5[kW], 6극, 200[V]용 3상 유도전동기가 있다. 정격 전압으로 기동하면 기동전류는 정격전류의 615[%]이고, 기동 토크는 전부하 토크의 225[%]이다. 지금 기동 토크를 전부하 토크의 150[%]로 하려면 기동전압을 약 몇 [V]로 하면 되는가?

① 133
② 143
③ 153
④ 163

Explanation

유도전동기의 토크는 전압의 제곱에 비례 : $T \propto V^2$

따라서 기동전압 $V' = \sqrt{\dfrac{T'}{T}} \, V = \sqrt{\dfrac{150}{225}} \times 200 = 163$ [V]

【답】④

49 8극 900[rpm] 동기 발전기로 병렬 운전하는 극수 6의 교류 발전기의 회전수는 몇 [rpm]인가?

① 900
② 1,000
③ 1,200
④ 1,400

Explanation

병렬운전 시에 두 발전기는 주파수가 일치하므로

$N_s = \dfrac{120f}{p}$ 에서 주파수 $f = \dfrac{pN_s}{120}$ $f = \dfrac{900 \times 8}{120} = 60$ [Hz]

따라서 병렬 운전 발전기의 회전수 $N = \dfrac{120 \times 60}{6} = 1,200$ [rpm]

【답】③

50 3상 배전선에 접속된 V결선의 변압기에서 전부하 시의 출력을 100[kVA]라 하면 같은 용량의 변압기 한 대를 증설하여 △결선하였을 때의 정격 출력은 몇 [kVA]인가?

① 50
② $50\sqrt{3}$
③ 100
④ $100\sqrt{3}$

Explanation

V결선 $P_V = \sqrt{3}\,K$ 여기서, K는 변압기 1대 용량

△결선 $P_\triangle = 3K = \sqrt{3}\,P_V$

따라서 $P_\triangle = 3K = \sqrt{3}\,P_V = \sqrt{3} \times 100 = 100\sqrt{3}$ [KVA]

【답】④

51 동기발전기의 단자부근에서 단락 시 단락전류에 대한 설명으로 옳은 것은?

① 서서히 증가하여 큰 전류가 흐른다.
② 처음부터 일정한 큰 전류가 흐른다.
③ 무시할 정도의 작은 전류가 흐른다.
④ 단락된 순간은 크나, 점차 감소한다.

Explanation

단락초기에는 전기자 반작용이 순간적으로 나타나지 않기 때문에 막대한 과도전류가 흐르고, 수 초 후에는 영구단락 전류 값에 이르게 된다.
• 돌발단락전류 : 누설리액턴스가 제한
• 지속단락전류 : 동기리액턴스가 제한

【답】④

52 직류 직권전동기에 대한 설명으로 틀린 것은 무엇인가?

① 직권전동기는 전기자권선과 계자권선이 직렬로 되어 있다.
② 전기자전류, 계자전류 및 부하전류의 크기는 동일하다.
③ 부하전류의 증감에 따라서 자속은 변하지 않는다.
④ 부하전류가 변하면 속도가 변한다.

Explanation

직류 직권전동기의 특성
• 전기자와 계자권선이 직렬
• $I = I_a = I_f$
• $T \propto I^2 \propto \dfrac{1}{N^2}$: 변속도 특성

【답】③

53 다음 중 단상 직권전동기의 종류가 아닌 것은 무엇인가?

① 직권형   ② 아트킨손형
③ 보상직권형   ④ 유도보상직권형

Explanation

단상 직권 정류자 전동기=만능 전동기(직교류 양용)
•종류 : **직권형, 보상형, 유도보상형**
•특징 : 성층 철심, 역률 및 정류 개선을 위해 약계자, 강전기자형으로 함.
　　　　역률 개선을 위해 보상권선 설치
　　　　회전속도를 증가시킬수록 역률이 개선됨

【답】②

54 동기전동기에 대한 설명으로 옳은 것은 무엇인가?

① 기동 토크가 크다.
② 역률조정을 할 수 있다.
③ 가변속 전동기로서 다양하게 응용된다.
④ 공극이 매우 작아 설치 및 보수가 어렵다.

Explanation

동기전동기의 특징

장점	단점
① 속도가 N_s로 일정(정속도)	① 기동토크가 작다.
② **역률 1로 조정 가능**	② 속도 제어가 어렵다.
③ 효율이 좋다.	③ 직류 여자가 필요
④ 공극이 크고 기계적으로 튼튼하다	④ 난조가 일어나기 쉽다.

【답】②

55 10[kW], 3상 380[V] 유도전동기의 전부하 전류는 약 몇 [A]인가? (단, 전동기의 효율은 85[%], 역률은 85[%]이다)

① 15   ② 21
③ 26   ④ 36

Explanation

3상 유도전동기의 효율 $\eta = \dfrac{P_o}{P_i} \times 100 = \dfrac{P_o}{\sqrt{3}\, VI\cos\theta} \times 100\,[\%]$에서

전부하 전류 $I = \dfrac{P_o}{\sqrt{3} \, V \cos\theta \, \eta} = \dfrac{10 \times 10^3}{\sqrt{3} \times 380 \times 0.85 \times 0.85} = 21 [A]$　　【답】 ②

56 다음 중 2방향성 3단자 사이리스터는 어느 것인가?

① SCR　　　　　　　　　　　　　② SSS

③ SCS　　　　　　　　　　　　　④ TRIAC

Explanation

사이리스터(가로안은 극(단자) 수)
- 단방향성 : SCR(3), GTO(3), LASCR(3), SCS(4)
- 양방향성 : SSS(2), DIAC(2), **TRIAC(3)**　　　　　　　　　　　　　　　　　　【답】 ④

57 어떤 변압기의 전압변동률은 부하역률 100[%]에서 2[%], 부하역률 80[%]에서 3[%]이다. 이 변압기의 최대 전압변동률은 약 몇 [%]인가?

① 3.1　　　　　　　　　　　　　② 4.2

③ 5.2　　　　　　　　　　　　　④ 6.0

Explanation

전압 변동률 $\epsilon = \dfrac{V_{20} - V_{2n}}{V_{2n}} \times 100 = p\cos\theta \pm q\sin\theta$ (지상 : +,　진상 : -)

여기서,
부하역률 100[%]일 때　$\epsilon = p = 2[\%]$
부하역률 80[%]일 때　$3 = 2 \times 0.8 + q \times 0.6$에서 $q = 2.33[\%]$
따라서 최대 전압변동률 $\epsilon_m = \sqrt{p^2 + q^2} = \sqrt{2^2 + 2.33^2} = 3.1[\%]$　　　　【답】 ①

58 스테핑 모터에 대한 설명으로 틀린 것은?

① 위치제어를 하는 분야에 주로 사용된다.

② 입력된 펄스 신호에 따라 특정 각도만큼 회전하도록 설계된 전동기이다.

③ 스텝각이 클수록 1회전당 스텝수가 많아지고 축 위치의 정밀도는 높아진다.

④ 양방향 회전이 가능하고 설정된 여러 위치에 정지하거나 해당 위치로부터 기동할 수 있다.

Explanation

스텝 모터
- 피드백 루프가 필요 없이 오픈 루프로 손쉽게 속도 및 위치제어
- 디지털 신호를 직접 제어할 수 있으므로 다른 디지털 기기와 인터페이스가 용이
- 가속, 감속이 용이하며 정·역전 및 변속이 쉽다.
- 위치제어를 할 때 각도오차가 적다.
- 회전각과 속도는 펄스 수에 비례(따라서 스텝각이 적을수록 스텝수가 많아지며 정확한 제어가 된다)　　【답】 ③

59 60[Hz]의 전원에서 슬립 5[%]로 운전하고 있는 4극 3상 권선형 유도 전동기의 회전자 1상의 저항은 0.05[Ω]이다. 외부에서 회전자 각 상에 0.05[Ω]의 저항을 삽입하여 운전하면 회전속도[rpm]는? 단, 부하 토크는 저항 삽입 전, 후에 변동 없이 일정하다.

① 810　　　　　　　　　　　　　② 870

③ 1,620　　　　　　　　　　　　④ 1,741

Explanation

비례추이 $\dfrac{r_2}{s} = \dfrac{r_2 + R}{s'}$

$\dfrac{r_2}{s} = \dfrac{r_2 + R}{s'}$, $\dfrac{0.05}{0.05} = \dfrac{0.05 + 0.05}{s'}$

$\therefore \ s' = 0.1$

여기서, 동기 속도 $N_s = \dfrac{120f}{p} = \dfrac{120 \times 60}{4} = 1{,}800\,[\text{rpm}]$

따라서 회전자 속도 $N = (1 - s)N_s = (1 - 0.1) \times 1{,}800 = 1{,}620\,[\text{rpm}]$ 【답】③

60 다음 중 다이오드를 사용한 정류회로에서 여러 개를 직렬로 연결하여 사용할 경우 얻는 효과로 옳은 것은?

① 다이오드를 과전류로부터 보호
② 다이오드를 과전압으로부터 보호
③ 부하출력의 맥동률 감소
④ 전력공급의 증대

Explanation

다이오드 사용한 정류회로
• **직렬연결 : 과전압 방지**
• 병렬연결 : 과전류 방지 【답】②

4과목   회로이론 및 제어공학

61 상의 순서가 a–b–c인 불평형 3상 전류가 $I_a = 7.28 \angle 15.95^\circ\,[\text{A}]$, $I_b = 12.81 \angle 53.12^\circ\,[\text{A}]$, $I_c = 7.21 \angle 123.69^\circ\,[\text{A}]$일 때 영상분 전류는 몇 [A]인가?

① $7.05 \angle 59.65^\circ$
② $7.05 \angle -59.65^\circ$
③ $2.51 \angle 96.55^\circ$
④ $2.51 \angle -96.55^\circ$

Explanation

영상분 전류 $I_o = \dfrac{1}{3}(I_a + I_b + I_c) = \dfrac{1}{3}(7.28 \angle 15.95^\circ + 12.81 \angle 53.12^\circ + 7.21 \angle 123.69^\circ)$

$= 7.05 \angle 59.65^\circ\,[\text{A}]$ 【답】①

62 분포정수회로에서 저항 $0.5\,[\Omega/\text{km}]$, 인덕턴스 $1\,[\mu\text{H}/\text{km}]$, 정전용량 $6\,[\mu\text{F}/\text{km}]$, 길이 $250\,[\text{km}]$의 송전선로가 있다. 무왜형선로가 되기 위해서는 컨덕턴스$[\mho/\text{km}]$는 얼마가 되어야 하는가?

① 1
② 2
③ 3
④ 4

Explanation

무왜형 선로의 조건 $RC = LG$

컨덕턴스 $G = \dfrac{RC}{L} = \dfrac{0.5 \times 6 \times 10^{-6}}{1 \times 10^{-6}} = 3$ 【답】③

63 $8+j6[\Omega]$인 임피던스에 $13+j20[V]$의 전압을 인가할 때 복소전력은 약 몇 [VA]인가?

① $12.7+j34.1$ ② $12.7+j55.5$
③ $45.5+j34.1$ ④ $45.5+j55.5$

Explanation

전압, 전류가 복소수이므로 복소전력을 구하면

전류 $I=\dfrac{V}{Z}=\dfrac{13+j20}{8+j6}=\dfrac{(13+j20)(8-j6)}{(8+j6)(8-j6)}=\dfrac{224+j82}{100}=2.24+j0.82$

$P_a=V\bar{I}=(13+j20)(2.24-j0.82)$
$=45.5+j34.1[VA]$

【답】③

64 평형 3상 3선식 회로에서 부하는 Y결선이고, 선간전압이 $100\sqrt{3}\angle 0°[V]$일 때 선전류는 $20\angle -60°[A]$이었다면, Y결선된 부하 한 상의 임피던스는 약 몇 $[\Omega]$인가?

① $5\angle 60°$ ② $5\sqrt{3}\angle 60°$
③ $5\angle 30°$ ④ $5\sqrt{3}\angle 30°$

Explanation

상전류 $I_p=\dfrac{V_p}{Z}$ 에서

임피던스 $Z=\dfrac{V_p}{I_p}=\dfrac{\dfrac{100\sqrt{3}}{\sqrt{3}}\angle -30°}{20\angle -60°}=5\angle 30°[\Omega]$

여기서, Y결선의 경우 선간전압은 상전압 보다 위상이 30도 앞서므로
선간전압의 위상이 0도라면 상전압은 -30도가 된다.

【답】③

65 비정현파 전류가 $i(t)=56\sin\omega t+20\sin 2\omega t+30\sin(3\omega t+30°)+40\sin(4\omega t+60°)$로 표현될 때, 왜형률은 약 얼마인가?

① 1.0 ② 0.96
③ 0.55 ④ 0.11

Explanation

왜형률 $=\dfrac{\text{전 고조파의 실효값}}{\text{기본파의 실효값}}=\dfrac{\sqrt{I_2^2+I_3^2+I_4^2+\cdots}}{I_1}$

$=\dfrac{\sqrt{I_2^2+I_3^2+I_4^2}}{I_1}=\dfrac{\sqrt{\left(\dfrac{20}{\sqrt{2}}\right)^2+\left(\dfrac{30}{\sqrt{2}}\right)^2+\left(\dfrac{40}{\sqrt{2}}\right)^2}}{\dfrac{56}{\sqrt{2}}}=\dfrac{\sqrt{20^2+30^2+40^2}}{56}=0.96$

【답】②

66 임피던스 $Z(s)$가 $Z(s)=\dfrac{s+20}{s^2+5RL_s+1}$ 으로 주어지는 2단자회로에 직류 전류원 10[A]를 가할 때 이 회로의 단자전압[V]은?

① 20 ② 40
③ 200 ④ 400

Explanation

직류는 주파수가 0이므로 $j\omega=0$

따라서 $s=0$이므로 $Z(s)=\dfrac{s+20}{s^2+5RLs+1}=\dfrac{20}{1}=20$

$Z(s)=20$이므로 단자전압 $V=ZI=20\times10=200[\text{V}]$

【답】③

67 그림과 같은 평형 3상 회로에서 전원전압이 $V_{ab}=200[\text{V}]$이고 부하 1상의 임피던스가 $Z=4+j3$ $[\Omega]$인 경우 전원과 부하 사이 선전류 I_a는 약 몇 $[\text{A}]$인가?

① $40\sqrt{3}\angle36.87°$

② $40\sqrt{3}\angle-36.87°$

③ $40\sqrt{3}\angle66.87°$

④ $40\sqrt{3}\angle-66.87°$

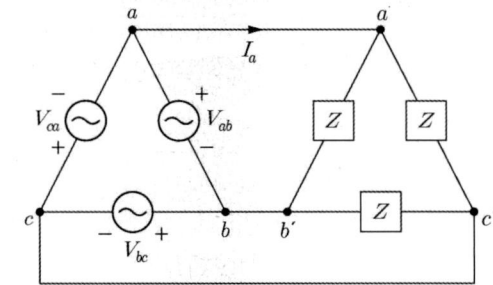

Explanation

$\triangle$결선이므로 $V_l=V_p$이므로

부하의 상전류 $I_p=\dfrac{V_p}{Z}=\dfrac{220}{6+j8}=\dfrac{200}{\sqrt{4^2+3^2}}=\dfrac{200}{5\angle tan^{-1}\frac{3}{4}}=\dfrac{200}{5\angle36.87°}=40\angle-36.87°$

$\triangle$결선이므로 $I_l=\sqrt{3}\,I_p\angle-30°[\text{A}]$이고,

선전류 $I_l=40\sqrt{3}\angle-36.87°-30°=40\sqrt{3}\angle-66.87°$

【답】④

68 그림과 같은 회로에서 스위치 S를 닫았을 때, 과도분을 포함하지 않기 위한 R의 값$[\Omega]$은? (여기서, 인덕턴스 $L=0.9[\text{H}]$이며, 커패시터 $C=10[\mu\text{F}]$이다) 그림과 같은 평형 3상 회로에서 전원전압이 $V_{ab}=200[\text{V}]$이고 부하 1상의 임피던스가 $Z=4+j3[\Omega]$인 경우 전원과 부하 사이 선전류 I_a는 약 몇 $[\text{A}]$인가?

① 100

② 200

③ 300

④ 400

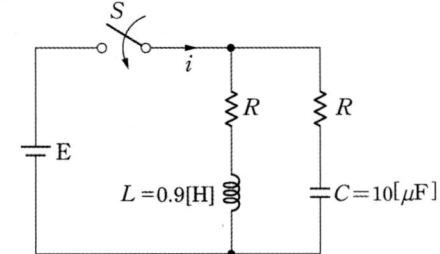

Explanation

정저항 회로

• $Z=R$이 되는 회로

• 주파수에 무관한 회로

• 과도 현상이 발생되지 않기 위한 회로

위의 회로의 정저항 회로의 조건은 $R=\sqrt{\dfrac{L}{C}}$이다

$R=\sqrt{\dfrac{L}{C}}=\sqrt{\dfrac{0.9}{10\times10^{-6}}}=300[\Omega]$

【답】③

69 $F(s) = \dfrac{4s+16}{s^2+8s+20}$ 를 라플라스 역변환하여 시간함수를 구하면?

① $2e^{-4t}\cos 2t$ ② $2e^{-4t}\sin 2t$

③ $4e^{-4t}\cos 2t$ ④ $4e^{-4t}\sin 2t$

Explanation

라플라스 역변환을 완전제곱의 형태로 하면

$F(s) = \dfrac{4s+16}{s^2+8s+20} = \dfrac{4s+16}{s^2+8s+16+4} = \dfrac{4s+16}{(s+4)^2+2^2} = \dfrac{4(s+4)}{(s+4)^2+2^2}$ 이므로

복소추이를 이용하면

$\therefore f(t) = 4e^{-4t}\cos 2t$

【답】③

70 다음 그림의 회로에서 20[Ω] 저항에 흐르는 전류 I[A]는 얼마인가?

① 1
② 2
③ 3
④ 5

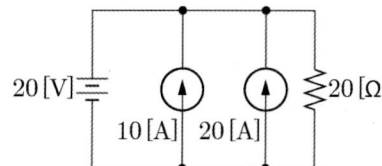

Explanation

중첩의 원리에 의해
- 전압원과 전류원이 단독 직렬 : 전압원 단락
- 전압원과 전류원이 단독 병렬 : 전류원 개방

따라서 20[Ω]의 저항에 흐르는 전류 $I_R = \dfrac{E}{R} = \dfrac{20}{20} = 1$[A]

【답】①

71 논리식 $\overline{A} + \overline{B} \cdot \overline{C}$ 를 간단히 계산한 결과는?

① $\overline{A} + \overline{BC}$ ② $\overline{A(B+C)}$

③ $\overline{A} \cdot \overline{B} + \overline{C}$ ④ $\overline{A \cdot B} + C$

Explanation

부울대수를 이용하면

$\overline{A+B} = \overline{A}\,\overline{B}$

$\overline{AB} = \overline{A} + \overline{B}$

여기서, $\overline{A} + \overline{B} \cdot \overline{C} = \overline{A} + \overline{B+C} = \overline{A(B+C)}$

【답】②

72 전달함수 $\dfrac{C(s)}{R(s)} = \dfrac{k}{s+a}$ 를 맞게 표현한 것은?

①
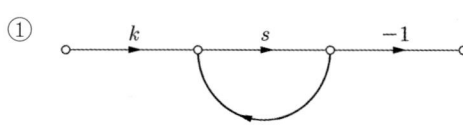

②
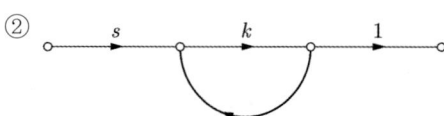

③
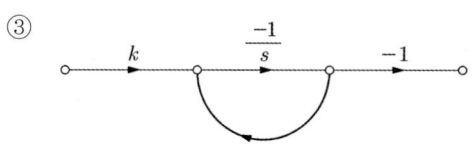

④
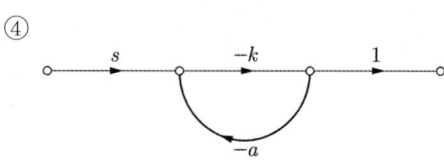

메이슨의 이득공식을 적용하면

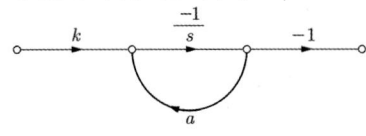

따라서 $G(s) = \dfrac{\dfrac{k}{s}}{1-\left(-\dfrac{a}{s}\right)} = \dfrac{k}{s+a}$

【답】③

73 전달함수가 $\dfrac{C(s)}{R(s)} = \dfrac{25}{s^2 + 6s + 25}$ 인 2차 제어시스템의 고유 각주파수는 약 몇 [rad/sec]인가?

① 6

② 4

③ 5

④ 3

2차 지연 요소의 전달함수

$G(s) = \dfrac{C(s)}{R(s)} = \dfrac{\omega_n^2}{s^2 + 2\zeta\omega_n s + \omega_n^2}$

여기서, ζ : 제동비(감쇠비) ω_n : 고유 각주파수(고유 진동 주파수)

따라서 $\omega_n^2 = 25$이므로 $\omega_n = 5[\text{rad/sec}]$

【답】③

74 제어시스템의 개루프 전달함수가 $G(s)H(s) = \dfrac{K(s+30)}{s^4 + s^3 + 2s^2 + s + 7}$ 로 주어질 때, 다음 중 $K > 0$인 경우 근궤적의 점근선이 실수축과 이루는 각[°]은?

① 20°

② 60°

③ 90°

④ 120°

근궤적의 점근선의 각도

$\theta = \dfrac{(2k+1)}{P-Z}\pi$

$= \dfrac{(2k+1)}{4-1}\pi = \dfrac{(2k+1)}{3}\pi$

$k=0, \quad \theta = \dfrac{\pi}{3} = 60°$

$k=1, \quad \theta = \dfrac{3\pi}{3} = 180°$

$k=2, \quad \theta = \dfrac{5\pi}{3} = 300°$

【답】②

75 그림과 같은 블록선도의 전달함수$\left(\dfrac{C(s)}{R(s)}\right)$는?

① $\dfrac{6}{15}$ ② $\dfrac{6}{11}$

③ $\dfrac{6}{17}$ ④ $\dfrac{6}{13}$

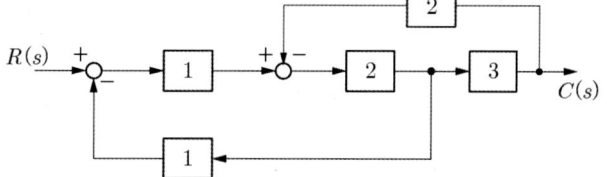

Explanation

블록선도의 전달 함수 $G(s) = \dfrac{\Sigma G}{1 - \Sigma L_1 + \Sigma L_2 + \cdots}$

여기서, L_1 : 각각의 모든 폐루프 이득의 합

L_2 : 서로 접촉하지 않는 2개의 폐루프 이득의 곱의 합

ΣG : 각각의 전향 경로의 합

따라서 전달함수 $G(s) = \dfrac{C(s)}{R(s)} = \dfrac{(1 \times 2 \times 3)}{1 - [(-1 \times 2 \times 1) + (-2 \times 2 \times 3)]} = \dfrac{6}{15}$

【답】①

76 $G(s) = \dfrac{1}{0.005 s \,(0.1 s + 1)^2}$ 에서 $\omega = 10[\text{rad/sec}]$일 때의 이득 및 위상각은?

① $20[\text{dB}]$, $-90°$ ② $20[\text{dB}]$, $-180°$

③ $40[\text{dB}]$, $-90°$ ④ $40[\text{dB}]$, $-180°$

Explanation

【답】②

77 $R(z) = \dfrac{(1 - e^{-aT})z}{(z-1)(z-e^{-aT})}$ 의 역변환은?

① $1 - e^{-aT}$ ② $1 + e^{-aT}$

③ te^{-aT} ④ te^{aT}

Explanation

역z변환은 $\dfrac{R(z)}{z}$ 의 형태를 이용하여 부분분수 전개하면

$R(z) = \dfrac{(1 - e^{-aT})z}{(z-1)(z-e^{-aT})}$ 에서

$\dfrac{R(z)}{z} = \dfrac{(1 - e^{-aT})}{(z-1)(z-e^{-aT})} = \dfrac{k_1}{z-1} + \dfrac{k_2}{z-e^{-aT}}$

여기서, $k_1 = \lim\limits_{z \to 1} \dfrac{1 - e^{-aT}}{z - e^{-aT}} = 1$

$k_2 = \lim\limits_{z \to e^{-aT}} \dfrac{1 - e^{-aT}}{z - 1} = -1$ 에서

$\dfrac{R(z)}{z} = \dfrac{1}{z-1} - \dfrac{1}{z - e^{-aT}}$ 이므로

$R(z) = \dfrac{z}{z-1} - \dfrac{z}{z - e^{-aT}}$

따라서 $r(t) = 1 - e^{-aT}$ 가 된다.

【답】①

78 특성방정식 $s^3 + s^2 - s + 1$에서 안정근은 몇 개인가?

① 0개 ② 1개

③ 2개 ④ 3개

Explanation

Routh-Hurwitz판별식을 이용하여 1열의 부호가 모두 양수이면 안정하며

s^3	1	-1
s^2	1	1
s^1	$\dfrac{-1-1}{1} = -2$	0
s^0	1	

제 1열의 부호가 2번 바뀌었으므로 불안정하며, s평면의 우반면에 근 2개를 갖는다.
따라서 안정된 근(좌반면의 근)은 1개이다.

【답】②

79 다음의 미분방정식과 같이 표현되는 제어시스템이 있다. 이 제어시스템을 상태 방정식 $\dot{x} = Ax + Bu$로 나타내었을 때 시스템 행렬 A는?

$$\frac{d^3c(t)}{dt^3} + 5\frac{d^2c(t)}{dt^2} + \frac{dc(t)}{dt} + 2c(t) = r(t)$$

① $\begin{bmatrix} 0 & 1 & 0 \\ 0 & 0 & 1 \\ -2 & -1 & -5 \end{bmatrix}$ ② $\begin{bmatrix} 1 & 0 & 0 \\ 0 & 1 & 0 \\ -2 & -1 & -5 \end{bmatrix}$

③ $\begin{bmatrix} 0 & 1 & 0 \\ 0 & 0 & 1 \\ 2 & 1 & 5 \end{bmatrix}$ ④ $\begin{bmatrix} 1 & 0 & 0 \\ 0 & 1 & 0 \\ 2 & 1 & 5 \end{bmatrix}$

Explanation

$x_1(t) = c(t)$

$x_2(t) = \dot{c}(t) = \dot{x}_1(t)$

$x_3(t) = \ddot{c}(t) = \dot{x}_2(t)$라 놓으면

$\dot{x}_3(t) = -2x_1(t) - x_2(t) - 5x_3(t) + r(t)$

$\begin{bmatrix} \dot{x}_1(t) \\ \dot{x}_2(t) \\ \dot{x}_3(t) \end{bmatrix} = \begin{bmatrix} 0 & 1 & 0 \\ 0 & 0 & 1 \\ -2 & -1 & -5 \end{bmatrix} \begin{bmatrix} x_1(t) \\ x_2(t) \\ x_3(t) \end{bmatrix} + \begin{bmatrix} 0 \\ 0 \\ 1 \end{bmatrix} r(t)$

【답】①

80 제어요소의 표준 형식인 적분요소에 대한 전달함수는? (단, K는 상수이다)

① Ks ② $\dfrac{K}{s}$

③ K ④ $\dfrac{K}{1+Ts}$

Explanation

비례 요소	$G(s) = K$
적분 요소	$G(s) = \dfrac{K}{s}$
미분 요소	$G(s) = Ks$
1차 지연 요소	$G(s) = \dfrac{K}{1 + Ts}$ T : 시정수

【답】②

5과목 전기설비기술기준

81 다음 중 발전기를 전로로부터 자동적으로 차단하는 장치를 시설하여야 하는 경우는?

① 발전기에 과전류나 과전압이 생긴 경우
② 수차 발전기의 스러스트 베어링의 온도가 현저히 상승한 경우
③ 발전기의 내부에 고장이 발생한 경우
④ 발전기를 구동하는 수차의 유압 장치의 유압이 현저히 저하한 경우

Explanation

(KEC 351.3조) 발전기 등의 보호 장치
발전기에는 다음 각 호의 경우에 자동적으로 이를 전로로부터 차단하는 장치를 시설하여야 한다.
① **발전기에 과전류나 과전압이 생긴 경우**
② 용량이 500[kVA] 이상의 발전기를 구동하는 수차의 압유 장치의 유압 또는 전동식 가이드밴 제어장치, 전동식 니이들 제어장치 또는 전동식 디플렉터 제어장치의 전원 전압이 현저히 저하한 경우
③ 용량 100[kVA] 이상의 발전기를 구동하는 풍차(風車)의 압유장치의 유압, 압축 공기장치의 공기압 또는 전동식 브레이드 제어장치의 전원 전압이 현저히 저하한 경우
④ 용량이 2,000[kVA] 이상인 수차 발전기의 스러스트 베어링의 온도가 현저히 상승한 경우
⑤ 용량이 10,000[kVA] 이상인 발전기의 내부에 고장이 생긴 경우
⑥ 정격출력이 10,000[kW]를 초과하는 증기터빈은 그 스러스트 베어링이 현저하게 마모되거나 그의 온도가 현저히 상승한 경우

【답】①

82 조상설비 내부에 고장이 생긴 경우 무효전력 보상장치의 용량이 몇 [kVA]이상일 때 전로로부터 자동 차단하는 장치를 시설하여야 하는가?

① 10,000 ② 15,000 ③ 20,000 ④ 25,000

Explanation

(KEC 351.5조) 조상설비의 보호장치
조상설비에는 그 내부에 고장이 생긴 경우에는 보호하는 장치를 표와 같이 시설하여야 한다.

설비 종별	뱅크 용량의 구분	자동적으로 전로로부터 차단하는 장치
전력용 커패시터 및 분로 리액터	500[kVA] 초과 15,000[kVA] 미만	• 내부에 고장이 생긴 경우 • 과전류가 생긴 경우
	15,000[kVA] 이상	• 내부에 고장이 생긴 경우 • 과전류가 생긴 경우 • 과전압이 생긴 경우
무효전력 보상장치	15,000[kVA] 이상	• 내부에 고장이 생긴 경우

【답】②

83 FELV 계통용 플러그와 콘센트에 필요한 요구사항 중 맞지 않는 것은?

① 플러그를 다른 전압 계통의 콘센트에 꽂을 수 없어야 한다.
② 콘센트는 다른 전압 계통의 플러그를 수용할 수 없어야 한다.
③ 콘센트는 보호도체에 접속하여야 한다.
④ 플러그는 보호도체에 접속하지 않아야 한다.

Explanation

(KEC 211.2.8조) 기능적 특별저압(FELV)
FELV 계통용 플러그와 콘센트는 다음의 모든 요구사항에 부합하여야 한다.
• 플러그를 다른 전압 계통의 콘센트에 꽂을 수 없어야 한다.
• 콘센트는 다른 전압 계통의 플러그를 수용할 수 없어야 한다.
• 콘센트는 보호도체에 접속하여야 한다.　　　　　　　　　　　　　　　　　　　　　　【답】④

84 22,900/220[V] 20[kVA]의 단상 변압기에 접속하는 저압전선로의 허용 누설전류는 약 몇 [mA]인가?

① 0.45　　　　　　　　　　　　　　　　　② 45
③ 0.68　　　　　　　　　　　　　　　　　④ 68

Explanation

(기술기준 제27조) 전선로 및 전선의 절연성능
전압의 전선로 중 대지간의 절연저항은 사용전압에 대한 누설 전류가 최대 공급 전류의 1/2000을 넘지 않도록 유지하여야 한다.

저압전로 최대사용전류 $I = \dfrac{P}{V} = \dfrac{20 \times 10^3}{220} = 90.91 \,[\text{A}]$

누설전류 = 최대공급전류 $\times \dfrac{1}{2,000}$ 이므로

누설전류 $I_g = 90.91 \times \dfrac{1}{2,000} \times 10^3 = 45.5 \,[\text{mA}]$　　　　　　　　　【답】②

85 케이블 트레이의 선정 시 케이블 트레이는 수용된 모든 전선을 지지할 수 있는 적합한 강도의 것이어야 한다. 이 경우 케이블 트레이의 안전율은 얼마 이상으로 하여야 하는가?

① 1.1　　　　　　　　　　　　　　　　　② 1.2
③ 1.3　　　　　　　　　　　　　　　　　④ 1.5

Explanation

(KEC 232.41조) 케이블트레이공사
수용된 모든 전선을 지지할 수 있는 적합한 강도의 것. 이 경우 케이블 트레이의 안전율은 1.5 이상　　　【답】④

86 과전류차단기로 저압전로에 사용하는 주택용 배선차단기의 순시트립범위가 $5I_n$ 초과 $10I_n$ 이하인 주택용 배선차단기는 무엇인가?

① A형　　　　　　　　　　　　　　　　　② B형
③ C형　　　　　　　　　　　　　　　　　④ D형

Explanation

(KEC 212.3) 순시트립에 따른 구분(주택용 배선차단기)

형	순시트립범위
B	$3I_n$ 초과 ~ $5I_n$ 이하
C	$5I_n$ 초과 ~ $10I_n$ 이하
D	$10I_n$ 초과 ~ $20I_n$ 이하

I_n : 차단기 정격전류

87 빙설이 많은 지방이고 인가가 많이 이웃 연결된 장소에 시설하는 가공전선로의 구성재 중 병종 풍압 하중의 적용을 할 수 없는 것은?

① 저압 또는 고압 가공전선로의 가섭선
② 저압 또는 고압 가공전선로의 지지물
③ 35,000[V] 이하의 전선에 특고압 절연전선을 사용하는 특고압 가공전선로의 지지물
④ 35,000[V] 이상인 특고압 가공전선로의 지지물에 시설하는 가공전선

Explanation

(KEC 331.6조) 풍압 하중의 종별과 적용
인가가 많이 이웃 연결되어 있는 장소에 시설하는 가공전선로의 구성재 중 제3항 규정에 불구하고 갑종 풍압 하중 또는 을종 풍압 하중 대신 병종 풍압 하중을 적용할 수 있는 경우
① 저압 또는 고압 가공전선로의 지지물 또는 가섭선
② **사용 전압이 35[kV] 이하 전선에 특고압 절연전선 또는 케이블을 사용하는 특고압 가공전선로의 지지물, 가섭선 및 특고압 가공전선을 지지하는 애자 장치 및 완금류** 【답】 ④

88 태양광전지의 시설기준 중 인버터, 절연변압기 및 계통 연계 보호장치 등 전력변환장치의 시설기준으로 틀린 것은?

① 옥외에 시설하는 경우 방수등급은 IPX4 이상일 것
② 옥내에 시설하는 경우 방수등급은 IPX3 이상일 것
③ 각 직렬군의 태양전지 개방전압은 인버터 입력전압 범위 이내일 것
④ 인버터는 실내 실외용을 구분할 것

Explanation

(KEC 522.2.2) 태양광전지 전력변환장치의 시설
인버터, 절연변압기 및 계통 연계 보호장치 등 전력변환장치의 시설은 다음에 따라 시설하여야 한다.
• 인버터는 실내·실외용을 구분할 것
• 각 직렬군의 태양전지 개방전압은 인버터 입력전압 범위 이내일 것
• **옥외에 시설하는 경우 방수등급은 IPX4 이상일 것** 【답】 ②

89 다음 중 플로어덕트 및 부속품의 시설 규정으로 맞지 않는 것은?

① 덕트 상호 간 및 덕트와 박스 및 인출구와는 견고하고 또한 전기적으로 완전하게 접속할 것
② 덕트 및 박스 기타의 부속품은 물이 고이는 부분이 없도록 시설하여야 한다.
③ 박스 및 인출구는 마루 위로 돌출되도록 시설하고 또한 물이 스며들지 아니하도록 밀봉할 것
④ 덕트의 끝부분은 막을 것

Explanation

(KEC 232.32.3) 플로어덕트 및 부속품의 시설
① 덕트 상호 간 및 덕트와 박스 및 인출구와는 견고하고 또한 전기적으로 완전하게 접속할 것
② 덕트 및 박스 기타의 부속품은 물이 고이는 부분이 없도록 시설하여야 한다.
③ **박스 및 인출구는 마루 위로 돌출하지 아니하도록 시설하고 또한 물이 스며들지 아니하도록 밀봉할 것**
④ 덕트의 끝부분은 막을 것
⑤ 덕트는 접지공사를 할 것 【답】 ③

90 전선을 접속하는 경우 전선의 전기저항을 증가시키지 아니하도록 접속 하여야 하며, 전선의 세기는 몇 [%] 이상 감소시키지 않아야 하는가?

① 20

② 30

③ 40

④ 50

(KEC 123조) 전선의 접속

① 전선의 세기(인장하중)는 20[%] 이상 감소시키지 말 것

② 전선의 접속 부분은 접속관이나 기타 기구를 사용할 것

③ 전선의 전기적 저항을 증가시키지 말 것 【답】①

91 다음 중 대지로부터 절연하여야 하는 것은 무엇인가?

① 전기욕기

② 전기다리미

③ 전기로

④ 전기보일러

(KEC 130조) 전로의 절연 – 절연 제외 장소

① 각 접지 공사를 하는 경우의 접지점

② 전로의 중성점을 접지하는 경우의 접지점

③ 계기용 변성기의 2차 측 전로에 접지 공사를 하는 경우의 접지점

④ 25[kV] 이하로서 다중 접지하는 경우의 접지점

⑤ 시험용 변압기, 전력선 반송용 결합 리액터, 전기 울타리용 전원 장치, X선 발생장치, 전기 방식용 양극, 단선식 전기철도 위 귀선 등 전로의 일부를 대지로부터 절연하지 아니하고 전기를 사용하는 것이 부득이한 것

⑥ 전기욕기, 전기로, 전기보일러, 전해조 등 대지로부터 절연하는 것이 기술상 곤란한 것 【답】②

92 저압 옥상전선로의 전선은 조영재에 견고하게 붙인 지지주 또는 지지대에 절연성 및 내수성이 있는 애자를 사용하여 지지하고 그 지지점 간의 거리는 몇 [m] 이하로 시설하여야 하는가? (단, 전개된 장소에 위험의 우려가 없도록 시설한 경우이다)

① 5

② 10

③ 15

④ 20

(KEC 221.3조) 옥상 전선로

전선은 조영재에 견고하게 붙인 지지기둥 또는 지지대에 절연성·난연성 및 내수성이 있는 애자를 사용하여 지지하고 또한 그 지지점 간의 거리는 15[m] 이하일 것 【답】③

93 직류식 전기철도에 주로 사용하는 급전용 변압기의 종류로 옳은 것은?

① 3상 스코트결선 변압기

② 3상 트리거결선 변압기

③ 3상 메이어결선 변압기

④ 3상 정류기용 변압기

(KEC 421.4조) 변전소의 설비

급전용변압기 : 직류 전기철도의 경우 3상 정류기용 변압기

교류 전기철도의 경우 3상 스코트결선 변압기 【답】④

94 전기부식방지 시설에서 전기부식방지 회로의 사용전압은 직류 몇 [V] 이하이어야 하는가? (단, 전기부식방지 회로는 전기부식방지용 전원장치로부터 양극 및 피방식체까지의 전로를 말한다)

① 10

② 30

③ 60

④ 100

(KEC 241.16조) 전기 부식방지 시설
전기부식방지 회로(전기부식방지용 전원 장치로부터 양극 및 피방식체까지의 전로를 말한다. 이하 이 조에서 같다)의 **사용전압은 직류 60[V] 이하일 것** 　　　　　　　　　　　　　　　　　　　　　　　　　　　　　　【답】③

95 가공전선로의 지지물에 지지선을 시설하려고 한다. 이 지지선의 기준으로 옳은 것은?
① 소선 지름 : 2.0[mm], 안전율 : 2.5, 허용 인장 하중 : 2.11[kN]
② 소선 지름 : 2.6[mm], 안전율 : 2.5, 허용 인장 하중 : 4.31[kN]
③ 소선 지름 : 1.6[mm], 안전율 : 2.0, 허용 인장 하중 : 4.31[kN]
④ 소선 지름 : 2.6[mm], 안전율 : 1.5, 허용 인장 하중 : 3.21[kN]

(KEC 331.11조) 지지선의 시설
① 안전율 : 2.5 이상
② 최저 인장 하중 : 4.31[kN]
③ 2.6[mm] 이상의 금속선을 3가닥 이상 꼬아서 사용
④ 지중 및 지표상 0.3[m]까지의 부분은 아연도금 철봉 등을 사용 　　　　　　　　　　【답】②

96 전력보안통신설비인 무선통신용 안테나를 지지하는 철주의 기초안전율은 얼마 이상이어야 하는가?
(단, 무선용 안테나 등이 전선로의 감시할 목적으로 시설되는 것이 아닌 경우이다)
① 1.3 　　　　　　　　　　　　　　　② 1.5
③ 1.8 　　　　　　　　　　　　　　　④ 2.0

(KEC 364.1조) 무선용 안테나 등을 지지하는 철탑 등의 시설
철주·철근 콘크리트주 또는 철탑의 기초의 안전율은 1.5 이상이어야 한다. 　　　　　【답】②

97 사용전압이 22.9kV인 가공전선로를 제1종 특고압 보안공사에 의하여 시설할 때 사용되는 경동연선의 단면적은 몇 [㎟] 이상이어야 하는가?
① 55 　　　　　　　　　　　　　　　② 100
③ 150 　　　　　　　　　　　　　　　④ 200

(KEC 333.22조) 제1종 특고압 보안공사

사용전압	전선
100[kV] 미만	인장강도 21.67[kN] 이상의 연선 또는 단면적 55[㎟] 이상의 경동연선
100[kV] 이상 300[kV] 미만	인장강도 58.84[kN] 이상의 연선 또는 단면적 150[㎟] 이상의 경동연선
300[kV] 이상	인장강도 77.47[kN] 이상의 연선 또는 단면적 200[㎟] 이상의 경동연선

【답】①

98 폭연성 분진 또는 화약류의 분말이 전기설비가 발화원이 되어 폭발할 우려가 있는 곳에 시설하는 저압 옥내 전기설비(사용전압이 400[V] 초과인 방전등 제외) 공사방법으로 적절한 것은?
① 금속관공사 　　　　　　　　　　　② 캡타이어 케이블공사
③ 합성수지관공사 　　　　　　　　　④ 애자공사

99 전압 100[kV] 이상인 특고압 가공전선로를 시가지에 설치할 때 전선의 인장강도 58.84[kN] 이상의 연선 또는 단면적 몇 [㎟] 이상의 경동연선을 사용하여야 하는가?

① 38 ② 50
③ 55 ④ 150

Explanation

(KEC 333.1조) 시가지 등에서 특고압 가공 전선로의 시설

사용 전압의 구분	전선의 단면적
100[kV] 미만	인장강도 21.67[kN] 이상의 연선 또는 단면적 55[㎟] 이상의 경동연선
100[kV] 이상	인장강도 58.84[kN] 이상의 연선 또는 단면적 150[㎟] 이상의 경동연선

【답】④

100 전기철도차량의 회생제동에 대한 다음 설명 중 틀린 것은?
① 전차선로에서 전력을 받을 수 없는 경우에는 회생제동의 사용을 중단해야 한다.
② 전차선로 지락이 발생한 경우 회생제동의 사용을 중단해야 한다.
③ 전기철도 전력공급시스템은 회생제동이 비상용제동으로 사용이 가능하고 독립적으로 전력을 운영할 수 있도록 설치되어야 한다.
④ 회생전력을 다른 전기장치에서 흡수할 수 없는 경우 전기철도차량은 다른 제동시스템으로 전환되어야 한다.

Explanation

(KEC 441.5) 회생제동
① 전기철도차량은 다음과 같은 경우에 회생제동의 사용을 중단해야 한다.
　가. 전차선로 지락이 발생한 경우
　나. 전차선로에서 전력을 받을 수 없는 경우
　다. 규정된 선로전압이 장기 과전압 보다 높은 경우
② 회생전력을 다른 전기장치에서 흡수할 수 없는 경우에는 전기철도차량은 다른 제동 시스템으로 전환되어야 한다.
③ 전기철도 전력공급시스템은 회생제동이 상용제동으로 사용이 가능하고 다른 전기철도차량과 전력을 지속적으로 주고받을 수 있도록 설계되어야 한다.

【답】③

전기공사기사 필기

2021

과년도 기출문제

- 2021년 제 01회
- 2021년 제 02회
- 2021년 제 04회

2021년 과년도 기출문제에 대한 출제 빈도 분석 차트입니다.
각 회차별로 별의 개수를 확인하고 학습에 참고하기 바랍니다.

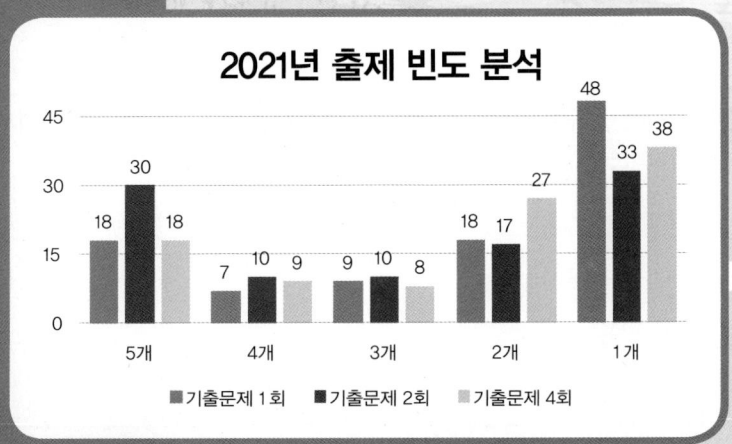

2021년 출제 빈도 분석

■ 기출문제 1 회   ■ 기출문제 2회   ■ 기출문제 4회

2021년 전기공사기사 필기

1과목 전기응용 및 공사재료

01 ★☆☆☆☆
SCR 사이리스터에 대한 설명으로 틀린 것은?

① 게이트 전류에 의하여 턴온 시킬 수 있다.

② 게이트 전류에 의하여 턴오프 시킬 수 없다.

③ 오프 상태에서는 순방향전압과 역방향전압 중 역방향 전압에 대해서만 차단 능력을 가진다.

④ 턴오프 된 후 다시 게이트 전류에 의하여 턴온시킬 수 있는 상태로 회복할 때까지 일정한 시간이 필요하다.

Explanation

SCR (Silicon Controlled Rectifier)
- 게이트 작용 : 통과 전류 제어 작용
- 게이트 전류에 의해서 방전개시 전압을 제어할 수 있다.
- 소형이면서 대전력용
  - ON → OFF : 전원전압(애노드)을 (−) 또는 (0)으로 한다.
  - turn on 상태 : 게이트 전류에 의해서
- 위상제어의 최대 조절범위는 $0° \sim 180°$
【답】③

02 ★★☆☆☆
풍량 6,000[㎥/min], 전 풍압 120[mmAq]의 주배기용 팬을 구동하는 전동기의 소요동력[kW]은 약 얼마인가? (단, 팬의 효율 $\eta = 60[\%]$, 여유계수 $K = 1.2$)

① 200
② 235
③ 270
④ 305

Explanation

송풍기 출력 $P = \dfrac{KQH}{6120\eta}$[kW]

여기서, K : 여유계수, Q : 풍량 [㎥/분]
H : 풍압 [mmAq], η : 효율

따라서 $P = \dfrac{KQH}{6,120\eta} = \dfrac{1.2 \times 6,000 \times 120}{6,120 \times 0.6} = 235.3$[kW]
【답】②

03 ★☆☆☆☆
3,400[lm]의 광속을 내는 전구를 반경 14[cm], 투과율 80[%]인 구형 글로브 내에서 점등시켰을 때 글로브의 평균 휘도[sb]는 약 얼마인가?

① 0.35
② 35
③ 350
④ 3,500

Explanation

광도 $I = \dfrac{F}{4\pi} = \dfrac{3,400}{4\pi}$[cd]

$$휘도\ B = \frac{I}{S} \times \tau = \frac{I}{\pi r^2} \times \tau = \frac{1}{\pi \times 14^2} \times \frac{3,400}{4\pi} \times 0.8 = 0.35[\text{cd/cm}^2]$$

【답】①

04 ★☆☆☆☆ 형광등의 광색이 주광색일 때 색온도[°K]는 약 얼마인가?

① 3,000 ② 4,500

③ 5,000 ④ 6,500

Explanation

형광 방전관의 색온도
- **주광색 : 6,500[°K]**
- 백색 : 4,500[°K]
- 은백색 : 3,000[°K]

【답】④

05 ★☆☆☆☆ 단상 반파정류회로에서 직류전압의 평균값 150[V]를 얻으려면 정류소자의 피크역전압(PIV)은 약 몇 [V]인가? (단, 부하는 순저항 부하이고 정류소자의 전압강하(평균값)은 7[V]이다)

① 247 ② 349

③ 493 ④ 698

Explanation

단상 반파정류
- 직류측 전압 $E_d = \frac{\sqrt{2}}{\pi} E - e = 0.45E - e = 150[\text{V}]$
- 교류측 전압 $E = \frac{E_d + e}{0.45} = \frac{150 + 7}{0.45} = 348.88$
- PIV $= \sqrt{2} E = \sqrt{2} \times 348.88 = 493.4[\text{V}]$

【답】③

06 ★★★☆☆ 전기 철도의 전동기 속도제어방식 중 주파수와 전압을 가변시켜 제어하는 방식은?

① 저항 제어 ② 초퍼 제어

③ 위상 제어 ④ VVVF 제어

Explanation

전기차의 속도제어시스템
3상 유도전동기 : 속도제어 및 기동 특성 개선을 위하여 인버터(VVVF : Variable Voltage Variable Frequency)가 필요

【답】④

07 ★★☆☆☆ 구리의 원자량은 63.54이고 원자가가 2일 때, 전기 화학당량은 약 얼마인가? (단, 구리 화학당량과 전기 화학당량의 비는 약 96,494이다)

① 0.3292[mg/C] ② 0.03292[mg/C]

③ 0.3292[g/C] ④ 0.03292[g/C]

Explanation

- 화학 당량 $= \frac{원자량}{원자가} = \frac{63.54}{2} = 31.77$
- 전기 화학 당량 $= \frac{31.77}{96494} = 0.0003292[\text{g/C}] = 0.3292[\text{mg/C}]$

【답】①

08 ★★★★★
금속의 표면 담금질에 쓰이는 가열방식은?

① 유도 가열
② 유전 가열
③ 저항 가열
④ 아크 가열

Explanation

유도가열 : 도전성 물질(금속)에서 발생하는 와류손과 히스테리시스손에 의한 발열 이용
• **표면가열** : 금속의 담금질, 금속의 표면처리, 국부가열
• **반도체 정련** : 단결정 제조

【답】①

09 ★★★☆☆
물 7[ℓ]를 14[℃]에서 100[℃]까지 1시간 동안 가열하고자 할 때, 전열기의 용량[kW]은? (단, 전열기의 효율은 70[%]이다)

① 0.5
② 1
③ 1.5
④ 2

Explanation

전열기 효율 $\eta = \dfrac{\text{열}}{\text{전기}} \times 100 = \dfrac{c\,m\,\theta}{860\,P\,t} \times 100$에서

$$P = \dfrac{c\,m\,\theta}{860\,\eta\,t} \times 100 = \dfrac{1 \times 7 \times (100-14)}{860 \times 0.7 \times 1} = 1\,[\text{kW}]$$

【답】②

10 ★★★★★
일반적인 농형 유도전동기의 기동법이 아닌 것은?

① Y-△ 기동
② 전전압 기동
③ 2차 저항 기동
④ 기동보상기에 의한 기동

Explanation

유도전동기 기동법

농형 유도전동기	• 전전압 기동(직입기동) : 5[HP] 이하 (3.7[kW]) • Y-△ 기동(5~15[kW]) 급 : 전류 1/3배, 전압 $1/\sqrt{3}$ 배 • 기동 보상기법 : 단권 변압기 사용 감전압기동 • 리액터 기동
권선형 유도전동기	• 2차 저항 기동법 ⇨ 비례 추이 이용

【답】③

11 ★☆☆☆☆
다음 중 지지선에 전주 버팀대를 시공할 때 사용되는 콘크리트 전주 버팀대의 규격(길이)은 몇 [m]인가? (단, 원형 전주 버팀대는 제외한다)

① 0.5
② 0.7
③ 0.9
④ 1.0

Explanation

지지선의 전주 버팀대는 콘크리트 버팀대 사용을 원칙으로 하고 깊이 1.5[m] 이상에 매설하여 그 중앙부에서 연선에 직각으로 부착하며 지지선 조수에 따라 다음 표를 표준으로 한다.

지지선의 조수	콘크리트 전부 버팀대
7/2.9[mm] 1조	1.0[m]
7/2.9[mm] 2조	1.2[m]

【답】②, ④

12 ★★☆☆☆ 고압으로 수전하는 변전소에서 접지 보호용으로 사용되는 계전기의 영상전류를 공급하는 계전기는?

① CT
② PT
③ ZCT
④ GPT

> **Explanation**

영상변류기(ZCT) : 영상(지락)전류 검출

【답】 ③

13 ★☆☆☆☆ 장력이 걸리지 않는 개소의 알루미늄선 상호간 또는 알루미늄선과 동선의 압축접속에 사용하는 분기 슬리브는?

① 알루미늄 전선용 압축 슬리브
② 알루미늄 전선용 보수 슬리브
③ 알루미늄 전선용 분기 슬리브
④ 분기 접속용 동 슬리브

> **Explanation**

알루미늄 전선용 분기 슬리브
가공배전선로 알루미늄전선의 장력이 걸리지 않는 개소에서 알루미늄선 상호간 또는 알루미늄선과 동선의 압축접속에 사용
분기 슬리브의 주 사용개소
• 본선과 장력이 걸리지 않는 점퍼선 또는 분기선의 접속
• 알루미늄저압본선과 변압기 2차 인하선의 접속
• 기기류의 리드선 접속
• 알루미늄중성선과 완철접지선의 분기접속

【답】 ③

14 ★☆☆☆☆ 접지도체에 피뢰시스템이 접속되는 경우 접지도체의 최소 단면적[㎟]은? (단, 접지도체는 구리로 되어 있다)

① 16
② 20
③ 24
④ 28

> **Explanation**

(KEC 142.3조) 접지도체
1. 접지도체의 선정
  가. 접지도체의 단면적은 큰 고장전류가 접지도체를 통하여 흐르지 않을 경우
    (1) 구리는 6[㎟] 이상
    (2) 철제는 50[㎟] 이상
  나. 접지도체에 피뢰시스템이 접속되는 경우,
    접지도체의 단면적은 구리 16[㎟] 또는 철 50[㎟] 이상으로 하여야 한다.

【답】 ①

15 ★★★★★ 알칼리 축전지에서 소결식에 해당하는 초급방전형은?

① AM형
② AMH형
③ AL형
④ AH-S형

> **Explanation**

• 납 축전지
{ CS형 : 완 방전형(일반 설치용)
  HS형 : 급 방전형(고율 방전용)
• 알칼리 축전지

포켓식 {	AL형	: 완 방전형(일반 설치용)
	AM형	: 표준형(표준 방전용)
	AMH형	: 급 방전형(준고율 방전용)
	AH-P형	: 초급 방전형(고율 방전용)
소결식 {	AH-S형	: 초급 방전형(고율 방전용)
	AHH형	: 초초급 방전형(초고율 방전용)

【답】 ④

16 ★☆☆☆☆
철주의 주주재로 사용하는 강관의 두께는 몇 [mm] 이상이어야 하는가?

① 1.6
② 2.0
③ 2.4
④ 2.8

Explanation

(KEC 331.8조) 철주 또는 철탑의 구성 등
두께는 다음 값 이상일 것.
① **철주의 주주재로 사용하는 것은 2[mm]**
② 철탑의 주주재로 사용하는 것은 2.4[mm]
③ 기타의 부재(部材)로 사용하는 것은 1.6[mm]

【답】②

17 ★☆☆☆☆
셀룰러덕트의 최대 폭이 200[mm]를 초과할 때 셀룰러덕트의 판두께는 몇 [mm] 이상이어야 하는가?

① 1.2
② 1.4
③ 1.6
④ 1.8

Explanation

(KEC 232.33조) 셀룰러덕트공사
셀룰러덕트의 판 두께는 표에서 정한 값 이상일 것.

덕트의 최대 폭	덕트의 판 두께
150[mm] 이하	1.2[mm]
150[mm]초과 200[mm] 이하	1.4[mm]
200[mm] 초과	**1.6[mm]**

【답】③

18 ★☆☆☆☆
KSC 8000에서 감전 보호와 관련하여 조명기구의 종류(등급)를 나누고 있다. 각 등급에 따른 기구의 설명이 틀린 것은?

① 등급 0 기구 : 기초절연으로 일부분을 보호한 기구로서 접지단자를 가지고 있는 기구
② 등급 Ⅰ기구 : 기초절연만으로 전체를 보호한 기구로서 보호 접지단자를 가지고 있는 기구
③ 등급 Ⅱ 기구 : 2중 절연을 한 기구
④ 등급 Ⅲ 기구 : 정격전압이 교류 30[V] 이하인 전압의 전원에 접속하여 사용하는 기구

Explanation

KSC 8000 용어의 정의
• **0급 기구 : 접지단자 또는 접지선을 갖지 않고 기초 절연만으로 전체가 보호된 기구**
• Ⅰ급 기구 : 기초절연만으로 전체를 보호한 기구로서 보호 좁지단자 혹은 보호접지선 접속부를 갖든가 또는 보호 접지선이 든 코드와 보호 접지선 접속부가 있는 플러그를 갖추고 있는 기구
• Ⅱ급 기구 : 2중 절연을 한 기구 또는 기구의 외곽 전체를 내구성이 있는 견고한 절연재료로 구성한 기구와 이들을 조합한 기구
• Ⅲ급 기구 : 정격전압이 교류 30[V] 이하인 전압의 전원에 접속하여 사용하는 기구

【답】①

19 ★★☆☆☆
가공전선로에 사용하는 애자가 구비해야 할 조건이 아닌 것은?

① 이상전압에 견디고, 내부이상전압에 대해 충분한 절연강도를 가질 것
② 전선의 장력, 풍압, 빙설 등의 외력에 의한 하중에 견딜 수 있는 기계적 강도를 가질 것
③ 비, 눈, 안개 등에 대하여 충분한 전기적 표면저항이 있어 누설전류가 흐르지 못하게 할 것
④ 온도나 습도의 변화에 대해 전기적 및 기계적 특성의 변화가 클 것

Explanation

애자의 구비조건
• 절연내력이 클 것
• 절연저항이 클 것 (누설전류가 적을 것)
• 정전용량이 적을 것
• 기계적 강도가 클 것

【답】④

20 ★★★☆☆
상향 광속과 하향 광속이 거의 동일하므로 하향 광속으로 직접 작업면에 직사시키고 상향 광속의 반사광으로 작업면의 조도를 증가시키는 조명기구는?

① 간접 조명기구
② 직접 조명기구
③ 반직접 조명기구
④ 전반확산 조명기구

조명기구 배광에 의한 분류

조명방식	하향광속[%]	상향광속[%]
직접조명	100 ~ 90	0 ~ 10
반 직접조명	90 ~ 60	10 ~ 40
전반 확산조명	**60 ~ 40**	**40 ~ 60**
반 간접조명	40 ~ 10	60 ~ 90
간접조명	10 ~ 0	90 ~ 100

• 전반확산조명 : 하향 광속으로 직접 작업 면에 직사시키고 상향 광속 반사광으로 작업면의 조도를 증가시키는 조명

【답】④

2과목 **전력공학**

21 ★☆☆☆☆
그림과 같은 유황 곡선을 가진 수력지점에서 최대 사용수량 OC로 1년간 계속 발전하는 데 필요한 저수지의 용량은?

① 면적 OCPBA
② 면적 OCDBA
③ 면적 DEB
④ 면적 PCD

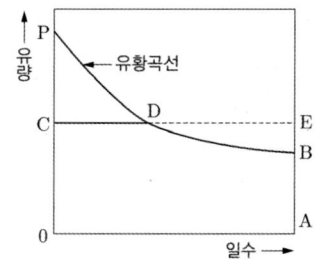

최대 사용 수량 OC로 1년간 계속 발전하는 데 필요한 저수지의 용량(부족수량)은 면적 DEB에 해당하므로 이 면적만큼 저수해 두면 된다.

【답】③

22 ★★★★★
고장전류의 크기가 커질수록 동작시간이 짧게 되는 특성을 가진 계전기는?

① 순한시 계전기
② 정한시 계전기
③ 반한시 계전기
④ 반한시 정한시 계전기

• 순한시 특성 : 최소 동작 전류 이상의 전류가 흐르면 즉시 동작, 고속도 계전기
• **반한시 특성 : 동작 전류가 커질수록 동작 시간이 짧게 되는 특성**
• 정한시 특성 : 동작 전류의 크기에 관계없이 일정한 시간에 동작하는 특성
• 반한시 정한시 특성 : 동작 전류가 적은 동안에는 동작 전류가 커질수록 동작 시간이 짧게되고 어떤 전류 이상이면 동작 전류의 크기에 관계없이 일정한 시간에 동작하는 특성　　　　　　　　　　　　　　　**【답】③**

23 ★★★★★
접지봉으로 탑각의 접지저항 값을 희망하는 접지 저항 값까지 줄일 수 없을 때 사용하는 것은?

① 가공지선　　　　　　　　　　　② 매설지선
③ 크로스본드선　　　　　　　　　④ 차폐선

Explanation

역섬락 방지법
• 탑각 접지저항을 줄인다.
• 매설지선을 설치한다.　　　　　　　　　　　　　　　　　　　　　　　　　**【답】②**

24 ★★★★☆
3상 3선식 송전선에서 한 선의 저항이 10[Ω], 리액턴스가 20[Ω]이며 수전단 선간 전압은 60[kV], 부하역률이 0.8인 경우, 전압강하율이 10[%]라 하면 이 송전선로로는 몇 [kW] 까지 수전 할 수 있는가?

① 10,000　　　　　　　　　　　② 12,000
③ 14,400　　　　　　　　　　　④ 18,000

Explanation

$$전압강하율 \ \delta = \frac{V_s - V_r}{V_r} \times 100 = \frac{e}{V_r} \times 100 = \frac{\frac{P}{V_r}(R + X\tan\theta)}{V_r} \times 100 = \frac{P}{V_r^2}(R + X\tan\theta) \times 100$$

$$송전전력 \ P = \frac{\delta \times V_r^2}{(R + X\tan\theta)} \times 10^{-3} = \frac{0.1 \times (60 \times 10^3)^2}{10 + 20 \times \frac{0.6}{0.8}} \times 10^{-3} = 14,400[\text{kW}]$$

【답】③

25 ★★☆☆☆
배전선로의 주상변압기에서 고압측-저압측에 주로 사용되는 보호장치의 조합으로 적합한 것은?

① 고압측 : 컷아웃 스위치,　저압측 : 캐치홀더
② 고압측 : 캐치홀더, 저압측 : 컷아웃 스위치
③ 고압측 : 리클로저, 저압측 : 라인퓨즈
④ 고압측 : 라인퓨즈 , 저압측 : 리클로저

Explanation

주상 변압기의 보호장치
1차측 : COS(Cut Out Switch) 또는 PC(Primary Cut Out Switch)
2차측 : Catch Holder(캐치홀더)　　　　　　　　　　　　　　　　　　**【답】①**

26 ★★★☆☆
%임피던스에 대한 설명으로 틀린 것은?

① 단위를 갖지 않는다.
② 절대량이 아닌 기준량에 대한 비를 나타낸 것이다.
③ 기기 용량의 크기와 관계없이 일정한 범위의 값을 갖는다.
④ 변압기나 동기기의 내부 임피던스에만 사용 할 수 있다.

%임피던스 : 기준전압(상전압)에 대한 임피던스 전압강하의 비를 백분율로 나타낸 것

① $\%Z = \dfrac{IZ}{E} \times 100[\%]$

② %임피던스의 특징
- 단위를 갖지 않는다(무명수).
- 절대량이 아닌 기준량에 대한 비
- 기기 용량의 크기와 관계없이 일정한 범위의 값
- 선로뿐만 아니라 변압기나 동기기의 내부 임피던스에도 사용 가능

【답】④

27 ★☆☆☆☆

연료의 발열량 430[kcal/kg]일 때, 화력발전의 열효율은 몇 [%]인가? (단, 발전기 출력 P_G[kW], 시간 당 연료 소비량 B[kg/h]이다)

① $\dfrac{P_G}{B} \times 100$

② $\sqrt{2} \times \dfrac{P_G}{B} \times 100$

③ $\sqrt{3} \times \dfrac{P_G}{B} \times 100$

④ $2 \times \dfrac{P_G}{B} \times 100$

화력 발전소 열효율 $\eta = \dfrac{전기}{열} \times 100[\%]$

$\eta_G = \dfrac{860Pt}{MH} \times 100\,[\%] = \dfrac{860P_G}{B \times 430} \times 100 = 2 \times \dfrac{P_G}{B} \times 100[\%]$

여기서, H : 발열량[kcal/kg]

M : 연료량[kg]

【답】④

28 ★★★★★

수용가의 수용률을 나타내는 식은?

① 수용률 $= \dfrac{합성최대수용전력\,[\text{kW}]}{평균전력\,[\text{kW}]} \times 100[\%]$

② 수용률 $= \dfrac{평균전력\,[\text{kW}]}{합성최대수용전력\,[\text{kW}]} \times 100\,[\%]$

③ 수용률 $= \dfrac{부하설비합계\,[\text{kW}]}{최대수용전력\,[\text{kW}]} \times 100\,[\%]$

④ 수용률 $= \dfrac{최대수용전력\,[\text{kW}]}{부하설비합계\,[\text{kW}]} \times 100\,[\%]$

수용률 $= \dfrac{최대수용전력\,[\text{kW}]}{부하설비합계\,[\text{kW}]} \times 100\,[\%]$

최대수용전력 $=$ 부하설비용량 $\times$ 수용률

【답】④

29 ★★☆☆☆

화력 발전소에서 증기 및 급수가 흐르는 순서는?

① 절탄기 → 보일러 → 과열기 → 터빈 → 복수기
② 보일러 → 절탄기 → 과열기 → 터빈 → 복수기
③ 보일러 → 과열기 → 절탄기 → 터빈 → 복수기
④ 절탄기 → 과열기 → 보일러 → 터빈 → 복수기

증기 및 급수가 흐르는 순서
절탄기 → 보일러 → 과열기 → 터빈 → 복수기

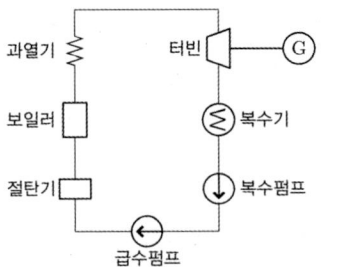

【답】①

30 ★★☆☆☆
역률 0.8, 출력 320[kW]인 부하에 전력을 공급하는 변전소에 역률 개선을 위해 전력용 콘덴서 140[kVA]를 설치했을 때 합성역률은?

① 0.93
② 0.95
③ 0.97
④ 0.99

> **Explanation**

유효전력 $P = 320[\text{kW}]$

무효전력 $Q = 320 \times \dfrac{0.6}{0.8} = 240[\text{kVar}]$

콘덴서 설치 후 무효전력 $Q' = 240 - 140 = 100[\text{kVar}]$

합성역률 $\cos\theta = \dfrac{P}{\sqrt{P^2 + Q'^2}}$
$= \dfrac{320}{\sqrt{320^2 + 100^2}} = 0.95$

【답】②

31 ★☆☆☆☆
용량 20[kVA]인 단상 주상변압기에 걸리는 하루 동안의 부하가 처음 14시간 동안은 20[kW], 다음 10시간 동안은 10[kW]일 때, 이 변압기에 의한 하루 동안의 손실량[Wh]은? (단, 부하의 역률은 1로 가정하고 변압기의 전부하 동손은 300[W], 철손은 100[W]이다)

① 6,850
② 7,200
③ 7,350
④ 7,800

> **Explanation**

철손량 $W_i = P_i \times T = 100 \times 24 = 2,400[\text{Wh}]$

동손량 $W_c = \left(\dfrac{1}{m}\right)^2 P_c \times T = \left(\dfrac{20}{20}\right)^2 \times 300 \times 14 + \left(\dfrac{10}{20}\right)^2 \times 300 \times 10 = 4,950[\text{Wh}]$

1일 동안 전체 손실량 $W = W_i + W_c = 2,400 + 4,950 = 7,350[\text{Wh}]$

【답】③

32 ★★★★★
통신선과 평행된 주파수 60[Hz]의 3상 1회선 송전선에서 1선 지락으로 영상전류가 100[A] 흐르고 있을 때 통신선에 유기되는 전자유도전압은 약 몇 [V]인가? (단, 영상전류는 송전선 전체에 걸쳐 같으며, 통신선과 송전선의 상호 인덕턴스는 0.06[mH/km]이고, 양 선로의 병행 길이는 40[km]이다)

① 156.6
② 162.8
③ 230.2
④ 271.4

> **Explanation**

전자 유도 전압
$E_m = j\omega Ml(3I_0)$
$= j2\pi \times 60 \times 0.06 \times 10^{-3} \times 40 \times 3 \times 100 = 271.4[\text{V}]$

【답】④

33 ★☆☆☆☆

케이블의 단선사고에 의한 고장점까지의 거리를 정전용량법으로 구하는 경우, 건전상의 정전용량이 C, 고장점까지의 정전용량이 C_x, 케이블의 길이가 l일 때 고장점까지의 거리를 나타내는 식으로 알맞은 것은?

① $\dfrac{C}{C_x}l$

② $\dfrac{2C_x}{C}l$

③ $\dfrac{C_x}{C}l$

④ $\dfrac{C_x}{2C}l$

> **Explanation**
>
> 케이블 고장점의 측정에서 정전용량법 : 정전용량은 길이에 비례한다는 원리를 이용
> 따라서 $C : l = C_x : l_x$ 라면
> 고장점까지의 거리 $l_x = \dfrac{C_x}{C}l$ 　　　　　　　　　　　【답】③

34 ★★★☆☆

전력 퓨즈(Power fuse)는 고압, 특고압기기의 주로 어떤 전류의 차단을 목적으로 설치하는가?

① 충전 전류

② 부하 전류

③ 단락 전류

④ 영상 전류

> **Explanation**
>
> 전력 퓨즈(PF : Power Fuse) : 단락전류 차단 　　　　　　　　　【답】③

35 ★★★★★

송전선로에서 1선 지락 시에 건전상의 전압 상승이 가장 적은 접지방식은?

① 비접지방식

② 직접접지방식

③ 저항접지방식

④ 소호리액터접지방식

> **Explanation**
>
> **직접 접지방식의 특징**
> • 1선 지락 시 건전상의 대지전압 상승이 낮다.(절연레벨 경감)
> • 중성점을 0전위로 유지 가능(단절연 가능)
> • 보호계전기 동작이 확실하다.
> • 정격이 낮은 피뢰기 사용 가능
> • 지락전류가 커서 통신유도장해가 크다.
> • 과도안정도가 낮다. 　　　　　　　　　　　　　　　　　　【답】②

36 ★★★★★

기준 선간전압 23[kV], 기준 3상 용량 5,000[kVA], 1선의 유도 리액턴스가 15[Ω]일 때 %리액턴스는?

① 28.36[%]

② 14.18[%]

③ 7.09[%]

④ 3.55[%]

> **Explanation**
>
> %리액턴스 $\%X = \dfrac{PX}{10V^2}$ 　　여기서, P [kVA], V [kV]
>
> $\qquad = \dfrac{5,000 \times 15}{10 \times 23^2} = 14.18[\%]$ 　　　　　　　　　【답】②

37 ★★☆☆☆

전력원선도의 가로축과 세로축을 나타내는 것은?

① 전압과 전류   ② 전압과 전력

③ 전류와 전력   ④ 유효전력과 무효전력

전력원선도(송·수전단 전압, 일반회로 정수(A, B, C, D))

가로축 : 유효전력,   세로축 : 무효전력   【답】 ④

---

38 ★★☆☆☆

송전선로에서의 고장, 발전기 탈락과 같은 큰 외란에 대하여 계통에 연결된 각 동기기가 동기를 유지하면서 계속 안정적으로 운전할 수 있는지를 판별하는 안정도는?

① 동태안정도(dynamic stability)   ② 정태안정도(Steady-state stability)

③ 전압안정도(Voltage stability)   ④ 과도안정도(Transient stability)

- 정태 안정도 : 송전 계통이 불변 부하 또는 극히 서서히 증가하는 부하에 대하여 계속적으로 송전할 수 있는 능력
- **과도 안정도 : 부하의 급변 또는 사고가 발생해서 계통에 큰 충격을 주었을 경우에도 탈조하지 않고 새로운 평형 상태를 회복하여 송전을 계속할 수 있는 능력**
- 동태 안정도 : AVR이나 조속기 등이 갖는 제어효과까지도 고려한 안정도   【답】 ④

---

39 ★☆☆☆☆

정전용량이 C_1이고 V_1의 전압에서 Q_r의 무효전력을 발생하는 콘덴서가 있다. 정전용량을 변화시켜 2배로 승압된 전압($2V_1$)에서도 동일한 무효전력 Q_r을 발생시키고자 할 때, 필요한 콘덴서의 정전용량 C_2는?

① $C_2 = 4C_1$ ② $C_2 = 2C_1$

③ $C_2 = \dfrac{1}{2}C_1$ ④ $C_2 = \dfrac{1}{4}C_1$

△결선 시라고 가정하면 콘덴서를 이용한 무효전력

$Q_1 = 3\omega C_1 E^2 = 3\omega C_1 V_1^2$ 에서

전압이 2배가 되면

$Q_2 = 3\omega C_2 (2V_1)^2 = 3\omega C_2 4V_1^2$ 이므로

무효전력이 일정 $Q_1 = Q_2$이므로 $3\omega C_1 V_1^2 = 3\omega C_2 4V_1^2$

따라서 콘덴서 용량 $C_2 = \dfrac{1}{4}C_1$로 하여야 한다.   【답】 ④

---

40 ★★★★★

송전선로의 고장전류의 계산에 영상 임피던스가 필요한 경우는?

① 1선 지락   ② 3상 단락

③ 3선 단선   ④ 선간 단락

대칭 좌표법으로 해석할 경우 필요한 임피던스

	정상분	역상분	영상분
1선 지락	○	○	○
2선 단락(선간 단락)	○	○	
3상 단락	○		

【답】 ①

3과목 전기기기

41 ★★☆☆☆
3,300/220[V]의 단상 변압기 3대를 △ − Y로 결선하여 2차측 선간에 15[kW]의 단상 전열기를 접속하여 사용하고 있다. 결선을 △ − △로 변경하는 경우 이 전열기의 소비전력은 몇 [kW]로 되는가?

① 5 ② 12
③ 15 ④ 21

Explanation

△-Y결선을 △-△결선으로 하면 상전압(2차측 전압)은 $\frac{1}{\sqrt{3}}$ 배

전력 $P = \frac{V^2}{R}$ 이므로 전력은 $\left(\frac{1}{\sqrt{3}}\right)^2$ 배가 되므로

따라서 전열기 소비전력 $P = 15 \times \left(\frac{1}{\sqrt{3}}\right)^2 = 5$ [kW]
【답】①

42 ★☆☆☆☆
히스테리시스 전동기에 대한 설명으로 틀린 것은?

① 유도전동기와 거의 같은 고정자이다.
② 회전자의 극은 고정자 극에 비하여 항상 각도 δ_h 만큼 앞선다.
③ 회전자가 부드러운 외면을 가지므로 소음이 적으며 순조롭게 회전할 수 있다.
④ 구속 시부터 동기속도를 제외한 모든 속도범위에서 일정한 히스테리시스 토크를 발생한다.

Explanation

히스테리시스 전동기
① 고정자 : 유도 전동기의 고정자와 거의 유사
　　　　　전동기의 고정자는 단일 전원 또는 3상 전원에 연결
② 회전자 : 알루미늄 또는 다른 비자성 재료
　　　　　매끄러운 원통형이며 권선이 없어 소음이 적고 순조롭게 회전
③ 운전
• 고정자에 전원을 공급 하면 회전자장이 생성
• 이 자기장은 회전자 링을 자화시키고 그 내부에 극을 유도한다. 회전자의 히스테리시스 손실로 인해 유도된 회전자 자속은
　회전하는 고정자 자속보다 늦게 된다.
【답】②

43 ★☆☆☆☆
직류기에서 계자자속을 만들기 위하여 전자석의 권선에 전류를 흘리는 것을 무엇이라 하는가?

① 보극 ② 여자
③ 보상권선 ④ 자화작용

Explanation

• 여자 : 계자자속을 만들기 위하여 전자석의 권선에 전류를 흘리는 것
• 자화 : 자성체가 자석이 되는 것
【답】②

44 ★☆☆☆☆
사이클로 컨버터(Cyclo Converter)에 대한 설명으로 틀린 것은?

① DC-DC buck 컨버터와 동일한 구조이다.
② 출력주파수가 낮은 영역에서 많은 장점이 있다.
③ 시멘트 공장의 분쇄기 등과 같이 대용량 저속 교류전동기 구동에 주로 사용된다.
④ 교류를 교류로 직접변환하면서 전압과 주파수를 동시에 가변하는 전력변환기이다.

Explanation

사이클로 컨버터(Cyclo Converter) : 입력된 교류의 주파수와 위상을 제어하는 회로
• 단상 또는 3상 AC 전원을 가변 주파수 및 크기의 단상 또는 3 상 전원으로 변환
• AC 전원의 출력 주파수는 입력 주파수보다 낮다.
• 사용처 : 시멘트 밀 드라이브, 광산 와인 더 및 광석 분쇄기 【답】①

45 ★★★★☆

1차 전압은 3,300[V]이고 1차측 무부하 전류는 0.15[A], 철손은 330[W]인 단상 변압기의 자화 전류는 약 몇 [A]인가?

① 0.112 ② 0.145
③ 0.181 ④ 0.231

Explanation

• 무부하전류 $I_0 = \sqrt{I_i^2 + I_\phi^2}$

• 철손전류 $I_i = \dfrac{P_i}{V_i} = \dfrac{330}{3,300} = 0.1[A]$ 이고

• 무부하전류 $0.15 = \sqrt{0.1^2 + I_\phi^2}$ 에서

• 자화전류 $I_\phi = \sqrt{0.15^2 - 0.1^2} = 0.112[A]$ 【답】①

46 ★★★★☆

유도 전동기의 안정 운전 조건은? (단, T_m : 전동기 토크, T_L : 부하토크, n : 회전수)

① $\dfrac{dT_m}{dn} < \dfrac{dT_L}{dn}$ ② $\dfrac{dT_m}{dn} = \dfrac{dT_L^2}{dn}$

③ $\dfrac{dT_m}{dn} > \dfrac{dT_L}{dn}$ ④ $\dfrac{dT_m}{dn} \neq \dfrac{dT_L}{dn}$

Explanation

유도전동기의 안정 운전 조건 : $\dfrac{dT_m}{dn} < \dfrac{dT_L}{dn}$ 【답】①

47 ★☆☆☆☆

3상 권선형 유도전동기 기동 시 2차 측에 외부 가변저항을 넣는 이유는?

① 회전수 감소 ② 기동전류 증가
③ 기동 토크 감소 ④ 기동전류 감소와 기동 토크 증대

Explanation

비례추이의 원리 : 권선형 유도전동기
• 최대 토크는 불변, 최대 토크의 발생 슬립은 변화
• 기동 전류는 감소하고, 기동 토크는 증가 【답】④

48 ★★★★☆

극수 4이며 전기자 권선은 파권, 전기자 도체수 250인 직류발전기가 있다. 이 발전기가 1,200[rpm]으로 회전할 때 600[V]의 기전력을 유기하려면 1극 당 자속은 몇 [Wb]인가?

① 0.04 ② 0.05
③ 0.06 ④ 0.077

Explanation

직류 분권발전기 유기기전력

$E = \dfrac{p}{a} Z\phi \dfrac{N}{60}$ 에서

$\phi = \dfrac{60\,aE}{pZN} = \dfrac{60 \times 2 \times 600}{4 \times 250 \times 1,200} = 0.06\,[\text{Wb}]$

【답】③

---

49 ★★★★☆
발전기의 회전자에 유도자를 주로 사용하는 발전기는?

① 수차발전기
② 엔진발전기
③ 터빈발전기
④ 고주파 발전기

> Explanation

- 회전전기자형 : 직류발전기(전기자가 회전자이며 계자가 고정자)
- 회전계자형 : 동기발전기(전기자가 고정자이며 계자가 회전자)
- 유도자형 : 계자극과 전기자를 함께 고정시키고 그 중앙에 유도자라고 하는 권선이 없는 회전자를 갖춘 것으로 수백~
  수만[Hz] 정도의 고주파 발전기로 사용   【답】④

---

50 ★☆☆☆☆
BJT에 대한 설명으로 틀린 것은?

① Bipolar junction Thyristor의 약자이다.
② 베이스 전류로 컬렉터 전류를 제어하는 전류제어 스위치이다.
③ MOSFET, IGBT 등의 전압제어 스위치보다 훨씬 큰 구동전력이 필요하다.
④ 회로의 기호 B, C, E는 각각 베이스(Base), 컬렉터(Collector), 이미터(Emitter)이다.

> Explanation

BJT(Bipolar junction Transistor)
① 트랜지스터는 그 구성에 따라 npn과 pnp형의 두 가지가 있다.
② 전압-전류 특성은 베이스 전류의 크기에 따라 달라진다.
③ 도통 상태를 유지하기 위해서는 계속 베이스 전류를 흐르게 하고 있어야 한다.   【답】①

---

51 ★★☆☆☆
3상 유도전동기에서 회전자가 슬립 s 로 회전하고 있을 때 2차 유기전압 E_{2s} 및 2차 주파수 f_{2s} 와 s 와의 관계는? (단, E_2 는 회전자가 정지하고 있을 때 2차 유기기전력이며, f_1 은 1차 주파수이다)

① $E_{2s} = sE_2,\ f_{2s} = sf_1$
② $E_{2s} = sE_2,\ f_{2s} = \dfrac{f_1}{s}$

③ $E_{2s} = \dfrac{E_2}{s},\ f_{2s} = \dfrac{f_1}{s}$
④ $E_{2s} = (1-s)E_2,\ f_{2s} = (1-s)f_1$

> Explanation

- 회전 시 2차 유도기전력 $E_{2s} = sE_2$
- 회전 시 2차 주파수 $f_2 = sf_1$ 【답】①

---

52 ★★★☆☆
전류계를 교체하기 위해 우선 변류기 2차 측을 단락시켜야 하는 이유는?

① 측정오차 방지
② 2차측 절연 보호
③ 2차측 과전류 보호
④ 1차측 과전류 방지

> Explanation

점검 시
- PT : 2차측 개방(2차측 과전류 보호)
- CT : 2차측 단락(2차측 과전압 보호, 2차측 절연보호)   【답】②

53 ★★☆☆☆

단자 전압 220[V], 부하전류 50[A]인 분권 발전기의 유기기전력은? (단, 여기서 전기자 저항은 0.2 [Ω]이며 계자전류 및 전기자 반작용은 무시한다)

① 200[V] ② 210[V]

③ 220[V] ④ 230[V]

Explanation

직류 분권발전기 $I_a = I + I_f = 50 + 0 = 50$
유기 기전력 $E = V + I_a R_a = 220 + 50 \times 0.2 = 230[V]$ 【답】④

54 ★☆☆☆☆

기전력(1상)이 E_0이고 동기 임피던스(1상)가 Z_s인 2대의 3상 동기 발전기를 무부하로 병렬 운전시킬 때 대응하는 기전력 사이에 δ_s의 위상차가 있으면 한쪽 발전기에서 다른 쪽 발전기에 공급되는 1상의 전력[W]는?

① $\dfrac{E_0}{Z_s} \sin\delta_s$ ② $\dfrac{E_0}{Z_s} \cos\delta_s$

③ $\dfrac{E_0^2}{2Z_s} \sin\delta_s$ ④ $\dfrac{E_0^2}{2Z_s} \cos\delta_s$

Explanation

수수전력
동기 발전기를 무부하로 병렬 운전시킬 때 대응하는 기전력 사이에 δ_s의 위상차가 있으면
위상이 앞서는 발전기에서 다른 쪽 발전기에 공급되는 전력

$$P = E_0 I_s \cos\frac{\delta_s}{2} = E_0 \cdot \frac{E_0}{Z_s} \sin\frac{\delta_s}{2} \cdot \cos\frac{\delta_s}{2}$$

$$= \frac{E_0^2}{2Z_s} \cdot 2\sin\frac{\delta_s}{2} \cdot \cos\frac{\delta_s}{2} = \frac{E_0^2}{2Z_s} \cdot \sin\delta_s$$ 【답】③

55 ★★★★★

전압이 일정한 모선에 접속되어 역률 1로 운전하고 있는 동기전동기를 동기조상기로 사용하는 경우 여자전류를 증가시키면 이 전동기는 어떻게 되는가?

① 역률은 앞서고, 전기자 전류는 증가한다.

② 역률은 앞서고, 전기자 전류는 감소한다.

③ 역률은 뒤지고, 전기자 전류는 증가한다.

④ 역률은 뒤지고, 전기자 전류는 감소한다.

Explanation

동기 전동기의 위상 특성 곡선(V곡선)
• I_a 와 I_f 관계곡선(P는 일정)
• 계자 전류의 변화에 대한 전기자 전류의 변화를 나타낸 곡선
• 과여자 : 앞선 역률(진상)
• 부족여자 : 늦은 역률(지상)
역률 $\cos\theta = 1$ 일 때, 전기자 전류 최소

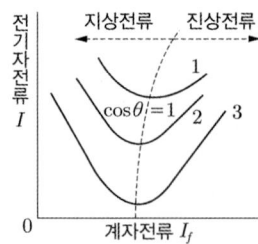

【답】①

56 ★★★★★
직류발전기의 전기자 반작용에 대한 설명으로 틀린 것은?

① 전기자 반작용으로 인하여 전기적 중성축을 이동시킨다.
② 정류자 편간의 전압이 불균일하게 되어 섬락의 원인이 된다.
③ 전기자 반작용이 생기면 주자속이 왜곡되고 증가하게 된다.
④ 전기자 반작용 이란 전기자 전류에 의해서 생긴 자속이 계자에 의해 발생되는 주자속에 영향을 주는 현상을 말한다.

> Explanation

전기자 반작용
전기자 전류에 의한 전기자 기자력이 계자 기자력에 영향을 미치는 현상(주자속이 감소하는 현상)
• 편자 작용
  감자 작용 : 전기자 기자력이 계자기자력에 반대 방향으로 작용하여 자속이 감소
  교차자화 작용 : 전기자 기자력이 계자 기자력에 수직 방향으로 작용하여 자속분포가 일그러짐
• 중성축 이동 : 보극이 없는 직류기는 brush를 이동
• 국부적으로 섬락 발생 : 공극의 자속분포 불균형으로 섬락(불꽃) 발생
【답】③

57 ★☆☆☆☆
단상 변압기 2대를 병렬 운전할 경우, 각 변압기의 부하전류를 I_a, I_b, 1차 측으로 환산한 임피던스를 Z_a, Z_b, 백분률 임피던스 강하를 z_a, z_b, 정격용량을 P_{an}, P_{bn} 이라 한다. 이 때 부하분담에 대한 관계로 옳은 것은?

① $\dfrac{I_a}{I_b} = \dfrac{Z_b}{Z_a}$

② $\dfrac{I_a}{I_b} = \dfrac{P_{bn}}{P_{an}}$

③ $\dfrac{I_a}{I_b} = \dfrac{z_b}{z_a} \times \dfrac{P_{an}}{P_{bn}}$

④ $\dfrac{I_a}{I_b} = \dfrac{Z_a}{Z_b} \times \dfrac{P_{an}}{P_{bn}}$

> Explanation

병렬운전 시 부하 분담
• $\dfrac{I_a}{I_b} = \dfrac{I_A}{I_B} \times \dfrac{\%Z_b}{\%Z_a}$ 분담전류는 정격전류에 비례하고 누설 임피던스에 반비례

• $\dfrac{P_a}{P_b} = \dfrac{P_A}{P_B} \times \dfrac{\%Z_b}{\%Z_a}$ 분담용량은 정격용량에 비례하고 누설 임피던스에 반비례

여기서, I_a : A기 분담전류[A], I_A : A기 정격전류[A], I_b : B기 분담전류[A], I_B : B기 정격전류[A]
P_a : A기 분담용량[kVA], P_A : A기 정격용량[kVA], P_b : B기 분담용량[kVA], P_B : B기 정격용량[kVA]
【답】③

58 ★★★☆☆
단상 유도전압 조정기에서 단락 권선의 역할은?

① 철손경감
② 절연보호
③ 전압강하 경감
④ 전압조정 용이

> Explanation

단상 유도전압조정기
• 단권변압기 원리 이용
• **단락권선의 역할 : 누설 리액턴스에 의한 2차 전압 강하 방지**
【답】③

59 동기 리액턴스 $x_s = 10[\Omega]$, 전기자 권선저항 $r_a = 0.1[\Omega]$, 3상 중 1상의 유도 기전력 $E = 6,400[V]$, 단자전압은 $V = 4,000[V]$, 부하각 $\delta = 30°$ 이다. 비철극기인 3상 동기발전기의 출력은 약 몇 [kW]인가?

① 1,280
② 3,840
③ 5,560
④ 6,650

Explanation

3상 동기발전기의 출력(원통형 회전자(비철극기))

$$P = 3\frac{EV}{x_s}\sin\delta = 3 \times \frac{6,400 \times 4,000}{10} \times \sin30° \times 10^{-3} = 3,840[kW]$$

【답】 ②

60 60[Hz], 6극의 3상 권선형 유도전동기가 있다. 이 전동기의 정격부하 시 회전수는 1,140[rpm] 이다. 이 전동기를 같은 공급전압에서 전부하 토크로 기동하기 위한 외부 저항은 몇 [Ω]인가? (단, 회전자 권선은 Y결선이고 슬립링간의 저항은 0.1[Ω]이다)

① 0.5
② 0.85
③ 0.95
④ 1

Explanation

비례추이의 원리 : 권선형 유도전동기
고정자 속도

$$N_s = \frac{120f}{p} = \frac{120 \times 60}{6} = 1,200[rpm]$$

슬립 $s_1 = \frac{N_s - N}{N_s} = \frac{1,200 - 1,140}{1,200} = 0.05$

2차 저항 $r_2 = \frac{0.1}{2} = 0.05[\Omega]$

$\frac{r_2}{s_1} = \frac{r_2 + R}{s_2}$ 에서 $\frac{0.05}{0.05} = \frac{0.05 + R}{1}$

따라서 2차 외부저항 $R = 1 - 0.05 = 0.95[\Omega]$

【답】 ③

4과목　회로이론 및 제어공학

61 개루프 전달함수 $G(s)H(s)$로부터 근궤적을 작성할 때 실수축에서의 점근선의 교차점은?

$$G(s)H(s) = \frac{K(s-2)(s-3)}{s(s+1)(s+2)(s+4)}$$

① 2
② 5
③ -4
④ -6

Explanation

근궤적의 점근선의 교차점 $\sigma = \dfrac{\Sigma G(s)H(s)\text{의 극점} - \Sigma G(s)H(s)\text{의 영점}}{P - Z}$

$$= \frac{(0-1-2-4)-(2+3)}{4-2} = -6$$

【답】 ④

62 ★★★★★
특성방적식이 $2s^4 + 10s^3 + 11s^2 + 5s + K = 0$으로 주어진 제어시스템이 안정하기 위한 조건은?

① $0 < K < 2$
② $0 < K < 5$
③ $0 < K < 6$
④ $0 < K < 10$

Explanation

Routh-Hurwitz 판별식을 이용하여 1열의 부호가 모두 양수이면 안정하며

s^4	2	11	K
s^3	10	5	0
s^2	$\dfrac{110-10}{10}=10$	$\dfrac{10K}{10}=K$	
s^1	$\dfrac{50-10K}{10}$	0	
s^0	K		

제1열의 요소가 모두 양수가 되기 위해서는
$50-10K > 0$에서 $K<5,\ K>0$
$\therefore\ 0 < K < 5$

【답】②

63 ★☆☆☆☆
다음 신호흐름선도에서 전달 함수 $\dfrac{C}{R}$를 구하면?

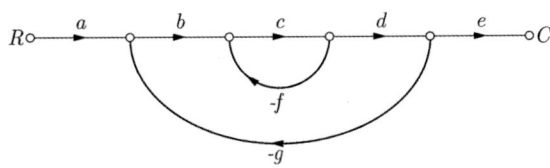

① $\dfrac{abcde}{1-cg-bcdg}$
② $\dfrac{abcde}{1-cf+bcdg}$
③ $\dfrac{abcde}{1+cf-bcdg}$
④ $\dfrac{abcde}{1+cf+bcdg}$

Explanation

메이슨의 이득공식을 적용하면
$G = \dfrac{\sum G_i \triangle_i}{\triangle}$ 에서
$G_i : abcde$ $\triangle_i : 1-0=1$
$\triangle = 1+cf+bcdg$
전체 이득 $G = \dfrac{abcde}{1+cf+bcdg}$

【답】④

64 ★★☆☆☆
적분시간 3[sec], 비례감도가 3인 비례적분 동작을 하는 제어요소가 있다. 이 제어요소에 동작 신호 $x(t) = 2t$를 주었을 때 조작량은 얼마인가? (단, 초기 조작량 $y(t)$는 0으로 한다)

① $t^2 + 2t$
② $t^2 + 4t$
③ $t^2 + 6t$
④ $t^2 + 8t$

Explanation

조작량 $y(t) = 3\left[x(t) + \dfrac{1}{3}\displaystyle\int x(t)dt\right]$ 에서
$\quad = 3\left[(2t) + \dfrac{1}{3}\displaystyle\int 2t\,dt\right] = 6t + t^2$

【답】③

65 $\overline{A} + \overline{B} \cdot \overline{C}$ 와 등가인 논리식은?

① $\overline{A \cdot (B + C)}$

② $\overline{A + B \cdot C}$

③ $\overline{A \cdot B} + C$

④ $\overline{A \cdot B} + C$

Explanation

부울대수를 이용하면

$\overline{A + B} = \overline{A} \, \overline{B}$

$\overline{A B} = \overline{A} + \overline{B}$

여기서, $\overline{A} + \overline{B} \cdot \overline{C} = \overline{A} + \overline{B + C} = \overline{A \cdot (B + C)}$

【답】①

66 블록선도와 같은 단위 피드백 제어시스템의 상태방정식은? (단, 상태변수는 $x_1(t) = c(t)$, $x_2(t) = \dfrac{d}{dt} c(t)$로 한다)

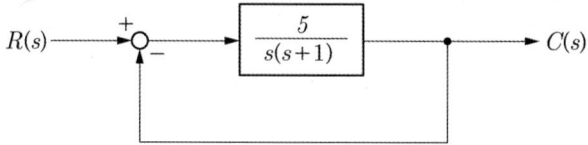

① $\dot{x}_1(t) = x_2(t)$ $\dot{x}_2(t) = -5x_1(t) - x_2(t) + 5r(t)$

② $\dot{x}_1(t) = x_2(t)$ $\dot{x}_2(t) = -5x_1(t) - x_2(t) - 5r(t)$

③ $\dot{x}_1(t) = -x_2(t)$ $\dot{x}_2(t) = 5x_1(t) + x_2(t) - 5r(t)$

④ $\dot{x}_1(t) = -x_2(t)$ $\dot{x}_2(t) = -5x_1(t) - x_2(t) + 5r(t)$

Explanation

【답】①

67 2차 시스템의 감쇠율(damping ratio, ζ)이 $\zeta < 0$인 경우 제어시스템의 과도응답 특성은?

① 발산

② 무제동

③ 임계제동

④ 과제동

Explanation

감쇠계수(ζ)와의 관계
- $\zeta > 1$ (과제동)
- $\zeta = 1$ (임계제동)
- $0 < \zeta < 1$ (부족제동)
- $\zeta = 0$ (무제동)
- $\zeta < 0$ (불안정, 발산)

【답】①

68 $e(t)$의 z변환을 $E(z)$라면 $e(t)$의 최종값 $e(\infty)$은?

① $\lim_{z \to 1} E(z)$

② $\lim_{z \to \infty} E(z)$

③ $\lim_{z \to 1}(1 - z^{-1})E(z)$ ④ $\lim_{z \to \infty}(1 - z^{-1})E(z)$

Explanation

z 변환의 최종값 정리 $e(\infty) = \lim_{z \to 1}(1 - z^{-1})E(z)$ 【답】 ③

69 ★☆☆☆☆
블록선도의 제어시스템은 단위램프 입력에 대한 정상상태 오차(정상편차)가 0.01이다. 이 제어시스템의 제어요소인 $G_{C1}(s)$의 K는?

$$G_{C1}(s) = K, \quad G_{C2}(s) = \frac{1 + 0.1s}{1 + 0.2s}, \quad G_p(s) = \frac{200}{s(s+1)(s+2)}$$

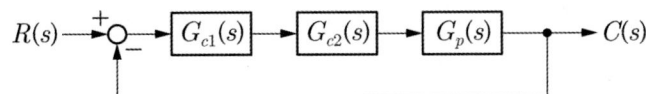

① 0.1   ② 1
③ 10   ④ 100

Explanation

【답】 ②

70 ★☆☆☆☆
블록선도의 전달함수$\left(\dfrac{C(s)}{R(s)}\right)$는?

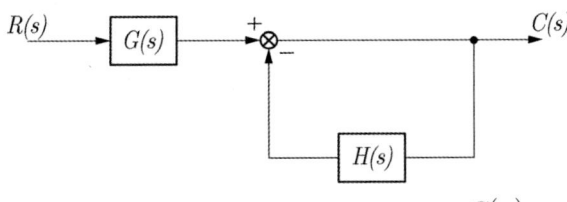

① $\dfrac{G(s)}{1 + H(s)}$ ② $\dfrac{G(s)}{1 + G(s)H(s)}$
③ $\dfrac{1}{1 + H(s)}$ ④ $\dfrac{1}{1 + G(s)H(s)}$

Explanation

블록선도의 전달 함수 $G(s) = \dfrac{\Sigma G}{1 - \Sigma L_1 + \Sigma L_2 + \cdots}$

여기서, L_1 : 각각의 모든 폐루프 이득의 합
       L_2 : 서로 접촉하지 않는 2개의 폐루프 이득의 곱의 합
       ΣG : 각각의 전향 경로의 합
따라서 전달 함수 $G(s) = \dfrac{C}{R} = \dfrac{G(s)}{1 - (-H(s))} = \dfrac{G(s)}{1 + H(s)}$ 【답】 ①

71 ★☆☆☆☆ 특성 임피던스 400 [Ω]의 회로 말단에 1,200 [Ω]의 부하가 연결되어 있다. 전원 측에 20 [kV]의 전압을 인가할 때 반사파의 크기 [kV]는? (단, 선로에서의 전압 감쇠는 없는 것으로 간주한다)

① 3.3
② 5
③ 10
④ 33

Explanation

반사계수 $\rho = \dfrac{Z_2 - Z_1}{Z_2 + Z_1} = \dfrac{Z_L - Z_0}{Z_L + Z_0} = \dfrac{1,200 - 400}{1,200 + 400} = 0.5$

따라서 반사파는 입사전압과 반사계수의 곱이므로 $20 \times 0.5 = 10$ [kV] 【답】③

72 ★☆☆☆☆ 그림과 같은 H형의 4단자 회로망에서 4단자 정수(전송 파라미터) A는?(단, V_1은 입력전압이고, V_2는 출력전압이고, A는 출력 개방 시 회로망의 전압 이득 $\left(\dfrac{V_1}{V_2}\right)$이다)

① $\dfrac{Z_1 + Z_2 + Z_3}{Z_3}$
② $\dfrac{Z_1 + Z_3 + Z_4}{Z_3}$
③ $\dfrac{Z_2 + Z_3 + Z_5}{Z_3}$
④ $\dfrac{Z_3 + Z_4 + Z_5}{Z_3}$

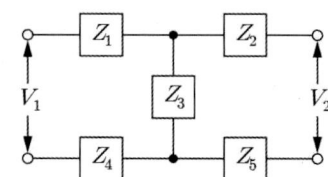

Explanation

전압이득 $A = \left.\dfrac{V_1}{V_2}\right|_{I_2=0} = \dfrac{Z_1 + Z_3 + Z_4}{Z_3}$ 【답】②

73 ★☆☆☆☆ $F(s) = \dfrac{2s^2 + s - 3}{s(s^2 + 4s + 3)}$ 의 라플라스 역변환은?

① $1 - e^{-t} + 2e^{-3t}$
② $1 - e^{-t} - 2e^{-3t}$
③ $-1 - e^{-t} - 2e^{-3t}$
④ $-1 + e^{-t} + 2e^{-3t}$

Explanation

라플라스 역변환
분모가 인수분해가 가능하므로 부분분수 전개하면

$F(s) = \dfrac{2s^2 + s - 3}{s(s^2 + 4s + 3)} = \dfrac{2s^2 + s - 3}{s(s+1)(s+3)} = \dfrac{K_1}{s} + \dfrac{K_2}{s+1} + \dfrac{K_3}{s+3}$

$K_1 = \lim_{s \to 0} sF(s) = \left[\dfrac{2s^2 + s - 3}{(s+1)(s+3)}\right]_{s=0} = -1$

$K_2 = \lim_{s \to -1} (s+1)F(s) = \left[\dfrac{2s^2 + s - 3}{s(s+3)}\right]_{s=-1} = 1$

$K_3 = \lim_{s \to -3} (s+3)F(s) = \left[\dfrac{2s^2 + s - 3}{s(s+1)}\right]_{s=-3} = 2$

$F(s) = -\dfrac{1}{s} + \dfrac{1}{s+1} + \dfrac{2}{s+3}$

$\therefore f(t) = \mathcal{L}^{-1}[F(s)] = \mathcal{L}^{-1}\left[-\dfrac{1}{s} + \dfrac{1}{s+1} + \dfrac{2}{s+3}\right] = -1 + e^{-t} + 2e^{-3t}$ 【답】④

74 ★★☆☆☆

△결선된 평형 3상 부하로 흐르는 선전류가 I_a, I_b, I_c일 때 이 부하로 흐르는 전류의 영상분 I_0[A]는?

① $3I_a$　　　　　② I_a　　　　　③ $\dfrac{1}{3}I_a$　　　　　④ 0

Explanation

△부하 : 비접지식
영상분은 접지식 회로에서만 발생하므로

$I_0 = \dfrac{1}{3}(I_a + I_b + I_c) = 0$　　　　　【답】④

75 ★☆☆☆☆

저항 $R = 15$[Ω]과 인덕턴스 3[mH]를 병렬로 접속한 회로의 서셉턴스의 크기는 약 몇 [℧]인가?
(단, $\omega = 2\pi \times 10^5$)

① 3.3×10^{-2}　　　　　② 8.6×10^{-3}
③ 5.3×10^{-4}　　　　　④ 4.9×10^{-5}

Explanation

임피던스의 역수를 어드미턴스라 하며

$\dot{Y} = \dfrac{1}{Z} = \dfrac{1}{R + jX} = \dfrac{R - jX}{(R + jX)(R - jX)} = \dfrac{R}{R^2 + X^2} + j\dfrac{-X}{R^2 + X^2} = G + jB$

유도성 리액턴스 $X = \omega L = 2\pi \times 10^5 \times 3 \times 10^{-3} = 1,884$[Ω]

서셉턴스 $B = \dfrac{-X}{R^2 + X^2} = \dfrac{-1,884}{15^2 + 1,884^2} = 5.3 \times 10^{-4}$[℧]　　　　　【답】③

76 ★☆☆☆☆

그림과 같이 △회로를 Y회로로 등가 변환하였을 때 임피던스 Z_a[Ω]는?

① 12
② $-3 + j6$
③ $4 - j8$
④ $6 + j8$

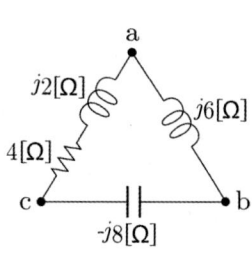
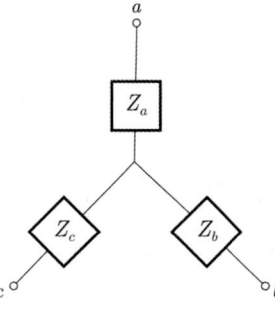

Explanation

△ → Y 변환

$Z_a = \dfrac{Z_{ab}Z_{ca}}{Z_{ab} + Z_{bc} + Z_{ca}}$ [Ω]

$Z_b = \dfrac{Z_{ab}Z_{bc}}{Z_{ab} + Z_{bc} + Z_{ca}}$ [Ω]

$Z_c = \dfrac{Z_{bc}Z_{ca}}{Z_{ab} + Z_{bc} + Z_{ca}}$ [Ω]

※ 3상평형 시 어드미턴스 3배
　　임피던스 1/3배

$Z_a = \dfrac{Z_{ab}Z_{ca}}{Z_{ab} + Z_{bc} + Z_{ca}}$

$= \dfrac{(4 + j2)j6}{4 + j2 + j6 - j8} = \dfrac{-12 + j24}{4} = -3 + j6$ [Ω]

【답】②

77

★★☆☆☆

회로에서 $t = 0$초 일 때 닫혀 있는 스위치 S를 열었다. 이 때 $\dfrac{dv(0^+)}{dt}$의 값은? (단, C의 초기

전압은 0[V]이다)

① $\dfrac{1}{RI}$

② $\dfrac{C}{I}$

③ RI

④ $\dfrac{I}{C}$

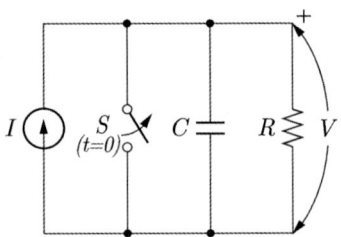

병렬회로의 과도현상으로 보면

스위치 개방 시 회로의 전류 방정식 : $I = C\dfrac{dv(t)}{dt} + \dfrac{v(t)}{R}$

초기에는 $I = C\dfrac{dv(0+)}{dt} + \dfrac{v(0+)}{R}$ 이므로   전류 $I = C\dfrac{dv(0+)}{dt}$

따라서 $\dfrac{dv(0+)}{dt} = \dfrac{I}{C}$

【답】 ④

78

★☆☆☆☆

회로에서 전압 $V_{ab}(V)$는?

① 2

② 3

③ 6

④ 9

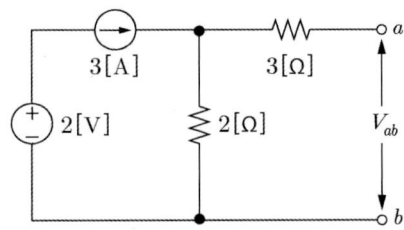

전압원 단락 시 : $V_{ab} = 6[V]$

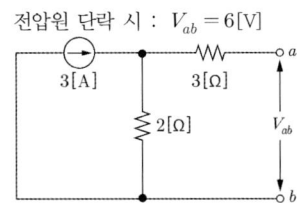

전류원 개방 시 : $V_{ab} = 0[V]$

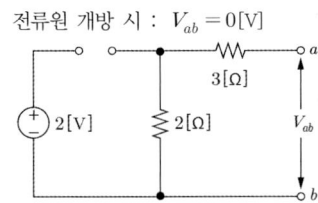

【답】 ③

79

★☆☆☆☆

전압 및 전류가 다음과 같을 때 유효전력[W] 및 역률[%]은 각각 약 얼마인가?

$$v(t) = 100\sin\omega t - 50\sin(3\omega t + 30°) + 20\sin(5\omega t + 45°)[V]$$
$$i(t) = 20\sin(\omega t + 30°) + 10\sin(3\omega t - 30°) + 5\cos5\omega t[A]$$

① 825[W], 48.6[%]

② 776.4[W], 59.7[%]

③ 1120[W], 77.4[%]

④ 1850[W], 89.6[%]

【답】②

80 ★☆☆☆☆
△ 결선된 대칭 3상 부하가 0.5[Ω]인 저항만의 선로를 통해 평형 3산 전압원에 연결되어 있다. 이 부하의 소비전력이 1,800[W]이고 역률이 0.8(지상)일 때, 선로에서 발생하는 손실이 50[W]이면 부하의 단자전압 [V]의 크기는?

① 627   ② 525
③ 326   ④ 225

Explanation

전선로의 선로 손실 $P_l = 3I_l^2 R$ 여기서, I_l 은 선로전류(선전류)

$I_l^2 = \dfrac{P_l}{3R} = \dfrac{50}{3 \times 0.5} = \dfrac{100}{3}$ 에서 선전류 $I_l = \dfrac{10}{\sqrt{3}} = 5.77$[A]

소비전력 $P = \sqrt{3}\, V_l I_l \cos\theta$

부하의 단자전압(선간전압) $V_l = \dfrac{P}{\sqrt{3}\, I_l \cos\theta} = \dfrac{1,800}{\sqrt{3} \times 5.77 \times 0.8} = 225$[V]

【답】④

5과목   전기설비기술기준

81 ★★☆☆☆
사용전압이 22.9[kV]인 가공전선로의 다중접지한 중성선과 첨가 통신선의 이격거리는 몇 [cm] 이상 이어야 하는가? (단, 특고압 가공전선로는 중성선 다중접지식의 것으로 전로에 지락이 생긴 경우 2초 이내에 자동적으로 이를 전로로부터 차단하는 장치가 되어 있는 것으로 한다)

① 60   ② 75
③ 100   ④ 120

Explanation

(KEC 362.2조) 전력보안통신선의 시설 높이와 이격거리
• 통신선과 저압 가공전선 또는는 특고압 가공전선로의 다중 접지를 한 중성선 사이의 이격거리는 0.6[m] 이상일 것.
• 통신선과 특고압 가공전선 사이의 이격거리는 1.2[m](특고압 가공전선로의 다중 접지를 한 경우 0.75[m] 이상)   【답】①

82 ★★★★☆
다음 ( )에 들어갈 내용으로 옳은 것은?

> 지중전선로는 기설 지중약전류전선로에 대하여 (ⓐ) 또는 (ⓑ)에 의하여 통신상의 장해를 주지 않도록 기설 약전류전선로로부터 충분히 이격시키거나 기타 적당한 방법으로 시설하여야 한다.

① ⓐ누설전류, ⓑ유도작용   ② ⓐ단락전류, ⓑ유도작용
③ ⓐ단락전류, ⓑ정전작용   ④ ⓐ누설전류, ⓑ정전작용

Explanation

(KEC 334.5조) 지중약전류전선의 유도장해 방지(誘導障害防止)
지중전선로는 기설 지중약전류전선로에 대하여 **누설전류 또는 유도작용**에 의하여 통신상의 장해를 주지 않도록 기설 약전류전선로로부터 충분히 이격시키거나 기타 적당한 방법으로 시설하여야 한다.   【답】①

83 ★☆☆☆☆
전격살충기의 전격격자는 지표 또는 바닥에서 몇 [m] 이상의 높은 곳에 시설하여야 하는가?

① 1.5 ② 2
③ 2.8 ④ 3.5

(KEC 241.7.1조) 전격살충기의 시설
전격살충기의 전격격자는 **지표 또는 바닥에서 3.5[m] 이상의 높은 곳에 시설**할 것. 다만, 2차측 개방 전압이 7[kV] 이하의 절연변압기를 사용하고 또한 보호격자의 내부에 사람의 손이 들어갔을 경우 또는 보호격자에 사람이 접촉될 경우 절연변압기의 1차측 전로를 자동적으로 차단하는 보호장치를 시설한 것은 지표 또는 바닥에서 1.8[m] 까지 감할 수 있다.　　【답】④

84 ★★★★★
사용전압이 154[kV]인 모선에 접속되는 전력용 커패시터에 울타리를 시설하는 경우 울타리의 높이와 울타리로부터 충전부분까지 거리의 합계는 몇 [m] 이상 되어야 하는가?

① 2 ② 3
③ 5 ④ 6

(KEC 341.4조) 특고압용 기계기구의 시설
울타리·담 등과 고압 및 특고압의 충전 부분이 접근하는 경우에는 울타리·담 등의 높이와 울타리·담 등으로부터 충전부분까지 거리의 합계는 표에서 정한 값 이상으로 할 것

사용전압의 구분	울타리·담 등의 높이와 울타리·담 등으로부터 충전부분까지의 거리의 합계
35[kV] 이하	5[m]
35[kV] 초과 160[kV] 이하	**6[m]**
160[kV] 초과	6[m]에 160[kV]를 초과하는 10[kV] 또는 그 단수마다 0.12[m]를 더한 값

【답】④

85 ★☆☆☆☆
사용전압이 22.9[kV]인 가공전선이 삭도와 제1차 접근상태로 시설되는 경우, 가공전선과 삭도 또는 삭도용 지주 사이의 이격거리는 몇 [m] 이상으로 하여야 하는가? (단, 전선으로는 특고압 절연전선을 사용한다)

① 0.5 ② 1
③ 2 ④ 2.12

(KEC 333.25조) 특고압 가공전선과 삭도의 접근 또는 교차
특고압 가공 전선과 삭도 또는 삭도용 지주 사이의 이격거리는 표에서 정한 값 이상일 것

사용전압의 구분	이격거리
35[kV] 이하	2[m](전선이 특고압 절연전선인 경우는 1[m], 케이블인 경우는 0.5[m])

【답】②

86 ★★★☆☆
사용전압이 22.9[kV]인 가공전선로를 시가지에 시설하는 경우 전선의 지표상 높이는 몇 [m] 이상인가? (단, 전선은 특고압 절연전선을 사용한다)

① 6 ② 7
③ 8 ④ 10

(KEC 333.1조) 시가지 등에서 특고압 가공 전선로의 시설

사용전압의 구분	지표상의 높이
35[kV] 이하	10[m](전선이 특고압 절연전선인 경우에는 8[m])
35[kV] 초과	10[m]에 35[kV]를 초과하는 10[kV] 또는 그 단수마다 0.12[m]를 더한 값

【답】③

87 ★★★☆☆ 저압 옥내배선에 사용하는 연동선의 최소 굵기는 몇 [㎟]인가?

① 1.5
② 2.5
③ 4.0
④ 6.0

Explanation

(KEC 231.3조) 저압 옥내배선의 사용전선
저압 옥내배선의 전선은 단면적 2.5[㎟] 이상의 연동선 또는 이와 동등 이상의 강도 및 굵기의 것

【답】②

88 ★☆☆☆☆ "리플프리(Ripple-free)직류"란 교류를 직류로 변환할 때 리플성분의 실효값이 몇 [%] 이하로 포함된 직류를 말하는가?

① 3
② 5
③ 10
④ 15

Explanation

(KEC 112조) 용어 정의
"리플프리직류"란 교류를 직류로 변환할 때 **리플성분의 실효값이 10[%]** 이하로 포함된 직류

【답】③

89 ★☆☆☆☆ 저압 전로에서 정전이 어려운 경우 등 절연저항 측정이 곤란한 경우 저항성분의 누설전류가 몇 [mA] 이하이면 그 전로의 절연성능은 적합한 것으로 보는가?

① 1
② 2
③ 2
④ 4

Explanation

(KEC 132조) 전로의 절연저항 및 절연내력
사용전압이 저압인 전로에서 정전이 어려운 경우 등 **절연저항 측정이 곤란한 경우에는 누설전류를 1[mA]** 이하로 유지하여야 한다.

【답】①

90 ★★★★☆ 수소냉각식 발전기 및 이에 부속하는 수소냉각장치에 대한 시설기준으로 틀린 것은?

① 발전기 내부의 수소의 온도를 계측하는 장치를 시설할 것
② 발전기 내부의 수소의 순도가 70[%] 이하로 저하한 경우에 경보를 하는 장치를 시설할 것
③ 발전기는 기밀구조의 것이고 또한 수소가 대기압에서 폭발하는 경우에 생기는 압력에 견디는 강도를 가지는 것일 것
④ 발전기 내부의 수소의 압력을 계측하는 장치 및 그 압력이 현저히 변동한 경우에 이를 경보하는 장치를 시설할 것

Explanation

(KEC 351.10조) 수소냉각식 발전기 등의 시설
① 발전기 또는 무효전력 보상장치는 기밀구조(氣密構造)의 것이고 또한 수소가 대기압에서 폭발하는 경우에 생기는 압력에 견디는 강도를 가지는 것일 것
② 발전기 내부 또는 무효전력 보상장치 내부의 수소의 순도가 85[%] 이하로 저하한 경우에 이를 경보하는 장치를 시설할 것

③ 발전기 내부 또는 무효전력 보상장치 내부의 수소의 압력을 계측하는 장치 및 그 압력이 현저히 변동한 경우에 이를 경보하는 장치를 시설할 것
④ 발전기 내부 또는 무효전력 보상장치 내부의 수소의 온도를 계측하는 장치를 시설할 것 　　　　　　　　　　　　【답】②

91
★☆☆☆☆
저압 절연전선으로 「전기용품 및 생활용품 안전관리법」의 적용을 받는 것 이외에 KS에 적합한 것으로서 사용할 수 없는 것은?

① 450/750[V] 고무절연전선
② 450/750[V] 비닐절연전선
③ 450/750[V] 알루미늄절연전선
④ 450/750[V] 저독성 난연 폴리올레핀절연전선

Explanation

(KEC 122조) 전선의 종류
저압 절연전선 : 450/750[V] 비닐절연전선 · 450/750[V] 저독난연 폴리올레핀 절연전선 · 450/750[V] 고무절연전선
　　　　　　　　　　　　【답】③

92
★☆☆☆☆
전기철도차량에 전력을 공급하는 전차선의 가선방식에 포함되지 않는 것은?

① 가공방식
② 강체방식
③ 제3레일방식
④ 지중조가선방식

Explanation

(KEC 402조) 전기철도의 용어 정의
전기철도 가선방식 : 가공식, 강체식, 제3레일방식　　　　　　　　　　　　【답】④

93
★★★★★
금속제 가요전선관 공사에 의한 저압 옥내배선의 시설기준으로 틀린 것은?

① 가요전선관 안에는 전선에 접속점이 없도록 한다.
② 옥외용 비닐절연전선을 제외한 절연전선을 사용한다.
③ 점검할 수 없는 은폐된 장소에는 1종 가요전선관을 사용할 수 있다.
④ 2종 금속제 가요전선관을 사용하는 경우에 습기 많은 장소에 시설하는 때에는 비닐 · 피복 2종 가요전선관으로 한다.

Explanation

(KEC 232.13조) 금속제 가요전선관공사
① 전선은 절연전선(옥외용 비닐 절연전선을 제외한다.)일 것
② 전선은 연선일 것 다만, 단면적 10[㎟](알루미늄선은 단면적 16[㎟]) 이하인 것은 그러하지 아니하다.
③ 가요 전선관 안에는 전선에 접속점이 없도록 할 것
④ 가요 전선관은 2종 금속제 가요 전선관일 것(**1종 금속제 가요전선관 : 전개된 장소 또는 점검할 수 있는 은폐된 장소에 한함**)
　　　　　　　　　　　　【답】③

94
★☆☆☆☆
터널 안의 전선로의 저압전선이 그 터널 안의 다른 저압전선(관등회로의 배선은 제외한다) · 약전류전선 등 또는 수관 · 가스관이나 이와 유사한 것과 접근하거나 교차하는 경우, 저압전선을 애자공사에 의하여 시설하는 때에는 이격거리가 몇 [㎝] 이상이어야 하는가? (단, 전선이 나전선이 아닌 경우이다)

① 10
② 15
③ 20
④ 25

Explanation

(KEC 335.2조) 터널 안 전선로의 전선과 약전류전선 등 또는 관 사이의 이격거리
터널 안의 전선로의 저압전선이 그 터널 안의 다른 저압전선(관등회로의 배선은 제외한다.) · 약전류전선 등 또는 수관 · 가스관이나 이와 유사한 것과 접근하거나 교차하는 경우에는 0.1[m](애자공사에 의하여 시설하는 저압옥내배선이 나전선인 경우에는 0.3[m]) 이상이어야 한다.
　　　　　　　　　　　　【답】①

95 ★☆☆☆☆ 전기철도의 설비를 보호하기 위해 시설하는 피뢰기의 시설기준으로 틀린 것은?

① 피뢰기는 변전소 인입측 및 급전선 인출측에 설치하여야 한다.
② 피뢰기는 가능한 한 보호하는 기기와 가깝게 시설하되 누설전류 측정이 용이하도록 지지대와 절연하여 설치한다.
③ 피뢰기는 개방형을 사용하고 유효 보호거리를 증가시키기 위하여 방전개시전압 및 제한전압이 낮은 것을 사용한다.
④ 피뢰기는 가공전선과 직접 접속하는 지중케이블에서 낙뢰에 의해 절연파괴의 우려가 있는 케이블 단말에 설치하여야 한다.

Explanation

(KEC 451.3조) 전기철도 설비보호를 위한 피뢰기 설치장소
① 다음의 장소에 피뢰기를 설치하여야 한다.
　가. 변전소 인입측 및 급전선 인출측
　나. 가공전선과 직접 접속하는 지중케이블에서 낙뢰에 의해 절연파괴의 우려가 있는 케이블 단말
② 피뢰기는 가능한 한 보호하는 기기와 가깝게 시설하되 누설전류 측정이 용이하도록 지지대와 절연하여 설치한다.
(KEC 451.4조) 피뢰기의 선정
피뢰기는 다음의 조건을 고려하여 선정한다.
① **피뢰기는 밀봉형을 사용하고 유효 보호거리를 증가시키기 위하여 방전개시전압 및 제한전압이 낮은 것을 사용한다.**
② 유도뢰서지에 대하여 2선 또는 3선의 피뢰기 동시동작이 우려되는 변전소 근처의 단락 전류가 큰 장소에는 속류차단능력이 크고 또한 차단성능이 회로조건의 영향을 받을 우려가 적은 것을 사용한다.　　　　　【답】③

96 ★☆☆☆☆ 전선의 단면적이 38[㎟] 인 경동연선을 사용하고 지지물로는 B종 철주 또는 B종 철근 콘크리트주를 사용하는 특고압 가공전선로를 제3종 특고압 보안공사에 의하여 시설하는 경우 경간은 몇 [m] 이하이어야 하는가?

① 100
② 150
③ 200
④ 250

Explanation

(KEC 333.22조) 특고압 보안공사 – 제3종 특고압 보안공사
경간은 표에서 정한 값 이하일 것 다만, 전선의 인장강도 38.05[kN] 이상의 연선 또는 단면적이 95[㎟] 이상인 경동연선을 사용하고 지지물에 B종 철주・B종 철근 콘크리트주 또는 철탑을 사용하는 경우에는 그러하지 아니하다.

지지물 종류	경간
목주・A종 철주 또는 A종 철근 콘크리트주	100[m] (전선의 인장강도 14.51[kN] 이상의 연선 또는 단면적이 38[㎟] 이상인 경동연선을 사용하는 경우에는 150[m])
B종 철주 또는 B종 철근 콘크리트주	**200[m]** (전선의 인장강도 21.67[kN] 이상의 연선 또는 단면적이 55[㎟] 이상인 경동연선을 사용하는 경우에는 250[m])
철탑	400[m] (전선의 인장강도 21.67[kN] 이상의 연선 또는 단면적이 55[㎟] 이상인 경동연선을 사용하는 경우에는 600[m]) 다만, 단주의 경우에는 300[m] (전선의 인장강도 21.67[kN] 이상의 연선 또는 단면적이 55[㎟] 이상인 경동연선을 사용하는 경우에는 400[m])

【답】③

97 ★☆☆☆☆ 태양광설비에 시설하여야 하는 계측기의 계측대상에 해당하는 것은?

① 전압과 전류
② 전력과 역률
③ 전류와 역률
④ 역률과 주파수

(KEC 522.3.6조) 태양광설비의 계측장치
전압과 전류 또는 전압과 전력을 계측하는 장치를 시설
【답】①

98 ★☆☆☆☆
교통신호등 회로의 사용전압이 몇 [V]를 넘는 경우는 전로에 지락이 생겼을 경우 자동적으로 전로를 차단하는 누전차단기를 시설하는가?

① 60
② 150
③ 300
④ 450

(KEC 234.15조) 교통신호등 누전차단기
교통신호등 회로의 사용전압이 150[V]를 넘는 경우는 전로에 지락이 생겼을 경우 자동적으로 전로를 차단하는 누전차단기를 시설할 것.
【답】②

99 ★★★★★
가공전선로의 지지물에 시설하는 지지선으로 연선을 사용할 경우, 소선(素線)은 몇 가닥 이상이어야 하는가?

① 2
② 3
③ 5
④ 9

(KEC 331.11조) 지지선의 시설
지지선에 연선을 사용할 경우 소선(素線)은 3가닥 이상의 연선일 것
【답】②

100 ★☆☆☆☆
저압전로의 보호도체 및 중성선의 접속 방식에 따른 접지계통의 분류가 아닌 것은?

① IT 계통
② TN 계통
③ TT 계통
④ TC 계통

(KEC 203.1조) 계통접지 구성
저압전로의 보호도체 및 중성선의 접속 방식에 따른 분류
TN 계통, TT 계통, IT 계통
【답】④

2021년 전기공사기사 필기

| 1과목 | 전기응용 및 공사재료 |

01 ★☆☆☆☆
형광등은 형광체의 종류에 따라 여러 가지 광색을 얻을 수 있다. 형광체가 규산아연일 때의 광색은?

① 녹색
② 백색
③ 청색
④ 황색

Explanation

형광 램프의 형광체
• 텅스텐산 칼슘: 청색
• 텅스텐산마그네슘 : 청백색
• **규산 아연 : 녹색 (효율최대)**
• 규산 카드뮴: 주광색
• 붕산 카드뮴 : 분홍색

【답】①

02 ★★☆☆☆
자기 방전량만을 항시 충전하는 부동충전방식의 일종인 충전방식은?

① 세류충전
② 보통충전
③ 급속충전
④ 균등충전

Explanation

충전방식
• 초기충전 : 전지에 전해액을 넣지 않은 미충전 축전지에 전해액을 주입하여 행하는 방식
• 보통충전 : 필요한 경우 표준시간율로 소정의 충전을 시행
• 급속충전 : 비교적 단시간에 보통충전 전류의 2~3배의 전류로 충전
• 부동충전 : 축전지의 자기 방전을 보충하는 동시에 상용 부하에 대한 전력공급은 충전기가 부담하고 충전기가 부담하기
　　　　　어려운 일시적인 대부하 전류는 축전지가 부담하도록 하는 방식
• **세류충전 : 자기 방전 량만 항상 충전하는 방식**
• 균등충전 : 각 전해조에 일어나는 전위차를 보정하기 위해 1~3개월 마다 1회 정전압으로 10~12시간 충전하는 방식

【답】①

03 ★★★★★
흑연화로, 카보런덤로, 카바이드로 등의 가열방식은?

① 아크 가열
② 유도가열
③ 간접저항 가열
④ 직접저항 가열

Explanation

저항로 : 도체에 생기는 주울열(옴손)을 이용

직접저항가열		간접저항가열	
종류	특징	종류	특징
• 흑연화로 • 카아보런덤로 • 카바이드로	열효율이 가장 우수	• 염욕로 • 크립톨로 • 발열체로	복잡한 형태의 물질을 균일하게 가열

• 알루미늄용해로		• 탄화규소로	
			【답】④

04
★★★★★

양수량 $Q = 30$[㎥/min], 총 양정 $H = 10$[m]를 양수하는 데 필요한 구동용 전동기의 출력 P[kW]는 약 얼마인가? (단, 펌프효율 $n = 75$[%], 여유계수 $k = 1.1$이다)

① 59　　　　　　　　　　　　　　　② 64
③ 72　　　　　　　　　　　　　　　④ 78

Explanation

양수펌프용 전동기 출력 식

$$P = \frac{KQH}{6.12\eta}\text{[kW]} \quad 여기서, \ Q\text{[㎥/min]}$$
$$= \frac{KQH}{6.12\eta} = \frac{1.1 \times 30 \times 10}{6.12 \times 0.75} = 72\text{[kW]}$$

【답】③

05
★★★★☆

유전체 자신을 발열시키는 유전 가열의 특징으로 틀린 것은?

① 열이 유전체 손에 의하여 피열물 자체 내에서 발생한다.
② 온도상승 속도가 빠르다.
③ 표면의 소손과 균열이 없다.
④ 전 효율이 좋고 설비비가 저렴하다.

Explanation

유전가열의 특징
• 열이 유전체 손에 의하여 피열물 자체 내에서 발생한다.
• 온도상승 속도가 빠르다.
• 표면의 소손과 균열이 없다.

【답】④

06
★★★☆☆

다이오드 클램퍼(clamper)의 용도는?

① 전압증폭　　　　　　　　　　　　② 전류증폭
③ 전압제한　　　　　　　　　　　　④ 전압레벨 이동

Explanation

다이오드 클램프(clamper) : 전압레벨 이동시 사용

【답】④

07
★★★★☆

하역 기계에서 무거운 것은 저속으로, 가벼운 것은 고속으로 작업하여 고속이나 저속에서 다 같이 동일한 동력이 요구되는 부하는?

① 정토크 부하　　　　　　　　　　② 정동력 부하
③ 정속도 부하　　　　　　　　　　④ 제곱토크 부하

Explanation

정동력 부하 : 고속이나 저속에서 다 같이 동일한 동력이 요구되는 부하

【답】②

08 ★★★☆☆

루소 선도가 그림과 같은 광원의 배광 곡선의 식을 구하면?

① $I_\theta = \dfrac{\theta}{\pi} \times 100$

② $I_\theta = \dfrac{\pi - \theta}{\pi} \times 100$

③ $I_\theta = 100\cos\theta$

④ $I_\theta = 50(1 + \cos\theta)$

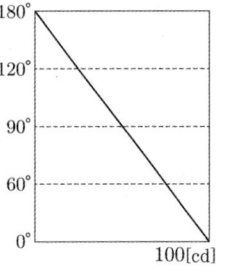

Explanation ▶

배광곡선의 식
① $0° \rightarrow 100[\text{cd}]$
② $90° \rightarrow 50[\text{cd}]$
③ $180° \rightarrow 0[\text{cd}]$ 이므로 배광곡선의 식은 $I_\theta = 50(1 + \cos\theta)$가 된다.

【답】 ④

09 ★☆☆☆☆

총 중량이 50[t]이고 전동기 6대를 가진 전동차가 20[‰]의 직선궤도를 올라가고 있다. 속도 40[km/h]일 때 각 전동기의 출력[kW]은 약 얼마인가? 단, 가속저항은 1,550[kg], 중량 당 주행저항은 8[kg/t], 전동기 효율은 0.9로 한다.

① 52

② 60

③ 66

④ 72

Explanation ▶

【답】 ②

10 ★★★★★

반도체에 빛이 가해지면 전기 저항이 변화되는 현상은?

① 홀 효과

② 광전 효과

③ 제벡 효과

④ 열진동 효과

Explanation ▶

광전 효과
• 반도체 결정에 빛을 조사하면 광에너지의 자극에 의해 발생
• 빛에 의해 전기저항이 변화되는 현상

【답】 ②

11 ★☆☆☆☆

합성수지몰드 공사에 관한 설명으로 틀린 것은?

① 합성수지몰드 안에는 금속제의 조인트 박스를 사용하여 접속이 가능하다.

② 합성수지몰드 상호 간 및 합성수지 몰드와 박스 기타의 부속품과는 전선이 노출되지 아니하도록 접속해야 한다.

③ 합성수지몰드의 내면은 전선의 피복이 손상될 우려가 없도록 매끈한 것이어야 한다.

④ 합성수지몰드는 홈의 폭 및 깊이가 3.5[cm] 이하로 두께는 2[mm] 이상의 것이어야 한다.

Explanation ▶

(KEC 232.21조) 합성수지몰드공사
① 전선은 절연전선(옥외용 비닐절연전선을 제외한다)일 것

② 합성수지몰드 안에는 전선에 접속점이 없도록 할 것. 다만, 규정에 적합한 합성 수지제의 조인트 박스를 사용하여 접속할 경우에는 그러하지 아니하다.
③ 합성수지몰드 상호 간 및 합성수지 몰드와 박스 기타의 부속품과는 전선이 노출되지 아니하도록 접속할 것.
④ 합성수지몰드는 홈의 폭 및 깊이가 35[mm] 이하, 두께는 2[mm] 이상의 것일 것. 다만, 사람이 쉽게 접촉할 우려가 없도록 시설하는 경우에는 폭이 50[mm] 이하, 두께 1[mm] 이상의 것을 사용할 수 있다.　　　　　　　【답】 ①

12 ★★★★★ 고유 저항(20[℃]에서)이 가장 큰 것은?

① 텅스텐　　　　　　　　　　　② 백금
③ 은　　　　　　　　　　　　　④ 알루미늄

Explanation

저항률이 큰 순서
• 백금 : $10.5[\mu\Omega \cdot m]$
• 텅스텐 : $5.48[\mu\Omega \cdot m]$
• 마그네슘 : $4.34[\mu\Omega \cdot m]$　　　　　　　　　　　　　　【답】 ②

13 ★★★☆☆ 무대 조명의 배치별 구분 중 무대 상부 배치 조명에 해당되는 것은?

① Foot light　　　　　　　　　② Tower light
③ Ceiling Spot light　　　　　　④ Suspension Spot light

Explanation

서스팬션 라이트(suspension light)
무대 상부조명에 많이 사용되며, 천정으로부터 늘어뜨려 부분적으로 조명하는 방법　　　　　【답】 ④

14 ★☆☆☆☆ 버스 덕트 공사에서 덕트 최대 폭[mm]에 따른 덕트 판의 최소 두께[mm]로 틀린 것은? (단, 덕트는 강판으로 제작된 것이다)

① 덕트 최대 폭 100[mm] : 최소 두께 1.0[mm]
② 덕트 최대 폭 200[mm] : 최소 두께 1.4[mm]
③ 덕트 최대 폭 600[mm] : 최소 두께 2.0[mm]
④ 덕트 최대 폭 800[mm] : 최소 두께 2.6[mm]

Explanation

(KEC 232.21조) 버스덕트공사 덕트의 판 두께

덕트의 최대폭[mm]	덕트의 판두께[mm]	
	강판	알루미늄판
150이하	1.0	1.6
150초과 300이하	1.4	2.0
300초과 500이하	1.6	2.3
500초과 700이하	2.0	2.9
700초과하는것	2.3	3.2

【답】 ④

15 ★☆☆☆☆ 전선 배열에 따라 장주를 구분할 때 수직 배열에 해당되는 장주는?

① 보통 장주　　　　　　　　　② 래크 장주
③ 창출 장주　　　　　　　　　④ 편출 장주

Explanation

• 수평배열 : 보통장주, 창출장주, 편출장주
① 창출장주 : 전주에 완금을 설치할 때 전주를 중심으로 완금의 일부를 어느 한쪽으로 치우쳐 설치하는 장주
② 편출장주 : 전주에 완금을 설치할 때 완금을 전주의 한 쪽으로 완전히 치우쳐 설치하는 장주
③ 보통장주 : 전주에 완금을 설치할 때 전주를 중심으로 완금의 길이가 좌우 같은 길이가 되도록 설치하는 장주
• 수직배열 : 랙크장주

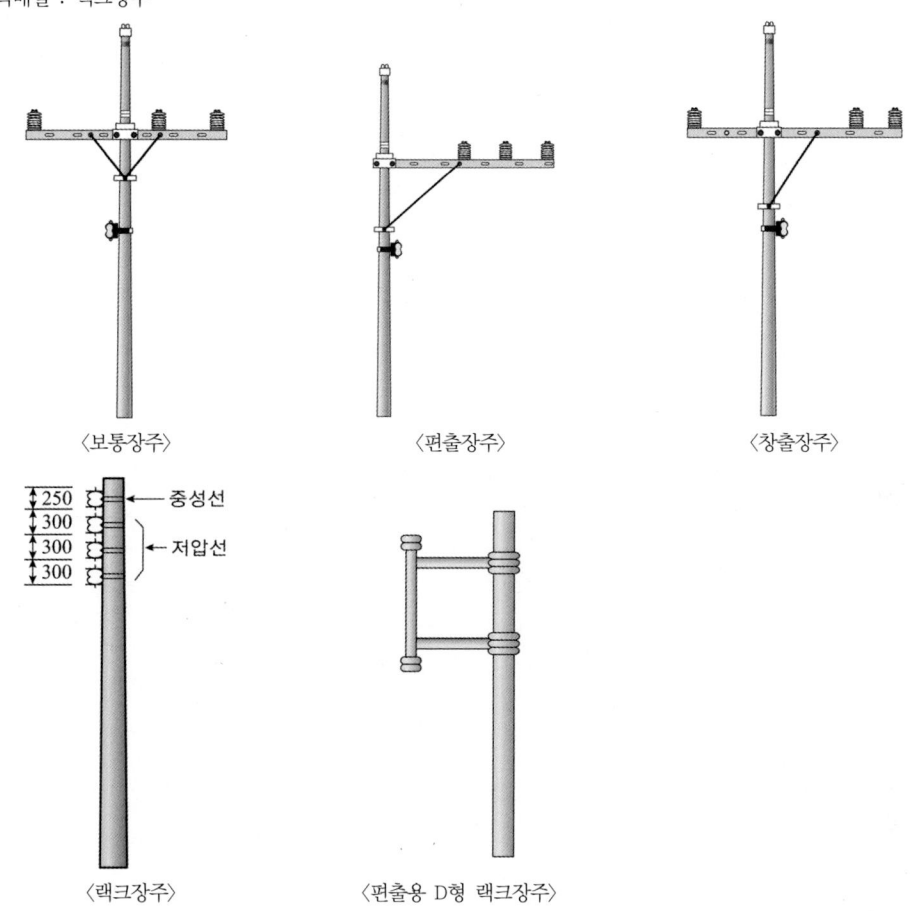

〈보통장주〉 〈편출장주〉 〈창출장주〉

〈랙크장주〉 〈편출용 D형 랙크장주〉

【답】②

16 ★★★★★ 다음 중 절연성, 내온성, 내유성이 풍부하며 연피케이블에 사용하는 전기용 테이프는?

① 면테이프   ② 비닐테이프
③ 리노테이프   ④ 고무테이프

Explanation

리노테이프
면(綿) 테이프의 양면에 바니스를 칠하여 건조시킨 것으로서 트랜스의 권선층(捲線層) 사이나 인출선 부분 등에 삽입하는 절연 테이프로서 내유성, 내온성이 우수   【답】③

17 ★★★★★ 피뢰침용 인하도선으로 가장 적당한 전선은?

① 동선   ② 고무 절연전선
③ 비닐 절연전선   ④ 캡타이어 케이블

(KEC 152조) 외부피뢰시스템
수뢰침, 피뢰침, 인하도선의 재료, 형상과 최소 단면적

재료	형상	최소단면적[㎟]
구리, 주석도금한 구리	테이프형 단선	50
	원형 단선(a)	50
	연선(b)	50
	원형 단선(c)	176
알루미늄	테이프형 단선	70
	원형 단선	50
	연선	50
알루미늄합금	테이프형 단선	50
	원형 단선	50
	연선	50
	원형 단선(c)	176
구리피복알루미늄합금	원형 단선	50
용융아연도금강	테이프형 단선	50
	원형 단선	50
	연선	50
	원형 단선(c)	176
구리피복강	원형 단선	50
	테이프형 단선	50
스테인리스강	테이프형 단선(d)	50
	원형 단선(d)	50
	연선	70
	원형 단선(c)	176

a : 내식, 기계적 및 전기적 특성은 62561 요구사항을 따라야 함
b : 기계적 강도가 요구되지 않는 경우, 단면적 50[㎟](지름 8[mm])를 25[㎟]로 줄일 수 있음
c : 피뢰침 및 대지 인입 봉에 적용 가능
d : 열적/기계적 강도가 중요하다면 75[㎟]로 할 수 있음

【답】①

18 ★★★★☆
경완철에 현수애자를 설치할 경우에 사용되는 자재가 아닌 것은?

① 볼쇄클 ② 소켓아이
③ 인장클램프 ④ 볼크레비스

경완철의 현수애자 설치 부속 자재

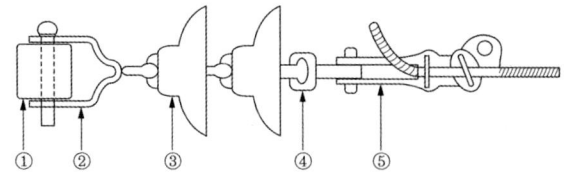

① 경완철 ② 볼쇄클 ③ 현수애자 ④ 소켓아이 ⑤ 데드앤드크램프

【답】④

19 ★☆☆☆☆
3[MVA] 이하 H종 건식변압기에서 절연재료로 사용하지 않는 것은?

① 명주 ② 마이카
③ 유리섬유 ④ 석면

Explanation

H종 절연재료 : 마이카, 석면 , 유리섬유　　　　　　　　　　　　　　　　　　　　　　　　【답】①

20 ★★★☆☆
저압 가공 인입선에서 금속관 공사로 옮겨지는 곳 또는 금속관으로부터 전선을 뽑아 전동기 단자 부분에 접속할 때 사용하는 것은?

① 엘보　　　　　　　　　　　　　　　② 터미널 캡
③ 접지클램프　　　　　　　　　　　　④ 엔트런스 캡

Explanation

금속관 공사용 부품

명칭	사용 용도
터미널 캡 (terminal cap)	전동기에 접속하는 장소나 애자 사용 공사로 옮기는 장소의 관단에 사용

【답】②

2과목　전력공학

21 ★★★★★
비등수형 원자로의 특징에 대한 설명으로 틀린 것은?

① 증기발생기가 필요하다.
② 저농축 우라늄을 연료로 사용한다.
③ 노심에서 비등을 일으킨 증기가 직접 터빈에 공급되는 방식이다.
④ 가압수형 원자로에 비해 출력밀도가 낮다.

Explanation

비등수형 원자로(BWR : Boiled Water Reactor) : 물을 원자로 내에서 직접 비등
• 연료 : 저농축 우라늄
• 감속재, 냉각재 : 경수
• 열교환기(증기발생기)가 필요 없다.　　　　　　　　　　　　　　　　　　　　　　【답】①

22 ★★☆☆☆
전력계통에서 내부 이상전압의 크기가 가장 큰 경우는?

① 유도성 소전류 차단 시　　　　　　② 수차발전기의 부하 차단 시
③ 무부하 선로 충전전류 차단 시　　　④ 송전선로의 부하 차단기 투입 시

Explanation

내부 이상 전압 : 직격뢰, 유도뢰를 제외한 나머지
• 개폐서지 : 무부하 충전전류 개로(차단) 시 가장 크다.(송전선 Y전압의 4.5 ～ 6배)　　【답】③

23 ★★☆☆☆
송전단 전압을 V_s, 수전단 전압을 V_r, 선로의 리액턴스를 X라 할 때 정상 시의 최대 송전전력의 개략적인 값은?

① $\dfrac{V_s - V_r}{X}$ 　　　　　　　　　　② $\dfrac{V_s^2 - V_r^2}{X}$

③ $\dfrac{V_s(V_s - V_r)}{X}$ ④ $\dfrac{V_s V_r}{X}$

송전전력 $P = \dfrac{V_s V_r}{X}\sin\delta$ [MW]에서 최대송전전력은 $\delta = 90°$ 일 때이므로

$P_{\max} = \dfrac{V_s V_r}{X}$

【답】④

24 ★★★★★ 망상(network) 배전방식의 장점이 아닌 것은?

① 전압변동이 적다.
② 인축의 접지사고가 적어진다.
③ 부하의 증가에 대한 융통성이 크다.
④ 무정전 공급이 가능하다.

저압 네트워크 방식
• 무정전 공급 방식(공급 신뢰도가 가장 우수)
• 전압 강하, 전력손실이 적다.
• 부하 증가 대응 우수
• **인축의 접지 사고 증가**
• 고장 시 고장전류 역류
　　대책: 네트워크 프로텍터(저압용 차단기, 저압용 퓨즈, 전력방향계전기)

【답】②

25 ★☆☆☆☆ 500[kVA]의 단상 변압기 상용 3대(결선 △-△), 예비 1대를 갖는 변전소가 있다. 부하의 증가로 인하여 예비변압기까지 동원해서 사용한다면 응할 수 있는 최대부하 [kVA]는?

① 약 2,000[kVA]
② 약 1,730[kVA]
③ 약 1,500[kVA]
④ 약 830[kVA]

V 결선 시 출력 $P_V = \sqrt{3}\,K$ (여기서, K는 변압기 1대 용량)
따라서 V 결선 2-Bank로 결선하면
3상 최대출력은 $P = 2\sqrt{3}\,K = 2 \times \sqrt{3} \times 500 = 1{,}732$ [kVA]

【답】②

26 ★★★☆☆ 배전용 변전소의 주변압기로 주로 사용되는 것은?

① 강압 변압기
② 체승 변압기
③ 단권 변압기
④ 3권선 변압기

• 체승 변압기(승압용) : 송전용
• **체강 변압기(강압용) : 배전용**

【답】①

27 ★★★★☆ 3상용 차단기의 정격 차단용량은?

① $\sqrt{3} \times$ 정격전압 $\times$ 정격차단전류
② $\sqrt{3} \times$ 정격전압 $\times$ 정격전류
③ $3 \times$ 정격전압 $\times$ 정격차단전류
④ $3 \times$ 정격전압 $\times$ 정격전류

3상용 차단기의 정격용량
$P_s = \sqrt{3} \times$ 정격전압 $\times$ 정격차단전류[MVA]

【답】①

28 ★★★☆☆

3상 3선식 송전선로에 있어서 각선의 대지정전용량이 0.5096[μF]이고, 선간정전용량이 0.1295 [μF]일 때 1선이 작용 정전용량은 몇 [μF]인가?

① 0.6

② 0.9

③ 1.2

④ 1.8

Explanation

3상 선로의 작용정전용량

$C = C_s + 3C_m = 0.5096 + 3 \times 0.1295 = 0.8981 ≒ 0.9[\mu F]$

【답】②

29 ★★☆☆☆

그림과 같은 송전계통에서 S점에 있어서 3상 단락사고가 발생하였을 때 단락전류[A]는 약 얼마인가? (단, 선로의 길이와 리액턴스는 각각 50[km], 0.6[Ω/km])

① 224

② 324

③ 454

④ 554

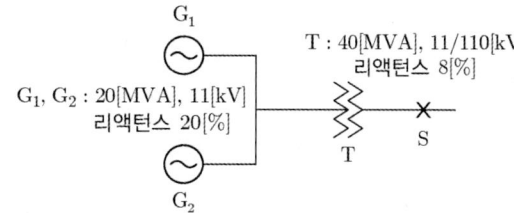

G_1, G_2 : 20[MVA], 11[kV]
리액턴스 20[%]

T : 40[MVA], 11/110[kV]
리액턴스 8[%]

Explanation

기준용량을 40[MVA]로 하면

발전기 G_1, G_2 : $\%Z_G = 20 \times \dfrac{40}{20} = 40[\%]$

변압기 T : $\%Z_T = 8[\%]$

선로 : $\%Z_L = \dfrac{ZP}{10V^2} = \dfrac{0.6 \times 50 \times 40 \times 10^3}{10 \times 110^2} = 9.92[\%]$

발전기에서 단락 점까지의 전체 %임피던스는

$\%Z = \dfrac{40 \times 40}{40 + 40} + 8 + 9.92 = 37.92[\%]$

단락전류 $I_s = \dfrac{100}{\%Z} I_n = \dfrac{100}{\%Z} \times \dfrac{P}{\sqrt{3}\,V_2} = \dfrac{100}{37.92} \times \dfrac{40 \times 10^6}{\sqrt{3} \times 110 \times 10^3} = 554[A]$

【답】④

30 ★★☆☆☆

전력계통의 전압을 조정하는 가장 보편적인 방법은?

① 발전기의 유효전력 조정

② 부하의 유효전력 조정

③ 계통의 주파수 조정

④ 계통의 무효전력 조정

Explanation

• P–f (유효전력 – 주파수 제어)

• Q–V(계통의 무효전력 – 전압제어)

【답】④

31 ★★★★★

역률 0.8(지상)의 2,800[kW] 부하에 전력용 콘덴서를 병렬로 접속하여 합성역률을 0.9로 개선 하고자 할 경우 필요한 전력용 콘덴서의 용량은 약 몇 [kVA]인가?

① 372[kVA]

② 558[kVA]

③ 744[kVA]

④ 1,116[kVA]

Explanation

전력용 콘덴서 용량

$$Q_c = P(\tan\theta_1 - \tan\theta_2) = P\left(\frac{\sqrt{1-\cos_1^2\theta}}{\cos_1\theta} - \frac{\sqrt{1-\cos_2^2\theta}}{\cos_2\theta}\right)$$

$$= 2,800 \times \left(\frac{0.6}{0.8} - \frac{\sqrt{1-0.9^2}}{0.9}\right) = 744[kVA]$$

【답】③

32 ★★★☆☆
컴퓨터에 의한 전력조류 계산에서 슬랙(slack)모선의 초기치로 지정하는 값은? 단, 슬랙모선을 기준모선으로 한다.

① 유효전력과 무효전력
② 전압의 크기와 유효전력
③ 전압의 크기와 위상각
④ 전압의 크기와 무효전력

Explanation

종류	기지량	미지량
슬랙모선	모선전압의 크기와 위상각	유효전력, 무효전력

【답】③

33 ★★★★★
직격뢰에 대한 방호설비로 가장 적당한 것은?

① 복도체
② 가공지선
③ 서지흡수기
④ 정전방전기

Explanation

이상전압 방호설비
• 피뢰기 : 이상전압에 대한 기계기구 보호(변압기 보호)
• 서지흡수기(SA) : 이상전압에 대한발전기 보호
• **가공지선 : 직격뢰, 유도뢰 차폐효과**

【답】②

34 ★★★★☆
저압배전선로에 대한 설명으로 틀린 것은?

① 저압 뱅킹 방식은 전압변동을 경감할 수 있다.
② 밸런서(balancer)는 단상 2선식에 필요하다.
③ 부하율(F)와 손실계수(H)사이에는 $1 \geq F \geq H \geq F^2 \geq 0$의 관계가 있다.
④ 수용률이란 최대수용전력을 설비용량으로 나눈 값을 퍼센트로 나타낸 것이다.

Explanation

• 저압뱅킹방식 : 전압강하 및 전력손실이 적고 플리커현상 경감
• **밸런서 : 단상 3선식에서 중성선 단선 시 전압 불평형 해소**
• 수용률 $= \dfrac{최대\ 전력}{설비\ 용량} \times 100[\%]$
• 배전선의 손실 계수(H)와 부하율(F)의 관계 : $0 \leq F^2 \leq H \leq F \leq 1$

【답】②

35 ★★☆☆☆
증기터빈 내에서 팽창 도중의 증기를 일부 추기하여 그것이 갖는 열을 급수가열에 이용하는 열사이클은?

① 랭킨사이클
② 카르노사이클
③ 재생사이클
④ 재생사이클

Explanation

• 재생 사이클 : 단열 팽창도중 증기의 일부를 추기하여 보일러 급수를 가열하여 복수 열손실을 회수하는 사이클로서 급수가열기가 있는 시스템

- 재열사이클 : 고압 터빈을 돌리고 나온 증기를 전부 추출해서 보일러의 재열기로 증기를 다시 최초의 과열 증기 온도 부근까지 가열시켜서 터빈 저압단에 공급하는 것으로 재열기가 있는 시스템
- 재열재생사이클 : 재생사이클과 재열사이클의 결합(재열기+급수가열기)　　　　　　　　【답】③

36 ★☆☆☆☆
단상 2선식 배전선로의 말단에 지상 역률 $\cos\theta$인 부하 P[kW]가 접속되어 있고, 선로 말단의 전압은 V[V]이다. 선로 1가닥당의 저항을 $R[\Omega]$이라 할 때 송전단 공급 전력[kW]은?

① $P + \dfrac{P^2 R}{V\cos\theta} \times 10^3$

② $P + \dfrac{2P^2 R}{V\cos\theta} \times 10^3$

③ $P + \dfrac{P^2 R}{V^2 \cos^2\theta} \times 10^3$

④ $P + \dfrac{2P^2 R}{V^2 \cos^2\theta} \times 10^3$

Explanation

송전단 공급 전력 = 수전단 전력 + 선로 손실

$P_s = P_r + 2I^2 R = P_r + 2 \times \dfrac{{P_r}^2 R}{V^2 \cos^2\theta} \times 10^3 \text{[kW]}$　　여기서, R : 선로 1가닥당의 저항

따라서 수전단 전력을 P라 하면

송전단 전력 $P_s = P + 2I^2 R = P + 2 \times \dfrac{(P \times 10^3)^2}{V^2 \cos^2\theta} \times 10^{-3} = P + 2\dfrac{P^2 R}{V^2 \cos^2\theta} \times 10^3 \text{[kW]}$　　【답】④

37 ★★★★★
선로, 기기 등의 절연 수준 저감 및 전력용 변압기의 단절연을 모두 행할 수 있는 중성점 접지 방식은?

① 직접접지 방식

② 소호리액터접지 방식

③ 고저항접지 방식

④ 비접지 방식

Explanation

직접 접지방식의 장점
- 1선 지락 시 건전상의 대지전압 상승이 낮다.(절연레벨 경감)
- 중성점을 0전위로 유지 가능(단절연 가능)
- 보호계전기 동작이 확실하다.
- 정격이 낮은 피뢰기 사용 가능　　　　　　　　【답】①

38 ★★★★★
최대 수용 전력이 3[kW]인 수용가가 3세대, 5[kW]인 수용가가 6세대라고 할 때, 이 수용가군이 전력을 공급할 수 있는 주상 변압기의 용량은 최소 몇 [kVA]가 필요한가? (단, 역률은 1, 수용가 간의 부등률은 1.30이라고 한다)

① 25

② 30

③ 35

④ 40

Explanation

변압기 용량 $= \dfrac{\text{설비 용량} \times \text{수용률}}{\text{역률} \times \text{부등률}} \text{[kVA]}$

$= \dfrac{3 \times 3 + 5 \times 6}{1 \times 1.3} = 30 \text{[kVA]}$　　　　　　　　【답】②

39 ★★★★★
부하전류 차단이 불가능한 전력개폐 장치는?

① 진공차단기

② 유입차단기

③ 단로기

④ 가스차단기

Explanation

전력용 개폐장치
- 단로기 : **무부하 회로 개폐**
- 개폐기 : 부하전류 개폐
- 차단기 : 부하전류 개폐 및 고장전류 차단

【답】③

40 ★★★★★
가공송전선로에서 총 단면적이 같은 경우 단도체와 비교하여 복도체의 장점이 아닌 것은?

① 안정도를 증대시킬 수 있다.
② 공사비가 저렴하고 시공이 간편하다.
③ 전선 표면의 전위 경도가 저감되어 코로나 임계전압이 높아진다.
④ 선로의 인덕턴스가 감소되고 정전용량이 증가해서 송전용량이 증대된다.

Explanation

복도체(다도체) 방식 → 주목적 : 코로나 방지
- 인덕턴스는 감소, 정전 용량은 증가
- 같은 단면적의 단도체에 비해 전류 용량의 증대
- 코로나의 방지, 코로나 임계 전압의 상승
- 송전 용량의 증대
- 소도체 충돌 현상(대책 : 스페이서의 설치)
- 단락 시 대전류 등이 흐를 때 정전 흡인력이 발생
  단도체 방식에 비해 공사기간이 길고 비용이 많이 소요된다.

【답】②

3과목 전기기기

41 ★★☆☆☆
부하전류가 크지 않을 때 직류 직권전동기의 발생 토크는? (단, 자기회로가 불포화인 경우이다)

① 전류에 비례한다.
② 전류의 반비례한다.
③ 전류의 제곱에 비례한다.
④ 전류의 제곱에 반비례한다.

Explanation

직류 직권전동기의 특성
$I = I_a = I_f$

$T \propto I^2 \propto \dfrac{1}{N^2}$

따라서 토크는 전기자 전류의 제곱에 비례한다.

【답】③

42 ★☆☆☆☆
동기전동기에 대한 설명으로 틀린 것은?

① 동기전동기는 주로 회전계자형이다.
② 동기전동기는 무효전력을 공급할 수 있다.
③ 동기전동기는 제동권선을 이용한 기동법이 일반적으로 많이 사용된다.
④ 3상 동기 전동기의 회전방향을 바꾸려면 계자권선 전류의 방향을 반대로 한다.

Explanation

동기전동기의 특징

장점	단점
① 속도가 N_s로 일정	① 기동토크가 작다.
② 역률 1로 조정 가능	② 속도 제어가 어렵다.
③ 효율이 좋다.	③ 직류 여자가 필요
④ 공극이 크고 기계적으로 튼튼하다.	④ 난조가 일어나기 쉽다.

여기서 동기전동기를 역회전하려면 주 전원의 2선의 접속을 반대로 한다. 【답】 ④

43 ★☆☆☆☆
동기발전기에서 동기속도와 극수와의 관계를 표시한 것은? (단, N : 동기속도, P : 극수이다)

①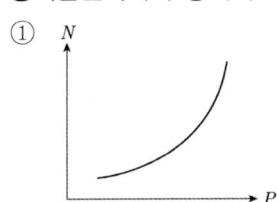

②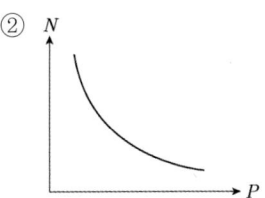

③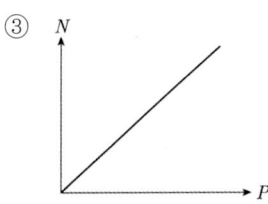

④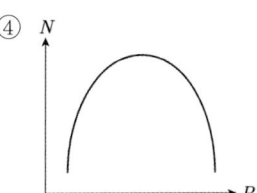

Explanation

동기속도 $N_s = \dfrac{120f}{P}$

$N_s \propto \dfrac{1}{P}$: 동기속도는 극수에 반비례 한다. 【답】 ②

44 ★☆☆☆☆
어떤 직류전동기가 역기전력이 200[V], 매분 1,200회전으로 토크 158.76[N·m]를 발생하고 있을 때의 전기자전류는 약 몇 [A]인가? (단, 기계손 및 철손은 무시한다)
① 90　　　　　　　　　　　　② 95
③ 100　　　　　　　　　　　④ 105

Explanation

토크 $\tau = \dfrac{P}{\omega} = \dfrac{EI_a}{2\pi\dfrac{N}{60}}$ [N·m]에서

전기자 전류 $I_a = \dfrac{\tau \times 2\pi \dfrac{N}{60}}{E} = \dfrac{158.76 \times 2\pi \times \dfrac{1,200}{60}}{200} = 99.7$[A] 【답】 ③

45 ★★☆☆☆
일반적인 DC 서보모터의 제어에 속하지 않는 것은?
① 역률제어　　　　　　　　② 토크제어
③ 속도제어　　　　　　　　④ 위치제어

Explanation

서보모터 : 위치, 방향, 자세, 각도, 토크 등을 제어 량으로 하는 전동기 【답】①

46
★★☆☆☆

극수가 4극이고 전기자권선이 단중 중권인 직류발전기의 전기자전류가 40[A]이면 전기자권선의 각 병렬회로에 흐르는 전류[A]는?

① 4

② 6

③ 8

④ 10

Explanation

중권과 파권 비교

비교항목	단중 중권	단중 파권
전기자의 병렬회로수	a=P(mP)	a=2(2m)
브러시 수	a=P=b	b=2
용도	저전압, 대전류	고전압, 소전류
균압접속	균압환 필요	불필요

중권이므로 전기자 병렬회로수가 극수와 같으므로 $a = p = 4$이므로

각 병렬회로에 흐르는 전류는 $i_a = \dfrac{I_a}{a} = \dfrac{40}{4} = 10[\text{A}]$ 【답】④

47
★☆☆☆☆

부스트(Boost) 컨버터의 입력전압이 45[V]로 일정하고 스위칭 주기가 20[kHz], 듀티비 0.6, 부하저항이 10[Ω]일 때 출력전압은 몇 [V]인가? (단, 인덕터에는 일정한 전류가 흐르고 커패시터 출력전압의 리플성분은 무시한다)

① 27

② 67.5

③ 75

④ 112.5

Explanation

DC–DC 컨버터(Converter)의 종류 (여기서, $D = \dfrac{T_{ON}}{T}$ 는 듀티비)

Boost Converter의 출력 전압 $V_o = \dfrac{1}{1-D} V_i = \dfrac{1}{1-0.6} \times 45 = 112.5[\text{V}]$ 【답】④

48
★★☆☆☆

8극, 900[rpm] 동기발전기와 병렬 운전하는 6극 동기발전기의 회전수는 몇 [rpm]인가?

① 900

② 1,000

③ 1,200

④ 1,400

Explanation

병렬 운전 시에 두 발전기는 주파수가 일치하여야 하므로

동기속도 $N_s = \dfrac{120f}{p}$ 에서

주파수 $f = \dfrac{p N_s}{120}$ $f = \dfrac{900 \times 8}{120} = 60[\text{Hz}]$

따라서 병렬 운전하는 동기발전기의 회전수는

$N_s = \dfrac{120f}{p} = \dfrac{120 \times 60}{6} = 1,200[\text{rpm}]$ 【답】③

49 ★☆☆☆☆ 변압기 단락시험에서 변압기의 임피던스 전압이란?

① 1차 전류가 여자 전류에 도달했을 때의 2차 측 단자 전압
② 1차 전류가 정격 전류에 도달했을 때의 2차 측 단자 전압
③ 1차 전류가 정격 전류에 도달했을 때의 변압기 내의 전압강하
④ 1차 전류가 2차 단락전류에 도달했을 때의 변압기 내의 전압강하

Explanation

임피던스전압
• 변압기 2차 측을 단락한 상태에서 1차 측에 정격전류(I_{1n})가 흐르도록 1차 측에 인가하는 전압
• 정격전류가 흐를 때 변압기내의 전압강하

【답】③

50 ★★★★☆ 단상 정류자 전동기의 일종인 단상 반발 전동기에 해당되는 것은?

① 시라게 전동기
② 반발 유도전동기
③ 아트킨손형 전동기
④ 단상 직권 정류가전동기

Explanation

단상 정류자 전동기
• 직권형–반발 전동기(브러시를 단락시켜 브러시 이동으로 기동 토크, 속도 제어)
  종류 : 아트킨손형, 톰슨형, 데리형

【답】③

51 ★★☆☆☆ 와전류 손실을 패러데이 법칙으로 설명한 과정 중 틀린 것은?

① 와전류가 철심 내에 흘러 발열 발생
② 유도기전력 발생으로 철심에 와전류가 흐름
③ 와전류 에너지 손실량은 전류밀도에 반비례
④ 시변 자속으로 강자성체 철심에 유도기전력 발생

Explanation

• 와전류 : 자속이 도체의 단면을 통과할 때 도체의 표면에 수직방향으로 회전하는 전류
• 와류손 : $P_e = \sigma_e (t f k_f B_m)^2$ [W]
  여기서, σ_e는 와류손 상수, t는 두께, k_f는 파형률, B_m은 최대자속밀도

【답】③

52 ★☆☆☆☆ 10[kW], 3상 380[V] 유도전동기의 전부하 전류는 약 몇 [A]인가? (단, 전동기의 효율은 85[%], 역률은 85[%]이다)

① 15
② 21
③ 26
④ 36

Explanation

3상 유도전동기의 효율 $\eta = \dfrac{P_o}{P_i} \times 100 = \dfrac{P_o}{\sqrt{3}\, VI \cos\theta} \times 100$ [%]에서

전부하 전류 $I = \dfrac{P_o}{\sqrt{3}\, V \cos\theta\, \eta} = \dfrac{10 \times 10^3}{\sqrt{3} \times 380 \times 0.85 \times 0.85} = 21$ [A]

【답】②

53 ★★★★★
변압기의 주요 시험 항목 중 전압변동률 계산에 필요한 수치를 얻기 위한 필수적인 시험은?

① 단락시험
② 내전압시험
③ 변압비시험
④ 온도상승시험

> **Explanation**
>
> 변압기의 시험
> • 무부하시험 : 여자 어드미턴스, 철손
> • 단락시험 : 임피던스와트, 임피던스전압, 동손, 전압변동률 　　　　　　　　　　【답】 ①

54 ★☆☆☆☆
2전동기설에 의하여 단상 유도전동기의 가상적 2개의 회전자 중 정방향에 회전하는 회전자 슬립이 s이면 역방향에 회전하는 가상적 회전자의 슬립은 어떻게 표시되는가?

① $1+s$
② $1-s$
③ $2-s$
④ $3-s$

> **Explanation**
>
> 단상 유도전동기 : 2전동기설(two motor theory)
> • 시계방향 회전자계와 반시계방향 회전자계
> • 1차 권선에는 교번자계가 발생
> • 2차권선 중에는 정방향 회전 시 sf_1과 역방향 회전 시 $(2-s)f_1$ 주파수가 존재 　　【답】 ③

55 ★★★★☆
3상 농형 유도전동기의 전전압 기동토크는 전부하토크의 1.8배이다. 이 전동기에 기동보상기를 사용하여 기동전압을 전전압의 $\dfrac{2}{3}$로 낮추어 기동하면, 기동 토크는 전부하노크 T와 어떤 관계인가?

① 3.0T
② 0.8T
③ 0.6T
④ 0.3T

> **Explanation**
>
> 유도전동기의 토크는 전압의 제곱에 비례 : $T \propto V^2$
>
> 기동토크 $T_s = 1.8T \times \left(\dfrac{2}{3}\right)^2 = 0.8T$ 　　　　　　　　　　　　　　　【답】 ②

56 ★☆☆☆☆
변압기에서 생기는 철손 중 와류손(Eddy Current Loss)은 철심의 규소강판 두께와 어떤 관계에 있는가?

① 두께에 비례
② 두께의 2승에 비례
③ 두께의 3승에 비례
④ 두께의 $\dfrac{1}{2}$승에 비례

> **Explanation**
>
> 와류손 : $P_e = \sigma_e (t f k_f B_m)^2 [\text{W}]$ 　　여기서, σ_e는 와류손 상수, t는 두께, k_f는 파형률, B_m은 최대자속밀도
> 따라서 와류손은 두께의 제곱에 비례한다. 　　　　　　　　　　　　　　　　　【답】 ②

57 ★★★★★
50[Hz], 12극 3상 유도전동기가 10[HP]의 정격 출력을 내고 있을 때 회전수는 약 몇 [rpm]인가? (단, 회전자 동손은 350[W]이고, 회전자 입력은 회전자 동손과 정격 출력의 합이다)

① 468
② 478
③ 488
④ 500

2차 입력(회전자 입력) $P_2 = P_o + P_{c2} = 10 \times 746 + 350 = 7,810[\text{W}]$

회전자 동손(2차 동손) $P_{c2} = sP_2$에서

슬립 $s = \dfrac{P_{c2}}{P_2} = \dfrac{350}{7,810} = 0.045$

회전속도 $N = (1-s)N_s = (1-0.045) \times \dfrac{120 \times 50}{12} = 478[\text{rpm}]$ 　【답】 ②

---

58 ★★★☆☆ 변압기의 권수를 N이라고 할 때 누설리액턴스는?

① N에 비례한다.　　　　　　　　② N^2에 비례한다.

③ N에 반비례한다.　　　　　　　④ N^2에 반비례한다.

누설 리액턴스 $X_L = \omega L = 2\pi f L \propto L$이고

$L = \dfrac{\mu S N^2}{l} \propto N^2$이므로 권선을 분할 조립하여 누설 리액턴스를 줄인다. 　【답】 ②

---

59 ★★★★★ 동기발전기의 병렬운전 조건에서 같지 않아도 되는 것은?

① 기전력의 용량　　　　　　　　② 기전력의 위상

③ 기전력의 크기　　　　　　　　④ 기전력의 주파수

동기발전기의 병렬운전 조건

기전력의 크기가 같을 것	무효순환전력 (무효횡류)
기전력의 위상이 같을 것	동기화 전류 (유효횡류)
기전력의 주파수가 같을 것	난조발생
기전력의 파형이 같을 것	고조파 무효순환전류

【답】 ①

---

60 ★★★☆☆ 다이오드를 사용하는 정류회로에서 과대한 부하전류로 인하여 다이오드가 소손될 우려가 있을 때 가장 적절한 조치는 어느 것인가?

① 다이오드를 병렬로 추가한다.

② 다이오드를 직렬로 추가한다.

③ 다이오드 양단에 적당한 값의 저항을 추가한다.

④ 다이오드 양단에 적당한 값의 커패시터를 추가한다.

• 직렬연결 : 과전압 방지(입력전압을 증대)

• **병렬연결 : 과전류 방지** 　【답】 ①

4과목　**회로이론 및 제어공학**

61

★☆☆☆☆

전달함수가 $G_C(s) = \dfrac{s^2 + 3s + 5}{2s}$ 인 제어기가 있다. 이 제어기는 어떤 제어기인가?

① 비례 미분 제어기

② 적분 제어기

③ 비례 적분 제어기

④ 비례 미분 적분 제어기

PID 제어기 $y(t) = K\left[z(t) + \dfrac{1}{T_i} \int z(t)dt + T_d \dfrac{d}{dt} z(t) \right]$

여기서, K는 비례감도, T_i는 적분시간, T_d는 미분시간

제어기의 전달함수 $G_c(s) = \dfrac{s^2 + 3s + 5}{2s} = \dfrac{1}{2}s + \dfrac{3}{2} + \dfrac{5}{2s} = \dfrac{3}{2}\left[1 + \dfrac{1}{3}s + \dfrac{5}{3s} \right]$

따라서 비례감도 $\dfrac{3}{2}$, 적분시간 $\dfrac{3}{5}$, 미분시간 $\dfrac{1}{3}$인 비례 미분 적분 제어기이다. 【답】④

62

★☆☆☆☆

다음 논리회로의 출력 Y는?

① A

② B

③ $A + B$

④ $A \cdot B$

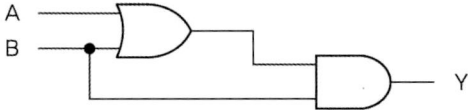

부울 대수를 이용하여
$Y = (A + B) \cdot B = AB + BB = AB + B = B(A + 1) = B$ 【답】②

63

★★★★★

다음과 같은 궤환 제어계가 안정하기 위한 K의 범위는?

① $K > 0$

② $K > 1$

③ $0 < K < 1$

④ $0 < K < 2$

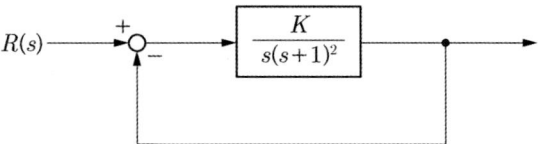

Routh-Hurwitz 판별식을 이용하여 안정도를 구하기 위하여 폐루프 특성방정식을 구하면
폐루프의 특성 방정식은 개루프 전달함수의 (분모+분자)
$$s(s+1)^2 + K = s^3 + 2s^2 + s + K = 0$$
Routh-Hurwitz판별식을 이용하여 1열의 부호가 모두 양수이면 안정하며

s^3	1	1
s^2	2	K
s^1	$\dfrac{2-K}{2}$	0
s^0	K	

제1열의 부호 변화가 없어야 안정하므로 $2 - K > 0$, $2 > K$ $K > 0$ ∴ $0 < K < 2$ 【답】④

64 ★★★★★

다음과 같은 상태 방정식으로 표시되는 제어시스템의 특성방정식의 근(s_1, s_2)은?

$$\begin{bmatrix} \dot{x_1} \\ \dot{x_2} \end{bmatrix} = \begin{bmatrix} 0 & 1 \\ -2 & -3 \end{bmatrix} \begin{bmatrix} x_1 \\ x_2 \end{bmatrix} + \begin{bmatrix} 1 \\ 0 \end{bmatrix} u$$

① 1, −3
② −1, −2
③ −2, −3
④ −1, −3

Explanation

특성방정식 $|sI - A| = 0$

$$|sI - A| = \begin{bmatrix} s & 0 \\ 0 & s \end{bmatrix} - \begin{bmatrix} 0 & 1 \\ -2 & -3 \end{bmatrix} = \begin{vmatrix} s & -1 \\ s & s+3 \end{vmatrix} = s^2 + 3s + 2$$

$s^2 + 3s + 2 = (s+1)(s+2) = 0$

따라서 특성방정식의 근(고유값) $s = -1, -2$

【답】②

65 ★☆☆☆☆

그림의 블록선도와 같이 표현되는 제어시스템에서 $A = 1$, $B = 1$일 때, 블록선도의 출력 C는 얼마인가?

① 0.22
② 0.33
③ 1.22
④ 3.1

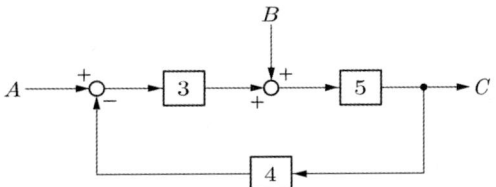

Explanation

블록선도의 전달함수 $G(s) = \dfrac{\Sigma G}{1 - \Sigma L_1 + \Sigma L_2 + \cdots}$

여기서, L_1 : 각각의 모든 폐루프 이득의 합

L_2 : 서로 접촉하지 않는 2개의 폐루프 이득의 곱의 합

ΣG : 각각의 전향 경로의 합

입력(A)과 외란입력(B)을 이용한 출력을 구하면

$C = \dfrac{3 \times 5}{1 + 3 \times 4 \times 5} A + \dfrac{5}{1 + 3 \times 4 \times 5} B = \dfrac{15}{61} \times 1 + \dfrac{5}{61} \times 1 = \dfrac{15 + 5}{61} = 0.33$

【답】②

66 ★★★☆☆

제어요소가 제어대상에 주는 양은?

① 동작신호
② 조작량
③ 제어량
④ 궤환량

Explanation

피드백 제어 시스템의 기본구성

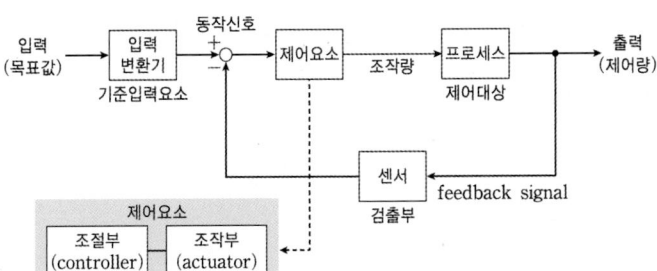

【답】②

67 ★☆☆☆☆ 전달함수 $\dfrac{C(s)}{R(s)} = \dfrac{1}{3s^2+4s+1}$ 인 제어계는 다음 중 어느 경우인가?

① 무제동
② 부족제동
③ 임계제동
④ 과제동

Explanation

$$G(s) = \frac{\omega_n^{\,2}}{s^2+2\zeta\omega_n s + \omega_n^{\,2}} = \frac{1}{3s^2+4s+1} = \frac{\frac{1}{3}}{s^2 + \frac{4}{3}s + \frac{1}{3}}$$

$$\omega_n^{\,2} = \frac{1}{3}, \; \omega_n = \frac{1}{\sqrt{3}}$$

$$2\zeta\omega_n = \frac{4}{3}, \qquad \zeta = 1.15$$

따라서 과제동이다.

【답】④

68 ★★★★★ 함수 $f(t) = e^{-at}$ 의 z 변환 함수 $F(z)$ 는?

① $\dfrac{2z}{z - e^{aT}}$

② $\dfrac{1}{z + e^{-aT}}$

③ $\dfrac{z}{z + e^{-aT}}$

④ $\dfrac{z}{z - e^{-aT}}$

Explanation

라플라스 변환과 z 변환과의 관계

$f(t)$		$F(s)$	$F(z)$
임펄스 함수	$\delta(t)$	1	1
단위 계단 함수	$u(t)$	$\dfrac{1}{s}$	$\dfrac{z}{z-1}$
램프 함수	t	$\dfrac{1}{s^2}$	$\dfrac{Tz}{(z-1)^2}$
지수 함수	e^{-at}	$\dfrac{1}{s+a}$	$\dfrac{z}{z-e^{-aT}}$

【답】④

69 ★★★★★ 제어시스템의 주파수 전달함수가 $G(j\omega) = j5\omega$ 이고, 주파수가 $\omega = 0.02[\text{rad/sec}]$ 일 때, 이 제어시스템의 이득[dB]은?

① 20
② 10
③ −10
④ −20

Explanation

이득 $g = 20\log_{10}|G(j\omega)| = 20\log_{10}|j5\omega| = 20\log_{10}|j0.1|$
$\quad = 20\log_{10}|10^{-1}| = -20[\text{dB}]$

【답】④

70 ★☆☆☆☆

그림과 같은 제어시스템의 폐루프 전달함수 $T(s) = \dfrac{C(s)}{R(s)}$ 에 대한 감도 S_K^T는?

① −1
② 0
③ 0.5
④ 1

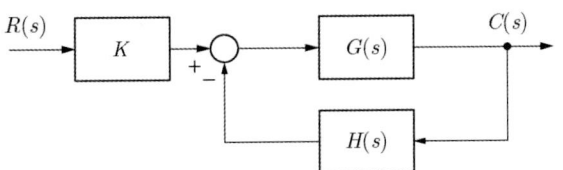

감도(Sensitivity)

시스템의 한 개의 파라미터가 전체시스템에 미치는 영향 $S_K^T = \dfrac{K}{T}\dfrac{dT}{dK}$

· 전체 시스템 $T = \dfrac{C(s)}{R(s)} = \dfrac{GK}{1+GH}$

$\therefore S_K^T = \dfrac{K}{T} \cdot \dfrac{dT}{dK} = \dfrac{K}{\dfrac{KG}{1+GH}} \cdot \dfrac{d}{dK}\left(\dfrac{GK}{1+GH}\right) = \dfrac{1+GH}{G} \cdot \dfrac{G}{1+GH} = 1$

【답】④

71 ★☆☆☆☆

그림 (a)와 같은 회로에 대한 구동점 임피던스의 극점과 영점이 각각 그림(b)에 나타낸 것과 같고 $Z(0) = 1$일 때, 이 회로에서의 $R[\Omega]$, $L[\text{H}]$, $C[\text{F}]$의 값은?

① $R = 1.0[\Omega]$, $L = 0.1[\text{H}]$, $C = 0.0235[\text{F}]$
② $R = 1.0[\Omega]$, $L = 0.2[\text{H}]$, $C = 1.0[\text{F}]$
③ $R = 2.0[\Omega]$, $L = 0.1[\text{H}]$, $C = 0.0235[\text{F}]$
④ $R = 2.0[\Omega]$, $L = 0.2[\text{H}]$, $C = 1.0[\text{F}]$

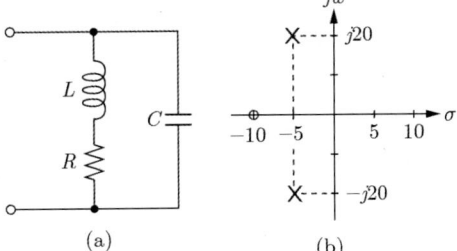

(a)　　　　(b)

【답】①

72 ★☆☆☆☆

회로에서 저항 1[Ω]에 흐르는 전류 $I[\text{A}]$는?

① 3
② 2
③ 1
④ −1

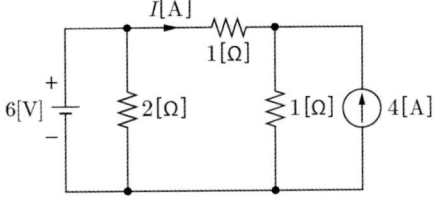

중첩의 원리를 이용하면

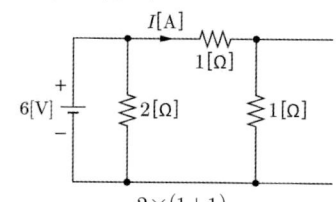

① 전류원 개방 시

I[A]

1[Ω]

6[V] 2[Ω] 1[Ω]

전체저항 $R_T = \dfrac{2 \times (1+1)}{2+(1+1)} = 1[\Omega]$

전체전류 $I_T = \dfrac{V}{R_T} = \dfrac{6}{1} = 6[A]$

1[Ω]에 흐르는 전류 $I' = 6 \times \dfrac{2}{2+2} = 3[A]$

따라서 1[Ω]에 흐르는 전체 전류 $I = I' + I'' = 3 + (-2) = 1[A]$

② 전압원 단락 시

I[A]

1[Ω]

2[Ω] 1[Ω] 4[A]

1[Ω]에 흐르는 전류 $I'' = -4 \times \dfrac{1}{1+1} = -2[A]$

【답】③

73 ★★☆☆☆

파형이 톱니파일 경우 파형률은?

① 1.155
② 1.732
③ 1.414
④ 0.577

Explanation

삼각파

• 실효값 $V = \dfrac{V_m}{\sqrt{3}}$

• 평균값 $V_{av} = \dfrac{V_m}{2}$ 이므로

따라서 파형률 $= \dfrac{\text{실효값}}{\text{평균값}} = \dfrac{\dfrac{V_m}{\sqrt{3}}}{\dfrac{V_m}{2}} = \dfrac{2}{\sqrt{3}} = 1.155$

【답】①

74 ★★☆☆☆

무한장 무손실 전송선로의 임의의 위치에서 전압이 100[V]였다. 이 선로의 인덕턴스가 7.5[μH/m]이고, 커패시턴스가 0.012[μF/m]일 때 이 점에서 전류[A]는?

① 2
② 4
③ 6
④ 8

Explanation

무손실 선로 조건 $R = G = 0$

특성임피던스 $Z_0 = \sqrt{\dfrac{Z}{Y}} = \sqrt{\dfrac{R+j\omega L}{G+j\omega C}} = \sqrt{\dfrac{L}{C}}$

따라서 전류는 $I = \dfrac{V}{Z_0} = \dfrac{V}{\sqrt{\dfrac{L}{C}}} = \dfrac{100}{\sqrt{\dfrac{7.5 \times 10^{-6}}{0.012 \times 10^{-6}}}} = 4[A]$

【답】②

75 ★★★★★

전압 $v(t) = 14.14 \sin \omega t + 7.07 \sin \left(3\omega t + \dfrac{\pi}{6}\right)$[V]의 실효값은 약 몇 [V]인가?

① 3.87
② 11.2
③ 15.8
④ 21.2

Explanation

비정현파의 실효값 : 각 고조파 실효값의 제곱의 합의 제곱근

$$V = \sqrt{V_0^2 + V_1^2 + V_2^2 + \cdots + V_n^2}$$

$$V = \sqrt{V_1^2 + V_3^2} = \sqrt{\left(\frac{14.14}{\sqrt{2}}\right)^2 + \left(\frac{7.07}{\sqrt{2}}\right)^2} = 11.2[\text{V}]$$

【답】②

76 ★☆☆☆☆ 그림과 같은 평형 3상 회로에서 전원전압이 $V_{ab} = 200[\text{V}]$이고 부하 1상의 임피던스가 $Z = 4 + j3$ $[\Omega]$인 경우 전원과 부하 사이 선전류 I_a는 약 몇 [A]인가?

① $40\sqrt{3} \angle 36.87°$

② $40\sqrt{3} \angle -36.87°$

③ $40\sqrt{3} \angle 66.87°$

④ $40\sqrt{3} \angle -66.87°$

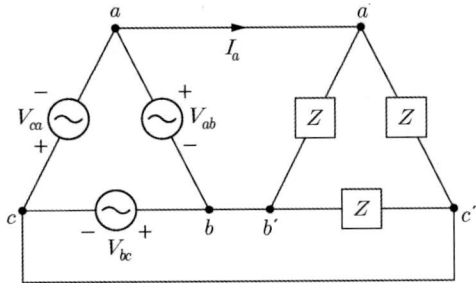

Explanation

△결선이므로 $V_l = V_p$이므로

부하의 상전류 $I_p = \dfrac{V_p}{Z} = \dfrac{200}{6+j8} = \dfrac{200}{\sqrt{4^2+3^2}} = \dfrac{200}{5\angle tan^{-1}\frac{3}{4}} = \dfrac{200}{5\angle 36.87°} = 40\angle -36.87°$

△ 결선이므로 $I_l = \sqrt{3} I_p \angle -30°[\text{A}]$이므로

선전류 $I_l = 40\sqrt{3} \angle -36.87° -30° = 40\sqrt{3}\angle -66.87°$

【답】④

77 ★★☆☆☆ 정상 상태일 때 $t = 0$초인 순간에 스위치 S를 열었다. 이 때 흐르는 전류 $i(t)$는?

① $\dfrac{V}{R}e^{-\frac{R+r}{L}t}$

② $\dfrac{V}{r}e^{-\frac{R+r}{L}t}$

③ $\dfrac{V}{R}e^{-\frac{L}{R+r}t}$

④ $\dfrac{V}{r}e^{-\frac{L}{R+r}t}$

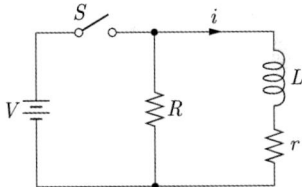

Explanation

S를 열었을 때 회로의 전압방정식은

$$L\frac{di}{dt} + (R+r)i = 0, \quad \frac{di}{dt} = -\frac{R+r}{L}i$$

$$\therefore i(t) = Ke^{-\frac{R+r}{L}t}$$

여기서, K값을 구하기 위하여 초기 값을 대입하면

$t = 0$일 때 회로의 전류는 $i = \dfrac{V}{r}$이므로 $K = \dfrac{V}{r}$

$$i(t) = \frac{V}{r}e^{-\frac{R+r}{L}t}$$

【답】②

78 ★★☆☆☆

선간전압이 150[V], 선전류가 $10\sqrt{3}$[A], 역률이 80[%]인 평형 3상 유도성 부하로 공급되는 무효전력[Var]은?

① 3,600   ② 3,000

③ 2,700   ④ 1,800

> **Explanation**
>
> 3상 무효전력 $P_r = \sqrt{3}\,V_l I_l \sin\theta = \sqrt{3}\times150\times10\sqrt{3}\times0.6 = 2,700$[Var]
>
> 여기서, 무효율 $\sin\theta = \sqrt{1-\cos^2\theta} = \sqrt{1-0.8^2} = 0.6$ 　　　　　　　　　　　【답】③

79 ★★★★☆

그림과 같은 함수의 라플라스 변환은?

① $\dfrac{1}{s}\left(e^s - e^{2s}\right)$ ② $\dfrac{1}{s}\left(e^{-s} - e^{-2s}\right)$

③ $\dfrac{1}{s}\left(e^{-2s} - e^{-s}\right)$ ④ $\dfrac{1}{s}\left(e^{-s} + e^{-2s}\right)$

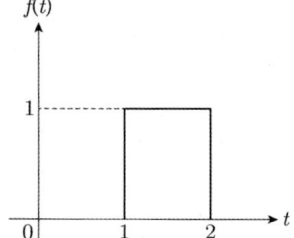

> **Explanation**
>
> 함수 $f(t) = u(t-1) - u(t-2)$이므로
>
> $\mathcal{L}\left[f(t)\right] = \mathcal{L}\left[u(t-1)-u(t-2)\right] = \left\{\dfrac{e^{-s}}{s} - \dfrac{e^{-2s}}{s}\right\} = \dfrac{1}{s}\left(e^{-s} - e^{-2s}\right)$ 　　【답】②

80 ★★★★★

상의 순서가 a-b-c인 불평형 3상전류가 $I_a = 15 + j2$[A], $I_b = -20 - j14$[A], $I_c = -3 + j10$ [A]일 때 영상분 전류 I_0는 약 몇 [A]인가?

① $-2.67 + j0.38$ ② $2.02 + j6.98$

③ $15.5 - j3.56$ ④ $-2.67 - j0.67$[A]

> **Explanation**
>
> 영상분 전류 $I_0 = \dfrac{1}{3}(I_a + I_b + I_c)$
>
> $\qquad\qquad\quad = \dfrac{1}{3}(15+j2-20-j14-3+j10)$
>
> $\qquad\qquad\quad = -2.67 - j0.67$ 　　　　　　　　　　　　　　【답】④

5과목	전기설비기술기준

81 ★★★★★

지중 전선로를 직접 매설식에 의하여 차량 기타 중량물의 압력을 받을 우려가 있는 장소에 시설하는 경우 매설 깊이는 몇 [m] 이상으로 하여야 하는가?

① 0.6   ② 1

③ 1.5   ④ 2

(KEC 334.1조) 지중전선로의 시설
직접매설식 매설 깊이 : 차량 기타 중량물의 압력을 받을 우려 1.0[m] 이상, 기타 0.6[m] 이상　【답】②

82
★☆☆☆☆
돌침, 수평도체, 그물망도체의 요소 중에 한 가지 또는 이를 조합한 형식으로 시설하는 것은?

① 접지극시스템
② 수뢰부시스템
③ 내부피뢰시스템
④ 인하도선시스템

(KEC 152.1조) 수뢰부시스템
수뢰부시스템의 선정은 돌침, 수평도체, 그물망도체의 요소 중에 한 가지 또는 이를 조합한 형식으로 시설　【답】②

83
★★★★★
지중 전선로에 사용하는 지중함의 시설기준으로 틀린 것은?

① 조명 및 세척이 가능한 장치를 하도록 할 것
② 견고하고 차량 기타 중량물의 압력에 견디는 구조일 것
③ 그 안의 고인 물을 제거할 수 있는 구조로 되어 있을 것
④ 뚜껑은 시설자 이외의 자가 쉽게 열 수 없도록 시설할 것

(KEC 334.2조) 지중함의 시설
① 지중함은 견고하고 차량 기타 중량물의 압력에 견디는 구조일 것.
② 지중함은 그 안의 고인 물을 제거할 수 있는 구조로 되어 있을 것.
③ 폭발성 또는 연소성의 가스가 침입할 우려가 있는 것에 시설하는 지중함으로서 그 크기가 1[m³] 이상인 것에는 통풍장치 기타 가스를 방산시키기 위한 적당한 장치를 시설할 것.
④ 지중함의 뚜껑은 시설자이외의 자가 쉽게 열 수 없도록 시설할 것.　【답】①

84
★☆☆☆☆
전식방지대책에서 매설금속체측의 누설전류에 의한 전기 부식의 피해가 예상되는 곳에 고려하여야 하는 방법으로 틀린 것은?

① 절연코팅
② 배류장치 설치
③ 변전소 간 간격 축소
④ 저준위 금속체를 접속

(KEC 461.4조) 전기 부식 방지
매설금속체 측의 누설전류에 의한 전기 부식 방지
가. 배류장치 설치
나. **절연코팅**
다. 매설금속체 접속부 절연
라. **저준위 금속체를 접속**
마. 궤도와의 이격거리 증대
바. 금속판 등의 도체로 차폐　【답】③

85
★★★★☆
일반 주택의 저압 옥내배선을 점검하였더니 다음과 같이 시설되어 있었을 경우 시설기준에 적합하지 않은 것은?

① 합성수지관의 지지점 간의 거리를 2[m]로 하였다.
② 합성수지관 안에서 전선의 접속점이 없도록 하였다.
③ 금속관공사에 옥외용 비닐절연전선을 제외한 절연전선을 사용하였다.
④ 인입구에 가까운 곳으로서 쉽게 개폐할 수 있는 곳에 개폐기를 각 극에 시설하였다.

Explanation

(KEC 232.11조) 합성수지관 공사
① 전선은 합성수지관 안에서 접속점이 없도록 할 것
② 관 상호 간 및 박스와는 관을 삽입하는 깊이를 관의 바깥지름의 1.2배(접착제를 사용하는 경우에는 0.8배) 이상으로 하고 또한 꽂음 접속에 의하여 견고하게 접속할 것
③ **관의 지지점 간의 거리는 1.5[m] 이하로 하고**, 또한 그 지지점은 관의 끝관과 박스의 접속점 및 관 상호 간의 접속점 등에 가까운 곳에 시설할 것
④ 금속관공사에는 절연전선(옥외용 비닐절연전선 제외) 사용할 것 【답】①

86 ★☆☆☆☆ 하나 또는 복합하여 시설하여야 하는 접지극의 방법으로 틀린 것은?
① 지중 금속구조물
② 토양에 매설된 기초 접지극
③ 케이블의 금속외장 및 그 밖에 금속피복
④ 대지에 매설된 강화콘크리트의 용접된 금속 보강재

Explanation

(KEC 142.2조) 접지극의 시설
접지극은 다음의 방법 중 하나 또는 복합하여 시설하여야 한다.
① 토양에 매설된 기초 접지극
② 케이블의 금속외장 및 그 밖에 금속피복
③ 지중 금속구조물(배관 등)
④ 대지에 매설된 철근콘크리트의 용접된 금속 보강재(**다만, 강화콘크리트는 제외**) 【답】④

87 ★★★★★ 사용전압이 154[kV]인 전선로를 제1종 특고압 보안공사로 시설할 때 경동연선의 굵기를 몇 [㎟] 이상이어야 하는가?
① 55 ② 100
③ 150 ④ 200

Explanation

(KEC 333.22조) 특고압 보안공사 – 제1종 특고압 보안공사
전선은 케이블인 경우 이외에는 단면적이 표에서 정한 값 이상일 것.

사용전압	전선
100[kV] 미만	인장강도 21.67[kN] 이상의 연선 또는 단면적 55[㎟] 이상의 경동연선 또는 동등이상의 인장강도를 갖는 알루미늄 전선이나 절연전선
100[kV] 이상 300[kV] 미만	**인장강도 58.84[kN] 이상의 연선 또는 단면적 150[㎟] 이상의 경동연선** 또는 동등이상의 인장강도를 갖는 알루미늄 전선이나 절연전선
300[kV] 이상	인장강도 77.47[kN] 이상의 연선 또는 단면적 200[㎟] 이상의 경동연선 또는 동등이상의 인장강도를 갖는 알루미늄 전선이나 절연전선

【답】③

88 ★☆☆☆☆ 다음 ( )에 들어갈 내용으로 옳은 것은?

"동일 지지물에 저압 가공전선(다중접지된 중성선은 제외한다.)과 고압 가공전선을 시설하는 경우 고압 가공전선을 저압 가공선선의 (㉠)로 하고, 별개의 완금류에 시설해야 하며, 고압 가공전선과 저압 가공전선 사이의 이격거리는 (㉡)[m] 이상으로 한다."

①　㉠ 아래　㉡ 0.5　　　　　②　㉠ 아래　㉡ 1
③　㉠ 위　㉡ 0.5　　　　　④　㉠ 위　㉡ 1

Explanation

(KEC 222.9조) 저고압 가공전선의 등의 병행설치
저압 가공전선(다중접지된 중성선 제외)과 고압 가공전선을 동일지지물에 시설하는 경우
① **저압 가공전선을 고압 가공전선의 아래로** 하고 별개의 완금류에 시설할 것.
② **저압 가공전선과 고압 가공전선 사이의 이격거리는 0.5[m] 이상**일 것. 다만, 각도주(角度柱)·분기주(分岐柱) 등에서 혼촉(混觸)의 우려가 없도록 시설하는 경우에는 그러하지 아니하다.　　【답】③

89 ★☆☆☆☆
전기설비기술기준에서 정하는 안전원칙에 대한 내용으로 틀린 것은?
① 전기설비는 감전, 화재 그 밖에 사람에게 위해를 주거나 물건에 손상을 줄 우려가 없도록 시설하여야 한다.
② 전기설비는 다른 전기설비, 그 밖의 물건의 기능에 전기적 또는 자기적인 장해를 주지 않도록 시설하여야 한다.
③ 전기설비는 경쟁과 새로운 기술 및 사업의 도입을 촉진함으로써 전기사업의 건전한 발전을 도모하도록 시설하여야 한다.
④ 전기설비는 사용목적에 적절하고 안전하게 작동하여야 하며, 그 손상으로 인하여 전기 공급에 지장을 주지 않도록 시설하여야 한다.

Explanation

(전기설비기술기준 제2조) 안전원칙
① 전기설비는 감전, 화재 그 밖에 사람에게 위해(危害)를 주거나 물건에 손상을 줄 우려가 없도록 시설하여야 한다.
② 전기설비는 사용목적에 적절하고 안전하게 작동하여야 하며, 그 손상으로 인하여 전기 공급에 지장을 주지 않도록 시설하여야 한다.
③ 전기설비는 다른 전기설비, 그 밖의 물건의 기능에 전기적 또는 자기적인 장해를 주지 않도록 시설하여야 한다.
　　【답】③

90 ★★☆☆☆
플로어덕트공사에 의한 저압 옥내배선에서 연선을 사용하지 않도록 되는 전선(동선)의 단면적은 최대 몇 [㎟]인가?
① 2　　　　　　　　　　② 4
③ 6　　　　　　　　　　④ 10

Explanation

(KEC 232.32조) 플로어덕트공사
① 전선은 절연전선(옥외용 비닐절연전선을 제외한다)일 것
② 전선은 연선일 것. 다만, 단면적 10[㎟](알루미늄선은 단면적 16[㎟]) 이하인 것은 그러하지 아니하다.　　【답】④

91 ★☆☆☆☆
풍력터빈에 설비의 손상을 방지하기 위하여 시설하는 운전상태를 계측하는 계측장치로 틀린 것은?
① 조도계　　　　　　　② 압력계
③ 온도계　　　　　　　④ 풍속계

Explanation

(KEC 532.3.7조) 풍력설비의 계측장치 시설
① 회전속도계
② 나셀(nacelle) 내의 진동을 감시하기 위한 진동계
③ **풍속계**
④ **압력계**
⑤ **온도계**　　【답】①

92 ★★☆☆☆ 전압의 종별에서 교류 1,000[V]는 무엇으로 분류하는가?

① 저압　　　　　　　　　　　　　　　② 고압
③ 특고압　　　　　　　　　　　　　　④ 초고압

Explanation

(KEC 111.1조) 전압의 구분
① 저압 : 교류는 1[kV] 이하, 직류는 1.5[kV] 이하인 것.
② 고압 : 교류는 1[kV]를, 직류는 1.5[kV]를 초과하고, 7[kV] 이하인 것.
③ 특고압 : 7[kV]를 초과하는 것.　　　　　　　　　　　　　　　　　　　　【답】①

93 ★★★★★ 옥내 배선공사 중 반드시 절연전선을 사용하지 않아도 되는 공사방법은? (단, 옥외용 비닐절연전선은 제외한다)

① 금속관공사　　　　　　　　　　　　② 버스덕트공사
③ 합성수지관공사　　　　　　　　　　④ 플로어덕트공사

Explanation

(KEC 231.4조) 나전선 사용제한
옥내배선공사에서 나전선을 사용할 수 있는 것은 **버스덕트공사, 라이팅덕트공사**이다.　　　【답】②

94 ★☆☆☆☆ 시가지에 시설하는 사용전압 170[kV] 이하인 특고압 가공전선로의 지지물이 철탑이고 전선이 수평으로 2 이상 있는 경우에 전선 상호 간의 간격이 4[m] 미만인 때에는 특고압 가공전선로의 경간은 몇 [m] 이하이어야 하는가?

① 100　　　　　　　　　　　　　　　② 150
③ 200　　　　　　　　　　　　　　　④ 250

Explanation

(KEC 333.1조) 시가지 등에서 특고압 가공전선로의 시설(170[kV] 이하의 전선로)

지지물의 종류	경간
A종 철주 또는 A종 철근 콘크리트주	75[m]
B종 철주 또는 B종 철근 콘크리트주	150[m]
철탑	400[m] (단주인 경우에는 300[m]) 다만, 전선이 수평으로 2 이상 있는 경우에 전선 상호 간의 간격이 4[m] 미만인 때에는 250[m]

【답】④

95 ★★☆☆☆ 사용전압이 170[kV] 이하의 변압기를 시설하는 변전소로서 기술원이 상주하여 감시하지는 않으나 수시로 순회하는 경우, 기술원이 상주하는 장소에 경보장치를 시설하지 않아도 되는 경우는?

① 옥내변전소에 화재가 발생한 경우
② 제어회로의 전압이 현저히 저하한 경우
③ 운전조작에 필요한 차단기가 자동적으로 차단한 후 재폐로한 경우
④ 수소냉각식 무효전력 보상장치는 그 무효전력 보상장치 안의 수소의 순도가 90[%] 이하로 저하한 경우

Explanation

(KEC 351.9조) 상주 감시를 하지 않는 변전소의 시설
사용전압이 170[kV] 이하의 변압기를 시설하는 변전소로서 기술원이 수시로 순회하거나 그 변전소를 원격감시 제어하는 제어

소에서 상시 감시하는 경우 다음의 경우에는 변전제어소 또는 기술원이 상주하는 장소에 경보장치를 시설할 것.
① 운전조작에 필요한 차단기가 자동적으로 차단한 경우(차단기가 재폐로한 경우를 제외한다)
③ 제어 회로의 전압이 현저히 저하한 경우
④ 옥내변전소에 화재가 발생한 경우
⑧ 수소냉각식 무효전력 보상장치는 그 무효전력 보상장치 안의 수소의 순도가 90[%] 이하로 저하한 경우, 수소의 압력이 현저히 변동한 경우 또는 수소의 온도가 현저히 상승한 경우 **【답】③**

96

★☆☆☆☆

특고압용 타냉식 변압기의 냉각장치에 고장이 생긴 경우를 대비하여 어떤 보호장치를 하여야 하는가?

① 경보장치   ② 속도조정장치
③ 온도시험장치   ④ 냉매흐름장치

Explanation

(KEC 351.4조) 특고압 변압기의 보호장치

뱅크용량의 구분	동작 조건	장치의 종류
타냉식 변압기	냉각 장치에 고장이 생긴 경우 또는 변압기의 온도가 현저히 상승한 경우	경보 장치

【답】①

97

★★★★★

특고압 가공전선로의 지지물로 사용하는 B종 철주, B종 철근콘크리트주 또는 철탑의 종류에서 전선로의 지지물 양쪽의 경간의 차가 큰 곳에 사용하는 것은?

① 각도형   ② 잡아당김형
③ 내장형   ④ 보강형

Explanation

(KEC 333.11조) 특고압 가공전선로의 철주, 철근콘크리트주, 철탑의 종류
① 직선형 : 전선로의 직선부분(3°이하인 수평각도를 이루는 곳을 포함한다. 이하 같다)에 사용하는 것. 다만, 내장형 및 보강형에 속하는 것을 제외
② 각도형 : 전선로중 3°를 초과하는 수평각도를 이루는 곳에 사용하는 것
③ 잡아당김형 : 전가섭선을 잡아당기는 곳에 사용하는 것
④ **내장형 : 전선로의 지지물 양쪽의 경간의 차가 큰 곳에 사용하는 것**
⑤ 보강형 : 전선로의 직선부분에 그 보강을 위하여 사용하는 것 **【답】③**

98

★☆☆☆☆

아파트 세대 욕실에 "비데용 콘센트"를 시설하고자 한다. 다음의 시설방법 중 적합하지 않은 것은?

① 콘센트는 접지극이 없는 것을 사용한다.
② 습기가 많은 장소에 시설하는 콘센트는 방습장치를 하여야 한다.
③ 콘센트를 시설하는 경우에는 절연변압기(정격용량 3[kVA] 이하인 것에 한한다.)로 보호된 전로에 접속하여야 한다.
④ 콘센트를 시설하는 경우에는 인체감전보호용 누전차단기(정격감도전류 15[mA] 이하, 동작시간 0.03초 이하의 전류동작형의 것에 한한다.)로 보호된 전로에 접속하여야 한다.

Explanation

(KEC 234.5조) 콘센트의 시설
① 욕조나 샤워시설이 있는 욕실 또는 화장실 등 인체가 물에 젖어있는 상태에서 전기를 사용하는 장소에 콘센트를 시설하는 경우에는 다음에 따라 시설하여야한다.
• 「전기용품 및 생활용품 안전관리법」의 적용을 받는 인체감전보호용 누전차단기(정격감도전류 15[mA] 이하, 동작시간 0.03초 이하의 전류동작형의 것에 한한다) 또는 절연변압기(정격용량 3[kVA] 이하인 것에 한한다)로 보호된 전로에 접속하거나, 인체감전보호용 누전차단기가 부착된 콘센트를 시설하여야 한다.
• **콘센트는 접지극이 있는 방적형 콘센트를 사용하여 규정에 준하여 접지하여야 한다.**

② 습기가 많은 장소 또는 수분이 있는 장소에 시설하는 콘센트 및 기계기구용 콘센트는 접지용 단자가 있는 것을 사용하여 접지하여야 한다.　【답】①

99
★★★★★
고압 가공전선로의 가공지선에 나경동선을 사용하려면 지름 몇 [mm] 이상의 것을 사용해야 하는가?

① 2.0　　　　　　　　　　　　　② 3.0
③ 4.0　　　　　　　　　　　　　④ 5.0

Explanation

(KEC 332.6조) 고압 가공전선로의 가공지선
고압 가공전선로에 사용하는 가공지선은 인장강도 5.26[kN] 이상의 것 또는 지름 4[mm] 이상의 나경동선을 사용하여야 한다.　【답】③

100
★★★★★
변전소의 주요 변압기에 계측장치를 시설하여 측정하여야 하는 것이 아닌 것은?

① 역률　　　　　　　　　　　　② 전압
③ 전력　　　　　　　　　　　　④ 전류

Explanation

(KEC 351.6조) 변전소의 계측장치
① 주요 변압기의 전압 및 전류 또는 전력
② 특고압용 변압기의 온도　　　　　　　　　　　　　　　　　　　　　　　　【답】①

2021년 전기공사기사 필기

1과목

01 ★★☆☆☆
일정 전류를 통하는 도체의 온도상승 θ와 반지름 r의 관계는?

① $\theta = kr^{-2}$

② $\theta = kr^{-3}$

③ $\theta = kr^{-\frac{2}{3}}$

④ $\theta = kr^{-\frac{3}{2}}$

Explanation

【답】②

02 ★★☆☆☆
열차저항에 대한 설명 중 틀린 것은?

① 주행저항은 베어링 부분의 기계적 마찰, 공기저항 등으로 이루어진다.

② 열차가 곡선구간을 주행할 때 곡선의 반지름에 비례하여 받는 저항을 곡선저항이라 한다.

③ 경사궤도를 운전 시 중력에 의해 발생하는 저항을 구배저항이라 한다.

④ 열차 가속 시 발생하는 저항을 가속저항이라 한다.

Explanation

열차 저항 : 열차가 기동할 때 또는 주행할 때 열차 진행 방향과 반대 방향으로 저항력이 작용
- 출발 저항
- 주행 저항
- 구배 저항 (오르막길 오를 때 저항) : 경사저항
- 곡선 저항 : 원심력에 의해 바퀴와 레일과의 사이에 마찰이 증가하여 회전수 차에 의한 미끄럼 현상에 따른 마찰 저항이 발생. 곡선 반지름에 반비례

$$R_c = \frac{600 \sim 800}{r}\,[\text{kg}] \qquad r : \text{곡선 반지름[m]}$$

- 가속 저항 : 가속에 필요한 힘과 반대 방향이 되는 힘을 하나의 저항으로 계산

【답】②

03 ★★★★★
단상 유도전동기 중 기동 토크가 가장 큰 것은?

① 반발 기동형

② 분상 기동형

③ 콘덴서 기동형

④ 세이딩 코일형

Explanation

단상 유도 전동기의 기동토크 큰 순서
반발 기동형 〉 콘덴서 기동형 〉 분상 기동형 〉 세이딩 코일형

【답】①

04 ★★☆☆☆
정류방식 중 정류 효율이 가장 높은 것은? (단, 저항부하를 사용한 경우이다)

① 단상 반파방식　　　　　　　　② 단상 전파방식
③ 3상 반파방식　　　　　　　　　④ 3상 전파방식

Explanation

반도체 정류기

구분	단상 반파	단상 전파	3상 반파	**3상 전파**
직류전압	$E_d = 0.45E$	$E_d = 0.9E$	$E_d = 1.17E$	$\boldsymbol{E_d = 1.35E}$
정류효율	40.6[%]	81.2[%]	96.5[%]	**99.8[%]**

【답】④

05 ★★★★★
25[℃]의 물 10[ℓ]를 그릇에 넣고 2[kW]의 전열기로 가열하여 물의 온도를 80[℃]로 올리는 데 20분이 소요되었다. 이 전열기의 효율[%]은 약 얼마인가?

① 59.5　　　　　　　　　　　　② 68.8
③ 84.9　　　　　　　　　　　　④ 95.9

Explanation

전열기 효율　$\eta = \dfrac{\text{열}}{\text{전기}} \times 100 = \dfrac{c\,m\,\theta}{860Pt} \times 100$ 에서

$\eta = \dfrac{c\,m\,\theta}{860Pt} \times 100 = \dfrac{1 \times 10 \times (80-25)}{860 \times 2 \times \dfrac{20}{60}} \times 100 = 95.9[\%]$

【답】④

06 ★★★★★
직류전동기 속도제어에서 일그너 방식이 채용되는 것은?

① 제지용 전동기　　　　　　　　② 특수한 공작기계용
③ 제철용 대형압연기용　　　　　④ 인쇄기

Explanation

직류전동기 속도제어 중 전압제어 방식
• 워드 레오너드 방식 : 관성모멘트가 적은 부하에 사용(엘리베이터 등)
• 일그너 방식 : 플라이 휠을 사용하여 관성모멘트를 크게 한 것으로 대형부하나 부하가 급변하는 장소에 사용(제철, 제관공장 등에 사용)

【답】③

07 ★★☆☆☆
전기 화학용 직류전원의 요구조건이 아닌 것은?

① 저전압 대전류일 것
② 전압 조정이 가능할 것
③ 일정한 전류로서 연속운전에 견딜 것
④ 저전류에 의한 저항손의 감소에 대응할 것

Explanation

전기 화학용 직류전원장치
• 저전압 대전류일 것
• 전압 조정이 가능할 것
• 정전류로서 연속운전에 견딜 것

【답】④

08 ★★★★★

100[W] 전구를 유백색 구형 글로브에 넣었을 경우 글로브의 효율[%]은 약 얼마인가? (단, 유백색 유리의 반사율은 30[%], 투과율 40[%]이다)

① 25
② 43
③ 57
④ 81

Explanation

글로브의 효율 $\eta = \dfrac{\tau}{1-\rho}$

$\eta = \dfrac{\tau}{1-\rho} \times 100 = \dfrac{0.4}{1-0.3} \times 100 = 57[\%]$

【답】③

09 ★☆☆☆☆

전기철도의 매설관측에서 시설하는 전기 부식 방지 방법은?

① 임피던스 본드 설치
② 보조귀선 설치
③ 이선율 유지
④ 강제배류법 사용

Explanation

(KEC 461.4조) 전기 부식 방지
매설금속체측의 누설전류에 의한 전기 부식 방지
① **배류장치 설치**
② 절연코팅
③ 매설금속체 접속부 절연
④ 저준위 금속체를 접속
⑤ 궤도와의 이격거리 증대
⑥ 금속판 등의 도체로 차폐

【답】④

10 ★☆☆☆☆

전해질용액의 도전율에 가장 큰 영향을 미치는 것은?

① 전해질 용액의 양
② 전해질 용액의 농도
③ 전해질 용액의 빛깔
④ 전해질 용액의 유효단면적

Explanation

전해액의 도전율 : 전해액의 농도에 비례

【답】②

11 ★★☆☆☆

KS C 8309에 따른 옥내용 소형 스위치 중 텀블러 스위치의 정격전류가 아닌 것은?

① 5
② 10
③ 15
④ 20

Explanation

KSC 8309에 따른 옥내용 소형 스위치의 정격전류
0.5, 1, 3, 4, 6, 7, 10, 12, 15, 16, 20[A]

【답】①

12 ★★★★★

램프효율이 우수하고 단색광이므로 안개지역에서 가장 많이 사용되는 광원은?

① 수은등
② 나트륨등
③ 크세논등
④ 메탈할라이드등

Explanation

나트륨등의 특징
• 투과력이 좋다. (안개 낀 지역, 터널 등에서 사용)

- 단색 광원(순황색)으로 옥내 조명에 부적당
- 효율이 우수

【답】②

13
★☆☆☆☆
한국전기설비규정에 따른 철탑의 주주재로 사용하는 강관의 두께는 몇[mm] 이상 이어야 하는가?

① 1.6
② 2.0
③ 2.4
④ 2.8

Explanation

(KEC 331.8조) 철주 또는 철탑의 구성
철주 또는 철탑을 구성하는 강관의 표준두께는 다음 값 이상의 것일 것
① 철주의 주주재로 사용하는 것은 2[mm]
② **철탑의 주주재로 사용하는 것은 2.4[mm]**
③ 기타의 부재로 사용하는 것은 1.6[mm]

【답】③

14
★★☆☆☆
한국전기설비규정에 따른 플로어덕트공사의 시설조건 중 연선을 사용해야만 하는 전선의 최소 단면적 기준은? (단, 전선의 도체는 구리선이며 연선을 사용하지 않아도 되는 예외조건은 고려하지 않는다)

① 6[mm²] 초과
② 10[mm²] 초과
③ 16[mm²] 초과
④ 25[mm²] 초과

Explanation

(KEC 232.32조) 플로어덕트공사
전선은 연선일 것. 다만, **단면적 10[mm²]**(알루미늄선은 단면적 16[mm²]) 이하인 것은 그러하지 아니하다.

【답】②

15
★☆☆☆☆
공칭전압 22.9[kV]인 3상4선식 다중접지방식의 변전소에 사용하는 피뢰기의 정격전압[kV]은?

① 20
② 18
③ 24
④ 21

Explanation

피뢰기 정격전압

전력 계통		피뢰기 정격 전압[kV]	
공칭전압[kV]	중성점 접지 방식	변전소	배전 선로
345	유효접지	288	–
154	유효접지	144	
22.9	3상 4선 다중접지	21	18

【주】 전압 22.9 [kV-Y] 이하의 배전선로에서 수전하는 설비의 피뢰기 정격전압 [kV]은 배전선로용을 적용한다.

【답】④

16
★☆☆☆☆
한국전기설비규정에 따른 상별 전선의 색상으로 틀린 것은?

① L1 : 백색
② L2 : 검은색
③ L3 : 회색
④ N : 파란색

Explanation

(KEC 121.2조) 전선의 식별

상(문자)	색상
L1	갈색
L2	검은색
L3	회색
N	파란색
보호도체	녹색-노란색

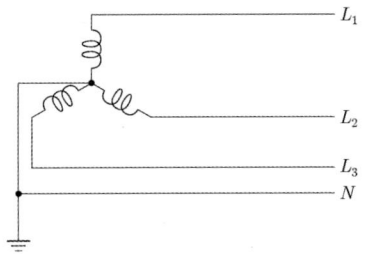

【답】①

---

17 ★☆☆☆☆
저압 인류애자에는 전압선용과 중성선용이 있다. 각 용도별 색깔이 옳게 연결된 것은?

① 전압선용 - 녹색, 중성선용 - 백색
② 전압선용 - 백색, 중성선용 - 녹색
③ 전압선용 - 적색, 중성선용 - 백색
④ 전압선용 - 청색, 중성선용 - 백색

Explanation

저압인류애자 : 저압가공배전로 및 인입선에 사용
• 전압선용 : 백색
• 중성선용 : 녹색

【답】②

---

18 ★★☆☆☆
기계기구의 단자와 전선의 접속에 사용되는 자재는?

① 터미널러그
② 슬리브
③ 와이어커넥터
④ T형 커넥터

Explanation

• 터미널러그 : 기계기구의 단자와 전선의 접속
• 슬리브 : 연선 접속
• 와이어커넥터 : 전선과 전선을 연결

【답】①

---

19 ★★★☆☆
축전지의 충전방식 중 전지의 자기방전을 보충함과 동시에 상용부하에 대한 전력공급은 충전기가
부담하도록 하되, 충전기가 부담하기 어려운 일시적인 대전류 부하는 축전지로 하여금 부담하게 하
는 충전방식은?

① 보통충전
② 과부하충전
③ 세류충전
④ 부동충전

Explanation

충전방식
• 보통충전 : 필요한 경우 표준시간율로 소정의 충전을 시행
• 급속충전 : 비교적 단시간에 보통충전 전류의 2~3배의 전류로 충전
• **부동충전 : 축전지의 자기 방전을 보충하는 동시에 상용 부하에 대한 전력공급은 충전기가 부담하고 충전기가 부담하
기 어려운 일시적인 대부하 전류는 축전지가 부담하도록 하는 방식**
• 세류충전 : 자기 방전 량만 항상 충전하는 방식
• 균등충전 : 각 전해조에 일어나는 전위차를 보정하기 위해 1~3개월 마다 1회 정전압으로 10~12시간 충전하는 방식

【답】④

---

20 ★☆☆☆☆
네온 방전등에 대한 설명으로 틀린 것은?

① 네온방전등에 공급하는 전로의 대지전압은 300[V] 이하로 하여야 한다.
② 네온변압기의 2차측은 병렬로 접속하여 사용하여야 한다.

③ 관등회로의 배선은 애자공사로 시설하여야 한다.

④ 관등회로의 배선에서 전선 상호간의 이격거리는 60[mm] 이상으로 하여야 한다.

Explanation

(KEC 234.12조) 네온방전등

1. 네온방전등에 공급하는 전로의 대지전압은 300[V] 이하로 하여야 하며, 다음에 의하여 시설하여야 한다.

2. 네온변압기는 다음에 의하는 외에 사람이 쉽게 접촉될 우려가 없는 장소에 위험하지 않도록 시설하여야 한다.

　① 네온변압기는 「전기용품 및 생활용품 안전관리법」의 적용을 받은 것.

　② **네온변압기는 2차측을 직렬 또는 병렬로 접속하여 사용하지 말 것**

3. 관등회로의 배선은 애자공사로 시설할 것

　① 전선은 네온관용 전선을 사용할 것

　② 전선 상호간의 이격거리는 60[mm] 이상일 것

　③ 전선지지점간의 거리는 1[m] 이하로 할 것

　④ 애자는 절연성·난연성 및 내수성이 있는 것일 것

【답】②

2과목　전력공학

21 ★☆☆☆☆ 3상 수직배치인 선로에서 오프셋을 주는 주된 이유는?

① 유도장해 감소　　　　　② 난조 방지

③ 철탑 중량 감소　　　　　④ 단락 방지

Explanation

전선의 도약

• 빙설에 의한 도약으로 상·하선 혼촉 단락 방지

• 대책 : off-set(오프셋)

【답】④

22 ★★☆☆☆ 3상 변압기의 단상 운전에 의한 소손 방지를 목적으로 설치하는 계전기는?

① 단락계전기　　　　　　② 결상계전기

③ 지락계전기　　　　　　④ 과전압계전기

Explanation

• 발전기(변압기) 내부 단락검출용 – 비율차동 계전기

• **발전기(변압기) 부하 불평형(단상운전) – 역상계전기(결상계전기)**

• 과부하 단락사고 – 과전류계전기

【답】②

23 ★★★★★ 선로정수를 평형되게 하고, 근접 통신선에 대한 유도장해를 줄일 수 있는 방법은?

① 연가를 시행한다.

② 전선으로 복도체를 사용한다.

③ 전선로의 이도를 충분하게 한다.

④ 소호리액터 접지를 하여 중성점 전위를 줄여준다.

Explanation

연가 : 선로정수를 평형 시키기 위하여 3상 3선식 선로를 3배수 등분하여 실시

【답】①

24 ★☆☆☆☆ 송전단, 수전단 전압을 각각 E_s, E_r 이라 하고 4단자 정수를 A, B, C, D라 할 때 전력원선도의 반지름은?

① $\dfrac{E_s E_r}{A}$　　　　　　　　　　　　② $\dfrac{E_s E_r}{B}$

③ $\dfrac{E_s E_r}{C}$　　　　　　　　　　　　④ $\dfrac{E_s E_r}{D}$

Explanation

전력원선도(송·수전단 전압, 일반회로 정수(A, B, C, D))

원선도 반지름 : $\dfrac{E_s E_r}{B}$

【답】②

25 ★★★★★ 가공선 계통을 지중선 계통과 비교할 때 인덕턴스 및 정전용량은 어떠한가?

① 인덕턴스, 정전용량이 모두 작다.
② 인덕턴스, 정전용량이 모두 크다.
③ 인덕턴스는 크고, 정전용량은 작다.
④ 인덕턴스는 작고, 정전용량은 크다.

Explanation

가공선 계통은 지중선 계통에 비해서 선간 거리 D가 훨씬 크므로 인덕턴스는 크고 정전용량은 적다.

인덕턴스　$L = 0.05 + 0.4605 \log_{10} \dfrac{D}{r}$ [mH/km]

정전용량　$C = \dfrac{0.02413}{\log_{10} \dfrac{D}{r}}$ [μF/km]

【답】③

26 ★★★★☆ 전력계통에서 전력용 콘덴서와 직렬로 연결하는 리액터로 제거되는 고조파는? (단, 기본주파수에서 리액턴스 기준으로 콘덴서 용량의 이론상 4[%] 높은 리액터 값을 적용한다)

① 제2고조파　　　　　　　　　② 제3고조파
③ 제4고조파　　　　　　　　　④ 제5고조파

Explanation

직렬리액터 : 제5고조파를 제거

직렬 리액터의 용량은　$5\omega L = \dfrac{1}{5\omega C}$,　이론적 : 4[%], 실제적 : 5~6[%]

【답】④

27 ★★☆☆☆ 취수구에 제수문을 설치하는 목적은?

① 낙차를 높이기 위해　　　　　② 홍수위를 낮추기 위해
③ 모래를 배제하기 위해　　　　④ 유량을 조정하기 위해

Explanation

제수문의 설치 목적 : 취수구에 설치하여 유량을 조절하기 위함

【답】④

28 ★★☆☆☆ 송전계통의 중성점 접지용 소호리액터의 인덕턴스 L은? (단, 선로 한 선의 대지정전용량을 C라 한다)

① $L = \dfrac{1}{C}$

② $L = \dfrac{C}{2\pi f}$

③ $L = \dfrac{1}{2\pi f C}$

④ $L = \dfrac{1}{3(2\pi f)^2 C}$

Explanation

소호리액터 접지

$\omega L = \dfrac{1}{3\omega C}$ 에서

소호리액터의 인덕턴스 $L = \dfrac{1}{3w^2 C} = \dfrac{1}{3(2\pi f)^2 C}$ [H]

【답】④

29 ★★☆☆☆ 송전선로의 개폐 조작에 따른 개폐서지에 관한 설명으로 틀린 것은?

① 회로를 투입할 때보다 개방할 때 더 높은 이상전압이 발생한다.
② 부하가 있는 회로를 개방하는 것보다 무부하를 개방할 때 더 높은 이상전압이 발생한다.
③ 이상전압이 가장 큰 경우는 무부하 송전선로의 충전전류를 차단할 때이다.
④ 이상전압의 크기는 선로의 충전전류 파고값에 대한 배수로 나타내고 있다.

Explanation

내부 이상 전압 : 직격뢰, 유도뢰를 제외한 나머지
• 개폐서지 : 무부하 충전전류 개로시(차단시) 가장 크다.
• 1선 지락 사고시 건전상의 대지전위 상승
• 잔류전압에 의한 전위상승
• 경부하(무부하)시 페란티 현상에 의한 전위 상승

【답】④

30 ★☆☆☆☆ 가공송전선로의 정전용량이 0.005[μF/km]이고, 인덕턴스는 1.8[mH/km]이다. 이 때 파동임피던스는 몇 [Ω]인가?

① 360

② 600

③ 900

④ 1,000

Explanation

특성(파동) 임피던스

$Z_0 = \sqrt{\dfrac{Z}{Y}} = \sqrt{\dfrac{L}{C}} = \sqrt{\dfrac{1.8 \times 10^{-3}}{0.005 \times 10^{-6}}} = 600[\Omega]$

【답】②

31 ★★★★★ 원자로에 사용되는 감속재가 구비해야 할 조건으로 틀린 것은?

① 중성자 에너지를 빨리 감속시킬 수 있을 것   ② 불필요한 중성자 흡수가 적을 것
③ 원자의 질량이 클 것   ④ 감속능 및 감속비가 클 것

Explanation

감속재 : 고속의 중성자를 열중성자로 바꾸는 재료
• **중성자 흡수가 적고 질량이 적은 물질**
• 감속능(slowing down power)과 감속비(moderating ratio)가 클 것
• 경수, 중수, 산화베릴륨, 흑연 등이 사용

【답】③

32 송전단 전압 6,600[V], 길이 2[km]의 3상3선식 배전선에 의해서 지상 역률 0.8의 말단부하에 전력이 공급되고 있다. 부하단 전압이 6,000[V]를 내려가지 않도록 하기 위해서 부하를 최대 몇 [kW]까지 허용할 수 있는가? (단, 전로 1선당 임피던스는 $Z = 0.8 + j0.4[\Omega/km]$이다)

① 818　　　　　　　　② 945
③ 1,332　　　　　　　④ 1,636

Explanation

전압강하 $e = V_s - V_r = \sqrt{3}\,I(R\cos\theta + X\sin\theta) = \dfrac{P}{V_r}(R + X\tan\theta)$ 에서

부하전력 $P = \dfrac{e\,V_r}{R + X\tan\theta} = \dfrac{600 \times 6,000}{0.8\times2 + 0.4\times2\times\frac{0.6}{0.8}} \times 10^{-3} = 1,636[kW]$ 　【답】④

33 저압 망상식(Network) 배전방식의 장점이 아닌 것은?

① 감전사고가 줄어든다.
② 부하 증가 시 적응성이 양호하다.
③ 무정전 공급이 가능하므로 공급 신뢰도가 높다.
④ 전압변동이 적다.

Explanation

저압 네트워크 방식(무정전 공급방식)
① 장점 : 공급 신뢰도가 가장 좋다. 무정전 공급 방식. 전압 강하가 적다.
② 단점
• 설비비 고가. 인축의 접지 사고 증가
• 고장 시 고장전류 역류(대책 : 네트워크 프로텍터 – 저압용 차단기, 저압용 퓨즈, 전력방향 계전기)　【답】①

34 배전선로에서 사고범위의 확대를 방지하기 위한 대책으로 옳지 않은 것은?

① 선택접지계전방식 채택　　　② 자동고장 검출장치 설치
③ 진상콘덴서 설치하여 전압보상　④ 특고압의 경우 자동구분개폐기 설치

Explanation

선로용 콘덴서
직렬콘덴서 : 유도성 리액턴스에 의한 전압강하 보상용
병렬콘덴서 : 역률 개선　【답】③

35 수변전설비에서 변압기의 1차측에 설치하는 차단기의 용량은 어느 것에 의하여 정하는가?

① 변압기 용량　　　　　② 수전계약용량
③ 공급 측 단락용량　　　④ 부하설비용량

Explanation

차단기 용량 $P_s = \sqrt{3} \times$정격전압$\times$정격차단전류[MVA]
단락용량 $P_s = \sqrt{3} \times$공칭전압$\times$단락전류[MVA]
차단기용량 ≥ 단락용량
따라서 차단기 용량은 단락용량을 기준으로 선정한다.　【답】③

36 ★★★★★

각 수용가의 수용설비용량이 50[kW], 100[kW], 80[kW], 60[kW], 150[kW]이며, 각각의 수용률이 0.6, 0.6, 0.5, 0.5, 0.4이다. 이때 부하의 부등률이 1.3이라면 변압기 용량은 약 몇 [kVA]가 필요한가? (단, 평균 부하역률은 80[%]라고 한다)

① 142　　　　　　　　　　　　　　② 165
③ 183　　　　　　　　　　　　　　④ 212

Explanation

$$변압기\ 용량\ [kVA] = \frac{설비용량 \times 수용률}{부등률 \times 역률}$$

$$= \frac{50 \times 0.6 + 100 \times 0.6 + 80 \times 0.5 + 60 \times 0.5 + 150 \times 0.4}{1.3 \times 0.8} = 212[kVA]$$

【답】④

37 ★☆☆☆☆

변류기의 비오차는 어떻게 표시되는가? (단, a는 공칭변류비이고 측정된 1, 2차 전류는 각각 I_1, I_2이다)

① $\dfrac{aI_2 - I_1}{I_1}$　　　　　　　　　② $\dfrac{aI_1 - I_2}{I_1}$

③ $\dfrac{I_2 - aI_1}{I_2}$　　　　　　　　　④ $\dfrac{I_2 - aI_1}{I_1}$

Explanation

변류기 비오차 : 측정 시의 실제변류비와 공칭 변류비 사이의 오차

$$\epsilon = \frac{K_n - K}{K} \times 100\ [\%] = \frac{a - \dfrac{I_1}{I_2}}{\dfrac{I_1}{I_2}} = \frac{aI_2 - I_1}{I_1}$$

여기서, ϵ : 비오차[%], K_n : 공칭 변류비, K : 실제(측정) 변류비

【답】①

38 ★★★★☆

부하전력 및 역률이 같을 때 전압을 n배 승압하면 전압강하율과 전력손실은 어떻게 되는가?

① 전압강하율 : $\dfrac{1}{n}$, 전력손실 : $\dfrac{1}{n^2}$　　　② 전압강하율 : $\dfrac{1}{n^2}$, 전력손실 : $\dfrac{1}{n}$

③ 전압강하율 : $\dfrac{1}{n}$, 전력손실 : $\dfrac{1}{n}$　　　④ 전압강하율 : $\dfrac{1}{n^2}$, 전력손실 : $\dfrac{1}{n^2}$

Explanation

전압과의 관계

전압강하율	$\delta = \dfrac{P}{V_r^2}(R + X\tan\theta)$	$\delta \propto \dfrac{1}{V^2}$
전력손실	$P_l = \dfrac{P^2 R}{V^2 \cos^2\theta}$	$P_l \propto \dfrac{1}{V^2}$

【답】④

39 ★★☆☆☆

어떤 화력 발전소의 증기조건이 고온열원 540[℃], 저온열원 30[℃]일 때 이 온도 간에서 움직이는 카르노사이클의 이론 열효율[%]은?

① 85.2　　　　　　　　　　　　　　② 80.5
③ 75.3　　　　　　　　　　　　　　④ 62.7

Explanation

【답】④

---

40 ★★☆☆☆
복도체를 사용하는 가공전선로에서 소도체사이의 간격을 유지하여 소도체간의 꼬임 현상이나 충돌 현상을 방지하기 위하여 설치하는 것은?
① 아모로드　　　　　　　　　　② 댐퍼
③ 스페이서　　　　　　　　　　④ 아킹혼

Explanation

• 댐퍼, 아마로드 : 전선의 진동방지
• 아킹혼, 아킹링 : 섬락 시 애자련 보호
• **스페이서 : 복도체에서 두 전선 간의 간격 유지**

【답】③

3과목　전기기기

41 ★★★★★
반도체 소자 중 3단자 사이리스터가 아닌 것은?
① SCS　　　　　　　　　　　　② SCR
③ GTO　　　　　　　　　　　　④ TRIAC

Explanation

반도체 소자(괄호안은 극(단자) 수)
• 단방향성 : SCR(3), GTO(3), LASCR(3), SCS(4)
• 양방향성 : SSS(2), DIAC(2), TRIAC(3)

【답】①

---

42 ★☆☆☆☆
전파 정류회로와 반파 정류회로를 비교한 내용으로 틀린 것은? (단, 다이오드를 이용한 정류회로이고, 저항부하인 경우이다)
① 반파 정류회로는 변압기 철심의 포화를 일으킨다.
② 반파 정류회로의 회로구조는 전파 정류회로와 비교하여 간단하다.
③ 반파 정류회로는 전파 정류회로에 비해 출력전압 평균값을 높게 할 수 있다.
④ 전파 정류회로는 반파 정류회로에 비해 출력전압 파형의 리플성분을 감소시킨다.

Explanation

정류회로 비교

구분	단상 반파	단상 전파	3상 반파	3상 전파
직류전압	$E_d = 0.45E$	$E_d = 0.9E$	$E_d = 1.17E$	$E_d = 1.35E$
맥 동 률	121[%]	48[%]	17[%]	4[%]

【답】③

43 ★☆☆☆☆ 25°의 스텝 각을 갖는 스테핑 모터에 초[s]당 500개의 펄스를 가했을 때 회전속도는 약 몇 [r/s]인가?

① 20
② 35
③ 50
④ 125

Explanation

스텝각 25° 라면 1회전 시 $\dfrac{360}{25} = 14.4$개의 펄스가 필요

초 당 회전속도 $n = \dfrac{500}{14.4} = 34.7$[r/s]

【답】②

44 ★★★☆☆ △결선 변압기의 한 대가 고장으로 제거되어 V결선으로 전력을 공급할 때, 고장 전 전력에 대하여 몇 [%]의 전력을 공급할 수 있는가?

① 57.7
② 66.7
③ 75.0
④ 81.6

Explanation

V결선 : △결선 변압기의 한대가 고장인 경우의 3상 공급 방식

$$\text{출력비} = \frac{V\text{결선의 출력}}{\triangle\text{결선의 출력}} = \frac{\sqrt{3}\,K}{3K} = \frac{\sqrt{3}}{3} \times 100 = 0.577 \times 100 = 57.7\,[\%]$$

【답】①

45 ★★★★☆ 3상 전원을 이용하여 2상 전압을 얻고자 할 때 사용하는 결선 방법은?

① 환상 결선
② Fork 결선
③ Scott 결선
④ 2중 3각 결선

Explanation

3상에서 2상변환 : scott 결선(=T결선), Meyer 결선, wood bridge 결선

【답】③

46 ★★★★☆ 변압기의 등가회로 상수를 결정하는 데 필요하지 않은 시험은?

① 단락시험
② 개방시험
③ 구속시험
④ 저항측정

Explanation

변압기의 시험
• 권선 저항 측정
• 무부하(개방)시험 : 여자 어드미턴스, 철손
• 단락시험 : 임피던스와트, 임피던스전압, 동손, 전압변동률
여기서, 구속시험은 유도전동기 시험법이다.

【답】③

47 ★☆☆☆☆ 3상 유도전동기의 제3고조파에 의한 기자력의 회전방향 및 회전속도와 기본파 회전자계에 대한 관계로 옳은 것은?

① 고조파는 0으로 공간에 나타나지 않는다.
② 기본파와 역방향이고 3배의 속도로 회전한다.
③ 기본파와 같은 방향이고 3배의 속도로 회전한다.
④ 기본파와 같은 방향이고 $\dfrac{\omega}{3}$ 의 속도로 회전한다.

고조파

$h = 2nm + 1$: 기본파와 동일한 방향의 회전자계 발생, 속도는 $\dfrac{1}{h}$. 7차, 13차,........

$h = 2nm - 1$: 기본파와 반대 방향의 회전자계 발생, 속도는 $\dfrac{1}{h}$. 5, 11차,....

$h = 2nm$　　 : 회전자계 발생 하지 않는다. 3, 6차, 9차,....

【답】①

48 ★☆☆☆☆ 회전 전기자형 회전변류기에 관한 설명으로 틀린 것은?

① 회전자는 회전자계의 방향과 반대로 회전한다.
② 직류측 전압을 변경하려면 여자전류를 가감하여 조정한다.
③ 기계적 출력을 발생할 필요가 없으므로 축과 베어링은 작아도 된다.
④ 3상 교류는 슬립링을 통하여 회전자에 공급하며 회전자에 있는 정류자의 브러시에서 직류가 출력된다.

회전변류기의 구조와 원리
슬립 링에서 교류 전력을 가하면 회전자는 동기 전동기의 전기자로서 동기 속도로 회전하고, 동시에 직류 발전기의 전기자로서 정류자에서 직류 전력을 발생하므로 회전 전기자형이라면 회전자계와 반대방향으로 회전한다.

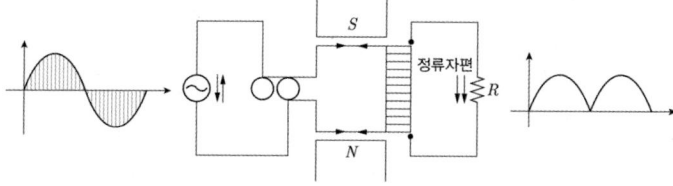

회전 변류기의 직류 측 전압 조정 방식
• 직렬 리액턴스에 의한 방법
• 유도전압 조정기를 사용하는 방법
• 부하 시 전압 조정 변압기를 사용하는 방법
• 동기 승압기를 사용하는 방법

【답】②

49 ★★☆☆☆ 전부하 전류 1[A], 역률 85[%], 속도 7,500[rpm], 전압 100[V], 주파수 60[Hz]인 2극 단상 직권정류자전동기가 있다. 전기자와 직권 계자권선의 실효저항의 합이 40[Ω]이라 할 때 전부하 시 속도기전력[V]은? (단, 계자자속은 정현적으로 변화하며 브러시는 중성축에 위치하고 철손은 무시한다)

① 34
② 45
③ 53
④ 64

전동기의 출력 = 전동기의 입력−손실
　　　　　　 $= VI\cos\theta - I^2 R$　　　 여기서, $R = R_s + R_a = 40[\Omega]$
　　　　　　 $= 100 \times 1 \times 0.85 - 1^2 \times 40$
　　　　　　 $= 85 - 40 = 45[W]$
여기서, 전동기 출력은 $P = EI$이므로
속도기전력 $E = \dfrac{P}{I} = \dfrac{45}{1} = 45[V]$

【답】②

50 ★★★☆☆ 직류 직권전동기에서 회전수가 n일 때 토크 T는 무엇에 비례하는가?

① n^2

② n

③ $\dfrac{1}{n}$

④ $\dfrac{1}{n^2}$

직류 직권전동기의 특성
$I = I_a = I_f$
$$T \propto I^2 \propto \dfrac{1}{N^2}$$
따라서 토크는 회전수의 제곱에 반비례한다.

【답】④

51 ★★★☆☆ 3상 권선형 유도전동기의 기동법은?

① 분상기동법

② 반발기동법

③ 커패시터기동법

④ 2차 저항기동법

3상 권선형 유도전동기의 기동법
• 2차 저항기동법 : 비례추이 이용
• 게르게스(Gerges)법
여기서, 분상기동법, 반발기동법, 콘덴서기동법은 단상유도전동기 기동법이다.

【답】④

52 ★★★☆☆ 돌극형 동기발전기에서 직축 동기리액턴스 X_d와 횡축 동기리액턴스 X_q의 관계로 옳은 것은?

① $X_d < X_q$

② $X_d \ll X_q$

③ $X_d = X_q$

④ $X_d > X_q$

• **돌극(수차)형 동기 발전기 : $X_d > X_q$**
• 터빈(원통)형 동기 발전기 : $X_d = X_q$

【답】④

53 ★☆☆☆☆ 그림은 직류전동기의 속도특성 곡선이다. 가동복권전동기의 특성곡선은?

① A

② B

③ C

④ D

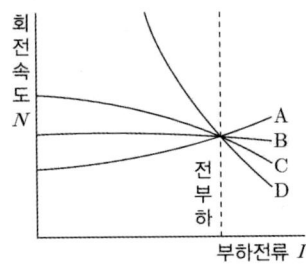

직류전동기 속도변동률이 큰 순서
직권 〉 가동복권 〉 분권 〉 차동복권

【답】③

54 ★★☆☆☆
동일 용량의 변압기 두 대를 사용하여 13,200[V]의 3상식 간선에서 380[V]의 2상 전력을 얻으려면 T좌 변압기의 권수비는 약 얼마로 해야 하는가?

① 28
② 30
③ 32
④ 34

Explanation

스코트결선(T결선)

T좌 변압기의 권선비 : $a_T = \dfrac{\sqrt{3}}{2}a$

$a_T = \dfrac{\sqrt{3}}{2} \times \dfrac{13,200}{380} = 30$

【답】 ②

55 ★☆☆☆☆
유도자형 고주파발전기의 특징이 아닌 것은?

① 회전자 구조가 견고하여 고속에서도 잘 견딘다.
② 상용 주파수보다 낮은 주파수로 회전하는 발전기이다.
③ 상용 주파수보다 높은 주파수의 전력을 발생하는 동기발전기이다.
④ 극수가 많은 동기발전기를 고속으로 회전시켜서 고주파 전압을 얻는 구조이다.

Explanation

• 회전 전기자형 : 직류발전기(전기자가 회전자이며 계자가 고정자)
• 회전 계자형 : 동기발전기(전기자가 고정자이며 계자가 회전자)
• 유도자형 : 계자극과 전기자를 함께 고정시키고 그 중앙에 유도자라고 하는 권선이 없는 회전자를 갖춘 것으로 수백~
수만[Hz] 정도의 고주파 발전기로 사용

【답】 ②

56 ★☆☆☆☆
직류기의 전기자 반작용 중 교차자화작용을 근본적으로 없애는 실제적인 방법은?

① 보극 설치
② 브러시의 이동
③ 계자전류 조정
④ 보상권선 설치

Explanation

전기자 반작용의 근본 방지대책 : 보상권선

【답】 ④

57 ★☆☆☆☆
그림과 같은 3상 유도전동기의 원선도에서 P점과 같은 부하상태로 운전할 때 2차 효율은? (단, $\overline{PQ}$ 는 2차 출력, $\overline{QR}$ 은 2차 동손, $\overline{RS}$ 는 1차 동손, $\overline{ST}$ 는 철손이다)

① $\dfrac{\overline{PQ}}{\overline{PR}}$
② $\dfrac{\overline{PQ}}{\overline{PT}}$
③ $\dfrac{\overline{PR}}{\overline{PT}}$
④ $\dfrac{\overline{PR}}{\overline{PS}}$

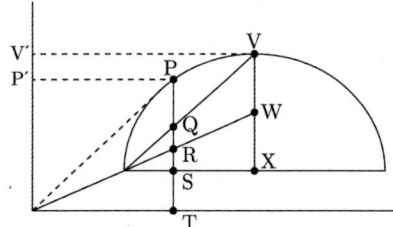

Explanation

【답】 ①

58 ★☆☆☆☆

6극, 30[kW], 380[V], 60[Hz]의 정격을 가진 Y결선 3상 유도전동기의 구속시험 결과 선간전압 50[V], 선전류 60[A], 3상 입력 2.5[kW], 단자간의 직류 저항은 0.18[Ω]이었다. 이 전동기를 정격전압으로 기동하는 경우 기동 토크는 약 몇 [N·m]인가?

① 71.7

② 115.53

③ 702.33

④ 1,405.32

Explanation

【답】③

59 ★★★★☆

직류 분권발전기가 있다. 극수는 6, 전기자 도체수는 600, 각 자극의 자속은 0.005[Wb]이고 그 회전수가 800[rpm]일 때 전기자에 유기되는 기전력은 몇 [V]인가? (단, 여기서 전기자 권선은 파권이라고 한다)

① 100

② 110

③ 115

④ 120

Explanation

직류발전기 유기기전력(파권 $a=2$)

$$E = \frac{p}{a} Z\phi \frac{N}{60} = \frac{6}{2} \times 600 \times 0.005 \times \frac{800}{60} = 120 [\text{V}]$$

【답】④

60 ★★★★★

정격용량 10,000[kVA], 정격전압 6,000[V], 1상의 동기임피던스가 3[Ω]인 3상 동기발전기가 있다. 이 발전기의 단락비는 약 얼마인가?

① 1.0

② 1.2

③ 1.4

④ 1.6

Explanation

%동기임피던스

• $Z_s{}' = \dfrac{I_n Z_s}{E} \times 100 = \dfrac{P_n Z_s}{V^2} \times 100 = \dfrac{I_n}{I_s} \times 100$

• %동기 임피던스[PU] $Z_s{}' = \dfrac{1}{K_s} = \dfrac{P_n Z_s}{V^2}$

• 단락비 $K_s = \dfrac{1}{Z_s{}'[PU]} = \dfrac{V^2}{P_n Z_s} = \dfrac{6,000^2}{10,000 \times 10^3 \times 3} = 1.2$

【답】②

4과목 회로이론 및 제어공학

61 ★☆☆☆☆

3상 평형 회로에서 전압계 V, 전류계 A, 전력계 W를 그림과 같이 접속했을 때, 전압계의 지시가 100[V], 전류계의 지시가 30[A], 전력계의 지시가 1.5[kW]이었다. 이 회로에서 선간전압(V_{ab})과 선전류(I_a) 간의 위상차는 몇 도[°]인가? (단, 3상 전압의 상순은 $a-b-c$이다)

① 15°
② 30°
③ 45°
④ 60°

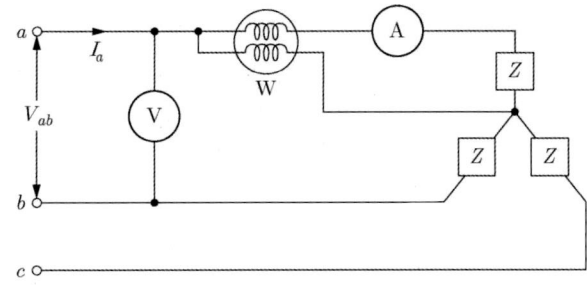

Explanation

Y결선에서는 선간전압과 선전류는 위상차 $30°$ 가 있으므로
$V = V\angle 0°$라면 선전류 $I = I\angle -30°$가 되며
3전력계법이므로 전체 3상 전력 $P = 3 \times W(\text{전력계 지시}) = 3 \times 1.5 = 4.5[\text{kW}]$
3상 전력 $P = \sqrt{3}\, V_l I_l \cos(\theta-30°)$ 에서

역률 $\cos(\theta-30°) = \dfrac{P}{\sqrt{3}\,V_l I_l} = \dfrac{4.5 \times 10^3}{\sqrt{3} \times 100 \times 30} = 0.866$

$\theta - 30° = \cos^{-1} 0.866 = 30°$ 에서
선간전압과 선전류의 위상차는 $\theta = 30 + 30 = 60°$　　　【답】④

62 ★★★★☆
대칭 6상 성형결선 전원의 상전압의 크기가 100[V]일 때 이 전원의 선간전압의 크기[V]는?
① 200　　　　　　　　　　② $100\sqrt{3}$
③ $100\sqrt{2}$　　　　　　　　④ 100

Explanation

성형결선(Y결선)의 상전압과 선간전압의 관계
$V_l = 2V_p \sin\dfrac{\pi}{n} = 2V_p \sin\dfrac{\pi}{6} = V_p$
따라서 6상이면 상전압 = 선간전압　　　【답】④

63 ★☆☆☆☆
무한장 무손실 전송선로의 임의의 위치에서 전압이 10[V]이었다. 이 선로의 인덕턴스가 10[μH/m]이고, 해당 위치에서 전류가 1[A]일 때 이 선로의 커패시턴스[μF/m]는?
① 0.001　　　　　　　　② 0.01
③ 0.1　　　　　　　　　④ 1

Explanation

무손실 선로 조건　　$R = G = 0$
특성임피던스　　$Z_0 = \sqrt{\dfrac{Z}{Y}} = \sqrt{\dfrac{R+j\omega L}{G+j\omega C}} = \sqrt{\dfrac{L}{C}}$
선로의 특성임피던스 $Z_0 = \dfrac{V}{I} = \dfrac{10}{1} = 10[\Omega]$
선로의 캐패시턴스　$C = \dfrac{L}{Z_0^2} = \dfrac{10}{10^2} = 0.1[\mu\text{F/m}]$　　　【답】③

64 ★☆☆☆☆
$f(t) = \mathcal{L}^{-1}\left[\dfrac{s^2+3s+8}{s^2+2s+5}\right]$는?
① $\delta(t) + e^{-t}(\cos 2t - \sin 2t)$　　② $\delta(t) + e^{-t}(\cos 2t + 2\sin 2t)$
③ $\delta(t) + e^{-t}(\cos 2t - 2\sin 2t)$　　④ $\delta(t) + e^{-t}(\cos 2t + \sin 2t)$

$F(s) = \dfrac{s^2+3s+8}{s^2+2s+5}$ 에서 분모, 분자의 차수가 같으므로 나누어서 정리하면

$F(s) = \dfrac{s^2+3s+8}{s^2+2s+5} = 1 + \dfrac{s+3}{s^2+2s+5} = 1 + \dfrac{s+3}{(s+1)^2+2^2}$

$\qquad = 1 + \dfrac{s+1}{(s+1)^2+2^2} + \dfrac{2}{(s+1)^2+2^2}$

따라서 라플라스 역변환하면

$\therefore \mathcal{L}^{-1}[F(s)] = \delta(t) + e^{-t}\cos 2t + e^{-t}\sin 2t = \delta(t) + e^{-t}(\cos 2t + \sin 2t)$ 　　　　　【답】 ④

65 ★★☆☆☆ 그림의 회로에서 a, b 양단에 220[V]의 전압을 인가했을 때 전류 I가 1[A]이었다. 저항 R은 몇 [Ω]인가?

① 100　　　　　　　　② 150

③ 220　　　　　　　　④ 330

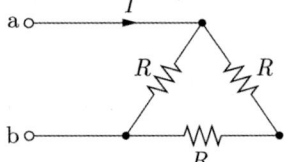

등가회로로 구성하면

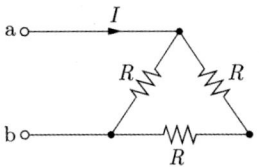

합성저항은 $R_T = \dfrac{R \times 2R}{R+2R} = \dfrac{2}{3}R$

전체전류는 $I = \dfrac{E}{R_T}$

전체저항은 $R_T = \dfrac{E}{I} = \dfrac{220}{1} = 220[\Omega]$

$\therefore R = \dfrac{3}{2} \times 220 = 330[\Omega]$ 　　　　　【답】 ④

66 ★★☆☆☆ 그림의 회로에서 $t = 0$[s]에 스위치(S)를 닫았을 때 인덕터(L) 양단 전압 $v_L(t)$는?

① $V_e^{-\frac{R}{L}t}$

② $\dfrac{L}{R}V_e^{-\frac{R}{L}t}$

③ $V\left(1 - e^{-\frac{R}{L}t}\right)$

④ $\dfrac{L}{R}V\left(1 - e^{-\frac{R}{L}t}\right)$

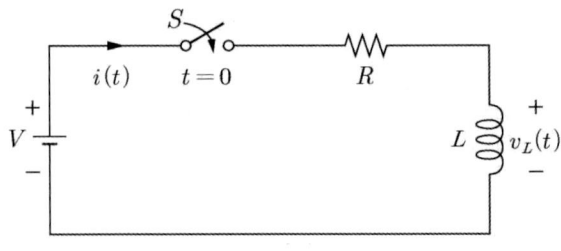

직류 인가 시 R-L 직렬회로

• 전류 $i(t) = \dfrac{V}{R}(1 - e^{-\frac{R}{L}t})$ 에서

• 인덕턴스에 걸리는 전압 $v_L(t) = V - v_R = V e^{-\frac{R}{L}t}$ [V]

【답】①

67 ★☆☆☆☆ 다음과 같은 비정현파 교류 전압 $v(t)$와 전류 $i(t)$에 의한 평균전력 P[W]와 피상전력 P_a[VA]는 얼마인가?

$$v(t) = 150\sin\left(\omega t + \frac{\pi}{6}\right) - 50\sin\left(3\omega t + \frac{\pi}{3}\right) + 25\sin 5\omega t \,[\text{V}]$$

$$i(t) = 20\sin\left(\omega t - \frac{\pi}{6}\right) + 15\sin\left(3\omega t + \frac{\pi}{6}\right) + 10\cos\left(5\omega t - \frac{\pi}{3}\right)[\text{A}]$$

① $P = 283.5, \ P_a = 1,542$ ② $P = 283.5, \ P_a = 2,155$

③ $P = 533.5, \ P_a = 1,542$ ④ $P = 533.5, \ P_a = 2,155$

Explanation

유효전력(평균전력)은 주파수가 같을 때만 발생되므로
$P = V_1 I_1 \cos\theta_1 + V_3 I_3 \cos\theta_3 + V_5 I_5 \cos\theta_5$

$\therefore P = \dfrac{150}{\sqrt{2}} \times \dfrac{20}{\sqrt{2}} \cos 60° - \dfrac{50}{\sqrt{2}} \times \dfrac{15}{\sqrt{2}} \cos 30° + \dfrac{25}{\sqrt{2}} \times \dfrac{10}{\sqrt{2}} \cos 30° = 533.5[\text{W}]$

피상전력 $P_a = VI = \sqrt{\left(\dfrac{150}{\sqrt{2}}\right)^2 + \left(\dfrac{50}{\sqrt{2}}\right)^2 + \left(\dfrac{25}{\sqrt{2}}\right)^2}\sqrt{\left(\dfrac{20}{\sqrt{2}}\right)^2 + \left(\dfrac{15}{\sqrt{2}}\right)^2 + \left(\dfrac{10}{\sqrt{2}}\right)^2} = 2,155[\text{VA}]$

【답】④

68 ★★☆☆☆ 상순이 $a-b-c$인 회로에서 3상 전압이 V_a[V], V_b[V], V_c[V]일 때 역상분 전압 V_2[V]는?

① $V_2 = \dfrac{1}{3}(V_a + V_b + V_c)$ ② $V_2 = \dfrac{1}{3}(V_a + a V_b + a^2 V_c)$

③ $V_2 = \dfrac{1}{3}(V_a + a^2 V_b + a V_c)$ ④ $V_2 = \dfrac{1}{3}(a V_a + a^2 V_b + V_c)$

Explanation

대칭좌표법을 이용하면
• 영상분 : $E_0 = \dfrac{1}{3}(V_a + V_b + V_c)$

• 정상분 : $E_1 = \dfrac{1}{3}(V_a + a V_b + a^2 V_c)$

• 역상분 : $E_2 = \dfrac{1}{3}(V_a + a^2 V_b + a V_c)$

【답】③

69 ★☆☆☆☆ 4단자 정수가 각각 A_1, B_1, C_1, D_1과 A_2, B_2, C_2, D_2인 2개의 4단자망을 그림과 같이 종속으로 접속하였을 때 전체 4단자 정수 중 A와 B는? (단, $\begin{bmatrix} V_1 \\ I_1 \end{bmatrix} = \begin{bmatrix} A & B \\ C & D \end{bmatrix}\begin{bmatrix} V_3 \\ I_3 \end{bmatrix}$)

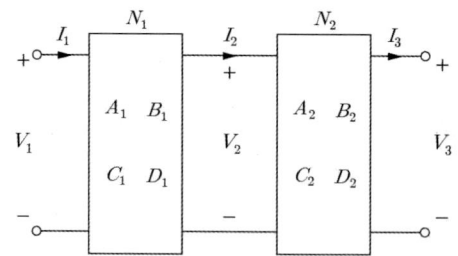

① $A = A_1 + A_2, \; B = B_1 + B_2$ 　　② $A = A_1 A_2, \; B = B_1 B_2$

③ $A = A_1 A_2 + B_2 C_1, \; B = B_1 B_2 + A_2 D_1$ 　④ $A = A_1 A_2 + B_1 C_2, \; B = A_1 B_2 + B_1 D_2$

Explanation

4단자망 종속접속

$$\begin{bmatrix} A & B \\ C & D \end{bmatrix} = \begin{bmatrix} A_1 & B_1 \\ C_1 & D_1 \end{bmatrix}\begin{bmatrix} A_2 & B_2 \\ C_2 & D_2 \end{bmatrix} = \begin{bmatrix} A_1 A_2 + B_1 C_2 & A_1 B_2 + B_1 D_2 \\ C_1 A_2 + D_1 C_2 & C_1 B_2 + D_1 D_2 \end{bmatrix}$$

【답】④

70 ★☆☆☆☆

회로에서 인덕터 양단 전압 V_L의 크기는 약 몇 [V]인가? (단, $V_1 = 100 \angle 0°$, $V_2 = 100 \angle 60°$)

① 164
② 174
③ 150
④ 200

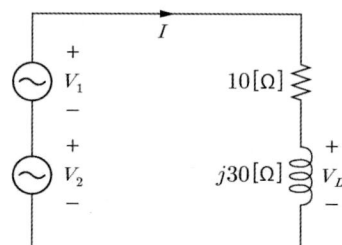

Explanation

【답】①

71 ★★★★★

제어시스템의 특성방정식이 $s^3 + 11s^2 + 2s + 20 = 0$와 같을 때 이 특성 방정식에서 s 평면의 오른쪽에 위치하는 근은 몇 개인가?

① 0 　　　　　　　　　　　　　② 1
③ 2 　　　　　　　　　　　　　④ 3

Explanation

Routh-Hurwitz판별식을 이용하여 1열의 부호가 모두 양수이면 안정하며

s^3	1	2
s^2	11	20
s^1	$\dfrac{11 \times 2 - 20}{11} = \dfrac{2}{11}$	0
s^0	20	

1열의 부호변화가 없으므로 안정하며 우반면의 극점은 없다.

【답】①

72 ★★★★★

다음과 같은 상태 방정식으로 표현되는 제어시스템에 대한 특성방정식의 근은?

$$\begin{bmatrix} \dot{x_1} \\ \dot{x_2} \end{bmatrix} = \begin{bmatrix} 0 & 1 \\ -2 & -2 \end{bmatrix} \begin{bmatrix} x_1 \\ x2 \end{bmatrix} + \begin{bmatrix} 1 \\ 0 \end{bmatrix} u$$

① $-1 \pm j$

② $-1 \pm j\sqrt{2}$

③ $-1 \pm j2$

④ $-1 \pm j\sqrt{3}$

> **Explanation**
>
> 특성방정식 $|sI - A| = 0$
>
> $|sI - A| = \begin{bmatrix} s & 0 \\ 0 & s \end{bmatrix} - \begin{bmatrix} 0 & 1 \\ -2 & -2 \end{bmatrix} = \begin{bmatrix} s & -1 \\ 2 & s+2 \end{bmatrix} = s(s+2)+2 = s^2 + 2s + 2 = 0$
>
> 따라서 고유값 $s = -1 \pm j$
>
> 【답】①

73 ★★★☆☆

블록선도에서 ⓐ에 해당하는 신호는?

① 조작량
② 제어량
③ 기준입력
④ 동작신호

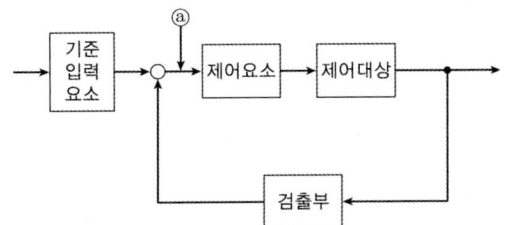

> **Explanation**
>
>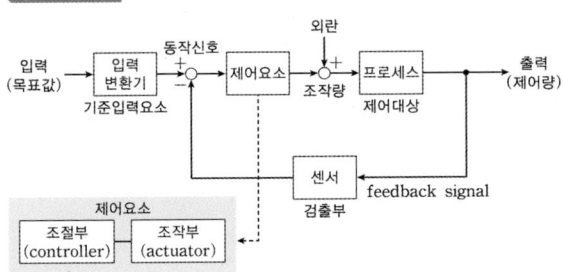
>
> 【답】④

74 ★☆☆☆☆

논리식 $(A + B) \cdot (\overline{A} + B)$와 등가인 것은?

① A

② B

③ $A \cdot B$

④ $A + \overline{B}$

> **Explanation**
>
> 부울대수를 이용하여
> $(A+B) \cdot (\overline{A}+B) = A\overline{A} + AB + \overline{A}B + BB$
> $= 0 + AB + \overline{A}B + B = B(A + \overline{A} + 1) = B$
>
> 【답】②

75 ★☆☆☆☆

다음은 근궤적의 성질(규칙)에 대한 내용의 일부를 나타낸 것이다. ( )안에 알맞은 내용은?

근궤적의 출발점은 개루프 전달함수의 (ⓐ)이고,
근궤적의 도착점은 개루프 전달함수의 (ⓑ)이다.

① ⓐ 영점, ⓑ 영점　　　　　　　　② ⓐ 영점, ⓑ 극점
③ ⓐ 극점, ⓑ 영점　　　　　　　　④ ⓐ 극점, ⓑ 극점

Explanation

근궤적법
- 근궤적의 출발점$(K=0)$: $G(s)H(s)$의 극점으로부터 출발
- 근궤적의 종착점$(K=\infty)$: $G(s)H(s)$의 영점에 종착

【답】③

76 ★★☆☆☆ 그림과 같은 블록선도에서 출력 $C(s)$는?

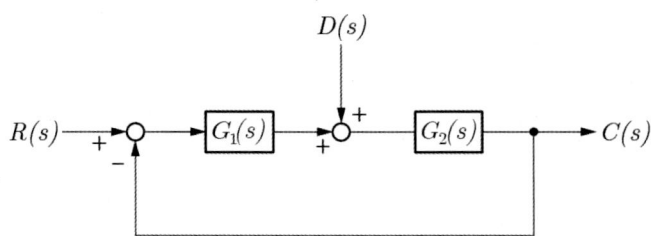

① $\left(\dfrac{G_2(s)}{1-G_1(s)G_2(s)}\right)(G_1(s)R(s)+D(s))$

② $\left(\dfrac{G_2(s)}{1+G_1(s)G_2(s)}\right)(G_1(s)R(s)+D(s))$

③ $\left(\dfrac{G_1(s)}{1-G_1(s)G_2(s)}\right)(G_1(s)R(s)+D(s))$

④ $\left(\dfrac{G_1(s)}{1+G_1(s)G_2(s)}\right)(G_1(s)R(s)+D(s))$

Explanation

블록선도의 전달함수 $G(s)=\dfrac{\Sigma G}{1-\Sigma L_1+\Sigma L_2+\cdots}$

여기서, L_1 : 각각의 모든 폐루프 이득의 합
L_2 : 서로 접촉하지 않는 2개의 폐루프 이득의 곱의 합
ΣG : 각각의 전향 경로의 합

$T(s)=\dfrac{G_1G_2+G_2}{1-(-G_1G_2)}=\dfrac{G_1G_2+G_2}{1+G_1G_2}$ 이므로

입력(R)과 외란입력(D)을 이용한 출력을 구하면

$C=\dfrac{G_1G_2}{1+G_1G_2}R+\dfrac{G_2}{1+G_1G_2}D=\dfrac{G_2}{1+G_1G_2}(G_1R+D)$

【답】②

77 ★☆☆☆☆ 제어시스템의 전달함수가 $G(s)=e^{-10s}$ 이고 주파수가 $\omega=10$[rad/sec]일 때 이 제어시스템의 이득[dB]은?

① 20　　　　　　② 0　　　　　　③ -20　　　　　　④ -40

Explanation

전달함수 $G(s)=e^{-10s}$ 에서
주파수 전달함수 $G(j\omega)=e^{-j100\omega}$ 이므로
크기 $|G(j\omega)|=1$
이득 $g=20\log_{10}|G(j\omega)|=20\log_{10}|1|=0$[dB]

【답】②

78 ★★☆☆☆
단위계단 함수 $(f(t)=u(t))$의 라플라스변환 함수$(F(s))$와 z변환함수$(F(z))$는?

① $F(s)=\dfrac{1}{s}$, $F(z)=\dfrac{z}{z-1}$ ② $F(s)=\dfrac{1}{s}$, $F(z)=\dfrac{z-1}{z}$

③ $F(s)=s$, $F(z)=\dfrac{z}{z-1}$ ④ $F(s)=s$, $F(z)=\dfrac{z-1}{z}$

Explanation

기본함수의 z변환

$f(t)$	$F(s)$	$F(z)$
$\delta(t)$	1	1
$u(t)$	$\dfrac{1}{s}$	$\dfrac{z}{z-1}$

【답】①

79 ★★☆☆☆
전달함수가 $\dfrac{C(s)}{R(s)}=\dfrac{36}{s^2+4.2s+36}$ 인 2차 제어시스템의 감쇠 진동 주파수(ω_d)는 몇 [rad/sec]인가?

① 4.0 ② 4.3

③ 5.6 ④ 6.0

Explanation

2차계의 전달 함수 $G(s)=\dfrac{\omega_n^2}{s^2+2\zeta\omega_n s+\omega_n^2}$ 과 비교하면

$\omega_n^2=36$에서 $\omega_n=6$이며

여기서, $2\zeta\omega_n=4.2$이므로

감쇠비(제동비) $\zeta=\dfrac{4.2}{2\omega_n}=\dfrac{4.2}{2\times6}=0.35$

• 과도(감쇠)진동주파수 $\omega_d=\omega_n\sqrt{1-\zeta^2}=6\sqrt{1-0.35^2}=5.6[\text{rad/sec}]$

【답】③

80 ★☆☆☆☆
신호 흐름 선도의 전달함수 $\dfrac{C(s)}{R(s)}$ 는?

① $\dfrac{24}{5}$ ② $\dfrac{28}{5}$

③ $\dfrac{32}{5}$ ④ $\dfrac{36}{5}$

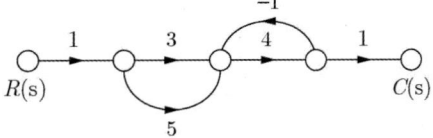

Explanation

메이슨의 이득공식을 적용하면

$G=\dfrac{\sum G_i\Delta_i}{\Delta}$ 에서 $G_i:3\times4=12$ $\Delta_i:1-0=1$

$\qquad\qquad\qquad\qquad G_i:5\times4=20$ $\Delta_i:1-0=1$

$\Delta=1-(-4\times1)=5$

$G(\text{전체이득})=\dfrac{C}{R}=\dfrac{12+20}{5}=\dfrac{32}{5}$

【답】③

81 ★☆☆☆☆
풍력발전설비의 시설기준에 대한 설명으로 틀린 것은?

① 간선의 시설 시 단자의 접속은 기계적, 전기적 안정성을 확보하도록 하여야 한다.
② 나셀 등 풍력발전기 상부시설에 접근하기 위한 안전한 시설물을 강구하여야 한다.
③ 100[kW] 이상의 풍력터빈은 나셀 내부의 화재 발생 시, 이를 자동으로 소화할 수 있는 화재방호설비를 시설하여야 한다.
④ 풍력발전기에서 출력배선에 쓰이는 전선은 CV선 또는 TFR-CV선을 사용하거나 동등 이상의 성능을 가진 제품을 사용하여야 한다.

Explanation

(KEC 530조) 풍력발전설비
① 나셀 등 풍력발전기 상부시설에 접근하기 위한 안전한 시설물 시설
② 항공장애 표시등 시설 : 발전용 풍력설비의 항공장애등 및 주간장애표지를 시설
③ 화재방호설비 시설 : 500[kW] 이상의 풍력터빈은 나셀 내부의 화재 발생 시, 이를 자동으로 소화할 수 있는 화재방호설비를 시설
④ 풍력발전기에서 출력배선에 쓰이는 전선은 CV선 또는 TFR-CV선을 사용하거나 동등 이상의 성능을 가진 제품을 사용

【답】③

82 ★☆☆☆☆
의료장소의 안전을 위한 비단락보증 절연변압기에 대한 설명으로 옳은 것은?

① 정격출력은 5[kVA] 이하이다.
② 정격출력은 10[kVA] 이하이다.
③ 2차측 정격전압은 직류 250[V] 이하이다.
④ 2차측 정격전압은 교류 300[V] 이하이다.

Explanation

(KEC 242.10.3조) 의료장소의 안전을 위한 보호 설비
비단락보증 절연변압기
– 2차측 정격전압은 교류 250[V] 이하
– 공급방식은 단상 2선식, 정격출력 10[kVA] 이하

【답】②

83 ★★☆☆☆
무효전력 보상장치를 시설하는 경우 계측하는 장치를 시설하여 계측하는 대상으로 틀린 것은?

① 무효전력 보상장치의 전압
② 무효전력 보상장치의 전력
③ 무효전력 보상장치의 회전자의 온도
④ 무효전력 보상장치의 베어링의 온도

Explanation

(KEC 351.6조) 계측 장치
무효전력 보상장치를 시설하는 경우
– 무효전력 보상장치의 전압 및 전류 또는 전력
– 무효전력 보상장치의 베어링 및 고정자의 온도

【답】③

84 ★★★★★
변전소에서 사용전압 154[kV] 변압기를 옥외에 시설할 때 취급자 이외의 사람이 들어가지 않도록 시설하는 울타리는 울타리의 높이와 울타리에서 충전부분까지의 거리의 합계를 몇 [m] 이상으로 하여야 하는가?

① 5
② 5.5
③ 6
④ 6.5

Explanation

(KEC 351.1조) 발전소 등의 울타리·담 등의 시설
울타리·담 등의 높이는 2[m] 이상으로 하고 지표면과 울타리·담 등의 하단사이의 간격은 0.15[m] 이하로 할 것

사용 전압의 구분	울타리·담 등의 높이와 울타리·담 등으로부터 충전부 분까지의 거리의 합계
35[kV] 이하	5[m]
35[kV] 초과 160[kV] 이하	**6[m]**
160[kV] 초과	6[m]에 160[kV]를 초과하는 10[kV] 또는 그 단수마다 0.12[m]를 더한 값

【답】 ③

85

★★★★☆

케이블 트레이 공사에 사용하는 케이블 트레이에 적합하지 않은 것은?

① 케이블 트레이의 안전율은 1.5 이상이어야 한다.
② 금속재의 것은 내식성 재료의 것으로 하지 않아도 된다.
③ 전선의 피복 등을 손상시킬 돌기 등이 없이 매끈하여야 한다.
④ 지지대는 트레이 자체 하중과 포설된 케이블 하중을 충분히 견딜 수 있는 강도를 가져야 한다.

Explanation

(KEC 232.41조) 케이블트레이공사
① 수용된 모든 전선을 지지할 수 있는 적합한 강도의 것. 이 경우 케이블 트레이의 안전율은 1.5 이상
② 전선의 피복 등을 손상시킬 돌기 등이 없이 매끈할 것
③ 금속재의 것은 적절한 방식처리를 한 것이거나 내식성 재료의 것

【답】 ②

86

★★★★☆

교통신호등 제어장치의 2차측 배선의 최대사용전압은 몇 [V] 이하이어야 하는가?

① 150
② 250
③ 300
④ 400

Explanation

(KEC 234.15조) 교통신호등
교통신호등 회로의 사용전압은 300[V] 이하이어야 한다.

【답】 ③

87

★☆☆☆☆

피뢰설비 중 인하도선시스템의 건축물·구조물과 분리되지 않은 피뢰시스템인 경우에 대한 설명으로 틀린 것은?

① 인하도선의 수는 1가닥 이상으로 한다.
② 벽이 불연성 재료로 된 경우에는 벽의 표면 또는 내부에 시설할 수 있다.
③ 병렬 인하도선의 최대 간격은 피뢰시스템 등급에 따라 Ⅳ 등급은 20[m]로 한다.
④ 벽이 가연성 재료인 경우에는 0.1[m] 이상 이격하고, 이격이 불가능한 경우에는 도체의 단면적을 100[㎟] 이상으로 한다.

Explanation

(KEC 152.2조) 인하도선시스템
건축물·구조물과 분리되지 않은 피뢰시스템인 경우
① 벽이 불연성 재료로 된 경우에는 벽의 표면 또는 내부에 시설할 수 있다.
② 벽이 가연성 재료인 경우에는 0.1[m] 이상 이격하고, 이격이 불가능한 경우에는 도체의 단면적을 100[㎟] 이상으로 한다.
③ 인하도선의 수는 2가닥 이상으로 한다.
④ 병렬 인하도선의 최대 간격은 피뢰시스템 등급에 따라 Ⅰ·Ⅱ 등급은 10[m], Ⅲ 등급은 15[m], Ⅳ 등급은 20[m] 로 한다.

【답】 ①

88 ★☆☆☆☆

급전용 변압기는 교류 전기철도의 경우 어떤 변압기의 적용을 원칙으로 하고, 급전계통에 적합하게 선정하여야 하는가?

① 3상 정류기용 변압기　　　　　　② 단상 정류기용 변압기
③ 3상 스코트결선 변압기　　　　　④ 단상 스코트결선 변압기

> **Explanation**

(KEC 421.4조) 변전소의 설비
급전용변압기 : 직류 전기철도의 경우 3상 정류기용 변압기
　　　　　　　교류 전기철도의 경우 3상 스코트결선 변압기　　　　　　　　　【답】③

89 ★☆☆☆☆

저압 가공전선이 도로 · 횡단보도교 · 철도 또는 궤도와 접근상태로 시설되는 경우, 저압 가공전선과 도로 · 횡단보도교 · 철도 또는 궤도 사이의 이격거리는 몇 [m] 이상이어야 하는가? (단, 저압 가공 전선과 도로 · 횡단보도교 · 철도 또는 궤도와의 수평이격거리가 0.8[m]인 경우이다)

① 3　　　　　② 3.5　　　　　③ 4　　　　　④ 4.5

> **Explanation**

(KEC 332.12조) 고압 가공전선과 도로 등의 접근 또는 교차
저압 가공전선과 도로 등의 이격 거리는 다음 표에서 정한 값 이상일 것. 다만, 저압 가공전선과 도로 · 횡단보도교 · 철도 또는 궤도와의 수평 이격 거리가 1[m] 이상인 경우에는 그러하지 아니하다.

도로 등의 구분	이격 거리
도로 · 횡단보도교 · 철도 또는 궤도	3[m]

【답】①

90 ★☆☆☆☆

내부피뢰시스템 중 금속제 설비의 등전위본딩에 대한 설명이다. 다음 ( )에 들어갈 내용으로 옳은 것은?

> 건축물 구조물에는 지하 (ⓐ)[m]와 높이 (ⓑ)[m]마다 환상도체를 설치한다. 다만, 철근 콘크리트, 철골구조물의 구조체에 인하도선을 등전위본딩하는 경우 환상도체는 설치하지 않아도 된다.

① ⓐ 0.5, ⓑ 15　　　　　② ⓐ 0.5, ⓑ 20
③ ⓐ 1.0, ⓑ 15　　　　　④ ⓐ 1.0, ⓑ 20

> **Explanation**

(KEC 153.2.2조) 내부피뢰시스템 금속제 설비의 등전위본딩
건축물 · 구조물에는 지하 0.5[m]와 높이 20[m] 마다 환상도체 설치(단, 철근콘크리트, 철골구조물의 구조체에 인하도선을 등전위본딩하는 경우 그렇지 않음)　　　　　　　　　　　　【답】②

91 ★☆☆☆☆

주택의 전기저장장치의 축전지에 접속하는 부하 측 옥내전로에 지락이 생겼을 때 자동적으로 전로를 차단하는 장치를 시설한 경우에 주택의 옥내전로의 대지전압은 직류 몇 [V]까지 적용할 수 있는가?

① 150　　　　　② 300
③ 400　　　　　④ 600

> **Explanation**

(KEC 511.3조) 옥내전로의 대지전압 제한
주택의 전기저장장치의 축전지에 접속하는 부하 측 옥내배선을 다음에 따라 시설하는 경우에 **주택의 옥내전로의 대지전압은 직류 600[V] 까지 적용할 수 있다.**　　　　　　　　　【답】④

92 ★★☆☆☆

인입용 비닐절연전선을 사용한 저압 가공전선을 횡단보도교 위에 시설하는 경우 노면상의 높이는 몇 [m] 이상으로 하여야 하는가?

① 3　　　　　　　　　　　　　　② 3.5

③ 4　　　　　　　　　　　　　　④ 4.5

Explanation

(KEC 222.7조) 저압 가공전선의 높이

횡단보도교의 위에 시설하는 경우에는 저압 가공전선은 그 노면상 3.5[m][전선이 저압 절연전선(인입용 비닐절연전선·450/750[V] 비닐절연전선·450/750[V] 고무절연전선·옥외용 비닐 절연전선을 말한다)·다심형 전선·고압 절연전선·특고압 절연전선 또는 케이블인 경우에는 3[m]] 이상, 고압 가공전선은 그 노면상 3.5[m] 이상 **【답】①**

93 ★★☆☆☆

사용전압이 22.9[kV]인 특고압 가공전선이 건조물 등과 접근상태로 시설되는 경우 지지물로 A종 철근 콘크리트주를 사용하면 그 경간은 몇 [m] 이하이어야 하는가? (단, 중성선 다중접지 방식의 것으로서 전로에 지락이 생겼을 때에 2초 이내에 자동적으로 이를 전로로부터 차단하는 장치가 되어 있는 것에 한한다)

① 100　　　　　　　　　　　　② 150

③ 250　　　　　　　　　　　　④ 400

Explanation

(KEC 333.32조) 25[kV] 이하인 특고압 가공전선로의 시설

사용전압이 15[kV]를 초과하고 25[kV] 이하인 특고압 가공전선로(중성선 다중접지 방식의 것으로서 전로에 지락이 생겼을 때에 2초 이내에 자동적으로 이를 전로로부터 차단하는 장치가 되어 있는 것에 한함)에서의 경간은 다음 표에서 정한 값 이하일 것

지지물의 종류	경간
목주·A종 철주 또는 A종 철근 콘크리트주	100[m]
B종 철주 또는 B종 철근 콘크리트주	150[m]
철탑	400[m]

【답】①

94 ★★☆☆☆

사용전압이 22.9[kV]인 특고압 가공전선로에서 1[km]마다 중성선과 대지 사이의 합성전기저항값은 몇 [Ω] 이하여야 하는가? (단, 중성선 다중접지 방식의 것으로서 전로에 지락이 생겼을 때에 2초 이내에 자동적으로 이를 전로로부터 차단하는 장치가 되어 있는 것에 한한다)

① 5　　　　　　　　　　　　　　② 10

③ 15　　　　　　　　　　　　　④ 30

Explanation

(KEC 333.32조) 25[kV] 이하인 특고압 가공 전선로의 시설

각 접지도체를 중성선으로부터 분리하였을 경우의 각 접지점의 대지 전기저항치가 1[km] 마다의 중성선과 대지 사이의 합성 전기저항치

사용전압	각 접지점의 대지 전기저항치	1[km] 마다의 합성 전기저항치
15[kV] 이하	300[Ω]	30[Ω]
15[kV] 초과 25[kV] 이하	300[Ω]	15[Ω]

【답】③

95 ★☆☆☆☆

직류회로에서 선도체 겸용 보호도체를 말하는 것은?

① PEM　　　　　　　　　　　② PEL

③ PEN　　　　　　　　　　　④ PET

Explanation

(KEC 112조) 용어 정의
• PEN 도체 : 교류회로에서 **중성선** 겸용 보호도체
• PEM 도체 : 직류회로에서 **중간도체** 겸용 보호도체
• PEL 도체 : 직류회로에서 **선도체** 겸용 보호도체 　　　　　　　【답】②

96

★★★★★

지중 전선로에 있어서 폭발성 가스가 침입할 우려가 있는 장소에 시설하는 지중함은 크기가 몇 [㎥] 이상일 때 가스를 방산시키기 위한 장치를 시설하여야 하는가?

① 0.25　　　　　　　　　　　　　② 0.5
③ 0.75　　　　　　　　　　　　　④ 1.0

Explanation

(KEC 334.2조) 지중함의 시설
폭발성 또는 연소성의 가스가 침입할 우려가 있는 것에 시설하는 **지중함으로 그 크기가 1[㎥] 이상인 것**에는 통풍장치 기타 가스를 방산시키기 위한 적당한 장치를 시설할 것　　　　　　　　　　　　【답】④

97

★★★☆☆

특고압으로 시설할 수 없는 전선로는?

① 옥상전선로　　　　　　　　　　② 지중전선로
③ 가공전선로　　　　　　　　　　④ 수중전선로

Explanation

(KEC 331.14.2조) 특고압 옥상전선로의 시설
특고압 옥상전선로(특고압의 인입선의 옥상부분을 제외한다)는 시설하여서는 아니 된다.　　　　【답】①

98

★★★★★

사용전압이 60[kV] 이하인 경우 전화선로의 길이 12[km]마다 유도전류는 몇 [μA]를 넘지 않도록 하여야 하는가?

① 1　　　　　　　　　　　　　　② 2
③ 3　　　　　　　　　　　　　　④ 5

Explanation

(KEC 333.2조) 유도장해의 방지
① 사용전압이 60[kV] 이하인 경우에는 전화 선로의 길이 12[km]마다 유도전류가 2[μA]를 넘지 아니할 것
② 사용전압이 60[kV]를 넘는 경우에는 전화 선로의 길이 40[km]마다 유도전류가 3[μA]를 넘지 아니할 것　　【답】②

99

★★★★★

발전기의 내부에 고장이 생긴 경우, 발전기를 자동적으로 전로로부터 차단하는 장치를 설치하여야 하는 발전기의 최소용량[kVA]은?

① 1,000　　　　　　　　　　　　② 1,500
③ 10,000　　　　　　　　　　　④ 15,000

Explanation

(KEC 351.3조) 발전기 등의 보호 장치
발전기에는 다음 각 호의 경우에 자동적으로 이를 전로로부터 차단하는 장치를 시설하여야 한다.
용량이 10,000[kVA] 이상인 발전기의 내부에 고장이 생긴 경우　　　　　　　【답】③

100 ★★☆☆☆ 소세력 회로의 최대 사용전압이 15[V]라면, 절연변압기의 2차 단락전류는 몇 [A] 이하이어야 하는가?

① 1
② 3
③ 5
④ 8

Explanation

(KEC 241.14조) 소세력 회로
2차 단락전류는 소세력 회로의 최대사용전압에 따라 다음 표에서 정한 값 이하일 것

소세력 회로의 최대 사용 전압의 구분	2차 단락 전류	과전류 차단기의 정격 전류
15[V] 이하	8[A]	5[A]
15[V] 초과 30[V] 이하	5[A]	3[A]
30[V] 초과 60[V] 이하	3[A]	1.5[A]

【답】④

MEMO

전기공사기사 필기

2020

과년도 기출문제

- 2020년 통합 01, 02회
- 2020년 제 03회
- 2020년 제 04회

2020년 과년도 기출문제에 대한 출제 빈도 분석 차트입니다.
각 회차별로 별의 개수를 확인하고 학습에 참고하기 바랍니다.

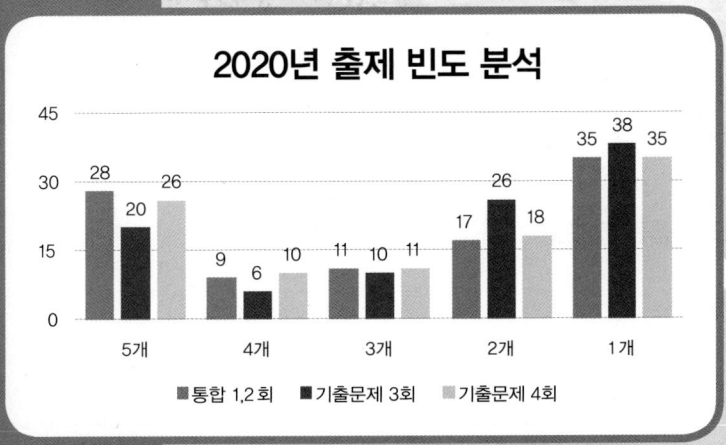

2020년 출제 빈도 분석

■통합 1,2회 ■기출문제 3회 기출문제 4회

1과목	전기응용 및 공사재료

01 ★☆☆☆☆
전기 화학 반응을 실제로 일으키기 위해 필요한 전극 전위에서 그 반응의 평형 전위를 뺀 값을 과전압이라고 한다. 과전압의 원인으로 틀린 것은?

① 농도 분극   ② 화학 분극
③ 전류 분극   ④ 활성화 분극

Explanation

농도 과전압 : 전류가 통과할 때 전극 표면 부근에 있는 반응 생성물의 활동도(또는 농도)가 변화해서 이것을 보충하는 데에 과잉 전압이 요구되는 것
저항 과전압 : 전극에 저항물질이 생성되었을 때 이것을 극복해서 반응이 일어나기 위해 필요한 과전압
문제에서 과전압의 원인은 농도, 화학, 활성화에 따른 분극이 된다.   【답】③

02 ★☆☆☆☆
30[W]의 백열전구가 1,800[h]에서 단선되었다. 이 기간 중에 평균 100[lm]의 광속을 방사하였다면 전광량[lm · h]은?

① 5.4×10^4 ② 18×10^4
③ 60   ④ 18

Explanation

전광량 : 일정 시간의 조사된 광속[lm · h]
전광량 = 시간 × 광속 = $1,800 \times 100 = 18 \times 10^4$[lm · h]   【답】②

03 ★★★☆☆
플라이휠 효과 1[kg · m²]인 플라이휠 회전속도가 1,500[rpm]에서 1,200[rpm]으로 떨어졌다. 방출에너지는 약 몇 [J]인가?

① 1.11×10^3 ② 1.11×10^4
③ 2.11×10^3 ④ 2.11×10^4

Explanation

방출에너지 $W = \dfrac{GD^2}{730}(N_2^2 - N_1^2)$[J]

$= \dfrac{1}{730} \times (1,500^2 - 1,200^2) = 1,109.6 = 1.11 \times 10^3$[J]   【답】①

04 ★★★★★
유전가열의 용도로 틀린 것은?

① 목재의 건조   ② 목재의 접착
③ 염화비닐막의 접착   ④ 금속 표면처리

Explanation

유전가열 : 유전체손($P_c = \omega C E^2 \tan\delta$)에 의한 가열

목재의 접착, 목재의 건조, 비닐막 접착, 플라스틱 성형 등에 사용

특징 : 급속가열가능, 균일가열 가능, 온도제어 용이 【답】④

05 ★★★★★ 전자빔 가열의 특징이 아닌 것은?

① 용접, 용해 및 천공작업 등에 응용된다.

② 에너지의 밀도나 분포를 자유로이 조절할 수 있다.

③ 진공 중에서 가열이 불가능하다.

④ 고융점 재료 및 금속박 재료의 용접이 쉽다.

Explanation

전자빔 가열 : 진공 중에서 고속으로 가열한 전자를 접속하여 그 전자의 충돌에 의한 에너지로 가열하는 방식

• 에너지의 밀도나 분포를 자유로이 조절할 수 있다.

• 고융점 재료 및 금속박 재료의 용접이 쉽다.

• 진공 중에서 가열이 가능하다.

• 가열 범위가 극히 국한된 부분에 집중시킬 수 있어서 열에 의한 변질이 될 부분을 적게 할 수 있다. 【답】③

06 ★★★★★ 평균 구면 광도 100[cd]의 전구 5개를 지름 10[m]인 원형의 방에 점등할 때 조명률을 0.5, 감광 보상률을 1.5로 하면 방의 평균 조도[lx]는 약 얼마인가?

① 18   ② 23

③ 27   ④ 32

Explanation

$FUN = ESD$에서 구 광원 $F = 4\pi I = 4\pi \times 100 = 400\pi\,[\text{lm}]$

조도 $E = \dfrac{FUN}{SD} = \dfrac{400\pi \times 0.5 \times 5}{25\pi \times 1.5} = 26.7\,[\text{lx}]$ 【답】③

07 ★★★☆☆ 서미스터(Thermister)의 주된 용도는?

① 온도 보상용   ② 잡음 제거용

③ 전압 증폭용   ④ 출력 전류 조절용

Explanation

서미스터 : 온도보상용 【답】①

08 ★★★★☆ 자기소호 기능이 가장 좋은 소자는?

① GTO   ② SCR

③ DIAC   ④ TRIAC

Explanation

GTO(Gate Turn-off Thyristor)

게이트에 흐르는 전류를 점호할 때의 전류와 반대 방향의 전류를 흐르게 함으로써 소호(자기소호 기능) 【답】①

09 ★★☆☆☆ 직류 전동기 중 공급전원의 극성이 바뀌면 회전방향이 바뀌는 것은?

① 분권기   ② 평복권기

③ 직권기   ④ 타여자기

타여자기 : 공급전원의 극성이 바뀌면 전기자 전류의 방향이 반대로 되어 회전자의 방향이 반대로 된다. 【답】④

10 철도차량이 운행하는 곡선부의 종류가 아닌 것은?

① 단곡선   ② 복곡선
③ 반향곡선   ④ 완화곡선

곡선부의 종류
• 단곡선 : 곡률이 일정한 곡선
• 반향곡선 : 방향이 서로 반대되는 곡선
• 완화곡선 : 곡률을 순차적으로 변화시켜 직선부와 곡선부를 완화시키는 곡선 【답】②

11 피뢰설비 설치에 관한 사항으로 옳은 것은?

① 수뢰부는 동선을 기준으로 35[㎟] 이상
② 접지극은 동선을 기준으로 50[㎟] 이상
③ 인하도선은 동선을 기준으로 16[㎟] 이상
④ 돌침은 건축물의 맨 윗부분으로부터 20[cm] 이상 돌출

(건축물의 설비기준 등에 관한 규칙 제20조) 피뢰설비
피뢰설비의 재료는 최소 단면적이 피복이 없는 동선을 기준으로 수뢰부, 인하도선 및 접지극은 50[㎟] 이상이거나 이와 동등 이상의 성능을 갖출 것 【답】②

12 철근 콘크리트주로서 전장 16[m]이고, 설계 하중이 8[kN]이라 하면 땅에 묻는 최소 깊이[m]는? (단, 지반이 연약한 곳 이외에 시설한다)

① 2.0   ② 2.4
③ 2.5   ④ 2.8

(KEC 331.7조) 가공 전선로 지지물의 기초의 안전율
① 강관을 주체로 하는 철주 또는 철근 콘크리트주로서 그 전체 길이가 16[m] 이하, 설계하중이 6.8[kN] 이하인 것 또는 목주를 다음에 의하여 시설하는 경우
   (1) 전체의 길이가 15[m] 이하인 경우는 땅에 묻히는 깊이를 전체길이의 6분의 1 이상으로 할 것.
   (2) 전체의 길이가 15[m]를 초과하는 경우는 땅에 묻히는 깊이를 2.5[m] 이상으로 할 것.
② 철근 콘크리트주로서 그 전체의 길이가 16[m] 초과 20[m] 이하이고, 설계하중이 6.8[kN] 이하의 것을 논이나 그 밖의 지반이 연약한 곳 이외에 그 묻히는 깊이를 2.8[m] 이상으로 시설하는 경우
③ 철근 콘크리트주로서 전체의 길이가 14[m] 이상 20[m] 이하이고, 설계하중이 6.8[kN] 초과 9.8[kN] 이하의 것을 논이나 그 밖의 지반이 연약한 곳 이외에 시설하는 경우 그 묻히는 깊이는 ①의 (1) 및 (2)에 의한 기준보다 30[cm]를 가산하여 시설하는 경우
∴ 2.5[m]+0.3[m] = 2.8[m] 【답】④

13 저압 전선로 등의 중성선 또는 접지측 전선의 식별에서 애자의 빛깔에 의하여 식별하는 경우에는 어떤 색의 애자를 접지 측으로 사용하는가?

① 청색 애자   ② 백색 애자
③ 황색 애자   ④ 흑색 애자

애자의 색상
• 특고압용 핀 애자 : 적색
• 저압용 애자(접지 측 제외) : 백색
• **접지 측 애자 : 청색**

【답】①

14 ★☆☆☆☆ 후강 전선관에 대한 설명으로 틀린 것은?

① 관의 호칭은 바깥지름의 크기에 가깝다.
② 후강전선관의 두께는 박강전선관의 두께보다 두껍다.
③ 콘크리트에 매입할 경우 관의 두께는 1.2[mm] 이상으로 해야 한다.
④ 관의 호칭은 16[mm]에서 104[mm]까지 10종이다.

Explanation

강제 전선관의 규격(KSC 8401)

종류	관의 규격[mm]
후강 전선관(짝수, **내경**, G)	16 22 28 36 42 54 70 82 92 104
박강 전선관(홀수, 외경, C)	19 25 31 39 51 63 75

금속관의 두께
• 콘크리트 매입 시 : 1.2[mm]이상
• 기타 : 1.0[mm]이상

【답】①

15 ★★★★★ 백열전구에 사용되는 필라멘트 재료의 구비조건으로 틀린 것은?

① 융융점이 높을 것
② 고유저항이 클 것
③ 선팽창 계수가 높을 것
④ 높은 온도에서 증발이 적을 것

Explanation

필라멘트의 구비조건
• 용해점이 높을 것
• 고유저항이 클 것
• 높은 온도에서 증발이 적을 것
• **선팽창계수가 적을 것**
• 전기저항의 온도계수가 플러스 일 것

【답】③

16 ★★★★★ 자심재료의 구비 조건으로 틀린 것은?

① 저항률이 클 것
② 투자율이 작을 것
③ 히스테리시스 면적이 작을 것
④ 잔류자기가 크고 보자력이 작을 것

Explanation

자심 재료의 구비 조건
• **투자율이 클 것**
• 포화 자속밀도가 클 것
• 보자력이 작고 잔류자기가 클 것
• 포화자속밀도가 클 것
• 저항률이 클 것
• 기계적, 전기적 충격에 대하여 안정할 것

【답】②

17 ★☆☆☆☆
형광판, 야광도료 및 형광방전등에 이용되는 루미네선스는?

① 열 루미네선스
② 전기 루미네선스
③ 복사 루미네선스
④ 파이로 루미네선스

Explanation

루미네선스 : 온도 복사를 제외한 모든 발광현상
루미네선스의 종류
• 전기 루우미네슨스 : 네온관등, 수은등
• **복사 루우미네슨스 : 형광등, 형광판**
• 파이로 루우미네슨스 : 발염 아크등
• 열 루우미네슨스 : 금강석, 대리석
• 생물 루우미네슨스 : 반딧불, 야광벌레

【답】③

18 ★★☆☆☆
지지선으로 사용되는 전선의 종류는?

① 경동연선
② 중공연선
③ 아연도철연선
④ 강심알루미늄연선

Explanation

(KEC 331.11조) 지지선의 시설
소선의 지름이 2.6[㎜] 이상의 금속선을 사용한 것일 것. 다만, 소선의 지름이 2[㎜] 이상인 **아연도강연선**으로서 소선의 인장
강도가 0.68[kN/㎟] 이상인 것을 사용하는 경우에는 그러하지 아니하다.

【답】③

19 ★★★★★
배전반 및 분전반을 넣는 함을 강판제로 만들 경우 함의 최소 두께[㎜]는?(단, 가로 또는 세로의
길이가 30[cm]를 초과하는 경우이다.)

① 1.0
② 1.2
③ 1.4
④ 1.6

Explanation

배전반, 분전반 설치 시 : 강판제의 것은 두께 1.2[㎜] 이상

【답】②

20 ★★☆☆☆
내선규정에서 정하는 용어의 정의로 틀린 것은?

① 케이블이란 통신용케이블 이외의 케이블 및 캡타이어케이블을 말한다.
② 애자란 놉애자, 인류애자, 핀애자와 같이 전선을 부착하여 이것을 다른 것과 절연하는 것을 말한다.
③ 전기용품이란 전기설비의 부분이 되거나 또는 여기에 접속하여 사용되는 기계기구 및 재료 등을 말한다.
④ 불연성이란 불꽃, 아크 또는 고열에 의하여 착화하기 어렵거나 착화하여도 쉽게 연소하지 않는 성질을 말한다.

Explanation

• 애자 : 놉애자, 인류애자, 핀애자와 같이 전선을 부착하여 이것을 다른 것과 절연하는 것
• 불연성 : 사용 중 닿게 될지도 모르는 불꽃, 아크 또는 고열에 의하여 연소되지 않는 성질
• **난연성 : 불꽃, 아크 또는 고열에 의하여 착화하기 어렵거나 착화하여도 쉽게 연소하지 않는 성질**
• 케이블 : 통신케이블 이외의 케이블 및 캡타이어케이블
• 전기용품 : 전기설비의 부분이 되거나 또는 여기에 접속하여 사용되는 기계기구 및 재료 등

【답】④

21 ★★★☆☆
중성점 직접접지 방식의 발전기가 있다. 1선 지락 사고 시 지락전류는? (단, Z_1, Z_2, Z_0는 각각 정상, 역상, 영상 임피던스이며, E_a는 지락된 상의 무부하 기전력이다.)

① $\dfrac{E_a}{Z_0 + Z_1 + Z_2}$

② $\dfrac{Z_1 E_a}{Z_0 + Z_1 + Z_2}$

③ $\dfrac{3E_a}{Z_0 + Z_1 + Z_2}$

④ $\dfrac{Z_0 E_a}{Z_0 + Z_1 + Z_2}$

Explanation ▶

1선 지락 시

$$I_0 = I_1 = I_2, \quad I_g = 3I_0 = \dfrac{3E_a}{Z_0 + Z_1 + Z_2}$$

【답】③

22 ★★★★☆
송전계통의 절연협조에 있어서 절연레벨을 가장 낮게 잡고 있는 기기는?

① 피뢰기

② 단로기

③ 변압기

④ 차단기

Explanation ▶

• 피뢰기의 제한전압은 절연협조의 기본이 되는 부분으로 가장 낮게 잡으며 피뢰기의 제1보호대상은 변압기이다. 【답】①

23 ★★★☆☆
화력 발전소에서 절탄기의 용도는?

① 보일러에 공급되는 급수를 예열한다.

② 포화증기를 가열한다.

③ 연소용 공기를 예열한다.

④ 석탄을 건조한다.

Explanation ▶

절탄기 : 보일러의 여열을 이용하여 급수가열에 사용 【답】①

24 ★★★★☆
3상 배전선로의 말단에 지상역률 60[%](늦음), 60[kW]인 평형 3상 부하가 있다. 부하점에 부하와 병렬로 전력용 콘덴서를 접속하여 선로손실을 최소로 하고자 할 때 콘덴서 용량[kVA]은?

① 40

② 60

③ 80

④ 100

Explanation ▶

선로손실 $P_l = 3I^2 R = (\dfrac{P}{V\cos\theta})^2 \times R = \dfrac{P^2 R}{V^2 \cos^2\theta} \propto \dfrac{1}{\cos^2\theta}$

따라서 선로손실을 최소로 하기 위해서는 역률을 1.0으로 개선해야 한다.

전력용 콘덴서의 용량 : $Q_c = P(\tan\theta_1 - \tan\theta_2)$

$Q_c = 60 \times \left(\dfrac{0.8}{0.6} - \dfrac{0}{1} \right) = 80[\text{kVA}]$

【답】③

25 ★★★★★
송배전 선로에서 선택지락계전기(SGR)의 용도는?

① 다회선에서 접지 고장 회선의 선택　　② 단일 회선에서 접지 전류의 대소 선택
③ 단일 회선에서 접지 전류의 방향 선택　④ 단일 회선에서 접지 사고의 지속 시간 선택

Explanation

지락사고 보호용 계전기
• 지락계전기(GR) : 1회선 송전선로의 지락보호
• 선택지락계전기(SGR) : 다회선 송전선로의 지락 시 선택차단　　　　　　　　　　　**【답】** ①

26 ★★☆☆☆
정격 전압 7.2[kV], 차단 용량 100[MVA]인 3상 차단기의 정격 차단 전류는 약 몇 [kA]인가?

① 4　　　　　　　　　　　　　　　　② 6
③ 7　　　　　　　　　　　　　　　　④ 8

Explanation

3상용 차단기의 정격 용량
$P_s = \sqrt{3} \times$ 정격전압 $\times$ 정격차단전류 [MVA]

정격 차단 전류 : $I_s = \dfrac{P_s}{\sqrt{3}\,V} = \dfrac{100 \times 10^6}{\sqrt{3} \times 7.2 \times 10^3} \times 10^{-3} = 8$ [kA]　　　　**【답】** ④

27 ★★★☆☆
다중접지 계통에 사용되는 재폐로 기능을 갖는 일종의 차단기로서 과부하 또는 고장전류가 흐르면 순시동작하고, 일정시간 후에는 자동적으로 재폐로 하는 보호기기는?

① 라인퓨즈　　　　　　　　　　　　② 리클로저
③ 섹셔널라이저　　　　　　　　　　④ 고장구간 자동개폐기

Explanation

보호 계전기의 시한특성
• 순한시 : 최소 동작 전류 이상의 전류가 흐르면 즉시 동작
• 정한시 : 동작 전류의 크기에 관계없이 일정한 시간에 동작
• 반한시 : 동작 전류가 커질수록 동작 시간이 짧게 되는 특성
• 반한시 정한시 특성 : 동작 전류가 적은 동안에는 반한시 동작, 어떤 전류 이상이면 정한시 동작　**【답】** ①

28 ★★☆☆☆
30,000[kW]의 전력을 51[km] 떨어진 지점에 송전하는 데 필요한 전압은 약 몇 [kV]인가? 단, still의 식에 의하여 산정한다.

① 22　　　　　　　　　　　　　　　② 33
③ 66　　　　　　　　　　　　　　　④ 100

Explanation

경제적인 송전 전압 결정(still식)

$V_s = 5.5 \sqrt{0.6l + \dfrac{P}{100}}$ [kV]　　여기서, l : 송전 거리[km],　P : 송전 전력[kW]

$= 5.5 \times \sqrt{0.6 \times 51 + \dfrac{30,000}{100}} = 100$[kV]　　　　　　　　　　　**【답】** ④

29 ★☆☆☆☆
댐의 부속설비가 아닌 것은?

① 수로　　　　　　　　　　　　　　② 수조
③ 취수구　　　　　　　　　　　　　④ 흡출관

Explanation

흡출관 : 반동수차에서 낙차를 늘리기 위한 설비

【답】④

30 ★★☆☆☆

3상3선식에서 전선 한 가닥에 흐르는 전류는 단상2선식의 경우의 몇 배가 되는가? (단, 송전전력, 부하역률, 송전거리, 전력손실 및 선간전압이 같다)

① $\dfrac{1}{\sqrt{3}}$ 　　　　　　　　　② $\dfrac{2}{3}$

③ $\dfrac{3}{4}$ 　　　　　　　　　④ $\dfrac{4}{9}$

Explanation

송전전력이 동일 $VI_1\cos\theta = \sqrt{3}\,VI_3\cos\theta$

선간전압과 역률이 동일 $\therefore I_3 = \dfrac{1}{\sqrt{3}}I_1$

【답】①

31 ★★★☆☆

사고, 정전 등의 중대한 영향을 받는 지역에서 정전과 동시에 자동적으로 예비전원용 배전선로로 전환하는 장치는?

① 차단기

② 리클로저(Recloser)

③ 섹셔널라이저(Sectionalizer)

④ 자동 부하 전환개폐기(Auto Load Transfer Switch)

Explanation

자동 부하 전환개폐기(Auto Load Transfer Switch)
정전과 동시에 자동적으로 예비전원용 배전선로로 전환하는 장치

【답】④

32 ★★★★★

전선의 표피 효과에 대한 설명으로 알맞은 것은?

① 전선이 굵을수록, 주파수가 높을수록 커진다.　② 전선이 굵을수록, 주파수가 낮을수록 커진다.

③ 전선이 가늘수록, 주파수가 높을수록 커진다.　④ 전선이 가늘수록, 주파수가 낮을수록 커진다.

Explanation

표피효과 : 도선의 중심부로 갈수록 전류밀도가 적어지는 현상
따라서 전선이 굵을수록, 주파수가 높을수록, 도전율이 높을수록, 투자율이 클수록 표피 효과는 증대된다.

【답】①

33 ★★☆☆☆

일반회로정수가 같은 평행 2회선에서 A, B, C, D 는 각각 1회선의 경우의 몇 배로 되는가?

① A : 2배, B : 2배, C : $\dfrac{1}{2}$ 배, D : 1배

② A : 1배, B : 2배, C : $\dfrac{1}{2}$ 배, D : 1배

③ A : 1배, B : $\dfrac{1}{2}$ 배, C : 2배, D : 1배

④ A : 1배, B : $\dfrac{1}{2}$ 배, C : 2배, D : 2배

Explanation

병행 2회선 선로(임피던스 감소, 어드미턴스 증가)

$A \rightarrow A$

$B \rightarrow \dfrac{B}{2}$

$C \rightarrow 2C$

$D \rightarrow D$

【답】③

34 ★★★★★
변전소에서 비접지 선로의 접지 보호용으로 사용되는 계전기에 영상 전류를 공급하는 것은?

① CT
② GPT
③ ZCT
④ PT

> **Explanation**

ZCT(영상 변류기) : 영상(지락)전류 검출. 지락계전기 사용

【답】③

35 ★★★★★
단로기에 대한 설명으로 틀린 것은?

① 소호장치가 있어 아크를 소멸시킨다.
② 무부하 및 여자전류의 개폐에 사용된다.
③ 사용 회로 수에 의해 분류하면 단투형과 쌍투형이 있다.
④ 회로의 분리 또는 계통의 접속 변경 시 사용한다.

> **Explanation**

단로기(Disconnecting Switch)
• 무부하 회로 개폐
• 무부하 충전전류, 변압기 여자전류 개폐 가능

【답】①

36 ★☆☆☆☆
4단자 정수 $A = 0.9918 + j0.0042$, $B = 34.17 + j50.38$, $C = (-0.006 + j3247) \times 10^{-4}$인 송전 선로의 송전단에 66[kV]를 인가하고 수전단을 개방하였을 때 수전단 선간전압은 약 몇 [kV]인가?

① $\dfrac{66.55}{\sqrt{3}}$
② 62.5

③ $\dfrac{62.5}{\sqrt{3}}$
④ 66.55

> **Explanation**

【답】④

37 ★★★☆☆
증기터빈 출력을 P[kW], 증기량을 W[t/h], 초압 및 배기의 증기 엔탈피를 각각 i_0, i_1[kcal/kg] 이라 하면 터빈의 효율 η_T[%]는?

① $\dfrac{860P \times 10^3}{W(i_0 - i_1)} \times 100$
② $\dfrac{860P \times 10^3}{W(i_1 - i_0)} \times 100$

③ $\dfrac{860P}{W(i_0 - i_1) \times 10^3} \times 100$
④ $\dfrac{860P}{W(i_1 - i_0) \times 10^3} \times 100$

> **Explanation**

$$터빈\ 효율\ \eta_T = \frac{860P}{G(i-i_e)\eta_g} \times 100[\%]$$

여기서, P : 터빈 축단 출력 [kW]

G : 유입 증기량[kg/h]

I : 터빈 입구에서의 증기 엔탈피[kcal/kg]

i_e : 복수기 진공까지 팽창한 상태에서의 증기 엔탈피 [kcal/kg]

η_T : 터빈 효율, η_g : 발전기 효율

【답】③

38 ★★★★★ 송전선로에서 가공지선을 설치하는 목적이 아닌 것은?

① 뇌(雷)의 직격을 받을 경우 송전선 보호

② 유도뢰에 의한 송전선의 고전위 방지

③ 통신선에 대한 전자유도장해 경감

④ 철탑의 접지저항 경감

Explanation

가공 지선의 설치 목적

• 직격뢰 차폐

• 유도뢰에 대한 정전 차폐

• 통신선에 대한 전자유도장해 경감(지락전류의 일부가 가공지선에 흐르므로)

【답】④

39 ★☆☆☆☆ 수전단의 전력원 방정식이 $P_r^2 + (Q_r + 400)^2 = 250,000$으로 표현되는 전력계통에서 조상설비 없이 전압을 일정하게 유지하면서 공급할 수 있는 부하전력은? (단, 부하는 무유도성이다)

① 200

② 250

③ 300

④ 350

Explanation

조상설비가 없으므로 무효전력은 400[kVar]

$P_r^2 + 400^2 = 250,000$이므로 송전전력(P_r^2)은 300[kW]

【답】③

40 ★★★★★ 전력설비의 수용률을 나타낸 것은?

① $수용률 = \dfrac{평균\ 전력[kW]}{부하\ 설비\ 용량[kW]} \times 100[\%]$

② $수용률 = \dfrac{부하\ 설비\ 용량[kW]}{평균\ 전력[kW]} \times 100[\%]$

③ $수용률 = \dfrac{최대\ 수용\ 전력[kW]}{부하\ 설비\ 용량[kW]} \times 100[\%]$

④ $수용률 = \dfrac{부하\ 설비\ 용량[kW]}{최대\ 수용\ 전력[kW]} \times 100[\%]$

Explanation

전력수용의 수용률

$수용률 = \dfrac{최대\ 수용\ 전력[kW]}{부하\ 설비\ 합계[kW]} \times 100[\%]$

【답】③

3과목 전기기기

41 ★☆☆☆☆ 전원전압이 100[V]인 단상 전파정류제어에서 점호각이 30°일 때 직류 평균전압은 약 몇 [V]인가?

① 54　　　　　　　　　　　　　　② 64

③ 84　　　　　　　　　　　　　　④ 94

SCR의 위상 제어

• 단상 전파 정류 회로

$$E_d = \frac{2\sqrt{2}\,E}{\pi}\frac{(1+\cos\alpha)}{2} = \frac{\sqrt{2}\,E}{\pi}(1+\cos\alpha) = 0.45E(1+\cos\alpha)$$　　　여기서, $1+\cos\alpha$: 제어율

$$= 0.45\times100\times(1+\cos30°) = 83.97[V]$$　　　　　　　　　　　　　　　　　【답】③

42 ★★★★☆ 단상 유도 전동기의 기동 시 브러시를 필요로 하는 것은?

① 분상 기동형　　　　　　　　　② 반발 기동형

③ 콘덴서 분상 기동형　　　　　　④ 셰이딩 코일 기동형

반발 기동 유도 전동기

• 회전자 권선의 전부 혹은 일부를 브러시를 통해 단락시켜 기동하는 방식

• 브러시의 위치를 이동시켜 회전방향 변경

• 단상 유도 전동기 중 기동 토크가 가장 크다.

• 단상 유도 전동기 기동토크 큰 순서 : 반발 기동형 〉 반발 유도형 〉 콘덴서 기동형 〉 분상 기동형 〉 셰이딩 코일 기동형

【답】②

43 ★☆☆☆☆ 3선 중 2선의 전원 단자를 서로 바꾸어서 결선하면 회전방향이 바뀌는 기기가 아닌 것은?

① 회전변류기　　　　　　　　　　② 유도전동기

③ 동기전동기　　　　　　　　　　④ 정류자형 주파수 변환기

3상 교류전동기

• 3선 중 2선의 전원 단자를 서로 바꾸어서 결선하면 회전방향이 바뀌는 특성

• 유도전동기, 동기전동기, 회전변류기(동기전동기 사용)

【답】④

44 ★☆☆☆☆ 단상 유도전동기의 분상 기동형에 대한 설명으로 틀린 것은?

① 보조권선은 높은 저항과 낮은 리액턴스를 갖는다.

② 주권선은 비교적 낮은 저항과 높은 리액턴스를 갖는다.

③ 높은 토크를 발생시키려면 보조권선에 병렬로 저항을 삽입한다.

④ 전동기가 기동하여 속도가 어느 정도 상승하면 보조권선을 전원에서 분리해야 한다.

분상기동형

• 주권선과 90° 위상차가 있는 보조 권선을 설치하여 주권선과 위상차에 의해 기동하는 방식

• 주권선과 보조권선의 특징

　－ $R > X$(보조권선)

　－ $R < X$(주권선)

전동기가 기동하여 속도가 동기속도의 60~80[%] 정도에 이르면 원심개폐기를 사용하여 보조권선을 전원에서 분리해야 한다.

【답】③

45 ★☆☆☆☆

변압기의 %Z가 커지면 단락전류는 어떻게 변화하는가?

① 커진다. 　　　　　　　　② 변동 없다.
③ 작아진다. 　　　　　　　④ 무한대로 커진다.

단락전류 $I_s = \dfrac{100}{\%Z}I_n$

따라서 단락전류는 %Z가 커지면 감소한다. 　　　　　　　【답】③

46 ★☆☆☆☆

정격전압 6,600[V]인 3상 동기발전기가 정격출력(역률=1)으로 운전할 때 전압 변동률이 12[%]이었다. 여자전류와 회전수를 조정하지 않은 상태로 무부하 운전하는 경우 단자전압[V]은?

① 6,433 　　　　　　　　② 6,943
③ 7,392 　　　　　　　　④ 7,842

전압변동률 $\epsilon = \dfrac{V_o - V}{V} \times 100\,[\%]$

$\epsilon V = V_o - V$에서 무부하 단자전압 $V_o = (\epsilon + 1)V = (1 + 0.12) \times 6,600 = 7,392\,[\text{V}]$ 　　　　　　　【답】③

47 ★★★☆☆

계자권선이 전기자에 병렬로만 연결된 직류기는?

① 분권기 　　　　　　　　② 직권기
③ 복권기 　　　　　　　　④ 타여자기

직류발전기의 종류
• 타여자 발전기 : 계자권선이 외부에 있는 경우
• 직권 발전기 : 계자 권선이 전기자에 직렬로 있는 경우
• **분권 발전기 : 계자 권선이 전기자에 병렬로 있는 경우**
• 복권 발전기 : 계자 권선이 전기자에 직렬 및 병렬로 있는 경우 　　　　　　　【답】①

48 ★☆☆☆☆

3상 20,000[kVA]인 동기발전기가 있다. 이 발전기는 60[Hz]일 때 200[rpm], 50[Hz]일 때는 약 167[rpm]으로 회전한다. 이 동기발전기의 극수는?

① 18극 　　　　　　　　② 36극
③ 54극 　　　　　　　　④ 72극

• 동기속도 $N_s = \dfrac{120f}{p}$ 에서

　주파수가 60[Hz], 회전속도가 200[rpm]인 경우

　극수 $p = \dfrac{120f}{N_s} = \dfrac{120 \times 60}{200} = 36\,[\text{극}]$

• 동기속도 $N_s = \dfrac{120f}{p}$ 에서

　주파수가 50[Hz], 회전속도가 167[rpm]인 경우

　$p = \dfrac{120f}{N_s} = \dfrac{120 \times 50}{167} = 35.9\,[\text{극}] ≒ 36\,[\text{극}]$ 　　　　　　　【답】②

49 ★★★★★

1차 전압 6,600[V], 권수비 30인 단상 변압기로 전등부하에 30[A]를 공급할 때 입력[kW]은? 단, 변압기의 손실은 무시한다.

① 4.4   ② 5.5

③ 6.6   ④ 7.7

Explanation

변압기의 권수비

$a = \dfrac{N_1}{N_2} = \dfrac{E_1}{E_2} = \dfrac{V_1}{V_2} = \dfrac{I_2}{I_1} = \sqrt{\dfrac{Z_1}{Z_2}}$ 에서 1차 전류 $I_1 = \dfrac{I_2}{a} = \dfrac{30}{30} = 1[\text{A}]$

전등 부하는 역률 $\cos\theta = 1$

입력 $P_1 = V_1 I_1 \cos\theta = 6{,}600 \times 1 \times 1 \times 10^{-3} = 6.6[\text{kW}]$ 【답】③

50 ★★★★★

스텝 모터에 대한 설명 중 틀린 것은?

① 가속과 감속이 용이하다.

② 정·역 및 변속이 용이하다.

③ 위치제어 시 각도 오차가 작다.

④ 브러시 등 부품수가 많아 유지보수 필요성이 크다.

Explanation

스텝 모터

• 피드백 루프가 필요 없이 오픈 루프로 손쉽게 속도 및 위치제어를 할 수 있다.

• 디지털 신호를 직접 제어할 수 있으므로 컴퓨터 등 다른 디지털 기기와 인터페이스가 쉽다.

• 가속, 감속이 용이하며 정·역전 및 변속이 쉽다.

• 위치제어를 할 때 각도오차가 적다.   【답】④

51 ★☆☆☆☆

출력이 20[kW]인 직류발전기의 효율이 80[%]이면 전 손실은 약 몇 [kW]인가?

① 0.8   ② 1.25

③ 5   ④ 45

Explanation

효율 $\eta = \dfrac{출력}{입력} \times 100\,[\%]$

$\quad\quad = \dfrac{출력}{출력 + 손실}$

따라서 손실 $= \dfrac{출력}{\eta} - 출력 = \dfrac{20}{0.8} - 20 = 5\,[\text{kW}]$ 【답】③

52 ★★★★★

동기전동기의 공급 전압과 부하를 일정하게 유지하면서 역률을 1로 운전하고 있는 상태에서 여자 전류를 증가시키면 전기자 전류는?

① 앞선 무효전류가 증가   ② 앞선 무효전류가 감소

③ 뒤진 무효전류가 증가   ④ 뒤진 무효전류가 감소

Explanation

동기 전동기의 위상 특성 곡선(V곡선)

• I_a 와 I_f 관계곡선 (P는 일정)

• 계자전류의 변화에 대한 전기자 전류의 변화를 나타낸 곡선

• 과여자 : 앞선 역률(진상)

• 부족여자 : 늦은 역률(지상)
역률 $\cos\theta = 1$ 일 때, 전기자 전류 최소

【답】 ①

53 ★★★★★
전압변동률이 작은 동기발전기의 특성으로 옳은 것은?

① 단락비가 크다.
② 속도변동률이 크다.
③ 동기 리액턴스가 크다.
④ 전기자 반작용이 크다.

Explanation

단락비가 큰 동기기
• 전기자 반작용이 작다(동기 임피던스가 작다).
• 과부하 내량이 크다.
• 기계의 중량이 무겁고 고가이다.
• 전압 변동률이 양호하다.
• 안정도가 우수하다.
• 극수가 적은 저속기(수차형)

【답】 ①

54 ★☆☆☆☆
직류발전기에 $P[\text{N} \cdot \text{m/s}]$의 기계적 동력을 주면 전력은 몇 [W]로 변환되는가? (단, 손실은 없으며, i_a는 전기자 도체의 전류, e는 전기자 도체의 유도기전력, Z는 총 도체수이다)

① $P = i_a e Z$

② $P = \dfrac{i_a e}{Z}$

③ $P = \dfrac{i_a Z}{e}$

④ $P = \dfrac{e Z}{i_a}$

Explanation

직류발전기
유기기전력 $E = e \times \dfrac{Z}{a} = Blv \times \dfrac{Z}{a}$
전력 $p = e \cdot i_a$이며 도체수가 Z이므로
총 전력은 $p = e \cdot i_a \cdot Z$ [W]

【답】 ①

55 ★☆☆☆☆
도통(on)상태에 있는 SCR을 차단(off) 상태로 만들기 위해서는 어떻게 하여야 하는가?

① 게이트 펄스전압을 가한다.
② 게이트 전류를 증가시킨다.
③ 게이트 전압이 부(−)가 되도록 한다.
④ 전원전압의 극성이 반대가 되도록 한다.

Explanation

SCR(Silicon Controlled Rectifier) : 실리콘 제어 정류기
• 실리콘 정류 소자, 역저지 3단자
• 정류기능의 단일 방향성 3단자 소자
• 게이트에 펄스를 인가하여 ON
• **OFF시 : 애노드(전원)를 (0) 또는 (−)로 한다.**

【답】 ④

56 ★★★★☆
직류전동기의 워드 레오나드 속도제어 방식으로 옳은 것은?

① 전압제어
② 저항제어
③ 계자제어
④ 직병렬제어

Explanation

직류전동기 속도제어 $n = K' \dfrac{V - I_a R_a}{\phi}$ (K' : 기계정수)

종류	특징
전압 제어	• 광범위 속도제어 가능 • 워드 레오너드 방식 : 소형부하(엘리베이터에 사용) • 일그너 방식(부하가 급변, 대용량 부하–제철, 제강, 압연) : 플라이 휠 효과(관성 모멘트 증가) • 정토크 제어
계자 제어	• 세밀하고 안정된 속도 제어 • 정출력 제어
저항 제어	• 속도 조정 범위 좁다. • 효율이 저하

【답】①

57 ★★★★☆ 단권 변압기의 설명으로 틀린 것은?

① 분로권선과 직렬권선으로 구분된다.
② 1차 권선과 2차 권선의 일부가 공통으로 사용된다.
③ 3상에는 사용할 수 없고 단상으로만 사용한다.
④ 분로권선에서 누설자속이 없기 때문에 전압변동률이 적다.

Explanation

단권 변압기의 특징
• 1, 2차 권선이 하나이므로 동량과 철량이 감소되어 손실이 적고 효율이 우수
• 누설 리액턴스가 적어 전압 변동이 적다.
• 단락 시 대전류가 흐를 수 있다.
• 자기 용량 보다 큰 부하 용량 사용 가능
• **단상 및 3상에서 사용이 가능**

【답】③

TIP

단권변압기의 3상 결선
• V결선 : $\dfrac{\text{자기 용량}}{\text{부하 용량}} = \dfrac{2}{\sqrt{3}} \dfrac{V_h - V_l}{V_h}$
• Y결선 : $\dfrac{\text{자기 용량}}{\text{부하 용량}} = \dfrac{V_h - V_l}{V_h}$
• △결선 : $\dfrac{\text{자기 용량}}{\text{부하 용량}} = \dfrac{V_h^2 - V_l^2}{\sqrt{3}\, V_h V_l}$

58 ★★☆☆☆ 유도전동기를 정격상태로 사용 중, 전압이 10[%] 상승할 때 특성변화로 틀린 것은? 단, 부하는 일정 토크라고 가정한다.

① 슬립이 작아진다.　　　　　　　② 역률이 떨어진다.
③ 속도가 감소한다.　　　　　　　④ 히스테리시스손과 와류손이 증가한다.

Explanation

• 철손 : $P_i \propto \dfrac{E^2}{f}$, $P_i' = 1.1^2 P_i = 1.21 P_i$이므로 철손은 증가
• 슬립 $s \propto \dfrac{1}{V^2} = \dfrac{1}{(1.1\,V)^2} = \dfrac{1}{1.21} \dfrac{1}{V^2} = 0.83 \dfrac{1}{V^2}$ 슬립은 감소
• 속도 $N = (1-s)N_s$에서 **슬립이 감소하면 속도는 증가**

【답】③

59 ★★☆☆☆
단자전압 110[V], 전기자 전류 15[A], 전기자 회로의 저항 2[Ω], 정격속도 1,800[rpm]으로 전부하에서 운전하고 있는 직류 분권전동기의 토크는 약 몇 [N·m]인가?

① 6.0
② 6.4
③ 10.08
④ 11.14

Explanation

역기전력 $E = V - I_a R_a = 110 - 15 \times 2 = 80[V]$

토크 $\tau = \dfrac{P}{\omega} = \dfrac{E I_a}{2\pi \dfrac{N}{60}} = \dfrac{80 \times 15}{2\pi \times \dfrac{1,800}{60}} = 6.36[N \cdot m]$

【답】②

60 ★☆☆☆☆
용량 1[kVA], 3,000/200[V]의 단상 변압기를 단권 변압기로 결선해서 3,000/3,200[V]의 승압기로 사용할 때 그 부하 용량 [kVA]은?

① $\dfrac{1}{16}$
② 1
③ 15
④ 16

Explanation

$\dfrac{\text{자기 용량}}{\text{부하 용량}} = \dfrac{e_2 I_2}{V_h I_2} = \dfrac{e_2}{V_h} \fallingdotseq \dfrac{V_h - V_l}{V_h}$

부하 용량 $= \dfrac{V_h}{e_2} \times \text{자기 용량} = \dfrac{3,200}{200} \times 1 = 16[kVA]$

【답】④

4과목	회로이론 및 제어공학

61 ★★★★★
특성 방정식 $s^3 + 2s^2 + Ks + 10 = 0$으로 주어지는 제어시스템이 안정하기 위한 K의 범위는?

① $K > 0$
② $K > 5$
③ $K < 0$
④ $0 < K < 5$

Explanation

Routh–Hurwitz 판별식을 이용하여 1열의 부호가 모두 양수이면 안정하며

s^3	1	K
s^2	2	10
s^1	$\dfrac{2K-10}{2}$	0
s^0	10	

제1열의 부호 변화가 없어야 안정하므로 $2K - 10 > 0$, $K > \dfrac{10}{2}$

따라서 $K > 5$

【답】②

62 ★☆☆☆☆

제어시스템의 개루프 전달함수가 $G(s)H(s) = \dfrac{K(s+30)}{s^4 + s^3 + 2s^2 + s + 7}$ 로 주어질 때, 다음 중

$K > 0$인 경우 근궤적의 점근선이 실수축과 이루는 각(°)은?

① 20° ② 60°

③ 90° ④ 120°

근궤적의 점근선의 각도

$$\theta = \frac{(2k+1)}{P-Z}\pi = \frac{(2k+1)}{4-1}\pi = \frac{(2k+1)}{3}\pi$$

$k=0, \quad \theta = \dfrac{\pi}{3} = 60°$

$k=1, \quad \theta = \dfrac{3\pi}{3} = 180°$

$k=2, \quad \theta = \dfrac{5\pi}{3} = 300°$

【답】②

63 ★★☆☆☆

다음 중 z변환 함수 $F(z) = \dfrac{3z}{(z - e^{-3T})}$ 에 대응되는 라플라스 변환 함수는?

① $\dfrac{1}{(s+3)}$ ② $\dfrac{3}{(s-3)}$

③ $\dfrac{1}{(s-3)}$ ④ $\dfrac{3}{(s+3)}$

라플라스와 z변환의 관계

$f(t)$		$F(s)$	$F(z)$
임펄스 함수	$\delta(t)$	1	1
단위 계단 함수	$u(t)$	$\dfrac{1}{s}$	$\dfrac{z}{z-1}$
램프 함수	t	$\dfrac{1}{s^2}$	$\dfrac{Tz}{(z-1)^2}$
지수 함수	e^{-at}	$\dfrac{1}{s+a}$	$\dfrac{z}{z-e^{-at}}$

따라서 $\dfrac{3z}{(z-e^{-3t})} = 3\dfrac{z}{z-e^{-3t}}$ 이므로 역변환하면 $f(t) = 3e^{-3t}$ 이며,

라플라스 변환하면 $F(s) = \dfrac{3}{s+3}$

【답】④

64 ★☆☆☆☆

그림과 같은 제어시스템의 전달함수 $\dfrac{C(s)}{R(s)}$ 는?

① $\dfrac{1}{15}$ ② $\dfrac{2}{15}$

③ $\dfrac{3}{15}$ ④ $\dfrac{4}{15}$

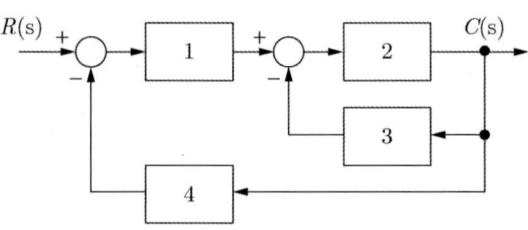

블록선도의 전달함수 $G(s) = \dfrac{\Sigma G}{1 - \Sigma L_1 + \Sigma L_2 + \cdots}$

여기서, L_1 : 각각의 모든 폐루프 이득의 합

L_2 : 서로 접촉하지 않는 2개의 폐루프 이득의 곱의 합

ΣG : 각각의 전향 경로의 합

$G(s) = \dfrac{C(s)}{R(s)} = \dfrac{1 \times 2}{1 - (-2 \times 3) - (-1 \times 2 \times 4)} = \dfrac{2}{15}$

【답】②

65 ★★☆☆☆ 전달함수가 $G_C(s) = \dfrac{2s+5}{7s}$ 인 제어기가 있다. 이 제어기는 어떤 제어기인가?

① 비례 미분 제어기

② 적분 제어기

③ 비례 적분 제어기

④ 비례 적분 미분 제어기

PI (비례 적분 제어)

$y(t) = K_p[z(t) + \dfrac{1}{T_i}z(t)dt\,]$ 　　여기서, K는 비례감도, T_i는 적분시간,

$Y(s) = K_p(1 + \dfrac{1}{T_i s})Z(s)$

$\therefore G(s) = \dfrac{Y(s)}{Z(s)} = K_p\left(1 + \dfrac{1}{T_i s}\right)$

$G_C(s) = \dfrac{2s+5}{7s} = \dfrac{2}{7}\left(1 + \dfrac{5}{7s}\right) = \dfrac{2}{7}\left(1 + \dfrac{1}{\frac{7}{5}s}\right)$

【답】③

66 ★☆☆☆☆ 단위 피드백 제어계의 개루프 전달함수가 $G(s) = \dfrac{5}{s(s+1)(s+2)}$ 일 때 단위계단 입력에 대한 정상상태 편차는?

① 0　　　　　② 1　　　　　③ 2　　　　　④ 3

$e_{ss} = \dfrac{1}{1 + K_p}$

여기서, K_p는 위치편차상수

$K_p = \lim_{s \to 0} G(s) = \lim_{s \to 0} G(s) = \lim_{s \to 0} \dfrac{5}{s(s+1)(s+2)} = \infty$

$e_{ss} = \dfrac{1}{1 + K_p} = \dfrac{1}{1 + \infty} = 0$

【답】①

67 ★★★★★ 그림과 같은 회로의 출력 Z는 어떻게 표현되는가?

① $A\,B\,C\,D\,E + \overline{F}$

② $\overline{A}\ \overline{B}\ \overline{C}\ \overline{D}\ \overline{E} + F$

③ $\overline{A} + \overline{B} + \overline{C} + \overline{D} + \overline{E} + F$

④ $A + B + C + D + E + F$

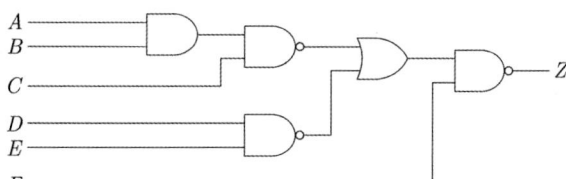

드모르간의 정리를 이용하여

$$Z = \overline{\overline{(ABC + \overline{DE})}\,F} = \overline{\overline{(ABC + \overline{DE})}} + \overline{F}$$
$$= \overline{\overline{ABC}\;\overline{\overline{DE}}} + \overline{F} = ABCDE + \overline{F}$$

【답】①

68 ★☆☆☆☆ 그림의 신호흐름선도에서 전달함수 $\dfrac{C(s)}{R(s)}$ 는?

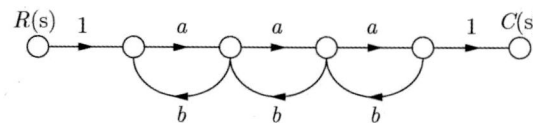

① $\dfrac{a^3}{(1-ab)^3}$

② $\dfrac{a^3}{(1-3ab+a^2b^2)}$

③ $\dfrac{a^3}{1-3ab}$

④ $\dfrac{a^3}{1-3ab+2a^2b^2}$

메이슨의 이득공식을 적용하면

$G = \dfrac{\sum G_i \triangle_i}{\triangle}$ 에서

$G_i : a^3 \qquad \triangle_i : 1-0 = 1$

$\triangle = 1 - 3ab + a^2b^2$

전체이득 $G = \dfrac{C(s)}{R(s)} = \dfrac{a^3}{1-3ab+a^2b^2}$

【답】②

69 ★★★★★ 다음과 같은 미분방정식으로 표현되는 제어시스템의 시스템 행렬 A는?

$$\frac{d^2 c(t)}{dt^2} + 5\frac{dc(t)}{dt} + 3c(t) = r(t)$$

① $\begin{bmatrix} -5 & -3 \\ 0 & 1 \end{bmatrix}$

② $\begin{bmatrix} -3 & -5 \\ 0 & 1 \end{bmatrix}$

③ $\begin{bmatrix} 0 & 1 \\ -3 & -5 \end{bmatrix}$

④ $\begin{bmatrix} 0 & 1 \\ -5 & -3 \end{bmatrix}$

상태방정식

$x(t) = x_1(t)$ 로 선정하면

$\dot{x}_1(t) = x_2(t)$

$\dot{x}_2(t) = -3x_1(t) - 5x_2(t) + r(t)$

따라서 상태방정식으로 계산하면

$$\begin{bmatrix} \dot{x}_1(t) \\ \dot{x}_2(t) \end{bmatrix} = \begin{bmatrix} 0 & 1 \\ -3 & -5 \end{bmatrix} \begin{bmatrix} x_1(t) \\ x_2(t) \end{bmatrix} + \begin{bmatrix} 0 \\ 1 \end{bmatrix} r(t)$$

【답】③

70 ★★★★★ 안정한 제어시스템의 보드 선도에서 이득 여유는?

① −20~20[dB] 사이에 있는 크기[dB] 값이다.
② 0~20[dB] 사이에 있는 크기 선도의 길이이다.
③ 위상이 0°가 되는 주파수에서 이득의 크기[dB]이다.
④ 위상이 −180°가 되는 주파수에서 이득의 크기[dB]이다.

Explanation

− 이득여유 : 위상 곡선이 −180°에서의 이득값
− 위상여유 : 이득 곡선이 0[dB]인 점에서의 위상값

【답】④

71 ★☆☆☆☆ 3상전류가 $I_a = 10 + j3$[A], $I_b = -5 - j2$[A], $I_c = -3 + j4$[A]일 때 정상분 전류의 크기는 약 몇 [A]인가?

① 5   ② 6.4
③ 10.5   ④ 13.34

Explanation

대칭좌표법을 이용하면

$$\begin{bmatrix} I_0 \\ I_1 \\ I_2 \end{bmatrix} = \frac{1}{3} \begin{bmatrix} 1 & 1 & 1 \\ 1 & a & a^2 \\ 1 & a^2 & a \end{bmatrix} \begin{bmatrix} I_a \\ I_b \\ I_c \end{bmatrix}$$ 에서 (여기서, 정상분 : $I_1 = \frac{1}{3}(I_a + aI_b + a^2 I_c)$)

$$= \frac{1}{3} \left(10 + j3 + \left(-\frac{1}{2} + j\frac{\sqrt{3}}{2} \right)(-5 - j2) + \left(-\frac{1}{2} - j\frac{\sqrt{3}}{2} \right)(-3 + j4) \right) = 6.4$$

【답】②

72 ★☆☆☆☆ 그림의 회로에서 영상 임피던스 Z_{01}이 6[Ω]일 때, 저항 R의 값은 몇 [Ω]인가?

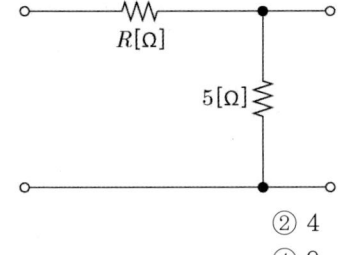

① 2   ② 4
③ 6   ④ 9

Explanation

T형 4단자 정수

$$\begin{bmatrix} A & B \\ C & D \end{bmatrix} = \begin{bmatrix} 1 & R \\ 0 & 1 \end{bmatrix} \begin{bmatrix} 1 & 0 \\ \frac{1}{5} & 1 \end{bmatrix} = \begin{bmatrix} 1 + \frac{R}{5} & R \\ \frac{1}{5} & 1 \end{bmatrix}$$

영상 임피던스 $Z_{01} = \sqrt{\dfrac{AB}{CD}} = \sqrt{\dfrac{\left(1 + \dfrac{R}{5} \right) \cdot 5}{\dfrac{1}{5} \times 1}} = \sqrt{5R + R^2} = 6$ 에서 $R^2 + 5R - 36 = 0$

$\therefore R^2 + 5R - 36 = (R-4)(R+9)$ 에서 $R = 4$[Ω]

【답】②

73 ★☆☆☆☆

Y 결선의 평형 3상 회로에서 선간전압 V_{ab}와 상전압 V_{an}의 관계로 옳은 것은?

(단, $V_{bn} = V_{an}e^{-j(2\pi/3)}$, $V_{cn} \doteqdot V_{bn}e^{-j(2\pi/3)}$)

① $V_{ab} = \dfrac{1}{\sqrt{3}}e^{j(\pi/6)}V_{an}$

② $V_{ab} = \sqrt{3}\,e^{j(\pi/6)}V_{an}$

③ $V_{ab} = \dfrac{1}{\sqrt{3}}e^{-j(\pi/6)}V_{an}$

④ $V_{ab} = \sqrt{3}\,e^{-j(\pi/6)}V_{an}$

Explanation

Y결선 회로의 전압, 전류

선간전압 $V_l = 2\sin\dfrac{\pi}{3}V_P \angle \dfrac{\pi}{2}\left(1-\dfrac{2}{3}\right) = \sqrt{3}\,V_P\angle\dfrac{\pi}{6}$

따라서 $V_{ab} = \sqrt{3}e^{j(\pi/6)}V_{an}$

【답】②

74 ★★★☆☆

$f(t) = t^2 e^{-at}$를 라플라스 변환하면?

① $\dfrac{2}{(s+\alpha)^2}$

② $\dfrac{3}{(s+\alpha)^2}$

③ $\dfrac{2}{(s+\alpha)^3}$

④ $\dfrac{3}{(s+\alpha)^3}$

Explanation

$F(s) = \mathcal{L}[t^n] = \dfrac{n!}{s^{n+1}}$ 에서

$F(s) = \mathcal{L}[t^2] = \dfrac{2!}{s^{2+1}} = \dfrac{2\times1}{s^3} = \dfrac{2}{s^3}$ 이므로 복소추이를 적용하면

따라서 $F(s) = \dfrac{2}{s^3}\bigg|_{s=s+a} = \dfrac{2}{(s+a)^3}$

【답】③

75 ★★★☆☆

선로의 단위 길이 당 인덕턴스, 저항, 정전용량, 누설 컨덕턴스를 각각 L, R, C, G라 하면 전파 정수는?

① $\dfrac{\sqrt{(R+j\omega L)}}{(G+j\omega C)}$

② $\sqrt{(R+j\omega L)(G+j\omega C)}$

③ $\sqrt{\dfrac{(R+j\omega C)}{(G+j\omega L)}}$

④ $\sqrt{\dfrac{(G+j\omega C)}{(R+j\omega L)}}$

Explanation

- 특성임피던스 $Z_0 = \sqrt{\dfrac{Z}{Y}} = \sqrt{\dfrac{R+j\omega L}{G+j\omega C}}$
- 전파정수 $\gamma = \sqrt{ZY} = \sqrt{(R+j\omega L)(G+j\omega C)}$

【답】②

76 ★☆☆☆☆ 회로에서 0.5[Ω] 양단 전압(V)은 약 몇 [V]인가?

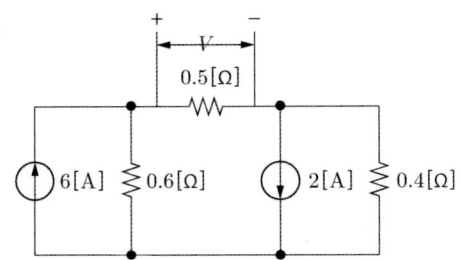

① 0.6
② 0.93
③ 1.47
④ 1.5

중첩의 원리를 적용하여

6[A]의 전류원에 의한 전류 $I_1 = 6 \times \dfrac{0.6}{0.6+0.9} = 2.4[A]$

2[A]의 전류원에 의한 전류 $I_2 = 2 \times \dfrac{0.4}{1.1+0.4} = 0.53[A]$

따라서 0.5[Ω]에 흐르는 전류 $I = I_1 + I_2 = 2.4 + 0.53 = 2.93$

0.5[Ω]에 걸리는 전압 $v = RI = 2.93 \times 0.5 ≒ 1.47[V]$

【답】③

77 ★★☆☆☆ $R - L - C$ 직렬회로의 파라미터가 $R^2 = \dfrac{4L}{C}$ 의 관계를 가진다면, 이 회로에 직류 전압을 인가하는 경우 과도 응답특성은?

① 무제동
② 과제동
③ 부족제동
④ 임계제동

$R-L-C$ 직렬회로에서 직류전압 인가

– 비진동 조건 : $R^2 > \dfrac{4L}{C}$ → 과제동

– 임계적 조건 : $R^2 = \dfrac{4L}{C}$ → 임계제동

– 진동적 조건 : $R^2 < \dfrac{4L}{C}$ → 부족제동

【답】④

78 ★★★★★ $v = 3 + 5\sqrt{2}\sin\omega t + 10\sqrt{2}\sin\left(3\omega t - \dfrac{\pi}{3}\right)$[V]의 실효값 크기는 약 몇 [V]인가?

① 9.6
② 10.6
③ 11.6
④ 12.6

비정현파의 실효값 : 각파의 제곱의 합의 제곱근

$V = \sqrt{V_0^2 + V_1^2 + V_2^2 + \cdots + V_n^2} = \sqrt{3^2 + 10^2 + 5^2} = 11.6[V]$

【답】③

79 ★★☆☆☆
그림과 같이 결선된 회로의 단자(a, b, c)에 선간전압이 V[V]인 평형 3상 전압을 인가할 때 상전류 I[A]의 크기는?

① $\dfrac{V}{4R}$

② $\dfrac{3V}{4R}$

③ $\dfrac{\sqrt{3}\,V}{4R}$

④ $\dfrac{V}{4\sqrt{3}\,R}$

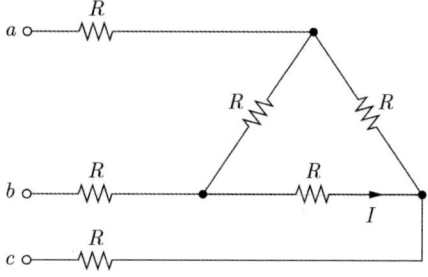

Explanation

I : △결선의 상전류
따라서 우선 회로를 Y결선으로 전환하면
△→Y로 변환 : 저항은 $\dfrac{1}{3}$이 되므로 $\dfrac{R}{3}$
따라서 전체 1상의 저항은 $R_T = R + \dfrac{R}{3} = \dfrac{4}{3}R$

$$I_p = \frac{V_p}{R_T} = \frac{\dfrac{V}{\sqrt{3}}}{\dfrac{4}{3}R} = \frac{3V}{4\sqrt{3}\,R} = \frac{\sqrt{3}\,V}{4R} \text{이므로 선전류도 } I_l = \frac{\sqrt{3}\,V}{4r}$$

문제에서 I는 △결선의 상전류이므로 선전류를 $\sqrt{3}$으로 나누어야 하며
$$I = \frac{\sqrt{3}\,V}{4R} \times \frac{1}{\sqrt{3}} = \frac{V}{4R}$$

【답】①

80 ★☆☆☆☆
$8 + j6$[Ω]인 임피던스에 $13 + j20$[V]의 전압을 인가할 때 복소전력은 약 몇 [VA]인가?

① $12.7 + j34.1$

② $12.7 + j55.5$

③ $45.5 + j34.1$

④ $45.5 + j55.5$

Explanation

전압, 전류가 복소수이므로 복소전력을 구하면
$$\text{전류 } I = \frac{V}{Z} = \frac{13+j20}{8+j6} = \frac{(13+j20)(8-j6)}{(8+j6)(8-j6)} = \frac{224+j82}{100} = 2.24 + j0.82$$
$$P_a = V\bar{I} = (13+j20)(2.24-j0.82) = 45.5 + j34.1\,[\text{VA}]$$

【답】③

5과목　　전기설비기술기준

81 ★★★★★
지중 전선로를 직접 매설식에 의하여 시설할 때, 중량물의 압력을 받을 우려가 있는 장소에 저압 또는 고압의 지중전선을 견고한 트라프 기타 방호물에 넣지 않고도 부설할 수 있는 케이블은?

① PVC 외장 케이블

② 콤바인덕트 케이블

③ 염화비닐 절연 케이블

④ 폴리에틸렌 외장 케이블

(KEC 334.1조) 지중 전선로의 시설

지중전선로를 직접 매설식에 의하여 시설하는 경우에는 매설 깊이를 차량 기타 중량물의 압력을 받을 우려가 있는 장소에는 1[m] 이상, 기타 장소에는 0.6[m] 이상으로 하고 또한 지중전선을 견고한 트라프 기타 방호물에 넣어 시설하여야 한다(다만, 저압 또는 고압의 지중전선에 콤바인덕트 케이블을 사용하여 시설하는 경우 지중전선을 견고한 트라프 기타 방호물에 넣지 아니하여도 된다). 【답】②

82 ★★★★☆ 수소냉각식 발전기 등의 시설기준으로 틀린 것은?

① 발전기안 또는 무효전력 보상장치 안의 수소의 온도를 계측하는 장치를 시설할 것

② 발전기축의 밀봉부로부터 수소가 누설될 때 누설된 수소를 외부로 방출하지 않을 것

③ 발전기안 또는 무효전력 보상장치 안의 수소의 순도가 85[%] 이하로 저하한 경우에 이를 경보하는 장치를 시설할 것

④ 발전기 또는 무효전력 보상장치는 수소가 대기압에서 폭발하는 경우에 생기는 압력에 견디는 강도를 가지는 것일 것

(KEC 351.10조) 수소냉각식 발전기 등의 시설

① 발전기 또는 무효전력 보상장치는 기밀구조의 것이고 또한 수소가 대기압에서 폭발하는 경우에 생기는 압력에 견디는 강도를 가지는 것

② **발전기축의 밀봉부에는 질소 가스를 봉입할 수 있는 장치 또는 누설된 수소 가스를 안전하게 외부에 방출할 수 있는 장치를 설치할 것**

③ 발전기 안 또는 무효전력 보상장치 안의 수소의 순도가 85[%] 이하로 저하한 경우에 이를 경보장치를 시설할 것

④ 발전기안 또는 무효전력 보상장치 안의 수소의 압력을 계측하는 장치 및 그 압력이 현저히 변동할 경우에 이를 경보하는 장치를 시설할 것 【답】②

83 KEC 적용으로 인하여 삭제되었습니다.

84 ★☆☆☆☆ 어느 유원지의 어린이 놀이기구인 유희용 전차에 전기를 공급하는 전로의 사용전압은 교류인 경우 몇 [V] 이하이어야 하는가?

① 20 ② 40

③ 60 ④ 100

(KEC 241.8조) 유희용 전차

전기를 공급하는 전로의 사용전압 : 직류 60[V] 이하, 교류 40[V] 이하 【답】②

85 ★★☆☆☆ 연료전지 및 태양전지 모듈의 절연내력시험을 하는 경우 충전부분과 대지 사이에 인가하는 시험 전압은 얼마인가? (단, 연속하여 10분간 가하여 견디는 것이어야 한다)

① 최대사용전압의 1.25배의 직류전압 또는 1배의 교류전압(500[V] 미만으로 되는 경우에는 500[V])

② 최대사용전압의 1.25배의 직류전압 또는 1.25배의 교류전압(500[V] 미만으로 되는 경우에는 500[V])

③ 최대사용전압의 1.5배의 직류전압 또는 1배의 교류전압(500[V] 미만으로 되는 경우에는 500[V])

④ 최대사용전압의 1.5배의 직류전압 또는 1.25배의 교류전압(500[V] 미만으로 되는 경우에는 500[V])

연료전지 및 태양전지 모듈은 **최대 사용 전압의 1.5배의 직류 전압 또는 1배의 교류 전압**(500[V] 미만으로 되는 경우에는 500[V])을 충전부분과 대지 사이에 연속하여 10분간 가하여 절연 내력을 시험하였을 때에 이에 견디는 것이어야 한다.
【답】③

86 ★★★★★ 전개된 장소에서 저압 옥상전선로의 시설기준으로 적합하지 않은 것은?

① 전선은 절연전선을 사용하였다.
② 전선 지지점 간의 거리를 20[m]로 하였다.
③ 전선은 지름 2.6[mm]의 경동선을 사용하였다.
④ 저압 절연전선과 그 저압 옥상 전선로를 시설하는 조영재와의 이격거리를 2[m]로 하였다.

> Explanation

(KEC 221.3조) 옥상 전선로
① 전선 : 인장강도 2.30[kN] 이상 또는 지름 2.6[mm] 이상 경동선
② 전선은 절연전선일 것
③ **절연성·난연성 및 내수성이 있는 애자 사용하여 지지, 지지점 간 거리 15[m] 이하**
④ 전선과 조영재와의 이격거리 2[m](전선이 고압 절연전선, 특고압 절연전선 또는 케이블인 경우에는 1[m]) 이상 【답】②

87 KEC 적용으로 인하여 삭제되었습니다.

88 ★☆☆☆☆ 사용전압이 400[V] 초과인 저압 가공전선을 시가지 외에 시설할 때 사용되는 경동선의 굵기는 지름 몇 [mm] 이상인가?

① 2.6
② 3.2
③ 4.0
④ 5.0

> Explanation

(KEC 222.5조) 저압 가공전선의 굵기 및 종류
400[V] 초과 저압 가공 전선 : 케이블인 경우 이외에는 시가지에 시설하는 것은 인장강도 8.01[kN] 이상의 것 또는 지름 5[mm] 이상의 경동선, **시가지 외에 시설하는 것은 인장강도 5.26[kN] 이상의 것 또는 지름 4[mm] 이상의 경동선**이어야 한다.
【답】③

89 ★☆☆☆☆ 저압 수상전선로에 사용되는 전선은?

① 옥외 비닐케이블
② 600[V] 비닐절연전선
③ 600[V] 고무절연전선
④ 클로로프렌 캡타이어 케이블

> Explanation

(KEC 335.3조) 수상전선로의 시설
① **사용 전압이 저압 : 클로로프렌 캡타이어 케이블, 고압 : 캡타이어 케이블**
【답】④

90 ★★★★★ 440[V] 옥내 배선에 연결된 전동기 회로의 절연저항 최소값은 몇 [MΩ] 인가?

① 0.1
② 0.2
③ 0.4
④ 1

> Explanation

(기술기준 제52조) 저압전로의 절연저항

전로의 사용전압[V]	DC 시험전압[V]	절연저항[MΩ]
SELV 및 PELV	250	0.5
FELV, 500[V] 이하	500	1.0
500[V] 초과	1,000	1.0

【답】④

91 ★☆☆☆☆
케이블 트레이 공사에 사용하는 케이블 트레이에 적합하지 않은 것은?

① 비금속제 케이블 트레이는 난연성 재료가 아니어도 된다.
② 금속재의 것은 적절한 방식처리를 한 것이거나 내식성 재료의 것이어야 한다.
③ 금속제 케이블 트레이 계통은 기계적 및 전기적으로 완전하게 접속하여야 한다.
④ 케이블 트레이가 방화구획의 벽 등을 관통하는 경우에 관통부는 불연성의 물질로 충전하여야 한다.

Explanation

(KEC 232.41조) 케이블트레이공사
① 전선은 연피 케이블, 알루미늄피 케이블 등 난연성 케이블, 기타 케이블 또는 금속관 혹은 합성수지관 등에 넣은 절연전선을 사용
② 수용된 모든 전선을 지지할 수 있는 적합한 강도의 것. 이 경우 케이블 트레이의 안전율은 1.5 이상
③ 비금속제 케이블 트레이는 난연성 재료의 것
④ 금속제 케이블 트레이 계통은 기계적 및 전기적으로 완전하게 접속하여야 하며 접지공사를 할 것 【답】①

92 KEC 적용으로 인하여 삭제되었습니다.

93 ★☆☆☆☆
가공전선로의 지지물의 강도 계산에 적용하는 풍압하중은 빙설이 많은 지방 이외의 지방에서 저온 계절에는 어떤 풍압하중을 적용하는가? (단, 인가가 이웃 연결되어 있지 않다고 한다)
① 갑종풍압하중 ② 을종풍압하중
③ 병종풍압하중 ④ 을종과 병종풍압하중을 혼용

Explanation

(KEC 331.6조) 풍압 하중의 종별과 적용
• 빙설이 많은 지방 이외 : 고온계절 갑종 풍압하중, 저온계절 병종 풍압하중 【답】③

94 ★★★★★
백열전등 또는 방전등에 전기를 공급하는 옥내전로의 대지전압은 몇 [V] 이하이어야 하는가? (단, 백열전등 또는 방전등 및 이에 부속하는 전선은 사람이 접촉할 우려가 없도록 시설한 경우이다)
① 60 ② 110
③ 220 ④ 300

Explanation

(KEC 231.6조) 옥내전로의 대지 전압의 제한
백열전등 또는 방전등에 전기를 공급하는 옥내의 전로(주택의 옥내 전로 제외)의 대지전압은 300[V] 이하 【답】④

95 ★☆☆☆☆
특고압 가공전선로의 지지물에 첨가하는 통신선 보안장치에 사용되는 피뢰기의 동작전압은 교류 몇 [V] 이하인가?
① 300 ② 600
③ 1,000 ④ 1,500

(KEC 362.5조) 특고압 가공전선로 첨가설치 통신선의 시가지 인입 제한
보안장치의 표준은 다음과 같다.
1. 통신선 이외의 경우에는 다음의 급전전용통신선용 보안장치일 것

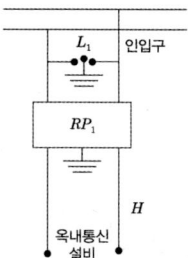

- RP_1 : 교류 300[V] 이하에서 동작하고, 최소 감도 전류가 3[A] 이하로서 최소 감도전류 때의 운동시간이 1사이클 이하이고 또한 전류 용량이 50[A], 20초 이상인 자복성(自復性)이 있는 릴레이 보안기
- L_1 : 교류 1[kV] 이하에서 동작하는 피뢰기　　　　　　　　　　　　　　　　　　　　　　【답】③

96 ★☆☆☆☆
태양전지 발전소에 시설하는 태양전지 모듈, 전선 및 개폐기 기타 기구의 시설기준에 대한 내용으로 틀린 것은?
① 충전부분은 노출되지 아니하도록 시설할 것
② 옥내에 시설하는 경우에는 전선을 케이블공사로 시설할 수 있다.
③ 태양전지 모듈의 프레임은 지지물과 전기적으로 완전하게 접속하여야 한다.
④ 태양전지 모듈을 병렬로 접속하는 전로에는 과전류차단기를 시설하지 않아도 된다.

(KEC 522조) 태양광설비의 시설
① 충전 부분은 노출되지 아니하도록 시설할 것
② 태양전지 모듈에 접속하는 부하 측의 전로(복수의 태양전지 모듈을 시설한 경우에는 그 집합체에 접속하는 부하 측의 전로)에는 그 접속점에 근접하여 개폐기 기타 이와 유사한 기구(부하전류를 개폐할 수 있는 것에 한한다)를 시설할 것
③ 태양전지 모듈을 병렬로 접속하는 전로에는 그 전로에 단락이 생긴 경우에 전로를 보호하는 과전류차단기 기타의 기구를 시설할 것　　　　　　　　　　　　　　【답】④

97 ★★★★★
가공전선로의 지지물에 시설하는 지지선으로 연선을 사용할 경우 소선은 최소 몇 가닥 이상이어야 하는가?
① 3　　　　　　　　　　　　　　　　　　　② 5
③ 7　　　　　　　　　　　　　　　　　　　④ 9

(KEC 331.11조) 지지선의 시설
2.6[mm] 이상의 금속선을 3가닥 이상 꼬아서 사용　　　　　　　　　　　　　　　　【답】①

98 ★★★★☆
저압 가공전선로 또는 고압 가공전선로와 기설 가공 약전류 전선로가 병행하는 경우에는 유도작용에 의한 통신상의 장해가 생기지 아니하도록 전선과 기설 약전류 전선간의 이격거리는 몇 [m] 이상이어야 하는가? (단, 전기철도용 급전선로는 제외한다)
① 2　　　　　　　　　　　　　　　　　　　② 4
③ 6　　　　　　　　　　　　　　　　　　　④ 8

(KEC 332.1조) 가공약류전선로의 유도장해 방지
가공전선과 약전류 전선의 이격 거리 증대(2[m] 이상)

【답】 ①

99 KEC 적용으로 인하여 삭제되었습니다.

100 ★☆☆☆☆ 중성점 직접 접지식 전로에 접속되는 최대 사용전압 161[kV]인 3상 변압기 권선(성형결선)의 절연내력시험을 할 때 접지시켜서는 안 되는 것은?

① 철심 및 외함

② 시험되는 변압기의 부싱

③ 시험되는 권선의 중성점 단자

④ 시험되지 않는 각 권선(다른 권선이 2개 이상 있는 경우에는 각 권선)의 임의의 1단자

Explanation

(KEC 135조) 변압기 전로의 절연내력

권 선 의 종 류	시 험 전 압	시 험 방 법
최대 사용전압이 60 [kV]를 초과하는 권선(성형결선의 것에 한한다. 8란의 것을 제외한다)으로서 중성점 직접접지식전로에 접속하는 것	최대 사용전압의 0.72배의 전압	**시험되는 권선의 중성점단자**, **다른 권선(다른 권선이 2개 이상 있는 경우에는 각 권선)의 임의의 1단자**, **철심 및 외함을 접지**하고 시험되는 권선의 중성점 단자이외의 임의의 1단자와 대지 사이에 시험전압을 연속하여 10분간 가한다.

【답】 ②

01 ★☆☆☆☆
다음 중 쌍방향 2단자 사이리스터는?

① SCR ② TRIAC
③ SSS ④ SCS

Explanation

사이리스터(가로안은 극(단자) 수)
• 단방향성 : SCR(3), GTO(3), LASCR(3), SCS(4)
• 양방향성 : SSS(2), DIAC(2), TRIAC(3)

【답】③

02 ★★★☆☆
축전지의 충전방식 중 전지의 자기 방전을 보충함과 동시에, 상용부하에 대한 전력공급은 충전기가 부담하되 비상 시 일시적인 대부하 전류는 축전지가 부담하도록 하는 충전방식은?

① 보통충전 ② 급속충전
③ 균등충전 ④ 부동충전

Explanation

충전방식
• 초기 충전 : 전지에 전해액을 넣지 않은 미충전 축전지에 전해액을 주입하여 행하는 방식
• 보통충전 : 필요한 경우 표준시간율로 소정의 충전을 시행
• 급속충전 : 비교적 단시간에 보통충전 전류의 2~3배의 전류로 충전
• **부동충전 : 축전지의 자기 방전을 보충하는 동시에 상용 부하에 대한 전력공급은 충전기가 부담하고 충전기가 부담하기 어려운 일시적인 대부하 전류는 축전지가 부담하도록 하는 방식**
• 세류충전 : 자기 방전 량만 항상 충전하는 방식
• 균등충전 : 각 전해조에 일어나는 전위차를 보정하기 위해 1~3개월 마다 1회 정전압으로 10~12시간 충전하는 방식

【답】④

03 ★☆☆☆☆
저항용접에 속하는 것은?

① TIG 용접 ② 탄소 아크 용접
③ 유니온멜트 용접 ④ 프로젝션 용접

Explanation

저항 용접
• 점 용접(spot welding) : 필라멘트, 열전대용접 이용
• 돌기용접 (프로젝션, projection welding)
• 이음매 용접 (심 용접) (seam welding)
• 맞대기 용접
• 충격 용접 : 고유저항이 적도 열전도율이 큰 것에 사용(경금속 용접)

【답】④

04 ★★★☆☆

열차가 곡선 궤도를 운행할 때 차륜의 플랜지와 레일 사이의 측면 마찰을 피하기 위하여 내측 레일의 궤간을 넓히는 것은?

① 고도
② 유간
③ 확도
④ 철차각

Explanation

확도(slack) : 곡선 궤도에서 열차의 원활한 통과를 위해 궤간을 넓혀준 정도 　　　　　　　【답】③

05 ★☆☆☆☆

3상 농형 유도전동기의 속도 제어방법이 아닌 것은?

① 극수 변환법
② 주파수 제어법
③ 전압 제어법
④ 2차저항 제어법

Explanation

유도전동기의 속도 제어

	특 징
농형 유도 전동기	① 주파수 변환법 ▶ 역률이 양호하며 연속적인 속도제어가 되지만 전용 전원이 필요 ▶ 인견방직 공장의 포트모터, 선박의 전기추진기 ② 극수 변환법 ③ 전압 제어법 : 전원 전압의 크기를 조절하여 속도 제어

여기서, 2차 저항제어법은 권선형 유도전동기의 속도제어법이다. 　　　　　　　【답】④

06 ★☆☆☆☆

전원전압 100[V]인 단상 전파제어정류에서 점호각이 30°일 때 직류전압은 약 몇 [V]인가?

① 84
② 87
③ 92
④ 98

Explanation

사이리스터를 이용한 전파 정류회로

$$E_{d\alpha} = \frac{\sqrt{2}\,E}{\pi}(1+\cos\alpha) = \frac{\sqrt{2}\times100}{3.14}\left(1+\frac{\sqrt{3}}{2}\right) = 84.04 \,[\text{V}]$$ 　　　　　　　【답】①

07 ★★★☆☆

유도전동기를 동기속도보다 높은 속도에서 발전기로 작동시켜 발생된 전력을 전원으로 반환하여 제동하는 방식은?

① 역전제동
② 발전제동
③ 회생제동
④ 와전류제동

Explanation

3상 유도전동기 제동법
- 발전제동
  • 운동에너지를 전기적 에너지로 변환
  • 자체 저항에서 열로 소비되면서 제동
- **회생제동**
  • **유도전압을 전원전압보다 높게 하여 제동하는 방식**
  • **발전 제동하여 발생된 전력을 선로로 되돌려 보냄**
- 역상제동(플러깅), 역전제동
  • 3상중 2상을 바꾸어 제동
  • 속도를 급격히 정지 또는 감속시킬 때 　　　　　　　【답】③

08 ★☆☆☆☆

광속 5,000[lm]의 광원과 효율 80[%]의 조명기구를 사용하여 넓이 4[m²]의 우유빛 유리를 균일하게 비출 때 유리 이면(빛이 들어오는 면의 뒷면)의 휘도는 약 몇 [cd/m²]인가? (단, 우유빛 유리의 투과율은 80[%]이다)

① 255
② 318
③ 1,019
④ 1,274

> **Explanation**
>
> 발산하는 광속은 $F' = \tau F = 0.8 \times 5,000 = 4,000[\text{lm}]$
> 광속 발산도
> $$R = \frac{F'}{S} \times \eta = \frac{4,000}{4} \times 0.8 = 800 \ [\text{lm/m}^2] = 800[\text{rlx}]$$
> 또한, 유리판의 경우 완전 확산면으로 보면
> $R = \pi B = \rho E = \tau E$ 에서
> $$\therefore \ B = \frac{R}{\pi} = \frac{800}{\pi} = 255 \ [\text{cd/m}^2] \qquad \text{【답】①}$$

09 ★★☆☆☆

실내 조도계산에서 조명률 결정에 미치는 요소가 아닌 것은?

① 실지수
② 반사율
③ 조명기구의 종류
④ 감광보상률

> **Explanation**
>
> **조명률의 결정**
> • 방의 크기와 모양에 따른 방지수(실지수)
> • 조명 기구의 종류
> • 천장, 벽, 바닥 등의 반사율에 의하여 결정 　　　　　　　　　　　　　　　　　　　　　【답】④

10 ★★☆☆☆

열전대를 이용한 열전 온도계의 원리는?

① 제벡 효과
② 톰슨 효과
③ 핀치 효과
④ 펠티에 효과

> **Explanation**
>
> **열전 온도계 동작원리 : 제벡 효과 이용**
> 서로 다른 두 종류의 금속 또는 반도체의 접합 점의 온도차에 의하여 열전대 중에 발생하는 기전력을 이용 　【답】①

11 ★★★★★

방전등의 일종으로 빛의 투과율이 크고 등황색의 단색광이며 안개 속을 잘 투과하는 등은?

① 나트륨등
② 할로겐등
③ 형광등
④ 수은등

> **Explanation**
>
> **나트륨등의 특징**
> • 투과력이 좋다. (안개 낀 지역, 터널 등에서 사용)
> • 단색 광원(순황색)으로 옥내 조명에 부적당
> • 효율이 우수 　　　　　　　　　　　　　　　　　　　　　　　　　　　　　　　　　　　　【답】①

12 ★★★★★

다음 중 배전반 및 분전반을 넣은 함의 요건으로 적합하지 않은 것은?

① 반의 옆쪽 또는 뒤쪽에 설치하는 분배전반의 소형덕트는 강판제이어야 한다.

② 난연성 합성수지로 된 것은 두께가 최소 1.6[㎜] 이상으로 내(耐)수지성인 것이어야 한다.

③ 강판제의 것은 두께 1.2[㎜] 이상이어야 한다. 다만, 가로 또는 세로의 길이아 30[cm] 이하인 것은 두께 1.0[㎜] 이상으로 할 수 있다.

④ 절연저항 측정 및 전선접속단자의 점검이 용이한 구조이어야 한다.

Explanation

분전함
• 반의 옆쪽 또는 이면에 설치하는 가터는 강판제로서 전선을 구부리거나 눌리지 아니 할 정도로 충분히 큰 것이어야 한다.
• 목제함은 최소 두께 1.2[cm](뚜껑은 제외)이상으로 불연성 물질을 안에 바른 것이어야 한다.
• **난연성 합성수지로 된 것은 두께 1.5[㎜] 이상으로 내아크성인 것이어야 한다.**
• 강판제의 것은 일반적인 경우 1.2[㎜] 이상이어야 한다.

【답】②

---

13 ★☆☆☆☆

라인포스트 애자는 다음 중 어떤 종류의 애자인가?

① 핀애자 ② 현수애자
③ 장간애자 ④ 지지애자

Explanation

지지애자
LP애자 : 라인포스트애자라고 하며 주로 특고압 배전선로에 사용하는 애자

【답】④

---

14 ★☆☆☆☆

할로겐 전구의 특징이 아닌 것은?

① 휘도가 낮다. ② 열충격에 강하다.
③ 단위광속이 크다. ④ 연색성이 좋다.

Explanation

할로겐 전구의 특징
• 백열전구에 비해 소형이다.
• **발생광속이 많고, 고휘도 전구이다.**
• 광색은 적색이다.
• 배광제어가 용이하다.
• 흑화가 거의 발생하지 않는다.

【답】①

---

15 ★☆☆☆☆

KSC IEC 62305-3에 의해 피뢰침의 재료로 테이프형 단선 형상의 알루미늄을 사용하는 경우 최소 단면적[㎟]은?

① 25 ② 35
③ 50 ④ 70

Explanation

KSC IEC 62305-3 수뢰도체 피뢰침과 인하도선의 재료 형상과 최소단면적

재료	형상	최소단면적[㎟]
알루미늄	**테이프형 단선**	70
	원형단선	50
	연선	50

【답】④

16 ★★★★☆
가공 배전선로 경완철에 폴리머 현수애자를 결합하고자 한다. 경완철과 폴리머 현수애자 사이에 설치되는 자재는?

① 경완철용 아이쇄클
② 볼크레비스
③ 인장클램프
④ 각암타이

폴리머애자 완철에 따른 설치순서
경완철 : 경완철용 아이쇄클 – 폴리머 현수애자 – 인류클램프
ㄱ형완철 : 앵카쇄클 – 볼크레비스 – 소켓아이 – 폴리머현수애자 – 인류클램프   【답】①

17 ★★★★★
전기기기의 절연의 종류와 허용 최고온도가 잘못 연결된 것은?

① A종 – 105[℃]
② E종 – 120[℃]
③ B종 – 130[℃]
④ H종 – 155[℃]

절연물 허용온도

종류	Y	A	E	B	F	H	C
허용온도[℃]	90	105	120	130	155	180	180[℃] 초과

【답】④

18 ★☆☆☆☆
지선밴드에서 2방 밴드의 규격이 아닌 것은?

① 150×203 [mm]
② 180×240 [mm]
③ 200×260 [mm]
④ 240×300 [mm]

지선밴드 종류와 규격

	규격(내경 * 볼트 중심간 거리) [mm]
2방 밴드	150×203
	180×240
	200×260
	220×280
	250×311

【답】④

19 ★☆☆☆☆
석유류 등의 위험물을 제조하거나 저장하는 장소에 저압 옥내 전기설비를 시설하고자 한다. 이때 사용 가능한 이동전선은? (단, 이동전선은 접속점이 없다.)

① 0.6/1[kV] EP 고무절연 클로로프렌 캡타이어 케이블
② 0.6/1[kV] EP 고무절연 클로로프렌 시스 케이블
③ 0.6/1[kV] EP 고무절연 비닐시스 케이블
④ 0.6/1[kV] 비닐절연 비닐시스 케이블

(KEC 242.4조) 위험물 등이 있는 장소
이동전선은 접속점이 없는 0.6/1[kV] EP 고무 절연 클로로프렌 캡타이어 케이블 또는 0.6/1[kV] 비닐 절연 비닐캡타이어 케이블을 사용   【답】①

20 ☆☆☆☆☆

점유 면적이 좁고, 운전 보수가 안전하여 공장 및 빌딩 등의 전기실에 많이 사용되는 배전반은?

① 데드 프런트형
② 수직형
③ 큐비클형
④ 라이브 프런트형

Explanation

큐비클(폐쇄식 배전반) : 배전반의 옆면 및 뒷면을 폐쇄하여 만든 것으로 모선, 계기용 변성기, 차단기 등을 하나의 함내에 시설한 것

【답】③

2과목　전력공학

21 ★★☆☆☆

3상 전원에 접속된 △ 결선의 커패시터를 Y결선으로 바꾸면 진상 용량 Q_Y[kVA]는? 단, $Q_\triangle$는 △ 결선된 커패시터의 진상 용량이고, Q_Y는 Y 결선된 커패시터의 진상 용량이다.

① $Q_Y = \sqrt{3}\,Q_\triangle$

② $Q_Y = \dfrac{1}{3}Q_\triangle$

③ $Q_Y = 3\,Q_\triangle$

④ $Q_Y = \dfrac{1}{\sqrt{3}}Q_\triangle$

Explanation

△결선 시 콘덴서 용량 $Q = 3\omega CE^2 = 3\omega CV^2$

Y결선 시 콘덴서 용량 $Q = 3\omega CE^2 = 3\omega C\left(\dfrac{V}{\sqrt{3}}\right)^2 = \omega CV^2$

따라서 △결선의 콘덴서를 Y결선으로 바꾸면 콘덴서용량이 $\dfrac{1}{3}$로 된다.

【답】②

22 ★☆☆☆☆

교류 배전선로에서 전압강하 계산식은 $V_d = k(R\cos\theta + X\sin\theta)I$로 표현된다. 3상 3선식 배전선로인 경우에 k는?

① $\sqrt{3}$
② $\sqrt{2}$
③ 3
④ 2

Explanation

3상 전압강하

$e = V_s - V_r = \sqrt{3}\,I(R\cos\theta + X\sin\theta) = \dfrac{P}{V_r}(R + X\tan\theta)$

【답】①

23 ★☆☆☆☆

송전선에서 뇌격에 대한 차폐 등을 위해 가선하는 가공지선에 대한 설명으로 옳은 것은?

① 차폐각은 보통 15 ~ 30° 정도로 하고 있다.
② 차폐각이 클수록 벼락에 대한 차폐효과가 크다.
③ 가공지선을 2선으로 하면 차폐각이 적어진다.
④ 가공지선으로는 연동선을 주로 사용한다.

Explanation

가공지선
- 직격뢰, 유도뢰 차폐
- 전자유도장해 경감(지락전류의 일부가 가공지선에 흐르기 때문)
- 차폐각 : 작을수록 보호율 우수(건설비 고가)
- 클수록 정전유도가 커진다.
- 보통 30~45° 보호율(97[%])
- 30° 이하 보호율(100[%]) ⇒ 가공지선을 2줄로 하면 차폐각이 작아지고 보호율이 우수 【답】③

24 ★★★★★
배전선의 전력 손실 경감 대책이 아닌 것은?

① 다중접지 방식을 채용한다.　　　② 역률을 개선한다.
③ 배전 전압을 높인다.　　　④ 부하의 불평형을 방지한다.

Explanation

배전 선로 전력 손실 경감 대책
- 네트워크 배전 방식을 채택
- 역률 개선(전력용 콘덴서의 설치)
- 승압
- 부하 불평형 방지 【답】①

25 ★★☆☆☆
그림과 같은 이상 변압기에서 2차측에 5[Ω]의 저항부하를 연결하였을 때 1차측에 흐르는 전류 I는 약 몇 [A]인가?

① 0.6　　　② 1.8
③ 20　　　④ 660

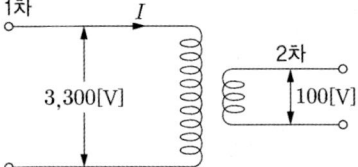

Explanation

변압기의 권수비 $a = \dfrac{E_1}{E_2} = \dfrac{V_1}{V_2} = \dfrac{I_2}{I_1} = \dfrac{N_1}{N_2} = \sqrt{\dfrac{Z_1}{Z_2}}$ 에서

$a = \dfrac{V_1}{V_2} = \dfrac{3,300}{100} = 33$

$I_2 = \dfrac{V_2}{R_2} = \dfrac{100}{5} = 20[\text{A}]$

$I_1 = \dfrac{I_2}{a} = \dfrac{20}{33} = 0.6[\text{A}]$ 【답】①

26 ★★★☆☆
전압과 유효전력이 일정할 경우 부하 역률이 70[%]인 선로에서의 저항 손실($P_{70\%}$)은 역률이 90[%]인 선로에서의 저항 손실($P_{90\%}$)과 비교하면 약 얼마인가?

① $P_{70\%} = 0.6 P_{90\%}$　　　② $P_{70\%} = 1.7 P_{90\%}$
③ $P_{70\%} = 0.3 P_{90\%}$　　　④ $P_{70\%} = 2.7 P_{90\%}$

Explanation

선로 손실 $P_l = 3I^2 R = 3\left(\dfrac{P}{\sqrt{3}\,V\cos\theta}\right)^2 R = \dfrac{P^2 R}{V^2 \cos^2\theta}$ 에서

$P_l \propto \dfrac{1}{\cos^2\theta} = \dfrac{1}{\left(\dfrac{0.7}{0.9}\right)^2} = \dfrac{0.9^2}{0.7^2} = 1.65$ 【답】②

27 ★☆☆☆☆ 3상 3선식 송전선에서 L을 작용 인덕턴스라 하고, L_e 및 L_m은 대지를 귀로로 하는 1선의 자기 인덕턴스 및 상호 인덕턴스라고 할 때 이들 사이의 관계식은?

① $L = L_m - L_e$

② $L = L_e - L_m$

③ $L = L_m + L_e$

④ $L = \dfrac{L_m}{L_e}$

Explanation

인덕턴스 = 자기인덕턴스 + 상호인덕턴스
여기서, 대지귀로이므로 상호인덕턴스는 (−)가 됨
∴ $L = L_e - L_m$

【답】②

28 ★★★★★ 표피효과에 대한 설명으로 옳은 것은?

① 표피효과는 주파수에 비례한다.
② 표피효과는 전선의 단면적에 반비례한다.
③ 표피효과는 전선의 비투자율에 반비례한다.
④ 표피효과는 전선의 도전율에 반비례한다.

Explanation

• 표피효과 : 도선의 중심부로 갈수록 전류밀도가 적어지는 현상
• 주파수, 투자율, 도전율이 클수록 표피효과가 커진다.

【답】①

29 ★★★☆☆ 배전선로의 전압을 3[kV]에서 6[kV]로 승압하면 전압강하율(δ)은 어떻게 되는가? 단, δ_{3kV}는 전압이 3[kV]일 때 전압강하율이고, δ_{6kV}는 전압이 6[kV]일 때 전압강하율이며, 부하는 일정하다고 한다.

① $\delta_{6kV} = \dfrac{1}{2}\delta_{3kV}$

② $\delta_{6kV} = \dfrac{1}{4}\delta_{3kV}$

③ $\delta_{6kV} = 2\delta_{3kV}$

④ $\delta_{6kV} = 4\delta_{3kV}$

Explanation

전압과의 관계

전압 강하	$e = \dfrac{P}{V_r}(R + X\tan\theta)$	$e \propto \dfrac{1}{V}$
전압 강하율	$\delta = \dfrac{P}{V_r^2}(R + X\tan\theta)$	$\delta \propto \dfrac{1}{V^2}$

따라서 $\delta_{6kV} = \dfrac{1}{4}\delta_{3kV}$

【답】②

30 ★★★★★ 계통의 안정도 증진대책이 아닌 것은?

① 발전기나 변압기의 리액턴스를 작게 한다.
② 선로의 회선수를 감소시킨다.
③ 중간 조상 방식을 채용한다.
④ 고속도 재폐로 방식을 채용한다.

Explanation

안정도 향상 대책
① 직렬 리액턴스(X)를 작게 한다.
  • 발전기나 변압기의 리액턴스를 작게 한다.
  • 선로의 병행 회선수를 늘리거나 복도체 또는 다도체 방식을 사용한다.

- 직렬 콘덴서를 삽입하여 선로의 리액턴스를 보상한다.
② 전압 변동을 작게 한다.
  - 속응 여자 방식을 채용한다.
  - 계통 연계를 한다.
③ **중간 조상 방식을 채용한다.**
④ 고장 전류를 줄이고 고장 구간을 신속하게 차단한다.
  - 적당한 중성점 접지 방식을 채용하여 지락 전류를 줄인다.
  - **고속도 계전기**, 고속도 차단기를 채용한다.
  - **고속도 재폐로 방식을 채용한다.** 【답】②

31 ★★★☆☆
1상의 대지 정전 용량이 0.5[μF], 주파수 60[Hz]인 3상 송전선이 있다. 이 선로에 소호 리액터를 설치한다면, 소호 리액터의 공진 리액턴스는 약 몇 [Ω]인가?
① 970
② 1,370
③ 1,770
④ 3,570

Explanation

소호 리액터 접지

$\omega L + \dfrac{1}{3} X_t = \dfrac{1}{3\omega C}$ 에서 $\omega L = \dfrac{1}{3\omega C} - \dfrac{X_t}{3}\,[\Omega]$

여기서, 변압기 리액턴스 X_t를 무시하면

$\omega L = \dfrac{1}{3\omega C_s} = \dfrac{1}{3 \times 2\pi \times 60 \times 0.5 \times 10^{-6}} = 1,768\,[\Omega]$ 【답】③

32 ★★☆☆☆
배전선로의 고장 또는 보수 점검 시 정전구간을 축소하기 위하여 사용되는 것은?
① 단로기
② 컷아웃스위치
③ 계자저항기
④ 구분개폐기

Explanation

구분개폐기 : 배전선로의 고장 또는 보수 점검 시 정전구간을 축소하기 위하여 사용 【답】④

33 ★☆☆☆☆
수전단의 전력원 방정식이 $P_r^2 + (Q_r + 400)^2 = 250,000$ 으로 표현되는 전력계통에서 가능한 최대로 공급할 수 있는 부하전력(P_r)과 이때 전압을 일정하게 유지하는 데 필요한 무효전력(Q_r)은 각각 얼마인가?
① $P_r = 500,\ Q_r = -400$
② $P_r = 400,\ Q_r = 500$
③ $P_r = 300,\ Q_r = 100$
④ $P_r = 200,\ Q_r = -300$

Explanation

무부하시 $P_r = 0$이므로
$P^2 + (Q_r + 400)^2 = 500^2$ 에서 전압이 일정하려면 무효분이 없어야 한다.
따라서 $P_r = 500,\ Q_r = -400$ 【답】①

34 ★★★★☆
수전용 변전설비의 1차 측 차단기의 차단용량은 주로 어느 것에 의하여 정해지는가?
① 수전 계약용량
② 부하설비의 단락용량
③ 공급 측 전원의 단락용량
④ 수전전력의 역률과 부하율

Explanation

차단기의 차단용량은 단락용량보다 크거나 최소한 같게 선정한다.
수전용 변전설비의 1차 측 차단기의 차단용량은 공급측 전원의 단락용량이 적용된다.

【답】③

35 ★☆☆☆☆
프란시스 수차의 특유속도[m·kW]의 한계를 나타내는 식은? 단, H[m]는 유효낙차이다.

① $\dfrac{13,000}{H+50}+10$

② $\dfrac{13,000}{H+50}+30$

③ $\dfrac{20,000}{H+20}+10$

④ $\dfrac{20,000}{H+20}+30$

Explanation

특유속도(비속도) : 기하학적으로 같은 러너를 가정하여 이것을 단위낙차 1[m]에서
단위출력 1[kW]를 발생하였을 때의 회전수[m·kW]

여기서, 프란시스 수차의 특유속도 $N_s \leq \dfrac{20,000}{H+20}+30$

【답】④

36 ★★☆☆☆
정격전압 6,600[V], Y결선, 3상 발전기의 중성점을 1선 지락 시 지락전류를 100[A]로 제한하는
저항기로 접지하려고 한다. 저항기의 저항 값은 약 몇 [Ω]인가?

① 44

② 41

③ 38

④ 35

Explanation

1선 지락전류 $I_g = \dfrac{E}{R_g}$ [A]

접지저항 값 $R_g = \dfrac{E}{I_g} = \dfrac{\frac{6,600}{\sqrt{3}}}{100} = \dfrac{66}{\sqrt{3}} = 38[\Omega]$

【답】③

37 ★★☆☆☆
송전 철탑에서 역섬락을 방지하기 위한 대책은?

① 가공지선의 설치

② 탑각 접지저항의 감소

③ 전력선의 연가

④ 아크혼의 설치

Explanation

역섬락 방지법
• 탑각 접지 저항을 줄인다.
• 매설 지선을 설치한다.

【답】②

38 ★☆☆☆☆
조속기의 폐쇄시간이 짧을수록 나타나는 현상으로 옳은 것은?

① 수격작용은 작아진다.

② 발전기의 전압 상승률은 커진다.

③ 수차의 속도 변동률은 작아진다.

④ 수압관 내의 수압 상승률은 작아진다.

Explanation

조속기
• 부하 변동에 따라서 유량을 자동으로 가감하여 속도를 일정하게 해주는 장치
• 폐쇄시간이 짧은 경우(조속기 동작이 빠른 경우) : 수차의 속도 변동률은 작아진다.

【답】③

39 ★★★★★

주변압기 등에서 발생하는 제5고조파를 줄이는 방법으로 옳은 것은?

① 전력용 콘덴서에 직렬리액터를 연결한다.　　② 변압기 2차 측에 분로리액터를 연결한다.
③ 모선에 방전코일을 연결한다.　　　　　　　④ 모선에 공심 리액터를 연결한다.

Explanation

직렬 리액터는 제5고조파를 제거하기 위하여 전력용 콘덴서 전단에 시설

직렬 리액터의 용량은 $5\omega L = \dfrac{1}{5\omega C}$

이론적 : 4[%],　실제적 : 5~6[%]　　　　　　　　　　　　　　　　　　　　　　【답】①

40 ★★☆☆☆

복도체에서 2본의 전선이 서로 충돌하는 것을 방지하기 위하여 2본의 전선 사이에 적당한 간격을 두어 설치하는 것은?

① 아모로드　　　　　　　　　　　　　② 댐퍼
③ 아킹혼　　　　　　　　　　　　　　④ 스페이서

Explanation

• 댐퍼, 아마로드 : 전선의 진동방지
• 아킹혼, 아킹링 : 섬락 시 애자련 보호
• 스페이서 : 복도체에서 두 전선 간의 간격 유지　　　　　　　　　　　　　　　【답】④

3과목　전기기기

41 ★☆☆☆☆

정격전압 120[V], 60[Hz]인 변압기의 무부하 입력 80[W], 무부하 전류 1.4[A]이다. 이 변압기의 여자 리액턴스는 약 몇 [Ω]인가?

① 97.6　　　　　　　② 103.7　　　　　　　③ 124.7　　　　　　　④ 180

Explanation

무부하 전류 $I_0 = \sqrt{I_i^2 + I_\phi^2}$

여기서, 무부하 입력은 철손이므로

철손전류 $I_i = \dfrac{P_i}{V_1} = \dfrac{80}{120} = 0.67$[A]이고

무부하 전류 $1.4 = \sqrt{0.67^2 + I_\phi^2}$ 에서

자화전류 $I_\phi = \sqrt{I_o^2 - I_i^2} = \sqrt{1.4^2 - 0.67^2} = 1.23$[A]

자화전류 $I_\phi = \dfrac{V_1}{X_L}$ 에서 여자리액턴스 $X_L = \dfrac{V_1}{I_\phi} = \dfrac{120}{1.23} = 97.6$[Ω]　　　　【답】①

42 ★★★☆☆

서보 모터의 특징에 대한 설명으로 틀린 것은?

① 발생 토크는 입력신호(入力信號)에 비례하고, 그 비가 클 것
② 직류 서보 모터에 비하여 교류 서보 모터의 시동토크가 매우 클 것
③ 시동토크는 크나 회전부의 관성 모멘트가 작고, 전기적 시정수가 짧을 것
④ 빈번한 시동, 정지, 역전 등의 가혹한 상태에 견디도록 견고하고, 큰 돌입 전류에 견딜 것

Explanation

서보 모터가 갖추어야 할 조건
• **기동토크가 클 것**
• 급가감속, 정역 운전이 가능할 것
• 관성모멘트가 적을 것 : 회전자를 가늘고 길게 할 것
• 토크 - 속도곡선이 수하특성을 가질 것
• 제어 권선 전압이 0일 때 정지

【답】②

43 ★☆☆☆☆
3상 변압기 2차 측의 E_W상만을 반대로 하고 Y-Y 결선을 한 경우, 2차 상전압이 $E_U = 70[V]$, $E_V = 70[V]$, $E_W = 70[V]$라면 2차 선간전압은 약 몇 [V]인가?
① $V_{U-V} = 121.2[V]$, $V_{V-W} = 70[V]$, $V_{W-U} = 70[V]$
② $V_{U-V} = 121.2[V]$, $V_{V-W} = 210[V]$, $V_{W-U} = 70[V]$
③ $V_{U-V} = 121.2[V]$, $V_{V-W} = 121.2[V]$, $V_{W-U} = 70[V]$
④ $V_{U-V} = 121.2[V]$, $V_{V-W} = 121.2[V]$, $V_{W-U} = 121.2[V]$

Explanation

【답】①

44 ★★★☆☆
극수 8, 중권 직류기의 전기자 총 도체수 960, 매극 자속 0.04[Wb], 회전수 400[rpm]이라면 유기기전력은 몇 [V]인가?
① 256
② 327
③ 425
④ 625

Explanation

직류 발전기 유기기전력
$$E = \frac{p}{a}Z\phi\frac{N}{60} = \frac{8}{8} \times 960 \times 0.04 \times \frac{400}{60} = 256[V]$$

【답】①

45 ★★★★★
3상 유도 전동기에서 2차측 저항을 2배로 하면 그 최대 토크는 어떻게 되는가?
① 2배로 커진다.
② 3배로 커진다.
③ 변하지 않는다.
④ $\sqrt{2}$ 배로 커진다.

Explanation

비례추이의 원리 : 권선형 유도 전동기
• **최대 토크는 불변**, 최대 토크의 발생 슬립은 변화
• 기동 전류는 감소하고, 기동 토크는 증가

【답】③

46 ★★★★★
동기전동기에 일정한 부하를 걸고 계자전류를 0[A]에서부터 계속 증가시킬 때 관련 설명으로 옳은 것은? 단, I_a는 전기자전류이다.
① I_a는 증가하다가 감소한다.
② I_a가 최소일 때 역률이 1이다.
③ I_a가 감소상태일 때 앞선 역률이다.
④ I_a가 증가상태일 때 뒤진 역률이다.

Explanation

동기 전동기의 위상 특성 곡선(V곡선)
- I_a 와 I_f 관계곡선 (P는 일정)
- 계자전류의 변화에 대한 전기자 전류의 변화를 나타낸 곡선
- 과여자 : 앞선 역률(진상)
- 부족여자 : 늦은 역률(지상)
- **역률 $\cos\theta = 1$ 일 때, 전기자 전류 최소**

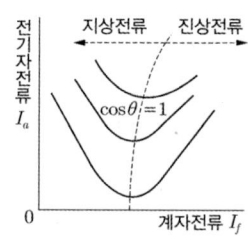

【답】②

47
★★★★☆
3[kVA], 3,000/200[V]의 변압기의 단락시험에서 임피던스 전압 120[V], 동손 150[W]라 하면 %저항강하는 약 몇 [%]인가?

① 1 　　　　　　　　　　　　　② 3

③ 5 　　　　　　　　　　　　　④ 7

Explanation

%저항 강하 $p = \dfrac{I_{1n} r_{21}}{V_{1n}} \times 100 = \dfrac{I_{1n}^2 r_{21}}{V_{1n} I_{1n}} \times 100$

$= \dfrac{P_c}{P_n} \times 100 = \dfrac{150}{3,000} \times 100 = 5[\%]$

여기서, P_n 은 정격용량, P_c 는 동손

【답】③

48
★★☆☆☆
정격출력 50[kW], 4극 220[V], 60[Hz]인 3상 유도전동기가 전부하 슬립 0.04, 효율 90[%]로 운전되고 있을 때 틀린 것은?

① 2차 효율 = 92[%] 　　　　　　② 1차 입력 = 55.56[kW]

③ 회전자 동손 = 2.08[kW] 　　　　④ 회전자 입력 = 52.08[kW]

Explanation

- 효율 $\eta = \dfrac{\text{출력}}{\text{입력}}$ 에서 1차 입력 $P_1 = \dfrac{P_o}{\eta} = \dfrac{50}{0.9} = 55.56[\text{kW}]$
- 2차 효율 $\eta_2 = (1-s) = 1 - 0.04 = 0.96 = 96[\%]$
- 회전자 입력

$P_o = P_2 - P_{c2} = P_2 - sP_2 = (1-s)P_2$ 에서

2차 입력(회전자 입력) $P_2 = \dfrac{1}{1-s} P_o = \dfrac{1}{1-0.04} \times 50 = 52.08[\text{kW}]$

- 회전자 동손(2차 동손) $P_{c2} = sP_2 = 0.04 \times 52.08 = 2.08[\text{kW}]$

【답】①

49
★☆☆☆☆
단상 유도전동기를 2전동기설로 설명하는 경우 정방향 회전자계의 슬립이 0.2이면, 역방향 회전자계의 슬립은 얼마인가?

① 0.2 　　　　　　　　　　　　② 0.8

③ 1.8 　　　　　　　　　　　　④ 2.0

Explanation

단상 유도 전동기 : 2전동기설(two motor theory)
- 시계 방향 회전자계와 반시계 방향 회전자계
- 1차 권선에는 교번자계가 발생
2차 권선 중에는 sf_1 과 $(2-s)f_1$ 주파수가 존재
따라서 주파수용 슬립은 $s = 0.2$, $2-s = 2-0.2 = 1.8$ 이다.

【답】③

50 ★★☆☆☆

직류 가동복권 발전기를 전동기로 사용하면 어느 전동기가 되는가?

① 직류 직권전동기
② 직류 분권전동기
③ 직류 가동복권전동기
④ 직류 차동복권전동기

직류 발전기를 직류 전동기로 운전하면 직권 계자 코일에 흐르는 전류의 방향이 반대가 되므로 분권 권선과 기자력의 방향이 반대가 된다. 따라서 **직류 가동복권 발전기는 직류 차동복권 전동기로 사용되며,** 반대로 직류 차동복권 발전기는 직류 가동복권 전동기로 사용된다. 【답】④

51 ★★★★★

동기발전기를 병렬운전 하는 데 필요하지 않은 조건은?

① 기전력의 용량이 같을 것
② 기전력의 파형이 같을 것
③ 기전력의 크기가 같은 것
④ 기전력의 주파수가 같을 것

동기발전기의 병렬운전 조건

기전력의 크기가 같을 것	무효 순환 전류(무효 횡류)
기전력의 위상이 같을 것	동기화 전류(유효 횡류)
기전력의 주파수가 같을 것	난조 발생
기전력의 파형이 같을 것	고조파 무효 순환 전류
상회전 방향이 같을 것(3상)	

【답】①

52 ★☆☆☆☆

IGBT(Insulated Gate Bipolar Transistor)에 대한 설명으로 틀린 것은?

① MOSFET와 같이 전압제어 소자이다.
② GTO 사이리스터와 같이 역방향 전압저지 특성을 갖는다.
③ 게이트와 에미터 사이의 입력 임피던스가 매우 낮아 BJT보다 구동하기 쉽다.
④ BJT처럼 on-drop이 전류에 관계없이 낮고 거의 일정하며, MOSFET보다 훨씬 큰 전류를 흘릴 수 있다.

IGBT(insulated gate bipolar transistor)
• 트랜지스터와 MOSFET를 조합한 것
• 고속 스위칭 소자(MOSFET보다 항복전압이 높고 전류를 크게 흘릴 수 있다.)
• 전력용 반도체 소자(전압 소자 : 게이트 전압을 통해 컬렉터 전류를 제어) 【답】③

53 ★★☆☆☆

유도전동기에서 공급 전압의 크기가 일정하고 전원 주파수만 낮아질 때 일어나는 현상으로 옳은 것은?

① 철손이 감소한다.
② 온도상승이 커진다.
③ 여자전류가 감소한다.
④ 회전속도가 증가한다.

• 여자 전류(무부하전류) $I_\phi = \dfrac{E}{\omega L} = \dfrac{E}{2\pi f L} \propto \dfrac{1}{f}$ 이므로 여자 전류 증가

• 철손 $P_i \propto \dfrac{E^2}{f}$ 이므로 철손이 증가하여 온도상승 증가

• 회전속도 $N = (1-s)N_s = (1-s)\dfrac{120f}{p}$ 로 주파수 감소하면 속도감소 【답】②

54

★☆☆☆☆

용접용으로 사용되는 직류발전기의 특성 중에서 가장 중요한 것은?

① 과부하에 견딜 것
② 전압변동률이 적을 것
③ 경부하일 때 효율이 좋을 것
④ 전류에 대한 전압특성이 수하특성일 것

Explanation

용접용 직류발전기 : 수하특성(전류가 증가하면 전압이 급격히 감소)　　　　　　　　　　　【답】④

55

★★★★★

동기 전동기에 설치된 제동 권선의 효과로 틀린 것은?

① 난조 방지
② 과부하 내량의 증대
③ 송전선의 불평형 단락 시 이상전압 방지
④ 불평형 부하 시의 전류, 전압 파형의 개선

Explanation

제동 권선의 역할
• 난조 방지
• 기동 토크 발생
• 파형개선과 이상 전압 방지　　　　　　　　　　　　　　　　　　　　　　　　　　　　【답】②

56

★★★★☆

3,300/220[V] 변압기의 정격용량이 각각 400[kVA], 300[kVA]이고, %임피던스 강하가 각각 2.4[%], 3.6[%]일 때 그 2대의 변압기에 걸 수 있는 합성부하용량은 몇 [kVA]인가?

① 550
② 600
③ 650
④ 700

Explanation

변압기 병렬운전 시의 부하분담
• 용량이 크고 %강하가 적은 변압기의 용량은 전부 적용
• 나머지 용량은 부하분담에 따라 분담
따라서 용량 400[kVA], 2.4[%]의 A변압기의 용량은 모두 사용하고

$$\frac{P_a}{P_b} = \frac{P_A}{P_B} \times \frac{\%Z_B}{\%Z_A} = \frac{400}{300} \times \frac{3.6}{2.4} = 2$$이므로

$$P_b = P_a \times \frac{1}{2} = 400 \times \frac{1}{2} = 200[\text{kVA}]$$

병렬 합성 용량 $P_a + P_b = 400 + 200 = 600[\text{kVA}]$　　　　　　　　　　　　　【답】②

57

★☆☆☆☆

동작모드가 그림과 같이 나타나는 혼합브리지는?

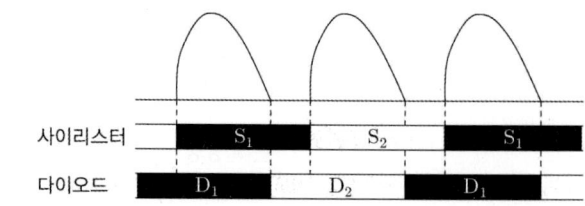

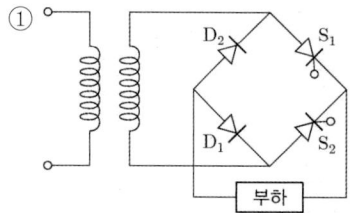 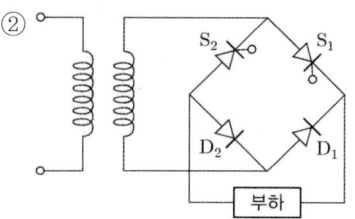

③ 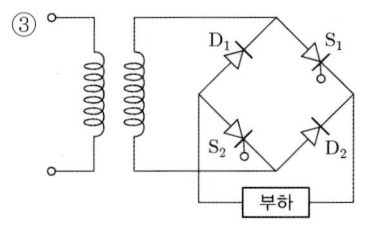　④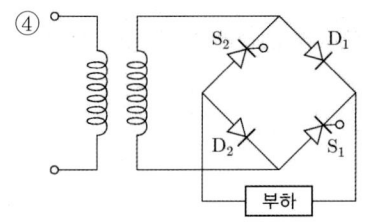

Explanation

SCR을 이용한 전파정류 회로

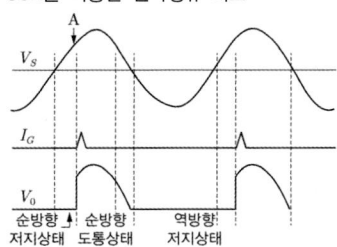

순방향	순방향	역방향
저지상태	도통상태	저지상태

【답】①

★★★☆☆

58 동기기의 전기자 저항을 r, 전기자 반작용 리액턴스를 x_a, 누설 리액턴스를 x_l이라고 하면 동기 임피던스를 표시하는 식은?

① $\sqrt{r^2 + \left(\dfrac{x_a}{x_l}\right)^2}$　　　　　　② $\sqrt{r^2 + x_l^2}$

③ $\sqrt{r^2 + x_a^2}$　　　　　　　　④ $\sqrt{r^2 + (x_a + x_l)^2}$

Explanation

동기 임피던스 $Z_s = r + jx_s = r + j(x_a + x_l) = \sqrt{r^2 + (x_a + x_l)^2}$
여기서, x_s : 동기 리액턴스(지속적인 단락 전류 제한)
　　　x_a : 반작용 리액턴스
　　　x_l : 누설 리액턴스(돌발 단락 전류 제한)

【답】④

★☆☆☆☆

59 단상 유도전동기에 대한 설명으로 틀린 것은?

① 반발 기동형 : 직류전동기와 같이 정류자와 브러시를 이용하여 기동한다.
② 분상 기동형 : 별도의 보조권선을 사용하여 회전자계를 발생시켜 기동한다.
③ 커패시터 기동형 : 기동전류에 비해 기동토크가 크지만, 커패시터를 설치해야 한다.
④ 반발 유도형 : 기동 시 농형권선과 반발전동기의 회전자 권선을 함께 이용하나 운전 중에는 농형 권선만을 이용한다.

Explanation

반발 유도형
2층의 권선으로 구성되며, 상부 권선은 정류자에 접속된 반발전동기의 회전자 권선이 되고 하부 권선은 농형 권선의 구조로 되어 있다. 기동 시에는 상부의 정류자 권선이 주로 사용되며 운전 시에는 양 권선을 모두 사용하여 효율은 좋지 않지만 역률은 우수하다.

【답】④

60 ★★☆☆☆
직류전동기의 속도제어법이 아닌 것은?

① 계자 제어법　　　　　　　　　　② 전력 제어법
③ 전압 제어법　　　　　　　　　　④ 저항 제어법

Explanation

직류 전동기 속도 제어 $n = K' \dfrac{V - I_a R_a}{\phi}$ (K' : 기계정수)

종류	특 징
전압 제어	• 광범위 속도 제어 가능 • 워드 레오너드 방식 : 소형부하(엘리베이터에 사용) • 일그너 방식(부하가 급변, 대용량 부하-제철,제강,압연) : 플라이 휠 효과(관성 모멘트 증가) • 정토크 제어
계자 제어	• 세밀하고 안정된 속도 제어 • 정출력 제어
저항 제어	• 속도 조정 범위 좁다. • 효율이 저하

【답】②

4과목　회로이론 및 제어공학

61 ★☆☆☆☆
그림과 같은 피드백제어 시스템에서 입력이 단위계단함수일 때 정상상태 오차상수인 위치상수(K_p)는?

① $K_p = \lim\limits_{s \to 0} G(s)H(s)$

② $K_p = \lim\limits_{s \to 0} \dfrac{G(s)}{H(s)}$

③ $K_p = \lim\limits_{s \to \infty} G(s)H(s)$

④ $K_p = \lim\limits_{s \to \infty} \dfrac{G(s)}{H(s)}$

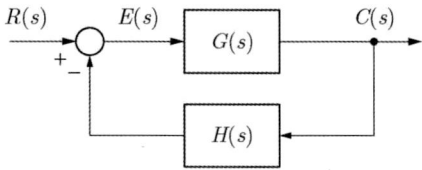

Explanation

• 위치편차상수 $K_p = \lim\limits_{s \to 0} G(s)H(s)$

• 속도편차상수 $K_v = \lim\limits_{s \to 0} sG(s)H(s)$

• 가속도편차상수 $K_a = \lim\limits_{s \to 0} s^2 G(s)H(s)$

【답】①

62 ★★☆☆☆
적분시간 4[sec], 비례감도가 4인 비례 적분 동작을 하는 제어 요소에 동작 신호 $z(t) = 2t$를 주었을 때 이 제어 요소의 조작량은? 단, 조작량의 초기 값은 0이다.

① $t^2 + 8t$　　　　　　　　　　② $t^2 + 2t$
③ $t^2 - 8t$　　　　　　　　　　④ $t^2 - 2t$

Explanation ▶

조작량 $y(t) = 4[z(t) + \dfrac{1}{4} \int z(t)dt]$ 에서

$= 4[(2t) + \dfrac{1}{4} \int 2t\,dt] = 8t + t^2$

【답】 ①

63 ★☆☆☆☆ 시간함수 $f(t) = \sin \omega t$ 의 z변환은? 단, T는 샘플링 주기이다.

① $\dfrac{z \sin \omega T}{z^2 + 2z \cos \omega T + 1}$

② $\dfrac{z \sin \omega T}{z^2 - 2z \cos \omega T + 1}$

③ $\dfrac{z \cos \omega T}{z^2 - 2z \sin \omega T + 1}$

④ $\dfrac{z \cos \omega T}{z^2 + 2z \sin \omega T + 1}$

Explanation ▶

【답】 ②

64 ★☆☆☆☆ 다음과 같은 신호흐름선도에서 $\dfrac{C(s)}{R(s)}$ 의 값은?

① $-\dfrac{1}{41}$ ② $-\dfrac{3}{41}$

③ $-\dfrac{6}{41}$ ④ $-\dfrac{8}{41}$

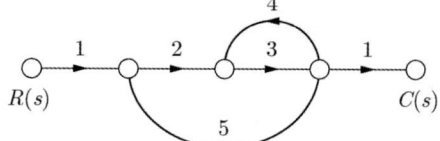

Explanation ▶

메이슨의 이득공식을 적용하면

$G = \dfrac{\sum G_i \triangle_i}{\triangle}$ 에서 $G_i : abc$, $\triangle_i : 1 - 0 = 1$, $\triangle = 1 - bd$

전체이득 $G = \dfrac{C}{R} = \dfrac{abc}{1 - bd}$

【답】 ③

65 ★★★★★ Routh–Hurwitz 방법으로 특성방정식이 $s^4 + 2s^3 + s^2 + 4s + 2 = 0$인 시스템의 안정도를 판별하면?

① 안정 ② 불안정

③ 임계안정 ④ 조건부 안정

Explanation ▶

Routh–Hurwitz 판별식을 이용하여 1열의 부호가 모두 양수이면 안정하며

s^4	1	1	2
s^3	2	4	0
s^2	−2	2	0
s^1	$\dfrac{-8-4}{-2} = 6$	0	0
s^0	2		

따라서 1열의 부호변화가 2번 있으므로 불안정하며 우반면의 극점이 2개 존재한다.

【답】 ②

66 ★★★☆☆ 제어시스템의 상태방정식이 $\dfrac{dx(t)}{dt} = Ax(t) + Bu(t)$, $A = \begin{bmatrix} 0 & 1 \\ -3 & 4 \end{bmatrix}$, $B = \begin{bmatrix} 1 \\ 1 \end{bmatrix}$일 때, 특성방정식을 구하면?

① $s^2 - 4s - 3 = 0$ ② $s^2 - 4s + 3 = 0$

③ $s^2 + 4s + 3 = 0$ ④ $s^2 + 4s - 3 = 0$

Explanation

특성 방정식
$|sI - A| = 0$
$|sI - A| = \begin{bmatrix} s & 0 \\ 0 & s \end{bmatrix} - \begin{bmatrix} 0 & 1 \\ -3 & 4 \end{bmatrix} = \begin{bmatrix} s & -1 \\ 3 & s-4 \end{bmatrix} = s^2 - 4s + 3$

【답】②

67 ★★★★★ 어떤 제어시스템의 개루프 이득이 $G(s)H(s) = \dfrac{K(s+2)}{s(s+1)(s+3)(s+4)}$ 일 때 이 시스템이 가지는 근궤적의 가지(branch) 수는?

① 1 ② 3

③ 4 ④ 5

Explanation

근궤적의 개수
• $Z > P$: $N = Z$
• $Z < P$: $N = P$
영점 $Z = 1$, 극점 $P = 4$이므로
$Z < P$: $N = P$
따라서 근궤적 수 $N = 4$

【답】③

68 ★★☆☆☆ 다음 회로에서 입력 전압 $v_1(t)$에 대한 출력 전압 $v_2(t)$의 전달함수 $G(s)$는?

① $\dfrac{RCs}{LCs^2 + RCs + 1}$ ② $\dfrac{RCs}{LCs^2 - RCs - 1}$

③ $\dfrac{Cs}{LCs^2 + RCs + 1}$ ④ $\dfrac{Cs}{LCs^2 - RCs - 1}$

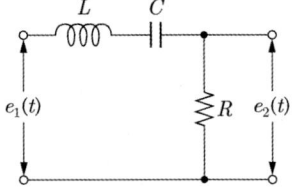

Explanation

전압비 전달 함수는 임피던스비로 구하며
$G(s) = \dfrac{V_2(s)}{V_1(s)} = \dfrac{R}{Ls + R + \dfrac{1}{Cs}} = \dfrac{RCs}{LCs^2 + RCs + 1}$

【답】①

69 ★★★★★ 특성방정식의 모든 근이 s평면(복소평면)의 $j\omega$측(허수축)에 있을 때 이 제어시스템의 안정도는?

① 알 수 없다. ② 안정하다.

③ 불안정하다. ④ 임계안정이다.

Explanation

극점 위치에 따른 안정도
• s평면의 좌반면 : 안정
• s평면의 우반면 : 불안정
• **s평면의 허수축 : 임계**

【답】④

70 ★★☆☆☆ 다음 논리식 $((AB+A\overline{B})+AB)+\overline{A}B$를 간단히 하면?

① $A + B$

② $\overline{A} + B$

③ $A + \overline{B}$

④ $A + A \cdot B$

Explanation

부울 대수를 이용하여

$[(AB+A\overline{B})+AB]+\overline{A}B$

$=(AB+A\overline{B})+(AB+\overline{A}B)$

$=A(B+\overline{B})+B(A+\overline{A})$

$=A+B$

【답】①

71 ★☆☆☆☆ 선간 전압이 V_{ab}[V]인 3상 평형 전원에 대칭 부하 $R[\Omega]$이 그림과 같이 접속되어 있을 때, a, b 두 상 간에 접속된 전력계의 지시 값이 W[W]라면 상 전류의 크기[A]는?

① $\dfrac{W}{3\,V_{ab}}$

② $\dfrac{2\,W}{3\,V_{ab}}$

③ $\dfrac{2\,W}{\sqrt{3}\,V_{ab}}$

④ $\dfrac{\sqrt{3}\,W}{V_{ab}}$

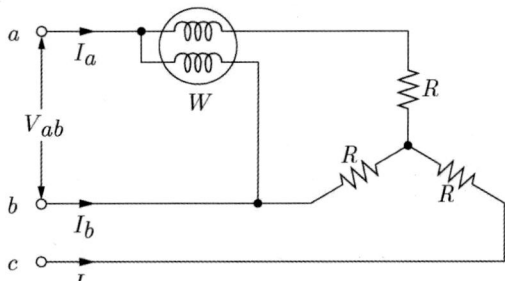

Explanation

2전력계법

유효전력 $\quad P = P_1 + P_2 = 2\,W$

피상전력 $\quad P_a = 2\sqrt{P_1^2 + P_2^2 - P_1 P_2} = \sqrt{3}\,V_l I_l$

Y결선 피상전력 $P = \sqrt{3}\,V_l I_l \cos$ 에서 저항부하이므로 역률은 1이 되며

따라서 $2\,W = \sqrt{3}\,V_l I_l$ 에서

선전류 $I_l = \dfrac{2\,W}{\sqrt{3}\,V_l} = \dfrac{2\,W}{\sqrt{3}\,V_{ab}}$

【답】③

72 ★☆☆☆☆ 불평형 3상 전류가 $I_a = 15 + j2$[A], $I_b = -20 - j14$[A], $I_c = -3 + j10$[A]일 때 역상분 전류[A]는?

① $1.91 + j6.24$

② $15.74 - j3.57$

③ $-2.67 - j0.67$

④ $-8 - j2$

Explanation

역상분 전류

$I_2 = \dfrac{1}{3}(I_a + a^2 I_b + a I_c)$

$= \dfrac{1}{3}\left\{15 + j2 + \left(-\dfrac{1}{2} - j\dfrac{\sqrt{3}}{2}\right)(-20 - j14) + \left(-\dfrac{1}{2} + j\dfrac{\sqrt{3}}{2}\right)(-3 + j10)\right\}$

$= 1.91 + j6.24$

【답】①

73 ★☆☆☆☆ 회로에서 20[Ω]의 저항이 소비하는 전력은 몇 [W]인가?

① 14

② 27

③ 40

④ 80

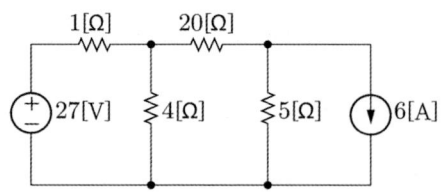

> **Explanation**
>
> 테브난 정리를 이용하여 전류원은 전압원으로 등가하고 각 저항을 정리하면,

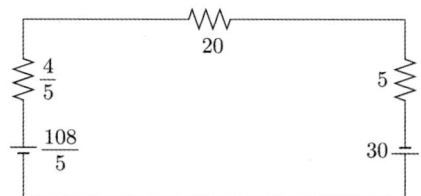

위 회로에서 20[Ω]의 저항에 흐르는 전류를 구하면,

$$I = \frac{E}{R} = \frac{\frac{108}{5} + 30}{\frac{4}{5} + 20 + 5} = 2[\text{A}]$$

$$\therefore P = I^2 R = 2^2 \times 20 = 80[\text{W}]$$

【답】④

74 ★★☆☆☆ $R-C$ 직렬회로에 직류전압 $V[\text{V}]$가 인가되었을 때, 전류 $i(t)$에 대한 전압 방정식(KVL)이 $V = Ri(t) + \frac{1}{C}\int i(t)dt[\text{V}]$이다. 전류 $i(t)$의 라플라스 변환인 $I(s)$는? 단, C에는 초기 전하가 없다.

① $I(s) = \dfrac{V}{R} \dfrac{1}{s - \dfrac{1}{RC}}$

② $I(s) = \dfrac{C}{R} \dfrac{1}{s + \dfrac{1}{RC}}$

③ $I(s) = \dfrac{V}{R} \dfrac{1}{s + \dfrac{1}{RC}}$

④ $I(s) = \dfrac{R}{C} \dfrac{1}{s - \dfrac{1}{RC}}$

> **Explanation**
>
> 전압 방정식 $Ri(t) + \frac{1}{C}\int i(t)dt = V$에서
>
> 전류 $i(t) = \frac{V}{R}e^{-\frac{1}{RC}}$ 이므로
>
> 라플라스 변환하면 $\therefore I(s) = \frac{V}{R} \frac{1}{s + \frac{1}{RC}}$
>
> 【답】③

75 ★☆☆☆☆ 선간 전압이 100[V]이고, 역률이 0.6인 평형 3상 부하에서 무효전력이 $Q = 10[\text{kVar}]$일 때, 선전류의 크기는 약 몇 [A]인가?

① 57.7

② 72.2

③ 96.2

④ 125

3상 무효전력 $P_r = \sqrt{3}\, V_l I_l \sin\theta\,[\text{Var}]$

선전류 $I_l = \dfrac{P_r}{\sqrt{3}\, V_l \sin\theta} = \dfrac{10 \times 10^3}{\sqrt{3} \times 100 \times 0.8} = 72.2\,[\text{A}]$

【답】②

---

76 ★☆☆☆☆

그림과 같은 T형 4단자 회로망에서 4단자 정수 A와 C는?

(단, $Z_1 = \dfrac{1}{Y_1},\ Z_2 = \dfrac{1}{Y_2},\ Z_3 = \dfrac{1}{Y_3}$)

① $A = 1 + \dfrac{Y_3}{Y_1},\ C = Y_2$

② $A = 1 + \dfrac{Y_3}{Y_1},\ C = \dfrac{1}{Y_3}$

③ $A = 1 + \dfrac{Y_3}{Y_1},\ C = Y_3$

④ $A = 1 + \dfrac{Y_1}{Y_3},\ C = \left(1 + \dfrac{Y_1}{Y_3}\right)\dfrac{1}{Y_3} + \dfrac{1}{Y_2}$

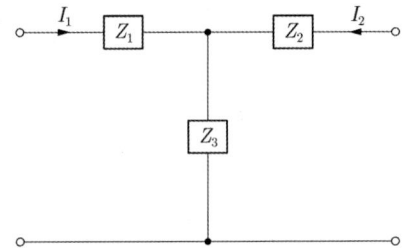

【답】③

---

77 ★★☆☆☆

어떤 회로의 유효전력이 300[W], 무효전력이 400[Var]이다. 이 회로의 복소전력의 크기[VA]는?

① 350 ② 500
③ 600 ④ 700

복소전력(피상전력)

$P_a = V\bar{I} = P \pm jP_r = \sqrt{P^2 + P_r^2} = \sqrt{300^2 + 400^2} = 500\,[\text{VA}]$

【답】②

---

78 ★☆☆☆☆

$R = 4\,[\Omega],\ \omega L = 3\,[\Omega]$의 직렬회로에 $e = 100\sqrt{2}\sin\omega t + 50\sqrt{2}\sin 3\omega t$를 인가할 때 이 회로의 소비전력은 약 몇 [W]인가?

① 1,000 ② 1,414
③ 1,560 ④ 1,703

$I_1 = \dfrac{V_1}{Z_1} = \dfrac{V_1}{\sqrt{R^2 + (\omega L)^2}} = \dfrac{100}{\sqrt{3^2 + 4^2}} = 20\,[\text{A}]$

$I_3 = \dfrac{V_3}{Z_3} = \dfrac{V_3}{\sqrt{R^2 + (3\omega L)^2}} = \dfrac{50}{\sqrt{4^2 + 9^2}} = 5.08\,[\text{A}]$

소비전력 $P = I_1^2 R + I_3^2 R = 20^2 \times 4 + 5.08^2 \times 4 = 1{,}703.23\,[\text{W}]$

【답】④

79

★☆☆☆☆

단위 길이 당 인덕턴스가 L [H/m]이고, 단위 길이 당 정전용량이 C [F/m]인 무손실 선로에서의 진행파 속도[m/s]는?

① $\sqrt{LC}$

② $\dfrac{1}{\sqrt{LC}}$

③ $\sqrt{\dfrac{C}{L}}$

④ $\sqrt{\dfrac{L}{C}}$

무손실회로와 무왜형회로

	무손실 선로
조건	$R=0, \quad G=0$
특성 임피던스	$Z_0 = \sqrt{\dfrac{Z}{Y}} = \sqrt{\dfrac{L}{C}}$
전파정수	$\gamma = \sqrt{ZY}$ $\alpha = 0, \quad \beta = w\sqrt{LC}$
위상전파속도	$v = \dfrac{\omega}{\beta} = \dfrac{\omega}{\omega\sqrt{LC}} = \dfrac{1}{\sqrt{LC}}$

【답】②

80

★★★★☆

$t=0$에서 스위치(S)를 닫았을 때 $t=0^+$에서의 $i(t)$는 몇 [A]인가? 단, 커패시터에 초기 전하는 없다.

① 0.1
② 0.2
③ 0.4
④ 1.0

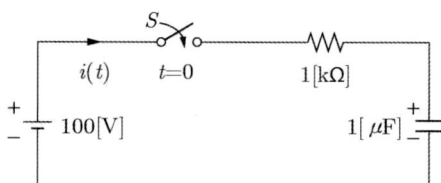

$R-C$ 직렬회로
캐패시터의 직류인가 특성
• 초기 : 단락
• 최종 : 개방

따라서 초기상태 단락이므로 $i(0^+) = \dfrac{E}{R} = \dfrac{100}{1 \times 10^3} = 0.1[\text{A}]$

【답】①

5과목   전기설비기술기준

81

★☆☆☆☆

345[kV] 송전선을 사람이 쉽게 들어가지 않는 산지에 시설할 때 전선의 지표상 높이는 몇 [m] 이상으로 하여야 하는가?

① 7.28
② 7.56
③ 8.28
④ 8.56

(KEC 333.7조) 특고압 가공전선의 높이

특고압 가공 전선의 지표상 높이는 일반장소에서는 6[m], 산지 등에서는 5[m]에, 160[kV]를 넘는 10[kV] 또는 그 단수마다 0.12[m]를 가한 값

· 단수 $= \dfrac{345-160}{10} = 18.5 \rightarrow 19$단

∴ 전선의 지표상 높이 $= 5 + 19 \times 0.12 = 7.28$[m]　　　　　　　　　　　　　　【답】①

82 ★☆☆☆☆
변전소에서 오접속을 방지하기 위하여 특고압 전로의 보기 쉬운 곳에 반드시 표시해야 하는 것은?

① 상별표시　　　　　　　　　　　　　　② 위험표시
③ 최대전류　　　　　　　　　　　　　　④ 정격전압

(KEC 351.2조) 특고압전로의 상 및 접속 상태의 표시

발전소·변전소 또는 이에 준하는 곳의 특고압전로에는 그의 보기 쉬운 곳에 상별(相別) 표시를 하여야 한다.　　【답】①

83 ★★★☆☆
전력 보안 가공통신선의 시설 높이에 대한 기준으로 옳은 것은?

① 철도의 궤도를 횡단하는 경우에는 레일면상 5[m] 이상
② 횡단보도교 위에 시설하는 경우에는 그 노면상 3[m] 이상
③ 도로(차도와 도로의 구별이 있는 도로는 차도) 위에 시설하는 경우에는 지표상 2[m] 이상
④ 교통에 지장을 줄 우려가 없도록 도로(차도와 도로의 구별이 있는 도로는 차도) 위에 시설하는 경우에는 지표상 2[m]까지로 감할 수 있다.

(KEC 362.2조) 전력보안통신선의 시설 높이와 이격거리

① 도로(차도와 인도의 구별이 있는 도로는 차도) 위에 시설하는 경우에는 지표상 5[m] 이상. 다만, 교통에 지장을 줄 우려가 없는 경우에는 지표상 4.5[m] 까지로 감할 수 있다.
② 철도 또는 궤도 횡단 : 레일면상 6.5[m] 이상
③ 횡단보도교 위에 시설 : 노면상 3[m] 이상
④ 이외의 경우 : 지표상 3.5[m] 이상　　　　　　　　　　　　　　　　　　　　【답】②

84 ★★★★★
이동형의 용접전극을 사용하는 아크 용접장치의 용접변압기의 1차 측 전로의 대지전압은 몇 [V] 이하이어야 하는가?

① 60　　　　　　　　　　　　　　　　　② 150
③ 300　　　　　　　　　　　　　　　　④ 400

(KEC 241.10조) 아크 용접기

용접변압기의 1차 측 전로의 대지 전압은 300[V] 이하　　　　　　　　　　　　【답】③

85 ★★☆☆☆
전기온상용 발열선은 그 온도가 몇 [℃]를 넘지 않도록 시설하여야 하는가?

① 50　　　　　　　　　　　　　　　　　② 60
③ 80　　　　　　　　　　　　　　　　　④ 100

(KEC 241.5조) 전기온상 등

발열선은 그 온도가 80 [℃]를 넘지 아니하도록 시설할 것　　　　　　　　　　　【답】③

86 ★★★★★

사용전압이 154[kV]인 가공전선로를 제1종 특고압 보안공사로 시설할 때 사용되는 경동연선의 단면적은 몇 [㎟] 이상이어야 하는가?

① 55
② 100
③ 150
④ 200

Explanation

(KEC 333.22조) 특고압 보안공사

사용전압	전선
100[kV] 미만	인장강도 21.67[kN] 이상의 연선 또는 단면적 55[㎟] 이상의 경동연선
100[kV] 이상 300[kV] 미만	인장강도 58.84[kN] 이상의 연선 또는 **단면적 150[㎟] 이상의 경동연선**
300[kV] 이상	인장강도 77.47[kN] 이상의 연선 또는 단면적 200[㎟] 이상의 경동연선

【답】③

87 ★★☆☆☆

고압용 기계기구를 시가지에 시설할 때 지표상 몇 [m] 이상의 높이에 시설하고, 또한 사람이 쉽게 접촉할 우려가 없도록 하여야 하는가?

① 4.0
② 4.5
③ 5.0
④ 5.5

Explanation

(KEC 341.8조) 고압용 기계기구의 시설
기계 기구를 **지표상 4.5[m]**(시가지 외에는 4[m]) 이상 높이 + 또한 사람이 쉽게 접촉할 우려가 없도록 시설   【답】②

88 ★★☆☆☆

발전기, 전동기, 무효전력 보상장치, 기타 회전기(회전변류기 제외)의 절연내력 시험전압은 어느 곳에 가하는가?

① 권선과 대지 사이
② 외함과 권선 사이
③ 외함과 대지 사이
④ 회전자와 고정자 사이

Explanation

(KEC 133조) 회전기 및 정류기의 절연내력

종류			시험전압	시험방법
회전기	발전기·전동기·무효 전력 보상 장치·기타회전기(회전변류기를 제외한다)	최대 사용전압 7[kV] 이하	최대 사용전압의 1.5배의 전압(500[V] 미만으로 되는 경우에는 500[V])	**권선과 대지 사이**에 연속하여 10분간 가한다.
		최대 사용전압 7[kV] 초과	최대 사용전압의 1.25배의 전압(10,500[V] 미만으로 되는 경우에는 10,500[V])	
	회전변류기		직류측의 최대 사용전압의 1배의 교류전압 (500[V] 미만으로 되는 경우에는 500[V])	

【답】①

89 ★★☆☆☆

특고압 지중전선이 지중 약전류전선 등과 접근하거나 교차하는 경우에 상호 간의 이격거리가 몇 [m] 이하인 때에는 두 전선이 직접 접촉하지 아니하도록 하여야 하는가?

① 0.15
② 0.2
③ 0.3
④ 0.6

Explanation

(KEC 334.6조) 지중전선과 지중약전류전선 등 또는 관과의 접근 또는 교차

지중전선이 지중약전류전선 등과 접근하거나 교차하는 경우에 상호 간의 이격거리가 저압 또는 고압의 지중전선은 0.3[m] 이하, **특고압 지중전선은 0.6[m] 이하**인 때에는 지중전선과 지중약전류전선 등 사이에 견고한 내화성의 격벽(隔壁)을 설치하는 경우 이외에는 지중전선을 견고한 불연성(不燃性) 또는 난연성(難燃性)의 관에 넣어 그 관이 지중약전류전선 등과 직접 접촉하지 아니하도록 하여야 한다. 【답】④

90 ★★★★★ 고압 옥내배선의 공사방법으로 틀린 것은?

① 케이블 공사
② 합성수지관 공사
③ 케이블 트레이 공사
④ 애자사용공사(건조한 장소로서 전개된 장소에 한한다)

Explanation

(KEC 342.1조) 고압 옥내배선 등의 시설
① 애자사용공사(건조한 장소로서 전개된 장소에 한한다)
② 케이블공사
③ 케이블트레이 공사 【답】②

91 ★★★★★ 조상설비에 내부고장, 과전류 또는 과전압이 생긴 경우 자동적으로 차단되는 장치를 해야 하는 전력용 커패시터의 최소 뱅크용량은 몇 [kVA]인가?

① 10,000
② 12,000
③ 13,000
④ 15,000

Explanation

(KEC 351.5조) 조상설비의 보호장치

설비 종별	뱅크 용량의 구분	자동적으로 전로로부터 차단하는 장치
전력용 커패스터 및 분로리액터	500[kVA] 초과 15,000[kVA] 미만	• 내부에 고장이 생긴 경우 • 과전류가 생긴 경우
	15,000[kVA] 이상	• **내부에 고장이 생긴 경우** • **과전류가 생긴 경우** • **과전압이 생긴 경우**
무효전력 보상장치	15,000[kVA] 이상	• 내부에 고장이 생긴 경우

【답】④

92 ★☆☆☆☆ 사용전압이 440[V]인 이동기중기용 접촉전선을 애자공사에 의하여 옥내의 전개된 장소에 시설하는 경우 사용하는 전선으로 옳은 것은?

① 인장강도가 3.44[kN] 이상인 것 또는 지름 2.6[mm]의 경동선으로 단면적이 8[㎟] 이상인 것
② 인장강도가 3.44[kN] 이상인 것 또는 지름 3.2[mm]의 경동선으로 단면적이 18[㎟] 이상인 것
③ 인장강도가 11.2[kN] 이상인 것 또는 지름 6[mm]의 경동선으로 단면적이 28[㎟] 이상인 것
④ 인장강도가 11.2[kN] 이상인 것 또는 지름 8[mm]의 경동선으로 단면적이 18[㎟] 이상인 것

Explanation

(KEC 232.81조) 옥내에 시설하는 저압 접촉전선 배선
전선은 인장강도 11.2[kN] 이상의 것 또는 지름 6[mm]의 경동선으로 단면적이 28[㎟] 이상인 것일 것. 다만, 사용전압이 400[V] 이하인 경우에는 인장강도 3.44[kN] 이상의 것 또는 지름 3.2[mm] 이상의 경동선으로 단면적이 8[㎟] 이상인 것을 사용할 수 있다. 【답】③

93 ★★☆☆☆

옥내에 시설하는 사용 전압이 400[V] 초과 1,000[V] 이하인 전개된 장소로서 건조한 장소가 아닌 기타의 장소의 관등회로 배선공사로서 적합한 것은?

① 애자공사
② 금속몰드공사
③ 금속덕트공사
④ 합성수지몰드공사

Explanation

(KEC 234.11조) 1[kV] 이하 방전등
옥내에 시설하는 사용전압이 400[V] 초과, 1[kV] 이하인 관등회로의 배선은 합성수지관공사 · 금속관공사 · 가요전선관공사나 케이블공사 또는 아래 표의 규정에 준하여 시설하여야 한다.

시설장소의 구분		공사의 종류
전개된 장소	건조한 장소	애자 공사 · 합성수지몰드 공사 또는 금속 몰드 공사
	기타의 장소	**애자 공사**
점검할 수 없는 은폐된 장소	건조한 장소	금속 몰드 공사

【답】①

94 KEC 적용으로 인하여 삭제되었습니다.

95 ★☆☆☆☆

저압 가공전선으로 사용할 수 없는 것은?

① 케이블
② 절연전선
③ 다심형 전선
④ 나동복 전선

Explanation

(KEC 222.5조) 저압 가공전선의 종류
저압 가공전선은 나전선(중성선 또는 다중접지된 접지측 전선으로 사용하는 전선에 한한다), 절연전선, 다심형 전선 또는 케이블을, 고압 가공전선은 고압 절연전선, 특고압 절연전선, 또는 케이블을 사용하여야 한다. 【답】④

96 ★★★★★

가공전선로의 지지물에 시설하는 지지선의 시설기준으로 틀린 것은?

① 지지선의 안전율을 2.5 이상으로 할 것
② 소선은 최소 5가닥 이상의 강심 알루미늄연선을 사용할 것
③ 도로를 횡단하며 시설하는 지지선의 높이는 지표상 5[m] 이상으로 할 것
④ 지중부분 및 지표상 0.3[m]까지의 부분에는 내식성이 있는 것을 사용할 것

Explanation

(KEC 331.11조) 지지선의 시설
① 지지선의 안전율은 2.5 이상, 허용 인장 하중의 최저는 4.31[kN]일 것.
② **2.6[mm] 이상의 금속선을 3가닥 이상 꼬아서 사용**
③ 도로를 횡단하여 시설하는 지지선의 높이는 지표상 5[m] 이상으로 하여야 한다.
④ 지중부분 및 지표상 0.3[m]까지의 부분에는 내식성이 있는 것 또는 아연도금을 한 철봉을 사용하고 쉽게 부식되지 아니하는 전주 버팀대에 견고하게 붙일 것 【답】②

97 ★★★★☆

특고압 가공전선로 중 지지물로서 직선형의 철탑을 연속하여 10기 이상 사용하는 부분에는 몇 기 이하마다 내장 애자장치가 되어 있는 철탑 또는 이와 동등 이상의 강도를 가지는 철탑 1기를 시설하여야 하는가?

① 3
② 5
③ 7
④ 10

Explanation

(KEC 333.16조) 특고압 가공전선로의 내장형 등의 지지물 시설
특고압 가공 전선로 중 지지물로서 직선형의 철탑을 연속하여 10기 이상 사용하는 부분에는 10기 이하마다 내장 애자장치가
되어있는 철탑 1기를 시설하여야 한다. 　【답】④

★★★☆☆
98 접지공사에 사용하는 접지도체를 사람이 접촉할 우려가 있는 곳에 시설하는 경우, "전기용품 및 생활용품 안전관리법"을 적용받는 합성수지관(두께 2[mm] 미만의 합성수지제 전선관 및 난연성이 없는 콤바인덕트관을 제외한다)으로 덮어야 하는 범위로 옳은 것은?
① 접지도체의 지하 0.3[m]로부터 지표상 1[m]까지의 부분
② 접지도체의 지하 0.5[m]로부터 지표상 1.2[m]까지의 부분
③ 접지도체의 지하 0.6[m]로부터 지표상 1.8[m]까지의 부분
④ 접지도체의 지하 0.75[m]로부터 지표상 2[m]까지의 부분

Explanation

(KEC 142.3.1조) 접지도체
접지도체는 지하 0.75[m] 부터 지표 상 2[m]까지 부분은 합성수지관(두께 2[mm] 미만의 합성수지제 전선관 및 가연성 콤바인덕트관은 제외한다) 또는 이와 동등 이상의 절연효과와 강도를 가지는 몰드로 덮어야 한다. 　【답】④

★★☆☆☆
99 사용전압이 400[V] 이하인 저압 가공전선은 케이블인 경우를 제외하고는 지름이 몇 [mm] 이상이어야 하는가? (단, 절연전선은 제외한다)
① 3.2　　　　　　　　② 3.6
③ 4.0　　　　　　　　④ 5.0

Explanation

(KEC 222.5조) 저압 가공전선의 굵기 및 종류
사용전압이 400[V] 이하인 가공전선은 케이블인 경우를 제외하고는 지름 3.2[mm](절연전선인 경우는 2.6[mm])의 경동선 또는 이와 동등 이상의 세기 및 굵기의 것이어야 한다. 　【답】①

100 KEC 적용으로 인하여 삭제되었습니다.

4회 2020년 전기공사기사 필기

1과목 전기응용 및 공사재료

01 ★★★★★
전기가열방식 중에서 고주파 유전가열의 응용으로 틀린 것은?

① 목재의 건조
② 비닐막 접착
③ 목재의 접착
④ 공구의 표면처리

Explanation

유전가열
유전체손($P_c = \omega CE^2 \tan\delta$)에 의한 가열
목재의 접착, 목재의 건조, 비닐막 접착, 플라스틱 성형 등에 사용
여기서, 금속의 표면처리는 유도가열이 사용된다.

【답】④

02 ★☆☆☆☆
광전 소자의 구조와 동작에 대한 설명 중 틀린 것은?

① 포토트랜지스터는 모든 빛에 감응하지 않으며, 일정 파장 범위 내의 빛에 감응한다.
② 포토커플러는 전기적으로 절연되어 있지만 광학적으로 결합되어 있는 발광부와 수광부를 갖추고 있다.
③ 포토사이리스터는 빛에 의해 개방된 두 단자 사이를 도통시킬 수 있어 전류의 ON-OFF 제어에 쓰인다.
④ 포토다이오드는 일반적으로 포토트랜지스터에 비해 반응속도가 느리다.

Explanation

• 포토다이오드 : 광신호를 전기적인 신호로 변환하는 다이오드(광에너지를 전류로 변환)
• 포토트랜지스터 : 광신호를 전기적인 신호로 변환하는 트랜지스터
• 포토커플러 : 전기신호를 빛으로 전환, 발광부와 수광부로 구성
• 포토사이리스터 : 사이리스터의 온(ON)을 빛에 의해서 사용

【답】④

03 ★★★★★
가로 30[m], 세로 40[m] 되는 실내작업장에 광속이 2,800[lm]인 형광등 21개를 점등하였을 때, 이 작업장의 평균조도[lx]는 약 얼마인가?(단, 조명률은 0.40이고, 감광보상률이 1.50이다.)

① 17
② 16
③ 13
④ 11

Explanation

$FUN = ESD$에서
$$E = \frac{FUN}{SD} = \frac{2,800 \times 0.4 \times 21}{30 \times 40 \times 1.5} = 13[lx]$$

【답】③

04 ★★★☆☆ 직류 전동기의 속도제어법에서 정출력 제어에 속하는 것은?

① 계자제어
② 전압제어
③ 전기자 저항제어
④ 워드 레오나드 제어

Explanation

직류전동기 속도제어법

종류	특징
저항 제어	• 전기자 회로에 직렬로 가변저항을 접속하여 속도를 제어하는 방법
계자 제어	• **정출력 제어**
전압 제어	• 광범위 속도제어 가능, 운전효율 우수 • 정토크 제어

【답】①

05 ★★★★★ 2종의 금속이나 반도체를 결합하여 열전대를 만들고 기전력을 공급하면 각 접점에서 열의 흡수, 발생이 일어나는 현상은?

① 제벡(Seebeck) 효과
② 펠티에(Peltier) 효과
③ 톰슨(Thomson) 효과
④ 핀치(Pinch) 효과

Explanation

열전현상
• 제벡 효과 : 두 종류의 금속의 접합하여 폐회로를 만들고 두 접합점 사이에 온도차를 주면 열기전력이 생겨서 전류가 흐르는 현상
• **펠티에 효과 : 두 종류의 금속의 접합하여 폐회로를 만들고 두 접합점 사이에 전류를 흘리면 접합점에서 열이 흡수 또는 발생되는 현상.** 전자냉동의 원리
• 톰슨 효과 : 동일 금속을 접합하여 폐회로를 만들고 두 접합점 사이에 전류를 흘리면 접합점에서 열이 흡수 또는 방출되는 현상

【답】②

06 ★★☆☆☆ 풍압 500[mmAq], 풍량 0.5[m³/s]인 송풍기용 전동기의 용량[kW]은 약 얼마인가?(단, 여유계수는 1.23, 팬의 효율은 0.60이다)

① 5
② 7
③ 9
④ 11

Explanation

송풍기 출력 $P = \dfrac{KQH}{6,120\eta}$[kW]

여기서, K : 여유계수
Q : 풍량 [m³/분]
H : 풍압 [mmAq]
η : 효율

따라서 $P = \dfrac{KQH}{6,120\eta} = \dfrac{1.23 \times 0.5 \times 60 \times 500}{6,120 \times 0.6} = 5.02$[kW]

【답】①

07 ★☆☆☆☆ 다음 중 직접식 저항로가 아닌 것은?

① 흑연화로
② 카보런덤로
③ 지로식 전기로
④ 염욕로

Explanation

직접 저항가열		간접 저항가열	
종류	특징	종류	특징
• 흑연화로 • 카아보런덤로 • 카바이드로 • 알루미늄 용해로	열효율이 가장 우수	• 염욕로 • 크립톨로 • 발열체로 • 탄화규소로	복잡한 형태의 물질을 균일하게 가열

【답】④

08 ★★★☆☆
전기철도에서 궤도의 구성요소가 아닌 것은?

① 침목
② 레일
③ 캔트
④ 도상

Explanation

궤도구성의 3요소
• 레일 : 차량을 지탱
• 침목 : 차량 하중을 분산
• 도상 : 소음 경감, 배수를 원활

【답】③

09 ★★☆☆☆
금속의 화학적 성질로 틀린 것은?

① 산화되기 쉽다.
② 전자를 잃기 쉽고, 양이온이 되기 쉽다.
③ 이온화 경향이 클수록 환원성이 강하다.
④ 산과 반응하고, 금속의 산화물은 염기성이다.

Explanation

• 이온화(수소보다 반응성이 큰 원소들은 산성과 반응해 수소 기체를 발생) 경향
• 산화와 환원은 반대의 작용이므로, **이온화 경향이 작을수록 환원이 잘 된다.**

【답】③

10 ★☆☆☆☆
방전개시 전압과 관계되는 법칙은?

① 스토크스의 법칙
② 페닝의 법칙
③ 파센의 법칙
④ 탈보트의 법칙

Explanation

파센의 법칙 : 평등 자계 하에서 방전개시 전압은 기체의 압력과 전극거리와의 곱에 비례한다는 법칙

【답】③

11 ★★☆☆☆
케이블의 약호 중 EE의 품명은?

① 미네랄 인슈레이션 케이블
② 폴리에틸렌절연 비닐 시스케이블
③ 형광방전등용 비닐전선
④ 폴리에틸렌절연 폴리에틸렌 시스케이블

Explanation

• MI 케이블 : 미네랄 인슈레이션 케이블
• **EE 케이블 : 폴리에틸렌절연 폴리에틸렌 시스케이블**
• EV 케이블 : 폴리에틸렌절연 비닐 시스케이블

【답】④

12 ★★★★☆
변압기유로 쓰이는 절연유에 요구되는 특성이 아닌 것은?

① 점도가 클 것
② 절연내력이 클 것
③ 인화점이 높을 것
④ 비열이 커서 냉각 효과가 클 것

절연유(변압기유)의 구비조건
• 절연내력이 클 것
• **점도가 적고 비열이 커서 냉각 효과가 클 것**
• 인화점은 높고, 응고점은 낮을 것
• 고온에서 산화하지 않고, 침전물이 생기지 않을 것

【답】 ①

13 ★★★★★
가선 금구 중 완금에 특고압 전선의 조수가 3일 때 완금의 길이[mm]는?

① 900 　　　　② 1,400 　　　　③ 1,800 　　　　④ 2,400

Explanation

가공 전선로의 장주에 사용되는 완금의 표준길이[mm]

전선의 조수	특고압	고압	저압
2	1,800	1,400	900
3	2,400	1,800	1,400

【답】 ④

14 ★★☆☆☆
콘크리트 매입 금속관공사에 사용하는 금속관의 두께는 최소 몇 [mm] 이상이어야 하는가?

① 1.0 　　　　　　　　　　② 1.2
③ 1.5 　　　　　　　　　　④ 2.0

Explanation

(KEC 232.12조) 금속관공사
금속관의 두께
• **콘크리트 매입 시 : 1.2[mm] 이상**
• 기타 : 1.0[mm] 이상

【답】 ②

15 ★☆☆☆☆
옥내배선용 공구 중 리머의 사용 목적으로 옳은 것은?

① 로크너트 또는 부싱을 견고히 조일 때 　② 커넥터 또는 터미널을 압착하는 공구
③ 금속관 절단에 따른 절단면 다듬기 　　　④ 금속관의 굽힘

Explanation

리머 : 금속관을 절단한 후, 관 안의 날카로운 부분을 다듬는 데 사용

【답】 ③

16 ★★☆☆☆
박스에 금속관을 연결시키고자 할 때 박스의 노크아웃 지름이 금속관의 지름보다 큰 경우 박스에 사용되는 것은?

① 링 리듀서 　　　　　　　② 엔트런스 캡
③ 부싱 　　　　　　　　　　④ 엘보우

Explanation

링리듀서
금속을 아우트렛 박스의 로크아웃에 취부할 때 로크아웃의 구명이 관의 구명보다 클 때 보조적으로 사용되는 것 　【답】 ①

17 ★★★★☆
피뢰시스템의 인하도선 재료로 원형 단선으로 된 알루미늄을 쓰고자 한다. 해당 재료의 단면적[mm²]은 얼마 이상이어야 하는가?(단, KS C IEC 62305-3 기준이다)

① 20 　　　　② 30 　　　　③ 40 　　　　④ 50

(KEC 152.2 인하도선 시스템) : 수뢰도체, 피뢰침, 인하도선의 알루미늄 원형단선은 50[mm²] 이상으로 한다. **【답】④**

18 ★☆☆☆☆
300[W] 이상의 백열전구에 사용되는 베이스의 크기는?

① E10   ② E17
③ E26   ④ E39

소켓의 수용구 크기에 따른 분류
- E10 : 장식용과 회전등으로 사용되는 작은 전구용
- E17 : 사인 전구용
- E26 : 250[W] 이하의 병형 전구용
- **E39 : 300[W] 이상의 대형 전구용**   **【답】④**

19 ★★★★★
배전반 및 분전반을 넣은 함이 내아크성, 난연성의 합성수지로 되어 있을 때 함의 최소 두께[mm]는?

① 1.2   ② 1.5
③ 1.8   ④ 2.0

분전함
난연성 합성수지로 된 것은 두께 1.5[mm] 이상으로 내아크성인 것이어야 한다.   **【답】②**

20 ★★★☆☆
조명기구나 소형전기기구에 전력을 공급하는 것으로 상점이나 백화점, 전시장 등에서 조명기구의 위치를 빈번하게 바꾸는 곳에 사용되는 것은?

① 라이팅 덕트   ② 다운라이트
③ 코퍼라이트   ④ 스포트라이트

라이팅 덕트 : 조명기구나 소형 전기기기에 플러그를 사이에 두고 전원을 공급하는 방식의 공사방법   **【답】①**

2과목　전력공학

21 ★★★★★
전력원선도에서 구할 수 없는 것은?

① 송수전할 수 있는 최대 전력
② 필요한 전력을 보내기 위한 송수전단 전압간의 상차각
③ 선로 손실과 송전 효율
④ 과도극한전력

전력 원선도에서 구할 수 없는 것(사고 값)
- 과도 안정 극한 전력
- 코로나 손실   **【답】④**

22 ★★★☆☆
다음 중 그 값이 항상 1 이상인 것은?

① 부등률　　　　　　　　　　　　② 부하율
③ 수용률　　　　　　　　　　　　④ 전압강하율

$$부등률 = \frac{각\ 수용가의\ 최대\ 수용\ 전력의\ 합}{합성\ 최대\ 수용\ 전력} \geq 1$$

【답】①

23 ★★☆☆☆
송전전력, 송전거리, 전선로의 전력손실이 일정하고, 같은 재료의 전선을 사용한 경우 단상 2선식에 대한 3상 4선식의 1선당 전력비는 약 얼마인가?(단, 중성선은 외선과 같은 굵기이다)

① 0.7　　　　　　　　　　　　② 0.87
③ 0.94　　　　　　　　　　　　④ 1.15

1선당 송전전력

	공급전력	전선 1가닥당 송전 전력
단상 2선식	$VI\cos\theta$	$P_{12} = \dfrac{P}{2} = 0.5P \rightarrow 2P_{12}$
단상 3선식	$VI\cos\theta$	$P_{13} = \dfrac{2P_{12}}{3} = 0.67P_{12}$
3상 3선식	$\sqrt{3}\,VI\cos\theta$	$P_{33} = \dfrac{\sqrt{3}\,2P_{12}}{3} = 1.12P_{12}$
3상 4선식	$\sqrt{3}\,VI\cos\theta$	$P_{34} = \dfrac{\sqrt{3}\,2P_{12}}{4} = 0.87P_{12}$

【답】②

24 ★★★★☆
3상용 차단기의 정격 차단용량은?

① $\sqrt{3} \times$ 정격전압 $\times$ 정격차단전류　　② $\sqrt{3} \times$ 정격전압 $\times$ 정격전류
③ $3 \times$ 정격전압 $\times$ 정격차단전류　　　④ $3 \times$ 정격전압 $\times$ 정격전류

3상용 차단기의 정격용량
$P_s = \sqrt{3} \times$ 정격전압 $\times$ 정격차단전류[MVA]

【답】①

25 ★★★★★
개폐서지의 이상전압을 감쇄할 목적으로 설치하는 것은?

① 단로기　　　　　　　　　　　　② 차단기
③ 리액터　　　　　　　　　　　　④ 개폐저항기

• 단로기 : 무부하시 전로개폐
• 차단기 : 사고전류차단
• 리액터 : 한류리액터 : 단락전류제한
　　　　　　분로리액터 : 페란티현상 방지
• 개폐저항기(SOV) : 개폐서지 방지

【답】④

26 ★★★☆☆
부하의 역률을 개선할 경우 배전선로에 대한 설명으로 틀린 것은? (단, 다른 조건은 동일하다)

① 설비용량의 여유 증가 ② 전압강하의 감소
③ 선로전류의 증가 ④ 전력손실의 감소

역률개선의 효과
• 전력손실 감소(주요 목적)
• 전압강하 감소
• 설비용량의 여유분
• 전기요금 절감

【답】③

27 ★★★☆☆
수력발전소의 형식을 취수방법, 운용방법에 따라 분류할 수 있다. 다음 중 취수방법에 따른 분류가 아닌 것은?

① 댐식 ② 수로식
③ 조정지식 ④ 유역 변경식

취수방식에 의한 발전방식
• 수로식 발전
• 댐식 발전
• 댐 수로식 발전
• 유역 변경식 발전

【답】③

28 ★★★★★
한류리액터를 사용하는 가장 큰 목적은?

① 충전전류의 제한 ② 접지전류의 제한
③ 누설전류의 제한 ④ 단락전류의 제한

한류리액터 : 단락 사고 시 단락전류 제한

【답】④

29 ★☆☆☆☆
66/22[kV], 2,000[kVA] 단상변압기 3대를 1뱅크로 운전하는 변전소로부터 전력을 공급받는 어떤 수전점에서의 3상단락전류는 약 몇 [A]인가? (단, 변압기의 %리액턴스는 7이고 선로의 임피던스는 0이다)

① 750 ② 1,570
③ 1,900 ④ 2,250

$$3상 \ 단락 \ 전류 \ I_s = \frac{100}{\%Z}I_n = \frac{100}{\%Z} \times \frac{P}{\sqrt{3}\,V}$$

$$= \frac{100}{7} \times \frac{2,000 \times 10^3 \times 3}{\sqrt{3} \times 22 \times 10^3} = 2,249.4[A]$$

【답】④

30 ★★★☆☆
반지름 0.6[cm]인 경동선을 사용하는 3상 1회선 송전선에서 선간거리를 2[m]로 정삼각형 배치할 경우, 각 선의 인덕턴스[mH/km]는 약 얼마인가?

① 0.81 ② 1.21
③ 1.51 ④ 1.81

정삼각형 배치 시 등가 선간 거리 $D=\sqrt[3]{2\times2\times2}=2\,[\text{m}]$이다.

작용 인덕턴스 $L=0.05+0.4605\log\dfrac{D}{r}=0.05+0.4605\log_{10}\dfrac{2}{0.6\times10^{-2}}=1.21\,[\text{mH/km}]$ 【답】②

31 ★★☆☆☆

파동임피던스 $Z_1=500\,[\Omega]$인 선로에 파동임피던스 $Z_2=1{,}500\,[\Omega]$인 변압기가 접속되어 있다. 선로로부터 600[kV]인 전압파가 들어왔을 때, 접속점에서의 투과파 전압[kV]은?

① 300   ② 600

③ 900   ④ 1,200

투과 계수 $\tau=\dfrac{2Z_2}{Z_2+Z_1}$

투과파 $=\dfrac{2Z_2}{Z_1+Z_2}\times600=\dfrac{2\times1{,}500}{500+1{,}500}\times600=900\,[\text{kV}]$ 【답】③

32 ★★★★★

원자력발전소에서 비등수형 원자로에 대한 설명으로 틀린 것은?

① 연료로 농축 우라늄을 사용한다.

② 냉각재로 경수를 사용한다.

③ 물을 원자로 내에서 직접 비등시킨다.

④ 가압수형 원자로에 비해 노심의 출력밀도가 높다.

비등수형 원자로(BWR : Boiled Water Reactor) : 물을 원자로 내에서 직접 비등

• 연료 : 농축 우라늄

• 감속재, 냉각재 : 경수

• 열교환기가 필요 없다. 【답】④

33 ★★★★★

송배전 선로의 고장 전류 계산에서 영상 임피던스가 필요한 경우는?

① 3상 단락 계산   ② 선간 단락 계산

③ 1선 지락 계산   ④ 3선 단선 계산

대칭 좌표법으로 해석할 경우 필요한 임피던스

	정상분	역상분	영상분
1선 지락	○	○	○
2선 단락(선간 단락)	○	○	
3상 단락	○		

【답】③

34 ★☆☆☆☆

증기 사이클에 대한 설명 중 틀린 것은?

① 랭킨사이클의 열효율은 초기 온도 및 초기 압력이 높을수록 효율이 크다.

② 재열사이클은 저압터빈에서 증기가 포화 상태에 가까워졌을 때 증기를 다시 가열하여 고압터빈으로 보낸다.

③ 재생사이클은 증기 원동기 내에서 증기의 팽창 도중에서 증기를 추출하여 급수를 예열한다.

④ 재열재생사이클은 재생사이클과 재열사이클을 조합하여 병용하는 방식이다.

Explanation

• 재생 사이클 : 단열 팽창도중 증기의 일부를 추기하여 보일러 급수를 가열하여 복수 열손실을 회수하는 사이클로서 급수가열기가 있는 시스템

• 재열 사이클 : 고압 터빈을 돌리고 나온 증기를 전부 추출해서 보일러의 재열기로 증기를 다시 최초의 과열 증기 온도 부근까지 가열시켜서 터빈 저압단에 공급하는 것으로 재열기가 있는 시스템

• 재열 재생 사이클 : 재생 사이클과 재열 사이클의 결합(재열기+급수가열기)　　　　　　　　　　　　　　　【답】②

---

35 ★★★★★
다음 중 송전선로의 역섬락을 방지하기 위한 대책으로 가장 알맞은 방법은?

① 가공지선 설치　　　　　　　　　② 피뢰기 설치
③ 매설지선 설치　　　　　　　　　④ 소호각 설치

Explanation

역섬락 방지법
• 탑각 접지저항을 줄인다.
• 매설지선을 설치한다.　　　　　　　　　　　　　　　　　　　　　　　　　　　　　　　　　　　【답】③

---

36 ★★★★★
전원이 양단에 있는 환상선로의 단락보호에 사용되는 계전기는?

① 방향거리 계전기　　　　　　　　② 부족전압 계전기
③ 선택접지 계전기　　　　　　　　④ 부족전류 계전기

Explanation

환상 선로 단락 보호
• 전원 1군데 : 방향 단락 계전 방식
• 전원 2군데 : 방향 거리 계전 방식　　　　　　　　　　　　　　　　　　　　　　　　　　　　　【답】①

---

37 ★★★★★
전력계통을 연계시켜서 얻는 이득이 아닌 것은?

① 배후 전력이 커져서 단락용량이 작아진다.　　② 부하 증가 시 종합첨두부하가 저감된다.
③ 공급 예비력이 절감된다.　　　　　　　　　④ 공급 신뢰도가 향상된다.

Explanation

계통연계
① 배후 전력이 커져서 **단락용량이 커진다.**
② 부하 증가 시 종합첨두부하가 저감된다.
③ 공급 예비력이 절감된다.
④ 공급 신뢰도가 향상된다.　　　　　　　　　　　　　　　　　　　　　　　　　　　　　　　　【답】①

---

38 ★★★★☆
배전선로에 3상 3선식 비접지 방식을 채용할 경우 나타나는 현상은?

① 1선 지락 고장 시 고장 전류가 크다.
② 1선 지락 고장 시 인접 통신선의 유도장해가 크다.
③ 고저압 혼촉고장 시 저압선의 전위상승이 크다.
④ 1선 지락 고장 시 건전상의 대지 전위상승이 크다.

Explanation

비접지 방식의 특징
• 저전압 단거리 선로에 사용(3.3[kV], 6.6[kV])

- 보호 계전기 동작이 불확실하다.(지락 전류가 적기 때문에)
- 1선 지락 시 건전상의 대지 전위상승이 $\sqrt{3}$ 배로 크다.
- 통신 유도 장해가 적다(지락 전류가 적기 때문에).

【답】④

39 ★☆☆☆☆
선간전압이 V[kV]이고 3상 정격용량이 P[kVA]인 전력계통에서 리액턴스가 X[Ω]라고 할 때, 이 리액턴스를 %리액턴스로 나타내면?

① $\dfrac{XP}{10\,V}$　　　② $\dfrac{XP}{10\,V^2}$　　　③ $\dfrac{XP}{V^2}$　　　④ $\dfrac{10\,V^2}{XP}$

Explanation

%리액턴스 $\%X = \dfrac{PX}{10\,V^2}$　　　여기서, P[kVA], V[kV]

【답】②

40 ★★★★★
전력용콘덴서를 변전소에 설치할 때 직렬리액터를 설치 하고자 한다. 직렬리액터의 용량을 결정하는 계산식은? (단, f_0는 전원의 기본주파수, C는 역률 개선용 콘덴서의 용량, L은 직렬리액터의 용량이다)

① $L = \dfrac{1}{(2\pi f_0)^2 C}$　　　　　　② $L = \dfrac{1}{(5\pi f_0)^2 C}$

③ $L = \dfrac{1}{(6\pi f_0)^2 C}$　　　　　　④ $L = \dfrac{1}{(10\pi f_0)^2 C}$

Explanation

직렬 리액터는 제5고조파를 제거하기 위하여 전력용 콘덴서 전단에 시설

직렬 리액터의 용량은 $5\omega L = \dfrac{1}{5\omega C}$

따라서 인덕턴스 값은 $L = \dfrac{1}{(10\pi f_o)^2 C}$

【답】④

3과목　전기기기

41 ★☆☆☆☆
동기발전기 단절권의 특징이 아닌 것은?

① 코일 간격이 극 간격보다 작다.
② 전절권에 비해 합성 유기 기전력이 증가한다.
③ 전절권에 비해 코일 단이 짧게 되므로 재료가 절약된다.
④ 고조파를 제거해서 전절권에 비해 기전력의 파형이 좋아진다.

Explanation

단절권의 장점
- 고조파를 제거하여 기전력의 파형을 개선
- 동량 감소
- 코일단이 짧게 되므로 재료가 절약
- 단절권 계수 $K_p = \sin\dfrac{\beta\pi}{2}$ (여기서, $\beta = \dfrac{\text{코일간격}}{\text{극 간격}}$)

그러나 유기기전력은 $E = 4.44 f \phi k_\omega \omega$[V]에서 권선 계수 K_ω가 1보다 적으므로 감소된다.

【답】②

42 ★☆☆☆☆

3상 변압기의 병렬운전 조건으로 틀린 것은?

① 각 군의 임피던스가 용량에 비례할 것
② 각 변압기의 백분율 임피던스 강하가 같을 것
③ 각 변압기의 권수비가 같고 1차와 2차의 정격전압이 같을 것
④ 각 변압기의 상회전 방향 및 1차와 2차 선간전압의 위상 변화가 같을 것

Explanation

변압기 병렬 운전 조건
• 극성, 권수비, 1, 2차 정격전압이 같을 것
• [%]임피던스 강하가 같을 것
• 내부저항과 리액턴스의 비인 $\dfrac{x}{r}$ 가 같을 것
• 상회전 방향과 각 변위가 같을 것(3ϕ 변압기)

【답】①

43 ★★☆☆☆

210/105[V]의 변압기를 그림과 같이 결선하고 고압측에 200[V]의 전압을 가하면 전압계의 지시는 몇 [V]인가? (단, 변압기는 가극성이다)

① 100
② 200
③ 300
④ 400

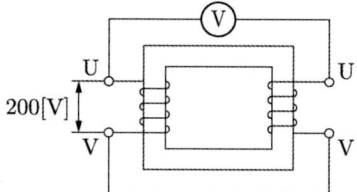

Explanation

권수비 $a = \dfrac{210}{105} = 2$

$E_1 = 200$ [V]일 때, $E_2 = \dfrac{E_1}{a} = \dfrac{200}{2} = 100[\text{V}]$

가극성인 경우 $E_1 + E_2 = 200 + 100 = 300$
감극성인 경우 $E_1 - E_2 = 200 - 100 = 100$

【답】③

44 ★★★☆☆

직류기의 권선을 단중 파권으로 감으면 어떻게 되는가?

① 저압 대전류용 권선이다.
② 균압환을 연결해야 한다.
③ 내부 병렬 회로수가 극수만큼 생긴다.
④ 전기자 병렬 회로수가 극수에 관계없이 언제나 2이다.

Explanation

중권과 파권 비교

비교항목	단중 중권	단중 파권
전기자의 병렬 회로수	a=P(mP)	a=2(2m)
브러시 수	a=P=b	b=2
용도	저전압, 대전류	고전압, 소전류
균압접속	균압환 필요	불필요

【답】④

45 ★★☆☆☆ 2상 교류 서보모터를 구동하는 데 필요한 2상 전압을 얻는 방법으로 널리 쓰이는 방법은?

① 2상 전원을 직접 이용하는 방법   ② 환상 결선 변압기를 이용하는 방법
③ 여자권선에 리액터를 삽입하는 방법   ④ 증폭기 내에서 위상을 조정하는 방법

Explanation

2상 전압을 얻는 방법
• 스코트결선, 메이어결선, 우드브리지 결선(3상에서 2상 변환)
• 증폭기내에서 위상을 조정하는 방법   【답】④

---

46 ★★☆☆☆ 4극, 중권, 총 도체 수 500, 극당 자속이 0.01[Wb]인 직류발전기가 100[V]의 기전력을 발생시키는 데 필요한 회전수는 몇 [rpm]인가?

① 800   ② 1,000
③ 1,200   ④ 1,600

Explanation

$$E = \frac{PZ\phi N}{60a}[\text{V}] \text{에서 } N = E \cdot \frac{600}{PZ\phi} = 100 \times \frac{60 \times 4}{4 \times 500 \times 0.01} = 1,200[\text{rpm}]$$

【답】③

---

47 ★☆☆☆☆ 3상 분권 정류자전동기에 속하는 것은?

① 톰슨 전동기   ② 데리 전동기
③ 시라게 전동기   ④ 애트킨슨 전동기

Explanation

시라게 전동기 : 3상 분권 정류자 전동기
                1차 권선을 회전자에 둔 3상 권선형 유도 전동기
• 직류 분권 전동기와 특성이 비슷한 정속도 전동기
• 브러시 이동으로 간단히 원활하게 속도 제어   【답】③

---

48 ★☆☆☆☆ 동기기의 안정도를 증진시키는 방법이 아닌 것은?

① 단락비를 크게 할 것   ② 속응여자방식을 채용할 것
③ 정상 리액턴스를 크게 할 것   ④ 영상 및 역상 임피던스를 크게 할 것

Explanation

동기기 안정도 증진법
• 동기화 리액턴스를 작게 할 것
• 회전자의 플라이휠(관성모멘트) 효과를 크게 할 것
• 속응 여자 방식을 채용할 것
• 발전기의 조속기 동작을 신속히 할 것
• **정상임피던스는 작게 하고 영상 및 역상 임피던스는 크게 한다.**   【답】③

---

49 ★☆☆☆☆ 3상 유도전동기의 기계적 출력 P[kW], 회전수 N[rpm]인 전동기의 토크[N·m]는?

① $0.46\dfrac{P}{N}$ ② $0.855\dfrac{P}{N}$

③ $975\dfrac{P}{N}$ ④ $9,549.3\dfrac{P}{N}$

Explanation

전동기 토크 $\tau = 0.975 \times \dfrac{P[\mathrm{W}]}{N} = 975 \times \dfrac{P[\mathrm{kW}]}{N} [\mathrm{kg \cdot m}]$

$\qquad = 9.8 \times 975 \times \dfrac{P[\mathrm{kW}]}{N} = 9,549.3 \dfrac{\mathrm{P}}{\mathrm{N}} [\mathrm{N \cdot m}]$

【답】④

50 ★☆☆☆☆
취급이 간단하고 기동시간이 짧아서 섬과 같이 전력계통에서 고립된 지역, 선박 등에 사용되는 소용량 전원용 발전기는?
① 터빈 발전기   ② 엔진 발전기
③ 수차 발전기   ④ 초전도 발전기

Explanation

원동기에 따른 분류
• 수차형(대형)
• 터빈형(대형)
• 엔진형(소용량)

【답】②

51 ★☆☆☆☆
평형 6상 반파정류회로에서 297[V]의 직류전압을 얻기 위한 입력측 각 상전압은 약 몇 [V]인가? (단, 부하는 순수 저항부하이다)
① 110   ② 220
③ 380   ④ 440

Explanation

6상 반파정류회로는 3상 전파정류이므로
직류측 전압 $E_d = 1.35E$ 에서

$E = \dfrac{E_d}{1.35} = \dfrac{297}{1.35} = 220 [\mathrm{V}]$

【답】②

52 ★★☆☆☆
단면적 10[㎠]인 철심에 200회의 권선을 감고, 이 권선에 60[Hz], 60[V]인 교류전압을 인가하였을 때 철심의 최대자속밀도는 약 몇 [Wb/㎡]인가?
① 1.126×10^{-3} ② 1.126
③ 2.252×10^{-3} ④ 2.252

Explanation

1차 전압 $E_1 = 4.44 f \phi_m N_1 = 4.44 f B_m A N_1$

최대자속밀도 $B_m = \dfrac{E_1}{4.44 f A N_1} = \dfrac{60}{4.44 \times 60 \times 10 \times 10^{-4} \times 200} = 1.126 [\mathrm{Wb/㎡}]$

【답】②

53 ★☆☆☆☆
전력의 일부를 전원측에 반환할 수 있는 유도전동기의 속도제어법은?
① 극수 변환법   ② 크레머 방식
③ 2차 저항 가감법   ④ 세르비우스 방식

Explanation

세르비우스 방식 : 유도발전기를 사용하는 방식
       전력의 일부를 전원 측에 반환 가능

【답】④

54 ★★★★☆

직류발전기를 병렬운전 할 때 균압모선이 필요한 직류기는?

① 직권발전기, 분권발전기
② 복권발전기, 직권발전기
③ 복권발전기, 분권발전기
④ 분권발전기, 단극발전기

> **Explanation**
>
> 균압선(균압모선)
> • 병렬 운전을 안정하게하기 위하여 설치하는 것
> • 직렬계자 권선을 가지는 발전에 필요
> • **직권 및 복권 발전기**　　　　　　　　　　　　　　　　　　　　**【답】②**

55 ★☆☆☆☆

전부하로 운전하고 있는 50[Hz], 4극의 권선형 유도전동기가 있다. 전부하에서 속도를 1,440[rpm]에서 1,000[rpm]으로 변화시키자면 2차에 약 몇 [Ω]의 저항을 넣어야 하는가? (단, 2차 저항은 0.02[Ω]이다)

① 0.145
② 0.18
③ 0.02
④ 0.024

> **Explanation**
>
> 비례추이의 원리 : 권선형 유도전동기
> • 최대 토크는 불변, 슬립이 2차 합성저항에 비례
> • 기동 전류는 감소하고, 기동 토크는 증가, 속도는 감소
>
> $$N_s = \frac{120f}{p} = \frac{120 \times 50}{4} = 1,500[\text{rpm}]$$
>
> • 1,440[rpm]인 경우 슬립 : $s = \dfrac{N_s - N}{N_s} = \dfrac{1,500 - 1,440}{1,500} = 0.04$
>
> • 1,000[rpm]인 경우 슬립 : $s = \dfrac{N_s - N}{N_s} = \dfrac{1,500 - 1,000}{1,500} = 0.33$
>
> $\dfrac{r_2}{s} = \dfrac{r_2 + R}{s'}$ 에서　$\dfrac{0.02}{0.04} = \dfrac{0.02 + R}{0.33}$
>
> 2차 외부저항　$R = 0.165 - 0.02 = 0.145[\Omega]$　　　　　　　　　　　　**【답】①**

56 ★★★★☆

권선형 유도전동기 2대를 직렬종속으로 운전하는 경우 그 동기속도는 어떤 전동기의 속도와 같은가?

① 두 전동기 중 적은 극수를 갖는 전동기
② 두 전동기 중 많은 극수를 갖는 전동기
③ 두 전동기의 극수의 합과 같은 극수를 갖는 전동기
④ 두 전동기의 극수의 합의 평균과 같은 극수를 갖는 전동기

> **Explanation**
>
> • 직렬종속법 : $N = \dfrac{120}{P_1 + P_2} f$: 두 전동기의 극수의 합과 같은 극수를 갖는 전동기　　**【답】③**

57 ★★☆☆☆

GTO 사이리스터의 특징으로 틀린 것은?

① 각 단자의 명칭은 SCR 사이리스터와 같다.
② 온(On) 상태에서는 양방향 전류특성을 보인다.
③ 온(On) 드롭(Drop)은 약 2~4[V]가 되어 SCR 사이리스터 보다 약간 크다.
④ 오프(Off) 상태에서는 SCR 사이리스터처럼 양방향 전압저지능력을 갖고 있다.

> **Explanation**

GTO 사이리스터
게이트 조작에 의해 부하전류 이상으로 유지 전류를 높일 수 있어 게이트의 턴 온, 턴 오프가 가능한 사이리스터로 단방향
소자임. 【답】②

58 ★★☆☆☆
포화되지 않은 직류발전기의 회전수가 4배로 증가되었을 때 기전력을 전과 같은 값으로 하려면
자속을 속도 변화 전에 비해 얼마로 하여야 하는가?

① $\dfrac{1}{2}$ ② $\dfrac{1}{3}$ ③ $\dfrac{1}{4}$ ④ $\dfrac{1}{8}$

Explanation

직류발전기 유기기전력 $E = \dfrac{p}{a} Z\phi \dfrac{N}{60} = k\phi N$에서 여자(자속) $\phi \propto \dfrac{1}{N}$

따라서 기전력을 그대로 유지하기 위해서는 속도가 4배가 되면 여자는 $\dfrac{1}{4}$이 되어야 한다. 【답】③

59 ★★★★☆
동기발전기의 단자부근에서 단락 시 단락전류는?

① 서서히 증가하여 큰 전류가 흐른다.   ② 처음부터 일정한 큰 전류가 흐른다.
③ 무시할 정도의 작은 전류가 흐른다.   ④ 단락된 순간은 크나, 점차 감소한다.

Explanation

단락초기에는 전기자 반작용이 순간적으로 나타나지 않기 때문에 막대한 과도전류가 흐르고, 수 초 후에는 영구단락 전류 값
에 이르게 된다.
• 돌발단락전류 : 누설리액턴스가 제한
• 지속단락전류 : 동기리액턴스가 제한 【답】④

60 ★☆☆☆☆
단권변압기에서 1차 전압 100[V], 2차 전압 110[V]인 단권변압기의 자기용량과 부하용량의 비는?

① $\dfrac{1}{10}$ ② $\dfrac{1}{11}$
③ 10   ④ 11

Explanation

$\dfrac{\text{자기 용량}}{\text{부하 용량}} = \dfrac{e_2 I_2}{V_h I_2} = \dfrac{e_2}{V_h} \fallingdotseq \dfrac{V_h - V_l}{V_h} = \dfrac{110 - 100}{110} = \dfrac{10}{110} = \dfrac{1}{11}$ 【답】②

4과목   회로이론 및 제어공학

61 ★☆☆☆☆
그림과 같은 블록선도의 제어시스템에서 속도 편차 상수 K_v는 얼마인가?

① 0   ② 0.5
③ 2   ④ ∞

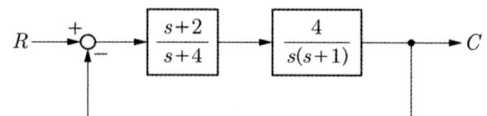

Explanation

램프(속도)입력에 의한 정상상태 오차 : $e_{ss} = \dfrac{R}{K_v}$

여기서, 속도편차상수 $K_v = \lim\limits_{s \to 0} s\,G(s) = \lim\limits_{s \to 0} s\,\dfrac{4(s+2)}{s(s+4)(s+1)} = 2$

【답】③

62 ★★★★☆
근궤적의 성질 중 틀린 것은?

① 근궤적은 실수축을 기준으로 대칭이다.
② 점근선은 허수축 상에서 교차한다.
③ 근궤적의 가지 수는 특성방정식의 차수와 같다.
④ 근궤적은 개루프 전달함수의 극점으로부터 출발한다.

Explanation

근궤적법
근궤적수 N : 영점수(Z>P)
　　　　　　극점수(Z<P)
• 근궤적의 출발점$(K=0)$: $G(s)H(s)$의 극점으로부터 출발
• 근궤적의 종착점$(K=\infty)$: $G(s)H(s)$의 영점에 종착
• 근궤적의 실수축에 관하여 대칭(실수축에서 교차)

【답】②

63 ★★★★★
Routh–Hurwitz 안정도 판별법을 이용하여 특성방정식이 $s^3 + 3s^2 + 3s + 1 + K = 0$으로 주어진 제어시스템이 안정하기 위한 K의 범위를 구하면?

① $-1 \leq K < 8$
② $-1 < K \leq 8$
③ $-1 < K < 8$
④ $K < -1$ 또는 $K > 8$

Explanation

Routh–Hurwitz판별식을 이용하여 1열의 부호가 모두 양수이면 안정하며

s^3	1	3
s^2	3	$K+1$
s^1	$\dfrac{9-(K+1)}{3}$	0
s^0	$K+1$	

제 1열의 요소가 모두 양수가 되기 위해서는
$\dfrac{8-K}{3} > 0$에서 $K < 8$,
$K+1 > 0$에서 $K > -1$
따라서 안정하기 위한 조건은 ∴ $-1 < K < 8$

【답】③

64 ★★☆☆☆
$e(t)$의 변환을 $E(z)$라고 했을 때 $e(t)$의 초기값 $e(0)$는?

① $\lim\limits_{z \to 1} E(z)$
② $\lim\limits_{z \to \infty} E(z)$
③ $\lim\limits_{z \to 1}(1 - z^{-1})E(z)$
④ $\lim\limits_{z \to \infty}(1 - z^{-1})E(z)$

Explanation

z변환의 정리들
• 최종값 정리 $x(\infty) = \lim\limits_{z \to 1}(1 - z^{-1})X(z) = \lim\limits_{z \to 1}(1 - z^{-1})X(z)$
• 초기값 정리 $x(0) = \lim\limits_{t \to 0}x(t) = \lim\limits_{z \to \infty}X(z)$

【답】②

65 ★☆☆☆☆ 그림의 신호 흐름선도에서 $\dfrac{C(s)}{R(s)}$ 는?

① $-\dfrac{2}{5}$ ② $-\dfrac{6}{19}$

③ $-\dfrac{12}{29}$ ④ $-\dfrac{12}{37}$

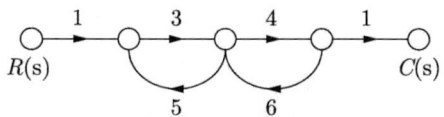

Explanation

메이슨의 이득공식을 적용하면

$G = \dfrac{\sum G_i \triangle_i}{\triangle}$ 에서 $G_i : 3 \times 4 = 12$ $\triangle_i : 1 - 0 = 1$

$\triangle = 1 - (3 \times 5 + 4 \times 6) = 1 - 15 - 24 = -38$

전체이득 $G = \dfrac{C}{R} = \dfrac{12}{-38} = -\dfrac{6}{19}$

【답】②

66 ★★☆☆☆ 전달함수가 $G(s) = \dfrac{10}{s^2 + 3s + 2}$ 으로 표현되는 제어시스템에서 직류 이득은 얼마인가?

① 1   ② 2

③ 3   ④ 5

Explanation

직류는 주파수가 0이므로 $j\omega = 0$

따라서 $s = 0$이므로 $G(s) = \dfrac{10}{s^2 + 3s + 2}|_{s \to 0}$대입 $= \dfrac{10}{2} = 5$

【답】④

67 ★★☆☆☆ 전달함수가 $\dfrac{C(s)}{R(s)} = \dfrac{25}{s^2 + 6s + 25}$ 인 2차 제어시스템의 감쇠 진동 주파수(ω_d)는 몇 [rad/sec]

인가?

① 3   ② 4

③ 5   ④ 6

Explanation

2차계의 전달 함수 $G(s) = \dfrac{\omega_n^2}{s^2 + 2\zeta\omega_n s + \omega_n^2}$ 과 비교하면

$\omega_n^2 = 25$에서 $\omega_n = 5$이며

여기서, $2\zeta\omega_n = 6$이므로 감쇠비(제동비) $\zeta = \dfrac{1}{2\omega_n} = \dfrac{6}{2 \times 5} = \dfrac{3}{5}$

• 과도 진동주파수 $\omega_d = \omega_n \sqrt{1 - \zeta^2} = 5\sqrt{1 - \left(\dfrac{3}{5}\right)^2} = 4$ [rad/sec]

【답】②

68 ★☆☆☆☆ 다음 논리식을 간단히 한 것은?

$$Y = \overline{A}BC\overline{D} + \overline{A}BCD + \overline{A}\,\overline{B}C\overline{D} + \overline{A}\,\overline{B}CD$$

① $Y = \overline{A}\,C$ ② $Y = A\overline{C}$

③ $Y = AB$ ④ $Y = BC$

Explanation

$$Y = \overline{A}BC\overline{D} + \overline{A}BCD + \overline{A}\,\overline{B}C\overline{D} + \overline{A}\,\overline{B}CD$$
$$= \overline{A}\,\overline{D}(BC + \overline{B}C) + \overline{A}D(BC + \overline{B}C)$$
$$= \overline{A}\,\overline{D}\,C(B + \overline{B}) + \overline{A}DC(B + \overline{B})$$
$$= \overline{A}\,\overline{D}\,C + \overline{A}DC$$
$$= \overline{A}\,C(D + \overline{D}) = \overline{A}\,C$$

【답】①

69 ★☆☆☆☆
폐루프 시스템에서 응답의 잔류 편차 또는 정상상태오차를 제거하기 위한 제어 기법은?

① 비례 제어
② 적분 제어
③ 미분 제어
④ on-off 제어

Explanation

- 비례제어(P제어) : 잔류 편차 (off set) 발생
- **적분제어(I제어) : 잔류편차 제거**
- 미분제어(D제어) : rate제어, 오차가 변화하는 속도에 비례하여 조작량을 조절하는 동작

【답】②

70 ★★★☆☆
시스템행렬 A가 다음과 같을 때 상태천이행렬을 구하면?

$$A = \begin{bmatrix} 0 & 1 \\ -2 & -3 \end{bmatrix}$$

① $\begin{bmatrix} 2e^t - e^{2t} & -e^t + e^{2t} \\ 2e^t - 2e^{2t} & -e^t - 2e^{2t} \end{bmatrix}$
② $\begin{bmatrix} 2e^{-t} - e^{2t} & e^{-t} - e^{-2t} \\ -2e^{-t} + 2e^{-2t} & -e^{-t} - 2e^{2t} \end{bmatrix}$
③ $\begin{bmatrix} 2e^{-t} - e^{-2t} & -e^{-t} + e^{-2t} \\ 2e^{-t} - 2e^{-2t} & -e^{-t} - 2e^{-2t} \end{bmatrix}$
④ $\begin{bmatrix} 2e^{-t} - e^{-2t} & e^{-t} - e^{-2t} \\ -2e^{-t} + 2e^{-2t} & -e^{-t} + 2e^{-2t} \end{bmatrix}$

Explanation

【답】④

71 ★☆☆☆☆
대칭 3상 전압이 공급되는 3상 유도전동기에서 각 계기의 지시는 다음과 같다. 유도전동기의 역률은 약 얼마인가?

전력계(W_1): 2.84[kW], 전력계(W_2): 6.00[kW]
전압계(V): 200[V], 전류계(A): 30[A]

① 0.70
② 0.75
③ 0.80
④ 0.85

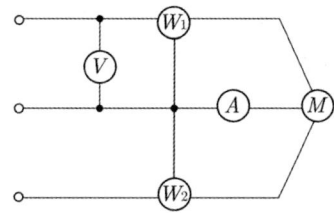

Explanation

2전력계법

- 유효전력 $P = P_1 + P_2$
- 무효전력 $P_r = \sqrt{3}(P_1 - P_2)$
- 피상전력 $P_a = 2\sqrt{P_1^2 + P_2^2 - P_1 P_2}$

따라서 유효전력 $P = P_1 + P_2 = 2,840 + 6,000 = 8,840 \,[\text{W}]$

피상전력 $P_a = \sqrt{3}\, VI = \sqrt{3} \times 200 \times 30 = 10,392 \,[\text{VA}]$

$\therefore \ \cos\theta = \dfrac{P}{P_a} = \dfrac{8,840}{10,392} = 0.85$

【답】 ④

---

72 ★★★★★

불평형 3상 전류 $I_a = 25 + j4[\text{A}]$, $I_b = -18 - j16[\text{A}]$, $I_c = 7 + j15[\text{A}]$일 때 영상전류 $I_0[\text{A}]$는?

① $2.67 + j$ 　　　　　　　　② $2.67 + j2$

③ $4.67 + j$ 　　　　　　　　④ $4.67 + j2$

> **Explanation**

영상분 전류 $I_0 = \dfrac{1}{3}(I_a + I_b + I_c)$

$\qquad = \dfrac{1}{3}(25 + j4 - 18 - j16 + 7 + j15) = 4.67 + j$

【답】 ③

---

73 ★☆☆☆☆

△결선으로 운전 중인 3상 변압기에서 하나의 변압기 고정에 의해 V결선으로 운전하는 경우, V결선으로 공급할 수 있는 전력은 고장 전 △결선으로 공급할 수 있는 전력에 비해 약 몇 [%]인가?

① 86.6 　　　　　　　　② 75.0

③ 66.7 　　　　　　　　④ 57.7

> **Explanation**

V결선 출력비 : $\dfrac{\text{V결선의 출력}}{\text{△결선의 출력}} = \dfrac{\sqrt{3}\,K}{3K} \times 100 = 57.7[\%]$

【답】 ④

---

74 ★★★★☆

분포정수회로에서 직렬 임피던스를 Z, 병렬 어드미턴스를 Y라 할 때, 선로의 특성임피던스 Z_c는?

① ZY 　　　　　　　　② $\sqrt{ZY}$

③ $\sqrt{\dfrac{Y}{Z}}$ 　　　　　　　　④ $\sqrt{\dfrac{Z}{Y}}$

> **Explanation**

특성 임피던스 $Z_0 = \sqrt{\dfrac{Z}{Y}} = \sqrt{\dfrac{R + j\omega L}{G + j\omega C}}\,[\Omega]$

【답】 ④

---

75 ★☆☆☆☆

4단자 정수 A, B, C, D 중에서 전압이득의 차원을 가진 정수는?

① A 　　　　② B 　　　　③ C 　　　　④ D

> **Explanation**

$A = \dfrac{V_1}{V_2}\bigg|_{I_2 = 0}$ 전압비(전압이득) 　　　$B = \dfrac{V_1}{I_2}\bigg|_{V_2 = 0}$ 임피던스$[\Omega]$

$C = \dfrac{V_1}{V_2}\bigg|_{I_2 = 0}$ 어드미턴스$[\mho]$ 　　　$D = \dfrac{I_1}{I_2}\bigg|_{V_2 = 0}$ 전류비(전류이득)

【답】 ①

76

★★☆☆☆

그림과 같은 회로의 구동점 임피던스[Ω]는?

① $\dfrac{2(2s+1)}{2s^2+s+2}$

② $\dfrac{2s^2+s-2}{-2(2s+1)}$

③ $\dfrac{-2(2s+1)}{2s^2+s-2}$

④ $\dfrac{2s^2+s+2}{2(2s+1)}$

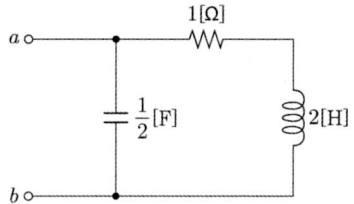

Explanation

구동점 임피던스

① $R \rightarrow Z_R(s) = R$

② $L \rightarrow Z_L(s) = j\omega L = sL$

③ $C \rightarrow Z_c(s) = \dfrac{1}{j\omega C} = \dfrac{1}{sC}$

$$Z(s) = \dfrac{(1+2s) \cdot \dfrac{2}{s}}{1+2s+\dfrac{2}{s}} = \dfrac{2(2s+1)}{2s^2+s+2}$$

【답】①

77

★★★★★

회로의 단자 a와 b사이에 나타나는 전압 V_{ab}는 몇 [V]인가?

① 3

② 9

③ 10

④ 12

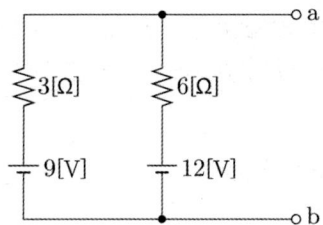

Explanation

밀만의 정리를 사용하여

$$V_{ab} = \dfrac{\dfrac{E_1}{Z_1}+\dfrac{E_2}{Z_2}}{\dfrac{1}{Z_1}+\dfrac{1}{Z_2}} = \dfrac{\dfrac{9}{3}+\dfrac{12}{6}}{\dfrac{1}{3}+\dfrac{1}{6}} = 10[V]$$

【답】③

78

★★★☆☆ $R-L$ 직렬회로에 순시치 전압 $v(t) = 20+100\sin\omega t + 40\sin(3\omega+60°) + 40\sin5\omega t$[V]를 가할 때 제5고조파 전류의 실효값 크기는 약 몇 [A]인가? (단, $R = 4[\Omega]$, $\omega L = 1[\Omega]$이다)

① 4.4

② 5.66

③ 6.25

④ 8.0

Explanation

제5고조파에 의하여 흐르는 전류의 실효값
여기서, 제5고조파에 대한 임피던스는

$$Z_5 = R + j5\omega L = 4 + j \times 5 = 4 + j5 = \sqrt{4^2+5^2} = 6.4[\Omega]$$이므로

제5고조파의 전류 $I_5 = \dfrac{V_5}{Z_5} = \dfrac{\dfrac{40}{\sqrt{2}}}{6.4} = 4.4[A]$

【답】①

79 ★☆☆☆☆

그림의 교류 브리지 회로가 평형이 되는 조건은?

① $L = \dfrac{R_1 R_2}{C}$

② $L = \dfrac{C}{R_1 R_2}$

③ $L = R_1 R_2 C$

④ $L = \dfrac{R_2}{R_1} C$

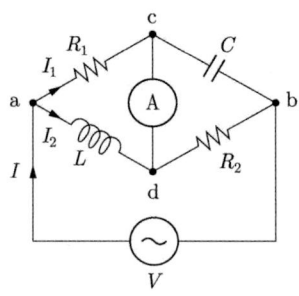

Explanation

브리지평형 조건 : $R_1 R_2 = j\omega L \cdot \dfrac{1}{j\omega C}$ $\therefore$ $R_1 R_2 = \dfrac{L}{C}$ 에서 $L = R_1 R_2 C$ 【답】③

80 ★☆☆☆☆

$f(t) = t^n$ 의 라플라스 변환 식은?

① $\dfrac{n}{s^n}$

② $\dfrac{n+1}{s^{n+1}}$

③ $\dfrac{n!}{s^{n+1}}$

④ $\dfrac{n+1}{s^{n!}}$

Explanation

라플라스 변환 식 $F(s) = \mathcal{L}\,[t^n] = \dfrac{n!}{s^{n+1}}$ 【답】③

5과목 전기설비기술기준

81 ★☆☆☆☆

과전류차단기로 시설하는 퓨즈 중 고압전로에 사용하는 비포장 퓨즈는 정격전류 2배 전류 시 몇 분 안에 용단되어야 하는가?

① 1분　　　　　　　　　　　② 2분
③ 5분　　　　　　　　　　　④ 10분

Explanation

(KEC 341.10조) 고압 및 특고압 전로 중의 과전류차단기의 시설
① 포장 퓨즈 : 1.3배의 전류에 견디고 또한 2배의 전류로 120분 안에 용단
② **비포장 퓨즈 : 1.25배의 전류에 견디고 또한 2배의 전류로 2분안에 용단**   【답】②

82 ★★★★★

옥내에 시설하는 저압전선에 나전선을 사용할 수 있는 경우는?

① 버스덕트공사에 의하여 시설하는 경우　　② 금속덕트공사에 의하여 시설하는 경우
③ 합성수지관공사에 의하여 시설하는 경우　　④ 후강전선관공사에 의하여 시설하는 경우

Explanation

(KEC 231.4조) 나전선의 사용 제한
① 전기로용 전선
② 전선의 피복 절연물이 부식하는 장소에 시설하는 전선
③ **버스덕트공사에 의해 시설**
④ 라이팅덕트공사에 의해 시설

【답】①

83 ★★★★★
고압 가공전선로에 사용하는 가공지선은 지름 몇 [mm] 이상의 나경동선을 사용하여야 하는가?

① 2.6　　　　　② 3.0　　　　　③ 4.0　　　　　④ 5.0

Explanation

(KEC 332.6조) 고압 가공전선로의 가공지선
고압 가공전선로 가공지선은 인장강도 5.26[kN] 이상 또는 지름 4[mm] 이상 나경동선

【답】③

84 ★★★★★
사용전압이 35,000[V] 이하인 특고압 가공전선과 가공약전류 전선을 동일 지지물에 시설하는 경우, 특고압 가공전선로의 보안공사로 적합한 것은?

① 고압 보안공사　　　　　　　　　② 제1종 특고압 보안공사
③ 제2종 특고압 보안공사　　　　　④ 제3종 특고압 보안공사

Explanation

(KEC 333.19조) 특고압 가공전선과 가공 약전류전선 등의 공용설치
사용전압이 35[kV] 이하인 특고압 가공전선과 가공 약전류전선 등을 동일 지지물에 시설하는 경우에는 **특고압 가공전선로는 제2종 특고압 보안공사**에 의할 것

【답】③

85 ★☆☆☆☆
그림은 전력선 반송통신용 결합장치의 보안장치이다. 여기에서 CC는 어떤 커패시터인가?

① 결합 커패시터
② 전력용 커패시터
③ 정류용 커패시터
④ 축전용 커패시터

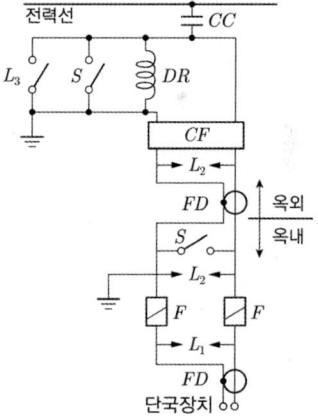

Explanation

(KEC 362.10조) 전력선 반송 통신용 결합장치의 보안장치
• FD : 동축케이블
• F : 정격전류 10[A] 이하의 포장 퓨즈
• DR : 전류 용량 2[A] 이상의 배류 선륜
• L_1 : 교류 300[V] 이하에서 동작하는 피뢰기
• L_2 : 동작 전압이 교류 1,300[V]를 초과하고 1,600[V] 이하로 조정된 방전갭
• L_3 : 동작 전압이 교류 2[kV]를 초과하고 3[kV] 이하로 조정된 구상 방전갭
• S : 접지용 개폐기
• CF : 결합 필터
• **CC : 결합 커패시터(결합 안테나를 포함)**

【답】①

86 ★★★★☆
수소냉각식 발전기 및 이에 부속하는 수소냉각장치의 시설에 대한 설명으로 틀린 것은?

① 발전기 안의 수소의 밀도를 계측하는 장치를 시설할 것
② 발전기 안의 수소의 순도가 85[%] 이하로 저하한 경우에 이를 경보하는 장치를 시설할 것
③ 발전기 안의 수소의 압력을 계측하는 장치 및 그 압력이 현저히 변동한 경우에 이를 경보하는 장치를 시설할 것
④ 발전기는 기밀구조의 것이고 또한 수소가 대기압에서 폭발하는 경우에 생기는 압력에 견디는 강도를 가지는 것일 것

Explanation
───

(KEC 351.10조) 수소냉각식 발전기 등의 시설
발전기안 또는 무효전력 보상장치 안의 **수소의 압력을 계측하는 장치** 및 그 압력이 현저히 변동할 경우에 이를 경보하는 장치를 시설할 것   **【답】** ①

87 ★☆☆☆☆
제2종 특고압 보안공사 시 지지물로 사용하는 철탑의 경간을 400[m] 초과로 하려면 몇 [㎟] 이상의 경동선을 사용하여야 하는가?

① 38   ② 55
③ 82   ④ 95

Explanation
───

(KEC 333.22조) 특고압 보안공사 – 제2종 특고압 보안공사
경간은 표에서 정한 값 이하일 것. 다만, **전선에 안장강도 38.05[kN] 이상의 연선 또는 단면적이 95[㎟] 이상인 경동연선**을 사용하고 지지물에 **B종 철주 · B종 철근 콘크리트주 또는 철탑**을 사용하는 경우에는 그러하지 아니하다.

지지물의 종류	경 간
목주A종 철주 또는 A종 철근 콘크리트주	100[m]
B종 철주 또는 B종 철근 콘크리트주	200[m]
철탑	400[m](단주인 경우 300[m])

【답】 ④

88 ★☆☆☆☆
목장에서 가축의 탈출을 방지하기 위하여 전기울타리를 시설하는 경우 전선은 인장강도가 몇 [kN] 이상의 것이어야 하는가?

① 1.38   ② 2.78
③ 4.43   ④ 5.93

Explanation
───

(KEC 241.1조) 전기울타리
전선은 인장강도 1.38[kN] 이상의 것 또는 지름 2[mm] 이상의 경동선일 것   **【답】** ①

89 ★☆☆☆☆
다음 ( ) 안에 들어갈 내용으로 옳은 것은?

> 전차선로는 무선설비의 기능에 계속적이고 또한 중대한 장해를 주는 (   )가 생길 우려가 있는 경우에는 이를 방지하도록 시설하여야 한다.

① 전파   ② 혼촉
③ 단락   ④ 정전기

Explanation
───

(기술기준 제18조) 통신장해 방지

전차선로는 무선설비의 기능에 계속적이고 중대한 장해를 주는 전파를 발생할 우려가 없도록 시설하여야 한다. 【답】①

90
★☆☆☆☆
최대사용전압이 7[kV]를 초과하는 회전기의 절연내력 시험은 최대사용전압의 몇 배의 전압(10,500[V] 미만으로 되는 경우에는 10,500[V])에서 10분간 견디어야 하는가?

① 0.92
② 1
③ 1.1
④ 1.25

Explanation

(KEC 133조) 회전기 및 정류기의 절연내력

종류			시험 전압	시험 전압
회 전 기	발전기·전동기 ·무효 전력 보상장치·기타 회전기 (회전변류기를 제외한다)	최대 사용 전압 7[kV] 이하	최대 사용 전압의 1.5배의 전압(500[V] 미만으로 되는 경우에는 500[V])	권선과 대지 사이에 연속하여 10분간 가한다.
		최대 사용 전압 7[kV] 초과	**최대 사용 전압의 1.25배의** 전압(10,500[V] 미만으로 되는 경우에는 10,500[V])	

【답】④

91
KEC 적용으로 인하여 삭제되었습니다.

92
★★☆☆☆
교량의 윗면에 시설하는 고압 전선로는 전선의 높이를 교량의 노면상 몇 [m] 이상으로 하여야 하는가?

① 3
② 4
③ 5
④ 6

Explanation

(KEC 335.6조) 교량에 시설하는 전선로
교량에 시설하는 고압 전선로는 **교량의 윗면에 시설하는 것은** 다음에 의하는 이외에 전선의 높이를 교량의 노면상 5[m] 이상으로 하여 시설할 것 【답】③

93
★★★★★
저압의 전선로 중 절연부분의 전선과 대지간의 절연저항은 사용전압에 대한 누설전류가 최대 공급전류의 얼마를 넘지 않도록 유지하여야 하는가?

① $\dfrac{1}{1,000}$
② $\dfrac{1}{2,000}$
③ $\dfrac{1}{3,000}$
④ $\dfrac{1}{4,000}$

Explanation

(기술기준 제27조) 전선로의 전선 및 절연성능
저압전선로 중 절연 부분의 전선과 대지 사이 및 전선의 심선 상호 간의 절연저항은 사용전압에 대한 누설전류가 최대 공급전류의 1/2,000을 넘지 않도록 하여야한다. 【답】②

94
KEC 적용으로 인하여 삭제되었습니다.

95 ★★★★★
지중전선로에 사용하는 지중함의 시설기준으로 틀린 것은?

① 지중함은 견고하고 차량 기타 중량물의 압력에 견디는 구조일 것
② 지중함은 그 안의 고인 물을 제거할 수 있는 구조로 되어있을 것
③ 지중함의 뚜껑은 시설자 이외의 자가 쉽게 열 수 없도록 시설할 것
④ 폭발성의 가스가 침입할 우려가 있는 것에 시설하는 지중함으로서 그 크기가 0.5[㎥] 이상인 것에는 통풍장치 기타 가스를 방산시키기 위한 적당한 장치를 시설할 것

Explanation

(KEC 334.2조) 지중함의 시설
지중전선로에 사용하는 지중함은 다음 각 호에 따라 시설하여야 한다.
① 지중함은 견고하고 차량 기타 중량물의 압력에 견디는 구조일 것
② 지중함은 그 안의 고인 물을 제거할 수 있는 구조로 되어 있을 것
③ **폭발성 또는 연소성의 가스가 침입할 우려가 있는 것에 시설하는 지중함으로서 그 크기가 1[㎥] 이상인 것에는 통풍장치 기타 가스를 방산시키기 위한 적당한 장치를 시설할 것**
④ 지중함의 뚜껑은 시설자 이외의 자가 쉽게 열 수 없도록 시설할 것 【답】④

96 ★★★☆☆
사람이 상시 통행하는 터널 안의 배선(전기기계기구 안의 배선, 관등회로의 배선, 소세력 회로의 전선은 제외)의 시설기준에 적합하지 않은 것은? (단, 사용전압이 저압의 것에 한한다)

① 합성수지관 공사로 시설하였다.
② 공칭단면적 2.5[㎟]의 연동선을 사용하였다.
③ 애자사용공사 시 전선의 높이는 노면상 2[m]로 시설하였다.
④ 전로에는 터널의 입구 가까운 곳에 전용 개폐기를 시설하였다.

Explanation

(KEC 242.7.1조) 사람이 상시 통행하는 터널 안의 배선의 시설
사람이 상시 통행하는 터널 안의 전선로 사용전압은 저압 또는 고압에 한하며, 다음 각 호에 따라 시설하여야 한다.
① 저압 전선은 인장강도 2.30 [kN] 이상의 절연전선 또는 지름 2.6[mm] 이상의 경동선의 절연전선을 사용하여 **애자공사에 의하여 시설**하고 또한 노면상 2.5[m] 이상의 높이로 유지할 것
② 합성수지관공사 · 금속관공사 · 가요전선관공사 또는 케이블공사에 의할 것. 【답】③

97 ★★★★★
발전소에서 계측하는 장치를 시설하여야 하는 사항에 해당하지 않는 것은?

① 특고압용 변압기의 온도
② 발전기의 회전수 및 주파수
③ 발전기의 전압 및 전류 또는 전력
④ 발전기의 베어링(수중 메탈을 제외한다) 및 고정자의 온도

Explanation

(KEC 351.6조) 계측 장치
발전소 또는 이에 준하는 장소에는 다음 각 호에 해당하는 계측장치를 시설하여야 한다.
① 발전기의 전압 및 전류 또는 전력
② 발전기의 베어링 및 고정자의 온도
③ 주요 변압기의 전압 및 전류 또는 전력
④ 특고압용 변압기의 온도 【답】②

98 ★★★★★

가공전선로의 지지물에 하중이 가하여지는 경우에 그 하중을 받는 지지물의 기초 안전율은 얼마 이상이어야 하는가?(단, 이상 시 상정하중은 무관)

① 1.5

② 2.0

③ 2.5

④ 3.0

Explanation

(KEC 331.7조) 가공 전선로 지지물의 기초의 안전율

가공전선로의 지지물에 하중이 가하여지는 경우에 그 하중을 받는 지지물의 기초의 안전율은 2 이상(단, 이상 시 상정하중이 가하여지는 경우의 그 이상 시 상정하중에 대한 철탑의 기초에 대하여는 1.33) 이상이어야 한다. 【답】②

99 ★☆☆☆☆

금속제 외함을 가진 저압의 기계기구로서 사람이 쉽게 접촉될 우려가 있는 곳에 시설하는 경우 전기를 공급받는 전로에 지락이 생겼을 때 자동적으로 전로를 차단하는 장치를 설치하여야 하는 기계기구의 사용전압이 몇 [V]를 초과하는 경우인가?

① 30

② 50

③ 100

④ 150

Explanation

(KEC 211.2.4조) 누전차단기의 시설

금속제 외함을 가지는 **사용전압이 50[V]를 초과하는 저압의 기계 기구**로서 사람이 쉽게 접촉할 우려가 있는 곳에 시설하는 것에 전기를 공급하는 전로에는 전로에 지락이 생겼을 때에 자동적으로 전로를 차단하는 장치를 하여야 한다. 【답】②

100 ★★★★☆

케이블 트레이공사에 사용하는 케이블 트레이에 대한 기준으로 틀린 것은?

① 안전율은 1.5 이상으로 하여야 한다.

② 비금속제 케이블 트레이는 수밀성 재료의 것이어야 한다.

③ 금속제 케이블 트레이 계통은 기계적 및 전기적으로 완전하게 접속하여야 한다.

④ 금속제 트레이에 접지공사를 하여야 한다.

Explanation

(KEC 232.41조) 케이블트레이공사

① 수용된 모든 전선을 지지할 수 있는 적합한 강도의 것이어야 한다. 이 경우 케이블 트레이의 안전율은 1.5 이상으로 하여야 한다.

② **비금속제 케이블 트레이는 난연성 재료의 것이어야 한다.**

③ 금속제 케이블 트레이 계통은 접지공사를 하여야 한다. 【답】②

MEMO

전기공사기사 필기 2019

과년도 기출문제

- 2019년 제 01회
- 2019년 제 02회
- 2019년 제 04회

2019년 과년도 기출문제에 대한 출제 빈도 분석 차트입니다.
각 회차별로 별의 개수를 확인하고 학습에 참고하기 바랍니다.

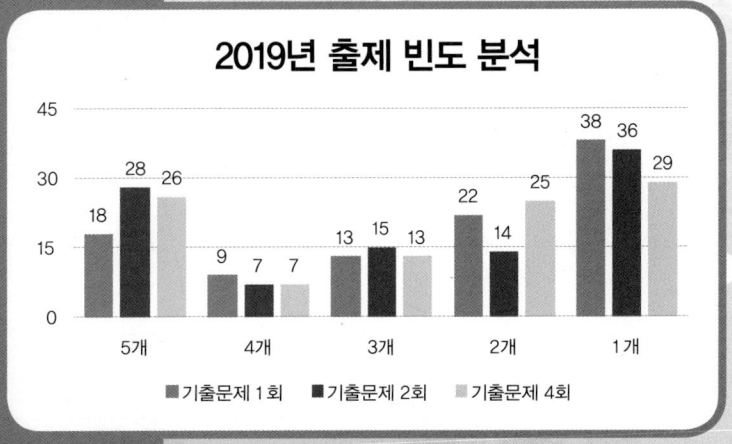

2019년 출제 빈도 분석

1회 2019년 전기공사기사 필기

1과목 전기응용 및 공사재료

01 ★★★★★
전동기의 전원 접속을 바꾸어 역 토크를 발생시켜 급정지시키는 방법은?

① 역전제동
② 발전제동
③ 와전류식제동
④ 회생제동

Explanation

역상제동(역전제동, 플러깅)
- 3상중 2상을 바꾸어 제동
- 속도를 급격히 정지 또는 감속시킬 때

【답】①

02 ★★★☆☆
지름 40[cm]인 완전 확산성 구형 글로브의 중심에 모든 방향의 광도가 균일하게 110[cd]되는 전구를 넣고 탁상 2[m]의 높이에서 점등하였다. 탁상 위의 조도는 약 몇 [lx]인가? (단, 글로브 내면의 반사율은 40[%], 투과율은 50[%]이다)

① 23
② 33
③ 49
④ 53

Explanation

글로브의 효율 $\eta = \dfrac{\tau}{1-\rho} = \dfrac{0.5}{1-0.4} = 0.833$

직하 조도 $E = \dfrac{I}{r^2} \times \eta = \dfrac{110}{2^2} \times 0.833 = 22.9$ [lx]

【답】①

03 ★★☆☆☆
반지름 a, 휘도 B인 완전 확산성 구면(구형)광원의 중심에서 거리 h인 점의 조도는?

① πB
② $\pi B a^2 h$
③ $\dfrac{\pi B a}{h^2}$
④ $\dfrac{\pi B a^2}{h^2}$

Explanation

구면 광원의 중심에서 h되는 거리의 점에서 이 광원의 중심으로 향하는 조도
$E_h = \pi B \sin^2\theta$

여기서, $\sin\theta = \dfrac{a}{h}$

$\therefore E_h = \pi B \dfrac{a^2}{h^2}$

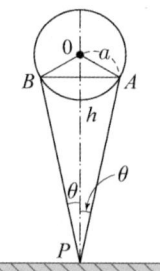

【답】④

04 IGBT의 설명으로 틀린 것은?

★☆☆☆☆

① GTO 사이리스터처럼 역방향 전압저지 특성을 갖는다.
② 오프상태에서 SCR 사이리스터처럼 양방향 전압저지 능력을 갖는다.
③ 게이트와 에미터간 입력 임피던스가 매우 높아 BJT보다 구동하기 쉽다.
④ BJT처럼 온드롭(on-drop)이 전류에 관계없이 낮고 거의 일정하여 MOSFET보다 큰 전류를 흘릴 수 있다.

Explanation

절연 게이트 양극성 트랜지스터(Insulated gate bipolar transistor, IGBT)
• MOSFET를 게이트부에 넣은 접합형 트랜지스터
• 게이트-이미터 간의 전압이 구동되어 입력 신호에 의해서 온/오프가 생기는 자기소호형
• 대전력의 고속 스위칭이 가능한 반도체 소자
• 게이트의 구동전력이 낮다.

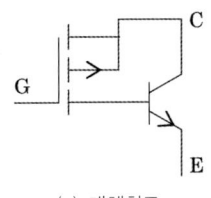

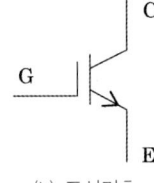

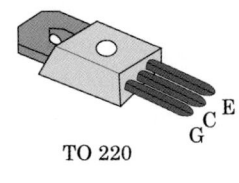

(a) 대체회로   (b) 표시기호   (c) 외형   【답】 ②

TO 220

05 수은전지의 특징이 아닌 것은?

★☆☆☆☆

① 소형이고 수명이 길다.
② 방전전압의 변화가 적다.
③ 전해액은 염화암모늄(NH_4Cl)용액을 사용한다.
④ 양극에 산화수은(HgO), 음극에 아연(Zn)을 사용한다.

Explanation

수은전지(Mercury cell)
• 양극 : 산화수은(탄소와 수은의 산화물)
• 음극 : 아연(아말감 아연)
• **전해액 : 가성소다, 가성칼리**
• 소형이고 안정성 우수, 수명이 길다.
  고온특성이 우수하고 전압안정성 우수   【답】 ③

06 발열체의 구비조건 중 틀린 것은?

★★★★★

① 내열성이 클 것   ② 내식성이 클 것
③ 가공이 용이할 것   ④ 저항률이 비교적 작고 온도계수가 높을 것

Explanation

발열체에 필요한 조건
• 내열성이 클 것
• 내식성이 클 것
• 적당한 고유 저항을 가질 것
• 압연성이 풍부하며 가공이 쉬울 것
• 가격이 쌀 것
• **저항 온도 계수가 (+)로서 그 값은 비교적 작다.**   【답】 ④

07 ★★☆☆☆
SCR에 대한 설명으로 옳은 것은?

① 제어기능을 갖는 쌍방향성의 3단자 소자이다.
② 정류기능을 갖는 단일방향성의 3단자 소자이다.
③ 증폭기능을 갖는 단일방향성의 3단자 소자이다.
④ 스위칭 기능을 갖는 쌍방향성의 3단자 소자이다.

Explanation

SCR(Silicon Controlled Rectifier)
• 게이트 작용 : 통과 전류 제어 작용
• **역저지 3극 사이리스터(정류기능)**
• 소형이면서 대전력용

【답】②

08 ★☆☆☆☆
자기부상식 철도에서 자석에 의해 부상하는 방법으로 틀린 것은?

① 영구자석 간의 흡인력에 의한 자기부상방식
② 고온 초전도체와 영구자석의 조합에 의한 자기부상방식
③ 자석과 전기코일 간의 유도전류를 이용하는 유도식 자기부상방식
④ 전자석의 흡인력을 제어하여 일정한 간격을 유지하는 흡인식 자기부상방식

Explanation

자기부상식 철도에서 자석에 의해 부상하는 방법
• 고온 초전도체와 영구자석의 조합에 의한 자기부상방식
• 자석과 전기코일 간의 유도전류를 이용하는 유도식 자기부상방식
• 전자석의 흡인력을 제어하여 일정한 간격을 유지하는 흡인식 자기부상방식

【답】①

09 ★★☆☆☆
전자빔으로 용해하는 고융점, 활성금속 재료는?

① 탄화규소
② 니크롬 제2종
③ 탄탈, 니오브
④ 철-크롬 제1종

Explanation

전자빔으로 용해하는 고융점 활성금속 재료 : 탄탈, 지르코늄, 니오브
여기서, 니크롬 제1, 2종, 철-크롬 제1, 2종, 탄화규소 등은 발열체임

【답】③

10 ★★★☆☆
적외선 가열의 특징이 아닌 것은?

① 표면가열이 가능하다.
② 신속하고 효율이 좋다.
③ 조작이 복잡하여 온도조절이 어렵다.
④ 구조가 간단하다.

Explanation

적외선 가열(건조) : 적외선 전구의 방사열(복사열)에 의하여 피조물 가열하여 건조
• 특징
 - 공산품 표면건조에 적당하고 효율이 좋다.
 - **구조와 조작이 간단하다.**
 - 건조 재료의 감시가 용이하고 청결, 안전
 - 유지비 싸고 설치장소 절약

【답】③

11

★★★★★

단로기의 구조와 관계가 없는 것은?

① 핀치 　　　　　　　　　② 베이스
③ 플레이트 　　　　　　　④ 리클로저

Explanation

단로기의 구조
- 플레이트
- 베이스
- 핀치

리클로져(Recloser) : 배전선로에서 사용되는 자동재폐로 차단기　　　　　　　【답】④

12

★☆☆☆☆

누전차단기의 동작시간에 따른 분류로 틀린 것은?

① 고속형 　　　　　　　　② 저감도형
③ 시연형 　　　　　　　　④ 반한시형

Explanation

누전 차단기의 종류

구 분		정격 감도 전류[mA]	동 작 시 간
고감 도형	고속형	5 10 15 30	• 정격 감도 전류에서 0.1초 이내, 인체 감전 보호용은 0.03초 이내
	시연형		• 정격감도전류에서 0.1초 초과 2초 이내
	반한시형		• 정격 감도 전류에서 0.2초를 초과하고 1초 이내 • 정격 감도 전류 1.4배의 전류에서 0.1초를 초과하고 0.5초 이내 • 정격 감도 전류 4.4배의 전류에서 0.05초 이내
중감 도형	고속형	50, 100, 200, 500, 1000	• 정격 감도 전류에서 0.1초 이내
	시연형		• 정격 감도 전류에서 0.1초를 초과하고 2초 이내
저감 도형	고속형	3000, 5000 10000, 20000	• 정격 감도 전류에서 0.1초 이내
	시연형		• 정격 감도 전류에서 0.1초를 초과하고 2초 이내

【답】②

13

★☆☆☆☆

옥외용 비닐절연전선의 약호 명칭은?

① DV 　　　　　　　　　　② CV
③ OW 　　　　　　　　　　④ OC

Explanation

- **OW : 옥외용 비닐 절연 전선**
- DV : 인입용 비닐 절연 전선
- OC : 옥외용 가교폴리에틸렌 절연 전선
- CV : 가교폴리에틸렌 절연 비닐시스 케이블　　　　　　　　　　　　　　【답】③

14

★☆☆☆☆

금속관에 넣어 시설하면 안 되는 접지도체는?

① 피뢰침용 접지도체 　　　　　② 저압기기용 접지도체
③ 고압기기용 접지도체 　　　　④ 특고압기기용 접지도체

Explanation

(내선규정 1445-3) 접지공사의 시설방법
피뢰침, 피뢰기용의 접지도체는 금속관에 넣지 말 것.　　　　　　　　　　【답】①

15 ★★☆☆☆
옥내배선의 애자사용 배선에 많이 사용하는 특대 놉 애자의 높이[mm]는?

① 75
② 65
③ 60
④ 50

애자와 전선의 굵기와의 관계

애자의 종류	사용하는 전선의 최대 굵기[mm²]	애자의 높이[mm]
소 놉	16	42
중 놉	50	50
대 놉	95	57
특대 놉	**240**	**65**

【답】②

16 ★★★★☆
피뢰침을 접지하기 위한 피뢰도선을 동선으로 할 경우의 단면적은 최소 몇 [mm²] 이상으로 해야 하는가?

① 14
② 22
③ 30
④ 50

피뢰침 설비 : 수뢰부, 인하도선, 접지극은 동선 50[mm²] 이상으로 한다.

【답】④

17 ★★☆☆☆
개폐기 중에서 부하 전류의 차단능력이 없는 것은?

① OCB
② OS
③ DS
④ ACB

• 차단기 : 정상전류 통전 및 이상전류 시 차단하여 전로와 기기 보호
• 개폐기 : 부하전류 개폐. 사고전류 차단 불능
• **단로기 : 무부하 회로개폐**

【답】③

18 ★☆☆☆☆
가공전선로의 저압주에서 보안공사의 경우 목주 말구 굵기의 최소 지름[cm]은?

① 10
② 12
③ 14
④ 15

(KEC 222.10조) 저압 보안공사
목주는 다음에 의할 것
• 풍압하중에 대한 안전율은 1.5 이상일 것
• 목주의 굵기는 말구(末口)의 지름 0.12[m] 이상일 것

【답】②

19 ★☆☆☆☆
무거운 조명기구를 파이프로 매달 때 사용하는 것은?

① 노멀밴드
② 파이프행거
③ 엔트런스 캡
④ 픽스쳐 스터드와 하키

픽스쳐 스터드와 히키 : 무거운 기구를 취부할 때 사용하는 것

【답】④

20 ★★☆☆☆ 전원을 넣자마자 곧바로 점등되는 형광등용의 안정기는?

① 점등관식
② 래피드스타트식
③ 글로우스타트식
④ 필라멘트 단락식

형광등 점등 방식
- 글로우 스타트 방식
- **래피드 스타트 방식 : 전원을 넣자마자 곧바로 점등**
- 전자식 스타트 방식

【답】②

2과목 전력공학

21 ★☆☆☆☆ 송배전 선로에서 도체의 굵기는 같게 하고 도체 간의 간격을 크게 하면 도체의 인덕턴스는?

① 커진다.
② 작아진다.
③ 변함이 없다.
④ 도체의 굵기 및 도체 간의 간격과는 무관하다.

작용 인덕턴스 $L = 0.05 + 0.4605 \log_{10} \dfrac{D}{r}$ [mH/km]

따라서 인덕턴스는 간격이 커지면 즉, 등가선간거리가 커지면 증가한다.

【답】①

22 ★★★☆☆ 동일전력을 동일 선간전압, 동일역률로 동일거리에 보낼 때 사용하는 전선의 총 중량이 같으면 3상 3선식인 때와 단상 2선식일 때는 전력손실비는?

① 1
② $\dfrac{3}{4}$
③ $\dfrac{2}{3}$
④ $\dfrac{1}{\sqrt{3}}$

동일 전력, 동일 선간전압, 동일 역률

$V_1 I_1 \cos\theta = \sqrt{3}\, V_3 I_3 \cos\theta$

$I_1 = \sqrt{3}\, I_3$

전선의 총 중량

$\dfrac{3상\ 3선식}{단상\ 2선식} = \dfrac{3}{2} \times \dfrac{R_1}{R_3} = 1$

저항비 $\dfrac{R_1}{R_3} = \dfrac{2}{3}$

전력손실비 : $\dfrac{3상3선식}{단상2선식} = \dfrac{3I_3^2 R_3}{2I_1^2 R_1} = \dfrac{3}{2} \times \left(\dfrac{1}{\sqrt{3}}\right)^2 \times \dfrac{3}{2} = \dfrac{3}{4}$

【답】②

23 ★☆☆☆☆
배전반에 접속되어 운전 중인 계기용변압기(PT) 및 변류기(CT)의 2차측 회로를 점검할 때 조치사항으로 옳은 것은?

① CT만 단락시킨다.　　　　　　② PT만 단락시킨다.
③ CT와 PT 모두를 단락시킨다.　　④ CT와 PT 모두를 개방시킨다.

Explanation

점검 시
• PT는 개방 : 2차측 과전류 보호
• CT는 단락 : 2차측 절연(과전압) 보호　　　　　　　　　　　　　　　　　【답】①

24 ★★★☆☆
배전선로의 역률 개선에 따른 효과로 적합하지 않은 것은?

① 선로의 전력손실 경감　　　　　② 선로의 전압강하의 감소
③ 전원측 설비의 이용률 향상　　　④ 선로 절연의 비용 절감

Explanation

역률개선의 효과
• 전력손실 감소(주요 목적)
• 전압강하 감소
• 설비용량의 여유분
• 전기요금 절감　　　　　　　　　　　　　　　　　　　　　　　　　　【답】④

25 ★☆☆☆☆
총 낙차 300[m], 사용수량 20[m³/s] 인 수력발전소의 발전기출력은 약 몇 [kW] 인가?(단, 수차 및 발전기효율은 각각 90[%], 98[%]라 하고, 손실낙차는 총 낙차의 6[%]라고 한다)

① 48,750　　　　　　　　　　　　② 51,860
③ 54,170　　　　　　　　　　　　④ 54,970

Explanation

낙차 $H = 총낙차 - 총손실낙차 = 300 - (300 \times 0.06) = 282[m]$
발전소 출력
$P = 9.8 H Q \eta = 9.8 \times 282 \times 20 \times 0.9 \times 0.98 = 48,749.9[kW]$　　　　　【답】①

26 ★★★☆☆
수전단을 단락한 경우 송전단에서 본 임피던스가 330[Ω]이고, 수전단을 개방한 경우 송전단에서 본 어드미턴스가 1.875×10⁻³[℧]일 때 송전단의 특성 임피던스는 약 몇 [Ω]인가?

① 120　　　　　　　　　　　　　② 220
③ 320　　　　　　　　　　　　　④ 420

Explanation

특성 임피던스 $Z_0 = \sqrt{\dfrac{Z}{Y}} = \sqrt{\dfrac{330}{1.875 \times 10^{-3}}} = 420[\Omega]$

여기서 Z : 단락 임피던스, Y : 개방 어드미턴스　　　　　　　　　　　　【답】④

27 ★★☆☆☆
다중접지 계통에 사용되는 재폐로 기능을 갖는 일종의 차단기로서 과부하 또는 고장전류가 흐르면 순시동작하고, 일정시간 후에는 자동적으로 재폐로 하는 보호기기는?

① 라인퓨즈　　　　　　　　　　　② 리클로저
③ 섹셔널라이저　　　　　　　　　④ 고장구간 자동개폐기

Explanation

- Recloser(R) : 리클로져. 배전 선로에 사용되는 자동재폐로 차단기
- Sectionalizer(S) : 섹셔널라이져. 구분 개폐기로서 사고 차단 능력이 없어서 장치인 리클로져와 함께 사용
- Fuse(F) : 퓨즈. 부하의 전단에 사용 【답】②

28 ★☆☆☆☆
송전선 중간에 전원이 없을 경우에 송전단의 전압 $E_S = AE_R + BI_R$이 된다. 수전단의 전압 E_R의 식으로 옳은 것은? (단, I_S, I_R는 송전단 및 수전단의 전류이다)

① $E_R = AE_S + CI_S$　　　　　　　② $E_R = BE_S + AI_S$

③ $E_R = DE_S - BI_S$　　　　　　　④ $E_R = CE_S - DI_S$

Explanation

$$\begin{bmatrix} E_S \\ I_S \end{bmatrix} = \begin{bmatrix} A\ B \\ C\ D \end{bmatrix}\begin{bmatrix} E_R \\ I_R \end{bmatrix}$$ 에서

$$\begin{bmatrix} E_R \\ I_R \end{bmatrix} = \begin{bmatrix} A\ B \\ C\ D \end{bmatrix}^{-1}\begin{bmatrix} E_S \\ I_S \end{bmatrix} = \begin{bmatrix} D\ -B \\ -C\ \ A \end{bmatrix}\begin{bmatrix} E_S \\ I_S \end{bmatrix}$$

따라서 $E_R = DE_S - BI_S$ 【답】③

29 ★★☆☆☆
비접지식 3상 송배전계통에서 1선 지락고장 시 고장전류를 계산 하는 데 사용되는 정전용량은?

① 작용정전용량　　　　　　　② 대지정전용량

③ 합성정전용량　　　　　　　④ 선간정전용량

Explanation

비접지식의 지락전류

$I_g = \dfrac{E}{Z} = j\omega 3C_s E$　　　여기서, C_s : 대지정전용량 【답】②

30 ★★★★★
비접지 계통의 지락사고 시 계전기에 영상전류를 공급하기 위하여 설치하는 기기는?

① PT　　　　　　　　　② CT

③ ZCT　　　　　　　　④ GPT

Explanation

- ZCT(영상변류기) : 영상(지락)전류 검출
- GPT(접지형 계기용 변압기) : 영상전압 검출 【답】③

31 ★★★★☆
이상전압의 파고값을 저감시켜 전력사용설비를 보호하기 위하여 설치하는 것은?

① 초호환　　　　　　　② 피뢰기

③ 계전기　　　　　　　④ 접지봉

Explanation

- 피뢰기 : 이상전압의 파고값을 저감하여 전력사용설비 보호 【답】②

32 ★★★☆☆
임피던스 Z_1, Z_2 및 Z_3을 그림과 같이 접속한 선로의 A 쪽에서 전압파 E가 진행해 왔을 때 접속점 B에서 무반사로 되기 위한 조건은?

① $Z_1 = Z_2 + Z_3$ ② $\dfrac{1}{Z_3} = \dfrac{1}{Z_1} + \dfrac{1}{Z_2}$

③ $\dfrac{1}{Z_1} = \dfrac{1}{Z_2} + \dfrac{1}{Z_3}$ ④ $\dfrac{1}{Z_2} = \dfrac{1}{Z_1} + \dfrac{1}{Z_3}$

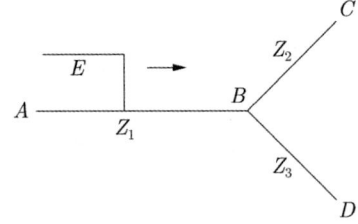

Explanation

• 반사 계수 : $\rho = \dfrac{Z_L - Z_o}{Z_L + Z_o}$

• 무반사 조건 : $Z_L = Z_o$

∴ $Z_1 = \dfrac{1}{\dfrac{1}{Z_2} + \dfrac{1}{Z_3}}$ 이므로 $\dfrac{1}{Z_1} = \dfrac{1}{Z_2} + \dfrac{1}{Z_3}$ 【답】 ③

33 ★★★★★
저압뱅킹방식에서 저전압의 고장에 의하여 건전한 변압기의 일부 또는 전부가 차단되는 현상은?

① 아킹(Arcing)   ② 플리커(Flicker)

③ 밸런스(Balance)   ④ 캐스케이딩(Cascading)

Explanation

• 저압 뱅킹 방식 : 부하가 밀집된 시가지
• 장점 : 전압 강하와 전력 손실이 적다.
        변압기의 동량 및 저압선 동량 감소
        플리커 현상 감소
• 단점 : 캐스케이딩 현상 발생(저압선의 일부 고장으로 건전한 변압기의 일부 또는 전부가 차단되는 현상)   【답】 ④

34 ★☆☆☆☆
변전소의 가스차단기에 대한 설명으로 틀린 것은?

① 근거리 차단에 유리하지 못하다.   ② 불연성이므로 화재의 위험성이 적다.

③ 특고압 계통의 차단기로 많이 사용된다.   ④ 이상전압의 발생이 적고, 절연회복이 우수하다.

Explanation

SF_6(육불화황) 가스차단기(GCB)
• 무색, 무취, 무독성 기체
• 난연성, 불활성 기체
• 아크 소호능력은 공기의 100~200배
• 절연내력은 공기의 2~3배 이상
• **밀폐구조, 소음이 적다. 차단성능 우수(근거리 차단에 유리)**
• 154[kV], 345[kV]   【답】 ①

35 ★★★★☆
켈빈(Kelvin)의 법칙이 적용되는 경우는?

① 전압 강하를 감소시키고자 하는 경우   ② 부하 배분의 균형을 얻고자 하는 경우

③ 전력 손실량을 축소시키고자 하는 경우   ④ 경제적인 전선의 굵기를 선정하고자 하는 경우

Explanation

경제적인 전선의 굵기 선정(켈빈의 법칙)
• 경제적인 전선의 굵기 선정 기준 : 허용 전류, 전압 강하, 기계적 강도   【답】 ④

36 ★☆☆☆☆
보호계전기의 반한시·정한시 특성은?

① 동작전류가 커질수록 동작시간이 짧게 되는 특성
② 최소 동작전류 이상의 전류가 흐르면 즉시 동작하는 특성
③ 동작전류의 크기에 관계없이 일정한 시간에 동작하는 특성
④ 동작전류가 커질수록 동작시간이 짧아지며, 어떤 전류 이상이 되면 동작전류의 크기에 관계없이 일정한 시간에서 동작하는 특성

Explanation

계전기 시한 특성
• 순한시 특성 – 최소 동작 전류 이상의 전류가 흐르면 즉시 동작, 고속도 계전기
• 반한시 특성 – 동작 전류가 커질수록 동작 시간이 짧게 되는 특성
• 정한시 특성 – 동작 전류의 크기에 관계없이 일정한 시간에 동작하는 특성
• 반한시 정한시 특성 – 동작 전류가 적은 동안에는 동작 전류가 커질수록 동작 시간이 짧게 되고 어떤 전류 이상이면 동작 전류의 크기에 관계없이 일정한 시간에 동작하는 특성 　【답】④

37 ★★★★★
단도체 방식과 비교할 때 복도체 방식의 특징이 아닌 것은?

① 안정도가 증가된다.
② 인덕턴스가 감소된다.
③ 송전용량이 증가된다.
④ 코로나 임계전압이 감소된다.

Explanation

복도체(다도체)
• 주목적 : 코로나 방지
• 효과 : 인덕턴스를 감소시키고 정전 용량 증가
　　　　송전 용량 증가, 안정도 증가
　　　　코로나 임계 전압을 높인다.
　　　　전선 표면의 전위 경도가 낮아진다. 　【답】④

38 ★★★★★
1선 지락 시에 지락전류가 가장 작은 송전계통은?

① 비접지식
② 직접접지식
③ 저항접지식
④ 소호리액터접지식

Explanation

지락전류 큰 순서 : 직접접지 > 저항접지 > 비접지 > 소호리액터접지 　【답】④

39 ★☆☆☆☆
수차의 캐비테이션 방지책으로 틀린 것은?

① 흡출수두를 증대시킨다.
② 과부하 운전을 가능한 한 피한다.
③ 수차의 비속도를 너무 크게 잡지 않는다.
④ 침식에 강한 금속재료로 러너를 제작한다.

Explanation

공동현상 (캐비테이션)
유체가 빠른 속도로 흐를 때 러너 날개 등의 면에 저압력이나 진공부분이 발생하는 현상
• 방지대책
　수차의 비속도(특유속도)를 너무 높게 취하지 말 것
　흡출관을 사용하지 말 것
　침식에 강한 재료를 사용할 것
　수차를 과도한 부분부하에서 운전하지 말 것 　【답】①

40 ★★★★★

선간전압이 154[kV]이고, 1상당의 임피던스가 $j8[\Omega]$인 기기가 있을 때, 기준용량을 100[MVA]로 하면 % 임피던스는 약 몇 [%]인가?

① 2.75　　　　　　　　　　　　② 3.15

③ 3.37　　　　　　　　　　　　④ 4.25

Explanation

%임피던스

$\%Z = \dfrac{PZ}{10V^2}$ (여기서, $P[kVA]$, $V[kV]$)

$\%Z = \dfrac{PZ}{10V^2} = \dfrac{100 \times 10^3 \times 8}{10 \times 154^2} = 3.37[\%]$　　　　　　【답】③

3과목　전기기기

41 ★☆☆☆☆

3상 비돌극형 동기발전기가 있다. 정격출력 5,000[kVA], 정격전압 6,000[V], 정격역률 0.8이다. 여자를 정격상태로 유지할 때 이 발전기의 최대출력은 약 몇 [kW] 인가? (단, 1상의 동기리액턴스는 0.8[P.U]이며 저항은 무시한다)

① 7,500　　　　　　　　　　　② 10,000

③ 11,500　　　　　　　　　　　④ 12,500

Explanation

【답】②

42 ★☆☆☆☆

직류기의 손실 중에서 기계손으로 옳은 것은?

① 풍손　　　　　　　　　　　　② 와류손

③ 표류 부하손　　　　　　　　　④ 브러시의 전기손

Explanation

직류기의 손실
• 고정손 (무부하손) : 철손(히스테리시스손, 와류손), 기계손(베어링 마찰손, 풍손)
• 부하손 (가변손) : 동손(전기자동손, 계자동손), 표유부하손　　　　　　【답】①

43 ★☆☆☆☆

다음 (　)에 알맞은 것은?

직류발전기에서 계자권선이 전기자에 병렬로 연결된 직류기는 (ⓐ) 발전기라 하며, 전기자권선과 계자권선이 직렬로 접속된 직류기는 (ⓑ) 발전기라 한다.

① ⓐ 분권, ⓑ 직권　　　　　　② ⓐ 직권, ⓑ 분권

③ ⓐ 복권, ⓑ 분권　　　　　　④ ⓐ 자여자, ⓑ 타여자

Explanation

직류발전기의 종류
• 타여자 발전기 : 계자권선이 외부에 있는 경우
• **직권 발전기 : 계자권선이 전기자에 직렬로 있는 경우**
• **분권 발전기 : 계자권선이 전기자에 병렬로 있는 경우**
• 복권 발전기 : 계자권선이 전기자에 직렬 및 병렬로 있는 경우

【답】 ①

44 ★★☆☆☆
1차 전압 6,600[V], 2차 전압 220[V], 주파수 60[Hz], 1차 권수 1,200[회]인 경우 변압기의 최대 자속[Wb]은?
① 0.36
② 0.63
③ 0.012
④ 0.021

Explanation

변압기 유기기전력 $E_1 = 4.44 f \phi_m N_1$

여기서, 최대 자속 $\phi_m = \dfrac{E_1}{4.44 f N_1} = \dfrac{6,600}{4.44 \times 60 \times 1,200} = 0.021\,[\text{Wb}]$

【답】 ④

45 ★☆☆☆☆
직류발전기의 정류 초기에 전류 변화가 크며 이때 발생되는 불꽃정류로 옳은 것은?
① 과정류
② 직선정류
③ 부족정류
④ 정현파정류

Explanation

정류의 종류
• 직선정류(이상적인 정류) : 불꽃 없는 정류
• 정현파 정류 : 불꽃 없는 정류
• 부족 정류 : 브러시 뒤편에 불꽃(정류말기)
• **과정류 : 브러시 앞면에 불꽃(정류초기)**

【답】 ①

46 ★☆☆☆☆
3상 유도전동기의 속도제어법으로 틀린 것은?
① 1차 저항법
② 극수 제어법
③ 전압 제어법
④ 주파수 제어법

Explanation

유도 전동기의 속도 제어

	특 징
농형 유도 전동기	① 주파수 변환법 • 역률이 양호하며 연속적인 속도제어가 되지만, 전용 전원이 필요 • 인견·방직 공장의 포트모터, 선박의 전기추진기 ② 극수 변환법 : 불연속 제어 ③ 전압 제어법 : 전원 전압의 크기를 조절하여 속도 제어
권선형 유도 전동기	① 2차 저항법 : 토크의 비례추이를 이용한 것 ② 2차 여자법 • 회전자 기전력과 같은 주파수 전압을 인가하여 속도 제어 • 고효율로 광범위한 속도 제어 ③ 종속접속법

【답】 ①

47 ★★☆☆☆
60[Hz]의 변압기에 50[Hz]의 동일전압을 가했을 때의 자속밀도는 60[Hz] 때와 비교하였을 경우 어떻게 되는가?

① $\dfrac{5}{6}$ 로 감소

② $\dfrac{6}{5}$ 으로 증가

③ $\left(\dfrac{5}{6}\right)^{1.6}$ 로 감소

④ $\left(\dfrac{6}{5}\right)^{2}$ 으로 증가

Explanation

변압기의 유기기전력 $E = 4.44 f \Phi_m N = 4.44 f B_m SN$, 자속밀도 $B_m \propto \dfrac{1}{f}$

자속밀도 $B_m{'} = \dfrac{1}{\dfrac{50}{60}} B_m = \dfrac{60}{50} B_m = \dfrac{6}{5} B_m$

【답】②

48 ★☆☆☆☆
2대의 변압기로 V결선하여 3상 변압하는 경우 변압기 이용률은 약 몇 [%]인가?

① 57.8

② 66.6

③ 86.6

④ 100

Explanation

V결선 변압기의 출력 $P_V = \sqrt{3} K$ (여기서, K는 변압기 1대 용량)

V결선 이용률 $= \dfrac{\sqrt{3} K}{2K} = \dfrac{\sqrt{3}}{2} \times 100 = 86.6 [\%]$

【답】③

49 ★★★☆☆
3상 유도전동기의 기동법 중 전전압 기동에 대한 설명으로 틀린 것은?

① 기동 시에 역률이 좋지 않다.

② 소용량으로 기동 시간이 길다.

③ 소용량 농형 전동기의 기동법이다.

④ 전동기 단자에 직접 정격전압을 가한다.

Explanation

전전압 기동법(농형 유도 전동기 기동법)
• 전동기에 별도의 기동장치를 사용하지 않고 직접 정격 전압을 인가하여 기동하는 방법
• 3.7[kW](5[HP] 이하의 소용량 농형 유도 전동기)
• 기동 토크가 크며 기동시간이 짧다.

【답】②

50 ★★★☆☆
동기발전기의 전기자 권선법 중 집중권인 경우 매극 매상의 홈(slot) 수는?

① 1개

② 2개

③ 3개

④ 4개

Explanation

• **집중권**: 매극 매상의 슬롯이 1개인 것
• **분포권**: 매극 매상의 코일을 2개 이상의 슬롯으로 분산하여 감는 것(각각의 슬롯에 분포시켜 감는 것)

【답】①

51 ★☆☆☆☆
유도전동기의 속도제어를 인버터방식으로 사용하는 경우 1차 주파수에 비례하여 1차 전압을 공급하는 이유는?

① 역률을 제어하기 위해

② 슬립을 증가시키기 위해

③ 자속을 일정하게 하기 위해

④ 발생토크를 증가시키기 위해

Explanation

인버터방식=VVVF(가변 전압 가변 주파수) 제어

유도전동기 부하전류 $I = \dfrac{V}{\omega L} = \dfrac{V}{2\pi fL}$ 이므로 주파수와 전류는 반비례의 관계임

• 주파수 상승 → 전류 감소 → 부하토크 감소
• 주파수 감소 → 전류 증가 → 부하토크 증가
이를 방지하여 전류(자속)를 일정하게 유지하기 위해, 주파수를 조정하는 경우 이에 비례하여 전압을 같이 변동시키는 방식

【답】③

52 ★★★★★ 3상 유도전압조정기의 원리를 응용한 것은?

① 3상 변압기
② 3상 유도전동기
③ 3상 동기발전기
④ 3상 교류자전동기

Explanation

• 단상 유도 전압 조정기 : 단권 변압기의 원리(교번자계)
• **3상 유도 전압 조정기 : 3상 유도전동기의 원리(회전자계)**

【답】②

53 ★★☆☆☆ 정류회로에서 상의 수를 크게 했을 경우 옳은 것은?

① 맥동 주파수와 맥동률이 증가한다.
② 맥동률과 맥동 주파수가 감소한다.
③ 맥동 주파수는 증가하고 맥동률은 감소한다.
④ 맥동률과 주파수는 감소하나 출력이 증가한다.

Explanation

정류 회로 비교

구분	단상 반파	단상 전파	3상 반파	3상 전파
직류전압	$E_d = 0.45E$	$E_d = 0.9E$	$E_d = 1.17E$	$E_d = 1.35E$
맥동주파수	f	2f	3f	6f
맥 동 률	121[%]	48[%]	17[%]	4[%]

【답】③

54 ★★☆☆☆ 동기전동기의 위상특성곡선(V곡선)에 대한 설명으로 옳은 것은?

① 출력을 일정하게 유지할 때 부하전류와 전기자전류의 관계를 나타낸 곡선
② 역률을 일정하게 유지할 때 계자전류와 전기자전류의 관계를 나타낸 곡선
③ 계자전류를 일정하게 유지할 때 전기자전류와 출력사이의 관계를 나타낸 곡선
④ 공급전압 V와 부하가 일정할 때 계자전류의 변화에 대한 전기자전류의 변화를 나타낸 곡선

Explanation

동기 전동기의 위상 특성 곡선(V곡선)
• I_a 와 I_f 관계곡선(P는 일정)
• 계자 전류의 변화에 대한 전기자 전류의 변화를 나타낸 곡선
• 과여자 : 앞선 역률(진상)
• 부족여자 : 늦은 역률(지상)
역률 $\cos\theta = 1$ 일 때, 전기자 전류 최소

【답】④

55 ★☆☆☆☆
유도전동기의 기동 시 공급하는 전압을 단권변압기에 의해서 일시 강하시켜서 기동전류를 제한하는 기동방법은?

① Y−△ 기동
② 저항기동
③ 직접기동
④ 기동 보상기에 의한 기동

Explanation

농형 유도 전동기의 기동법
• 전전압 기동(직입기동) : 5[kW] 이하의 소형
• Y−△기동 : 기동 전류 제한을 위해(5~15[kW]정도)
• **기동 보상기법 : 단권 변압기를 이용한 감전압 기동, 15[kW] 이상**
권선형 전동기 기동법 : 2차 저항기동법, 게르게스법

【답】 ④

56 ★★☆☆☆
그림과 같은 회로에서 V(전원전압의 실효치)=100[V], 점호각 $a = 30°$인 때의 부하 시의 직류 전압 E_{da}[V]는 약 얼마인가? (단, 전류가 연속하는 경우이다)

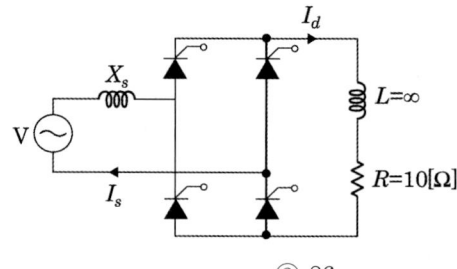

① 90
② 86
③ 77.9
④ 100

Explanation

SCR의 위상 제어 − 단상 전파 정류 회로
부하 전류가 연속하는 경우 직류 전압의 평균값(직류값)

$$E_d = \frac{1}{\pi} \int_{\alpha}^{\pi + \alpha} \sqrt{2} \dot{E} \sin\theta d\theta = \frac{2\sqrt{2}}{\pi} E \cos\alpha \,[\text{V}]$$
$$= 0.9 \times 100 \times \cos 30° = 77.9[\text{V}]$$

【답】 ③

57 ★☆☆☆☆
직류 분권전동기가 전기자 전류 100[A]일 때 50[kg・m]의 토크를 발생하고 있다. 부하가 증가하여 전기자 전류가 120[A]로 되었다면 발생 토크[kg・m]는 얼마인가?

① 60
② 67
③ 88
④ 160

Explanation

직류 분권 전동기는 $T \propto I_a \propto \dfrac{1}{N}$ 이므로
따라서 토크는 전기자 전류에 비례하므로

$$T' = 50 \times \frac{120}{100} = 60[\text{kg・m}]$$

【답】 ①

58 ★★★☆☆
비례추이와 관계있는 전동기로 옳은 것은?

① 동기전동기
② 농형 유도전동기
③ 단상정류자전동기
④ 권선형 유도전동기

비례추이의 원리 : 권선형 유도전동기　　　　　　　　　　　　　　　　　　　　【답】④

59 ★★★★★
동기발전기의 단락비가 적을 때의 설명으로 옳은 것은?

① 동기 임피던스가 크고 전기자 반작용이 작다.
② 동기 임피던스가 크고 전기자 반작용이 크다.
③ 동기 임피던스가 작고 전기자 반작용이 작다.
④ 동기 임피던스가 작고 전기자 반작용이 크다.

단락비가 큰 동기기
• **전기자 반작용이 작다(동기 임피던스가 작다).**
• 과부하 내량이 크다(과부하를 잘 견딘다).
• 기계의 중량이 무겁고 고가이다.
• 전압 변동률이 우수하다.
• 송전 선로의 충전 용량이 크다.
• 안정도가 우수하다.
• 극수가 적은 저속기(수차형)　　　　　　　　　　　　　　　　　　　　　　【답】②

60 ★★☆☆☆
3/4 부하에서 효율이 최대인 주상변압기의 전부하 시 철손과 동손의 비는?

① 8 : 4　　　　　　　　　　　　② 4 : 8
③ 9 : 16　　　　　　　　　　　④ 16 : 9

변압기 최대효율 조건 : $P_i = \left(\dfrac{1}{m}\right)^2 P_c$

따라서 $\left(\dfrac{1}{m}\right)^2 = \dfrac{P_i}{P_c}$　$\left(\dfrac{3}{4}\right)^2 = \dfrac{P_i}{P_c}$　$\dfrac{9}{16} = \dfrac{P_i}{P_c}$

철손 : 동손 = 9 : 16　　　　　　　　　　　　　　　　　　　　　　　　　　【답】③

4과목　회로이론 및 제어공학

61 ★★☆☆☆
다음의 신호 흐름 선도를 메이슨의 공식을 이용하여 전달함 수를 구하고자 한다. 이 신호 흐름 선도에서 루프(Loop)는 몇 개 인가?

① 0　　　　　　　　　② 1
③ 2　　　　　　　　　④ 3

• 루프(Loop) : 시작점으로 되돌아 오는 경로　　　　　　　　　　　　　　　【답】③

62 ★★★★★ 특성 방정식 중에서 안정된 시스템인 것은?

① $2s^3 + 3s^2 + 4s + 5 = 0$
② $s^4 + 3s^3 - s^2 + s + 10 = 0$
③ $s^5 + s^3 + 2s^2 + 4s + 3 = 0$
④ $s^4 - 2s^3 - 3s^2 + 4s + 5 = 0$

> **Explanation**
>
> Routh-Hurwitz 안정도 판별법
> 전제 조건(전제조건이 성립하지 않으면 무조건 불안정)
> • 모든 계수의 부호가 (+)로 동일할 것
> • 모든 계수가 존재할 것
> ②, ④는 음수가 있다.
> ③는 s^4항이 없다.
>
> 【답】 ①

63 ★☆☆☆☆ 타이머에서 입력신호가 주어지면 바로 동작하고, 입력신호가 차단된 후에는 일정시간이 지난 후에 출력이 소멸되는 동작형태는?

① 한시동작 순시복귀
② 순시동작 순시복귀
③ 한시동작 한시복귀
④ 순시동작 한시복귀

> **Explanation**
>
> • 한시동작 순시복귀 : 타이머에서 입력신호가 주어지면 일정시간이 지난 후 동작하고, 입력신호가 차단된 후에는 바로 출력이 소멸
> • 한시동작 한시복귀 : 타이머에서 입력신호가 주어지면 일정시간이 지난 후 동작하고, 입력신호가 차단된 후에는 일정시간 후에 출력이 소멸
> • 순시동작 순시복귀 : 타이머에서 입력신호가 주어지면 바로 동작하고, 입력신호가 차단된 후에는 바로 출력이 소멸
> • **순시동작 한시복귀 : 타이머에서 입력신호가 주어지면 바로 동작하고, 입력신호가 차단된 후에는 일정시간이 지난 후에 출력이 소멸**
>
> 【답】 ④

64 ★☆☆☆☆ 단위 궤환 제어시스템의 전향경로 전달함수가 $G(s) = \dfrac{K}{s(s^2 + 5s + 4)}$ 일 때, 이 시스템이 안정하기 위한 K의 범위는?

① $K < -20$
② $-20 < K < 0$
③ $0 < K < 20$
④ $20 < K$

> **Explanation**
>
> Routh-Hurwitz 판별식을 이용하여 안정도를 구하기 위하여 폐루프 특성 방정식을 구하면
> 폐루프의 특성 방정식은 개루프 전달함수의 (분모+분자)
> $s(s^2 + 5s + 4) + K = s^3 + 5s^2 + 4s + K = 0$
> Routh-Hurwitz판별식을 이용하여 1열의 부호가 모두 양수이면 안정하며
>
> | s^3 | 1 | 4 |
> |-------|---|---|
> | s^2 | 5 | K |
> | s^1 | $\dfrac{20-K}{5}$ | 0 |
> | s^0 | K | |
>
> 제1열의 부호 변화가 없어야 안정하므로 $20 - K > 0$, $20 > K$, $K > 0$
> $\therefore 0 < K < 20$
>
> 【답】 ③

65 $R(z) = \dfrac{(1-e^{-aT})z}{(z-1)(z-e^{-aT})}$ 의 역변환은?

① te^{aT} 　　　　　　　　　② te^{-aT}

③ $1-e^{-aT}$ 　　　　　　　　④ $1+e^{-aT}$

Explanation

역z변환은 $\dfrac{R(z)}{z}$ 의 형태를 이용하여 부분분수 전개하면

$R(z) = \dfrac{(1-e^{-aT})z}{(z-1)(z-e^{-aT})}$ 에서

$\dfrac{R(z)}{z} = \dfrac{(1-e^{-aT})}{(z-1)(z-e^{-aT})} = \dfrac{k_1}{z-1} + \dfrac{k_2}{z-e^{-aT}}$

여기서, $k_1 = \lim\limits_{z \to 1} \dfrac{1-e^{-aT}}{z-e^{-aT}} = 1$

$\quad\quad k_2 = \lim\limits_{z \to e^{-aT}} \dfrac{1-e^{-aT}}{z-1} = -1$ 에서

$\quad\quad \dfrac{R(z)}{z} = \dfrac{1}{z-1} - \dfrac{1}{z-e^{-aT}}$ 이므로

$\quad\quad R(z) = \dfrac{z}{z-1} - \dfrac{z}{z-e^{-aT}}$

따라서 $r(t) = 1-e^{-aT}$ 가 된다. 　　　　　　　　　　　　　　　　【답】③

66 시간영역에서 자동제어계를 해석할 때 기본 시험입력에 보통 사용되지 않는 입력은?

① 정속도 입력 　　　　　　　② 정현파 입력
③ 단위계단 입력 　　　　　　④ 정가속도 입력

Explanation

시간 영역해석 시 시험입력
• 임펄스 응답(Impulse Response)
• 계단응답(Step Response) : 위치입력
• 경사응답(Ramp Response) : 속도입력
• 포물선응답 : 가속도 입력
여기서, 정현파입력은 주파수응답용 입력이다. 　　　　　　　　　　　　【답】②

67 $G(s)H(s) = \dfrac{K(s-1)}{s(s+1)(s-4)}$ 에서 점근선의 교차점을 구하면?

① -1 　　　　　　　　　　　② 0
③ 1 　　　　　　　　　　　　④ 2

Explanation

근궤적의 점근선의 교차점
$\sigma = \dfrac{\Sigma G(s)H(s)\text{의 극점} - \Sigma G(s)H(s)\text{의 영점}}{P-Z}$

$\quad = \dfrac{(0-1+4)-(1)}{3-1} = 1$ 　　　　　　　　　　　　　　　　【답】③

68 n차 선형 시불변 시스템의 상태방정식을 $\dfrac{d}{dt}X(t) = AX(t) + Br(t)$로 표시할 때 상태천이 행렬 $\Phi(t)(n \times n$행렬$)$에 관하여 틀린 것은?

① $\Phi(t) = e^{At}$

② $\dfrac{d\Phi(t)}{dt} = A \cdot \Phi(t)$

③ $\Phi(t) = \mathcal{L}^{-1}[(sI - A)^{-1}]$

④ $\Phi(t)$는 시스템의 정상상태응답을 나타낸다.

Explanation

상태 천이 행렬(State transition matrix)
입력을 0으로 하여 초깃값에 의한 응답(Zero-input Response)
시스템의 기본행렬
• $\Phi(t) = \mathcal{L}^{-1}[(sI - A)^{-1}]$
• $\Phi(t) = e^{At}$

【답】④

69 다음의 신호 흐름 선도에서 C/R는?

① $\dfrac{G_1 + G_2}{1 - G_1 H_1}$

② $\dfrac{G_1 G_2}{1 - G_1 H_1}$

③ $\dfrac{G_1 + G_2}{1 + G_1 H_1}$

④ $\dfrac{G_1 G_2}{1 + G_1 H_1}$

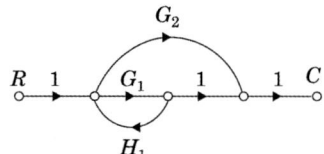

Explanation

메이슨의 이득공식을 적용하면

$G = \dfrac{\sum G_i \triangle_i}{\triangle}$ 에서

$G_i : G_1 \qquad \triangle_i : 1 - 0 = 1$
$\quad\ \ G_2 \qquad\qquad 1 - 0 = 1$

$\triangle = 1 - G_1 H_1$

전체이득 $G = \dfrac{C}{R} = \dfrac{G_1 + G_2}{1 - G_1 H_1}$

【답】①

70 PD 조절기의 전달함수 $G(s) = 1.2 + 0.02s$ 의 영점은?

① −60

② −50

③ 50

④ 60

Explanation

전달함수 $G(s) = \dfrac{Q(s)}{P(s)}$ 에서

$Q(s) = 0$가 되는 s값을 영점이라 하며
$P(s) = 0$가 되는 s값을 극점이라 하며
따라서 영점은 $1.2 + 0.02s = 0$, $s = -60$

【답】①

71 $e = 100\sqrt{2}\sin\omega t + 75\sqrt{2}\sin3\omega t + 20\sqrt{2}\sin5\omega t$[V]인 전압을 R-L직렬회로에 가할 때 제3고조파 전류의 실효값은 몇 [A]인가? (단, $R = 4[\Omega]$, $\omega L = 1[\Omega]$이다)

① 15

② $15\sqrt{2}$

③ 20

④ $20\sqrt{2}$

Explanation

제3고조파에 의하여 흐르는 전류의 실효값

여기서, 제3고조파에 대한 임피던스는 $Z_3 = R + j3\omega L = 4 + j3 = 5[\Omega]$이므로

$$I_3 = \frac{V_3}{Z_3} = \frac{75}{5} = 15[\text{A}]$$

【답】①

72 ★★★★☆

전원과 부하가 △ 결선된 3상 평형회로가 있다. 전원전압이 200[V], 부하 1상의 임피던스가 $6 + j8$ [Ω]일 때 선전류[A]는?

① 20

② $20\sqrt{3}$

③ $\dfrac{20}{\sqrt{3}}$

④ $\dfrac{\sqrt{3}}{20}$

Explanation

△결선 $I_l = \sqrt{3}\,I_p$

상전류 $I_p = \dfrac{V_p}{Z} = \dfrac{200}{\sqrt{6^2 + 8^2}} = 20[\text{A}]$

선전류 $I_l = \sqrt{3}\,I_p = 20\sqrt{3}[\text{A}]$

【답】②

73 ★☆☆☆☆

분포정수 선로에서 무왜형 조건이 성립하면 어떻게 되는가?

① 감쇠량이 최소로 된다.

② 전파속도가 최대로 된다.

③ 감쇠량은 주파수에 비례한다.

④ 위상정수가 주파수에 관계없이 일정하다.

Explanation

	무왜형 선로		
특성임피던스	$Z_0 = \sqrt{\dfrac{Z}{Y}} = \sqrt{\dfrac{L}{C}}$		
전파정수	$\gamma = \sqrt{ZY}$, $\alpha = \sqrt{RG}$, $\beta = \omega\sqrt{LC}$		
위상속도	$v = \dfrac{\omega}{\beta} = \dfrac{\omega}{\omega\sqrt{LC}} = \dfrac{1}{\sqrt{LC}}$		

무왜형 선로에서는 감쇠량 $\alpha = \sqrt{RG}$로 일반적인 선로와 비교해 감쇠량이 최소로 된다.

【답】①

74 ★☆☆☆☆

회로에서 $V = 10[\text{V}]$, $R = 10[\Omega]$, $L = 1[\text{H}]$, $C = 10[\mu\text{F}]$ 그리고 $V_c(0) = 0$일 때 스위치 K를 닫은 직후 전류의 변화율 $\dfrac{di}{dt}(0^+)$의 값[A/sec]은?

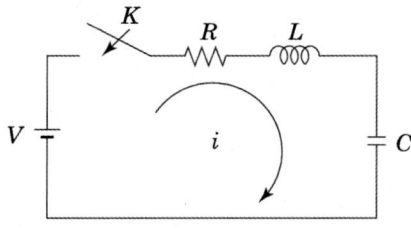

① 0

② 1

③ 5

④ 10

【답】④

75 ★★★★★ $F(s) = \dfrac{2s+15}{s^3+s^2+3s}$ 일 때 $f(t)$의 최종값은?

① 2 ② 3
③ 5 ④ 15

Explanation

정상값은 최종값 정리에 의해서

$$f(\infty) = \lim_{t\to\infty}f(t) = \lim_{s\to0}sF(s) = \lim_{s\to0}s\frac{2s+15}{s(s^2+s+3)} = \frac{15}{3} = 5$$

【답】③

76 ★★★★☆ 대칭 5상 교류 성형결선에서 선간전압과 상전압 간의 위상차는 몇 [°]인가?

① $27°$ ② $36°$
③ $54°$ ④ $72°$

Explanation

대칭 n상인 경우 선간전압과 상전압간의 위상차

$$\theta = \frac{\pi}{2}\left(1 - \frac{2}{n}\right) = \frac{180}{2}\left(1 - \frac{2}{5}\right) = 54°$$

【답】③

77 ★★☆☆☆ 정현파 교류 $v = V_m\sin\omega t$의 전압을 반파정류 하였을 때의 실효값은 몇 [V]인가?

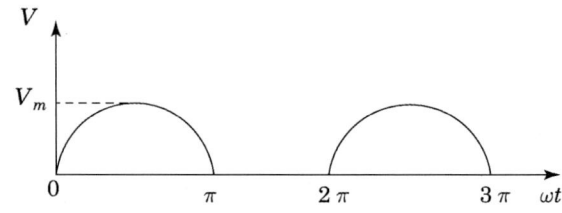

① $\dfrac{V_m}{\sqrt{2}}$ ② $\dfrac{V_m}{2}$
③ $\dfrac{V_m}{2\sqrt{2}}$ ④ $\sqrt{2}\,V_m$

Explanation

각 파형의 평균값 및 실효값은 다음과 같이 정리된다.

	파형	실효값	평균값
정현반파	$i(t)$	$\dfrac{I_m}{2}$	$\dfrac{1}{\pi}I_m$

【답】②

78 ★★☆☆☆

회로망 출력단자 a–b에서 바라본 등가 임피던스는? (단, $V_1 = 6[V]$, $V_2 = 3[V]$, $I_1 = 10[A]$, $R_1 = 15[\Omega]$, $R_2 = 10[\Omega]$, $L = 2[H]$, $j\omega = s$ 이다)

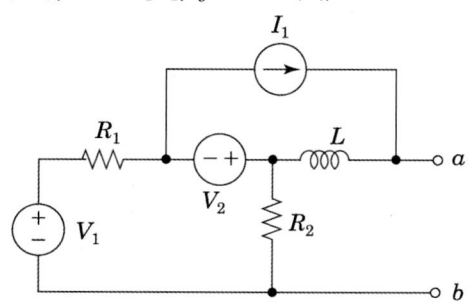

① $s + 15$

② $2s + 6$

③ $\dfrac{3}{s+2}$

④ $\dfrac{1}{s+3}$

Explanation

전압원을 단락하고 전류원은 개방하고 임피던스를 구하면

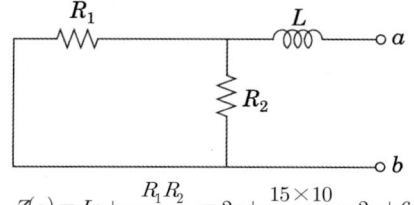

$Z(s) = Ls + \dfrac{R_1 R_2}{R_1 + R_2} = 2s + \dfrac{15 \times 10}{15 + 10} = 2s + 6$

【답】②

79 ★★★☆☆

대칭 3상 전압이 a상 V_a, b상 $V_b = a^2 V_a$, c상 $V_c = a V_a$일 때 a상을 기준으로 한 대칭분 전압 중 정상분 $V_1[V]$은 어떻게 표시되는가?

① $\dfrac{1}{3} V_a$

② V_a

③ $a V_a$

④ $a^2 V_a$

Explanation

평형 3상 : 각상의 크기가 같고 위상만 120°씩 차이

　　　　영상분과 역상분은 없고 정상분만 존재

　　　　V_a, $V_b = a^2 V_a$, $V_c = a V_a$

$$\begin{bmatrix} V_0 \\ V_1 \\ V_2 \end{bmatrix} = \frac{1}{3}\begin{bmatrix} 1 & 1 & 1 \\ 1 & a & a^2 \\ 1 & a^2 & a \end{bmatrix}\begin{bmatrix} V_a \\ V_b \\ V_c \end{bmatrix} = \frac{1}{3}\begin{bmatrix} 1 & 1 & 1 \\ 1 & a & a^2 \\ 1 & a^2 & a \end{bmatrix}\begin{bmatrix} V_a \\ a^2 V_a \\ a V_a \end{bmatrix} = \begin{bmatrix} 0 \\ V_a \\ 0 \end{bmatrix}$$

【답】②

80 ★★★★☆

다음과 같은 비정현파 기전력 및 전류에 의한 평균전력을 구하면 몇 [W]인가?

$e = 100\sin\omega t - 50\sin(3\omega t + 30°) + 20\sin(5\omega t + 45°)(V)$
$i = 20\sin\omega t + 10\sin(3\omega t - 30°) + 5\sin(5\omega t - 45°)(A)$

① 825

② 875

③ 925

④ 1,175

유효전력(평균전력)은 주파수가 같을 때만 발생되므로

$P = V_1 I_1 \cos\theta_1 + V_3 I_3 \cos\theta_3 + V_5 I_5 \cos\theta_5$

$\therefore P = \dfrac{100}{\sqrt{2}} \times \dfrac{20}{\sqrt{2}} \cos 0° - \dfrac{50}{\sqrt{2}} \times \dfrac{10}{\sqrt{2}} \cos 60° + \dfrac{20}{\sqrt{2}} \times \dfrac{5}{\sqrt{2}} \cos 90°$

$\quad = 875[\text{W}]$

【답】②

5과목　전기설비기술기준

81 ★☆☆☆☆ 지중 전선로의 매설방법이 아닌 것은?

① 관로식　　　　　　　　　　② 인입식
③ 암거식　　　　　　　　　　④ 직접 매설식

(KEC 334.1조) 지중 전선로의 시설
지중 전선로는 전선에 케이블을 사용하고 또한 **관로식·암거식(暗渠式) 또는 직접 매설식**에 의하여 시설하여야 한다.

【답】②

82 ★★★☆☆ 특고압용 변압기로서 그 내부에 고장이 생긴 경우에 반드시 자동 차단되어야 하는 변압기의 뱅크용량은 몇 [kVA] 이상인가?

① 5,000　　　　　　　　　　② 10,000
③ 50,000　　　　　　　　　　④ 100,000

(KEC 351.4조) 특고압용 변압기의 보호장치
특고압용의 변압기에는 그 내부에 고장이 생겼을 경우에 보호하는 장치를 표와 같이 시설하여야 한다. 다만, 변압기의 내부에 고장이 생겼을 경우에 그 변압기의 전원인 발전기를 자동적으로 정지하도록 시설한 경우에는 그 발전기의 전로로부터 차단하는 장치를 하지 아니하여도 된다.

뱅크용량의 구분	동작조건	장치의 종류
5,000[kVA] 이상 10,000 [kVA] 미만	변압기내부고장	자동차단장치 또는 경보장치
10,000 [kVA] 이상	**변압기내부고장**	**자동차단장치**

【답】②

83 KEC 적용으로 인하여 삭제되었습니다.

84 ★☆☆☆☆ 전력보안 가공통신선(광섬유 케이블은 제외)을 조가 할 경우 조가용 선은?

① 금속으로 된 단선　　　　　② 강심 알루미늄 연선
③ 금속선으로 된 연선　　　　④ 알루미늄으로 된 단선

(KEC 362.3조) 조가선 시설기준
조가선은 단면적 38[㎟] 이상의 아연도강연선을 사용할 것

【답】③

85 KEC 적용으로 인하여 삭제되었습니다.

86 ★★☆☆☆ 저고압 가공전선과 가공약전류 전선 등을 동일 지지물에 시설하는 기준으로 틀린 것은?

① 가공전선을 가공약전류전선 등의 위로하고 별개의 완금류에 시설할 것
② 전선로의 지지물로서 사용하는 목주의 풍압하중에 대한 안전율은 1.5 이상일 것
③ 가공전선과 가공약전류전선 등 사이의 이격거리는 저압과 고압 모두 0.75[m] 이상일 것
④ 가공전선이 가공약전류전선에 대하여 유도작용에 의한 통신상의 장해를 줄 우려가 있는
경우에는 가공전선을 적당한 거리에서 연가 할 것

Explanation

(332.21조) 고압 가공 전선과 가공약전류전선 등의 공용설치
저압 가공전선 또는 고압 가공전선과 가공약전류전선 등을 동일 지지물에 시설하는 경우
① 전선로의 지지물로서 사용하는 목주의 풍압하중에 대한 안전율은 1.5 이상일 것.
② 가공전선을 가공약전류전선 등의 위로하고 별개의 완금류에 시설할 것.
③ 가공전선과 가공약전류전선 등 사이의 이격거리는 가공전선에 유선 텔레비전용 급전겸용 동축케이블을 사용한 전선으로서
그 가공전선로의 관리자와 가공약전류 전선로 등의 관리자가 같을 경우 이외에는 **저압(다중 접지된 중성선을 제외한다)은
0.75[m] 이상, 고압은 1.5[m] 이상일 것.** 다만, 가공약전류전선 등이 절연전선과 동등 이상의 절연효력이 있는 것 또는 통
신용 케이블인 경우에 이격거리를 저압 가공전선이 고압 절연전선, 특고압 절연전선 또는 케이블인 경우에는 0.3[m], 고압
가공전선이 케이블인 때에는 0.50[m] 까지, 가공약전류 전선로 등의 관리자의 승낙을 얻은 경우에는 이격거리를 저압은
0.6[m], 고압은 1[m] 까지로 각각 감할 수 있다. 【답】 ③

87 ★★★★★ 수영장용 수중조명등에 사용되는 절연 변압기의 2차측 전로의 사용전압이 몇 [V]를 초과하는
경우에는 그 전로에 지락이 생겼을 때에 자동적으로 전로를 차단하는 장치를 하여야 하는가?

① 30 ② 60
③ 150 ④ 300

Explanation

(KEC 234.14조) 수중조명등
절연 변압기의 2차 전압 30[V] 이하는 접지공사를 한 혼촉방지판을 설치하고 30[V]를 넘는 경우에 지기가 발생하면 자동적으
로 **전로를 차단하는 장치**를 시설한다. 또는 2차측 전로는 비접지로 한다. 【답】 ①

88 ★☆☆☆☆ 석유류를 저장하는 장소의 전등배선에 사용하지 않는 공사방법은?

① 케이블공사 ② 금속관공사
③ 애자공사 ④ 합성수지관공사

Explanation

(KEC 242.4조) 위험물 등이 존재하는 장소
셀룰로이드·성냥·석유·기타 위험물이 있는 곳의 배선은 금속관공사, 케이블공사, 합성수지관공사에 의하여야 한다.
【답】 ③

89 ★★★★★ 사용전압이 154[kV]인 가공 송전선의 시설에서 전선과 식물과의 이격거리는 일반적인 경우에
몇 [m] 이상으로 하여야 하는가?

① 2.8 ② 3.2
③ 3.6 ④ 4.2

Explanation

(KEC 333.26조) 특고압 가공전선과 저고압 가공전선 등의 접근 또는 교차

- 60[kV] 이하는 2[m] 이상, 60[kV]를 넘는 것은 2[m]에 60[kV]를 넘는 10[kV] 또는 그 단수마다 0.12[m]를 가산한 값 이상으로 이격시킨다.
- 단수 = $\dfrac{154-60}{10} = 9.4 \rightarrow 10$단
- 이격거리 = $2 + 10 \times 0.12 = 3.2$[m]

【답】②

90 KEC 적용으로 인하여 삭제되었습니다.

91 ★☆☆☆☆
농사용 저압 가공전선로의 시설 기준으로 틀린 것은?

① 사용전압이 저압일 것
② 전선로의 경간은 40[m] 이하일 것
③ 저압 가공전선의 인장강도는 1.38[kN] 이상일 것
④ 저압 가공전선의 지표상 높이는 3.5[m] 이상일 것

Explanation

(KEC 222.22조) 농사용 저압 가공 전선로의 시설
- **경간은 30[m] 이하일 것**
- 전선은 최소 굵기는 인장강도 1.38[kN] 이상의 것 또는 2[mm] 이상의 경동선 일 것
- 저압 가공전선의 지표상의 높이는 3.5[m] 이상일 것

【답】②

92 KEC 적용으로 인하여 삭제되었습니다.

93 ★★☆☆☆
고압 옥측전선로에 사용할 수 있는 전선은?

① 케이블   ② 나경동선
③ 절연전선   ④ 다심형 전선

Explanation

(KEC 331.13.1조) 고압 옥측 전선로의 시설
전선은 케이블일 것

【답】①

94 ★★★★★
발전기를 전로로부터 자동적으로 차단하는 장치를 시설하여야 하는 경우에 해당 되지 않는 것은?

① 발전기에 과전류가 생긴 경우
② 용량이 5,000[kVA] 이상인 발전기의 내부에 고장이 생긴 경우
③ 용량이 500[kVA] 이상의 발전기를 구동하는 수차의 압유장치의 유압이 현저히 저하한 경우
④ 용량이 100[kVA] 이상의 발전기를 구동하는 풍차의 압유장치의 유압, 압축공기장치의 공기압이 현저히 저하한 경우

Explanation

(KEC 351.3조) 발전기 등의 보호 장치
발전기에는 다음과 같은 경우에 자동적으로 전로로부터 차단하는 장치를 시설하여야 한다.
① 발전기에 과전류나 과전압이 생긴 경우
② 용량이 500[kVA] 이상인 발전기를 구동하는 수차 압유 장치의 유압이 현저히 저하한 경우
③ 용량 100[kVA] 이상의 발전기를 구동하는 풍차(風車)의 압유장치의 유압, 압축 공기장치의 공기압 또는 전동식 브레이드 제어 장치의 전원 전압이 현저히 저하한 경우
④ **용량이 10,000[kVA] 이상인 발전기의 내부에 고장이 생긴 경우**

【답】②

95 ★★☆☆☆
고압 옥내배선이 수관과 접근하여 시설되는 경우에는 몇 [m] 이상 이격시켜야 하는가?

① 0.15 ② 0.3
③ 0.45 ④ 0.6

Explanation

(KEC 342.1조) 고압 옥내배선 등의 시설
고압 옥내배선이 다른 고압 옥내배선·저압 옥내전선·관등회로의 배선·약전류 전선 등 또는 수관·가스관이나 이와 유사한 것과 접근하거나 교차하는 경우에는 고압 옥내배선과 다른 고압 옥내배선·저압 옥내전선·관등회로의 배선·약전류 전선 등 또는 **수관·가스관이나 이와 유사한 것 사이의 이격거리는 0.15[m]** (애자사용공사에 의하여 시설하는 저압 옥내전선이 나전선인 경우에는 0.3[m], 가스계량기 및 가스관의 이음부와 전력량계 및 개폐기와는 0.6[m]) 이상이어야 한다. 【답】①

96 ★★★★★
최대사용전압이 22,900[V]인 3상 4선식 중성선 다중접지식 전로와 대지 사이의 절연내력 시험전압은 몇 [V]인가?

① 32,510 ② 28,752
③ 25,229 ④ 21,068

Explanation

(KEC 132조) 고압·특고압의 전로의 절연내력

접지방식	최대사용전압	시험전압(최대사용 전압 배수)	최저 시험 전압
중성점 다중접지	25[kV]이하	0.92배	

※ 전로에 케이블을 사용하는 경우에는 직류로 시험할 수 있으며, 시험전압은 교류의 경우의 2배가 된다.
절연내력시험 전압 : 22,900×0.92=21,068[V] 【답】④

97 ★☆☆☆☆
라이팅덕트공사에 의한 저압 옥내배선 공사 시설 기준으로 틀린 것은?

① 덕트의 끝부분은 막을 것
② 덕트는 조영재에 견고하게 붙일 것
③ 덕트는 조영재를 관통하여 시설할 것
④ 덕트의 지지점 간의 거리는 2[m] 이하로 할 것

Explanation

(KEC 232.71조) 라이팅덕트공사
① 덕트 상호 간 및 전선 상호 간은 견고하게 또한 전기적으로 완전히 접속할 것.
② 덕트는 조영재에 견고하게 붙일 것.
③ 덕트의 지지점 간의 거리는 2[m] 이하로 할 것.
④ 덕트는 조영재를 관통하여 시설하지 아니할 것. 【답】③

98 ★★☆☆☆
금속덕트공사에 의한 저압 옥내배선에서, 금속덕트에 넣은 전선의 단면적의 합계는 일반적으로 덕트 내부 단면적의 몇 [%] 이하이어야 하는가? (단, 전광표시 장치 기타 이와 유사한 장치 또는 제어회로 등의 배선만을 넣는 경우에는 50[%])

① 20 ② 30
③ 40 ④ 50

Explanation

(KEC 232.31조) 금속덕트공사
① 전선은 절연 전선(옥외용 비닐절연전선 제외)일 것
② 금속 덕트에 넣은 전선의 단면적(절연피복의 단면적을 포함)의 합계는 덕트 내부 단면적의 20[%](전광표시 장치 기타 이와 유사한 장치 또는 제어회로 등의 배선만을 넣는 경우는 50[%])이하일 것 【답】①

99 ★★★★★

지중 전선로에 사용하는 지중함의 시설기준으로 틀린 것은?

① 조명 및 세척이 가능한 적당한 장치를 시설할 것
② 견고하고 차량 기타 중량물의 압력에 견디는 구조일 것
③ 그 안의 고인 물을 제거할 수 있는 구조로 되어 있을 것
④ 뚜껑은 시설자 이외의 자가 쉽게 열 수 없도록 시설할 것

Explanation

(KEC 334.2조) 지중함의 시설
지중전선로에 사용하는 지중함은 다음 각 호에 따라 시설하여야 한다.
① 지중함은 견고하고 차량 기타 중량물의 압력에 견디는 구조일 것
② 지중함은 그 안의 고인 물을 제거할 수 있는 구조로 되어 있을 것
③ 폭발성 또는 연소성의 가스가 침입할 우려가 있는 것에 시설하는 지중함으로서 그 크기가 1[㎥] 이상인 것에는 통풍장치 기타 가스를 방산시키기 위한 적당한 장치를 시설할 것
④ 지중함의 뚜껑은 시설자이외의 자가 쉽게 열 수 없도록 시설할 것 【답】①

100 ★☆☆☆☆

철탑의 강도계산에 사용하는 이상 시 상정하중을 계산하는 데 사용되는 것은?

① 미진에 의한 요동과 철구조물의 인장하중
② 뇌가 철탑에 가하여졌을 경우의 충격하중
③ 이상전압이 전선로에 내습하였을 때 생기는 충격하중
④ 풍압이 전선로에 직각방향으로 가하여지는 경우의 하중

Explanation

(KEC 333.14조) 이상 시 상정하중
철탑의 강도계산에 사용하는 이상 시 상정하중은 **풍압이 전선로에 직각방향으로 가하여지는 경우의 하중(수직하중)**과 전선로의 방향으로 가하여지는 경우의 하중(수평 횡하중, 수평 종하중)을 각각 다음 각 호에 따라 계산하여 각 부재에 대한 이들의 하중 중 그 부재에 큰 응력이 생기는 쪽의 하중을 채택한다. 【답】④

2019년 전기공사기사 필기

2회

1과목 전기응용 및 공사재료

01 ★★★★★
단상 유도전동기의 기동방법이 아닌 것은?

① 분상기동법
② 전압제어법
③ 콘덴서기동형
④ 셰이딩코일형

> **Explanation**
>
> 단상 유도 전동기의 기동토크 큰 순서
> 반발 기동형 > 콘덴서 기동형 > 분상 기동형 > 셰이딩 코일형 【답】②

02 ★★★☆☆
교류 200[V], 정류기 전압강하 10[V]인 단상 반파정류회로의 직류전압[V]은?

① 70
② 80
③ 90
④ 100

> **Explanation**
>
> 단상반파정류
> 직류 측 전압 $E_d = 0.45E - e = 0.45 \times 200 - 10 = 80$[V] 【답】②

03 ★★★★☆
형태가 복잡하게 생긴 금속제품을 균일한 온도로 가열하는 데 가장 적합한 전기로는?

① 염욕로
② 흑연화로
③ 요동식 아크로
④ 저주파 유도로

> **Explanation**
>
> | 직접저항가열 | | 간접저항가열 | |
> |---|---|---|---|
> | 종 류 | 특 징 | 종 류 | 특 징 |
> | • 흑연화로
• 카아보런덤로
• 카바이드로
• 알루미늄용해로 | 열효율이 가장 우수 | • 염욕로
• 크립톨로
• 발열체로
• 탄화규소로 | 복잡한 형태의 물질을 균일하게 가열 |
>
> 【답】①

04 ★★☆☆☆
극수 P의 3상 유도전동기가 주파수 f[Hz], 슬립 s, 토크 T[N·m]로 회전하고 있을 때의 기계적 출력[W]은?

① $\dfrac{4\pi f\,T}{P}$

② $T\dfrac{2\pi f}{P}(1-s)$

③ $T\dfrac{4\pi f}{P}(1-s)$

④ $T\dfrac{\pi f}{P}(1-s)$

유도전동기 토크 $T = \dfrac{P_0}{\omega} = \dfrac{P_0}{2\pi \dfrac{N}{60}} = \dfrac{P_0}{\dfrac{2\pi}{60}(1-s)N_s} = \dfrac{P_0}{\dfrac{2\pi}{60}(1-s)\dfrac{120f}{P}}$ 에서

기계적 출력 $P_0 = T \dfrac{4\pi f}{P}(1-s)$ 【답】 ③

---

05 ★★★★★
필라멘트 재료가 갖추어야 할 조건 중 틀린 것은?

① 융해점이 높을 것   ② 고유저항이 작을 것
③ 선팽창 계수가 적을 것   ④ 높은 온도에서 증발이 적을 것

필라멘트의 구비조건
• 융해점이 높을 것
• **고유저항이 클 것**
• 높은 온도에서 증발이 적을 것
• 선팽창계수가 적을 것
• 전기저항의 온도계수가 플러스 일 것 【답】 ②

---

06 ★★☆☆☆
전기철도에서 귀선의 누설전류에 의해 전기 부식은 어디서 발생하는가?

① 궤도로 전류가 유입하는 곳   ② 궤도에서 전류가 유출하는 곳
③ 지중관로로 전류가 유입하는 곳   ④ 지중관로에서 전류가 유출하는 곳

레일의 전기 부식
레일의 접속부분의 저항이 높으면 레일에 흐르는 전류의 일부가 대지로 누설하여 부근의 수도관, 가스관, 전력케이블 등의 지중 금속 매설물을 통해 흐르기 때문에 전해 작용이 일어나는 부식
발생 장소 : 지중관로의 전위가 높고 전류가 유출되는 곳 【답】 ④

---

07 ★★☆☆☆
광도 780[cd]인 균등 점광원으로부터 발산하는 전광속[lm]은 약 얼마인가?

① 1,892   ② 2,575
③ 4,898   ④ 9,801

구광원(점광원) $F = 4\pi I = 4\pi \times 780 = 9,801\,[\text{lm}]$ 【답】 ④

---

08 ★★☆☆☆
아크의 전압과 전류의 관계를 그래프로 나타낸 것으로 맞는 것은?

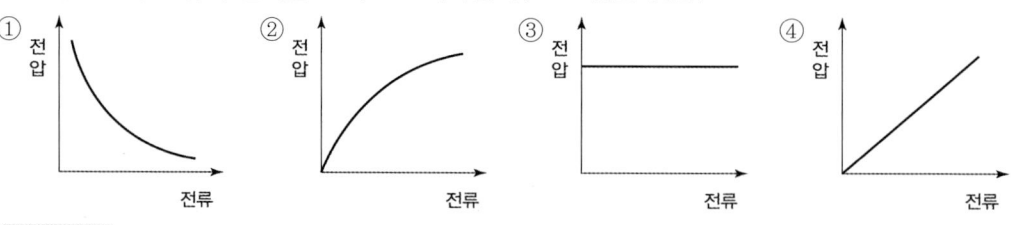

• **아크의 전압, 전류 특성 : 수하특성**
• 수하특성 : 전류(부하)가 급격히 증가하면 전압이 급격히 감소하는 특성 【답】 ①

09 ★★★★★
역병렬로 된 2개의 SCR과 유사한 양 방향성 3단자 사이리스터로서 AC 전력의 제어에 사용하는 것은?

① SCS
② GTO
③ TRIAC
④ LASCR

Explanation

트라이액(TRIAC : Triode Switch for AC)
• 쌍방향 3단자 소자
• **SCR 역병렬 구조**
• 교류 전력을 양극성 제어
• 과전압에 의한 파괴 안 됨

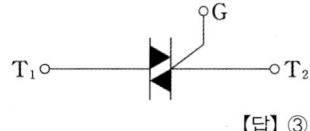

【답】③

10 ★☆☆☆☆
순금속 발열체의 종류가 아닌 것은?

① 백금[Pt]
② 텅스텐[W]
③ 몰리브덴[Mo]
④ 탄화규소[SiC]

Explanation

발열체의 종류 및 온도
• 니크롬선 1종 : 1,100[℃]
• 니크롬선 2종 : 900[℃]
• 철크롬선 1종 : 1,200[℃]
• 철크롬선 2종 : 1,100[℃]
• 비금속 발열체(탄화규소 발열체) : 1,400[℃]

【답】④

11 ★★★★★
3상 농형 유도전동기의 기동방법이 아닌 것은?

① Y−△ 기동
② 전전압 기동
③ 2차 저항 기동
④ 기동보상기 기동

Explanation

유도 전동기의 기동법

농형 유도전동기	• 전전압 기동(직입기동) : 5[HP] 이하(3.7[kW]) • Y − △ 기동(5~15[kW]) : 전류 1/3배, 전압 $1/\sqrt{3}$ 배 • 기동 보상기법 : 단권변압기 사용 감전압기동
권선형 유도전동기	• 2차 저항 기동법 ⇨ 비례 추이 이용

【답】③

12 ★☆☆☆☆
옥내에서 전선을 병렬로 사용할 때의 시설방법으로 틀린 것은?

① 전선은 동일한 도체이어야 한다.
② 전선은 동일한 굵기, 동일한 길이이어야 한다.
③ 전선의 굵기는 동 40[㎟] 이상 또는 알루미늄 90[㎟] 이상이어야 한다.
④ 관내에 전류의 불평형이 생기지 아니하도록 시설하여야 한다.

Explanation

① **전선의 굵기는 동 50[㎟] 이상 또는 알루미늄 70[㎟] 이상일 것**
② 동일한 도체, 동일한 굵기, 동일한 길이이어야 한다.
③ 각 전선에 흐르는 전류는 불평형을 초래하지 않도록 할 것
④ 같은 극의 각 전선은 동일한 터미널러그에 완전히 접속할 것

【답】③

13 ★☆☆☆☆

가교폴리에틸렌(XLPE) 절연물의 최대허용온도[℃]는?

① 70　　　　　　　　　　　　　② 90
③ 105　　　　　　　　　　　　④ 120

> **Explanation**
>
> 절연물의 최고 허용 온도
> • 폴리에틸렌 : 75 [℃]
> • 부틸 고무 : 80 [℃]
> • **가교 폴리에틸렌 : 90 [℃]**　　　　　　　　　　　　　　　　　　　　　【답】②

14 ★★★★★

전선의 구비조건으로 틀린 것은?

① 비중이 클 것　　　　　　　　② 도전율이 클 것
③ 내구성이 클 것　　　　　　　④ 기계적 강도가 클 것

> **Explanation**
>
> 전선의 구비조건
> • 도전율이 클 것
> • 인장 강도가 클 것
> • 가요성이 클 것
> • 내식성이 클 것
> • **비중(밀도)이 작을 것**
> • 접속공사가 용이할 것　　　　　　　　　　　　　　　　　　　　　　　　【답】①

15 ★☆☆☆☆

합성수지관 상호 간 및 관과 박스 접속 시에 삽입하는 최소 깊이는? (단, 접착제를 사용하는 경우는 제외한다)

① 관 안지름의 1.2배　　　　　　② 관 안지름의 1.5배
③ 관 바깥지름의 1.2배　　　　　④ 관 바깥지름의 1.5배

> **Explanation**
>
> (KEC 232.11조) 합성수지관공사
> 관 상호 간 및 박스와는 관을 **삽입하는 깊이를 관의 바깥 지름의 1.2배**(접착제를 사용하는 경우에는 0.8배) 이상으로 견고하게 접속할 것　　　　　　　　　　　　　　　　　　　　　　　　　　　　　　　　　【답】③

16 ★★☆☆☆

저압 배전반의 주 차단기로 주로 사용되는 보호기기는?

① GCB　　　　　　　　　　　　② VCB
③ ACB　　　　　　　　　　　　④ OCB

> **Explanation**
>
> 저압 배전반의 주 차단기
> • ACB(기중차단기)
> • MCCB, NFB(배선차단기)　　　　　　　　　　　　　　　　　　　　　　【답】③

17 ★☆☆☆☆

피뢰설비 중 돌침 지지관의 재료로 적합하지 않은 것은?

① 스테인리스 강관　　　　　　　② 황동관
③ 합성수지관　　　　　　　　　④ 알루미늄관

> **Explanation**

돌침부 : 돌침, 돌침지지관, 지지철물, 설치대
돌침지지관 : 강관, 스테인레스강관, 황동관, 알루미늄지지관
【답】 ③

18 ★☆☆☆☆
변압기 철심용 강판의 두께는 대략 몇 [mm]인가?

① 0.1 ② 0.35
③ 2   ④ 3

Explanation

변압기 철심용 규소강판 : 0.35~0.5[mm]
【답】 ②

19 ★☆☆☆☆
조명용 광원 중에서 연색성이 가장 우수한 것은?

① 백열전구 ② 고압나트륨등
③ 고압수은등 ④ 메탈할라이드등

Explanation

연색성(color rending) : 조명이 물체의 색감에 영향을 미치는 현상
【답】 ①

20 ★★★★★
방전등에 속하지 않는 것은?

① 할로겐등 ② 형광수은등
③ 고압나트륨등 ④ 메탈할라이드등

Explanation

발광의 원리
• 온도복사(백열전구, 할로겐램프 등)
• 루미네선스 : 온도복사를 제외한 발광 현상
【답】 ①

2과목   전력공학

21 ★★★★★
단도체 방식과 비교하여 복도체 방식의 송전선로를 설명한 것으로 틀린 것은?

① 선로의 송전용량이 증가된다.
② 계통의 안정도를 증진시킨다.
③ 전선의 인덕턴스가 감소하고, 정전용량이 증가된다.
④ 전선 표면의 전위경도가 저감되어 코로나 임계전압을 낮출 수 있다.

Explanation

복도체(다도체)
목적 : 코로나 방지
효과 : 인덕턴스를 감소시키고 정전용량 증가
　　　송전용량 증가, 안정도 증진
　　　코로나 임계전압을 높인다.
　　　전선 표면의 전위경도가 감소
【답】 ④

22 ★☆☆☆☆

유효낙차 100[m], 최대사용수량 20[m³/s], 수차효율 70[%]인 수력발전소의 연간 발전전력량은 약 몇 [kWh]인가? (단, 발전기의 효율은 85[%]라고 한다)

① 2.5×10^7 ② 5×10^7

③ 10×10^7 ④ 20×10^7

Explanation

수력발전소 출력 $P = 9.8QH\eta_t\eta_G$[kW] (η_t : 수차효율, η_G : 발전기 효율)

연간 발생 전력량 $W = P \cdot t = 9.8 \times 20 \times 100 \times 0.7 \times 0.85 \times 365 \times 24 = 10 \times 10^7$[kWh]　【답】③

23 ★★★★☆

부하역률이 $\cos\theta$인 경우 배전선로의 전력손실은 같은 크기의 부하전력으로 역률이 1인 경우의 전력손실에 비하여 어떻게 되는가?

① $\dfrac{1}{\cos\theta}$ ② $\dfrac{1}{\cos^2\theta}$

③ $\cos\theta$ ④ $\cos^2\theta$

Explanation

선로 손실 $P_l = I^2R = \left(\dfrac{P}{V\cos\theta}\right)^2 \times R = \dfrac{P^2R}{V^2\cos^2\theta} \propto \dfrac{1}{\cos^2\theta}$　【답】②

24 ★★★★★

선택 지락 계전기의 용도를 옳게 설명한 것은?

① 단일 회선에서 지락고장 회선의 선택 차단
② 단일 회선에서 지락전류의 방향 선택 차단
③ 병행 2회선에서 지락고장 회선의 선택 차단
④ 병행 2회선에서 지락고장의 지속시간 선택 차단

Explanation

지락사고 보호용 계전기
• 지락계전기(GR) : 1회선 송전선로의 지락보호
• 선택지락계전기(SGR) : 병행 2회선 이상의 송전선로의 지락 시 선택차단　【답】③

25 ★★★★★

직류 송전방식에 관한 설명으로 틀린 것은?

① 교류 송전방식보다 안정도가 낮다.
② 직류계통과 연계 운전 시 교류계통의 차단 용량은 작아진다.
③ 교류 송전방식에 비해 절연계급을 낮출 수 있다.
④ 비동기 연계가 가능하다.

Explanation

직류송전의 특징
• 선로의 리액턴스가 없으므로 안정도가 높다.
• 비동기연계가 가능하다.(주파수가 다른 선로의 연계 가능)
• 도체의 표피효과가 없다.
• 충전전류와 유전체손을 고려하지 않아도 된다.
• 변압이 어렵다.
• 고조파 억제 대책이 필요하다.　【답】①

26 ★☆☆☆☆

터빈(turbine)의 임계속도란?

① 비상조속기를 동작시키는 회전수
② 회전자의 고유 진동수와 일치하는 위험 회전수
③ 부하를 급히 차단하였을 때의 순간 최대 회전수
④ 부하 차단 후 자동적으로 정정된 회전수

Explanation

임계속도 : 회전자의 고유 진동수와 일치하는 위험 회전수

【답】②

27 ★★★☆☆

변전소, 발전소 등에 설치하는 피뢰기에 대한 설명 중 틀린 것은?

① 방전전류는 뇌충격전류의 파고값으로 표시한다.
② 피뢰기의 직렬갭은 속류를 차단 및 소호하는 역할을 한다.
③ 정격전압은 상용주파수 정현파 전압의 최고 한도를 규정한 순시값이다.
④ 속류란 방전현상이 실질적으로 끝난 후에도 전력계통에서 피뢰기에 공급되어 흐르는 전류를 말한다.

Explanation

피뢰기 정격전압 : 속류가 차단되는 교류의 최고전압
$V = \alpha \beta V_m$
α : 접지계수(1선 지락 시 건전상의 대지전위 상승)
β : 여유도(1.15)
V_m : 기준 전압(선간 최고 허용 전압)

【답】③

28 ★★★☆☆

아킹혼(Arcing Horn)의 설치 목적은?

① 이상전압 소멸 　　　　　　　② 전선의 진동방지
③ 코로나 손실방지 　　　　　　④ 섬락사고에 대한 애자보호

Explanation

아킹혼(초호각), 아킹링(초호환)
• **섬락 시 애자련 보호**
• 애자련에 걸리는 전압분포 균일

【답】④

29 ★☆☆☆☆

일반 회로정수가 A, B, C, D이고 송전단 전압이 E_s인 경우 무부하시 수전단 전압은?

① $\dfrac{E_s}{A}$ 　　　　　　　　　② $\dfrac{E_s}{B}$

③ $\dfrac{A}{C}E_s$ 　　　　　　　　④ $\dfrac{C}{A}E_s$

Explanation

전송파라미터의 4단자 정수
$$\begin{bmatrix} E_s \\ I_s \end{bmatrix} = \begin{bmatrix} A & B \\ C & D \end{bmatrix} \begin{bmatrix} E_r \\ I_r \end{bmatrix}$$
여기서, 무부하 시 이므로 $I_r = 0$
$E_s = AE_r + BI_r$ 에서 $E_s = AE_r$
$\therefore E_r = \dfrac{1}{A}E_s$

【답】①

30 $\star\star\star\star\star$
10,000[kVA] 기준으로 등가 임피던스가 0.4[%]인 발전소에 설치될 차단기의 차단용량은 몇 [MVA]인가?

① 1,000　　　　② 1,500　　　　③ 2,000　　　　④ 2,500

Explanation

단락 용량 $P_s = \dfrac{100}{\%Z} P_n = \dfrac{100}{0.4} \times 10,000 \times 10^{-3} = 2,500$[MVA]

여기서, 차단기의 차단용량이 단락용량보다 크거나 최소한 같게 선정한다.　　　　【답】④

31 $\star\star\star\star\star$
변전소에서 접지를 하는 목적으로 적절하지 않은 것은?

① 기기의 보호　　　　　　　　　② 근무자의 안전
③ 차단 시 아크의 소호　　　　　④ 송전시스템의 중성점 접지

Explanation

변전소 접지 목적
• 송전용 변전소 : 중성점 접지
• 배전용 변전소 : 보호계전기 동작 확보
　　　　　　　　　근무자 안전
　　　　　　　　　대지전압 감소　　　　　　　　　【답】③

32 $\star\star\star\star\star$
중거리 송전선로의 T형 회로에서 송전단 전류 I_s 는? (단, Z, Y는 선로의 직렬 임피던스와 병렬 어드미턴스이고, E_r은 수전단 전압, I_r은 수전단 전류이다)

① $E_r\left(1 + \dfrac{ZY}{2}\right) + ZI_r$

② $I_r\left(1 + \dfrac{ZY}{2}\right) + E_r Y$

③ $E_r\left(1 + \dfrac{ZY}{2}\right) + ZI_r\left(1 + \dfrac{ZY}{4}\right)$

④ $I_r\left(1 + \dfrac{ZY}{2}\right) + E_r Y\left(1 + \dfrac{ZY}{4}\right)$

Explanation

중거리 송전선로 T형 회로

$$\begin{bmatrix} A & B \\ C & D \end{bmatrix} = \begin{bmatrix} 1 + \dfrac{ZY}{2} & Z\left(1 + \dfrac{ZY}{4}\right) \\ Y & 1 + \dfrac{ZY}{2} \end{bmatrix}$$

$$\begin{bmatrix} E_s \\ I_s \end{bmatrix} = \begin{bmatrix} A & B \\ C & D \end{bmatrix} \begin{bmatrix} E_r \\ I_r \end{bmatrix}$$

$$\therefore I_s = CE_r + DI_r = YE_r + \left(1 + \dfrac{ZY}{2}\right) I_r$$　　　【답】②

33 $\star\star\star\star\star$
한 대의 주상변압기에 역률(뒤짐) $\cos\theta_1$, 유효전력 P_1[kW]의 부하와 역률(뒤짐) $\cos\theta_2$, 유효전력 P_2[kW]의 부하가 병렬로 접속되어 있을 때 주상변압기 2차 측에서 본 부하의 종합역률은 어떻게 되는가?

① $\dfrac{P_1 + P_2}{\dfrac{P_1}{\cos\theta_1} + \dfrac{P_2}{\cos\theta_2}}$

② $\dfrac{P_1 + P_2}{\dfrac{P_1}{\sin\theta_1} + \dfrac{P_2}{\sin\theta_2}}$

③ $\dfrac{P_1 + P_2}{\sqrt{(P_1 + P_2)^2 + (P_1\tan\theta_1 + P_2\tan\theta_2)^2}}$

④ $\dfrac{P_1 + P_2}{\sqrt{(P_1 + P_2)^2 + (P_1\sin\theta_1 + P_2\sin\theta_2)^2}}$

부하가 병렬로 있는 경우
- 유효전력 : $P = P_1 + P_2$
- 무효전력 : $Q = P_1 \tan\theta_1 + P_2 \tan\theta_2$
- 피상전력 : $P_a = \sqrt{P^2 + Q^2} = \sqrt{(P_1 + P_2)^2 + (P_1 \tan\theta_1 + P_2 \tan\theta_2)^2}$
- 역률 $\cos\theta = \dfrac{P}{P_a} = \dfrac{P_1 + P_2}{\sqrt{(P_1 + P_2)^2 + (P_1 \tan\theta_1 + P_2 \tan\theta_2)^2}}$

【답】③

34 ★★☆☆☆

33[kV] 이하의 단거리 송배전선로에 적용되는 비접지 방식에서 지락전류는 다음 중 어느 것을 말하는가?

① 누설전류　　　　　　　　　② 충전전류
③ 뒤진전류　　　　　　　　　④ 단락전류

Explanation

비접지식의 지락전류

$I_g = \dfrac{E}{Z} = \dfrac{E}{\dfrac{1}{j3\omega C_s}} = j3\omega C_s E$　여기서, C_s : 대지정전용량

따라서 비접지식의 지락전류는 전압보다 90도 빠른 전류(진상전류, 충전전류)

【답】②

35 ★★★★★

옥내배선의 전선 굵기를 결정할 때 고려해야 할 사항으로 틀린 것은?

① 허용전류　　　　　　　　　② 전압강하
③ 배선방식　　　　　　　　　④ 기계적강도

Explanation

- 켈빈의 법칙(경제적인 전선의 굵기 선정)
- 경제적인 전선의 굵기 선정 : 허용전류, 전압강하, 기계적 강도

【답】③

36 ★☆☆☆☆

고압 배전선로 구성방식 중, 고장 시 자동적으로 고장개소의 분리 및 건전선로에 폐로하여 전력을 공급하는 개폐기를 가지며, 수요 분포에 따라 임의의 분기선으로부터 전력을 공급하는 방식은?

① 환상식　　　　　　　　　　② 망상식
③ 뱅킹식　　　　　　　　　　④ 가지식(수지식)

Explanation

루프식(환상식)
고장 시 자동적으로 고장개소의 분리 및 건전선로에 폐로하여 전력을 공급하는 개폐기를 가지며, 수요 분포에 따라 임의의 분기선으로부터 전력을 공급
- 가지식에 비해 전압 강하가 적다, 전력 손실이 적다, 플리커 현상 경감
- 부하가 밀집된 시가지 계통에서 사용
- 설비비가 고가

【답】①

37 ★☆☆☆☆

그림과 같은 2기 계통에 있어서 발전기에서 전동기로 전달되는 전력 P는? (단, $X = X_G + X_L + X_M$ 이고 E_G, E_M은 각각 발전기 및 전동기의 유기기전력, ℓ는 E_G와 E_M간의 상차각이다)

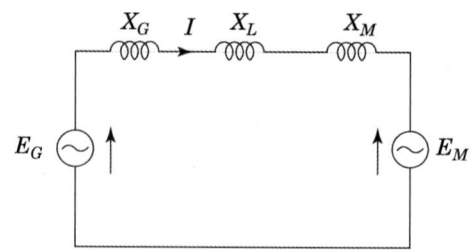

① $P = \dfrac{E_G}{XE_M} \sin\delta$ ② $P = \dfrac{E_G E_M}{X} \sin\delta$

③ $P = \dfrac{E_G E_M}{X} \cos\delta$ ④ $P = XE_G E_M \cos\delta$

Explanation

송전전력 $P = \dfrac{V_s V_r}{X} \sin\delta$ 이므로 $P = \dfrac{E_G E_M}{X} \sin\delta$ 【답】②

38 ★★★★★

전력계통 연계 시의 특징으로 틀린 것은?

① 단락전류가 감소한다.
② 경제 급전이 용이하다.
③ 공급신뢰도가 향상된다.
④ 사고 시 다른 계통으로의 영향이 파급될 수 있다.

Explanation

계통연계 시에는 설비용량이 저감되며 배후전력이 커지며 안정된 전압, 주파수 유지가 가능하나 병렬 회로 수가 많아지므로 사고 시 단락전류가 증대되고 단락용량이 커지는 단점이 있다.   【답】①

39 ★★★☆☆

공통 중성선 다중 접지방식의 배전선로에서 Recloser(R), Sectionalizer(S), Line fuse(F)의 보호협조가 가장 적합한 배열은? (단, 보호협조는 변전소를 기준으로 한다)

① S - F - R   ② S - R - F
③ F - S - R   ④ R - S - F

Explanation

• Recloser(R) : 리클로저. 배전선로에 사용되는 자동재폐로 차단기
• Sectionalizer(S) : 섹셔널라이저. 구분개폐기로서 사고 차단 능력이 없어서 후비보호장치인 리클로저와 함께 사용
• Fuse(F) : 퓨즈. 부하의 전단에 사용
따라서 리클로저는 3대까지 사용가능하며 섹셔널라이저는 반드시 리클로저와 함께 사용하여야 한다.   【답】④

40 ★★★★☆

송전선의 특성임피던스와 전파정수는 어떤 시험으로 구할 수 있는가?

① 뇌파시험   ② 정격부하시험
③ 절연강도 측정시험   ④ 무부하시험과 단락시험

Explanation

특성 임피던스 $Z_0 = \sqrt{\dfrac{Z}{Y}}$, 전파 정수 $\gamma = \sqrt{ZY}$

- 무부하시험 : Y(어드미턴스)
- 단락시험 : Z(임피던스)

【답】④

3과목　전기기기

41 ★★★★★
단상 변압기의 병렬운전 시 요구사항으로 틀린 것은?

① 극성이 같을 것
② 정격출력이 같을 것
③ 정격전압과 권수비가 같을 것
④ 저항과 리액턴스의 비가 같을 것

Explanation

변압기 병렬 운전 조건
- 극성, 권수비, 1, 2차 정격전압이 같을 것
- [%]임피던스 강하가 같을 것
- 내부저항과 리액턴스의 비가 같을 것

【답】②

42 ★★★★☆
유도전동기로 동기전동기를 기동하는 경우, 유도전동기의 극수는 동기전동기의 극수보다 2극 적은 것을 사용하는 이유로 옳은 것은? (단, s 는 슬립이며 N_s 는 동기속도이다)

① 같은 극수의 유도전동기는 동기속도보다 sN_s 만큼 늦으므로
② 같은 극수의 유도전동기는 동기속도보다 sN_s 만큼 빠르므로
③ 같은 극수의 유도전동기는 동기속도보다 $(1-s)N_s$ 만큼 늦으므로
④ 같은 극수의 유도전동기는 동기속도보다 $(1-s)N_s$ 만큼 빠르므로

Explanation

동기기의 회전속도 : N_s
유도기의 회전속도 : $N = (1-s)N_s = N_s - sN_s$
같은 극수로는 유도기는 동기속도보다 sN_s 만큼 늦기 때문에 2극 적은 것을 사용한다.

【답】①

43 ★★★★★
동기발전기에 회전계자형을 사용하는 경우에 대한 이유로 틀린 것은?

① 기전력의 파형을 개선한다.
② 전기자가 고정자이므로 고압 대전류용에 좋고, 절연하기 쉽다.
③ 계자가 회전자지만 저압 소용량의 직류이므로 구조가 간단하다.
④ 전기자보다 계자극을 회전자로 하는 것이 기계적으로 튼튼하다.

Explanation

동기 발전기 : 회전 계자형
- 계자는 기계적으로 튼튼하고 구조가 간단하여 회전 유리
- 계자회로는 직류로 소요 전력이 적다.
- 절연이 용이
- 전기자는 Y결선으로 복잡하다.

【답】①

44 ★★★★★
3상 동기발전기의 매극 매상의 슬롯수를 3이라 할 때 분포권 계수는?

① $6\sin\dfrac{\pi}{18}$ ② $3\sin\dfrac{\pi}{36}$

③ $\dfrac{1}{6\sin\dfrac{\pi}{18}}$ ④ $\dfrac{1}{12\sin\dfrac{\pi}{36}}$

> **Explanation**
>
> 분포권 계수 $K_d = \dfrac{\sin\dfrac{\pi}{2m}}{q\sin\dfrac{\pi}{2mq}} = \dfrac{\sin\dfrac{\pi}{2\times3}}{3\sin\dfrac{\pi}{2\times3\times3}} = \dfrac{1}{6\sin\dfrac{\pi}{18}}$ 【답】 ③

45 ★★★☆☆
변압기의 누설리액턴스를 나타낸 것은? (단, N은 권수이다)

① N에 비례   ② N^2에 반비례
③ N^2에 비례   ④ N에 반비례

> **Explanation**
>
> 누설 리액턴스 $X_L = \omega L = 2\pi f L \propto L$이고 $L = \dfrac{\mu S N^2}{l} \propto N^2$ 이므로 결국 누설 리액턴스는 권선수 N^2에 비례   【답】 ③

46 ★★★☆☆
가정용 재봉틀, 소형공구, 영사기, 치과의료용, 엔진 등에 사용하고 있으며, 교류, 직류 양쪽 모두에 사용되는 만능전동기는?

① 전기 동력계   ② 3상 유도전동기
③ 차동 복권전동기   ④ 단상 직권정류자전동기

> **Explanation**
>
> 단상 직권정류자 전동기(만능전동기)
> - 교류, 직류 양용에 사용
> - 가정용 미싱, 소형 공구, 영사기, 믹서, 치과 의료용 엔진 등에 사용   【답】 ④

47 ★★☆☆☆
정격전압 220[V], 무부하 단자전압 230[V], 정격 출력이 40[kW]인 직류 분권발전기의 계자저항이 22[Ω], 전기자 반작용에 의한 전압강하가 5[V]라면 전기자 회로의 저항[Ω]은 약 얼마인가?

① 0.026   ② 0.028
③ 0.035   ④ 0.042

> **Explanation**
>
> 직류 분권발전기 : $I_a = I + I_f = \dfrac{P}{V} + \dfrac{V}{R_f} = \dfrac{40\times10^3}{220} + \dfrac{220}{22} = 191.82[\text{A}]$
>
> 기전력 $E = V + I_a R_a + e_a[\text{V}]$
>
> $\quad E - V - e_a = I_a R_a$
>
> 전기자 저항 $R_a = \dfrac{E - V - e_a}{I_a} = \dfrac{230 - 220 - 5}{191.82} = 0.026[\Omega]$ 【답】 ①

48 ★☆☆☆☆
전력용 변압기에서 1차에 정현파 전압을 인가하였을 때, 2차에 정현파 전압이 유기되기 위해서는 1차에 흘러들어가는 여자전류는 기본파 전류 외에 주로 몇 고조파 전류가 포함되는가?

① 제2고조파
② 제3고조파
③ 제4고조파
④ 제5고조파

Explanation

변압기 여자전류에는 제3고조파가 포함되어 있다. 【답】②

49 ★☆☆☆☆
스텝각이 2°, 스테핑주파수(pulse rate)가 1,800[pps]인 스테핑모터의 축속도[rps]는?

① 8
② 10
③ 12
④ 14

Explanation

스텝각 2°라면, 1회전 시 180개의 펄스가 필요하므로 180[Hz]=180[rps]이며 따라서 1,800[rps]라면 초당 10회전되므로 10[rps]가 된다. 【답】②

50 ★★★★★
변압기에서 사용되는 변압기유의 구비 조건으로 틀린 것은?

① 점도가 높을 것
② 응고점이 낮을 것
③ 인화점이 높을 것
④ 절연 내력이 클 것

Explanation

절연유(변압기유)의 구비조건
• 절연내력이 클 것
• 점도가 적고 비열이 커서 냉각 효과가 클 것
• 인화점은 높고, 응고점은 낮을 것
• 고온에서 산화하지 않고, 침전물이 생기지 않을 것 【답】①

51 ★★★☆☆
동기발전기의 병렬 운전 중 위상차가 생기면 어떤 현상이 발생하는가?

① 무효 횡류가 흐른다.
② 무효 전력이 생긴다.
③ 유효 횡류가 흐른다.
④ 출력이 요동하고 권선이 가열된다.

Explanation

동기 발전기의 병렬 운전 조건

기전력의 크기가 같을 것	무효순환전류(무효 횡류)
기전력의 위상이 같을 것	**동기화 전류(유효 횡류)**
기전력의 주파수가 같을 것	난조발생
기전력의 파형이 같을 것	고조파 무효 순환 전류
상회전 방향이 같을 것(3상)	

【답】③

52 ★☆☆☆☆
단상 유도전동기의 토크에 대한 2차 저항을 어느 정도 이상으로 증가시킬 때 나타나는 현상으로 옳은 것은?

① 역회전 가능
② 최대토크 일정
③ 기동토크 증가
④ 토크는 항상 (+)

Explanation

53 ★☆☆☆☆
직류기에 관련된 사항으로 잘못 짝지어진 것은?

① 보극 – 리액턴스 전압 감소
② 보상권선 – 전기자 반작용 감소
③ 전기자 반작용 – 직류전동기 속도 감소
④ 정류기간 – 전기자 코일이 단락되는 기간

Explanation

직류기의 특성
• 보극 – 리액턴스 전압 감소
• 보상권선 – 전기자 반작용 감소
• 전기자 반작용 – 직류전동기 토크 감소, 직류 발전기 유기기전력 및 출력 감소
• 정류기간 – 전기자 코일이 단락되는 기간

【답】 ③

54 ★☆☆☆☆
그림은 전원전압 및 주파수가 일정할 때의 다상 유도전동기의 특성을 표시하는 곡선이다.
1차 전류를 나타내는 곡선은 몇 번 곡선인가?

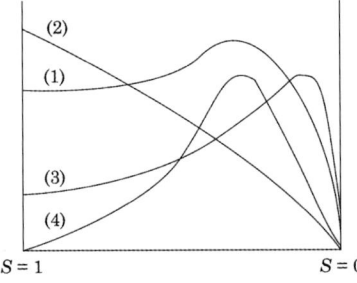

① (1)
② (2)
③ (3)
④ (4)

Explanation

토크곡선에서
(1) 기동 시 토크곡선
(2) 기동 시 1차 전류 곡선

【답】 ②

55 ★★★☆☆
직류발전기의 외부 특성곡선에서 나타내는 관계로 옳은 것은?

① 계자전류와 단자전압
② 계자전류와 부하전류
③ 부하전류와 단자전압
④ 부하전류와 유기기전력

Explanation

직류발전기의 특성곡선
• 무부하포화곡선 : 계자전류와 유기기전력
• **외부특성곡선 : 부하전류와 단자전압**
• 부하특성곡선 : 계자전류와 단자전압

【답】 ③

56 ★☆☆☆☆
동기전동기가 무부하 운전 중에 부하가 걸리면 동기전동기의 속도는?

① 정지한다.
② 동기속도와 같다.
③ 동기속도보다 빨라진다.
④ 동기속도 이하로 떨어진다.

Explanation

동기전동기는 정속도 특성을 가지며 부하를 걸면 속도가 감소되나 곧 동기속도로 회복하여 동기속도로 운전된다. **【답】②**

57 ★☆☆☆☆
100[V], 10[A], 1,500[rpm]인 직류 분권발전기의 정격 시의 계자전류는 2[A]이다. 이 때 계자회로에는 10[Ω]의 외부저항이 삽입되어 있다. 계자권선의 저항[Ω]은?

① 20
② 40
③ 80
④ 100

Explanation

직류 분권발전기
유기기전력 $E = V + I_a R_a$

전기자전류 $I_a = I + I_f = \dfrac{P}{V} + \dfrac{V}{R_f}$

여기서 계자전류는 $I_f = \dfrac{V}{R_f} = \dfrac{100}{R_f} = 2$이므로 계자 회로의 전체 저항은 $R_f = \dfrac{V}{I_f} = \dfrac{100}{2} = 50[\Omega]$이며 이 경우 계자회로에 10[Ω]의 외부저항이 있으므로 원래의 계자저항은 40[Ω]이 된다. **【답】②**

58 ★★★★☆
50[Hz]로 설계된 3상 유도전동기를 60[Hz]에 사용하는 경우 단자전압을 110[%]로 높일 때 일어나는 현상으로 틀린 것은?

① 철손불변
② 여자전류감소
③ 온도상승증가
④ 출력이 일정하면 유효전류 감소

Explanation

① 철손 $P_i \propto \dfrac{E^2}{f}$, $P_i' = \dfrac{50}{60} \times 1.1^2$ $P_i \fallingdotseq 1.0083 P_i$ 이므로 철손은 거의 불변

② 여자 전류 $I_\phi = \dfrac{E}{wL} = \dfrac{E}{2\pi f L} \propto \dfrac{1}{f}$, $I_\phi' = \dfrac{f}{f'} I_\phi = \dfrac{50}{60} \times I_\phi = \dfrac{5}{6} I_\phi$ 이므로 여자 전류 감소

③ $P = \sqrt{3} VI\cos\theta$에서 출력이 일정하고 단자 전압이 증가하면 유효전류는 감소한다.

④ 유효전류가 감소하면 동손($I^2 R$)에 의한 손실 감소 : 온도 상승 감소 **【답】③**

59 ★★★★★
직류기발전기에서 양호한 정류(整流)를 얻는 조건으로 틀린 것은?

① 정류주기를 크게 할 것
② 리액턴스 전압을 크게 할 것
③ 브러시의 접촉저항을 크게 할 것
④ 전기자 코일의 인덕턴스를 작게 할 것

Explanation

양호한 정류를 얻는 방법
• 보극 설치
• 접촉저항이 큰 탄소브러시 사용
• 리액턴스 전압을 적게 한다.
• 정류주기를 길게 한다. **【답】②**

60 ★☆☆☆☆ 상전압 200[V]의 3상 반파정류회로의 각 상에 SCR을 사용하여 정류제어 할 때 위상각을 $\pi/6$로 하면 순 저항부하에서 얻을 수 있는 직류전압[V]은?

① 90 ② 180
③ 203 ④ 234

Explanation

SCR의 위상 제어

• 3상 반파 정류 회로 $E_d = \dfrac{3\sqrt{6}}{2\pi} E\cos\alpha = 1.17E\cos\alpha$

$E_d = \dfrac{3\sqrt{6}}{2\pi} V\cos\theta = \dfrac{3\sqrt{6}}{2\pi} \times 200 \times \cos 30° = 202.6[\text{V}]$

【답】③

4과목   회로이론 및 제어공학

61 ★★☆☆☆ 폐루프 전달함수 $\dfrac{G(s)}{1+G(s)H(s)}$ 의 극의 위치를 개루프 전달함수 $G(s)H(s)$의 이득상수 K의 함수로 나타내는 기법은?

① 근궤적법 ② 보드 선도법
③ 이득 선도법 ④ Nyguist 판정법

Explanation

근궤적법 : 루프 전달함수 $G(s)H(s)$의 이득 상수 K의 함수로 나타내는 기법
 $K = 0$(극점)에서 시작하여 $K = \infty$(영점)에서 종착하는 궤적

【답】①

62 ★☆☆☆☆ 블록선도 변환이 틀린 것은?

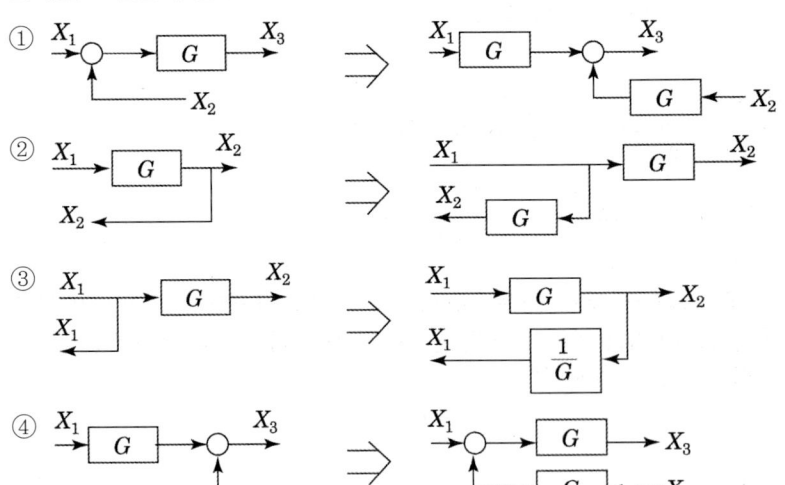

Explanation

【답】④

★☆☆☆☆
63 다음 회로망에서 입력전압을 $V_1(t)$, 출력전압을 $V_2(t)$라 할 때, $\dfrac{V_2(s)}{V_1(s)}$에 대한 고유주파수 ω_n과

제동비 ζ의 값은? (단, $R = 100[\Omega]$, $L = 2[\text{H}]$, $C = 200[\mu\text{F}]$이고, 모든 초기전하는 0 이다)

① $\omega_n = 50$, $\zeta = 0.5$

② $\omega_n = 50$, $\zeta = 0.7$

③ $\omega_n = 250$, $\zeta = 0.5$

④ $\omega_n = 250$, $\zeta = 0.7$

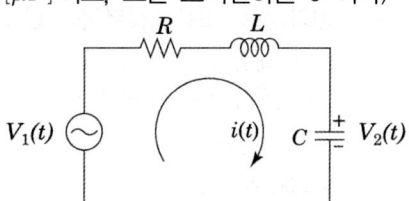

Explanation

【답】①

★☆☆☆☆
64 다음 신호 흐름선도의 일반식은?

① $G = \dfrac{1 - bd}{abc}$

② $G = \dfrac{1 + bd}{abc}$

③ $G = \dfrac{abc}{1 + bd}$

④ $G = \dfrac{abc}{1 - bd}$

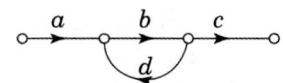

Explanation

메이슨의 이득공식을 적용하면

$G = \dfrac{\sum G_i \triangle_i}{\triangle}$ 에서 $G_i : abc$, $\triangle_i : 1 - 0 = 1$, $\triangle = 1 - bd$

전체이득 $G = \dfrac{C}{R} = \dfrac{abc}{1 - bd}$

【답】④

★☆☆☆☆
65 다음 중 이진 값 신호가 아닌 것은?

① 디지털 신호

② 아날로그 신호

③ 스위치의 On-Off 신호

④ 반도체 소자의 동작, 부동작 상태

Explanation

이진 값 신호(동작이 0과 1인 상태)
• 디지털 신호
• 스위치의 On-Off 신호
• 반도체 소자의 동작, 부동작 상태

【답】②

★★★★★
66 보드 선도에서 이득여유에 대한 정보를 얻을 수 있는 것은?

① 위상곡선 0°에서의 이득과 0[dB]과의 차이

② 위상곡선 180°에서의 이득과 0[dB]과의 차이

③ 위상곡선 −90°에서의 이득과 0[dB]과의 차이

④ 위상곡선 −180°에서의 이득과 0[dB]과의 차이

- 이득여유 : 위상 곡선이 −180°에서의 이득값
- 위상여유 : 이득 곡선이 0[dB]인 점에서의 위상값 　　　　　　　　　　　　　　　　　　　　【답】④

67 ★☆☆☆☆
단위 궤환제어계의 개루프 전달함수가 $G(s) = \dfrac{K}{s(s+2)}$ 일 때, K가 $-\infty$ 로부터 $+\infty$ 까지 변하는 경우 특성방정식의 근에 대한 설명으로 틀린 것은?

① $-\infty < K < 0$ 에 대하여 근은 모두 실근이다.
② $0 < K < 1$ 에 대하여 2개의 근은 모두 음의 실근이다.
③ $K = 0$ 에 대하여 $s_1 = 0$, $s_2 = -2$ 의 근은 $G(s)$의 극점과 일치한다.
④ $1 < K < \infty$ 에 대하여 2개의 근은 음의 실수부 중근이다.

개루프 전달함수를 이용하여 폐루프 특성방정식을 구하면
폐루프 특성방정식＝개루프 전달함수의 분모＋분자
$s(s+2)+K=0$ 　$s^2+2s+K=0$ 이므로 $s=-1\pm\sqrt{1-K}$ 에서
① $-\infty < K < 0$: 모두 실근
② $K=0$: $s_1=0, s_2=-2$
③ $0 < K < 1$: 2개의 근은 모두 음의 실근
④ $1 < K < \infty$: 2개의 근은 음의 실근을 가지는 공액복소근 　　　　　　　　　　【답】④

68 ★★★★★
2차계 과도응답에 대한 특성 방정식의 근은 $s_1, s_2 = -\zeta\omega_n \pm j\omega_n\sqrt{1-\zeta^2}$ 이다. 감쇠비 ζ가 $0 < \zeta < 1$ 사이에 존재할 때 나타나는 현상은?
① 과제동 　　　　　　　　　　　　② 무제동
③ 부족제동 　　　　　　　　　　　④ 임계제동

감쇠계수(ζ)와의 관계
- $\zeta > 1$ (과제동)
- $\zeta = 1$ (임계제동)
- **$0 < \zeta < 1$ (부족제동)**
- $\zeta = 0$ (무제동) 　　　　　　　　　　　　　　　　　　　　　　　　　　　　【답】③

69 ★☆☆☆☆
그림의 시퀀스 회로에서 전자접촉기 X에 의한 A접점(Normal open contact)의 사용 목적은?

① 자기유지회로
② 지연회로
③ 우선 선택회로
④ 인터록(interlock)회로

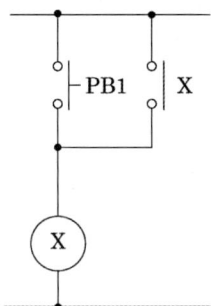

자기 유지 회로
1) 기능 : 누름버튼 스위치를 놓아도 병렬 유지접점에 의해 논리를 유지하는 회로

2) 유접점 회로

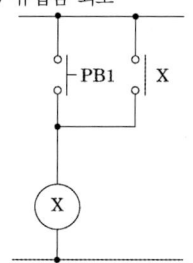

3) 동작설명
   PB₁을 누르면 X가 동작하며 이후에 손을 떼어도 계속해서 X가 동작

【답】 ①

70 ★★☆☆☆ 다음의 블록선도에서 특성방정식의 근은?

① −2, −5

② 2, 5

③ −3, −4

④ 3, 4

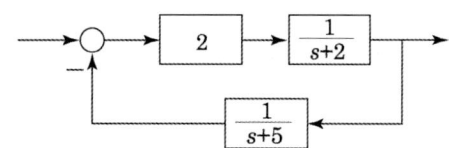

Explanation

(개)루프전달함수 $G(s)H(s) = 2 \times \dfrac{1}{s+2} \times \dfrac{1}{s+5} = \dfrac{2}{(s+2)(s+5)}$

여기서, 폐루프 특성 방정식은 개루프 전달함수의 (분모+분자)이므로

특성방정식 $(s+2)(s+5)+2 = s^2 + 7s + 12 = 0$

$(s+3)(s+4) = 0$에서 극점은 $s = -3, -4$

【답】 ③

71 ★☆☆☆☆ 평형 3상 3선식 회로에서 부하는 Y결선이고, 선간전압이 173.2∠0°[V]일 때 선전류는 20∠−120°[A]이었다면, Y결선된 부하 한 상의 임피던스는 약 몇 [Ω]인가?

① 5∠60°

② 5∠90°

③ $5\sqrt{3}$∠60°

④ $5\sqrt{3}$∠90°

Explanation

상전류 $I_p = \dfrac{V_p}{Z}$ 에서

임피던스 $Z = \dfrac{V_p}{I_p} = \dfrac{\dfrac{173.2}{\sqrt{3}} \angle -30°}{20 \angle -120°} = 5\angle 90°[\Omega]$

여기서, Y결선의 경우 선간전압은 상전압 보다 위상이 30도 앞서므로 선간전압의 위상이 0도라면 상전압은 −30도 가 된다.

【답】 ②

72 ★☆☆☆☆ 그림과 같은 RC 저역통과 필터회로에 단위 임펄스를 입력으로 가했을 때 응답 $h(t)$는?

① $h(t) = RCe^{-\frac{t}{RC}}$

② $h(t) = \dfrac{1}{RC} e^{-\frac{t}{RC}}$

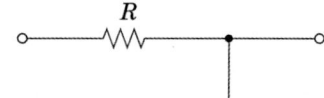

③ $h(t) = \dfrac{R}{1 + j\omega RC}$

④ $h(t) = \dfrac{1}{RC} e^{-\frac{C}{R}t}$

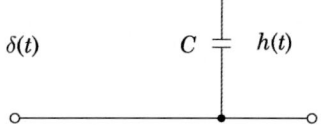

Explanation

임펄스 응답(Impulse Response) : $r(t) = \delta(t)$

출력 $C(s) = G(s)R(s)$에서 $R(s) = 1$, $C(s) = G(s)$

$\therefore\ C(t) = \mathcal{L}^{-1}[C(s)] = \mathcal{L}^{-1}[G(s)]$

전달함수 $G(s) = \dfrac{\dfrac{1}{Cs}}{R + \dfrac{1}{Cs}} = \dfrac{1}{RCs + 1} = \dfrac{\dfrac{1}{RC}}{s + \dfrac{1}{RC}}$ 이므로 라플라스역변환하면

응답은 $h(t) = \dfrac{1}{RC} e^{-\frac{1}{RC}t}$

【답】②

---

73 ★★☆☆☆

2전력계법으로 평형 3상 전력을 측정하였더니 한 쪽의 지시가 500[W], 다른 한 쪽의 지시가 1,500[W]이었다. 피상전력은 약 몇 [VA]인가?

① 2,000

② 2,310

③ 2,646

④ 2,771

Explanation

2전력계법

유효전력 $P = P_1 + P_2$

무효전력 $P_r = \sqrt{3}(P_1 - P_2)$

피상전력 $P_a = 2\sqrt{P_1^2 + P_2^2 - P_1 P_2}$

$\qquad = 2\sqrt{500^2 + 1,500^2 - 500 \times 1,500} = 2,646[\text{VA}]$

【답】③

---

74 ★★★☆☆

회로에서 4단자 정수 A, B, C, D의 값은?

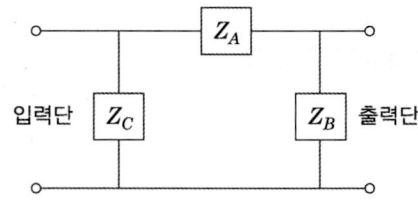

입력단 Z_C Z_A Z_B 출력단

① $A = 1 + \dfrac{Z_A}{Z_B}$, $B = Z_A$, $C = \dfrac{1}{Z_A}$, $D = 1 + \dfrac{Z_B}{Z_A}$

② $A = 1 + \dfrac{Z_A}{Z_B}$, $B = Z_A$, $C = \dfrac{1}{Z_B}$, $D = 1 + \dfrac{Z_A}{Z_B}$

③ $A = 1 + \dfrac{Z_A}{Z_B}$, $B = Z_A$, $C = \dfrac{Z_A + Z_B + Z_C}{Z_B Z_C}$, $D = \dfrac{1}{Z_B Z_C}$

④ $A = 1 + \dfrac{Z_A}{Z_B}$, $B = Z_A$, $C = \dfrac{Z_A + Z_B + Z_C}{Z_B Z_C}$, $D = 1 + \dfrac{Z_A}{Z_C}$

Explanation

π형 4단자 정수

$$\begin{bmatrix} A & B \\ C & D \end{bmatrix} = \begin{bmatrix} 1 & 0 \\ \dfrac{1}{Z_c} & 1 \end{bmatrix} \begin{bmatrix} 1 & Z_A \\ 0 & 1 \end{bmatrix} \begin{bmatrix} 1 & 0 \\ \dfrac{1}{Z_B} & 1 \end{bmatrix} = \begin{bmatrix} 1 & Z_A \\ \dfrac{1}{Z_C} & \dfrac{Z_A}{Z_C} + 1 \end{bmatrix} \begin{bmatrix} 1 & 0 \\ \dfrac{1}{Z_B} & 1 \end{bmatrix} = \begin{bmatrix} 1 + \dfrac{Z_A}{Z_B} & Z_A \\ \dfrac{Z_A + Z_B + Z_C}{Z_B Z_C} & \dfrac{Z_A}{Z_C} + 1 \end{bmatrix}$$

【답】④

75 ★☆☆☆☆ 길이에 따라 비례하는 저항 값을 가진 어떤 전열선에 E_0[V]의 전압을 인가하면 P_0[W]의 전력이 소비된다. 이 전열선을 잘라 원래 길이의 $\frac{2}{3}$로 만들고 E[V]의 전압을 가한다면 소비전력 P[W]는?

① $P = \dfrac{P_0}{2}\left(\dfrac{E}{E_o}\right)^2$ 　　　　　　② $P = \dfrac{3P_0}{2}\left(\dfrac{E}{E_0}\right)^2$

③ $P = \dfrac{2P_0}{3}\left(\dfrac{E}{E_0}\right)^2$ 　　　　　　④ $P = \dfrac{\sqrt{3}\,P_0}{2}\left(\dfrac{E}{E_0}\right)^2$

Explanation

소비전력 $P_o = \dfrac{E_o^2}{R}$ 에서

저항은 $R = \rho\dfrac{l}{A}$ 이고 길이에 비례하므로, 길이가 $\frac{2}{3}$가 되면 저항도 $\frac{2}{3}$가 됨

전력은 $P = P_o \times \dfrac{\left(\dfrac{E}{E_o}\right)^2}{\dfrac{2}{3}} = \dfrac{3}{2}P_o\left(\dfrac{E}{E_o}\right)^2$ 가 된다.

【답】②

76 ★☆☆☆☆ $f(t) = e^{j\omega t}$ 의 라플라스 변환은?

① $\dfrac{1}{s - j\omega}$ 　　　　　　② $\dfrac{1}{s + j\omega}$

③ $\dfrac{1}{s^2 + \omega^2}$ 　　　　　　④ $\dfrac{\omega}{s^2 + \omega^2}$

Explanation

라플라스변환

$f(t)$		$F(s)$
임펄스함수	$\delta(t)$	1
단위계단함수	$u(t)$	$\dfrac{1}{s}$
램프함수	t	$\dfrac{1}{s^2}$
지수함수	$e^{\pm at}$	$\dfrac{1}{s \mp a}$

$\mathcal{L}[f(t)] = \mathcal{L}[e^{j\omega t}] = \dfrac{1}{s - j\omega}$

【답】①

77 ★☆☆☆☆ 1[km]당 인덕턴스 25[mH], 정전용량 0.005[μF]의 선로가 있다. 무손실 선로라고 가정한 경우 진행파의 위상(전파) 속도는 약 몇 [km/s]인가?

① 8.95×10^4 　　　　　　② 9.95×10^4

③ 89.5×10^4 　　　　　　④ 99.5×10^4

Explanation

무손실 선로
• 무손실 선로 조건 : $R = G = 0$

- 위상속도 : $v = \dfrac{\omega}{\beta} = \dfrac{1}{\sqrt{LC}} = \dfrac{1}{\sqrt{25 \times 10^{-3} \times 0.005 \times 10^{-6}}} = 8.95 \times 10^4 \, [\text{km/sec}]$ 【답】①

78 ★★☆☆☆

그림과 같은 순 저항회로에서 대칭 3상 전압을 가할 때 각 선에 흐르는 전류가 같으려면 R의 값은 몇 $[\Omega]$인가?

① 8
② 12
③ 16
④ 20

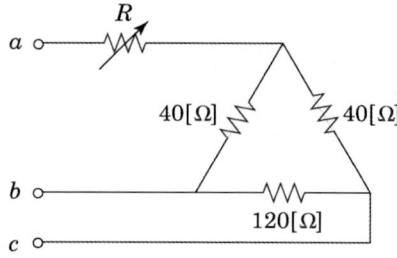

Explanation

각 선에 흐르는 전류가 같으려면 3상 △결선을 Y결선으로 변환
* △결선 → Y결선 변환 식

$$R_a = \frac{R_{ab} \cdot R_{ca}}{R_{ab} + R_{bc} + R_{ca}} \qquad R_b = \frac{R_{ab} \cdot R_{bc}}{R_{ab} + R_{bc} + R_{ca}} \qquad R_c = \frac{R_{ac} \cdot R_{bc}}{R_{ab} + R_{bc} + R_{ca}}$$

$$Z_a = \frac{Z_{ab} \cdot Z_{ca}}{Z_{ab} + Z_{bc} + Z_{ca}} = \frac{40 \times 40}{40 + 40 + 120} = 8 \, [\Omega]$$

$$Z_b = \frac{Z_{ab} \cdot Z_{bc}}{Z_{ab} + Z_{bc} + Z_{ca}} = \frac{40 \times 120}{40 + 40 + 120} = 24 \, [\Omega]$$

$$Z_c = \frac{Z_{ac} \cdot Z_{bc}}{Z_{ab} + Z_{bc} + Z_{ca}} = \frac{40 \times 120}{40 + 40 + 120} = 24 \, [\Omega]$$

따라서 $Z_a + Z = 24 \, [\Omega]$ $\therefore \; Z = 16 \, [\Omega]$ 【답】③

79 ★★★★★

전류 $I = 30 \sin \omega t + 40 \sin (3 \omega t + 45°) \, [\text{A}]$의 실효값[A]은?

① 25
② $25\sqrt{2}$
③ 50
④ $50\sqrt{2}$

Explanation

비정현파의 실효값 : 각 파의 실효값 제곱의 합의 제곱근

$$I = \sqrt{I_0^2 + I_1^2 + I_2^2 + I_3^2 + \cdots}$$
$$= \sqrt{\left(\frac{30}{\sqrt{2}}\right)^2 + \left(\frac{40}{\sqrt{2}}\right)^2} = \frac{1}{\sqrt{2}} \sqrt{30^2 + 40^2} = \frac{50}{\sqrt{2}} = 25\sqrt{2} \, [\text{A}]$$

【답】②

80 어떤 콘덴서를 300[V]로 충전하는 데 9[J]의 에너지가 필요하였다. 이 콘덴서의 정전용량은 몇 [μF]인가?

① 100
② 200
③ 300
④ 400

Explanation

콘덴서의 에너지 $W = \frac{1}{2}QV = \frac{Q^2}{2C} = \frac{1}{2}CV^2$ [J]

$C = \frac{2W}{V^2} = \frac{2 \times 9}{300^2} \times 10^6 = 200[\mu F]$

【답】②

5과목   전기설비기술기준

81 KEC 적용으로 인하여 삭제되었습니다.

82 고압용 기계기구를 시설하여서는 안 되는 경우는?

① 시가지 외로서 지표상 3[m]인 경우
② 발전소, 변전소, 개폐소 또는 이에 준하는 곳에 시설하는 경우
③ 옥내에 설치한 기계기구를 취급자 이외의 사람이 출입할 수 없도록 설치한 곳에 시설하는 경우
④ 공장 등의 구내에서 기계기구의 주위에 사람이 쉽게 접촉할 우려가 없도록 적당한 울타리를 설치하는 경우

Explanation

(KEC 341.8조) 고압용 기계기구의 시설
고압용 기계 기구는 다음 각 호의 어느 하나에 해당하는 경우와 발전소 · 변전소 · 개폐소 또는 이에 준하는 곳에 시설하는 경우 이외에는 시설 하여서는 안 된다.
① 기계 기구를 지표상 4.5[m](**시가지 외에는 4[m]**) 이상의 높이에 시설하고 또한 사람이 쉽게 접촉할 우려가 없도록 시설하는 경우
② 울타리 · 담 설치 시 높이는 2[m] 이상으로 하고 울타리 · 담 등의 하단 사이의 간격은 0.15[m]이하로 할 것   【답】①

83 KEC 적용으로 인하여 삭제되었습니다.

84 어떤 공장에서 케이블을 사용하는 사용전압이 22[kV]인 가공전선을 건물 옆쪽에서 1차 접근상태로 시설하는 경우, 케이블과 건물의 조영재 이격거리는 몇 [cm] 이상이어야 하는가?

① 50
② 80
③ 100
④ 120

Explanation

(KEC 333.23조) 특고압 가공전선과 건조물의 접근
특고압 가공전선이 건조물과 제1차 접근상태로 시설되는 경우에는 다음 각 호에 따라야 한다.
① 특고압 가공전선로는 제3종 특고압 보안공사에 의할 것.
② 사용전압이 35[kV] 이하인 특고압 가공전선과 건조물의 조영재 이격거리는 표에서 정한 값 이상일 것.

건조물과 조영재의 구분	전선종류	접근형태	이격거리
상부 조영재	특고압 절연전선	위쪽	2.5[m]
		옆쪽 또는 아래쪽	1.5[m] (전선에 사람이 쉽게 접촉할 우려가 없도록 시설한 경우는 1[m])
	케이블	위쪽	1.2[m]
		옆쪽 또는 아래쪽	0.5[m]
	기타전선		3[m]

【답】①

85 ★★★☆☆
옥내에 시설하는 전동기가 소손되는 것을 방지하기 위한 과부하 보호 장치를 하지 않아도 되는 것은?

① 정격 출력이 7.5[kW] 이상인 경우
② 정격 출력이 0.2[kW] 이하인 경우
③ 정격 출력이 2.5[kW]이며, 과전류 차단기가 없는 경우
④ 전동기 출력이 4[kW]이며, 과전류 취급자가 감시할 수 없는 경우

Explanation

(KEC 212.6.3조) 저압전로 중의 전동기 보호용 과전류보호장치의 시설
옥내에 시설하는 전동기(**정격 출력이 0.2[kW] 이하인 것을 제외**)에는 전동기가 소손될 우려가 있는 과전류가 생겼을 때에 자동적으로 이를 저지하거나 이를 경보하는 장치를 하여야 한다. 【답】②

86 ★★★☆☆
사용전압 66[kV]의 가공전선로를 시가지에 시설할 경우 전선의 지표상 최소 높이는 몇 [m]인가?

① 6.48
② 8.36
③ 10.48
④ 12.36

Explanation

(KEC 333.1조) 시가지 등에서 특고압 가공 전선로의 시설
특고압 가공전선로는 전선이 케이블인 경우또는 전선로를 다음과 같이 시설하는 경우에는 시가지 그 밖에 인가가 밀집한 지역에 시설할 수 있다.

사용전압의 구분	지표상의 높이
35[kV] 이하	10[m](전선이 특고압 절연전선인 경우에는 8[m])
35[kV] 초과	**10[m]에 35[kV]를 초과하는 10[kV] 또는 그 단수마다 0.12[m]를 더한 값**

단수 : 6.6-3.5=3.1≒4단
높이 : 10+4×0.12=10.48[m] 【답】③

87 ★★★★★
차량 기타 중량물의 압력을 받을 우려가 있는 장소에 지중 전선로를 직접 매설식으로 시설하는 경우 매설깊이는 몇 [m] 이상이어야 하는가?

① 0.8
② 1.0
③ 1.2
④ 1.5

Explanation

(KEC 334.1조) 지중 전선로의 시설
지중 전선로를 **직접 매설식**에 의하여 시설하는 경우에는 매설 깊이를 **차량 기타 중량물의 압력을 받을 우려가 있는 장소에는 1[m] 이상**, 기타 장소에는 0.6[m] 이상으로 하고 또한 지중 전선을 견고한 트라프 기타 방호물에 넣어 시설하여야 한다. 【답】②

88 KEC 적용으로 인하여 삭제되었습니다.

89 KEC 적용으로 인하여 삭제되었습니다.

90 *****
저압 옥상전선로의 시설에 대한 설명으로 틀린 것은?
① 전선은 절연전선을 사용한다.
② 전선은 지름 2.6[mm] 이상의 경동선을 사용한다.
③ 전선은 상시 부는 바람 등에 의하여 식물에 접촉하지 않도록 시설한다.
④ 전선과 옥상 전선로를 시설하는 조영재와의 이격거리를 0.5[m]로 한다.

> **Explanation**
>
> (KEC 221.3조) 옥상 전선로
> ① 전선은 인장강도 2.30[kN] 이상의 것 또는 지름 2.6[mm] 이상의 경동선의 것
> ② 전선은 절연전선일 것
> ③ 전선은 조영재에 견고하게 붙인 지지기둥 또는 지지대에 절연성·난연성 및 내수성이 있는 애자를 사용하여 지지하고 또한 그 지지점 간의 거리는 15[m] 이하일 것
> ④ **전선과 그 저압 옥상 전선로를 시설하는 조영재와의 이격거리는 2[m](전선이 고압 절연전선, 특고압 절연전선 또는 케이블인 경우에는 1[m]) 이상일 것**
> ⑤ 저압 옥상전선로의 전선은 상시 부는 바람 등에 의하여 식물에 접촉하지 아니하도록 시설하여야 한다.　【답】④

91 *****
가공전선로의 지지물에 취급자가 오르고 내리는 데 사용하는 발판 볼트 등은 지표상 몇 [m] 미만에 시설하여서는 아니 되는가?
① 1.2 ② 1.8
③ 2.2 ④ 2.5

> **Explanation**
>
> (KEC 331.4조) 가공 전선로 지지물의 철탑오름 및 전주오름 방지
> 가공전선로의 지지물에 취급자가 오르고 내리는 데 사용하는 발판 볼트 등을 지표상 1.8[m] 미만에 시설하여서는 아니 된다.　【답】②

92 KEC 적용으로 인하여 삭제되었습니다.

93 KEC 적용으로 인하여 삭제되었습니다.

94 *****
고압 가공전선로에 사용하는 가공지선으로 나경동선을 사용할 때의 최소 굵기[mm]는?
① 3.2 ② 3.5
③ 4.0 ④ 5.0

> **Explanation**
>
> (KEC 332.6조) 고압 가공 전선로의 가공지선
> 고압 가공 전선로에 사용하는 가공지선은 인장하중 5.26[kN] 이상의 것 또는 **4[mm] 이상의 나경동선을** 사용해야 한다.　【답】③

95 ☆☆☆☆☆
특고압용 변압기의 보호장치인 냉각장치에 고장이 생긴 경우 변압기의 온도가 현저하게 상승한 경우에 이를 보호하는 장치를 반드시 하지 않아도 되는 경우는?

① 유입 풍냉식 　　　　　　　　　② 유입 자냉식
③ 송유 풍냉식 　　　　　　　　　④ 송유 수냉식

Explanation

(KEC 351.4조) 특고압용 변압기의 보호 장치
변압기의 온도가 상승할 경우 경보 장치는 **타냉식(수냉식, 송유 풍냉식, 송유 자냉식)에 한하여** 그 시설 의무가 정해져 있다.
뱅크 용량이 10,000[kVA]이상인 특고압용의 변압기의 내부 고장 시에는 자동 차단 장치를 시설하여야 한다. 　【답】②

96 ★☆☆☆☆
빙설의 경도에 따라 풍압하중을 적용하도록 규정하고 있는 내용 중 옳은 것은? (단, 빙설이 많은 지방 중 해안 지방 기타 저온계절에 최대 풍압이 생기는 지방은 제외한다)

① 빙설이 많은 지방에서는 고온계절에는 갑종 풍압하중, 저온계절에는 을종 풍압하중을 적용한다.
② 빙설이 많은 지방에서는 고온계절에는 을종 풍압하중, 저온계절에는 갑종 풍압하중을 적용한다.
③ 빙설이 적은 지방에서는 고온계절에는 갑종 풍압하중, 저온계절에는 을종 풍압하중을 적용한다.
④ 빙설이 적은 지방에서는 고온계절에는 을종 풍압하중, 저온계절에는 갑종 풍압하중을 적용한다.

Explanation

(KEC 331.6조) 풍압 하중의 종별과 적용
• 빙설이 많은 지방이외의 지방에서는 고온계절에는 갑종 풍압하중, 저온계절에 병종 풍압하중
• **빙설이 많은 지방에서는 고온계절에는 갑종 풍압하중, 저온계절에는 을종 풍압하중** 　【답】①

97 ★★★★★
가공전선로의 지지물에 시설하는 지지선의 시설 기준으로 옳은 것은?

① 지지선의 안전율은 2.2 이상이어야 한다.
② 연선을 사용할 경우에는 소선(素膳) 3가닥 이상이어야 한다.
③ 도로를 횡단하여 시설하는 지지선의 높이는 지표상 4[m] 이상으로 하여야 한다.
④ 지중부분 및 지표상 0.2[m] 까지의 부분에는 내식성이 있는 것 또는 아연도금을 한다.

Explanation

(KEC 331.11조) 지지선의 시설
① 지지선의 안전율은 2.5 이상, 허용 인장 하중의 최저는 4.31[kN]일 것.
② **2.6[mm] 이상의 금속선을 3가닥 이상 꼬아서 사용**
③ 도로를 횡단하여 시설하는 지지선의 높이는 지표상 5[m] 이상으로 하여야 한다.
④ 지중부분 및 지표상 0.3[m]까지의 부분에는 내식성이 있는 것 또는 아연도금을 한 철봉을 사용하고 쉽게 부식되지 아니하는 전주 버팀대에 견고하게 붙일 것 　【답】②

98 ★★★☆☆
무선용 안테나 등을 지지하는 철탑의 기초 안전율은 얼마 이상이어야 하는가?

① 1.0 　　　　　　　　　　　　② 1.5
③ 2.0 　　　　　　　　　　　　④ 2.5

Explanation

(KEC 364.1조) 무선용 안테나 등을 지지하는 철탑 등의 시설
철주·철근 콘크리트주 또는 철탑의 기초의 안전율은 1.5 이상이어야 한다. 　【답】②

99 ★★★★★ 조상설비의 무효전력 보상장치 내부에 고장이 생긴 경우에 자동적으로 전로로부터 차단하는 장치를 시설해야 하는 뱅크용량 [kVA]으로 옳은 것은?

① 1,000
② 15,00
③ 10,000
④ 15,000

Explanation

(KEC 351.5조) 조상설비의 보호장치
조상설비에는 그 내부에 고장이 생긴 경우에는 보호하는 장치를 표와 같이 시설하여야 한다.

설비 종별	뱅크 용량의 구분	자동적으로 전로로부터 차단하는 장치
전력용 커패스터 및 분로리액터	500[kVA] 초과 15,000[kVA] 미만	• 내부에 고장이 생긴 경우 • 과전류가 생긴 경우
	15,000[kVA] 이상	• 내부에 고장이 생긴 경우 • 과전류가 생긴 경우 • 과전압이 생긴 경우
무효전력 보상장치	15,000[kVA] 이상	• 내부에 고장이 생긴 경우

【답】④

100 ★★★☆☆ 특고압 가공전선로의 지지물로 사용하는 B종 철주에서 각도형은 전선로 중 몇 도를 넘는 수평 각도를 이루는 곳에 사용되는가?

① 1
② 2
③ 3
④ 5

Explanation

(KEC 333.11조) 특고압 가공전선로의 철주·철근 콘크리트주 또는 철탑의 종류
• 직선형 : 전선로의 직선부분(3도 이하인 수평각도를 이루는 곳을 포함한다)에 사용하는 것
• **각도형 : 전선로 중 3도를 넘는 수평 각도를 이루는 곳에 사용하는 것**
• 잡아당김형 : 전가섭선을 잡아당기는 곳에 사용한 것
• 내장형 : 전선로의 지지물 양쪽의 경간의 차가 큰 곳에 사용하는 것
• 보강형 : 전선로의 직선 부분에 그 보강을 위하여 사용하는 것

【답】③

4회 2019년 전기공사기사 필기

1과목 전기응용 및 공사재료

01 ★★★★★
전기철도에서 흡상변압기의 용도는?

① 궤도용 신호변압기
② 전자유도 경감용 변압기
③ 전기 기관차의 보조 변압기
④ 전원의 불평형을 조정하는 변압기

Explanation

전기철도에 사용
• 통신 유도장해 방지법 : 흡상변압기(BT : Booster Transformer)
• 전압 불평형 방지 : 스코트 결선(T결선)

【답】②

02 ★★★☆☆
권상하중이 100[t]이고 권상속도가 3[m/min]인 권상기용 전동기를 설치하였다. 전동기의 출력[kW]은 약 얼마인가? (단, 전동기의 효율은 70[%]이다)

① 40
② 50
③ 60
④ 70

Explanation

권상기용 전동기의 출력

$P = \dfrac{WV}{6.12\eta}$ [kW] 여기서, W : 권상 하중[ton], V : 권상 속도[m/min], η : 효율

$\therefore P = \dfrac{100 \times 3}{6.12 \times 0.7} = 70$[kW]

【답】④

03 ★☆☆☆☆
동일한 교류전압 E를 다이오드 3상 정류회로로 3상 전파 정류할 경우 직류전압 E_d는? (단, 필터는 없는 것으로 하고 순저항 부하이다)

① $E_d = 0.45E$
② $E_d = 0.9E$
③ $E_d = 1.17E$
④ $E_d = 2.34E$

Explanation

3상 전파정류

구간 : $0 \le \omega t \le \dfrac{\pi}{3}$ $E_d = \dfrac{3\sqrt{6}}{\pi}E = 2.34E$

구간 : $\dfrac{\pi}{3} \le \omega t \le \dfrac{2\pi}{3}$ $E_d = \dfrac{3\sqrt{2}}{\pi}E = 1.35E$

문제에서 필터가 없으므로, 출력전압의 평균값을 얻기 위해서는 6개의 전압 중 임의의 전압에 대한 평균값을 구하므로

$E_d = \dfrac{3\sqrt{6}}{\pi}E = 2.34E$가 된다.

【답】④

04 ★★★★☆
FET에서 핀치 오프(pinch off)전압이란?

① 채널 폭이 막힌 때의 게이트의 역방향 전압
② FET에서 애벌런치 전압
③ 드레인과 소스 사이의 최대 전압
④ 채널 폭이 최대로 되는 게이트의 역방향 전압

Explanation

핀치 오프(pinch off)전압
FET에서 게이트 역바이어스 전압을 증가시키면 PN접합을 이루고 있는 게이트와 소스 사이에 공핍층이 넓어져서 **결국에는 채널이 막히게 되는 현상을 일으키는 전압**(드레인 전류가 0[A]일 때의 게이트와 소스 사이의 전압)　　　【답】①

05 ★★★★★
다음 광원 중 발광효율이 가장 좋은 것은?

① 형광등　　　　　　　　　　② 크세논등
③ 저압나트륨등　　　　　　　④ 메탈할라이드등

Explanation

나트륨등의 특징
• 투과력이 좋다(안개 낀 지역, 터널 등에서 사용).
• 단색 광원(순황색)으로 옥내 조명에 부적당
• **효율이 가장 우수**　　　　　　　　　　　　　　　　　　　　　　　　　【답】③

06 ★☆☆☆☆
연료는 수소(H_2)와 메탄올(CH_3OH)이 사용되며 전해액은 KOH가 사용되는 연료전지는?

① 산성 전해액 연료전지　　　　② 고체 전해액 연료전지
③ 알칼리 전해액 연료전지　　　④ 용융염 전해액 연료전지

Explanation

연료전지 종류(전해질의 종류와 기능에 의해 분류)
• 인산염 연료 전지
• **알칼리 연료 전지 : 전해질(KOH : 수산화칼륨)**
• 용융 탄산염 연료 전지
• 고체 전해질 연료 전지　　　　　　　　　　　　　　　　　　　　　　　【답】③

07 ★★★☆☆
전동기의 출력이 15[kW], 속도 1,800[rpm]으로 회전하고 있을 때 발생되는 토크[kg · m]는 약 얼마인가?

① 6.2　　　　　　　　　　② 7.4
③ 8.1　　　　　　　　　　④ 9.8

Explanation

전동기의 토크
$$T = 0.975\frac{P}{N}[\text{kg} \cdot \text{m}]$$
$$T = 0.975\frac{P}{N} = 0.975 \times \frac{15 \times 10^3}{1,800} = 8.1[\text{kg} \cdot \text{m}]$$
　　　　　　　　　　　　　　　　　　　　　　　　　　　　　　　　　　【답】③

08 ★☆☆☆☆

알루미늄 및 마그네슘의 용접에 가장 적합한 용접 방법은?

① 탄소 아크용접   ② 원자수소 용접

③ 유니온멜트 용접   ④ 불활성가스 아크용접

불활성 가스 용접
- 용접용 전극의 주위에서 아르곤이나 헬륨을 분출시켜서 하는 용접
- **알루미늄이나 마그네슘의 용접**

【답】④

09 ★☆☆☆☆

시감도가 최대인 파장 555[nm]의 온도 K는 약 얼마인가? (단, 빈의 법칙의 상수는 2,896[μm · K] 이다)

① 5,218   ② 5,318

③ 5,418   ④ 5,518

비인의 변위법칙 : 파장은 절대온도에 반비례한다.

$\lambda_m = \dfrac{b}{T}$ 여기서, λ : 파장, T : 절대온도, b : 빈의 상수

$$T = \frac{b}{\lambda_m} = \frac{2,896 \times 10^{-6}}{555 \times 10^{-9}} = 5,218[°\text{K}]$$

【답】①

10 ★☆☆☆☆

어떤 전구의 상반구 광속은 2,000[lm], 하반구 광속은 3,000[lm]이다. 평균 구면 광도는 약 몇 [cd] 인가?

① 200   ② 400

③ 600   ④ 800

구면광속 $F = 2,000 + 3,000 = 5,000[\text{lm}]$

구광원 $F = 4\pi I$ 에서

$$\therefore I = \frac{F}{4\pi} = \frac{5,000}{4\pi} ≒ 400[\text{cd}]$$

【답】②

11 ★★☆☆☆

전선관 접속재가 아닌 것은?

① 유니버셜 엘보   ② 콤비네이션 커플링

③ 새들   ④ 유니온 커플링

- 커플링 : 관과 관을 접속하는 데 사용
- 유니온 커플링 : 관을 돌릴 수 없는 경우에 사용하는 것
  유니버셜 엘보 : 노출 배관 공사에서 관을 직각으로 굽히는 곳에 사용
- 새들 : 관을 조영재면에 부착할 때

【답】③

12 ★★☆☆☆

단면적 500[㎟] 이상의 절연 트롤리선을 시설할 경우 굴곡 반지름이 3[m] 이하의 곡선부분에서 지지점간 거리[m]는?

① 1   ② 1.2

③ 2   ④ 3

굴곡 반지름이 3[m] 이하 곡선부분에서 절연 트롤리선의 지지점간 거리 : 1[m]

【답】①

13 ★★★★★ 다음 중 절연의 종류가 아닌 것은?

① A종 　　　　　　　　　② B종
③ D종 　　　　　　　　　④ H종

Explanation

절연물의 최고 허용온도

종류	Y	A	E	B	F	H	C
허용온도[℃]	90	105	120	130	155	180	180[℃] 초과

【답】③

14 ★★★★★ COS(컷아웃 스위치)를 설치할 때 사용되는 부속 재료가 아닌 것은?

① 내장크램프 　　　　　　② 브라켓
③ 내오손용 결합애자 　　　④ 퓨즈링크

Explanation

COS 설치에서 사용 재료 : 브라켓, 내오손용 결합애자, 퓨즈링크

【답】①

15 ★★★★★ 터널 내의 배기가스 및 안개 등에 대한 투과력이 우수하여 터널조명, 교량조명, 고속도로 인터체인지 등에 많이 사용되는 방전등은?

① 수은등 　　　　　　　　② 나트륨등
③ 크세논등 　　　　　　　④ 메탈할라이드등

Explanation

나트륨등의 특징
• **투과력이 좋다(안개 낀 지역, 터널 등에서 사용)**
• 단색 광원(순황색)으로 옥내 조명에 부적당
• 효율이 가장 우수

【답】②

16 ★★★☆☆ 피뢰를 목적으로 피보호물 전체를 덮은 연속적인 망상도체(금속판도 포함)는?

① 수직도체 　　　　　　　② 인하도체
③ 케이지 　　　　　　　　④ 용마루 가설도체

Explanation

피뢰 방식의 기술
• 돌침방식 : 일반건축물 60° 이하 또는 위험물을 취급하는 건물 45° 이하
• 용마루위 도체 방식 : 일반건축물 60° 이하 또는 도체에서 수평거리 10[m]이내 부분
• 케이지(Cage) 방식 : 건조물 주위를 피뢰도선으로 감싸는 방식으로 완전 보호되는 방식

【답】③

17 ★☆☆☆☆ 연속열 등기구를 천장에 매입하거나 들보에 설치하는 조명방식으로 일반적으로 사무실에 설치되는 건축화 조명 방식은?

① 밸런스 조명 　　　　　　② 광량 조명
③ 코브 조명 　　　　　　　④ 코퍼 조명

- 코퍼 조명
  천장면을 여러 형태의 사각, 동그라미 등으로 오려내고 다양한 형태의 매입기구를 취부하여 실내의 단조로움을 피하는 조명 방식. 천장이 높은 은행 영업실, 1층 홀, 백화점 1층 등에 사용
- 밸런스 조명
  벽면을 밝은 광원으로 조명하는 방식으로 숨겨진 램프의 직접광이 아래쪽 벽, 커튼, 위쪽 천장면에 쪼이도록 조명하는 방식으로 분위기 조명
- 코브 조명
  램프를 감추고 코브의 벽, 천장 면에 플라스틱, 목재 등을 이용하여 간접 조명으로 만들어 그 반사광으로 채광하는 조명방식. 천장과 벽이 2차 광원이 되므로 반사율과 확산성이 높아야 한다.
- **광량 조명**
  연속열 등기구를 천장에 매입하거나 들보에 설치하는 조명 방식(사무실)　　　　　　　　　　　　【답】②

18 ★☆☆☆☆ 그림은 애자 취부용 금구를 나타낸 것이다. 앵커쇄클은 어느 것인가?

① 　　　　②

③ 　　　　④

① 앵커쇄클
② 경완철용 볼쇄클
③ 소켓아이
④ 볼아이　　　　　　　　　　　　　　　　　　　　　　　　　　　　　　　　　　　　　【답】①

19 ★★★★★ 배전반 및 분전반에 대한 설명으로 틀린 것은?

① 개폐기를 쉽게 개폐할 수 있는 장소에 시설하여야 한다.
② 옥측 또는 옥외 시설하는 경우는 방수형을 사용하여야 한다.
③ 노출하여 시설되는 분전반 및 배전반의 재료는 불연성의 것이어야 한다.
④ 난연성 합성수지로 된 것은 두께가 최소 2[mm] 이상으로 내아크성인 것이어야 한다.

분전함
- 반의 옆쪽 또는 이면에 설치하는 가터는 강판제로서 전선을 구부리거나 눌리지 아니 할 정도로 충분히 큰 것이어야 한다.
- 목제함은 최소 두께 1.2[cm](뚜껑은 제외) 이상으로 불연성 물질을 안에 바른 것이어야 한다.
- **난연성 합성수지로 된 것은 두께 1.5[mm] 이상으로 내아크성인 것이어야 한다.**
- 강판제의 것은 일반적인 경우 1.2[mm] 이상이어야 한다.　　　　　　　　　　　　　　　【답】④

20 ★☆☆☆☆ 강판으로 된 금속 버스덕트 재료의 최소 두께[mm]는?(단, 버스덕트의 최대 폭은 150[mm] 이하이다)

① 0.8　　　　　　　　　　　　　　　② 1.0
③ 1.2　　　　　　　　　　　　　　　④ 1.4

덕트의 판 두께

덕트의 최대폭[mm]	덕트의 판두께[mm]		
	강판	알루미늄판	합성수지판
150 이하	1.0	1.6	2.5
150 초과 300 이하	1.4	2.0	5.0
...	...	...	...

【답】②

2과목 전력공학

21 ★☆☆☆☆
전력손실이 없는 송전선로에서 서지파(진행파)가 진행하는 속도는? (단, L : 단위 선로길이 당 인덕턴스, C : 단위 선로길이 당 커패시턴스이다)

① $\sqrt{\dfrac{L}{C}}$
② $\sqrt{\dfrac{C}{L}}$
③ $\dfrac{1}{\sqrt{LC}}$
④ $\sqrt{LC}$

Explanation

무손실 선로
• 파동(특성) 임피던스 $Z_0 = \sqrt{\dfrac{L}{C}}$
• 전파속도 $v = \dfrac{1}{\sqrt{LC}}$

【답】③

22 ★☆☆☆☆
가공전선과 전력선 간의 역섬락이 생기기 쉬운 경우는?

① 선로손실이 큰 경우
② 철탑의 접지저항이 큰 경우
③ 선로정수가 균일하지 않은 경우
④ 코로나 현상이 발생하는 경우

Explanation

역섬락 방지법
• 탑각 접지저항을 줄인다.
• 매설지선을 설치한다.

【답】②

23 ★★★★★
전력계통 설비인 차단기와 단로기는 전기적 및 기계적으로 인터록(interlock)을 설치 및 연계하여 운전하고 있다. 인터록의 설명으로 옳은 것은?

① 부하 통전시 단로기를 열 수 있다.
② 차단기가 열려 있어야 단로기를 닫을 수 있다.
③ 차단기가 닫혀 있어야 단로기를 열 수 있다.
④ 부하 투입 시에는 차단기를 우선 투입한 후 단로기를 투입한다.

Explanation

인터록(Interlock) : 차단기가 열려 있어야 단로기 조작 가능
• 투입 시 : DS - CB 순
• 차단 시 : CB - DS 순

【답】②

24 ★☆☆☆☆

수력발전소에서 사용되고, 횡축에 1년 365일을 종축에 유량을 표시하는 유황곡선이란?

① 유량이 적은 것부터 순차적으로 배열하여 이들 점을 연결한 것이다.

② 유량이 큰 것부터 순차적으로 배열하여 이들 점을 연결한 것이다.

③ 유량의 월별 평균값을 구하여 선으로 연결한 것이다.

④ 각 월에 가장 큰 유량만을 선으로 연결한 것이다.

Explanation

유황곡선 : 하천의 유량상태를 파악하기 위한 곡선으로, 가로축에 365일수를 세로축에는 유량을 취하여 배열
(유량이 큰 것부터 순차적으로 배열하여 이들 점을 연결) 【답】②

25 ★★★★★

선로로부터 기기를 분리 구분할 때 사용되며, 단순히 충전된 선로를 개폐하는 장치는?

① 단로기　　　　　　　　　② 차단기

③ 변성기　　　　　　　　　④ 피뢰기

Explanation

단로기(Disconnecting Switch)
- 무부하 회로 개폐
- 무부하 충전전류, 변압기 여자전류 개폐 가능 【답】①

26 ★★☆☆☆

송전선로의 수전단을 단락한 경우 송전단에서 본 임피던스가 300[Ω]이고 수전단을 개방한 경우에는 900[Ω]일 때 이 선로의 특성 임피던스 Z_0[Ω]는 약 얼마인가?

① 490　　　　　　　　　② 500

③ 510　　　　　　　　　④ 520

Explanation

특성(파동) 임피던스 : 거리와 무관

$Z_0 = \sqrt{\dfrac{Z}{Y}}$　여기서, Z : 단락 임피던스

Y : 개방 어드미턴스

$Z_0 = \sqrt{\dfrac{Z}{Y}} = \sqrt{Z_s Z_f} = \sqrt{300 \times 900} = 520[\Omega]$ 【답】④

27 ★★☆☆☆

단상 변압기 3대를 △결선으로 운전하던 중 1대의 고장으로 V결선된 경우, △결선에 대한 V결선의 출력비는 약 몇 [%]인가?

① 52.2　　　　　　　　　② 57.7

③ 66.7　　　　　　　　　④ 86.6

Explanation

△결선 시의 출력 : $P_\triangle = 3K$　여기서, K는 변압기 1대 용량

V결선 시의 출력 : $P_V = \sqrt{3}\,K$

출력비 $\dfrac{P_V}{P_\triangle} = \dfrac{\sqrt{3}\,K}{3K} \times 100 = 57.7[\%]$ 【답】②

28 ★☆☆☆☆

송전단 전압이 345[kV], 수전단 전압이 330[kV], 송수전 양단의 변압기 리액턴스는 각각 10[Ω]과 15[Ω]이고, 선로의 리액턴스는 85[Ω]인 계통이 있다. 이 선로에서 전달할 수 있는 최대 유효전력 [MW]은?

① 1,035.0

② 1,138.5

③ 1,198.4

④ 1,463.7

Explanation

송전전력 : $P_s = \dfrac{V_s V_r}{X} \sin\delta$[MW]에서

최대 송전전력($\delta = 90°$) $P_m = \dfrac{V_s V_r}{X} = \dfrac{345 \times 330}{10 + 15 + 85} = 1,035$[MW]

【답】 ①

29 ★★☆☆☆

전력계통에서 지락전류의 특성으로 옳은 것은?

① 충전전류(진상)

② 충전전류(지상)

③ 유도전류(진상)

④ 유도전류(지상)

Explanation

• **지락전류(진상전류)** : 앞선 전류(충전전류)
• 단락전류(지상전류) : 늦은 전류

【답】 ①

30 ★★☆☆☆

송전선로의 건설비와 전압과의 관계를 나타낸 것은?

①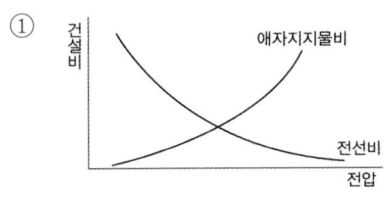

②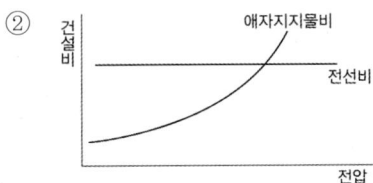

③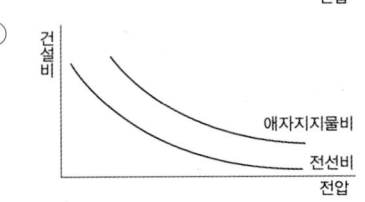

④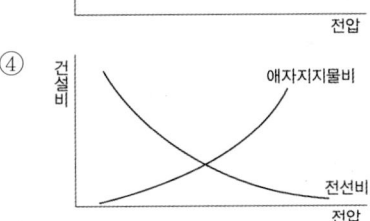

Explanation

일반적으로 전압이 높아지면 절연 레벨이 올라가므로 애자 및 지지물비는 상승하고 전류 밀도의 크기는 감소하므로 전선비는 낮아진다.

【답】 ①

31 ★★★☆☆

배전계통에서 전력용 콘덴서를 설치하는 목적으로 옳은 것은?

① 배전선의 전력 손실 감소

② 전압강하 증대

③ 고장 시 영상전류 감소

④ 변압기 여유율 감소

Explanation

역률개선의 효과
• **전력손실 감소(주요 목적)**
• 전압강하 감소
• 설비용량의 여유분
• 전기요금 절감

【답】 ①

32 ★☆☆☆☆ 4단자 정수가 A, B, C, D인 송전선로의 등가 π회로를 그림과 같이 표현하였을 때 Z_1에 해당하는 것은?

① B ② $\dfrac{A}{B}$

③ $\dfrac{D}{B}$ ④ $\dfrac{1}{B}$

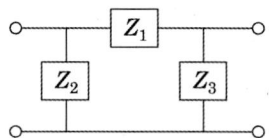

Explanation

$$\begin{bmatrix} A & B \\ C & D \end{bmatrix} = \begin{bmatrix} 1 & 0 \\ \dfrac{1}{Z_2} & 1 \end{bmatrix} \begin{bmatrix} 1 & Z_1 \\ 0 & 1 \end{bmatrix} \begin{bmatrix} 1 & 0 \\ \dfrac{1}{Z_3} & 1 \end{bmatrix} = \begin{bmatrix} 1 + \dfrac{Z_1}{Z_3} & Z_1 \\ \dfrac{1}{Z_2} + \dfrac{1}{Z_3} + \dfrac{Z_1}{Z_2 Z_3} & 1 + \dfrac{Z_2}{Z_3} \end{bmatrix}$$

$\therefore \ Z_1 = B$

【답】①

33 ★★★★★ 직류 송전방식이 교류 송전방식에 비하여 유리한 점을 설명한 것으로 틀린 것은?

① 절연계급을 낮출 수 있다.   ② 계통 간 비동기 연계가 가능하다.
③ 표피효과에 의한 송전손실이 없다.   ④ 정류가 필요 없고 승압 및 강압이 쉽다.

Explanation

직류 송전의 특징
• 변압이 용이
• 회전자계를 얻기 쉽다.
• 계통을 일관되게 운영

【답】④

34 ★★★★★ 송전계통에서 자동재폐로 방식의 장점이 아닌 것은?

① 신뢰도 향상   ② 공급 지장시간의 단축
③ 보호계전 방식의 단순화   ④ 고장상의 고속도 차단, 고속도 재투입

Explanation

자동 재폐로 방식
• 신뢰도 향상
• 공급 지장시간의 단축
• 보호계전 방식의 단순화

【답】③

35 ★★☆☆☆ 수력발전소에서 사용되는 다음의 수차 중 특유속도가 가장 높은 수차는?

① 펠턴 수차   ② 프로펠러 수차
③ 프란시스 수차   ④ 사류 수차

Explanation

특유속도는 $N_s = N \dfrac{P^{\frac{1}{2}}}{H^{\frac{5}{4}}}$ 이며

따라서 낙차가 낮을수록 특유속도는 높으며 프로펠러 수차가 낙차가 가장 낮으므로 특유속도가 최대가 된다.   【답】②

36 ★★★★☆ 3상 배전 선로의 말단에 지상 역률 80[%], 160[kW]인 평형 3상 부하가 있다. 부하점에 전력용 콘덴서를 접속하여 선로 손실을 최소가 되게 하려면 전력용 콘덴서의 필요한 용량[kVA]은? (단, 부하단 전압은 변하지 않는 것으로 한다)

① 100
② 120
③ 160
④ 200

Explanation

선로 손실 $P_l = I^2 R = \left(\dfrac{P}{V\cos\theta}\right)^2 \times R = \dfrac{P^2 R}{V^2 \cos^2\theta} \propto \dfrac{1}{\cos^2\theta}$

따라서 선로 손실을 최소로 하기 위해서는 역률을 1.0으로 개선해야 한다.

전력용 콘덴서의 용량 : $Q_c = P(\tan\theta_1 - \tan\theta_2)$

$Q_c = 160 \times \left(\dfrac{0.6}{0.8} - \dfrac{0}{1}\right) = 120[\text{kVA}]$

【답】②

37 ★★★★★ 연가를 하는 주된 목적은?

① 혼촉 방지
② 유도뢰 방지
③ 단락사고 방지
④ 선로정수 평형

Explanation

연가 : 선로정수를 평형시키기 위하여 3상 3선식 선로를 3배수 등분하여 실시

• 선로정수 평형(각 상의 전압, 전류 평형)
• 정전유도장해 감소
• 소호리액터 접지 시의 직렬공진 방지

【답】④

38 ★★★☆☆ 다중접지 3상 4선식 배전선로에서 고압측(1차측) 중성선과 저압측(2차측) 중성선을 전기적으로 연결하는 목적은?

① 저압측의 단락 사고를 검출하기 위함
② 저압측의 접지 사고를 검출하기 위함
③ 주상 변압기의 중성선측 부싱을 생략하기 위함
④ 고저압 혼촉 시 수용가에 침입하는 상승전압을 억제하기 위함

Explanation

고압 측(1차 측)중성선과 저압 측(2차 측) 중성선을 전기적으로 연결하는 이유는 고저압 혼촉 시 저압 측 수용가에 침입하는 상승전압을 억제하기 위해서 시행

【답】④

39 ★☆☆☆☆ 제5고조파 전류의 억제를 위해 전력용 커패시터에 직렬로 삽입하는 유도 리액턴스의 값으로 적당한 것은?

① 전력용 콘덴서 용량의 약 6[%] 정도
② 전력용 콘덴서 용량의 약 12[%] 정도
③ 전력용 콘덴서 용량의 약 18[%] 정도
④ 전력용 콘덴서 용량의 약 24[%] 정도

Explanation

직렬리액터는 제5고조파를 제거

직렬 리액터의 용량은 $5\omega L = \dfrac{1}{5\omega C}$, 이론적 : 4[%], 실제적 : 5~6[%]

【답】①

40 화력 발전소의 기본 랭킨 사이클(Rankine cycle)로 옳은 것은?

★★☆☆☆

① 보일러 → 급수 펌프 → 터빈 → 복수기 → 과열기→ 다시 보일러로
② 보일러 → 터빈 → 급수 펌프 → 과열기 → 복수기→ 다시 보일러로
③ 급수 펌프 → 보일러 → 과열기 → 터빈 → 복수기→ 다시 급수 펌프로
④ 급수 펌프 → 보일러 → 터빈 → 과열기 → 복수기→ 다시 급수 펌프로

Explanation

기력 발전소 열사이클 중 기본 사이클은 랭킨 사이클이다.
급수 펌프 → 보일러 → 과열기 → 터빈 → 복수기→ 다시 급수 펌프로

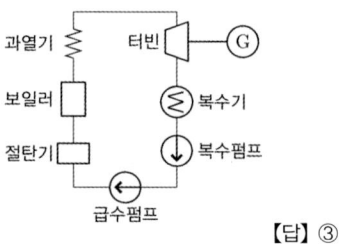

【답】③

3과목 **전기기기**

41 동기전동기의 토크와 공급전압과의 관계로 옳은 것은?

★★☆☆☆

① 무관 ② 정비례
③ 반비례 ④ 2승에 비례

Explanation

동기전동기 토크 특성

$$P = \frac{EV}{x_s}\sin\delta \text{에서 토크 } \tau = \frac{P}{\omega} = \frac{\dfrac{EV}{x_s}\sin\delta}{2\pi\dfrac{N}{60}} \propto V$$

따라서 토크는 공급전압에 정비례한다. 【답】②

42 SCR이 턴오프(turn-off) 되는 조건은?

★★☆☆☆

① 게이트에 역방향 전류를 흘린다. ② 게이트에 역방향의 전압을 인가한다.
③ 게이트의 순방향 전류를 0으로 한다. ④ 애노드 전류를 유지전류 이하로 한다.

Explanation

SCR이 턴오프(turn-off) 되는 조건
• 애노드를 (−)로 한다.
• 애노드 전류를 유지전류 이하로 한다. 【답】④

43 무부하에서 자기 여자로 전압을 확립하지 못하는 직류 발전기는?

★★☆☆☆

① 분권 발전기 ② 직권 발전기
③ 타여자 발전기 ④ 차동 복권 발전기

직류 직권 발전기 : $I = I_a = I_f$ 에서

무부하 $I = 0$가 되면 계자 전류도 0이 되어 발전 불능이 된다. 【답】②

44 ★★★★★ 권선형 유도전동기의 2차측 저항을 2배로 하면 최대토크 값은 어떻게 되는가?

① 3배로 된다.　　　　　　　　　② 2배로 된다.

③ 1/2로 된다.　　　　　　　　　④ 변하지 않는다.

Explanation

비례추이의 원리 : 권선형 유도전동기
- **최대 토크는 불변**, 최대 토크의 발생 슬립은 변화
- 기동 전류는 감소하고, 기동 토크는 증가 【답】④

45 ★★★★★ 동기발전기에서 기전력의 파형을 좋게 하고 누설 리액턴스를 감소시키기 위하여 채택한 권선법은?

① 집중권　　　　　　　　　　　② 분포권

③ 단절권　　　　　　　　　　　④ 전절권

Explanation

분포권 : 매극 매상의 도체를 각각의 슬롯에 분포시켜 감아주는 권선법
- **고조파 제거에 의한 기전력의 파형을 개선**
- 누설 리액턴스를 감소 【답】②

46 ★★☆☆☆ 200[V] 3상 유도전동기의 전부하 슬립이 3[%]이다. 공급전압이 20[%] 떨어졌을 때의 전부하 슬립 [%]은 약 얼마인가?

① 2.3　　　　　　　　　　　　② 3.3

③ 3.7　　　　　　　　　　　　④ 4.7

Explanation

최대 토크 발생 슬립 $s \propto \dfrac{1}{V^2}$

$$s' = s \times \left(\frac{V}{V'}\right)^2 = 0.03 \times \left(\frac{200}{200 \times 0.8}\right)^2 \times 100 = 4.7[\%]$$ 【답】④

47 ★★★☆☆ 직류 분권 전동기의 정격 전압이 300[V], 전부하 전기자 전류 50[A], 전기자 저항 0.3[Ω]이다. 이 전동기의 기동 전류를 전부하 전류의 130[%]로 제한시키기 위한 기동 저항 값은 약 몇 [Ω]?

① 4.3　　　　　　　　　　　　② 4.8

③ 5.0　　　　　　　　　　　　④ 5.5

Explanation

기동 전류는 전부하 전류의 1.7배이므로

기동 전류 $I_s = 50 \times 1.3 = 65[A]$이고

전기자 저항과 기동 저항의 합은 $R = \dfrac{300}{65} = 4.62[\Omega]$이므로

기동 저항 $R_s = 4 - R_a = 4.62 - 0.3 = 4.32[\Omega]$이 된다. 【답】①

48 ★★★☆☆
변압기의 동손은 부하전류의 몇 제곱에 비례하는가?

① 0.5   ② 1
③ 2   ④ 4

Explanation

동손은 부하손으로 $P_c = I^2 R$[W]이므로 동손은 전류의 제곱에 비례 한다.   【답】③

49 ★★☆☆☆
평형 3상 교류가 대칭 3상 권선에 인가된 경우 회전 자계에 대한 설명으로 틀린 것은?

① 발생 회전 자계 방향 변경 가능
② 발생 회전 자계는 전류와 같은 주기
③ 발생 회전 자계 속도는 동기 속도 보다 늦음
④ 발생 회전 자계 세기는 각 코일 최대 자계의 1.5배

Explanation

【답】③

50 ★☆☆☆☆
3권선 변압기에 대한 설명으로 틀린 것은?

① 3차 권선에서 발전소 내부의 전력을 다른 계통으로 공급할 수 있다.
② Y−Y−△ 결선을 하여 제3고조파 전압에 의한 파형의 변형을 방지한다.
③ 3차 권선에 조상기를 접속하여 송전선의 전압조정과 역률을 개선한다.
④ 3차 권선에 2차 권선의 주파수와 다른 주파수를 얻을 수 있으므로 유도기의 속도제어에 사용된다.

Explanation

3권선 변압기(Y−Y−△) : 초고압 계통에 사용
3차 권선(안정권선)의 용도
• 제3고조파 제거
• 소내 전력공급용
• 조상설비 채용   【답】④

51 ★★☆☆☆
분상 기동형 단상 유도전동기의 전원 측에 연결할 수 있는 가장 적합한 변압기의 결선은?

① 환상 결선   ② 대각 결선
③ 포크 결선   ④ 스콧트 결선

Explanation

분상 기동형 단상유도전동기를 운전
• 똑같은 두 권선을 주권선과 보조권선으로 사용
• 전원공급 장치에 사용할 변압기 : T결선
여기서, 3상전원에서 단상으로 운전하려면(3상 → 2상)
• T결선(스코트 결선)
• 메이어 결선
• 우드브리지 결선   【답】④

52 ★★★☆☆ **3상 직권 정류자 전동기의 특성에 관한 설명으로 틀린 것은?**

① 펌프, 공작기계 등 기동토크가 크고 속도제어 범위가 크게 요구되는 곳에 사용된다.

② 직권특성의 변속도 전동기이며, 토크는 전류의 제곱에 비례하기 때문에 기동토크가 대단히 크다.

③ 역률은 저속도에서는 좋지 않으나 동기속도 근처나 그 이상에서는 대단히 양호하며 거의 100[%]이다.

④ 효율은 저속도에서도 좋지만, 고속도에서는 거의 일정하며, 동기속도 근처에서는 가장 좋지 못한 동일한 정격의 3상 유도전동기에 비해 앞선다.

Explanation

3상 직권 정류자 전동기

- $T \propto I^2 \propto \dfrac{1}{N^2}$ 로서 변속도 특성
- 토크는 거의 전류의 제곱에 비례하며 기동 토크가 크다.
- **효율은 저속에서는 나쁘나 동기 속도 근처에서 가장 좋다.**
- 역률은 동기 속도 근처나 그 이상에서는 매우 양호하다. 【답】④

53 ★★★★☆ **3상 변압기 2대를 병렬운전 하고자 할 때 병렬운전이 불가능한 결선방식은?**

① △-Y와 Y-△   ② △-Y와 Y-Y

③ △-Y와 △-Y   ④ △-△와 Y-Y

Explanation

3상변압기 병렬운전

가능	불가능
Y - Y 와 Y -Y	Y - Y 와 Y - △
Y - △ 와 Y - △	Y - △ 와 △ - △
Y - △ 와 △ - Y	
△ - △ 와 △ - △	**△ - Y 와 Y - Y**
△ - Y 와 △ - Y	△ - △ 와 △ - Y
△ - △ 와 Y - Y	

【답】②

54 ★★☆☆☆ **유도전동기의 제동법으로 틀린 것은?**

① 3상 제동   ② 회생제동

③ 발전제동   ④ 역상제동

Explanation

3상 유도전동기 제동법
- 발전제동 : 전동기를 발전기로 적용하여 생긴 유기기전력을 저항을 통하여 열로 소비하는 제동법
- 회생제동 : 유도전동기를 유도발전기로 적용하여 생긴 유기기전력을 전원으로 궤한시키는 제동법
- 역상제동(플러깅) : 3선 중 2선의 접속을 변경하여 역토크에 의해 제동하는 것. 비상시 사용 【답】①

55 ★★☆☆☆ **철손 1.6[kW], 전부하 동손 2.4[kW]인 변압기에는 약 몇 [%] 부하에서 효율이 최대로 되는가?**

① 82   ② 95

③ 97   ④ 100

Explanation

변압기 최대효율 조건 : $P_i = \left(\dfrac{1}{m}\right)^2 P_c$

따라서 $\left(\dfrac{1}{m}\right)^2 = \dfrac{P_i}{P_c}$ $\dfrac{1}{m} = \sqrt{\dfrac{1.6}{2.4}} = 0.82$이므로, 약 82[%] 부하에서 최대 효율이 된다.   【답】 ①

56 ★★★★★
스테핑 모터에 대한 설명으로 틀린 것은?

① 위치제어를 하는 분야에 주로 사용된다.
② 입력된 펄스 신호에 따라 특정 각도만큼 회전하도록 설계된 전동기이다.
③ 스텝각이 클수록 1회전당 스텝수가 많아지고 축 위치의 정밀도는 높아진다.
④ 양방향 회전이 가능하고 설정된 여러 위치에 정지하거나 해당 위치로부터 기동할 수 있다.

Explanation

스텝 모터
• 피드백 루프가 필요 없이 오픈 루프로 손쉽게 속도 및 위치제어
• 디지털 신호를 직접 제어 할 수 있으므로 컴퓨터 등 다른 디지털 기기와 인터페이스가 용이
• 가속, 감속이 용이하며 정·역전 및 변속이 쉽다.
• 위치제어를 할 때 각도오차가 적다.
• 회전각과 속도는 펄스 수에 비례(따라서 스텝각이 적을수록 스텝수가 많아지며 정확한 제어가 됨)   【답】 ③

57 ★★★☆☆
동기전동기의 위상특성곡선으로 옳은 것은? (단, P를 출력, I_f를 계자전류, I_a를 전기자전류, $\cos\theta$를 역률로 한다)

① $P - I_a$곡선, I_f는 일정
② $I_f - I_a$ 곡선, P는 일정
③ $P - I_f$ 곡선, I_a는 일정
④ $I_f - I_a$ 곡선, $\cos\theta$는 일정

Explanation

동기 전동기의 위상 특성 곡선(V곡선)
• I_a와 I_f 관계곡선 (P는 일정)
• 계자전류의 변화에 대한 전기자 전류의 변화를 나타낸 곡선
• 과여자 : 앞선 역률(진상), 콘덴서
• 부족여자 : 늦은 역률(지상), 리액터
  역률 $\cos\theta = 1$일 때, 전기자 전류 최소   【답】 ②

58 ★★★★★
직류발전기에서 전기자반작용에 대한 설명으로 틀린 것은?

① 전기자 중성축이 이동하여 주자속이 증가하고 기전력을 상승시킨다.
② 직류발전기에 미치는 영향으로는 중성축이 이동되고 정류자 편간의 불꽃 섬락이 일어난다.
③ 전기자 전류에 의한 자속이 계자 자속에 영향을 미치게 하여 자속 분포를 변화시키는 것이다.
④ 전기자 권선에 전류가 흘러서 생긴 기자력은 계자 기자력에 영향을 주어서 자속의 분포가 기울어진다.

Explanation

전기자 반작용
전기자 전류에 의한 전기자 기자력이 계자 기자력에 영향을 미치는 현상(주자속이 감소하는 현상)
• 편자 작용
  감자 작용 : 전기자 기자력이 계자기자력에 반대 방향으로 작용하여 자속이 감소
  교차자화 작용 : 전기자 기자력이 계자 기자력에 수직방향으로 작용하여 자속분포가 일그러짐
• 전기적 중성축 이동 : 보극이 없는 직류기는 브러시(brush)를 이동
• 국부적으로 섬락 발생 : 공극의 자속분포 불균형으로 섬락(불꽃) 발생
• 전기자 반작용의 방지대책 : 보상권선   【답】 ①

59 ★☆☆☆☆

직류 분권발전기의 정격전압 200[V], 정격출력 10[kW], 이때의 계자전류는 2[A], 전압변동률을 4[%]라고 한다. 발전기의 무부하전압[V]은?

① 208

② 210

③ 220

④ 228

Explanation

직류발전기 전압변동률 $\epsilon = \dfrac{V_o - V}{V} \times 100 = \dfrac{E - V}{V} \times 100 [\%]$

$\epsilon V = V_0 - V$ 에서

$V_0 = (1 + \epsilon) V = (1 + 0.04) \times 200 = 208 [V]$

【답】①

60 ★☆☆☆☆

3상 동기기에서 단자전압 V, 내부 유기 전압 E, 부하각이 δ일 때, 한 상의 출력은? (단, 전기자 저항은 무시하며, 누설 리액턴스는 x_s 이다)

① $\dfrac{EV}{x_s^2} \sin\delta$

② $\dfrac{EV}{x_s} \cos\delta$

③ $\dfrac{EV}{x_s} \sin\delta$

④ $\dfrac{EV^2}{x_s} \cos\delta$

Explanation

비돌극기의 1상의 출력 $P = \dfrac{EV}{x_s} \sin\delta \,[\text{W}]$

【답】③

4과목	회로이론 및 제어공학

61 ★★★★☆

2개의 전력계를 사용하여 3상 평형부하의 역률을 측정하고자 한다. 전력계의 지시 값이 각각 P_1, P_2일 때 이 회로의 역률은?

① $P_1 + P_2$

② $\sqrt{3}\,(P_1 - P_2)$

③ $\dfrac{2\sqrt{P_1^2 + P_2^2 - P_1 P_2}}{P_1 + P_2}$

④ $\dfrac{P_1 + P_2}{2\sqrt{P_1^2 + P_2^2 - P_1 P_2}}$

Explanation

2전력계법

• 유효 전력 $P = P_1 + P_2$

• 무효 전력 $P_r = \sqrt{3}\,(P_1 - P_2)$

• 피상 전력 $P_a = 2\sqrt{P_1^2 + P_2^2 - P_1 P_2}$

• 역률 $\cos\theta = \dfrac{P}{P_a} = \dfrac{P_1 + P_2}{2\sqrt{P_1^2 + P_2^2 - P_1 P_2}}$

【답】④

62 ★★★★★ 기본파의 40[%]인 제3고조파와 20[%]인 제5고조파를 포함하는 전압의 왜형률은?

① $\dfrac{1}{\sqrt{2}}$

② $\dfrac{1}{\sqrt{3}}$

③ $\dfrac{2}{\sqrt{3}}$

④ $\dfrac{1}{\sqrt{5}}$

Explanation

$$왜형률 = \frac{전고조파의\ 실효값}{기본파의\ 실효값} = \frac{\sqrt{V_2^2 + V_3^2 + V_4^2 + \cdots}}{V_1}$$

$$= \frac{\sqrt{V_{3}^2 + V_5^2}}{V_1} = \frac{\sqrt{0.4^2 + 0.2^2}}{1} = \frac{1}{\sqrt{5}}$$

【답】④

63 ★☆☆☆☆ $R = 50[\Omega]$, $L = 200[\text{mH}]$의 직렬회로에서 주파수 50[Hz]의 교류전원에 의한 역률은 약 몇 [%]인가?

① 62.3

② 72.3

③ 82.3

④ 92.3

Explanation

$R - L$ 직렬 회로의 역률

$$\cos\theta = \frac{V_R}{V} = \frac{R}{Z} = \frac{R}{\sqrt{R^2 + X_L^2}} \times 100[\%]$$

$$= \frac{50}{\sqrt{50^2 + (2 \times \pi \times 50 \times 200 \times 10^{-3})^2}} \times 100 = 62.3[\%]$$

【답】①

64 ★★☆☆☆ 무한장 평행2선 선로에 주파수 4[MHz]의 전압을 가하였을 때 전압의 위상정수는 약 몇 [rad/m]인가?

① 0.0634

② 0.0734

③ 0.0838

④ 0.0934

Explanation

전파속도 $v = f\lambda$

위상정수 $\beta = \dfrac{2\pi}{\lambda} = \dfrac{2\pi}{\dfrac{v}{f}} = \dfrac{2\pi f}{v} = \dfrac{2\pi \times 4 \times 10^6}{3 \times 10^8} = 0.0838[\text{rad/m}]$

【답】③

65 ★☆☆☆☆ 그림과 같은 회로의 임피던스 파라미터 Z_{22}는?

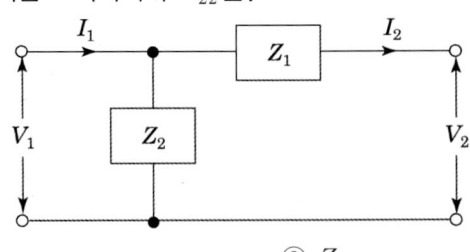

① Z_1

② Z_2

③ $Z_1 + Z_2$

④ $\dfrac{Z_1 Z_2}{Z_1 + Z_2}$

임피던스 파라미터
$Z_{11} = Z_2$
$Z_{12} = Z_{21} = - Z_2$
$Z_{22} = Z_1 + Z_2$

【답】③

66 ★☆☆☆☆
$R - C$ 직렬회로에 $t = 0$일 때 직류전압 100[V]를 인가하면, 0.2초에 흐르는 전류[mA]는? (단, R =1,000[Ω], C=50[μF]이고, 커패시터의 초기충전 전하는 없다)

① 1.83
② 1.37
③ 2.98
④ 3.25

$R - C$ 직렬회로

전류 $i(t) = \dfrac{E}{R} e^{-\frac{1}{RC}t} = \dfrac{100}{1,000} e^{-\frac{1}{1,000 \times 50 \times 10^{-6}} \times 0.2} \times 10^3 = 1.83\text{[mA]}$

【답】①

67 ★★★★☆
전원과 부하가 모두 △ 결선된 3상 평형 회로에서 선간 전압이 400[V], 부하 임피던스가 $4 + j3$ [Ω]인 경우 선전류의 크기는 몇 [A]인가?

① 80
② $\dfrac{80}{3}$
③ $\dfrac{80}{\sqrt{3}}$
④ $80\sqrt{3}$

△결선 $I_l = \sqrt{3} I_p$

상전류 $I_p = \dfrac{V_p}{Z} = \dfrac{400}{\sqrt{4^2 + 3^2}} = 80\text{[A]}$

선전류 $I_l = \sqrt{3} I_p = \sqrt{3} \times 80 = 80\sqrt{3}\text{[A]}$

【답】④

68 ★☆☆☆☆
2차 선형 시불변 시스템의 전달함수 $G(s) = \dfrac{\omega_n^2}{s^2 + 2\zeta \omega_n s + \omega_n^2}$ 에서 ω_n이 의미하는 것은?

① 감쇠계수
② 비례계수
③ 고유 진동 주파수
④ 공진 주파수

2차 지연 요소의 전달 함수는 다음과 같다.

$G(s) = \dfrac{C(s)}{R(s)} = \dfrac{\omega_n^2}{s^2 + 2\omega_n s + \omega_n^2}$

여기서, ζ : 제동비(감쇠비), ω_n : 고유 각주파수(고유 진동 주파수)

【답】③

69 ★☆☆☆☆
불평형 3상 전압(V_a, V_b, V_c)에 대한 영상분(V_0), 정상분(V_1), 역상분(V_2)을 모두 더하면?

① 0
② 1
③ V_a
④ $V_a + 1$

3상 불평형에서 각상을 대칭좌표로 표현하면

$$\begin{bmatrix} V_a \\ V_b \\ V_c \end{bmatrix} = \begin{bmatrix} 1 & 1 & 1 \\ 1 & a^2 & a \\ 1 & a & a^2 \end{bmatrix} \begin{bmatrix} V_0 \\ V_1 \\ V_2 \end{bmatrix}$$

따라서 $V_a = V_0 + V_1 + V_2$

【답】 ③

70 ★☆☆☆☆
그림과 같은 직류회로에서 저항 $R[\Omega]$의 값은?

① 10　　　　② 20
③ 30　　　　④ 40

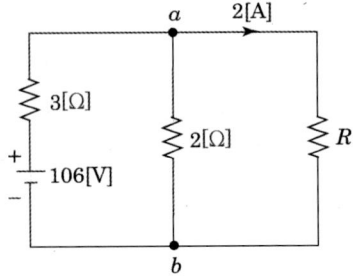

전체 저항 $R_T = 3 + \dfrac{2R}{2+R}$

전체 전류 $I_T = \dfrac{V}{R_T} = \dfrac{106}{3 + \dfrac{2R}{2+R}}$

R에 흐르는 전류 $I' = I_T \times \dfrac{2}{2+R} = \dfrac{106}{3 + \dfrac{2R}{2+R}} \times \dfrac{2}{2+R} = 2[A]$

$$= \dfrac{106}{\dfrac{6+3R+2R}{2+R}} \times \dfrac{2}{2+R} = \dfrac{106(2+R)}{5R+6} \times \dfrac{2}{2+R} = 2$$

$$= \dfrac{212}{5R+6} = 2$$

따라서 $10R + 12 = 212$, $R = 20[\Omega]$

【답】 ②

71 ★★☆☆☆
2차 제어시스템의 특성방정식이 $s^2 + 2\zeta\omega_n s + \omega_n^2 = 0$인 경우, s가 서로 다른 2개의 실근을 가졌을 때의 제동 특성은?

① 과제동　　　　　　　② 무제동
③ 부족제동　　　　　　④ 임계제동

감쇠계수(ζ)와의 관계
• $\zeta > 1$(과제동) : 서로 다른 두 실근
• $\zeta = 1$(임계제동) : 중복근
• $0 < \zeta < 1$(부족제동) : 실근과 허근(공액복소근)이 존재
• $\zeta = 0$(무제동) : 허수축의 공액복소근

【답】 ①

72 ★★☆☆☆
논리식 $L = \overline{X}\,\overline{Y}Z + \overline{X}YZ + X\overline{Y}Z + XYZ$를 간소화한 식은?

① Z　　　　② XZ　　　　③ YZ　　　　④ $X\overline{Z}$

$$L = \overline{x} \cdot \overline{y} \cdot z + \overline{x} \cdot y \cdot z + x \cdot \overline{y} \cdot z + x \cdot y \cdot z$$ 에서
$$= (\overline{x} \cdot \overline{y} \cdot z + x \cdot \overline{y} \cdot z) + (\overline{x} \cdot y \cdot z + x \cdot y \cdot z)$$
$$= \overline{y} \cdot z(\overline{x} + x) + y \cdot z(\overline{x} + x)$$
$$= \overline{y} \cdot z + y \cdot z = z(\overline{y} + y) = z$$

【답】①

73 ★★★☆☆ 자동제어계 구성 중 제어요소에 해당되는 것은?

① 검출부　　　　　　　　　　② 조절부
③ 기준입력　　　　　　　　　　④ 제어대상

제어요소
• 동작신호를 조작량으로 변환하는 요소
• 조절부(제어기, Controller)와 조작부(구동기, Actuator)로 구성

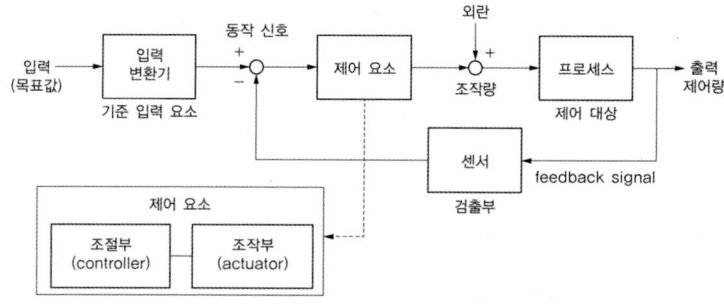

【답】②

74 ★★☆☆☆ $\dfrac{d}{dt}x(t) = Ax(t) + Bu(t)$, $A = \begin{bmatrix} -3 & 1 \\ 0 & -1 \end{bmatrix}$ 인 시스템에서 상태 천이행렬(state transition matrix)을 구하면?

① $\begin{bmatrix} e^{-3t} & 0.5e^{-t} + 0.5e^{-3t} \\ 0 & e^{-t} \end{bmatrix}$　　　　② $\begin{bmatrix} e^{-3t} & 0.5e^{-t} - 0.5e^{-3t} \\ 0 & 2e^{-t} \end{bmatrix}$

③ $\begin{bmatrix} e^{-3t} & 0.5e^{-t} - 0.5e^{-3t} \\ 0 & e^{-t} \end{bmatrix}$　　　　④ $\begin{bmatrix} e^{-3t} & 0.5e^{-t} + 0.5e^{-3t} \\ 0 & 2e^{-t} \end{bmatrix}$

【답】③

75 ★★☆☆☆ 그림과 같은 블록선도의 등가 전달함수는?

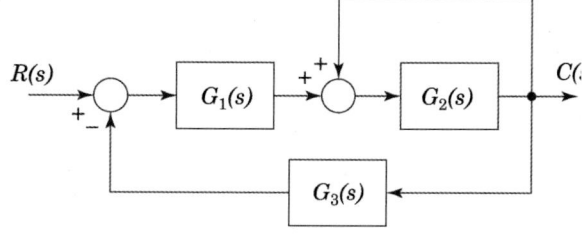

① $\dfrac{G_1(s)G_2(s)}{1+G_2(s)+G_1(s)G_2(s)G_3(s)}$ ② $\dfrac{G_1(s)G_2(s)}{1-G_2(s)+G_1(s)G_2(s)G_3(s)}$

③ $\dfrac{G_1(s)G_3(s)}{1-G_2(s)+G_1(s)G_2(s)G_3(s)}$ ④ $\dfrac{G_1(s)G_3(s)}{1+G_2(s)+G_1(s)G_2(s)G_3(s)}$

Explanation

블록선도의 전달함수 $G(s)=\dfrac{\Sigma G}{1-\Sigma L_1+\Sigma L_2+\cdots}$

여기서 L_1 : 각각의 모든 폐루프 이득의 합

L_2 : 서로 접촉하지 않는 2개의 폐루프 이득의 곱의 합

ΣG : 각각의 전향 경로의 합

$G(s)=\dfrac{G_1 G_2}{1-(G_2-G_1 G_2 G_3)}=\dfrac{G_1 G_2}{1-G_2+G_1 G_2 G_3}$ 【답】②

76 ★★★☆☆ 주파수 전달함수가 $G(j\omega)=\dfrac{1}{j100\omega}$ 인 계에서 $\omega=0.1$[rad/s]일 때의 이득[dB]과 위상각 θ[°]는 각각 얼마인가?

① 20[dB], $90°$ ② 40[dB], $90°$

③ -20[dB], $-90°$ ④ -40[dB], $-90°$

Explanation

이득 $g=20\log|G(j\omega)|=20\log\left|\dfrac{1}{j100\omega}\right|$ 에서 $\omega=0.1$을 적용하면

$=20\log\left|\dfrac{1}{j10}\right|=20\log\dfrac{1}{10}=-20$[dB]

$\theta=\angle G(j\omega)=\angle\dfrac{1}{j100\omega}=\angle\dfrac{1}{j10}=-90°$ 【답】③

77 ★★★★★ 특성방정식이 $s^3+Ks^2+2s+K+1=0$으로 주어진 제어계가 안정하기 위한 K의 범위는?

① $K>0$ ② $K>1$

③ $-1<K<1$ ④ $K>-1$

Explanation

Routh-Hurwitz판별식을 이용하여 1열의 부호가 모두 양수이면 안정하며

s^3	1	2
s^2	K	$K+1$
s^1	$\dfrac{2K-(K+1)}{K}=\dfrac{K-1}{K}$	0
s^0	$K+1$	

제 1열의 요소가 모두 양수가 되기 위해서는

$\dfrac{K-1}{K}>0$에서 $K>1$,

$K+1>0$에서 $K>-1$

따라서 안정하기 위한 조건은 $\therefore K>1$ 【답】②

78 ★★★★★ z 변환을 이용한 샘플 값 제어계가 안정하려면 특성방정식의 근의 위치가 있어야 할 위치는?

① z 평면의 좌반면
② z 평면의 우반면
③ z 평면의 단위원 내부
④ z 평면의 단위원 외부

Explanation

z 평면의 안정도
• s 평면의 좌반면 : z 평면상에서는 단위원의 내부에 사상(안정)
• s 평면의 우반면 : z 평면상에서는 단위원의 외부에 사상(불안정)
• s 평면의 허수축 : z 평면상에서는 단위원의 원주상에 사상(임계)

【답】③

79 ★★☆☆☆ 정상상태 응답특성과 응답의 속응성을 동시에 개선시키는 제어는?

① P제어
② PI제어
③ PD제어
④ PID제어

Explanation

• PI 제어 : 적분기, 지상회로, 정상상태 개선
• PD 제어 : 미분기, 진상회로, 과도상태 개선 및 속응성 개선
• PID 제어 : 정상상태와 과도상태 동시 개선

【답】④

80 ★★★★★ $G(s)H(s) = \dfrac{K(s+1)}{s(s+2)(s+3)}$ 에서 근궤적의 수는?

① 1
② 2
③ 3
④ 4

Explanation

근궤적의 개수
• $Z > P$: $N = Z$
• $Z < P$: $N = P$
영점 $Z = 1$, 극점 $P = 3$이므로
  $Z < P$: $N = P$
따라서 근궤적 수 $N = 3$

【답】③

5과목　전기설비기술기준

81 ★☆☆☆☆ 최대사용전압이 360[kV]인 가공전선이 교량과 제1차 접근상태로 시설되는 경우에 전선과 교량과의 이격거리는 최소 몇 [m] 이상이어야 하는가?

① 5.96
② 6.96
③ 7.95
④ 8.95

Explanation

(KEC 333.24조) 특고압 가공전선과 도로 등의 접근 또는 교차
특고압 가공 전선이 도로 등과 제1차 접근상태로 시설되는 경우
사용전압이 35[kV]를 초과 : 3[m]에 35[kV]를 초과하는 10[kV] 또는 그 단수마다 0.15[m]를 더한 값 이상일 것.
따라서 이격거리 = 3 + 단수×0.15를 적용하며
• 단수 36-3.5 = 32.5 → 33(단)
• 이격거리 = 3 + 33×0.15 = 7.95[m]

【답】③

82 ★★☆☆☆ 옥내에 시설하는 저압용 배선기구의 시설에 관한 설명으로 틀린 것은?

① 옥내에 시설하는 저압용 배선기구의 충전 부분은 노출되지 않도록 시설한다.

② 옥내에 시설하는 저압용 비포장 퓨즈는 불연성으로 제작한 함 내부에 시설하여야 한다.

③ 옥내에 시설하는 저압용의 배선기구에 전선을 접속하는 경우에는 나사로 고정해서는 안 된다.

④ 욕실 등 인체가 물에 젖어있는 상태에서 전기를 사용하는 장소에서는 인체감전보호용 누전차단기가 부착된 콘센트를 시설하여야 한다.

▶ Explanation

(KEC 234.5조) 콘센트의 시설

① 옥내에 시설하는 저압용의 비포장 퓨즈는 불연성의 것으로 제작한 함 또는 안쪽면 전체에 불연성의 것을 사용하여 제작한 함의 내부에 시설하여야 한다.

② **옥내에 시설하는 저압용의 배선 기구에 전선을 접속하는 경우에는 나사로 고정시키거나 기타 이와 동등 이상의 효력이 있는 방법에 의하여 견고하고 또한 전기적으로 완전히 접속하고 접속점에 장력이 가하여지지 아니하도록 하여야 한다.**

③ 욕실 등 인체가 물에 젖어있는 상태에서 물을 사용하는 장소에 콘센트를 시설하는 경우에는 「전기용품 및 생활용품 안전관리법」의 적용을 받는 인체감전보호용 누전차단기(정격감도전류 15[mA] 이하, 동작시간 0.03초 이하의 전류동작형의 것에 한한다) 또는 절연변압기(정격용량 3[kVA] 이하인 것에 한한다)로 보호된 전로에 접속하거나, 인체감전보호용 누전차단기가 부착된 콘센트를 시설하여야 한다.　　　**【답】③**

83 ★★☆☆☆ 154[kV] 가공전선과 가공약전류 전선이 교차하는 경우에 시설하는 보호망을 구성하는 금속선 중 가공전선의 바로 아래에 시설되는 것 이외의 가공약전류 전선을 아연도 철선으로 조가하여 시설하는 경우 지름 몇 [mm] 이상인가?

① 2.6　　　　　　　　　　　　　② 3.2

③ 3.6　　　　　　　　　　　　　④ 4.0

▶ Explanation

(KEC 333.26조) 특고압 가공전선과 저고압 가공전선 등의 접근 또는 교차

보호망을 구성하는 금속선은 그 외주(外周) 및 특고압 가공전선의 바로 아래에 시설하는 금속선에 인장강도 8.01[kN] 이상의 것 또는 지름 5[mm] 이상의 경동선을 사용하고 **기타 부분에 시설하는 금속선에 인장강도 3.64[kN] 이상 또는 지름 4[mm] 이상의 아연도철선을 사용할 것**　　　**【답】④**

84 KEC 적용으로 인하여 삭제되었습니다.

85 ★★★★☆ 사용전압 22.9[kV] 의 가공전선이 철도를 횡단하는 경우, 전선의 레일면상의 높이는 몇 [m] 이상인가?

① 5　　　　　　　　　　　　　　② 5.5

③ 6　　　　　　　　　　　　　　④ 6.5

▶ Explanation

(KEC 333.7조) 특고압 가공전선의 높이

사용전압의 구분	지표상의 높이
35[kV] 이하	5[m] (철도 또는 궤도를 횡단하는 경우에는 6.5[m], 도로를 횡단하는 경우에는 6[m], 횡단보도교의 위에 시설하는 경우로서 전선이 특고압절연전선 또는 케이블인 경우에는 4[m])

【답】④

86 KEC 적용으로 인하여 삭제되었습니다.

87 ★☆☆☆☆ 그림은 전력선 반송통신용 결합장치의 보안장치이다. 여기에서 FD는 무엇인가?

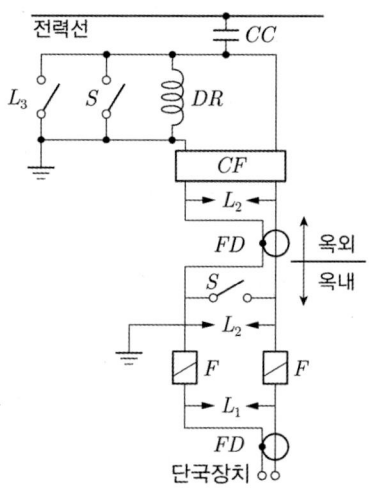

① 절연전선
② 결합필터
③ 동축케이블
④ 배류중계선륜

Explanation

(KEC 362.10조) 전력선 반송 통신용 결합장치의 보안장치

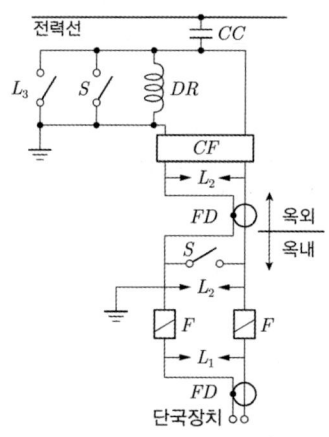

- **FD : 동축케이블**
- F : 정격전류 10[A] 이하의 포장 퓨즈
- DR : 전류 용량 2[A] 이상의 배류 선륜
- L_1 : 교류 300[V] 이하에서 동작하는 피뢰기
- L_2 : 동작 전압이 교류 1,300[V]를 초과하고 1,600[V] 이하로 조정된 방전갭
- L_3 : 동작 전압이 교류 2[kV]를 초과하고 3[kV] 이하로 조정된 구상 방전갭
- S : 접지용 개폐기
- CF : 결합 필터
- CC : 결합 커패시터(결합 안테나를 포함)

【답】③

88 ★★★★★ 발전기 등의 보호장치의 기준과 관련하여 발전기를 자동적으로 전로로부터 차단하는 장치를 시설하여야 하는 경우로 옳은 것은?
① 발전기에 과전류가 생긴 경우
② 발전기에 역상전류가 생긴 경우
③ 발전기의 전류에 고조파가 포함된 경우
④ 발전기의 부하에 누설전류가 포함된 경우

Explanation

(KEC 351.3조) 발전기 등의 보호 장치
발전기에는 다음 각 호의 경우에 자동적으로 이를 전로로부터 차단하는 장치를 시설하여야 한다.
① **발전기에 과전류나 과전압이 생긴 경우**

② 용량이 500[kVA] 이상의 발전기를 구동하는 수차의 압유장치의 유압 또는 전동식 가이드밴 제어장치, 전동식 니이들 제어장치 또는 전동식 디플렉터 제어장치의 전원전압이 현저히 저하한 경우
③ 용량이 10,000[kVA] 이상의 발전기를 구동하는 풍차(風車)의 압유장치의 유압, 압축 공기장치의 공기압 또는 전동식 브레이드 제어장치의 전원전압이 현저히 저하한 경우
④ 용량이 2,000[kVA] 이상인 수차 발전기의 스러스트 베어링의 온도가 현저히 상승한 경우
⑤ 용량이 10,000[kW] 이상인 발전기의 내부에 고장이 생긴 경우 　　　　　　　　　　【답】 ①

89 KEC 적용으로 인하여 삭제되었습니다.

90 ★★★★★
22,000[V]의 특고압 가공전선으로 경동연선을 시가지에 시설할 경우 전선의 지표상 높이는 몇 [m] 이상이어야 하는가?
① 4 　　　　　　　　　　　　　　② 6
③ 8 　　　　　　　　　　　　　　④ 10

Explanation

(KEC 333.1조) 시가지 등에서 특고압 가공 전선로의 시설
특고압 가공전선로는 전선이 케이블인 경우 또는 전선로를 다음과 같이 시설하는 경우에는 시가지 그밖에 인가가 밀집한 지역에 시설할 수 있다.
전선의 지표상의 높이는 표에서 정한 값 이상일 것

사용전압의 구분	지표상의 높이
35[kV] 이하	10[m] (전선이 특고압 절연전선인 경우에는 8[m])
35[kV] 초과	10[m]에 35[kV]를 초과하는 10[kV] 또는 그 단수마다 0.12[m]를 더한 값

【답】 ④

91 ★★★★★
변압기 전로의 절연내력시험에서 최대 사용전압이 22.9[kV]인 경우 시험전압은 최대 사용전압의 몇 배인가? (단, 권선은 중성점 접지식 전로(중성선을 가지는 것으로서 그 중성선에 다중 접지를 하는 것에 한한다)에 접속하였다)
① 0.92 　　　　　　　　　　　　② 1.1
③ 1.25 　　　　　　　　　　　　④ 1.5

Explanation

(KEC 135조) 변압기 전로의 절연내력
고압 및 특고압의 전로, 변압기, 차단기, 기타의 기구는 표에서 정한 시험전압을 전로와 대지 사이에 연속하여 10분간 가하여 절연내력을 시험하였을 때에 이에 견디어야 한다. 다만, 전선에 케이블을 사용하는 교류 전로로서 표에서 정한 시험전압의 2배의 직류전압을 전로와 대지 사이에 연속하여 10분간 가하여 절연내력을 시험하였을 때에 이에 견디는 것에 대하여는 그러하지 아니하다.

구분		배율	최저 전압
중성점 직접 접지식	7[kV] 초과 ~ 25[kV] 이하 (중성점 다중 접지식)	0.92	
	60[kV] 초과 ~ 170[kV]까지	0.72	
	170[kV] 초과	0.64	

【답】 ①

92 ★★★★★
고압 가공전선과 건조물의 상부 조영재와의 옆쪽 이격거리는 몇 [m] 이상인가? (단, 전선에 사람이 쉽게 접촉할 우려가 있고 케이블이 아닌 경우이다)
① 1.0 　　　　　　　　　　　　② 1.2
③ 1.5 　　　　　　　　　　　　④ 2.0

(KEC 332.11조) 고압 가공 전선과 건조물의 접근

건조물 조영재의구분	접근형태	이격거리
상부 조영재	위쪽	2[m] (전선이 케이블인 경우에는 1[m])
	옆쪽 또는 아래쪽	1.2[m] (전선에 사람이 쉽게 접촉할 우려가 없도록 시설한 경우에는 0.8[m], 케이블인 경우에는 0.4[m])

【답】②

---

93 ★☆☆☆☆

전로의 중성점 접지의 접지도체를 연동선으로 할 경우 공칭단면적은 몇 [㎟] 이상인가? (단, 저압 전로의 중성점에 시설하는 것은 제외한다)

① 6   ② 10

③ 16   ④ 25

(KEC 322.5조) 전로의 중성점의 접지

접지도체는 공칭단면적 16[㎟] 이상의 연동선 또는 이와 동등 이상의 세기 및 굵기의 쉽게 부식하지 아니하는 금속선일 것

【답】③

---

94 ★★★☆☆

사용전압이 35,000[V] 이하이고 또한 전선에 케이블을 사용하는 경우에 특고압 가공 인입선의 높이는 그 특고압 가공 인입선이 도로·횡단보도교·철도 및 궤도를 횡단하는 이외의 경우에 한하여 지표상 몇 [m]까지로 감할 수 있는가?

① 3   ② 4

③ 5   ④ 6

(KEC 331.12.2조) 특고압 가공인입선의 시설

사용 전압이 35,000[V] 이하이고 또한 전선에 케이블을 사용하는 경우에 특고압 가공 인입선의 높이는 그 특고압 가공 인입선이 도로·횡단보도교·철도 및 궤도를 횡단하는 이외의 경우에 한하여 지표상 4[m]까지로 감할 수 있다. 【답】②

---

95 KEC 적용으로 인하여 삭제되었습니다.

---

96 ★★★★★

사용전압이 22.9[kV]의 특고압 가공전선로에는 전화선로의 길이 12[km] 마다 유도전류가 몇 [μA]를 넘지 않아야 하는가?

① 1.5   ② 2

③ 2.5   ④ 3

(KEC 333.2조) 유도장해의 방지

① **사용전압이 60[kV] 이하인 경우에는 전화선로의 길이 12[km]마다 유도전류가 2[μA]를 넘지 아니할 것**

② 사용전압이 60[kV]를 넘는 경우에는 전화 선로의 길이 40[km]마다 유도전류가 3[μA]를 넘지 아니할 것 【답】②

---

97 ★★★☆☆

지중 전선로의 시설에 관한 기준으로 옳은 것은?

① 전선은 케이블을 사용하고 관로식, 암거식 또는 직접 매설식에 의하여 시설한다.

② 전선은 절연전선을 사용하고 관로식, 암거식 또는 직접 매설식에 의하여 시설한다.

③ 전선은 나전선을 사용하고 내화성능이 있는 비닐관에 인입하여 시설한다.
④ 전선은 절연전선을 사용하고 내화성능이 있는 비닐관에 인입하여 시설한다.

> **Explanation**

(KEC 334.1조) 지중 전선로의 시설
① 전선은 케이블을 사용하고 또한, 관로식 또는 암거식, 또는 직접 매설식에 의하여 시공한다.
② 관로식 또는 암거식에 의하여 시설하는 경우 중량물의 압력에 견디고 물이 침입하지 않도록 해야 한다.
③ 전선을 물로 냉각시키는 경우 순환수의 압력에 견디고, 누수가 없도록 한다.
④ 직접 매설식으로 시공할 경우 매설 깊이는 중량물의 압력이 있는 곳은 1[m] 이상, 없는 곳은 0.6[m] 이상으로 한다.
【답】①

98 ★★★★★
3,300[V] 고압 가공전선을 교통이 번잡한 도로를 횡단하여 시설하는 경우 지표상 높이를 몇 [m] 이상으로 하여야 하는가?
① 5.0
② 5.5
③ 6.0
④ 6.5

> **Explanation**

(KEC 332.5조) 고압 가공전선의 높이
① **도로횡단** : 6[m] 이상
② 철도횡단 : 레일면상 6.5[m] 이상
③ 횡단보도교 위 : 3.5[m] 이상
④ 기타 : 5[m] 이상
【답】③

99 ★☆☆☆☆
발전소의 압축공기장치의 사용압력이 10[kg/㎠]이다. 주 공기탱크 압력계의 눈금은 최대 몇 [kg/㎠]까지 사용할 수 있는가?
① 15
② 20
③ 25
④ 30

> **Explanation**

(KEC 341.15조) 압축공기계통
주 공기 탱크의 사용 압력이 1.5배 이상, 3배 이하의 최고 눈금이 있는 압력계를 설치 할 것
따라서 압력계는 $10 \times (1.5 \sim 3) = 15 \sim 30$[kg/㎠]의 눈금을 가져야 한다.
【답】④

100 ★★★★★
동일 지지물에 고압 가공전선과 저압 가공전선(다중접지된 중성선은 제외한다)을 병행설치 할 때 저압 가공전선의 위치는?
① 동일 완금류에 평행되게 시설
② 별도의 규정이 없으므로 임의로 시설
③ 저압 가공전선을 고압 가공전선의 위에 시설
④ 저압 가공전선을 고압 가공전선의 아래에 시설

> **Explanation**

(KEC 332.8조) 고압 가공 전선 등의 병행설치
① **저압 가공전선을 고압 가공전선의 아래로** 하고 별개의 완금류에 시설할 것
② 저압 가공전선과 고압 가공전선 사이의 이격거리는 0.5[m] 이상일 것
   다만, 각도주·분기주 등에서 혼촉의 우려가 없도록 시설하는 경우에는 그러하지 아니하다.
【답】④

전기공사기사 필기

2018

과년도 기출문제

- 2018년 제 01회
- 2018년 제 02회
- 2018년 제 04회

2018년 과년도 기출문제에 대한 출제 빈도 분석 차트입니다.
각 회차별로 별의 개수를 확인하고 학습에 참고하기 바랍니다.

2018년 출제 빈도 분석

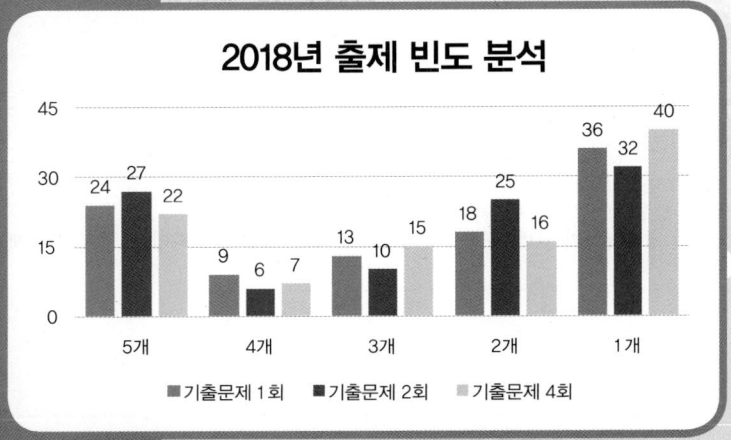

■기출문제 1회 ■기출문제 2회 ■기출문제 4회

1과목	전기응용 및 공사재료

01 ★★★★★

부식성의 산, 알칼리 또는 유해가스가 있는 장소에서 실용상 지장 없이 사용할 수 있는 구조의 전동기는?

① 방적형
② 방진형
③ 방수형
④ 방식형

Explanation

방식형(방부형) : 지정된 부식성의 산, 알칼리 또는 유해가스가 존재하는 장소에서 실용상 지장이 없도록 사용할 수 있는 구조

【답】④

02 ★★★☆☆

전기용접부의 비파괴 검사와 관계없는 것은?

① X선 검사
② 자기 검사
③ 고주파 검사
④ 초음파 탐상시험

Explanation

용접부의 비파괴 검사
• 자기검사
• 초음파 검사
• 방사선 검사(X선 또는 γ선 투과시험)

【답】③

03 ★☆☆☆☆

플라이 휠을 이용하여 변동이 심한 부하에 사용되고 가역 운전에 알맞은 속도제어 방식은?

① 일그너 방식
② 워드 레너드 방식
③ 극수를 바꾸는 방식
④ 전원주파수를 바꾸는 방식

Explanation

직류전동기 속도제어 $n = K' \dfrac{V - I_a R_a}{\phi}$ (K': 기계정수)

종류	특징
저항 제어	• 효율이 저하
계자 제어	• 정출력 제어
전압 제어	• 광범위 속도제어 가능 • 워드 레너드 방식 : 소형부하(엘리베이터에 사용) • 일그너 방식(부하가 급변, 대용량 부하-제철, 제강, 압연) : 플라이 휠 효과(관성 모멘트 증가) • 정토크 제어

【답】①

04 ★★★★★ 전지의 자기방전이 일어나는 국부작용의 방지대책으로 틀린 것은?

① 순환전류를 발생시킨다.　　　　② 고순도의 전극재료를 사용한다.
③ 전극에 수은도금(아말감)을 한다.　④ 전해액에 불순물 혼입을 억제시킨다.

Explanation

국부 작용
아연 음극 또는 전해액 중에 불순물이 섞이면 아연이 부분적으로 용해되어 국부 방전이 생기며 수명이 짧아진다. 국부작용을
막기 위하여 고순도 전극을 사용하거나 수은도금을 한다.　　　　　　　　　　　　　　　　　　　　　　　　　【답】①

05 ★★★★☆ 루소선도가 그림과 같이 표시되는 광원의 하반구 광속은 약 몇 [lm]인가? 단, 여기서 곡선 BC는
4분원이다.

① 245
② 493
③ 628
④ 1,120

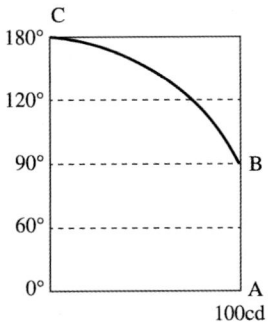

Explanation

광원의 전광속 $F=$루소선도 면적 $\times \dfrac{2\pi}{r}$

$F=\dfrac{2\pi}{r}\times S$　　$F=a\cdot S\ (a=$상수$)$

하반구 면적 $S=100\times100$

$\therefore F=\dfrac{2\pi}{100}(100\times100)=628[\text{lm}]$　　　　　　　　　　　　　　　　　　　　　　　　　【답】③

06 ★☆☆☆☆ 전차의 경제적인 운전방법이 아닌 것은?

① 가속도를 크게 한다.　　　　② 감속도를 크게 한다.
③ 표정속도를 작게 한다.　　　④ 가속도·감속도를 작게 한다.

Explanation

전차의 경제적인 운전방법
• 표정속도를 작게 한다.
• 가속도·감속도를 크게 한다.　　　　　　　　　　　　　　　　　　　　　　　　　　　　　　　　　　　　　【답】④

07 ★★★★★ 합판 및 비닐막의 접착에 적당한 가열방식은?

① 유도가열　　　　　　　　② 적외선 가열
③ 직접 저항가열　　　　　　④ 고주파 유전가열

Explanation

• **유전가열(유전체손을 이용) : 목재의 건조, 목재의 접착, 비닐막의 접착**
• 유도가열(히스테리시스손과 와류손을 이용) : 금속의 표면 처리, 반도체의 정련 단결정의 제조　　　　　　　　　　【답】④

08 정류방식 중 정류 효율이 가장 높은 것은? 단, 저항부하를 사용한 경우이다.

① 단상 반파방식   ② 단상 전파방식

③ 3상 반파방식   ④ 3상 전파방식

> **Explanation**

반도체 정류기

구분	단상 반파	단상 전파	3상 반파	3상 전파
직류전압	$E_d = 0.45E$	$E_d = 0.9E$	$E_d = 1.17E$	$E_d = 1.35E$
정류 효율	40.6[%]	81.2[%]	96.5[%]	**99.8[%]**

【답】④

09 다이오드 클램퍼(clamper)의 용도는?

① 전압 증폭   ② 전류 증폭

③ 전압 제한   ④ 전압레벨 이동

> **Explanation**

다이오드 클램퍼(clamper) : 전압레벨 이동시 사용

【답】④

10 가로 12[m], 세로 20[m]인 사무실에 평균 조도 400[lx]를 얻고자 32[W] 전광속 3,000[lm]인 형광등을 사용하였을 때 필요한 등수는? 단, 조명률은 0.5, 감광보상률은 1.25이다.

① 50   ② 60

③ 70   ④ 80

> **Explanation**

$FUN = ESD$에서

$$N = \frac{ESD}{FU} = \frac{12 \times 20 \times 400 \times 1.25}{3,000 \times 0.5} = 80[\text{등}]$$

【답】④

11 도체의 재료로 주로 사용되는 구리와 알루미늄의 물리적 성질을 비교한 것 중 옳은 것은?

① 구리가 알루미늄보다 비중이 작다.

② 구리가 알루미늄보다 저항률이 크다.

③ 구리가 알루미늄보다 도전율이 작다.

④ 구리와 같은 저항을 갖기 위해서는 알루미늄 전선의 지름을 구리보다 굵게 한다.

> **Explanation**

알루미늄 전선의 특징
- 구리보다 비중이 작다.
- 구리보다 저항률이 크다.
- 구리보다 도전율이 작다.
- 저항 $R = \rho \frac{l}{A}$ 에서 $R = \rho \frac{l}{A} = \rho \frac{l}{\frac{\pi}{4}d^2} = \frac{4\rho l}{\pi d^2}$ 이므로

경동선의 저항률 : $\rho = \dfrac{1}{55}$,   알루미늄선의 저항률 : $\rho = \dfrac{1}{35}$

따라서 알루미늄선은 경동선에 비하여 고유저항이 크므로 동일저항을 얻기 위해서는 지름이 큰 전선을 사용해야 한다. ACSR이 경동선에 비해 바깥지름은 크며 알루미늄이 경동선에 비해 중량은 작다.

【답】④

12 ★★★☆☆ 공기전지의 특징이 아닌 것은?

① 방전 시에 전압변동이 적다.
② 온도차에 의한 전압변동이 적다.
③ 내열, 내한, 내습성을 가지고 있다.
④ 사용 중의 자기방전이 크고 오랫동안 보존할 수 없다.

공기건전지
- 전해액 : NH_4Cl
- 감극제 : O_2
- 특성
  - **전압변동률과 자체 방전이 작고 오래 저장할 수 있으며 가볍다.**
  - 방전용량이 크고 처음 전압은 망간전지에 비하여 약간 낮다. 【답】④

13 ★★★★☆ KSC IEC 62305에 의한 수뢰도체, 피뢰침과 인하도선의 재료로 사용되지 않는 것은?

① 구리 ② 순금
③ 알루미늄 ④ 용융아연도금강

수뢰도체, 피뢰침과 인하도선의 재료
구리, 알루미늄, 용융아연도금강 【답】②

14 ★☆☆☆☆ 캡타이어 케이블 상호 및 캡타이어 케이블과 박스, 기구와의 접속개소와 지지점 간의 거리는 접속개소에서 최대 몇 [m] 이하로 하는 것이 바람직한가?

① 0.75 ② 0.55
③ 0.25 ④ 0.15

(내선규정 2,280-3) 캡타이어 케이블의 지지
캡타이어 케이블을 조영재에 따라 붙이는 경우에는 전선의 지지점 간의 거리를 케이블은 1[m] 이하로 하고 조영재에 따라 캡타이어 케이블이 손상될 우려가 없는 새들, 스테이플 등으로 고정하여야 한다.
【주】캡타이어 케이블 상호 및 캡타이어 케이블과 박스, 기구와의 접속개소와 지지점 간의 거리는 접속개소에서 **최대 0.15[m] 이하로** 하는 것이 바람직하지만 전선이 굵은 경우 등 부득이 할 경우는 적용하지 않는다. 【답】④

15 ★★☆☆☆ 전선의 굵기가 95[㎟] 이하인 경우 배전반과 분전반의 소형 덕트의 폭은 최소 몇 [cm]인가?

① 8 ② 10
③ 15 ④ 20

배전반과 분전반의 소형 덕트 폭

전선의 굵기[㎟]	배전반과 분전반의 소형 덕트 폭[cm]
35 이하	8
95 이하	10
240 이하	15

【답】②

16 ★★☆☆☆ 플로어덕트 공사에 사용하는 절연전선이 연선일 때 단면적은 최소 몇 [㎟]를 초과하여야 하는가?

① 6
② 10
③ 16
④ 25

Explanation

(KEC 232.32조) 플로어덕트공사
① 전선은 절연전선(옥외용 비닐 절연전선을 제외한다)일 것
② 전선은 연선일 것. 다만, 10[㎟](알루미늄선은 16[㎟]) 이하인 것은 그러하지 아니하다. 【답】②

17 ★★★★☆ 보호계전기의 종류가 아닌 것은?

① ASS
② RDR
③ DGR
④ OCGR

Explanation

계전기(Relay)
• OCGR(Over Current Ground Relay) : 지락과전류계전기
• DGR(Directional Ground Relay) : 방향지락계전기
• RDR(Ratio Differential Relay) : 비율차동계전기
여기서, ASS(Automatic Section Switch)는 자동 고장 구분 개폐기이다. 【답】①

18 ★☆☆☆☆ 접지극으로 탄소피복강봉을 사용하는 경우 최소 규격으로 옳은 것은?

① 지름 8[㎜] 이상의 강심, 길이 0.9[m] 이상일 것
② 지름 10[㎜] 이상의 강심, 길이 1.2[m] 이상일 것
③ 지름 12[㎜] 이상의 강심, 길이 1.4[m] 이상일 것
④ 지름 14[㎜] 이상의 강심, 길이 1.6[m] 이상일 것

Explanation

접지극의 종류
• 동봉, 동피복강봉 : 지름 8[㎜] 이상, 길이 0.9[m] 이상
• 철봉 : 지름 12[㎜] 이상, 길이 0.9[m] 이상의 아연도금 철봉
• 탄소피복강봉 : 지름 8[㎜] 이상인 강심, 길이 0.9[m] 이상 【답】①

19 ★★★★★ 효율이 우수하고 특히 등황색 단색광으로 연색성이 문제되지 않는 도로 조명, 터널 조명 등에 많이 사용되고 있는 등(lamp)은?

① 크세논등
② 고압 수은등
③ 저압 나트륨등
④ 메탈 할라이드등

Explanation

나트륨등의 특징
• 투과력이 좋다(안개 낀 지역, 터널 등에서 사용).
• 단색 광원(순황색)으로 옥내 조명에 부적당
• 효율이 우수 【답】③

20 ★★☆☆☆ 다음 조명기구의 배광에 의한 분류 중 병실이나 침실에 시설할 조명기구로 가장 적합한 것은?

① 직접 조명기구
② 반간접 조명기구
③ 반직접 조명기구
④ 전반확산 조명기구

- 반간접 조명 : 병원이나 침실
- 조명방식에 의한 분류

조명 방식	하향광속[%]	상향광속[%]
직접 조명	100~90	0~10
반직접 조명	90~60	10~40
전반확산 조명	60~40	40~60
반간접 조명	40~10	60~90
간접 조명	10~0	90~100

【답】②

2과목　전력공학

21 ★★★★★
송전선에서 재폐로 방식을 사용하는 목적은?

① 역률 개선
② 안정도 증진
③ 유도장해의 경감
④ 코로나 발생 방지

Explanation

안정도 향상 대책
- 직렬 리액턴스(X)를 작게 한다.
- 전압 변동을 작게 한다.
- 중간 조상 방식을 채용한다.
- 고장전류를 줄이고 고장 구간을 신속하게 차단한다.
  - 적당한 중성점 접지 방식을 채용하여 지락전류를 줄인다.
  - 고속도 계전기, 고속도 차단기를 채용한다.
  - **고속도 재폐로 방식을 채용한다(과도 안정도 증진).**

【답】②

22 ★★☆☆☆
설비용량이 360[kW], 수용률 0.8, 부등률 1.2일 때 최대 수용전력은 몇 [kW]인가?

① 120
② 240
③ 360
④ 480

Explanation

합성 최대 수용전력 $= \dfrac{설비용량 \times 수용률}{부등률}$ 에서

합성 최대 전력 $= \dfrac{360 \times 0.8}{1.2} = 240[kW]$

【답】②

23 ★☆☆☆☆
배전계통에서 사용하는 고압용 차단기의 종류가 아닌 것은?

① 기중차단기(ACB)
② 공기차단기(ABB)
③ 진공차단기(VCB)
④ 유입차단기(OCB)

Explanation

차단기의 종류와 특징

	특징	소호 매질
ABB 공기차단기	• 투입과 차단을 압축 공기(임펄스 차단기) • 소음이 크다.	압축 공기
GCB 가스차단기	• 밀폐 구조이므로 소음이 없다(공기 차단기에 비해 장점). • 절연 내력이 공기의 2~3배 정도 • 소호 능력이 우수함 • 무색, 무취, 무독성 • 154[kV], 345[kV]	SF_6
OCB 유입차단기	• 방음 설비가 불필요 • 부싱 변류기 사용 가능 • 화재의 위험	절연유
MBB 자기차단기	• 보수 점검 용이 • 전류 절단에 의한 과전압이 발생하지 않는다. • 고유 주파수에 차단 능력이 좌우되는 일이 없다.	전자력
VCB 진공차단기	• 소형 경량 • 화재 위험이 없고 소음이 적다. • 차단 시간이 짧고 차단 성능이 우수하나 개폐 시 개폐서지 발생의 우려가 있다.	진공
ACB 기중차단기	• 저압용 차단기	대기

【답】①

24 ★★☆☆☆
SF_6 가스차단기에 대한 설명으로 옳지 않은 것은?

① SF_6 가스 자체는 불활성기체이다.
② SF_6 가스는 공기에 비하여 소호 능력이 약 100배 정도이다.
③ 절연 거리를 적게 할 수 있어 차단기 전체를 소형, 경량화 할 수 있다.
④ SF_6 가스를 이용한 것으로서 독성이 있으므로 취급에 유의하여야 한다.

Explanation

SF_6(육불화황) 가스
• 무색, 무취, 무독성 기체
• 난연성, 불활성 기체
• 아크 소호 능력은 공기의 100~200배
• 절연내력은 공기의 2~3배 이상

【답】④

25 ★★★☆☆
송전선로의 일반회로정수가 $A = 0.7$, $B = j190$, $D = 0.9$라 하면 C의 값은?

① $-j1.95 \times 10^{-3}$ ② $j1.95 \times 10^{-3}$
③ $-j1.95 \times 10^{-4}$ ④ $j1.95 \times 10^{-4}$

Explanation

$AD - BC = 1$에서
$C = \dfrac{AD-1}{B} = \dfrac{0.7 \times 0.9 - 1}{j190} = j1.95 \times 10^{-3}$

【답】②

26 ★★★☆☆
부하역률이 0.8인 선로의 저항 손실은 0.9인 선로의 저항 손실에 비해서 약 몇 배 정도 되는가?

① 0.97   ② 1.1
③ 1.27   ④ 1.5

선로 손실 $P_l = 3I^2R = 3\left(\dfrac{P}{\sqrt{3}\,V\cos\theta}\right)^2 R = \dfrac{P^2R}{V^2\cos^2\theta}$ 에서

$P_l \propto \dfrac{1}{\cos^2\theta} = \dfrac{1}{\left(\dfrac{0.8}{0.9}\right)^2} = \dfrac{0.9^2}{0.8^2} = 1.27$

【답】 ③

27 ★☆☆☆☆ 단상 변압기 3대에 의한 △결선에서 1대를 제거하고 동일 전력을 V결선으로 보낸다면 동손은 약 몇 배가 되는가?

① 0.67
② 2.0
③ 2.7
④ 3.0

$P_\triangle = 3K = 3VI$

$P_V = \sqrt{3}\,K = \sqrt{3}\,VI$

따라서 동일 전력이 되려면 두 결선의 전압이 동일하므로 V결선의 전류가 △결선의 전류에 비해 $\sqrt{3}$ 배 더 흘러야 한다.

즉, 동손 $P_c = I^2R$에서

△결선의 동손 $P_c = 3I^2R$

V결선의 동손 $P_c = 2I^2R$

따라서 $\dfrac{\text{V결선의 동손}}{\text{△결선의 동손}} = \dfrac{2(\sqrt{3}\,I)^2R}{3I^2R} = 2$

【답】 ②

28 ★★★★★ 피뢰기의 충격방전 개시전압은 무엇으로 표시하는가?

① 잔류전압의 크기
② 충격파의 평균치
③ 충격파의 최대치
④ 충격파의 실효치

피뢰기 단자에 충격전압을 인가하였을 경우 방전을 개시하는 전압을 충격방전 개시전압이라 하며, 충격파의 최대치로 나타낸다.

【답】 ③

29 ★☆☆☆☆ 단상 2선식 배전선로의 선로 임피던스가 $2+j5[\Omega]$ 무유도성 부하전류 10[A]일 때 송전단 역률은? 단, 수전단 전압의 크기는 100[V]이고, 위상각은 $0°$이다.

① $\dfrac{5}{12}$
② $\dfrac{5}{13}$
③ $\dfrac{11}{12}$
④ $\dfrac{12}{13}$

부하단(수전단)은 무유도성이므로 저항부하이며

$R = \dfrac{V}{I} = \dfrac{100}{10} = 10[\Omega]$

전체 선로와 부하의 임피던스는 $Z = 2+j5+10 = 12+j5$이므로

역률 $\cos\theta = \dfrac{R}{Z} = \dfrac{12}{\sqrt{5^2+12^2}} = \dfrac{12}{13}$

【답】 ④

30 ★★★☆☆
그림과 같이 전력선과 통신선 사이에 차폐선을 설치하였다. 이 경우에 통신선의 차폐계수(K)를 구하는 관계식은? 단, 차폐선을 통신선에 근접하여 설치한다.

① $K = 1 + \dfrac{Z_{31}}{Z_{12}}$

② $K = 1 - \dfrac{Z_{31}}{Z_{33}}$

③ $K = 1 - \dfrac{Z_{23}}{Z_{33}}$

④ $K = 1 + \dfrac{Z_{23}}{Z_{33}}$

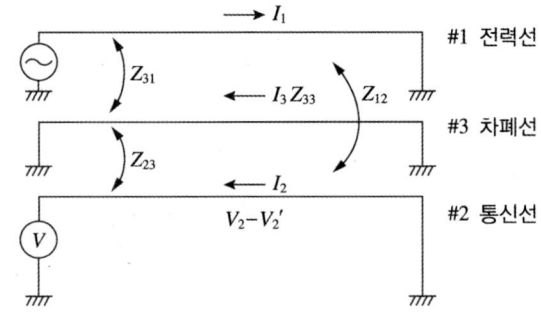

Explanation

【답】③

31 ★★★☆☆
모선 보호에 사용되는 계전방식이 아닌 것은?

① 위상 비교방식
② 선택접지 계전방식
③ 방향거리 계전방식
④ 전류차동 보호방식

Explanation

모선(Bus) 보호 계전방식
• 전류차동 보호방식
• 전압차동 보호방식
• 방향거리 계전방식
• 위상 비교방식

【답】②

32 ★☆☆☆☆
%임피던스와 관련된 설명으로 틀린 것은?

① 정격전류가 증가하면 %임피던스는 감소한다.
② 직렬리액터가 감소하면 %임피던스도 감소한다.
③ 전기기계의 %임피던스가 크면 차단기의 용량은 작아진다.
④ 송전계통에서는 임피던스의 크기를 옴 값 대신에 %값으로 나타내는 경우가 많다.

Explanation

【답】①

33 ★☆☆☆☆
A, B 및 C상전류를 각각 I_a, I_b 및 I_c라 할 때 $I_x = \dfrac{1}{3}(I_a + a^2 I_b + a I_c)$, $a = -\dfrac{1}{2} + j\dfrac{\sqrt{3}}{2}$ 으로 표시되는 I_x는 어떤 전류인가?

① 정상전류
② 역상전류
③ 영상전류
④ 역상전류와 영상전류의 합

대칭좌표법에 의해서

$$\begin{bmatrix} I_0 \\ I_1 \\ I_2 \end{bmatrix} = \frac{1}{3} \begin{bmatrix} 1 & 1 & 1 \\ 1 & a & a^2 \\ 1 & a^2 & a \end{bmatrix} \begin{bmatrix} I_a \\ I_b \\ I_c \end{bmatrix}$$ 이므로 역상분 : $I_2 = \frac{1}{3}(I_a + a^2 I_b + a I_c)$

【답】②

34 ★★★☆☆ 그림과 같이 "수류가 고체에 둘러싸여 있고 A로부터 유입되는 수량과 B로부터 유출되는 수량이 같다"라고 하는 이론은?

① 수두이론
② 연속의 원리
③ 베르누이 정리
④ 토리첼리의 정리

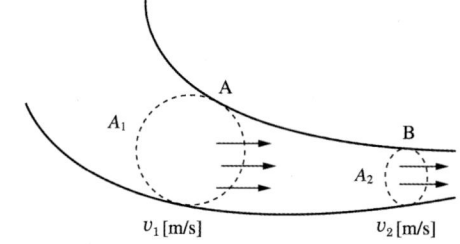

연속의 정리 : 어느 지점에서나 유량은 같다.
유량 $Q[\text{m}^3/\text{sec}] = A[\text{m}^2] \times v[\text{m/sec}]$
따라서 $Q = v_1 A_1 = v_2 A_2 [\text{m}^3/\text{sec}] = $ 일정

【답】②

35 ★★★★★ 4단자 정수가 A, B, C, D인 선로에 임피던스가 $\frac{1}{Z_T}$ 인 변압기가 수전단에 접속된 경우 계통의 4단자 정수 중 D_o 는?

① $D_o = \dfrac{C + DZ_T}{Z_T}$

② $D_o = \dfrac{C + AZ_T}{Z_T}$

③ $D_o = \dfrac{D + CZ_T}{Z_T}$

④ $D_o = \dfrac{B + AZ_T}{Z_T}$

$$\begin{bmatrix} A_0 & B_0 \\ C_0 & D_0 \end{bmatrix} = \begin{bmatrix} A & B \\ C & D \end{bmatrix} \begin{bmatrix} 1 & \frac{1}{Z_T} \\ 0 & 1 \end{bmatrix} = \begin{bmatrix} A & \frac{A}{Z_T} + B \\ C & \frac{C}{Z_T} + D \end{bmatrix}$$

$D_0 = \dfrac{C + DZ_T}{Z_T}$

【답】①

36 ★☆☆☆☆ 대용량 고전압의 안정권선(△ 권선)이 있다. 이 권선의 설치 목적과 관계가 먼 것은?

① 고장전류 저감
② 제3고조파 제거
③ 조상설비 설치
④ 소내용 전원 공급

• 1차 변전소의 3권선 변압기 결선 : $Y - Y - \triangle$(안정권선)
• 안정권선(3차 권선) 목적
 – 제3고조파 제거
 – 소내 전력 공급용
 – 조상설비 채용

【답】①

37 ★★★★★
한류리액터를 사용하는 가장 큰 목적은?

① 충전전류의 제한　　　　　　　　　② 접지전류의 제한
③ 누설전류의 제한　　　　　　　　　④ 단락전류의 제한

> **Explanation**
>
> 한류리액터 : 단락 사고 시 **단락전류 제한**　　　　　　　　　　　　　　　　【답】④

38 ★★★★★
변압기 등 전력설비 내부 고장 시 변류기에 유입하는 전류와 유출하는 전류의 차로 동작하는
보호계전기는?

① 차동계전기　　　　　　　　　　　② 지락계전기
③ 과전류계전기　　　　　　　　　　④ 역상전류계전기

> **Explanation**
>
> 비율차동계전기
> • 보호 구간에 유입하는 전류와 유출하는 전류의 벡터 차와 출입하는 전류의 관계비로 동작
> • 발전기, 변압기 보호
> • 외부 단락 시 오동작을 방지하고 내부 고장 시에만 예민하게 동작　　　　　　【답】①

39 ★★★☆☆
3상 결선 변압기의 단상 운전에 의한 소손방지 목적으로 설치하는 계전기는?

① 차동계전기　　　　　　　　　　　② 역상계전기
③ 단락계전기　　　　　　　　　　　④ 과전류계전기

> **Explanation**
>
> • 발전기(변압기) 내부 단락 검출용 : 비율차동 계전기
> • **발전기(변압기) 부하 불평형(단상 운전) : 역상과전류계전기**
> • 과부하 단락사고 : 과전류계전기　　　　　　　　　　　　　　　　　　　【답】②

40 ★☆☆☆☆
송전선로의 정전용량은 등가 선간거리 D가 증가하면 어떻게 되는가?

① 증가한다.
② 감소한다.
③ 변하지 않는다.
④ D^2에 반비례하여 감소한다.

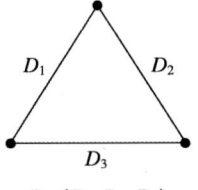

$$D = (D_1, D_2, D_3)$$

> **Explanation**
>
> 정전용량 $C = \dfrac{0.02413}{\log_{10}\dfrac{D}{r}}$ [μF/km]이므로
>
> 선간거리 D가 커지면 정전용량은 적어진다.　　　　　　　　　　　　　　【답】②

3과목　　**전기기기**

41 ★☆☆☆☆
단상 직권 정류자 전동기의 전기자 권선과 계자 권선에 대한 설명으로 틀린 것은?

① 계자 권선의 권수를 적게 한다.
② 전기자 권선의 권수를 크게 한다.
③ 변압기 기전력을 적게 하여 역률 저하를 방지한다.
④ 브러시로 단락되는 코일 중의 단락전류를 많게 한다.

Explanation

단상 직권 정류자 전동기＝만능 전동기(직류·교류 양용)
• 종류 : 직권형, 보상형, 유도보상형
• 특징
 – 성층 철심, **역률 및 정류 개선을 위해 약계자, 강전기자형으로 함**
 – 역률 개선을 위해 보상권선 설치, 변압기 기전력 적게 함
 – 회전속도를 증가시킬수록 역률이 개선 【답】④

42 ★★★☆☆
단상 직권 전동기의 종류가 아닌 것은?

① 직권형
② 아트킨손형
③ 보상직권형
④ 유도보상직권형

Explanation

단상 직권 정류자 전동기＝만능 전동기(직·교류 양용)
• **종류 : 직권형, 보상형, 유도보상형**
• 특징 : 성층 철심, 역률 및 정류 개선을 위해 약계자, 강전기자형으로 함
  역률 개선을 위해 보상권선 설치
  회전속도를 증가시킬수록 역률이 개선 【답】②

43 ★☆☆☆☆
동기조상기의 여자전류를 줄이면?

① 콘덴서로 작용
② 리액터로 작용
③ 진상전류로 됨
④ 저항손의 보상

Explanation

동기 전동기의 위상특성곡선(V곡선)
• I_a와 I_f 관계곡선(P는 일정)
• 계자전류의 변화에 대한 전기자 전류의 변화를 나타낸 곡선
• 과여자 : 앞선 역률(진상), 콘덴서
• **부족여자 : 늦은 역률(지상), 리액터**
역률 $\cos\theta = 1$ 일 때, 전기자 전류 최소

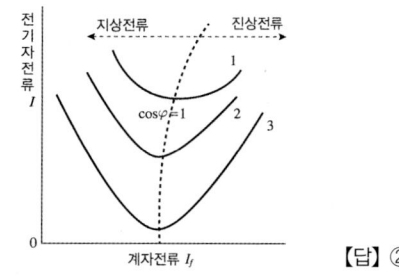

【답】②

44 ★☆☆☆☆
권선형 유도전동기에서 비례추이에 대한 설명으로 틀린 것은? 단, S_m 은 최대 토크 시 슬립이다.

① r^2 를 크게 하면 S_m 은 커진다.
② r^2 를 삽입하면 최대 토크가 변한다.
③ r^2 를 크게 하면 기동토크도 커진다.
④ r^2 를 크게 하면 기동전류는 감소한다.

Explanation

비례추이의 원리 : 권선형 유도전동기
• **최대 토크는 불변**, 최대 토크의 발생 슬립은 변화
• 기동 전류는 감소하고, 기동 토크는 증가 【답】②

45

★★★★☆

전기자 저항 $r_a = 0.2[\Omega]$, 동기 리액턴스 $x_s = 20[\Omega]$인 Y결선 3상 동기발전기가 있다. 3상 중 1상의 단자전압은 $V = 4,400[V]$, 유도기전력 $E = 6,600[V]$이다. 부하각 $\delta = 30°$라고 하면 발전기의 3상 출력[kW]은 약 얼마인가?

① 2,178

② 3,251

③ 4,253

④ 5,532

Explanation

3상 동기발전기의 출력(원통형 회전자(비철극기))

$$P = 3\frac{EV}{x_s}\sin\delta = 3 \times \frac{6,600 \times 4,400}{20} \times \sin30° \times 10^{-3} = 2,178[\text{kW}]$$

【답】①

46

★★★☆☆

반도체 정류기에 적용된 소자 중 첨두 역방향 내전압이 가장 큰 것은?

① 셀렌 정류기

② 실리콘 정류기

③ 게르마늄 정류기

④ 아산화동 정류기

Explanation

SCR(Silicon Controlled Rectifier) : 실리콘 제어 정류기

• **실리콘 정류 소자, 역저지 3단자**
• 동작 최고 온도가 가장 높다(200[℃]).
• 정류기능의 단일 방향성 3단자 소자
• 위상 제어, 인버터, 초퍼 등에 사용
• 역방향 내전압 : 약 500~1,000[V](역방향 내전압이 가장 크다)

【답】②

47

★★★★★

동기 전동기에서 전기자 반작용을 설명한 것 중 옳은 것은?

① 공급전압보다 앞선 전류는 감자작용을 한다.

② 공급전압보다 뒤진 전류는 감자작용을 한다.

③ 공급전압보다 앞선 전류는 교차자화작용을 한다.

④ 공급전압보다 뒤진 전류는 교차자화작용을 한다.

Explanation

동기 전동기의 전기자 반작용

• **증자작용** : 전기자 전류가 단자전압보다 $\dfrac{\pi}{2}$ 뒤진 전류가 흐를 때

• **감자작용** : 전기자 전류가 단자전압보다 $\dfrac{\pi}{2}$ 앞선 전류가 흐를 때

【답】①

48

★★☆☆☆

변압기 결선방식 중 3상에서 6상으로 변환할 수 없는 것은?

① 2중 결선

② 환상 결선

③ 대각 결선

④ 2중 6각 결선

Explanation

변압기 상수 변환법

• **3상에서 2상 변환** : scott 결선(=T결선), Meyer 결선, wood bridge 결선
• **3상에서 6상 변환** : Fork 결선, 2중 성형 결선, 환상 결선, 대각 결선, 2중△결선

【답】④

49 실리콘 제어정류기(SCR)의 설명 중 틀린 것은?

① P-N-P-N 구조로 되어 있다.
② 인버터 회로에 이용될 수 있다.
③ 고속도의 스위치 작용을 할 수 있다.
④ 게이트에 (+)와 (−)의 특성을 갖는 펄스를 인가하여 제어한다.

Explanation

SCR(Silicon Controlled Rectifier) : 실리콘 제어 정류기
• 실리콘 정류 소자 역저지 3단자
• **PNPN의 구조**
• 정류기능의 단일 방향성 3단자 소자
• **게이트에 펄스를 인가하여 ON**
• OFF 시 : 애노드를 (0) 또는 (−)로 한다.
• 위상 제어, 인버터, 초퍼 등에 사용

【답】④

---

50 직류발전기가 90[%] 부하에서 최대 효율이 된다면 이 발전기의 전부하에 있어서 고정손과 부하손의 비는?

① 1.1
② 1.0
③ 0.9
④ 0.81

Explanation

최대 효율 조건 : 고정손 $= \left(\dfrac{1}{m}\right)^2$ 부하손

따라서 고정손 $= (0.9)^2 \times$ 부하손 $= 0.81 \times$ 부하손

$\dfrac{\text{고정손}}{\text{부하손}} = \dfrac{\text{부하손} \times 0.81}{\text{부하손}} = 0.81$

【답】④

---

51 150[kVA]의 변압기의 철손이 1[kW], 전부하동손이 2.5[kW]이다. 역률 80[%]에 있어서의 최대 효율은 약 몇 [%]인가?

① 95
② 96
③ 97.4
④ 98.5

Explanation

【답】③

---

52 정격 부하에서 역률 0.8(뒤짐)로 운전될 때, 전압 변동률이 12[%]인 변압기가 있다. 이 변압기에 역률 100[%]의 정격 부하를 걸고 운전할 때의 전압 변동률은 약 몇 [%]인가? 단, %저항강하는 %리액턴스강하의 1/120이라고 한다.

① 0.909
② 1.5
③ 6.85
④ 16.18

Explanation

【답】②

53 ★☆☆☆☆ 권선형 유도전동기 저항제어법의 단점 중 틀린 것은?

① 운전 효율이 낮다.

② 부하에 대한 속도 변동이 작다.

③ 제어용 저항기는 가격이 비싸다.

④ 부하가 적을 때는 광범위한 속도 조정이 곤란하다.

Explanation

권선형 유도 전동기의 2차 저항 제어법
- 토크의 비례추이를 이용한 것
- 2차 회로에 저항을 삽입 토크에 대한 슬립 s를 바꾸어 속도 제어
- 구조가 간단하고 제어가 용이
- 효율이 낮다.
- 제어용 저항기는 고가
- **부하에 대한 속도 변동이 크다.**

【답】②

54 ★☆☆☆☆ 부하 급변 시 부하각과 부하속도가 진동하는 난조 현상을 일으키는 원인이 아닌 것은?

① 전기자 회로의 저항이 너무 큰 경우

② 원동기의 토크에 고조파가 포함된 경우

③ 원동기의 조속기 감도가 너무 예민한 경우

④ 자속의 분포가 기울어져 자속의 크기가 감소한 경우

Explanation

- 난조(hunting) : 발전기의 부하가 급변하는 경우 회전자 속도가 동기속도를 중심으로 진동하는 현상
- 난조의 원인
  - 원동기의 조속기 감도가 너무 예민할 때
  - 전기자 저항이 너무 클 때
  - 부하의 급변
  - 원동기 토크에 고조파가 포함될 때
  - 관성모멘트가 작은 경우

【답】④

55 ★★☆☆☆ 단상변압기 3대를 이용하여 3상 △−Y로 결선했을 때의 1차, 2차의 전압 각변위(위상차)는?

① 0°

② 60°

③ 150°

④ 180°

Explanation

$\Delta-Y$의 위상차는 30°이나 180°를 기준으로 하면 180−30 즉, 150°와 같다.

【답】③

56 ★☆☆☆☆ 권선형 유도전동기의 전부하 운전 시 슬립이 4[%]이고 2차 정격전압이 150[V]이면 2차 유도 기전력은 몇 [V]인가?

① 9

② 8

③ 7

④ 6

Explanation

정지 시와 회전 시 비교

정지 시	회전 시
E_2	$E_{2s} = sE_2$

f_2	$f_{2s} = sf_2$

회전 시 2차 유도기전력 $E_{2s} = sE_2 = 0.04 \times 150 = 6[\text{V}]$ **【답】** ④

57 ★★★★★
3상 유도전동기의 슬립이 s일 때 2차 효율[%]은?

① $(1-s) \times 100$
② $(2-s) \times 100$
③ $(3-s) \times 100$
④ $(4-s) \times 100$

Explanation

2차 효율 $\eta_2 = \dfrac{P_0}{P_2} \times 100 = \dfrac{(1-s)P_2}{P_2} \times 100$

$\quad = (1-s) \times 100 = \dfrac{N}{N_s} \times 100 = \dfrac{\omega}{\omega_0} \times 100[\%]$ **【답】** ①

58 ★☆☆☆☆
직류전동기의 회전수를 $\dfrac{1}{2}$로 하자면 계자자속을 어떻게 해야 하는가?

① $\dfrac{1}{4}$로 감속시킨다.
② $\dfrac{1}{2}$로 감속시킨다.
③ 2배로 증가시킨다.
④ 4배로 증가시킨다.

Explanation

직류전동기 속도 제어 $n = K' \dfrac{V - I_a R_a}{\phi}$ (K' : 기계정수)에서

회전수 $n \propto \dfrac{1}{\phi}$이므로 회전수를 $\dfrac{1}{2}$로 하자면 계자자속은 2배가 되어야 한다. **【답】** ③

59 ★☆☆☆☆
사이리스터 2개를 사용한 단상 전파정류 회로에서 직류전압 100[V]를 얻으려면 PIV가 약 몇 [V]인 다이오드를 사용하면 되는가?

① 111
② 141
③ 222
④ 314

Explanation

단상 전파 직류전압 $E_d = 0.9E$에서

$E = \dfrac{E_d}{0.9} = \dfrac{100}{0.9} = 111.11[\text{V}]$

최대 역전압 $PIV = 2\sqrt{2}\,E = \pi E_d = \pi \times 100 = 314[\text{V}]$ **【답】** ④

60 ★★☆☆☆
교류 발전기의 고조파 발생을 방지하는 데 적합하지 않은 것은?

① 전기자 반작용을 크게 한다.
② 전기자 권선을 단절권으로 감는다.
③ 전기자 슬롯을 스큐 슬롯으로 한다.
④ 전기자 권선의 결선을 성형으로 한다.

Explanation

동기발전기 고조파 발생 방지법
• 전기자를 Y(성형) 결선으로 : 제3고조파의 순환전류 발생되지 않는다.
• 권선을 분포권, 단절권으로 : 고조파를 제거하여 기전력의 파형 개선
• 전기자 슬롯을 스큐 슬롯 : 고조파에 의한 크로우링 현상 방지
• **전기자 반작용 적게 할 것** **【답】** ①

61 ★☆☆☆☆
개루프 전달함수 $G(s)$가 다음과 같이 주어지는 단위 부궤환계가 있다. 단위 계단입력이 주어졌을 때, 정상상태 편차가 0.05가 되기 위해서는 K의 값은 얼마인가?

$$G(s) = \frac{6K(s+1)}{(s+2)(s+3)}$$

① 19
② 20
③ 0.95
④ 0.05

Explanation

단위 계단입력 시 정상상태 오차 : $e_{ss} = \dfrac{1}{1+K_p}$

여기서, 정상위치편차상수 : $K_p = \lim_{s\to 0}G(s) = \lim_{s\to 0}\dfrac{6K(s+1)}{(s+2)(s+3)} = K$

따라서 정상상태 오차 $e_{ss} = \dfrac{1}{1+K_p} = \dfrac{1}{1+K} = 0.05$

∴ $K = 19$

【답】①

62 ★★★☆☆
제어량의 종류에 의한 분류가 아닌 것은?

① 자동 조정
② 서보 기구
③ 적응제어
④ 프로세스 제어

Explanation

제어량에 의한 분류
• 서보 기구(servo mechanism) : 위치, 방향, 자세, 거리, 각도 등
• 프로세스 제어(process control) : 밀도, 농도, 온도, 압력, 유량, 습도 등
• 자동 조정(auto regulating) : 회전수, 전압, 주파수 등

【답】③

63 ★★★★★
개루프 전달함수 $G(s)H(s) = \dfrac{K(s-5)}{s(s-1)^2(s+2)^2}$ 일 때 주어지는 계에서 점근선의 교차점은?

① $-\dfrac{3}{2}$
② $-\dfrac{7}{4}$
③ $\dfrac{5}{3}$
④ $-\dfrac{1}{5}$

Explanation

근궤적의 점근선의 교차점
$\sigma = \dfrac{\Sigma G(s)H(s)\text{의 극점} - \Sigma G(s)H(s)\text{의 영점}}{P-Z} = \dfrac{(0+1+1-2-2)-(5)}{5-1} = -\dfrac{7}{4}$

【답】②

64 ★★☆☆☆
단위 계단함수의 라플라스 변환과 z변환 함수는?

① $\dfrac{1}{s}, \dfrac{z}{z-1}$
② $s, \dfrac{z}{z-1}$

③ $\dfrac{1}{s}$, $\dfrac{z-1}{z}$

④ s, $\dfrac{z-1}{z}$

Explanation

기본 함수의 z변환

$f(t)$	$F(s)$	$F(z)$
$\delta(t)$	1	1
$u(t)$	$\dfrac{1}{s}$	$\dfrac{z}{z-1}$

【답】①

65 ★★★★★

다음 방정식으로 표시되는 제어계가 있다. 이 계를 상태방정식 $\dot{x} = Ax(t) + Bu(t)$로 나타내면 계수 행렬 A는?

$$\frac{d^3c(t)}{dt^3} + 5\frac{d^3c(t)}{dt^3} + \frac{dc(t)}{dt} + 2c(t) = r(t)$$

① $\begin{bmatrix} 0 & 1 & 0 \\ 0 & 0 & 1 \\ -2 & -1 & -5 \end{bmatrix}$

② $\begin{bmatrix} 0 & 1 & 0 \\ 1 & 0 & 0 \\ 5 & 1 & 2 \end{bmatrix}$

③ $\begin{bmatrix} 0 & 0 & 1 \\ 1 & 0 & 0 \\ 0 & 5 & 2 \end{bmatrix}$

④ $\begin{bmatrix} 0 & 1 & 0 \\ 0 & 0 & 1 \\ -2 & -1 & 0 \end{bmatrix}$

Explanation

$x_1(t) = c(t)$
$x_2(t) = \dot{c}(t) = \dot{x_1}(t)$
$x_3(t) = \dot{c}(t) = \dot{x_2}(t)$ 라 놓으면
$\dot{x_3}(t) = -2x_1(t) - x_2(t) - 5x_3(t) + r(t)$

$$\begin{bmatrix} \dot{x_1}(t) \\ \dot{x_2}(t) \\ \dot{x_3}(t) \end{bmatrix} = \begin{bmatrix} 0 & 1 & 2 \\ 0 & 0 & 1 \\ -2 & -1 & -5 \end{bmatrix}\begin{bmatrix} x_1(t) \\ x_2(t) \\ x_3(t) \end{bmatrix} + \begin{bmatrix} 0 \\ 0 \\ 1 \end{bmatrix}r(t)$$

【답】①

66 ★☆☆☆☆

안정한 제어계의 임펄스 응답을 가했을 때 제어계의 정상상태 출력은?

① 0

② $+\infty$ 또는 $-\infty$

③ +의 일정한 값

④ -의 일정한 값

Explanation

임펄스 응답 시의 안정 조건
• $t \to \infty$ 일 때 0으로 수렴하면 안정
• $t \to \infty$ 일 때 ∞ 로 발산하면 불안정
• $t \to \infty$ 일 때 값의 변동이 없거나 일정 값으로 진동하면 임계

【답】①

67 ★☆☆☆☆ 그림과 같이 블록선도에서 $C(s)/R(s)$의 값은?

① $\dfrac{G_1}{G_1 - G_2}$ 　　② $\dfrac{G_2}{G_1 - G_2}$

③ $\dfrac{G_2}{G_1 + G_2}$ 　　④ $\dfrac{G_1 G_2}{G_1 + G_2}$

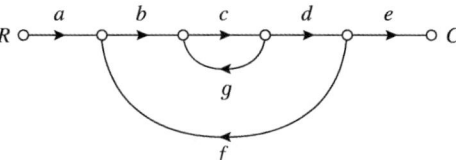

Explanation

블록선도의 전달함수 $G(s) = \dfrac{\Sigma G}{1 - \Sigma L_1 + \Sigma L_2 + \cdots}$

여기서, L_1 : 각각의 모든 폐루프 이득의 합

　　　　L_2 : 서로 접촉하지 않는 2개의 폐루프 이득의 곱의 합

　　　　ΣG : 각각의 전향 경로의 합

$G(s) = \dfrac{G_1 \dfrac{1}{G_1} G_2}{1 - \left(- G_2 \dfrac{1}{G_1}\right)} = \dfrac{G_2}{1 + \dfrac{G_2}{G_1}} = \dfrac{G_1 G_2}{G_1 + G_2}$

【답】④

68 ★★☆☆☆ 신호흐름선도에서 전달함수 $\dfrac{C}{R}$를 구하면?

① $\dfrac{abcdg}{1 - abcde}$ 　　② $\dfrac{abcde}{1 - cg - bcdf}$

③ $\dfrac{abcde}{1 - cg - cgf}$ 　　④ $\dfrac{abcde}{c + cg + cgf}$

Explanation

메이슨의 이득공식을 적용하면

$G = \dfrac{\sum G_i \triangle_i}{\triangle}$ 에서

G_i : $abcde$ 　　$\triangle_i$: $1 - 0 = 1$

$\triangle = 1 - (cg + bcdf) = 1 - cg - bcdf$

전체 이득 $G = \dfrac{C}{R} = \dfrac{abcde}{1 - cg - bcdf}$

【답】②

69 ★★★★★ 특성방정식이 $s^3 + 2s^2 + Ks + 5 = 0$가 안정하기 위한 K의 값은?

① $K > 0$ 　　　　② $K < 0$

③ $K > \dfrac{5}{2}$ 　　　④ $K < \dfrac{5}{2}$

Explanation

Routh-Hurwitz 판별식을 이용하여 1열의 부호가 모두 양수이면 안정하며

s^3	1	K
s^2	2	5
s^1	$\dfrac{2K-5}{2}$	0
s^0	5	

제1열의 부호 변화가 없어야 안정하므로 $2K-5>0$, $K>\dfrac{5}{2}$

따라서 $K>\dfrac{5}{2}$

【답】③

70

★★☆☆☆

다음과 같은 진리표를 갖는 회로의 종류는?

입력		출력
A	B	
0	0	0
0	1	1
1	0	1
1	1	0

① AND

② NAND

③ NOR

④ EX−OR

Explanation

Exclusive OR(배타적 논리합)

$A \oplus B = A\overline{B} + \overline{A}B$

진리표

A	B	X
0	0	0
0	1	1
1	0	1
1	1	0

【답】④

71

★★★★★

대칭좌표법에서 대칭분을 각 상전압으로 표시한 것 중 틀린 것은?

① $E_0 = \dfrac{1}{3}(E_a + E_b + E_c)$

② $E_1 = \dfrac{1}{3}(E_a + aE_b + a^2 E_c)$

③ $E_2 = \dfrac{1}{3}(E_a + a^2 E_b + aE_c)$

④ $E_3 = \dfrac{1}{3}(E_a^2 + E_b^2 + E_c^2)$

Explanation

대칭좌표법을 이용하면

• 영상분 : $E_0 = \dfrac{1}{3}(E_a + E_b + E_c)$

• 정상분 : $E_1 = \dfrac{1}{3}(E_a + aE_b + a^2 E_c)$

• 역상분 : $E_2 = \dfrac{1}{3}(E_a + a^2 E_b + aE_c)$

【답】④

72 ★☆☆☆☆

$R-L$ 직렬회로에서 스위치 S가 1번 위치에 오랫동안 있다가 $t=0^+$에서 위치 2번으로 옮겨진 후, $\dfrac{L}{R}(s)$ 후에 L에 흐르는 전류[A]는?

① $\dfrac{E}{R}$

② $0.5\dfrac{E}{R}$

③ $0.368\dfrac{E}{R}$

④ $0.632\dfrac{E}{R}$

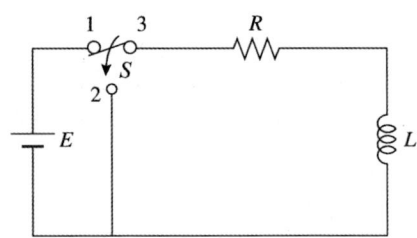

> **Explanation**

스위치가 2번으로 되면 기전력 제거이므로

$R-L$ 직렬회로	직류 기전력 제거 시(S/W off)
전류 $i(t)$	$i(t)=\dfrac{E}{R}e^{-\frac{R}{L}t}=0.368\dfrac{E}{R}$
시정수	$\tau=\dfrac{L}{R}[\text{sec}]$

【답】③

73 ★★★★☆

분포 정수회로에서 선로정수가 R, L, C, G이고 무왜형 조건이 $RC=GL$과 같은 관계가 성립될 때 선로의 특성 임피던스 Z_o는? 단, 선로의 단위 길이당 저항을 R, 인덕턴스를 L, 정전용량을 C, 누설컨덕턴스를 G라 한다.

① $Z_0=\dfrac{1}{\sqrt{CL}}$

② $Z_0=\sqrt{\dfrac{L}{C}}$

③ $Z_0=\sqrt{CL}$

④ $Z_0=\sqrt{RG}$

> **Explanation**

무왜형 조건$(RC=GL)$

특성 임피던스 $Z_0=\sqrt{\dfrac{\dot{Z}}{\dot{Y}}}=\sqrt{\dfrac{R+j\omega L}{G+j\omega C}}$

$=\sqrt{\dfrac{R+j\omega L}{RC/L+j\omega C}}=\sqrt{\dfrac{R+j\omega L}{C/L\,(R+j\omega L)}}=\sqrt{\dfrac{L}{C}}$

【답】②

74 ★☆☆☆☆

그림과 같은 4단자 회로망에서 하이브리드 파라미터 H_{11}은?

① $\dfrac{Z_1}{Z_1+Z_3}$

② $\dfrac{Z_1}{Z_1+Z_2}$

③ $\dfrac{Z_1 Z_3}{Z_1+Z_3}$

④ $\dfrac{Z_1 Z_3}{Z_1+Z_2}$

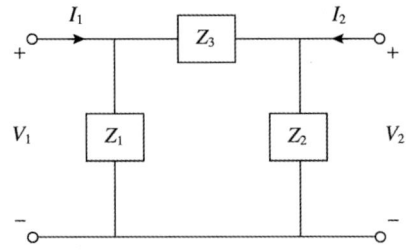

> **Explanation**

【답】③

75 ★☆☆☆☆
내부저항 0.1[Ω]인 건전지 10개를 직렬로 접속하고 이것을 한 조로 하여 5조 병렬로 접속하면 합성 내부저항은 몇 [Ω]인가?

① 5 　　　　　　　　　　　　　　　② 1
③ 0.5 　　　　　　　　　　　　　　④ 0.2

Explanation

우선 전지를 10개 직렬연결 하면
내부저항은 $nR = 0.1 \times 10 = 1[\Omega]$이다.
그런 다음에 전지를 3개 병렬연결 하면
내부저항은 $\dfrac{nR}{m} = \dfrac{0.1 \times 10}{5} = 0.2[\Omega]$이다. 　　　　　　　　　　　　　【답】④

76 ★★☆☆☆
함수 $f(t)$의 라플라스 변환은 어떤 식으로 정의되는가?

① $\displaystyle \int_0^\infty f(t)e^{st}dt$ 　　　　　　　　　② $\displaystyle \int_0^\infty f(t)e^{-st}dt$

③ $\displaystyle \int_0^\infty f(-t)e^{st}dt$ 　　　　　　　　④ $\displaystyle \int_{-\infty}^\infty f(-t)e^{-st}dt$

Explanation

라플라스 변환 정의식 : $\mathcal{L}[f(t)] = \displaystyle\int_0^\infty f(t)e^{-st}dt$ 　　　　　　　　【답】②

77 ★☆☆☆☆
대칭좌표법에서 불평형률을 나타내는 것은?

① $\dfrac{영상분}{정상분} \times 100$ 　　　　　　　　② $\dfrac{정상분}{역상분} \times 100$

③ $\dfrac{정상분}{영상분} \times 100$ 　　　　　　　　④ $\dfrac{역상분}{정상분} \times 100$

Explanation

불평형률 $= \dfrac{역상분}{정상분} \times 100[\%]$ 　　　　　　　　　　　　　　　　　【답】④

78 ★☆☆☆☆
그림의 왜형파 푸리에의 급수로 전개할 때, 옳은 것은?

① 우수파만 포함한다.
② 기수파만 포함한다.
③ 우수파·기수파 모두 포함한다.
④ 푸리에의 급수로 전개할 수 없다.

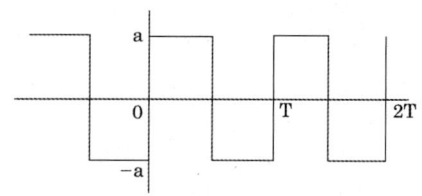

Explanation

반파 정현 대칭 함수이므로
정현대칭 : $f(t) = -f(-t)$, sin항
반파대칭 : $f(t) = -f(t + \pi)$, 홀수항(기수항)
따라서 함수는 기수파의 정현항만 존재한다.

【답】②

79 ★★☆☆☆ 최대값 E_m인 반파 정류 정현파의 실효값은 몇 [V]인가?

① $\dfrac{2E_m}{\pi}$

② $\sqrt{2}$

③ $\dfrac{E_m}{\sqrt{2}}$

④ $\dfrac{E_m}{2}$

Explanation

각 파형의 평균값 및 실효값은 다음과 같이 정리된다.

	파형	실효값	평균값
정현반파	$i(t)$ ⟋⟍ ⟋⟍ ωt	$\dfrac{I_m}{2}$	$\dfrac{1}{\pi} I_m$

【답】④

80 ★☆☆☆☆ 그림과 같이 $R[\Omega]$의 저항을 Y결선으로 하여 단자 a, b 및 c에 비대칭 3상 전압을 가할 때, a단자의 중성점 N에 대한 전압은 약 몇 [V]인가? 단, $V_{ab} = 210[V]$, $V_{bc} = -90 - j180[V]$, $V_{ca} = -120 + j180[V]$

① 100

② 116

③ 121

④ 125

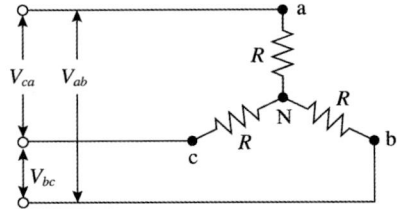

Explanation

【답】④

5과목　전기설비기술기준

81 ★★★★★ 태양전지 모듈 시설에 대한 설명 중 옳은 것은?

① 충전 부분은 노출하여 시설할 것
② 출력배선은 극성별로 확인 가능토록 표시할 것
③ 전선은 공칭단면적 1.5[㎟] 이상의 연동선을 사용할 것
④ 전선을 옥내에 시설할 경우에는 애자공사에 준하여 시설할 것

(KEC 522조) 태양광설비의 시설
① 충전 부분은 노출되지 아니하도록 시설할 것
② 태양전지 모듈을 병렬로 접속하는 전로에는 그 전로에 단락이 생긴 경우에 전로를 보호하는 과전류차단기 기타의 기구를 시설할 것
③ 전선은 공칭단면적 2.5[㎟] 이상의 연동선 또는 이와 동등 이상의 세기 및 굵기의 것일 것
④ 옥내에 시설할 경우에는 합성수지관공사, 금속관공사, 가요전선관공사 또는 케이블공사에 준하여 시설할 것   【답】②

82 ★★★★★
저압 옥상전선로를 전개한 장소에 시설하는 내용으로 틀린 것은?

① 전선은 절연전선일 것
② 전선은 지름 2.5[㎜] 이상의 경동선일 것
③ 전선과 그 저압 옥상전선로를 시설하는 조영재와의 이격거리는 2[m] 이상일 것
④ 전선은 조영재에 내수성이 있는 애자를 사용하여 지지하고 그 지지점 간의 거리는 15[m] 이하일 것

(KEC 221.3조) 옥상 전선로
① 전선은 인장강도 2.30[kN] 이상의 것 또는 지름 2.6[㎜] 이상의 경동선일 것
② 전선은 절연전선일 것
③ 전선은 조영재에 견고하게 붙인 지지기둥 또는 지지대에 절연성·난연성 및 내수성이 있는 애자를 사용하여 지지하고 또한 그 지지점 간의 거리는 15[m] 이하일 것
④ 전선과 그 저압 옥상 전선로를 시설하는 조영재와의 이격거리는 2[m] (전선이 고압절연전선, 특고압 절연전선 또는 케이블인 경우에는 1[m]) 이상일 것   【답】②

83 ★★★★★
무대, 무대마루 밑, 오케스트라박스, 영사실 기타 사람이나 무대 도구가 접촉할 우려가 있는 곳에 시설하는 저압 옥내배선, 전구선 또는 이동전선은 사용전압이 몇 [V] 이하이어야 하는가?
① 60
② 110
③ 220
④ 400

(KEC 242.6조) 전시회, 쇼 및 공연장의 전기설비
무대·무대마루 밑·오케스트라박스·영사실 기타 사람이나 무대 도구가 접촉할 우려가 있는 곳에 시설하는 저압 옥내배선·전구선 또는 이동전선은 사용전압이 400[V] 이하일 것   【답】④

84 ★☆☆☆☆
과전류차단기로 시설하는 퓨즈 중 고압전로에 사용하는 포장 퓨즈는 정격전류의 몇 배의 전류에 견디어야 하는가?
① 1.1
② 1.25
③ 1.3
④ 1.6

(KEC 341.10조) 고압 및 특고압 전로 중의 과전류 차단기의 시설
① 포장 퓨즈 : 1.3배의 전류에 견디고 또한 2배의 전류로 120분 안에 용단
② 비포장 퓨즈 : 1.25배의 전류에 견디고 또한 2배의 전류로 2분 안에 용단   【답】③

85 ★★★★★
터널 안 전선로의 시설방법으로 옳은 것은?
① 저압전선은 지름 2.6[㎜]의 경동선의 절연전선을 사용하였다.
② 고압전선은 절연전선을 사용하여 합성수지관 공사로 하였다.
③ 저압전선을 애자공사에 의하여 시설하고 이를 레일면상 또는 노면상 2.2[m]의 높이로 시설하였다.

④ 고압전선을 금속관공사에 의하여 시설하고 이를 레일면상 또는 노면상 2.4[m]의 높이로 시설하였다.

Explanation

(KEC 335.1조) 터널 안 전선로의 시설
① 저압전선 – 지름 2.6[㎜] 경동선 이상, 애자사용공사에 의해 시설할 때 레일면상 또는 **노면상 2.5[m] 이상의 높이**, 합성수지관 공사, 금속관 공사, 가요전선관 공사, 케이블 공사에 의해 시설
② 고압전선 – 지름 4[㎜] 경동선 이상, 애자사용공사 시 레일면상 또는 **노면상 3[m] 이상의 높이**, 케이블 공사에 의한 시설
【답】①

86 ★★★☆☆
저압 옥측전선로의 공사에서 목조 조영물에 시설할 수 있는 공사 방법은?
① 금속관 공사
② 버스덕트 공사
③ 합성수지관 공사
④ 연피 또는 알루미늄 케이블 공사

Explanation

(KEC 221.2조) 옥측전선로
• 애자공사(전개된 장소만)
• 합성수지관공사
• 금속관공사(**목조 제외**)
• 버스덕트공사(**목조 제외**)
• 케이블공사(연피 케이블, 알루미늄피 케이블, MI케이블 사용하면 **목조 제외**)
【답】③

87 ★★☆☆☆
특고압을 직접 저압으로 변성하는 변압기를 시설하여서는 아니 되는 것은?
① 광산에서 물을 양수하기 위한 양수기용 변압기
② 전기로 등 전류가 큰 전기를 소비하기 위한 변압기
③ 교류식 전기철도용 신호회로에 전기를 공급하기 위한 변압기
④ 발전소 · 변전소 · 개폐소 또는 이에 준하는 곳의 소내용 변압기

Explanation

(KEC 341.3조) 특고압을 직접 저압으로 변성하는 변압기의 시설
① **전기로 등 전류가 큰 전기를 소비하기 위한 변압기**
② **발전소 · 변전소 · 개폐소 또는 이에 준하는 곳의 소내용 변압기**
③ 특고압 전선로에 접속하는 변압기
④ **교류식 전기철도용 신호회로에 전기를 공급하기 위한 변압기**
【답】①

88 ★★★★☆
케이블 트레이 공사에 사용하는 케이블 트레이의 시설기준으로 틀린 것은?
① 케이블 트레이 안전율은 1.3 이상이어야 한다.
② 비금속제 케이블 트레이는 난연성 재료의 것이어야 한다.
③ 전선의 피복 등을 손상시킬 돌기 등이 없이 매끈해야 한다.
④ 저압옥내배선의 금속제 트레이에는 접지공사를 하여야 한다.

Explanation

(KEC 232.41조) 케이블트레이공사
① 전선은 연피 케이블, 알루미늄피 케이블 등 난연성 케이블, 기타 케이블 또는 금속관 혹은 합성수지관 등에 넣은 절연전선
② 수용된 모든 전선을 지지할 수 있는 강도 – 이 경우 **케이블 트레이의 안전율은 1.5 이상**
③ 비금속제 케이블 트레이는 난연성
④ 금속제 케이블 트레이 계통 : 기계적 및 전기적으로 완전하게 접속+금속제 트레이에 접지공사
【답】①

89 ★☆☆☆☆

전로에 대한 설명 중 옳은 것은?

① 통상의 사용 상태에서 전기를 절연한 곳
② 통상의 사용 상태에서 전기를 접지한 곳
③ 통상의 사용 상태에서 전기가 통하고 있는 곳
④ 통상의 사용 상태에서 전기가 통하고 있지 않은 곳

Explanation

(기술기준 제3조) 정의
"전로"란 보통의 사용 상태에서 전기를 통하는 회로의 일부나 전부를 말한다.　　【답】③

90 ★★★★★

최대 사용 전압이 23[kV]의 권선으로 중성점 접지식 전로(중성선을 가지는 것으로 그 중성선에 다중 접지를 하는 전로)에 접속되는 변압기는 몇 [V]의 절연내력 시험전압에 견디어야 하는가?

① 21,160　　　　　　　② 25,300
③ 38,750　　　　　　　④ 34,500

Explanation

(KEC 135조) 변압기 전로의 절연내력

접지방식	최대 사용전압	시험전압(최대 사용전압 배수)	최저 시험전압
중성점 다중접지	25[kV] 이하	0.92배	

절연내력 시험전압 : 23,000×0.92＝21,160[V]　　【답】①

91 ★★★★★

고압 가공전선으로 경동선 또는 내열 동합금선을 사용할 때 그 안전율은 최소 얼마 이상이 되는 처짐 정도(이도)로 시설하여야 하는가?

① 2.0　　　　　　　② 2.2
③ 2.5　　　　　　　④ 3.3

Explanation

(KEC 332.4조) 고압 가공 전선의 안전율
고압 가공전선은 케이블인 경우 이외에는 다음 각 호에 규정하는 경우에 그 안전율이 경동선 또는 내열 동합금선은 2.2 이상, 그 밖의 전선은 2.5 이상이 되는 처짐 정도(이도)로 시설하여야 한다.　　【답】②

92 KEC 적용으로 인하여 삭제되었습니다.

93 ★☆☆☆☆

고압 보안공사에서 지지물이 A종인 철주인 경우 경간은 몇 [m] 이하인가?

① 100　　　　　　　② 150
③ 250　　　　　　　④ 400

Explanation

(KEC 332.10조) 고압 보안공사

지지물 종류	표준 경간	저·고압 보안공사
목주, A종	150	100
B종	250	150
철탑	600	400

【답】①

94 KEC 적용으로 인하여 삭제되었습니다.

95 ★★★★★
가공전선로 지지물의 승탑 및 승주 방지를 위한 발판 볼트는 지표상 몇 [m] 미만에 시설하여서는 아니 되는가?

① 1.2
② 1.5
③ 1.8
④ 2.0

> Explanation

(KEC 331.4조) 가공 전선로 지지물의 철탑오름 및 전주오름 방지
지지물에 취급자가 오르고 내리는 데 사용하는 발판 볼트 등은 지표상 1.8[m] 미만에 시설하여서는 아니 된다.   【답】③

96 KEC 적용으로 인하여 삭제되었습니다.

97 ★★★★★
사용전압이 60[kV] 이하인 경우 전화 선로의 길이를 12[km]마다 유도전류는 몇 $[\mu A]$를 넘지 않도록 하여야 하는가?

① 1
② 2
③ 3
④ 4

> Explanation

(KEC 333.2조) 유도장해의 방지
① 사용전압이 60[kV] 이하인 경우에는 전화 선로의 길이 12[km]마다 유도전류가 $2[\mu A]$를 넘지 아니할 것
② 사용전압이 60[kV]를 넘는 경우에는 전화 선로의 길이 40[km]마다 유도전류가 $3[\mu A]$를 넘지 아니할 것   【답】②

98 ★☆☆☆☆
발전소 · 변전소 · 개폐소 또는 이에 준하는 곳에서 개폐기 또는 차단기에 사용하는 압축 공기장치의 공기압축기는 최고 사용압력의 1.5배의 수압을 연속하여 몇 분간 가하여 시험을 하였을 때에 이에 견디고 또한 새지 아니하여야 하는가?

① 5
② 10
③ 15
④ 20

> Explanation

(KEC 341.15조) 압축공기계통
발전소 · 변전소 · 개폐소 또는 이에 준하는 곳에서 개폐기 또는 차단기에 사용하는 압축 공기 장치는 **최고 사용압력의 1.5배의 수압을 계속하여 10분간 가하여 시험을 한 경우**에 이에 견디고 또한 새지 아니할 것   【답】②

99 ★★★★★
금속덕트공사에 의한 저압 옥내배선공사 시설에 대한 설명으로 틀린 것은?

① 저압 옥내배선의 덕트에 접지공사를 한다.
② 금속덕트는 두께 1.0[㎜] 이상인 철판으로 제작하고 덕트 상호간에 완전하게 접속한다.
③ 덕트를 조영재에 붙이는 경우 덕트 지지점 간의 거리를 3[m] 이하로 견고하게 붙인다.
④ 금속덕트에 넣은 전선의 단면적의 합계가 덕트의 내부 단면적의 20[%] 이하가 되도록 한다.

> Explanation

(KEC 232.31조) 금속덕트공사
① 금속덕트에 넣은 전선의 단면적(절연피복의 단면적을 포함)의 합계는 덕트 내부 단면적의 20[%](전광표시장치 기타 이와 유사한 장치 또는 제어회로 등의 배선만을 넣는 경우는 50[%]) 이하일 것
② 금속덕트는 폭이 40[㎜]를 초과하고 두께가 1.2[㎜] 이상인 철판 또는 동등 이상의 세기를 가지는 금속제일 것

③ 덕트를 조영재에 붙이는 경우에는 덕트의 지지점 간의 거리는 3[m] 이하로 할 것
④ 접지공사를 할 것

【답】②

100 ★★☆☆☆ 그림은 전력선 반송통신용 결합장치의 보안장치를 나타낸 것이다. S의 명칭으로 옳은 것은?

① 동축 케이블
② 결합 콘덴서
③ 접지용 개폐기
④ 구상용 방전갭

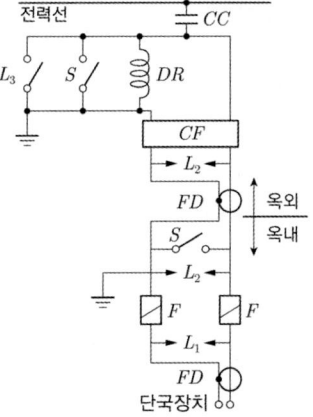

Explanation

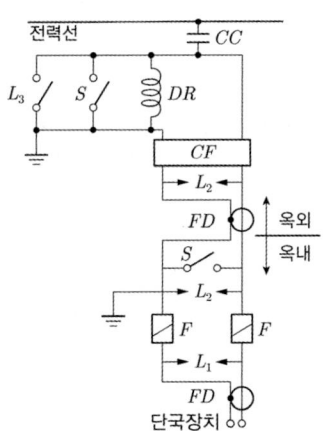

- FD : 동축케이블
- F : 정격전류 10[A] 이하의 포장 퓨즈
- DR : 전류 용량 2[A] 이상의 배류 선륜
- L_1 : 교류 300[V] 이하에서 동작하는 피뢰기
- L_2 : 동작 전압이 교류 1,300[V]를 초과하고 1,600[V] 이하로 조정된 방전갭
- L_3 : 동작 전압이 교류 2[kV]를 초과하고 3[kV] 이하로 조정된 구상 방전갭
- **S : 접지용 개폐기**
- CF : 결합 필터
- CC : 결합 커패시터(결합 안테나를 포함한다)

【답】③

01 ★★★★★
열차의 자중이 100[t]이고 동륜상의 중량이 90[t]인 기관차의 최대 견인력[kg]은? 단, 레일의 점착 계수는 0.2로 한다.

① 15,000   ② 16,000
③ 18,000   ④ 21,000

Explanation

최대 견인력 $F = 1,000\mu W[\text{kg}]$ 여기서 W : 동륜상의 무게 [ton]
$\qquad\qquad\quad = 1,000 \times 0.2 \times 90 = 18,000[\text{kg}]$

【답】③

02 ★☆☆☆☆
비시감도가 최대인 파장[nm]은?

① 350   ② 450
③ 500   ④ 555

Explanation

시감도(Visibility)
• 어떤 파장의 에너지가 빛으로써 느껴지는 정도
• **최대 시감도 : 황록색 680[lm/W], 파장이 555[nm]**
• 비시감도 : 시감도를 곡선으로 나타낸 것

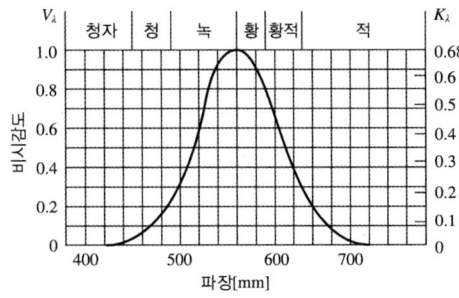

빛의 파장에 따른 비시감도 곡선

【답】④

03 ★★☆☆☆
레이저 가열의 특징으로 틀린 것은?

① 파장이 짧은 레이저는 미세 가공에 적합하다.
② 에너지 변환 효율이 높아 원격 가공이 가능하다.
③ 필요한 부분에 집중하여 고속으로 가열할 수 있다.
④ 레이저의 파워와 조사 면적을 광범위하게 제어할 수 있다.

Explanation

레이저 가열
• 필요한 부분에 고속으로 가열 가능
• 레이저의 파워나 조사 면적을 광범위하게 제어 가능
• 에너지 밀도를 높게 할 수 있다.
• 에너지 변환 효율이 낮은 결점 【답】②

04 ★☆☆☆☆
모든 방향에 400[cd]의 광도를 갖고 있는 전등을 지름 3[m]의 테이블 중심 바로 위 2[m] 위치에 달아 놓았다면 테이블의 평균 조도는 약 몇 [lx]인가?

① 35 ② 53
③ 71 ④ 90

Explanation

광도 : 발산광속의 입체각 밀도[lm/sr][cd]

$$I = \frac{F}{\omega} = \frac{E \cdot S}{2\pi(1-\cos\theta)}[cd]$$

조도 $E = \frac{I}{S} \times 2\pi(1-\cos\theta) = \frac{I}{\pi r^2} \times 2\pi(1-\cos\theta)$

$$= \frac{400}{\pi \times 1.5^2} \times 2\pi(1 - \frac{2}{\sqrt{2^2+1.5^2}}) = 71[lx]$$ 【답】③

05 ★★★★★
SCR에 대한 설명 중 틀린 것은?

① 위상제어의 최대 조절 범위는 0~90°이다.
② 3개의 접합면을 가진 4층 다이오드 형태로 되어 있다.
③ 게이트단자에 펄스신호가 입력되는 순간부터 도통된다.
④ 제어각이 작을수록 부하에 흐르른 전류도통각이 커진다.

Explanation

SCR(Silicon Controlled Rectifier)
• 게이트 작용 : 통과 전류 제어 작용
• 게이트 전류에 의해서 방전개시 전압을 제어할 수 있다.
• 소형이면서 대전력용
• ON → OFF : 전원전압(애노드)을 음(−)으로 한다.
• turn on 상태 : 게이트 전류에 의해서
• **위상제어의 최대 조절 범위는 0 ~ 180°** 【답】①

06 ★☆☆☆☆
n형 반도체에 대한 설명으로 옳은 것은?

① 순수 실리콘 내에 정공의 수를 늘리기 위해 As, P, Sb과 같은 불순물 원자를 첨가한 것
② 순수 실리콘 내에 정공의 수를 늘리기 위해 Al, B, Ga과 같은 불순물 원자를 첨가한 것
③ 순수 실리콘 내에 전자의 수를 늘리기 위해 As, P, Sb과 같은 불순물 원자를 첨가한 것
④ 순수 실리콘 내에 전자의 수를 늘리기 위해 Al, B, Ga과 같은 불순물 원자를 첨가한 것

Explanation

• P형 반도체 : 순도가 높은 4가의 Ge(게르마늄)이나 Si(실리콘)의 결정에 3가의 In(인듐)이나 Ga(갈륨)을 첨가
• N형 반도체 : 순도가 높은 4가의 Ge(게르마늄)이나 Si(실리콘)의 결정에 5가의 P(인)이나 As(비소)를 첨가 【답】③

07 ★★★★☆
하역 기계에서 무거운 것은 저속으로, 가벼운 것은 고속으로 작업하여 고속이나 저속에서 다 같이 동일한 동력이 요구되는 부하는?

① 정토크 부하
② 정동력 부하
③ 정속도 부하
④ 제곱토크 부하

정동력 부하 : 고속이나 저속에서 다 같이 동일한 동력이 요구되는 부하　　　　　　　　【답】②

08 ★★★★★
3상 유도전동기를 급속히 정지 또는 감속시킬 경우나 과속을 급히 막을 수 있는 가장 쉽고 효과적인 제동법은?

① 발전제동
② 회생제동
③ 역전제동
④ 와전류 제동

3상 유도전동기 제동법
• 발전제동
 − 운동에너지를 전기적 에너지로 변환
 − 자체 저항에서 열로 소비되면서 제동
• 회생제동
 − 유도전압을 전원전압보다 높게 하여 제동하는 방식
 − 발전제동하여 발생된 전력을 선로로 되돌려 보냄
• **역상제동(플러깅), 역전제동**
 − 3상 중 2상을 바꾸어 제동
 − 속도를 급격히 정지 또는 감속시킬 때　　　　　　　　【답】③

09 ★☆☆☆☆
344[kcal]를 [kWh] 단위로 표시하면?

① 0.4
② 407
③ 400
④ 0.0039

열량과 에너지
• $1[J] = 0.24[cal]$
• $1[cal] = 4.2[J]$
• $1[B.T.U] = 0.252[kcal]$
• **$1[kwh] = 860[kcal]$**
따라서 $\dfrac{344}{860} = 0.4[kWh]$　　　　　　　　【답】①

10 ★☆☆☆☆
부식의 문제가 없고 전류밀도가 높아 자동차나 군사용의 특수목적으로 사용되는 연료전지는?

① 인산형(PAFC) 연료전지
② 고체전해질형(SOFC) 연료전지
③ 용융탄산염형(MCFC) 연료전지
④ 고체고분자형(SPEFC) 연료전지

• 연료전지
 − 원료로 도시가스나 LPG 등 사용
 − 수소에 의해 동작
• 연료전지의 종류
 − 고체고분자형(SPEFC) : 전해질로 양이온 교환막, 군사용이나 자동차용
 − 인산형(PAFC) : 전해질로 인산

　　– 용융탄산염형(MCFC) : 전해질로 탄산리튬(탄산칼륨)
　　– 고체전해질형(SOFC) : 전해질로 안정화 질코니아　　　　　　　　　　　　　　　　【답】④

11 ★★★☆☆
아크용접기의 2차 전류가 100[A] 이하일 때 정격 사용률이 50[%]인 경우 용접용 케이블 또는 기타의 케이블 굵기는 몇 [㎟]를 시설하여야 하는가?

① 16　　　　　　　　　　　　　　② 25
③ 35　　　　　　　　　　　　　　④ 70

> **Explanation**

아크용접기 2차 전류에 따른 케이블의 굵기
• 100[A] 이하 : 16[㎟]
• 150[A] 이하 : 25[㎟]　　　　　　　　　　　　　　　　　　　　　　　　　　　　【답】①

12 ★☆☆☆☆
변압기의 부속품이 아닌 것은?

① 철심　　　　　　　　　　　　　② 권선
③ 부싱　　　　　　　　　　　　　④ 정류자

> **Explanation**

변압기 부속품
• 철심 : 자로(磁路)로 사용
• 권선 : 유기기전력 발생
• 부싱 : 외부인출선 변압기 내에 인입 시 사용
여기서, 정류자는 직류기에 사용　　　　　　　　　　　　　　　　　　　　　　　【답】④

13 ★★★★☆
플로어덕트 설치 그림(약식) 중 블랭크 와셔가 사용되어야 할 부분은?

① ㉮
② ㉯
③ ㉰
④ ㉱

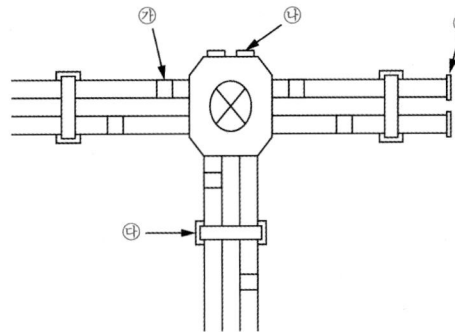

> **Explanation**

블랭크 와셔(blank washer)
플로어덕트의 정션 박스에 덕트를 접속하지 않는 곳을 막기 위하여 사용되는 것　　【답】②

14 ★☆☆☆☆
공칭전압 345[kV]인 경우 현수애자 일련의 개수는?

① 10~11　　　　　　　　　　　　② 18~20
③ 25~30　　　　　　　　　　　　④ 40~45

> **Explanation**

전압별 현수애자의 개수
• 22.9[kV] : 2~3개

- 66[kV] : 4~6개
- 154[kV] : 10~11개
- **345[kV] : 18~23개**
- 765[kV] : 38~43개

【답】②

15 ★★★★★ 접지 저감재의 구비조건으로 틀린 것은?

① 안전할 것
② 지속성이 없을 것
③ 전기적으로 양도체일 것
④ 전극을 부식시키지 않을 것

> **Explanation**

접지 저감재의 구비조건
- **지속성이 있을 것(반영구적일 것)**
- 전극을 부식시키지 않을 것
- 전기적으로 양도체일 것
- 안전할 것

【답】②

16 ★☆☆☆☆ 새로 제작한 전구는 최초의 점등에서 필라멘트의 특성을 안정화시키는 작업을 무엇이라 하는가?

① 초특성
② 동정특성
③ 전압특성
④ 에이징(aging)

> **Explanation**

에이징(aging)
- 각종 부품과 장치에서 어떤 일정 기간, 경우에 따라서는 적당한 스트레스를 준 상태에서 그 특성이 본질적으로 일정한 상태로 안정되기까지 보존
- 전구에서는 최초의 점등에서 필라멘트의 특성을 안정화시키는 작업

【답】④

17 ★☆☆☆☆ 테이블 탭에는 단면적 1.5[mm²] 이상의 코드를 사용하고 플러그를 부속시켜야 한다. 이 경우 코드의 최대 길이[m]는?

① 1
② 2
③ 3
④ 4

> **Explanation**

테이블의 탭
- 단면적 1.5[mm²] 이상의 코드를 사용
- 플러그를 부착
- 길이는 3[m] 이하

【답】③

18 ★★★★★ 다음 중 발열체의 구비조건이 아닌 것은?

① 내열성이 클 것
② 용융, 연화, 산화 온도가 낮을 것
③ 저항률이 크고 온도계수가 작을 것
④ 연성 및 전성이 풍부하여 가공이 용이할 것

> **Explanation**

발열체의 구비조건
- 내식성, 내열성이 클 것
- 선팽창계수가 적을 것
- 알맞은 고유저항을 가지고 저항의 온도계수가 (+)로 작을 것
- 연·전성이 풍부하고 가공이 용이할 것
- 경제적일 것

【답】②

19 ★★★★★

배전반 및 분전반에 대한 설명으로 틀린 것은?

① 기구 및 전선은 쉽게 점검할 수 있어야 한다.

② 옥외 시설할 때는 방수형을 사용해야 한다.

③ 모든 분전반은 최소 간선용량보다는 작은 정격의 것이어야 한다.

④ 한 개의 분전반에는 한 가지의 전원(1회선의 간선)만 공급하여야 한다.

> **Explanation**
>
> • 배전반, 분전반 설치 시
>   – 반의 옆쪽 또는 뒤쪽에 설치하는 분배전반의 소형 덕트는 강판제이어야 한다.
>   – 난연성 합성수지로 된 것을 두께가 최소 1.5[㎜] 이상으로 내(耐)아크성의 것이어야 한다.
>   – 강판제의 것은 두께 1.2[㎜] 이상이어야 한다. 다만, 가로 또는 세로의 길이가 30[cm] 이하인 것은 두께 1.0[㎜] 이상으로 할 수 있다.
>   – 절연저항 측정 및 전선 접속단자의 점검이 용이한 구조이어야 한다. 【답】③

20 ★★☆☆☆

HID 램프의 종류가 아닌 것은?

① 고압 수은 램프
② 고압 옥소 램프
③ 고압 나트륨 램프
④ 메탈 할라이드 램프

> **Explanation**
>
> HID 램프(고휘도 방전램프)
> 나트륨등(N), 메탈 할라이트등(M), 수은등(H) 【답】②

2과목 전력공학

21 ★☆☆☆☆

1[kWh]를 열량으로 환산하면 약 몇 [kcal]인가?

① 80
② 256
③ 539
④ 860

> **Explanation**
>
> 열량과 에너지
> • 1[J]=0.24[cal]
> • 1[cal]=4.2[J]
> • 1[B.T.U]=0.252[kcal]
> • 1[kWh]=860[kcal] 【답】④

22 ★★☆☆☆

22.9[kV], Y결선된 자가용 수전설비의 계기용 변압기의 2차측 정격전압은 몇 [V]인가?

① 110
② 220
③ $110\sqrt{3}$
④ $220\sqrt{3}$

> **Explanation**
>
> 계기용 변압기(PT) : 고전압을 저전압으로 변성하여 계측기나 계전기의 전원 공급
> • 2차 전압 : 110[V]
> • 점검 시 : 2차측 개방(2차측 과전류 보호) 【답】①

23 ★☆☆☆☆

순저항 부하의 부하전력 P[kW], 전압 E[V], 선로의 길이 l[m], 고유저항 ρ[Ω ·㎟/m]인 단상 2선식 선로에서 선로 손실을 q[W]라 하면, 전선의 단면적[㎟]은 어떻게 표현되는가?

① $\dfrac{\rho l P^2}{qE^2}\times 10^5$

② $\dfrac{2\rho l P^2}{qE^2}\times 10^6$

③ $\dfrac{\rho l P^2}{2qE^2}\times 10^5$

④ $\dfrac{2\rho l P^2}{q^2 E}\times 10^6$

Explanation

【답】②

24 ★★★★★

동작전류의 크기가 커질수록 동작시간이 짧게 되는 특성을 가진 계전기는?

① 순한시 계전기

② 정한기 계전기

③ 반한시 계전기

④ 반한시 정한시 계전기

Explanation

• 순한시 특성 : 최소 동작전류 이상의 전류가 흐르면 즉시 동작, 고속도 계전기
• **반한시 특성 : 동작전류가 커질수록 동작시간이 짧게 되는 특성**
• 정한시 특성 : 동작전류의 크기에 관계없이 일정한 시간에 동작하는 특성
• 반한시 정한시 특성 : 동작전류가 적은 동안에는 동작전류가 커질수록 동작시간이 짧게되고 어떤 전류 이상이면 동작전류의 크기에 관계없이 일정한 시간에 동작하는 특성
【답】③

25 ★☆☆☆☆

소호리액터를 송전계통에 사용하면 리액터의 인덕턴스와 선로의 정전용량이 어떤 상태로 되어 지락전류를 소멸시키는가?

① 병렬공진

② 직렬공진

③ 고임피던스

④ 저임피던스

Explanation

소호리액터 접지
• $L-C$ 병렬공진(지락전류가 최소)
• 1선 지락 시 전압 상승 최대
• 보호계전기 동작 불확실
• 통신유도장해 최소
• 과도안정도 우수
【답】①

26 ★★★★★

동기조상기에 대한 설명으로 틀린 것은?

① 시충전이 불가능하다.

② 전압 조정이 연속적이다.

③ 중부하시에는 과여자로 운전하여 앞선 전류를 취한다.

④ 경부하시에는 부족여자로 운전하여 뒤진 전류를 취한다.

Explanation

동기조상기 : 무부하 운전 중인 동기 전동기로 역률 개선
• 과여자 운전 : 콘덴서로 작용, 진상
• 부족여자 운전 : 리액터로 작용, 지상

- 연속적인 조정(진상·지상) 및 시송전이 가능하다.
- 증설이 어렵다. 손실 최대(회전기) 【답】①

27 ★★★☆☆
화력발전소에서 가장 큰 손실은?

① 소내용 동력
② 송풍기 손실
③ 복수기에서의 손실
④ 연도 배출가스 손실

Explanation

복수기
- 터빈에서 배기되는 증기를 용기 내로 도입하여 물로 냉각
- **열손실이 가장 크다**(복수기에서의 열손실은 기력발전소 손실의 약 47[%]에 이른다). 【답】③

28 ★★★★★
정전용량 0.01[μF/km], 길이 173.2[km], 선간전압 60[kV], 주파수 60[Hz]인 3상 송전선로의 충전전류는 약 몇 [A]인가?

① 6.3
② 12.5
③ 22.6
④ 37.2

Explanation

충전전류 $I_c = \dfrac{E}{X_c} = \omega CE = 2\pi f C \dfrac{V}{\sqrt{3}} = 2\pi f(C_s + 3C_m)\dfrac{V}{\sqrt{3}}$

$= 2\pi \times 60 \times 0.01 \times 10^{-6} \times 173.2 \times \dfrac{60,000}{\sqrt{3}} = 22.62[A]$ 【답】③

29 ★★☆☆☆
발전용량 9,800[kW]의 수력발전소 최대 사용 수량이 10[㎥/s]일 때, 유효낙차는 몇 [m]인가?

① 100
② 125
③ 150
④ 175

Explanation

수력발전소 출력 $P = 9.8 QH\eta_t\eta_g$[kW]에서

유효낙차 $H = \dfrac{P}{9.8Q\eta} = \dfrac{9,800}{9.8 \times 10} = 100$[m] 【답】①

30 ★★★★★
차단기의 정격 차단시간은?

① 고장 발생부터 소호까지의 시간
② 트립코일 여자부터 소호까지의 시간
③ 가동접촉자의 개극부터 소호까지의 시간
④ 가동접촉자 동작시간부터 소호까지의 시간

Explanation

차단기의 정격 차단시간
- **트립코일 여자로부터 소호까지의 시간**
- 개극 시간과 아크 시간의 합(3~8[Hz]) 【답】②

31 ★★★★★
부하전류의 차단 능력이 없는 것은?

① DS
② NFB
③ OCB
④ VCB

Explanation

전력용 개폐장치
- 단로기(DS) : 무부하 회로 개폐
- 개폐기 : 부하전류 개폐
- 차단기 : 부하전류 개폐 및 고장전류 차단

【답】 ①

32 ★☆☆☆☆
전선의 굵기가 균일하고 부하가 송전단에서 말단까지 균일하게 분포되어 있을 때 배전선 말단에서 전압강하는? 단, 배전선 전체 저항 R, 송전단의 부하전류는 I이다.

① $\dfrac{1}{2}RI$

② $\dfrac{1}{\sqrt{2}}RI$

③ $\dfrac{1}{\sqrt{3}}RI$

④ $\dfrac{1}{3}RI$

Explanation

	전압 강하($e = IR$)	전력 손실($P_l = I^2R$)
말단 집중 부하	e	P_l
균등 분산 부하	$\dfrac{1}{2}e$	$\dfrac{1}{3}P_l$

【답】 ①

33 ★★★☆☆
역률 개선용 콘덴서를 부하와 병렬로 연결하고자 한다. △ 결선방식과 Y결선방식을 비교하면 콘덴서의 정전용량(단위:μF)의 크기는 어떠한가?

① △ 결선방식과 Y결선방식은 동일하다.

② Y결선방식이 △ 결선방식의 $\dfrac{1}{2}$ 용량이다.

③ △ 결선방식이 Y결선방식의 $\dfrac{1}{3}$ 용량이다.

④ Y결선방식이 △ 결선방식의 $\dfrac{1}{\sqrt{3}}$ 용량이다.

Explanation

- △결선 시의 정전용량 $C_\triangle = \dfrac{Q}{3 \times 2\pi f V^2} \times 10^3$
- Y결선 시의 정전용량 $C_Y = \dfrac{Q}{2\pi f V^2} \times 10^3$

  $C_\triangle : C_Y = \dfrac{1}{3} : 1 \quad \therefore \ C_\triangle = \dfrac{C_Y}{3}$

【답】 ③

34 ★★☆☆☆
송전선로에서 고조파 제거 방법이 아닌 것은?

① 변압기를 △ 결선한다.

② 능동형 필터를 설치한다.

③ 유도전압 조정장치를 설치한다.

④ 무효전력 보상장치를 설치한다.

Explanation

고조파 제거 방법
- 변압기를 △ 결선한다.
- 직렬리액터를 시설한다.
- 무효전력 보상장치를 설치한다.
- 능동형 필터를 설치한다.

【답】 ③

35 ★★☆☆☆

송전선로에 댐퍼(Damper)를 설치하는 주된 이유는?

① 전선의 진동 방지   ② 전선의 이탈 방지

③ 코로나 현상의 방지   ④ 현수애자의 경사 방지

Explanation

댐퍼, 아마로드 : 전선의 진동 방지   【답】①

36 ★★★★★

400[kVA] 단상변압기 3대를 △ − △ 결선으로 사용하다가 1대의 고장으로 V − V 결선을 하여 사용하면 약 몇 [kVA] 부하까지 걸 수 있겠는가?

① 400   ② 566

③ 693   ④ 800

Explanation

V결선 : $P_V = \sqrt{3}\,K = \sqrt{3}\times400 = 693[\text{kVA}]$

여기서, K는 변압기 1대 용량   【답】③

37 ★★★★★

직격뢰에 대한 방호설비로 가장 적당한 것은?

① 복도체   ② 가공지선

③ 서지흡수기   ④ 정전 방전기

Explanation

이상전압 방호설비

• 가공지선 : 직격뢰, 유도뢰 차폐   【답】②

38 ★★★★★

선로정수를 평형되게 하고, 근접 통신선에 대한 유도장해를 줄일 수 있는 방법은?

① 연가를 시행한다.

② 전선으로 복도체를 사용한다.

③ 전선로의 이도를 충분하게 한다.

④ 소호리액터 접지를 하여 중성점 전위를 줄여준다.

Explanation

연가 : 선로정수를 평형시키기 위하여 3상 3선식 선로를 3배수 등분하여 실시

• 선로정수 평형(각 상의 전압, 전류 평형)

• 정전유도장해 감소

• 소호리액터 접지 시의 직렬공진 방지   【답】①

39 ★★★★★

직류 송전방식에 대한 설명으로 틀린 것은?

① 선로의 절연이 교류방식보다 용이하다.

② 리액턴스 또는 위상각에 대해서 고려할 필요가 없다.

③ 케이블 송전일 경우 유전손이 없기 때문에 교류방식보다 유리하다.

④ 비동기 연계가 불가능하므로 주파수가 다른 계통 간의 연계가 불가능하다.

Explanation

직류 송전의 특징
- 선로의 리액턴스가 없으므로 안정도가 높다.
- **비동기 연계가 가능하다(주파수가 다른 선로의 연계 가능).**
- 도체의 표피 효과가 없다.
- 충전전류와 유전체손을 고려하지 않아도 된다.
- 변압이 어렵다.
- 직류용 차단기가 개발되어 있지 않다.
- 고조파 억제 대책이 필요하다.　　　　　　　　　　　　　　　　　　　　　　　　　　　　　【답】④

40 ★★☆☆☆
저압배전계통을 구성하는 방식 중, 캐스케이딩(cascading)을 일으킬 우려가 있는 방식은?

① 방사상 방식　　　　　　　　　　　　　　② 저압뱅킹 방식
③ 저압네트워크 방식　　　　　　　　　　　④ 스포트네트워크 방식

Explanation ▶
───

저압뱅킹 방식 : 부하가 밀집된 시가지
- 장점 : 전압 강하와 전력 손실이 적다.
　　　　변압기의 동량 및 저압선 동량 감소
　　　　플리커 현상 감소
- 단점 : 캐스케이딩 현상 발생(저압선의 일부 고장으로 건전한 변압기의 일부 또는 전부가 차단되는 현상)　　　【답】②

3과목　　전기기기

41 ★★★★★
동기발전기의 전기자권선을 분포권으로 하면 어떻게 되는가?

① 난조를 방지한다.　　　　　　　　　　　② 기전력의 파형이 좋아진다.
③ 권선의 리액턴스가 커진다.　　　　　　　④ 집중권에 비하여 합성 유기기전력이 증가한다.

Explanation ▶
───

분포권 : 매극 매상의 도체를 각각의 슬롯에 분포시켜 감아주는 권선법
- **고조파 제거에 의한 기전력의 파형을 개선**
- 누설 리액턴스를 감소
- 집중권에 비해 유기기전력이 K_d배로 감소　　　　　　　　　　　　　　　　　　　　【답】②

42 ★★★☆☆
부하전류가 2배로 증가하면 변압기의 2차측 동손은 어떻게 되는가?

① $\dfrac{1}{4}$ 로 감소한다.　　　　　　　　　　② $\dfrac{1}{2}$ 로 감소한다.
③ 2배로 증가한다.　　　　　　　　　　　　④ 4배로 증가한다.

Explanation ▶
───

동손은 부하손으로 $P_c = I^2 R[\text{W}]$이며
동손은 전류의 제곱에 비례하므로 전류가 2배 되면 동손은 4배가 된다.　　　　　　　　　　【답】④

43 ★★☆☆☆ 동기전동기에서 출력이 100[%]일 때 역률이 1이 되도록 계자전류를 조정한 다음에 공급전압 V 및 계자전류 I_1를 일정하게 하고, 전부하 이하에서 운전하면 동기전동기의 역률은?

① 뒤진 역률이 되고, 부하가 감소할수록 역률은 낮아진다.
② 뒤진 역률이 되고, 부하가 감소할수록 역률은 좋아진다.
③ 앞선 역률이 되고, 부하가 감소할수록 역률은 낮아진다.
④ 앞선 역률이 되고, 부하가 감소할수록 역률은 좋아진다.

Explanation

전부하 운전 시 역률이 1이므로 전부하 이하에서 운전하면 역률은 앞선 역률이 되어 부하가 감소할수록 역률은 더 낮아지게 된다. 【답】③

44 ★★☆☆☆ 유도기전력의 크기가 서로 같은 A, B 2대의 동기발전기를 병렬운전 할 때, A발전기의 유기기전력 위상이 B보다 앞설 때 발생하는 현상이 아닌 것은?

① 동기화력이 발생한다.
② 고조파 무효순환전류가 발생된다.
③ 유효전류인 동기화전류가 발생된다.
④ 전기자 동손을 증가시키며 과열의 원인이 된다.

Explanation

동기발전기 병렬운전 시 기전력의 위상이 다른 경우

• 동기화전류 : $I_{cs} = \dfrac{E}{Z_s} \sin\dfrac{\delta}{2}$

• 수수전력 $P_s = \dfrac{E^2}{2Z_s}\sin\delta$: 위상이 앞서는 A발전기가 B발전기에 전력을 공급. 따라서 A발전기의 회전속도가 감소

동기화력 $\dfrac{dP_s}{d\delta} = \dfrac{E^2}{2Z_s}\cos\delta$ 【답】②

45 ★★★☆☆ 직류기의 철손에 관한 설명으로 틀린 것은?

① 성층철심을 사용하면 와전류손이 감소한다.
② 철손에는 풍손과 와전류손 및 저항손이 있다.
③ 철에 규소를 넣게 되면 히스테리시스손이 감소한다.
④ 전기자 철심에는 철손을 작게 하기 위해 규소강판을 사용한다.

Explanation

직류기의 손실
• 고정손(무부하손) : **철손(히스테리시스손, 와류손)**, 기계손(베어링 마찰손, 풍손)
• 부하손(가변손) : 동손(전기자동손, 계자동손), 표유부하손
 여기서, 규소강판 : 히스테리시스손 감소, 성층철심 : 와류손 감소 【답】②

46 ★★★★☆ 직류 분권발전기의 극수 4, 전기자 총 도체수 600으로 매분 600 회전할 때 유기기전력이 220[V]라 한다. 전기자 권선이 파권일 때 매극당 자속은 약 몇 [Wb]인가?

① 0.0154
② 0.0183
③ 0.0192
④ 0.0199

Explanation

직류 분권발전기 유기기전력
$E = \dfrac{p}{a}Z\phi\dfrac{N}{60}$ 에서 $\phi = \dfrac{60\,a\,E}{p\,Z\,N} = \dfrac{60\times2\times220}{4\times600\times600} = 0.0183[\text{Wb}]$ 【답】②

47 ★★★☆☆
어떤 정류회로의 부하전압이 50[V]이고 맥동률이 3[%]이면 직류 출력전압에 포함된 교류분은 몇 [V]인가?

① 1.2
② 1.5
③ 1.8
④ 2.1

Explanation

$$맥동률 = \frac{교류분}{직류분} \times 100 = \sqrt{\frac{실효값^2 - 평균값^2}{평균값^2}} \times 100[\%]$$

교류분 = 직류분(부하전압) × 맥동률 = 50 × 0.03 = 1.5[V] 【답】②

48 ★☆☆☆☆
3상 수은 정류기의 직류 평균 부하전류가 50[A]가 되는 1상 양극 전류 실효값은 약 몇 [A]인가?

① 9.6
② 17
③ 29
④ 87

Explanation

수은 정류기의 전압비와 전류비

① 직류전압 $E_d = \dfrac{\sqrt{2}\,E\sin\dfrac{\pi}{m}}{\dfrac{\pi}{m}}$ 　　여기서, m : 상수

② 전류비 $\dfrac{I_a}{I_d} = \dfrac{1}{\sqrt{m}}$

따라서 전류의 실효값 $I_a = \dfrac{1}{\sqrt{m}} \times I_d = \dfrac{1}{\sqrt{3}} \times 50 = 28.86[A]$ 【답】③

49 ★☆☆☆☆
그림은 동기발전기의 구동 개념도이다. 그림에서 2를 발전기라 할 때 3의 명칭으로 적합한 것은?

① 전동기
② 여자기
③ 원동기
④ 제동기

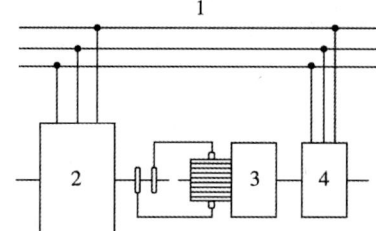

Explanation

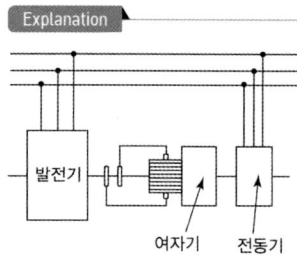

【답】②

50 ★★★★★
유도전동기의 2차 회로에 2차 주파수와 같은 주파수로 적당한 크기와 적당한 위상의 전압을 외부에서 가해주는 속도제어법은?

① 1차 전압 제어
② 2차 저항 제어
③ 2차 여자 제어
④ 극수 변환 제어

2차 여자법(슬립 제어)
• 유도전동기 회전자의 외부에서 슬립링을 통해 슬립 주파수 전압을 인가하여 회전자 슬립에 의해 속도 제어
• E_c(슬립 주파수 전압)를 sE_2와 같은 방향으로 인가 : 속도 증가
• E_c(슬립 주파수 전압)를 sE_2와 반대 방향으로 인가 : 속도 감소

【답】③

51 ★★☆☆☆
변압기의 1차측을 Y결선, 2차측을 △ 결선으로 한 경우 1차와 2차 간의 전압의 위상차는?

① $0°$
② $30°$
③ $45°$
④ $60°$

Y결선과 △결선과는 30°의 위상차가 존재한다.

【답】②

52 ★☆☆☆☆
이상적인 변압기의 무부하에서 위상관계로 옳은 것은?

① 자속과 여자전류는 동위상이다.
② 자속은 인가전압보다 90° 앞선다.
③ 인가전압은 1차 유기기전력보다 90° 앞선다.
④ 1차 유기기전력과 2차 유기기전력의 위상은 반대이다.

• 자속과 여자전류는 동위상
• 여자전류 $I_\phi = \dfrac{V_1}{j\omega L}$

【답】①

53 ★★☆☆☆
정격출력 50[kW], 4극 220[V], 60[Hz]인 3상 유도전동기가 전부하 슬립 0.04, 효율 90[%]로 운전되고 있을 때 틀린 것은?

① 2차 효율 = 96[%]
② 1차 입력 = 55.56[kW]
③ 회전자 입력 = 47.9[kW]
④ 회전자 동손 = 2.08[kW]

• 효율 $\eta = \dfrac{출력}{입력}$ 에서 1차 입력 $P_1 = \dfrac{P_o}{\eta} = \dfrac{50}{0.9} = 55.56$[kW]
• 2차 효율 $\eta_2 = (1-s) = 1-0.04 = 0.96 = 96$[%]
• 2차 입력(회전자 입력) $P_2 = \dfrac{1}{1-s}P_o = \dfrac{1}{1-0.04} \times 50 = 52.08$[kW]
• 회전자 동손(2차 동손) $P_{c2} = sP_2 = 0.04 \times 52.08 = 2.08$[kW]

【답】③

54 ★★★☆☆
저항부하를 갖는 정류회로에서 직류분 전압이 200[V]일 때 다이오드에 가해지는 역첨두 전압(PIV)의 크기는 약 몇 [V]인가?

① 346
② 628
③ 692
④ 1,038

단상반파(전파)
$\mathrm{PIV} = \pi E_d = \pi \times 200 = 628$[V]

【답】②

55 ★★☆☆☆

3상 변압기를 1차 Y, 2차 △ 로 결선하고 1차에 선간전압 3,300[V]를 가했을 때 무부하 2차 선간전압은 몇 [V]인가? 단, 전압비는 30:1이다.

① 63.5

② 110

③ 173

④ 190.5

Explanation

Y결선에서 상전압 $=\dfrac{\text{선간전압}}{\sqrt{3}}$ 이므로

$$V_1 = \frac{3,300}{\sqrt{3}}\,[\text{V}]$$

권수비 $a = \dfrac{N_1}{N_2} = \dfrac{30}{1} = 30$ 이므로

△결선에서 상전압

$$V_2 = \frac{1}{a}V_1 = \frac{1}{30} \times \frac{3,300}{\sqrt{3}} = \frac{110}{\sqrt{3}}\,[\text{V}]$$

△결선 상전압 = 선간전압이므로

$$\therefore V_\ell = \frac{110}{\sqrt{3}} = 63.5\,[\text{V}]$$

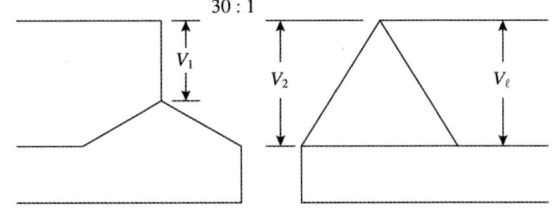

【답】①

56 ★☆☆☆☆

직류발전기의 유기기전력과 반비례하는 것은?

① 자속

② 회전수

③ 전체 도체수

④ 병렬 회로수

Explanation

직류발전기 유기기전력 $E = \dfrac{p}{a}Z\phi\dfrac{N}{60}\,[\text{V}]$

따라서 전기자회로의 병렬수와 반비례

【답】④

57 ★☆☆☆☆

일반적인 3상 유도전동기에 대한 설명 중 틀린 것은?

① 불평형 전압으로 운전하는 경우 전류는 증가하나 토크는 감소한다.

② 원선도 작성을 위해서는 무부하시험, 구속시험, 1차 권선저항 측정을 하여야 한다.

③ 농형은 권선형에 비해 구조가 견고하며 권선형에 비해 대형 전동기로 널리 사용된다.

④ 권선형 회전자의 3선 중 1선이 단선되면 동기속도의 50[%]에서 더 이상 가속되지 못하는 현상을 게르게스 현상이라 한다.

Explanation

• 불평형 전압으로 운전 : 전류는 증가하나 토크는 감소

• 원선도 작성 : 무부하시험, 구속시험, 1차 권선저항 측정

• 게르게스 현상 : 권선형 회전자의 3선 중 1선이 단선되면 동기속도의 50[%]에서 더 이상 가속되지 못하는 현상

• **농형 : 기동조건이 나빠 중소형 전동기로 사용**

【답】③

58 ★☆☆☆☆

변압기 보호 장치의 주된 목적이 아닌 것은?

① 전압 불평형 개선

② 절연내력 저하 방지

③ 변압기 자체 사고의 최소화

④ 다른 부분으로의 사고 확산 방지

Explanation

변압기 보호 장치의 주된 목적

- 다른 부분으로의 사고 확산 방지
- 절연내력 저하 방지
- 변압기 자체 사고의 최소화

【답】①

59 ★★★☆☆ 직류기에서 기계각의 극수가 P인 경우 전기각과의 관계는 어떻게 되는가?

① 전기각 $\times 2P$

② 전기각 $\times 3P$

③ 전기각 $\times \dfrac{2}{P}$

④ 전기각 $\times \dfrac{3}{P}$

Explanation

- 전기각 : 교류의 하나의 파는 각도로 하여 360°이므로 이것을 바탕으로 하여 몇 개의 파수(波數) 또는 파의 일부분 등을 각도로 나타낸 것이다. 2극을 기준으로 하므로 1개의 극은 180°에 해당하므로 전기각은 다음과 같다.
- 전기각$(\alpha_e) = \dfrac{P}{2} \times$기하각$(\alpha)$

따라서 기계각 $= \dfrac{2}{P} \times$전기각

【답】③

60 ★★★★★ 3상 권선형 유도전동기의 전부하 슬립 5[%], 2차 1상의 저항 0.5[Ω]이다. 이 전동기의 기동 토크를 전부하 토크와 같도록 하려면 외부에서 2차에 삽입할 저항[Ω]은?

① 8.5

② 9

③ 9.5

④ 10

Explanation

비례추이의 원리 : 권선형 유도전동기
- 최대 토크는 불변, 최대 토크의 발생 슬립은 변화
- 기동 전류는 감소하고, 기동 토크는 증가
- $\dfrac{r_2}{s} = \dfrac{r_2 + R}{s'}$ 에서

$$\dfrac{0.5}{0.05} = \dfrac{0.5 + R}{1}$$

따라서 2차 외부저항 $R = 10 - 0.5 = 9.5[\Omega]$

【답】③

4과목 회로이론 및 제어공학

61 ★★☆☆☆ $G(s) = \dfrac{1}{0.005s(0.1s+1)^2}$ 에서 $\omega = 10$[rad/sec]일 때의 이득 및 위상각은?

① 20[dB], $-90°$

② 20[dB], $-180°$

③ 40[dB], $-90°$

④ 40[dB], $-180°$

Explanation

【답】②

62 ★★☆☆☆
그림과 같은 논리회로는?

① OR 회로
② AND 회로
③ NOT 회로
④ NOR 회로

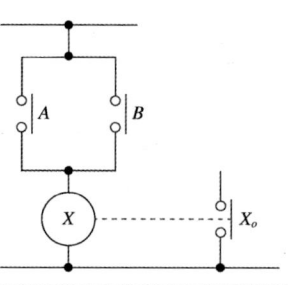

OR(논리합)회로 : 입력 A, B 중 어느 한 입력만 있어도 출력 X가 동작되는 회로
〈진리표〉

A	B	X
0	0	0
0	1	1
1	0	1
1	1	1

【답】①

63 ★☆☆☆☆
그림은 제어계와 그 제어계의 근궤적을 작도한 것이다. 이것으로부터 결정된 이득여유 값은?

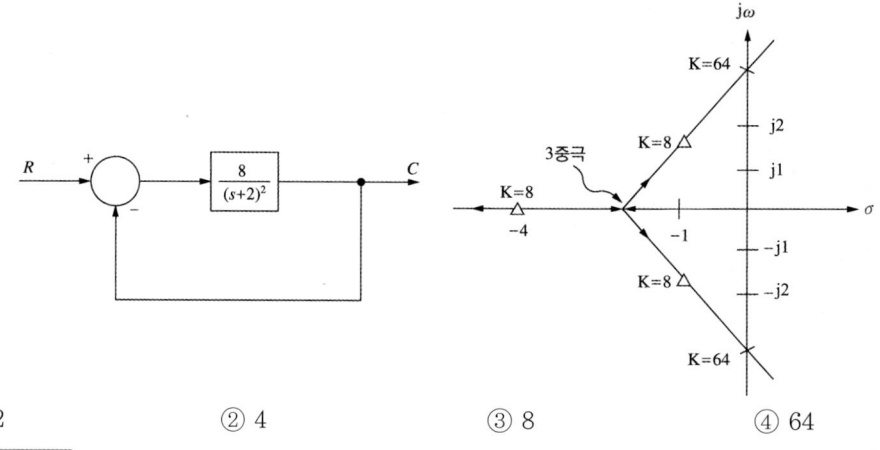

① 2　　　　② 4　　　　③ 8　　　　④ 64

이득여유 $g \cdot m$(이득여유) $= \dfrac{\text{허수축과의 교차점에서 } K\text{의 값}}{K\text{의 설계값}} = \dfrac{64}{8} = 8$

【답】③

64 ★☆☆☆☆
그림과 같은 스프링 시스템을 전기적 시스템으로 변환했을 때 이에 대응하는 회로는?

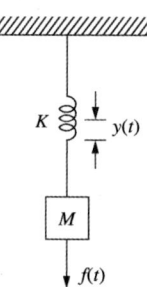

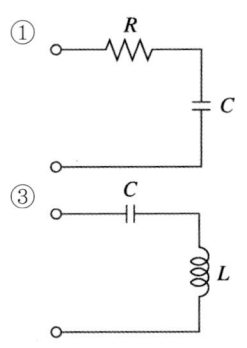

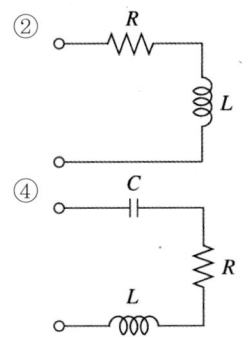

Explanation

전기회로와 병진운동(직선운동)

전기계	직선운동계
전하 : Q[C]	위치(변위) : y[m]
전류 : I[A]	속도 : v[m/s]
전압 : E[V]	힘 : F[N]
저항 : R[Ω]	점성마찰 : B[N/m/s]
인덕턴스 : L[H]	**질량 : M[kg·s2/m]**
정전용량 : C[F]	**탄성 : K[N/m]**

문제에서는 질량과 탄성계수만 있으므로 전기계통으로 환산하면 인덕턴스와 커패시터만 있는 회로가 된다.

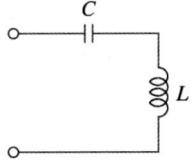

【답】③

***

65 $\dfrac{d^2}{dt^2}c(t)+5\dfrac{d}{dt}c(t)+4c(t)=r(t)$와 같은 함수를 상태함수로 변환하였다. 벡터 A, B의 값으로 적당한 것은?

$$\frac{d}{dt}X(t)=AX(t)+Br(t)$$

① $A=\begin{bmatrix} 0 & 1 \\ -5 & -4 \end{bmatrix}$, $B=\begin{bmatrix} 0 \\ 1 \end{bmatrix}$ ② $A=\begin{bmatrix} 0 & 1 \\ 5 & 4 \end{bmatrix}$, $B=\begin{bmatrix} 0 \\ 1 \end{bmatrix}$

③ $A=\begin{bmatrix} 0 & 1 \\ -4 & -5 \end{bmatrix}$, $B=\begin{bmatrix} 0 \\ 1 \end{bmatrix}$ ④ $A=\begin{bmatrix} 0 & 1 \\ 4 & 5 \end{bmatrix}$, $B=\begin{bmatrix} 0 \\ 1 \end{bmatrix}$

Explanation

상태방정식
$x(t)=x_1(t)$로 선정하면
$\dot{x_1}(t)=x_2(t)$
$\dot{x_2}(t)=-4x_1(t)-5x_2(t)+r(t)$

따라서 상태방정식으로 계산하면

$$\begin{bmatrix} \dot{x}_1(t) \\ \dot{x}_2(t) \end{bmatrix} = \begin{bmatrix} 0 & 1 \\ -4 & -5 \end{bmatrix} \begin{bmatrix} x_1(t) \\ x_2(t) \end{bmatrix} + \begin{bmatrix} 0 \\ 1 \end{bmatrix} r(t)$$

【답】 ③

66 ★☆☆☆☆ 전달함수 $G(s) = \dfrac{1}{s+a}$일 때, 이 계의 임펄스 응답 $c(t)$를 나타내는 것은? 단, a는 상수이다.

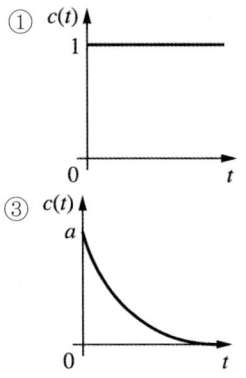

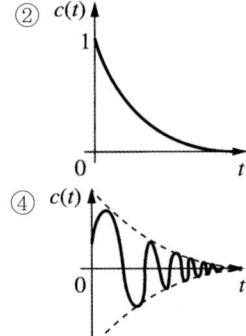

Explanation

【답】 ②

67 ★★★☆☆ 궤환(Feed back) 제어계의 특징이 아닌 것은?

① 정확성이 증가한다.
② 대역폭이 증가한다.
③ 구조가 간단하고 설치비가 저렴하다.
④ 계(界)의 특성 변화에 대한 입력 대 출력비의 감도가 감소한다.

Explanation

피드백 제어계의 특징
• 정확성 증가(오차 감소)
• 시스템의 특성 변화에 대한 입력 대 출력비의 감도 감소
• 비선형성과 왜형에 대한 효과의 감소
• 시스템의 전체 이득 감소
• 필요장치 : 입력과 출력을 비교하는 장치, 출력을 검출하는 센서

【답】 ③

68 ★★★★★ 이산 시스템(discrete data system)에서의 안정도 해석에 대한 설명 중 옳은 것은?

① 특성방정식의 모든 근이 z평면의 음의 반평면에 있으면 안정하다.
② 특성방정식의 모든 근이 z평면의 양의 반평면에 있으면 안정하다.
③ 특성방정식의 모든 근이 z평면의 단위원 내부에 있으면 안정하다.
④ 특성방정식의 모든 근이 z평면의 단위원 외부에 있으면 안정하다.

Explanation

• s평면의 좌반면 : z평면상에서는 단위원의 내부에 사상(안정)
• s평면의 우반면 : z평면상에서는 단위원의 외부에 사상(불안정)
• s평면의 허수축 : z평면상에서는 단위원의 원주상에 사상(임계)

【답】 ③

69 노 내 온도를 제어하는 프로세스 제어계에서 검출부에 해당하는 것은?

① 노 　　　　　　　　　　　② 밸브
③ 증폭기 　　　　　　　　　④ 열전대

Explanation

- 변환 요소
  - 온도 → 전압 : 열전대(온도 검출)
  - 전압 → 변위 : 전자석, 전자코일
  - 변위 → 전압 : 차동 변압기, 전위차계, 포텐쇼미터
- 열전대의 종류
  - 구리 – 콘스탄탄(일반적인 것)
  - 철 – 콘스탄탄
  - 크로멜 – 알루멜
  - 백금 – 백금로륨(고온에서 사용)

【답】④

70 단위 부궤환 제어시스템이 루프전달함수 $G(s)H(s)$가 다음과 같이 주어져 있다. 이득여유가 20[dB]이면 이때의 K의 값은?

$$G(s)H(s) = \frac{K}{(s+1)(s+3)}$$

① $\dfrac{3}{10}$ 　　　　　　　　　② $\dfrac{3}{20}$

③ $\dfrac{1}{20}$ 　　　　　　　　　④ $\dfrac{1}{40}$

Explanation

이득여유 $g \cdot m = 20\log_{10}\left|\dfrac{1}{GH}\right|$ [dB]이므로 $GH(j\omega) = \dfrac{K}{(j\omega+1)(j\omega+3)}$

$|GH| = \left|\dfrac{K}{3-\omega^2+j4\omega}\right|_{\omega=0}$ 　여기서, 허수부가 0이 되는 주파수는 $\omega = 0$이므로

대입하면 $|GH| = \dfrac{K}{3}$

이득여유는 $g \cdot m = 20\log_{10}\left|\dfrac{1}{\frac{K}{3}}\right| = 20$[dB]

따라서 $\dfrac{3}{K} = 10$이므로 $K = \dfrac{3}{10}$

【답】①

71 $R = 100[\Omega]$, $Xc = 100[\Omega]$이고 L만을 가변할 수 있는 RLC 직렬회로가 있다. 이때 $f = 500$ [Hz], $E = 100$[V]를 인가하여 L을 변화시킬 때 L의 단자전압 E_1의 최대값은 몇 [V]인가? 단, 공진회로이다.

① 50 　　　　　　　　　　　② 100
③ 150 　　　　　　　　　　④ 200

Explanation

$R - L - C$ 직렬공진 시

공진 시 전류 $I = \dfrac{V}{R} = \dfrac{100}{100} = 1$[A]이므로

L의 전압 $V_L = X_L \cdot I = 100 \times 1 = 100$[V]

【답】②

72 ★★☆☆☆

어떤 회로에 전압을 115[V] 인가하였더니 유효전력이 230[W], 무효전력이 345[Var]를 지시한다면 회로에 흐르는 전류는 약 몇 [A]인가?

① 2.5

② 5.6

③ 3.6

④ 4.5

Explanation

피상전력 $P_a = VI = \sqrt{P^2 + P_r^2} = \sqrt{230^2 + 345^2} = 414.6[\text{VA}]$

따라서 전류 $I = \dfrac{P_a}{V} = \dfrac{414.6}{115} = 3.6[\text{A}]$

【답】③

73 ★☆☆☆☆

시정수의 의미를 설명한 것 중 틀린 것은?

① 시정수가 작으면 과도현상이 짧다.

② 시정수가 크면 정상상태에 늦게 도달한다.

③ 시정수는 τ로 표기하며 단위는 초[sec]이다.

④ 시정수는 과도 기간 중 변화해야 할 양의 0.632[%]가 변화하는 데 소요된 시간이다.

Explanation

시정수(Time constant)
- 목표값에 63.2[%]에 도달하는 시간으로 정의
- 시정수가 크면 과도현상이 길어진다.

【답】④

74 ★★★★★

무손실 선로에 있어서 감쇠정수 α, 위상정수를 β라 하면 α와 β의 값은? 단, R, G, L, C는 선로 단위 길이당의 저항, 컨덕턴스, 인덕턴스, 커패시턴스이다.

① $\alpha = \sqrt{\text{RG}}$, $\beta = 0$

② $\alpha = 0$, $\beta = \dfrac{1}{\sqrt{\text{LC}}}$

③ $\alpha = 0$, $\beta = \omega\sqrt{\text{LC}}$

④ $\alpha = \sqrt{\text{RG}}$, $\beta = \omega\sqrt{\text{LC}}$

Explanation

- 무손실 선로 조건 $R = G = 0$

전파정수 $\gamma = \sqrt{ZY} = \sqrt{(R + j\omega L)(G + j\omega C)} = j\omega\sqrt{LC}$

$\qquad = \alpha + j\beta$ (여기서, α는 감쇠정수, β는 위상정수)

$\qquad \alpha = 0$, $\beta = \omega\sqrt{LC}$

【답】③

75 ★★★☆☆

어떤 소자에 걸리는 전압이 $100\sqrt{2}\cos\left(314t - \dfrac{\pi}{6}\right)$[V]이고, 흐르는 전류가 $3\sqrt{2}\cos\left(314t + \dfrac{\pi}{6}\right)$[A]일 때 소비되는 전력[W]은?

① 100

② 150

③ 250

④ 300

Explanation

소비전력 $P = VI\cos\theta = 100 \times 3 \times \cos 60 = 150[\text{W}]$

【답】②

76 ★★☆☆☆
그림 (a)와 그림 (b)가 역회로 관계에 있으려면 L의 값은 몇 [mH]인가?

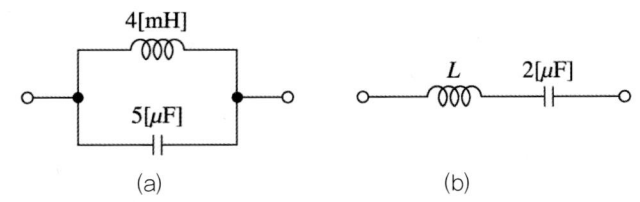

(a)   (b)

① 1   ② 2
③ 5   ④ 10

Explanation

역회로

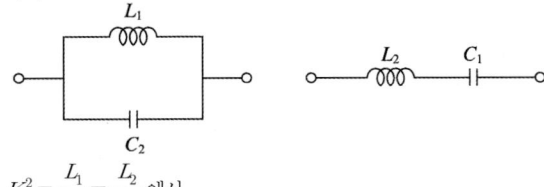

$K^2 = \dfrac{L_1}{C_1} = \dfrac{L_2}{C_2}$ 에서

$K^2 = \dfrac{L_1}{C_1} = \dfrac{4 \times 10^{-3}}{2 \times 10^{-6}} = 2,000$

$L_2 = K^2 C_2 = 2,000^2 \times 5 \times 10^{-6} \times 10^3 = 10[\text{mH}]$

【답】 ④

77 ★☆☆☆☆
2개의 전력계로 평형 3상 부하의 전력을 측정하였더니 한쪽의 지시가 다른 쪽 전력계 지시의 3배였다면 부하의 역률은 약 얼마인가?

① 0.46   ② 0.55
③ 0.65   ④ 0.75

Explanation

2전력계법
유효전력 $P = P_1 + P_2$
무효전력 $P_r = \sqrt{3}(P_1 - P_2)$
피상전력 $P_a = 2\sqrt{P_1^2 + P_2^2 - P_1 P_2}$

역률은 $\cos\theta = \dfrac{P}{P_a} = \dfrac{P_1 + P_2}{2\sqrt{P_1^2 + P_2^2 - P_1 P_2}}$

여기서, $P_1 = P_2$ $\cos\theta = 1$
        $P_1 = 2P_2$ $\cos\theta = 0.866$
        $P_1 = 3P_2$ $\cos\theta = 0.75$
        $P_1 = 0, \ P_2$ $\cos\theta = 0.5$

【답】 ④

78 ★★☆☆☆
$F(s) = \dfrac{1}{s(s+a)}$ 의 라플라스 역변환은?

① e^{-at} ② $1 - e^{-at}$

③ $a(1 - e^{-at})$ ④ $\dfrac{1}{a}(1 - e^{-at})$

Explanation

라플라스 변환된 함수가 유리수인 경우
부분분수 전개로 역라플라스 변환하면

$$F(s) = \frac{1}{s(s+a)} = \frac{k_1}{s} + \frac{k_2}{s+a}$$

여기서, $k_1 = \lim_{s \to 0} \frac{1}{(s+a)} = \frac{1}{a}$, $k_2 = \lim_{s \to -a} \frac{1}{s} = -\frac{1}{a}$

따라서 $\mathcal{L}^{-1}\left[\frac{1}{a}\frac{1}{s} - \frac{1}{a}\frac{1}{s+a}\right] = \frac{1}{a} - \frac{1}{a}e^{-at} = \frac{1}{a}(1 - e^{-at})$ 【답】④

79 ★☆☆☆☆
선간전압이 200[V]인 대칭 3상 전원에 평형 3상 부하가 접속되어 있다. 부하 1상의 저항은 10[Ω], 유도리액턴스 15[Ω], 용량리액턴스 5[Ω]이 직렬로 접속된 것이다. 부하가 △ 결선일 경우, 선로전류[A]와 3상 전력[W]은 얼마인가?

① $I_l = 10\sqrt{6}$, $P_3 = 6,000$ ② $I_l = 10\sqrt{6}$, $P_3 = 8,000$
③ $I_l = 10\sqrt{3}$, $P_3 = 6,000$ ④ $I_l = 10\sqrt{3}$, $P_3 = 8,000$

Explanation

부하 1상의 임피던스 $Z = R + j(X_L - X_c) = 10 + j(15 - 5) = 10 + j10$

상전류 $I_p = \frac{V_p}{Z} = \frac{200}{\sqrt{10^2 + 10^2}} = \frac{200}{10\sqrt{2}} = \frac{20}{\sqrt{2}} = \frac{20\sqrt{2}}{\sqrt{2}\sqrt{2}} = 10\sqrt{2}$ 에서

• 선전류 $I_l = \sqrt{3}I_p = \sqrt{3} \times 10\sqrt{2} = 10\sqrt{6}$ [A]
• 소비전력 $P = 3I_p^2 R = 3 \times (10\sqrt{2})^2 \times 10 = 6,000$[W] 【답】①

80 ★☆☆☆☆
공간적으로 서로 $\frac{2\pi}{n}$[rad]의 각도를 두고 배치한 n개의 코일에 대칭 n상 교류를 흘리면 그 중심에 생기는 회전자계의 모양은?

① 원형 회전자계 ② 타원형 회전자계
③ 원통형 회전자계 ④ 원추형 회전자계

Explanation

• 대칭 : 원형 회전자계
• 비대칭 : 타원형 회전자계 【답】①

5과목 | 전기설비기술기준

81 ★☆☆☆☆
애자공사에 의한 저압 옥내배선 시설 중 틀린 것은?

① 전선은 인입용 비닐 절연전선일 것
② 전선 상호간의 간격은 0.06[m] 이상일 것
③ 전선의 지지점 간의 거리는 전선을 조영재의 윗면에 따라 붙일 경우에는 2[m] 이하일 것
④ 전선과 조영재 사이의 이격거리는 사용전압이 400[V] 이하일 경우에는 25[mm] 이상일 것

Explanation

(KEC 232.56조) 애자공사
① 전선은 절연전선(옥외용 비닐 절연전선 및 인입용 비닐 절연전선을 제외한다)일 것

② 전선 상호 간 간격 : 0.06[m] 이상
③ 전선과 조영재 사이 이격거리 : 400[V] 이하 25[mm] 이상, 400[V] 초과 45[mm](건조한 장소 25[mm]) 이상
④ 전선 지지점 간 거리 : 조영재의 윗면 또는 옆면 2[m] 이하 **【답】①**

82

★★★★★

저압 및 고압 가공전선의 최소 높이는 도로를 횡단하는 경우와 철도를 횡단하는 경우에 각각 몇 [m] 이상이어야 하는가?

① 도로 : 지표상 5[m], 철도 : 레일면상 6[m]
② 도로 : 지표상 5[m], 철도 : 레일면상 6.5[m]
③ 도로 : 지표상 6[m], 철도 : 레일면상 6[m]
④ 도로 : 지표상 6[m], 철도 : 레일면상 6.5[m]

Explanation

(KEC 332.5조) 저·고압 가공전선의 높이
① 도로횡단 : 6[m] 이상
② 철도횡단 : 레일면상 6.5[m] 이상
③ 횡단보도교 위 : 3.5[m] 이상(단, 저압용으로 인입용 절연전선 사용 시 3[m])
④ 기타 : 5[m] 이상 **【답】④**

83

KEC 적용으로 인하여 삭제되었습니다.

84

★☆☆☆☆

접지공사의 접지극을 시설할 때 동결 깊이를 감안하여 지하 몇 [m] 이상의 깊이로 매설하여야 하는가?

① 0.6
② 0.75
③ 0.9
④ 1

Explanation

(KEC 142.2조) 접지극의 시설 및 접지저항
접지극은 지하 0.75[m] 이상으로 하되 동결 깊이를 감안하여 매설할 것 **【답】②**

85

KEC 적용으로 인하여 삭제되었습니다.

86

★☆☆☆☆

발전용 수력 설비에서 필댐의 축제재료로 필댐의 본체에 사용하는 토질재료로 적합하지 않은 것은?

① 묽은 진흙으로 되지 않을 것
② 댐의 안정에 필요한 강도 및 수밀성이 있을 것
③ 유기물을 포함하고 있으며 광물 성분은 불용성일 것
④ 댐의 안정에 지장을 줄 수 있는 팽창성 또는 수축성이 없을 것

Explanation

(기술기준 제145조) 필댐 본체 재료 조건
① 댐의 안정에 필요한 강도 및 수밀성이 있을 것
② 댐의 안정에 지장을 줄 수 있는 팽창성 또는 수축성이 없을 것
③ 묽은 진흙으로 되지 않을 것
④ 유기물을 포함하지 않으며 광물성분은 불용성일 것 **【답】③**

87 ★★☆☆☆ 전기울타리용 전원 장치에 전기를 공급하는 전로의 사용전압은 몇 [V] 이하이어야 하는가?

① 150   ② 200
③ 250   ④ 300

Explanation

(KEC 241.1조) 전기울타리
전기울타리용 전원 장치에 전기를 공급하는 전로의 사용전압은 250[V] 이하 　　　　　　【답】③

88 ★★☆☆☆ 사용전압이 22.9[kV]인 특고압 가공전선로(중성선 다중접지식의 것으로서 전로에 지락이 생겼을 때에 2초 이내에 자동적으로 이를 전로로부터 차단하는 장치가 되어 있는 것에 한한다)가 상호간 접근 또는 교차하는 경우 사용전선이 양쪽 모두 케이블인 경우 이격거리는 몇 [m] 이상인가?

① 0.25   ② 0.5
③ 0.75   ④ 1.0

Explanation

(KEC 333.32조) 25[kV] 이하인 특고압 가공 전선로의 시설

전선의 종류	이격거리
나전선	1.5[m]
특고압 절연전선	1.0[m]
케이블	0.5[m]

【답】②

89 ★☆☆☆☆ 전력계통의 일부가 전력계통의 전원과 전기적으로 분리된 상태에서 분산형전원에 의해서만 가압되는 상태를 무엇이라 하는가?

① 계통연계   ② 접속설비
③ 단독운전   ④ 단순 병렬운전

Explanation

• 독립형 전원(단독운전) : 전력계통의 일부가 전력계통의 전원과 전기적으로 분리된 상태
• 계통연계형 전원 : 전력계통의 일부가 전력계통의 전원과 전기적으로 연결된 상태 　　　【답】③

90 ★★★★☆ 고압 가공인입선이 케이블 이외의 것으로서 그 아래에 위험표시를 하였다면 전선의 지표상 높이는 몇 [m]까지로 감할 수 있는가?

① 2.5[m]   ② 3.5[m]
③ 4.5[m]   ④ 5.5[m]

Explanation

(KEC 331.12.1조) 고압 가공인입선의 시설
고압 가공인입선의 높이는 전선 아래쪽에 **위험표시를 한 경우** 지표상 3.5[m]까지로 감할 수 있다. 　【답】②

91 ★★☆☆☆ 특고압의 기계기구·모선 등을 옥외에 시설하는 변전소의 구내에 취급자 이외의 자가 들어가지 못하도록 시설하는 울타리·담 등의 높이는 몇 [m] 이상으로 하여야 하는가?

① 2   ② 2.2
③ 2.5   ④ 3

Explanation

(KEC 351.1조) 발전소 등의 울타리·담 등의 시설
고압 또는 특고압의 기계기구·모선 등을 옥외에 시설하는 발전소·변전소·개폐소 또는 이에 준하는 곳에는 **울타리·담 등의 높이는 2[m] 이상**으로 하고 지표면과 울타리·담 등의 하단 사이의 간격은 0.15[m] 이하로 할 것　　【답】①

92 ★★★★★
이동형의 용접전극을 사용하는 아크용접 장치의 용접변압기의 1차측 전로의 대지전압은 몇 [V] 이하이어야 하는가?

① 60
② 150
③ 300
④ 400

Explanation

(KEC 241.10조) 아크 용접기
변압기는 1차 대지전압 300[V] 이하의 절연 변압기일 것　　【답】③

93 ★★★★★
지중 전선로를 직접 매설식에 의하여 시설하는 경우에 차량 기타 중량물의 압력을 받을 우려가 있는 장소의 매설 깊이는 몇 [m] 이상이어야 하는가?

① 0.6
② 1
③ 1.2
④ 1.5

Explanation

(KEC 334.1조) 지중 전선로의 시설
직접 매설식 매설 깊이 : **차량 기타 중량물의 압력 받을 우려 장소 1[m]**(기타 장소 0.6[m]) 이상　　【답】②

94 ★★★★☆
특고압을 옥내에 시설하는 경우 그 사용전압의 최대 한도는 몇 [kV] 이하인가?

① 25
② 80
③ 100
④ 160

Explanation

(KEC 342.4조) 특고압 옥내 전기설비의 시설
① **사용전압은 100[kV] 이하일 것.** 다만, 케이블 트레이 공사에 의하여 시설하는 경우에는 35[kV] 이하일 것
② 전선은 케이블일 것　　【답】③

95 ★★☆☆☆
샤워 시설이 있는 욕실 등 인체가 물에 젖어 있는 상태에서 전기를 사용하는 장소에 콘센트를 시설할 경우 인체감전보호용 누전차단기의 정격감도전류는 몇 [mA] 이하인가?

① 5
② 10
③ 15
④ 20

Explanation

(KEC 234.5조) 콘센트의 시설
욕실 등 인체가 물에 젖어 있는 상태에서 물을 사용하는 장소에 콘센트를 시설하는 경우
① 「전기용품 및 생활용품 안전관리법」의 적용을 받는 인체감전보호용 누전차단기(전기용품안전기준 또는 KSC 4613(2007)의 규정에 적합한 정격감도전류 15[mA] 이하, 동작시간 0.03초 이하의 전류동작형의 것에 한한다) 또는 절연변압기(정격용량 3[kVA] 이하인 것에 한한다)로 보호된 전로에 접속하거나 인체감전보호용 누전차단기가 부착된 콘센트를 시설하여야 한다.
② 접지극이 있는 방적형 콘센트 사용+접지　　【답】③

96
KEC 적용으로 인하여 삭제되었습니다.

97 KEC 적용으로 인하여 삭제되었습니다.

98 ★☆☆☆☆
( ) 안에 들어갈 내용으로 옳은 것은?

> 유희용 전차에 전기를 공급하는 전로의 사용전압은 직류의 경우는 (Ⓐ)[V] 이하, 교류의 경우는 (Ⓑ)[V] 이하이어야 한다.

① Ⓐ 60, Ⓑ 40　　　　　　　　　　　② Ⓐ 40, Ⓑ 60
③ Ⓐ 30, Ⓑ 60　　　　　　　　　　　④ Ⓐ 60, Ⓑ 30

Explanation

(KEC 241.8조) 유희용 전차
전로의 사용전압은 직류의 경우는 60[V] 이하, 교류의 경우는 40[V] 이하　　　　　【답】①

99 ★★☆☆☆
철탑의 강도계산을 할 때 이상 시 상정하중이 가하여지는 경우 철탑의 기초에 대한 안전율은 얼마 이상이어야 하는가?

① 1.33　　　　　　　　　　　② 1.83
③ 2.25　　　　　　　　　　　④ 2.75

Explanation

(KEC 331.7조) 가공 전선로 지지물의 기초의 안전율
가공전선로의 지지물에 하중이 가하여지는 경우에 그 하중을 받는 지지물의 기초의 안전율은 2(**이상 시 상정하중이 가하여지는 경우의 그 이상 시 상정하중에 대한 철탑의 기초에 대하여는 1.33**) 이상이어야 한다.　　　【답】①

100 ★★★★★
발전기를 자동적으로 전로로부터 차단하는 장치를 반드시 시설하지 않아도 되는 경우는?

① 발전기에 과전류나 과전압이 생긴 경우
② 용량 5,000[kVA] 이상인 발전기의 내부에 고장이 생긴 경우
③ 용량 500[kVA] 이상의 발전기를 구동하는 수차의 압유장치의 유압이 현저히 저하한 경우
④ 용량 2,000[kVA] 이상인 수차 발전기의 스러스트 베어링 온도가 현저히 상승하는 경우

Explanation

(KEC 351.3조) 발전기 등의 보호 장치-자동 차단 장치 시설
① 발전기에 과전류나 과전압이 생긴 경우
② 용량 500[kVA] 이상의 발전기를 구동하는 수차의 압유장치의 유압 또는 전동식 가이드밴 제어장치, 전동식 니이들 제어 장치 또는 전동식 디플렉터 제어장치의 전원전압이 현저히 저하한 경우
③ 용량 10,000[kVA] 이상의 발전기를 구동하는 풍차(風車)의 압유장치의 유압, 압축 공기장치의 공기압 또는 전동식 브레이드 제어장치의 전원전압이 현저히 저하한 경우
④ 용량이 2,000[kVA] 이상인 수차 발전기의 스러스트 베어링의 온도가 현저히 상승한 경우
⑤ **용량이 10,000[kW] 이상인 발전기의 내부에 고장이 생긴 경우**　　　【답】②

2018년 전기공사기사 필기

1과목 전기응용 및 공사재료

01 ★☆☆☆☆
출력 P[W], 속도 N[rpm]인 3상 유도전동기의 토크[kg·m]는?

① $0.25\dfrac{P}{N}$

② $0.716\dfrac{P}{N}$

③ $0.956\dfrac{P}{N}$

④ $0.975\dfrac{P}{N}$

Explanation

3상 유도전동기의 토크 $T=0.975\dfrac{P}{N}$[kg·m]

【답】④

02 ★☆☆☆☆
리튬전지의 특징이 아닌 것은?

① 자기방전이 크다.

② 에너지 밀도가 높다.

③ 기전력이 약 3[V] 정도로 높다.

④ 동작 온도범위가 넓고 장기간 사용이 가능하다.

Explanation

리튬전지(Lithium Cell)
• 음극 : 금속리튬
• 특징 : 가볍고 용량이 크며 넓은 온도범위 장시간 사용 가능
       기전력 3[V]

【답】①

03 ★☆☆☆☆
트랜지스터의 안정도가 제일 좋은 바이어스법은?

① 고정 바이어스

② 조합 바이어스

③ 전압 궤환 바이어스

④ 전류 궤환 바이어스

Explanation

조합 바이어스
• 전류 궤환 바이어스법과 전압 궤환 바이어스법을 조합
• 안정도 면에서 가장 우수한 방법

【답】②

04 ★☆☆☆☆
지름 2[m]의 작업면의 중심 바로 위 1[m]의 높이에서 각 방향의 광도가 100[cd] 되는 광원 1개로 조명할 때의 조명률은 약 몇 [%]인가?

① 10

② 15

③ 48

④ 65

Explanation

$$조명률 = \frac{조명에서의\ 실제광속}{원광속}$$

$$= \frac{2\pi I(1-\cos\theta)}{4\pi I} \times 100[\%] = \frac{2\pi \times 100 \times \left(1 - \frac{1}{\sqrt{1^2+1^2}}\right)}{4\pi \times 100} \times 100[\%]$$
$$= 14.65[\%]$$

【답】②

05 ★☆☆☆☆
전등효율이 14[lm/W]인 100[W] LED전등의 구면광도는 약 몇 [cd]인가?

① 95   ② 111

③ 120   ④ 127

Explanation

전등 효율 $\eta = \dfrac{F}{P}$ 에서 광속 $F = \eta P = 14 \times 100 = 1{,}400[\text{lm}]$

구면광도 $F = 4\pi I$ 에서 광도 $I = \dfrac{F}{4\pi} = \dfrac{1{,}400}{4\pi} = 111.46[\text{cd}]$

【답】②

06 ★★☆☆☆
금속이나 반도체에 전류를 흘리고 이것과 직각 방향으로 자계를 가하면 전류와 자계가 이루는 면에 직각 방향으로 기전력이 발생한다. 이러한 현상은?

① 홀(hall) 효과   ② 핀치(pinch) 효과

③ 제벡(seebeck) 효과   ④ 펠티에(peltier) 효과

Explanation

홀(hall) 효과
금속이나 반도체에 전류를 흘리고 이것과 직각 방향으로 자계를 가하면 전류와 자계의 방향을 포함하는 면에 대하여 수직적인 방향으로 기전력이 발생

【답】①

07 ★★★★★
단상 유도전동기 중 기동토크가 가장 큰 것은?

① 반발 기동형   ② 분상 기동형

③ 콘덴서 기동형   ④ 셰이딩 코일형

Explanation

단상 유도전동기의 기동토크 큰 순서
반발 기동형 > 콘덴서 기동형 > 분상 기동형 > 셰이딩 코일형

【답】①

08 ★★★★☆
형태가 복잡하게 생긴 금속 제품을 균일하게 가열하는 데 가장 적합한 가열방식은?

① 염욕로   ② 흑연화로

③ 카아보런덤로   ④ 페로알로이로

Explanation

직접 저항가열		간접 저항가열	
종류	특징	종류	특징
• 흑연화로 • 카아보런덤로 • 카바이드로 • 알루미늄용해로	열효율이 가장 우수	• **염욕로** • 크립톨로 • 발열체로 • 탄화규소로	**복잡한 형태의 물질을 균일하게 가열**

【답】①

09 ★★☆☆☆ 일정 전류를 통하는 도체의 온도상승 θ와 반지름 r의 관계는?

① $\theta = kr^{-2}$ ② $\theta = kr^{-3}$

③ $\theta = kr^{-\frac{2}{3}}$ ④ $\theta = kr^{-\frac{3}{2}}$

Explanation

【답】②

10 ★☆☆☆☆ 열차의 설비에 의한 전력 소비량을 감소시키는 방법이 아닌 것은?

① 회생제동을 한다. ② 직병렬 제어를 한다.
③ 기어비를 크게 한다. ④ 차량의 중량을 경감한다.

Explanation

열차의 설비에 의한 전력 소비량을 감소시키는 방법
• 회생제동
• 직병렬 제어
• 차량의 중량을 경감

【답】③

11 ★★☆☆☆ 금속관(규격품) 1품의 길이는 약 몇 [m]인가?

① 4.44 ② 3.66
③ 3.56 ④ 3.3

Explanation

금속관 1본의 길이 : 3.66[m]

【답】②

12 ★★★☆☆ 지지선과 전주 버팀대를 연결하는 금구는?

① 볼쇄클 ② U볼트
③ 지지선 롯드 ④ 지선밴드

Explanation

• 지지선 밴드 : 지지선을 지지물에 부착할 때 사용하는 금구류
• **지지선 롯드 : 지지선과 전주 버팀대를 연결시키는 금구**
• U볼트 : 전주 버팀대를 전주에 부착시키는 금구
• 볼쇄클 : 현수 애자를 완금에 내장으로 시공할 때 사용하는 금구류

【답】③

13 ★☆☆☆☆ 비포장 퓨즈의 종류가 아닌 것은?

① 실 퓨즈 ② 판 퓨즈
③ 고리 퓨즈 ④ 플러그 퓨즈

Explanation

비포장 퓨즈(Open Fuse)
• 가용체가 노출되어 있는 퓨즈
• 실 퓨즈, 판 퓨즈, 고리 퓨즈

【답】④

14

★☆☆☆☆

수전설비를 주 차단장치의 구성으로 분류하는 방법이 아닌 것은?

① CB형
② PF-S형
③ PF-CB형
④ PF-PF

Explanation

큐비클의 종류

종류	수전 용량	주 차단기
CB형	500[kVA] 이하	차단기를 사용한 것
PF-CB형	500[kVA] 이하	한류형 전력 퓨즈와 차단기를 조합 사용한 것
PF-S형	300[kVA] 이하	PF와 고압 개폐기를 사용한 것

【답】④

15

★★★☆☆

행거밴드란 무엇인가?

① 완금을 전주에 설치하는 데 필요한 밴드
② 완금에 암타이를 고정시키기 위한 밴드
③ 전주 자체에 변압기를 고정시키기 위한 밴드
④ 전주에 COS 또는 LA를 고정시키기 위한 밴드

Explanation

각종 밴드
• **행거밴드 : 전주 자체에 변압기를 고정시키기 위한 밴드**
• 지지선밴드 : 전주에 지지선을 고정시키기 위한 밴드
• 완금밴드 : 완금을 전주에 설치하는 데 필요한 밴드
• 암타이밴드 : 완금에 암타이를 고정시키기 위한 밴드

【답】③

16

★☆☆☆☆

백열전구의 앵커에 사용되는 재료는?

① 철
② 크롬
③ 망간
④ 몰리브덴

Explanation

앵커(지지선) : 몰리브덴선 사용

【답】④

17

★★★★☆

저압의 전선로 및 인입선의 중성선 또는 접지측 전선을 애자의 빛깔에 의하여 식별하는 경우 어떤 빛깔의 애자를 사용하는가?

① 적색
② 청색
③ 녹색
④ 백색

Explanation

애자의 색상

애자의 종류	색별
특고압용 핀 애자	적색
저압용 애자(접지측 제외)	백색
접지측 애자	**청색**

【답】②

18 ★★★★★

방전등의 일종으로서 효율이 대단히 좋으며, 광색은 순황색이고 연기나 안개 속을 잘 투과하며 대비성이 좋은 것은?

① 수은등 ② 형광등
③ 나트륨등 ④ 요오드등

Explanation

나트륨등
• 투과력이 우수(안개 낀 지역, 터널 등에서 사용)
• 단색 광원으로 옥내 조명에 부적당
• 효율이 최대

【답】③

19 ★★☆☆☆

금속덕트 공사에서 금속덕트의 설명으로 틀린 것은?

① 덕트 철판의 두께가 1.2[㎜] 이상일 것
② 폭이 4[cm]를 초과하는 철판으로 제작할 것
③ 덕트의 바깥면만 산화 방지를 위한 아연도금을 할 것
④ 덕트의 안쪽면만 전선의 피복을 손상시키는 돌기가 없을 것

Explanation

(KEC 232.31조) 금속덕트공사
• 금속덕트에 사용하는 철판의 두께는 1.2[㎜] 이상으로 견고하게 제작
• 폭이 40[㎜]를 초과하는 철판으로 제작
• 덕트 내면에는 전선을 손상할 만한 돌기가 없어야 한다.
• 접속 단자는 덕트 내에서 만들 수 없다.
• 덕트의 전면에 산화 방지에 필요한 도장을 한다.

【답】③

20 ★★★★☆

보호계전기의 종류가 아닌 것은?

① ASS ② OVR
③ SGR ④ OCGR

Explanation

계전기(Relay)
• OCGR(Over Current Ground Relay) : 지락과전류계전기
• OVR(Over Voltage Relay) : 과전압계전기
• SGR(Selective Ground Relay) : 선택지락계전기
여기서, ASS(Automatic Section Switch)는 자동 고장 구분 개폐기이다.

【답】①

2과목	전력공학

21 ★★★☆☆

밸런서의 설치가 가장 필요한 배전방식은?

① 단상 2선식 ② 단상 3선식
③ 3상 3선식 ④ 3상 4선식

Explanation

• 단상 3선식에서 중성선 단선 시 전압 불평형이 발생하므로 저압밸런서를 설치

【답】②

22 ★★★★☆ 전력용 피뢰기에서 직렬 갭의 주된 사용 목적은?

① 충격방전 개시전압을 높게 하기 위함
② 방전내량을 크게 하고 장시간 사용하여도 열화를 적게 하기 위함
③ 상시는 누설전류를 방지하고 충격파 방전 종료 후에는 속류를 즉시 차단하기 위함
④ 충격파가 침입할 때 대지에 흐르는 방전전류를 크게 하여 제한전압을 낮게 하기 위함

Explanation

피뢰기의 구성
• **직렬 갭 : 이상전압 시 대지로 방전, 속류 차단**
• 특성요소 : 임피던스 성분 이용, 방전전류 크기 제한   【답】③

23 ★★★☆☆ 최소 동작 전류값 이상이면 일정한 시간에 동작하는 특성을 갖는 계전기는?

① 정한시 계전기   ② 반한시 계전기
③ 순한시 계전기   ④ 반한시성 정한시 계전기

Explanation

계전기의 시한특성
• 순한시 특성 : 최소 동작 전류 이상의 전류가 흐르면 즉시 동작, 고속도계전기
• **정한시 특성 : 동작 전류의 크기에 관계없이 일정한 시간에 동작**
• 반한시 특성 : 동작 전류가 커질수록 동작 시간이 짧게 되는 특성
• 반한시성 정한시 특성 : 동작전류가 적은 구간에서는 반한시 특성
　　　　　　　　　　　　　 동작전류가 큰 구간에서는 정한시 특성   【답】①

24 ★☆☆☆☆ 3상 송전계통에서 수전단 전압이 60,000[V], 전류가 200[A], 선로의 저항이 9[Ω], 리액터스가 13[Ω]일 때, 송전단 전압과 전압강하율은 약 얼마인가? 단, 수전단 역률은 0.6이라고 한다.

① 송전단 전압 : 65,473[V], 전압강하율 : 9.1[%]
② 송전단 전압 : 65,473[V], 전압강하율 : 8.1[%]
③ 송전단 전압 : 82,453[V], 전압강하율 : 9.1[%]
④ 송전단 전압 : 82,453[V], 전압강하율 : 8.1[%]

Explanation

전압강하 $e = V_s - V_R ≒ \sqrt{3}\,I(R\cos\theta + X\sin\theta)$
송전단 전압 $V_s = V_R + e = V_r + \sqrt{3}\,I(R\cos\theta + X\sin\theta)$
$$= 60,000 + \sqrt{3} \times 200(9 \times 0.6 + 13 \times 0.8) = 65,473[V]$$
전압강하율 $\delta = \dfrac{V_s - V_r}{V_r} \times 100 = \dfrac{65,473 - 60,000}{60,000} \times 100 = 9.1[\%]$ 【답】①

25 ★★☆☆☆ 화력발전소의 위치를 선정할 때 고려하지 않아도 되는 것은?

① 전력 수요지에 가까울 것
② 바람이 불지 않도록 산으로 둘러싸여 있을 것
③ 값이 싸고 풍부한 용수와 냉각수를 얻을 수 있을 것
④ 연료의 운반과 저장이 편리하며 지반이 견고할 것

Explanation

화력발전소 위치 선정
• 전력 수요지에 가까울 것

- 풍부한 용수와 냉각수가 얻어질 것
- 연료의 운반과 저장이 편리할 것
- 지반이 견고할 것

【답】②

26
★★★★★
변전소 전압의 조정방법 중 선로 전압강하 보상기(LDC)의 역할은?

① 승압기로 저하된 전압을 보상
② 분로 리액터로 전압상승을 억제
③ 직렬 콘덴서로 선로 리액턴스를 보상
④ 선로의 전압강하를 고려하여 기준 전압을 조정

Explanation

선로 전압강하 보상기(LDC : Line Drop Compensator)
부하전류에 의한 선로의 전압강하를 고려하여 모선 전압을 조정

【답】④

27
★★★★★
단도체 대신 같은 단면적의 복도체를 사용할 때의 설명으로 옳은 것은?

① 인덕턴스가 증가한다.
② 코로나 임계전압이 높아진다.
③ 선로의 작용정전용량이 감소한다.
④ 전선 표면의 전위경도를 증가시킨다.

Explanation

복도체(다도체) 방식(주목적 : 코로나 방지)
- 인덕턴스는 감소, 정전용량은 증가
- 같은 단면적의 단도체에 비해 전류 용량의 증대
- **코로나의 방지(코로나 임계 전압의 상승, 전선 주변의 전위경도 감소)**
- 송전 용량의 증대

【답】②

28
★☆☆☆☆
수차에 있어서 비속도가 높다는 의미는?

① 속보 변동률이 높다는 것이다.
② 유수의 유속이 빠르다는 것이다.
③ 수차의 실제의 회전수가 높다는 것이다.
④ 유수에 대한 수차 러너의 상대속도가 빠르다는 것이다.

Explanation

특유속도(비속도)
기하학적으로 같은 러너를 가정하여 이것을 단위낙차 1[m]에서 단위출력 1[kW]를 발생하였을 때의 회전수[m·kW]

$$N = N \frac{P}{H^{\frac{5}{4}}} = N \frac{\sqrt{P}}{F^{\frac{5}{4}}}$$

【답】④

29
★★★★★
출력 30,000[kWh]의 화력발전소에서 6,000[kcal/kg]의 석탄을 매시간에 15톤의 비율로 사용하고 있다고 한다. 이 발전소의 종합효율은 약 몇 [%]인가?

① 28.7
② 31.7
③ 33.7
④ 36.7

Explanation

화력발전소 열효율 $\eta = \dfrac{전기}{열} \times 100[\%]$

$$\eta = \frac{860P\,t}{mH} \times 100 [\%]$$

따라서 $\eta = \frac{860\,W}{mH} \times 100 = \frac{860 \times 30,000 \times 1}{15 \times 10^3 \times 6,000} \times 100 = 28.7[\%]$ 【답】①

30 ★☆☆☆☆
3상 단락고장을 대칭좌표법으로 해석을 할 경우 필요한 것은?

① 정상임피던스도
② 정상임피던스도 및 역상임피던스도
③ 정상임피던스도 및 영상임피던스도
④ 역상임피던스도 및 영상임피던스도

Explanation

대칭좌표법으로 해석할 경우 필요한 임피던스

	영상분	정상분	역상분
1선 지락	○	○	○
2선 단락(선간 단락)		○	○
3상 단락		○	

【답】①

31 ★★★★★
송전계통에서 안정도 증진과 관계없는 것은?

① 차폐선의 채용
② 고속재폐로 방식의 채용
③ 계통의 전달 리액턴스 감소
④ 발전기 속응 여자 방식의 채용

Explanation

안정도 향상 대책
• 직렬 리액턴스(X)를 작게 한다.
  ① 발전기나 변압기의 리액턴스를 작게 한다.
  ② 선로의 병행 회선수를 늘리거나 복도체 또는 다도체 방식을 사용한다.
  ③ 직렬 콘덴서를 삽입하여 선로의 리액턴스를 보상한다.
  • 전압 변동을 작게 한다.
  ① 속응 여자 방식의 채용
  ② 계통 연계를 한다.
• 중간 조상 방식을 채용한다.
• 고장전류를 줄이고 고장 구간을 신속하게 차단한다.
  ① 적당한 중성점 접지 방식을 채용하여 지락전류를 줄인다.
  ② 고속도 계전기, 고속도 차단기를 채용한다.
  ③ 고속도 재폐로 방식을 채용한다. 【답】①

32 ★★★★★
정격전압 154[kV], 1선의 유도리액턴스가 20[Ω]인 3상 3선식 송전선로에서 154[kV], 100[MVA] 기준으로 환산한 이 선로의 %리액턴스는 약 몇 [%]인가?

① 1.4
② 2.2
③ 4.2
④ 8.4

Explanation

%리액턴스 $\%X = \frac{PX}{10\,V^2}$ 여기서, $P[\text{kVA}]$, $V[\text{kV}]$

$= \frac{100 \times 10^3 \times 20}{10 \times 154^2} = 8.4[\%]$ 【답】④

33 ★★★☆☆ 전력계통의 전압조정과 무관한 것은?

① 전력용콘덴서　　　　　　　　　② 자동전압조정기
③ 발전기의 조속기　　　　　　　　④ 부하 시 탭 조정장치

Explanation

• P-f (유효전력 – 주파수 제어)
• Q-V(무효전력 – 전압제어)
즉, 주파수를 조절하는 것은 유효전력이고, 거버너(조속기)밸브를 통해 유효전력을 조정한다.　　　【답】③

34 ★★★★★ 저압 뱅킹 배전방식으로 운전 중 변압기 또는 선로사고에 의하여 뱅킹 내의 건전한 변압기의 일부 또는 전부가 연쇄적으로 회로로부터 차단되는 현상은?

① 아킹(Arcing)　　　　　　　　　② 댐핑(Dapping)
③ 플리커(Flicker)　　　　　　　　④ 캐스케이딩(Cascading)

Explanation

저압 뱅킹 방식 : 부하가 밀집된 시가지
• 장점 : 전압 강하와 전력 손실이 적다.
　　　　변압기의 동량 및 저압선 동량 감소
　　　　플리커 현상 감소
• 단점 : 캐스케이딩 현상 발생(저압선의 일부 고장으로 건전한 변압기의 일부 또는 전부가 차단되는 현상)　　　【답】④

35 ★★★★★ 중성점 직접접지방식의 장점이 아닌 것은?

① 다른 접지방식에 비하여 개폐 이상전압이 낮다.
② 1선 지락 시 건전상의 대지전압이 거의 상승하지 않는다.
③ 1선 지락전류가 작으므로 차단기가 처리해야 할 전류가 작다.
④ 중성점 전압이 항상 0이므로 변압기의 가격과 중량을 줄일 수 있다.

Explanation

• 직접접지방식의 장점
 – 1선 지락 시 건전상의 대지전압 상승이 낮다(절연레벨 경감).
 – 중성점을 0전위로 유지 가능(단절연 가능)
 – 보호계전기 동작이 확실하다.
 – 정격이 낮은 피뢰기 사용 가능
• 직접접지의 단점
 과도안정도가 낮다.
 지락전류가 커서 통신유도장해가 최대
 차단기 수명 경감　　　【답】③

36 ★☆☆☆☆ 그림과 같이 일직선 배치로 완전 연가한 경우의 등가 선간거리는?

① $\sqrt{D}$　　　　　　② $\sqrt{2}\,D$
③ $\sqrt[3]{2}\,D$　　　　　④ $\sqrt[3]{3}\,D$

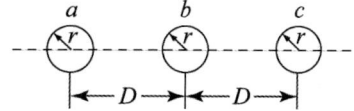

Explanation

일직선 배치이므로
등가 선간거리는 $D_e = \sqrt[3]{D \cdot D \cdot 2D} = \sqrt[3]{2}\,D$　　　【답】③

37 ★★★★★

전원이 양단에 있는 환상선로의 단락보호에 사용되는 계전기는?

① 방향거리 계전기　　　　　　　　② 부족전압 계전기
③ 선택접지 계전기　　　　　　　　④ 부족전류 계전기

> **Explanation**

환상선로 단락보호
• 전원 1군데 : 방향단락 계전 방식
• **전원 2군데 : 방향거리 계전 방식**　　　　　　　　　　　　　　　　【답】①

38 ★★★☆☆

전력 퓨즈(Power Fuse)는 고압, 특고압기기의 주로 어떤 전류의 차단을 목적으로 설치하는가?

① 충전전류　　　　　　　　　　　② 부하전류
③ 단락전류　　　　　　　　　　　④ 영상전류

> **Explanation**

전력 퓨즈(PF : Power Fuse) : **단락전류 차단**　　　　　　　　　　【답】③

39 ★★★☆☆

3상 3선식 송전선로에서 선간전압을 3,000[V]에서 5,200[V]로 높일 때 전선이 같고 송전손실률과 역률이 같다고 하면 송전전력[kW]은 약 몇 배로 증가하는가?

① $\sqrt{3}$　　　　　　　　　　　　② 3
③ 5.4　　　　　　　　　　　　　④ 6

> **Explanation**

공급전력 $P \propto V^2 = \left(\dfrac{5,200}{3,000}\right)^2 = 3$　　　　　　　　　　　　　【답】②

40 ★★☆☆☆

진공차단기의 특징에 적합하지 않은 것은?

① 화재 위험이 거의 없다.
② 소형 경량이고 조작 기구가 간단하다.
③ 동작 시 소음이 크지만 소호실의 보수가 거의 필요하지 않다.
④ 차단시간이 짧고 차단성능이 회로 주파수의 영향을 받지 않는다.

> **Explanation**

차단기의 종류와 특징

	특징	소호 매질
VCB 진공차단기	• 소형, 경량 • 차단 성능이 우수하고 소음이 적다. • 차단기 개폐서지 발생 우려	진공

【답】③

3과목　전기기기

41 ★☆☆☆☆ 3상 유도전동기의 슬립 범위를 1~2로 하여 3선 중 2선의 접속을 바꾸어 제동하는 방법은?

① 회생제동　　　　　　　　　　　② 단상제동

③ 역상제동　　　　　　　　　　　④ 직류제동

Explanation

유도전동기 제동법

• 발전제동 : 전동기를 발전기로 적용하여 생긴 유기기전력을 저항을 통하여 열로 소비하는 제동법

• 회생제동 : 유도전동기를 유도발전기로 적용하여 생긴 유기기전력을 전원을 궤한시키는 제동법

• **역상제동(플러깅) : 3선 중 2선의 접속을 변경하여 역토크에 의해 제동하는 것, 비상시 사용**　　【답】③

42 ★★☆☆☆ 극수가 4극이고 전기자권선이 단중 중권인 직류발전기의 전기자전류가 40[A]이면 전기자권선의 각 병렬회로에 흐르는 전류[A]는?

① 4　　　　　　　　　　　　　　② 6

③ 8　　　　　　　　　　　　　　④ 10

Explanation

단중 중권($a = p = b$)이므로

전기자의 각 권선에 흐르는 전류

$$i_a = \frac{I}{a} = \frac{I}{4} = \frac{40}{4} = 10[\text{A}]$$　　【답】④

43 ★★☆☆☆ 다음 그림은 어떤 전동기의 1차측 결선도인가?

① 콘덴서 전동기

② 반발 유도전동기

③ 모노사이클릭 기동전동기

④ 반발기동 단상 유도전동기

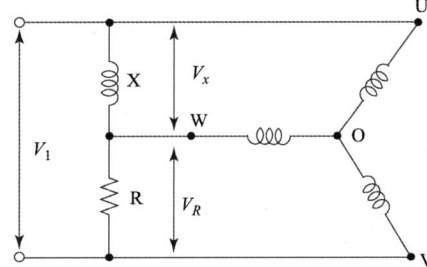

Explanation

모노사이클릭형 전동기

3상 농형전동기의 3상 권선에 저항과 리액턴스를 적당하게 접속하고 단상전원에 접속하여 불평형 3상 교류를 각 권선에 흘려서 기동하는 방법　　【답】③

44 ★★★☆☆ 누설변압기의 설명 중 틀린 것은?

① 2차 전류가 증가하면 누설자속이 증가한다.

② 리액턴스가 크기 때문에 전압변동률이 크다.

③ 2차 전류가 증가하면 2차 전압강하가 증가한다.

④ 누설자속이 증가하면 주자속은 증가하여 2차 유도기전력이 증가한다.

Explanation

누설변압기

• 2차 전류가 증가하면 1차, 2차 누설자속이 증가하게 되어 2차 유기기전력이 감소되어 2차 전류도 감소

• 수하특성

• 용접용 변압기에 사용　　【답】④

45 ★★★★★ 직류기에 있어서 불꽃 없는 정류를 얻는 데 가장 유효한 방법은?

① 보극과 보상권선　　　　　　　② 보극과 탄소브러시
③ 탄소브러시와 보상권선　　　　④ 자기포화와 브러시의 이동

Explanation

양호한 정류를 얻는 방법
• 보극 설치
• **접촉저항이 큰 탄소브러시 사용**
• 리액턴스 전압을 적게 한다.
• 정류주기를 길게 한다.　　　　　　　　　　　　　　　　　【답】②

46 ★★☆☆☆ 3상 유도전동기의 2차 효율을 나타내는 것은? 단, 동기속도는 N_s, 회전수는 N이다.

① $\dfrac{N_s}{N}$　　　　　　　　　　　　② $\dfrac{N}{N_s}$

③ $\dfrac{N_s - N}{N}$　　　　　　　　　④ $\dfrac{N_s - N}{N_s}$

Explanation

2차 효율 $\eta_2 = \dfrac{P_0}{P_2} = \dfrac{(1-s)P_2}{P_2} = 1 - s = \dfrac{N}{N_s} = \dfrac{\omega}{\omega_0}$　　　　【답】②

47 ★☆☆☆☆ 직류발전기의 단자전압을 조정하려면 어느 것을 조정하여야 하는가?

① 기동저항　　　　　　　　　　② 계자저항
③ 방전저항　　　　　　　　　　④ 전기자저항

Explanation

직류 발전기의 계자전류 $I_f = \dfrac{V}{R_f}$ 이므로

단자전압 $V = I_f R_f$ 이며
따라서 계자저항을 조정하면 단자전압을 조정할 수 있다.　　　　【답】②

48 ★☆☆☆☆ 톰슨형 단상 반발전동기의 설명 중 틀린 것은?

① 동기속도 이상으로 회전할 수 없다.
② 운전 중 정류자를 모두 단락하면 단상유도 전동기가 된다.
③ 회전방향을 바꾸려면 브러시를 반대방향으로 이동시킨다.
④ 브러시의 위치 조정으로 기동토크는 전부하 토크의 약 400~500[%] 정도가 된다.

Explanation

톰슨형 단상 반발전동기 : 직류기와 같이 정류자가 달린 회전자를 가진 교류용 단상 전동기
• 운전 중 정류자를 모두 단락하면 단상유도 전동기가 된다.
• 회전방향을 바꾸려면 브러시를 반대방향으로 이동시킨다.
• 브러시의 위치 조정으로 기동토크는 전부하 토크의 약 400~500[%] 정도가 된다.
• **동기속도 이상으로 회전이 가능하다.**　　　　　　　　　　　【답】①

49 ★★☆☆☆ 차동 복권발전기를 분권발전기로 하려면 어떻게 하여야 하는가?

① 분권계자를 단락시킨다.
② 직권계자를 단락시킨다.
③ 분권계자를 단선시킨다.
④ 직권계자를 단선시킨다.

Explanation

차동 복권발전기
• 분권기로 사용하려면 직권계자를 단락
• 직권기로 사용하려면 분권계자를 개방

【답】②

50 ★★★★★ 3상 유도전동기의 회전자 입력이 P_2, 슬립이 s 일 때 2차 동손을 나타내는 식은?

① $(1-s)P_2$
② sP_2
③ $\dfrac{P_2}{s}$
④ $\dfrac{(1-s)P_2}{s}$

Explanation

회전자 동손(2차 동손) $P_{c2} = sP_2$

【답】②

51 ★★☆☆☆ 기동토크가 가장 큰 직류전동기는?

① 직권전동기
② 분권전동기
③ 복권전동기
④ 타여자전동기

Explanation

직류 직권전동기속도 – 토크 특성
$T \propto I^2 \propto \dfrac{1}{N^2}$: 토크는 회전속도의 제곱에 반비례

【답】①

52 ★★★☆☆ 60[Hz], 6,300/210[V], 15[kVA]의 단상변압기에 있어서 임피던스 전압은 185[V], 임피던스 와트는 250[W]이다. 이 변압기를 5[kVA], 지상역률 0.8의 부하를 건 상태에서의 전압변동률은 약 몇 [%]인가?

① 0.89
② 0.93
③ 0.95
④ 0.80

Explanation

【답】②

53 ★★★☆☆ 변압기의 권수비 a=6,600/220, 철심의 단면적 0.02[m²], 최대 자속밀도 1.2[Wb/m²]일 때 1차 유도기전력은 약 몇 [V]인가? 단, 주파수는 60[Hz]이다.

① 1,407
② 3,521
③ 42,198
④ 49,814

Explanation

유기기전력 $E_1 = 4.44f\phi_m N_1 = 4.44fB_m SN_1$ (자속밀도 $B_m = \Phi_m S$)
  $= 4.44 \times 60 \times 1.2 \times 0.02 \times 6,600 ≒ 42,198[V]$

【답】③

54 ★★★★★ 동기발전기를 회전계자형으로 사용하는 이유 중 틀린 것은?

① 기전력의 파형을 개선한다.
② 계자극은 기계적으로 튼튼하게 만들기 쉽다.
③ 전기자권선은 전압이 높고 결선이 복잡하다.
④ 계자회로는 직류의 저압회로이며, 소요전력이 적다.

Explanation

동기발전기 : 회전계자형
• 계자는 기계적으로 튼튼하고 구조가 간단하여 회전 유리
• 계자회로는 직류로 소요 전력이 적다.
• 절연이 용이
• 전기자는 Y결선으로 고전압이며 결선이 복잡하다. 【답】①

55 ★★☆☆☆ 변압기의 습기를 제거하여 절연을 향상시키는 건조법이 아닌 것은?

① 열풍법　　　　　　　　　② 단락법
③ 진공법　　　　　　　　　④ 건식법

Explanation

변압기권선 건조법
• 변압기의 습기를 제거하여 절연을 향상
• 진공법, 단락법, 열풍법 등 【답】④

56 ★☆☆☆☆ 6극, 30[kW], 380[V], 60[Hz]의 정격을 가진 Y결선 3상 유도전동기의 구속시험 결과 선간전압 50[V], 선전류 60[A], 3상 입력 2.5[kW]이고 또 단자간의 직류 저항은 0.18[Ω]이었다. 이 전동기를 정격전압으로 기동하는 경우 기동토크는 약 몇 [kg·m]인가?

① 72　　　　　　　　　　　② 117
③ 702　　　　　　　　　　　④ 1,149

Explanation

【답】①

57 ★★★☆☆ △결선 변압기의 1대가 고장으로 V결선으로 할 때 공급전력은 고장 전 전력에 대하여 몇 [%]인가?

① 86.6　　　　　　　　　　② 75
③ 66.7　　　　　　　　　　④ 57.7

Explanation

V결선 변압기 출력비 $= \dfrac{\sqrt{3}\,K}{3K} = \dfrac{\sqrt{3}}{3} \times 100 = 57.7[\%]$

여기서, K는 변압기 1대의 용량 【답】④

58 ★☆☆☆☆ 전동기 제어에 많이 사용되는 인버터를 입력 전원의 형태로 구분한 것은?

① 구형파, PWM 인버터　　　　　　② 전압원, 전류원 인버터
③ 전압원, 사인파 PWM 인버터　　　④ 히스테리시스, 공간벡터 인버터

인버터의 종류
• 전압형 인버터 : 전압(정현파), 전류(구형파)
• 전류형 인버터 : 전압(PWM 구형파), 전류(정현파)

【답】②

59 ★★☆☆☆
저항 부하의 단상반파 정류회로에서 맥동률은 약 얼마인가?

① 0.48

② 1.11

③ 1.21

④ 1.41

Explanation ▶

정류회로 비교

구분	단상 반파	단상 전파	3상 반파	3상 전파
직류전압	$E_d = 0.45E$	$E_d = 0.9E$	$E_d = 1.17E$	$E_d = 1.35E$
맥동주파수	f	2f	3f	6f
맥동률	121[%]	48[%]	17[%]	4[%]

【답】③

60 ★☆☆☆☆
3상 동기발전기의 전기자권선을 2중 성형결선으로 했을 때 발전기의 용량[VA]은?

① $\sqrt{3}\,EI$

② $2\sqrt{3}\,EI$

③ $3EI$

④ $6EI$

Explanation ▶

3상 동기발전기 2중 성형결선
선간전압 : $2\sqrt{3}\,E$
선전류 : I
발전기 용량 : $P = \sqrt{3} \times 2\sqrt{3}\,E \times I = 6EI$

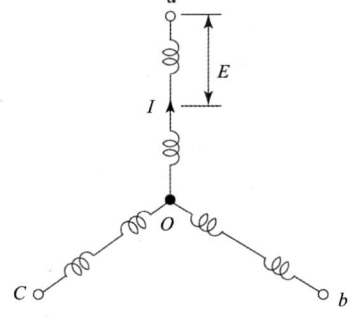

[Y형]

【답】④

4과목	회로이론 및 제어공학

61 ★☆☆☆☆
다음 회로는 스위치 K가 열린 상태에서 정상상태에 있었다. $t = 0$에서 스위치를 갑자기 닫았을 때 $v(0_+)$ 및 $i(0_+)$는?

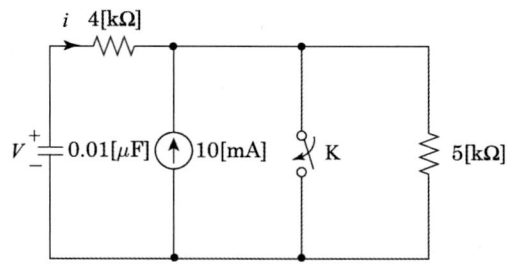

① 0[V], 12.5[mA] ② 50[V], 0[mA]

③ 50[V], 12.5[mA] ④ 50[V], −12.5[mA]

Explanation

- $v(0_+) = 10[\text{mA}] \times 5[\text{k}\Omega] = 10 \times 10^{-3} \times 5 \times 10^3 = 50[\text{V}]$
- $i(0_+) = \dfrac{50[\text{V}]}{4[\text{k}\Omega]} = \dfrac{50}{4 \times 10^{-3}} = 12.5 \times 10^{-3} = 12.5[\text{mA}]$

【답】 ③

62 ★☆☆☆☆ $F(s) = \dfrac{1}{s^n}$ 의 역라플라스 변환은?

① t^n ② t^{n-1}

③ $\dfrac{1}{n!}t^n$ ④ $\dfrac{1}{(n-1)!}t^{n-1}$

Explanation

라플라스 변환

$f(t)$	$F(s)$
$\delta(t)$	1
$u(t)$	$\dfrac{1}{s}$
t	$\dfrac{1}{s^2}$
t^n	$\dfrac{n!}{s^{n+1}}$

역라플라스 변환 $\mathcal{L}^{-1}\left[\dfrac{1}{s^n}\right] = \dfrac{1}{(n-1)!}t^{n-1}$

【답】 ④

63 ★☆☆☆☆ 다음과 같이 Y결선을 △결선으로 변환할 경우 R_1의 임피던스는 몇 $[\Omega]$인가?

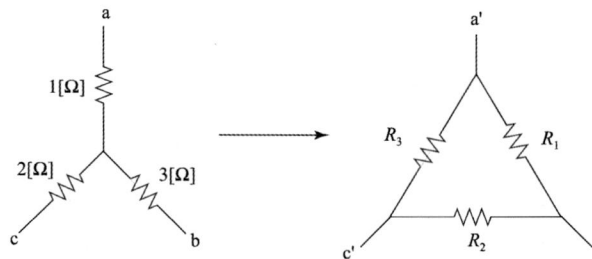

① 0.33 ② 3.67

③ 5.5 ④ 11

$$R_1 = \frac{R_aR_b + R_bR_c + R_cR_a}{R_c} = \frac{1\times3 + 3\times2 + 2\times1}{2} = 5.5[\Omega]$$

【답】③

64

★☆☆☆☆

60[Hz], 120[V] 정격인 단상 유도전동기의 출력은 3[HP]이고 효율은 90[%]이며 역률은 80[%]이다. 역률을 100[%]로 개선하기 위한 병렬 콘덴서가 흡수하는 복소전력은 몇 [VA]인가? 단, 1[HP]=746[W]이다.

① −j1,865

② −j2,252

③ −j2,667

④ −j3,156

역률 개선용 콘덴서

$Q_c = P(\tan\theta_1 - \tan\theta_2)$

$= P\left(\dfrac{\sin\theta_1}{\cos\theta_1} - \dfrac{\sin\theta_2}{\cos\theta_2}\right) = \dfrac{746\times3}{0.9}\left(\dfrac{0.6}{0.8} - \dfrac{0}{1}\right) = 1,865[VA]$

【답】①

65

★☆☆☆☆

2단자 임피던스의 허수부가 어떤 주파수에 관해서도 언제나 0이 되고 실수부도 주파수에 무관하게 항상 일정하게 되는 회로는?

① 정저항 회로

② 정인덕턴스 회로

③ 정임피던스 회로

④ 정리액턴스 회로

정저항 회로
• $Z = R$이 되는 회로
• 주파수에 무관한 회로

【답】①

66

★☆☆☆☆

불평형 3상 회로에서 전압의 대칭분을 각각 V_0, V_1, V_2 전류의 대칭분을 각각 I_0, I_1, I_2라 할 때 대칭분으로 표시되는 복소전력은?

① $V_0I^*{}_1 + V_1I^*{}_2 + V_2I^*{}_0$

② $V_0I^*{}_0 + V_1I^*{}_1 + V_2I^*{}_2$

③ $3V_0I^*{}_1 + 3V_1I^*{}_2 + 3V_2I^*{}_0$

④ $3V_0I^*{}_0 + 3V_1I^*{}_1 + 3V_2I^*{}_2$

【답】④

67

★☆☆☆☆

그림에서 2[Ω]에 흐르는 전류 i는 몇 [A]인가?

① $\dfrac{28}{31}$

② $\dfrac{4}{13}$

③ $\dfrac{4}{7}$

④ $-\dfrac{8}{35}$

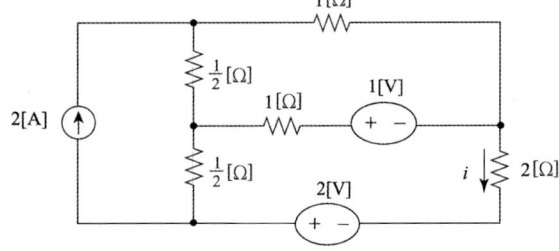

Explanation

【답】①

68 ★☆☆☆☆ 처음 10초간은 100[A]의 전류를 흘리고 다음 20초간은 20[A]의 전류를 흘리는 전류의 실효값은 몇 [A]인가?

① 50　　　　　　　　　　　　　② 55
③ 60　　　　　　　　　　　　　④ 65

Explanation

$$I = \sqrt{\frac{1}{T}\int i^2 dt} = \sqrt{i^2 \text{의 1주기간의 평균값}}$$
$$= \sqrt{\frac{1}{30}\left\{\int_0^{10}(100)^2 dt + \int_{10}^{30}(20)^2 dt\right\}}$$
$$= \sqrt{\frac{1}{30}\left\{[10,000t]_0^{10} + [400t]_{10}^{30}\right\}} = \sqrt{3,600} = 60[A]$$

【답】③

69 ★☆☆☆☆ 3상 부하가 △결선되었을 때 a상에는 콘덕턴스 0.3[℧], b상에는 콘덕턴스 0.3[℧], c상은 유도 서셉턴스 0.3[℧]가 연결되어 있다. 이 부하의 영상 어드미턴스[℧]는?

① $0.2 - j0.1$　　　　　　　　　② $0.3 + j0.3$
③ $0.6 - j0.3$　　　　　　　　　④ $0.6 + j0.3$

Explanation

영상 어드미턴스 $Y_0 = \frac{1}{3}(Y_a + Y_b + Y_c) = \frac{1}{3}(0.3 + 0.3 - j0.3) = 0.2 - j0.1[℧]$

【답】①

70 ★☆☆☆☆ $R = 4[\Omega]$, $\omega L = 3[\Omega]$의 직렬 RL회로에서 $v(t) = 100\sqrt{2}\sin\omega t + 50\sqrt{2}\sin 3\omega t[V]$의 전압을 인가할 때 저항에서 소비되는 전력은?

① 1,600　　　　　　　　　　　　② 1,703
③ 2,000　　　　　　　　　　　　④ 2,128.75

Explanation

기본파 전류 $I_1 = \dfrac{V_1}{Z_1} = \dfrac{V_1}{R+j\omega L} = \dfrac{100}{4+j3} = \dfrac{100}{\sqrt{4^2+3^2}} = 20[A]$

제3고조파 전류 $I_3 = \dfrac{V_3}{Z_3} = \dfrac{V_3}{R+j3\omega L} = \dfrac{50}{4+j3\times3} = \dfrac{50}{\sqrt{4^2+9^2}} = 5.08[A]$

소비전력 $P = I_1^2 R + I_3^2 R = 20^2 \times 4 + 5.08^2 \times 4 = 1,703.23[W]$

【답】②

71 $G(j\omega) = \dfrac{K}{j\omega(j\omega+1)}$ 의 나이퀴스트 선도를 도시한 것은? 단 $K > 0$ 이다.

①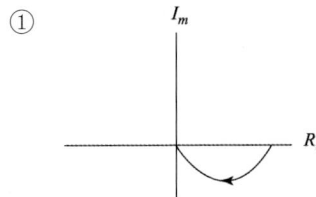

②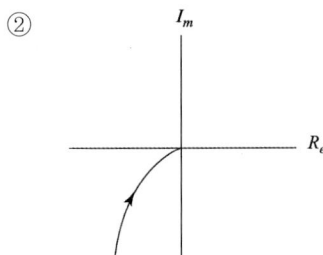

③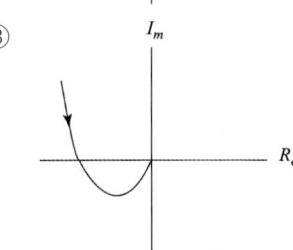

④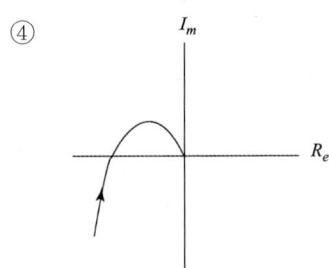

주파수 전달함수 $G(j\omega) = \dfrac{K}{j\omega(j\omega+1)}$ 인 경우는 1형 시스템이므로 $-90°$에서 시작하여(분모차수−분자차수)=1이므로 한 개사분면을 더 지나가게 되어 $-180°$에서 종착하는 궤적이다.　　　　【답】②

72 $E(z) = \dfrac{0.792z}{(z-1)(z^2-0.416z+0.208)}$ 일 때, $e*(t)$의 최종값은?

① 0 　　　　　　　　　　　　② 1
③ 25 　　　　　　　　　　　④ ∞

최종값 정리
$$e(\infty) = \lim_{z \to 1}(1-z^{-1})E(z) = \lim_{z \to 1}(1-z^{-1})X(z)$$
$$= \lim_{z \to 1}\left(1-\frac{1}{z}\right)E(z) = \lim_{z \to 1}\frac{z-1}{z}E(z)$$
$$= \lim_{z \to 1}\frac{z-1}{z} \cdot \frac{0.792z}{(z-1)(z^2-0.416z+0.208)}$$
$$= \lim_{z \to 1}\frac{0.792}{(z^2-0.416z+0.208)} = 1$$

【답】②

73 물체의 위치, 방위, 각도 등의 기계적 변위량으로 임의의 목표 값에 추종하는 제어장치는?

① 자동 조정 　　　　　　　　② 서보 기구
③ 프로그램 제어 　　　　　　④ 프로세스 제어

제어량에 의한 분류
• 서보 기구(servo mechanism)
 − 기계적인 변위량
 − 위치, 방향, 자세, 거리, 각도 등
• 프로세스 제어(process control)

－ 밀도, 농도, 온도, 압력, 유량, 습도 등
- 자동조정 (auto regulating)
  － 회전수, 전압, 주파수 등

【답】②

74 ★☆☆☆☆
$G(jw) = \dfrac{1}{1+j2\,T}$ 이고 $T = 2$초일 때 크기 $|G(jw)|$와 위상 $\angle G(jw)$는 각각 얼마인가?

① 0.24, 76°   ② 0.44, 36°

③ 0.24, -76°   ④ 0.44, -36°

> **Explanation**
>
> 주파수 전달함수 $G(j\omega) = \dfrac{1}{1+j2\,T} = \dfrac{1}{1+j4}$ 에서
>
> 크기 : $|G(jw)| = \left|\dfrac{1}{1+j4}\right| = \dfrac{1}{\sqrt{1^2+4^2}} = \dfrac{1}{\sqrt{17}} = 0.24$
>
> 위상 : $\theta = -\tan^{-1}\dfrac{4}{1} = -\tan^{-1}4 = -76°$

【답】③

75 ★★★★★
$G(s)H(s) = \dfrac{k(s+1)}{s(s+5)(s+8)}$ 일 때 근궤적에서 점근선의 실수축과의 교차점은?

① -6   ② -5

③ -4   ④ -1

> **Explanation**
>
> 근궤적의 점근선의 교차점
>
> $\sigma = \dfrac{\Sigma G(s)H(s)\text{의 극점} - \Sigma G(s)H(s)\text{의 영점}}{P-Z} = \dfrac{(0-5-8)-(-1)}{3-1} = -6$

【답】①

76 ★★☆☆☆
논리식 $\overline{A} + \overline{B}\,\overline{C}$와 같은 논리식은?

① $\overline{AB}+C$ ② $\overline{A+BC}$

③ $\overline{AB+C}$ ④ $\overline{A(B+C)}$

> **Explanation**
>
> 드모르간의 법칙을 이용하여
>
> $\overline{A}+\overline{BC} = \overline{\overline{A}+\overline{BC}} = \overline{\overline{A}\cdot(\overline{B}+\overline{C})} = \overline{A\cdot(B+C)}$

【답】④

77 ★☆☆☆☆
그림과 같은 피드백제어의 전달함수를 구하면?

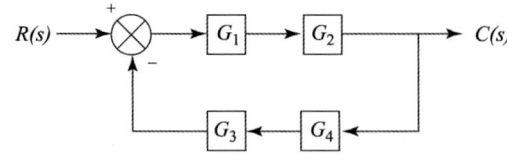

① $\dfrac{G_1 G_2}{1 - G_1 G_2 G_3 G_4}$ ② $\dfrac{G_1 G_2}{1 + G_1 G_2 G_3 G_4}$

③ $\dfrac{G_1 G_2}{1 - G_1 G_2} \cdot \dfrac{G_3 G_4}{1 - G_3 G_4}$ ④ $\dfrac{G_1 G_2}{1 + G_1 G_2} \cdot \dfrac{G_3 G_4}{1 + G_3 G_4}$

> **Explanation**

블록선도의 전달함수 $G(s) = \dfrac{\Sigma G}{1 - \Sigma L_1 + \Sigma L_2 + \cdots}$

여기서, L_1 : 각각의 모든 폐루프 이득의 합

L_2 : 서로 접촉하지 않는 2개의 폐루프 이득의 곱의 합

ΣG : 각각의 전향 경로의 합

$$G(s) = \dfrac{G_1 G_2}{1 - (- G_1 G_2 G_3 G_4)} = \dfrac{G_1 G_2}{1 + G_1 G_2 G_3 G_4}$$

【답】②

78 ★★★★☆ 근궤적에 관한 설명으로 틀린 것은?

① 근궤적은 허수축에 대칭이다.

② 근궤적은 $K = 0$일 때 극에서 출발하고 $K = \infty$일 때 영점에 도착한다.

③ 실수축 위의 극과 영점을 더한 수가 홀수 개가 되는 극 또는 영점에서 왼쪽의 실수축에 근궤적이 존재한다.

④ 극의 수가 영점보다 많을 경우, K가 무한에 접근하면 근궤적은 점근선을 따라 무한원점으로 간다.

Explanation

근궤적 작도법

• 근궤적의 출발점($K=0$) : $G(s)H(s)$의 극점으로부터 출발

• 근궤적의 종착점($K=\infty$) : $G(s)H(s)$의 영점에 종착

• 근궤적의 개수

$Z > P$: $N = Z$

$Z < P$: $N = P$

• 근궤적의 실수축에 관하여 대칭

【답】①

79 ★☆☆☆☆ 두 개의 그림이 등가인 경우 A는?

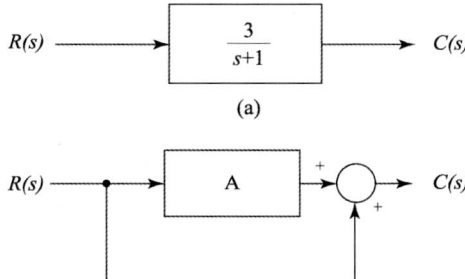

(a)

(b)

① $\dfrac{s + 2}{s + 1}$

② $\dfrac{s - 2}{s + 1}$

③ $\dfrac{-s + 2}{s + 1}$

④ $\dfrac{-s - 2}{s + 1}$

Explanation

전달함수 $G(s) = A + 1 = \dfrac{3}{s + 1}$

$A = \dfrac{3}{s + 1} - 1 = \dfrac{3 - s - 1}{s + 1} = \dfrac{-s + 2}{s + 1}$

【답】③

80
다음과 같은 차분 방정식으로 표시되는 불연속계가 있다. 이 계의 전달함수는?

$$C(K+2) + 5C(K+1) + 3C(K) = r(K+1) + 2r(K)$$

① $\dfrac{C(z)}{R(z)} = \dfrac{z^2 + 5z + 3}{z + 2}$

② $\dfrac{C(z)}{R(z)} = \dfrac{z^2 + 5z + 3}{z}$

③ $\dfrac{C(z)}{R(z)} = \dfrac{z + 2}{z^2 + 5z + 3}$

④ $\dfrac{C(z)}{R(z)} = (z + 2)(z^2 + 5z + 3)$

Explanation

차분방정식을 z 변환하면
$C(K+2) \rightarrow z^2 C(z)$
$C(K+1) \rightarrow z C(z)$
$C(K) \rightarrow C(z)$
$z^2 C(z) + 5z C(z) + 3C(z) = z R(z) + 2R(z)$
따라서 전달함수는
$G(z) = \dfrac{C(z)}{R(z)} = \dfrac{z + 2}{z^2 + 5z + 3}$

【답】 ③

5과목 | 전기설비기술기준

81
사용전압 15[kV] 이하인 특고압 가공전선로의 중성선 다중접지식에 사용되는 접지도체의 공칭단면적은 몇 [㎟]의 연동선 또는 이와 동등 이상의 굵기로서 고장전류를 안전하게 통할 수 있는 것이어야 하는가? 단, 전로에 지락이 생긴 경우 2초 이내에 전로로부터 자동차단하는 장치를 하였다.

① 2.5　　　　　　② 6　　　　　　③ 8　　　　　　④ 16

Explanation

(KEC 333.32조) 25[kV] 이하인 특고압 가공 전선로의 시설
사용전압이 15[kV] 이하인 특고압 가공전선로의 중성선의 다중접지 및 중성선의 시설에서 **접지도체는 공칭단면적 6[㎟]** 이상의 연동선 또는 이와 동등 이상의 세기 및 굵기의 쉽게 부식하지 않는 금속선으로서 고장 시에 흐르는 전류를 안전하게 통할 수 있는 것일 것

【답】 ②

82
22[kV]의 특고압 가공전선로의 전선을 특고압 절연전선으로 시가지에 시설할 경우 전선의 지표상의 높이는 최소 몇 [m] 이상인가?

① 8

② 10

③ 12

④ 14

Explanation

(KEC 333.1조) 시가지 등에서 특고압 가공 전선로의 시설
특고압 가공전선로 전선의 지표상의 높이는 표에서 정한 값 이상일 것

사용전압의 구분	지표상의 높이
35[kV] 이하	**10[m] (전선이 특고압 절연전선인 경우에는 8[m])**
35[kV] 초과	10[m]에 35[kV]를 초과하는 10[kV] 또는 그 단수마다 0.12[m]를 더한 값

【답】 ①

83 특고압용 변압기의 내부에 고장이 생겼을 경우에 자동차단장치 또는 경보장치를 하여야 하는 최소 뱅크용량은 몇 [kVA]인가?

① 1,000   ② 3,000

③ 5,000   ④ 10,000

Explanation

(KEC 351.4조) 특고압용 변압기의 보호 장치

뱅크용량의 구분	동작조건	장치의 종류
5,000[kVA] 이상 10,000[kVA] 미만	변압기 내부 고장	자동차단장치 또는 경보장치

【답】③

84 35[kV] 이하의 모선에 접속되는 전력용 콘덴서에 울타리를 시설하는 경우에 울타리의 높이와 울타리로부터 충전 부분까지의 거리의 합계는 최소 몇 [m] 이상이 되어야 하는가?

① 3   ② 4

③ 5   ④ 6

Explanation

(KEC 351.1조) 발전소 등의 울타리·담 등의 시설

사용전압의 구분	울타리·담 등의 높이와 울타리·담 등으로부터 충전 부분까지의 거리 합계
35[kV] 이하	5[m]

【답】③

85 지중 전선로를 관로식에 의하여 시설하는 경우 매설 깊이를 최소 몇 [m] 이상으로 하여야 하는가?

① 0.6   ② 1.0

③ 1.2   ④ 1.5

Explanation

(KEC 334.1조) 지중전선로의 시설
지중전선로를 관로식에 의하여 시설하는 경우에는 매설 깊이를 1.0[m] 이상으로 할 것

【답】②

86 사람이 상시 통행하는 터널 안의 배선을 애자공사에 의하여 시설하는 경우 설치 높이는 노면상 몇 [m] 이상이어야 하는가?

① 1.5   ② 2.0

③ 2.5   ④ 3.0

Explanation

(KEC 242.7.1조) 사람이 상시 통행하는 터널 안의 배선의 시설
사람이 상시 통행하는 터널 안의 배선의 애자공사 시 노면상 2.5[m] 이상의 높이로 할 것

【답】③

87 전력 보안 가공통신선을 시설할 때 철도의 궤도를 횡단하는 경우에는 레일면상 몇 [m] 이상의 높이이어야 하는가?

① 5   ② 5.5

③ 6   ④ 6.5

Explanation

(KEC 362.2조) 전력보안통신선의 시설높이와 이격거리

구분	지상고	비고
도로(차도와 인도의 구별이 없는 도로)에 시설 시	5.0[m] 이상	경간 중 지상고
교통에 지장을 줄 우려가 없는 경우	4.5[m] 이상	
철도 궤도 횡단 시	**6.5[m] 이상**	**레일면상**
횡단보도교 위	3.0[m] 이상	그 노면상
기타	3.5[m] 이상	

【답】 ④

88 ★★★★★
사무실 건물의 조명설비에 사용되는 백열전등 또는 방전등에 전기를 공급하는 옥내전로의 대지전압은 몇 [V] 이하인가?

① 250　　　　　　　　　　　　　② 300
③ 350　　　　　　　　　　　　　④ 400

Explanation

(KEC 231.6조) 옥내전로의 대지 전압의 제한
백열전등 또는 방전등에 전기를 공급하는 대지전압은 300[V] 이하　　　　　　　【답】②

89 ★★★★★
가요전선관공사에 의한 저압 옥내배선으로 틀린 것은?

① 2종 금속제 가요전선관을 사용하였다.
② 전선으로 옥외용 비닐절연전선을 사용하였다.
③ 규격에 적당한 단면적 4[㎟]의 단선을 사용하였다.
④ 사람이 접촉할 우려가 없어도 접지공사를 하였다.

Explanation

(KEC 232.13조) 금속제 가요전선관공사
① 전선은 절연전선일 것(옥외용 비닐절연전선 제외)
② 전선은 연선일 것. 단, 단면적 10[㎟] 이하의 것은 단선을 쓸 수 있다.
③ 가요전선관에는 전선에 접속점이 없도록 한다.
④ 가요전선관은 2종 금속제 가요전선관일 것　　　　　　　　　　　　　　【답】②

90 ★★☆☆☆
고압 또는 특고압의 전로 중에서 기계기구 및 전선을 보호하기 위하여 필요한 곳에 시설하는 것은?

① 단로기　　　　　　　　　　　　② 리액터
③ 전력용콘덴서　　　　　　　　　④ 과전류 차단기

Explanation

(KEC 341.10조) 고압 및 특고압 전로 중의 과전류 차단기의 시설
고압 또는 특고압 전로 중 기계기구 및 전선을 보호하기 위하여 필요한 곳에 과전류 차단기를 시설해야 한다.　　【답】④

91 ★☆☆☆☆
발전기·전동기·무효전력 보상장치 기타 회전기(회전변류기 제외)의 절연내력 시험 시 시험전압은 권선과 대지 사이에 연속하여 몇 분간 가하여야 하는가?

① 10　　　　　　　　　　　　　　② 15
③ 20　　　　　　　　　　　　　　④ 30

Explanation

(KEC 133조) 회전기 및 정류기의 절연내력

종류			시험전압	시험 방법
회전기	발전기·전동기·무효 전력 보상 장치 기타회전기(회전변류기를 제외한다)	최대 사용전압 7[kV] 이하	최대 사용전압의 1.5배의 전압(500[V] 미만으로 되는 경우에는 500[V])	권선과 대지 사이에 연속하여 10분간 가한다.
		최대 사용전압 7[kV] 초과	최대 사용전압의 1.25배의 전압(10,500[V] 미만으로 되는 경우에는 10,500[V])	
	회전변류기		직류측의 최대 사용전압의 1배의 교류전압(500[V] 미만으로 되는 경우에는 500[V])	

【답】 ①

92

★☆☆☆☆

가공인입선 및 수용장소의 조영물의 옆면 등에 시설하는 전선으로서 그 수용장소의 인입구에 이르는 부분의 전선을 무엇이라고 하는가?

① 인입선
② 옥외배선
③ 옥측배선
④ 배전간선

Explanation

인입선
가공인입선 및 수용장소의 조영물의 옆면 등에 시설하는 전선으로서 그 수용장소의 인입구에 이르는 부분의 전선 【답】 ①

93

★★★★★

옥내에 시설하는 저압전선에 나전선을 사용할 수 있는 경우는?

① 금속관공사에 의하여 시설
② 합성수지관공사에 의하여 시설
③ 라이팅덕트공사에 의하여 시설
④ 취급자 이외의 자가 쉽게 출입할 수 있는 장소에 시설

Explanation

(KEC 231.4조) 나전선의 사용 제한
다음의 경우 이외에는 나전선을 사용할 수 없다.
① 전기로용 나선
② 전선의 피복 절연물이 부식하는 장소에 시설하는 전선
③ 버스덕트공사에 의해 시설
④ **라이팅덕트공사에 의해 시설**
⑤ 규정에 의한 접촉 전선을 시설 【답】 ③

94

KEC 적용으로 인하여 삭제되었습니다.

95

★☆☆☆☆

발전소, 변전소 또는 이에 준하는 곳의 최소 몇 [V]를 초과하는 전로에는 그의 보기 쉬운 곳에 상별 표시를 하여야 하는가?

① 7,000
② 13,200
③ 22,900
④ 35,000

Explanation

(KEC 351.2조) 특고압전로의 상 및 접속 상태의 표시
발전소·변전소 또는 이에 준하는 곳의 특고압전로에는 그의 보기 쉬운 곳에 상별(相別) 표시를 하여야 하는데, 여기서 특고압은 7[kV] 초과하는 전압을 말한다. 【답】 ①

96 ★☆☆☆☆ 철주가 강관에 의하여 구성되는 사각형의 것일 때 갑종 풍압하중을 계산하려 한다. 수직 투영면적 1[㎡]에 대한 풍압하중은 몇 [Pa]를 기초하여 계산하는가?

① 588

② 882

③ 1,117

④ 1,255

Explanation

(KEC 331.6조) 풍압 하중의 종별과 적용

풍압을 받는 구분			구성재의 수직 투영면적 1[㎡]에 대한 풍압
지지물	철주	원형의 것	588[Pa]
		삼각형 또는 마름모형의 것	1,412[Pa]
		강관에 의하여 구성되는 4각형의 것	1,117[Pa]

【답】③

97 ★★★★★ 사용전압 60[kV] 이하의 특고압 가공전선로는 가공전화선로에 통신상의 장해를 방지하기 위하여 전화선로의 길이 12[km]마다 유도전류가 최대 몇[μA]를 넘지 않도록 시설하여야 하는가?

① 1

② 2

③ 4

④ 6

Explanation

(KEC 333.2조) 유도장해의 방지
① 사용전압이 60[kV] 이하인 경우에는 전화선로의 길이 12[km]마다 유도전류가 2[μA]를 넘지 아니할 것
② 사용전압이 60[kV]를 넘는 경우에는 전화 선로의 길이 40[km]마다 유도전류가 3[μA]를 넘지 아니할 것

【답】②

98 KEC 적용으로 인하여 삭제되었습니다.

99 KEC 적용으로 인하여 삭제되었습니다.

100 ★★★★★ 고압 가공전선로를 가공 케이블로 시설하는 경우 틀린 것은?

① 조가용선은 단면적 22[㎟]인 아연도철연선을 사용하였다.
② 조가용선 및 케이블의 피복에 사용하는 금속체에는 접지공사를 하였다.
③ 케이블은 조가용선에 행거로 시설할 경우 그 행거의 간격을 0.6[m]로 시설하였다.
④ 조가용선의 케이블에 접촉시켜 그 위에 쉽게 부식하지 아니하는 금속 테이프 등을 0.2[m] 이하의 간격을 유지하며 나선상으로 감아 붙였다.

Explanation

(KEC 332.2조) 가공케이블의 시설
가공전선에 케이블을 사용하는 경우에는 다음과 같이 시설한다.
① 케이블은 조가용선에 행거로 시설하며 고압인 경우 행거의 간격을 0.5[m] 이하로 한다.
② 조가용선은 인장 강도 5.93[kN] 이상의 것 또는 단면적 22[㎟] 이상인 아연도철연선일 것을 사용한다.
③ 조가용선 및 케이블의 피복에 사용하는 금속체에는 접지공사를 한다.
④ 조가용선을 케이블에 접촉시켜 금속 테이프를 감는 경우에는 0.2[m] 이하의 간격으로 나선상으로 한다.

【답】③